編委會

國家古籍整理出版專項經費資助項目

農學卷

第壹分冊

主編　鄧亮　童慶鈞

中國科學技術大學出版社

圖書在版編目(CIP)數據

江南製造局科技譯著集成.農學卷.第壹分册/鄧亮,童慶鈞主編.—合肥:中國科學技術大學出版社,2017.3
ISBN 978-7-312-04159-4

Ⅰ.江… Ⅱ.①鄧… ②童… Ⅲ.①自然科學—文集 ②農學—文集 Ⅳ.①N53 ②S3-53

中國版本圖書館CIP數據核字(2017)第037609號

出版 中國科學技術大學出版社
安徽省合肥市金寨路96號,230026
http://press.ustc.edu.cn
https://zgkxjsdxcbs.tmall.com
印刷 安徽聯衆印刷有限公司
發行 中國科學技術大學出版社
經銷 全國新華書店
開本 787 mm×1092 mm 1/16
印張 57
字數 1460千
版次 2017年3月第1版
印次 2017年3月第1次印刷
定價 730.00圓

前言

明清時期之西學東漸，大約可分爲明清之際與晚清時期兩個大的階段。無論是哪個階段，翻譯西書均是其中重要的基礎工作，正如徐光啟所言：『欲求超勝，必須會通，會通之前，先須翻譯。』明清之際耶穌會士與中國學者合作翻譯西書，這些西書主要介紹西方的天文數學知識、地理發現，以及水利技術、機械、自鳴鐘、火礮等方面的科技知識。晚清時期，外國傳教士爲了傳播宗教和西方文化，在中國創辦了一些新的出版機構，翻譯出版西書、發行報刊。傳教士與中國學者共同翻譯了多種高水平的科技著作，重開了合作翻譯的風氣，使西方科技第二次傳入中國。清政府也設立了一些譯書出版機構，這些機構與民間出現的譯印西書的機構，使翻譯西書和學習科技成爲當時的一種時尚。明清之際第一次傳入中國的西方科技著作，以介紹西方古典和近代早期的科學知識爲主，而晚清時期翻譯的西方科技著作，更多地介紹了牛頓力學建立以來至19世紀中葉的近代科技知識。晚清時期翻譯西書之範圍與數量也遠超明清之際，涵蓋了當時絕大部分學科門類的知識，使近代科學較爲系統地引進到中國。在當時的翻譯機構中，成就最著者當屬江南製造局翻譯館。江南製造局（全稱江南機器製造總局）於清同治四年（1865年）在上海成立，是晚清洋務運動中成立的近代軍工企業。由於在槍械機器的製造過程中，需要學習西方的先進科學技術，因此同治七年（1868年），在徐壽、華蘅芳等建議下，江南製造局附設翻譯館，延聘西人，翻譯和引進西方的科技類書籍，又自設印書處負責譯書的刊印。至1913年停辦，翻譯館翻譯出版了大量書籍，培養了大批人才，對中國科學技術的近代化起了重要作用。

江南製造局翻譯館翻譯西書，最初採用的主要方式是西方譯員口譯、中國譯員筆述。西方口譯人員中，貢獻最大者爲傅蘭雅（John Fryer,1839–1928）。傅蘭雅，英國人，清咸豐十一年（1861年）來華，同治七年（1868年）成爲江南製造局翻譯館譯員，譯書前後長達28年，單獨翻譯或與人合譯西方書籍百餘部，是在華西人中翻譯西方書籍最多的人，清政府曾授其三品官銜和勳章。偉烈亞力（Alexander Wylie, 1815–1887）、瑪高温（Daniel Jerome MacGowan, 1814–1893）、林樂知（Young John Allen, 1836–1907）和金楷理（Carl Traugott Kreyer, 1839–1914）也是最早一批著名的譯員。偉烈亞力，英國人，倫敦會傳教士，曾主持墨海書館印刷事務，同治七年（1868年）入館，僅短暫從事譯書工作，翻譯出版了《汽機發軔》《談天》等。瑪高温，美國人，美國浸禮會傳教士醫師，同治七年（1868年）入館，但從事翻譯工作時間較短，翻譯出版了《金石識別》《地學淺釋》等。林樂知，美國人，同治八年（1869年）入館，共譯書8部，多爲史志類、外交類著作。金楷理，美國人，同治九年（1870年）入館，共譯書17部，多爲兵學類、船政類著作。此外，尚有衛理（Edward Thomas William, 1854–1944）、秀耀春（F. Huberty James, 1856–1900）和羅亨利（Henry Brougham Loch, 1827–1900）等西人於光緒二十四年（1898年）前後入館。除了西方譯員外，稍後也聘請了部分中國口譯人員，如吳宗濂（1856–1933）、鳳儀、舒高第（1844–1919）等，其中舒高第是最主要的一位。舒高第，字德卿，慈谿人，出身於貧苦農民家庭，曾就讀於教會學校。咸豐九年（1859年）以Vung Pian Suvoong名在美國留學，先後學習醫學、神學，同治九年（1870年）入哥倫比亞大學內外科學院學習，同治十二年（1873年）獲得醫學博士學位。舒高第學成後回到上海，光緒三年（1877年）被聘爲廣方言館英文教習，幾乎同一時間成爲江南製造局翻譯館譯員，任職34年，翻譯了二十餘部著作。中方譯員參與筆述、校對工作者五十餘人，其中最重要者當屬籌劃江南製造局翻譯館的創建并親自參與譯書工作的徐壽（1818–1884）、華蘅芳（1833–1902）和徐建寅（1845–1901）。徐壽，字生元，號雪村，無錫人。清咸豐十一年（1861年）十一月，徐壽和華蘅芳入曾國藩幕府；同治元年（1862年）三月，徐壽、華蘅芳、徐建寅到曾國藩創辦的安慶內軍械所工作，建造中國第一艘自造輪船『黃鵠』號；同治四年（1865年），徐壽參與江南製造局籌建工作；同治五年（1866年），徐壽由金陵軍械所轉入江南製造局任職，被委爲『總理局務』『襄辦局務』，主持技術方面的工作；同治七年（1868年），江南製造局附設之翻譯館成立，徐壽主持館務，并親自參加翻譯工作，共譯介了西方科技書籍17部，包括《汽機發軔》《化學鑒原》《化學考質》《化學求數》等。華蘅芳，字畹香，號若汀，江蘇金匱（今屬無錫）人，清同治四年（1865年）參與江南製造局籌建工作，是最主要的中方翻譯人員之一，前後從事譯書工作十餘年，所譯書籍主要爲數學類著作，如《代數術》《微積溯源》《三角數理》《決疑數學》等，也有其他科技著作，如《金石識別》《地學淺釋》等。徐建寅，字仲虎，徐壽的次子。受父親影響，徐建寅從小對科技有濃厚興趣，18歲時就在安慶協助徐壽研製蒸汽機和火輪船。翻譯館成立後，他與西人合譯二十餘部西方科技著作，如《汽機新制》《汽機必以》《化學分原》《聲學》《電學》《運規約指》等。同治十三年（1874年）後，徐建寅先後在龍華火藥廠、天津製造局、山東機器局工作，并出使歐洲，遊歷各國工廠，考察艦船兵工，訂造戰船。光緒二十七年（1901年），徐建寅在漢陽試製無煙火藥，因實驗室爆炸，不幸罹難。此外，鄭昌棪、趙元益（1840–1902）、李鳳苞（1834–1887）、賈步緯（1840–1903）、鍾天緯（1840–1900）等也是著名的中方譯員。

關於江南製造局翻譯館之譯書，國內尚有多家圖書館藏有匯刻本，如國家圖書館、上海圖書館、北京大學圖書館、清華大學圖書館、西安交通大學圖書館等，但每家館藏或多或少都有缺漏。

雖然先後有傅蘭雅《江南製造總局翻譯西書事略》（1880年）、魏允恭《江南製造局記》（1905年）、陳洙《江南製造局譯書提要》（1909年），以及隨不同書附刻的多種《上海製造局各種圖書總目》《上海製造局譯印圖書目錄》，以及Adrian Bennett, Ferdiand Dagenais等學者關於傅蘭雅研究中所發現、整理的譯書目錄等，但仍有缺漏。根據王揚宗《江南製造局翻譯書目新考》的統計，由江南製造局刊行者193種（含地圖2種，名詞表4種，連續出版物4種），另有他處所刊翻譯館譯書8種，已譯未刊譯書40種，共計241種。此文較詳細甄別、考證各譯書，是目前最系統的梳理，但仍有少許不足之處。比如將《化學工藝》一書兩置於化學類和工藝技術類，致使總數多增1種。又如認爲《礮法求新》與《礮乘新法》兩書相同，又少算1種。再如，此統計中有《克虜伯腰箍礮說、礮架說、螺繩礮架說》1種3卷，而清華大學圖書館藏《江南製造局譯書匯刻》本之《攻守礮法》中，附有《克虜伯腰箍礮說》《克虜伯礮架說船礮》《克虜伯船礮操法》《克虜伯礮架說堡礮》《克虜伯螺繩礮架說》，且藏有單行本5種，金楷理口譯，李鳳苞筆述。又因一些譯著附卷另有來源，可爲一種新書，如《電學》卷首、《光學》所附《視學諸器圖說》、《航海章程》所附《初議記錄》等。

在江南製造局的譯書中，科技著作占據絕大多數。在洋務運動的富國強兵總體目標下，這些譯著介紹了大量西方軍事工業、工程技術方面的知識，對中國近代軍隊的制度化建設、軍事工業的發展以及民用工程技術的發展產生了重要影響；同時又在自然科學和社會科學等方面作了平衡，翻譯傳播了西方的科學成果，促進了中國科學向近代的轉變，一些著作甚至在民國時期仍爲學者所重視；在譯書過程中厘定大批名詞術語，出版多種名詞表，體現出江南製造局翻譯館在科技術語規範化方面所作的貢獻，其中很多術語沿用至今，甚至對整個漢字文化圈的科技術語均有巨大影響；通過對西方社會、政治、法律、外交、教育等領域著作的介紹，給晚清的社會文化領域帶來衝擊，對晚清社會的政治變革也作出了一定的貢獻，促進了中國社會的近代化。此外，通過譯書活動，也培養了大批科技人才、翻譯人才。江南製造局譯書也爲其他國家所重視，如日本在明治時期曾多次派員赴上海專門收購，根據八耳俊文的調查，可知日本各地藏書機構分散藏有大量的江南製造局譯書。近年來，科技史界對於這些譯著有較濃厚的研究興趣，已有十數篇碩士、博士論文進行過專題研究。

有鑒於此，我們擬將江南製造局譯著中科技部分集結影印出版，以廣其傳。本書先是納入『2011–2020年國家古籍整理出版規劃』之『中國古代科學史要籍整理』項目，後於2014年獲得國家古籍整理出版專項經費資助，名爲《江南製造局科技譯著集成》。

對江南製造局原有譯書予以分類，可分爲史志類、政治類、交涉類、兵制類、兵學類、船類、學務類、工程類、農學類、礦學類、工藝類、商學類、格致類、算學類、電學類、化學類、聲學類、光學類、天學類、地學類、醫學類、圖學類、地理類，并將刊印的其他書籍歸入附刻各書。從已刊行之譯書內容來看，與軍事科技、工業製造、自然科學相關者最主要，約占總量的五分之四。本書收錄的著作共計162種（其中少量著作因重新分類而分拆處理），包括150種江南製造局翻譯館翻譯且刊印的與科技有關的譯著，5種江南製造局翻譯但別處刊印的著作，7種江南製造局刊印的非翻譯館翻譯或非譯著類著作。本書對收錄的著作按現代學科重新分類，并根據篇幅大小，或學科獨立成卷，或多個學科合而爲卷，凡10卷，爲天文數學卷、物理學卷、化學卷、地學測繪氣象航海卷、醫藥衛生卷、農學卷、礦學冶金卷、機械工程卷、工藝製造卷、軍事科技卷。

儘管已有陳洙《江南製造局譯書提要》對江南製造局譯著之內容作了簡單介紹，析出目錄，但缺漏不少。上海圖書館《江南製造局翻譯館圖志》也對江南製造局譯著作了一一介紹，涉及出版情

況、底本與內容概述等。由於學界對傅蘭雅已有較深入的研究，因此對於傅蘭雅參與翻譯的譯著底本已有較明確的信息，然而對於其他譯著的底本考證，則尚有較大的分歧。本書對收錄的著作，一一寫出提要，簡單介紹著作之出版信息，盡力考證出底本來源，對內容作簡要分析，并附上目錄。此外，我們計劃另撰寫單行的提要集，對其中重要譯著的原作者、譯者、成書情況、外文底本及主要內容和影響作更全面的介紹。

馮立昇　鄧　亮

2015年7月23日

凡 例

一、《江南製造局科技譯著集成》收錄150種江南製造局翻譯館翻譯且刊印的與科技有關的譯著，5種江南製造局翻譯但別處刊印的著作，7種江南製造局刊印的非翻譯館翻譯或非譯著類著作。

二、本書所選取的底本，以清華大學圖書館所藏《江南製造局譯書匯刻》爲主，輔以館藏零散本，并以上海圖書館、華東師範大學圖書館等其他館藏本補缺。

三、本書按現代學科分類，凡10卷：天文數學卷、物理學卷、化學卷、地學測繪氣象航海卷、醫藥衛生卷、農學卷、礦學冶金卷、機械工程卷、工藝製造卷、軍事科技卷。視篇幅大小，或學科獨立成卷，或多個學科合而爲卷。

四、各卷中著作，以內容先綜合後分科爲主線，輔以刊刻年代之先後排序。

五、在各著作之前，由分卷主编或相關專家撰寫提要一篇，介紹該書之作者、底本、主要內容等。

六、天文數學卷第壹分冊列出全書總目錄，各卷首冊列出該分卷目錄，各分冊列出該分冊目錄。

七、各頁書口，置兩級標題：雙頁碼頁列各著作書名，下置頁碼；單頁碼頁列各著作卷章節名，下置頁碼。

八、『提要』表述部分用字參照古漢語規範使用，西人的國別、中文譯名以及中方譯員的籍貫等與原翻譯一致；書名、書眉、原書內容介紹用字與原書一致，有些字形作了統一處理，對明顯的訛誤作了修改。

分卷目錄

分册目録

江南製造局科技譯著集成

農學卷

第壹分册

農務全書

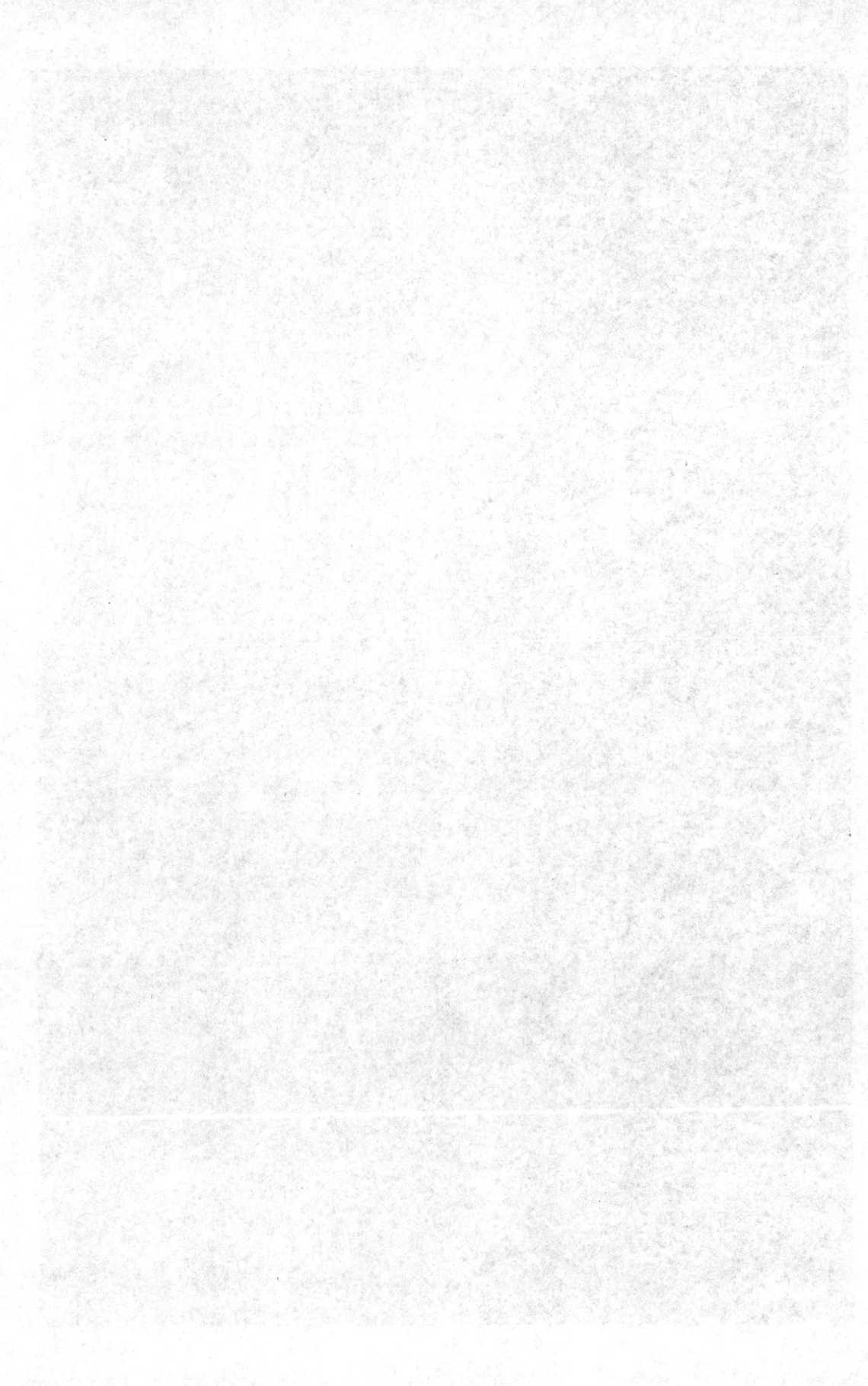

《農務全書》提要

《農務全書》上、中、下編各十六卷，美國哈萬德大書院農務化學教習施妥縷（Frank Humphreys Storer, 1832–1914）撰，慈谿舒高第口譯，新陽趙詒琛筆述，上編刊於光緒三十三年（1907年），中編刊於宣統元年（1909年），下編未署具體刊刻年。底本爲施妥縷之《Agriculture in Some of Its Relations with Chemistry》，1897年版。

此書是從作者1871~1897年間的講稿輯錄而來的，主旨是討論農學中與化學相關的知識，但同時也涉及植物學、動物學、物理學等多個學科，是一部較爲全面的農學著作，對務農者或學習農學的學生具有指導意義。上編十三章，討論植物與土壤空氣的關係、水土關係、耕種方法、農具、肥料之功效、磷肥、氮肥等。中編十四章，討論各種肥料，如動植物廢料所成肥料、腐殖質、青肥、堆肥、糞便、鉀肥、鎂肥、鈉肥等，介紹各種肥料之來源、成分、功效等。下編十四章，介紹肥料用法歷史，輪種、燒荒、灌溉等土地管理事項，以及苡仁、大麥、草料等作物種植與經營等。

此書內容如下：

上海製造局各種圖書總目

中編目錄

下編目錄

農務全書上編十六卷

光緒丁未春江南機器製造總局譯刻本

農務全書自序

此書為喜究農務之士並農學肄業生而著雖常論化學非為專講化學者用也原稿自一千八百七十一年至一千八百九十七年講論課本中摘錄此講論為二等人而設一為年輕農夫並其子弟已明農業而欲深究農務中格致之奥理一為書院中考農務之士意欲將來在鄉建屋或講求山水園圃者用之令肄業生深諳農務最要之格致而以本國及外國農家已得之實效表達之

此書初刊於一千八百八十七年余雅不欲將講論稿刷印嗣因肄業生問求不絕乃允而印之往往隨時增改以

期詳悉即遠方學生未能及門受業讀是書亦可稍獲其益矣

余著此書取資於我受業師並各國農學博士考論之著述各國農務化學新聞書籍英國各農學彙編美國農部試驗廠報告及他學博士論水土之書

最著名之紐海文大書院張森博士農學書籍及新金山休爾茄博士並華盛頓暉得內博士之農學採原書張森博士之書一本名田產何以生長一本名田產何以吸質皆係農家之寶笈余書中有略而不論者張森之書已詳言之矣

農務全書上編目錄

卷一　第一章

地土並空氣與植物關係

卷二　第二章

空氣爲植物養料一源

卷三　第三章

水與地土關係

卷四　第四章

地下水動情

卷五　第五章

耕法

類　家製燐料　骨炭燐料　廢酸質之用　鈣
養燐養五與鈣養炭養二不合　製造直辣的尼廠之
廢鈣養燐養五　燐料中物質不齊　含燐鳥糞
查驗燐料法

卷十一　第十章下

含燐養五肥料

復原燐料　雜有他物以致復原　復原燐養五功
效　二鈣養燐養五功效　澄停二鈣養燐料較賤
於多燐料　製復原燐料　含燐鑪渣料　含燐
爐渣料賤價　鳥糞與鑪渣料相較　田中試驗
含燐石料　他法化骨粉　骨料發酵時耗失阿
摩尼　鹼類與骨相關　鉀養與骨相關　田間
試驗發酵骨料　鈣養化分骨料　試驗土中燐
養五料　試驗土中燐料功效　江海水中燐養五料
燐養五酸價值　除多燐料外他種易化之燐料
田莊出售燐養五之數　法國農家用骨炭令
時廢骨炭中無淡氣燐養五物溶化度　壓緊炭
養氣之動作　骨粉溶化度　各種燐料　淡輕四

檸檬酸之功效　殭石燐料　醋酸功效　質料
粗細有關係　呼莫司化性

卷十二　第十一章上

含淡養三肥料

含淡氣肥料　廢硝　鈉養淡養三　淡氣肥料可
分數次散壅　瘠乾地土不宜加含淡氣料　種
紅菜頭用鈉養淡養三料　番薯用鈉養淡養三料
種淡巴菰用鈉養淡養三料　種草用鈉養淡養三
料　鈉養淡養三功效　淡養三料能令植物利用他
料　淡養三料耗失數　鈉養淡養三料在土面易變
硬　淡養三料改良泥土　鈉養淡養三在土時之功
效　鈉養淡養三能殺蟲　鉀養淡養三亦常用　淡
氣成定質法　含淡氣發酵料　酵料有二種
黃沙土變化淡氣　酵料須有養料　生物質並
并必需之物　養氣必需　泥土含溼有關係
酵料遇毒易斃　空氣中塵土所有淡養三料　微
生物能鬆碎物質　淡養三料由生物質化成　腐
爛情形與變成淡氣之情形相反

卷十三　第十一章下

含淡養三肥料

鈣養炭養二能助化成淡氣　鹼性助化成淡氣
淡養三之變化　淡養三歷久　鐵養三等物變化養氣
含硫養三物變化養氣　植物體中化成之淡養三
淡養三料又可用化學法成之　空氣中化合成
淡養物　含淡養物不宜爲植物養料　何以世
界土能藏儲淡養　發酵用處　臭養氣並輕養
之功效　土中含淡養料之數　淡養三料藉地下
水以升降　淡養三料在土中滲漏不速　多雨時
滲漏情形　淡養三料濾失　城中井水含淡養三物
田土須有植物遮蔽　用次熟法以免淡養三耗
失　夏閒息田之益　空氣並雨水中淡養物

卷十四　第十二章上

阿摩尼和物

淡養三物並阿摩尼和物各功效相較　雷孟試驗
法　試種飼畜草　由二種含淡氣物變成似鹼
類　種番薯宜用淡養三物　淡養三物最宜於紅菜
頭　各植物喜含淡氣料不同　阿摩尼鹽類在
土中易變爲淡養三物　植物體中含阿摩尼料
植物能用阿摩尼　阿摩尼或有害　蛋白類質
由阿摩尼變成　或用阿摩尼或用淡養三以價值
較賤爲定　石灰並阿摩尼鹽類

卷十五　第十二章下

阿摩尼和物

植物體中藏儲淡養三　葉能吸收阿摩尼並阿摩
尼炭養二　空氣中阿摩尼　阿摩尼硫養三　煤氣
流質　阿摩尼硫養三用處　勞斯並葛爾勃在田
試種　加淡氣料於熟田　用阿摩尼硫養三之法
石灰並鈣養炭養二化分阿摩尼鹽類　阿摩尼
硫養三之害　勞斯並葛爾勃試驗　用阿摩尼一
磅可增小麥若干　勞斯並葛爾勃試驗摘要
阿摩尼鹽類繞道之動作　阿摩尼淡氣每磅價

農務全書上編目錄終

農務全書上編卷一

美國哈萬德大書院農務化學教習施安纏撰 慈谿舒高第口譯 新陽趙詒琛筆述

第一章

地土並空氣與植物之關係

植物體質大半由空氣吸得

論地土並空氣與植物之關係須問二事一植物所得之養料來自何源二植物如何吸收其養料如一種子於時埋壅土中後卽發芽初成植物自能生長所遇地土與空氣有何關係

植物大半藉空氣與水而生長斯言雖奇實則甚確蓋植物中所有炭質均由其葉吸進之炭養氣所成次於炭質者卽養氣大半得自空氣中又稍有養氣自水得之輕氣亦然於四千五百磅苜蓿草料芟刈後蒲生古化分得原質分劑如左

炭一六八〇磅 養氣一三四〇磅

輕氣一七七磅 淡氣七四磅

植物含多水

鮮植物所含者大半係水如嫩草含水四分之三於法倫海寒暑表二百十二度可烘乾之番薯含水幾及百分之

七十五而嫩脆之蔬菜含水更多紅菜頭並紅蘿蔔含水百分之八十或百分之九十而蘿蔔二千磅含水有一千八百磅即樹木亦罕有含水少於三分之一者休留勃查得在正月終砍伐槐樹含水百分之二十九楓樹百分之三十四柏樹百分之五十三即此類樹在四月砍者含水數如下百分之三十九四十六十一齊來斯拿甫按月查驗而得其一年之中數松柏含水百分之六十一銀杏樹百分之五十三樺樹百分之四十九楓樹百分之四十二此水來自土中植物由其根吸取其根又能吸地土內之死物質即炭質燒盡後所留之灰是也蒲生古在每磅苜

蓿草料內查得灰六磅植物根又能吸進淡氣和物

水種

植物又可全藉水令其生長而無需地土

不獨寄生物可全藉空氣生長而更有許多他種植物能在水中生長如水仙花類是也即尋常五穀亦可如此令其生長結實珍珠米亦然但水中須有成灰料之死物質並稍有淡養和物蓋植物本在土中吸取此等質雖所需甚微而在水中亦不能無也

古人以為植物之灰質於植物無益係偶然吸進者在此百年中查得要質內其知高等植物需生長之料斷不可少如鉀養石灰鎂養鐵燐養硫強水鹽強水並淡氣和物硝強水物阿摩尼物

此等質為植物所必需曾在灰中查得以為證據又將人所合之土少此數種質料則植物不能生長

寄生物雖不近土然吸其所寄樹枝中之質料或寄生於已枯之樹亦由枯樹中吸其質

水種由來

上云水種法查考植物者恆為之由此查明植物生長法之要數端此水種法原來已久瑞士國生物博士白奈脫早經詳考在一千七百五十八年法國化學士並花草博

士杜亨梅爾以此法種豆並種栗樹榆樹杏樹有數樹六年八年之後忽黃萎杜亨梅爾查知須常易以新水由是知易水之理實因水中所含之料已被吸盡而應加入也如此試驗令知不必專用泉水即清潔汽水加以欲試驗之料亦可斯事張森博士詳載於田產何以生長書中水種題之下

沙種

水種外可以清水灌於甑內以研細之沙滿之或加他種不能養植物之質如海灘沙泥先以強水濾之如此植物在水沙中仍可生長與無沙之水同而沙泥但有扶持之

功而已

此與園工在花房中所用之法同惟我等所云者令植物在甑中初生時可知無微生物令苗潰爛在荷蘭國園工以此法種許多花頭如水仙花之類並上品番薯於沙堎此沙堎先壅肥料蓋此鬆沙可容花頭之根鬚舒展甚均而植物之形即無不整之弊

博物家又以此法試驗之如德國化學士衛美並普爾斯桃甫二人因難得極淨之沙則將白金細絲剪成屑盛於白金盃內而加水芹子數粒以汽水潤之即以盃置於玻璃罩中以免塵垢惟罩中空氣令其清潔宜於芹之生長

芹子萌芽後數日照常生長及高三寸許始衰墜而死即將盃內物燒之其植物則成灰此灰與他法所種同數芹子之灰無異此試驗法欲考知一粒種子去其養料有何情形由是知植物欲其生長必加養料如常加所需之料於白金盃內此芹必能生長而結子也

地土功用

地土之功用為植物根鬚展布與泥土微細顆粒膠黏令其直立之位穩固猶旁有扶持下有壓物也更有留濕之功如海絨然又有宜於植物之灰土類質

植物消化養料法

今問有二端一植物之養料在土中有何情形二植物何以得之

今有憑據植物之養料先化於水由根吸進並非質料先在土中化成流質待根鬚吸食然亦有質料果係化成流質者其實地土不獨為生養料之原處又為製造相宜養料之所而植物根鬚有漿汁放出與土中質料融化而吸進之於淨水則無此功用蓋其根細鬚與泥土質膠黏密切乃可吸進土水並化選土內養料

植物不取之質料地土收之由是根鬚之間無廢料阻塞水種試驗法最難者不能收其廢質此理後將論之

散料並吸收法

地土為消化鹽類水質之原處有似一池且有他項實工有此譬可查究植物接養料而知其散吸之法亦同此理或試以一高甑於底置鹽少許緩加水令滿置於寒暑均之靜處數時後鹽與水融和消化無論如何謹慎不動而甑底之水與鹽相遇即彼此由漸融和均其厚薄乃已或將甑底稍置鉀養鉻養靜置一二日而察其情形即如鹽滷與清水以薄膜隔之而彼此相吸甚速惟不及上法之易也

用薄膜相隔鹽滷並清水即有二種動情一因其有毫管

吸力能似海絨之吸水一因薄膜中之質與流液中之質有化合之愛力者此力能與散料之功用並行此其意或有吸力或有愛力則薄膜中之質能致力於流液中融化之質而將其僅散料之法改變

如將一膜泡盛以鹽滷膜口以玻璃管裝緊之浸於清水中即見水吸入膜內較鹽滷由膜內滲出更速此於玻璃管見鹽滷升高而知之又驗清水即知稍有鹽化於水內惟視玻璃管則知吸入膜之水較鹽滷出膜更多又以他種厚流質如糖漿類代鹽滷試之亦有此效由此法所入之清水往往較獨用清水法更速試以內外比較所入之

清水較所出之鹽多至數百倍

凡流質如上所云而進者則謂吸進其滲出則謂吸出水在膜內外出入者總謂之吸法

此試驗之薄膜令水並鹽類物彼此行動度植物根在土中亦有此功植物根並其體質均係微細膜泡西名賽爾即小囊也植物均係此賽爾結成者此賽爾甚小顯微鏡能見之亦有植物其賽爾易見者可試驗之蓋根中賽爾內流質與土中流質不同而土之流質又能吸入根中賽爾內如上所云清水吸進於鹽滷內相同

有數膜令物易通

流質相吸之緩速全賴膜之性情如上之試驗其膜與流質無關者雖有此膜相隔而內外流質之相和與無膜同如將牛膀胱外膜剝去而將鹽滷盛於內浸在清水中其內外流質相和緩速竟似無膜可見此等膜實無功效

植物中有獨囊大賽爾者可顯其吸法甚明如一種海族植物名可留拍係獨囊賽爾其徑一尺以此試驗甚見效

如無膀胱或膜泡即可用小玻璃漏斗將漏斗口用膜或羊皮紙或哥路登包緊之漏斗管裝接一玻璃管於是灌以糖漿或鹽滷浸於清水內俟膜飲濕則見玻璃管內有流質漸升往往由管口溢出

膠類並顆粒類

吸法之緩速又視流質內所化物之性蓋清水內消化各物質其緩速不等膠類在水內消化性甚緩而與水相融即成稠流質更有一類物在水消化甚速因在定質時大半均有顆粒形即名為顆粒類

膠類物如下膠即直辣的尼並各種樹膠及不能成顆粒之蛋白質類對格司得林貝格丁小粉此均係膠類能在植物中結成不能由賽爾洩出顆粒類物如下糖植物酸質檸檬酸果酸草酸並尋常鹽類物

植物養料之動情

上論各節表明植物生長法由根鬚中賽爾吸進在旁土質中鹽類物因賽爾中流質之性與土中流質不同此猶囊中灌足糖漿或鹽類物也

植物全體之各囊均依此法收吸質料所以根中吸料情形不能休息因囊內質與囊外質不得均也

且因植物自有生命故各處運行不息而植物情形愈不得均無論其化學工夫或功用工夫一有變化則將久其流質不均之情矣

如囊中之物化合成小粉或他種緩性膠類如蛋白質或對格司得林囊內即有吸性之眞空於是植物全體即吸

取流質補此空處一細粒石灰與草酸相遇即變為不消化之鈣養草酸植物體內其變化俱如是而植物之生長新囊新膜陸續造成含雜質之流質即陸續入植物體中

上所云植物由根吸入養料係化學一法而植物之賽爾內面有膠類物一層名曰普魯秃潑來成即原料即生物原之微細初基料此原料襯貼賽爾囊之內面且成筋條形如細絲由囊之一邊連於彼邊而各賽爾互相擠密此細絲又能通入彼此牽連而各賽爾由是相通此普魯秃潑來成考究功用博物士以為此即賽爾中有生命之要物而賽爾中藉此最要之物以行其生活情形其原料中蛋白質料是其靈捷化學物而功用在激動吸法之職司實則所謂植物吸法動情均倚植物之生命也即是賽爾內原料之生命也

吸水法

今須明植物清水吸法動情並吸養料之動情水由植物之葉騰出或吸入與其吸法動情有關而與吸取養料法無關蓋植物賽爾中物質變成定質而失其水則吸取其鄰賽爾之水於是各賽爾彼此運水直至近泥土之賽爾吸取土中水而源源不絕矣然植物中運水法與葉騰出汽質不可謂植物內全賴此法而取其養生料因地土空

氣多水質處如熱帶森林尤為茂盛如玻璃花房如華德植物罩內而植物均茂盛由葉騰出水乃甚少也

華德植物罩

此植物罩倫敦人華德所創因以名之有一箱上有玻璃罩其內盛濕土以宜植物生長最簡便之一種即係玻璃瓶瓶之半盛以濕沃土而塞之尋常用一堅固木箱內襯白鉛或鉛箱底鋪粗沙泥或碎瓦礫一層其上鋪有茅根之沃土一層再上鋪上等之沃土至箱口此沃土先濕之沙泥以水灌之為將來供給滋潤之源於是將植物殖於沃土中而以玻璃罩於箱上又以塞門汀土封之

此器如一小天地其中水植物用之循環不絶而所需之炭養氣並淡養氣由土中腐爛物供給之泥土騰起水汽及植物引發之水質令此罩內空氣恆濕而植物卽資之餘者著於玻璃凝結而下復飲入土如玻璃罩外熱度高者卽吸入土而不凝結矣由此觀之其中植物所遇之空氣含濕甚足且極均豈若澆水有多寡之弊哉其中植物又將炭養氣或水化分養氣還於空氣中與罩外植物同而此養氣又與土中物質和而用之

在人煙稠密之城鎭用玻璃罩爲保護植物以禦煙塵穢氣等故其罩並非密不通氣以便隨時揭開採去黃葉修飾枝幹而外來空氣與之相遇其實不必如此也夫華德植物罩之大功在自能運化水與氣而又自能齊其寒暑如植物在船行遠水程其罩須密不通氣昔英人名福親在中國覓得異類花草載往歐洲卽用此法以玻璃罩封密之置於可見日光處無需注意雖經數月猶無恙也而倫敦地方因空氣多煙塵從前常用此法或置室內或庭中或陽臺上均可

毫管吸水法

植物毫絲條中飲水法卽助植物之運水在賽爾之外羣賽爾之間水經過植物之毫絲條並毫管條甚速而由根

吸進之水卽在此空隙處留滯一層水由隙吸上較賽爾中來往之水尤速藉此補葉騰出之水況植物中之通管由根取水甚便蓋植物自有壓水之力其通水法較賽爾之運水尤捷也

毫管吸水法於小兒玩弄之籐條或蓮梗吸水法見之如將蓮梗彎入盆水內水卽由管流出有人名蒲歇利藉此意而創一法使木料變陳以便製物又將活樹近根處鑽孔取桶中保護藥水由管通入此藥水由樹之質管升上頗速惟樹心堅質中藥水通入甚少或竟無之又有先將樹砍下截去上端而以藥水用壓力由根灌入此壓力法但將藥水桶置於高處而已如此爲之藥水能將木料毫管中之質逐出而代之

葉騰水汽有時甚速而土中之水速由根入葉補其耗失惟此運水法與由土中吸取淡氣並養料法不同夫葉騰水汽及其體運水皆爲要事而養植物之料雖亦藉水之運行得其功用實又一事也

植物騰起水汽

濕地騰起水汽與植物葉騰出之水汽其情形不同蓋葉之騰汽定係植物中有生活之理而致然也

天氣乾熱有風而地土又暖者葉騰出水汽更多曾試驗

如在華德植物罩中空氣有限數者其葉騰出之水汽不息

呼吸氣管口

據研究身體功用博士言植物呼出之水由其無數微細管口騰出此管葉面並嫩枝均有之在黑暗時則閉或葉枯萎及有濕時亦然其呼出水在日光內則更速因微細管口受日光而暢開如光不甚烈則管口稍閉依威士納查算大珍珠米一顆每一小時由一百桼的邁當平方面呼出之水如下

黑暗時　水九七密里克蘭姆

日光不烈時　水一一四密里克蘭姆

在日光內　水七八五密里克蘭姆

英三十九寸有零合法國一邁當百分邁當之一合一桼的邁當一立方桼的邁當之水合一克蘭姆重數千分克蘭姆之一合一密里克蘭姆克蘭姆者卽法國權衡始數

此博士見呼出水多寡懸殊疑非全係微細管開閉之故因珍珠米幼稚時其管口關閉而呼出水亦甚多也

然余以為要事植物呼出水與其吸進淡氣並土灰料無涉植物有時在濕空氣中能生長而呼出水甚少或呼出水甚多亦無妨礙惟葉內所散失之水由根補足而已否則必枯死在無人曠野處植物情形不一而亦能生長竟有浸在水中而活者亦有不能多吸水質而水入其體不肯散放者此等植物似能禁禦呼吸而蓄水體中運行暢流夫水中植物及無雨水荒野處之仙人掌並蒺藜頗有不同之情形也

尋常耕種之植物呼出水甚多卽知由葉散失之水為數頗多須灌水其根補其不足否則不能蕃殖欲令植物脆嫩而多汁水非但藉多水可令其生養物在體中運化而呼出之法亦宜靈捷則可減植物收進之熱而得寒暑相宜之度盛夏時植物亦藉葉騰出水汽以減熱度蓋根由土中吸入之水由葉微細管口化散則體中過多之熱隨

之而出不然植物將熱死矣在玻璃植物房內因通空氣法或有未善或蔽日光未得其宜房內過熱而空氣中多汽水以致葉面微細管不能從速化散水汽而令其涼則不免憔悴在乾熱時遷移稚嫩植物須略遮禦日光待其根在泥土中自有生機而令葉行其呼吸之職司

植物生長茂盛者其根所需之水宜足用而葉之四周須通氣此氣不可過濕或過乾其意欲令植物呼吸舒暢而免其受害蓋地土或空氣過濕則有害耳園工於空氣過濕時宜留意減其灌水之數或竟不必灌也

呼吸水法

以玻璃窗由框內攜下置於草地草葉騰出之水汽與冷玻璃相遇則為霧或以冷玻璃罩覆於青草上空氣雖甚燥而二三分時後玻璃內面即有霧凝水流下此乃由葉騰出之水汽也

英國博士華壇由此測算草地一英畝每日化散水汽共有三十大桶許各國博士曾試驗凡植物吸收定質留於體內有一磅許者須有水三百磅運化而由微細管化散要之稚嫩植物發出之水較老者更多

昔年博士海爾斯試驗知大小中等捲心菜一顆在乾熱天氣十二小時內發出水二十五磅三尺半高之向日葵

一顆在十二小時內發出水約有二磅近年查得草地每方尺在十二小時內發出水由二磅至五磅博士克那潑查得在乾熱夏天草類一顆發出水等於其體之重數而特海蘭試驗小麥或燕麥之一嫩葉在日光內一小時之久即發出其本體重數之水

勞斯及葛爾勃試驗云有草地每一英畝每年內產馬食料三噸合乾料二·五噸此係十五年中數而每磅乾料之草應發出水三百磅然則上所云之草在生長時每畝必發出水七百五十噸而此草至六月杪為止者試驗耕種小麥田每畝每年產三噸之數合乾料二·五噸以三百乘之則發出水有七百五十噸此在七月杪或八月杪收穫者

距德京柏林城南數里有一鎮名曰達姆博士梅理葛爾在此鎮悉心考究數種培壅澆灌極合宜之植物能發出水若干於是查得苡仁米自小至收穫時每磅乾料發出水三百十磅此乾料即枝葉並穗之乾者至他種植物每磅乾料考得所發之水如左

小麥	三三八磅	燕麥	三五三磅
大麥	三七六磅	馬豆	二八二磅
豌豆	二七三磅	紅苜蓿	三一〇磅
蕎麥	三六三磅	蘿蔔	三二九磅

即此知大概植物發出水數無甚懸殊惟豆類植物較穀類為少蓋因豆類植物近根葉往往早枯故發出水較少若論其二類所產乾料依磅數計之則前已發出之水數幾相等如苡仁米乾料一磅合一百二十七數馬豆合一百三十一數豌豆合一百三十六數

上載之數係論肥壯植物生長完美者或生長未得其宜而化散之水反甚多也

植物體內運水法

植物根之功用在吸運水質其力甚大欲知其理可試驗

之於春季將壯盛植物截斷以壓力表接於斷處水由地土吸入植物根體而至表中即逐水銀升上而代之至吸水力乏則水銀停止可見水銀壓力與植物吸力相等也海爾斯試驗葡萄藤之吸水力可令玻璃管中水銀升高至三二·五寸如玻璃管中盛以水應高至三六·五尺矣好夫買斯脫查得葡萄藤吸水力可抵高至三十九寸苧麻十四寸豆六寸春初葉未萌時斬斷其枝則有汁水流出甚多可明其理如將玻璃管接於斷處可見由根所發之水汁向上升也

德國博物師薩克斯有一法表明根鬚微細管吸運水之

理將一短粗玻璃管一端接於豬膀胱灌以糖水管之彼端以羊皮紙封之而罩以像皮圈接裝一細彎玻璃管而以膀胱浸於水盆內

短粗玻璃管猶根鬚管也而盆水入於膀胱較難於通過羊皮紙惟運水之勢力過此膀胱升抵於羊皮紙即通過而入彎管則水之上升數日後甚高距盆中水遠甚此彎管猶枝幹也亦猶枝幹中之微細管也此器具易備其法易明

植物吸養料消化甚淡

將來論及肥料時當細論植物微細管吸運流質法並化

選土質料之能力今略論植物與地土關係欲令肄業諸生思想其如何吸進養料

土中之水本含植物所需養料為數極微惟植物自能將流質化分得之吸入體內夫水一二萬分僅含燐養五酸一分而植物根能吸入以應所需有時化學師在植物灰中化分物質其數甚少而細究地土或水內竟不能得如醫藥並工藝所用之碘為甚繁者均由海草之灰質內化分得之海水內則不能得也可見此海草之能力實勝於人矣

論此海草即可明根之微細管吸運之功大西洋之海菜

美國沿海之海草往往黏於海中石上或老蚌殼上又鹹水淡水內之綠苔及他種生長於水底之植物皆可明其根微細管吸運之精妙

植物非獨賴流水而生長大半恃溼土中物質水質蓋根鬚之毫管密合於溼土而吸取之夫植物因遷移而枯者其根鬚不能遽與新土密合而速吸所需之料也

泥土有溼即有生意博士薩克斯曾略表其理以一盆盛不滋潤之土而種豆秧一顆並不灌水待其將枯覆一罩以溼氣充足罩內而露豆秧之首於罩外空氣中枯葉即復蘇可延二月之久

卷終

農務全書上編卷二

美國哈萬德大書院農務化學教習施妥縷撰 慈谿 舒高第 口譯
新陽 趙詒琛 筆述

第二章

空氣爲植物養料一源

上已言植物之乾料大分得自空氣如種子一粒於淨沙中澆灌合法亦能生長有子而每粒子無異於舊者雖此沙水毫無炭質小粉及他項爲植物所需者要之地土中不必有炭料而植物能從空氣中吸取也

空氣中物質

空氣中有養氣淡氣並阿貢水汽阿摩尼此外更有炭養氣少許其乾空氣之分劑如左

養氣 二〇·九九
淡氣並阿貢 七八·九八
炭養氣 〇·〇三

空氣萬分中有炭養氣三分因炭養氣較重一·五三倍故空氣萬分中之三分實爲五分許

空氣中炭養氣之多寡各處不同卽在一處各時亦有不同惟統地球計之則此氣之數甚均也在法國奧文省並來因江西岸挨勿爾地方因地面多隙縫又近火山空氣中炭養氣較他處更多南亞美利加之火山每日放出炭養氣爲數亦不少而森林地樹葉腐爛其空氣中炭養氣較空曠處尤甚尋常地土發出許多炭養氣此由生物質與養氣化合而成且燒木柴或煤或草煤並各等動物之呼吸尤多成此氣也

動植物之炭養氣均得自空氣

空氣中炭養氣植物吸取以成炭質設無此氣則青植物安所取料哉而稚嫩植物雖受日光亦不能須臾生活也博士待少用法表明其理取玻璃管灌滿溼石灰包於植物之枝葉令炭養氣盡被溼石灰收吸此葉卽不能生長

矣

炭養氣爲植物所必需故此氣實屬甚要然查驗此氣其數甚微而竟不可無也夫動物全賴植物以養生卽食動物而生者亦何莫不然雖謂宇宙間動物全賴空氣中炭養氣以生長可也第有直接間接之不同耳如將此甚微之炭養氣盡收滅之則地球面忽變爲沙漠地絕無植物矣

炭養氣爲植物葉化分

初查知植物葉有化分炭養氣之功博物家均以爲奇今紀諸博士悉心考究此事頗有趣味

西曆一千七百五十二年瑞士國生物博士白奈脫查知

青葉浸於水曝於日光內卽發出一氣彼時無化分氣質之法所以白奈脫考此希奇之事無從深究此博士又查知植物葉以沸水煮之卽浸於水不復發此氣遂疑前次青葉所發之氣質由水中吸得空氣也

一千七百七十一年潑魯斯已考得化分氣質之法而知氣質之非一因考究植物葉化分氣質事而知葉發出者有時係炭養氣有時係養氣有時竟無氣可得惟潑魯斯更查明植物與動物呼吸之法適相反而交相爲用蓋動物呼出穢濁之氣吸進宜於養生之淸氣而植物呼出養氣吸進穢濁之氣空氣藉此淸潔又法來格林見潑魯斯之試驗植物在甚穢濁之空氣中頗茂盛因紀錄如下云植物能淸動物所壞之空氣乃天工妙理植物在穢濁空氣中茂盛此卽淸潔其空氣而吸取不宜於動物之質並非有所加入也博士潘昔佛爾首明植物葉由空氣中吸取炭養氣爲其生長之料

潑魯斯之後數年卽一千七百七十九年博士廕存好斯表明植物發養氣乃在葉與水共見日光時此試驗所得爲緊要關鍵也又查知於黑暗時發出炭養氣而植物之無青色者如花與根並果斷不能發養氣惟發炭養氣又植物養於井水發出養氣較多於養於河水者今吾等知

其所用井水含炭養氣較河水所含者必更多也

在一千七百八十三年沈比厚始確實指明植物葉發出之養氣並非來自葉內因葉浸於水而得之如水中無炭養氣者使水與葉均見日光亦無以發也以熟水浸葉卽無養氣海草常浸於水底能發此氣海水中含有養氣在空氣中者亦然博士待少又表明植物發出養氣而其體增重蓋留其生長物質於體內也至一千八百四十三年特來潑考知靑葉不僅在日光中化分其水內所含炭養氣尙能易化鹼類炭養並鹼類二炭養氣中炭養氣可將此二類先化於水以葉浸入試之

一千八百四十九年博士克羅斯有二簡便法登於報云青葉化分炭養氣可用水草試之將一大玻璃瓶灌以尋常之水至五分之四納水芹類數莖於其中於是加滿炭養氣之水卽鹹荷蘭水塞緊之而插一灌滿水之玻璃管管之彼端則裝插於灌滿水之倒置玻璃瓶內此瓶卽置於水槽內而移一切器具曝於日光中則見養氣在浸水之葉發出有微泡而此養氣卽由玻璃管通入在槽之水瓶內待其數足以試驗乃由槽內取出正置之如欲知瓶中盡係養氣與否卽將鉀養水少許入於瓶盡收所有炭養氣而所存者養氣也以細木柴燒火投入則烈炎忽發光彩

燦爛

然今欲試驗有更便法將植物或葉於空氣中試之不必在水內也而今所明之理乃由漸考究得之是當初試驗諸法爲斯事之歷史矣然論植物生長以爲最要者卽青葉能在日光中化分炭養氣爲養氣及炭質而放散其養氣留炭質於體內

植物葉由空氣收吸炭養氣有蒲生古試驗之確證用一玻璃瓶此瓶有管口三將葡萄青枝塞於一管口緊緊而不通氣於是由第二管灌入有限數炭養氣之空氣卽由第三管通出惟第三管口接有器具收聚通出之炭養氣

此爲瓶內葡萄葉未及收吸者於是權其輕重而知瓶內之葉已收吸炭養氣之數有四分之三

呼吸氣質法

炭養氣入於植物之葉大約由勻散並呼吸法而進之與流質入植物根鬚之法相同二種氣質相遇驟和較二種流質相和尤速無論氣質之重數不同又無論其位之上下如何彼此攪和自能極均

論微細管之呼吸法氣質流質相同其相通之遲速須視膜之情形凡氣質最易膠於薄膜或爲薄膜所吸者卽速入之如一氣質易消於水者則入溼膜較易於乾膜

博士格蘭亞姆藉此微細管呼吸之理而悟養氣變濃之法以甚薄像皮等爲膜可謂不通空氣而無微細孔矣然猶能收吸也或令空氣變爲流質通過此膜入彼眞空復放鬆而成氣質

一時養氣通入此薄像皮膜較所入淡氣可多二倍半然則此薄膜可當密篩而分隔空中淡氣一半之數凡空氣通入此膜者有養氣百分之四十一或四十二如依尋常之數僅有百分之二十一耳乃以細木柴燒火投入此濃氣內卽烈炎爆發燦爛可觀

濃養氣法又如下將薄像皮膜袋以細鐵絲紗張開置於

寬暢空氣中用抽氣筩去其空氣而在外之空氣自入惟所入者養氣之數獨多其初或以此法濃其空氣爲鎔化金類物足用而已然此氣雖佳其費則巨也

格蘭亞姆依此法查得炭養氣通過薄像皮膜較空氣或養氣更速今以淡氣通過此膜之速率爲一千數

養氣速率	二五五六
空氣	一一四九
炭養氣	一三五五八

植物吸氣質法

植物葉面有膜泡飲吸空氣中炭養氣其綠色質能化分

此氣留炭質而吐養氣還於空中

葉本無收吸炭養氣之能力惟其膜泡收吸一分子炭養氣之後當即化分於是隨收隨化陸續不絕博士發否云空氣內炭養氣至葉面之理猶鉀養一塊置於空氣中而炭養氣即就而入之未幾此鉀養吸進炭養氣甚多充其所含之量而後已

植物在空氣中依此法收吸炭養氣而變成植物體中各質然氣質之例常欲平均或因風或因日光曬熱地面空氣上騰即有新來之炭養氣時與植物葉面相遇以資其吸取

植物留炭質法

植物化分炭養氣之法尚未得其詳然放散養氣之數幾與所化炭養氣相埒其化分須與葉之綠色質相遇已有實據又知化分時須藉日光惟其詳細情形尚未考知也蒲生古早已考得炭養氣與水同時化分其式如左

炭養$_2$丄輕$_2$養‖炭養輕$_2$丄養$_2$

此理甚確因水與炭養氣實為綠色質化分惟炭養則未化蓋葉中所有糖小粉寫留路司均有炭輕並養也如以六與炭輕養相乘即為炭輕養此即植物體中數種糖之原質分劑如以十二乘之並減去一分子水即為炭輕養此式即蔗糖原質分劑於此式內更減去一分子水即為炭輕養此式即小粉寫留路司對格司得林之原質分劑自學問廣博發達以來蒲生古以為或有此理者今皆知炭輕養之分劑適合於福密克阿勒弟海特此物或在葉中化合成之而化學家以為此料變成糖亦不難也或葉中由此物漸變成糖小粉寫留路司及同類之物以顯微鏡在日光內查究植物綠色質中見有小粉少許若將此葉置於暗處或無炭養氣之空氣中則小粉不得見復置有光處令其得尋常之空氣化分炭養氣則又見有小粉惟此小粉陸續運散至他處生長新枝葉之用而顯微鏡

所見之小粉乃多餘之數尚未運散者也須臾又將運往他處矣

葉中化分炭養氣首見之質係小粉其次即油或瑪內糖或更有一種特別糖如葱所含者均係炭輕養原質所成然植物體內往往先成糖後成小粉而葉中之小粉實由糖變成者

炭養氣中之炭質變為生物其理如下蓋植物葉在薄暮時所含小粉往往多於清晨雖其料在葉中無論晝夜均有之必須藉日光而後成夫此小粉即炭質所變者也博士麥約云斯事極宜注意凡為養蠶而採桑者於將晚時

爲妙採取菸葉則宜淸晨其故因淸晨葉中所含小粉數少五分之一而菸葉中含小粉愈少愈佳凡晾乾而發酵卽去其小粉以適於用也

葉中綠色質又吸取空氣中炭養氣集成一部分而膜泡吸進外物消化變成植物之各料猶動物飲食在胃與血內消化運散變成骨肉

數種植物吸食生物質

上所云皆尋常開花結果之植物而菌蘑菇及他種木耳類吸取食物其法不同大半不能化分炭養氣吐散養氣又不能以炭養氣與水變爲生物乃似動物之食植物或

動物蓋所食者已早成生物也大木耳類甚喜吸化腐爛物質且甚易而各種寄生物皆能吸食生植物如已受損傷之青草五穀類植物卽有黴爛是也有博士養黴物於水中而稍加炭質之物如糖草酸物柴灰淡氣和物因此黴物無需化分炭養氣故在黑暗處生長甚易法國地窖並山洞內產菌頗多而英國亦有人言及鐵路橋環洞下亦可爲種菌之地

凡動物廢壞植物而高等植物吸取物質蓄積勢力爲將來食物柴火之用夫動物之熱度並勢力均由植物變化而來卽考食物之原亦何莫不然如燒柴而得熱其勢力卽藉機器以運用由是論之農事之要旨欲有益於人類也是將收聚其勢力而此勢力由光熱得之夫植物常盡其能力補養其廢壞所謂廢壞者如火燒並動物往往將柴料及植物化爲死物質宇宙間木料煤草煤並一切食物推其原均由日光與植物葉之綠色質相遇變化造成者卽將空氣中炭養氣化分也或謂綠色質係性命起原之點洵然如收吸空氣中炭質一磅變成植物料卽宇宙間所增勢力等於將來燒此炭質一磅勢力之數也

留炭質所需之光

照相之法全賴日光中靑蓮色化學光線化分其藥水而

成影形尋常顏色減退亦此光線力也惟植物葉中炭養氣之化分則與此光線無涉而賴黃色光線其力甚烈有博士查得炭養氣爲植物葉化分最速者在七色景之黃色光線處離黃色光線兩邊化分力卽漸減博士發否考七色景各化分力而以最大之黃色光線力爲百分列表如左

一	紅	二五·四	五	藍	二二·一
二	橙黃	六三·〇	六	靛青	一三·五
三	黃	一〇〇·〇	七	靑蓮	七·一
四	綠	三七·二			

靑蓮光線外卽有無光之傳熱線此乃絕無化分之力上載各數係光力之大小如以線表明則中高而兩端向下

植物需多光

試驗後卽知植物化分炭養氣之多寡全賴光力之緩烈而茂盛與否亦與得光之足否相因由此知植物生長非第令其熱並須足其光

瑞典挪威國春季甚短夏季並不甚熱其植物乃生長頗速推其故因晝長夜短多受日光而由日光傳來之熱留於地土不能驟涼則植物在夜間可免寒涼而阻生長之機也

更北之地猶種五穀惟植物生長之期尤促在北緯線七十度挪威之阿爾呑地數年夏季熱度之中數爲法倫海寒暑表五十四度於此地所種苡仁米較克里斯梯阿那地所種者成熟早二十日克里斯梯阿那地在北緯線六十度夏季熱度中數爲六十度而二處之植物其生長茂盛亦相等最奇者植物亦有傳代之性取北方之種子播種於南方初年猶有其本地速成熟之性也

植物受鐙光生長

植物受鐙光能否生長此問題當初人意尙未有定華德考知攀紅花能受煤氣鐙光生長植物傳士待康度爾取

一種知羞草在白晝置於黑暗處其葉驟收乃將室中鐙光悉明其葉復開凡植物令其不見日光而變成淡黃色者置於煤氣鐙光中卽變成綠色如置電鐙光中變綠色更速

由此以觀人皆以爲油鐙煤氣鐙光不足令植物葉化分炭養氣雖用電鐙光稍能令其生長與在窖林中無異近年圃工用電光而種生菜頗獲利且諸種植物亦可令其受鐙光生長凡植物需光不多者均可用此法也

數種植物能在寒天氣生長

人皆知天寒卽阻植物葉化分炭養氣之能力博士克羅

斯曾查知熱度在法倫海寒暑表三十九度有水種植物數種不能呼出養氣在五十九度則無不呼出養氣者至八十六度爲最甚由此熱度漸減化分炭養氣之功亦漸減至五十度則俱止蒲生古查知熱度在三十三至三十六度落葉松之刺仍能化分炭養氣有一種草葉熱度在三十五至三十八度亦能化分之杜松並石苔菜能在零度下四十度天氣尙能收吸化分炭養氣

霍湯尼亞葉常在熱度四十二度時化分炭養氣至三十七度猶能之其最高度在一百二十二至一百三十三度尙能呼出養氣而八十八度爲最宜珍珠米須五十九度

始能化分炭養氣也

植物在黑暗中呼出炭養氣

植物不見光則不呼出養氣而呼出炭養氣是植物在黑暗中非但不能化分炭養氣並其體中已化合成者吐散於空氣中斯事於後論養氣節內言之

論光與植物之關係蒲生古查知豆一粒重〇・九二二克蘭姆依尋常天氣在二十五日內生長成秧令乾之權其重一・二九三克蘭姆所增數爲〇・三七一克蘭姆其中炭質〇・一九二六克蘭姆養氣〇・一五九一克蘭姆輕氣〇・〇二克蘭姆更有豆一粒同此情形同時所種者惟不令

見光此豆原重數係〇・九二六克蘭姆後減至〇・五六六克蘭姆其化散之數〇・三六克蘭姆其中炭質〇・一五九八克蘭姆養氣〇・一七六六克蘭姆輕氣〇・〇二三二克蘭姆

植物體內含空氣數

上法外更有一法以顯日光令植物化分炭養氣可將置於黑暗中植物內空氣與在日光中植物內空氣相較先將植物置於滿水之玻璃器內此水須沸之去其水中所含空氣乃與抽氣筩相接抽去空氣而植物體內所含空氣即放入眞空試驗化分之

取植物二束同置黑暗中數時後將一束置日光中二十分時乃將二束依上法出其體中空氣於眞空而試驗之

燕麥	日期	植物含空氣百分數		
		淡氣	養氣	炭養氣
暗中	七月三十一號	七七・〇八	三・七五	一九・一七
光內	七月三十一號	六八・六九	二四・九三	六・三八
暗中	八月二號	六八・二八	一〇・二一	二一・五一
光內	八月二號	六七・八六	二五・九五	六・八九
暗中	八月二號	七六・八七	八・一四	一四・九九
光內	八月二號	六九・四三	二七・一七	三・四〇

由此試驗可見植物體內實含空氣在黑暗中空氣中之養氣令植物之質變成炭養氣而在日光內此炭養氣又爲植物化分放散其養氣

觀上表黑暗中植物之養氣僅有百分之四三・七五卽近於四也而尋常空氣中養氣百分中有二十一分是消耗甚多蓋與植物之炭質化合而成炭養氣故也

養氣爲植物所需

植物生長與養氣頗有關係如因其化分炭養氣放散養氣遂以爲養氣非要物則大誤矣蓋植物體中含此氣質亦甚多也蒲生古在法國東省阿爾散斯田莊將植物權

其輕重而化分之計二·五英畝以六年輪種番薯苜蓿蘿蔔豌豆燕麥收成之總數在新鮮或氣乾時共重四萬六千五百六十六啟羅克蘭姆（每啟羅合英磅二·二）其中所含各質分劑如左

炭質	養氣	輕氣	淡氣	灰質
一〇九五〇	九四〇五	一三六九	三五四	一三五三
啟羅	啟羅	啟羅	啟羅	啟羅

且植物並動物晝夜與養氣化合而成生命之勢力如動物在無養氣之空氣中即死而靑植物在無養氣之有光空氣中則不能化分炭養氣亦必黃萎矣下等植物如發

酵之苔類可不吸空氣中之養氣蓋所吸生物質內已有養氣也然黴菌並苔菜類亦有吸空氣中之養氣而發出炭養氣者

植物生長即增其新膜泡也此新膜泡即由舊者分出而全賴養氣化力成之於斯時則有炭養氣發出上言動植物均需養氣蓋其膜泡亦有呼吸苟不得此氣植物亦將悶死矣

植物之呼吸有似動物所以昔人曾言植物與動物相較內外而已蓋動物呼吸在內而植物呼吸在外也

昔人之意以爲植物呼吸似動物之肺而根似動物腸內之薄膜蓋皆能吸精液也惟植物吸進食料有二道根與葉是也外物由空氣或泥土吸入其體內然後消化其消化之功即在膜泡中而呼吸之功亦在膜泡中也須養氣甚多方能令膜泡中蛋白質變成補養之料

種子萌芽時吸收養氣甚多其根萼花果亦然

植物生長在初萌芽時已不能少此養氣如種子一粒已有萌芽而阻隔其養氣即黃萎而死然令其在純養氣中其萌芽較在尋常空氣中並不更速而空氣含有養氣九分之一或十六分之一其情形較在尋常空氣中亦復相同至尋常空氣含養氣五分之一也如令空氣中僅有養

氣三十二分之一尚能萌芽惟甚遲而已度其將來生長必瘦弱散播種子須注意不可過深恐將空氣阻隔如泥土多水種子難免腐爛不能萌芽因少養氣故也然清水之下能萌芽者蓋水中含有養氣數分也

植物花萼將開時由空氣中吸收養氣甚多設無養氣其萼必萎植物根亦吸養氣數分蓋養氣與根之生命實有關係然各種植物根吸養氣多寡不同大約穀類菜類根均需之所以泥土宜有微細孔令空氣透入如泥土多水則養氣不得進而植物難於生長惟水種植物即吸其四周水中之養氣而蘆葦並溼草地植物泥土中多水亦易

生長其根所吸之空氣僅由水所化者又有數種溼地植物可在無養氣之水中生長總言之植物根必須吸養氣乃能生長有植物根在流水中而此流水含有養氣如浸於不流之水則必死大半植物如將其根置於炭養氣並淡氣之空氣中即速死如置於純養氣中者尚能生活因植物根吸收養氣時又發出炭養氣惟不及所吸養氣之多也

法國南方夏間罕有雨水歇勃塔爾見該處農夫移去葡萄根旁泥土令根四圍成潭出其根鬚即見此根及根鬚生有新葉以爲吸得空氣中之水氣而蘇也殊不知根所

吸水來自地下開此潭之功係令養氣與根相遇也

園圃中道路往往以柏油鋪澆之雖步履較適而近處樹根則不能多得空氣所流雨水滲入泥土亦有損於植物也

種植物於池者其水須多氣泡宜作噴水泉因此等水多含養氣且可免池中結成鐵硫之弊也

果將熟多吸養氣花亦然於時又發出炭養氣而吸養氣之處又放炭氣

植物生熱

人皆知養氣與物質化合即生熱而植物生長亦有熱也

如早秋或暮春下雪於青草葉面久之即融而在近處田地並道路之雪尚未融焉蓋草葉騰出之水汽天然足其熱以融化此已足濕氣之雪取多葉植物一顆置於密室而室內空氣已溼者此植物葉面即化散許多水汽而令空氣含溼更甚並傳其熱以增空氣之熱度

植物葉面之水騰入空氣中係葉面有熱故也其熱由化合而生蓋植物體內有此化合之功則葉面熱度自較空氣之熱度更高夫動物莫不呼出水汽植物亦猶是也

開花時植物生熱更甚可以寒暑表測之茄羅考究芋艿花一束係意大利國所產者在一小時內吸收養氣較本

體重數二十八倍其熱度較四周空氣之熱度法倫海寒暑表高十五度杜脫羅歇查知一種芋艿開花時熱度較空氣之熱度百度表高十一度至十二度而潑山又查知提項花熱度較室中空氣之熱度百度表高十度

儲藏果品芋葱類亦需養氣

果品如蘋果梨橘等吸收養氣甚多而發出炭養氣匪特在將熟時即成熟之後亦然蓋養氣與果品化合乃得熟美已成熟之紅菜頭及冬間儲藏者亦能發出炭養氣並糖質若干紅菜頭千擔於兩月內計化散之糖質約十擔而所含空氣中有炭養氣百分之三十至三十五養氣○

二至○六淡氣六十四至六十九

種子萌芽亦然凡種子在黑暗處萌芽者豈第不增其重數且反減之因其質料與養氣變化而失也炭養氣如前所云發出而養氣與植物中之質料相化葢植物之膜泡內和物與養氣化合成器料以供花與果所需或生長嫩芽此等工作晝夜不息皆屬消費其本體之質惟有青枝葉由空氣並地土中吸收未成器料之質變成新質料夫動物之卵胎全賴母體之質料生長植物之花果亦無以異是

養氣工作

植物在黑暗中常漸發出炭養氣苟無養氣何以成之故養氣實屬甚要今人皆知植物無論在光在暗中養氣在其體內常成此炭養氣即養氣與植物所含之質化合也且植物所含料如糖類能變爲他料於斯時又放散其炭養氣然在日光中此炭養氣又爲綠色料化分不令其放散是以欲考炭養氣宜在黑暗處較在日光中爲易也惟博士茄羅言炭養氣即受日光亦能放散取植物青枝葉納於玻璃瓶內令受日光灌以石灰水而搖動之此水即變乳色因有鈣養炭養也

天陰晦暗植物呼出炭養氣或呼出養氣以光之明暗植物之老嫩爲度然在暗中植物所吸養氣之數以呼出炭養氣數度之則較日間爲植物所攝定之炭養氣數爲甚少也

博士科爾渾特考究之言曰植物受日光十五分或二十分時化分之炭養氣數較全夜放散者更多蒲生古查知植物在日間自上午八點鐘至下午五點鐘十桼的邁當平方之葉每一小時化散炭養氣五立方桼的邁當有奇在黑暗中每小時桼的邁當平方之葉化散炭養氣僅有立方桼的邁當之○•三三

他色葉仍有綠色料

有數種或紅或黑或青蓮色之葉如靑蓮色樺樹葉及海帶菜類其化分炭養氣亦全賴綠色料惟其色爲他色所勝遂爲所奪耳故紅葉化分炭養氣之功不如綠葉之甚而紅葉樺樹並紅葉楓樹化分炭養氣較少於尋常樺樹楓樹六倍是則尋常綠葉植物生長較速其理相符也

淡氣與產物關係

空氣中由利淡氣與植物似無關係而穀類如苡仁米大麥其根在肥土中吸取淡氣和物如淡氣鹽類並阿摩尼鹽類苜蓿豌豆並他種豆類其泥土中須有淡養鹽類乃能善其生長葢此等植物根生有小腫核係微生物所成

能吸收空氣中由利淡氣以供植物所需而植物藉此速於生長

斯事人莫不奇之蓋植物不能徑直吸取空氣中淡氣也然空氣滿布宇宙間約每百分中含淡氣八十分而植物竟不能吸取必藉附根微生物而得之不亦奇乎博士家深加研究亦云植物不能徑直吸取空氣中由利淡氣也蒲生古以浮石洗滌烘燒滅其微細動物研細之與畜糞及灰相和作爲新土盛於大玻璃甑內澆灌清水而種各植物子待其萌芽乃以小瓶中炭養氣納入之而小瓶口即與甑口相接意欲供其中植物所需炭質也此甑連小

瓶淺埋花園泥土以受涼閱數月任其自然此係華德植物罩之法惟所製新土並無淡氣及炭質也

然後取出所長之植物悉心考究有無淡氣並將同種之子試驗之

試驗數次後此小植物所含淡氣共數較同種之子所有者爲少而由空氣斷不能得少許之淡氣也

然植物必需淡氣如將淡氣鹽類物或阿摩尼鹽類物置玻璃甑中則速吸食取出化分可得淡氣之質也

空氣中由利淡氣甚多百分中有八十分惟植物不能徑直吸取須藉附根微生物吸食以供之至各種植物中有

能徑直自吸空氣中淡氣與否俟將來查考而知之

植物葉吸阿摩尼氣

空氣中略有阿摩尼炭養氣大約植物吸收者其數甚微度其與植物生長無大關係曾試驗空氣中尋常所有之阿摩尼氣與植物生長無涉然將阿摩尼氣或阿摩尼炭養氣用法噴散於空氣中和之則玻璃花房中植物生長較速可知空氣中天然阿摩尼與植物似無涉者其數甚微故也用法增之則見其有益矣

玻璃花房中以阿摩尼炭養定質置於熱水管上即融化騰入空氣中至房內空氣萬分中含有此質二分至四分

遠見植物暢茂

吸收空氣中阿摩尼似不必藉日光之力惟阿摩尼與植物體中汁漿酸質化合而已又有植物其花瓣中能積水微小飛蟲入內覓食往往溺斃植物令其腐化於水變成阿摩尼而吸食之以資補養

植物葉吸水汽

尋常空氣含有少許不能見之水汽天熱時所含者較空氣幾及其半天寒則減法倫海寒暑表三十二度時空氣一分能含溼氣重數一百六十分之一每加二十七度含溼氣數即加一倍如五十九度能含八十分之一八十六

度能含四十分之一至一百十三度能含二十分之一或云植物不能吸收空氣中之水汽今考其果能吸與否斬楊樹或銀杏樹一枝懸於空氣中須經數月乃枯死雖與本樹並泥土隔絕尚能發新葉可見其得水暫生者必吸自空氣中也

尋常人以爲植物葉能吸收雨露然不甚確曾試驗之略能吸收而大分非由此而入也已斬之樹枝懸於空氣中葉即乾黃若將其枝之數分浸於水則水外之葉放散之水由浸水中之葉吸運不致乾黃矣田地植物當乾熱將黃萎時忽遇雨水即復蘇蓋由葉面吸收雨水若由根吸入安能如此速蘇哉

葉面吐水

然有植物其葉並枝如遇雨露不能親近因其枝葉有似蠟之薄衣或微細毛絨阻水之入惟雨露膠黏葉面能阻其發散之水汽令其回轉葉即潤澤

以上均言尋常多葉植物若夫粗細青苔類在溼空氣中易收溼氣則柔而潤如空氣熱燥則變爲硬而脆總言之植物根係吸水之路需水若干均由根取諸泥土

上論所以明植物根吸水甚多而由葉放還空氣中然必有水若干留於體內與炭質等融化而成植物之器料並藉留存之水得其輕氣夫輕氣爲植物必需者又有水留於植物之毫管中而用之

植物葉放散水汽爲數不等以空氣並地土寒煖燥溼爲度如空氣燥熱則放散水汽甚速而在日光中亦較在蔭時爲速然夜間並不停息據人云陵冬不凋之植物放散水汽較他種植物爲少凡夏季炎熱時放散之水汽較根所吸收者更速故易黃萎惟遇陵雨即澍生蓋植物遇雨水則涼而減其放散水汽之數況四圍空氣亦已含溼也

地土與熱關係

欲令植物枝葉暢茂須足其熱度夫人知之如各事完備則生長甚速而尤係於空氣並地土熱度均平據人云土產豐盛全賴天時平和料理地土次之地球面植物種類分布均與天氣相宜待薩蘇云吾等以爲植物之壯盛全賴地土之性情誤也蓋植物豐歉大半視空氣熱與溼爲定也意大利國之西西里島並克來勃里亞省田地磽瘠如該地在瑞士國將絕無出產乃生長之植物較瑞士國肥地所產者猶勝數倍焉

倍根云煙囱背後所種果樹其實成熟較速因得煙囱之熱也如室中常有火鑪窗外樹枝即俯向之欲受其熱如葡萄樹有一枝繞曲而入廚房者其實較在外者成熟早

一月，即在嚴寒之地，房中用火鑪，安見橘樹之不能生實哉

天氣依緯線度數本有參差，惟地土之寒暑，亦視該地情形而不同，匪特日光有多少濃淡正斜，而空氣燥溼降落雨水，地中流泉亦有多寡，並泥土內生物質，或器料，或他項物質與養氣化分而生熱，或因騰散水汽而減其熱，或易留熱，或易傳熱，並植物與微生物之有無，因此多故，熱度遂不同焉

地土與日光關係

地土方向如面南等語，實有關係，俗云，朝晨日光於植物

生長尤宜，斯言良是，據博士馬歇爾言東南方向受熱多，受光久，過午而西方向始得直射之日光，面東植物朝露未晞，寒氣未消，其時旭日初升，數小時後由漸暖和，至午時最熱，而面西之植物驟得日光之炎熱，此熱雖宜，然為時不久，日中時空氣偏熱，且均宜於植物，自較驟冷驟熱者為有益也，面西者薄暮寒涼，即阻植物生機，由此知東南方向之植物生長之時久，而受日光之熱又均而多也

博士密且爾盛讚面南或面東山坡之佳，因能受朝晨第一光線，而得各春季第一暖氣，又云有益於農家者，在北緯線地土，如面南山坡，而溫帶地土面南者，朝晨受日光二小時，可抵下午三小時，論農事者，均言及溫帶中歐洲各國，面南地土，得益匪淺，而美國北省尤宜，因該地風俱由西北來也，更有植物宜面南之山坡，然斜度不可過甚，致礙耕種，或易為雨水沖刷

意大利國農家注意於耕種之田，須澆水者，令其由北而南，通水溝道由東而西，然在高山面南面北之向，關係更屬明顯，如在阿爾勃山之南者，匪特耕種甚廣，且五穀等種於山坡，可較北面坡更高，在瑞士國山谷斜坡種燕麥並苡仁米，可高於海面四千尺，而南坡所種，可高於海面五千尺，歐洲極北地名來勃蘭呧特並司配茲盤格呧面

南山坡常有植物，其北坡則有終年不消之雪

倍根所著植物書云，種樹可令墻面有暖，而面南或面東南者生長速而果熟易，東南方向更勝於西南，因東南侵晨即得光熱，消除夜間寒氣，而西南則酷熱過甚也

一千六百九十三年，赫敦論英國田畝犁成埨形，東西方向多受日光，蓋地形愈斜，得日光愈熱，博士格司配林之意，凡種花子，須作埨地，撒子於向日之面，可多得熱，如一長方地，東西向者，將南面泥土移運北面，則南低六寸，北高六寸，而統地形斜度共一尺，即於斜面撒播種子，當春季發芽，可較平地所種者早數日，如斜度較坦，即一鋤之

力而斜之者其效亦可覩焉

面南或不宜

田地方向應察其宜植物喜熱亦有喜涼有宜於山坡有宜於山谷或高下均宜總言之植物多喜面南溫和之地而美國北方麻賽楚賽玆省之桃園最宜於面北山坡之黃沙地土蓋晚秋天氣往往忽熱當其時面北田地可得均勻之涼爽則桃樹體中汁漿不致發動而花芽可靜待來春生發然在十月或十一月間此省桃樹如得過分之熱度枝頭花芽勢將生長令其外苞寬鬆此苞本為冬季保護而禦寒者熱過寒來難免凍傷在此省各地欲令桃

樹得其宜須足其花實所需質料靜待來春生發又不可用肥料培壅促其生長並任其受嚴寒酷暑也

德國胡爾奈細心考究日光之向背作一泥墩插許多寒暑表於土中深六寸此泥係沙土略有腐爛植物雜之者其斜度十五度考得十一月至四月為寒天氣向西南斜面熱度最高夏季向東南斜面熱度最高至於孟秋則向南最熱季秋向西南最熱此方向各不同而寒暑表俱插深六寸而夏季最熱者係面南斜坡其次平地其次東西兩面最冷者北面所以種植物於南北方向之地均較東西方向者熱度更均蓋東西方向晝間甚熱然欲均其熱

度莫如平地也

胡爾奈如此試驗以為面南並西南最熱其次面東面西又次東北西北而面北為最涼總言之地土熱度以面南為最高向北漸減

山坡可種春季成熟之植物

山坡斜度又有關係其斜度二十五至三十度者日光照射最烈在北方寒地成斜度而向日光更可禦寒風則空氣和暖較他處迥然不同有似該地移往南緯線數度矣北冰洋之高山坡地位相宜者日光幾直照蓋極北之地日在天邊況該地晚間常多雲霧更可免熱氣之散失也

美國麻賽楚賽玆省城名抱絲敦田地磽瘠間有沙土而近郊農夫擇面南山坡耕種早成熟之蔬菜類該地建造房屋亦宜同此例如居民稠密展其地界須面南山坡不能容而後及於面北山坡博士馬歇爾之言曰凡山斜向南者猶面南之墻壁也山南距地面數尺之空氣熱度較高於山北至果蓏豐腴亦賴空氣之暖如葡萄一枝彎入玻璃房內所生之實較在外者更豐腴而香惟面南山坡如為鬆土則應留意恐盛暑時易乾燥而植物受損也面北山坡鬆土不受酷熱可免斯弊

回熱

回熱之益可於歐洲尋常農夫見之乃令嫩弱果樹在墻南成熟也英國北方梨梅等果往往以此法成熟之縱有歉歲而以英國之天氣能令若是美國北方人見之以爲甚寒矣倍根言英國人種樹墻南多得日光也如杏梅桃葡萄無花果等依此法種之可獲二益一得墻面之回熱二阻北方之寒氣凡樹獨立而高大者上枝遮蓋其下枝惟蔓布墻面則上下枝葉均受日光種香瓜之法先將地土築高成面南斜坡壅以肥料令土生熱然後撒子多得日光之回熱待其生果襯墊瓦片則回熱更多上覆以草藉禦寒氣如此栽培英國所産香瓜可與意大利國及内

地所産者爭勝矣

墻壁本有保護稚嫩植物禦風寒之功欲考其實卽觀墻之北面如何陰寒在意大利國北方脫斯克納省種葡萄法於墻南作直楞成斜度令枝葉蔓布之夜以席禦霜晝則收捲令見日光

收熱並散熱

墻與地土收熱並散熱亦係要事而地土之色尤有關係焉總言之黑色泥土吸收熱氣最速而散熱亦易如一方地面散鋪鎂養變白色又一方地面散鋪煙炱變爲黑色同此日光照射黑土之熱增高十二至十四度也

美國博士法來格林試驗法最著名於雪地鋪蓋各色呢布小塊閱若干時查驗黑色呢布下融雪最多而初春已耕之田冰凍黑土雪先消融由此觀之淡色泥土可用黑色料散鋪於面令其暖也或以煤屑或以草煤屑或銳珥石泥鋪於面亦可（銳珥石泥卽有油質之石粉）

在德國弗蘭盤地方之博士蘭潑提亞士於寒地鋪煤屑厚一寸種瓜成熟又有人名海納先將煙炱以水濾淨所含肥料然後鋪於番薯田面此田分作四埨第一第三埨均鋪煙炱第二第四埨則否當番薯枝葉尚未遮蔽地面時而天氣又暢晴以法倫海寒暑表查其熱度

二寸深地		八寸深地	
有煙炱	無煙炱	有煙炱	無煙炱
六二度	六〇度	六〇度	五八·五度

番薯在煙炱之下生長甚速其莖葉生長更速更盛可見煙炱能助植物發達也

來因江邊葡萄最易成熟其地有黑石板屑遮蓋之或以爲此石屑有鉀養故肥盛然石屑在泥土中洩水之功亦甚大也

瑞士國掩阿山谷地土有黑色之石屑間有鹽霜深山之麂來舐之春初該處土人到此取黑土散於雪地速其消

融此高地夏季熱不久所以種子須及時播種而八月即知黑色地面得日光熱更速於淡色者依法來格林試驗法黑呢布遮蓋之雪較未蓋者易消因其吸收光熱且得由雪面回熱夫以黑土散鋪於田令雪早融數日此工甚煩儻又下雪則在黑土之上須重爲此功夫矣該處茅舍旁往往有黑土堆積以備來春之用

上所云者特爲寒地設法而酷熱之所將反是以保護咖啡等植物美國北省間有特設薄蔭以護紅珠果等植物法國化學士齊拉待查得番薯已生之後隨地土之性情或八日或十四日乃能成熟於八月二十五號查得有生物質黑色土中已成熟之番薯二十六種在沙土中僅二十種泥土中十九種灰石土中十六種

法國南省有白石粉之地土其性寒涼植物晚成以其色白也凡田地及葡萄園泥土紅色或黃色者較白色土更熱而經緯線並雨水未嘗不同也在白色泥土之田地熱度高至法倫海寒暑表一百零六度而當時空氣熱度有七十七度如鋪蓋黑料即高至一百二十度所以地面曾經焚燒於尋常利益之外更有令土變黑色之益也博士奥姆勒將各色氣乾之泥土查其受日光之熱度如下

	吸熱中數	吸熱百分數
溼草地土	二四·四〇	一〇〇·〇〇
含生物質樱色細土（西名呼莫司即爛土）	二三·二五	九五·二九
沙爛土（呼莫司居其半餘皆沙土）	二二·七五	九三·二四
樱色沙土	二二·六五	九二·八七
沃土（內有爛土一〇分之二）	二二·一〇	九〇·五七
泥土（內有爛土一〇分之二）	二一·四〇	八七·七〇
黃沃土	二一·〇〇	八六·〇七
淡灰色土	二〇·〇〇	八一·九七
細沙土（略有沃土）	二〇·七五	八五·〇四
藍色鐵養燐養五灰石土	二〇·七〇	八四·八三
粗沙土	二〇·五〇	八四·〇二
淨白石粉土	一九·七七	七七·九〇

胡爾奈又查得乾土其色更深者即更暖總言之色與泥土寒暑之關係匪淺即於地土深處亦然又關係四季日出遲早並天氣晴朗與否地土熱度高則寒暑愈顯明在夏季酷熱時深色地土愈熱冬季則無論地土深淺其寒暑高低不甚明顯而在地面下更難測度也寒暑高低深色土較淡色土爲速所以深色土之寒暑每日高低較淡色土更速即是深色土晚間散熱甚易然不能低於淡色土之熱度也在每日二十四小時間熱度最低時土色與

寒暑無關矣

欲試驗上所云云，以木箱盛乾白石英沙，其面篩以薄層顏色料，係煙炱並大理石屑，第其分劑，一箱篩煙炱四分之三、石屑四分之一，第二箱篩煙炱石屑各半，第三箱篩煙炱四分之一、石屑四分之三。又一法，篩溼鐵鏽並石屑，亦作三箱，分劑與第一法同。更有一箱係淨煙炱，一箱係淨鐵鏽，防其淋雨，每箱插寒暑表二枚，一插深四寸，一插於浮面，二十四小時之間，每二小時查觀一次，下表卽示晝夜查觀百度寒暑表之中數，煙炱試驗表列上，鐵鏽試驗表列下

	插於浮面				插深四寸			
	黑	深灰色	中灰色	淡灰色	黑	深灰色	中灰色	淡灰色
一千八百七十九年六月二十八二十九號	三二·八二	三二·二九	三一·九六	三〇·九一	二八·三三	二八·四六	二七·八三	二七·二〇
參差	三四·五五	三三·九〇	三三·四五	二〇·二〇	一五·三五	一四·三五	三·五〇	一·八五
	黑	深灰色	中灰色	淡灰色	黑	深灰色	中灰色	淡灰色
一千八百七十九年六月二十八二十九號	三一·七六	三一·六五	三〇·九三	三〇·七〇	二七·二九	二七·一九	二七·二四	二六·四〇
參差	三一·九五	三二·七五	二九·九〇	二七·六五	三·三〇	三·一五	二·八〇	一〇·七五

此試驗所得甚奇者，浮面篩散顏色料，令其下之土亦有相同之性，卽土之情形猶如浮面篩散之料，同爲收吸日光之熱也

回熱並傳熱

吸熱並傳熱與回熱有關係，而地土回熱之力又與植物有相關。夫吸熱並傳熱同爲要事也。凡光滑之面均有回光熱之功，白色或淡色者更甚，較吸熱並傳熱之力尤大，而粗糙暗色之物則反是。白色光滑有鈣或千層石質之沙，回熱甚多，而暗色之銳珥石質沙粒則吸熱而傳之。來因江邊園中之葡萄樹枝，令其低矮近於地土，以便日間受地面回轉光熱，夜則得地土之傳熱，其果卽速成熟，因得回熱傳熱之力也。由是觀之，更宜篩散石屑或黑煤屑並光亮之錫。法國博士格司配林久疑黑牆令果實成熟，較勝於白粉牆，而英國則白粉牆更妙，因彼處日光不甚烈也

上已言光滑之面，無論何色，易回光熱，而難吸熱並傳熱。如沙土回光熱之力更大於乾呼莫司土，然吸收之熱則羈留不易放散。在烈日中行經黑色地或淡色地，卽覺回熱之多寡，因淡色沙土回熱多，而黑色地土吸熱多，則覺地面空氣稍涼也。物質吸熱多寡不等，如煙炱之類收吸並傳各種熱均能之，而他物質如白鉛粉俗名白染並雪，雖能收壺水之熱，或地土並石之熱，如日光鐙光激烈之熱，則不能吸收。植物青葉吸熱並傳熱之力，等於煙炱，農家宜

注意者

暗色疏鬆沙土在日光中收熱較他種泥土更甚溫帶地面沙土之熱度往往高至法倫海寒暑表一百三十二度而好望角沙土熱度竟高至一百五十九度

粗沙留熱甚於細土

要之地土最易熱者涼最速蓋易感寒暑之高低也土質愈堅則留熱愈久粗沙散熱遲於細沙留其熱至深夜猶未散所以圃工以粗沙土爲早土宜於葡萄之成熟番薯如在溼寒之地更以沙土爲宜夫蔬菜並細果如上所論與農夫頗有關係而他種植物則勢有不同惟枝幹未長

高時地土尚曝於日光中者得益相同也夏季草地較無草地更涼寒暑表插於草地深四寸其熱度卽等於無草地插深七寸在南阿美利加赤地之花剛石其熱度法倫海寒暑表有一百十八度而近處同此石有草遮蔽者僅八十六度

總言之自春至秋植物遮蔭之共數與地面熱度大有關係一田植物遮蔭共數並非全依植物之性速於生長及在地面久暫大半依其種法如何並撒子多寡如排列成行於行間芟夷野草則日之光熱易透入土且能留熱更久較亂種撒子甚密者勝多多矣所以休息之田並無野草植物者夏季熱度恆高於有植物之田也

粗沙留熱可於石並石房屋之熱證明之下所載霍克論喜馬拉亞山之事云我等遇見西藏人於乃斯石之下以鹽袋紮成蓬帳取柏樹生火圍而烘之而江之彼岸有亭係粗石築成者我等卽渡江登亭竊不解藏人何以不入此亭詎知彼等以乃斯石收吸日光之熱至夜猶留可藉以得暖耳夫此石本無體恤之情而余始悟其有吸熱之功後卽效之

城鎮中亦有此情形其房屋磚壁晝則吸熱夜則散熱所以嚴寒之時游歷之婦女往往以磚或滑石燒熱爲煖手

足之具火鑪未行以前美國北省嚴寒天氣在禮拜堂內聽講書者覺甚寒而聽講書之婦女亦以此法煖其手足

奥姆勒查考各地土烘熱至法倫海寒暑表一百二十二度而漸涼至五十九度需時若干列表如左

	漸涼所需時分	留熱較數以粗沙爲一〇〇分
粗沙土	一九二	一〇〇·〇
細沙土	一七五	九一·二
黃土	一六六	八六·五
淨泥土	一六一	八三·九
淨白石粉土	一五八	八二·三

呼莫司黃土	一五六	一八·三
呼莫司泥土	一五二	七九·二
呼莫司沙土	一四二	七四·○
呼莫司細土	一二七	六六·二
溼草地土	一二○	六二·五

溼地易涼

地土之溼與寒暑相關將在溝道一篇中論及余於此言地土潮溼則難測查其吸熱傳熱回熱各事所以測查一田吸熱力恒不能確如沙土之回熱因熱易透入而不易留溼潮溼地土必騰水汽熱與之偕則所費之熱甚多沙

土則熱透入居其中所以播種植物子於沙土在春季萌芽甚速如地面更有相宜之溼其新秧生長頗能發達自然早成熟矣英國沙土所種五穀成熟較泥土所種者早十日或十四日斯事甚要恐生長時多雨水收穫時晴雨亦難測也

田成斜度水易流出所以春間更暖於平地因平地無出水之路惟有騰汽而已所以泥土田溝道得法耕種講究終較沙土爲涼而泥土無溝道者難免久涼因常騰水汽故也其實黃土並沙土留熱因疏鬆而乾而白石粉並灰石之地更涼因其淡色但有回熱而無吸熱之力據農學家言乾燥地土斷不以爲冷土也

考倍脫論花園相宜之土係數尺深之黃土其下有石灰石及沙石或沙土如得其選則拒絕泥土並粗沙匪特地土上層不宜即下層亦無需也如地面下六尺有細泥者則地將寒冷雖盡力耕種而收穫之期較地下無細泥者須遲一星期或十日粗沙甚熱六月上旬所種植物須設法更易如有未能即待盛夏之酷熱矣

前已言用黑色料鋪蓋地面令其暖惟不可用溼草地之爛泥或黑土因此爛泥等有吸水之大力日光照射即收熱而化其所含之水於是熱氣騰散地土乃寒是此等黑

色料反令地土寒冷猶人服溼衣居於有風之處也至黑煤屑黑石版屑固係有功之黑色料因斷不致吸溼氣而阻其留熱之益也霍克所云吸熱即毫無溼氣相阻之意

寒帶地方終年有冰即融解亦不過數尺深耳而彼處夏日之熱在粗沙細沙更甚於草煤土據西孟言美國北省名阿蘭斯楷於夏秋間草煤土之冰凍融解不過深二尺而疏鬆之沙土或可融解深六尺

由是以觀淡色地土可留水較黑色地土更多因黑色地土收吸光熱而騰散之水汽亦必多也

日之光熱線不易傳熱於空氣及遇地面即傳之復由地

面傳散於空氣中而不易經過所以空氣並空氣中之水汽似地球之衣罩不令熱氣傳散也

列樹禦寒

種花草者於園地某方向種矮樹成籬又種樹以禦風其內面則較暖雖有大風植物可免搖動在歐洲此等園地終年寒暑可高一二度然初春靜夜又有損害因此地植物易受濃霜來因江左右田地早生之植物需遮蔽禦風矮樹籬高五尺者可保護六十尺廣之地面

歲時輪迴

植物生長與光熱關係之外又當思及歲時輪迴之情形

蓋植物有宜於某季生長過時則難發達其所以然實不易考察人皆不明眞蒲公英俗名黃花郎何以在春季開花生子而又有一種蒲公英則於秋季生長人又不明冬麥在春季下種何以但生莖稈而不結穗

余度植物有傳代之性須與其時情形相合乃得開花生實如人莫不知秋季收成之根物無論於寒帶熱帶地方可儲藏一季蓋此類植物特宜於過冬者番薯葱等根物在深秋或初冬則難發達雖設法令其暖多濕氣亦無效而在晚冬或早春其自然發達甚速種菜人亦知有數種植物在玻璃房中者至其時更宜於生長也總言之此等種菜人均知各種植物之子播種必待輪迴適當之時常云須西曆正月撒子較十二月為宜博士未爾麻林發明各種植物播種之時各不同如草本楊梅瓜葡萄均可在玻璃房內令其速長而小麥燕麥大麥蘿蔔雖種於玻璃房內與在外無異然則草本楊梅等似不知天時但得高熱度則速生長矣

卷終

農務全書上編卷三

美國哈萬德大書院農務化學教習施妥縷撰　慈谿　舒高第　口譯
新陽　趙詒琛　筆述

第三章

水與地土關係

水與植物關係並其用已著於篇而水與地土亦有相關茲當論之

地土得水最便之源人皆以爲雨一國之農事並資養民生之力全賴其國內或鄰近所得雨水多寡也

雨水落地吸入地土以後如何欲明斯理當考求不甚複雜之地方數種特別情形

美國麻賽楚賽茲省南疆有二大島一名奈脫開脫一名馬他斯未虐特二島間有一小沙島名某斯開克脫可表明余考究之意焉此島係海水衝運而來之沙堆闊約一英里高於海面數尺所生短草庇護沙土免爲風揚而該島無論何處掘深二三尺輒得淡水井此淡水來自何源顯係雨水因近年考驗各法均言沙泥顆粒不能收吸鹽類物令海水變爲淡水也

此沙島之井水又隨海洋潮汐爲高低余之意亦以爲如此蓋井水乃所降之雨爲沙吸收如海絨然島中淡水之多寡全係下雨之數也

海中鹹水當無時不滲入沙島和於淡水惟此和法需時甚久而不能令島中淡水悉變爲鹹也如數年無雨則因海水滲入漸有鹹味而新雨頻降阻拒鹹水由此島中之水常淡焉漁人登此島掘深數尺卽得淡水之利益

上所云者卽表明他處得雨情形相同蓋雨由雲降入於泥土卽爲地中之水其深淺依地外水之高低地外四圍之水或係海水如麻賽楚賽茲省之海島而他處地中水之深淺亦視江河或海水之高低如來因江高水時之壓力相距一千六百七十尺之井水深淺有相關英國海姆希亞省有

一井深八十三尺與海勃爾江相距二千二百四十尺高於江面一百四十尺該江潮汐漲退與此井水深淺猶相關焉當時雨水入地如地之四圍泥土不易洩水者則雨水容積一處或穿破地面有泉噴出所以海底往往有淡水一道衝至海面昔抱絲敦泊船處海底亦有淡水一道衝至海面此處今已築成長塘矣如上所云麻賽楚賽茲省之小沙島四圍苟無海水則高燥而乾所含淡水將盡洩散雖掘井亦無濟耳

用抽水法減地中水

如用大力抽水筩將沙島井中之淡水抽去則海水引入

勞勃茲論英國大商埠烈物浦爾之意其理相同據云該城房屋街石之下均係卵石其上有不洩水之泥土一層此處有井每日汲水數兆軋倫此井深過卵石層也可見井水未必由地面滲漏而入其來源必在他方自開井以迄於今水味漸變鹹苦必由貿賽江通海水由地中滲入此即可明該處地中之水陸續汲取遂不足以抵禦海水之證也

有數人試驗井水情形下表係勞勃茲試驗者距貿賽江八百五十碼並距某船塢五十碼許之井水

井水所含鹽類物	每軋倫水之釐數 一千八百六十七年	一千八百七十一年	一千八百七十六年	貿賽江水
鈉綠即食鹽		一三三·四四	一〇八·六四	
鎂綠		四九·〇一	六三·四九	
鈣綠		五一·四五	六九·二六	
鹽類綠共數		二三三·九〇	二四一·三九	一三三四·九
鈣養硫養三		二六·五五	三七·二八	
鎂養炭養二		二·二三	一·六一	
鈣養炭養二		八·六八	六·五八	
鈉養淡養三			二·一五	
定質共數	二三一·〇〇	二七一·三五	三八八·六六	一五〇五·〇

自一千八百六十七年至一千八百七十一年鹽類物增百分之一九·六三自一千八百七十一年至一千八百七十八年又增百分之四〇·六四第一期每年所增幾及百分之五第二期所增幾及百分之六其第二期情形與汲水更多之數相符自一千八百七十一年以來此井每日汲水二十九萬五千二百軋倫即每年幾及九千萬軋倫今距此江一英里內有數井每日汲水數百萬軋倫數年來其水源源不絕惟漸加鹹苦或以井水與海水相較其鹹竟及其半焉

地土如溼海絨

地面泥土多溼而宜於耕種者如前言之沙島大類海絨浸於水內其深數尺近沙島之面祇溼而水不多因地面多微細孔含有空氣水隨騰散惟某尺深之下地中空隙處含水滿足更深則水愈多而泥土愈少若夫井中淡水由地之下層流向海底以致近地面之海水滲入井中所以井水漸變鹹也

昔羅馬大統領亦知斯理圍攻埃及國北疆時而至愛列誰提亞城此城淡水由溝道運自遠處埃及人破其溝道令海水衝入遂不能飲羅馬兵大懼統領西愛曰何懼之有雖近海濱而地中必有淡水兵士從之掘地果然衆心

遂定

小島如某斯開克脫者大雨之後島中水高於島外水則許多清水自然流出而小島井中水亦有高下與島外海水之高下相應

地下層之流水往往為石層或泥土阻隔以致不通惟尋常則必有流通情形

抱絲敦城之磨坊閘高樹甚盛東北海疆鹹水地往往有一小地方淡水此可表明前言之沙島也水由地下層滲入之理某斯開克脫小沙島深處皆有海水相通淡水祇在地面淺井內而已近南埠雀爾斯敦有島名誰爾斯其

井水面距地面五六尺雖近海灘而水甚淡如深過五六尺無論其在何處卽在該島中地者其水有鹹又如阿剌伯國沙漠地在阿楷排者有小山其水濾過沙土流至海疆在水經過處掘井數尺可得淡水惟更深卽有鹹水蓋海水浸入故也

地下水動情

近抱絲敦城有一地名後水灣數年前有稍深之鹹水今已填為平地而自一千八百五十八年以來地面多有清潔沙泥建造房屋其地面較鹹水平面高數尺當填滿時於灣中打木樁築鐵軌而運沙泥傾於水中收吸鹹水惟

最上層之沙泥則否卽為地面

在一千八百七十年填平之沙泥地近海濱而距外之鹹水數尺許有一水潭此水潭祇有極薄沙泥與外之鹹水相隔而見潭內有青蛙余卽取潭水少許查考此蛙能在水之鹹度若干可生活詎知係淡水余以為甚奇

於是再考究斯事將此地各處取其地下水而驗之卽於當初築鐵軌之木樁截去以備建造地窟而容樁之潭所得之水試驗如左

		克蘭姆數
一	由鐵路故道相交處蛙潭內取水一列式有食鹽	〇·三六九九
二	由勃克來路與抱爾司敦路之轉角一井內取水一列式有食鹽	〇·三三六三
三	由近尚未填滿之水灣在大得蔓路細藝博物院之對面一井內取水一列式有食鹽	〇·六六〇四
四	由二鐵路間尚未填滿之通水灣取水一列式有食鹽	一七·二一九六
五	由大得蔓路與狐克路中間之海灣邊取水一列式有食鹽	一八·二四二八
六	由海灣邊更有一處近雀爾斯江取水一列式有食鹽	二〇·一四五九

水灣既填之後有大鐵路經過而鐵路旁尚有一淡水長池生蘆葦菖蒲等宜於淡水之植物頗盛池水與海水相隔僅有低鐵路地基一條此池今亦填滿由是觀之地下淡水數年後必將泥沙收吸之鹹水盡推逐去之如面土所含之淡水焉

新墳之地論其含水已變爲尋常大岸地土之情形蓋在此地面掘井數尺卽得淡水也況自一千八百七十年以來查得冬春之雨水流入於海在春季因建屋掘潭見地下淡水較高於夏間所掘潭水所以該處建屋之匠目以爲須在夏秋間打樁後掘潭而將樁木截去其半以備建造如在晚秋或冬或春間打樁掘潭則雨水灌滿必用抽水筩去其水然後可截木樁而所費已甚巨矣

水檯 卽瀉水層

此卽地中供給井或泉並河浜之水也有雷雨時則此水亦有來自地面者夫水之情形於農事頗有關係焉

畫圖可謂地下瀉水層在各地土並各季高低不一有時此瀉水層甚近地面或數寸或數尺有時深至數百尺於每年並各季雨水及地土鬆密或地土下有否洩水之層其旁有否機會可流洩均有關係

瀉水層地位更易之遲速不一多雨水地每年高低約有數尺而暮尼克德城名瀉水層高低有十尺許亦有終年高低不過數寸者中印度稍格城多雨時瀉水層僅在地下數寸惟在五月深十七尺祖布泊阿印度地名有雨時瀉水層深有二尺旱時則深有十二尺或十五尺

瀉水層流洩之緩速於水層下地土吸水或否地層有無隙縫雨水多寡江河海水壓力並他處流水擠逼均有關係往往他處有雨水而令此地瀉水層漸高在近山坡之平原其理更易明顯或他處下雨之後而此地須閱一星期或數月方見此情形北印度喜馬拉亞山麓之瀉水層與高山有大雨相通常年地下水甚近地面耕種甘蔗亦無需人力灌漑

凡地土下無此等瀉水層者所降雨水必化汽上騰須由地中極深處方可得足用之水如雨水不時旱年頻仍泥土乾燥卽有大雨地形較低者尚得滋潤蓋有高地流下之水也故低地之瀉水層較高地之瀉水層尤高

井並池

尋常一井不過一地洞較深於尋常之瀉水層耳凡井容水須供尋常汲水外略有多餘又宜有應得之深度則瀉水層之水可由遠處流聚源源不絕而池則有似於大井

阿梯興井卽深井鑿地甚深得水甚多來源甚遠如遇水有壓力者卽上噴如高泉其故或因地下空隙處蓄有空氣爲水所擠而生壓力或水源居高地伏流地中亦有此情近抱絲敦城有一小江通入海故鹹江邊有溼草地灘此灘上建製造數厰所需淡水取給於深井此深井穿過鹹水地土並新煤層而及地下深層之淡水乃用抽水筩

汲取用之不竭焉

美國取地下深層之淡水有一簡便法將小鐵管鑽入地土透過瀉水層以抽水筩由管中取水管之第一節其端封固而端旁有小孔以大錘敲此管入土第二管有螺絲相接復敲入之又接以第三管每管如此爲之得水乃止而在下之管即爲受水管乃以抽水筩去其沙泥水汲取無窮矣

堅土或地中有石者此法則難奏效惟鬆疏沙泥土獲效頗著在低沙泥平原及行軍進攻或本國有叛亂等事用此簡便法甚宜蓋此法本係行軍時所創英軍從事於阿

比西尼亞並埃及國時用此法頗得益

瀉水層高低

瀉水層距地面高低數各時不均須視地土之易洩水與否並大雨後旱乾久暫在卑濕地計其中數每下雨一寸瀉水層幾高半尺夫瀉水層水之多寡自必依四季之旱潦雨水流洩之易否爲準春季雨水流洩之後瀉水層之動情甚緩

八所謂井泉滿淺者其意即瀉水層有高低也所謂井水源源不絕者即是此井透入瀉水層之下蓄聚之水甚廣也雖在夏季亦用之不竭或將涸時又有大雨井水即盈

焉

紐約對岸有大城名勃落克林德國暮尼克城並柏林京城均乏淡水所以命畫圖司測繪地土情形求覓淡水事竣之後各有記述呈於工部局觀所述情形頗增識見於農務甚有關係也

擾動地土改變水層原位之害

城市漸興擴展地界其近處地下瀉水層於民閒日用植物關係匪細在此地方有開挖或塡滿等工程擾動地脈則近處樹木難免受累或開深沙泥地或築大路樹根縱不出露猶將因地勢擾動日就衰敗其衰敗之原或因地

下有洩水新路較前更速致樹根不獲滋潤如反之築造塘岸及壩阻洩水本有之路則地下水溢樹根沈沒而死如一果園受近處市鎭街道流洩之水亦必受大害也

即在城內築路開溝等事亦有關係如抱絲敦城有一街近於水灣今水灣已塡滿較高於此街街中本有之水不能流通而塡滿高地之水反將流入此街產業遂不能居住且有妨衛生於是設法將房屋用螺柱擧高塡以沙泥等於高地旁有公家花園尙無妨礙而花園後之房屋地窖內又有積水之患人皆以爲不便

抱絲敦城內尙有類於此事者有一等人建屋於溼草地

邊稍塡高而已後有一等人將濕草地塡至應得之高度而新塡高地之水流向低地於是工部局大費經營舉高房屋惟如此行之其害又移於他處矣如度復路旁房屋近五十年內已舉高二次均塡以沙泥

測度瀉水層高低

瀉水層大約高低可在田開井溝或洞內之水測知之然井溝之水面尋常較地下水稍低因地下水有所阻隔而爲泥土顆粒吸住也有此故瀉水層之水面與地形相似如地形高低參差者則瀉水層不能畫平線近美國西省衛斯康新有一湖而各處瀉水層較高於湖面之水距湖

一百三十八尺者其地下水高於湖面約二尺許相距更遠者幾有十尺他處亦有此參差情形也

若論泥土亦有洩水之難易堅土之井名爲水井因此等井似一潭地面之水流入之又各處堅密泥土地面之水流入井中者甚多此因地面泥土較其下層土易洩水也大雨之後此等井水竟較瀉水層之水尤高焉

瀉水層最宜之高低

瀉水層之高低最宜於耕種者殊難言也有許多溼草地植物其根喜浸於地下水中稻並紅珠果絲帶草及數種有用之長草均喜多水其根浸於水中則茂盛然農家耕

種之植物亦不宜過濕應如玻璃房中所種植物其盆底有洩水之孔否則植物根將沈浸而死也又有許多植物其根甚强鑽入地下吸取地中之水而苜蓿蘿蔔葡萄類根甚多竟將溝道淤塞前言可用清水種植物然大類植物則不然如種冬麥瀉水層須距地面數尺最易茂盛在歐羅巴洲溼草地耕種合法者瀉水層於夏季低於地面至少三尺冬季至少二尺

地下水應有之多寡與所種植物有關係宜於乾土之五穀並苔菽其結實在暮春之後此等乾土不應種盛夏生實之植物而馬草料在熱地乾土所産數不及溼土之半

更有許多乾燥田地不能種晚熟之植物所有樹木全恃其根展布廣遠乃能生長

地下水較涼所以不能供植物所需且此水少含空氣有土內雜物消化其中與植物有損故應辨明江河或溝道之流動水與地下陰涼之水有別也古時墨西哥今時中國並印度之閒希密亞國均有浮島此島實係木筏或竹筏所成上加泥土以種植物而下有湖水滋潤此湖水卽爲島之地下水熱而流動者所種珍珠米其根必浸於水中而此等水與此根必甚相宜也

北方所種植物如冬麥者其地土須輕鬆地下水須距地

面自四尺至八尺田開築瓦溝頗有效衛斯康新省地面係黃土下係沙土珍珠米種於黃土而吸引沙土中之水此水在地面下有七尺半許而旱乾時地下水雖距地面祇五尺植物猶將受害由此可悟由地下層吸引水至地面之功尚不足供各等植物所需而各草類並菜類南瓜等近地下水最易興盛

菜類最宜之地土不近地下之涼水且菜類大半在夏季成熟可不必計冬季地下水之高低或在秋閒播種麥子於易有水患之田者則為甚愚昔歐羅巴農夫種麥於不宜之地將泥土堆高成脊令其瀉水則麥秧嫩根不致黃

萎此法雖可補救然麥應得更乾之地位若夫菜類宜於低地而又畏春霜與秋閒旱霜傷其嫩芽也

德國北疆近雷孟城之低田掘溝二十寸至三十寸深者則燕麥並番薯收成最盛如溝更深則燕麥收成減百分之十二至三十七番薯減百分之八至二十三豌豆收成與地中水多寡無甚關係惟溝深不過二十寸或三十寸者則豌豆枝葉更茂而生實無以異也

人以為近河港之田地植物茂盛全賴此河水不恃地下水然此意並不確因此等田地實賴地下水漏洩入河由河供於田地故細土羇留地下水更有力須開溝去水乃

宜耕種

海疆高沙地下水

蒲生古指明地下水高度合宜者即沙土亦可耕種如日斯巴尼亞有一處許多高沙地其沙甚浮被風吹颺而沙地之下有江水浸潤苟去其地面浮沙即為宜於耕種之地一因其甚肥沃而疏鬆二常得滋潤且天氣亦頗相宜所以耙平之沙地產物甚廣更加以肥料則尤宜於種植此與前言沙中耕種之意相符更有益者植物根在沙土中可展布發達得力更大以暢其生機也

余曾在鄰省紐海姆希亞之梅里麥克江邊目覩此相同

情形蓋觀察江邊沙土似不宜耕種而產物乃極盛其故因此沙頗細而有吸水力且能濾水入江經過地層並不甚深植物根易吸取之各國改良沙土之法種以樹木令根深入地土吸取地下水大凡地下水近於地面者可種樹木蔽風吹沙令地面草類得以安然生長而有用之樹亦漸長大荷蘭國最佳之番薯產於沙土蓋便於得地下水而農夫又加以肥料也

又有地土深數尺即係細黃沙而由地面觀之是沙土也此等地之下層能積水以供農夫種植之用

低山坡之濕

低山坡往往有相宜深淺之地下水，因此故美國東北省地方，雖在山中，頗宜於農務，初設立田莊時，先考查近處有水或否，水多者即便於耕種，惟地下水與地面實有相關，因砍伐森林，而地土情形大變，當初築路務擇高地，在多雨時可稍乾也。

近抱絲敦城圍工獲利者，均係地下水多之地，即是此等人大都擇低地耕種，不獨有濕，且賴地土中有植物之食料也。

在旱乾時農家必求覓地下水，以助植物生長，當一千八百六十五年之秋，德國雨水甚罕，至一千八百六十六年，

自三月至七月，雨水幾等於常年，惟因前一年雨水過少，故六十六年之春，各等植物均受損害，惟近地下水之低田，產物尚稱豐稔。

欲測算地土含水缺少數，在三月六月間，於地土各深淺處掘取土塊，而查其滋潤之多寡如左表。

一 地下水潤之低田

三月二號試驗式

深數	土類	新土百分含水數		乾土百分含水數	
半尺	雜麻兒土沙麻	一六·九二	一八·八四	二〇·三七	二三·三
一尺半	兒土沙土由其深數而漸變	一八·〇一	二〇·八一	三二·九六	三六·二八
二尺半		二二·六一	二四·二六	二七·五七	三二·〇三

六月十八號試驗式

深數	土類	新土百分含水數		乾土百分含水數	
半尺	雜麻兒土沙麻	一八·八六		三三·二五	
一尺半	兒土沙土由其	三二·一九		三六·八八	
二尺半	深數而漸變	三二·五六		三七·四四	

二 地下水不及潤之高田

三月六號試驗式

深數	土類				
半尺	含沙麻兒土	七·二〇	一〇·九六	七·七六	一三·三三
一尺半	流沙	二·三三	五·〇九	二·三八	五·三七
二尺半	沙並粗沙	〇·六五	一·〇七	〇·六六	一·〇九

六月十八號試驗式

深數	土類				
半尺	含沙麻兒土	九·七四		一〇·七九	
一尺半	流沙	四·九二		五·一七	
二尺半	沙並粗沙	〇·六六		〇·六六	

上所云者，乃美國東北省並歐洲北方多雨之地，在雨少之國，或地下水深者，欲令植物吸取泥土中所有少許之水，須農夫多方設法以供之，如考陸拉度江上流無雨之高地，其沙土當夏季炎熱時，據土人云，珍珠米應種於地下深十二寸至十四寸，欲令其萌芽，而根可伸入地下水

處此地下水由冬間之雪消融滲漏入土者阿非利加大沙漠蜜棗樹在此磽瘠地方須種於地窟深十二尺以待其長高美國肯誰斯省種珍珠米法蓋仿此意先掘土成溝於溝底種之待其萌芽成秧長高然後漸壅泥土與地面相平

雨多為要

國之盛衰與雨水之數相關可觀一千八百九十年人丁冊而知之此冊即示美國地方所有人丁數並每年雨水之多寡列表如左

雨水寸數	一英方里人丁數			一英方里增人丁數	
	一千八百七十年	一千八百八十年	一千八百九十年	一千八百七十至八十年	一千八百八十至九十年
一〇以下	〇·三	〇·六	〇·八	〇·三	〇·二
一〇至二〇	〇·四	〇·八	一·八	〇·九	一·〇
二〇至三〇	一·六	四·七	八·二	三·一	三·四
三〇至四〇	二八·六	三五·五	四三·一	六·九	七·六
四〇至五〇	三九·四	四九·二	五九·〇	九·八	九·八
五〇至六〇	一五·五	二〇·九	二五·一	五·四	四·二
六〇至七〇	一一·九	一四·五	一八·一	二·六	三·六
七〇以上	〇·八	二·一	四·一	一·三	二·〇

美國人丁幾及四分之三居於有雨水三十寸至五十寸之處而此二數之上下則人丁數銳減惟雨水過五十寸民數減少非盡係於此必有他故如在南之羅里荅省溼草地開溝甚難密西西比江下流溼地亦然在奥里貢華盛頓二省樹林茂密開闢工程浩大且有許多地方戶口繁盛而雨水較美國最多處更多焉

各處雨水多少不一在秘魯埃及阿非利加並中亞細亞大沙漠永不降雨墨西哥並他處高地亦難得雨總言之雨水最多處皆近赤道故分為乾濕二季南阿美利加北疆之奇阿那雨水幾不絕然以每年計之熱帶地方下雨日數較溫帶為少赤道地方往往八十日內下雨九十五寸聖彼得堡每年下雨幾有一百七十日而核算每年雨水不過十七寸阿爾蘭東疆每年下雨有二百零八日英國約一百五十日俄國之坎誰省有九十日西比利亞有六十日美國北方約一百三十日南方一百餘日在溫帶之雨水每年中數有三十五寸惟各處不齊倫敦每年約有二十五寸而墨西哥之凡拉克羅斯幾有二百八十寸歐洲西疆各國幸有墨西哥海灣熱流衝向東北並有風自西南來故每年得適宜之雨水並溫和之熱度歐羅巴洲東方下雨日漸減而寒暑度數亦漸低矣

雨水滲漏

雨水多寡之外.其滲漏情形亦屬甚要蓋與農務頗有關係.而耕種植物之效果與地土漏水留水之多寡有相因.各農夫能知每年田地滲漏水若干.今又有人設法試驗各地能吸收水若干.並經流其地有水若干

滲漏遲速全賴地土之情形如格司配林試驗各土漏水遲速.以二十寸厚之水.漏過十二寸厚之地土.查其浸透之時如左表

各土	點鐘數
含石灰粗沙	一·五四
粗沙	一·二〇
取自磁窑細石英沙	一·五七
德國哈紫山嶺沙	六·二五
含呼莫司百分之一一灰土	七·九四
取自薩里奈爾斯鎂養炭養$_2$土	一二·〇〇
研細第一號沙	三三·三三
青白雲石細粉	八八·二一
白石粉	二〇一·六〇
法國倍斯開省磁泥	六〇三·二七
瓦泥	二五二·〇〇
田地僵性土	一六六·〇〇
鑄罐泥	水不能浸

滲漏入土之水數.一依雨水之多寡.二視地土之情形.即是吸水並留水之易否.三水之化汽若干.夫水之騰散化汽.係地土並空氣之寒暑.及泥土微細管吸水力.如地面有植物.化汽尤速.蓋植物之葉.爲雨水化汽之妙機.其根吸收土中之水.由葉化散入空氣中也

熱沙地騰起水汽

熱沙地得雨之後.化汽甚速.美國麻賽楚賽茲省之開特角地.夏閒陵雨.人家所受板屋檐水.積存於淡水池內.必增水數大桶.惟此陵雨.降於沙地者.沙之顆粒稍相黏.即化汽散入空氣中.由此而論.雨水並無吸入地下.祇地面微溼.其下依然極乾也.反言之.涼沙地水之化汽甚少.所降雨水.幾盡洩漏入地.英國有人考驗沙之洩漏水事.閱十四年.考得雨水在沙中洩漏無阻.雖夏季化汽散失之水亦甚少.該處每年雨水中數二五·七寸.而散失之水僅有四·二寸

胡爾奈言地土顏色與吸水之多寡有關係.因暗色地土.收熱更甚於淺色者.故暗色地土.騰散水汽更速.而下雨之後.淺色地土滲漏之水.較多於暗色者.考陸拉度荒地.七八月閒.每下午降雨甚多.往往陵雨有數小時之久.然

地面留水深不過數寸更深則無之詳細考查始知雨下後不多時悉化汽散入空氣中而深入地土中之水乃冬閒之雨雪也惟每年雪甚希微而多雨之際適值易化汽之時可知深入地土中之水爲數甚微也

下係納斯欒試驗滲漏之事用三管各長一尺其徑二寸一端以細夏布包紮而以黃沙土盛滿之甲管內係鬆黃沙土乙管內係緊密黃沙土丙管內祇頂上一寸半緊密黃沙土下係鬆者於是令水緩滴入各管內用玻璃蓋之任其自然約六日之久察其情形如左

百分中水在		頂上一寸半	緊層下	頂面下四寸
甲	鬆黃沙土	一五·六		一二·六
乙	緊密黃沙土	一三·九		八·八
丙	頂緊下鬆黃沙土	二〇·〇	一五·〇	三·九

由此可見丙管頂緊密層吸水甚足其下四寸較乾而滲漏水最相宜者乃鬆黃沙土之管也

通水緩速量具

尋常考究雨水滲漏入土之法即在田閒地土內設立開溝量具一千七百九十六年至九十八年英國化學師陶爾敦以一筒插入土內深三尺徑十寸盛之以土與四周地土相平一年之後種草於其上查此筒底之水得百分之二十五此數較傍地面所得雨水減四分之三而陶爾敦以爲化汽散失也

當是時瑞士國誰尼伐城博士毛里斯亦試驗之用一鐵管盛之以土查得滲漏雨水百分之三十九依此數核算每年雨水應有二十六寸格司配林在法國南省熱地春夏旱乾者查得每年滲漏入土之水僅百分之十八而終年雨數有二十八寸

一千八百三十六年至四十三年英國狄更生在有雨水二六·六寸之地用陶爾敦測算法以管插深三尺其徑十二寸盛以粗黃沙令其生草查得八年閒中數每年滲漏入土之水一一·三寸約有雨水百分之四二·五其餘五七·五或化汽還入空氣中或留於土中由此論之雨水五分之二由地面化汽惟所失有百分之三十三至五十七殊難言也每年雨水由二十一寸至三十二寸許合每一英畝有二三千噸之水化汽散失之數百分內約有四十三至六十七而八年閒冬季雨水有一三·九五寸其中一〇·三九寸係滲漏入土其數幾及四分之三夏雨有一二·六七寸滲漏入土僅·九寸即百分之七也在一千八百四十年並四十一年暑月內竟無水滲漏入所設溝道量具者狄更生之後有愛文斯續考之自一千八百六十年至七

農務全書上編三第三章

十五年此十五年閒雨水中數每年有二五·六寸滲漏入土之水經過草沙地五寸半而深三尺在夏閒滲漏中數祇三五寸其第二量具盛以白石粉並草每年滲漏入土之水中數有八·八寸凡地土瘠薄者草不盛滲漏入土水更多而化汽更少

樹林中滲漏法

前曾言耕種可利滲漏法因泥土鬆輕水易吸入然而植物茂密卽將阻水吸入無論何等植物生長茂密泥土多根卽有此情形故草地滲漏之水不及無草之地多也歐洲種樹者言草地根密由此阻水欲種新樹須除去地面

蔓草蓋以沙土則水易入夫蔓草不僅其葉留水化汽騰散其根甚密又將阻水之入也

夏閒陵雨本不深入地土卽在地面化汽騰散所以此等陵雨如地面有密林茂草者竟似未雨在德國勃凡利亞省所設通水量具自一尺至四尺深者七八月之閒竟無滴水

胡爾奈查得含石灰黃沙土自四月十四號至十一月十八號有雨水百分之三十八滲漏入土此係無草木之時如種草或苜蓿者滲漏雨水不過百分之二十自五月至八月閒於三處不同之地土如沙土如草煤土如泥土試驗之此三處初時均無植物二時有植物出於上三時蓋馬糞二寸半在無植物時沙土滲漏水百分之六十四草煤土四十四泥土三十二種草後則十四·九·二蓋馬糞則四十五·三十九·四十九泥土並草煤土吸水驟多猶茂盛植物之有吸水力也厚肥料能將沙土並草煤土減滲漏之水數惟在泥土則加之蓋馬糞厚十分寸之六試驗之則滲漏水較無植物之地更多而化汽減少如蓋粗沙一層與蓋薄肥料一層相同則化汽減少而滲漏入土加多也

有石含水

有石能羇留雨水石之顆粒愈粗或石中沙愈粗者水愈易透入或經過之堅密者雨水滴於石面卽流去而透入石中者無多十小時下雨一寸者在堅石或堅泥土山卽流去而在白石粉或鬆灰石之斜山坡二小時下雨二寸幾盡滲漏入土中

英國新層之地水之滲漏甚有力泥土堅密者則不然此等地方河道流水甚均竟無水溢之患有紅沙石之地所降雨水亦卽滲漏入地而井水亦無涸竭之虞

法國地學博士倍爾格耶早言地土有透水不透水之别並謂地成層之法不同而石縫亦有斷續情形故各處流

水有緩急之異，且石質不一，於吸水亦有關係。據其意，不通水之石層係花剛石、里阿司石、青沙石，並地學家所云第三層石。而蛙來脫石、白石粉，並有數種第三層石，均易透水。在法國不易通水之地，農務均在山坡並山谷，而通水之地，即在江河旁有草之田耕種，所以不通水之地土，但見植物茂盛，孰知其地之瘠薄也。而通水之地，觀之若甚荒蕪，孰知其地之肥沃也。阿爾蘭隰地並英國邊境多霧，植物均能茂盛，而地土實甚瘠也。

白石粉易吸溼

乾矽料沙，可吸水百分之二十至二十五。工程司能知田

開鬆沙，每立方尺可容水二軋倫。尋常沙石，每立方尺可容水一軋倫。據云，白石粉吸水與鬆沙相同。因乾白石粉每立方尺可吸水二軋倫，或二軋倫半。依其體積算之，為百分之三十三至四十。由此推算，每英一方里深一尺，可容水五千六百萬軋倫，即有雨水四寸之數也。又有一種鎂養鈣石，每立方尺能容水一軋倫有半。

卷終

農務全書上編卷四

美國哈萬德大書院農務化學教習施妥縷撰　慈谿　舒高第　口譯
新陽　趙詒琛　筆述

第四章

地下水動情

地下水動情有二：一、水之流洩，行向海洋，而大勢向下；二、水為地土吸收之勢，其動情均在地下層水之上面，各方向。

滲漏動情，為地下層水欲求其平，而尋常則緩，其阻勢不一。如有樹木之地則緩，因地面有樹葉並青苔等阻之，故

不如無植物地流水之速，即樹木根亦能阻水之動情也。泥土堅者，阻水動情。水之緩流在深井，有穢物可知之，因此穢物久將令井水不潔，可見其水之不流通也。在德國暮尼克、配吞可福查得地下水之橫流，每日有十五尺之遠。在英國堅白石粉地中，每年水之滲漏僅有三尺。

地下水滲漏緩速

埃及國愛列誰提亞口岸至楷羅京城間鹽池，其滲漏法甚明顯。此池四周有石，而距那爾江之枝江西三十五英里。池水即由該江滲漏而來，須隔三月餘，方能經過沙漠並石，而至此池。那爾江每年水漲盛時，在西曆九月間，第

三星期第四星期後水卽漸退而鹽池水漲須在十二月杪至三月終乃漸退

江水滲漏經過沙漠時將地土中鈉養炭養並食鹽消融而帶至池中至夏季池水化汽騰散此鹽質結成顆粒人取之出售此事歷年不知若干矣

英國愛定盤格城博士格里角來數年前論地下水之動情如下此人查得死豬埋於山坡該坡卑溼水不流通十四年閒死豬全體縮成扁塊其油質全變爲油酸類不第筋肉包膜腦髓筋血管等均潰爛化爲烏有其骨亦毫無踪跡可知全豬之體在十四年閒盡爲水滲漏經過消化挾去而格里角來又查得近地面之水多含炭養氣度此炭養氣卽能助消化動物骸骨也總言之此卽可明水滲漏情形凡地方多水有江河者地層中必有滲漏之事也

深水

總言之地層下深水動情甚少凡地下水較江河井水尤深者則流洩之路甚難如粗沙嶺之山峽有溪澗者大雨之後水由嶺流入溪澗惟較溪澗地形更低之水將由漸滲漏入地下層流向海洋其方向與江河相同蓋此深水惟有深處之出路耳

由此可見各地方深水流洩必緩幾不流動而鑿深井得此水者往往多含鹽類物或多含硫質臭其味卽知有硫輕此因水消化石膏或他種硫養物並生物類質流入此井也抱縣敦地方有二深井一在煤汽鐙廠水味甚鹹一近汽車站處水含硫輕因抱縣敦地形低凹海水阻禦地下水之流洩在英國白石粉地土井與泉水多含鹽類綠氣據博士惠靈敦之意白石粉地下必有食鹽係當初海水所澄者爲其蓋遮不能出也

總言之深井之水多含鹽類物往往不宜於家用或灌田等且此水內無養氣而尋常深井水養氣亦少或竟無之凡池底有河泥或草者在夏閒距地面深二三十尺處之水則無養氣蓋下層之水無風吹動養氣不能入也

宜鑿井地

有一等人能識鑿井之地蓋知地下水滲漏情形也數年前法國有一教士名太拉梅爾測明地下水流動情形據云有泉井萬餘均係渠開鑿法國爭聘之試其功效後著一書載其所爲之事書之大旨卽論水流動之實情謂山谷低凹處流洩甚便卽此等低地中之水流動情形與地面之水無以異也

英國有人名撥來斯衛克又指明地下水之動情與地面

水流動情形相同地下水高於海面者常在最高地之下而地下水最低者即較海面更低也水之橫流者由山坡流向山谷也水之直流者沿山谷低處而流也總言之地下水流方向依地面之情形也

吸水動情

凡皆知微細玻璃管或他質所製之管如一端遇水即沿管上升管愈細水升愈高地下水吸而上升猶鐙芯及飲墨水紙海絨或他種鬆疏之物能吸水也夫地土悉係參差之微細管管旁乃泥土之顆粒而泥土吸水處即管之空膛也水之由下而高即在地土下由漸上升也蓋水之

情勢務欲與地土并合故乾土猶乾海絨能吸進水甚多而稍溼之地土其勢必收聚四周之水以補地面化汽散失者

流水有二要事一泥土顆粒並空隙處能吸留自上而來之雨水故匪特春夏雨水可留爲農夫之用而秋冬雨水亦留在地中或池內二地下水上之泥土顆粒並空隙處將吸起地下之溼此猶鐙中之鐙芯也所以地面雨水由溝洩出而地土仍吸起地下之水其功雖屬遲緩然常不息吸水至地面可補雨水之不足可供植物之所需或竟在地面化汽此皆泥土微細管之功也

乾土由漸吸水事博士黎本盤格試驗之用四管盛以有吸水力之灰土管之下端均與水相遇於一小時半後一日之後一星期之後五星期之後查各管吸水高低數其效如左表

灰土百分中含水 一小時半後	一日之後	一星期之後	五星期之後	桑的邁當數
			六·二三	七八
			七·七二	七五
			八·四四	七〇
		一·四二		六六
			九·六一	六五
		七·八五		六四
		九·五五	一〇·五九	六〇
		一〇·二七	一一·一七	五五
	六·九四	一〇·九四	一一·七五	五〇
	八·二三	一一·七三	一二·七七	四五
	一二·九九	一三·一六	一四·〇五	四〇
	一五·六二	一四·八三	一五·二三	三五
	一六·六〇	一七·〇一	一九·五二	三〇
一七·三九	一九·三九	一七·四八	一九·四五	二五

一八·六八	一八·七三	二〇·〇六	二〇·六九	二〇
一七·六七	一八·九〇	二〇·〇五	二〇·四三	一五
一八·七五	一九·三四	二〇·五九	一八·八八	一〇
一八·八二	一八·九〇	二〇·六四	二三·二二	五
二〇·二一	一八·四七	二〇·七〇	二〇·〇一	一

於試驗時將管提起離水而管中之土尚未全濕則下層之溼仍由漸上升納斯欒以二管盛氣乾黃土二一寬鬆一緊密俱浸於水若干時下表即示二管內水升高之情形

水升高尺寸	緊密土	寬鬆土
管立浸水內三日後	一一·〇〇	七·八〇
提起離水二十四小時後	〇·六五	〇·五八
提起離水第二二十四小時後	〇·六五	〇·五四
提起離水第三二十四小時後	〇·五四	〇·三九
提起離水二十四日後	五·五〇	二·八〇

觀右表即知緊密土吸水力更甚然非其含水之多也試畢後緊密土管於最高一寸半處之溼僅有百分之一〇·二而寬鬆土管最高處之溼乃有百分之一三·五緊密土管最低一寸處之溼有百分之二〇·一八而寬鬆土管最低處之溼有二〇·七八

二管提起離水二十七日後緊密土中之水尚能升高七三四寸寬鬆土中之水升高四·二一寸可見緊密土之微細管吸水力更甚於寬鬆土由是言之地土多耕之後令泥土細鬆便於吸水是固然矣然鐙芯之棉紗裝於鐙頭不可過緊亦不可過寬而泥土顆粒亦不可過密過鬆惟寬密適當乃便於吸水耳

鹽類澄層

地土有吸引地下水之力而地下鹽類物即隨水引至地面如天氣乾燥則吸至地面之水化汽而鹽變爲乾層且地下深處有宜於植物所需之質亦可由此法吸引以備植物根選用

希臘國有地方降雨後水即化汽騰散甚速而吸引鹽類物至地面甚多嫩蔬菜類爲其損傷惟壯盛植物可以生長又有一處草難茂盛而麥每年成熟察其故麥生長時地土未溼故不甚鹹況麥較他種穀類更能禦敵鹽類物也法國南方多鹽之地如其年雨水足則麥豐稔如春雨罕則收成歉少印度有許多地方其地面有鹽若霜並無產物而中亞細亞平原亦有此情形美國西省往往亦有之如有鹼之地是也然有識者於有鹽之地謹慎設法毋令地面水化汽則鹽類物不致堆積以攻植物根鬚則此田地未嘗不可產物也是宜耕犁甚深或以草或以蘆葦

遮蓋地面則可免此弊或種深根多葉之馬食料亦可又有一法開通陰溝並引他處水灌溉其地

博士達會在南阿美利加極南地帕塔里尼阿曾見地面有鈉養硫養三與食鹽澄層據伊云地面久溼望之若一片黑土間生含多水之植物時天氣甚熱隔一星期復往則甚奇異但見數方里白色平原若積雪焉且各處有被風吹成之堆積者其故因溼氣在細黃草樹根碎土之間緩緩化散遂引聚鹽類物成堆而不能在水面下結成顆粒也

在印度有地方其地下之鈉養炭養二亦如是隨水吸引至

地面極純淨可作玻璃所用

地面下之霜

所謂冬間地土冰凍者即是地土中微溼冰凍也須視該地有遮蔽與否以定其冰凍之深淺愛定盤格地方已耕之田冰凍深十三寸時牧牛羊之地冰凍深八寸更有草地冰凍深僅四寸而有輕鬆遮蓋物如雪如草如葉如冬青枝頗能禦寒凡地堅者如舊路如馬路則冰凍甚深所以有識之工人當秋寒時興工必於薄暮先將地面泥土翌鬆一層以待明晨工作其意即藉鬆土爲地面遮蓋不致冰凍也

春間嚴寒之後冰凍地土或將融解而地下水能助之蓋地下水較暖由微細管吸引上升助其融解抱絲敦地面冰凍甚堅而未立春以前已盡融解因該地係粗鬆沙粒高於地下水僅三尺餘也

前曾言植物根所得之水並鹽類物質幾全賴土中之溼並吸引上升之水其根鬚須與地土細顆粒密合而後能吸收引上之水並土中食料也

地土吸水力不同

下乃秦格所著之表以示地土吸水力大小須視微細管之粗細然微細管之細與泥土顆粒細不同雖顆粒愈細

吸水力愈大而亦有定限過其限則減其吸水力因泥土顆粒極細則相黏密切致其間隙不能令水透入尋常細土含溼較粗土更久

表之第一行數係稍細泥土篩之令顆粒甚均然後任其含水百分數第二行數係同類之土研極細然後任其含水百分數天然疏鬆之土二行數相較不甚殊異也其表如左

	第一行	第二行
石英沙	二六	五四
灰土	三〇	五五

草煤地下之灰土	三九	四九
磚泥	六六	五八
隰草地土	一〇五	一〇一
水澄鈣養炭養石料	一〇八	七〇
溼草地土	一七六	一〇三
草煤屑	三七七	二六九
花園黃土	一二三	

地土化學情形較疏鬆情形其吸水力稍遜然仍有差池如石英沙並高嶺土等其粗細而石英沙吸水較速於高嶺土鈣養沙較矽養沙含水更多其粗細亦同也金石類細粉與靭泥土其吸水力各不同石英細顆粒或鈣鋁石既溼之後顆粒大小並不改變惟乾土顆粒溼則漲大二十倍餘令其復乾則仍收縮且乾土有膠黏性他種泥土均無之也

下表係集五博士考明各土留水力其數乃乾土吸留水之百分數其法以乾土權其重數浸入水中復取置於漏斗令餘水漏去又權之然此法稍有未妥因在漏斗時餘水未必盡去也至田閒泥土陵雨之後餘水或暫留地面速爲微細管吸引至未溼透之泥土內如欲知其土果含水若干可取各深淺之溼土試驗之先權重數俟曝乾復權之如此爲之即知數種佳土含水百分之三十至四十五而粗沙中所含水較此等佳土竟少十倍

	休留勃	脫鄧謀	歇勃爾	張森	赫敦
石英沙粗號	一〇				
石英沙細號	三〇				
石英沙光滑號	二五	二六			
石英沙雜細片千層石		三三			
石英沙風吹沙（每二三年種一次每一英畝可產燕麥九斗）					三四
千層石沙	六〇				
由鉀養矽養提出矽養沙	二八〇	二四一	二五〇		
清淨澄停燒熱鋁養				二五〇	
清淨澄停鐵養	三三				
石灰石沙泥	二九	二九			
澄停鈣養炭養	四七				
鈣養炭養成散			八〇	八〇	
收足空氣之石灰	八五				
鎂養炭養	四五六				
天然未燒成散之石膏	二七				
沙泥雜土（內有泥六〇分細沙四〇分）	四〇				
黃泥土（內有泥七六分細沙二四分）	五〇				

肥泥 內有泥八九分沙一一分 六一

泥 無沙內有矽養五八分鋁養三三六分鐵養六分 七〇

瓦泥 四〇

黃沙泥土 五〇

清淨灰色泥 七〇

黃泥 六八

重性黏韌泥 六一

白泥 七四

洗淨鈣鋁石 五四

美國意里那省野草地土每一英畝產珍珠米十五擔 五七

花園黃土 內有泥五四分石英沙三七分石灰石二分石灰二分呼莫司七分 九六

田間黃土 內有泥五一分石英沙四三分石灰沙〇·四分石灰二〇·三分呼莫司三·四分 五三

山峽黃土 內有石英沙六四分泥三三分石灰沙一·二分石灰一·二分呼莫司一·二分 四七

種小麥地土 五八

肥沃含石灰黃土 五九

種苡仁米次等地土 四七

種小麥佳地土 內有鈣養炭養三八分 六一

黃沙泥 四〇

草煤土 三〇九 二〇一

植物爛土 如尋常黃沙土內所有 一九〇 一八〇

呼莫司 非酸性由草煤所成 六四五

呼莫司酸 取自草煤 一二〇〇

上表張森所考之數指明每一英畝地面深一尺留水數，沙土一百十九萬七千九百磅，野草地土一百五十二萬四千六百磅，草煤土二百零四萬七千三百磅，然在美國東北五省紐英格倫每年共降雨水有四十尺，即合每畝有水九百零七萬四千磅，此水可滲沈沙土深七尺半，野草地深六尺，草煤土深四尺半

植物變成爛土 西名呼莫司

最佳地土其留水中數之力，脫郎謀論及德國北方，爲最

宜耕種五穀之地，此等地有留水百分之四十至七十，粗沙泥土因無此留水力，故爲瘠土

農家觀察地土吸水力並視該地土氣候而定之，凡地土能留水甚多者在多雨時則不宜，地形高爽者，雖雨水甚多，尚可無虞，天氣乾熱之地，其沙土恆荒，而在溼潤溫和地界內，此等沙土可獲豐盛之產物，各處因沙土無吸水力，故豐歉難卜，如在溼潤之區加足肥料，如荷蘭國者，雖係沙土，農夫未嘗不可獲利也，此等沙土，如近地下水，植物根可吸取產物亦能甚佳，總言之，沙土過旱乾必受害，在炎熱時植物不免枯槁，比利時國有沙土田地，但藉灌

水法無濟於事農夫壅以呼莫司並雞糞而後澆灌之乃成沃土

有一等石灰粗土黏性甚少不能留水遇旱乾則植物受害在英國多雨地界內有石灰之沙土往往甚宜耕種而出此界即同類之土變爲瘠地易受旱乾之害

然農家俱知地土壅足肥料者較未得肥料前能留水更多抱綠敦地方農夫從前易得馬廐肥料故珍珠米番薯產物甚豐美所種馬料收成頗厚今則馬廐肥料價昂所產馬料漸歉薄矣

呼莫司並泥土有益於田地與否全恃其能吸水留溼如

多細泥即阻水運動而有留水過多之弊在北方各國泥土過細不易洩水以致地土久溼而寒收成遲且少在少雨水之地界內此等細泥田地則因其有留水之功反能獲益所謂熱冷乾溼易洩漏等均指地土能留水之多寡並所得雨水洩流之緩速也

細沙泥吸水力

有一等地土如細沙頗易吸水且易經過此地土歛吸水固屬甚便而舉高水亦甚速其強爲留水令泥土潤溼甚均然亦有地土吸水甚易而難滲漏亦有易滲漏而不易吸水者如呼莫司吸水甚易而不易滲漏泥則難於滲漏

而吸水力甚大用雞糞類爲肥料可令細泥黃沙增其肥度較所壅肥料數更大蓋地土得肥料匪特令植物肥壯且增地土之力也

總言之泥土或呼莫司或細沙愈多者則地土留水力愈大如地土中尋常粗沙更多者留水力必減夫泥土細顆粒不第減小其空隙令雨水滲漏甚緩且因增其受水面積以供植物根吸取補化汽所失之水並其耗費考粗沙泥引起地下水高不過一二寸佳黃沙土能引起水高至六尺反言之稍有雨水可潤粗沙土甚廣較水數約二十倍至泥土則雨水一分僅能潤泥土三倍

脫即謀將玻璃管數枚均係半寸直徑其一端用洋布包紮盛以欲試驗之料其下端浸於水中五小時後管中泥土百分之含水數如左

	百分數
細顆粒石英沙	三〇
稍粗顆粒石英沙	三二
椒粒大石英沙	四·六
黍粒大石灰沙泥	二三
畧細一號石灰沙泥	二七
甚細一號石灰沙泥	二八

白泥　五九
含灰泥之黃沙　四八
小麥地黃沙泥　四一

依上數細顆粒沙水應升高二尺如以植物廢料耕壅土中令其變爲呼莫司卽能增其吸水並留水力

人俱知宜種五穀之泥土如小麥者須有數分堅質如土過鬆人又以爲應加石灰土並泥其意以此二土能令鬆沙土顆粒相黏而減小其空隙也

輭呼莫司功用

輭呼莫司能留舉水在印度可見之因彼處灌水法用之

甚廣雨水中數之年印度有黑沃土不藉灌水法而獲豐穰蓋土中有佳呼莫司能强留水隨時由地下速引上升故此黑沃土可耐旱甚久人以爲此黑沃土不得雨水時由空氣中吸溼甚多孰知其有留水力甚大無需人工灌水也而印度他處則不然在印度之英國工程司不論地土黑沃或否均開溝洫以供水令統國之賦稅相等未免不公矣

乾草煤能禦水

常有地土因生物質過多能含水多數惟既乾之後不易吸水此等地土在春季溼且冷夏閒則甚乾以致不能吸溼雖有雨水久留地面亦不能滲漏入土蓋因草煤之情形有變也卽是草煤顆粒縮黏變成硬塊不能吸水不宜爲耕種植物之用在英國司考脫倫省如欲改變草煤溼地爲熟田須地中開溝不可待其極乾而耕種因極乾之後此草煤地堅硬能禦水數年後始潤也

乾草煤之禦水或因其中有柏油類物將地土膠黏不令水透入又因多含生物質土中往往稍有物質祇在以脫並酒醕內能消化可見此卽係油類物也由此可知必有地土含此等油類物爲數不少泥土中之油類物乃從微細蟲類發酵而變成者其蠟並柏油類物卽植物花及松

樹刺鍼等腐爛而變成者

地土價值與天氣有相關

地土雖有吸水之功其肥瘠全恃天氣之宜否蓋雨水有多寡不齊也英國西方多雨水海疆之農夫與歐羅巴中原乾地之農夫論地土吸水力相宜與否其意見不同而抱絲敦近處農夫之意高地須有黃沙土甚深因此等泥土有吸水力可引起地下水如黃沙土薄者引起水力則減且有田同具此吸引水力而一田之土如不易透水其價值必較遜於又一田其地面下鬆疏者尚有一故須視地形能瀉水或否及能積他處所來之水或否

地面吸溼宜度

地土中泥並呼莫司不可過多恐因此令地土過溼故溼草地土含水甚多冬寒冰凍泥土顆粒爲地下面冰推漲牽動植物根鬚則難過冬而將彫零及冰融解泥土變爲鬆粗之粉不密合於植物根鬚欲免此弊須用沙泥或煤灰或街道垃圾遮蓋較壅肥料尤有益焉在春夏時北方溼土本屬甚冷日光不能令其驟熱須收吸許多熱氣方能增其熱度又因騰散水汽並熱氣挾之而去故初春不能耕犂况泥土空隙含水空氣亦難透入也

麻賽楚賽茲省農夫欲地土於植物生長時覊留溼潤可

度過旱乾又欲泥土鬆疏水易流洩至雨水過多則可以滲漏法令水洩去如地土留水不能洩出農家亟宜設法務令水有出路爲要

植物恆因過溼而死如係不流動之水植物更易黃萎蓋不流動之水往往在土中化成鐵養並硫養等物均有害於植物凡地土含水百分之八十將損害植物而含水百分之五十或六十者最宜於植物之生長如地面下深一尺含水不及百分之十則每年下種之植物受其害如含水百分之十五或二十必將茂盛

植物需水甚多而地土吸水力並留水力應大畧觀之似

地土可供水最多即最宜於根種者然斯語於水之不過多者耳前言日斯巴尼亞沙堆並浮園需水甚多均係流動之水並非冷而不流動者多呼莫司或細泥之土即有此冷而不流動之水適足以阻塞泥土或變爲毒水然則地土吸水何以爲佳哉須如園工預備爲細葉草等所用之土乃爲佳也此土以草煤沙泥並爛草根土攪和而成者

改良之法

前言係指明除呼莫司之外用各等物質均可改良泥土而獲大益夫人俱知畧加泥土於輕沙土即可改良如泥

土堅厚者須多用沙以改良之更有他法宜加石灰於泥土又用燒法蓋泥土被燒後失膠黏性所以煤灰和於堅土恆有益而多溼地應多加沙寒地應多加鈣養炭養沙若夫天氣乾燥適中之地其泥土大概俱可耕種

如加沙並石灰於泥土可令其乾輕且暖如加泥土於沙土可令其緊密溼潤且涼故灰類之土可加泥土則溼而涼在英國頗用白石粉改良田地即是令堅土變鬆易於耕種如沙土中加以白石粉則不易乾燥也

惟今改良法不如昔時因鐵路官道通行無阻各處農夫可運土產至遠市而近該市之田地雖不肥沃亦不肯費

賫本以改良矣

昔英國含沙或含草煤之泥土用白石粉灰土並泥改良之如諸福塞福二省農業興盛俱賴從前農夫將地下層含白石粉並灰泥之土翻起與地面瘠土相和迄今尚獲良效如河灘漲地百年前僅產大麥及根物自與泥土相和後農家即可擇時輪種小麥並馬豆等

有數處沙土或草煤地藉濁水浸灌令水中所含物質留存土中漸成沃土如窪品地方亦係如此改良者

然今農家於改良考究田地者不多間有仍用其法爲花園或山水點綴景緻計耳

前人常問泥土較畜糞更有益乎由閱歷考驗乃知泥土實勝於糞如佳泥土所產小麥較壅畜糞者更茂也

改良沙土法

博士麥約在荷蘭國屢查驗荒沙土加以草煤較勝於加植物所需各養料此博士在此荒沙土初種豆無收成復種馬料翻壅入土然後種燕麥其效見下表而第七第八號與他號不同者因該沙土並未先種豆及馬料或他項青肥料也

號數	每黑克忒所用肥料	每黑克忒收數 實	稾
一	無	一·二啟羅	四〇啟羅
二	骨粉一〇〇〇啟羅鉀養綠養五三〇〇啟羅	一二三	七二〇
三	草煤屑一〇〇立方邁當	一二四	五六〇
四	草煤屑一〇〇立方邁當骨粉一〇〇〇啟羅鉀養綠養五三〇〇啟羅	四七二	一一二〇
五	鉀養綠養五三〇〇啟羅	六	一七〇
六	骨粉一〇〇〇啟羅	三〇九	六六〇
七	鉀養綠養五三〇〇啟羅並無青肥料	二	九〇
八	骨粉一〇〇啟羅並無青肥料	一八〇	四八〇

觀上表獨用骨粉有益惟與草煤並用獲益更多而用青肥料之益亦甚明顯

一千八百八十年此沙地種燕麥後復種番薯獲效如下表

號數	每年每黑克忒所用肥料 一千八百七十八年	一千八百七十九年	一千八百八十年	番薯收數 每黑克忒所收啟羅數
一	無	骨粉七三〇啟羅	淡輕四養硫養三二〇〇啟羅	一〇四一
二	骨粉一〇〇〇啟羅鉀養綠養五三〇〇啟羅	無	淡輕四養硫養三二〇〇啟羅	二四七〇
三	草煤一〇〇立方邁當	骨粉七五〇啟羅鉀養綠養五三〇〇啟羅	淡輕四養硫養三二〇〇啟羅	六九三八
四	草煤一〇〇立方邁當骨粉一〇〇〇啟羅鉀養綠養五三〇〇啟羅	無	淡輕四養硫養三二〇〇啟羅	四九六六
五	鉀養綠養五三〇〇啟羅	骨粉七五〇啟羅鉀養綠養五三〇〇啟羅	淡輕四養硫養三二〇〇啟羅	三八七七
六	骨粉一〇〇〇啟羅	石灰二〇〇啟羅鉀養綠養五三〇〇啟羅	淡輕四養硫養三二〇〇啟羅	三一七一

七	鉀養綠養五三〇〇啟羅	石灰二〇〇啟羅 骨粉七五〇啟羅	淡輕四養硫養三二〇〇啟羅 鉀養綠養五二〇〇啟羅 石灰二〇〇啟羅	三六六三
八	骨粉一〇〇〇啟羅	無	淡輕四養硫養三二〇〇啟羅 鉀養綠養五二〇〇啟羅 石灰二〇〇啟羅	三三五八

此表中可見草煤之功效其收數可償肥料之價值最要者其田用草煤後能久得益而可留水其效在一千八百八十一年改種馬豆並牛豆所得者爲最明顯三號四號所種馬豆既枯之後牛豆尚盛他號田則以第六號爲最其次則第五第二第七第八號而第一號收數最少

數年前華盛頓京城有人請領製牛乳油新法專利文憑其法由地土吸水情形而悟又聞農夫恆言可將乳皮（乳皮卽牛乳靜置一時之後其面所結之厚衣是也）包於細密布內埋土中至次晨則變爲牛乳油定質因乳皮所含水質爲泥土吸去此人以乳皮盛於袋而置於桶中桶之四周空隙處實以略溼之籽皮或粗粉靜置二十四小時啟之則變爲牛乳油而袋外之粗粉均已飲飽牛乳淸水卽可喂豬或飼他畜因尙有補養之力也

地土吸水與植物吸水關係

吸水之事已明曉惟鬆沙地潮溼如何吸起尙覺難明此等地土本有水質騰汽並助吸水之法而面土卽藉此飲吸溼潤地下水則愈易上升

博士以管盛乾土浸水中而測水升高之度查得水之升高甚屬遲緩至於難別其土是否吸水抑飲水依理而論先飲飽而後吸起也胡爾奈以四管盛滿泥土立置一盆水內第一管一小時半之後查之第二管一日第三管一星期第四管五星期後查之而知泥土由漸吸水上升每管某處其泥土已經各等乾燥度數至於終必飲足水爲止

總言之地土某深淺處其空隙必滿以水猶鐙芯因吸力而滿足以油然在此飲飽之處爲限其上者吸力較弱則不得飲飽由此將過其能吸上之限制此論夫地下之水如地面泥土不得雨又在地下水吸力限制之上卽將乾燥而溼地層最上處化汽必緩若距地面較深則更緩也

地土由上或下而得滋潤

凡地方不乏雨水者既由地面而獲滋潤又從地下吸引水質夫水由地土滲漏無論地土高於地下水若干必有數分爲泥土羇留凡泥土顆粒愈細留水力愈大愈鬆者亦然因其空隙能容多水也若合於農家所用則泥土不宜過堅密又不可過鬆地方苟非極荒地下水常吸引而補地面化汽之水除有大雨之時莫不如此蓋地土有彼此接引水之能力如雨水並地下水能隨時運行補其缺乏卽爲佳地

地形高者泥土鬆密與所種植物須相宜卽是化散之汽不可過於地中藹留之雨水有植物種於近地下水之處生長頗速如貓尾草南瓜並他種喜水植物欲種之合法應防化散之汽不可過於地下吸來之水故此類植物宜種於低地也惟粗顆粒泥土往往能令水上升而供化汽所耗之水如地下水位高者卽近於地面以流通爲要

飲水之數

地土有力吸收水汽而藹留之此水汽卽空氣中常有之水質也如欲考地面泥土有吸溼之能力可將泥塊與空氣相遇視之若甚乾者烘燒至二百十二度卽沸度數小

時後權之則失其原重數或至百分之一或至十分之一卽官道中最乾之泥塵亦非無溼者此等泥土俱由空氣中飲飽水質與地下吸引之水難別如與地下水相遇則彼此攙和

地土能吸空氣中之溼此乃造化之大例除泥土外更有許多物質飲水之力更大如羊毛頭髮之類是也且測飲水表恆以此類物製成者在法國購絲者有讓價風俗因絲有飲水之性權絲重數時卽以少許作樣烘乾復權之依其輕減數而除其總數若干

植物之微細質並根腐爛後有空氣吸收其溼較泥土所

吸收者尤多其絲紋質飲水較腐爛而成之呼莫司所飲者亦尤多然則地土飲水之力恆藉所有之植物也馬料乾草珍珠米並他種氣乾之植物料五穀亦在其內能飲飽水多至百分之十或十二如遇溼空氣則爲數更多印度麻在尋常空氣中飲飽水百分之九至十二如遇溼空氣在尋常熱度中飲飽水百分之二十三脫郎謀查得植物質在溼空氣中飲飽水之磅重數如左

	十二小時內	二十四小時內	四十八小時內	七十二小時內
剉碎苡仁米槀一百磅	一五	二四	三五	四五
剉碎燕麥槀一百磅	一二	二〇	二七	二九
剉碎無膠紙一百磅	八	一二	一八	二〇

飲水最明顯者莫如炭因由空氣中吸溼甚多且又吸各種氣質其所飲之物往往與本體相較居四分之一新製之炭或欲去溼而烘乾者著火甚易惟久在溼處著火較難易爆烈而多煙化學士於燒炭時將燒紅之炭少許擲於鐵罐蓋密以備下次得甚乾之炭以生火若久藏卑溼地窖中之炭並木柴等均不易生火也

空氣所含水汽甚要

觀華德植物罩則知地土吸收空氣中之水汽與植物頗有關係此罩內僅灌水一次而植物所飲者卽從其中化

汽凝結之水而得之此猶温帶地方房屋牆壁間凝結之水也在熱帶海面空氣並水及物尋常熱度甚均則水汽無凝結之時此又如華德植物罩內空氣滿足並植物自放散之水而可飲者祇有此泥土中之水質然植物種於地面其根所吸之水復爲空氣所吸去

耕種闊葉植物如蘿蔔菜苜蓿珍珠米南瓜等其葉放散許多水汽旋又爲地土吸收在熱帶地方夜間空氣熱度銳減而與晝間熱度迥殊故凝露甚多植物藉此足其所需據云熱帶森林中夏間凝露甚多至晨猶聞樹葉間滴水之聲

地面常熱

地土吸收溼氣夜甚於晝如乾燥地土遇溼空氣一年許之吸收甚多惟在盛暑此等地土甚熱如好望角空氣熱度一百二十度其地土則有一百五十度亨薄爾脫云熱帶地土熱度往往有一百二十四至一百三十六度地土經此炎熱卽在温帶地方終夜不涼而不能多吸飲水然如此熱地在夜間有來自深層之水化散蓋此地深層中有水藏蓄也

納斯庵當夏季晝熱夜涼時將一玻璃漏斗在晚間罩於地上查得漏斗內面凝水甚多可見植物葉所有之露並

非來自空氣實由土中發散所以旱乾時地下騰散之汽至於地面與植物在空氣中吸收者更有關係況乾燥時地下所騰水汽諒必尤多而卽在地面凝結如在秋間地下空氣並水汽皆稍冷然地面熱度必更冷於地下至夏季酷熱時入地窟覺涼而地面泥土非過熱者則地下水汽猶將上升凝結羈留有益於植物

農夫於乾燥時耕鋤面土免其旱患此法乃使地土疏鬆更易飲吸空氣所含之溼也後將復論之

地土能飲水之物

地土能飲水全恃四種物料如呼莫司如鐵養輕養如泥

如石灰均喜水其飲吸之力卽依此次序在尋常熱度空氣甚溼者吸水百分之一·五至二十三淨泥吸水罕有過於百分之十二惟含鐵質之泥並白石粉類之泥土則吸水百分之十五至二十一草煤土吸水百分之二十三或有奇

熱氣與地土飲水相關

地土吸飲空氣中所含水空氣愈熱則吸飲愈甚空氣熱度加一度其吸飲力亦增百分之一

空氣含多溼並地土飲水之力上所云者尙有未合尋常空氣在非乾燥之地土而植物生長時能含溼氣四分之

三　飲水關係

舊金山地方乾燥天氣全賴吸飲空氣中所含之水凡地土在法倫海寒暑表五十度時能飲空氣中所含之水百分之二者則有旱象能飲百分之四至五於農務尚可無損

凡地土本有之溼爲數較旱乾時由空氣中吸飲之水更少者則所種植物必黃萎歉收以大麥珍珠米試之其效如左

百分乾土溼數如左即萎	百分泥土吸收空氣中之溼數如左可生長	土類
一·五	一·一五	粗沙土
四·六	三·〇〇	花園粗沙土
六·二	三·九八	細沙呼莫司
七·八	五·七四	雜沙黃土
九·八	五·二〇	白石粉土
四九·七	四二·三〇	草煤土

在白石粉土種草並豆類植物相宜者其地土須吸水百分之五·二爲至少數於草最相宜者須吸水百分之九·八五如豆類一〇·九五草煤土吸水至少四二·三而與草相宜須五〇·七九豆類五二·八七

種豌豆之效如左

地土本有溼數如左即萎	吸空氣中溼數如左可生長	土類
一·三	〇·三	沙土
三三·三	一六·三	木屑
四·七	一·九	灰土

種豆之效如左

地土本有溼數如左即萎	吸空氣中溼數如左在法倫海寒暑表五十九度可生長	土類
六·九一	三·四〇	灰土
一〇·〇二	七·四六	黃土
一〇·三二	三·四三	花剛石屑土
一二·四九	六·一八	雜沙草地
九·二五	五·八九	白石粉土
一·二〇	〇·四六	粗沙土
〇·五一	〇·一九	稍細沙土

汽結成霜

地土熱度較空氣凝露之度更低則水在地面或將收吸入土時成冰而爲霜以第一寒暑表在夜間置於草地上第二寒暑表懸於空氣中二表相較地上之表低六度或竟至十六度墨西哥溼草地晚間氣候甚涼故不易傳染瘧疾以一法倫海寒暑表在夜間置於地面僅有三十二

度又一寒暑表懸高十六尺處乃有五十度以管插入土而測地中之溼其數較大於由雨水而來之水可見此多餘之水必由水汽凝結而沈下者此凝沈之水有益於植物匪淺如博士意勃麥耶用數管插入地深一碼盛以易留水之黃土及草煤土查其管底流出之水較雨水爲少因無雨時泥土中所含之水易於騰汽惟盛以不易留水之泥土詳細考察其效不同以一管插入地深一碼盛以細石英沙如在冬季其管底流出之水較管端所得之雨水多百分之二十九在夏與秋多百分之四全年中數較雨水多百分之七如管內盛細顆粒白石粉沙祇冬季流出過多之水其數亦僅百分之二十五盛以粗石英沙者冬季流出之水往往過多全年中數多至百分之十至十四

格致家考空氣在高熱度時能吸水汽之數如左

法倫海寒暑表三十二度空氣能吸收水汽一百六十分之一

法倫海寒暑表五十度空氣能吸收水汽一百八十分之一

法倫海寒暑表八十六度空氣能吸收水汽一百四十分之一

法倫海寒暑表一百十三度空氣能吸收水汽一百二十分之一

由此觀之熱度每增二十七度其吸收水汽之力卽加倍

肥沃賴溼

依上所論可見地土之肥沃大半藉吸水如何並其位與地下水相距如何博士之意植物生長全賴熱度之高低溼潤之多寡如地土易溼羈留水質而不與地土中運水相阻地下水高低又合宜農事又加以肥料自無失望如沙土鬆疎或泥土堅密則上所云之情形難得蓋沙土顆粒粗則水速洩並肥料亦有數分隨水流失如泥土堅密則雨水不易吸入粗沙不用青肥料或不用草煤土或不加泥土則無力引起地下水又不能阻地面騰汽之事而泥土堅密者又能阻地下運水之法

溼潤爲要

地土之溼有利於農務斯事頗屬緊要有識之農夫察土之所宜而審肥料之多寡以與植物種於地面相配如種草並冬麥爲其吸取食料較緩可在泥土稍久此等地土宜壅家禽肥料而壅此肥料又可隨時爲之壅一次之後可隔數年也

速成熟之植物如菜類則宜輕鬆之泥土然不能羈留肥

料故此等田須屢加肥料則植物能早成熟且萊應常耕故輕土尤宜而有損礙青嫩植物之蔓草亦易芟薙惟蔬菜類欲種之合法其輕鬆地土必溼潤乃可而得溼之法不一在高地冬閒雨水足供初春植物所需如豌豆等或再加肥料則更宜夏季植物可用澆水法以供之或地形低者可引地下水而細沙土亦能自引地下水以供植物生長之用

夏雨不足

地下水於農事關係匪細因夏閒雨水往往於秋收不足而地下水如與地面相距不遠卽可補之歐洲諸博士考

究斯事知全恃雨水終有不足之患

在溫帶地方所得雨水終不足於豐稔之用因馬料小麥苡仁米在生長時每一英畝化散之水有七百噸卽合水七寸每一英畝一寸許之水合一百零一噸在一千八百七十年英國大旱四五六月之閒每畝所得雨水計二七九寸卽合二百八十二噸惟有一田數年屢加肥料當此旱時收穫得馬料五十六擔餘可見此田之草曾化散水七百噸實較當時雨水之數更多俱由地下水引起耳

植物所需之水與雨水之數相較則更多因雨水在植物生長時本係不多而流洩或吸入土中於植物更無相關

況化汽上騰於植物毫無益處德國有人計全年雨水爲植物之用者未嘗得其半抱絲敦近地所降雨水較多於德國北方每年共得雨水數不止四十寸許惟在美國大雨並陵雨殊不均而植物不得其大益然則反不如德國雨少而均爲有益也夫雨又須及時而降農家方得其益如舊金山薩克倫門掩袞樵肯兩江之山谷地全年雨水罕有過於二十寸許而五穀頗豐祗因晚冬初春降雨水十二寸或十五寸而水又大半吸收入土羃留以待春閒植物所需至旱乾時植物已成熟尼勃蘭斯楷省全年雨水約二十四寸許雖於農事有益惟頗有參差自第一年

十月至第二年三月所降雨水不及全年四分之一而春閒竟有旱乾之患雨水最多時在六七八月自八月至十一月卽漸減少所以春閒彼處農夫興運河灌水事以濟其不足

大半植物在生長得力時需水最要因由葉化散之水甚多也若五穀並豆需多水之時自發枝芽以至開花之後如在此時雨水少者則收成無望

植物幼時乏水尚可耐至茁壯時則不能少水因植物幼時化散之水較壯盛時爲數甚少泥土如不乾燥其空隙羃留水甚多德國有人測算一層地土二十五尺深者係

細沙土尚能留水等於該處全年之雨水

騰汽與雨水相反

各處雨水數與自來水廠無蓋池所騰水汽數不同凡一處地方雨水數依其時乾熱或寒冷與否故雨水多寡不齊德國梯平更一千八百二十六二十七二十八年在蔭地所騰汽之水係二〇·四五寸二八·〇五寸二六·一八寸以此三年中數計之每年得二四·八七寸而由雨雪所得之水二二·八一寸二七·九二寸二二·九一寸其中數得二四·二一寸

在倫敦地方據人云每年由無蓋池所騰水汽與該處同大面積所降雨水相等惟博士檀尼爾測查者則云倫敦地方每年雨水祇有二十二寸由無蓋池所騰水汽每年有二十四寸依此論之騰汽之水較雨水多一寸又四分之三在盤明亨地方一千八百四十三年所降雨水有二六·七二寸騰汽三一·九八寸則所騰水汽較多於雨水五二·七寸英國潑蘭斯拖地方每年騰汽以三年中數計之有二十一寸所降雨水有二十三寸又以一年分爲三節計之其中數如左

	雨水	騰汽
冬季	七·二八	三·六六
春季	七·七九	一〇·四一
夏季	八·〇八	七·〇六

法國提狀地方每年水池所騰之汽二十六寸所降雨水二十七寸丹國京城依十二年採查之中數每年雨水有二十二寸騰汽有二十八寸而長草每年化散之水有二十四寸短草則有三十寸德國卅方依一千八百六十三年所測者在蔭地面騰汽之水較多於本年所降雨雪露等其數

意大利西南西里島有大商埠名帕留麻依博士塔趣尼試驗指明該處騰汽與熱度有關係如風勢大亦能增其騰汽數空氣含多溼即阻之一年之間有遮蔭之地騰汽之水較雨水多二倍又二五有日光處所騰水汽較多於雨水幾及三倍如按月計之在正二三月並十二月之間有遮蔭之地騰汽與雨水相等而他月騰汽較雨水更多在正月十二月受日光處騰汽與雨水亦幾相等而他月騰汽亦較雨水更多

由地土騰汽之水

上所載者祇言由器具中所騰水汽與插入地土之管查得雨水滲漏入土後騰汽之數不同如依狄更生之法以長三尺之溝管插入土測得一年內雨水二六·六寸之數

僅有一五·三寸還入空氣中而由地土洩流入江河者有一一·三寸

然由溼土所騰之汽較一片水面所騰者反多即是一地飲足雨水而無溝道可洩則騰汽較水面為尤多其理大約因地土將水質分散即令騰汽之面積增多而土色亦有關係如暗色土多收熱氣則所含水易化汽況地土之面不平者則騰汽尤速以粗沙細沙分開浸溼見粗沙騰汽較細沙更速因粗沙遇空氣之面積較大於細沙也

冬閒雨水須設法羇留於土中以備明年之用即在春閒不必耕田或任其休息此意英國農人均知之因在旱時輕鬆地土頗應注意留水事如欲種蘿蔔則不可在春閒耕犂蓋泥土鬆則騰汽速據農人云春閒田地須用耙並輥料理之如此則地下水可羇留而種蘿蔔可副其期望

博士盧爾兹在波羅的海勞斯禿克口岸一千八百五十九年查得一平方邁當之水櫃每日滿以水自五月至十月為止此六月中共騰汽二一·五寸此水櫃置於距地面三尺處在一花園中而有遮蔽可禦北風惟無蓋於日光空氣並無阻隔

上所云試驗法用淨水而已在後再用同類之櫃以一櫃盛天然泥土他櫃則泥土中或加水若干或稍加以水溼土櫃之底有孔可令雨水流出而承之以器又有數櫃盛以乾土如下第一櫃盛白海沙可留水百分之二十六而其中已含水百分之十九第二櫃盛花園黃土能留水百分之九十四而其中已含水百分之十一第三櫃盛草地泥土能留水百分之一百七十較本土之料再加七十分而其中已含水百分之四十九於是考查此各乾土櫃所騰水汽與雨數風勢均載明如左每櫃係一邁當平方

	黃土克蘭姆	沙克蘭姆	草地克蘭姆	水克蘭姆	雨克蘭姆	空氣含溼百分內數	百度寒暑表度數	風
五月	六三〇	九六〇	七五〇	四七六〇	八八四六	六七·五	一三·七	一〇
六月	一〇四一	一〇八二	一一六〇	四五四三	二五九二七	七六·六	一六·九	一四
七月	八六四	九五	八五九	三五六三	三五二六	七七·六	一九·〇	五
八月	一〇七六	一〇九三	一一三六	三四五	六九一三八	七七·二	一九·五	四

用浸足水之黃沙土並草地土在一平方邁當櫃內數月之閒除有雨外每日考查騰汽中數列表如左

	浸足水黃沙土克蘭姆	浸足水草地土克蘭姆
六月二十至三十號	七六〇〇	七七八三
七月	四六八〇	四九三五
八月	四四三三	四六〇〇
九月	二六四〇	二七一三

十月　九七二　一〇七六

觀此表可知溼草地土騰汽較多於溼黃沙土

黃沙土數分浸溼每日騰汽中數列表如左

	黃沙土半浸溼克蘭姆	黃沙土浸溼三分之二克蘭姆	黃沙土全溼克蘭姆	水克蘭姆
六月二十至三十號	六二四八		七六〇〇	五五八七
七月	四一一六		四八五六	三八四七
八月	三一三七		四四〇五	三四四八
九月	二七二三	二九六五	三〇二五	二五六九
十月	一一一三	一一八一	一〇二六	九〇七

蔭與騰汽關係

德國勃凡利亞地方在夏間地土深半尺常令溼所騰水汽較同廣大之淨水騰汽尤多如風急則情形相反樹林中浸溼地方空氣動盪稍緩其騰汽較淨水在蔽風處所騰者爲多

尋常浸溼之樹林地土所騰水汽不及空曠處浸溼之地土所騰者二者相較之少數竟有百分之六十一至六十三如樹林葉茂者騰汽更少至百分之二十二蓋樹林枝葉有以阻之總論之地土凡有遮蔽如樹林枝葉等較空曠溼地騰汽少六倍半

在勃凡利亞試驗每年雨水較空曠而有遮蔽之地方騰汽之水更多在密林處騰汽之水反較由雨雪所得者爲多於夏間置盆水於田中散失之水較該處之雨水尤多而在樹林中則相反此乃論夏間若冬季騰汽本少不論樹林及空曠之地其騰汽必少於雨水

如盆水置於樹林中散失之水一年間有三十六立方寸如置於田間有一百立方寸卽是樹林間騰汽較田中水面騰汽少二·八倍而夏間盆水騰汽較冬間速四倍樹林中騰汽較空曠之田少三倍卽在夏間樹林中騰汽四百二十九立方寸冬間一百十一立方寸若田地在夏間騰汽一千二百二十三立方寸冬間則三百十四立方寸且

夜間騰汽較日間少三分之一至一·五

熟田騰汽較雨水爲少

由上觀之凡熟田無植物者一年騰汽其數必較雨水爲少斯事於地土情形地方高卑並植物等類頗有關係如泥土輕鬆而無植物者曝於風日中降雨之後騰汽甚速然面土既乾騰汽則銳減而有植物者則不然有樹林地方在春夏時雖地面爲其遮蔽而由葉騰散之汽實屬甚多若夫陵雨爲數雖多然於植物無大益因騰汽較速也甚冷之水或將融解之冰可謂爲藏水汽之所以備植物之用坎拿大地方七月間地深數尺許尚藏有冬間之霜

此地下之湅土蓋爲該地異常肥沃之源因此霜在夏季由漸上升溼潤地面而與熱氣相遇適爲植物所用又補春夏雨水之不足雖下種遲晚而生長依然發達故該地所產五穀始種於五月閒而八月終已成熟

整頓地下水

前曾言泥土或有呼莫司之地能羇留水然應設法使其速洩以便耕種而溼草地開溝之事卽此意也有此溝道地下水可減其高度而種馬料番薯南瓜之類如地面蓋粗細沙土水易流通則更妙矣

荷蘭國沿海並大江邊地形較低於海面故內地之水本

無出路卽掘溝亦不能洩所以設法用器具運水入海令水不致蓄積尚可耕種如田中水少則停止運水此運水器具卽風車也

樹爲抽水具

種喜水之楊樹銀杏樹等則過溼之草地漸乾可種佳草夫草地騰汽轉瞬閒可令玻璃面成霧則一樹之葉茂盛者化散之水爲數極多而地下水實藉此引起厥功甚大此理可由大樹葉其面積若干測算而知之數年前博士克蘭在克倫勃玆地方查考一榆樹此樹適在壯盛時雖不甚大而每年生發七百萬葉卽等於二十萬平方尺之

地面又等於田三十餘畝之面積惟樹頂周圍之直徑約七十尺其面積不及十分畝之六

樹葉面積與空氣相遇其廣如此故引水之力亦大如水面與葉面積相等則由葉化散之水實多博士翁茄曾查得一方水之面積騰散水汽較樹葉集成同等面積所騰散水汽多三倍至五六倍惟樹葉層疊少佔地位而面積實甚大也

德國博士泰甫考察一櫟樹吸引水之力查得此樹有七萬餘葉自五月十八號至十月二十四號卽由萌芽至葉落時在晝騰散之水有二十六萬四千磅較此樹所佔地

位內飲受雨數多八倍又三分之一惟夏閒雨水卽在葉面騰汽者有四分之一更有人測算一櫟樹高六十九尺距地面三尺三寸處其周徑有八尺八寸夏夜天晴騰散水汽有四千四百磅

歐洲種樹者查得砍伐樹木後地土漸變爲泥濘或溼反言之如種新樹令其生長地土卽變爲乾燥美國博士儒理斯言美國噴昔維尼亞省砍伐茂林卽見有泉汩汩然而種樹者亦知有小樹林如冬青柏樹之類者可令該地乾燥如砍伐之卽患卑溼

阻根溝

英國田畝較小而活樹籬往往有大樹在其中吸收左右田土所含水至於有損耕種而旱時愈受其害於是有掘溝而阻樹根展布之法此等溝約深二十寸在田之畔與籬竝行相去十尺許此法能截樹根不能蔓延農夫及園工頗惡樺樹槐樹銀杏樹蓋此等樹最能吸乾地土而樹近根之寄生物亦由泥土吸取許多質料致有損於耕種博士列師安考究樹木吸乾田地事掘取近處田土此土前曾種各等植物或當時尚有植物生長測查其含水若干其土堅硬與他田情形相似惟所種植物各異所查樹林地或有二十五至三十英畝之廣

日期	所取泥土之地	泥土百分某寸深所含水數		
		六至八寸	十六至十八寸	中數
八月二十五號	近果樹之園未耕之地	一五·〇〇	一七·〇〇	一六·〇〇
二十六號	曾種冬豆七月收成後已犂之田	一一·〇〇	一八·二〇	一四·六
二十六號	蔓草田大麥收穫後尚未翻犂之田	七·五七	一七·三八	一三·五
二十六號	樹林地產榆樹九年	一〇·五七	一三·九五	一二·三
二十六號	樹林地產榆樹三十五至四十年	九·五三	七·五四	八·五
二十六號	樹林地產松樹二十年	一二·八五	四·四六	八·六
二十四號	葡萄園	九·二五	一〇·四一	九·八

近八月杪樹林地土較花園及田地更乾而以後數月尤乾因旱秋雨水本少樹頂所受者即化散不能入土也

地面溝道

田地過溼可犁而開淺溝頗有功效此等溝深淺闊窄依情形而定如任水蓄積將受其害故宜設法免其羇留斯乃有益溝相交處應注意開通去其阻礙況此淺溝在地之面如有大雨亦藉此洩流英國有地方用汽機犁其泥土而開深之地面淺溝不必用矣有農夫竟不用淺溝亦有在泥濘之田仍用之以便洩流雨水

山坡鬆疎地土須用淺溝爲妙以備雨水出路免泥土爲水衝落所種植物宜與溝竝行而溝又須彼此連接闊而

淺則流緩可減衝落泥土之弊較深溝受害爲少夫築淺溝並非難事祗須山坡犁成槽若干條又常犂之所起泥土堆積一邊漸成田岸而上邊即爲淺闊之溝矣

埨地

地土溼者更有一法埨地是也如在河浜邊並平地面可堆高泥土而爲埨其實此乃淺溝之相反也或溝甚淺埨地甚高其大意務必足其斜度令水不得羇留總言之英國平原堅土易洩水者埨地宜窄凡地土愈堅者埨宜愈窄而埨式樣隨所種植物而定如種冬麥埨地應較高而窄如種馬料草應低而闊博士馬歇爾言小麥最宜之埨

地須闊八尺三寸，馬料草最宜之堎地，須闊三十三尺
英國諾福塞福二省田土犁成堎，其闊窄適等於散種子之器具，其堎或闊二碼或一碼，俱與散子具大小相配，如堎闊三尺五寸或九尺，則散子具須特別製造

散子具之大者，可散麥子，用四馬拖之，左右各二馬，行於溝中，如堎闊九尺，其器更大，則用六馬，左右各三馬，行於溝中

製造他種農具，如耙輥鋤，須視堎之闊窄，可令馬行於溝中，器之小者，爲掘起根物捲心菜之類

溼土需堎地

堎地在溼空氣地方，堅泥土所必需，如英國地土欲種小麥，應犁成堎，否則任其平衍，積受雨水，變爲爛泥，既乾之後，遂成硬殼，而小麥受害，惟築堎地，須費工程，而溝閒不生小麥，悉係蔓草

在低草地築堎地，卽是開溝之意，減水面之高度，可生長上等草，夫開溝去田閒之水，而築堎地乃由水中取出泥土也

地土漸高，不減水面高度，亦是天然之法，如一荒僻卑溼草地，由水族及植物腐爛堆積漸高，美國東北卽有此情形，漸能耕種，實與築堎地同意，然此等地土本係植物腐爛所成，故泥性堅密，積水難流，須開溝洩之

斜度地面需堎地

昔時英國農家常用堎地之法，一千七百三十三年，博士妥爾曾言山坡築堎地，至少以二堎爲一行，列其面土有青苔類，飲水甚足，其下盡係泥土，雖受雨水溼潤，而不能浸入

水由山坡流下，爲青苔所阻而遲緩，如天又降雨，苔土受水愈多，遂似爛泥，人與獸行其上，卽傾陷，所以山坡地面宜橫犁而築堎地，令溝廣闊，水可流入溝中，而溝之上邊可乾，此意前已論之

休息田

犁高泥土，匪特令水能流，且可翻起地下層黃沙土，在阿爾蘭所謂休息田，種番薯及他種植物類，此休息田自溝道及田堎閒所取泥土築成者，而溝之深淺闊窄，均依地方情形而定，如本土較深者，溝宜狹深，可令堎底之水聚於溝中，如本土較淺者，溝宜闊淺，所得泥土，壅蓋番薯並他種植物之秧，此地面淺溝與地下水不相關涉

堎地增面積

英國所有高堎地，人皆以爲古時欲令地土增面積，博士妥爾言若將平原開築堎地，每闊十六尺，開溝二尺，因成

埨形面積增多仍有耕種面積十六尺夫此面積愈廣愈佳因植物根向下而叉平行故面積狹窄者枝葉不能發達

美國南省稍克羅拉那海疆有羣島百年前始種棉花尚未收採已經霜降今則成熟較早無虞霜侵農家設法種棉花於埨地埨高十二至十八寸闊四尺至五尺令棉花根四周之水流洩泥土較乾而埨之底土不必翻動可將鹹水海灘柔輭河泥及鹹水草等塡之如此棉花根有所阻不能透入溼土內埨土所壅肥料亦甚足於是收成豐稔此乃近海邊情形如入海島內地溝道未合法則所產

棉花必不佳其絲條粗而短然農家善於栽培者雖內地亦有法開溝築埨用鹹水河泥等收效如近海邊

歐羅巴舊式埨地今已不行以地下開溝法代之始平舊時埨地頗耗工資然非如是不能開溝也

埨地上古歐洲生番時恆爲之可見當初歐洲地形低溼上蓋樹林於農務較難從事阿爾蘭農夫往往掘溝以作埨地其器具多用鏟不用犁尚有古風即遷往他處亦復如是

高堆與平種相反

今有地方種珍珠米並番薯仍用高堆成埨之法欲令地

土乾暖地雖近水而植物根卻得乾燥之泥土其微細孔可吸收空氣故番薯生長頗近地面或竟透露在外其法實來自古也

多水地方埨田開溝道可洩餘水俟乾即可耕種在阿爾蘭之溼天氣埨地實爲有益因平地難免積水之患然乾燥天氣之地方埨地亦有不便且平地耕種多用機器農具而除珍珠米並番薯外俱無需埨地惟地土冷溼者尚爲之有效而農家之善於耕種者則言埨地法應盡廢總言之地形乾燥宜平地耕種以冀其溼潤

一千八百八十四年有人在紐約試種珍珠米於平地又

特築十埨亦種之至八月間天氣驟寒兼受旱患種於埨地者枝葉黃萎種於平地者依然發達

珍珠米並紅蘿蔔種於埨地非第無益反受其害而番薯由種之深淺觀之則淺者尚宜深者實無需埨地有數年深種之番薯收數甚豐而淺種於埨地者獲效亦多然埨地過高番薯終易有損故深種者埨地宜低

農家云種番薯須待其秧稍高然後高壅泥土又有人云應在未開花之前高壅之蓋斯時已得肥壯之力而可令其生長發達過此期而壅之則番薯埋土更深多生小者番薯生長不等有叢生如球而有數顆出見於地面者亦

有散布而無擁擠情形者埨地之益如番薯嫩芽初萌天氣或寒可用犁在二埨間翻起泥土覆蓋之以免霜侵植物生長時天氣變熱埨地泥土較平地泥土在晝更熱在晚更涼即是埨地寒暑上下較甚於平地如欲較埨地與平地日間熱度可測算其上午六點鐘至下午六點鐘之中數至晚間可測其下午八點鐘至上午六點鐘之中數惟草煤土則不然其熱度在晚間未必更涼也

夏季清晨埨地熱度較平地為涼惟在晚間較暖而埨之東西向者晝更熱夜更涼有甚於南北向者

陰溝

陰陽溝之外又有數種陰溝近來多用之馬歇爾言有一種陰溝先開地道取黑楊樹枝或松樹枝為之其法以二枝相並上又置一枝遂成管形上覆泥土與地面平亦有以成捆樹枝為之可經十二年至十五年之久

尚有較成捆樹枝所作溝更佳者先掘成狹溝溝旁有肩用草泥鋪蓋上覆泥土與地面平如泥土為肩不能勝任可將草泥切齊成塊而砌之其溝道約闊三四寸英國更有簡便之法開溝上闊下窄如木劈形亦用草泥蓋之其草面向下遂成三角形之溝道而草泥上又蓋碎石粒於是覆以泥土馬歇爾之意以為用碎石粒作溝更妙惟碎

石粒之上須鋪草泥而後蓋以泥土

英屬美洲之考倫比亞地方有溝與舊時用黑楊樹等之意畧同將樹直劈開置於三尺深之溝內其樹之最狹處成尖鋒與泥土相着而左右即為洩水之路如木料佳者可經數年而不壞

英國牢克亨某爵在其地界中築陽溝依地土乾溼情形而定其深淺溝之小者蓋之則為陰溝亦有以大石所築上蓋闊石板則為大石陰溝而稍小者用長條石板斜側相倚如人形此石溝上先鋪細石粒然後蓋以泥土此等溝道需費頗巨然有用且經久其田遂改良獲效甚速乃

一勞永逸之計也此溝築成之次年夏間草地不生無用之草冬間亦乾燥適宜在未築此溝之前人立其上尚虞傾陷今則牛可行矣在耕種之地效亦明顯因前者雨水羈留冬春之際往往損害今則乾燥宜於五穀且春間即可預備犁田而他田無此溝者尚未能施工蓋農夫亦知溼地不能犁也

由此可見從前瓦溝未行而農家苦心孤詣欲令其田開溝洩水也

以井代溝

尚有一法於溼地用開井鑽鑽成一孔則地下層不能洩

漏之水由孔湧出此鑽具又可用於地下層堅土令水向下滲漏入深層沙泥土內惟此二項工夫殊難須明地學者方能從事如英國有地面在白石粉層之上則可鑽孔令水飲吸入此白石粉層中或地面多水而下層係鬆疎之土可深犁而洩之

英國有田須用瓦溝然深犁法亦可乾燥如堅土田深三四尺之下係白石粉層可用馬犁之溝中積水不退又可用汽機農具犁深十二寸今泥土鬆疎水卽暢流而田地亦永遠改良更有他田堅土深二三尺者雨水多時常患水浸惟用汽機農具犁之卽乾燥易於從事此乃翻動深

土令其鬆疎則水滲漏入下層灰土或沙土中也

有許多地方其泥土中開築深井及於白石粉層或灰石層或沙石層田面之水卽滲漏入下英國有田亦鑿此井深十八尺及於白石粉層乃以火石屑填滿可永為漏水之法更有一田築瓦溝數條會聚於三尺直徑之井此井深二三十尺及於地下層土由是地面久遠乾燥或但有此等井田地卽乾者

地形如盆式而多水者在其中開一尋常井或池潭水卽流聚其中藉風車或汽車或水車之力運去之而田地遂改良

瓦溝

自興瓦溝而代樹溝成捆樹溝石溝以來農家頗獲便利此瓦如馬蹄形置於溝底其背向上如∩更有佳者瓦下填鋪一平瓦或端石片如⊓或以瓦背倒置上蓋端石片或草泥乃以泥土覆於上

以後此法又以為不便始創用短瓦管其管口竟似○考究農務之國多用之美國密西西比大江左右平原地用之尤多

此管置於狹溝內端與端相接上蓋其上卽為一統長管而略有斜度至相宜處接有大管水可暢流

其斜度雖少而水在空管甚易流瀉據云每一英里斜度僅有三尺已可惟農家築溝斜度較多令地下水緩流聚於彙井復由井入大管暢流他處

凡田地水洩之後其泥土匪特暖而清潤且較往年受旱患亦減蓋所流之水係多餘者由是植物根鬚透入深土而吸其應需之水況地中築溝合法則泥土微細管運水亦靈捷而收吸雨露之力亦更大也

未開溝之田收吸雨水緩而難恆在地面流去若欲其滲入泥土而羈留之以宜於植物則開溝合法地土滋潤其微細管運水靈捷乃為有益如地土不潤溝未開築微細

管運水不能靈捷則植物受害雖近處有水甚多卻似沙土不得羈留凡溝須足其深度於犂可免妨礙

溼帶地方最佳之泥土畧有膠黏性而犂之甚深可漸減其溼度然開溝須合法庶無過多之水夏間陵雨後溝道合法之田其乾甚速農夫乘其尚溼時即耕種焉

開溝洩水泥土即有閒隙而空氣入焉肥料由是發酵腐爛而植物得其利用

瓦溝較石子溝為佳

美國東北省有許多地方仍用石子溝然瓦溝為佳也因瓦管所需之處甚窄故費用較省得益甚多而管之大者

可令地下水暢流猶天然之溪澗而石子溝終有阻塞處況瓦溝上面泥土仍能藉微細管吸水法而得滋潤若石溝上之泥土往往乾燥令植物受害所以瓦溝之上如鋪碎石粒猶沙泥厚一寸夾在黃土間其微細管遂隔絕而有妨於植物生長

瓦溝不宜於溼草地

美國東北省有溼草煤地此等地不宜築瓦溝因甚輭爛水既流出即將低沈所埋瓦溝顯露地面失其功用且犂之亦有阻礙在英國溼草地當初築塘岸開溝而十八年或二十年間已低沈二尺或三尺許其甚者竟低沈七尺至八尺阿爾蘭有一溼草地開溝洩水之後十年間已低沈十五尺至二十尺該地初甚溼不能行人後即變為堅土重車亦能行之

瓦溝免植物根阻塞

築瓦溝得其宜則植物根不阻塞之因田間植物根實無意入於空溝而水在溝流行其四周泥土均溼潤則根更不必入溝而竟透入溝之下矣

溝外恆有植物根鬚圍繞儻非築造不得其宜其根斷無入溝之理如未合法則水不暢流泥土淤塞則有根透入或溝適接泉水即為通水之路而溝外較乾如斯情形其

根亦罕有入溝者惟蘿蔔等根往往阻塞溝道此等根入土深約二三尺

溝解旱荒並熱地土

溝有令土熱之功在春間更甚此時溝中流水不能化汽則熱度不散失夫化汽所需熱度甚大而收地面之熱不少故水之容熱率亦較他種物質容熱率更大即是水一體積所需熱度較與泥土同重一體積所需之熱度尤大今以水之容熱率與各乾土容熱率相較如左

	容熱率		容熱率
水	一〇〇〇〇	黃沙土	〇·一四九六

草地土　〇·一三一五　淨泥　〇·一三七三
呼莫司　〇·二〇八六　細沙　〇·一〇四八
雜沙呼莫司　〇·一四一四　粗沙　〇·〇九六八
黃沙土雜呼莫司　〇·一六六四　淨白石粉　〇·一八四八
雜泥呼莫司　〇·一五七九

由上觀之則沙土容熱甚少而泥土並呼莫司白石粉容熱較多惟田面泥土均含多溼與其熱度有相關然沙土稱爲熱土而泥並呼莫司稱爲冷土者因沙土不能留溼而泥並呼莫司能留溼也

一體積之水須收吸多熱然後覺其熱反之一體積之水

須傳散多熱然後爲涼也

近海地方秋季天氣溫和春季嚴寒而夏間暑熱冬間之霜亦較輕蓋夏間海水收吸熱氣自然涼爽秋冬海水傳散熱氣自然溫和深秋霜降池潭之水有許多熱氣騰散不能凍冰即有冰亦在池邊

水不易傳熱

地土含水過多匪特自留其熱且阻地土收吸空氣中之熱因水本不易傳熱地面之水自得其熱則不能傳之入土然熱雨水浸入地土亦能高其熱度凡泥土鬆疏者雨水易入而自空中帶來之熱並地面所有之熱即傳與下

層土於植物大有益故開通流水者亦有此效

英國工程司名派克斯查得一溼草地深自十二寸至三十尺其熱度恆有法倫海寒暑表四十六度而深七寸處恆有四十七度若在已通溝耕犁之溼草地深三十一寸則有四十八度又四分之一此地於陵雨後深七寸處寒暑表竟有六十六度與未耕犁者相較高十度在六月間下雨後已耕田深七寸處熱度增三五度而雨後半小時熱度復降因地面水化汽甚速也

田有溝則熱

有識者屢設法暖熱其田土便於耕種因植物生長並非

全賴空氣之熱度又賴地土之暖人俱知已開溝之田植物生長頗速德國於前數年派員調查農務而知已有溝之田其冬雪融消較未開溝之田早一星期此並無奇異地土暖則化汽速也如燒尋常煤一磅騰汽之水不過於九磅而有水一噸欲令其化汽需煤二百二十二磅一英畝積雨水一寸核算有一百十三噸欲令其化汽必需煤二百二十二與一百十三相乘得數二萬五千零八十四磅即一一·五噸也

有地方每英畝每年得雨水共數四十寸即等於四千五百餘噸如欲令其化汽須燒煤一百萬零三千四百四十

磅即等於五百餘噸按日計之須燒煤二千七百五十磅即每一小時燒煤一百十五磅

溼土寒冷

土中有水恆與該地熱度有相關各土浸溼之後其收熱並留熱力大畧相仿溼土較乾土減熱十度或十二度在溫和地方欲種西瓜南瓜珍珠米者先在春間令田地乾而熱此植物種子在有溝之田易於萌芽而同此地土係溼冷者則易黃萎

地土之色愈黑則水愈易減其熱度因黑色之地土易收熱致水易騰汽反將地土中之熱引去

美國雖有地土於瓦溝頗宜而盛行於英國及德國北方卑溼之地又如美國西省細顆粒之堅土亦頗宜之夫溝之大用非在能流通陵雨之水而在洩出地土中過多之水令土中空氣運動溼潤相均所以瓦溝於多細雨之地方較多陵雨者更相宜

如因耕種而多溼則溝道必不可少在英國雨水並不過多祇有陵雨大半即在地面流洩東北省每年雨水中數較英國德國更多惟情形不同所以在美國高沙地考究開溝等事反患流洩過多至屋旁開溝有益衛生實屬甚要

卷終

農務全書上編卷五

美國哈萬德大書院農務化學教習施妥縷撰　慈谿舒高第口譯
新陽趙詒琛筆述

第五章

耕法

耕之利益有二第一改良地土即是令泥土鬆疎植物根易透入而空氣及水入於泥土運動並為泥土羃留若干第二泥土顆粒改易其位可任空氣及水令此顆粒有化學變化之法並任發酵微生物發達

有泥土甚堅重致植物根並水殊難暢然而入又有泥土

鬆疎開敞或顆粒甚細陵雨之後變為爛泥及乾而堅硬若殼有此情形需耕犁以治之

凡泥土受震動其顆粒與空氣有相關蓋物質並肥料等與空氣相遇而變化植物根即可吸取故耕犁於泥土化學性情頗有關係

宜於農務之泥土有微生物甚多除有益於植物外其他則有害如泥土輕鬆而有一種有益微生物則根展布甚速而空氣及溼易就近之既耕犁鬆動之後即有發酵之情是故該地本無露者變為有露實較雨水更有益於植物也

耕法甚要

如種植物必須疎密得宜其寬廣地步實與生長有相關地土鬆密適宜則植物穩立且能留水以待所需而根鬚可易展布空氣可入土之隙餘水能洩故有識見之農夫極注意於預備種子成秧之田然後撒子因子入土必需空氣若干而秧根初生甚柔弱如泥土鬆疏則四面發達苟遇阻力則難長成或即黃萎

於稍長之植物亦具同情其根之嫩鬚殊難透入堅土惟開廣之處發達較易所以耕犁爲甚要者增其微細空隙處也總言之地土耕犁合法而熟者即有空隙甚多以便

嫩根散布

植物根宜寬敞

種根物如紅菜頭蘿蔔等其田地應寬敞屢耕而耙之令其鬆熟如欲種製糖之紅菜頭犁之更深否則露於地面其含糖較在土中者爲少應以泥土高壅在英國堅土種此菜頭頗未合法不免歉收

嫩根鬚必要開廣處方得空氣溼潤流通之情如美國玻璃房中植物嫩秧種於小花盆內而盆內泥土不多輕其壓力其盆之內面係有微細孔之鬆沃土根鬚可透入泥土與盆之間得有空隙可以生長而盆內面鬆沃土就根

以補其化散之水

幼根生長

植物之根性本向下生長如與泥土相宜發達甚速苡仁米初生一葉其根已長九寸或十寸及生第二葉其根已長二十寸生長一月者其根竟長三尺

蕎麥種半月後將生第二葉其根已長一尺苜蓿生第五葉其根亦已長尺許豌豆種一月後其莖高自十寸至十六寸而其根已長自十三寸至十七寸此言長數乃眾根中之最長者

根式宜均

樹枝遇阻礙即有不利而排列過密則生長亦有擁擠之患其根亦然夫因根擁擠而生實減少較甚於枝葉之擁擠者如一方田地犁之甚佳泥土鬆疎寬敞可種植物較多自無此弊矣

植物枝葉在空氣中並無相阻故較根易於展布而泥土往往與根相遇輒阻之

將豌豆並尋常豆種於溼木屑中木屑有堅實有寬鬆者在堅實木屑之植物根即被大阻力且有許多支根爲其阻斷或竟消亡在寬鬆木屑中者並無此情形夫耕種原意本欲植物根雖密而無此弊然則不可不開合法之深

溝而根之生長地位不可不寬敞

植物行列寬敞

植物行列宜寬敞如紅菜頭蘿蔔之類是也此等植物所種之地耕犁宜佳秧出之後令其成行列而寬稀各有應得之地位其根方可發達而獲豐稔如過密則彼此受損壯大者無多矣

總言之泥土愈佳根可愈密如製糖之紅菜頭種於寬敞美地則生長甚大然其含糖較少於密種而小者至尋常植物每顆相距不可少於十二寸過於十八寸

種紅菜頭爲製糖用者縱距須十六寸橫距須十寸一英畝可種四萬顆如種之更密者收數必歉有小種紅菜頭欲其不露於地面行列可更密縱距十四寸橫距七寸

蒲生古查明阿爾散斯省有識見之老圃所定每顆植物應需之泥土如豆應有泥土五十七磅即等於一立方尺番薯應有泥土一百九十磅即等於三立方尺菸應有泥土四百七十磅即等於七立方尺製皮酒之哈潑草應有泥土二千九百磅即等於五十立方尺

試驗植物需地寬窄

如泥土深而犁之佳灌水均者則與植物相宜試驗法如下先以玻璃盆四號盛以篩過花園佳黃沙土而每盆種植物二顆以驗其生長情形盆所盛土數如一二四六倍而每倍各權輕重一倍七磅二倍十四磅三倍二十八磅四倍四十二磅此土既宜於植物收成茂盛之所需而又常澆水潤之置於大車上春夏日夜露之如有大風雨即可移置棚中

種子既下三四星期後大盆中植物勃興較甚於小盆蓋小盆地位狹窄故不能如大盆中植物之生長也

苜蓿苡仁米燕麥豌豆馬豆並尋常豆均依盆之大小而定其茂盛之差等即是每顆植物隨泥土多少而得其生長之地位至生實之數亦依此而有多寡

植物根阻礙物愈多生實愈少根在盆中互相纏擾不能如寬敞地可四面展布總言之植物根在地土中發達之方向本同於枝葉如限制之不令展布即有損其生長故植物必得寬敞地位方能暢茂

上言盆內植物根亂生者其盆愈大所生亂根亦愈大

收成重數與地寬窄相等

植物所佔地位與收成重數實相等如紅苜蓿在盆中有一倍二倍六倍之泥土者其收成重數亦增一倍二·四倍五·七倍豌豆在盆中者有泥土一倍並二倍則收成重數亦增一倍並一·六倍而豆及苡仁米亦然

此小試驗卽知泥土功效苟料理未宜則失之氣乾黃土傾入玻璃盆內任其寬鬆至種植物時灌以水而此土已變壞植物不能發達因此土忽經多水遂成爛泥待乾而爲堅實之層須易他盆試驗方能生長

植物擁擠之害

大盆中種植物過多等於小盆中種一二顆而實則大盆中密種尚不如小盆中種一二顆之善也卽是擁擠之弊大盆泥土雖多而過於泥土少而稀種者

試驗所設之盆分爲小中大三號而小號俱盛土四磅中號俱盛土十一磅大號俱盛土二十八磅均種苡仁米顆

數不等如一二三四六八十二十六二十四亦依前法加水注意培養大號盆種三顆或四顆中號盆種三顆小號盆種二顆如此收成之數與田間所種者同其茂盛惟大號盆種八顆或十二顆或更多者卽患擁擠而小號盆種四顆或六顆或八顆者亦然如種一顆或二顆則地位較田間苡仁米所有地位較多二倍至四倍

擁擠之弊在小盆中植物生長較小並大盆中顆數多者卽能見之如屆生長發達之期尤爲顯然最大盆中種一顆者發達驚人由近根生發新葉頗多其穗將熟而下猶萌新芽此一顆總幹生發十五枝均有穗生實亦大且多

一盆種二顆者茂盛較遜其總幹生發八枝均有穗第二顆總幹生發六枝亦有穗他盆中顆數多者近根生發新葉亦愈少大盆中種二十四顆竟無枝亦無新葉然擁擠之植物成熟較寬敞者更速也

生長過期之弊

田間作槽播種小麥子令其生長久延收實之期可晚此法使植物生長較遲晚於窖種者然稈葉中汁水易致發霉之病其實均有黑綫凡此霉延及處實卽瘦而輕

苡仁米大小

前言大盆種苡仁米一顆有土二十八磅中盆種二十四

顆有土十一磅觀擁擠之苡仁米強壯等於尋常惟較小而已各顆苡仁米乾後重有六百至一千二百密里克蘭姆而每顆生實十粒至二十粒大盆一顆重三萬三千密里克蘭姆生實六百三十六粒

各試驗指明植物之養料並水均勻者其生長法全依所居地位多寡此則可預算者惟養料並水已足而所居地位過廣植物生長未必茂盛猶肥料過多反有不宜故種植物欲得其宜所居地位必稍擁擠

耕犂之益在新舊田各一畝所種植物比較而知之英國農夫聞美國田一畝僅產小麥十斗或八斗以爲地土不

甚合宜實則美國地價賤而工資貴農家甯廣種而不肯善爲培壅也

蒲生古曾見小麥種於畸零小地似極盛而穗重亦未嘗注意料理及收成時得實較種子多六十倍或八十倍以爲可矣然總計之每畝不及七八斗之數由是觀之廣種而少培壅較畸零小地所種者尚屬合算

各號盆種法寬密較數如左

每盆種顆數	大號盆			中號盆			小號盆		
	土一二·五啟羅			土五啟羅			土一·七啟羅		
	穗數	穀克蘭姆數	收克蘭姆數	穗數	穀克蘭姆數	收克蘭姆數	穗數	穀克蘭姆數	收克蘭姆數
一	八六七	一四·六	三三·六	三八一	九·二	一七·七	二三八	四·〇五	七·七〇
二	七三一	一五·三	三三·三	四六五	一〇·三	一九·六九	二三八	四·六五	九·二四
三	七六五	一三·七八	三三·三	四五三	一〇·六四	一九·六八	二四六	四·四四	八·五四
四	九八四	一八·九九	二九·五〇	四八〇	一〇·九六	三〇·四二	二九一	四·三五	九·四〇
六	一〇五〇	一八·五三	三六·九三	四八〇	一二·八七	二二·七八	一七	四·五〇	八·五五
八	一二七〇	二〇·三三	四一·八二	四六八	一三·七七	二三·五三	二四六	五·三三	一〇·〇三
一二	二〇二	二〇·八二	四二·六六	四七一	一二·九六	二二·二七			
一六	九七八	二〇·五〇	四一·六八	五四六	一二·九三	二三·三三			
二四	一〇六二	二二·〇七	四一·六五	五九一	一二·四	二四·二四			

觀上表同號盆顆數雖不等而收數無甚懸殊其顆數似

有定限過之則收數反少即收成總數亦不因顆數增益而加多也大號盆種八顆所收數幾等於種二十四顆者然種八顆較種四顆所收數亦未甚多且八顆大小竟等於四顆大盆中有土二十八磅種八顆並二十四顆均能盡其土力惟少於六顆或八顆則未能也由此可知有定數之土即有定數之土力既盡之後植物根不能更長而葉與實均與根有比例根不能生長則收數必減

中號盆中有土十一磅種四顆或六顆即能盡其土力雖多種其收數亦不過如此而已小號盆中之土約四磅種一二顆所收數較多種者亦相似也

耕犁大益務去阻礙而布其根夫根之地位既廣雨水調順尤勝於壅肥料苟反是肥料雖多植物終未能發達故植物根所居地位宜廣而除去其阻礙之病爲最要也

耕代肥料之意

或以爲耕犁於植物生長爲甚要因之輕視肥料英國農夫妥爾種植物用列行法隨時墾鬆行間泥土不用肥料亦能茂盛即是令泥土細鬆溼潤可代肥料並輪田之法妥爾用此法在一地連種小麥十二次未用肥料惟屢耕之均獲豐稔殊不知其田本係甚佳黃沙土又不過溼其下層乃白石粉土若令此農夫來美國北省瘠土行其法

卽無效矣

植物能生長情形

今農家俱知欲植物生長須供合宜之補養料而雨水應足地位應寬然地有肥瘠雨有多寡農務遂有優劣耕種地寬而深者可供植物根發達並多受雨水蓋寓休息田之意焉休息田者陸續耕犂以備次年播種而泥土屢次翻犂物質腐化前時所無用者今變爲有益之肥料矣

石質鬆化與耕犂相關

泥土本係各種石鬆化腐爛而成故土中含補養植物料

甚多如能令石腐爛卽增田間肥料而農家耕犂之功乃助天工之不及以肥沃其田也

人俱知泥土大半由微石屑成之磨碎甚細若非石焉其初爲灰石則今所成泥土含鈣養其初石中多係生物變成殭石者後成泥土則愈肥沃或有青石類化分所成或由矽養石化分爲粗細沙而此沙中往往有淨矽養或雜他種石屑並金石類與矽養料迥殊

宜於耕種之泥土係沙並泥所含生物質甚多其沙或由原地本有之石鬆化而成或水或冰衝運而來者亦有之其泥亦係石鬆化而成爲水衝運而來其細泥雜於水中

由漸澄停遂成地層而此泥土往往從灰石並多路美得石（係鈣養炭養並鎂養炭養并成者）鬆爛而成當時此等石中鈣養炭養並鎂養炭養均消化而不易消化之部分並他物質則澄停於下有一種泥土名大石泥本係許多泥與碎石并合成大塊爲流冰衝運停止田間如小山嶺有此種泥石變成土質甚肥沃因此等泥與他石質雜和也

山邊之石鬆化腐爛成泥質料爲雨水衝入山谷並低田或爲江水衝入湖海澄停水底而大水泛溢時尤有此情形又石在山巔流下時彼此磨擦遂成細沙後日亦爲泥土

總言之沙與相宜分數之泥土和雜並加呼莫司若干則農務有益如沙之分數過多亦有益處因除冰凍外可隨時耕犂甚易也此等泥土所種植物易令其清潔而蔓草亦易芟除

宜菜蔬田

在麻賽楚賽茲省含千層石之沙土顆粒極細有留水力頗宜種菜類其中省之沙土甚輕宜種早成熟之蔬菜因此農人貴之蓋此等地土春間甚暖而乾菜類成熟可速較稍重之泥土所種者早二三星期遂得善價而沽故經營之工雖多亦合算焉然沙土宜近地下水乃妙否則遇

旱乾時既無自留之水卽加肥料亦徒然耳輕沙土亦可種五穀因耕犂之工較省也法國香賓地方之泥土均含有白石粉其屢次耕犂所費牛馬力較面積少之重土尚可更省焉

德國有識農夫云最宜耕種者係中等田卽不輕又不重所含泥並沙之分數幾相等又含石灰數分輒呼莫司甚多此等地土不易速乾又不爲雨水浸成爛泥若成爛泥乾爲硬殼如泥分數過多則名重土而在歐洲此等地名產小麥田若含泥百分之三十至五十者名苡仁米田含泥百分之二十至三十者名苡仁米並大麥田含泥百分

之十至二十者名大麥並燕麥田含泥少於百分之十者名燕麥田

美國田地與天氣情形最宜者乃蔓里蘭省地土也此省佳草地下層土含泥不少於百分之三十卽每克蘭姆重數有泥一萬二千兆顆粒佳小麥田須含泥不少於百分之二十卽每克蘭姆重數有泥九千兆顆粒植物早成熟之田含泥不過百分之十卽每克蘭姆重數有泥四千兆顆粒然如此計數泥土顆粒往往排列不均其閒隙所有生物質中數亦有不齊也

硬泥難治

含泥多者乾燥猶難耕犂溼則不必言矣匪特犂具須用力散去泥土膠黏之勢且欲破其彼此密合之性而又應度時施工在溼季能料理者無多日英國一年內用二馬之力足以犂輕土田八十餘畝而重土田犂六十畝已難得矣然含泥多分數之田肥沃居多苟料理得法種植合宜頗有出產惟終不及黃沙土之貴重

據云近瑞典京城田地須五月杪纔可耕犂法國南方奥倫時省田地二三月閒患過溼六七八月並九月之二十日則患過乾惟三四五月並九月之十日十月十一月十二月閒方可耕犂近巴黎之田地正二月並十一月十二

月因溼不能犂而六七八九月因過乾又不能犂祇在三四五月並十月乃可犂也

白石粉土甚細者在溼時犂之則并塊惟此泥塊不甚堅犂後數日耙之卽鬆散夫泥土略觀之殊難度其分劑因顆粒既細又與他質顆粒并合成塊也如將此土篩之納於盃中加清水攪擾先傾上浮之混水待其澄停復加水於盃內又攪擾之而傾混水復待其澄停如此有數盃澄停之泥質用顯微鏡查驗可稍知泥土實在之分劑

泥土輕重

輕重云者並非言泥土本質之輕重乃言耕犂用力多寡

也耕犁用力多寡，須視泥土顆粒膠黏性如何，並不在泥質之重數，如草煤土分量固輕，料理之力亦輕，然大概泥土所謂輕者，若論其分量則甚重也

同數之沙或沙土，較重於泥土，因犁之便捷，遂謂輕土。石英沙一立方尺，以寒暑表一百至一百二十二熱度，經半小時之久，烘乾權之，重一百磅，同此立方尺之泥土，亦如此爲之，重不過六十八磅，所以一顆植物，種於一立方尺之沙中，可得養料，較多於一立方尺之淨泥中，卽植物根在沙中吸取養料，較在淨泥中者，多得其半焉

宜於耕種之黃沙土，有泥百分之五十一，石英沙百分之四十三，白石粉百分之三，呼莫司百分之三，此等土一立方尺重七十六磅，花園黃沙土，有泥百分之五十二，石英沙百分之三十七，白石粉百分之四，呼莫司百分之七，此等土一立方尺，亦重七十六磅，而雜泥黃沙土，有泥百分之六十，細沙百分之四十，一立方尺重八十八磅，一立方尺之植物苔土，如肥沃黃沙土之類，重三十一磅，每英畝有四萬三千五百六十方尺，以此數與上各重數相乘，則得每畝面土一尺深之重數

泥土空隙

如欲測算某地之泥土空隙，可取土少許，權其輕重，然後加水，俟其飲飽，復權之，則飲飽之水，祇土中之空隙，而水未入之先，空氣滿之也，依博士配吞可福之意，各等土之空隙，大略相同，總計之約三分之一，惟其大小，則有參差，凡空隙大者，濾水甚速，土密隙細，則能留溼，然博士暉得內查得各土之中數，空隙居其半，惟大小頗有參差，如粗沙地之下層土，未嘗翻動者，空隙僅百分之三十五，而泥土地下層土空隙有百分之六十五至七十

依暉得內之意，無論地土或下層土之寬密，其顆粒空隙，約居其半，卽是土一立方尺，可飲水半立方尺，然後空隙可滿，而泥土空隙較沙土爲多，我等查得其中數，沙土空

隙有百分之四十五，泥土有百分之五十五，凡泥土空隙有百分之四十者，水已滿足，尚可加水百分之二十，其空隙有百分之五十五者，尚可加水百分之三一．五，夫泥土空隙關係地下水之流行，並田間之洩水，因地土中之水，須由空隙流洩，而緩速則以空隙之大小爲度

溼泥韌黏，乾土堅硬，與沙之鬆散有別者，均因細顆粒并結成塊，較沙更大也，所以然者，每顆粒必與六或八貼近之顆粒相遇，由此相遇之面，并結成塊，如泥土空隙數與沙土空隙相等，而泥土空隙小處，更多十倍，水由此運動較在沙土中更遲，夫泥土本無留水之功，特因其空隙小

處甚多水流自緩
沙土已飲飽水其羇留水之力祇有泥土留水力三分之二或一·五之數然此後再加以水泥土流洩甚速因空隙雖小而甚多也所以植物在沙土溼時爲患較甚於泥土若夫未飲飽之前其情形則異因沙土空隙寬闊一立方尺沙土其空隙有半立方尺故水易流出如將此空隙作爲大直管而泥土空隙作爲細微曲折管可見直管水可暢流甚速

石質成土

美國東北省地面有水與冰磨光之石粒甚多蓋隨冰由

北方遷移而來故不能測其土由石變成之情形而歐洲各國就原地由石變土之迹尙可查察

有許多地方可見石質變土原由卽是當初母石如何鬆化或爲水消磨並衝運之遠近如泥土由靑石頮鬆化腐爛而成者含有鉀養則肥沃或由近處花剛石變成者亦然此等泥土爲質堅密而能留水如爲江水衝運澄停所成者均係各等石之微細顆粒於耕種甚肥因多含宜於植物之化學分劑也在山峽近水道處含多沙之黃沙土亦甚肥沃此等沙土其泥與沙雜和可免過密過鬆之弊而地中又有灰石並生物迹相雜者更佳

石質消化多少全賴天氣

美國南省地土爲原地之石變成者較北方更多且甚深厚如阿拉罷麻省花剛石與地深層之石甚多所以開築鐵路並掘井時往往得石變成之泥土深有三十五十尺或竟至七十八十尺南阿美利加巴西國京城黎夏誰奈羅相近之地土亦有此情形南方天氣更暖石化成土尤易所以泥土愈深厚蓋熱水終年濾過泥土遇腐爛植物變成數種酸質令石易變化

博士倍爾脫云中阿美利加楷尼拉國石變泥土甚多此泥土自山巔至平地均有之或有地方竟深至二百尺而

面土之下柔輭如水衝運澄停者鏟之甚易其界頗廣樹林中更多大約因腐爛植物與雨水相和變成酸質化此石也南方無流冰故石化成土留於原地而北方必爲冰或水遷移

石變之土恆爲澄停土

南方泥土往往由花剛石變成頗宜耕種當初爲水經過而腐爛者微細顆粒隨水流至他方稍重者卽澄停水底爲本地之土

由此地面卽有深一二尺之沙土此沙土之下乃有泥土此泥土亦係石質變成能羇留水如上面沙土不厚耕種

可獲豐稔而觀此沙土卻似不宜耕種者

更有一種澄停泥土係灰石或多路美得石爲水消化者如美國佛齊尼亞省有五尺深之紅沙土幾盡由灰石變化者此紅沙土本含於灰石中灰石鬆散之後爲水衝往他處而紅色料則澄停於此

沙漠地之石質變化

旱地石面與歐洲並美國東疆之石面不同以美國東方花剛石與西方山嶺之花剛石相比卽可見矣蓋西方山嶺之花剛石面俱係粗糙有尖鋒而東方此等石面均有水磨之痕此二種石所變之土遂有分別

美國東方大槪係黃沙土而含有數分韌黏之泥遂有膠黏性如泥多者卽爲重土而沙漠之泥土含沙分數極多韌黏之泥分數頗少此情形遊歷者經過西方大沙漠地遇風吹沙颺時卽知之矣然此沙漠地並無他弊但乏水耳

美國東方與歐洲如遇旱荒亦將如沙漠地然風極大斷無沙颺因泥土有膠黏性成硬殼一層蓋之而沙漠地稍有微風沙卽颺散或遇大風塵沙蔽天如亞細亞阿非利加新金山之大沙漠均有此情形詳細查察可見其中韌黏之泥甚少而幾盡爲細沙如以化學法試驗溼潤地界泥土所含之沙於酸質大抵不能消化者蓋易消化之料早爲雨所消化而旱地之沙質仍雜有許多易消化者故不易消化之質反似甚少

屢試驗之後卽知美國佳溼土含沙並他質於强酸不能消化者百分之八十四而乾土含沙並他質於强酸不能消化者百分之七十以此計之乾土中補養植物之金石類質較夥儻灌水得宜產物自饒惟大槪以爲溼土之泥多故肥沃於是俗謂之强實而經久有沙之土俗謂之輕虛不諳農務者一見乾土之田卽度其無產物並不能經久而熟悉農務之士卽深知其甚宜於耕種也

乾土係石質腐爛者深而均在雨多處面土與下層土頗有關係乾燥地則不必顧慮此等地土深數尺下其色及鬆密與面土無異如將深土翻於地面可當肥料故農家卽以此法爲之第加以水可望豐稔不諳農務者又以爲深土翻至地面須休息數年乃可耕種

石質化分與植物勢力有關係

植物初生卽能助化石質爲泥土匪特羇留泥土細顆粒不致爲風雨遷移又能留溼令水中酸質感化石質且巳枯之植物亦能增本土之料而留水於石上

植物中本有質可剝蝕石質惟腐爛之後其勢如此當植

物生長時其質亦能由根鬚吸取之

植物根鬆散石質

植物根特有能力令石質鬆散英國教士李維斯敦在南非洲遊歷時見植物將石質鬆散情形有一樹名馬怕奈初生石罅中漸長而石碎裂感受空氣遂鬆散焉

西西里島有著名之火山其四圍山坡悉係火山噴出之黑色鎔化石汁結成厚硬殼不能耕犁土人種仙人掌仙人拳令石碎裂數年後遂變成足深之土可種葡萄墨西哥有古石塔塔面之石有天然剝蝕之孔土人亦種仙人掌仙人拳令此石碎裂鬆散以致塔面頗不雅觀然此塔

有植物生長藉此保護而免為風雨所侵

近羅馬京城之鄉村本係火山噴出石汁結成地土所以不宜耕種有教士鑽孔入地下層以爆藥炸裂種由開列潑脫斯小樹不數年此樹生長石質鬆散遂成肥沃此樹來自新金山質堅體大有治瘧疾之藥性

植物根並他質消化石質法

植物根中質料有剝蝕石質之功即藉此而增地土補養之料夫植物生長時本有酸汁吸收根外難融化物質而消化之

凡石有苔蘚遮蓋較無苔蘚處為柔輭可剝之其顯露之石雖刀不能刮青苔含有對分劑鈣養草酸能剝蝕石質

又植物腐爛之後即成酸質並阿摩尼均能令石鬆碎腐爛

沙土有鐵養之紅色者遇已死植物根則變白酸質浸之也凡根大八分寸之一能感動周圍泥土一二寸即是樹林並花園中在腐爛枝葉下之鐵養莫不退其紅色

溼草地土亦有斯事如近抱絲敦城之地紐海姆希亞省山地梅恩省之沿海地均有一種寒冷酸味之黑土其下泥土均係淡白色此因酸質將泥沙中所含鐵養變化所留者僅淨泥沙而已

熱地腐爛植物化分之功更甚如美國東南大西洋中白海麥羣島多係輭灰石此灰石面有許多剝蝕之孔均係腐爛植物葉消化之也此孔俗謂之香蕉孔小者如盃大者如缸而孔中多有腐爛樹葉並腐爛植物或為大雨或為地下水由石隙湧出浸溼即發酵成酸質剝蝕灰石

化石為土之勢

各處土石恆為天氣所感溫和地方較熱地稍遜然在極寒之地亦有此情形

石質鬆散原由可分二項一係勉强之勢一係化學之勢石為勉强勢力變為粗細沙而有化學之物質將粗細沙

化分而成宜於農務之泥土況各微生物並植物又將泥土改變而成肥沃此等物質俱有化石爲土之功然最著者空氣與水夫水能令物質消化變爲化學之功即如耐苦之青苔在石中能得養料而寒地堅冰能裂巨石

堅冰裂石夫人知之惟空氣化散石質其勢似細而緩然亦確實要之大概物質遇熱則漲受涼則縮石礦石嶺之裂縫係當初由熱變涼所致即今之石受日光之猛烈及寒涼而不免裂碎蓋石中所含金石類質不一有易熱而漲有易涼而縮漲縮不均石遂裂焉而空氣並水乘隙而入一旦冰凍則裂碎更易

風水消磨

流冰水衝風吹亦能運石此石與地面之石相磨成粗細之沙斯亦鬆散石質原由美國東北省地方石幾徧地爲運移之石磨成光滑之槽又海濱之石爲大浪衝激磨擦而成卵石或竟成細沙

江河挾沙湍流與鬆碎之石彼此相磨而爲甚細沙土李維斯敦曾言如入江河之底可聞無數石塊彼此磨撞之聲洵斯言也則地面江河各長數百里均有此情形其效必勝於全地球杵臼磨坊之功

風吹之勢亦屬匪細麻賽楚賽玆省角地名開特居民房屋之玻璃窗爲風沙所吹初則糢糊後則成孔如蜂窠可見風力之猛於是國家籌款於海濱種蔓草蓋蔽沙土遂免斯害

堅冰漲勢

北方冰凍之勢獨猛如一石受水而冰其漲即加十五分之一令石鬆散粉碎或令其震動或石塊與沙剝落

寒地山巖山麓有碎石成堆俱爲堅冰漲裂所致於小石並各土亦有此情在英國用灰石土散於田面土中之水冰凍而令灰石化散如粉適如農夫之意耕犁之田其土塊爲冰所結者迨春融解即分散並因冰之漲力致移原位

石礦工人灌水石罅待其冰凍自崩如炸彈並銅空心彈灌水冰之亦即裂碎有一彈祇有一寸直徑爲冰所裂測算其勢力有二萬七千四百二十餘磅

堅冰有漲高勢力以致牆壁坍倒柵欄棟柱皆易其位北方田間常有小石因冰凍而出土迨冰融泮細土入下而此石遂顯露地面

江河澄停沙並泥

江水湍急海濱大浪寒地流冰衝磨石質爲泥沙又加雨水洗刷地面物質至勢力稍緩積聚成土所以江河之口

多卑溼之田，而湖澤河海往往變爲平原，凡肥沃田疇宜於農務者，皆此等地也

今之江口，恆爲細沙泥塡塞，而佔海界，因海水之鹹物質，與泥相遇，卽令澄停，而結成土中含鈉養和物，在江口並風靜之水灣，水本極淺，尤易澄停，而同類之物，卽是同重同式者，均將同時澄停，而成新地層，所謂同重同式者，如泥與泥，沙與沙，各自澄停，而粗沙亦依其粗細澄停，所以海濱卵石或粗沙成層，而海灣等處堆積千層石屑所成之沙泥

河灘低潮時澄停泥土，往往甚細，爲鹹水中之植物羈留

農務全書上編五 廿二

而植物又榮枯代謝，久則變成乾土，此等鹹水草地，如荷蘭國築造塘岸，並開溝道，卽爲甚肥之農田，或湖海之底，爲地下勢力舉高，遂宜耕種，於海邊低形地土，可見其變成溼草地，由溼草地變成乾土之情形，更有許多溼草地，因泥質漸多，生青苔萍草之類，愈能羈留泥土，不久遂爲平原

水之消化勢並所含物質

水消化石質之勢甚大，尋常以爲極淸之水，而無炭養氣含在其中者，亦能消化石質，如取無論何種石一塊，磨甚細，浸入淸水，以紅試紙試之，卽變藍色，可知其有鹼性，卽

是石中鹼質遇水消化之據，而石中所含鉀養矽養二，鈉養矽養二，或鈣養矽養二，遇水亦將消化也

博士勞斯考驗各石浸水一星期之後，消化其百分之一，或百分之一之三分之一，以此計之，每一英畝泥土深一尺，重有三百五十萬磅，如浸於水一星期，消化之數有一萬餘磅，然以馬廄肥料十五噸，壅田一畝，僅得鉀養一百五十磅，燐養五酸一百四十磅，何足濟事，幸藉水所消化一萬餘磅質料以助之，可見水消化之功，於植物生長大有關係焉

石質磨細之關係

農務全書上編五 廿三

法國化學師潑魯斯試驗法，以能容積五百立方桑的邁當之玻璃瓶，先權重數，加水燒五日，復權之，玻璃瓶料僅爲水消化一·五釐，於是截其瓶頸，磨極細納入原瓶，又燒五日，又權之，瓶原料減輕三分之一，可見物質細則易爲水消化，卽如玻璃瓶盛水數年，並不覺其消化，儻將此瓶料研極細，以冷水浸之，數分時，已能消化其百分之二十

法國地學博士陶勃雷，取非勒司巴耳小石塊，分置二瓶內，一瓶係瓦器，一瓶係鐵質，均加水，裝於機器旋行，約一小時，行四五里之速率，有似石隨溪流之情形，如此一小時後，以試紙試瓦瓶，知有鹼性，卽由石中鉀養矽養化分

者而瓶底有泥質亦係石質相摩而化分者又試驗鐵瓶亦有鹼性此鹼性亦由石中鉀養矽養化分者惟有矽養一分與鐵養化合變爲鐵養矽養澄停瓶底鐵養者卽鐵瓶之質與水中養氣化合者也

水十斤十兩加非勒司巴耳六·五磅在鐵瓶內震動之歷一百九十二小時卽似衝運二百八十餘英里查驗瓶中有泥六磅許而水含有鉀養一百九十三釐卽每斤水有鉀養四十釐在非勒司巴耳中所有鉀養居百分之二或三與泥相較僅有千分之三至五而消化之鉀養數與成泥數比例相符如非勒司巴耳在熱時投入冷水鬆碎之然後震動則消化之鉀養並泥爲數更多

炭養氣消化勢

天然水並雨水之消化勢俱大於汽水之消化勢此因汽水甚淨不含化學之質也

有許多金石類在清水不能消化儻遇炭養酸卽能消化此酸天然水含之恆與石灰相合爲鈣養二炭養或鈣養一·五炭養所以炭養酸在變化地土之功居一要分匪特與石相關而與他質亦有關係其源出於植物根或腐爛之植物成之也

舊成石凡含有矽養鋁養鐵石灰鎂養並鉀養鈉養者卽供與炭養氣較甚於他質所以鈉養鉀養鎂養石灰易消化離別而矽養矽養鋁養或矽養鐵不易消化者卽留後爲沙爲泥此沙與泥敷布爲水衝激成地層而其中易消化之質與泥土合成新料有許多鈣養炭養爲水衝運至遠方而成各種灰石地層由此可見自開闢以來炭養氣自空氣中移藏於地與石灰並鎂養并合而成灰石並多路美得石大地層

水中幸有此炭養氣消化功以備植物補養料耕犁地土令空隙處之空氣含炭養氣甚多故屢耕地土令其鬆疏容空氣愈多則炭養氣亦愈多

泉江之水並不清淨含有鹽類物質消化甚淡此鹽類物如鈉綠鈣綠鎂綠鈉養硫養鈣養硫養鎂養硫養鈉養炭養鈣養炭養鎂養炭養鈉養淡養鈣養淡養鎂養淡養所以泉江之水較清淨者更能消化石質變成泥土如鈣養燐養卽骨土雖在水中甚難消化惟水含炭養氣或阿摩尼或鈉養鹽類則消化之甚易鐵養燐養由地中鐵質與消化之鈣養燐養合成者於水中最難消化惟遇含炭養水卽易消化也

農人但知加石灰於硬性泥土令其改良殊不知石灰能將土中所有非勒司巴耳料化分也然此工作須水與炭

養二氣運石灰與非勒司巴耳相遇乃能成功

有花剛石之地土泉井之水往往有鹼性此因水中含有鈉養炭養二鈉養矽養二鉀養炭養二鉀養矽養二之料也此等水俗謂之輭（卽滑也）而有消化功家用貴之因其有鹼性故遇地中呼莫司卽變藍色

石質不均

大概石質均係各不同之金石類質合成者其質爲酸質或他質易消化者或難消化者所以大塊石消化而變成蜂窠形或竟腐爛成沙粒然石中能消化之質爲數甚微卽鐵養鐵硫二錳養或多或少而與養氣化學料相并而感

之由此石塊不能膠黏解散消化又爲水冰凍則散化愈速然石質縱無此消化之事而因其質料各有鬆密則一經冬夏之寒暑漲縮不齊亦必解散也

土遇空氣可多得淡氣

地土中炭養氣本由植物腐爛發炭質與空氣中養氣合成此卽上所云者而空氣中又有淡氣於農務化學頗有關係

歐洲所用硝卽鉀養淡養三均係化學法成之近來則如下法先將黃土畜糞灰泥柴灰成堆令其鬆疏或架空之於是以雞棚流質或動物溺洒溼並隨時翻覆如此空氣易

進數月之後以水濾之卽可得鉀養淡養三鈣養淡養三以人工而得廢料中鉀養淡養三耕犁之田亦有此天然情形蓋製取硝法與耕犁田地開掘溝道同理均欲令空氣入其中也所以耕犁之田並有瓦溝者猶一大製硝廠凡肥料並腐爛植物及呼莫司均變成硝卽鉀養淡養三而農家亦知此爲高等肥料故地土用鋤耙犁擾動之卽有化合之鉀養淡養三而夏間耕地壅肥料均有養氣速與土中生物質化合也

在田肥料化散

如不論及硝卽犁耙鋤開溝田地獲益亦匪淺鮮不特啟

變地土令空氣並水易進以供植物所需又能變化土中物質成植物養料卽是植物種子埋於田中壅以肥料須將種子周圍泥土並肥料得空氣與溼合成養料如雞棚肥料僅壅於田而不擾動仍不能獲益且肥料有耗失之虞苟如此則第一年收成不能得肥料之利益必待屢次耕犁耙鋤之後方能奏效

肥料埋壅不合法數月之後植物已收穫尚見成塊肥料如夏草耕犁入土散播種子此植物料在土中經年尚未腐爛苜蓿莖料於秋閒翻入含沙黃土深六寸許雖地面已收成三年而老苜蓿莖仍能見之或在土中四年尚未

腐爛者凡肥料壅入土應令其卽變爲土卽是人壅之肥料與泥土所有植物補養料和合而得其益農學博士之意最妙者欲用耕犁法令土中物質與空氣中之養氣化合足供每年植物所需之養料此卽博士司密得考究而得者

卷終

農務全書上編卷六

美國 哈萬德大書院農務化學教習 施妥縷撰 慈谿 舒高第 口譯
新陽 趙詒琛 筆述

第六章

耕法器具並用法

農具甚夥不能悉載惟用之者皆係一意美洲生番婦女耕田以火烘尖頭硬木爲犁凡犁鏟耙鋤均以此器當之稍有教化之邦如印度以尖木爲犁用牛或馬拖之更有教化之邦由此器以改良於是有犁鏟鋤別有手耙大方耙而各專其用推其原始則一尖頭硬木而已

開乾溝法

犁田最合法者開乾溝是也此溝用鏟掘之深數尺令底土翻至地面敲碎鬆疏並與面土相雜

開乾溝者面土翻於底底土翻於面此溝闊三四尺深二三尺第一溝開於田之橫端掘起之土堆於地面於是掘第二溝之土塡滿之第三溝土又塡滿第二溝依次爲之田土徧鬆

其意卽後溝面土翻入前溝之底而各溝底土如沙質或他土均鋪於地面

此乾溝法泥土和雜甚均因後溝之土擲於前溝時必向

工人成斜度而不能成平面況工人立足之所必備二三尺闊之空地乃鑿墜堅土於此空地復以鏟取土堆於前溝如此泥土雜和鬆疏而面土均入溝底

如以爲面土甚佳則應留之可堆於旁以待上所云之法旣畢乃以此面土鋪蓋之然尋常面土底土雜和最妙因二土并合獲效更大蓋面土與底土之性同者甚少也

耕田各法

犁之爲器式樣不一而獲效均無大異祇令地土翻起成高窄之塍增其面積可多遇空氣並霜而地下沃土並深土翻於地面經冰霜之後雖堅密者亦將鬆疏勝於犁耙

之功惟溼土不宜擾動而過乾之土雖沍寒堅冰亦屬無用在法國南方冬季乾燥即有此情形大塊泥土經冬春而無變動夏間亦然待有秋雨方滋潤焉至熟田已犁成塍又以大方耙鬆碎之此最宜於農務者也

地土吸養氣並變化法

地土翻成高塍匪特經嚴寒冰凍至春消融變爲鬆疏且土中質料易得空氣中之養氣而有變化

前已言植物根需養氣夫耕犁令土鬆有空隙之原意欲空氣易入而養氣與根相遇耳然空氣與地土亦有關係溼潤地土除冰凍時收吸養氣甚多今農家均明斯理如溝道不合法非但有積水之患且有不正之酸味因空氣中之養氣不能暢入然最佳之田地其下層土通空氣亦不足也

前已言地土中有微生物甚多如發霉之類可變化地土而通空氣合法與否與微生物種類有關係有微生物需空氣甚多乃能發酵或無需多空氣凡地土開溝通空氣二事合法者土中物質腐爛微生物令養氣與之化合而成肥沃之呼莫司頗宜於植物如地土卑溼緊密空氣不易透入則產物減損蓋積水之土有一種微生物將腐爛植物料並地土物質所含養氣收吸殆盡於是所成物質

毫無養氣即有之亦屬甚微故鐵$_{二}$養$_{三}$減爲鐵養鐵養硫養$_{三}$減爲鐵養硫養$_{二}$而呼莫司變爲酸性以致不宜耕種祇能栽培蘆葦席草青苔或他種溼地植物

不通空氣之地土中化分化合情形頗猛因綠養$_{五}$變爲含綠質綠養$_{五}$鹽類變爲含綠質物溴養$_{三}$鹽類變爲含溴質碘養$_{五}$變爲含碘質硫養$_{三}$變爲含硫質淡養$_{三}$變爲含淡養質或變爲阿摩尼或竟變成淡氣在溼草地含養氣質往往減其養氣而少養氣之質則增之如鐵$_{二}$硫變爲鐵養硫養$_{三}$或鐵養硫養$_{三}$反變爲鐵$_{二}$硫此因地中空氣多少故也惟鐵養硫養$_{三}$於植物有毒害泥土中如有百分之五者即爲荒蕪

如過於百分之一者則竟不能生長植物然此等地土開溝耕犂或僅耕犂令空氣與此毒害物質化合即能改變其改變法或多吸養氣或空氣中微生物入之蓋有溝道則積水洩流空氣可入其隙遂有化分化合之情形而無害植物之微生物能居之

如雞棚溝或街溝爛泥少許置於盌中澆水沒之其面不久即有紫色衣一層此因鐵硫多吸空氣中之養氣變爲鐵$_2$養$_3$細察此衣知有許多微生物並淡養$_3$酸質在下不得空氣之爛泥則無淡養$_3$或淡養$_5$如其中稍有鈣養或鈉養或淡養$_3$或淡養$_5$則速變爲阿摩尼炭養$_3$儻撇去水若干猶

地下水減淺則紫色衣一層色更深而爛泥爲微生物可據之地更多此因多得空氣也

深土空氣不足

地土空隙容留空氣恆有多寡或因空氣壓力不等或爲雨水或他水佔據蓋雨水入土即將本有之空氣逐出反之溼土變乾則新空氣又將入之凡地土愈鬆空氣亦愈多而空氣與水彼此互易地位亦愈速如開溝耕犂二事所以令空氣入土並令土中物質所含養氣不散失於是能保其佳土總言之深土黃色因有鐵養矽養$_2$也如翻於地面過空氣即變紅色鐵養$_3$矽養$_2$而在深處則乏此養氣

也以顯微鏡觀察則知其稍有微生物而深過三尺者似竟無之

面土紅色因有鐵養$_3$矽養$_2$而連年耕犂則更如此然所有呼莫司用竭則鐵養$_2$質必顯其原色

凡面土受日光遇空氣閱數月即多含養氣如上所云鐵養$_3$矽養$_2$以犂翻入深處則深土略分其養氣由此可見鐵養之質能轉運養氣以感動所遇生物質而耕犂匪特令養氣運動並能隨翻於深處之土傳散之則面土與深土含養氣數可漸均如地土有鐵養甚多而少紅色之鐵養$_3$則該地耕種不能獲利可開溝翻土多入空氣以改良之

此等地土之鐵養於灰色或暗青色土見之或變爲紅紫色則知其已改良因鐵養已變爲鐵養$_3$爲空氣已入之據

令土多得空氣試驗法

前言田間瓦溝並可灌入空氣茲推其理多設瓦溝試驗之即將溝之高端升於空氣中如煙囪而空氣由此出在英國曾以此法試驗天氣稍有風時溝口亦有陣風且他時水流洩後又見有霧而此地雨後易乾實勝於近地之溝不通氣者所種植物亦更豐稔

此法確有良效並無他害即遇旱乾不利通氣可阻塞之其溝俱成斜度高處與地面平農家斯禿克拉脫所用法

如下其田本係含沙黃土並多呼莫司深二十寸卽有石沙將此田作三號每號一勞特平方每勞特合二百七十二尺三寸第一號田瓦溝直徑一寸各溝相距一尺半溝管口無頷二端相接處有隙蓋以瓦片免土墜入此溝置於地中成斜度其下端低於地面二十寸上端低於地面十寸上端之口以彎鉛管相接高出地面下端盡處開一乾井如是空氣在溝中運行惟是年少雨故溝中並未流水

第一號田掘鬆深二十寸第二第三號田無此溝惟第二號田掘鬆深十寸第三號田掘鬆深二十寸均不壅肥料

於五月十七號始播種苡仁米初萌芽時三號田同茂其後第一號田發達更速更茂更高而色更深似甚有肥料者及開花時氣候旱燥無溝之田植物黃萎而第一號田雖旱燥已久植物依然青葱後又爲陵雨所苦尙無損害至八月十二號各號每毛肯田收穫之數如左每毛肯合英畝十分之六有零

		收實磅數	收全體磅數
一號田	有溝通氣掘鬆深二十寸	六七二	二七七二
二號田	掘鬆深十寸	五〇四	二〇七二
三號田	掘鬆深二十寸	四七六	一九六四

詳察有溝通氣之田其泥土含水較無溝者尤足可於下表見之

		七月八號		七月二十二號	
		深四寸	深八寸	深四寸	深八寸
一號田	有溝通氣掘鬆深二十寸	二·九五	二·九四	九·八五	一三·二〇
二號田	掘鬆深十寸	五·八七	六·〇七	六·一五	六·二〇
三號田	掘鬆深二十寸	四·九五	六·〇五	五·九〇	五·四〇

如以寒暑表測其熱度七八月之間有溝通氣之田較不通氣者爲涼況有此通氣情形地土中呼莫司可發酵但未知一二年後何如竊恐呼莫司並不甚多而發酵變化甚速反成瘠土矣

犁翻草土

第二犁法將草土翻向下面令老草並根腐爛供明年植物之補養料美國東北省恆用此法利益其田

犁田爲化分並耕種法

第三犁法將地土翻深鬆疏如用鏟或鋤鬆之是也其犁田成溝務使面土與深土二三尺相攙和有蔓草之田於播種前亦如之其犁成溝須闊則泥土易鬆便於播種如地土肥沃柔輭者耕犁之猶以鏟掘鬆花園地土也依此犁法則昔與空氣相遇之土翻於下而深土翻於上令

遇空氣而獲其益且蔓草等常收吸土中肥料以致養料匱乏今得與地面佳土攪和仍變肥沃

更有一犁法將發霉泥土翻堆植物根旁如肥料翻壅面土之下或横犁田畝令鬆以便播種均是此意

犁深土法

第四犁法卽犁其深土令鬆疏則空氣與溼能入之並非將瘠土翻於地面

耕犁深土前論地土吸水事曾言之其法先掘起土成溝若干深於是用雞嘴斧並鋤鬆溝底泥土而以第二溝掘起土滿之

地土須令均勻卽是鬆疏一律而新舊土相和如泥土吸氣與水之力優者鋪蓋於粗鬆深土上而吸氣與水之力或較劣者爲深土則面土在溼天氣不足以洩水而乾燥天氣將受旱患卽是有雨或雨後水留不洩而旱乾之時水又速化散深土不能收吸以供其乏有此情形開溝道較翻深土更妙反言之如面土爲沙土者則又無力吸引深土所含之水

或用汽機犁其犁後裝一行鐵刺鉤如犁深七寸其刺鉤更深七寸則鬆土共十四寸在美國東北省可用此犁法以治淺草地儻不用汽機犁可用尋常犁以馬拖之又用

狹犁鬆其深土如此亦可令泥土留雨水得其宜

麻賽楚賽茲省有含沙輕土種蔬菜類罕用肥料其故因此沙土中有千層石泥甚細可留水甚多而沙之顆粒亦適宜留水英國亦有田地久肥者係深黃沙土其深土易流水或爲白石粉或灰石均易令水暢流

犁後膠土

多雨地方面土膠泥爲雨水衝運他處而留其沙粒然大雨匪特衝運泥土並能令泥土隨水澄停於面土之下故深土中泥料往往多於地面黃沙土所雜者然由地面觀之似已乾可犁而不知深土尚溼此等地土已耕之後犁

溝中變成爛泥後爲膠土需大馬四五匹纔能拖犁以犁之又因重犁馬踏結成堅土植物不能展其根空氣與水亦不能入苟有此弊惟時常翻鬆深土方可播種

地土積留雨水

土所云刺鉤犁汽機犁尋常犁等均欲令地土留水合宜蓋開溝耕犁所以輕鬆泥土易飲雨水不致卽在地面流散凡耕犁愈深留水之功愈大由是植物吸取之面土吸引之而深土又易變爲肥沃植物根遂資之以生長

有尋常吸水力白石粉土一立方碼重二千八百五十九磅其十三寸厚平方碼之土重一千零七十六磅所以此

土能留水百分之四十八則一立方碼土可留水四百九十五磅此留水不能流洩緣泥土之性必飲足然後流其餘水如與乾土相遇則能吸去水數分而尋常地土所含水在化汽與植物收吸考泥土每方尺積留之水更多於溫和地方一月所降之雨水

在美國衛斯康新省種珍珠米地土深五尺可留水二一·四寸即有該處全年雨水中數五分之三且大雨之後每方尺可留水二四·四八寸即有全年雨水中數三分之二有奇由此可見田地無溝者苟能翻鬆深土或耕犂之令其留水亦已佳矣

總言之地土泥質堅實者則易留水因其吸水力並流通之法不易也欲改良之須開溝加肥料或善爲耕犂而地土天然鬆疏者則易乾如過鬆則植物又難吸取其養料所以最佳地土不過密又不過鬆此須犂之合法壅肥料均稱乃能如此斯即農家之專職而植物根遂能展布發達

耕種所需地土

地形高之田其品等盡依面土之深淺並治理之法如二種同佳同粗細之泥土則深者更佳其淺者如深土又乾又瘠無論其爲堅泥或沙此地必劣欲其肥沃須深耕而善治之開溝道鬆深土其深土或天然鬆疏者或以人工鬆疏者苟如此所降雨水可吸入土若用掘鬆法或用汽機農具治理之縱係堅土亦何患乎

欲其如此秋間犂田爲最妙可令其鬆而增留雨水之力人皆知天然肥沃黃沙土有溝道者如深犂之雖遇旱乾罕有受害即有大雨亦不受損此因水之散流法甚多也

英國諾海駿小山巓有牧畜草地係堅實黃沙土深二十尺其下則係白石粉土該處有井深三百尺方得水然蕪草芊芊此何故哉蓋此山巓常有雲霧籠罩以溼潤之此乃地土之善於吸水即降雨亦能羈留其水也

英國南方多種釀啤酒所用哈潑草農夫業此者將其田開乾溝用裝鐵剌鉤犂翻鬆深土頗能得志惟有許多地方須在秋耕犂以備來年播種不可待明春從事因地土鬆輕者在春耕犂所有雨水易乾堅重者又恐時促若在秋間耕犂經冬季霜雪而益佳又能得秋春之雨以滋潤然在美國北方以珍珠米爲大宗者耕田恆在春間可得光暖種子易發達

沙土耕種之異

泥土須鬆脆故屢犂之並壅肥料或石灰或竟燒其面土解膠黏之勢力至沙土一犂之後可速播種子以乘其溼

潤而地面又須輥之或踏之阻溼化散斯事於各處天氣及雨水多寡有關係如春夏多雨水者則此地土本少留水之力可獲豐稔若夫堅土則不免失望

美國高田其豐稔多賴地土之品性不恃所有之養料其地能留雨水如非大旱植物易於生長蓋美國雨水各處不均陵雨初止天卽暢晴有此情形所以地土之優劣悉依其能否留水以爲定論其中數泥土空隙須得其半則留水亦稱是然空隙之大小多寡亦甚不均也

堅重泥土一立方尺其顆粒甚夥空隙甚微故水之流洩遲緩則留水自多所生植物枝葉茂而生長久成熟反遲

粗沙土顆粒較大爲數亦少水易流洩故留水不足於植物所需則植物成熟較早重數較輕若夫最佳之地土當雨後能留水若干由漸以供植物

在豐年雨水甚均或一星期或十日必下雨一次至天晴日光甚佳有此情形可得足數之水而乾燥合宜並受均勻之日光

泥土鬆密留水不同

將花園黃沙土分二種一甚密一甚鬆以水灌之鬆土留水百分之四十二密土留水百分之二十六可見鬆土留水力較密者幾增三分之一

博士赫敦取七處黃沙土之面土及十寸深之土置於玻璃管內管直徑二寸長十寸其下端以麻布紮之此土均係一類惟十年以來壅肥料有不同也各管盛土亦分鬆密二種以水灑之若霖雨待自麻布有水一滴爲度下表卽指明飲吸水之遲速並土留水之多寡

		鬆黃沙土	密黃沙土
面土	水濾下所需時分	八五至二〇五	三五五至五〇一
	土百分留水數	四一·二五至四三·三七	三〇·五三至三三·〇六
深土	水濾下所需時分	一四五至二〇九	四一六至六二四
	土百分留水數	四一·七〇至四二·七六	三〇·〇八至三〇·七四

英國司考脫倫省近愛定盤格地方衞爾生在有瓦溝田地犁深八寸並將田之一分翻鬆深土十八寸第一年所種植物收數不同如左表

	蘿蔔		苡仁米		番薯	
			實	稭		
	噸	擔	斗	擔	噸	擔
犁深八寸	二〇	七	六〇	二八	六	一四·二五
犁深土十八寸	二六	一七	七〇	三六·五	七	九·五
較數	六	一〇	一〇	八·五	〇	一五·二五

霍克卽在此田近處用同法試驗獲效如左表

	蘿蔔		苡仁米	
			實	稭
	噸	擔	斗	斯通（每一斯通合十四磅）
犁深八寸	一九	一五	五四	一六八·五
犁深土十五寸	二三	一七	六三	二〇六·五
較數	四	二	八	三八

美國有人名散本犁二地，一深七寸，一又深犁九寸，共深十六寸。旱乾之後，將煤氣鐙所用之管於此二田插深十五寸，連土拔起，考得鬆深土含水百分之一〇·一，而未翻鬆深土僅含水百分之八又三分之一。鬆深土之田收得珍珠米每英畝七十斗許，未翻鬆深土之田每畝僅得四十九斗

馬路與已耕田有別

欲識地土鬆深能留水之理，即在春間旱時觀堅實有塵之馬路與近處耕種田地情形，而知其不同。觀此馬路頗有旱象，然田地耕種合法者，尚無需於水也。蓋馬路築造堅實，有水即瀉，不令其收吸入土，而地下水亦不能引起。於是地面竟成堅層，若耕種之田，其情形與此迥殊。在秋間失修之馬路，大雨後汙潦難行，在近處已耕之田反乾燥可步。此因雨為鬆土收吸或化散，而馬路塵埃和以雨水變成泥濘。雖然田土固取其柔輭，不取其堅實，若粗糙過鬆者，種子亦難萌芽，而窖土往往因空氣不能入，種子遂死，即稚嫩植物亦難發達。此情形可以盆置淨泥試驗考察，見其根有許多微細堅泥膠黏之

地學士常見土層能阻地下水之流行，殆甚於石層。凡土層受熱並壓力變為石，則有罅隙，水可流洩，而泥土顆粒甚細者彼此膠黏甚密，含水不洩，遂成溼泥

樹木吸取地下水

深土鬆疏者猶溼海絨，有益於農務不淺。蓋旱乾時植物勢將受害，而地下水能補救之。如美國西省多種銀杏樹

此猶他處多種果樹也。種珍珠米與銀杏樹相近者，不遇旱乾情形尚佳，苟或遇之，近此樹之珍珠米黃萎較速於他處所種者

農家初以為樹蔭有害於珍珠米，繼思損壞者大半在樹南蔭少處，始悟此樹吸取地下水甚多，以致不足供珍珠米所需也。又以為樹木能收吸空氣中之溼，近樹之珍珠米亦同獲利益。其實此樹與珍珠米並不收吸空氣中之溼，俱係吸取地下水也。所以深土應鬆疏，多留雨水，以供此樹與珍珠米所需。非然者，必受其害。惟舊金山近江河之區，榆樹甚多，而小麥種於其間頗豐盛，較無樹處尤勝

其故因樹根深入地土吸水而不與面土植物爭奪養料至榆樹之薄蔭匪特無害此麥且能稍禦烈日之炎熱爲阿非利加北疆法屬阿爾齊里亞地方種由開列潑脫斯樹此樹吸取地下水數較全年雨水多十二倍此地及意大利本多瘧疾種此樹四五年後吸取有害衛生濁水遂無患斯疾者在美國東北省近田莊屋處多種向日葵其意有二第一爲衛生第二爲得實稭卽是令吸取房屋四圍之溼而實可飼家禽又可製油也

向日葵並他植物吸水

博士薩克斯試驗向日葵並他種植物吸取之水雖由葉

面騰散不若相等之地面或水面騰散之多惟植物一顆葉之面積共數較其所佔地位不知增若干倍以此計之由植物騰散者爲數必巨也

薩克斯將向日葵一顆高四尺適開花時於近根處砍之插於有水之甕歷一百十八小時查知吸引水二斤六兩餘此植物葉面積等於七百六十三平方寸卽以所吸水鋪於葉面應厚百分寸之九然同此時並同此面積之水面騰化之水有百分寸之二十一

薩克斯言葉面騰散之水並非在其面實在葉中筋絡閒此向日葵葉中筋絡開面積較葉之面積更大須加十倍

惟此閒處空氣與水甚足吸水行過殊緩故由葉面騰散之水較同此面積之水面騰散者僅居二十三分之一

植物吸水令涼

樹木吸引地下水多者則樹木周圍空氣較涼蓋水質化汽耗熱甚多所以多植物地方騰散水汽必多而該地自涼

樹林清涼非第有蔭並因多水化汽收去空氣之熱凡樹林之空氣在植物生長時較曠田之空氣更溼更涼卽是有樹林之地土在夏閒較田地之空氣更涼又如草地亦覺其涼爽此因草葉吸水騰化也

開濬蘇彝士河因水騰汽空氣清涼人俱覺之該處空氣自開河以來兩岸種植漸興卽覺稍涼至夏季尤涼人皆以爲水滲漏入沙地必有數分化汽然關係之大者因新開河兩岸耕種植物吸水騰化故也

若論有樹林之地其蔭與植物俱足阻地面水化汽惟由樹根吸引之水較地面爲日光及風所騰化者必更多也

深土不宜過鬆

如深土過鬆者則開溝翻鬆俱屬有害因雨水洩流甚速也況地之底土如穿破則面土顆粒之細者將隨水漏入更爲有害然總言之雖係粗沙之深土亦有數分堅實

粗沙殊難治理除此外凡沙土泥土黃沙土均有密合之勢歷久則顆粒彼此密疊為雨水所堅實其較細顆粒嵌居於大顆粒之間所以除粗沙外罕有開溝翻鬆而不得其益者

地土耕犁後其顆粒即自排列漸實以備播種英國農家俱知小麥田宜先翻墾待其稍實然後下種歐洲北方在仲夏種蕎麥亦應如此在瑞典有田宜種蕎麥者是年不得他種收成蓋六月或七月間應耕犂壅肥料至七月杪耙平以備播種此亦係令泥土顆粒自行排列而漸實也至八月初旬或中旬方可下種如小麥更宜遲二星期於播種前即耙平之

雨令面土堅實

雨能令面土堅實可於街道沙土見之其中並無細土而沙之顆粒自能密合至秋雨已將面土堅實經冬霜而寬鬆至春雨又堅實之地面遂堅硬

此情形與耕犂之田相同冬霜春犂俱令面土鬆疏待春雨下降膠黏成塊又用鋤或犂以鬆之

沙土顆粒遲時易於彼此摩擦待空隙已滿則否所以雨後可輥馬路若築新路必先灌水然後敲舂或以石輥之其舂輥法即雨水堅實地土之情形也

硬膠地

除雨勢並人工令地土堅實外更有沙土泥土化學法相合情形此即前言石化分變土之理且竟有泥土顆粒膠黏成石者

沙石蠻石端石泥版石並他石初亦為泥土賴化學之功而變膠軟又受壓力成之也此情形今世亦未嘗不如此惟甚遲緩人不覺察耳近抱絲敦地方之卵石能見之此石外面更有新成石料圍之此石料亦係他種石化散與土中矽養并合而卵石嵌在其中此新成石料即是硬膠地實乃石也此由地下深土沙泥與鐵呼莫司鐵養矽養鈣養矽養等物質膠黏而成

歐洲種樹者恆見草地下層有堅薄不洩水之硬膠地遂敲破之或用雞嘴斧穿之或用翻深土犁相距八尺十尺或十二尺犁之令此石層上之水可洩流而下水可上達樹根又可入其隙縫法人格司配林曾言有一地方其硬膠地厚一尺下有流動之水於是破之田地增價值八倍因該地面通此水遂宜種顏料植物名茜草根獲利甚厚也

或洞穿此阻水硬膠地則地下水汩汩然湧至地面其初為此地層壓力所阻遂不能上升也

海底含矽養沙泥往往有鐵質散布其閒堅實之後卽與硬膠地相同因鹹水與鐵并合爲鐵養而與矽養相并匪特沙顆粒能膠黏並能成殼而鐵則周圍包之遂成堅硬光石層此石層或碎裂則鐵質漸鏽隨水衝運其空隙卽有當初鐵塊之形也

地土反成石

地土及所含物質能變成石又有地土中化學改變等事亦宜留意其情形與石質化散變土相同金石師地學師均明知地土變石及變成僞形石之理

僞形金石類成一定之顆粒形此形與原金石類之形不

同蓋當初其中所有物質此時已離散所以僞形物質雖成結晶之形實非眞結晶也不過聚積各質漸結成體其原晶漸散則隨之而增變石變殭石均係細顆粒堆積澄停所成如有石屑或卵石埋在其中後卽同變爲石

各處犁不同

論犁之種類及犁成之溝均依地土情形美國東北省地土係積沙變成者居多故用犁與東方近江河之平原地土所用者不同

或云凡地土深堅者不過溼不過乾則耕犁不嫌深惟美國東北省地土瘠薄此法不宜應留意免植物餘料枉費

並洩水過多且乏肥料之深土不可翻於地面如地土過寬鬆又多犁之反失植物之茂盛

且冬季冱寒或和暖卽指明犁田應當之時如係冱寒須待次年秋犁之如係和暖多雨水則在春犁之不必待秋閒可免泥土細顆粒爲水沖散而肥料耗失要之地土有二種一爲燥堅須屢耕犁壅肥料一爲犁一次已可者多犁反受害蓋泥並肥料暴露於空氣過甚將變成極細顆粒

總之堅土秋犁爲宜較春耕反佳故有識者以爲肥沃田如屢翻擾動多遇空氣令顆粒變細實屬不宜竟有任其

休息或牧牛羊或生蕪草反可望其豐稔

鬆地耕犁

英國諾福省農家以爲鬆土不可多耕因瘠土暴露於乾燥空氣中則收成必歉昔英國種蘿蔔田鬆土往往犁三次或四次今農家俱知此法不佳僅在春閒犁一次已可夫前人屢犁之意欲令泥土細熟殊不知鬆土翻動乾燥極速在旱乾時較淺犁者乾燥更速如種蘿蔔之鬆地旱乾時耕犁卽於當日輥之又稍耙之如是可留其溼

諾福省白石粉輕土恆以犁除休息田之蕪草然因此秋閒播種頗不得利蓋地土本鬆殊不必更令其細及擾動

之是以該省田畝如無蕪草者在春閒屢耕不宜然人皆謂田地應鬆深而熟諳農務者則以爲宜淺犁奧國農人名好賽犁田素深近則以爲犁成之溝深不可過三寸或四寸苟欲翻深土亦不可過七寸或八寸

各耕法比較

如僅欲破碎泥土令其鬆散則犁口須利犁背須高歐洲農家之犁均係此式儻美國農家仿之更妙而泥土粗僵者亦以效歐洲犁法爲佳

美國東北省地土其深層均係磨光堅粗沙石所成此粗沙石化分甚緩植物根吸其已化分之原質爲補養料故

該處面土實爲植物吸引深層沙石化分之質所成而石質碎散變成者較少是故淺犁以翻轉草土已可播種彼處農家翻轉草土而種珍珠米番薯蕎麥大麥飼畜草以爲常收成頗豐如以犁深土法施之奏效更巨惟田地係細泥而深者將草土翻轉待其腐爛依常法屢犁似不甚宜

凡地土耕種已久或土中質料易化分如腐爛石質及深土下有石者應犁起泥土待其冰凍變爲鬆疎在司考脫倫農人於秋冬耕犁堅土欲令其受多霜待明春即變細碎如係含黃沙鬆土則春犁之播種大麥或苡仁米

有農家以秋閒深犁爲佳即將深土翻至地面與面土雜和而下層無力泥土可得空氣以改良凡面土瘠薄不宜種植者則此法爲善深土初翻至地面即種大麥番薯因番薯周圍須屢鋤之此鋤法可令翻起之深土與面土雜和以備冬閒種麥

田地素有休息法其意欲泥土多得空氣而鬆散並可羇留淡氣夏草等在休息田時腐爛化分亦能助地力在英國於此等田不令其休息故屢犁以擾動之令發黴發酵之微生物能容留而空氣與水可暢入以助其發達則植物根能透入吸取補養料

耕種一地須視其深土情形而地下水高度亦視天氣之情形故耕種法以各國全年熱度溼度中數以爲定即如意大利與司考脫倫或英國與美國或美國東疆與西疆之各情形是也

總之地土與水之關係爲農務最要事無論地土肥度如何而雨水不均則豐年難卜或深土甚堅不能開溝或肥土層甚薄而粗沙層甚厚此等地土雖劣尚可開溝或可深犁以冀豐稔如英國宜牧畜地係堅土而下層乃粗沙易洩水者設下層土與面土同堅則必寒冷況粗沙粒與面土相近亦必瘠薄多費肥料在英國又有面土下係白

石粉土有雨水時雖爲溼韌而因白石粉吸水甚易故乾燥迅捷此等泥土如雜以沙則更爲合宜非然者必寒冷而少產物或開掘起此白石粉至地面與面土雜和亦佳美國東北省田地其深土爲粗沙者並非盡屬不佳祇須面土足其深度可羈留溼潤則在下沙粒無異瓦溝惟面土旣薄深土盡係光滑之石實屬無望獨有灌溉法可補救之又該省農人恆以大石埋於面土下此法亦不善蓋大石能阻地面水之洩流及地下水之上升遇旱乾則受害更甚

田間溝道可免水潦旱乾之患並熱度不均之弊開溝合

法者多雨時非第令其速乾而旱燥時又能令其滋潤寒天氣可暖熱天氣可涼凡面土深厚而下係粗沙者卽有此情形

總言之面土須深厚然後有良效因植物根有地位可展布乃能吸收其溼而免忽乾忽溼之害如面土鬆疏者遇旱時雖極乾燥然因其土深厚植物可以無損反是則不免受害矣

耕犂令土鬆並非壓緊

犂法壓力甚少又非令泥土顆粒極細不過翻起任其墜下較未耕犂時更鬆而已蓋地土久不擾動則漸堅實耕

犂之功卽抵制此弊凡地土稍溼潤者以犂翻成堎溝待其乾燥自能化散成細土而冬閒冰凍之勢亦能將泥土顆粒鬆散分離

春犂黃沙土之益當其時地土稍溼潤犂首易入土中不多勞牛馬之力土旣犂起待乾自鬆惟犂時不可過溼凡考究農務者俱知當犂之時

爲種苡仁米並苜蓿預備田地法各不同如苡仁米須犂一次二次或三次土宜乾鬆而細如苜蓿第一次犂得其時則一次已足毋庸再犂儻一次不得法復犂二次三次尙覺未妥所以熟諳農務者莫不知應當其時而犂之

如法國南方熱地農事恆因全年雨水罕少不能耕犂至季秋田土滋潤方能從事而數月之工在此一月中爲之在北方諸國又有久溼之弊而犂田便捷亦在秋不在春因可羈留冬閒之雨水至春閒此已犂鬆土卽能從速乾燥若春閒耕犂則失冬閒霜雪之利益故秋犂而春耙之頗宜播種且地土又足以得空氣並植物得淡氣之益也

泥質難耕

如地土耕犂後因溼而變爲黏韌待乾而爲大硬塊其小硬塊亦難鬆散然則犂乃有損無益也在歐洲所用之刺輥原爲碎此硬塊因泥土均有此情形也夫治理田地最

爲費工土既沃矣則易生草所以農人苟有他田種植亦不貪此多草田也古時羅馬人言地土泥濘或爲微雨即溼者須荒蕪二三年於是犁之此等田如犁不當時在南方乾地其弊更速於北方寒地因南方溼土變乾更速也

泥土之弊如上所云而他種土顆粒甚細者亦然如乾鬆而熱之灰土舂細之亦變爲溼冷之土即在盆中試驗種植用研甚細石料爲土者既溼之後其顆粒并合成堅塊植物根難發達且此等細石粉受雨水則變爛泥既乾而爲硬塊植物根並空氣殊難入之儻石質不過細則顆粒不致并塊但加植物所需補養料如淡氣等即可令其生長

有識者言英國堅土如去冬雨水足者則小麥在夏間必需雨水因冬間雨水已將所耕之田變壞水既騰化土質遂堅夏季陵雨並植物根均不易入況此本無收吸之性也夫農人辛苦而令堅土成熟乃雨水偏令其堅硬亦無可如何也

泥土不可擠緊

治理溼土頗不易總言之須免其擠緊或成爛泥如工程司作自來水池令其不漏水先於底鋪土一層澆水成爛泥而再三耙之鋤之其意欲令泥土擠緊堅實此猶石灰沙泥攙和而變硬也

此耙鋤擠緊法可逐去所含空氣並令細顆粒均勻至於久則彼此膠黏而水與空氣均不能入

窯工用手足擠踏泥土又開石礦時先裝火藥而以泥沙擠緊之意亦相同蓋擠緊後則泥土顆粒無鬆散情形成爲堅實於田地則適相反也

開石礦時於石洞中先裝火藥然後傾入細土而用銅榦堅實之舊法倉場並打穀場其土先以水成爛泥敲擊堅實亦此意也或此地面用爛河泥敲實之或本係黏韌之土則敲之已堅實又有地方其下係石並粗沙其上鋪已

篩之泥土約厚一尺用扁木錘屢敲以堅之如此則穀場堅硬如石敲擊有聲然必先溼之待數月方可用惟乾敲者即一次已可在英國農夫有願用乾敲法以爲較他料所作者更佳然以油樹板所作者則尤佳也乾敲法如爲之合宜可用數年而連枷並硬帚亦不能損之

犁田應當之時不宜過溼亦不宜過乾徐徐翻土而除爲雨水并結之塊此爲最佳即是令泥土細顆粒合成略大顆粒以便植物生長也苟犁不當時反令泥土膠黏堅硬則於農務有害矣

細土難耕

上所云者與泥相關亦與江河澄停泥溼草地澄停泥溼地爛泥池泥並各種極細泥均有關係於美國西方大草地又有相關博士腦朴言一處新開墾之草地而獲豐稔者竟五十年並未壅肥料其後則否人皆以爲草煤土在乾燥時損壞植物然詳考此地土見其中植物之補養料甚多並無損害之物始知此土因呼莫司甚少而易鬆散變成極細顆粒也阿爾勃江築塘岸之地雖極肥沃實難耕種因溼潤時土滑而膠黏乾燥時堅硬而牢固如欲其宜於農務須在乾溼適中時犂之總言之凡澄停細泥土含有膠黏泥百分之二即將令鬆土變爲極難料理者

農夫須免地土擠緊之勢令其鬆散故地土顆粒鬆者即爲佳膠黏如爛泥者即不宜於植物之生長

料理泥土法

英國德國恆在秋間耕犂重土以備春季之收穫如欲種根物則不可春耕必先預備爲要因重土甚難料理也或者犂後即播種根物並苡仁米子以秋耕爲有益及春復畧耙之可令種子入土稍深總之秋間泥土溼時犂之無損若在春間耕犂反有損害因此時泥土易并合成塊也近今農人在秋間收穫後即壅肥料而犂之待冬間經霜至春自然鬆疏種子可易入土

田土夏間休息後英國不用耙輥法任其泥土粗而并塊蓋顆粒甚細則陵雨之後遂成硬塊日光及風不能透入如此田地忽遇旱乾即堅硬難犂矣

英國地土有膠韌性者殊難料理須開溝而鋪白石粉土然如此實爲費工辛苦若當日犂耙在黃昏前即播種甚佳否則忽有雨水又不合宜

英國西方冬季多溼如無溝道於小麥有害因泥土顆粒間充足以水而植物根不能遇空氣且冬雨令面土變成爛泥既乾則爲硬殼空氣不能入小麥收穫必歉所以農人於此等田任其粗塊入春輕耙之小麥遂勃然興矣

英國塞福省地方本係重土所以農人於舊溝中稍種植物以免春耕凡田地種紅菜頭後欲種苡仁米者根物收成後速耕之以備來年種苡仁米將來苡仁米稭即翻壅入土爲肥料而霜降前犂之可備種豌豆馬豆

溼地不宜撒子

地土溼時不可撒子即他事亦不可與作儻此時翻掘泥土猶攪和灰沙待日光並風乾之并合成硬塊而不能有發酵情形如土性本堅者於植物更屬無益凡地土翻動後望數日內無雨爲妙否則變爲膠韌所以撒子須在乾燥時而移秧之時亦應如此據云種子喜泥土圍之根物

之根亦然土之顆粒雖細不可并合成塊若成爲塊其根必有顯露於空氣中者故有根處土宜稍實

地土溼者必不甚佳如攪擾之遂變膠黏旣乾卽有裂縫故不可移秧於溼土須翻鬆破其硬塊而後移之卽如捲心菜等遷移於新土宜在日光中較在溼土或下雨時移種者爲佳所以有陵雨而後移秧殊覺不妥此土在溼時翻動必有灰沙之情形初爲堅硬後將裂縫須待此乾土自然改良種耐苦之菜類其面土亦應乾翻鬆而速種之三日或四日無雨最佳在移秧時須一月無雨

司考脫倫之重土農人不願種根物因此等地土罕有宜於撒子者況秋雨亦甚早

田閒有植物者望之似較無植物田更佳此亦因荒地往往爲水潭或雨所堅實而耕種之田則有枝葉遮蔽不爲雨擊遂免堅實之患

佳黃沙土往往爲翻起黃土二三寸蓋之雨後成爛泥日光曝之卽變乾硬植物頗受其害此係翻深土過甚之弊也

人謂雪爲貧人之肥料因春雪蓋於新撒子之田或預備撒子之田徐徐滋潤並無重擊情形又無壓土并結於地面更可保護植物以禦嚴寒

田閒小石塊亦有功用如盡去之反有損於田此等田如種五穀則小石塊留熱之功甚顯凡石塊不大又不多者或土中有粗沙者可令土暖而鬆不致速散其熱如去之則五穀患溼而嫩子難發達園工不明此理者每有佳花務令土細卽有此弊矣

冰凍助成爛泥

前言冰凍鬆土是固有益如不留意反能助成爛泥

泥土顆粒佳者所含水因冬閒冰凍而漲裂之變爲塵土待冰旣消卽耕犁擾動則彼此膠黏又變爲爛泥若任其自然已散之細顆粒復并合如初然後耕之乃爲合宜之土卽是復成之顆粒較前更鬆

前曾言秋犁最宜至春則乾此等田地溝道合法不致爲雨堅實惟在溼時不可耕犁又不可行重車及人畜踐踏否則泥土變爲硬塊將受其累

汽機犁具

汽機犁田之功可免壓緊泥土之弊其犁由輪任力非如尋常犁着力於地又無牛馬踐踏故深土並不再加堅實面土鬆疏亦甚均則所受雨水可隨時滲漏而無過溼之患

汽機犁之輪行過面土不免壓緊然輪後可裝鉤隨輪鉤

鬆之其犁可甚深所作工較用牛馬者更佳其犁既深卽深土雖堅亦無所害蓋尋常犁深八九寸此犁可深十四寸也

用汽機犁更可省工因一日可犁十英畝而尋常犁需十人並馬二十四爲之此汽機犁每日作工可抵馬十二匹或二十四或三十四之力如日長時更可抵馬四十匹且月夜尙可加工非若牛馬之知力乏凡田須待乾燥馬可拖犁而汽機犁不必待乾於當犁時卽犁之不數日可畢工如田廣重土煤價賤河水近用此犁更爲省費省工而又便捷也

堅土可用汽機農具令其鬆疏並可翻起深土此情形觀察不方正田畝乃知之此等田有不能用汽機犁處卽用馬犁之如在秋閒陵雨之後馬犁處積水有四十八小時而汽機犁者僅二十四小時水已盡洩春間馬犁之田較汽機犁者溼更久故用汽機犁田可早播種馬犁者須遲一星期至四星期

英國農務會述及斯事云凡重土中等田汽機犁之獲益明顯因馬犁不能甚深而用汽機者有改變泥土之益更甚於開溝況壅肥料得當土中他質變化以增肥度昔日田畝種蘿蔔不宜者用汽機犁之則甚宜又可令羣羊食蘿蔔餘料則工作可省以後所種植物更能發達至輕土用汽機犁尙未見效總之二馬可犁之田用汽機犁似不合宜然近來農夫嘗試用於輕土亦得利益在乾燥時輕土患過熱用此犁翻深之可免斯弊並能改良雨水多時之溼土惟輕土之深土不可翻起以犁擾動之令其多留雨水卽得益矣

修路

上所云意與修馬路並大路又有關係卽是春閒冰將泮時於窄路之車轍鋪蓋新粗鬆沙粒吸水既足至下星期冰解則速乾變爲堅硬因此粗沙忽冰忽融遂漸堅實且

受車輪行過之壓力儻鋪粗沙遲一日適當之期已過則終季鬆疏不能膠黏

最上策於霜降後用石輥馬路令其堅如欲加粗沙須在春閒未次冰凍之前論及田畝春霜後不可耕犁須待壓土并結顆粒農家俱知冰凍後地土過溼時耕犁較雨後耕犁過早者更不佳焉

城街污泥

城中街道污泥春閒冰融後用鋤起之既乾變成硬塊於植物頗不宜此污泥在冬閒屢冰屢融並爲馬蹄車輪擾動壓緊成甚細土質故不宜壅田也

抱絲敦城內街道恒將此等泥土塡於房屋之前鋪以草土此皆不明其理故爲之終不得法蓋植物不能在此爛泥所成之堅土中暢茂且水亦不能滲漏也如欲改良粗沙土者卽以此泥散雜之其法與粗沙土相間成層而輥之斷不可亂堆則此污泥亦有用處至街道垃圾必含馬糞甚多堆積一處歷半載然後翻之灑以水又歷半載卽變爲鬆均之土可與黃沙土合用或竟可代之

他種污泥

掃集馬路塵土污泥堆積路旁將成膠黏塊而細煤灰又易成爛泥儻將此煤灰篩細在小路上略鋪一層灑以水

耙而輥之又鋪一層又灑水耙輥之如此層層爲之遂成堅硬之路斯事須有耐心雖煩難而獲效甚大

大路水潭旣涸其面卽有衣一層此乃微細泥土不易澄停者似灰塵形此等塵土於地土並植物殊有害設有雨水卽浮於水面衝運至他處地土該處地土空隙被其阻塞並將植物根之毫管亦阻塞之

田間初播種或有穉嫩植物灌溉不合法亦有此弊所以灌水不宜急又不宜衝如急衝之則土質堅實水不能入應稍遠植物灌水以潤之且植物葉面不可有水有水必黃萎園工往往在花草中埋一空盆傾以水潤四圍泥土

則地面不致成污泥之形

用沙泥與煙管泥相和而種植物則植物根毫管爲此細泥阻塞不能吸養料其情形甚苦此等膠黏細泥隨水浮至他處地面成衣一層後變堅硬不特雨水能令其如是卽由溝道來之水亦能成之

池河污泥

池河之泥實卽上所云污泥也然用之合法則有肥田之功於沙土尤善惟黃沙土不合宜如輕土冬後用池泥甚佳溼草地並難治理之田二冬用此池泥卽可變佳又加以沙泥則更佳焉

荷蘭國往往挖起泊船處之污泥傾於新墾之草煤地令其肥沃如該地土本含沙者則更佳凡新污泥堆積四月或八月之久於是翻之令其多受空氣待其乾每英畝可用六七十噸其效可歷二三十年蓋此等污泥含有肥料甚多壅於田有感動泥土之關係人莫不知水灣泊船處及溼草地之細污泥壅於乾溼適宜並易洩水之輕土甚有益於地脈惟鹹水污泥取起後不可卽壅於田須堆積甚久令受日光霜雨鬆散極細於是壅之

草地焚燒並屢種植物後則肥料告竭宜壅鹹水細污泥卽可復原壅此污泥第一年大麥豐稔第二年可種苜蓿

如每畝壅鹹水污泥四五噸可得馬料三三噸許如前已壅鹹水污泥者可得馬料四噸餘卽較尋常田地但壅肥料未壅此污泥者多五倍也

歐洲各處有魚池往往洩水以乾之耕種數年儻水洩之後冬季溫和泥土不氷則明春播種較難因池底污泥因乾而并結遂成硬殼雖有裂縫而下仍韌滑不能耙犂也泥土因氷凍而黏韌如係細土則更佳非但泥土顆粒爲氷鬆碎後復并合且能除泥土滑性而爛污泥氷凍後其滑性泥土并合成小顆粒卽澄停於下此猶含細泥混水雖閱數星期不能清一受氷凍則細泥并合成塊澄停於

下而水遂清潔

蚯蚓有害

園工皆知盆泥有蚯蚓植物必受害此因蚯蚓所出糞泥均係擠緊者所以灌水於盆此等糞泥遂變爲滑性之汙泥阻塞泥土顆粒之空隙並植物根之毫管故英國農人均謂草地有蚯蚓則不宜然又謂田閒大蚯蚓則宜於植物苟無蚯蚓則無小麥此語甚奇也實則多蚯蚓之地卽係多肥料之田並生物料甚多者雖有蚯蚓植物尚能茂盛耳

蚯蚓居此肥土食許多微生物質在溫帶地方於農務有害然大博士達爾文則言泥土中有蚯蚓厥功匪淺能將微細泥土翻於地面而令黃沙土更鬆深所以熱溼地方有許多黃沙土由大蚯蚓翻起者

改良泥質

上論堅土之弊非但欲擇相宜時耕犂不致成塊又在泥土空隙並植物根毫管免爲汙泥流質所阻塞因此等堅土受雨水卽有此情形也

壅久性肥料如灰泥石灰白石粉燒過泥煤灰或矽養沙或粗沙等可改良泥土性質儻泥土不甚黏韌而又不純淨者則更妙瓦溝法亦甚有益此等田地如開溝合法卽

宜耕種

論修燒一章中可見堅土遇火有益可以焚燒代耕犂當夏閒在乾土面燒穀稭則田土獲大益耙之以備播種在英國用汽機犂此等田地亦可改良因此犂破碎堅土甚速可及早播種也

土乾不能犂

田地非但溼時不宜耕犂卽甚乾時亦不能也乾燥時犂田甚費力犂成之溝雖有雨亦不能速變爲韌潤或竟成爲硬塊且有細土如江河澄停者乾時犂之反受其害此等泥土顆粒少膠黏性旣經耕犂遂變塵土而澄停於下

尋常泥土受雨擊其面顆粒雖碎而稍深細土反令堅實南方地土用開溝灌水法在收穫後引水入田藉以滋潤數日後可耕犁不必待二三月後之秋水總言之地土最便於耕犁者其顆粒必不均即如花園之黃沙土是也

細土需瓦溝

據云美國廣草地有天然洩水法惟耕種數年後必需瓦溝瀉之似久耕種後此等細土易成膠黏污泥難洩水也在此等地方之馬路終年爲車輪所堅實有雨水即泥濘因水不流洩也此等泥土雖築瓦溝亦無濟至冬間由污泥所成堅土又變溼而爲車輪壓攪又成污泥水終不得

洩如污泥層愈厚其弊亦更甚

深土擠緊有弊

泥土擠緊乃農務之大患在不合宜時耕犁深土則泥土顆粒擠緊反受其害矣

觀面土似可耕犁孰知其下過溼尚未能犁苟犁之反將泥土擠緊變爲堅實成膠韌之情形不能供植物所需水如此者翻深土有害也

然則何時最宜翻深土耶此實難判斷矣因某品性之土如欲知其上下均宜耕犁之時殊難言也要之農人須自考察得當耳

可見晚夏或早秋爲最宜因春間溼田乾燥甚緩然或以爲秋季翻深土有不宜春季耕犁則有益蓋春間翻深土之後即可種珍珠米黍蕎麥依此法泥土留溼較少

夏間可耕面土

夏間可用鋤或犁耕面土亦屬要事此法於時合宜可斷留深土之水如遇乾旱則獲益

如已築溝道並屢次耕犁而天氣適乾燥則水之化汽愈速所以鬆疏田地將成堅土愈廣

面土多遇乾燥空氣者則水之化汽愈速然面土耕種可阻地下水騰汽而植物所需水耗失較少

然則農務最要者須令地下水甚均因此水層爲植物根所恃殊爲重要必須謹慎令其吸引上升之水遲緩即是令水易至植物根所居處由根吸入不令其即在地面騰化也

耕種須周到

耕犁法須足其深度乾鬆土之厚薄亦須得宜農人金姓者在衞斯康新省黃沙土種珍珠米用瓦溝法深四尺因該處播種時地下洩水層亦深四尺至收穫時深五六尺查此面土於全年深三寸處之溼較甚於深一寸處即是面土耕犁過淺騰化之水難定之也況薄土下之泥土爲

日光曝乾甚速其水由上騰化又向下流洩此因地土受熱留水力則減

在熱土其水吸引上升之勢即減即前有之水亦將飲吸於地下而植物根不能及故地土耕犁過深散失之水必速

夏耕更有一益即是令空氣便於入土令其易得淡氣有博士在盆中試驗查得盆土屢次擾動可增含淡氣之物依法計算所增淡氣較未擾動之土多二十倍秋閒擾動較春閒擾動更得益因度各種耕犁法均屬有益可令空氣多入土匪特增淡氣又可令養氣改良土質而植物根

多得養料

春旱則見耕犁之益

地下深層黃沙土可留雨水以濟植物此有大關係麻賽楚賽茲省恆在春久旱草地頗受其害此旱時尋常在五月或六月初旬天氣晝暖夜涼泉井之水卻不甚低植物藉此水以生長總言之當此旱時植物種於新開墾之草地者未免受害而種於久耕犁之田則不甚困苦因久耕之田留水較多且有吸引之勢以補面土含水之不足其情形似溼海絨也

夏耕不可過深

或未明如何耕犁合法可令植物禦旱而在夏閒耕犁過深必遭旱乾之害有田主命農工稍犁輕沙土以種珍珠米農工不悟其意重犁之且甚深珍珠米根當乾熱時有土高壅由此不能發達其穗長未及半而已憔悴可見深耕擾動泥土微細管吸水法於是地下水不能補其不足且耗費騰散者亦屬不少儻輕犁稍鬆之則地下水仍可吸引以供珍珠米所需

有識者不肯擾動泥土過深以免損害植物根因新植物根並根鬚雖較多於枝葉均當盡其職已損之根鬚雖有新者可補而已傷全體之原氣如以此力補養其體不尤

有益乎

春閒耙田

有許多地方仍行古法在春閒俟面土稍乾時將冬種之小麥略耙之即亂種者亦可如此耙之若重土此耙法爲尤宜而含泥黃沙土如此略耙令其更暖更乾空氣可入又可除野草雜於所種植物中者其耙時麥須有四五寸高惟有時因此令各種野草勃興而小麥受其害若夫春閒之燕麥則不可施此工

或於珍珠米三四寸高時略耙之苜蓿亦可耙之均爲有益番薯當秧出土時亦可耙之須謹慎不可多傷其嫩芽

今更有一輕耙式其刺反裝以之耙田若梳之則受傷者較少

英國所種豌豆馬豆或在二月間耙之獲佳效如未耙則難發達然在夏間用輕犁略鬆面土較耙法更善因耙則有不及處致上下泥土鬆密不均

荒土之溼

舊金山有許多荒土如在夏間耕犁獲效非淺衰樵肯山谷地方農人盼望冬雨滋潤地土而與地下水相接五穀可豐惟地下水全恃此季雨水之多寡是故冬間或旱與否於農事頗有關係在山谷中間地方夏旱時地土乾燥

竟深三尺至五尺須待雨水溼及此數方可望豐收夏閒休息之田略犁其面土則乾燥不深遇秋雨即滋潤則以後播種自獲佳效

輥法滋潤田面

與犁鬆面土相反即用輥具在草或五穀上輥之此猶園工播子後用鋤鏟或足堅實其土也諒其意欲令種子與泥土密合可得其溼潤在舊金山地方種五穀全賴冬間微雨留於土中者可用此輥法稍堅其土植物雖已萌芽亦可為之惟不可損傷而已如此面土不速乾而深土之溼可引起

廢料遮田

無論何物儻可遮蔽地面阻水化汽者均有用肥料及草枯葉木屑鏇花木片製皮用餘之廢樹皮料端石版均可用以遮田如在田間之舊樹或石翻轉即見其下甚溼有蜒蚰蚯蚓並各蟲均與溼有關係者古人種樹時於樹根遮蓋火石等屑以阻水化汽則植物能速長也

在夏間試驗二田一田深一寸浸足雨水並無遮蔽一田情形相同惟有枝葉青苔等遮蓋之則無遮蔽之田水之化汽多百分之二十二

凡田有遮蓋者可令地下水藉自然吸引力而至地面由

此水之化汽可均所以地面用鋤或輕犁法稍鬆之即是加一層遮蓋之意

遮田可免泥土擠緊

田地用遮蔽法可免為雨所衝擊則泥土不致堅實而耕犁之功於是不廢大雨滴地令泥土擠緊及乾成硬殼所以地面用樹葉等遮蓋雖灌以水不能有害且植物生長甚速焉

司考脫倫某農夫云凡田有石蓋之所種植物收成較無遮蔽之田更多此農夫之意以為用農場肥料遮蔽田面最有益英國東南省地土多白石粉該處山谷甚乾燥惟

有大雨始能霑足其低處地土下層有火石甚多較堅於灰石沙土並有石屑鋪蓋地面似難耕種然其效甚佳此因火石在春間可暖地土在夏間有遮蔽之功也新來之田主不知此理遽去火石屑而田地在春則寒在夏則乾後諮訪鄰農乃知其故復取而遮蓋之

然熱帶地方如上所云似有不宜因地土本係過熱如更加熱則反爲患所以法國南方有此等石屑悉去之

廢料遮鹹地

法國南方有許多鹹地在播種時用蘆葦等遮蓋之後種小麥甚宜有此遮蔽物在鹽將凝結時可阻水之化汽又

可阻雨水擠緊泥土之弊故該處農夫尋覓蘆葦以爲要事

遮蔽田地以留溼等事其效實勝於耕犁惟資本較鉅故恆用於花園不用於廣大田畝

遮蔽法除留水外更有他用如珠果種於黃沙土可以製皮用餘之廢樹皮料遮其藤將來生果鮮美或云豌豆珠果等矮樹可用此等遮蔽法免其發黴並可阻溼不致延引至果然黴種來自空氣且有空氣中之溼以助其發達今有物遮蓋其根可稍減此患再加柏油或火油之氣並殺蟲等物獲效更大

凡地有遮蓋生草更速其色更綠或用移動之架上鋪長草置於草地相距數寸日間遮之晚間則否則草生長甚速而變深綠色如晚蓋而日去之則草變黃萎

天然廢草

此等物能助雨水漸吸入土匪特雨水在草葉中暫留不得由地面散失且泥土顆粒亦未擠緊成堅塊故收吸甚易

凡地面有遮蔽物如野草樹葉等則泥土不爲雨水衝失在耕種地土收吸雨水較草地更多所以欲留水者樹葉青苔野草木屑製皮用餘之廢樹皮料並他等草木均可

爲遮蔽之物較端石版及石更妙然此等石阻水化汽之功尤大

林地溼潤

樹林受春間大雪如消融遲緩則水入土甚多此因林地冬間常有枯葉遮蔽未嘗冰凍也

總言之有樹林之地流去之水甚少大半皆入土中所以林地有留水之功當夏旱時樹葉頗能阻泥土中之水化汽

美國東北省林地深土下之水多而涼故夏季晝間可減熱度夜則尤甚如將樹林斬伐殆盡必變爲乾熱匪特地

面之水易流洩且易化汽而地下水亦增熱度此因地面失遮蔽並多受日光也

樹林地受雨水較無樹處爲少因下雨時爲枝葉所阻即於葉面化汽然地土藉其遮蔽則土中之水化汽亦少以所阻雨水數與化汽減少數相較則化汽減少數足以補償所阻雨水數於有林地及無遮蔽地各置測雨水管查驗之即知林地之管得雨水較少百分之二十六而無遮蔽地得雨水果多然林地有枯葉遮蔽所以收吸入土之水更多於無遮蔽地

卷終

農務全書上編卷七

美國哈萬德大書院農務化學教習施妥縷撰 慈谿舒高第口譯 新陽趙詒琛筆述

第七章

肥料初論

蒲生古試驗向日葵事

昔者法國博士蒲生古試驗向日葵其法如下以三花盆洗淨燒至紅熱度又以紅磚屑與石英沙洗淨烘乾雜和而盛於盆

第一盆種向日葵子二粒以汽水陸續潤之第二盆稍加鈣養燐養五即骨炭及草灰並硝即鉀養淡養均雜和之第三盆所加者與第二盆同惟以鉀養二炭養代鉀養淡養故兩盆之鉀養仍相等

七月五號第二與第三盆各種向日葵子二粒將此三盆置於通空氣之玻璃房中不令受雨用汽水謹慎澆灌此汽水中並無阿摩尼惟有炭養氣四分之一

至九月二十號盆中植物已不生長即在此月之三十號植物高低如左

第一盆——

第三盆——

第二盆

由此可見第二盆之植物生長茂盛第一第三盆之植物憔悴瘦矮其重數較其子僅增四五倍而加足肥料之第二盆中植物甚發達較其子之重數幾增二百倍

八十六日間植物得克蘭姆數		植物乾重數以一子相較	植物質克蘭姆數	各盆所加料
炭質	淡氣			
○·一一四	○·○○二三	三·六	○·二八五	無肥料
八·四四四	○·一六六六	一九八·三	二·一二一	灰並鉀養淡養
○·一五六	○·○○二七	四·六	○·三九一	灰並鉀養炭養

此表指明加肥料之顯證或謂欲確知其情形當再用一盆僅加鉀養淡養如灰骨炭等概不用之蒲生古即依其意爲之遂取一盆盛以燒過之石英沙加鉀養淡養少許後查知此盆中植物在七十二日間生長乾重數一·一七五克蘭姆所得炭質數○·四二克蘭姆較其子重十倍餘後又查知此第四盆植物在沙土內必得燐養等物而沙土中如並無灰質但加鉀養淡養及水其效未必勝於第一第三盆之植物然此試驗法僅指明含淡養之物可供淡氣與植物又指明供食料與植物果有實效

植物所需各養料

第一第三或第四盆中植物均乏灰料況淡氣亦不足故

恃以生長者吸取子中之料及盡之後即用本體之質而重數速減遂變黃萎須用第二盆之法植物可久得補養料自然茂盛

此要理決不可忘即是欲植物發達須供以各灰料並地中所產含淡氣物而學習農務者應勤考此事獲其效果

尋常黃沙土有植物各養料

第一第三盆所種向日葵子如種於尋常地土中以雨水或泉水灌之初萌芽時吸取子中之養料及盡仍可生長惟不如第二盆之茂盛

依尋常情形觀之植物不論在何土必能得養料祇以空氣並水供之而已所以尋常地土及蒲生古之第二盆均爲能生長植物者今應考究地土所含天然養料之多寡及植物易吸取與否

依試驗法觀之則地土中可加植物所恃以補養之料令地力改變又可設法灌水多寡以合其宜惟所需空氣若干則人力難施

更有許多天然瘠薄之土如用人力加以養料忽變爲肥沃如西班牙克秃羅尼亞省拔色羅亞城近處之地土大半係石英沙稍壅畜糞灌水潤之遂成沃土又幸日光甚烈天氣易暖各種植物自極暢茂比利時國亦有荒地數

百英畝用含燐鳥糞和水灌之遂為沃土司考脫倫之愛定盤格城近處亦有荒地係煤灰並沙如以城市溝泥壅之產物甚豐又如中亞細亞及美國之西省罕有雨水僅藉灌水法以肥其田可見地土之肥瘠並非專恃土之性質而實重在水也

各土大半係無力之物

各土所含物質與植物毫無相關者居多如蒲生古試驗法僅用無力之料又如天然地土中有沙及粗沙細泥等此細泥較磚屑更屬無用而所有補養之料甚微即佳土中有益於植物之質料為數亦不及百分之一然有此少

許植物即可生長其無用之質料與溼潤並熱度有關係而地土中物質即藉熱溼以化分供植物所需是亦有用也

前已言地土及石在水中並非全不消化而天然之水更有感此物之功蓋物質在水中消化甚難而已所以一種泥土在水中能消化物質若干則難指定如地土第一次有水濾過消化之料甚多屢次濾之其餘料漸難消化為數自減而植物即由消化物質水中得補養料

土之精要

地土中竟有何物可以水消化之而消化之物何種能補養植物其試驗法不一

一法取泥土浸於汽水中數小時將此水傾於特設之盆又加水浸之又傾於盆如是屢為之乃燒此水乾之查其所存之質則得灰料三十至六十七分生物質及易化散之料三十三至七十分灰料中又查知有許多鈣養硫養三鈣養炭養二鈣養燐養五及含鉀養鈉養鐵之料或尚有鎂養鋁二養三此等物質繁多若是殊覺可奇

更有佳法取泥盛濾器內漸灌以水將土中本有之水推逐出之因此濾法所灌清水並不與土中本有之水相和即可查其推逐出本有之水所含物質

若夫雨水亦有此情形蓋雨水入土亦將地中本有之水推逐沉下而土中物質亦隨之而下並非雨水與地中本有之水相和也

泥土呼吸法

或由呼吸法而考泥土中易化物質之運動其法以泥土與清水用薄膜相隔考查記錄由膜呼出之和物並其多寡而博士賽斯梯尼將無油瓦管盛汽水埋於土閱數時查此水中有石灰鎂養鐵鉀養鈉養並含硫養三物質又有博士批脫曼用羊皮紙為膜試驗之查得賽斯梯尼記錄各質果由膜呼出且除此數質外更有含矽養三燐養五淡養三

綠物質及許多生物質

更有一法納泥土於鉾或洋錫所製之管管底有數孔浸於汽水內則水自吸引至土中而土中所含炭養硫養三綠淡養三質消化隨水吸引至土面土面鋪蓋鬆疏紙吸收各物質於是查驗之此法實爲花盆內恆見者蓋鈣養炭養等質在花盆內周圍往往凝結成痕此卽爲水由土中引上之料也

尋常計算有水千分可消化尋常土中所含生物質金石類質〇·五分至一·五分瘠薄沙土消化物質最少而肥沃土消化物質最多如新加肥料者則尤甚焉此消化物質

內生物質甚多與消化全數相較有三分之一至一·五而草煤土以水千分消化之可得四分至十四分大半係生物質而植物所需甚要之補養料甚少尤少者爲燐養五酸

井水田溝水所含物質

試驗此事更有一法用井水田溝水考究之並將試驗所用溝管浸於水而細察之其效甚奇因除含淡氣質並石灰外溝水消化引去之植物補養料甚少溝水千分之中尋常消化引去有三分磅之一至〇·五今將水千分中消化之要質示明如下生物質〇·〇一至〇·一〇硝強酸〇·〇五至〇·二〇石灰〇·〇二至〇·一〇鉀養燐養五酸並阿摩尼爲數極微硫強酸〇·〇二至〇·〇七鈉養〇·〇一至〇·〇三鎂養〇·〇〇一至〇·〇三然甚清之溝水中往往有多含淡氣生物質少許而由不加肥料之田溝水中所得多含淡氣生物質較少如一處田有水千分其中生物質含淡氣者二·六炭一·又一處田含淡氣者三炭一在混濁之溝水由陽溝來者其中生物質更多而炭質爲尤多隨雨水入土之質料並不散失他日仍能隨水吸引至地面

各試驗法可知水入土中能消化植物所需之各料如令水與無肥料花園黃沙土相遇十日其水卽含有質料以

之灌漑足供植物所需又如鐵並錳養在地土中爲水消化漸流入海而流出時植物卽吸取之

植物可在井水中生長

地下水含各種植物養料之事匪特藉各試驗法而知之在井水泉水中養植物亦能見之如人家將花及子置於此等水中能生長是也

博士亨利以板箱數只深四二·五桑的邁當面積一千桑的邁當盛以粗沙及無生物料之沙土而種各草子及苜蓿蔬菜類取泉水灌之其豐歉與灌水之多寡相因如左表

每日灌水立方桑的邁當	收穫麰重數
一〇〇	三五
二〇〇	四四
三〇〇	五七
四〇〇	八四
五〇〇	一一〇
六〇〇	一三八
七〇〇	一四八
八〇〇	一六一
九〇〇	一五六
一〇〇〇	一七〇

盤納並羅開納斯僅用尋常井水而種大麥每顆每一星期灌水二斤亦獲良效茲與花園黃沙土及尋常田土所種大麥相較如左

種於	乾植物克蘭姆	大麥乾實重數	一子所生數
花園黃沙土	五·二七	一·二三	一九三
尋常田土	一·七五	〇·六三	六四
井水	二·九一	一·二五	一〇六

由此觀之種於井水者幾與花園黃沙土相等而較田土所種者幾倍之其子亦更大更重

田溝水所含化合之料較少於地土中水所含者因地面之水尙未吸取土中之質料而地中水已吸得鉀養阿摩尼燐養酸植物根從而取之亦甚易也

地土中水較淸水運吸更難

地土吸引淸水較速於土中所含之水所以沙地之井在極乾時似不易涸而大雨之後水易減退此何故歟蓋土中之水和以雨水卽淸淡易爲地土吸引而去也

雨水改變泥土質料

地土中所有淡鹹水與土之肥沃有關係且易化其生物料而土中鹽類物屢爲雨水和淡之後則流通較緩

荒地所含物質

雨多地方往往耗失土中本有之質所以鹽類物如鈉錳鈣等均易失去然鉀養之鹽類物則不易失在雨多處其地土殊難羇留鈉鈣鎂與綠並硫相化合之鹽類物蓋均易爲水消化流入江河也

沙漠地如亞細亞阿非利加並美國西數省鹽類物皆留於土中實爲植物之補養料所以該地灌漑得宜卽植物豐美然鹽類物堆積過多亦爲有害

博士休爾茄曾考察化分荒地並溼地之佳土指明溼處泥土百分內有鉀養〇·二一六荒處泥土有〇·七二九卽

是荒處泥土多質料三倍餘若夫鈉養溼土百分內有○·○九一而荒處之土有○·二六四若夫鎂養溼土百分內有○·二五乾土有一·四一一若夫石灰溼土百分內有○·一○八乾土有一·三六二然荒土所含易化之物質苟有雨水則衝運至低窪處於是水既化汽所存積者惟鹽類物亦有害於植物也

植物選擇之力

前已言植物之養料得自地土者已在水中消化而由植物根吸取今縱論植物選擇所喜補養料及舍棄不喜之物料權力此理初似未明如將硝化於水與糖水相遇則

彼此融和甚均又如植物體中之賽爾一滿硝水一滿糖水則彼此亦有相和至均之情形

所以硝或他物質消化於地土中水內自必常吸入植物根中之賽爾須待賽爾中所含者與外相等乃止然此賽爾所含者旋爲他賽爾吸取則此賽爾又患不足不得不又吸取在外之質料以補之由此運行不息各賽爾接續生長而植物遂發達矣

要之性質不同之二物均可在水中消化者如相遇則彼此相吸至均爲止或有易消化而無害之物質爲植物不喜者雖能吸入植物體中然與地土中之水所含者相等則止惟必需之補養料如鉀養或燐養酸吸入之時速爲他賽爾吸取由此陸續增補運行不息

博士發否言此理可以下法表明之用一豬膀胱盛清水浸於化淡之銅養硫養水中則膀胱中清水與外銅水彼此相吸至內外相均而後已如以鋅一塊置於膀胱中清水內則銅水入膀胱而銅質澄積於鋅不能布散及鋅盡消於清水中乃止然如此則膀胱中清水仍無銅質在外銅水自必吸入遂化合成鋅養硫養由膀胱流出至銅質盡入膀胱澄積於鋅而鋅養硫養亦內外相均然後動情乃止

有植物吸取矽養

植物吸取無用之料於矽養可見之此矽養或有植物必需之或有植物無需者茲查得有草並穀類吸取此料較苜蓿並豆類爲多然此二類植物種於一處根鬚均將吸取此料其體中汁漿自各滿足矽養而與地中水所含者同其多寡

惟草類將此矽養一分積聚於葉稈中則體中汁漿復乏此料又向土中吸取若夫苜蓿則吸取此料不能如草類之布散但存留於汁漿中所以不必更向土中吸取曾刈草一千磅焚燒之測查有矽養七磅至紅苜蓿一千磅僅

有矽養二半磅
可見此有消路，彼能供給如地土中之水，爲苜蓿吸收，以備由葉陸續化散於空氣中，而所需矽養二甚少，則吸進之數亦不多。更有寄生植物，亦同此情形，考查其灰質，與所寄之樹灰質不同，卽如寄生草名密士爾拖，吸取所寄樹中質料，但選擇其必需者而已

由此可見植物有選擇所喜物質權力，而舍棄無用之鹽類物，並成顆粒易消化之物，然此等物質，地土中之水所含者實爲不少，化學師久已考知植物尋常吸取鉀養石灰燐養五酸，爲數較多於硫强酸並綠，蒲生古又指明鈉並

綠，在植物體中，爲數懸殊，因此度其吸取之道，有不同也，且培壅田地之肥料，在泥中自能運行，以得其宜，與水之流行有異，如此處有易消化之物，更多於彼處，則由漸運往至均平而後已

化學物質爲植物根化分

水種植物試驗法前已表明植物根在化學鹽類物質消化變淡之水中，則甚易化分吸取之，如鉀養淡養五卽朴硝，往往如此，至於淡氣悉入植物體內，而一分鉀養仍留水中，淡輕四綠亦如此，其數分綠氣變爲鹽强酸，亦留於水中，斯理並不爲奇，如明礬並鉀養硫養三消化於淸水，用薄膜阻隔，卽有彼此相吸情形，而消化更速

然猛烈之化學物質，如鉀養並鹽强酸，在土中必有動作，蓋此等物質，雖爲植物舍棄，而能將植物根四圍之物質感動變化，以宜植物所需，是仍獲其益也，而水種最難處，凡有損害之物質，植物根旣已舍棄，因無泥土羈留，以遂其動作，則又至植物根處，而植物必受其害

植物根消蝕石質

博士提德立次試驗植物根舍棄無需之物質如下，取二種石質，研極細，考查其能消化之物質若干，一種石粉，未有植物，又一種石粉，則有之，一種爲巴所得石粉，此石由火鎔化

後結成六角柱形，又一種爲沙石粉，用汽水洗淨，每盆各盛十磅，其盆分列二行，每行七盆，所種各植物子，均權其重數，所種者爲豌豆蕎麥狼荚等，此外更有二盆盛以石粉並無植物，所種各子，已用化分法查知其質料，於是用紙或棉花罩護，以禦塵埃，而以汽水灌之，令其常獲滋潤，迨後將各盆中植物拔棄，取淸水洗濾其石粉，此水中先加硝强酸百分之一，每盆用此加酸之水二列忒數洗濾之

試驗後盆中曾種植物者，其石粉中洗濾出之融化物質，爲數反較未種植物盆中所得者爲多，況已有物質吸入植物體中，隨之棄去也，茲將植物根消化石粉中物質數

列左

	沙石粉化出物質克蘭姆數	巴所得石粉化出物質克蘭姆數
狼荻三顆	○·六○八○	○·七四九二
豌豆三顆	○·四八○七	○·七一三三
司潘來馬料草二十顆	○·二六七八	○·三六四九
蕎麥十顆	○·二三三二	○·三二七四
稗草四顆	○·二二二二	○·二五一四
小麥八顆	○·○二七二	○·一九五八
燕麥八顆	○·○一三七	○·一三一六

然則巴所得石粉爲植物根感動而化出物質較多至沙石粉培養植物更佳因所產植物其體中含金石類質較多也

可見豆類根化分石質之力較大於小麥燕麥等然各植物根俱有消蝕化分石質之力此可無疑也蓋植物根有酸汁流出與泥土相遇而泥土中所含質料遇酸而變爲原質於是植物根遂選擇吸取焉

試驗植物根消化力

博士休麥克取豬膀胱盛以炭養水而與膀胱外鈣養炭養定質相遇則膀胱內炭養水能吸收在外之鈣養炭養定質而變爲鈣養二炭養其後博士曹勒將玻璃盃數只盛以汽水稍加强酸以薄膜封盃口而令膜與盃中酸水相遇膜上散置鈣養燐養五並清水內不能消化之鎂養淡輕三燐養五頃刻間盃中水見有燐養五酸鈣養鎂養並淡輕三之據可見此酸水能將膜上之物質消化吸入也

博士赫敦復試驗此事以鈣養燐養五並鈣養炭養二與醋酸水相遇又以鈣養硫養三與清水相遇均獲同效即是有酸水若干流出薄膜而與膜上所置之物質消化復由膜吸入水中也

夫植物根鬚放出之汁人皆知其有酸性如將新鮮根鬚與試紙相遇即見有酸性證據博士達學曾測算根鬚內

有結顆粒檸檬酸百分之一是故匪特發出炭養二酸又能發出酸質令土中物質化成補養料有化學師藉水種法而知鐵養燐養五本不能在水中消化者植物根鬚可化分吸取其燐養五酸而博士批脫斯種大麥於水中頗獲良效此水中並無可消化之燐養五酸惟將鐵養燐養五消化於水中而已可見植物匪特將不能消化物質中化出燐養五酸且所得數足供所需無虞匱乏然鐵養燐養五中已消化燐若干則水色亦因之以變

博士孔恩取苡仁米置於溼潤之藍試紙令其萌芽則見試紙與根鬚相遇者變爲紅色觀試紙反面凡根鬚所至

處均有紅線足見此試紙本有之藍色爲根鬚發出酸汁所變化矣

又有化學師將植物種於無產物之泥土內先將泥土加以植物必需之養料用清水洗之去其在水中易化之物質如博士斯妥蔓曾取草煤土浸於雞糞肥料內閱數小時卽以清水洗之又閱三星期至所洗水極清而無可消化之物爲止於是種珍珠米而與未加雞糞肥料及加雞糞肥料並未加雞糞肥料相和之草煤土所種者較其收穫後氣乾重數多寡如左

	未加肥料草煤土	加肥料草煤土	加肥料草煤土四分之一未加肥料草煤土四分之三	加肥料草煤土一〇之五未加肥料草煤土一〇之五
收穫總數	一七五	八三六	二八二・〇	三六八・〇
生實總數	〇・〇	一五三	一・五	一五・五

由此又可見植物根鬚放出酸汁可化分泥土中許多物質成爲補養料此補養料當初在水中不能消化者

凡植物根與田地中所有之骨及灰石他種石相遇則放出酸汁能將石面消蝕成條紋欲明斯理可用沙泥或木屑少許堆積於大理石片上種植物子待其萌芽而有根鬚卽將黏合於石面消蝕之乃去棄沙泥或木屑並其根察視石面則見有根鬚消蝕所成之條紋

植物根得養料生長甚速

植物雖有選擇養料之權然僅恃其吸取而已不能如動物之尋求也其根鬚遇水土中所需補養料甚多者則生長發達甚速較他處之此料者或相倍蓰所以植物根往往有偏向之勢蓋就有肥料處展布也

如一種馬料名聖芳者人皆謂其根能透入泥土吸取石灰又如葡萄樹楊樹赤楊樹銀杏樹榆樹樺樹並蘿蔔苜蓿等其根恆向有溝處蔓延故二尺深之陰溝或爲植物根阻塞而紅菜頭之根能入數尺深之溝中又有馬所食之大蘿蔔其根深七尺有粗草名告斯其根深十四尺有一榆樹相距一百五十尺處掘深九尺尚能見其根大抵此等根因溝中多水或水係流通者故喜就之

試驗植物已得養料如何生長

科衞德將紅菜頭若干顆種成圓圈其直徑約二尺在圈中埋豆餅一塊約深寸許數月後查得有紅菜頭數顆已生發橫根而至豆餅處豆餅周圍均有微細根鬚羣之且有一二根鬚蔓延十六寸許始遇豆餅者

斯潑倫克勒昔曾試驗此事用一桶高十八寸直徑十四寸桶中以薄板分爲六格均盛花園泥土第一格未加他肥料第二格加攪和之鉀養石膏並骨粉第三格加鈣養炭養少許第四格加骨粉第五格加石膏第六格加食鹽

此桶上又置一桶高十二寸直徑十寸無底盛以花園泥土種苜蓿數顆已有根長六寸用雨水澆灌及長成後查得最大最多之根已在下桶有骨粉之格內而最小最弱之根卻在有食鹽之格內

博士腦朴試驗法亦略同取一種重性泥土飾爲二分多寡相等其一分用各鹽類物消化之水灌之至此土中含鹽類物有十分之一又加鉀養鈉養並燐養酸四分之一又加阿摩尼於是用四箱盛此二分泥土箱深二尺又四分尺之三其法如左

第一箱　盡係有肥料土

第二箱　下層係尋常土上層加有肥料土半尺

第三箱　下層加有肥料土二尺上層係尋常土

第四箱　盡係尋常土

此四箱在五月閒種紅苜蓿子期年之後將各箱內苜蓿刪薙其過密者至每箱僅存四十八顆又閱十四月有枯萎而死者在尋常土之箱內爲尤甚今將陸續收得之乾料依克蘭姆數如左

		乾料	乾根
第一箱	盡係有肥料土	五九二	六〇
第二箱	上層有肥料土	六一五	三一
第三箱	下層有肥料土	四三九	二六
第四箱	盡係尋常土	四三一	三〇

各箱中苜蓿根形狀各異尋常土及加足肥料土均滿布小根而有肥料土者根更密第二箱肥料土僅在上層者則近土面根較多第三箱肥料土在下層者其根亦在下而上層土中幾無新根由斯以觀苜蓿似有遷就之情況在第三年時其根猶能從多肥料土中吸取補養料而無論肥料在上層或下層也

斯妥蔓先將草煤土浸畜糞水再加燐養並鉀養鹽類物後用清水洗去在水中易消化之物質遂用無底箱四只

埋土中而盛有肥料草煤土及尋常草煤土其法如左

第一箱　下層係尋常草煤土九寸上層係有肥料草煤土九寸

第二箱　下層係有肥料草煤土九寸上層係尋常草煤土九寸

第三箱　下層係有肥料草煤土六寸中層係尋常草煤土六寸上層係有肥料草煤土六寸

第四箱　下層係尋常草煤土八寸中層係有肥料草煤土四寸上層係尋常草煤土六寸

各箱種珍珠米三顆在第一第三箱內均生長發達第二

第四箱所種者幼時各死一顆其存者根鬚透入有肥料草煤土內忽然發達惟第四箱發達之後衰敗甚速而第二箱生長甚久至於成熟

待植物生機已息拔起考驗見其根在有肥料草煤土中者均有微細根鬚密布如席而在尋常草煤土中者惟有粗厚木質料之根數支其不能速得肥料者已死矣

第一箱上層土中根鬚密布如席其下毫無他物惟有根數條遇尋常草煤土而死第三箱上層土中根鬚甚厚有根數條沿箱透入下層有肥料草煤土中竟滿布根鬚如席第二箱亦有木質根數條透入下層有肥料草煤土中

展布發達第四箱有肥根少許由上層尋常草煤土透入中層有肥料草煤土中布散根鬚惟有透入下層尋常草煤土中者則死

植物各與地土相宜緣由

人皆知植物各有相宜之土由此測度地土價值如何有植物甚宜含石灰質之土又有喜泥土者又有喜沙土者又有茂盛於呼莫司土者呼莫司可分淡性酸性或爛污草地並溼草地由是可見各地土須配定相宜之植物然乾溼冷熱及地土鬆熟僵糙均有關係而與土中化學分劑亦有相關即是土中或有損害之物如灰石沙泥酸性呼莫司等

觀野生植物即可知與該地相宜如田莊屋周圍常自生蕉樹葵樹野菊花鵝郎草等更有一種珠果名黑克爾用人工栽培終不能生長夫各植物性情何以如此實難考究惟此理與前所云選擇之意不同蓋選擇者欲得其體中所需而此則合宜之地乃能生長也又如海中植物沙地植物鹹地植物均特有所需之補養料故喜其所生之處而種龍鬚菜田地灑以食鹽夷滅野草龍鬚菜獨能無恙又有椰樹能受海水更有許多植物宜於旱地或竟與沙漠地相宜如仙人掌之類及美國南方產松香之松樹

生長於沙山中是也

更有一種植物名鞋帶草又名鉛草生於美國密助烈並意里那二省凡地面有此草其下必有鉛鑛諸農學博士常論及含石灰之土有茂盛植物而少有害之蔓草如羊蹄草酸草治瘧疾草等惟多生苜蓿並豆類植物

有數種在水中易化之毒物而無消蝕之性者如銀綠植物根吸取之雖為數甚少即速死焚而究之則他種毒物無多儻銀綠有消蝕之性則植物根中質料必為其消蝕而他種毒物所入必更多

植物根放出汁為甚要

農家初以爲植物能吸取泥土細顆粒爲補養料近年查得植物根放出有化學性之汁將土中無損害之物質化分與水消化然後吸入此理顯明關係甚大昔者常論水土中有物質若干及溝道流出之水於田地合宜與否今由博士考驗後始知前人所論尚有未確

植物根由沖淡水中吸取補養料

補養植物之質在水中甚淡者植物猶能吸取以資生長且水種法亦係示明補養植物料須極淡乃爲相宜腦朴查知植物根之有力者水千分中加定質五分爲最宜如更淡則不足如水千分中加定質二分則又患過濃要之

水千分中加定質一分大約均相宜凡鹽類肥料如食鹽鉀養綠養五或鈉養淡養五須用水沖和極淡而不可與植物根或子相遇

博士麥約指明所種植物其根入已習慣熟土即是根鬚慣吸泥土中用水沖和甚淡之補養料蓋此等植物藉人力所加甚淡肥料以生長不知若干代其根性情亦因之以變而不能受濃鹽類物

植物由甚淡之水中吸取補養料於海帶菜類見之蓋海水中含有燐養五酸並鉀養甚微而海帶菜體中含此二料甚夥且有碘此必由海水中吸得者也博士奥妥又指明海水三千萬分中含碘不及一分陸地植物吸取燐養五酸奇亦相同即水一千萬磅含燐養五酸僅一·五磅以此水灌田收成較尋常田倍多

卷終

農務全書上編卷八

美國哈萬德大書院農務化學教習施妥縷撰　慈谿　舒高第　口譯
新陽　趙詒琛　筆述

第八章

地土化學工

各種地土均有化學之工浮沙土亦然阿摩尼水灌入泥土而考查之則阿摩尼竟不可得可知此泥土已將此藥料化分又法用一瓶截其底倒置之瓶頸塞以棉花盛稍溼之黃沙土加淡阿摩尼水則瓶口有水滴下查驗之清水而已此卽可明泥土羇留阿摩尼若干而尋常泥土亦

有此化合情形

上法所用器具頗宜於考究此事如用無底瓶三盛篩過黃泥土而倒置之將各種易消化鹽類物和水極淡加入土中第一瓶加鎂養硫養水第二瓶加鈉養硫養水第三瓶加鉀養淡養水而第一瓶滴下之水並無鎂養硫養而有鈉養硫養鈣養硫養鉀養硫養第二瓶滴下之水並無鈉養硫養而有鎂養硫養鈣養硫養鉀養硫養第三瓶滴下之水並無鉀養淡養而有鈣養淡養鎂養淡養鈉養淡養

鹼類爲地土攝定羇留

上試驗各鹽類之鹼性物爲泥土中化學料所羇留而鈣養或他種鹼類物與鹽類物中硫强酸或淡養酸化合而出

如將鉀養燐養水或鉀養矽養水灌入土中卽查得此燐養酸並矽養酸與鹼類鉀養同留因此酸類與土中數質合成不消化之物質遂爲土所羇留也

由下試驗法可見泥土有攝定之能力卽將乾土少許權其重數納入瓶中而加欲查之物如鉀養硫養之確數並濃淡之度常搖動之閱數小時或數日或數星期之後試驗化分之匪特鹽類中之鉀養消化於水有若干而爲此

土所攝定且泥土中鹼類等物爲鉀養所替代而成由利者亦有一定之數

屢經試驗指明佳土可將鉀養鈉養鎂養鈣養鹽類物消化留於土中而淡養酸鹽强酸硫强酸與土中鈣養鈉養或他種鹼類并合亦留於土中如有燐養酸或矽養酸亦然

凡一種鹼類爲他質所化合必洩放相等數之他種鹼類而泥土能化分之力爲其中化學性之合質所限如將一種鹽類物灌入泥土過其限量則流出者仍係原物

化分之力黃泥土爲最然數種石屑亦有此力而暴於空

氣中之石質爲更甚如巴所得石塊並他種灰石泥石均能化分鉀養並燐養五酸

泥土攝定不能完全

如上所論鉀養淡養五之鉀養並鎂養淡養五之鎂養消化於土中然鉀養等鹼類必有少許不消化者此之謂不盡化學家均知和物質於水中依物理而論本係不能消化者而竟能消化此因土中物質不一難考察也即是泥土中已攝定之鉀養並他種鹼類亦將爲水消化而土中鹼類物爲數愈多者消化他種鹼類物亦愈多

植物易得地土中已攝定之鹼類

上所云地土化分攝定鹼類與水相和則植物根吸取甚易而地土中本有之鹼類遂速消化以補匱乏即是原有之水屢由土中消化質料以供植物所需惟已攝定之物質有不易消化者苟欲消化所需之水必較多於原有之水此因地土羈留之力勝於水消化之力也

上所云攝定之權於一千八百五十年英國化學師姓衞者考查而知含水之鋁二養三矽養三或鐵鈣養並鹼性金類此等物質地土中多有之

此化學師設法製成鋁二養三鈉養雙矽養三即將矽養三與烙炙鈉養及鋁二養三與烙炙鈉養彼此化合此即謂鋁二養三鈉養雙

矽養三後以澄停者用清水漂洗而與他種鹽類水試驗第一次加入鈣養鹽類即將所有之鈉養洩放而得鋁二養三矽養三並鈣養矽養三第二次加入鉀養鹽類即將鈉養洩放而得鋁二養三矽養三並鉀養矽養三第三次加入鎂養鹽類並阿摩尼鹽類所得者亦同此例惟用阿摩尼鹽類不能盡代鈉養僅洩放三分之一或用淨阿摩尼亦然

天然雙矽養三質攝定鹼類與造成者同

化學家阿康及默特二人查得天然含水矽養三和鹼類而成之物如一種金石類質名西哇來得（此質係鋁二養三鈣養雙矽養三所成者又名熱發沸石）如加入含鹼鹽類並阿摩尼及鹼性土質可令其

化分則鈣養洩放而收他鹽類物代之總之鹼性金類如鉀鈉較鹼性土屬金類更易替代

欲將已改變者復原則仍爲鋁二養三鈉養雙矽養三又將西哇來得復原可用鈣養鹽類水加入則洩放鈉養而收入鈣養儻又用他種鹼類加入則又將鈉養洩放而代之

鹼質攝定甚速

總言之地土將鹼類收吸攝定之法甚速化學師姓衞者查知阿摩尼在土中攝定祇需半小時默特言所試驗之鹼類定質攝定祇需一小時而博士批脫斯言地土收吸攝定鉀養需四十八小時有一小麥田每年將柴灰料並

相等分劑之阿摩尼硫養三及淡輕四綠耕犂入土每一英畝壅四百磅此乃十月二十五號之事至二十六號晚有大雨田間二尺半深處之瓦溝二十七號晨尚有水洩流以後天氣又常降雨每次雨後即受溝水少許以備試驗初次所受者加淡輕四鹽類四十小時後之溝水下表指明各次所受溝水中含淡氣並綠氣之分數與未加此料以前十月十號受得之溝水相較可見忽然大雨之後尚未變化之阿摩尼隨水衝運然由初次所受之溝水中綠氣多數則知此鹽類物大分已速爲雨水化分而阿摩尼留於土中以備後之變成淡養鹽類物隨水緩緩衝運而流出

水中之綠氣亦由漸減少當阿摩尼變成淡養三質時亦有隨水而出者

溝水一千萬分中所有淡氣質

受水日期	阿摩尼內	淡氣鹽類內	綠氣數	綠氣每百分合淡氣並淡養鹽類質之數
十月十號	○·○	八·二	二二·七	三·七○
十月二十七號早六點半鐘	九·○	一三·五	一四六·四	九·二
十月二十七號下午一點鐘	六·五	一二·九	一一六·六	一一·一
十月二十八號	二·五	一六·七	九五·三	一七·五
十月二十九號	一·五	一六·九	八○·八	二○·九
十一月十五號十六號	○·○	五○·八	五四·二	九三·七
十一月十九號二十六號	○·○	三四·六	四七·六	七二·七
十二月二十二號二十九號三十號	○·○	二一·七	一三·二	九三·五
二月二號八號十號	○·○	二二·九	一九·四	一一八·○

亨勃並斯妥蔓二人指明二十四小時後燐養五酸尚未全攝定是以博士試驗加此酸質往往攝定甚遲或以爲須閱三星期因其攝定之例與鉀養阿摩尼等不同也此理後當論之

有數種鹽類之鹼料爲地土吸收較速於他種鹽類物如鉀綠化於水則地土吸收之鉀養爲數最少如鉀養燐養五並含水之鉀養及鉀養淡養三中之鉀養爲地土吸收其數

最多且鹼類物消化於水濃者爲土吸收較速於淡者且能更盡然試驗時化於水之濃淡與用質料之多寡均有關係要之鉀養鈣養阿摩尼爲地土攝定較易而鈉養鎂養則不能如此易也

土質攝定之力不一

各土質所有攝定之力頗不同如將馬糞水與各種黃泥土相和查得千分泥土內收含阿摩尼由○·四九至○·七四而千分瘠黃沙土收含其中阿摩尼○·一二一用更淡之馬糞水則泥土收含之阿摩尼僅得○·○九○四如用淡阿摩尼水並消融之阿摩尼鹽類物以代馬糞水

試驗所獲效如下表有二號阿摩尼水第一號千釐中有阿摩尼〇·六七三第二號有〇·三三二又阿摩尼硫養$_{三}$水千釐中有阿摩尼〇·二八八又阿摩尼綠即淡輕$_{四}$綠水千釐中有阿摩尼〇·三六表中之數即記阿摩尼釐數此由千釐土中三日內收吸而得者

土類	濃阿摩尼水	淡阿摩尼水	阿摩尼硫養$_{三}$	淡輕$_{四}$綠
含石灰土	一·五一九三	〇·八八二	〇·六〇八	〇·六八
肥黃沙土	一·五三六三	〇·八〇四	〇·六四〇	〇·七六
僵糙土	一·一二四〇	〇·七五四	〇·五七六	〇·八〇
瘠沙土	一·五三二〇	〇·八六八	〇·二五六	〇·一六
牧場土	一·五二一七	〇·五七六	〇·四四八	〇·六四

可見濃阿摩尼水爲土所含較淡者更速如用四號水第一號千釐中有〇·六三四第二號〇·三〇四第三號〇·一七六第四號〇·〇八八均以含石灰土試之則第一號收含一·三二第二號〇·六四第三號〇·二六第四號〇·一〇又將濃阿摩尼水灌於已收含淡阿摩尼水之泥土內則仍收含而以上表觀之瘠沙土能收含阿摩尼水與沙土同數然阿摩尼收含之後淡號者不能均洩放而常有少許隨水衝出爲數極微

牢吞勃查得各土萬分以一號阿摩尼試之各收含數由七至二十五然如此不齊定係一種土中所含雙矽養$_{三}$較他種更多如以強酸洗淨土質去其鹼類物則攝定之力大減可見強酸將此雙矽養$_{三}$化分如將尋常泥土加西哇來得土少許則收吸攝定之力速增

尋常土中有西哇來得否

略觀泥土則不能知其中有西哇來得與否然以化學法試驗則易見之凡地土與淡鹽強酸相和而有許多鋁養$_{三}$並矽養$_{三}$洩放者則此土攝定有力此言均指明土中必有西哇來得因此料與強酸相和卻有此情

西哇來得即是易消融之矽養$_{三}$欲測土中所含多寡須先

用淡號強酸和之然後用鈉養炭養$_{二}$熱水濾之強酸相和之後爲鈉養消融之矽養$_{二}$數即指明其中西哇來得之多寡由此法查知土中西哇來得之數有百分之二至七此西哇來得與地土中鋁$_{二}$養$_{三}$並鐵並燐養$_{五}$酸相和而含於土中此燐養$_{五}$酸等由田莊畜糞而來或土中本有之鈣養燐養$_{五}$料化分者

西哇來得荒土多有之

美國乾荒地土中含有能消融之矽養$_{三}$較多於溼地竟有二與一之比即是溼土所含易消融之矽養$_{三}$數係百分之四·二一一二而乾土中則有百分之七·二六六在少雨地方

所有易消融之物固留於土中而因水汽上騰則變爲濃此乃溼地所難得者也此等易消融之物係鉀養矽養鈉養矽養並鉀養炭養鈉養炭養而二號矽養含化於水濾過含鈣養炭養鎂養炭養之泥土即速變爲雜和之矽養物此鈣養炭養鎂養炭養其時變濃又將矽養類物化分而鈣養二炭養又將緩緩令他物化合猶如鹼類炭養之品性若論夫溼地含石灰土與淨泥土相較則石灰泥土中消融之矽養鋁養較多於淨泥土即是淨泥土中化出鋁養罕有過於百分之十而石灰泥土化出鋁養由百分之十三至二十之數

默特試驗法

博士默特先以天然西哇來得料試驗然後以自合成相同之料化於鹽强酸內再加阿摩尼水令其和平其後則得凍形之澄停物用淸水漂洗乃得鋁養鐵養鈣養雙矽養此外更有含水之鐵鋁養並矽養酸即沙而加各種淡鹽水試其攝定之力查得如衛博士自製之矽養物又能將鉀養鎂養阿摩尼錏養化分攝定而鈣養則化於水中與水同洩放又指明凡矽養中有鐵養相和而代鋁養者又能化分鹼性金類並鹼性土質

要之含水雙矽養攝定之力更大於水已洩出之矽養衛博士早已指明泥土燒烘之後收吸之力較減或竟無力惟查得舊煙管泥料仍有攝定鹼類之力將自製之泥土設法提出矽養物用火燒之則加鹽類水不能變化又不能收吸鹼類然有許多曾燒過之泥土仍有變化之力自衛博士後又有人查知泥土燒過之後並非盡滅其收吸之力也

即是煤灰亦有收吸之力批脫斯指明天然黃沙土由鉀綠水中化出鉀養○·一八四一克蘭姆數若用火燒過者亦能化出鉀養○·一二克蘭姆數

地土中化分化合之工不息

由上觀之地土中因有雙矽養物所以化分化合之動作大約除極寒天氣外無時或息依化學而論尋常田間黃土係雜質合成斷無安靜不變化之理

地土既係雜質合成故永遠運動變化如種植物則愈增其動情因樹根亦有變化之理惟此動情與地土本有之動情實有分別西哇來得石料能攝定鹽類前已言之攝定時其鹼類一分洩放於水中而爲植物根吸取泥土中攝定之物在炭養酸水內較易消化更遇植物根放出酸汁消化尤易以資根鬚吸取

前言呼莫司其中又有雙呼莫司料與石灰等化合又能

將鉀養阿摩尼等化分猶雙矽養之情形呼莫司酸與矽養酸有同性猶善强酸與數種鹼性相合卽是呼莫司酸及矽養酸可與多鹼性並多數種鹼性相合

功用攝定與化學攝定相異

除上言矽養呼莫司有化分力之外地土更能將鹽類物收吸猶炭能收吸各種氣質然地土收吸之力大抵係化學法而勉强之法如羇留水質等其力不甚大

考究地土勉强羇留物質之理較早於考究化學之理夫畜廐等處穢濁之水並他種有色之水濾過新鮮黃土卽變爲清潔並無穢氣可見地土能將此等色料攝定羇留

與炭並他種植物質相似所以紐英格倫有諺云衣服染黃鼠狼臭味者埋土中卽能除之又如刀切葱頭患有葱氣可將刀插入土卽無此氣而所築土坑亦是此意卽將人糞存儲一坑取乾土散之以滅其臭或堆積畜糞散布黃土並草煤土之類亦同此意至除其臭而後作爲肥料後當論之

地土匪特能收吸顏色並臭氣而易化之化學物質亦易收吸先將稍溼花園土少許納入瓶而加畜糞堆流出之水搖動以和之然後用漏斗襯紙以濾之如泥土與流質分數相稱者則濾出者變爲清水幾無臭無色無味此卽泥土收吸穢濁之物也此情形地土中永遠不息而人飲之水或汲自井或取自泉均係地土濾過之水也此試驗法與製糖廠濾糖法相同取紫色之生糖先化於水用骨炭粉濾之糖色爲炭收吸是也

鹽類物相遇攝定

上已言色料爲土收吸而鹽類物質亦因與土相遇被其羇留攝定如以骨炭粉濾糖亦有糖質爲炭所羇留者卽他種成顆粒之化學科用骨炭濾之亦必羇留若干

地土勉强羇留物質之事甚多博士倍根言取一沙漏鉢盛以泥土而置於稍大之鉢內此稍大鉢又置於更大之

鉢內如是共十鉢鉢與鉢之間均裝塡泥土用海水灌入盛泥土之鉢內令其濾過十鉢仍有鹹味不能飲若再加十鉢以濾之卽淡而可飲

昔有人用石器以濾海水濾出第一斤水無鹹味以後濾出者仍鹹然此試驗法不足恃因此石器或本已含水爲初次所加海水推逐而出自無鹹味並非加入之鹹水也以後濾出水仍鹹者或因石質過粗或因收吸之量已滿遂不能羇留矣

瑞典國博士盤集樓斯將尋常鹽化於水用沙泥濾之査得初濾出之水無鹽德國博士衞美以醋酸在純淨沙泥

濾之。初濾出者幾盡係清水。用淡酒醋試之。亦然

一千八百十九年。意大利國化學師軋在里所記如下。凡黃沙土並泥土各能羈留土中易化之物質。漸供植物所需。又有人云。肥沃之流質與地土中流質彼此有愛力。因而相合。不肯洩放。然植物生長所需補養料。適能如數供給。糞水等加於土中。則澄停而清。所含鹽類物。爲泥土收吸。後得清水。則由漸洩放

一千八百七十八年。英國烈物浦爾有一沙石。查知其有羈留鹽類物之力。乃將此石鑿成二塊。各一立方尺。各鑿凹膛。以備盛水。漆其側面。以免漏洩。疊而置諸架。灌海水

於上石之凹膛中。濾滴之水。下石之凹膛受之。下石濾滴之水。則用玻璃瓶受之

烈物浦爾在貿賽江口。近於海濱。即取海水陸續加於上石凹膛中。待濾滴之水。有二兩。即查考其含綠之質。而第一次試驗時。知此沙石將初灌入海水含綠質羈留百分之八十一

又將新海水灌於上石凹膛中。任其濾滴入下石凹膛。取而驗之。與海水無異。而下石濾過此水。又能收吸鹽類物如再將海水加入。則下石滴出之水亦鹹。以此水查驗其效如左表

濾過二塊立方尺沙石之水	水之兩數	每水百分羈留含綠鹽質
第一次	三·五	八〇·八
第二次	四	七六·六
第三次	四	七一·三
第四次	四	六四·九
第五次	四	五七·四
第六次	四	五三·二
第七次	四	四六·八
第八次	八	四四·七
第九次	八	三一·九
第十次	八	二五·五
第十一次	八	二一·三
第十二次	八	一〇·六
第十三次	八	一〇·六
第十四次	一八	八·五

第十四次濾滴之水將畢時。含鹽與原海水相同。此即指明沙石收吸之力已盡。又可見此立方尺沙石二塊須濾過海水九三·五兩。然後收吸之力乃盡。而第一次濾滴之水。鹽類物幾盡收吸

欲考查鹽類物收吸羈留係勉强法抑係化學法。博士勞

勃兹將收吸飽足鹽類物立方石一塊在空氣中乾之閱一月乃灌泉水於凹膛其情形如前之灌海水所獲效左表可見

濾過一塊立方尺沙石之水	水之兩數	水百分消化出石中含綠鹽類物數	
第一次	二四	一五七·七七	以水一百零一兩爲率
第二次	四五	一四二·二三	
第三次	三二	一〇二·二三	
第四次	四〇	五五·五五	以水九十二兩爲率
第五次	四〇	四·四四	
第六次	一二	二·二二	

如以鹹度一百爲較率則第一次濾出水二十四兩即知含綠鹽類物加多五七七七第三次濾出水指明需水一百零一兩然後可消化沙石中鹽類與海水鹹度同第六次濾出水指明需水九十二兩然後可將石中所有鹽類物盡數消化出可見石質羈留鹽類物係勉强法並非化學之功也

黃沙土與畜糞水功效

先將泥土各分若干與畜糞水相和而浸一日或三日屢次搖動之糞水中所含料早已考知其確數待澄清之後去泥土等物質而試驗其清水如觀下表各行相較數則

可見有數種黃沙土羈留物質之力較他種更大所試之黃沙土共五種如下

一　白石粉土　出自英國先林雀爾斯敦地方甚糙而溼則黏韌乾則結成硬小塊百分中有生物料十一分鈣養炭養十一分土五十二分沙二十五分

二　牧場土　係稍糙之苔土含沙較一號爲多而鈣養較少百分中有生物料十二分鈣養炭養不及一分土四十八分沙三十六分

三　瘠沙土　即係紅色含沙無石灰之瘠土百分中有生物料五分鈣養炭養僅有百分之一之四分之一土

五分沙九十分

四　肥黃沙土　稍有羈留性而天然肥沃其面土係鬆疏黃沙土下層土稍糙而沙較少土較多試驗時面土與下層土相等分數浸於畜糞水中三日面土與下層土所含之料百分中有生物料四分並三分鈣養鉀養炭養一·三七分並〇·四七分土十八分並四十二分沙七十六分並五十五分

五　糙土　曾加燒過之土一次試驗時面土與下層土相等分數浸於畜糞水中三日而糞水較前四種土所用者更淡面土與下層土所含之料百分中有生物料各

五分鈣養炭養二二分並一分土七十八分並七十五分沙十一分並九分

由下表觀之可知地土含沙不多者能羇留阿摩尼鉀養燐養五酸較多惟鈉養甚少大凡泥土洩放石灰於水中因畜糞水內有許多二炭養二質可與石灰并合總言之地土洩放生物料較多於收吸之數以此例之水經過地土必挾帶許多生物淡氣也

畜糞水一軋倫	一號		二號		三號	
	白石粉土		牧場土		瘠沙土	
	前	後	前	後	前	後
水並騰化物	九六八·六四	九六六·六〇	九六八·六四	九六五·八五	九六八·六四	九六九·四一
生物料	二〇·二七	二三·四七	二〇·七九	三二·四	二〇·七九	三五·〇六
灰料	九·二七	七·六五三	九·二一	三三·〇一	九·二一	八·五三
阿摩尼與炭養二並呼莫哥酸相并	三·五六	二·〇八	三·五五六	二·〇八三	三·五五六	三·三二五
生物淡氣	一·四九	一·〇四	一·四九	二·三〇	一·四九	一·四〇
易消化矽養二	二·二四	〇·七〇	二·二四	二·三八	二·二四	五·一〇
不消化矽養二				二·七三		一·三九
鐵養		二·五五				二·〇七
鈣養	二·四八	三·四三	二·四八	三·五二	三·四八	八·〇三
鎂養	二·八七	一·一七	二·八七	二·八七	二·八七	〇·七四
鉀養	一·六九三	三·四〇	一·六九三	五·五九	一·六九三	三·〇一

鉀綠	二·一四		二·一四	四·六八	二·一四	
鈉養						〇·四五
鈉綠	四·三五	三·三二	四·三五	二·九三	四·三五	三·九五
燐養五酸	四·八三	〇·五六	四·八三	一·七二	四·八三	一·九三
硫強酸	三·八四	二·八六	三·八四	二·七二	三·八四	三·七三
炭養二酸氣並耗失數	五·六〇	一·六〇	五·六〇	四·二三	五·六〇	七·九〇

畜糞水一軋倫	四號		五號	
	肥黃沙土		糙土	
	前	後	前	後
水並騰化物	九六六·四	九六七·一三	九七〇·八	九五四·九三
生物料	二·七九	三·五三	七·七〇	五·四八
灰料	九·二七	九·三四五	三·四九	二九·六三
阿摩尼與炭養並呼莫哥酸相并	三·五六	二·五八四	三·三六	一·五五
生物淡氣	一·四九	一·〇四	〇·五三	〇·二〇
易消化矽養二	二·二四	二·二三	一·六六	一·六
不消化矽養二		一·三六	〇·七六	一·九三
鐵養				
鈣養	二·四八	一六·五〇	四·四三	七·八〇
鎂養	二·八七	二·二七	一·七六	二·八七
鉀養	一·六九三	一·〇七六	一·三二	三·九〇
鉀綠	二·七四	五·五九	一·二〇	

鈉養				〇·五三
鈉綠	四·〇五	三九·二	五四·六	九·三
燐養$_{五}$酸	四·〇三	一·四五	二·三六	二·三
硫強酸	三·九四	五·一八	二·一五	五·三九
炭養$_{二}$酸氣並耗失數	五·六〇	五·九六	〇·四五	四·〇六

乾土收吸鹽滷水

博士兌彭以飲墨水紙之端浸於鹽滷中，察其收吸者，並非原鹽滷，此因水質上升較速於鹽類物。如用數種鹽，其化於水，上升亦有遲速之別，可見物質布散之力，或遲或速，各不相同。

各鹽類物有各性，故升高度有不同。此飲墨水紙可分作圈，依次套於玻璃榦，各圈邊彼此相接，將此玻璃榦浸於數種鹽類融化之水中，而令最下之紙圈與水相遇，則最輕性鹽類與水速升至最高之紙圈乃止，重性者各依次序升至以下之紙圈，然後查察各紙圈所含鹽類，而知其性之輕重。

乾土亦有此情形，兌彭取地土少許，將土中所含淡養$_{三}$鹽類物洗去，而曝乾之，盛於玻璃管，管下端有小孔，而將鈣養淡養$_{三}$某分與清水若干相和，灌入管中，管下端濾出水所含淡養$_{三}$質較濃於前，可見管中乾土收吸清水，而屏去鈣養淡養$_{三}$也，即是鹽類物入地土中者，其水質有數分化汽騰散，有數分爲土所羇留，餘水中鹽類物自然較濃，漸沈地下，農家所以翻起深土，而令植物根吸其所需之料也。

卷終

農務全書上編卷九

美國哈萬德大書院農務化學教習施妥縷撰　慈谿　舒高第　口譯
新陽　趙詒琛　筆述

第九章　各肥料功效

肥料種類不一，不必依其次序論之，惟先論其簡便，後論其複雜，然所謂簡便者，言其質料較簡，而於功效實無分別

石膏

石膏卽鈣養硫養三，以之壅田，肇自上古，卽是古時希臘羅

馬人亦如此用之，前百年間，法國開取石膏爲數甚巨，運往美國爲壅田之用，今時紐英格倫所用石膏亦來自鄰邦拿伐斯考夏，而紐約所出亦甚夥

從前以爲石膏最有功效於苜蓿，因其中有石灰也，卽蒲生古亦以爲然，據云種苜蓿田連壅石膏二年，則苜蓿體中所含石灰，較未壅石膏者更多，然此意恐不確，因石膏之功效在苜蓿體中有石灰，何不徑直用石灰，況地土中本有石灰料，豈因壅石膏而後有斯效哉

石膏洩放土中鉀養

土中所有含鉀養物質，與石膏相遇，其鉀養因此洩放而石膏中所含鈣養卽爲土所羈留，硫養三遂與鉀養消化於水，其式如左

鋁養、鈣養、鉀養、輕養 } 地矽養三 ┴ 鈣養硫養三 ＝ 鋁養、鈣養、鈣養、輕養 } 地矽養三 ┴ 鉀養硫養三

石膏匪特洩放土中鉀養，以供植物所需，且將下層土中鉀養引至地面，而植物根到處能得之，石膏又能將鎂養並阿摩尼亦如此洩放

蒲生古數年前將石膏散於苜蓿田，然後將苜蓿燒灰而

察之，與近處未加石膏之苜蓿灰比較，如下表可見加石膏田之苜蓿灰內所得鉀養並鎂養較多於未加者，蓋植物得此石膏更有力吸取他種質料，則爲數自多，且石膏又有掉鬆土中他種物質之功

蒲生古見苜蓿灰中所有石灰增數甚奇，然依今之考究，不足爲奇，所奇而更要者，鉀養之數增多耳，一百平方邁當之田所產苜蓿燒灰考察其物質重數，依啟羅克蘭姆叚算

第一年		第二年	
有石膏	無石膏	有石膏	無石膏

灰質內無炭養	二七〇·〇	一二三·〇	二六〇·〇	九七·〇
矽養	六·一	二三·七	一〇四·〇	一二·七
鐵養錳養鋁$_{二}$養$_{三}$	二·七	一·四		〇·六
鈣養	七九·四	三三·二	一〇二·八	三三·三
鎂養	一八·一	八·六	二八·五	七·一
鉀養	九五·六	三六·七	九七·二	二八·六
鈉養	二·四	一·四	〇·八	二·八
硫强酸	九·二	四·四	九·〇	三·〇
燐養$_{五}$酸	二四·二	一一·〇	三三·九	七·〇
綠氣	一〇·三	四·六	八·四	三·〇

鎂養硫養$_{三}$之動作與石膏相同可將鉀養從矽養中洩放品克斯查考每四畝許田所產馬料數如左

無肥料田所得者 二一·六擔

加石灰田所得者 三〇·六擔

加鎂養硫養$_{三}$田所得者 三一·四擔

將黃沙土屢加石膏水濾之則濾出水中有鉀養鎂養鈉養較多於清水所濾者且石膏中之石灰此濾出水中並不見諒爲黃沙土所羇留儻用鈉養硫養$_{三}$或鎂養硫養$_{三}$而代石膏獲效亦同

用石膏時

德國常多用石膏於紅苜蓿其時須在春閒因此時苜蓿高僅三四寸地面爲嫩葉遮蔽則石膏在葉面受雨露而消融收吸便捷此意殊屬非是惟石膏散於苜蓿葉面受雨霜而消融將沿其枝葉而入於土由是苜蓿根可吸收也

如苜蓿子與穀子同撒者則上所云散石膏法有不宜因嫩苜蓿得其益而穀類受其害須待穀類收穫後乃散石膏至明春又散之有人云苜蓿刈割後加石膏一次令其復生長又有人以爲散石膏最宜時在秋閒不必在刈割之後又有人以爲宜在孟春要之散石膏時須在植物未

長之前即是令其先在土中化分至植物生長時適得其用也

石膏之功在洩放土中之鉀養然必待其時乃效如土中本有佳肥料再加石膏亦能得益因土中鉀養可洩放甚速也惟土中本少鉀養雖加石膏亦屬無濟總言之土中既有鉀養而得此石膏則迅速洩放以供植物所需

有一等新墾田地加以石膏獲益匪淺又熟田收成之後壅肥料不合法者儻用石膏亦能得益而小麥與苜蓿輪種者可用石膏以利苜蓿然後以苜蓿料培壅小麥夫石膏有益於豆類及苜蓿等人皆知之惟種豌豆之後而種

大麥則收成較豐於大麥田用石膏者

石膏繞道之作用

然石膏於瘠土不宜而過肥之土亦不宜須中等田乃得益其實石膏之用時已古因其動作甚遲而今日之農務肥料甚足收成之事又甚考究也較石膏更佳者是含鉀養之料或獨用或與石灰同用或與和水之柴灰同用

總之石膏不可為植物之養料惟有激動洩放他質之功此事可見如下如將石膏與鉀養硫養比較而用於瘠沙土田此田從前未種苜蓿者試驗時將苜蓿與貓尾草雜種分作三號每號田四畝餘第一號不加肥料祇有乾草料一千四百磅第二號加石膏則得一千六百五十三磅第三號加鉀養硫養則得一千七百七十二磅而苜蓿所獲石膏利益尤大

如植物需石灰並硫黃為數大者則石膏可令泥土洩放以供之惟自有之功效不及骨粉鳥糞並鈣養燐養等因此等物質竟有料可補泥土中肥質之不足

石膏激動洩放之功係硫强酸與土中石灰相遇之故地土中本有鉀養硫養遇石膏即消融洩放且土中又有阿摩尼炭養或特加之阿摩尼炭養如遇石膏即變為阿摩尼硫養而土中呼莫司或他種鬆料石膏又與其中所有阿摩尼并合

石膏為不定之肥料

人皆謂散石膏於田在溼天氣有益總言之地土必須溼潤然後石膏可與鉀養矽養相合地土溼時其中含硫養之物易於化分儻地土未得空氣而多生物質者則含硫養之物變為鈣硫其功效則淺

石膏有偏倚之性即是其動作無定其實因今日之農務多用含燐養質如較準鳥糞並他種肥料本多含石膏者而又加之自無益也

石膏最宜於苜蓿並豆類

石膏用於苜蓿並豆類植物以為有益而實則與苜蓿為尤宜此猶今之用鉀養以為最佳也凡牧場並馬料田用石膏者則見白苜蓿更能茂盛

惟各種苜蓿之性不齊所以料石膏之性亦不一此苜蓿特性古農夫已知之據格司配林云如將石膏磨碎散於豆田並苜蓿田中每六七畝加一百七十五至二百六十磅者則枝葉發達根條亦大然穀類並他種眞草類用石膏未見有利惟豆類並捲心菜蘿蔔粗麻細麻蕎麥珍珠米等用石膏獲益甚大

歐洲南方豆田但用石膏不加他肥料收成頗豐每閒數

年翻起深土而種五穀，雖不加肥料，亦能豐稔。至於一種聖芳，即上等馬料，歐洲有數處種於休息之田，農家大獲利益，可供牛馬食料，而得其糞。此事初以爲與含石灰之土相宜，今查知加以石膏，無論何等田均相宜。

有泉水含硫質並輕硫氣，其所以成此氣者，由土中硫養酸質變化也。又有井水，如有腐爛樹葉等，而又有鈣養硫養，即能變爲含硫之井。凡鹹草水潭並船塢等處爛泥，往往發出輕硫氣，此氣由於空氣中或生物料發酵所發出之炭養氣，與海水中鈣養硫養，藉爛泥之生物料而發出者。

石膏與淡輕炭養相化

空氣中阿摩尼爲數極微，幾若無，惟在畜廐中用石膏可收其氣，然必須溼乃有效。其化分化合之法如左：

鈣養硫養$_{三}$⊥(淡輕$_{四}$)炭養$_{二}$‖鈣養炭養$_{二}$⊥(淡輕$_{四}$)硫養$_{三}$

如將石膏乾粉與阿摩尼炭養乾質相和，則有阿摩尼鹽類物久延騰出。如加以水，而其中石膏過多者，則阿摩尼氣味即止。如濾之，則水中有不化騰之阿摩尼硫養，而濾紙上即留有鈣養炭養。可見石膏須溼，可收土中或糞堆中之阿摩尼。然糞堆受熱即發酵，而阿摩尼因此騰散，於此時加石膏則不宜。

石膏保護肥料

石膏與腐爛之生物質相和，即可止其腐爛之勢，由此物質中耗失之淡氣數較減。如畜血、骨粉、角粉中加石膏百分之五者，則此等物僅略變酸，較之任其發酵，其耗失淡氣數爲減，否則物質將變鹼性而發酵。又如骨粉或畜肉與石膏並水攪和，待其發酵，即變爲鹼性，結成許多阿摩尼留在其中，而石膏又能將淡氣禁阻其化騰。

欲保護肥料，須略溼而堆積緊密，不令空氣透入，如此可免用石膏等物。博士亨利將新鮮馬糞置於大玻璃瓶中，此玻璃瓶分作四號，每號有二瓶，一瓶係緊密，一瓶係寬

鬆。第一號之二瓶均不加保護肥料之物。下表指明糞料百分中所失之乾質數。

			百分中所失之乾質數
一號	無保護肥料物	寬鬆	四七·六
		緊密	一九·五
二號	百分料中加石膏五分	寬鬆	三八·五
		緊密	一八·一
三號	百分料中加酸性鉀養硫養$_{三}$五分	寬鬆	三八·七
		緊密	二三·九

四號 百分料中加鈣養[二]輕養燐養[五]分	寬鬆	三五·一
	緊密	二八·二

赫敦並他化學師言，燐養[五]廠中含燐石膏廢料，用以保護肥料，較純石膏更佳。每日三次，散含燐石膏於畜糞堆及廄槽之內，每畜重一千磅，每日用二磅，自七月至十一月，得畜糞二萬七千五百磅，其中乾料五千六百五十磅，又閱十五星期之後，尚有糞料二萬四千二百磅，其中乾料四千六百七十五磅，所失之溼肥料，係百分之十二，所失之乾料，係百分之一七·二，而不加石膏同大堆積之肥料緊密者，所失溼肥料，係百分之二〇·五，其中所失乾料，係

百分之三十六，如用尋常石膏，則十五星期之後，新肥料耗失百分之六·七，其中乾料，耗失百分之二一·五。

十五星期間，尋常肥料耗失淡氣百分之二十二，惟用含燐石膏之肥料，則失其百分之六，可見含燐石膏能減乾料失數之半，並減淡氣幾四倍，用尋常石膏之糞堆，其熱度較低，或因此而減其失數。

畜糞水與含燐石膏相和，則耗失淡氣百分之十二又三分之一，如不加含燐石膏，則耗失淡氣百分之六十六至七十，由此可見石膏能羈留阿摩尼，而免含淡氣之生物質腐爛。

然有人查得肥料儻加石膏或楷尼脫（其化學分劑輕鉀[二]鎂硫養[七]綠，係新肥料）藏儲閱三月，則耗失乾質料並淡氣甚多，加石膏者，耗失乾質百分之十九，淡氣百分之三十二，加楷尼脫者，耗失乾質百分之二十，淡氣百分之十，而加石膏之一種，騰散硫輕氣甚濃，將牛尿中加石膏百分之五至五，則發酵較速於無石膏者，而各物質中石膏分數較少，則淡氣耗失較多，總言之，加多石膏，則阿摩尼與硫養[三]并合而留在其中也。

由上觀之，加石膏一事，或宜或否，有人試驗種番薯，而加含石膏之肥料，則收成較豐於尋常，然石膏雖有阻止發酵之功，而農家更有他法以止之，且較為便捷也。

然論阿摩尼之耗失，如肥料令其溼而堅實之，則失數甚微，腐爛亦遲，且不必加石膏，因加石膏，則肥料反發酵甚速，要之，加石膏一事，其功效殊難言也。

散石膏於畜廄內

將石膏散於畜廄內溼處，可止畜溺之發酵，並阻穢氣之發洩，赫敦曾試驗加石膏百分之二或三於馬糞內，其中阿摩尼炭養[三]則不騰散，凡廄中有三馬，每日可用石膏一磅，即能除其穢氣。

有地土與水含石膏

抱絲敦城並近處地土天然含有石膏數分此石膏之來源不一有許多石中本有鐵硫與空氣相遇卽變爲鐵養硫養又與土中含石灰質化合又變爲鈣養硫養卽石膏也

凡植物並動物中有此等物質者其中均含硫當在土中腐爛時變爲硫强酸或成硫輕氣而此氣散於空氣中卽變爲硫强酸此酸隨雨水入土與石灰料化合而爲鈣養硫養卽如燒煤結成之硫養酸質亦將如此變成石膏可見江河之水將石膏衝運入海卽可藉此補之

農家所用石膏取自鑛中然他處亦有之如將海水並鹽井水煮鹽時亦有許多石膏澄停鑊內以爲廢料剷去之或售於農家作爲肥料製荷蘭水並他種飲物則用雲石屑卽鈣養二炭養與硫强酸相并將其炭養洩放而用諸荷蘭水中其餘料卽鈣養硫養卽有酸性之石膏也此等石膏往往賤價出售又工藝中用石膏粉作模型如人物像如印版如鑲牙等所餘之廢料亦係賤價出售抱絲敦城每日堆積此等廢料爲數頗鉅煤氣鐙廠中亦有許多和石膏之廢料各種草煤土並煤並柴炭等均有許多石膏在其中

近來德國有許多製造鈣養燐料廠將廢料售去之此廢料中已結成石膏爲數不少兼有鈣養燐養少許農家得之甚合於用在來因江左近此等廢石膏料每噸價值僅二角五分加以轉運之費較原價亦不滿加倍之數也

石膏爲化養氣之物

石膏卽鈣養硫養含養氣甚多幾居重數之半而石膏功用卽以養氣供與地土中所有淡氣並炭氣等物質而合成植物所需之養料

今農家用石膏爲肥料者每一英畝散二三百磅爲度

卷終

農務全書上編卷十

美國哈萬德大書院農務化學教習施妥縷撰　慈谿　舒高第　口譯
新陽　趙詒琛　筆述

第十章上

含燐養五肥料

近年貿易以含燐肥料爲大宗貨物此肥料與石膏不同而關係更大其種類不一而骨粉骨灰骨炭鈣養燐料燐養五石含燐鳥糞均概括在內燐養五石來自南楷羅尼亞省乏羅里答省並鄰省及坎拏大等各邦含燐鳥糞來自太平洋之倍扣島斜維斯島呼蘭島並西印度那乏袞島桑勃來羅島阿維斯島等處

骨類

今先論所以成骨之理及質料之分劑如將一骨浸於淡鹽强酸數時則變爲有凹凸力之生物質而形式依然又以一骨用火燒之祇賸脆鬆之土質料名曰骨灰其形雖如原骨而成凹凸力之料已盡散失

燒時骨中炭質或他種生物質變爲氣質騰散於空氣中若浸於强酸則骨中土質類消化於水中而此水再加鹼類如阿摩尼或鈣養即與酸質相合而洩放已羃留之土質

由是觀之骨乃二類物質合成者一爲土質名鈣養燐養五一爲似肉類之生物質名哇西以尼有時或名直辣的尼而膠蠟珍之爲名係指哇西以尼並他種動物質能久煮成膠或直辣的尼者此物居原骨重數四分之一至三分之一

骨中土質雖大分係鈣養燐養五然必含有鈣養炭養二少許並鎂養燐養五少許潔淨之牛羊腳骨中有鈣養炭養二百分之六或七鈣養燐養五百分之五十八至六十三鎂養燐養五百分之一生物質百分之二十五至三十八骨中有鈣養燐養五百分之五十至六十鈣養炭養二百分之十至十二生物質百分之三十八海獨克魚骨中有鈣養燐養五百分之五十五鈣養炭養二百分之六生物質百分之三十八

骨灰

如以骨灰爲肥料其中所有燐養五酸必爲植物根鬚吸取而灰則爲土中微細生物質並化學物質所感動儻土中本有呼莫司溼潤而空氣流通者尤有此情形然骨灰用者甚少因其功效不如骨粉並他種含燐養五質之肥料也有許多骨灰運往英國爲製鈣養多燐料之用又有少許運至紐約此物來自南阿美利加而奧國待紐勃江左近亦產骨灰運往英國古時航海者至北方嚴寒之境將骨

料生火，頗得其益。在南阿美利加無樹林之平原，用此生火，亦甚合宜。博士達爾文乘比克爾兵船遊歷日記言：南阿美利加極南之荒島，名福克蘭特，該處山峽可避大風，惟少生火之木料，而土人燒火甚熾，似得煤炭，吾甚奇之，後查得係殺一牛，其肉料爲鸛鳥之類所啄，存者惟骨，而已即用此骨生大火。此土人語余曰：在冬間往往殺動物，用刀剖其肉，即以其骨煮熟之。然骨灰較骨更簡，而所含化學之料更濃厚，所以轉運便而獲益多。蓋此骨灰由內地裝於驢背，送至口岸，用船載運，需費亦甚廉也。

從南阿美利加運來之骨灰，其中有鈣養鎂養燐養五百分

之六十至八十，佳者有燐養五酸百分之三十至三十八，尚雜有燒未盡之骨屑片，必須研細，然後加硫强酸料理之。其中尚有鈣養炭養二百分之二，並鈣養百分之三至四。觀此二質，似並不與炭養二酸或燐養五酸相合。由馬牛淨骨所得之灰，其中有燐養五酸百分之四十，而此四十分合骨中鈣養燐養五八十七分。此等骨灰中所有鈣養炭養二，較市肆出售者約多百分之七至八，並鈣養百分之六。

骨粉

骨粉與骨灰不同，因其有哇西以尼也。此物甚多淡氣，凡論淡氣肥料，此亦爲一種。儻將骨粉壅於溼土中，此哇西以尼即將腐爛而發出阿摩尼或他種淡氣於植物，大有益。如土中本多鉀養並他種補養植物之料，則與此物尤宜。哇西以尼除有淡氣之功外，又因易腐爛而助骨之化分。蓋腐爛時必有炭養二氣發出，並他種化散之物，亦有消化之性也。

骨粉用於蘿蔔並菸草番薯等甚宜，用於穀類則不宜。然在晚夏每一英畝加骨粉二百磅，備冬麥所需，獲益甚大。若在秋間或孟春，再加鈉養淡養五以補不足，則此等穀田收成之後，即種苜蓿甚合宜。凡穀田及馬料田，儻非過旱，而用鉀養肥料者，又加之以骨粉，自更佳也。

英國測駁省之馬料田多壅骨粉，而他省則不然。夫宜於骨粉之地土，乃在多雨處，次等寒土。此等田如用骨粉，可多產馬牛等喜食之甘味草類。然初種苜蓿頗盛，數年之後則衰敗，必種他佳草以代之。測駁省之瘠土，每一英畝常加骨粉半噸至一噸，或竟加至一·五噸，即獲豐稔。然爲數過大亦不宜，因瘠土之草爲馬牛等食慣，如飼以甘味之苜蓿，恐患腹脹病。

若論夫英國衞斯脫瑪倫省，即知馬料田用骨粉之類甚合宜。此等堅乾土用此肥料，能產甘味之草及長草，堅硬草。如加他種肥料無效者，用骨粉則收效甚速。然斯事宜

注意爲之否則肥料耗費而功不見凡瘠薄多沙或顯露有灰石之地土用骨粉無益

骨粉與柴灰並用

美國北省農夫恆以骨粉與柴灰並用以代雞糞甚見效在上等田地每一英畝加骨粉五六百磅及柴灰十五至二十五或三十斗其法用散料車一輛先將一種料散布之然後又將第二種料散布或以此二料堆積每骨粉二三斗用柴灰五六斗灑以水用器翻和之此翻和肥料或即用之或暫留數星期任其發酵然亦有以含鉀鹽類物以代柴灰每一英畝加骨粉半噸則加鉀養綠養三百至

四百磅或再加錏養淡養一百至一百五十磅

或以柴灰與魚廢料相和而用之余曾在輕乾之土加柴灰並魚廢料每一英畝加一千一百磅至一千六百磅而種苡仁米收成豐稔又種豆並蘿蔔亦甚佳

骨粉功效

德國薩克生奈省地土本乏鉀養料所以該處農家頗注意於壅田肥料據農夫云細骨粉一擔可抵畜廄肥料二十或三十擔此骨粉儻加祕魯鳥糞少許則更合宜法國農夫於骨粉中加動物溺令其發酵亦此意也或加鈣養多燐料而用之然以含鉀養物和之爲最佳

歐洲農學博士言骨粉最宜之土不甚輕而乾又不甚密而溼先開溝道令土輕鬆可透空氣於是用骨粉有效因骨粉須得空氣與溼乃能發酵腐敗也在無石灰料而又不堅之泥土用此骨粉可爲久遠之肥料

總言之田地新開墾者必多腐敗之生物質則用骨粉最宜凡土中多前時植物之廢料如苜蓿等則較麻田更佳再加以畜廄肥料尤有益在英國溼草煤土用此骨粉以種蘿蔔並製油之菜頗能得力

骨粉等類

骨粉等類不一成粉之法亦不一斯事農家應留意至含

鈣養燐養肥料終不能盡代骨粉之用近人論將骨類改變爲鈣養多燐料惟價值較賤改之終難且骨粉本自有利益將來用度與益處必愈推愈廣所以舊法磨骨匪特久遠且能擴充凡骨必悉磨成粉用於田地而鈣養燐養可由鑛中金石類取之

人煙稠密處常有許多動物骨爲工藝家收取以熬油而以其骨製器皿或磨粉或燒灰或製直辣的尼抱絲敦城中屠夫常將膾餘之大骨出售每磅價值可得錢半分至四分之三

昔常用鋼軋具軋骨成粗碎塊今則爲磨骨廠內初次所

用之法軋碎之後俟其乾乃磨細之然新鮮骨磨之甚難因含有油質黏於磨具惟舊乾骨可磨成細粉所用磨具可取法國所產最堅石爲之凡骨既蒸之後無論何等石所製之磨具俱可磨成細粉

舂骨具

昔德國欲骨成粉則用舂細銅鉛鑛質之法即是藉水力之舂具舂骨成細粉此具以木質爲數杵每杵下端用鋼包之而置於鐵槽中此槽猶臼也杵之柄與橫軸相遇而軸上有齒旋轉時齒提其杵過其度杵離其齒而墜由是各杵上下不已而槽中之骨皆舂成細粉槽之旁邊列小

孔甚多已細之骨粉由孔篩出此法實屬便捷凡稍有瀑布之處均可爲之一千八百五十六年余往德國曾目覩此舂骨具該處農家除畜廄肥料外可在本地多出一種肥料惟向他處轉運骨料其費頗鉅如在本地購辦則爲更便而從前以爲無用之骨均可收拾於廠磨粉而成有用之品

生骨不能盡舂細因有數分韌黏之質故難碎也欲免此弊必須蒸之廠中有蒸骨之法或置骨於水中煮之以去油質蒸煮之後俟極乾而磨之則易成骨粉矣

一動物之骨堅硬韌黏之性各不同脇骨頭顱骨即在新鮮時磨之甚易近抱絲敦地方常用此法磨碎骨以飼家禽而牛脚骨膝骨新鮮時不能磨須蒸煮以去其韌黏之性然後可磨也

生骨並蒸骨

農家昔以爲生骨較蒸骨更有功效今考知必須蒸透而用製膠之法先提出骨中之精華即哇西以尼然後磨成細粉方爲合用否則雖將生骨煮熟亦無益也

生骨磨成之粉因含有油質等反不合用此油質等物爲植物所不喜且雜於骨粉中能阻其腐爛變化之性又能與土中之石灰並鐵質合成不易消化之肥皂自護其骨

粉如以骨僅置於水煮之則未改變之哇西以尼在北帶地方將阻骨粉之發酵而肥料功效遲緩

以骨置於蓋密之鍋用大汽力蒸之則骨中油質並哇西以尼數分化出而磨粉較易且骨中賸餘之哇西以尼化學性亦易改變既已改變則在土中易化分而成肥料較生骨更速更得力總之蒸骨所成之粉較更細然淡氣較生骨所有者減少百分之二或三曾試驗蒸骨粉而知在溫帶地方更合宜惟在熱地蒸與未蒸之則似不顯明即在日本亦如是蓋天氣暖而雨水多之地方用生骨粉甚有益或將骨類堆積令其發酵然後用之其功效當與鈣

養燐養五肥料相等而價値較甚賤矣在日本用骨粉於秋季播種之穀類則其中之燐養五酸並淡氣甚有功效因地土有化分之功故生骨中之燐養五酸爲植物吸取甚易壅此肥料之第三年尚能獲益且骨粉所含燐養五酸奏效更捷於金石類所含者在日本試驗而知骨粉中有許多油質並無損害因此油質等物與哇西以尼均能助其發酵而令骨土易化在德國曾將蒸骨與骨中提出之鈣養燐養五比較則知蒸骨磨粉實勝於鈣養燐料且價値較賤總之在歐洲農務則以蒸骨粉爲佳功效亦大

骨粉價賤

鈣養燐養五料本由化學法製成者故欲得此物價値自貴按骨粉每噸價値美銀四十至四十五圓而由骨提出之鈣養燐養五每噸價値五十至六十圓且骨粉中之燐養五酸較鈣養燐養五爲更多此因製鈣養燐養五料時須用石膏而石膏能淡其燐質

在大廠內由骨所得之油質並膠類爲工藝中應用之物所以蒸骨費用卽以此相抵而小廠中所出之膠並不珍重但爲肥料而已或與草地或與草煤土相和凡骨未蒸之前以那普塔（卽火油之類）消化其油質等物然後再提出所餘油質如是則淨而與哇西以尼無關且骨爲那普塔所

浸則其中之淡氣並燐養五酸較生骨爲多蓋因油質提淨故也

骨粉粗細甚有關係從前農家祇用壓碎之骨或壅田地或飼家禽或供乳牛後查得骨粉愈細愈佳因細者在土中易腐爛化分植物根易吸取農家獲利又可迅速也

緩性肥料不宜

田中肥料能閲數年而極細之骨粉謂爲不能歷久此難言者也從前農夫以爲肥粉能歷多年方爲佳者要而言之所用肥料多寡及品類須度該地能消化之力並植物吸取之量以爲準不可多加以期歷久宜按時以定數加

之爲妙

加肥料之意並非欲其歷久惟欲求產物之豐稔而已又非欲多加肥料令其能歷數年惟欲求依所用肥料數可速獲利而已

總之用肥料欲得其宜農家必先預備合法當植物收成之前壅於田地庶幾速得反回資本利息夫製造之肥料價貴者多須小心料理方可獲利況近來生財大道得利須速易化之鈣養燐料將代骨粉之用此意與前所云不合後當重論之

浮骨粉

從前有磨骨粉極細近似灰塵竟能飛揚其法將骨置於圓柱形鐵桶中而以軸貫裝此桶旋轉之則桶中骨互相敲擊磨擦久則成極細之粉此猶海灘石粒受巨浪衝激而變成沙也故著名爲浮骨粉價值昂貴所用之骨係未蒸過者即是骨中油質等物均未提出因其極細並留淡氣故尤爲合用

此浮骨粉用於花草甚合宜用於田地則不宜因須與溼黃沙土相和否則雖無微風亦將飛揚而一年間無微風之日甚少由此可見骨粉以細爲佳而過細亦有不宜此等極細骨粉頗易腐爛應加以鹽然後置於桶此猶料理醎肉法況生骨必雜許多肉屑如遇溼空氣則易改變所以必藏於乾燥處

磨骨諸廠用鹽保護骨粉在美國往往加朴硝塊以代鹽加此朴硝之骨粉較未加者易溶化因朴硝與其中之燐養五酸相合而助其化分然此等肥料中燐養五酸並淡氣覺其減少

骨粉粗細

骨粉因粗細而分等級凡骨粉能由五十分寸之一之孔篩出者可謂細號每磅有淡氣值一角六分燐養五酸值五分能由二十五分寸之一之孔並十二分寸之一之孔篩出者可謂中號每磅有淡氣值一角二分燐養五酸值三分此二號間更有一號謂爲細中號每磅有淡氣值一角五分燐養五酸值四分能由六分寸之一之孔或更大之孔篩出者可謂粗號每磅有淡氣值七分燐養五酸值二分骨粉中恆雜他物同磨甚細隨骨粉篩出所以買者亦應慮及而詳察貨樣以評價值

骨粉質料

蒲生古查得生骨中有淡氣百分之六又四分之一並水百分之八蒸骨由蒸具取出時有淡氣百分之五又三分之一並水百分之三十待其乾時則有淡氣百分之七並水百分之七五佳骨粉之製法先將骨略蒸之而當時空氣之壓力有一·五倍則其中淡氣有百分之四燐養五酸百分之二十如蒸透者則其中淡氣有百分之三·五燐養五酸百分之二十五或有奇此與前言似不合然蒸透之骨磨成粉較佳可爲高等肥料

市肆出售骨粉儻不雜他物則其中有淡氣百分之三或四燐養五酸百分之二十一至二十四德國哈蘭城有農學實驗場將四年之骨粉統算而得其中數則有淡氣百分之三·七燐養五酸百分之二一·三美國坎奈狄克省之農學實驗場亦查得佳骨粉之中數有淡氣百分之四燐養五酸

百分之二十一

上所言骨粉中質料分數可謂定率此外更有一種骨粉蒸之過甚即是用壓力較重以提出其中之膠類此等骨粉所有淡氣數百分中不及一分至一·五燐養五酸有百分之二十七至三十儻先用徧蘇尼提出骨中油質則其中所有淡氣百分之四·七五至五燐養五酸百分之二十一至二十三油質等物不及百分之二如淡氣不及百分之四燐養五酸不及百分之二十則知此等骨粉必雜他物也

骨粉中攙雜物

市肆出售之骨粉優劣不一而骨之質料亦因動物之種

類並老幼而有異且雜有沙百分之十至十二又有水百分之八含燐養五物自百分之四十四至六十並淡氣多寡不等以致與價值有相關

硬生骨中之淡氣較輭骨脆骨肉筋條並油類物中之所有者易化分而所有淡氣並燐養五酸亦較輭骨爲多所以此等輭骨不用以製造骨炭及磨粉但作爲骨粉與石膏粗鹽相和令其久乾而保護之或壅田或飼家禽廚房中廢棄之骨並收拾零骨者所得之骨均雜沙土故磨骨廠中必須用他種雜料以刷清磨槽

除上言令久乾並保護之料外又雜有磨細之哈唎𣪠煤灰廢石灰煤泥土所以骨粉之名實非純淨者蓋其中必有許多雜質而價值亦因之參差然攙雜之物宜有限制如燐養五酸不及百分之十九而以強酸試驗知其中不溶化之物過於百分之五者則可謂僞貨即是眞料少而攙雜物過多也

僞骨粉

上等骨粉須試驗其中有賤價之燐養五酸或淡養三物相雜否因此等物不如本國所製之骨粉或他國運來之骨土其僞骨粉往往以磨細之燐養五石或角粉雜之以加燐養五酸並淡氣之數然終不如眞骨粉之爲佳也或以製衣服

所用木鈕餘屑及粗椰子粉又名植物象牙雜於骨粉中此二種攙雜物均有淡氣百分之一此等骨粉又可與上等骨粉或新鮮骨粉或角粉相雜即可增其中淡氣至百分之四燐養五酸百分之二十有數種僞骨粉化分之後即知其攙雜物若干如左

以植物象牙攙雜之骨粉有　淡氣二·四一　燐養五酸一七·○九

以已蒸之骨攙雜之骨粉有　淡氣一·三　燐養五酸二五·五

骨粉價值

骨土價值依其中之燐養五酸多寡並由南阿美利加轉運費多寡以爲準而本國所製骨粉中之燐養五酸每磅價值

若干則難定因其中淡氣確數之價值難定也且骨粉中之燐養五酸在淸水中並含炭養二氣之水中較骨灰中之燐養五酸易化

然骨粉中之燐養五酸每磅較骨灰或骨炭中之燐養五酸價值稍貴依此計算骨粉中之燐養五酸每磅至少可值五分如查得骨粉中有燐養五酸百分之二十三淡氣百分之四者則每噸價值至少銀錢四十圓其中淡氣價值即可覈算如下即是每噸骨粉中有燐養五酸四百六十磅每磅價值五五分共計二十五圓三角由四十圓除二十五圓三角餘十四圓七角即爲淡氣八十磅之價值而每磅值一角八分又三分之一此等淡氣有此價值並不爲貴

如骨粉中之燐養五酸不過於百分之十七淡氣不過於百分之二則每噸價值須甚少於四十圓因此等骨粉一噸中有燐養五酸僅三百四十磅依每磅價值五五分算之爲十八圓七角而淡氣四十磅依其價值一角八分算之爲七圓二角二項共計二十五圓九角

骨炭

骨粉骨灰外尚有一物亦應考究骨炭是也此物大抵爲製糖廠濾糖所出之廢料農家以賤價購之在近大城鎮處製糖廠中常有許多已用過之骨炭其中所有燐養五酸較由他處所購者更賤

如以骨急燒而又令空氣透入則變白灰即骨灰也惟將碎骨置於圓柱形鐵桶中不令空氣透入在桶下用火燒之此即謂乾蒸法能將骨中所有氣質阿摩尼並油類等物化散而炭質則存留遂成骨炭凡動物之腳骨股骨爲最硬之骨以之製骨炭較輭鬆之骨更佳

骨炭者係骨土與炭質細密攙和而骨炭外面又有淨炭質包蓋此炭本由骨中之哇西以尼受火力而變成者新製成骨炭其質鬆可收吸流質中之顏色料所以濾糖及工藝中均用之製糖廠中已濾糖之骨炭即失其功用變爲廢料售與製造鈣養燐料廠中爲取燐養五酸之用

骨炭和物

製糖廠所出廢骨炭中有鈣養燐養五百分之五十八即合燐養五酸百分之二六五而鈣養炭養二百分之九炭質百分之一九五沙泥百分之四其中數有燐養五酸百分之二十九生物質百分之八沙泥百分之十水百分之八淡氣百分之七博士福爾克查考廢骨炭中有鈣養燐養五並鎂養燐養五共百分之五十至八十二水與生物質共百分之十至三十鈣養炭養二百分之六至十四不消化矽養二百分之二至六衞博士查考廢骨炭中有鈣養燐養五百分之六十

五至七十五鈣養炭養[三]百分之十至十二炭亦百分之十至十二

據博士衛理斯言市肆中新骨製之骨炭百分中常有水十分阿摩尼少許淡輕[四]硫並鈣硫少許其中淡氣與炭相雜者有百分之八至十惟已用過之骨炭其淡氣與炭相雜者則淡氣較少而炭質應較多因濾糖時將糖中穢物收吸而變為炭也

博士瑪尼愛查驗新製骨炭物質分劑與已用過之骨炭物質分劑相較如左

	新製骨炭	已用過骨炭
鈣養燐養[五]	八一·〇	七五·五
鈣養炭養[三]	五·一	一六·〇
淡氣與炭相雜	一〇·五	四·〇
矽養[二]等物	三·四	四·五

德國博士衛盤曾試驗骨炭三十餘種有數種係新製而未用過者據云有鈣養燐養[五]百分之五十至八十二鈣養炭養[三]百分之五至十鈣養百分之一至六鐵養百分之五至二炭與水百分之九至二十六沙泥百分之二至二十八此外更有鈉養硫養[三]並鈉硫少許石膏並鈣綠少許此等雜質諒為料理者有意攙雜令其美觀而沙泥甚多必是弊端且更有一種骨炭竟雜磨細之草煤土

鈣養多燐料

昔年所用之骨均成碎塊以壅於田後以為須磨成骨粉於是化學家又增一事將天然所成之含燐養[五]物令其改變為鈣養多燐料惟因骨土應較骨粉更細所以從前英國工藝家加硫強酸於骨中料理之由此骨土中所有燐養[五]酸壅於田間遇水更易溶化今則匪特將動物骨如此為之而由鑛開出各種含燐殭石亦如此料理況今日所謂鈣養多燐料幾盡由鑛開出之殭石製成並非用動物骨所製也

英吉利並司考脫倫農家種蘿蔔甚多以飼牛羊等而欲蘿蔔茂盛必壅鈣養多燐料由是工藝中大興製造因此物不獨宜於穀類而於蘿蔔為尤宜也或以此物代畜糞則更佳如有含白石粉田地數萬畝欲種穀類需肥料甚鉅即可養羣羊於該地而以羊糞為肥料羊所恃以為生者即係壅燐料所產之蘿蔔也

製造燐料法

先將含燐之物磨極細惟加強酸料理之法不一而尋常用強酸與磨極細之燐物在鐵桶內調和或在甚密之桶內用機器以和之或將強酸令熱則消化功更速然強酸

與殭石調和時自能生熱也

此蓋密調和之桶須裝通氣管可令所成氣質騰起此因殭石中常有許多含弗氣之質與强酸相遇化成氣質而宣洩也此弗氣工人觸鼻殊不相宜但此等殭石中又常有鈣養炭養相雜由此變成炭養氣亦須由通氣管出之而料理骨灰並骨炭時亦有此氣騰起

最佳之製造法如下將磨細之殭石由槽瀉入斜置之長形鐵桶內而强酸亦由一槽漸瀉入此桶乃用軸貫裝此桶令桶旋轉於是骨粉與强酸在桶內調和甚均由桶底流出形似厚漿遂成堆積每堆積需馬車數輛載運之

此堆積如任其自然數日後即生熱此因强酸與殭石料變化之故由此所有水質化騰而餘多强酸變濃則更易變化石料而製成之燐料遂乾鬆祇須研碎以備運送至市

由此觀之堆積之大者則其中工作因生熱而愈佳此即可省柴料而强酸自濃

無論製法如何必期硫强酸與燐料中之石灰幷合結成不易化之石膏此爲甚要其變化分劑如左

三鈣養燐養五（即骨鈣燐）＋二（輕養硫養三）（即硫强酸）＝二（鈣養硫養三）（即石膏）＋鈣養二輕養燐養五（即多燐料）

殭石在地土中爲不能消化之物惟依上法料理將其中鈣養取出三分之二與硫養三合成石膏其餘之鈣養燐養五即變爲易化之物而石膏仍雜其中既入於土即與土中物質變化又有益於植物如用簡便法將石膏提出專售燐料可省轉運石膏之費蓋因石膏轉運費往往過其本價雖則石膏雜於燐料中亦可令土中之鉀養洩放以備植物之用豐其收成然不如特買鉀養或特買石膏壅於田間爲合算也

加濃多燐料

燐料中石膏並他種不潔物可用水濾淨然後烘燒乾之

如此爲之即得清淨鈣養燐養五而其中易化之燐養五酸有百分之六十五可謂精美之品惟費用頗鉅然運往遠方者如法提淨不得力之物尚屬合算

德國衛茲拉地方製成濃燐料其法如下將多含廢物之殭石磨研甚細加淡號硫强酸調和之用壓水力濾法令其中之燐養五酸並餘多之硫强酸由石膏並相雜之穢物中分離而濾下之流質在大鍋內烘燒以足其濃度又與清潔殭石相和提出其中燐料如此所得燐料甚濃又謂之雙倍燐料而壓水濾具內所餘石膏等用清水漂洗賤價出售此漂洗之意恐其中尚有燐養五酸相雜也將此漂

洗石膏之水燒濃又可得燐養五酸少許而將末次漂洗石膏之水以代清水爲製造硫强酸之用此等濃燐料比利時國英國亦製之

骨粉難製燐料

由骨粉用硫强酸製燐料較難於用廢骨炭或骨灰所製者卽較潔淨之殭石亦然據博士福爾克云僅用硫强酸料理則其中許多骨土仍不改變而未盡消化之骨料中所含鈣養燐養五有百分之八至十

如骨磨不甚細則硫强酸溶化之功遲緩因骨中生物料將保護其土質等不令溶化未煮去油質之骨製造燐料

更難因其中油質等物將阻强酸不得與骨土相化此油質等阻力較哇西以尼尤大且此油質等並哇西以尼自將與强酸少許幷合如此則製造之費須增而最爲患者製成之燐料有黏靭性不便壅田如雜以骨灰或柴灰以免黏靭而燐養五酸當初易化者因此變性在水中不易溶化於植物又無益此等燐料之益惟在其中之哇西以尼腐爛之後變爲淡氣及所成之阿摩尼耳

近今由骨製成之燐料與昔年所製者不同凡工藝廠中廢骨作爲田間所用骨粉或爲濾糖之骨炭惟製膠所用骨已經大壓力熱汽提出其哇西以尼乃以此骨製成燐料其中淡氣甚少燐養五酸甚多竟有百分之二十德國此等燐料恆與細骨粉相雜則有淡氣百分之三燐養五酸百分之二十又與次等含淡氣料相雜而出售名謂加料骨粉其中淡氣有百分之二至四五燐養五酸百分之七至十四

燐料中物質分劑

佳燐料中物質分劑如左

		百分數
骨炭	易化燐養五酸	一七·三
	不易化燐養五酸	〇·一
那乏袞島含燐鳥糞	易化燐養五酸	一一·〇
	不易化燐養五酸	三·〇
楷羅尼亞省石	易化燐養五酸	一一·〇
	不易化燐養五酸	一·〇
倍扣島鳥糞	易化燐養五酸	二〇·〇
	不易化燐養五酸	二·〇
骨粉	易化燐養五酸	一六·〇
	不易化燐養五酸	一·六
	淡氣	二·六

欲較此天然所成燐養五料更濃者可依前所云之法製之

或特以硫强酸與澄停潔淨鈣養燐養五調和而製造或在歐洲則製造直辣的尼時本有此料爲澄停之廢物由此所得燐料百分中可得易化燐養五酸三十四至三十五分美國市肆亦有此等濃燐料或有更濃者以備雜於次等燐料中令其改良而尋常則用骨炭雜之

燐料作用

燐料加於田間受雨水或土中本有之溼則易化之燐養五酸飲吸入土遂與土中鈣養炭養二並含鐵物質及鋁二養三相遇以阻其行動卽是此燐養五酸在土中攝定而大分變爲鈣養燐養五並變爲稍難溶化之鐵養燐養五及鋁二養三燐養五凡

土中如有鈣養若干則易化之燐養五酸既受地土之溼卽不能自主必與此鈣養化合也

燐養五酸初入土時爲土所攝定變爲鈣養燐養五並鐵養燐養五尚可用淡號强酸由土中取出惟爲日既久則不易因其難化也而鐵養燐養五尤有此情

燐養五酸先與鈣相合後又離鈣而與鐵或鋁二養三相合此變化法甚緩而試驗房可速爲之法人脫那試驗法如下先將鈣養燐養五少許在炭養二氣之水內溶化而盛於瓶瓶中加土少許四日或五日之後此水中竟無燐養五酸之迹葢爲土所攝定矣又以鋁二養三代土依上法試之效亦相同卽是泥土攝定之燐養五酸實爲土中之鋁二養三或鐵養之功也惟因土中均有鐵並鋁二養三且甚多故田間所壅肥料中之燐養五酸入土卽爲其變化

麥約將燐料十克蘭姆化於三百立方桑的邁當之水中而濾之濾下水甚清盛於瓶遂加潔淨之鈣養炭養二四十五克蘭姆常搖動之隨時用試紙查其水中燐養五酸尙餘若干列表如左

	燐養五酸克蘭姆數
未加鈣養炭養二之前	一·二六
加鈣養炭養二之後六小時	一·一六
二十四小時之後	一·一〇一
八日之後	〇·一五
二十四日之後	〇·〇三

如土中本有石灰料卽與燐料化合其效亦同有化學師曾指明燐料中之燐養五酸在土內澄停甚緩雖土中有石灰料者亦然此意卽是燐養五酸須在土中延時甚久然後可變化博士斯蘭特以乾燐料五克蘭姆與白石粉三克蘭姆相和甚均乃加水令其黏韌於第一日之後第三日之後第二十日之後三次所查者列表如左

燐養五酸	燐養五酸每百克蘭姆中

	燐養五酸		燐養五酸每百克蘭姆中		
	可化於水中者	可化於水並檸檬酸中者	可化於水中者	可化於檸檬酸中者	不溶化
燐料中共有之數	二一·三三	二一·八六	九六·五	二·四	一·一
第一日之後	○·八九	一四·八六	四·○	六七·三	二八·四
第三日之後	○·○○	○·七五	○·○	三·三	九六·七
第二十日之後	○·○○	○·○○	○·○	○·○	一○○·○

然燐料與土中所加鈣養炭養二相合者，其效不同，在下甲乙二號試驗法可見之，所取燐料均係二克蘭姆，與黃土八克蘭姆相和，惟花園黃土百分中含有鈣養炭養二○·二一五，而田間黃土百分中含有鈣養炭養二○·八四二一

	燐養五酸		燐養五酸每百克蘭姆中		
甲　花園黃土	可化於水中者	可化於水並檸檬酸中者	可化於水中者	可化於檸檬酸中者	不溶化
所取燐料中	二一·三三	二一·八九	九六·五	二·四	一·一
第一日之後	一九·三二	一三·五四	八七·四	一○·一	二·五
第十日之後	一○·五五	一三·四八	四七·四	八·七	四三·六
第二十日之後	九·四八	九·八四	四二·九	一·六	五五·五
乙　田間黃土	可化於水中者	可化於水並檸檬酸中者	可化於水中者	可化於檸檬酸中者	不溶化
所取燐料中	二一·三三	二一·八九	九六·五	二·四	一·一
第一日之後	一三·九八	一四·七七	六三·二	三·六	三三·二
第十日之後	八·九九	一○·六三	四○·七	七·四	五一·九
第二十日之後	八·四九	九·七○	三八·四	五·五	五六·一

甲乙二號黃土中燐養五酸攝定均遲，惟初時含灰石沙之黃土則攝定較速，因其中含呼莫司或膠土甚少也，待三星期之後，此兩號黃土所不變成不消化之分數幾相等

地土攝定燐養五料

福爾克取雞場流質在黃沙土內濾過，即見流質中之燐養五酸速爲泥土攝定，即使土中少石灰者，亦有此功，惟試驗後流質中必有燐養五酸少許，如土中有鉀養或阿摩尼亦有此情形，以易化之燐養五物化於水甚濃，以代畜糞水，則爲土攝定之燐養五酸較多，又將含炭養二之鹼類物，如柴灰畜廄及雞場流質中所有者，加於燐料水內，則燐養五酸數分速澄停，其餘則變爲鹼類燐養五物，儻將此物與含石灰料之土化水相遇，則在此水中緩緩澄停，比利時國地中多燐養五及白石粉等質，以此與畜糞水相和，則燐養五酸如數澄停，變爲鈣養四燐養五

含水之鐵養並含水之鋁二養三加於有鈣養燐養五之炭養二氣水內，數日之後，可將水中燐養五酸百分之九十六至九十七分離，而澄停於下，變爲鐵養燐養五或鋁二養三燐養五，所有鈣養仍化含於水中，所以有博士查知燐養五酸與地土并合者，則土中所有鋁二養三鐵養澄停更速而盡，博士克蘭又查

知土中所有燐養[五]酸不特與鈣養化合而成和物卽與鐵養並鋁[二]養[三]相合亦甚速甚多

土中燐養[五]酸既變爲鐵養燐養[五]或鋁[二]養[三]燐養[五]卽稍停止然有許多加燐料並加畜糞之泥土往往有許多鈣養燐養[五]卽是將此等土加以硝强酸可濾出其鈣養燐養[五]甚多若用醋酸並阿摩尼檸檬酸水亦可將鈣養燐養[五]提出據法國博士特海蘭查知燐養[五]酸與鋁[二]養[三]化合之事並不如前所云之多

福爾克曾試驗地土攝定燐養[五]酸之事其法如下將黃沙土六種權其重數盛於各瓶而加有限數之燐料水常搖動查考之則知有許多燐養[五]酸化在水中蓋未嘗全爲土所攝定也其效如下表由此表觀之凡土中多石灰料者攝定燐養[五]酸較易而含白石粉之土則更易

黃沙土種類並釐數	由骨土中之三鈣養燐養[五]中所得易化燐養[五]酸之釐數	浸於瓶中若干時日之後	黃沙土攝定燐養[五]酸之釐數
甲　五三五〇	四〇·六七	二十四小時	二四·二九
		八日	三一·四九
		二十六日	三八·三〇
乙　一〇五〇〇	八一·二七	二十四小時	七二·八一
		八日	八〇·三一
		二十六日	八一·一七
丙　五三五〇	四〇·六七	二十四小時	一九·三六
		八日	二七·六六
		二十六日	二九·八〇
丁　五〇〇〇	四一·一五	二十四小時	二〇·四五
		八日	二四·九五
		十七日	三四·七三
戊　五〇〇〇	四〇·九三	二十四小時	二一·四六
		八日	二三·九二
		十七日	二九·二三
己　一六〇〇〇	七九·四三	七日	七七·三〇
		十四日	七八·三七

甲號所試土係帶赤之黃沙土在田間甚深宜種蘿蔔此土百分中有鈣養炭養[二]一·二二分鐵養及鋁[二]養[三]六分由上表可見二十四小時間攝定燐養[五]酸不及三分之二而八日之後已攝定四分之三惟在二十六日之後水中尚有少許然瓶中黃沙土固不能全攝定此燐養[五]酸而在田間必無剩餘度此土如遇大雨於二十四小時間卽將燐料布散甚速而下層土不能得其少許

試驗法泥土較少燐料較多農家種田安肯多用燐料卽使用燐料七八擔加於二三寸厚之地土此地土與燐料相較數以視瓶中試驗者多數百倍而燐料爲數極微如以此已加燐料土試驗幾與未加之前無以異

乙號所試土係含白石粉土此白石粉卽鈣養炭養[二]在此

土中居百分之六七五與土相和極均其攝定燐養五酸較甲號土速且盡

丙號所試土係田閒下層土此土百分中有鈣養炭養二一分鐵養並鋁養三一七三八分其攝定燐養五酸甚遲二十四小時後尚不及水中所有之數

丁號所試土係田面硬土由丙號土之上取得者此土百分中有鈣養炭養二二分鐵養並鋁養三八分

戊號所試土係輕沙土含土甚少生物質尤少而無灰石之粗沙粒化分之卽知其百分中有鈣養炭養二○一五分鐵養並鋁養三十二分攝定燐養五酸甚遲第一日之後更遲

己號所試土係含石灰之土此土百分中有鈣養炭養二十六分鐵養並鋁養三十分一星期之閒燐養五酸幾全攝定由此可見有石灰之土與有白石粉土均易收吸燐養五酸也

博士利哈生顯明易化之燐養五酸在有鈣養炭養二之灰土中則變爲不溶化惟其變法緩於化學法製成鈣養炭養二中所變者如將澄停之鈣養炭養二與加水甚淡之鈣養燐養五相和而搖動之則其中所有燐養五酸幾盡變爲不易化之料或將相和之水屢次搖動或將鈣養炭養二加甚多成薄漿形則其中易溶化之燐養五酸百分之九十四至九十九在數日內澄停於下

如不用潔淨之鈣養炭養二而以雜灰土之鈣養炭養與淡號燐水相和則燐養五酸攝定甚緩卽使多加灰土之物閱一星期尚未能多令燐養五酸澄停如將炭養氣加入之則三日閒能澄停燐養五酸百分之二十如歷兩月又常搖動之則能澄停百分之八十三尚有十七分化在水中

又將乾鈣養燐養五研細多加乾灰土和之然後加水成薄漿形則其中燐養五酸變爲不易溶化較速然此法數星期之後水中仍有許多燐養五酸須待六星期之後方能見其幾全澄停惟灰土之鬆密不一而土中鈣養炭養二亦然所以有一等土其燐料中之燐養五酸攝定較他種土更速總之地土廣大所用燐料中之燐養五酸必可令其變化卽使土中之鈣養炭養二爲性堅密者亦必爲其化分也

燐料敷布

欲令燐養五酸易化須費時日始能在土中從速攝定而其中有數分變爲不易化之物惟此攝定在土中變爲極微細敷布甚廣由此植物根鬚能常得燐料而土中微生物需此燐料爲生者亦可到處得之

如田地布散骨粉必有未到之處雖骨粉磨甚細留意布散亦不免斯弊惟已溶化之燐養五酸入於土四面敷布故能得其大益也

用機器散骨粉及燐料均可先與泥土相和惟用水溶化之法宜另加之

用此燐料法須在撒子時之前或移秧之前則易化之燐養五酸在土中攝定而不爲害蓋穀類並他種植物如豆類者尙能禦酸性而豌豆之類則受其害因此等植物其根鬚閒有一種微生物吸取空氣中之淡氣令植物生長較速如遇酸性卽夷滅也

總之以燐料與黃沙土相和而散之則不宜恐其中易化之燐養五酸與黃沙土相合不能敷布凡溼燐料布散於田獲益較速於用乾者卽是此料二擔與水和而用之較用乾者三四擔獲益更大而用二擔之收成等於用四擔者此因溼則布散均勻故也

福爾克曾用乾者散於田一月或一月半後仍得成塊之燐料雖此一月半之閒易化之燐養五酸已受許多雨水亦屬無用所以天氣乾燥時又用乾者散之將在土中不能變化而當其時植物適欲得此料則不免受害矣

所以此料布散於田必須周徧則植物可從速生長卽如近房屋溝道等處所生植物因常溼潤反有茂盛之狀而在田閒因肥料布散不均植物根必透過無肥料之泥土然後得此養料故生長遲緩前曾言燐養五酸先在土中攝定於是化爲植物利用此理殊覺難解蓋土中之水有許多炭養氣並植物根自放酸汁遇此不化之物卽速溶化而吸取之

燐料或有害

前已言散燐料須謹愼恐其酸質有害種子及稚嫩植物並土中有用之微生物也人皆知金石類酸質雖和水甚淡而有許多植物尙受其害如小路用火石屑或矽養沙鋪墊者厭野草生長可以硫强酸一分和水千分澆之此等無用之草卽夷滅須歷久復生如鋪以灰石細沙者則此硫强酸與沙料相和而野草受害甚微福爾克在英國

曾目覩多用燐料者每一英畝加五六百磅之數而植物反受其害此因燐養五酸在土中不能從速盡數變化儻土中少鈣養者卽加二三百磅亦爲有害所以欲加此料於田地須土中有足數之鈣養而在播種之前若干時

燐養五酸用之不得法能傷植物根然能滅土中有損害之蟲及菌類前常言燐料與石灰有益於植物而見功效未嘗言及殺蟲然此功亦匪淺也惟用之宜愼不可因殺蟲而誤害植物

田土中有用之微生物肥料中亦有之故將燐料布散於田恐有益之微生物同遭夷滅博士應門桃甫曾指明鈣

養燐養五用於畜廄及牧場有保護肥料之功以其有殺微生物而羈留阿摩尼之功較石膏並含燐石膏及楷尼脫尤勝也故燐料與牧場肥料散於田不可與糞料相遇恐糞料中微生物爲其所殺也是以燐料應早散於田俟其中之燐養五酸已攝定然後加糞料乃可

由是觀之或將製成之鈣養燐養五與糞料同用較用多燐養五質更妥歟年前福爾克試種瑞典蘿蔔每一英畝加雞糞十噸並由骨灰製成之燐料四擔收得蘿蔔不及二十噸又在近處一地但加畜糞料二十噸收得蘿蔔二十二噸又在一處但加燐料四擔收得蘿蔔二十三噸於是福

爾克甚爲奇異因依其平日識見閱歷而計之肥料十噸燐料一·五擔加於田可得蘿蔔數與獨用肥料二十噸相等或卽上所云糞料與燐料同用彼此相害卽是糞料中微生物爲燐料所殺而燐料中許多燐養五酸變爲不易化之物因此無益於植物歟

淨草煤土及淨沙土無甚攝定能溶化燐養五酸之力故在草煤土沙土若土中無石灰或灰土則多加燐料亦無用而瘠沙土含草煤土加鈣養燐養五較多燐養五更佳若泥土黃沙土則以鈣養燐養五爲最佳因燐料中餘多酸質於雨後可與土韌黏微顆粒變化

速性肥料之意

百餘年前英國始用骨料壅田當時取骨錘碎然後散於田每一英畝用十擔或十二擔後創興骨粉每一英畝用五擔或六擔以爲已可近來每一英畝祇用燐料一二擔已足所需卽是昔時肥料之價值較今時肥料價值多七八倍

英國諸農家舍棄骨粉而用骨中所取之燐料其效甚爲明顯諾福省地土從前不宜種蘿蔔祇能種細瘦白蘿蔔今則可種瑞典蘿蔔甚茂盛在更鬆疏之田用燐料獲效尤著昔英國農夫所用肥料祇有製菜油所餘廢料製成

之餅而已此廢料餅爲肥料固合宜恐於新嫩植物有害今則稍加燐料令植物自幼速生長以免蒼蠅爲害且諾福省之瘠土有此燐料植物根頗能發達蓋土中本多石灰質也

燐料雖與蘿蔔並他種根物及珍珠米極相宜然美國往往用於麥田英國亦然此乃秋閒撒子時所用每一英畝用二百二十五磅用牧場肥料之數則半之近年美國又用於苡仁米亦甚宜每一英畝散二三百磅英國東方卑溼地於春閒布散燐料以備種大麥荷蘭國往往用於苜蓿此苜蓿爲馬料也

博士勞斯及葛爾勃用一田此田在十二年之間常種番薯今試種苡仁米不加肥料每畝產二噸而加燐料後則得三七噸燐料之外又加金石類肥料其中有鉀養鈉養並鎂養收成數祇有三五噸而已此博士又查知種番薯之時金石類肥料可速至其根因此番薯並他種植物其根入土不深均可吸取地面所藏淡氣博士又言燐料有大益於春間播種之植物此等植物生長速而日期促其根又淺所以必賴地面所有之養料以生長

燐料似有益

依農家之識見不過覈算資本之大小並功用之得力與否以定用碎骨或用燐料所以昔人有言用金石類生燐料雙倍壅於田較此物製成酸質並工資機器之費用尚屬合算

即以相等之資本購此生燐料壅於田爲數更多較購少數製成之料更爲合算如新墾之田從前係溼草地等者以金石類生燐料磨細壅之較勝於用製成之一種燐料在法國西方瘠薄之花剛石地土用金石類生燐料磨細以代骨炭甚宜又用於牧場及草地亦宜因此等地土多含生物料稍有酸性而加以生燐料則蕎麥甚發達每一英畝壅二百五十至三百五十磅此數較用骨炭爲多蓋用骨炭不過一百七十五至二百五十磅也然有許多肥土或含石灰之土用此等磨細生燐料竟不獲益宜壅製成之燐料故歐洲肥沃土用製成者毫無疑義且農家至今日均欲得製成燐料可見此物未嘗無益也

近田莊地方亦有次等金石類燐料且其處或有港河之水即可藉水力磨此料不必購製成之燐料然爲罕有之事於農務大局無甚關係苟有此等地方則有識農夫用此一種難消化之燐料反較重價購製成之料更佳在德國北方磨細之賤價金石類燐料與有酸性之草地相宜而於上等草地則無用蓋必待數年之後方能見效也

更有一法以限數之資本購生燐料若干又購含淡氣料或他種肥料依次用之補其不足而代製成之燐料在英國佳地土即如此惟英國農夫不用多燐料之鳥糞因價更貴也福爾克述英國種蘿蔔之農家言如天然燐料苟無化學法以化分之則根物類不得其益所以金石類燐料散於蘿蔔田不能變化徒耗資本當其時金石類燐料化分作爲肥料之法未盡善所以英國農家有怨言由是製造家悉心考究精益求精而農家遂慶豐稔

坎爾奈在日本高形地土試驗輪種苡仁米黍小麥蕎麥而知初種時鈣養多燐料爲含燐肥料中果居優等惟第

二次收成之後加此肥料殊無功效蓋多燐料在土中已變爲三鈣養燐料並他種雜溶化之物據坎爾奈之意此多燐料最宜於春間或夏間播種之植物而地土須略有能收吸燐養五之力加此料時須在撒子或移秧之前數日

淨燐料

由殭石或灰或骨炭製成之淨燐料較次於骨粉因其料無新鮮骨中淡氣物質油質等所以骨粉之爲肥料更覺貴重此等淨燐料既有此弊又加以製造工費然而年年推廣其故何哉因在土中布散甚周功效甚速卽此利益已勝過貴價之料及乏淡氣之料也況農家自能設法以補淡氣卽如加以鈉養淡養五或阿摩尼硫養三或魚廢料或肉屑或製油所餘廢料製成之餅均可補其不足而宜種蘿蔔之地土往往有呼莫司所供淡氣已甚足福爾克云英國稍黏韌有石灰之土種瑞典蘿蔔閱五年祇用骨灰而加硫強酸獲效甚佳竟等於用他種貴價肥料又云有諸農友均以爲每田一畝用金石類燐料三四擔其中毫無生物料又無阿摩尼且不必更用他種肥料惟鬆疏之沙土而欲求所種蘿蔔豐美僅用金石類燐料不能副其所望須壅畜糞以補之

加淡氣之燐料

美國市中幾爲各種加淡氣之燐料充塞卽是將此等燐料加以阿摩尼或有淡氣之物質如魚廢料如乾血如烘乾之穢雜料或加以屠家廢料及廠內製油所餘之筋肉渣滓等又往往雜以皮革廢料又或加以成顆粒之阿摩尼或鈉養淡養五或秘魯鳥糞數年前鈉養淡養價賤故雜之

總言之此等燐料殊不堪用而市中所以有此肥料出售者皆因農夫識淺不知何等肥料最爲合宜也

初製鈣養燐料所用之生料係骨粉由是農夫皆知含燐並淡氣之肥料如土中有含鉀物質加此料可代畜糞後用骨灰骨炭殭石料以代骨粉農夫卽知須加含淡氣物以補此等料中所失之哇西以尼而製造家卽用鳥糞乾血等雜之因其中本多淡氣且可收去燐料中所有之硫強酸況當時魚廢料幷屠家廢料價値甚廉以之製成燐料可以獲利凡燐料中加以秘魯鳥糞或阿摩尼硫養者卽謂含阿摩尼肥料雜以魚廢料乾血屠家廢料者似不能以此名名之近今農家識見漸增所謂燐料者其中均有燐而不必特加含淡氣物

美國南方種棉花之地土需此含淡氣燐料故市中此等料甚多該處係天然黃沙土由花剛石乃斯石非勒司巴

農務全書 上編十 第十章上 三八

耳等石變化而成故土中多鉀並可禦旱此等地方雖有大雨並不黏韌反易耕犂惟之燐養五酸及淡氣儻加此等肥料速變肥沃然據人云凡燐料百分中有燐養五酸十分者淡氣不可過三分因淡氣能令棉花成熟較遲而獨用燐料可令其速成熟也

總之數年來製造含淡氣之燐料殊無精意專主利己不顧公益所以依格致之理論之此等製造法徒美其名無益實事農家自製之可矣何必出資購之哉

美國含阿摩尼燐料大半爲製造家取他種肥料加於不合法製成之燐料中以出售後則用含鉀鹽類物並多淡

氣之物質加於次等肥料中以補不足後又製造所謂特等肥料其實與佳者相去遠甚久之農家漸悟能自製此等肥料然農夫即在本田莊取生骨或殭石用硫強酸化分之事卻有不便因由此等生料製成肥料工夫甚難苟欲製之得宜須有配用之機器及化學之學問而具習慣之手法乃可惟用已製成之燐料與乾而無害之散粉如阿摩尼硫養三或鬆脆物如乾磨之魚廢料相和成肥料則尋常農夫亦可爲之其法取各種肥料傾於倉屋內地板上先成堆積後散鋪成層用器攪和運入窖中此情形猶攪和尋常肥料之法也

有數種肥料不宜攪和

無論在倉或廠中有數種肥料切不可相和如阿摩尼硫養三或秘魯鳥糞不可與石灰或濾過及未濾過之柴灰或含燐鑪渣料相和因其阿摩尼易騰失也儻鈉養淡養三與燐料相合則淡養三酸亦必失去

家製攪和肥料

坎奈狄克省農家製燐料法購製成之淨燐料四噸鉀養綠養五一噸阿摩尼硫養三一噸將一袋燐料重二百磅傾於倉屋地板上其成塊者用器敲碎又用鉀養綠養五一百磅燐料二百磅依次散之再加阿摩尼硫養一百磅用器攪

和而篩之然後裝於桶內備用此法合成之料撒種子時用之甚合宜每噸價值三十六圓二角五分若廠中製成者每噸價值須四十八圓五角更有農家用魚廢料骨粉屠家廢料棉子廢料以代阿摩尼硫養三價值更廉魯西安那省農家則用鈣養燐養五一千一百磅棉子廢料七百磅揩尼脫二百磅攪和之每一英畝加此料二百至五百磅爲種棉花之用

家製之法其利益即在含淡氣之料如魚廢料棉子廢料阿摩尼硫養三均係賤價可得之物而合成之此等物觀其色即可辨別難以他物相雜如與燐料攪和則難辨認雖

以化學法化分之亦難考查其中所含阿摩尼燐料究竟價值若干所以貪利者往往攙雜皮革廢料或以此料蒸烘磨成粉以雜之於植物實無利益而人受其欺矣

輪用肥料

有農家以爲含淡氣之物不可與燐料相合或並用如今年用此種肥料培養穀類明年用他種肥料培養蘿蔔珍珠米番薯等或擇定用一種肥料而加牧場肥料以助其力此法亦善若種珍珠米或番薯可將燐料散於近根成行之高壟土上若魚廢料或他肥料等可與牧場肥料相和而散於已壅畜糞之田上

此意以他肥料助畜糞之不足凡佳土中本有植物之養料稍加畜糞則土中物質自能變化在英國宜種小麥苡仁米地土須用阿摩尼鹽類或鈉養淡養三爲肥料如用他種肥料則不宜然歐洲有許多地方欲種穀類者須加鈉養淡養三並燐料因此等土中本有許多鉀養也據人云鈉養淡養三頗能助紅菜頭發達如種蘿蔔則用燐料而含鉀肥料宜於苜蓿並草地

英國農家潑山查明種孟閣爾（係一種紅菜頭之名專飼牛馬等）之田應用牧場肥料數並用此料而加燐料之數列表如左

每一英畝所加之數	收孟閣爾噸數	較數
無肥料	一五·五	○○
牧場肥料十三噸	二七·五	一二
牧場肥料二十六噸	二八·五	一三
牧場肥料十三噸又加燐料二擔	三六	二○·五

據云英國今所種番薯每一英畝用牧場肥料外再加燐料四擔或六擔或先加他種有淡氣之肥料並含鉀料然後加此燐料如種番薯並孟閣爾不用畜糞則用燐料之外再加鈉養淡養三一百五十磅並楷尼脫二百磅如種蘿蔔用燐料者每一英畝用四五擔已可然大概地土所用肥料數不必如是多也

燐料助嫩植物生長

春間播種之穀類如苡仁米等用燐料最宜如土中本多淡氣更佳或少淡氣而增補之則燐料愈能得力前已言英國種蘿蔔用燐料最多爲冬麥所用者並不廣凡一英畝加燐料二百磅可得蘿蔔五噸以爲尋常效果夫用此燐料於蘿蔔者不能令種子速萌芽惟已萌芽後可令其生長甚速以免蒼蠅爲害由是可見此等燐料較尋常緩性燐料更有益因緩性者不能及時供給植物也況用此等佳燐料其田地間更覺清爽益所種植物生長甚速而蔓草生長反遲

種番薯專用燐料，而番薯在土中更能吸取許多鉀養，即是燐料可令春種之植物從地面多得其養料，匪特佳燐料如是，即尋常燐料，亦能令稚嫩植物速生長。德國新開墾之田，本無燐料者，種製糖之紅菜頭，加以燐料，頗獲良效，而種於熟田，加以佳燐料，反不見其速長情形

法國有一等酸性草地，新開墾之後，查知用骨炭甚宜。先將種子浸溼，然後散以骨炭，約每畝五斗，其收成頗有效，較僅用石灰者更佳。批脫曼之意亦略同，查得植物用鈣養多燐料，其生長較速於不用此料者，如春麥用此料並淡氣，其開花結實較速，製糖之紅菜頭亦然。批脫曼又以

爲製糖之紅菜頭多加含淡氣肥料，恐有弊，宜再加此燐料也

總言之，燐料可令植物速生長，故種製糖之紅菜頭，即宜用此料。凡成熟之紅菜頭含糖較多於未成熟者，而糖廠中人甚願早得多糖之紅菜頭。農家因此再三設法，加此燐料以冀收成較早，反而言之，如欲收成遲緩，則加燐料數可減，所以種此等植物者，遂有燐料可製糖之語。若種番薯亦有此情形，凡多加燐料者，番薯中所含小粉較多，而成熟較早

勞斯考知燐料之功，可令植物多生根鬚，由是植物在土中多得各種養料，又可令他種肥料變化以助其力。土中存積之淡氣亦不致爲雨水沖失，或騰於空氣中，然易化之鹽類物，如含鉀鹽並尋常鹽，往往令瑞典蘿蔔莖葉茂盛，而在土中者反瘠瘦，於此時即使再加燐料亦無益，所以此等根物惟用燐料爲最宜也

燐料助天然之工

福爾克言種子中本有燐養五酸若干，而土中所有者反較少，所以稚嫩植物根旁壅燐料，實依天然之理，即是令植物初萌芽時，可藉此補養速其生長。凡植物本體之賽爾中，均有燐養五酸爲補養生長之用，燐養五酸爲成賽爾核之

料，所以子中宜有藏儲燐養五酸爲發達植物之生機，並可變爲新植物之賽爾

美國所製燐料，爲種棉花、珍珠米、小麥、番薯所用，其最大利益，能令嫩植物速長，於珍珠米其效尤著，小麥、番薯亦然。且番薯壅以燐料或他種製成之料，則產物光美較專用牧場肥料之番薯面腫塊凹陷處爲少。蓋用佳肥料則爲害之微生物及菌類等毀滅故也。此事殊確實，因格致家查得番薯面之凹陷等病，由土中菌類與之膠黏以害之，是故試驗所種之番薯，即無此病。如禽畜等所食之物，有此菌類，則所出糞亦有之，後散於田，有害植物，而土中

鈣養炭養二亦喜與此等菌類相合在新墾之地欲免此弊可用汞綠化於水浸欲種之番薯然後埋於土加製成合宜之肥料福爾克言種番薯合法者宜用攙和肥料即以燐料並楷尼脫並含淡氣料攙和而用之

燐料用於蘿蔔

福爾克常言如上等田地每一英畝不加肥料可得瑞典蘿蔔十八噸若加骨灰所製之燐料四擔則可得二十三噸較多五噸若加牧場肥料二十噸則所得數僅多四噸又用他法屢次試驗凡熟田用金石類肥料即鈣養燐養五其效更勝於多用牧場肥料

福爾克云鬆疎地土種紅菜頭名孟閣爾者獨用金石類肥料殊覺不宜因查得熟田不加肥料者每一英畝可產二十二噸如加燐料三擔產數不過多二噸而鄰近地方加燐料三擔之外又加楷尼脫二擔產數得二十九噸有奇即是較多七噸加燐料三擔楷尼脫二擔鈉養淡養五一擔則可得三十二噸此收得數較用牧場肥料二十噸所獲者更大

英國種蘿蔔往往多加燐料每畝自五擔至七擔然與牧場肥料並用者則加燐料三擔或四擔已可福爾克之意鬆疎田地每畝祇用製成之佳燐料五擔已足供瑞典蘿

蔔所需所以加燐料自八擔至十擔者徒耗資本美國用燐料較少每一英畝祇用一百五十磅至二百磅近來或竟用五百磅如種番薯每畝又加柴灰十五至二十五斗先將燐料壅於槽中然後散柴灰於田面

佳土須用足數燐料

德國熟悉農務者知佳土須用足數之燐料博士謀克言每畝需易化之燐養五酸三十或四十磅製糖之紅菜頭肥料更宜足數每畝需易化之燐養五酸五十磅又必須知田土溼潤者可多加製成之肥料令植物從速生長司考脫倫省溼天氣時每一英畝往往收得瑞典蘿蔔五十噸許

在該處所用肥料較英吉利為多而英吉利所產蘿蔔決無此數在英吉利所種孟閣爾用燐料三百磅又加鈉養淡養五少許已為足數而該地本未嘗多加肥料者

赫敦之意凡用肥料其燐養五酸之數與淡氣之數宜相稱無論此淡氣料自田莊來者或他處來者依植物應需淡氣每磅數須加燐養五酸自二磅至五磅

燐料用於穀類

英國有地方種苡仁米甚晚或所種者不甚佳則加以燐料或更加以鳥糞其數相等約每一畝加三四擔植物即發達而農家之意苡仁米得燐料之利益較小麥等所得

者更大、福爾克之意、因苡仁米撒種、較他穀類為遲、故與燐料尤有關係、每畝如用三擔、則有大效、凡苡仁米撒種愈晚者、用燐料更宜也

紐約省西方燐料用於麥甚廣、而苡仁米大麥用此料宜在春季、珍珠米番薯用之不多、其散燐料之時不齊、所以收成多寡亦不一、又不知所產穀類數、果可抵珍珠米產數否

西曆九月初旬、播種小麥、每一英畝撒子一．五斗或二斗又四分之一、當時即加燐料二百磅、價值三圓、以後收成每畝儻可加多五斗、農夫之心已足、其實所加之數尚不止此也

論及小麥、大概以燐料之功、能助嫩植物之生長、在早秋其根已得大力、遂可過嚴冬、是數百磅之燐料、可以濟一年之收成也、且農夫今知佳燐料在土中、可增其發酵工、而令呼莫司中不能用之淡氣、變為有用、補養植物、如英國輕淺灰石土並細沙土、所種蘿蔔、加以燐料、則此蘿蔔能吸取土中之淡氣、又有田、以四種植物、每年輪種者、先種苜蓿、而加牧場肥料、此苜蓿刈割後、即將小麥子撒於有此苜蓿之田、及麥收成之後、又種蘿蔔、此蘿蔔即吸取前所種草料漸爛生發之淡氣、況又加以燐料、可令蘿蔔更能有力得此廢草料之益

美國屋海夏省有農學博士湯及歇克蔓呟考知田開積水、已由溝道洩出之後、獨用骨炭所製之燐料、可令早種草類速長茂盛、如燐料與鉀養淡養三並用、則小麥在多雨時受害、有似燐料與鉀養淡養三皆害之、此二料苟不並用其弊無此甚也、若用鉀養淡養三時、兼用磨細殭石料、或磨細含燐鑪渣料、則與植物相宜

家製燐料

農夫在田莊、可自製鈣養燐養五料、惟用以製造者、係骨炭骨灰、而不能用骨粉、因骨粉殊難料理、與強酸相和、變為

黏韌、不能散於田、如欲其可用、必費工夫、以此黏韌料用乾土或煤灰或石膏和之、令其乾鬆、然除石膏外、所用他物均能耗失燐料數分、且用硫強酸化分骨中之燐養五酸類不能盡、僅得三分之一、若欲其盡、而多加硫強酸、則愈黏韌、更難料理

在田莊自製佳肥料法如下、先將硫強酸五十磅、清水稱是用器和之、遂置骨粉一百磅於木槽內、灌以沖淡硫強酸、用鋤緩緩攪擾、又加乾土或石膏、令其稍乾、然所用強酸較多者、其製成之料、變為黏韌、不能料理

如用骨炭、則無此難、農家曾製成甚合用之料、且資本較

省卽將骨炭與硫强酸相和或掘一坑爲之亦可博士張森之法用骨炭一百分傾於地面此地先鋪灰沙或塞門汀土令其堅硬不漏水乃用水四十二分灑溼此骨炭再加濃硫强酸五十五分用鋤緩緩攪擾當此之時必有氣騰起其料卽有耗失製成之後任其自然閱一星期百分中遂有易溶化燐料十三分雖較廠中所製者爲數畧少然尚爲合算

有人名尼克爾斯其製造法更有條理而少騰氣先以松板作一櫃方四尺深一尺內以鉛皮襯貼櫃角與鉛皮或不甚貼切亦無關緊要乃傾水十軋倫於櫃中而將一百六十五磅硫强酸一甕緩緩加入用器調和隨後加入濾糖廠已用過之骨炭三百八十磅當此之時發出許多氣泡此氣泡因鈣養炭養二之炭養二氣騰起故也此鈣養炭養二本係骨炭中不清潔之物既和之後任其自然閱數小時卽自變乾可以備用

此法不特料理骨炭爲宜卽料理骨灰並磨細之含燐鳥糞亦可又可料理磨細之燐養五石惟須計及骨灰百分中必有鈣養炭養二數分故調和時有氣騰起用骨炭製造亦然

骨炭燐料

由骨炭製成佳燐料廠中及田莊均可爲之且甚便如製之合法更可藏儲歷久是故農家均樂用而舍燐養五石等所製者昔有一等製造肥料廠其初專以骨炭製成燐料因其品性甚佳農家樂於購用而他廠仍以他種料製造其貨較次人亦莫明其故後漸知其實情則謂爲已溶化之骨炭凡購此料往往擇其最黑者廠中遂以煙炱雜之令其更黑而濾糖廠知製造肥料廠利用此等已用過骨炭遂雜磨細之次等燐養五石料以出售

近數年來製造肥料廠用骨炭或骨灰雜於由次等燐養五石製成燐料中先將此燐石磨細然後與多分硫强酸相和令其多化分石中之燐料遂加足數之骨炭令其中餘多酸性變爲中立並可令其乾以便出售或將上等骨炭製成之燐料與次等燐料相雜而出售或又將歐洲運來之上等燐料雜於本國次等燐料中因此高其價值數年前本國商務甚衰糖廠閉歇以致用過之骨炭甚少製造肥料廠欲得此物甚難也

廢酸質之用

美國燐料氣味顏色異於尋常此因取火油廠中漂火油之廢硫强酸以製之也蓋以濃硫强酸與火油相和則油中穢料凝合成柏油形之物名師勒杜澄停於下此師勒

柱由火油中提出，加以清水，則其中大分之硫强酸化於水，甚淡而不潔，氣味似火油，此卽師勒柱酸並無他用，故價值甚賤，製造肥料廠購用之，於是製成之燐料，有火油之氣味

鈣養燐養五與鈣養炭養二不合

骨灰或骨炭中，有鈣養炭養二，此爲又是一種含燐料者，因在含炭養二水並淡號酸質內，鈣養炭養二較鈣養燐養五易溶化，而燐料之溶化，因此被其所阻，卽是令鈣養炭養二水並酸質變爲中立，博士惠靈敦查知鈣養炭養二雖爲數甚微，亦能阻燐料溶化，所以將此二物相和，則鈣養炭養二先化，

而燐料溶化極微，須待鈣養炭養二分離，然後燐料能化，此法國化學家從前常言骨炭或他種燐料，切不可用於新加石灰之田，又言土中如有石灰料，則用骨炭無益，度其理，因鈣養炭養二吸收土中炭養二並他種酸質，而令此酸質不得與燐料變化，近在試驗房，以鈣養炭養二與鈣養燐養五相合，然後令炭養二氣之酸化之，則見鈣養炭養二溶化，鈣養燐養五不變，至鈣養炭養二離開，然後鈣養燐養五溶化，今知從前化學師之意，尚有未確，卽是今試驗而知植物根在有石灰之土中，遇燐料，卽可吸取，惟鈣養炭養二與鈣養燐養五如骨炭者，不可多相遇，然而農家在此等石灰之土，亦有

加燐料者，必須磨研極細，布散周徧，乃可

英國農家在含白石粉之土，種蘿蔔，均用此燐料，頗獲奇效，有許多地方，從前以爲不能種蘿蔔者，今農家有此燐料，收成可指日而待，況博士福爾克等，已屢次試驗，知其果確，從前英國白石粉土，所種根物，用骨粉甚廣，自有燐料以來，皆舍棄骨粉矣

加鈣養炭養二於白石粉土，或將與骨炭骨灰並磨細之燐石料相阻，然將燐料散於本有白石粉之土，或散於新加石灰之土，竟無此弊，在此等地土，燐料中易化之燐養五酸隨處吸入泥土，變爲鈣養多燐料，適爲植物根需要而易

吸取者，且近來法國考究農學博士，論及燐料與鈣養炭養二之事，均以爲此二物並用之合法與否，須視其次序如何，儻新開墾有酸性之土，於一年前，先加燐料，然後加石灰，如此可令土中生物質先與燐料變化，如先加石灰，後加燐料，或同時加之，則土中呼莫司酸爲石灰速變化而成中立，其燐料卽無從變化，然有農家加燐料之後，無多時日，卽散石灰少許，亦未嘗有害

製造直辣的尼廠之廢鈣養燐養五

歐洲每年有許多骨料，用鹽强酸提出其哇西以尼，此哇西以尼卽係直辣的尼之生料，蓋鹽强酸能化分骨中所

含物質二一為哇西以尼一為土物質此法最多用於角骨廢料如以骨料製鈕所餘之屑用此鹽強酸化之則與土物質拼合而含於水哇西以尼澄停於下此哇西以尼可製成直辣的尼

哇西以尼提出之後所存者土物質並鹽強酸與水相和再加濃石灰水即與酸質化合而變為鈣養鈣綠其土物質澄停於下即係骨土顆粒極細可作為骨灰散於田地此料百分中有燐養五酸一九五水二十八淡氣一五如加以硫強酸即變為燐料運送至市出售蓋此澄停物中之燐養五酸與所含鈣養係對分劑加以硫強酸則吸收鈣養

一分其式即變為鈣養二燐養五為植物利用

歐洲製造鹼類物各廠由上法製成直辣的尼遂有許多淡號廢鹽強酸又將鹼物與此廢酸質相和而提出許多骨土於是初以為廢料無用者均變為獲利之源

燐料中物質不齊

上言廢鹽強酸加石灰水令骨中土質澄停可見此澄停物中之質多寡全依所加石灰之多寡以為定故燐料所含物質即有不齊也

所謂不齊為數極微而殭石製成之燐料相雜之物甚多各處地方開出不潔淨之鈣養燐養五石或成稍圓之塊此為古時動物糞變成之殭石故又名糞石此等糞石百分中有鈣養燐養五八十分而或有不及十分者惟三十分五十分六十分常有之坎奈狄克江邊開出之沙石中有此等殭石有博士查知其百分中有燐養五四十分由坎拏大來之殭石塊百分中有燐養五四十至五十分

鑛中含燐石料如阿巴台得石即欺人石並燐養三石均含燐甚多有百分之九十市肆中有來自坎拏大之阿巴台得石每百分中竟有鈣養燐養五八十至八十六分此石堅硬難磨如加以硫強酸往往發出許多輕弗酸

日斯巴尼亞國葡萄牙國有燐養三鑛甚廣愛斯脫辣蔓陀

拉省有著名之鑛取其含燐石以製燐料每百分中有鈣養燐養五七十至八十五分且少鐵養鋁養三之質挪威國亦有燐養五石其百分中有鈣養燐養五七十至九十分

西印度羣島中有一島名奈稍有燐養三石此石在地中敷布甚廣或成窠形每百分有鈣養燐養五六十五分或自六十至七十分或竟自八十至九十分南楷羅尼亞省亦有此等石其百分中含鈣養燐養五五十七至六十分此石加以強酸頗易料理惟磨之甚難又乏羅里答省有此等石數種一名岸或江卵石百分中有鈣養燐養五六十至七十分或竟至八十分又一名石燐養五百分中有鈣養燐養五七

十至八十分。又一名輭燐養五百分中有鈣養燐養五七十分。惟常有土質相雜甚多。以致燐料不及百分之六十或六十五分。此省所有燐養五料中往往雜有鋁二養三並鐵養。卵石中則居百分之二。石燐養五中居百分之六。或有奇。輭燐養五中居百分之三至七

含燐鳥糞。卽圭拿

太平洋並南阿美利加北疆開力比海中有羣島。爲海鳥聚集處。因雨甚多。將鳥糞中易化之料沖去。而存留其鈣養燐養五幾純淨。有時鳥糞與島基珊瑚石化合。或與他種石化合而成塊。其堅如石。或有鳥糞中燐料與海水中所

含鈣養硫養三相和。或與雨水溶化之鋁二養三並鐵養相變化。總言之。此含燐鳥糞易爲强酸所感化。有數種可製成高等燐料。甚合宜。然宇宙間最佳之含燐鳥糞。恐已告罄。今更由他處得之。如倍扣島之鳥糞。百分中有鈣養燐養五六十至八十五分。卽有淨燐養五三十至四十分。而幾盡無鐵養鋁二養三之質。其鳥糞與含水之珊瑚料沙土并合者。呼蘭島所有鈣養燐養五料與倍扣島所有者幾相等。福爾克查得有鈣養燐養五七十三至七十六分。斜維斯島所有鳥糞亦佳。惟較倍扣島所有者。石膏爲多

西印度羣島中有一島名桑勃來羅。所有鳥糞雖多燐料

而與鐵養並鋁二養三相合。故價值較賤。羣島中有一大島名海提。海提之西有一小島名那乏裒。亦有鳥糞。美國用之甚廣。惟雜許多鐵養並鋁二養三。故燐養五祇有百分之三十至三十五分

羣島中又有一島名里唐特。所有鳥糞百分中含淨燐養五酸二十至三十八分。卽有鈣養燐養五四十二至八十四分。惟其中亦有許多鋁二養三

密聚羅納斯島之鳥糞。有鈣養燐養五百分之六十五至七十五分。而亦有二燐養五料並淡氣百分之一。南阿美利加極南地名帕塔果尼阿。亦有此料。百分中有鈣養燐養五二

十至三十分。淡氣四五分。南阿美利加北疆苦勒稍島之鳥糞。有鈣養燐養五六十五至七十三分

查驗燐料法

如前所記。燐料中物質各分劑不齊。故農家購此料。必先考查其貨樣。究竟含有何物。蓋用骨並殭石製成之燐料。本有穢物若干相雜。且製造時所用硫强酸與鈣養合成石膏。亦雜在其中。所以燐養五酸不能均勻。全賴製造家設法料理如何而已。卽當初由骨所製之上等燐料。亦依其製造法而不同也

故購燐料。須用化學法試驗其中所有何物。並物質多寡

然後可定價值而知其合用與否如觀其表面決不能知之凡市中所有燐料應如鹼如漂粉如朴硝均有化學師簽字爲憑

製造家應請化學師到廠查驗以定貨物之品等免將次等貨出售

惟今美國所製燐料品等不一價值亦不一雖近來製造較佳於前而市中尚多不合用者數年前由骨炭製成之燐料百分中有燐養五酸十三至十六分已爲甚佳市中頗有之取名溶化之骨炭又名骨炭燐料然市中亦有較佳之料可得者又有以賤價之魚廢料雜於次等燐料中索價甚昂

此以次等燐料題以美名遂得善價而由骨炭製成佳燐料售與農夫則無此價值市中常有此情形也

即是燐料功用與價值不稱數年前在紐海文之化學師曾查驗二號骨炭製成之燐料列表如左

	一號	二號
易化燐養五酸	一七·一五	一七·二九
不易化燐養五酸	〇·〇五	〇·一一

然一號每噸價值三四·五圓而二號價值每噸僅二十六圓

所以購者須得憑據方可信燐料之等次近來政府亦定例以整頓肥料之賣買且派員查察而農家遂有控訴之門此法尚在試辦已有人辯駁蓋此貨物極難查究其合成之料且員弁往往夤緣得充是差於斯事素不熟悉不能實事求是非若查驗魚或石灰或木料或鉀養等昭然易覩難於作弊也如購者規矩零售店亦多即可恃化學師之憑單爲證或有貨物不佳即可由農會極力追究出售之人並給憑之化學師則製造家並化學師不敢作弊

購肥料其數宜多所以農家有合購而分之法推舉一紹介者赴廠家或店舖或化學師處購之其事即成矣

農會中有人欲購肥料者書述意一篇交紹介即可據此意至市購求之此紹介並非僅論價值多寡而已必須自能考驗貨樣果佳乃購之

此紹介考驗得最佳肥料其價值雖較貴而合用者則依農會中各人所需共數購之而製造廠即將貨運送惟應遵章程運交之物不可與貨樣不符逮貨既到照數分開編號抽籌視籌所列之數與貨物號數相合者取而運至家又將貨物並貨樣驗其果相符否

英國並美國昔用此法以購石灰及灰及已濾過之灰或穀類等由船或汽車運送惟農家素未講究化學故購辦

燐料不免受欺

卷終

農務全書上編卷十一

美國哈萬德大書院農務化學教習施妥縷撰 慈谿舒高第口譯 新陽趙詒琛筆述

第十章下

含燐養五肥料

復原燐料

燐料在物質中因與他種原質相合以致不易溶化無益於植物如用化學法使他種物質分離則多吸養氣而變爲燐養五酸遇水即易溶化於是植物可利用之惟此燐酸久與他質相雜又將變爲不易溶化卽所謂復原燐料也

農務化學師製造鈣養燐料有三種第一種名三鈣養燐養五此乃骨中殭石中所有者第二種名二鈣養燐養五第三種名鈣養燐養五又名易溶化燐養五又名多燐養五言其雜鈣養少也

此三種燐料所含物質不均於左表可見之

俗名	化學名	各物質點重數				百分數		
		鈣養	水	燐養五酸	共數	鈣養	水	燐養五酸
三鈣燐養五即骨燐養五	三鈣養燐養五	一六八	○	一四二	三一○	五四·一九	○·○○	四五·八一
二鈣燐養五	二鈣養輕二養燐養五	一一二	一八	一四二	二七二	四一·一八	六·六一	五二·二一
一鈣燐養五	鈣養二輕二養燐養五	五六	三六	一四二	二三四	二三·九三	一五·三九	六○·六八

多燐養五之大弊在不能藏儲歷久而不變卽是其中易化之燐養五酸或復變爲不溶化之式此卽所以復原也

農務全書 上編十一

復原之緣由有二故。一所用骨燐料，即三鈣養燐養$_{五}$在製造時，不能不多用硫强酸，令所含之料，盡變爲鈣養多燐料。惟用硫强酸過多，即生弊。如欲免此弊，必減硫强酸之數，而骨中之料，遂有未盡變化者，或多加硫强酸，將所成之料，再加骨炭骨灰或已製過直辣的尼之澄停燐料，令其乾，並吸收餘多之硫强酸，然則此製成之易溶化燐料，與後加入之料相雜，而後加入之料，係未變化之骨燐養$_{五}$歷時既久，此二種燐料，彼此變化而成二鈣養燐養$_{五}$其式如左

三鈣養燐養$_{五}$丄鈣養燐養$_{五}$＝二(二鈣養燐養$_{五}$)

此即不易溶化料若干，與易化料若干相合，於是易化料又變爲不溶化之式，即復原也

製造多燐料所用之物，尚稱清潔者，如骨灰骨炭上等殭石倍扣鳥糞等，則復原可減。惟製造時，能詳細考究，而知應用硫强酸若干，最善，否則雖加硫强酸，而骨粉大分未能變化，則復原之弊，更大，而燐料之功效亦更減

雜有他物以致復原

更有一故，又易令其復原，即殭石中所雜鐵養及鋁養$_{三}$是也。今時所有燐料，恆由此等石製造，儻此石不清潔者，則復原更甚

鐵養並鋁養$_{三}$變化情形，尚未考究其詳細。如殭石中有此質，而加入硫强酸，其變化所成之式如左

鐵養三硫養$_{三}$丄鈣養二輕養燐養$_{五}$＝鐵養燐養$_{五}$丄鈣養硫養$_{三}$丄二(輕養硫養$_{三}$)

成此式後，尚有餘多硫强酸，又與易化之燐料，變成不溶化之物，至久皆成爲不易化之鐵養燐養$_{五}$，而易化之燐料愈少，即使所加硫强酸多寡得宜，而其中之鐵質仍有弊如左式

二鐵養$_{三}$丄三(鈣養二輕養燐養$_{五}$)＝二(鐵養燐養$_{五}$)丄三鈣養燐養$_{五}$

即變爲二種不易化之燐料

如殭石中鐵質分劑與養氣分劑相等，即爲鐵養，則有如下之變化式

四(鐵養硫養$_{三}$)丄二養丄鈣養二輕養燐養$_{五}$丄三鈣養燐養$_{五}$＝二(二鐵養燐養$_{五}$)丄四(鈣養硫養$_{三}$)

鋁養$_{三}$其弊相同，上式鐵養以鋁養$_{三}$代之即是

復原燐養$_{五}$功效

化學師爭論此復原之燐養$_{五}$究竟功效多寡，或以爲即是佳燐料，散在土中，亦將變爲復原燐料，而此復原之燐料如置於清水中，竟不溶化，惟在炭養氣之水並含鹽類之

水中仍易溶化依勞斯及葛爾勃二人之意多燐料散在土中第一年最得功效其餘分數則在土中與他質化合竟可待數年而不得其益此二人每年用多燐料並畜糞肥料以種番薯共歷七年而六年間收得每英畝番薯中數五噸十六擔其後不用燐料惟用畜糞共歷五年每年每畝僅得番薯四噸五擔可見前所加之燐料似未嘗留有餘力其實不過得益甚緩耳

二鈣養燐養五功效

有一等地土用二鈣養燐養五料甚合宜其功效或勝於多燐料博士批脫曼試驗法用各盆或盛瘠沙土或盛佳黃

沙土以種大麥加澄停之二鈣養燐養五料或加多燐料獲效相同又種豌豆或苡仁米其效亦同後又種春麥加以阿摩尼硫養三供給所需淡氣又加澄停之鈣燐料鐵燐料鋁燐料獲效與多燐料相同此試驗凡用燐料較不用肥料或獨用阿摩尼硫養三更佳

上所見之效固在意中以其肥料調勻灌水得宜且與他博士用礓石料所得之效相同批脫曼在花園中取田間含沙之土種馬豆有時加澄停二鈣養燐料有時加多燐料均有佳效遠勝於近處不用燐料所種者

特海蘭言無鈣養之熟田儻用澄停二鈣養燐料或用研細之含燐鑪渣料其效勝於用多燐料然在有鈣養之熟田則用多燐料勝於用他種肥料此等田地多燐料可與畜糞並用如土中本少燐料者此法更宜

批脫曼以為有鈣養之地土用澄停二鈣養燐料較勝於多燐料因澄停二鈣養燐料在土中可歷久不復原而多燐料之易溶化燐養五酸與土中鈣養炭養相遇即變為三鈣養燐料則較二鈣養燐料更不易溶化所以植物吸取更難

批脫曼又言有數種泥土並沙土之地有鋁養三並鐵養而無鈣養者則二鈣養燐料入此土中亦可久不變即是久

為土中之肥料惟多燐料之易溶化燐養五酸在此土中將與鋁養三並鐵養變為不易化之料所以應先考泥土宜多燐料或宜二鈣養燐料然後用之

坎爾奈在日本考論易灌水宜稻之低田及高田所種植物如苡仁米黍小麥燕麥等亦不乏水惟此二等田地皆係沙並火山噴出之料變為一種輕鬆含鐵質之土其色紫黃且多呼莫司雖鬆疏而甚易留水土中鈣養甚少稍有酸性惟多鐵養矽養並鋁養矽養在酸質內均為易化之物所以加多燐料則其中之燐養五酸速為此土吸收變為不溶化之式祇在第一年能得其益其功效即與骨粉

相等然多燐料在土中敷布較二鈣養燐料更能周徧在低形之稻田用澄停二鈣養燐料更佳即是第一年亦以此料為佳且耕犁稻田時肥料與泥土相和甚均由此燐料敷布較在高田土中更周徧也

下表係坎爾奈偕其門生用各種含燐肥料試驗稻田之事各田除所加燐料外均加阿摩尼硫養三並鉀養炭養二

燐料種類	加燐養酸一百克蘭每二年間多收克蘭數	多收各比較數	植物吸收燐養五酸各比較數	各肥料比較之價值
加濃鈣養燐養五	七〇四四	一〇〇	一〇〇	一〇〇
澄停二鈣養燐養五	七七五八	一一〇·七	一一五·二	一一三
蒸過骨粉	五三六八	七六·五	七〇·六	七四
生骨粉	五三三八	七四·二	七三·〇	七四
含燐鑪渣料	五〇二五	七一·二	七二·〇	七二
秘魯鳥糞	三六四五	五四·六	五〇·二	五二
骨灰	二三〇九	三二·六	三三·七	三三
燐石細粉	一三九四	一八·三	一三·六	一六

又試驗高田之收成除所加數種燐料之外又加鈣養炭養二鉀養硫養三阿摩尼硫養三此土用加濃多燐料之功效更勝於澄停二鈣養燐料第一年所種苡仁米收成比較增數如左表

燐料種類	苡仁米收成比較增數	植物吸收燐養五酸各比較數	各肥料比較之價值
加濃鈣養燐養五	一〇〇	一〇〇	一〇〇
蒸過骨粉	八〇	七七	七九
澄停二鈣養燐養五	六〇	六四	六二
無油質生骨粉	五五	五八	五六
生碎骨	五四	五九	五六
含燐鑪渣料	四九	六一	五五
骨灰	二〇	二三	二一

種苡仁米之後又種他植物而各燐料尚有餘力惟第二

年後肥料之力漸減其漸減之遲速尚未測算似與上表所列比較數同例然生骨之後效較他種料更甚大約因生骨在土內須歷久方能腐爛變化而植物得其益也至四年之收成共結後則見生碎骨之功效較他種骨粉更大而蒸過之骨粉其效次於生骨粉

福爾克從前曾言澄停二鈣養燐料或較多燐料或較骨粉更佳因在英國沙土並少石灰之沙土重加多燐料所得收成較遜於多石灰之土即是少石灰之沙土用加濃多燐料其效僅等於所加燐養五酸四分之一所以英國農夫論此等田地宜用骨粉或澄停二鈣養燐料而澄停二

鈣養燐料與畜糞並用可抵骨粉況價值亦廉在新開墾之溼草地用澄停二鈣養燐料或含燐鑪渣料甚合算總之用潔淨燐料於沙土或溼草地較多燐料更佳

澄停二鈣養燐料較賤於多燐料

今廠中製造多燐料之法價值昂貴而澄停二鈣養燐養五卽係復原燐料價值較賤用之合算歐洲製造鹼類物各大廠有許多淡號廢鹽強酸可與次等殭石相化製成澄停二鈣養燐料因此等殭石製造多燐料殊不合算也由此製成之料較骨灰之價值稍貴而已

不特廢鹽強酸可以有用且由次等殭石製成甚潔淨之澄停二鈣養燐料價值甚賤又有一種含燐鑪渣料此乃鍊鋼廠中可厭之廢物也

製復原燐料

各人俱有便法可製成澄停二鈣養燐料爲試驗比較之用卽以多燐料與含炭養氣之鈣養或柴灰或已濾過之灰或骨炭或骨灰相攙和則其中易化燐養五酸變爲復原雖用骨炭骨灰製成者價值亦極賤

然各人宜自省察計算蓋多燐料曾費許多工資以製成且有特別之功用若令其復原變爲澄停二鈣養燐料豈非枉費工資

惟廠中製造多燐料不甚合法者則有不易化之燐料攙雜其間而農夫受其欺此等製造燐料廠實不應如此也

易化燐養五酸自有其功效而多燐料之益處卽係其中多易化之燐養五酸也若不溶化之燐養五酸於農務實無利益

然復原或澄停二鈣養燐料既有其功用則多燐料因製造未精亦有此料何必辯論其實易化燐養五酸入土之後亦易變爲不溶化惟用之者因其在地面能從速敷布雖入土而變爲不易溶化植物已均得其益矣

田閒散布多燐料甚便與散骨粉相同既散之後燐料中易化燐養五酸易見功化學師亦曾考驗而知其功果不淺

也

地面遇多燐料處必有燐養五酸數分並有若干變爲不易溶化留於土中他處有易化者反爲雨水等沖失而竟無之也

含燐鑪渣料

近年來鑪渣中有此廢燐料可變爲復原燐料價值極賤所以農人樂用之有許多鐵鑛質含有燐少許卽如英國鐵鑛百處則有八十五處之鐵鑛其質中含燐千分之一有奇將鐵質鎔鍊而成豬鐵所有燐悉在其中如欲此豬鐵鍊成鋼必去其燐而舊時所用之法去燐甚不易蓋鋼

中有燐其性必脆也

今用泰莫斯法可令有燐豬鐵錬成佳鋼其法先鎔化豬鐵衝流入改變爐中此爐先以有鎂養之灰石塗襯之鎔化豬鐵既入此爐吹入空氣而將石灰依鐵百分之十五至二十分拋擲鐵質中並拋擲鐵養少許則空氣中之養氣與鐵中相雜之物幷合如鐵中有矽卽變為矽養二而五分之四之燐卽變為燐養五酸此二物又與石灰相合結成渣滓浮於鎔化鋼之面

鈣養燐養五並鈣養矽養二之外爐渣中尚有許多鈣養此因錬鐵時須散石灰於其上也所以此渣又謂之鹼本爐渣料石灰之外又有鐵養並鐵養三且有鋼並鐵之細屑相雜鎔化鐵之面初吹入空氣時所出之渣滓中有淨石灰甚多遇空氣而吸收養氣遂解散為粉惟鎔化既久渣滓中所含鈣養燐養五並鈣養矽養二較初時更多雖在空氣中亦不易變化此渣滓宜用磨篩法分出其鐵屑鋼屑在空氣中遇養氣而解散之一種不必磨篩卽可壅於田如田土有酸性及少石灰者更佳以其中有鐵養也散於田後稍歷時日然後播種惟尋常祗將渣料磨極細卽可散於田鑪渣料不宜製造多燐料因其中所含鐵養過多也如由此渣料用硫強酸製成多燐料必速復原而磨細之後散

於田之前往往加以硫強酸惟既加硫強酸應卽速散於田如此為之可將渣料中之淨鈣養燐養五或他種鹼本燐養五易提出然由他法而得淨燐養五或他種鹼本燐養五或較為便宜

鑪渣中質料相雜不一全恃所鍊鐵含燐多寡並鍊法善否以為定尋常鑪渣料每百分中有鈣養約五十分燐養五酸約二十分

鑪渣料中燐養五酸往往有一小分可在阿摩尼檸檬酸內溶化有時竟不能溶化惟尋常竟有一半或全數可在阿摩尼檸檬酸內溶化此渣百分中尋常有鐵養並錳養二十分矽養六分至八分並他物而燐養五酸有十九至二十分然由上等貨樣內提出者或僅得十二分或二十分有奇據云在歐洲將此渣料磨細之後而以次等料如鋁養三燐養五或磨細之殭石雜和之然查驗此等攙雜物中燐養五酸為數反較多

含燐鑪渣料賤價

近今此等鑪渣料中所得燐養五酸為數甚多匪特鎔鍊尋常豬鐵有此渣料甚多且從前以為無用之含燐鐵鑛不能鎔鍊今亦得有善法鍊成適用之鐵所以市中所得燐料亦愈多在一千八百八十九年歐洲每年依此法製成

鋼二百二十萬噸所得渣料有七十萬噸與由骨所得之鈣養燐養五相較百分中居三十六分德國奧國在一千八百八十九年共製鋼一百五十萬噸而依豬鐵百分中有燐一·五分算之可得燐養五酸一萬萬磅有一廠製鐵一萬七千六百萬磅由渣料中所得燐養五酸一千二百萬磅一千八百八十六年博士麥約計算在德國每月由此等鑪渣製成燐料四萬五千擔在一千八百八十九年據泰莫斯報告德國農家所用燐養五酸幾有三分之一由渣料得之者

鑪渣料磨甚細散於田較磨細之殭石獲效更大今因此

等鑪渣料甚多所以殭石雖磨細若塵者可無足輕重矣然由美國楷羅尼亞並乏羅里荅所出殭石尚屬可用德國衞格奈試驗之法以多燐料利益為百分則磨極細之鑪渣料居六十一分尋常磨細鑪渣料居五十八分壓碎之鑪渣料僅居十三分

鑪渣為肥料其效更勝於含燐肥料如田土有酸性及少石灰者則更佳惟所用數較多燐料加倍為妙如因磨極細成塵易飛揚可噴以水約每擔噴水一軋倫然鑪渣之性實重預以乾土或他料和之然後散於田可也

德國新開墾草地種草及苜蓿者用鑪渣料與楷尼脫和而散之可獲佳效其法卽以楷尼脫五擔與含燐鑪渣料二擔磨成粉每毛肯田第一年用之以後用楷尼脫三擔鑪渣料四分擔之三如此治理此草地所產馬料中含有許多淡氣

衞格奈在盆中種小麥莜仁米麻試驗吸收燐養五酸多寡數如下表與坎爾奈偕其門生在日本試驗種稻所得之數相符

燐養五料種類	衞格奈試驗所得數	坎爾奈試驗所得實數
鈣養燐養五	一〇〇	一〇〇
含燐鑪渣料	五〇	五三
秘魯鳥糞	三〇	三四
蒸過骨粉	一〇	五六
糞石粉	九	九

坎爾奈輪種時第一年所用鑪渣料可抵多燐料一半數與衞格奈試驗者相符惟歷數年後其效不及衞格奈記載者坎爾奈試驗之土係鬆疏含鐵之膠土多呼莫司且多雨水衞格奈以為鑪渣料中燐養五酸較骨粉更易供與植物此意或有博士不甚信之葢所用骨粉必係次等而農家實驗以骨粉為肥料最得力且衞格奈雖云鑪渣料較佳於多燐料然專用鑪渣料亦未得有大效可見其言

之不甚確也

坎爾奈在日本鬆疏含鐵之膠土，輪種苡仁米黍小麥燕麥，查得各種燐料之效如左表

	第一收成之數	第一第二收成中數	第一第二第三收成中數	四次收成中數
加濃多燐料	一〇〇	一〇〇	一〇〇	一〇〇
蒸過骨粉	七九	七八	八二	八一
澄停三鈣養燐養五	六二	六八	七五	七五
生骨粉	五六	六九	一〇八	一一三
生碎骨	五六	六四	一一三	一二二
含燐鑪渣料	五五	四六	四八	四八
骨灰	二一	二四	三八	三九

據博士之意，凡田土多含石灰者，用多燐料最宜，如少石灰者，則用骨粉骨塵含燐鑪渣料最宜，溼草地情形亦如此

鳥糞與鑪渣料相較

凡多雨地方之鳥糞，其中含淡氣並含鉀養之料，幾盡沖失，所有燐料與殭石中之燐料，大不相同，所謂殭石者，如坎拏大之阿巴台得石，鳥糞中之燐養五酸，散於地土，爲植物根並炭養水易消化，此鳥糞磨甚細，可用於各種地土，每一英畝，五百至六百磅，儻土中多呼莫司，如新開墾之草地，種蘿蔔燕麥者，用此鳥糞與骨炭骨粉相等，或竟勝之，磨細之後，可與和合肥料相和，如成堆之畜糞，或載運和合肥料時，散於其上，而近年來鳥糞用度漸減，因鑪渣料價廉易得也，然農夫取鳥糞便捷者，用之亦可

鳥糞百分中有淡氣〇·五至〇·七五，惟此淡氣並鹽類物，爲雨水沖失，故其中燐養五物極微，加入强酸變化甚易，如不加强酸，亦即可散於田間

糞石之名，似不甚切，因所含燐料之來源，尚未明知，如桑勃來羅石，苦勒稍石，里唐特石等，均謂爲鳥糞所成，然考究之，或竟無生物質，所有燐料竟盡係金石類，此等料不

先用化學法鍊之，不可遽於田，且與的確之含燐鳥糞大不相同，如密聚羅納斯島、毛爾騰島、司他勃克島、蘭斯批特島所有鳥糞，名副其實

總之金石類燐料，可分二等，一爲輭，一爲硬，輭者來自乏羅里岧等處，卽可用，硬者係石塊，以前名爲糞石，而坎拏大之阿巴台得石，西班牙之燐養五石，亦均屬此等，近來輭者可得甚多，而硬者須用强酸料理，所以農家不必留意也

田中試驗含燐石料

近來有人屢將含燐之石磨細試驗，而知並非盡係無用

之物然遠不如多燐料含燐鑪渣料之品性福爾克以此等料在田間試驗其土宜種蘿蔔面土有十八寸是沙與土相雜者每百分中有鈣養炭養$_{二}$一分下層係顆粒甚細之泥土所種者係瑞典蘿蔔此等土如不加肥料每一英畝產蘿蔔十八擔如每畝加糞石粉六·三三擔則產物增三·五噸如加磨甚細之里唐特燐養$_{五}$料十擔則增五·五噸如加糞石所製之多燐料五擔則所增上等蘿蔔較用相等價值磨細糞石六·五擔所獲收成有加倍之數如將糞石粉六·五擔與腐爛之畜糞十噸相和壅於田則增產物七·三三噸較用同數之畜糞及由糞石製成之多燐料更

佳用畜糞二十噸所得之效不能過於用畜糞十噸並糞石粉六·五擔之效也

收成增數最多者有蘿蔔九噸係用糞石多燐料三擔並秘魯鳥糞二·五擔如用製造直辣的尼廠澄停燐料四·五擔則增收成五·三三噸用骨粉所製之多燐料三·五擔所增數稍過之祇用生骨粉三擔則收成僅增一·五噸餘

次年又試種蘿蔔於輕鬆深沙土其土含鈣養鋁養$_{三}$甚少而鐵養甚多在深土中尤多此土不加肥料每畝得蘿蔔一九·五噸加以糞石粉五擔則產物增六噸加磨細里唐特殭石料五擔則增七噸加澄停燐料四擔則增二噸加

骨粉四擔則增五·五噸加糞石多燐料五擔則增七·七五噸加骨粉所製之多燐料三擔則增七噸加糞石燐料三擔並鳥糞二·五擔則增七·五噸批脫曼言凡含燐殭石料中有鈣養炭養$_{二}$者用之似不宜

他法化骨粉

除用硫强酸化骨粉外更有他法從前不用多燐料之時歐洲農夫常以骨粉堆積一處陸續加清水或溺或畜廄流質令其溼潤發酵更有加溼木屑又用泥土二三分合骨粉一分又或泥土與柴灰相和而入堆中歷數月恆以清水或畜廄流質潤之種馬料之田即用此法製成之肥料

約每畝需三四十斗爲足數而耕犁之田則用二十至二十五斗餘

凡骨料用錘碎之與土相和堆積一處加以糞水清水令其發酵發酵之後則爲宜於根物之肥料英國農夫狄更生在塞雷省含白石粉並火石之瘠土常用此等自製之肥料即是將磨細骨料八斗與煤灰二十四斗相和成小堆積又將廚房所棄之穢水灑溼之歷數月之後則展開一二日令其乾然後和蘿蔔子用撒子車播種於田閒各槽內每一小堆積之料足爲一英畝之用此肥料較磨細骨更得力況磨細骨在此等田中殊覺無濟

博士潑山由試驗而知壓碎骨發酵所成之肥料甚便捷且價值亦廉卽以碎骨與溼潤之草煤灰成堆積遂發熱不數日骨料已化而不見欲查考其變化是否全賴草煤灰則以肥料作爲三堆第一堆係溼碎骨一車與草煤灰二車相和第二堆係溼碎骨一車與尋常煤灰二車相和第三堆係溼碎骨一車與由地土中掘起之瘠沙二車相和此三堆不數日後均發熱手不能入其後各堆中骨料均不見惟近堆面約五六寸尚未改變此因在外面熱度不足也而堆中亦有數塊消化未盡之骨

欲令發酵甚猛則堆中骨料等物爲數須多且宜溼如此製成之料其功效在種蘿蔔得之

次年以發酵骨料與尋常骨料並由骨製成多燐料試驗卽將碎骨一車先令其溼乃與瘠沙半車相和成堆待其發熱數日後卽可用當發熱時其堆每高四尺低陷一尺試種蘿蔔情形如左表

每畝用肥料斗數	肥料價值	收成噸數	擔數
無肥料	○·○○圓	五	
碎骨一七·○○	二·二五	一三	五
碎骨二五·五○	一六·八○	一四	五
發酵骨料八·五○	五·○○	一三	五
發酵骨料一二·七五	七·四○	一七	一
由骨製成多燐料四·二五	五·五○	一四	五
由骨製成多燐料七·五○	七·四○	一四	五

更有一年於晚種蘿蔔獲效如左表

由骨製成多燐料五·二五	八·九○	一六	一三
發酵骨料八·○○	五·二五	一三	一四
無肥料		一	

上表中發酵骨料係藏於小堆內所以未盡化分更有將骨料藏於大堆中發酵甚佳其效等於多燐料

由骨製成多燐料五·二五	八·九○	一五	一四
發酵骨料八·○○	五·二五	一五	一二

鄰近農夫從潑山之言以骨料與煤灰相和令其發酵查得生碎骨十六斗發酵骨料四斗由骨製成多燐料二斗各試種瑞典蘿蔔獲效均同潑山更加研究知依此法料理發酵之後其肥料之力加數倍費工亦甚少大約每一英畝之蘿蔔如用骨料五斗至八斗其初獲效以遜於多燐料蓋多燐料初壅於田卽能令蘿蔔發達甚速所以晚種之蘿蔔於多燐料甚相宜在第一表中功效最大者其初效甚不及用多燐料之植物豫備此等骨料事卽在田閒爲之而用此田土不用沙泥煤灰亦可

潑山又用碎骨與草煤灰煤灰沙土呼莫司木屑試驗如果堆積均勻其發酵之功皆相同而小堆積宜緊密否則發酵不如大堆積然小堆積即使緊密究不甚佳無論所和之料如何必須鬆疏極細而又溼潤其骨料亦宜含水甚足且磨研甚細則化分較粗者更速凡煮過之骨其發熱並化分不及生骨之佳而堆積愈大者似更佳即是貨料四車成一堆積較分爲四堆者更佳又堆中發酵在堆面一尺之內故欲其全發酵即在堆外加相同之料厚一尺所用煤灰或沙土依骨數之半有一人業此者謂余云曾以骨成大堆積二星期後翻轉加水將滿一月查堆中未盡化分之骨料甚少

尚有發酵妙法用廢羊毛與骨屑相和成堆則發酵甚速

骨料發酵時耗失阿摩尼

骨粉在土中化分甚速爲肥料甚合宜然發酵時骨中淡氣必耗失數分德國人名烏爾勃里脫將細骨粉五百五十磅與畜廄流質一百磅相和後又加淨土一千磅鋪於地厚八寸任其自然發酵初時熱度法倫海寒暑表六十三度而二十四小時之後有一百十七度此時阿摩尼並水汽騰散甚速至四十八小時之後有一百二十九度嗣後熱度漸減又閱一星期竟無阿摩尼氣味

烏爾勃里脫將試驗此料時查知其淡氣之多寡當發酵時又時時查考之因知發酵第一第二日骨粉中之淡氣耗失百分之十六惟以後耗失數甚少於是知發酵稍緩則淡氣耗失必愈少如欲其發酵遲緩即將所和之土並草煤分數加多德國農夫闊斯脫之意欲免阿摩尼耗失即於堆上蓋以多燐料然如此爲之易化之燐養五酸變爲不易溶化

在德國有將全骨與骨粉令其發酵之法先以骨浸於清水數日乃盛於窖中與馬糞相間成層並令其溼潤每層骨料約厚三寸每層馬糞約厚十二寸最上層蓋以泥土如是閱十月骨料已盡化分可散於田

當初英國諾福省亦常以畜糞與骨粉相和令其化分即於地面鋪骨粉一層上蓋畜廄肥料其上又加骨粉如此堆積漸高成尖頂形再加泥土一層可免阿摩尼之耗失並免爲雨所淋

鹼類與骨相關

美國又有數法用柴灰與骨料相和令其化分百餘年前農學博士亨脫查知灰與骨相攪和是一妙法可用柴灰一車以骨三四十斗和之在二十四小時內已發熱有氣若霧即翻轉之至十日之後此料甚合宜於田間植物如

骨料不能多得，即用甚大之圓桶，盛骨與灰相間成層，並令其溼，須歷數月，如骨甚少，即以濃鹼水煮骨，此鹼水或用鉀養化於水，或用柴灰濾之，此法在田莊爲之甚易，且省費用

有一法如下，加濾過柴灰含畧淡之鹼水於大鍋內，燒若干時，此水變濃，以骨入之，將鍋中混濁流質與柴灰和乾，散於種珍珠米田甚合宜，更佳者，將此有鹼性之料，灌於蔓草或他種草上，令植物料發酵，此事在製和肥料節內再論之

鉀養與骨相關

骨料用鉀養水料理，較用鉀養炭養尤佳，可用鉀養一分，以水二分化之，加以骨料，任其自然，閱一星期後，再加水，將變爲濃白沫流質，此因骨中哇西以尼並骨中土質與鹼性相和甚均故也，如用鉀養炭養並新石灰與水相和，亦有此情形，博士格爾哈脫用骨四千磅，柴灰四千磅，新石灰六百磅，並清水四千五百磅，先掘地成二窖，深二尺，周圍襯木板，乃以預備之水數分與石灰相化，後以柴灰和之，第一窖內係盛骨二千餘磅，與柴灰等料相間成層，並令其溼

此料在窖內，任其自然，時加水溼之，除化新石灰所用之水外，共用水三千六百磅，待骨料變輭，用指可擠碎，即取出，置於第二窖內，又以骨料二千磅與變輭骨料相間成層，後擾和之，任其發酵，待骨料全數變輭，用器取出，與乾土或草煤土四千磅相和，便於散布，此肥料中有燐養五酸八百八十磅，鉀養三百四十磅，淡氣一百六十磅，是爲一種賤價之佳燐料，惟美國工資甚昂，第二窖之法，可不必爲也

美國有一法更佳，即用美國自製之一種粗鉀養，代柴灰石灰，農家曾試驗得良效，有一農夫將大塊鉀養錘細，傾於大鍋中沸水內，後以此濃鹼水灌於倉地所鋪之粗骨

粉上，每骨粉四五磅，合鉀養一磅，初時鹼水遇骨，即發熱氣，數星期內常翻轉之，後即可用

如此料理骨，變爲極輭，用指執之即分散，此肥料培壅草莓、捲心菜、葡萄、梨樹甚宜，麻賽楚賽茲省康克地方農學博士亨脫，每年用鉀養一噸與骨粉相和，據云此肥料甚佳

此料理法亦有不便，因鉀養所成之鹼水，須極留意，此博士查得鉀養較硫强酸料理法更賤，所成肥料，亦較以前所用多燐料更爲相宜，此博士常散石膏粉於濃鹼水與骨粉相和發熱時，肥料既成之後，又散石膏粉少許，然有

人以爲此法不善、因石膏粉能阻鉀養水與骨之變化、所以骨粉置於窖中、用鉀養水灌入、卽用黃沙土散之

所需骨料如不能多得、卽以全骨浸於鉀養水而煮之、令其化分、然後將此流質與草莓或野草攙和壅於田、此法甚便、因田莊或鄉村易得之骨料並角料、均可用之

如骨粉多者、可作成堆或成層、用極熱鹼類水灌之、骨粉與溼柴灰相和後、變化甚速、或言歷數小時已成功、又有一法、以生骨粉一大桶、並乾柴灰三大桶、堆積於倉地、由漸加水十軋倫、用鋤翻和之、據尼克爾斯之意、每英畝用此等料五桶、無論何種植物、此數均已足用、且甚合宜、價

農務全書 上編 卷十一

值亦廉、惟用此法最宜於高地、其地先用畜糞一半之數、耕犁入土、更有一法、用細骨粉五桶、與柴灰五桶相和、然後加足數之水、取乾土蓋之、任其發酵、歷三星期、隨時查察、如嫌乾、可稍加水、如用全骨與柴灰相和、則歷時應久、此皆爲甚佳且賤之肥料也

下法來自德國、其實來自俄國、先掘一窖、深三四尺、置柴灰並全骨、相間成層、每層約厚六寸、最低最高層係柴灰、凡柴灰層均含水甚足、每相距三尺許、有一樁、八日或十日之後、將此樁拔起、而灌以水、兩月之後、骨料數分已軟、乃翻轉、又令其發酵、閱五月、共翻轉三次、除最大之腿骨外、悉已化分、此未盡化分之骨、置他處、將來仍可用也

田閒試驗發酵骨料

下爲德國博士雷孟試驗用鹼類發酵骨料之事、凡四年、每年種穀類、而肥料盡在第一年春閒壅之、故次年收成、卽可見骨粉之力能歷久、有一號試驗用多燐料、餘皆以骨粉與助肥料相和、而用濃鹼水令其溼、可擠緊成團、放鬆仍散、既發酵後、散於田閒

下表係每德田一畝產實磅數

農務全書 上編 卷十一

年	穀類	無肥料	骨粉十擔	骨粉十擔硫強酸二擔	骨粉十擔鈉養淡養四擔	骨粉十擔木屑五擔	骨粉十擔秘魯鳥糞五擔四十磅
		收成磅數					
一千八百五十八年	燕麥	八八〇	一二四〇	一三八〇	二六八〇	三〇〇〇	三〇八〇
一千八百五十九年	燕麥	一九八〇	二四二〇	二六六〇	二四四〇	二六四〇	三〇四〇
一千八百六十年	大麥	一九〇〇	二四六〇	三二〇〇	三五六〇	三四八〇	三八〇〇
一千八百六十一年	苜蓿	一八四〇	二三六〇	三三六〇	二一六〇	二一七六	二三八〇
共數		六六〇〇	八四八〇	一〇五六〇	一〇八四〇	一一五九六	一二三〇〇
		穀藁穀殼數					
一千八百五十八年	燕麥	五七〇〇	六七八〇	七七八〇	六六八〇	七四〇〇	七二〇〇
一千八百五十九年	燕麥	五四二〇	六三八〇	七四二〇	七五二〇	七四四〇	八三〇〇
一千八百六十年	大麥	二九八〇	三四二〇	四一〇〇	四三六〇	四二〇〇	四五六〇

一千八百六十一年	苡菜	二九〇〇	三三六〇	三〇四〇	三三〇〇	三三四〇	三三四〇
共數		一七〇〇〇	一九四〇	二三三四〇	二二七六〇	二三三八〇	二三〇四〇
四年收成獲利共數		一〇八圓	一三三圓	一五三圓	一四四圓	一七一圓	一六八圓

由上表觀之，則知加肥料之後，穀實並藁殼之數均增多。且加有淡氣之助肥料，其效更大。雖加賤價之木屑，亦可令骨粉之力速發。第一年天氣旱燥，所種燕麥，不加肥料及但加骨粉者，受害最重。

福爾克在輕鬆地土種蘿蔔，有甚佳法，卽將畜糞與骨粉相間成層，而成堆積。未種蘿蔔三四月前，任其發酵，然後用之。英國有數處農家，專用此等肥料，以爲最合宜。每一英畝用骨粉六斗至八斗，將此骨粉堆於田隅，以畜糞散於地，畧厚一層，於是散骨粉畧薄一層，如是層層相間。撒蘿蔔子前約一月，翻轉之，則見骨粉已化分，與畜糞相和甚均。

如輕鬆地土含生物質甚少，不能專用多燐料或骨粉，則上所云之肥料甚合宜。英國或無上法可試，而欲種蘿蔔於輕鬆地者，卽取堆高之畜糞用之，然後撒子於槽中，再加鳥糞或多燐料二三擔。又有人言骨粉用硫强酸畧消化者，較由殭石製成之多燐料更佳。如以鳥糞與多燐料對分相和，則較此二種獨用尤妙。

鈣養化分骨料

德國曾試用新石灰以代鉀養化分骨料，卽尋常骨料未煮過，未錘碎者，堆積厚六寸，用新石灰亦六寸蓋之。又將黃沙土蓋於上，依此法相間成層，堆積漸高。再蓋泥土，稍厚一層，乃鑿洞灌水，令石灰化散。所用石灰數較骨數須加倍。

如此料理用骨料八千磅，在八星期內發酵甚猛，有熱氣匪特因水入石灰，且因石灰與骨變化故也。發酵既止之後，骨料變爲鬆脆，於是翻轉以和之。

博士批脫斯數年前言骨料與新石灰並鉀養硫養合成之肥料，用諸田地甚合宜。若用新石灰並含鉀養之鹽類，如鉀養綠養相和，亦可。夫化骨之法，爲田莊之要務，宜詳細考究者。

試驗土中燐養料

各土所含燐養，人皆知爲肥料中最要之物，除淡氣並鉀養外，卽爲各種石內所有甚微之燐養料。此等石化散之後，此料卽散布於土中。

此事可用花盆種法試驗，自可無疑。如種植物於盆中，所用泥土係敲碎之石質，後查植物子中有燐，且有石變成之土所生野植物其中均有燐養五酸雖宇宙開萬物所含燐養五酸廣布極大而石中所有者實不爲多所以土中雖有此料而植物吸取甚速易盡可見此爲補養植物之貴品也

美國南省西省新開墾之地土甚肥沃全賴其土中有燐養五酸並石灰也舊金山省並其近處之地土雖雨水甚少而土中所有燐養五酸亦不多惟鉀養鈣養鎂養甚多所以博士早知該地將來必需燐料至今斯言果驗總言之凡可耕種之地土所有燐料終不敷植物所需且有土雖含此料均係難溶化者須加他料令其溶化然後植物可得

其益

據博士休爾茄言美國溼處佳土百分中其中數有燐養五酸〇·一一三乾燥處有〇·一一七歐洲化學師言可耕種之土百分中有燐養五酸〇·一至〇·二以此數計之每英畝有燐養五酸三千五百至七千磅美國南方及西省地土均係新開墾者休爾茄言此含沙黃土百分中必有燐養五酸〇·一但加以石灰可歷八年至十五年不必再加他肥料如不加石灰土中縱有加倍之燐養五酸亦不過歷十五年耳

尋常計算由化學師考驗土中所有燐養五酸之數不能悉

爲植物利用必賴土中水化之然後植物根能吸取余曾目覩田間試驗肥料事其土本含有燐養五酸〇·一二五又加以含燐肥料因治理不合法未獲大效特海蘭查得土中有燐養五酸〇·一二七者因加肥料不合法亦無大效更有二農夫在有燐養五酸〇·一二之地土加多燐料而合法者收成甚豐

試驗土中燐料功效

特海蘭將含燐料之土與醋酸同燒而查其燐料易化或否此醋酸本能溶化二鈣養燐料骨燐料殭石燐料惟燐料中有鐵並鋁養則難溶化將各種土用此法試驗則知

有一等農夫雖加含燐肥料而不獲其益者如用熱醋酸可從此等土中提出燐養五酸〇·〇三至〇·〇九依此算之此土每英畝含有燐養五酸一千至三千磅有奇取埃及國那爾江之泥土用熱醋酸化分之每百分中可提出燐養五酸〇·〇六五然又將他處運來之土含燐料有〇·一者用熱醋酸提出燐養五酸極微而加多燐料之後則得小麥收成三倍總言之畜糞及牧場肥料市肆出售之肥料其中所有最貴重之料爲燐養五酸

特海蘭查得以上各情形而言凡土中有燐養五酸不及〇·一之數者可加燐料且土中雖有燐養五酸爲數較多而用

熱醋酸不能提出○·○二者亦須加以燐料又言以熱醋酸試驗所提出之燐養五酸每英畝不及四百五十磅須加燐料如提出燐養五酸過此數則不必加燐料但加石灰可也

特海蘭之意凡土中有燐養五酸過於○·一而以醋酸試驗可提出○·○二至○·○三者則不必加燐料土層足其厚度者每英畝必有燐養五酸八九百磅之數均可用醋酸化之所以依其意凡田中多加牧場肥料其土中燐養五酸均易溶化因所加肥料中本有含鹼性之炭養二料可令土中之燐料洩放溶化儻不用牧場肥料則土中之燐養五酸不能變爲易溶化然此等田既加含燐之肥料不必再加牧場肥料因此二種肥料之功效相同也

博士達學亦如此考究用淡橢檬酸提出土中燐養五酸而記其多寡此博士言凡土中提出之燐養五酸不及○·○一之數者須加含燐肥料所用之橢檬酸水係凝結顆粒之橢檬酸一分加於水百分中

休爾茄試驗法將土浸於鹽强酸內閱五日此酸有重性一·一一五之數即在此五日內將鹽强酸並土共置於夾水器內熱之依此法試驗之效高地之土燐養五最多者百分中僅有○·二五此高地如美國脫奈西及密西西比省而沿密西西比江之低地土查得燐養五酸有○·三南省塔克雪斯黑土平原可提出燐養五酸○·四六

凡土中除含燐鹽類外更有燐之原質與生物質相合有化學師以溼草地土用强酸試驗所得燐養五酸數不及先將此土燒成灰然後以强酸與此灰試驗而得之數可見土中燐之原質與生物質相合强酸不易化分既燒之後即吸收養氣而變爲燐養五酸乃能化分之蓋燐之原質本不易化而與動植物體之賽爾中蛋白類質相合强酸更不能化分惟令其吸收養氣然後在水中可流動也

礓石中燐養五酸本與石灰相合即鈣養燐養五或與鋁養三或與鐵養相合由石中所得之鈣養燐養五在清水中並非盡不能溶化如水含有炭養二氣者難溶化在中立性之鹽類並有生物料之水中亦難溶化凡炭養二氣並矽養二與鹼類相合之物則助其溶化如在土中此鈣養燐養五往往變爲更不易化之鐵養燐養五所以化學家再三設法須令鐵養燐養五易溶化則農家獲益匪淺法人辭合早已言鐵養燐養五在炭養二氣之水中可溶化而近來拱脫斯指明土中呼莫司與鐵養三燐養五有愛力可使此燐養五料化分即是此呼莫司可令鐵養三燐養五變爲鐵養燐養五蓋呼莫司收吸鐵養三之養二分即自變爲酸性然後此酸性呼莫司攻取鐵養

而將燐養五洩放，批脫斯又言土中必須有中立性或鹼性鹽類物，然後可洩放燐料

江海水中燐養五料

骨中之鈣養燐養五在土中自化較易，故以强酸化分骨料，較化分殭石者，反不合算

江河之水常將土中燐養五料沖運入海，雖因燐料難溶化，其數甚微，然總計之則甚鉅，此燐料入海洋，供與海水中植物並動物之用，近來農家稍以魚廢料海帶菜並海鳥糞壅田，即是取海中燐料反回於田地

海洋為取燐養五酸無窮之處，然取而置諸田，甚為不便，將

來有教化之邦，農務講求愈精，則得此等利益必大，即如從海帶菜中常提出其灰中各料，並淡氣亦係由海水中來也，荷蘭國常在七八月之間，取池中之萍藻堆積過冬，至春間將此腐爛植物壅於田，約厚一寸，而種豌豆黃豆等，其種子發芽甚速，生長亦佳

歐洲美洲均有一種水草，人皆厭之，其實此草有功於農務不淺，因此草能吸收水中之燐養五酸並他種有益於植物之料，所以有人取此水草令其腐爛或燒成灰，而取其中之有用各料，凡港河之水流不急者，其河底多生此水草並他種植物甚盛，然因此水流愈緩，在歐洲之運河並緩流之江河每年割此水草二三次，堆積於岸，以免隨水流至灣曲處阻留，漸成橫沙之弊，在美國之運河，則用割禾機器割此水草，近此江河之農夫應取此草料壅田

歐洲農家將水草耕覆入土，作為青肥料，其效速而不能久，更有水草為大風浪吹卷至岸者，農家取而用之甚便，若割取此草於水底，其費甚鉅，博士飛德薄更云，新鮮萍草百分中有淡氣〇·四，鉀養〇·四三，燐養五酸〇·一四，又查得此草百分中有水七十七分，生物質十八分

博士好夫買斯脫查得新鮮萍草內有乾料十二分，而在此草淨灰百分中查有鉀養十七至十九分，燐養五酸六至

九分，鈣養二十二分，此萍草初出於水時，有一層土質包圍，不易洗去，所以燒成灰，其數更多，其乾料重數五分之一均係灰，而各處港河所產此種植物，其包圍之土質各有不同，以萍草飼畜甚有益，且喜食之，因所含質料與紅苜蓿相同也，夫燐養五酸在植物之種子中存儲最多，凡果自初生至成熟時，燐養五酸即由枝葉運入之

前言含燐鑪渣料，亦係取海水中燐料以壅田也，因里阿司地層（里阿司石係埋於青色土中成厚層之灰石，含有許多生物質，均已變成殭石，又有魚骨料，其最多者係甚大之水族，如黿鼉之類，此層上為卵石，下為紅沙石）並煤層有鐵鑛質者，其鐵中有燐，此乃水族動物吸取燐料，後與鐵質相和，當在成

地球最初之時，卽是海底含鐵質之爛泥中，有無數微生物由海水中吸收燐料，後來含鐵質之土並微生物，既乾且堅，遂為鐵鑛，而鐵質中遂有燐料，又有殭石料亦係由海族動物或植物結成，或以為由他處鳥糞沖運至此而澄停者

燐養五酸價值

市中燐料價值，視所含燐養五酸多寡以為定，而殭石中之燐養五酸較他種更多，所以購此料散於有呼莫司之土，或加以硫強酸與他肥料並用，則為合算，其次係含燐鑪渣料為鍊鋼廠中廢料，故價值甚賤，市中骨灰之價值亦賤，

且無增減各燐料之價值，可以此為準，從前抱絲敦地方，則以製糖廠用過廢骨炭屑為各燐料價值之準，如骨炭每噸價值二十七圓者，卽合每磅價值一分，又合每磅燐養五酸價值四五分，因此骨炭百分中有燐養五酸三十分也，多燐料中之燐養五酸價值須照骨炭或骨灰中之燐養五酸價值為準，因農家亦能用骨炭自製多燐料也，在一千八百七十三年，此多燐料中之燐養五酸，每磅價值一角三分，當估計價值時，英國德國有易溶化之燐養五酸，卽多燐料，依此價值一角三分，運至美國，後來此價減至一角，後又減至六分

除多燐料外他種易化之燐料

德國近來欲令農家用鉀養燐養五並阿摩尼燐養五而代鈣養多燐料，所以市中有此貨物，其分劑可保無誤，第一號百分中有易溶化燐養五三十六至三十八分，並易化鉀養二十六至二十八分，第二號貨百分中有燐養五二十五分，並鉀養二十五分，淡氣十分，此兩號貨物均有酸性，因思此等用化學製成之料，將來必勝過天然所成者，惟此等易化之鹼性燐養五料，不宜於土中本有鹼性之物，如鈣養者，坎爾奈曾在火山噴出料所成之土試驗此事，其土多鐵養矽養及鋁養矽養者，如加鈉養燐養五料，則較遜於加

澄停二鈣養燐料，並鈣養多燐料，蓋鈉養燐養五料用於此土，以後產物較用鈣養燐料之收成為少，卽是植物所得燐養五酸較少也，儻不得已而用鈉養燐養五料，則乾散為宜，加化於水灌入土，卽與鐵並鋁養相合，變為鐵養燐養五鋁養三燐養五，此為甚難溶化之物

田莊出售燐養五之數

博士克羅斯言，德國有一田莊廣六百七十英畝，係肥沃佳黃沙土，下層有粗沙，故水之滲漏甚合宜，又有佳草地一百二十畝，此田十六年輪種，第一年種製油之菜，二年種小麥，三年種豌豆，四年種燕麥，五年種番薯，六年種苜

仁米七年種苜蓿八年種燕麥九年種大麥十年種蘿蔔十一年種燕麥十二年種苡仁米十三年種苜蓿十四年種燕麥十五年種大麥十六年種白苜蓿此十六年內其加牧場肥料四次每次加八十至九十五車每車有一千六百五十磅

二次輪種其資本並產物均詳細記錄而以五年爲一期產物之數固有增而實與稭所增數並不相同即是後來數年所增稭料爲多下表即載明燕麥情形

	稭捆數	每稭百捆所得實數
一千八百二十六至三十年	四二五〇	一六六
一千八百三十一至三十五年	五三七九	一七〇
一千八百三十六至四十年	五三六三	一五四
一千八百四十一至四十五年	六八七五	一四〇
一千八百四十六至五十年	八四一七	一五六
一千八百五十一至五十五年	七〇八二	一二一
一千八百五十六至六十年	七八八一	一二五

末次十六年內即自一千八百四十五至六十年產物共數中有燐養五酸九八五·六七擔將其實出售外尚餘稭料等其中所有燐養五酸四〇八·三三擔仍反回於田內而田中燐養五酸失去五七七·三四擔可見末年產實減少因此故也

在華爾特田莊所加燐養五酸並鉀養較失去之數更多下表係三年間出售之燐養五酸與加入之數相較

燐養五酸出售數	一千八百六十至六十一年	一千八百六十一至六十二年	一千八百六十二至六十三年
	磅數	磅數	磅數
出售產物	一〇四〇	一一六七	七九七
甲 出售畜	一三二	二八七	七九〇
乙 出售牛乳	八七	一一五	一三七
丙 出售羊毛	一	一	
出售共數	一二六〇	一五七九	一七二五
燐養五酸加入數	一千八百六十至六十一年	一千八百六十一至六十二年	一千八百六十二至六十三年
	磅數	磅數	磅數
購進食料	八九七	四六三	四六八
田中所產草料	二六八五	二七五七	一七九〇
購進肥料	一四〇五	二一八一	
加入共數	四九八八	五四〇一	二二五八
兩項相較進項多數	三七二八	三八二二	五三三

法國農家用骨炭

法國農家取製糖廠用過之骨炭爲肥料歷年已久此與英國用骨粉及後來用鈣養多燐料同意法人所用骨炭並非專取諸本國糖廠美國奧國所有者亦購用之

法國農家用骨炭而不願用骨粉不解其故其始由本國糖廠所得較佳廢骨炭固有利益後來竟用次等骨炭而不願用他種

法國用骨炭均爲次等植物如蕎麥所需而骨炭亦爲次等貨惟有酸性可化土中存儲之燐養五酸由此思之其地土情形反以次等骨炭爲宜然今燐養五酸在法國價值亦賤故種蕎麥者亦用之且法國瘠土曾試用磨細之含燐礓石料甚佳惟往時用骨炭法亦有許多益處農學生應考究之

骨炭新製成時百分中有炭質八至十分而此炭質中有淡氣十分之一燒骨炭至紅熱度時其中有阿摩尼數分騰散而以水涼之遂爲含淡氣之炭質然植物吸取此和物較難殊不得其益夫以新骨炭爲肥料者其功效在其中之骨灰也骨炭並骨灰中之骨土均係鬆散植物根鬚放出酸汁易化而吸取之且地土中之水亦含有化學料可感動之然骨灰並骨土並無易腐爛之哇西以尼故用作肥料卽稍不易溶化而功效亦稍淺

法國農家所用骨炭並非新製成者然因製糖廠用以濾糖之後含有糖中之穢物或糖廠中曾用畜血以提淨糖中雜質則用過之骨炭中雜物質甚多並有凝結之血塊則此骨炭百分中有淡氣八至十分或竟至十四分而尋常骨炭中所有淡氣不過此數三分之一此等骨炭可與尋常骨粉相比較

近來糖廠中所用骨炭顆粒甚粗而從前竟似細粉於農務更合宜又可取糖廠中凝結之畜血與糖中提出之穢物相雜者並稍有骨炭用作肥料甚有力因其中有許多淡氣所以近糖廠之農家應留意斯事惟畜血爲數不多切不可誤以爲廢骨炭也

如糖不用血提淨則骨炭將吸收糖中有膠蛪含淡氣之物以前法國農夫購此等骨炭與購有血者相等骨炭不特吸收糖之顏色料並膠蛪料又將吸收糖中所有之石灰並含石灰料此等料由溶化糖時所用之水入之又因提出糖中之酸性須用石灰之故卽如甘蔗糖初成時須加石灰水且未與骨炭相遇之糖亦須加石灰水由此可見糖中有石灰之源

一千八百五十七年據博士蔓勒古梯言法國奈脫糖廠所出廢骨炭百分中有淡氣二至三分鈣養燐養五五十四

至六十分鈣養炭養二四至六分此骨炭係極細成粉由俄國並美國來之骨炭糖廠用過之後百分中之淡氣罕有至一分者惟鈣養燐養五有七十至八十分鈣養炭養二八至十分

今時廢骨炭中無淡氣

由糖廠所出廢骨炭近年來淡氣甚少因糖廠中將此骨炭屢次重蒸而盡其濾糖之力其法將用過之骨炭以清水洗淨復置於鐵桶內再蒸之紅菜頭糖汁中不潔物較甘蔗糖所有者為多故提淨時必須多加石灰水而用過之廢骨炭中穢物亦較多欲復用之更宜小心料理尋常

將此已用過之骨炭浸於淡鹽強酸內提棄所含之石灰並鈣養炭養此強酸不特提棄石灰料又將吸收炭中骨土少許先將所成鈣綠並餘多強酸漂洗出之乃令骨炭發酵以化散其中之蛋白類質後又與鈉養水或鈉養炭養水相和令蛋白類質並鈣養硫養三即石膏溶化提出否則將阻塞炭質之空隙

骨炭用清水洗淨重蒸後令其發酵並用鹼性水去其生物質否則重蒸骨炭細空隙變為堅硬而減吸收顏色之力又因空隙中有炭屑阻塞致失功用須篩棄其極細屑售與農家又常於骨炭蒸熱時將鹽強酸乾氣灌入其中

以後所成之鈣綠用水洗去惟製甘蔗糖廠中僅將廢骨炭重蒸篩棄極細屑而已

今農家所用骨炭即篩棄之細屑此料百分中有燐養五酸三十分由他國運來之骨炭往往重蒸過而未加畜血法國所用骨炭並不重蒸故農家可多得之然近來亦有重蒸者糖廠中將骨炭蒸過一次之後甚願出售因已失其功用而他處大糖廠設法考究必將骨炭屢次蒸過祗以無用之極細屑出售而已

法國糖廠所出骨炭極細屑可為種蕎麥之用而奈脫糖廠所出者幾盡屬此用法國西省倍脫奈之地土多花剛

石料故甚瘠先種蕎麥以備後種小麥而種蕎麥時即將田間蔓草耕覆入土則以後可種小麥

法國農學博士之意將粗號廢骨炭用於新開墾之地土因粗骨炭中淡氣甚少而炭養氣並廢植物合成之他種酸性可將土中鈣養燐養五洩放博士蔓勒古梯言法國廢骨炭中所含之糖亦有益於農務其意地土中鈣養燐養五與乾血相和為肥料其功效較遜於廢骨炭與鈣養燐養五並淡氣相和也儻此廢骨炭中稍有糖可令其在土中發酵成醋酸並乳酸等由此土中鈣養燐養五變為易溶化植物根可吸取

骨炭為肥料較骨粉之功效歷時更久數年後尚能獲益且骨粉功效遲緩而農夫既費資本於土內莫不希望速獲利益肥料價貴者則尤甚

所以英國或他國考究農務者不特骨粉無用處即骨炭亦不甚重之如法國骨炭用度亦不及從前均願以多燐料代之而種蕎麥尤以多燐料為不可少

除糖廠用過之骨炭外更有一處可得骨炭生鐵廠是也生鐵廠中鑄小件鐵器欲令其面堅硬成鋼則埋於骨粉中用火燒之令鐵器之面吸收炭質變成鋼磨擦光亮可觀而器中鐵質仍不失原有之性如此骨粉已成骨炭用

過之後廢棄之或賤價出售

燐養五物溶化度

博士惠靈敦曾考得澄停潔淨三鈣養燐養五在炭養二酸水一千七百八十九分中可溶化一分當時法倫海寒暑表五十度風雨表二九五三五寸祗有一次查得最易溶化之數亦須炭養二酸水一千五百四十分始能溶化一分如炭養二酸水一盃以試紙試之則紙變紅色乃加三鈣養燐養五少許於此水中以他試紙試之其色更紅可見炭養二酸水已化鈣養少許而將燐養五少許洩放

惠靈敦試驗表如下

試驗溼澄停三鈣養燐養五

試驗之物	所用流質	風雨表寸數	法倫海寒暑表度數	燐料一分溶化於流質中之分數
澄停潔淨三鈣養燐養五	冷沸水		四四·五	八九四四九
澄停潔淨三鈣養燐養五	冷沸水加淡輕四綠百分之一		五〇·〇	一九六二九
澄停潔淨三鈣養燐養五	冷沸水加淡輕四綠百分之一〇		六二·五	四三三五
澄停潔淨三鈣養燐養五	含足炭養二氣之水	二九·五八五	五〇·〇	一七八九
澄停潔淨三鈣養燐養五	含足炭養二氣水加淡輕四綠百分之一	二九·三四八	五三·五	一三五二
澄停潔淨三鈣養燐養五加鈣養炭養二	含足炭養二氣之水	二九·七七六	六九·八	四二三一四
澄停潔淨三鈣養燐養五加鈣養炭養二	含足炭養二氣水加淡輕四綠百分之一	二九·三七八	六〇·八	一八五五三
鈣養炭養二	含足炭養二氣之水	二九·四六三	七〇·〇	一〇一六
鈣養炭養二	含足炭養二氣水加淡輕四綠百分之一	二九·四二五	五五·五	九五〇

天然之燐料在炭養二氣水並在他種流質內較製造之潔淨燐養五酸料更不易溶化據惠靈敦云骨灰中之鈣養燐養五一分須用含足炭養二氣之水六千七百八十八分始能化之且查得骨中之鎂養燐料較鈣養燐料易化總之第一分流質溶化骨灰中之燐料較以後同此分數之流質所化者更多

福爾克言新澄停甚溼鎂養三燐養五一分在水四千八百八十八分中可溶化而新三鈣養燐養五一分須水一萬二千五百九十一分方能溶化如以此二種澄停燐料乾之

則有鎂養者須水九千九百四十三分有鈣養者須水三萬一千八百十七分然後可溶化

壓緊炭養二氣之動作

如熱過於水沸之度則炭養二氣與三鈣養燐養五相化之力較空氣尋常熱度時更甚德國博士二八一名山罷爾得一即赫敦曾試驗如下先將殭石磨甚細而溼之鋪展於極密之烘鍋內漸加熱至法倫海寒暑表二百五十度於是時將炭養二氣並水汽灌入此器中此炭養二氣即與三鈣養燐養五相化而成鈣養炭養二並成鈣養燐養五一鈣養燐養五如殭石粉不用清水而用鈉養炭養二水或鉀養炭養二水令其溼則成鈣養炭養二並含鈉或鉀之燐養五如此爲之所得之料中無鈣養硫養三也

據孟紫並齊拉待言三鈣養燐養五在鈣養二炭養二水內溶化較在炭養二氣之水內溶化更不易如炭養二氣水一列忒曾化燐料〇·一三克蘭姆而炭養二氣水一列忒再加鈣養炭養二者僅化燐料不過於〇·〇四克蘭姆

以下試驗所用各水加鹽類物均係百分之一所用之三鈣養燐養五均係一分惟各次所用水數不同因鹽類之品等各不同也列表如左

淡輕四綠水	三三一七
淡輕四綠炭養二水	六二〇六
鈉綠水	一五七六六
鈉養淡養三水	一〇一七四

以下同分量各物各浸於清水一百列忒內閱一星期之後由此各水中查得溶化之三鈣養燐養五各數如左

	克蘭姆
馬足脛骨製成之潔淨骨灰	〇·一六八
美國骨灰	〇·二六八
秘魯鳥糞	〇·三五九
科里亞麻里阿鳥糞	〇·一八八
桑勃來羅含燐鳥糞	〇·一二〇
孟克島含燐鳥糞	〇·一四二
塞福省糞石	〇·〇九〇
坎卞資駭愛雅糞石	〇·〇八五
愛斯脫辣蔓陀拉燐養五料	〇·〇一四
挪威阿巴台得石	〇·〇六三

上表中數種燐料用阿摩尼鹽類百分之一之水溶化獲效如下水數亦各一百列忒所列之數係溶化三鈣養燐養五之多寡

克蘭姆

	三鈣養燐養[五] 克蘭姆	淡氣 克蘭姆
潔淨骨灰與淡輕[四]綠水	○·四四五	
美國骨灰與淡輕[四]綠水浸三日之後	○·一三七	
美國骨灰與淡輕[四]綠水浸十二日之後	○·五三六	
坎卞賚駭愛雅糞石與淡輕[四]綠水	○·二一六	
坎卞賚駭愛雅糞石與阿摩尼炭養[三]水	○·二八○	
塞福省糞石與阿摩尼炭養[三]水	○·二四九	
塞福省糞石與淡輕[四]綠水	○·一六○	

由上表觀之凡加淡輕[四]綠鹽類而溶化之較在清水內更盡惟用鈉養淡養[三]水並鈉綠水所化之數不能過於用清水所化者

骨粉溶化度

福爾克曾以水試驗骨粉溶化度由下表觀之各種骨粉溶化性各不同凡硬骨磨成極細之粉較輭骨所成之粉仍難溶化生骨中之油質能阻其溶化並阻其腐爛然腐爛之骨粉較新鮮骨粉易化骨粉在腐爛時變成生物質並淡輕[四]鹽類物皆能助骨中之燐料溶化

用水各一萬克蘭姆各加同分量之各種骨粉然後查其溶化之三鈣養燐養[五]並淡氣之數如左表

	三鈣養燐養[五] 克蘭姆	淡氣 克蘭姆
有油質之甚硬生骨磨成粉第一次化出	○·○九○	一·二九八
有油質之甚硬生骨磨成粉第二次化出	○·一○○	○·二○○
硬生骨製成較粗骨粉第一次化出	○·三五一	一·八九一
硬生骨製成較粗骨粉第二次化出	○·三○一	○·七八三
較輭生骨製成甚細骨粉第一次化出	○·三九九	○·八九八
較輭生骨製成甚細骨粉第二次化出	○·二九九	○·二九九
較輭生骨製成甚細骨粉第三次化出	○·三九九	○·一○○
無油質半寸厚之鬆骨第一次化出	○·八○○	三·八九三
無油質半寸厚之鬆骨第二次化出	○·三四九	○·六二○
蒸過骨粉第一次化出	一·二九七	一·○○○
蒸過骨粉第二次化出	○·四○○	○·五○○
蒸過骨粉第三次化出	○·二四二	○·四四九
象牙粉第一次化出	○·六四八	○·九七八
象牙粉第二次化出	○·三四九	○·四八九
由煮膠廠來之骨第一次化出	○·五九八	二·四九五
由煮膠廠來之骨第二次化出	○·二九九	○·二九九
由煮膠廠來之骨第三次化出	○·三○八	○·二五四
腐爛骨粉第一次化出	二·八九五	四·○九二
腐爛骨粉第二次化出	一·四九七	○·七○○
腐爛骨粉第三次化出	○·八九八	○·四九九

各種燐料

據博士福蘭駭云清水一千分可由清潔澄停二鈣養燐料化出燐養五酸○·○五六三又云此燐料化於水及炭養二氣水內時仍係二鈣養燐料且在炭養氣水內較在清水內易溶化如水內加鈉養二炭養則溶化更易地土中之水含鈣養料或鹽類物或他物即阻此燐料溶化

骨粉浸於水其中所有鈣養炭養溶化之數較鈣養燐料為多且細骨粉在水內並在炭養氣水內較粗骨粉化出燐養五酸為多蒸過骨粉其粗相同者較未蒸者化出為多

特海蘭云燐料粉如先露於空氣中然後浸於炭養氣水內則更易溶化先將此等細粉十克蘭姆浸於炭養二氣水內化出鎂養燐養五料○·○四克蘭姆如同此數之細骨粉存於棧房歷三月然後料理則化出燐料有○·三克蘭姆

更有一試驗法如下先將炭養二氣灌入淡醋酸內以浸二號骨粉一號係鮮骨粉化出燐料○·四四克蘭姆一號係先已露於空氣中之骨粉化出燐料○·八八克蘭姆化出數參差之故因料中鐵養矽養吸收空氣中之養氣變為鐵養三矽養二即令原質地位寬鬆由此水質等易入其閒而溶化之

淡輕四檸檬酸之功效

試驗各種鈣養燐料之易化或否如將其料浸於淡輕四檸檬酸水內此酸水能化二鈣養燐料而不能化殭石燐料下表指明博士奥歹試驗骨粉在淡酸水內溶化之多寡

骨粉之骨料 先以偏蘇尼濾去其油質	骨粉質料 百分數 燐養五酸	淡氣	篩孔稀密依密里邁當數	淡輕四檸檬酸水中溶化數 百分數 骨料	燐養五酸
一細骨粉 甲	二二·二	四·七五	一·五	八·〇五	三六·二八
一細骨粉 乙	二三·二	四·七五	一·〇	九·一五	四一·二四
二舂碎粗骨粉	一九·〇	五·一〇	一·〇	七·四〇	三八·九四

博士達學查得淡輕四檸檬酸之鹼性水不能化殭石燐料所以用淡號檸檬酸其中有○·二五或○·五或一數之定質酸料試驗各種殭石果獲良效據云將檸檬酸一分清水九十九分和之用此酸水二百分試驗殭石一分可溶化之

殭石燐料

清水並炭養氣水可化出密聚羅納斯島鳥糞所含燐養五酸因此種鳥糞中有二鈣養燐料並鎂養燐料也由德國蘭地方燐料粉並克羅斯歇敦燐料粉化出燐養五酸各不等由澄停鐵養三燐料化出燐養五酸為數亦不少

博士諳合言炭養氣水一萬二千五百分其中有炭養二氣

一列式則化出鐵養三燐養五酸一分如欲化出鐵養三燐養五酸一分僅需炭養二氣水一千分此炭養氣水與尋常醋酸五百分之一相和則此水五百六十分可化出鐵養燐養五酸一分然將此炭養氣水內加阿摩尼醋酸百分之九則需一千六百六十分方可化出鐵養燐養五酸

納斯欒言由下所記之料一百克蘭姆用炭養二氣水六百立方桑的邁當化之二日間可化出燐養五酸如左表

	克蘭姆
溼澄停三鈣養燐料	○·二二八
乾澄停三鈣養燐料	○·三○八
燒過澄停三鈣養燐料	○·四二八
桑勃來羅島燐料細粉	○·○○○

如上所云炭養氣水內加淡輕四炭養二克蘭姆則溼者一種可化出燐養五酸○·六四克蘭姆

博士楷姆陸脫將燐料粗粉數層在五星期或六星期之間令炭養二氣經過並隨時滴水令其溼查得此化出之數較上所試驗三鈣養燐料化出者爲多此試驗初時化出之燐養五酸爲數較少待炭養二氣歷時既久其數始多

有一種黃灰色燐養料百分中本有燐養五酸三十二分用炭養氣水八千三百分可化出燐養五酸一分

有一種燐養三料百分中本有燐養五酸二十六分因其中雜有鐵養故色甚紅由此種化出燐養五酸一分需炭養二氣水一萬零四百分

骨灰百分中本有燐養五酸三十四分欲化出其一分需炭養二氣水四千三百八十分

生骨粉百分中本有燐養五酸二○·五分欲化出其燐養五酸一分需炭養氣水五千二百六十七分此四種料歷時均同化出之質如左

	百分數	提出料百分中之燐養五酸
第一種燐養三料	三·○六	九·五七
第二種燐養三料	二·三九	九·二○
骨灰	五·四九	一六·一三
生骨粉	四·六三	二二·六○

博士畢斯奈得欲試驗各種燐料在清水並炭養氣水內溶化度其法如下先將大瓶盛以燐料而灌以溶化之流質在二十四小時將法倫海寒暑表係六十四度陸續搖動之所用炭養二氣水百分中有炭養二氣九十七分下表第一項數指明所需清水若干可化各料中之燐養五酸一分第二項數指明所需炭養氣水若干可化各料中之燐養五酸一分

	水數	炭養氣水數
新澄停三鈣養燐料	八七八三二	一三二八一
燒過澄停三鈣養燐料	一五九五三二	一三三二四
新澄停二鈣養燐料	二九三五〇	八九一六
鎂養阿摩尼燐料	二一九五七	一九六九
新澄停鐵養燐料	一六〇六二五	一四六五七〇
燒過鐵養燐料	七三三九五八	七三三九五八
骨炭細粉		二四九四八〇

馬色云，二十四小時間，可以清水五萬五千零八十分，由密聚羅納斯島鳥糞細粉化出燐養酸一分，如含足炭養氣水，祇須一萬三千零八十四分，可化出燐養酸一分。更有一法，先將鳥糞粉與清水相和，於十日間，每日有一小時之久，將炭養氣灌入其中，考其效，八千五百四十二分，可化出燐養酸一分。

博士衞理斯將數種磨細燐料和於水中，此水五十小時間，法倫海寒暑表係六十七度，令炭養氣灌入其中，獲效如左表

	化出三鈣養燐養酸一分所用炭養氣水數
坎拏大欺八石	二二二二二二
磨甚細欺八石	一四〇八四〇

生骨粉		五六九八
骨粉		八〇二九
南楷羅尼亞礨石		六九八三
磨甚細楷羅尼亞礨石		六五四四
蛙趣辣含燐鳥糞		八〇〇九

卞駭甫曾指明含足炭養氣水三十九萬三千分，可化欺八石一分，四千六百十分，可化新牛骨薄片一分，一千一百零二分，可化澄停鈣養燐料一分。

博士提德立次並坎尼克將以下各燐料在炭養氣水內試驗其法，先將各料浸於淡炭養氣水內歷四十八小時，其料數分已溶化，又將其餘未化之料浸於濃炭養氣水內，歷十二星期，獲效如左表

燐料	百分料中燐養酸數	歷四十八小時化出燐養酸一分所需淡炭養氣水數	歷十二星期化出燐養酸一分所需濃炭養氣水數
愛斯脫辣蔓陀拉燐養料	三七·二〇	九〇九〇〇	九〇九〇〇
蘭地方燐養料	一四·八〇	六〇一〇〇	六〇一〇〇
蘭地方燐養料	三四·三三	五三〇〇〇	三九〇〇〇
桑勃來羅島含燐鳥糞	三六·八一	四八〇〇〇	四八〇〇〇
倍扣島鳥糞	四一·七四	一九〇〇〇	八三三〇〇
秘魯鳥糞	一三·七〇	二四四〇〇	一二三〇〇

生骨粉	一六·六三	一八八〇〇	五九八〇
蒸過骨粉	二一·七九	一二一〇〇	五六三〇
骨炭	三七·五七	二五二五〇	七三五〇
燒過澄停三鈣養燐料	三九·六〇	一三九〇〇	四二五〇
法倫海寒暑表二百十二度令乾之澄停三鈣養燐料	四二·九九	一三二〇〇	三六三〇
一號澄停二鈣養燐料	四六·四九	五四三〇	二二五〇
二號澄停二鈣養燐料	四一·八三	五四八〇	二四四〇
三號澄停二鈣養燐料	四一·九二	六二三〇	五九〇〇

由此表可見除秘魯鳥糞外，三種鈣養燐料爲最易溶化

醋酸功效

有人曾以淡醋酸試驗各燐料易化與否，福爾克云，淡醋酸易化澄停骨燐料，於極細之骨粉似無效，提德立次及坎尼克曾實驗，與福爾克所云合符，此二人用醋酸十分與淸水九十分相和，以試驗各燐料，歷二十四小時，取其流質少許，考究之，其餘任其浸十二星期，其效如左表，各料百分中之燐養$_{五}$酸已在上表指明

燐料	歷廿四小時列弍淡醋酸水可化出燐養$_{五}$酸克蘭姆數	歷十二星期列弍淡醋酸水可化出燐養$_{五}$酸克蘭姆數	淡醋酸水中已化物質百分中之燐養$_{五}$酸分數
愛斯脫辣蔓陀拉燐養$_{三}$料	〇·二六〇	〇·三一七	八·五
蘭地方次等燐養$_{三}$料	〇·二六〇	〇·三三六	二二·七

蘭地方上等燐養$_{三}$料	〇·四〇〇	〇·五八七	一六·八
桑勃來羅島含燐鳥糞	一·一三三	二·一七〇	五六·〇
倍扣島鳥糞	一·一七七	一·八六五	四四·七
秘魯鳥糞	一·一三三	二·六七五	一〇〇·〇
生骨粉	一·三九二	一·六三三	九八·〇
蒸過骨粉	一·九三六	三·八五九	一〇〇·〇
骨炭	一·八八四	二·八六九	七六·〇
法倫海寒暑表二百十二度令乾之澄停三鈣養燐料	三·三三三		一〇〇·〇
燒過澄停三鈣養燐料	二·四八九	三·七一八	八六·〇
一號澄停二鈣養燐料	三·三四八		一〇〇·〇

二號澄停二鈣養燐料	六·二六五		一〇〇·〇
三號澄停二鈣養燐料	三·九九七		一〇〇·〇

博士廓落克先將各燐料磨甚細，用淡醋酸水浸之，此淡醋酸水內又加定質醋酸百分之一二·五，歷二十四小時，當時法倫海寒暑表六十八度，用此淡醋酸水一千分，可化出燐養$_{五}$酸如左表

蘭地方燐養$_{三}$料	〇·二〇〇
西班牙燐養$_{三}$料	〇·二〇〇
糞石	〇·三一〇
骨炭	〇·三一〇

倍扣鳥糞	二·六六〇
骨粉	三·七二〇
澄停鈣養燐料	五·四五六
稍燒澄停鈣養燐料	〇·四九六
蘭地方燐料與淡輕$_{四}$硫養$_{三}$	〇·三七〇

由此表觀之，澄停鈣養燐料在淡醋酸水內溶化較易於殭石料有二十七倍餘，骨粉亦較易十八九倍，倍扣鳥含燐鳥糞亦易溶化

博士葛爾勃試驗如下，先將醋酸一分與清水九分相和，成醋酸水，乃取研甚細之燐料一克蘭姆，用醋酸水一百克蘭姆浸之，第一次歷四日，而查其化出燐養$_{五}$酸數，又將所餘燐料，復用醋酸水一百克蘭姆浸之，是第二次，又歷四日，又查其化出燐養$_{五}$酸數，第三次亦如此為之，於是考三次化出共數若干，即可知燐料所含燐養$_{五}$酸百分中共化出若干，其效如左表

燐料	各燐料每一克蘭姆中所含燐養$_{五}$酸之克蘭姆分數	一百克蘭姆醋酸水化出燐養$_{五}$酸數 第一次四日克蘭姆數	第二次四日克蘭姆數	第三次四日克蘭姆數	醋酸水十二日化出共數	
蒸過骨粉	〇·二三三	〇·二二九			〇·二三九	九九
生骨粉	〇·二二一	〇·〇六六	〇·〇五三	〇·〇四〇	〇·一五九	七一
秘魯鳥糞	〇·二一四	〇·二〇七	〇·〇〇四		〇·二一一	九七
倍扣鳥糞	〇·三八一	〇·二二一	〇·〇六五	〇·〇六〇	〇·三四六	九一
骨炭	〇·三四六	〇·二二九	〇·〇七七	〇·〇二四	〇·三三〇	九五
烘乾澄停鈣養燐料	〇·三三九	〇·三二四	〇·〇〇二		〇·三二六	九六
桑物來羅島含燐鳥糞	〇·三四八	〇·二〇八	〇·〇二四	〇·〇七七	〇·三〇九	六三
英國糞石	〇·二六六	〇·〇五九	〇·〇五七	〇·〇四一	〇·一五七	五五
愛斯脫辣蔓陀拉燐料	〇·三八七	〇·〇五六	〇·〇二五	〇·〇一六	〇·〇九七	二五
蘭地方燐料	〇·二五九	〇·〇二五	〇·〇〇八	〇·〇〇三	〇·〇三六	一四
燒過蘭地方燐料	〇·二六四	〇·〇二五	〇·〇〇二	〇·〇〇六	〇·〇三三	一三
蘭地方燐料與鉀養鹼滷煮過	〇·二五九	〇·〇四〇	〇·〇一八	〇·〇一六	〇·〇七四	二八
那乏衰島含燐鳥糞	〇·〇〇二					
已濾過多燐料	〇·〇八八	〇·〇四三	〇·〇〇九	〇·〇〇八	〇·〇六〇	六八
未濾過多燐料	〇·一七〇	〇·〇七一	〇·〇一一	〇·〇二六	〇·一〇八	六三

由表可見蒸過骨粉中之燐養$_{五}$酸最易化，而生骨粉因有油質，故甚難化出，總言之，骨中所含物質溶化較易於殭石所含物質，然殭石中亦有若干分可化，惟在土中須歷久而遇呼莫司並炭養$_{二}$氣並鹽類物並植物根鬚始能化之，尋常鳥糞並倍扣鳥糞易溶化，似亦明顯

質料粗細有關係

法國化學師曾考究質料，應如何粗細，為最易化，博士未文取法國各處所產之殭石，磨甚細，用醋酸並阿摩尼草

酸化出其中所含燐養五酸下表所列各料細粉之級可由篩出數而知之

殭石燐料所得之處		料中燐養五酸百分 為醋酸化出	料中燐養五酸百分 為阿摩尼草酸化出	殭石粉一百分由百分密里邁當之十五分篩孔所出數
松姆省	一號	一五·九五	五二·一〇	六〇·二〇
	二號	一一·五五	四二·九一	五二·〇〇
	三號	五·七五	三六·一〇	三五·八四
雪百蘭省	一號	七·八七	四五·五二	九一·四〇
	二號	六·三五	三四·五五	五三·六〇
滿斯省	一號	一三·〇二	六一·三一	八四·八〇
	二號	一五·四七	四二·五九	六二·四〇
啟愛維省	一號	九八·二四	八一·七二	一〇〇·〇〇
	二號	六·四〇	四八·〇七	七九·二〇

呼莫司化性

有博士數人曾將殭石燐料以呼莫司酸並阿摩尼呼莫司酸試驗其消化情形夫溼草地並草煤中所有燐料雖為地中炭養氣水所化然不甚易也後查得亦賴呼莫司之功

提德立次將磨甚細之燐料五十克蘭姆與磨細草煤五十克蘭姆相和加水溼之任其露於空氣中閱十月隨時用水濾之則知用清水一千克蘭姆可濾出燐養五酸〇·四六八八克蘭姆惟尋常土中呼莫司較此試驗所用者為數必大故化出燐養五酸亦必較多後又試一次先將阿摩尼少許加入草煤中與燐料五十克蘭姆相和用清水一千克蘭姆濾之則化出燐養五酸較少僅有〇·三七六九

提德立次實驗後有福蘭駭坎尼克格司配林三博士試驗此事知有許多草煤並溼草地土於前所謂不易化之燐料實有溶化之功又知易化清潔澄停二鈣養燐料並澄停三鈣養燐料惟燒過者則否細骨粉較粗者更易化

骨灰較同粗細之骨粉為難化澄停鋁二養三燐養五在溼草地中較澄停鐵養燐養五更易化而此等燐料在溼草地中為鈣養並呼莫司化成鈣養燐養五料至磨細天然燐料較上所云者稍難化

福蘭駭云草煤中呼莫司酸與燐料中之鈣養等類相合而化出其燐養五酸又云澄停燐料並殭石燐料在草地中如無呼莫司酸則難溶化若夫清水本亦有溶化燐養五酸之功惟灌於含呼莫司酸之地土則稍失其功效因呼莫司酸已化之也

由青苔變成之草煤其中死物質甚少而有化燐料之力

溼草地中如加石灰或鈣養炭養二則與其中呼莫司相合而呼莫司遂不能化燐料所以開墾溼草地而加以石灰並鈣養炭養二卽阻呼莫司化前所云不易化燐料之力此土雖多加燐養五料亦屬無用然屢次開墾之草地仍能稍化澄停燐料並殭石燐料凡溼草地用火焚燒而耕種者則溶化燐料之力較減因其中有數分呼莫司酸已爲火所滅氣乾青苔變成之草煤一百分化出燐養五酸○·四三一七分取自開墾熟田之草煤一百分化出燐養五酸僅有○·一九四四分

總言之溼草地土與有定數之燐料相比爲數愈多則燐料化分愈盡因其化學分劑相稱也卽是燐料與土相遇之處愈廣則化出燐養五料愈多然燐料如與鈣養炭養二相遇則化力較減因呼莫司酸卽與鈣養炭養二相合如溼草地加入鉀養硫養三則可增其化力楷尼脫鉀養綠養五鈉養淡養五均稍有化力惟石膏鈣綠鉀養炭養二則阻之亦因呼莫司酸與之相合也

胡爾奈弗蘭斯屢次細心實驗殭石燐料功效之後卽謂此等殭石料不甚爲呼莫司所化無論呼莫司在有酸性時或在已腐爛化分時均如此如溼草地中有由利之硫强酸則不然

坎尼克並開沙二人將各種燐料與阿摩尼呼莫司酸各分相和試驗之此阿摩尼呼莫司酸係極細心化合者各種燐料均爲五克蘭姆隔水燉熱之加淸水一千克蘭姆考其化出燐養五酸如左表

浸於阿摩尼呼莫司酸

	五十立方桑的邁當	一百立方桑的邁當	二百立方桑的邁當	三百立方桑的邁當
磨細燐料百分中有燐養五酸三一·五分	○·○五一	○·○六四	○·○七一	
新澄停三鈣養燐養五	○·一九九	○·二二三	○·二三四	○·二三三
新澄停鐵養燐養五	○·一六○	○·二二一	○·一八二	○·二三一
新澄停鋁養燐養五	○·○七○	○·一四六	○·一八二	○·二七二

博士辟盧亦用阿摩尼呼莫司酸化出澄停二鈣養燐料澄停三鈣養燐料澄停鐵養燐料並苦勒稍鳥糞所含之燐養五酸數分且言阿摩尼呼莫司酸化性與阿摩尼檸檬酸之功相同

卷終

農務全書上編卷十二

美國 哈萬德大書院農務化學教習 施妥縷撰　慈谿 舒高第 口譯
新陽 趙詒琛 筆述

第十一章上

含淡養肥料 卽硝

農家素知植物有吸取土中淡養三之力，如鉀養淡養三 卽鉀硝又名朴硝 鈣養淡養三鈉養淡養三 卽鈉硝又名智利硝 阿摩尼淡養三，一千六百七十五年博士愛佛林曾言尋常朴硝可多得者，則農家不必求他種肥料以改良田地，又有博士達會在百年前著書云古人於夏季令田地休息，蓋欲求硝並他種含硝之料也，此含硝之料均係夏閒腐爛之動植物廢料發出之淡氣與空氣中之養氣幷合也

此等理近由博士勞斯並葛爾勃查考果確，每一英畝春夏閒已休息者，其面土二十七寸，共有淡養料三十四至六十磅，最少之數爲三十四磅，其田在二十七年閒未嘗加肥料，僅產小麥，惟每閒一年，在春夏時休息之，最多之數爲六十磅，其田加肥料而陸續任其休息者，將此所積淡養三料，與由溝道洩出之數合計之，竟有八十七至九十磅左右，此均係休息十四月或十五月時所積之料也，此數卽可抵每一英畝所需市肆出售之鈉養淡養三五百五十三至五百七十二磅，可見田中自然所積之淡養三甚有關係，況多加肥料或本係肥沃之田，所積淡養料，較僅以休息之法而得者，自必更多

愛佛林及達會考究淡養三之功效，尙未著明，而近來則知爲甚要之品，今農家知含淡養料可發出淡氣，爲數種植物所最宜，蒲生古用淸水試種植物，亦以爲淡養料發出淡氣爲最合宜，總言之，淡養料甚易料理，而令植物茂盛，更有把握，較阿摩尼鹽類或他種含淡氣料爲更佳

欲令植物速生長除死物質外，須加淡氣，然荒地所生植物，望之似亦茂盛，而實不出吾等所言之理也，如將此野植物，善爲培壅，則當更盛耳，凡種小麥並他種穀類，必須有淡養料，苟有此料，其葉有特別之深綠色

自博士華爾甫試驗以來，卽知淡養三料爲植物不可少之養料，此博士以淸水種大麥，而水中各加淡養三料若干，又加足各種必需之灰料，其收成之多寡，與所加淡養三多寡有比例，所用水一千克蘭姆中有鹽類物〇·三克蘭姆

一千六百立方桑的邁當水中所有淡氣克蘭姆數	乾重數		乾重數百分	
	實	全體	實數	中淡氣數
無	一一九〇	三三六一	五四	〇·六一
〇·〇五二	三三七五	九三一四	一三三	〇·八七

○·一○四	四四○○	一三九八八	一七九	○·七七
○·一五六	五五○○	一七四三三	二三七	○·七四
○·二○八	五三二四	一九七七七	二一五	一·○一
○·二六○	六四五一	二二一九○	二五七	一·○六

由上表觀之，淡氣多，則稭料生長較穀實爲多，且查知欲令植物茂盛，其全體料百分中，所積淡氣須有○·六或○·七，如積淡氣百分之一，則生長極盛

然有一等植物，由含淡氣料中所得之益甚微，如豆類並苜蓿等，其吸取淡氣法，殊異於穀類，故此等植物，壅以淡氣肥料，反爲不宜

含淡氣料

從來作爲田間肥料所用之含淡氣者，祇有鈉養淡養五、鈣養淡養五，因其價賤也，而鈉養淡養五價更賤，智利國有許多鈉養淡養五，轉運至美國，爲農家並化學工藝之用，該國有一沙漠地，其土中竟有成厚層之鈉養淡養五

歐洲昔時因製造火藥，必需此料，故特設硝場，其製成者，係鈣養淡養五而攙雜鉀養淡養五、鈉養淡養五、鎂養淡養五，尋常鬆疏佳土中，均有硝料，儻農家仿硝場法爲之，亦可得許多鈣養淡養五，以之散於田面，作爲和肥料之用，總言之，硝場情形，即前所云和肥料堆，惟爲之更講究耳，各種肥料堆中，必結成硝若干，歷時愈久則愈佳，惟應時常翻動，待其發酵腐爛已過，乃壅於田，則自能吸收空氣中之淡氣，有識農夫，恒如此而增田間淡氣數

今農家有一事，尚未明悉，即是鈣養淡養五並鈉養淡養五，各宜於何等植物，此二種含淡氣料，必有上下，可在盆中加沙土或黃土，或燒過之黃土，用此二種含淡氣料試種植物而知之，惟未聞有人在田間試驗此事也

廢硝

上所云含淡氣料外，尚有提淨印度硝後之廢料，並穢溼牆壁所墁灰沙變成之硝，往往售與農家，爲壅田之用，今

所謂硝廢料，常由火藥廠並數種化學廠得之，所含者大半係鉀養硫養三、鈉養硫養三、鉀綠、鈉綠，其百分中鉀養淡養五或鈉養淡養五居五至十分，美國有許多地方，必有此等硝廢料，可賤價得之，因此等廢料，除壅田外，無他用也，然所含硝，往往甚少，購者宜先取少許考驗其中淡氣並鉀養多寡

窟室之牆壁，必係穢溼，其墁牆灰沙，爲田間肥料甚合宜，

惟歐洲此料較美國爲多，因美國建國尚新也，美國墁牆之灰沙，必和以牛毛，因此石灰與腐爛之牛毛，吸收空氣中穢濁之物，即變成淡氣料，窟室並畜廄之牆壁，儻灰石

所砌者刮剝之可得鈣養淡養料甚多葢灰石陸續吸收空氣中淡氣藏積之美國山洞中有許多含硝之土亦係如此變成者農家應取之可獲利也

鈉養淡養

在歐洲鈉養淡養爲田閒肥料之用甚廣用於穀類尤多可爲牧場肥料之一助據云此料用於重土較用於輕土更宜又云英國用鈉養淡養於重土以種小麥最爲合宜惟先已多壅牧場肥料者則不宜凡田已加足數之肥料又在春季麥將秀時稍散鈉養淡養於田面約每英畝需一百至一百五十磅之數

如用鈉養淡養較此數更多者恐小麥過盛即是稭料多而生實少也如重土壅牧場肥料未足則每畝可加鈉養淡養二百磅據人云如恐小麥過盛可將應加鈉養淡養之數分作數次每閒一星期或二星期加一次每次加五十至六十磅惟所分次數不可閒隔過遠恐稭料生長之期久而生實之期促也且在秋閒加鈉養淡養於冬麥或燕麥並不合算

欲令鈉養淡養分數次加之而又均勻者可將鈉養淡養料中堅塊用木錘敲碎乃取其一分與黃沙土三分或四分相和然後散之福爾克云數年來試驗所種冬麥在田面加以肥料獲效如下表其田係含鈣養之土每肥料一分和黃沙土十分在三月終或四月初散於田當斯時冬麥已將秀

每一英畝所用肥料數	一千八百五十九年收數 實斗數每斗六十磅	稭料噸數
鈉養淡養一·七五擔	三八	一·二
秘魯鳥糞含淡氣百分之十五二·五擔	四〇·一	一·一四
鈉養淡養一百八十磅食鹽一·五擔	四〇·六	一·二
白石粉灰土四噸	二七	〇·八
無肥料	二七	〇·八

	一千八百六十年收數		一千八百六十一年收數	
	實斗數	稭料噸數	實斗數	稭料噸數
鈉養淡養一·五擔	四四·一七	一·八	四五·二	一·五
阿摩尼硫養二擔	四四	二	四四·三三	一·三三
秘魯鳥糞含淡氣百分之十五二·五擔	四六·一	一·六	四〇·五	一·二五
鈉養淡養一·五擔食鹽三擔	四七·五	二	四五·五	一·五
食鹽三擔	三五·二五	一·四	三七·八六	一·一
煙炱三十二斗	四一·六六	一·六		
無肥料	三四	一·三三	三	一

一千八百六十二年收數

	實斗數	稭料噸數
鈉養淡養二擔	四四·五	一·五
鈉養淡養二擔 食鹽四擔	四四·七五	一·五
鈉養淡養一·五擔 食鹽三擔	四一·五	一·五
鈉養淡養一擔 食鹽二擔	三八·七五	一·三三
食鹽三擔	三八·七五	一·二
秘魯鳥糞含淡氣百分之十五二擔	四三	一·五
秘魯鳥糞二擔 食鹽二擔	四三·五	一·三三
無肥料	二九	一

觀上表在一千八年五十九年用鈉養淡養價值八圓所

生實較無肥料田多十一斗稭料多四噸且將食鹽加於淡養料中則更得益福爾克試驗數年之後云凡田地情形佳時種小麥者即在春閒加鈉養淡養一·五擔並食鹽三擔是爲最合宜之肥料或將淡氣料散於田面亦屬合算又云鈉養淡養獲效較鳥糞更速

一千八百五十九年用淡養料四日後已見效一星期之後其麥已見深綠色如用鳥糞須待第八日乃見效半月後其效方明顯如種小麥於重土似有衰敗象即加淡氣肥料可茂盛惟田土中少金石類肥料者加淡氣料無濟當春季於山坡等處所種小麥變爲黃萎者可將鈉養淡

養加鹽而散於田補救之

田地如係輕土加淡氣料宜少約每一英畝加一百磅在英國此等田欲令植物速長則加之甚合宜一千八百五十八年英國諾福省含白石粉之輕土在春閒常以鈉養淡養並鹽散於田其效甚佳蓋此等土如不甚乾燥者則加鈉養淡養往往有效而在熱深之沙土尤得其益焉

或云冷瘠沙土用淡氣肥料不甚可恃恐實成熟過遲也總之用淡氣肥料於堅硬土不及輕鬆土之速得效在英國南賓蘭省有田地本係冷性重土用鈉養淡養反不如用阿摩尼硫養爲佳也

冬閒小麥應用鈉養淡養散於田面前已言之惟苡仁米及春季播種之穀類於未散種子之前當耙田時將此肥料壅之令其與他種鹽類物先與泥土相和甚均此法較散於田面更佳因種子並新芽不即與鹽類物相遇而肥料散布甚均且地面泥土可免堅硬據云散淡氣料最宜時在春雨將止未止之時或度天氣將有陵雨先以此料壅之亦可

淡氣肥料可分數次散壅

從前農家以爲易消化之淡氣料宜分作數次散壅之今農家亦以此法爲善然應察度情形而爲之如將鈉養淡

養分數次散者於播子時宜散此料少許又須留意不可過遲因穀類之稭料將長成而加以易消化之淡氣料卽阻其生實之功而令稭料生長甚多所以穀類於將長成之際不宜散含淡氣肥料

歐洲農學博士論種穀類在夏季者如加淡養料則播種宜稀行列相距宜疏於是植物可多得日光而無擁擠之患總言之地土不可多加此料依博士赫敦之意每一英畝祇加二百至二百五十磅或多加至二百七十五磅儻所加牧場肥料未足者鈉養淡養可稍加足德國有一田鉀養並燐養酸甚多所種係根物一千八百八十七年爲

末次加牧場肥料一千八百八十八年尚未加肥料卽種大麥一千八百八十九年亦未加肥料而種豌豆至一千八百九十年五月將此田作爲四區各加淡養料多寡不同每黑克忒田收得穀實並稭料如左表

每黑克忒田所加肥料數	雙擔（俗名擔拜）實	稭
無肥料	二六·九一	一○三·八九
淡氣十五啟羅	二九·○四	一○六·二五
淡氣三十啟羅	三○·一○	一○七·○五
淡氣四十五啟羅	三四·七八	一○五·七五

由上表觀之多加鈉養淡養有益於穀實而稭料不得其力與前所云之情形不知何以適相反尋常德國輕土在春間加鈉養淡養六十至八十磅佳土則加六十至一百十磅爲止蓋佳土所加他種肥料本少故此料宜稍多加也如播種冬麥子之前田中已壅骨粉者至初春加鈉養淡養宜少且以散於田面爲合法

瘠乾地土不宜加含淡氣料

德國有人曾實驗含沙瘠土當暮春初夏恆遭旱患者如種穀類不宜加鈉養淡養蓋地土溼潤則植物根得此肥料生長暢茂如天氣乾旱此等多含水質之穀類受害更

甚於本在乾土未獲滋潤之植物英國亦有此情形卽是英國瘠乾地土所種小麥凡遇多雨水之年較他處肥沃田所種者更爲豐稔福爾克云種小麥於重土加鈉養淡養或散食鹽於田面固佳然爲輕土或本係瘠薄之土宜特製一種金石類質與淡氣相和之料以壅之數年前福爾克製成輕土所用肥料如下鈉養淡養一·五擔食鹽三擔秘魯鳥糞二擔並煙炱四十斗相和

一千八百八十五年博士林寶在德國北境輕鬆沙高原其四圍係低窪草地試種燕麥其效如下於往年秋間未散燕麥子之前每毛肯田加楷尼脫肥料三擔燐養酸料

二十磅及本年春將此田作爲三區第一區每毛肯田散鈉養淡養[三]一百磅於土面第二區散五十磅第三區不加肥料下表指明此田前所種植物及後種燕麥之收成並因加鈉養淡養[三]而增多之數

前所種植物	後加鈉養淡養之數	每毛肯田燕麥收數 實	稭	每毛肯田因加鈉養淡養[三]所增收數 實	稭
白狼荚	○	六七五	一五五五	○	○
又	五○	七九五	一九○五	一二○	三五○
又	一○○	一二二五	二七一五	四五○	一一六○
紅苜蓿	○	六八○	一三四○	○	○
又	五○	八二○	一五四○	一四○	二○○
又	一○○	九七○	二○一○	二九○	六七○
紅苜蓿	○	六三六	一二六○	○	○
又	五○	七○○	一四二○	六四	一六○
又	一○○	九六○	一九六○	三二四	七○○
紫苜蓿	○	六一○	一九四○	○	○
又	一○○	八六○	二○四○	二五○	一○○
苜蓿並草	○	四○二	七一八	○	○
牧畜於苜蓿並草田	五○	六一四	一三六六	二一二	五四八
又	一○○	八八五	一八一四	四八三	一○九六

前種植物時加足肥料	後加鈉養燐養之數	每毛肯田燕麥收數 實	稭	每毛肯田因加鈉養淡養[三]所增收數 實	稭
番薯	○	三九○	八五○	○	○
又	五○	五五○	一一五○	一六○	三○○
又	一○○	七六○	一七六○	三七○	九一○
又	○	六八○	一三三○	○	○
又	五○	七五○	一八一○	七○	四九○
又	一○○	八二○	二三○○	一四○	九八○
又	○	五○○	一一○○	○	○
又	五○	六七二	一四○八	一七二	三○八
又	○○	一○六二	一六五八	五六二	五五八
又	○	七五六	一三六四	○	○
又	一○○	一○八七	二○一三	三三一	六四九

前種番薯後種燕麥之田甚瘠前種狼荚等後種燕麥之田較稍肥

博士潑山昔在地力已竭之田連種穀類五次試驗鈉養淡養[三]並鈣養多燐料之功效如左表

	每一英畝所收小麥實斗數
無肥料	七·三三
鈉養淡養[三]一百七十磅	一九·三○

草煤六擔　八·七五
草煤六擔鈉養淡養一百七十磅　一八·〇〇
鈣養多燐料四擔　七·〇〇
鈣養多燐料四擔鈉養淡養一百七十磅　一九·三三

此田每畝加由柴灰提出之潔淨鉀養七擔於收成所增數亦極微

種紅菜頭用鈉養淡養料

鈉養淡養不特有益於穀類又可令根物速生長在歐洲用此料培壅孟闍爾亦甚宜尋常在秋間先將種根物田加田莊肥料並多燐料至明春加鈉養淡養惟種製糖之

根物加鈉養淡養宜謹慎如用之過多則改變其甜汁即如紅菜頭生長甚大其糖質反爲不多所以用鈉養淡養爲肥料者種紅菜頭宜甚密不令其生長過大

或云種製糖根物不可散鈉養淡養於田面宜將應加之數作爲二分其一分於秋間耕犁入土又一分在明春未播種之前與多燐料共壅於田博士謀克云近麥克狄盤城肥沃黃沙土種製糖根物時在秋間每毛肯田用鈉養淡養一百十磅與牧場肥料同散之至明春又用鈉養淡養一百六十五磅並易消化燐養五酸三十或四十磅同散之

用鈉養淡養於孟闍爾較用於製糖根物可稍多在英國每畝用三四百磅與牧場肥料或燐料或鉀養同散之即已加足牧場肥料之田往往再加鈉養淡養二百二十五磅以期孟闍爾豐稔據達學云如壅畜糞爲數未足者可加鈉養淡養四擔如壅畜糞僅得其半則此鈉養淡養四擔外須加燐料以益之如恐根物之葉過盛可將鈉養淡養分作數次加之當未散子之前每畝加一擔待其稍生長芟薙其過密時又加一擔尚有二擔隔一月後以手散於行列間

美國圃工因所種葱頭生長遲緩衰弱即加鈉養淡養少

許於田令其速長然最佳者散淡養料於植物已稍生長時而不在播種之時因種子未萌芽時此料在土面易變硬也

種番薯用鈉養淡養料

用鈉養淡養料於番薯亦甚合宜惟田土過溼則多生黴菌而番薯遂腐爛如番薯之葉得淡養肥料而茂盛則生菌類愈多一千八百四十五年阿爾蘭荒年即因所種番薯加鳥糞而茂盛遂爲菌類所損害也今農家均知多加淡氣肥料易受此害據赫敦云種番薯田加馬廐肥料之後可加淡養料每英畝五十至一百磅儻加人工製造肥

料而不用畜糞則可察度情形而加淡養三料每英畝一百三十至二百五十磅

種淡巴菰即煙葉用鈉養淡養三料

種淡巴菰宜多壅肥料加馬廄肥料之後再加鈉養淡養三甚合宜蓋加此肥料則甚豐茂葉更佳其味更濃即是葉中所含尼古丁增多之故

麥約云煙葉嫩時其色淡者因所含尼古丁甚少也待乾後則更淡如尼古丁愈多則葉色愈深又云用鈉養淡養三為肥料葉在新鮮時多斑點此因用鈉養淡養三為肥料之植物生長成熟緩而不齊故有此弊即小麥等亦然所以

收成時葉面之斑點尚新鮮待其乾其色甚淡或云此葉色不均可於發酵時補救之

然市肆所有煙葉之色非為泥土及所用肥料之故乃由於製造之法蓋發酵之久暫可令其色稍改變或當其發酵時忽阻止而氣乾之其色即改變如壅牧場肥料並阿摩尼則葉色帶紅僅加鈉養淡養三則有深綠色

種草用鈉養淡養三料

歐洲牧畜草地每英畝往往加鈉養淡養三五十至一百磅為度如與和肥料並用更佳英國牧畜草地如牛羊等未到之處則散鈉養淡養三少許甚合宜於苜蓿用此肥料亦甚佳又有名意大利稗草並草田於第一次刈割後加此肥料則第二次收成仍有望

鈉養淡養三功效

加鈉養淡養三以助畜糞肥料之不足其效勝於用相等數之最佳秘魯鳥糞四分之一此在英國實驗而知之博士霍勃在四月間種麥於前曾種番薯之含沙乾田似不茂盛乃將此田分為二區第一區加鈉養淡養三並食鹽第二區加秘魯鳥糞第一區得此淡養三料發達甚速列表如左

肥料	實斗數	稭擔數
無肥料	三九	三三
鳥糞三擔	四九	三六
鈉養淡養三一擔食鹽一擔	五三	三八

或云用鈉養淡養三一擔培壅小麥較勝於用牧場肥料五十倍且加此鈉養淡養三一擔之工夫僅需加他種肥料工夫五十分之一歐洲已有肥料之田而種小麥加以鈉養淡養三似有保險之意蓋明春當穀類生長時天氣或久旱則僅壅牧場肥料之田其肥料中所含淡氣不足以供植物所需若得此鈉養淡養三則為一大助而免不成熟之險是故春間稍加鈉養淡養三以助牧場肥料可保植物及時發達然欲得此情形必須地土肥沃並有合宜補養料又

有合宜之溼潤夫鈉養淡養並他種含淡氣肥料均能令植物速生長又能在水土中感動他種養料以供植物

淡養料能令植物利用他料

鈉養淡養並他種含淡氣肥料如阿摩尼鹽類鳥糞畜血人糞等壅於瘠土不合法者能竭土力即是此淡氣料過植物速生長而土中所有鉀養並燐養酸均爲植物吸收殆盡於是田地反受其害故瘠土不多用他種肥料者鈉養淡養等料亦不宜多用

據麥約云瘠土中本有緩性燐養料加鈉養淡養則穀類能利用之此乃淡養之功也然多用此淡養料則植物稭

料茂盛生實減少英國農夫早已考知自春至秋多雨者小麥田加鈉養淡養反令其發霉變壞稭料萎輭似已成熟而生實未足凡田土已有肥料甚多而又加此淡氣料必有此弊

博士海納依次試驗用淡養料培壅大麥並苡仁米能令其稭料多而生實少即是稭料長大而輭生實遲晚所以田地本已多加含淡氣肥料不宜再加鈉養淡養惟田土雖係天然肥沃而當時不合宜於種植可加鈉養淡養以助之

潑山試驗將鈉養淡養在春間加於冬麥田面令其速長惟此麥田在往年秋應先加和血肥料粉及製油之廢菜料或鳥糞此田本係含沙黃土未試驗時已種穀類三次其試驗法如下共計有五英畝於田間成槽四十二條作爲五分至秋將下表所載肥料與麥子同散於槽內又將各槽截爲二分以一分在春間均加鈉養淡養並食鹽每畝九十磅

田槽條數	肥料數	收實斗數	
		春間未加肥料田收數	春間加肥料田收數
一〇	鳥糞三擔	六·二五	一三·〇〇
一〇	和血肥料粉三擔	六·七五	一二·五〇

田槽條數	肥料數	春間未加肥料田收數	春間加肥料田收數
一〇	製油廢菜料三擔	四·五〇	一一·七五
一〇	鈉養淡養三擔	五·二二	一一·二五
二	無肥料	一·〇〇	二·七五
共五英畝		二八·六三	五一·二五

淡養料耗失數

勞斯並葛爾勃查究淡養料之耗失云每年三月間田中加鈉養淡養並柴灰料則從三月至五月田溝洩出水一百萬分中含鈉養淡養四八·八或僅加柴灰料則溝水一百萬分中含淡養料一·七或加阿摩尼鹽類二百磅並柴灰料則溝水一百萬分中含淡養料八·一自六月至八月

田溝洩出水一百萬分中含淡養料九一及〇一及〇七全年耗失中數爲一二三及三七及五〇總言之春間耗失鈉養淡養較阿摩尼硫養爲多因阿摩尼易爲泥土所羈留變成淡氣然淡養料耗失雖多而功效實不淺蓋供給植物之數較阿摩尼鹽類爲多也

鈉養淡養料在土面易變硬

據赫敦及謀克云土面多用鈉養淡養或反有害恐其變硬致阻空氣之透入並阻根物類如紅菜頭等之生長謀克云種紅菜頭之田每毛肯加鈉養淡養二五擔則紅菜頭遲生五六日加此料五擔更遲八日或十日且萌芽亦不齊而欲其茂盛均勻歷時較久所以用此料其數不可過二擔有一佳法於未播種時先以此料之半壅之及初次或二次鋤鬆植物根旁泥土時又壅之如欲加鈉養淡養三擔宜在未播種前壅一擔初次鋤鬆根旁泥土時又壅一擔二次鋤鬆根旁泥土時又壅一擔凡以鉀養鹽類與鈉養淡養同壅者更宜照此法

不特鈉養淡養有此弊卽他種鹽類肥料亦有此弊如泥土本係堅重者則尤甚焉宜用鋤屢次鬆之種紅菜頭番薯或穀類於前所云槽間者其槽宜稍闊以便農夫容足鋤鬆之英國卽如是亂種之冬麥或有此弊當麥秧幼小時用耙以鬆之然種穀類之田土此弊甚少蓋所用鈉養淡養極微也

淡養料改良泥土

謀克言加鈉養淡養於田地有改良泥土之意曾查考種番薯應用鈉養淡養若干在春間將田地分作數區每區一毛肯除一區不用肥料外每毛肯用肥料自一擔至五擔其田係含鈣養之鬆沙黃土及秋間番薯收成後則見泥土爲淡養料所改變有似棋枰下雨數次後未有淡養之處仍顯鬆沙黃土之形而已得淡養之處甚爲滋潤得此料愈多者則更甚若用此料五擔竟等於溼草地由是可見泥土爲鈉養淡養所大改變而增其留水之力謀克又言載運鈉養淡養至他處儻漏遺於道途雖數年後猶能見其迹云

勞斯並葛爾勃在重黃沙土試驗沙土之下層係泥土最下層係白石粉土於數年間連加鈉養淡養可改良下層土令其羈留雨水遠望之亦能覺其與尋常田迥然不同然多加此料恆患滋潤過甚其土質尤黏韌以致耕種費事

一千八百七十年天氣旱乾由種馬料舊田一畝素用鈉養淡養並礟石類肥料者收成數較近處加牧場肥料或

與阿摩尼鹽類並用之田所收者爲多，博士見此情形，於馬料刈割後，掘至其根鬚最深處，取土查考含水數，即於七月二十五號二十六號，在三處掘深至五十四寸，而取其土，蓋壅淡養$_{3}$料之田，所種馬料，根鬚幾有此深也，下表指明三處所得之土百分中含水數，將此土先權重數若干，乃烘熱至法倫海寒暑表二百十二度，令其所含水化汽，復權之，即知其含水多寡也

面土下某深數所得之土	無肥料土百分中含水數	加阿摩尼鹽類並礧石料土百分中含水數	加鈉養淡養$_{3}$並礧石料土百分中含水數
第一九寸深處土	一〇·八三	一三·〇〇	一二·一六
第二九寸深處土	一三·三四	一〇·一八	一一·八〇
第三九寸深處土	一九·二三	一六·四六	一五·六五
第四九寸深處土	二二·七一	一八·九六	一六·三〇
第五九寸深處土	二四·二八	二〇·五四	一七·一八
第六九寸深處土	二五·〇七	二一·三四	一八·〇六
中數	一九·二四	一六·七五	一五·一九
一千八百七十年旱乾每英畝所得馬料磅數	六四四	三三〇六	六三〇〇
二十年閒所收中數	二三八三	五七一一	六四〇六

由此表可見無肥料田當旱乾時，馬料收數大減，而加阿

摩尼鹽類者，其數亦減，惟加淡養$_{3}$料之田收數所減極微，依此表地土深五十四寸，以每一英畝計之，約重一萬八千萬磅，加鈉養淡養$_{3}$之土，所含水實較無肥料土所含者少三百二十五噸，加阿摩尼鹽類者，亦較少二百噸，即是加淡養$_{3}$料田，少雨水三五寸，加阿摩尼之田，少雨水二寸，可見加肥料田所種植物，吸取深土中之水，較無肥料田所種植物吸取更多也，且加肥料田土，肥沃鬆疏，水易運行，植物根鬚更易展布發達

總之，加淡養$_{3}$料之田，所種植物，如遇久旱，能吸取下層土中之水甚足，勞斯並葛爾勃云，凡種馬料舊田，每年加鈉養淡養$_{3}$者，有一種野草甚易生長，惟此草喜溼畏旱，易枯死

常種苡仁米之田，儻一次多加鈉養淡養$_{3}$，則生長久延，如遇旱乾，不若壅阿摩尼鹽類之植物易衰枯，蓋從前多加此料，入土動作，泥土變鬆，留溼又多，植物根所需養料並水，均易吸取也

鈉養淡養$_{3}$在土時之功效

薩克斯並倍克常言鈉養淡養$_{3}$在土面變硬之理，乃因其與土中鈣養化合，而成鈣養淡養$_{3}$並鈉養炭養$_{2}$，且植物根鬚吸取其淡氣而發出炭養$_{2}$氣，又將與鈉養相合，亦成鈉

養炭養此二故所成鈉養炭養均令土質膠黏變硬

鈉養淡養並他種鹽類料均能令泥土鬆疏有似柴灰所以初壅此料時應有此效然與前所云相反又據暉得內試驗云凡泥土屢加含鈉養淡養之水其洩水情形爲之速減幾變爲不能洩水

鈉養淡養能殺蟲

鈉養淡養又有殺蜒蚰及他種蟲豸之功如新小麥爲堅硬細絲蟲所損害即加鈉養淡養可滅之惟此料果能殺蟲抑驅逐之則不得而知又有博士言此料能殺蚯蚓壅入土半小時蚯蚓即死凡新葱頭並花椰菜有蟲子均可

以之毀滅

凡曾盛鈉養淡養之袋必須謹慎因此料易收溼氣不如朴硝之常乾其袋之隙縫既爲此料所塡塞而又堆積於溼處更易收溼當溽暑時置而不動易自生火

鉀養淡養亦常用

潔淨鈉養淡養百分中有硝强酸六十三分鈉養三十七分此即稱爲正號市肆所謂無水硝是也然此鈉養數尚屬過多因植物用之甚少所以鉀養淡養爲肥料亦甚合宜含二種原質均有功用惟價値較貴

近來園工亦稍用鉀養淡養農家有時亦特別用之惟尋常農家將鈉養淡養與鉀養和而用之此和料入土即變爲鈣養淡養鉀養淡養

市肆所有鈉養淡養並非極淨其百分中有純料九十四或九十五分即其料百分中有淡氣一五五近來南阿美利加荒地所得之鈉養淡養與鉀養相和則成鉀養鈉養淡養轉運至歐洲出售此合質中淡養之分劑不均尋常百分中有鉀養十六分淡氣十五分而鈉養淡養居五十五至六十三分鉀養淡養居三十一至四十二分二種共計百分之九十至九十五分

淡氣成定質法

化學家不解硝場及耕種之田何以能令淡氣變成定質百餘年來再三考究其理今已畧知一二凡動物植物含有淡氣者在空氣中腐爛而遇含灰石或柴灰之土則合成鈣養淡養鉀養淡養故炎熱地方其土中含淡養料甚多不特東印度爲然即埃及波蘭亨加利意大利亦然在此各處所產朴硝爲數若多料理之亦尚合算

此等地方所產之鉀養淡養由生物質變化而成如埃及國之朴硝乃古時動物質料變成者波蘭國所產硝大都在邱陵等處亦係古時人類屍骸等物變成亨加利產硝處大半在牧畜之地昔美國創立基業爭戰時缺乏火藥

並朴硝購諸俄國俄人於舊時紮營之地鋪蓋柴灰而灰中所含鉀養遂引起地土中之淡氣化合成硝以應其求印度孟閣而省產市肆出售之朴硝爲數頗鉅本地人取泥牆並草屋牛棚等相近處之土濾而得硝爲數不少每年某季時地面往往有霜形之物收取而濾之卽係此等硝也或云含鈣養之土產硝最多此等地土其瀉水層若深過二十尺當多雨之時將柴灰鋪蓋則凝結朴硝最多如土中並無鈣養炭養$_2$及他種鹼類物而有腐爛物發出之淡氣料則變成阿摩尼淡養$_3$此不必特別考求卽在人煙稠密舊城鎮之井水中可試驗而知之此等井水必含阿摩尼淡養$_3$如井之地位近於洩漏之茅厠陰溝則尤甚蓋穢料漏洩於土中而與空氣相遇將穢料中之阿摩尼變成阿摩尼淡養$_3$隨水流入於井惠靈敦查知阿摩尼炭養$_2$化於水能吸收淡氣惟變化其全數之半卽止尙餘阿摩尼與炭養$_2$不能變化

溲溺和水之後其中淡氣一半已成養氣變化其工作卽止欲令阿摩尼鹽類之淡氣全數變化則須有利用之鹼類物若土中本有足數鈣養炭養$_2$卽可以應此需惠靈敦言凡土中鈌少合用之鹼類如鈣養炭養$_2$則田地必瘠薄應加白石粉或石灰以利之

吾等俱知土中所有淡養$_3$料均由阿摩尼和物化分化合而成此阿摩尼和物乃古時生物質腐爛變化而成經此變化卽易變成淡養$_3$物博士虛蘭萃置阿摩尼於含溼沙土面半月之後盡變爲阿摩尼淡養$_3$

含淡氣發酵料

今考知土中淡養$_3$物雖由阿摩尼及他種物質化合而成然並非盡如化學家特化學自然之效用淡氣料如阿摩尼與鉀錳養合而燒之或與輕$_2$養$_2$相合蓋土中本有微生植物卽發酵料令其變化成淡養$_2$並淡養$_3$惟此酵料動作情形尙未明曉用顯微鏡能察視此微生植物在尋常黃沙土天氣温暖溼且晴則工作而成淡養$_2$淡養$_3$之物此猶動物呼吸飲食而生炭養$_2$氣也

依舊法製朴硝必取舊硝場之土散於新硝場此猶作饅頭用酵料令其發鬆蓋舊硝場有無數之微生植物能發酵製成朴硝也

酵料有二種

據惠靈敦云變成淡氣質料之法有酵料二種第一種酵料令阿摩尼變爲淡養$_2$料第二種酵料令淡養$_2$變爲淡養$_3$料其實酵料有三種尙有一種能令生物質中之阿摩尼洩放然後此二種酵料能工作而尋常以爲變化淡氣法

祇有一層工夫所謂一層工夫者熱度須高也蓋此酵料在法倫海寒暑表四十度之下則變化淡氣甚緩在三十七至三十九度之間其動作幾息五十四度較稍速高於此度則更速九十八或九十九度其動作工夫迅捷已至其極尋常須閱數月方能化成而在此熱度祇數日已成高於百度則又緩虛蘭莘言在一百十八度時較緩於五十九度時之動作一百二十二度則更緩至一百三十一度竟不能變化矣當氣候合宜時化成朴硝較五十七度時可增十倍所以夏季酷熱時土中變化淡氣工夫最爲迅捷農夫以爲此時植物需肥料最多亦係此故前曾言

其變化須溼如天氣旱則息更旱則酵料竟死然土中含水過多空氣不能透入亦不相宜因酵料沈浸而死也

黃沙土變化淡氣

博士特海蘭置土於盆試驗而知空氣透入灌水法合宜者則土中本有之生物料變成淡養料甚多如土一百克蘭姆其百分中本有淡氣〇．二六閱六月則化成淡養酸〇．〇八八卽合八十八密里克蘭姆依此估計每一英畝之土每一年化成淡養酸六百磅有奇此數供給植物殊覺有餘在試驗房內空氣含水甚足而土中含水不過百分之五者亦可令其變化淡氣甚合宜如含水百分之十或十五則更佳然地面空氣甚溼將阻土中含水之化汽所以該地土中已含水百分之十五者再加以水毫無益處

酵料須有養料

酵料卽微生物須有養料方能變成淡養淡養料蓋此微生物必藉燐養料並植物體中他種灰料含淡氣料含炭質料等有博士數人已查知淡氣發酵料雖似藉生物質以生長然變成淡養料並不藉此生物質因此微生物易由炭養氣中吸取所需之炭質並由阿摩尼鹽類炭養鹽類化成淡養料而並不發出養氣此因炭質變爲微生物

之體而養氣則與阿摩尼內之淡氣化合而成淡養

生物質並非必需之物

惠靈敦言含阿摩尼鹽類並炭養並燐養之水中可孳生無數之淡氣發酵微生物而此水中並無生物質又查知鈉養二炭養鈣養二炭養並鈉養醋酸均可養育淡氣發酵料惟鈉養炭養能阻其發酵之功谷魯斯開云阿摩尼吸收養氣之時發出勢力足以化分炭養氣而炭遂爲造成發酵微生物之體淡養酵料猶如淡養酵料在流質中亦能孳生而並未加生物質儻流質中有鈣養二炭養或鈉養二炭養則變化更速此淡養酵料雖能令淡養速收

養氣變爲淡養三然於阿摩尼無相關如流質中阿摩尼炭養三爲數較多將阻其生發而不能令淡養三變成淡養三

養氣必需

養氣不可少製朴硝之人早知之一千八百七十二年博士潑魯斯遊歷西伯里亞筆記云朴硝成於地面有開取朴硝之人先取地面硝土濾而得之遂掘土甚深反不能得殊不知地土深層養氣不能透入安能成硝勞斯並葛爾勃試驗之田其下層係泥土更下則係白石粉土而由地面下九寸深所有發酵微生物甚發達其下層則淡氣酵料爲數極微弱如英國羅退姆斯退脫地方係重土諒

其變化淡氣法必在地面惟含沙之土其變化較深又查得下層土中如有石膏則有益加此石膏之後三尺深處之土均有發酵情形在六·五尺處漸微弱至八尺竟無發酵微生物在下層白石粉土中五尺深處亦無此酵料然耕犁開溝合法能透入空氣之泥土或所種植物有長根深入土中引起地下水而令土質較鬆則其中變化淡氣更易

泥土含溼有關係

麻賽楚賽玆省壅肥料之田變化淡氣法不能歷久祇有一時而已因該處泥土過溼空氣不能透入以生養酵料而遇旱時酵料又將毀滅所以地形較低含溼可均者其變化淡氣即易若夫耕犁不特令土鬆易透空氣且擾動其土質敷布其酵料

又查知淡氣發酵料不利於猛烈之日光宜稍晦暗便其發達從前博士倍根亦言欲速得朴硝者須免日光可覆以草棚並以板蓋於地面獲效迅捷

酵料遇毒易斃

變化淡氣之酵料如遇哥羅昉柏油煤氣鐙廠廢石灰鐵養硫養三並他種鹽類物爲數過多者易毀滅然鹽類物爲數若少依泥土一百萬分加四百八十五分於酵料尚無

妨特海蘭查知泥土一千分加食鹽一分則將有害爲數更多其動作即止如加鈉養淡養亦能暫止其動作而後仍變化謀克云草地中有鐵養硫養三其鐵養與土相較有百分之一又三分之一則此地無淡養三料其他處鐵養硫養三約有上數四分之一則有之如草地中並無鐵養硫養三則淡養三料甚多無鐵養硫養三草地一英畝深至三九·五寸猶有淡養三九百八十磅有鐵養硫養三其鐵養合百分之〇二九八至〇·三九五每一英畝有淡養三九十磅並一百四十七磅若鐵養有一·三四九者竟無淡養三矣

因鹽類物易毀滅淡氣酵料故變化淡氣之土不可多加

食鹽並鉀養綠養五或多燐料，即多加鈉養淡養三亦不宜，特海蘭用黃沙土一百克蘭姆，與鈉養淡養三〇·〇六克蘭姆相和，盛於盆中試驗，歷四星期之後，纔見其發酵，蓋微生物在盆中漸慣，然後動作，據伊查得一百有五日之間，變成淡氣僅有〇·〇〇九克蘭姆，第二盆加黃沙土一百克蘭姆，鈉養淡養三〇·六克蘭姆，其變化淡氣初亦停止，後漸發達，較第一盆更弱，又查得將食鹽〇·四至一克蘭姆，與黃沙土百分相和，其發酵動作亦即停止，又一種黃沙土加食鹽千分之一，在五星期之間，變成淡養三料〇·〇二四克蘭姆，然在十二星期之間，其變成淡養三數不過〇·〇三

農務全書上編十二

二克蘭姆，可見其動作漸緩，將食鹽〇·二五克蘭姆與黃沙土一百克蘭姆相和，歷六星期，則見其變化淡氣較速，而第二之六星期，變成硝為數較少，可見此微生物在新土中不慣而斃也

天氣久旱，土中鹽類物如綠氣淡氣漸引至地面，即與地面所加淡氣料相阻，所以鹽類肥料或煤氣鐙廠廢石灰或阿摩尼硫酸或多輕硫之汚泥或鐵養硫養三加於田，或加於肥料堆，反為所害

博士臘朴曾試驗阿摩尼受發酵微生物之力，在土中變為淡氣料甚易，如將黃沙土遇阿摩尼三日之後，以此沙

土鋪開甚薄，加水以溼之，而不令遇雨，以待其乾，查其中之淡氣料多少，先在此土一百萬分中查有淡養三酸五十二分，後又查有五百九十一分，可見較第一次所查者多十一倍有奇，惟必須溼潤，發酵微生物方能變化其阿摩尼而成淡養三酸，又與土中鹼類物相合而成淡養三料

空氣中塵土所有淡養三料

土中淡養三料亦有由空氣中之阿摩尼變成者，惟為數不多，蓋空氣中之阿摩尼本極微也，空氣中又有生物質，已成細塵，化分之後易變為阿摩尼，又變為淡養三料，凡塵土停止之處，即有阿摩尼澄停，由此變為淡養三料，灰土及灰

農務全書上編十二

石之外層，往往有鈣養淡養三若干，近來考知不特灰石為然，即各種石並土質等外面亦有之，並有含阿摩尼之料，各種定質外面所有阿摩尼並淡養三料，諒為微生物吸收空氣中之淡氣變成，因鐵鏽中往往有阿摩尼，此即可為一據，凡磨擦甚亮之鋼或鐵所製成刀鉗鏟等器，當夏間不用時則生鏽，欲免此弊，用紙或法蘭絨包之，不令其受塵，否則空氣中之細塵並微生物將停止於鋼質面，變成阿摩尼和物並淡氣料，在夏間則更甚，此淡氣料即將侵蝕鋼質，凡純銅紫銅雜質銅白銅等則無此情形，蓋因含銅質之鹽類物能毒微生物也

微生物能鬆碎物質

博士孟紫言凡微生物能變成淡氣料者又能將石之外層鬆碎脫落曾查知灰石非勒司巴耳石千層石葉形石等均有許多微生物歐洲最高之阿爾勃山巔天氣極冷而此發酵微生物竟能生存侵蝕石之隙縫甚深在石之外面尤甚

從前地學師曾言各種石中有微生物孟紫之意此微生物必在石之隙縫等處然石中又有呼莫司諒由他種微生物變成者夫石之鬆碎一因微生物侵蝕並勉强之力一因吸收淡氣料依化學法而破敗

淡養$_{三}$料由生物質化成

淡養$_{三}$料雖由生物質變爲阿摩尼而受發酵微生物之力化成然阿摩尼並非必不可少之物因淡養$_{三}$料可徑直變化成之博士孟羅並惠靈敦查知含淡氣發酵料可與蛋白類質直辣的尼阿司叭拉精（即龍鬚菜之精）由里阿以脫拉明替哇西愛內脫並乳及溲溺等物變化成淡養$_{三}$料此淡養$_{三}$料在土中又爲微生物變化而成淡養$_{三}$料孟紫言發酵料吸收淡氣不特專在生物質而淡養$_{二}$可多收養氣變爲淡養$_{三}$含碘之鹽類可變爲含碘多養含溴者可變爲含溴多養

腐爛情形與變成淡氣之情形相反

生物質變成淡養$_{三}$料須在此生物質緩緩化分時方可蓋此時可多收養氣也坎爾奈言日本低溼稻田不能化成淡氣料即是泥土含足水者空氣爲其所阻且因在熱時土中物質易腐爛此腐爛物質中遂無淡養$_{三}$料反而言之腐爛物質中苟有淡養$_{三}$料亦即時化散如蛋白類質腐爛則前所加之鉀養淡養$_{三}$即化散而成阿摩尼是也

此事曾以陰溝水或雞湯或他種腐爛物質加鉀養淡養$_{三}$並糖水則此流質中速生許多微生物而其中淡養$_{三}$料即爲微生物變成淡養$_{二}$或與更少數之養氣相合或竟變爲淨淡氣惟最尋常之變化則爲淡養$_{二}$而以後不復改變有數種著名微生物頗能變化鉀養淡養$_{三}$而爲淡養$_{二}$或竟變爲淡養或淨淡氣用紅菜頭製糖亦有發酵情形當時又發出一種紅色氣霧此即含養之淡氣也

博士李項查田中加肥料時變化淡氣之遲速盛花園黃沙土於大箱內此土百分中有淡養$_{三}$料〇·〇二五每土十啓羅克蘭姆加家禽糞三百克蘭姆和甚均且鬆以令空氣透入歷四十八小時查土中淡養$_{三}$料已較前稍減歷一星期更少而有淡養$_{二}$歷二星期淡養$_{三}$淡養$_{二}$盡失而有阿摩尼一月後所成之阿摩尼爲數極多三十五日後又將變

成淡養三月之後祇有淡養第二箱所盛黃沙土不加家禽糞其變化淡氣法不似第一箱之甚有參差可見多加肥料即將土中淡養化分而少加者僅改變其分劑溼土遂出養氣後即阻淡氣之變化盧蘭莘查得多呼莫司之溼土置於淡氣中則所有淡養速失此因缺少養氣故也即使稍有空氣亦不能變成淡養

百餘年前法國博士查考朴硝云豬棚不可謂產硝之處惟綿羊山羊棚中地土常有許多凝結之硝蓋因豬踐踏棚中土與肥料成厚層之溼料遂不能成硝惟羊棚中可得暖熱並有羊溺潤之如此變成硝甚多又有意大利博

士勞那言凡腐爛之物並不速變爲硝須盡腐爛方能成之是故大堆積腐爛物往往並無硝雖此堆積歷時已久亦然宜將此腐爛物與輕鬆物相和分作小堆積則發酵情形無所阻遂能盡腐爛

不特豬棚如是即不通空氣之溼土如多水之稻田雖有含淡氣之生物質亦不能變成淡養料如以淡養料置於溼草地則速收吸其養氣而變成阿摩尼並溼草地氣即炭輕也夏夜所見火光即是

卷終

農務全書上編卷十三

美國哈萬德大書院農務化學教習施妥縷撰 慈谿舒高第口譯 新陽趙詒琛筆述

第十一章下

含淡養三肥料即硝

鈣養炭養能助化成淡氣

今查知土中稍有鹼性者則助變化淡氣之發酵微生物此事與前人所論相符凡土中有鈣養炭養纔能成硝場功效法國人妥未納爾曾取各土用化學法試驗而知鹼類物最能助化成淡氣料者爲白石粉並鈣養炭養據云

含鈣土面凝結淡養料較他種石腐散而變成之土面所凝結者更多此因鈣料中有鈣養炭養以致之也含鈣之土雖露於空氣中亦能變成淡氣料其數較有遮蔽如山洞草屋等處爲少

妥未納爾又查知新石灰與鈣養炭養相較則新石灰助化成之硝爲少且諒石灰露於空氣中不復能盡吸收前所含之炭養令其性平和此於農務甚有關係所以露於空氣中之石灰決不能盡代已濾過之柴灰用度夫濾柴灰以取其中之鉀養爲製肥皂等用而此柴灰中尚有許多質料如鈣養炭養鎂養等物用諸田地其效勝於露過

之石灰

蒲生古考妥未納爾之言果確，又查知花園黃沙土中，如有新石灰，則不能化成淡氣，不特不能化成淡氣，且土中未加石灰時所有之淡氣，亦將爲其變化失去，即是土中本有藏儲之淡氣料，遇新石灰而洩放其淡氣，漸變成阿摩尼也，又查知加新石灰於土中，歷二月之後，所有淡氣料反少，而未加石灰之土，仍有許多淡氣，惟阿摩尼較有石灰之土更少

此試驗法，用大玻璃盆數只，分作二行，盛以泥土，並加足數之清水，令其溼潤，第一行盆中土不加他種物料，第二行盆中土均加含足石灰之水，惟多寡各不同，其效如左表

第一號土　肥沃含沙黃土，取自舊菜圃中，有生物質甚多

每盆試驗之乾土，均係啟羅克蘭姆

	加石灰各盆			未加石灰各盆	
	加石灰克蘭姆數	阿摩尼	硝强酸	阿摩尼	硝强酸
六日後	○·三	○·○二	未查出		
十日後	二·○	○·○○七	○·○○五		
二日後	一·○	○·○二四	未查出		
一月後	一·○	○·○七六	○·○○九	○·○○五	○·二三三
二月後	一·○	○·○七九	○·○○三	○·○一○	○·二二六

試驗初時，百分土中本有生物質淡氣○·二一，阿摩尼○·○九，硝强酸○·○六七

第二號土　肥沃黃沙土，取自他處種菸草田中

	加石灰各盆			未加石灰各盆	
	加石灰克蘭姆數	阿摩尼	硝强酸	阿摩尼	硝强酸
六日後	○·三	○·○○七	未查出		
十日後	二·○	○·○一○	○·○○八		
一月後	一·○	○·○四六	○·○二○	○·○○二	○·一八七
二月後	一·○	○·○三六	○·○三四	○·○○二	○·一七六

試驗初時，百分土中本有生物質淡氣○·一四，阿摩尼○·○一一，硝强酸○·○四二

此土中生物質較少，故淡氣亦少，而石灰不能多化之，則其所成阿摩尼爲數亦自少

第三號土　甚肥沃含沙黃土

	加石灰各盆			未加石灰各盆	
	加石灰克蘭姆數	阿摩尼	硝强酸	阿摩尼	硝强酸
二星期後	一○	○·○一八	○·○一八		
五星期後	一○	○·○二○	○·○二三	○·○○一	○·○一○

試驗初時，百分土中本有生物淡氣〇·〇九，阿摩尼〇·〇一二，硝强酸〇·〇二二

又將第一號黃土與沙土相和，任其休息，而與所加石灰及灰土柴灰之土相較，其效如左表

黃土克蘭姆數	加克蘭姆數		休息月數	增阿摩尼克蘭姆數	增硝强酸克蘭姆數
一〇〇〇	沙	八五〇	八	〇·〇一二	〇·四八二
一〇〇〇	沙	五五〇〇	三·五	〇·〇三五	〇·五四五
一〇〇〇	沙土	五〇〇	八	〇·〇〇二	〇·三六〇
一〇〇〇	鉀養炭養	二	八	〇·〇一五	〇·二九〇
一〇〇〇	陳石灰	二〇〇	八	〇·三〇三	〇·〇九九

由上表可見石灰加甚多者，其情形如肥料堆阻其變化淡氣法，而變成之阿摩尼反較多，蒲生古加鉀養炭養三試驗之，亦能阻其化成淡氣，今人皆知田中稍加鹼性物，可助其化成淡氣，多加則阻之，如溼土多加石灰或他種濃鹼類，而此土中本多呼莫司者，即有腐爛情形，其淡養三料速變爲阿摩尼，惠靈敦云，天然含石灰水，其鹼性甚猛烈，儻田中有此鹼性之半，亦難化成淡氣，所以土中多加石灰者，其變化淡氣之法即止

博士休爾茄云，舊金山並他處熱帶乾地，夏季少雨者，則化成淡氣甚易，此等地方，惟冬雨潤土，並不洩失淡養三料，且土中本有鈣養炭養二爲數甚足，可與淡養三酸合成淡養三料，此鈣養炭養二由石質鬆散之鈣養矽養三所化成

鹼性助化成淡氣

鈣養炭養二之外，鉀養炭養二或鈉養炭養二化於水甚淡者，可助化成淡氣，如此水濃過於千分之二或三者，即能阻之，阿摩尼炭養二水稍濃者，亦似鈉養炭養二濃水，能阻其變化，惠靈敦云，阿摩尼炭養二爲數過多者，如綿羊溺在乾土，即將發酵，儻加於田中，將阻其化成淡氣，此因溺中阿摩尼炭養二過濃也，是故溲溺應沖淡或和土，然後用之，或加石膏於溺內，則阿摩尼炭養二變爲阿摩尼硫養三，即減其猛烈

之鹼性，用於田地，可令其變爲淡氣

硝場必須鈣養炭養二並柴灰，然田中縱無石灰或鉀養或鈉養，亦能變成淡養三料，蓋田中本有藏儲之阿摩尼與養酸相合變爲淡養三

二淡輕四丄五養‖淡輕四淡養三丄二輕二養

如有鈣養或鉀養者，即將變爲鉀養淡養三鈣養淡養三，尚有阿摩尼，將盡變爲淡養三，在尋常土中本有此情形，因阿摩尼淡養三飲吸土中，即爲含鈣養鉀養鈉養之物化分，而變爲鈣養淡養三鉀養淡養三鈉養淡養三，並淨阿摩尼，因地土有此飲吸之事，而將變成阿摩尼炭養二，所以牆壁低處有穢

濁之物則結成淡氣或由土中引起淡氣此二種淡氣卽漸變爲硝據孟紫云土中有微生物可令生物質淡氣變成阿摩尼此阿摩尼速變爲淡養此淡養又爲特有一種發酵物令其變成淡養

淡養之變化

腐爛生物質易變爲淡養料而泥土下層之淡養料因缺少空氣卽取此淡養中之養氣多呼莫司之土有淡養料往往如此變化而洩放其淨淡氣博士司密得云凡腐爛物質其中所有淡養化分卽有淨淡氣成氣質騰散其養氣或與炭質相合變成炭養氣或淨養氣騰散凡腐爛物質

將少許化於淸水內而水數足以盡吸收其中所有炭養氣則淨淡氣不能藏儲遂騰散

凡溼草地等處水不流通者所有淡養料時常化分畜糞堆並肥沃土亦有此情形然尋常土中卻有化成淡養者設土中含水甚足久無空氣透入則易將淡養料化分是故泥土堅密水不流通之處其淡養必易化分輕鬆之土則易保守其淡養且易變化成之凡耕種尋常植物之土必令其鬆疏卽是免淡養之化分也

有地土生物質雖多而淡養料甚少者或竟無之如俄國肥沃土著名爲黑土其百分中有呼莫司七分或九分博

士臘朴查此土百分中祗有淡養〇·〇〇〇二並〇·〇〇〇六蒲生古查得係〇·〇〇〇四南阿利加唵麻森江邊之土甚肥沃蒲生古查知其中並無淡養料每百分中僅有阿摩尼〇·〇五此土係沙與腐爛之葉相閒成層其百分中腐爛之葉往往有四十分有樹木之地土尋常缺少淡養之物質所以不能有變化淡氣情形據博士勃里爾云柴草料有一種恃空氣生活之發黴微生物諒他種植物料亦有之此物遇有水處能將淡養料速化分而洩放淨淡氣其工夫雖速然與尋常耕種之田並無甚礙因田中水不多也在低形草田並卑溼而有呼莫司之田則此

微生物孳生甚速由是卽知此等土中缺少淡養料之故也

據博士辟雀特云硝場所有生物質淡氣過多者能阻其化成淡養料此博士查知和物含生物質淡氣百分之三其所化成淡氣料較諸和物僅含百分之一者爲少據云設硝場或肥料堆以製淡養料其和物中所有生物質淡氣不可過於百分之一據博士勞倫脫云缺少空氣此淡養物改變爲淡養蓋淡養料爲微生物酵料黴料並各種微細條菭蟲改變而成淡養又查知種子萌芽時因缺少養氣而淡養化爲淡養儻植物生長時用鉀養淡養水灌

之又將植物中所吸入之淡養三變爲淡養二惠靈敦查知和水之溲溺將變淡氣時加新土則其中已有之淡養三料先化分然後又化成含淡養三之新和物此溺中淡養三改變爲淡養二時甚混濁待數日後改變已止則又清蓋因改變時微生物孳生甚繁故混濁及其生長甚足繁衍極盛於是工作令其變化

淡養三歷久

鈉養淡養三雖在水中易消化然一年之後在土中發酵之力尚未能盡即是數年之後尚能得其餘力博士勞斯並葛爾勃亦云種苡仁米之田五年閒每年每英畝加鈉養淡養三肥料五百五十磅以後十四年閒每年加二百七十五磅又有一田十九年閒每年加此肥料二百七十五磅而第一田在初年收成數較多於第二田五年之後所加肥料亦是二百七十五磅惟此十四年閒所產物較第二田仍多可見初年所加肥料後年猶能得其餘力

可見土中初年所加肥料在本年未竭其力尚有淡氣藏儲待用雖有由溝道洩出亦未能盡也蓋淡氣料在土中已變成他式能藏儲由漸供養植物勞斯並葛爾勃云用淡養三並阿摩尼鹽類爲肥料植物收成之後其根及廢草耕覆土中則又爲次年植物之肥料

法人盤德羅查知淡養三料在土中可變爲生物質淡氣如一盆乾黃沙土四三·三啟羅克蘭姆並鉀養淡養三三六·五克蘭姆不令其生長植物又不令其受雨自四月十五號至九月二十五號試驗之初時黃沙土每啟羅克蘭姆中有生物質淡氣一·六六九克蘭姆即共土中有七二·三克蘭姆至試驗將畢時漉洗其鉀養淡養三而查此土每啟羅克蘭姆中有生物質淡氣二·〇四六七克蘭姆即是每啟羅克蘭姆中增生物質淡氣〇·三七七克蘭姆即其土中增生物質淡氣一六·四克蘭姆較初試驗時幾增四分之一又用一盆亦盛此土數而種植物十一顆查此植物並未吸取土中之鉀養淡養三其土每啟羅克蘭姆中有生物質淡氣二·〇六四六克蘭姆幾與第一盆未種植物之土中所增數相等

凡舊肥料堆屢次翻覆令堆中物質漸腐爛則變成淡養三料甚易今人皆知發酵猛銳之微生物在此等極腐爛之肥料堆中最宜其孳生所以此等肥料散於田面更易變爲淡養三料若在秋閒散鋪肥料於田面令其過冬於熱地甚宜歐洲南方即用此法其肥料漸飲吸入鬆疏之土中所有淡氣即變爲含淡氣料然美國北方則不相宜因冬閒泥土冰凍肥料不能飲吸入土反爲冬雨沖失

鐵養等物變化養氣

土中物質與淡養料有何關係尙未明悉其物質如鐵養錳養或錳硫養此數種物質均有化分養氣之功化學家皆知黑錳養中本有含淡養料少許可見此黑錳養能化成含淡養之料又有博士考知多錳養者果可化成淡養淡養料

鐵養能取空氣中之養氣供與生物質凡舊木料之鐵鏽釘並木舟之鐵箍均能收取空氣中之養氣供與周圍之木質於是木質得養氣而漸腐爛腳朴考知錳養並鐵養又將阿摩尼化分而成養氣其實土中含淡氣物質由鐵

養錳養等物質而得養氣先變爲阿摩尼又受發酵微生物之動作遂成淡養料

有數種土稍有紅色而甚肥饒農人貴之因此土中含鐵養之物敷布甚廣於田地大有關係也美國南數省之土有紅色化學師查知其百分中有鐵養七分至十二分或竟有十二分至二十分有奇尋常含鐵之沙土每百分中有鐵養三·五至七分稍有紅色者僅有一·五至四分凡堅重土有此含鐵料可收取空氣中之養氣遂變爲鬆疏葢紅色可收日光之熱氣令土暖而鐵養本能令土中生物質易得養氣也然含鐵養之土其中呼莫司不多因鐵養

由空氣中取養氣入於呼莫司中即是以此養氣漸燒滅呼莫司也

博士辟雀特言土中鐵養能助變成養氣因其能取空氣中之養氣供與生物質令其變成阿摩尼暫留之以待微生物之動作變爲含淡氣料葢泥土能暫留阿摩尼免其耗失而鐵養本含水質即是有收吸水汽並他種氣質之功故可令地土滋潤博士休爾茄言含水鐵養可令土滋潤以禦旱乾較勝於無鐵養之土

含硫養物變化養氣

含硫養之物與土中炭質料甚有化合情形又能令含淡

氣物質變化如硫養料與生物質淡氣相遇則化成阿摩尼凡城鎭街道磚石下並房屋磚石下之黑土均因其中含硫養之物失其養氣而變爲黑也茅厠處黑土並積水陰溝處黑土亦然即是土中本有硫養其養氣化失變爲鐵硫遂成黑色如遇空氣又收吸養氣而成紅色之鐵養石膏與化成淡氣之關係其證尙未明確博士華爾甫取牛糞一立方尺盛於箱置向北室內歷十五月任其發酵腐爛查知加石膏者其淡養料較少於未加石膏者較牛糞與炭質相和者亦少葢因箱中物過乾之故又以草煤與石膏相和試驗其能化成淡氣否查知並無淡養料特

海蘭亦云如是。辟雀特將鉀養硫養、鈉養硫養、鈣養硫養加於瘠土中，查知有變成生物質淡氣情形，因思此石膏與土中阿摩尼相合而成阿摩尼硫養，留於土中，不能化騰，於是發酵微生物令其變爲淡養料。蓋阿摩尼硫養在土中本易爲微生物所改變也。博士斯拜沮亦查知石膏散於有鮮馬糞之花園黃沙土中，此石膏速變爲鈣養炭養並阿摩尼硫養甚多

辟雀特查知石膏較鐵養硫養更能助化成淡養，然石膏雖易成此事，而泥土必須多通空氣，凡堅密土中阿摩尼甚不易變爲淡養也。辟雀特又云，石膏在呼莫司之土亦

不相宜，因此呼莫司收取石膏中之養氣，而石膏遂變爲鈣硫，能毒變化淡養之微生物

舊金山博士休爾茄言，有鹼性之土，加以石膏，頗能助化成淡氣。據惠靈敦之意，凡地土多含炭養氣之鹼類物，如白石粉等，加以石膏，可減其鹼性，此石膏中硫養之功也。濃糞水及發酵溲溺鹼類土質或地土多含炭養氣之鹼類者，決不能化成淡氣。儻加以石膏，則鹼類炭養變爲鹼類硫養及鈣養炭養，如此易化成淡氣，如溲溺和水極淡，再加足數之石膏，亦易變爲淡氣料

植物體中化成之淡養

據博士盤德羅及恩特蘭云，植物枝並根中常有鉀養淡養，此乃植物體中之賽爾所作工夫，即是賽爾在植物體中，猶土中之有發酵料，可變成淡氣物。蓋賽爾之職司，本係吸取養氣，非但變化成淡養料，即由含炭養氣之和物草酸和物、打打里克酸（即果酸）、蘋果酸、橘酸並他種多養氣酸，均吸取其養氣，此賽爾之工夫，猶果中之賽爾可令其中小粉變成酒醕糖質等，其功即係發酵之類

壯盛植物，其枝中可化成淡氣，惟葉中淡氣較少，蓋葉由空氣中吸取淡氣，運入枝中，而吸入之炭養氣洩放其養氣，遂令淡氣變爲蛋白類質並阿美弟（阿美弟係小粉中含淡物質）

植物葉中之綠色質，名克落非耳，藉光力成之，惟光又能化分淡養料，變爲阿美弟，而淡養料由植物根在土中助化成之，即係土中微生物之力也。盤德羅並恩特蘭欲發明植物體中之賽爾並發酵微生物同有變化淡氣之理，將花園黃沙土少許，用清水漉洗其中所有淡養料，又燒滅其生物質，乃取阿美蘭脫植物數枝，置此土中，因此植物料可當爲發酵料，後查此沙土中，有朴硝（即鉀養淡養），而他種沙土未置阿美蘭脫植物，則並無鉀養淡養可見有此發酵料，能令土中化成淡養料，而植物體中之賽爾亦有此功，然有博士數人云，賽爾不能化成淡養料，植物

體中有此料者，蓋由外變成而吸入也

淡養$_{三}$料又可用化學法成之

在尋常天氣阿摩尼或他種含淡氣物，欲其變成淡養$_{三}$料，須賴微生物並植物體中賽爾之力，然化學房中，亦可令阿摩尼多收養氣而成淡養$_{二}$淡養$_{三}$並水，其試驗法不一，卽含淡養$_{三}$物令其變成阿摩尼之法亦甚多且易，如將阿摩尼氣與空氣相和，令其經過燒熱至法倫海寒暑表五十七度之白金絨，卽可令其多收養氣，或阿摩尼與空氣相和以燒紅熱之白金絲入之，亦可令阿摩尼多收養氣，此二法變成淡養$_{二}$並水，其式如下

二淡輕$_{三}$⊥七養‖淡$_{二}$養$_{四}$⊥三輕$_{二}$養

卽阿摩尼與空氣中之養氣相合，而變爲淡養$_{二}$並水

將淡輕$_{四}$綠與養氣相合，令其經過甚熱之白金絨，亦有此情形，其式如下

二淡輕$_{四}$綠⊥七養‖淡$_{二}$養$_{四}$⊥三輕$_{二}$養⊥二輕綠

卽淡輕$_{四}$綠與養氣變爲淡養$_{二}$並水及鹽強酸，而淡養$_{二}$又收養氣一分，變爲淡養$_{三}$，卽硝強酸

反之將淡養$_{三}$變爲氣質，而與輕氣相合，令其經過熱白金絨，卽變爲阿摩尼並水，其式如下

淡$_{二}$養$_{五}$⊥一六輕‖二淡輕$_{三}$⊥五輕$_{二}$養

昔以爲臭養氣（卽濃養氣）可與空氣中由利淡氣相合，而成硝強酸，今考知此臭養氣並無此功，惟能與阿摩尼並淡養$_{三}$相合，卽一變而爲淡養$_{二}$，再變而爲淡養$_{三}$

空氣中化合成淡養$_{三}$物

空氣中淡氣並養氣，儻有電火或電氣經過，可令其一小分相合，今人皆知淡氣在高熱度時，亦係能燒之物，用猛烈之電火，卽可顯明此理，在此高熱度，淡氣在空氣中受火而燒，有可見之火燄，並發出淡養$_{二}$酸之濃氣味，如用不洩氣玻璃球試燒之，卽可見所成之淡養$_{二}$變爲濃氣，惟燒淡氣之火力，須高於淡氣自燒之力，故淡氣所成之火不

能燒盡空氣中之淡氣，而淡氣與空氣燒時相幷合，祇在極猛烈燒熱之力，此大熱可特用器製成試驗之，然可見空氣中有電閃過時，常成硝強酸一小數，又如燒輕氣燒煤氣燒酒醋等，其燒時儻空氣中有阿摩尼，則必有淡養$_{二}$並淡養$_{三}$酸化成若干，凡房中常燃煤氣鐙，其房中之牆壁或久在房中之器皿，以水洗之，用化學法試驗所洗水，則有淡養$_{三}$物料

燐質在尋常天氣任其緩緩收養氣，亦將化合成淡養$_{二}$淡養$_{三}$，此化學家早知之，若他質緩緩收養氣，亦能變成淡養$_{二}$淡養$_{三}$，盤德羅曾試驗將以脫、哇爾特海得、哇里一克酸並

他種同類之流質在空氣中令其緩緩收養氣果得淡養質少許

含淡養物不宜為植物養料

淡養不可代淡養茲不必贅言因其不能供淡氣與植物也不特不能有補養料且能毒上等植物即是植物根中有酸質放出化分含淡養物洩放其淡養酸而其根遂為含淡養酸所損傷僅下等植物如苔類等尚能抵禦蓋苔類等其根中本無酸質惟有中立性之汁水然此下等植物所有微生物賽爾儻遇冲淡之自由淡養酸水亦將為其所損害

何以世界上能藏儲淡養

上所云試驗燒時查知化成淡養物為數甚少然此化成之數於大局甚有關係夫地面初產植物何以能得淡氣養料野植物亦何以能生長可見空氣中定能自化成淡養料以供之更加以考究農務者用人工製成淡養料以供植物所需因含淡養料雖不能供淡氣與植物然易變為淡養也又藉空氣中臭養氣之功使淡養變為淡養燐質在空氣中緩緩收養氣亦有此情形

地面植物動物全賴利用之淡氣以生長可見空氣中自能變成大分之含淡養料含阿摩尼料或他種質為動物之補養料否則植物動物必漸少因植物動物腐爛或燒毀其中所有淡氣必化散入空氣中變為由利淡氣而植物不能取用

有博士查知腐爛物質中淡氣易騰散樹木及煤炭並他種生物質燒蒸時亦耗失其淡氣數分如火山噴出及熱泉騰出之淡氣均係地中生物質化分而有之博士毗曉甫查知木料燒時其中大分淡氣散入空氣中又查知將煙煤緩緩燒之令其漸化分亦有許多淡氣洩放此淡氣本含於煤中而煤即植物料也可見歷年騰散入空氣中之淡氣為數不少而地球面所產植物動物並不覺其減

少其故可思也蓋植物動物並不全恃呼莫司以生長而此等呼莫司自古至今其中含淡氣物並含阿摩尼等物或在土中或在水中必不能久供植物動物所需必有一大源以得淡氣而補腐爛及化分所耗失者

此理在後同生章中再論之在此祇論各生物所需之淡氣必由前所和合之淡養得之用電氣試驗法可見之博士之意當地球初年淡氣與養氣相合者較多然近世之植物所需淡氣亦必如是得之而每年由人工所加淡養料不能補足由雨水或溝道洩失之數所以農家甚希望有賤價簡便之法可令淡並養化合而利用之

考究富國之博士恆言農家產物數決不及所增人丁數因農家器具雖改良尚未甚有進步如今所用器具及法斷不能令產物加倍然余意儻能有賤價簡便新法可令空氣中之淡氣多變爲含淡養$_3$料則植物賴之以生長增數必巨其實淡氣變化之理不過發酵而已因發酵合宜則產物必大增將來農家不特多作肥料堆令肥料得合宜之發酵且設法多製保護發酵之種以散於各處合宜之田土也

發酵用處

昔農家難明之理甚多自考知變化淡氣全賴發酵之後

卽明曉由此論之可悟歐洲農家休息田地甚久然後種小麥之故蓋夏間化成淡氣最多當時少雨又無植物吸取淡氣料則土中存積有用之淡氣料甚多至秋季播種遂獲其利且種珍珠米較種小麥及苡仁米所用肥料不同今亦明其故美國農夫查知種珍珠米如用淡養料阿摩尼料均屬無益而小麥則此料爲必不可少在熟田皆有此情形其故因珍珠米生長發達時與穀類生長時不同也

穀類生長於秋春及初夏當秋間小麥萌芽後卽需此淡氣養料至初春土中所有淡養料已爲冬春雨洩失並因地土寒涼存留極少

珍珠米發達於盛夏此時土中呼莫司所含淡養$_3$物發出甚速當春間珍珠米吸取土中淡養物亦猶穀類及天氣已熱穀類成熟無需此料而珍珠米尚在生長也

種闊葉植物如紅菜頭蘿蔔苜蓿等土中所有淡養$_3$料較多於種穀類土中所有者蓋變化淡氣之微生物喜居多葉植物之下陰溼土中以遂其孳生繁衍

臭養氣並輕養之功效

空氣中所有臭養氣並輕養爲數甚微其所以化成淡養$_3$料之理尚未明知大約因其爲數甚少不能在一處將發

酵微生物毀滅反能令淡養料化成蓋臭養氣或與生物質相合或既與生物質相合而變爲阿摩尼後又賴發酵微生物之功變爲淡養$_3$料輕養$_3$亦能令阿摩尼變成此料夏間陵雨往往挾帶空氣中之輕養$_3$入於土凡雨水多時鐵器露於外者更易生鏽亦爲輕養$_3$所致也

空氣中之臭養氣若在一處不過爲空氣百萬分中之一然空氣甚多此臭養氣爲數亦自不少故與化成淡養$_3$料甚有關係人皆知臭養氣與生物質相合甚速如肥料堆露於空氣中其受風之面臭養氣工作明顯可測而在不受風之面其工作不甚明顯查城鎮中之空氣亦有臭養

氣甚微或竟無而在鄉閒則甚多然城鎭受風之面臭養氣較多在相近不受風之面雖亦有之爲數甚微且速爲植物所吸收

勞斯並葛爾勃在試驗房中將腐爛之生物質與臭養氣相遇不能化成淡養料此亦未嘗不合於理蓋生物質須緩緩變成腐爛之呼莫司然後能化成淡養料

土中含淡養料之數

尋常土中所有淡養料若干並此料在土中有何工作均應考究福爾克昔曾言查考泥土有空氣多透入者必有許多淡養料所以農夫苟能鬆疏田土令其近似硝場情

形則更爲肥沃然極力爲之亦萬不能增甚多之淡氣料因泥土羇留此等質料之力甚少不特此料易在水中消化流動即泥土溼潤亦能令此料布散甚速而每次降雨必耗失甚多或入下層土中儻雨水較多歷時較久竟將面土中所有者盡沖失夫地土中本有雙矽養並雙呼莫司但能羇留鉀養並阿摩尼卻無羇留淡養料之功若欲熟田多得淡養料須設法免雨水沖失之患如肥料堆等必有遮蔽或作窖可聚積濾出之質料勞斯並葛爾勃當多雨時查得熟田中沖失淡養料甚多溝道中有此料亦甚多並有隨水滲漏入二三尺深處土中

勞斯並葛爾勃又言未種植物之土每年因洩漏情形耗失淡養料爲數甚大由三種溝道測算其流出之水第一種溝二十寸深處第二種溝四十寸深處第三種溝六十寸深處取水查驗其田已十三年不加肥料又不種植物而在後六年此溝水中查有淡養料爲每年每英畝中數四〇·二磅溝水中最少此料時爲春閒最多時爲七月或八月當此時雨水最多故耗失此料亦最多

羅退姆斯退脫地方有田三號苜仁米收成後任其休息尚可爲尋常熟田當九十月之閒第一號田二十七寸深處土中查得每英畝有淡養料五六·五磅第二號田五八·

八磅第三號田五九·九磅其一號田在十八寸深之土中查有淡養料四十九磅此多數蓋因泥土格外肥沃也其他二號於十八寸深處僅有三三·七並三六·三磅又在肥料已竭之田種豆以後不種植物已四年查其土中所有淡養料爲數極微如夏季雨水不甚多者在休息田於九寸深處最多淡養料此處改變淡氣料是爲最盛如雨水較多則最多此料當在更深處竟有數分滲漏入於二十七寸深處之土中

勞斯並葛爾勃查考羅退姆斯退脫地方休息田中所有淡養料除降雨沖失外每英畝尚有八十磅此數係未次

收成後休息十四五月所變成者,卽是肥料已竭之田,每年變成淡氣料,每英畝亦有三十磅,若在極旱之季,所有此料之數,尙未查知

上所載實驗所得數,後來惠靈敦在羅退姆斯退脫地方,特海蘭在巴黎重加查考,知其果確,特海蘭試驗之土較更鬆疏,天氣更暖,而耗失之淡氣較爲更多,在一千八百八十九年至九十年,由田中取土盛數盆試驗之,有一田自一千八百七十五年以來,未加肥料而種各植物者,查知每年每英畝耗失淡養料八十二磅,又有一田種植物而加肥料者,每年每英畝耗失淡養料有一百二十一磅

又有一田,自一千八百七十九年以來,常種豆及馬料者,每年每英畝耗失淡養料有九十一磅,可見各田耗失數各不同,全視雨水多寡及化成淡氣料遲速及土能留溼多寡及溝道流洩暢否以爲定

蒲生古試驗夏開耕種之田化成淡養料之數,卽將已篩過之土二十二磅,置於石版上,用玻璃蓋之,隨時潤以淸水,於試驗之前,已查知土內本有淡養酸若干,於是知夏開至十月開田土中化成淡養酸多寡如左表

一千八百五十七年	百分土中淡養酸	每英畝中鉀養淡養磅數
八月五號	○·○○○一	三五
八月十七號	○·○○六	二一○
九月二號	○·○一八	六三○
九月十七號	○·○二二	七七○
十月二號	○·○二一	七三五

天氣酷熱時,由土中生物質變成淡養料甚速,至秋初似稍緩,蒲生古試驗之土,取自舊花園,其性鬆,稍有沙,以前常壅肥料,其試驗所得效,與今人大概所知者相符,卽是地土有足數之溼而暖者,當天氣熱時變成淡養料最速,田土中呼莫司並肥料速變成淡養料,是農家所希望,所謂泥土肥沃者,全賴常得此料以供植物,惟北方春開尙寒,故化成淡養料甚緩,農夫苦之,如小麥田中發酵微生物能從速動作,以供給養料與嫩植物,是爲最佳,蓋此時土中淡氣料大半爲冬雨洩失,而寒地土中微生物不能盡其力,故英國農家將鈉養淡養供給稚嫩穀類,頗獲功效,含白石粉土,如無上所云之情形,其中淡養發酵料甚易發達,反言之,凡植物在含酸性不流動水之土中生長極難,因此等土變化成淡氣料甚不易也

蒲生古查考四處肥沃土,其第一第二號土,取自菜圃,第三號土,取自小麥田,含泥沙甚多,第四號土,取自含鐵質之沙泥草田,所取各土,每百分中有鉀養淡養如下

○.

一五三一　○·○一八一　○·○○二一　○·○○五一有一處田加螺殼土爲肥料查其百分中有鉀養淡養三○·○○五四種哈潑草園內所得土百分中有鉀養淡養三○·○○三至○·○六又查知地土當生長馬料苜蓿小麥紅菜頭蘿蔔珍珠米葡萄時其土中所有鉀養淡養三爲數甚少種挨梯叉克菜之土百分中有鉀養淡養三○·○一而他處亦種此菜者百分中僅有○·○○三種菸草田並種麻田其土百分中各有鉀養淡養三○·○○三樹林土中之鉀養淡養三爲數甚微曾查八處惟有一處其土百分中有鉀養淡養三○·○○○四有數處竟無此料有一處低草田係黑色

沙土每百分中有鉀養淡養三○·○○○九如取此土置於廒歷一年後則有○·○三之數

華爾甫查考六種地土每種一黑克忒深八寸所有淡氣料若干啟羅此淡氣係生物質淡氣阿摩尼淡氣及淡養三淡氣如下表可見各土中阿摩尼淡氣爲數不多而最多者乃生物質淡氣也由此變成之鉀養淡養三等物質以供植物所需

石變各土	各土情形	生物質淡氣啟羅	阿摩尼淡氣啟羅	淡養三淡氣啟羅
端石變成土	肥美	五六○二	二六·二	二七·二
蠻石變成土	稍加肥料	四二三五	一九·二	四三·五
乃斯石變成土	休息	五七五五	二七·三	四六·八
	瘠薄	七四二六	六·三	八·二
綠石變成土	鬆肥	六二六四	八九·○	五·三
紅沙土	重雜土不用肥料種番薯八年	四五○九	二七·九	五五·三

在房中試驗泥土如化成淡氣情形合法者數日間即有效博士虛蘭莘取一種土每百分中有水十九分並有生物質甚多與阿摩尼硫養三相和查知十二日間其中淡氣吸收養氣每日有五十六分即爲乾土一百萬分之五十六又爲乾土一百克蘭姆中每日有○·○○五六如一英

畝面土深四寸重一百萬磅依此數計之即有鈉養淡養三三百四十磅

惠靈敦在羅退姆斯退脫地方取九寸深之面土查知一百十九日內每乾土一百萬分可化成淡氣料七十分即每日有○·五八八同性之土加淡輕四綠者一百十九日內每乾土一百萬分可化成淡氣料一百十分即每日有○·九二四其試驗法先令土極細鬆疏飲足水而以後一百十九日內並不擾動

勞斯並葛爾勃取英屬坎拏大之蔓尼拖罷地方之土少許在熱天氣時試驗之歷三百三十五日其乾土一百萬

分中每日化成淡氣料中數有○·七當初試驗時其數竟有一·○三至一·七二有一日最多爲五·四特海蘭亦查考一處地土其百分中本有淡氣料○·一六歷九十日一百萬分土中每日化成○·七一至一·○九又有一處土本已加肥料甚足每百分中有淡氣料○·二六一試驗此土歷四十日有一日化成之數最多即一百萬分土中有一·四八將此土忽乾忽溼則在一百零四日內每日化成之數反多有一·八在第一月竟有二·四此試驗法初數日化成淡氣料甚多以後漸減蓋土中淡氣吸收養氣初速後緩而緩速又視地土鬆疏及含水合宜與否以爲定如土之

微細孔阻塞不能透入養氣則本有之淡養料將耗失其養氣蒲生古云百分土中有水六十分者數星期間耗失本有之淡養料大半

妥未納爾言温帶地土中自然化成淡氣法全賴土之品等並與空氣相遇久暫呼莫司之性極易爲發酵微生物所工作然有時其情形或相反求硝人尋覓含淡氣之地土而土中所有淡養爲數甚少雖無雨水之時亦不能多得法國尋常地土均係沙與石灰相雜每二擔中有硝一兩或一·五兩已甚罕惟菜圃土有硝較多如巴黎古王宮之菜圃土過熱天氣以後每二擔中有淡養料並含綠料

如鈣養淡養鉀養淡養等四兩每二擔中有此料一·五兩即合一英畝深一尺共有三千三百磅有四兩則有八千七百五十磅妥未納爾由無遮蔽之園田等土中查得最多者亦爲四兩即近於硝場所得之數

蒲生古云一千七百七十七年法國派員製造火藥並製造朴硝據員弁報告云各省地土一百分中含朴硝○·一二者以爲常乃天然如此儻加以人工可有○·八五或竟有百分之一且硝場合法者百分土中有硝三分瑞典國博士罷屋論古時硝場云尋常百分土中含○·一六五至○·二二或多至百分之○·六或○·七提買西斯云地中海

毛爾太地土係含白石粉並淡氣儻和以柴灰五分之一可得朴硝百分之○·三五二人皆知熱帶地土含石灰者化成淡氣料甚速今查知此等土中呼莫司其性柔輭者易爲淡氣發酵料所變化動作

孟紫並齊拉待欲查考何等地土最宜於微生物工作成淡氣料於是查得一種土由法國助未爾地方來者輕鬆最佳又法國南方香賓之地土因透空氣不暢故硝次又查知生物質淡氣和物如乾血骨粉在菜圃之沙土中化成淡氣料甚速在含白石粉之重土中則不易變化此等地土所有上所云之料往往變成阿摩尼須加田莊肥料

然後可變成淡養三溼草地酸性土中竟無變化淡氣情形但能變成阿摩尼須加畜糞或石灰等令其有鹼性乃能變成淡養三料

淡養三料藉地下水以升降

雨水有滲漏之功蒲生古試驗早知之因甜紅菜頭並他種植物種於舊菴之菜圃內而植物體中有許多淡養三料即取該圃土若干於一千八百五十六年八月九號試驗之此土已歷乾熱天十四日更烘乾之查其中所有淡養三之數合一英畝有朴硝九百四十磅後下雨三星期計有水二寸至八月二十九號天氣已晴復取此圃土若干試

驗之合一英畝僅有朴硝三十一磅諒爲雨水所沖失至九月間下雨共有十五日計有水四寸又五分寸之一至十月十號天氣乾燥有風已十四日圃土極乾須加水潤之查得一英畝有朴硝一千零四十磅此圃土鬆而有沙不留水以前重加肥料又常鋤之上所查得之數農夫之志已滿因上等田每一英畝僅可變化成鈉養淡養三二百磅者已爲甚佳

天氣旱乾數星期後田面泥土中化成淡養三料更速思其故蓋天氣旱乾時下層土中之水爲上層土吸引而起則所有淡氣料亦起至地面水即化騰而淡氣存留土中且

植物根吸取土中水由葉化騰於空氣中亦能將淡氣料引起印度産硝之土更有此情形當天氣旱乾時有硝塊蓋於土面

淡養三料在土中滲漏不速

夏間雨水入土不深故淡養三料滲漏甚緩蓋地土羇留水數較一次雨水入土者更多所以植物生長時由雨水帶來之淡養三物質不即入深土中仍在植物根可吸取之處而雨水既止下層土中之水又從速引起以阻止入土之雨水於是植物適得所需之養料

凡田地有植物遮蔽其土中淡養三料滲漏較少於無遮蔽

之土如地面有厚草則土中淡養三料常爲植物根引起而隨溝水洩出者甚微反言之休息田之溝水中往往有許多淡養三料勞斯並葛爾勃查知暮春初夏時種小麥苡仁米之田二十七寸深處土中幾無淡養三料至六月杪存積此料爲數仍極微因此等穀類吸取此料甚速也又查知小麥生長壯盛時需此料尤多故夏間溝水中竟無此料且言初夏時土中無淡養三料殊覺可奇若在春間已用阿摩尼鹽類物爲肥料者則淡養三料之數較多於秋間收穫之時然收穫之料中所有淡養三亦不止此數因其根葉及野草等均棄於田中也又查知土中死物質少者則植物

吸取淡養料亦少故宜壅鉀養等質乃可令植物多吸取此料

多雨時滲漏情形

在晚秋初春常有大雨飲吸入土將土中所有淡養並他種鹽類物質漸推逐入下層土中勞斯並葛爾勃於三四月間即秋雨冬雨之後查面土中淡養料不多而深土中亦甚少蓋爲雨水推逐入更深土中也又查羅退姆斯退脫田地在冬間亦能有此料而由溝道洩出亦不少此田數年未加肥料亦未耕種自今年四月至明年三月爲止此一年中查得二二·五寸深處溝道洩出此料最多之數

農務全書 上編十三

係由二十寸厚之土滲漏而下者合每英畝五四·二磅而最少之數在八·九寸深處有此料合每英畝二○·九磅勞斯並葛爾勃查二十寸深處土中十三年間由溝道洩出之淡氣料中數每英畝有三七·三磅在四十寸深處有三二·六磅在六十寸深處有三五·六磅此各數合鈉養淡養二百三十九及二百零九及二百二十八磅此不耕種之土十三年間洩出溝水中數約十五寸與雨水相較僅得其半又查小麥田中之淡養料自十月至正月已有百分之六十滲漏於二尺半深溝管之下左表乃小麥田洩失淡養料數並指明秋間加易消化之淡氣肥料或加數過多皆易洩失

三月間所加淡氣肥料	溝水一百萬分中所有淡養淡氣分數 自三月至五月杪	自六月至收成時	自收成至秋間播種時	自秋間播種時至三月	全年中數
無肥料	一·七	○·一	五·六	三·九	三·五
灰料	一·七	○·二	五·六	四·五	三·九
柴灰料並阿摩尼鹽類二百磅	八·一	○·七	七·三	四·八	五·○
柴灰料並阿摩尼鹽類四百磅	一六·三	一·四	八·二	五·二	六·四
柴灰料並阿摩尼鹽類六百磅	二三·五	四·○	一四·七	七·三	九·三
柴灰料並鈉養淡養五百磅	四八·四	九·一	一四·三	六·八	一三·三
阿摩尼鹽類四百磅	二八·六	一一·四	一一·五	六·三	九·九

農務全書 上編十三

十月間加淡氣肥料於田其洩失淡養料如左

鈣養多燐料並阿摩尼鹽類四百磅	一九·五	五·八	九·二	七·一	八·五
柴灰料並阿摩尼鹽類四百磅	五·七	二·九	七·四	二六·四	一九·四
菜子餅一千七百磅	四·七	○·五	八·二	二二·五	一○·一
牧場肥料十四噸	二·七	一·四	七·四	七·三	五·六

此二項田地均加阿摩尼鹽類四百磅並和肥料則秋間所加者洩失之數甚明顯於收成時可見之蓋春間所加肥料獲效較豐然冬間多雨春夏旱乾者則土中淡養料已澄停於地下層而在溝管之下後漸引起植物獲其益收成較勝於往年加菜子餅及牧場肥料所失淡養料較

少可見秋間加此生物質肥料爲最宜

博士潑里復斯脫言植物生長時吸取土中養料亦能將淡養三料羇留不致由溝水中洩失又查知有植物之田其溝洩水較無植物之田爲少且有植物之田其溝水中所有植物養料如鉀養鈣養鎂養燐養五硫強酸淡養三亦較無植物之田爲少

勞斯並葛爾勃查究肥料由溝洩失之數云將十處十寸深之溝道考其所失之中數如下不加肥料者每年每英畝所失鈣養並鎂養二百二十三磅加鈣養料八十六磅者所失鈣養並鎂養二百九十七磅加鈉養淡養者所失

鈣養並鎂養二百八十四磅僅加阿摩尼鹽類者所失鈣養並鎂養三百八十九磅多燐料與阿摩尼同加者所失四百四十三磅阿摩尼鹽類並多燐料並鉀養硫養三同加者所失鈣養並鎂養四百八十五磅由上觀之加鈉養淡養三者所失鈣養較少於加阿摩尼鹽類所失者因阿摩尼將土中鈣養炭養二化分也溝水中所失鉀養並燐養五爲數甚少未加鉀養之田十寸深之溝水每年每英畝洩失三·六磅加鉀養者有九·五磅所失燐養五酸每年每英畝中數有二·一磅

淡養三料濾失

凡熟田必有淡養三料惟多寡不等又有硝強酸少許與鋁養三或與鐵相合在水中不易消化除此微數外土中所有淡養三料均易爲水所洩失其實土中此料甚多時爲水所漂濾以入海洋凡溝溪川湖並井水常含硝強酸之物質人煙稠密處尤多蒲生古查知巴黎賽痕江水一列忒有硝強酸○·○○四二至○·○○八六克蘭姆他處江水亦有此物其數相同而來因江水每一列忒有硝強酸○·○○八至○·○○一克蘭姆

勞斯並葛爾勃覈算英國每畝土中淡養三料爲水所濾失者其中數八磅然須知地下水中亦含此料甚多英國潔

淨井水一百萬分中有淡養三淡氣四分至四·五分地土不能久留淡養三料故農家以鈉養淡養三分作數次加於田馬料須乘其青色時刈割用此肥料頗宜惟穀類恐得此肥料祇長莖葉不生穀實而發黴微生物反孳生爲害所以加鈉養淡養三宜在春不在秋且須加生淡養三物之肥料並非盡加淡養三物也

各種含淡氣肥料如含生物質之畜糞並腐爛植物壅於土中速變成淡養三物而易爲溝水所濾失然燐料鉀養鈣養並他種金石類質往往羇留於面土中所以舊熟田多含此金石類肥料可發出淡氣更有稍加鈉養淡養三並他

種靈捷淡氣料獲效甚速

福爾克查驗每年由溝流出水含淡養料甚多故田面所加肥料如鈉養淡養往往由此洩失為數不少如英國農夫於秋間加淡養料於田面為冬雨所沖失者甚多而秋冬並初春由溝水洩失亦不少即春間加此料於小麥田如多雨亦將沖失或春雨甚少則生長之小麥吸取此淡養物為數較多不致為溝水所洩失也

春間所加鈉養淡養料為小麥所吸取儻當時有陵雨則吸取更速因鈉養淡養在土中消化運動較速而能供養植物福爾克查知三月間重加鈉養淡養者在四月間溝

水十萬分中有淡養料六分由此計之每下雨一寸每英畝所失之數有十三磅

尋常田中耗失之淡養料係隨水濾澄於地下而輕鬆土此情形更甚故法國含石灰之輕土易變為瘠薄且此等田變化淡氣法甚速所加田莊肥料呼莫司並他種肥料由此耗失更多反言之重密土濾失此料較緩而變化淡氣法亦稍緩總之加淡養料須適當其時否則難免耗費

城中井水含淡養物

地土情形合宜時變化成淡養物甚速而有水則又速沖失於城中人煙稠密處井水中可考而知之如巴黎老城

之井水五百分中有朴硝一分他處井水亦含此料甚多哈萬德大書院講堂下之地室內有一井已久不用余取其水少許蒸之令其化汽而汽水中尚含有許多阿摩尼淡養料以致不能用此水試驗他物蓋距此井四十或五十尺有一大茅廁故也

田土須有植物遮蔽

田面有淡養並他肥料欲免其耗費須有植物吸取之此係美國農家之意夫田面常有植物遮蔽一則可令野草不茂二則免為日光曝乾並免為雨水沖刷如種珍珠米之田八月間可散燕麥子因田面有珍珠米葉遮蔽更可

吸取土中水化汽並受露以潤土則麥子易萌芽待珍珠米收成之後遇氣候合宜時即壯茂至明春蔓草未興之前其田面已為燕麥所遮蔽故春天農工興作時此珍珠米田已變為燕麥田並未多費工資而散燕麥子時亦並不有礙珍珠米

此燕麥或可作為馬料或待其成熟而取其實或在春及初夏時牧牛羊等於麥田令食此麥於是耕覆麥根入土以種蘿蔔或種亨加利馬料或竟將嫩燕麥耕覆入土作為青肥料然後種番薯或珍珠米此乃遮蔽田土以獲其益也

不特珍珠米未收成之前，可散燕麥子，即小麥子亦可下種。據云，密希軋省所種珍珠米，砍斫後存留之短幹並根，並不拔起，至冬季下雪，可稍撐托，以保護新麥，並阻風。儻無此等遮蔽及羈留肥料之功，勞斯並葛爾勃曾查知每年所失淡養三數，竟等於鈉養淡養三二擔。特海蘭於一千八百八十九年，查知格里囊地方有一處，每黑克忒田，所失淡養三淡氣有七十二啟羅克蘭姆，即等於鈉養淡養三四百五十啟羅克蘭姆。此失數甚大，殊爲可惜，故宜設法以免之。

用次熟法以免淡養三耗失

特海蘭查考由溝水洩失淡養三淡氣分數，其田於夏閒收成後，或有次熟，或任其休息，其效如左表

夏閒植物	夏閒收成後田面有無植物	一千八百八十八年十一月閒每黑克忒田溝水中有淡養三淡氣啟羅數
紅菜頭	無植物	七·五〇〇
馬料珍珠米	無植物	一四·五〇〇
大麥	捲心菜	〇·三七〇
麻	無植物	〇·五〇〇
豌豆	製油菜	〇·五一〇
稗草	稗草	〇·三八〇
苜蓿	苜蓿	一·一〇〇

由上表觀之，無植物黑克忒田，所失淡養三淡氣中數一〇·八啟羅，而種製油菜等田，所失不及〇·四至〇·五啟羅，種草田亦然。特海蘭查知無植物之鬆土，其溝水中淡養三變化淡氣甚速，而所失多寡，全恃天氣情形如何。誰查知自九月收成後至十一月預備耕種，其閒每黑克忒田所失淡氣如左

一千八百八十九年	七二·二啟羅
一千八百九十年	一〇·二啟羅
一千八百九十一年	四二·五啟羅
三年中數	四一·六啟羅

所失淡氣中數四一·六啟羅，合鈉養淡養三二百六十啟羅，此二百六十啟羅，合每田一畝所加鈉養淡養三二百三十磅。夏閒所種植物，能阻淡養三料耗失與否，亦全恃天氣情形如何。特海蘭查知多雨水者，植物生長甚合宜，其嫩植物可由土中吸取水甚多，以致溝道無流水。儻雨水較多，則溝有流水，而此水中幾無淡養三料，蓋已爲植物所吸取也。

一千八百九十一年，麻收成後，而種豆類，生長甚佳，以致溝中無流水，則淡養三自不耗失。是年種大麥於有溝之田，

收成後種芥菜不甚合法幸生野苜蓿而每黑克忒田所失淡養尚有〇·八〇啟羅在數處無溝之田八月初旬種芥菜每畝散子十二至十五磅生長甚佳至收成時每黑克忒田產此植物四千七百七十啟羅其乾料有百分之二六·六四淡氣一·七五故將此菜耕覆入土以每黑克忒田覈算之是加八三·四七啟羅此數與無植物之田所失淡養淡氣相較則此菜不特在秋間羈留每黑克忒田所有淡氣四二·五啟羅且吸取淡氣四十啟羅否則此淡氣必爲冬雨所沖失

特海蘭試驗種豆類不甚合法有一處每黑克忒田收得八千八百三十三啟羅又有一處收得一萬二千七百八十啟羅耕覆入土時其百分中有乾料二〇·七五淡氣一·三一故產物中數若重一萬八千零六啟羅計之入土淡氣數祇有一四一·六啟羅可見夏季所種次熟植物亦應察其宜否

夏閒息田之益

夏閒休息田地預備冬閒種穀類亦屬有益凡不生植物之田較有植物之田更暖更溼此情形宜於變化淡氣前曾言勞斯並葛爾勃考查季夏休息田每畝有淡氣自三十四至五十五磅此淡氣已化合成淡養物而存積之多

如是若加以天氣乾燥合宜秋前雨水不多其料不致耗失則所產小麥當可加倍由此觀之休息田地最合法者是不多雨水也

格司配林前曾言藉休息田地以節省肥料渠在羅姆江邊合宜之地土比較而知之

由此觀之田地究以加肥料爲合宜抑用次熟法爲合宜勞斯並葛爾勃試驗農事一田種小麥一田休息歷三十年並不加肥料惟一田休息之後而種小麥一田種小麥爲次熟然後種冬閒之小麥此二田產物比較則休息後所種小麥收成數係一百五十次熟後所種小麥收成數係一百此乃第一之十五年試驗情形也至第二之十五年休息後所種小麥收成數爲一百二十九次熟後所種小麥收成數仍係一百可見休息後而種小麥其肥度速減並知在春夏閒耕種次熟之田所有淡氣從速減少而休息之田初數年小麥產數加增因土中多淡養料也然農夫從事於實際但冀初數年之增數並不歷久長之期休息田中往往有許多蔓草吸取土中化成之淡養料此蔓草田至春季耕薶者在秋冬閒所失淡養料較荒地爲少儻有雨水時其田已耕犁則能化成許多淡養物

天然肥沃之田不可任其休息因土中淡養料存積甚多

也百年前英國肥沃土休息後不能種小麥因地土過肥小麥茂盛而擁擠宜在夏季種次熟稍收其益於是至秋開種冬麥

空氣並雨水中淡養三物

前已言空氣中淡氣並養氣儻有電火或電氣經過可令其一小分化合成淡養三物又言臭養氣與阿摩尼變化之理由此可見空氣中必有硝强酸若干且查雨雪雹露霧果含有淡養三物如將多數空氣令其經過鹼性水中以試驗之即可見空氣中化成淡養三之事雨水由空氣中滴下者欲查其所含硝强酸較查空氣爲易蓋雨水在空氣中

已收許多淡養三物然後墜下

有博士數人試驗而知果有此事在温帶地方由全年雨露挾帶而下之硝强酸爲數甚微惠靈敦在羅退姆斯退脫地方查知每畝每年所下雨水中有硝强酸〇·八四磅又在紐斯蘭地方查知有一磅又在熱帶西印度羣島中巴拜朵斯島查知有二·八四磅

尋常空氣中必有阿摩尼爲數適足與硝强酸相合而成中立性所以空氣中之硝强酸不致爲害因其已化成阿摩尼淡養三也惟空氣中往往有自由之硝强酸而冰雹中爲尤多且曾有一二次所下雹竟有酸味

因阿摩尼淡養三在尋常熱度中不易化騰故懸宕於空氣中與在日光中所見空氣中之灰塵同更有他物如食鹽塵由海面藉風吹至陸地亦浮於空氣中用分光鏡試驗空氣中之鈉即顯鈉特色之綫多數雨水化散之後化學師在水漬中查有鈣養淡養三並鈉養淡養三其數雖少尚可查察而淡養三物質中所含鹼性物如鈣養鈉養必由空氣中所浮之灰塵以供之也

卷終

農務全書上編卷十四

美國哈萬德大書院農務化學教習施妥縷撰　慈谿　舒高第　口譯
新陽　趙詒琛　筆述

第十二章上

阿摩尼和物　卽阿摩尼鹽類

阿摩尼鹽類猶淡養三鹽類壅於土中植物速獲其益而生長

凡植物用阿摩尼和物爲肥料者其葉速變深綠色可證其壯盛且葉數增多而所含淡氣數亦多

阿摩尼爲肥料有益於植物自無疑義可將無論何植物

種於黃沙土中用多含阿摩尼鹽類物之水灌之與同類之植物祇用清水灌溉者相較則能見其功效而於小麥亦甚有益加此肥料一星期後已見其漸變深綠色

歐洲各國用秘魯鳥糞並阿摩尼硫養三甚廣可見有識農家均以阿摩尼和物爲重要之品且化學師以爲植物祇能由阿摩尼和物中得利用之淡氣不特骨中之哇西以尼須變成阿摩尼方有利於植物卽鳥糞等亦須變成阿摩尼然後植物可用之

然今人皆知淡養三物較阿摩尼和物更能助植物之生長以後將表明更有數種含淡氣料爲植物可徑直吸取者

而阿摩尼和物爲製造廠中之廢料價值既廉取之又便故農夫樂用之

淡養三物並阿摩尼和物各功效相較

阿摩尼和物爲植物之養料較遜於淡養三物今博士亦查知此物實爲次等且有博士覺植物爲阿摩尼鹽類水所害儻欲用之須沖和甚淡令其成中立性方可而淡養三物則無此弊蓋阿摩尼鹽類遇植物根放出之汁易變爲自由之阿摩尼或變成阿摩尼炭養三及阿摩尼二燐養五而此所變成者與植物有害故宜沖和甚淡而後用之否則將毀滅植物體中之賽爾

論及次等植物如苔菌類則阿摩尼甚能助其生長而淡養三物不甚相宜製啤酒之發酵微生物可在有淡輕四綠卽阿摩尼輕綠百分之十之水中而熱度在法倫海寒暑表一百零四度能久生長惟在阿摩尼炭養三氣中則不能存留

論及上等植物如農家所種者則用淡養三料較阿摩尼鹽類爲更佳惟羅博士以爲植物吸取阿摩尼化成蛋白類質而淡養三物爲植物吸取者須在植物體中變成阿摩尼然後再變成有用之料此博士又云農家以阿摩尼鹽類次於淡養三物者何也因阿摩尼並阿摩尼炭養三有損於植物之賽爾也所以阿摩尼須沖和甚淡由漸加之以免爲

害而淡養$_{三}$之爲物植物能自淡而用之

數年前博學家有問題云阿摩尼和物並淡養$_{三}$物其體積不同而所含淡氣分數相等者爲植物之淡氣養料是否相同觀下表阿摩尼並硝强酸化學各分劑較數郎可知之

阿摩尼亞	阿摩尼恩	硝强酸	
		輕 一	
淡 一四	淡 一四	淡 一四	淡$_{二}$ 二八
輕$_{三}$ 三	輕$_{四}$ 四	養$_{三}$ 四八	養$_{五}$ 八〇
淡輕$_{三}$ 一七	淡輕$_{四}$ 一八	輕淡養$_{三}$ 六三	淡$_{二}$養$_{五}$ 一〇八÷二

‖五四

物質中惟淡氣可作爲植物之養料而物質能將所有淡氣悉數供給植物者則阿摩尼十七磅可抵無輕之硝强酸五十四磅

此二種肥料確有此情形因農家查知阿摩尼和物並淡養酸在土中甚易彼此相化且壅於各土均屬相宜博士荷色斯查活植物體中果有此二種肥料其數依植物生長之久近而有多寡又查知穀類體中在春閒有此二種肥料爲數更多蓋此時適在生長發達之際故吸取此料尤多也當開花時爲數最少花謝後其數又增尋常植物

體中所有阿摩尼爲數較多於淡養$_{三}$惟小麥在半成熟時其體中所有淡養$_{三}$較阿摩尼爲多

盤德羅並恩特蘭專考淡養$_{三}$物知植物自種子萌芽至開花時其體中所有鉀養淡養$_{三}$之數漸增而開花結果後其數減少及果實已成熟其數又增至枯萎時則體中無此料

當開花結果時其體中淡養$_{三}$物減少之故因花與果中化成蛋白類質需此料也

前曾言植物枝榦中鉀養淡養$_{三}$爲數最多其根中亦有之惟根鬚及花葉中爲數較少且植物受烘逼而生長者其

葉中所有此料並他種料均較自然生長者爲少蓋淡養$_{三}$物中之養氣與他物化合變成糖或變成他種炭輕物而爲生物質酸或變成炭養$_{二}$氣酸並水其淡氣則與輕氣相合而成阿摩尼此阿摩尼後又變爲蛋白類質

盤德羅並恩特蘭以爲有數種植物之葉中化成草酸西名阿格撒里克酸甚多大約由空氣中吸進之炭養$_{二}$氣變成者據云葉中所有草酸較植物他部分所有者更多而葉中蛋白類質較淡養$_{三}$物亦爲多其意此草酸並輕氣或由福密克阿勒弟海特卽炭養輕$_{二}$並水所變成者其式如左

二炭養輕$_{二}$丄二輕$_{二}$養‖炭$_{二}$輕$_{二}$養$_{四}$丄輕$_{六}$

此輕或爲變化蛋白類質所用蓋蛋白類質需此輕氣較炭輕氣所需更多

植物生長時其體中常有阿摩尼可知當此時阿摩尼爲不可少者然用盆盛洗淨之土或盛清水試種植物則淡養物更爲合宜又可知阿摩尼鹽類及淡養物功用不同

總言之由各法試驗而知有淡養物之水可將其淡氣供給多種植物而有數種植物若種於有阿摩尼鹽類之水中此阿摩尼之淡氣不能供給植物且有地土儻加阿摩尼硫養或淡輕綠須與鹼性肥料並用如柴灰或濾過之柴灰或鈣養或牧場肥料否則無效

種植物於有阿摩尼鹽類之水中所有之弊因其中含有酸質也蓋阿摩尼鹽類爲植物吸取而洩放其酸質此酸質儻當時不能即成中立性則將毒害植物根總言之凡地土不易變化淡氣者用阿摩尼鹽類爲不宜

由以上觀之植物有宜於淡養者有宜於阿摩尼者更有植物當生長發達時喜阿摩尼或有喜淡養物

或有植物於生長某時期除淡養及阿摩尼鹽類外更喜一種能供給淡氣之養料所以植物喜淡氣雖同而在某時期則喜某料中之淡氣如淡養物中之淡氣及又一時期則又喜阿摩尼鹽類中之淡氣更有一時期又喜生物質中之淡氣然有植物如稻生長於多水之田此多水田中不能有淡養物大約以阿摩尼鹽類爲得宜

博士之意以爲由阿摩尼與硝強酸相較之式觀之即知阿摩尼中之淡氣爲植物養料較淡養爲更佳惟應沖和甚淡緩加於植物因阿摩尼水稍濃者遇植物之賽爾能毒害之

雷孟試驗法

雷孟始試驗究竟淡養物抑阿摩尼供給淡氣爲最佳將蕎麥並珍珠米數顆種於盛清水之盆中此清水中均加死物質料而或加鈣養淡養或加阿摩尼硫養其盆列二

行每行八盆第一行各盆均加鈣養淡養第二行各盆均加阿摩尼硫養

蕎麥在淡養水之盆中生長甚宜無異種於園土而在阿摩尼鹽類水之盆中生長殊不佳淡養水之盆中有最佳之蕎麥二顆高五十餘寸其一顆生實二百三十八粒又一顆生實一百七十四粒俟其乾而權之一顆有二十九克蘭姆重數又一顆有二十七克蘭姆重數

更有博士數人種蕎麥於含淡養物之水中或僅含淡養物之淨沙土中甚茂盛張森於一千八百六十一年試驗之後指明種蕎麥用阿摩尼鹽類不及用淡養爲佳

雷孟試種珍珠米其效迥異於蕎麥六月十九號將已有芽之珍珠米種於各盆歷一星期後在有淡養水之盆中者均有憔悴狀而在有阿摩尼鹽類水之盆中者則甚茂盛即可知此植物初生長時於阿摩尼鹽類殊爲合宜歷六星期後有淡養水及有阿摩尼鹽類水之盆中植物其情形忽變在有淡養水之盆中者忽有綠色其後生長甚速至九月十五號並不改變在有阿摩尼鹽類之盆中者其情形適相反有病狀而失其綠色並不生長且收成重數在有淡養之盆中者更多足見其生長壯盛

在第一時期間將有淡養物之盆中植物遷於有阿摩尼之盆中越二日即見其速蘇而有綠色有阿摩尼盆中之植物遷於有淡養之盆中者即見其憔悴而失綠色

在第二時期間珍珠米需淡養之淡氣故在有阿摩尼之盆中者遷於有淡養之盆中則更壯盛雷孟屢將植物如此遷移是可操植物盛衰之權也

由此試驗可見珍珠米幼時需阿摩尼生長發達時需淡養若此情形果確則種珍珠米所用肥料自應改良且從前博士亦曾試種珍珠米其效雖不一而有一事則相同即此植物有一時期需阿摩尼也又有人言種珍珠米可用阿摩尼種大麥則不可用此語亦符合

然試種珍珠米於水中可僅用淡養並柴灰而不用阿摩尼特海蘭於一千八百七十六年七十七年七十八年七十九年在法國格里囊地方輕鬆含灰之土試種馬料珍珠米用鈉養淡養爲肥料獲效較用阿摩尼硫養更佳如左表

所用肥料	每黑克忒田收青料中數
無肥料	四九·三噸
牧場肥料	七九·九噸
鈉養淡養四百啟羅	五九·六噸
鈉養淡養一千二百啟羅 一千八百七十九年未加	五六·七噸
阿摩尼硫養四百啟羅	五三·四噸
阿摩尼硫養一千二百啟羅 一千八百七十九年未加	四九·六噸

雷孟又試種菸草用石英沙土不用水種法此沙土中均加植物所需之金石類料有數盆更加鈉養淡養又有數盆更加阿摩尼硫養

菸草在有阿摩尼之盆中始終壯盛其榦葉嫩綠而生長均勻在有淡養之盆中者第一時期生長較遲其色淡且有憔悴狀至第二時期始有發達之形其色漸綠較前壯盛然收成重數仍較少蓋種於有阿摩尼之植物收成數較種於不加阿摩尼淡氣料者多六倍而較加淡養物者

多三倍
由此可見種菸草用阿摩尼肥料爲宜用淡養不甚宜而蕎麥則相反蓋蕎麥始終宜此淡養物也
菸草在第二時期需淡養物與珍珠米相同因珍珠米在此時期亦需此物也雷孟云菸草在第二時期果恃淡養物以生長該時土中所有阿摩尼已變成淡養而沙土盆中之變化更甚於清水之盆中蓋清水更有他種變化也
博士哈兹亦試種菸草於盆查知阿摩尼硫養作爲肥料較鈉養淡養更佳盧蘭莘查知菸草種於田地者用阿摩尼之時相宜則易變爲淡養如輕鬆土所種植物當生長

發達時加阿摩尼鹽類儻遇淡氣發酵物則速變爲淡養蓋供養植物者是淡養物而非阿摩尼也
且用阿摩尼鹽類試種植物必憔悴甚久然後忽發新芽生長壯盛當斯時查考其故則知大分阿摩尼已變爲淡養物由此知植物發達因阿摩尼變成淡養也
由上觀之凡田地用阿摩尼硫養而獲效者蓋因其阿摩尼鹽類物俱變爲淡養也依此意而論凡冷酸性土並少鈣養質之土其變化淡氣法甚緩則宜用鈉養淡養不宜用阿摩尼硫養
在田土中之淡養物本甚宜於菸草博士麥約試驗三處

各不同之田土所用淡養並阿摩尼情形此田昔曾加牧場肥料卽知加淡養物之田所種菸草較用阿摩尼者更爲壯盛且葉中所有尼古丁甚多然或先加阿摩尼後加牧場肥料則所有尼古丁尤多惟阿摩尼並他種製成之肥料同用者則尼古丁不甚多或將阿摩尼與畜糞並用則更少有一處不加肥料則此等菸草中之淡氣並尼古丁均甚少反言之儻加肥料足數者則淡氣並尼古丁可極多
雷孟查考瘠土所產狠莢含有淡氣甚多卽如德國沙草地此狠莢甚壯茂而他種植物竟不能生長人莫知其由

何處得此淡氣
雷孟將此狠莢種於盆其盆中盛以石英沙土均加所需之柴灰料第一行各盆不加淡氣料第二行各盆加鈉養淡養第三行各盆加阿摩尼硫養後見加鈉養淡養者生長更壯盛更均勻然收成所得實權之較加阿摩尼者爲輕可知加鈉養淡養之狠莢其葉茂盛惟生實較少後有博士蒲庭亦用淡養物培養狠莢獲效相同播種六星期後凡加淡養物爲肥料者均係茂盛然有此甚佳之希望而至收成所得數反不及不用淡氣肥料者蓋因植物得此淡養物生長過速之故總之淡養爲肥料不可用於狠

莢

加阿摩尼硫養者發三四葉後即有憔悴狀葉色黃而縮有數顆歷時未久即死其餘均有殘弱之形至七月閒方有轉機其生長漸盛發花甚多由是至生實時悉如尋常情形

不加淡氣料者播種後一二星期與加淡養物者同其茂盛然其後十星期閒生長較遲後又發達與第二行第三行最佳之狼荚相較無甚參差惟加淡養之生長最佳者爲數較多然至收成時不加淡氣者所有實較加淡氣料或加阿摩尼者更多今將各實重數列左

不加淡氣料	加阿摩尼硫養	加鈉養淡養
一四三克蘭姆	一三三克蘭姆	一二八克蘭姆

自試驗以來即知狼荚豌豆苜蓿等其根鬚閒均有寄生之微生物能吸取空氣中之淡氣以供養植物故瘠土所產狼荚甚爲茂盛苟無此微生物縱加淡氣料亦無裨益

博士梅理格爾查知狼荚豌豆苜蓿鋸形荚等雖能吸取淡養物而獲益然豆類植物藉其根閒寄生之微生物工夫能由空氣中得多數之淡氣而加於土中之淡養物較爲不甚緊要非若穀類及他種植物之必不可少此料也

博士休爾茄亦查知種大麥加以淡養物則生長速而茂惟豆類植物不然

據諸博士實驗之效論之淡養物不能助苜蓿馬豆並他種豆類之生長因此等植物根有微生物能吸收淡氣以供之也然苜蓿等在幼時壅以淡養物尚有效至生長發達時則無濟如淡養物壅於苜蓿而第一次刈割時其數較多於種在沙土而祇加柴灰者至第二次刈割時稍有參差至以後刈割其多寡幾相等惟鋸形荚壅以淡養物顯然有效如不加此料則生長遲緩收得乾料與稍加淡養淡氣者相同儻加多數之淡養物則生長甚速而收成

亦較不加淡養或稍加者更多

上所論苜蓿情形與勞斯並葛爾勃之意無不同蓋勞斯等亦考知馬豆苜蓿等需許多淡養物如種豆於已加肥料之田查得每一英畝深十八寸有淡養淡氣二〇·五磅其近處無產物之田土有四十九磅又他田祇加多燐料者有十一磅同此田土休息者有三十六磅種紅苜蓿之加肥料田每一英畝深二十七寸有淡養淡氣一九·六磅而在相同之休息田所有幾近六十磅又有一田種白苜蓿而已加金石類肥料者深五十四寸有二六·三磅又在相近之田產薄楷拉苜蓿甚茂盛僅有八·五磅種白苜蓿

之田土查第一之二十七寸有一三五磅而種薄楷拉苜蓿者有五磅種白苜蓿田第二之二十七寸有一二八磅即幾與上層相等而種薄楷拉苜蓿者祇有三五磅可見薄楷拉苜蓿由深處吸取所有淡氣而更深土中所有此料亦將吸取也

赫敦試種狠莢於沙土其效亦符伊取狠莢子二千二百七十五粒種於無肥料之田後得六百十七顆收得氣乾之實重五千六百八十六克蘭姆其全體青料共重八萬四千一百一十克蘭姆又於一田先加阿摩尼硫養散子亦如上僅得二百顆氣乾之實重一千三百三十二克蘭

姆其全體青料共重二萬七千零四十克蘭姆

蒲庭查得種狠莢田儻加已種過豆類之土並加以和肥料即是蔓草並街道穢物及各廢料成堆積再加以溲溺之肥料其收成所得實數較未加此料者多四五倍其全體重數較多三倍

雷孟試種菸草並珍珠米之事與坎爾奈試種稻之情形亦相符坎爾奈查考種稻之水田或加阿摩尼或加淡養$_3$均可惟稻初生長時阿摩尼最宜而以後生長時期淡養$_3$較阿摩尼更佳即是稻在後時期用阿摩尼淡氣甚難獲效渠在日本種稻當初時期水面之下不能變化成淡氣

且將所有淡氣料往往化成阿摩尼並炭輕$_4$之氣彼處稻田又常加青肥料或豆餅或魚廢料人糞等此等物須多遇空氣然後可變化成淡養$_3$物詳細試驗知此稻田用此等肥料甚為合宜蓋此等肥料於腐爛時變成之阿摩尼植物即利用之所以阿摩尼硫養並人糞為稻田合宜之肥料

坎爾奈用各盆盛水均加柴灰料試種稻或更加鉀養淡養$_3$或更加鉀養淡養並鈣養淡養或更加阿摩尼燐養或更加淡養$_3$物並阿摩尼鹽類其初有阿摩尼之植物較有淡養$_3$者更為壯盛其後有淡養$_3$之植物復原而有阿摩尼

之植物生長忽止遂有病形將數盆再加鉀養淡養$_3$不數日即見其發達祇有阿摩尼者至其終依然衰弱收成數亦較少然詳考其植物體中雖生長不足而吸取之淡氣並柴灰料較他盆植物更多阿摩尼及淡養物並加者則生長始終壯盛且較專用一種淡氣料者更佳以上均言種於水田之稻而多水之田少淡養$_3$物由所加肥料中阿摩尼供給之據坎爾奈云此稻甚喜阿摩尼之淡氣儻水田中祇有淡養$_3$物之淡氣則不壯茂而日本更有一種稻不必多用阿摩尼因其生長於旱地此地土中變化淡氣法甚速也

若在田試種其原意欲令生地變爲熟田也，卽將二田，一係輕鬆沙土，一係重性泥土，查知加阿摩尼硫養於泥土所種大麥燕麥甚佳，在沙土亦加阿摩尼硫養，而燕麥衰敗更遜於不加肥料者，惟有數處沙土依次加阿摩尼硫養，柴灰石灰而種燕麥甚佳，於是化分各種土質，則知阿摩尼鹽類變化成淡養物，於植物甚宜，泥土及加石灰之沙土均有變化淡氣之動作，若淨沙土雖加阿摩尼硫養而無淡養物，蓋因沙土顆粒鬆寬，所加之料隨水耗失也

赫敦在田試種大麥，將鈉養淡養當植物稚嫩時加之，較未散子之前加阿摩尼硫養於土中更佳，又查知花剛石

變成之土，每一英畝加易消化之燐養五酸三十或四十磅並淡氣七至十四磅，卽合鈉養淡養五十至一百磅，如種大麥獲利甚厚

博士淮恩在盆中試種大麥豌豆馬豆黃豆，僅加淨呼莫司（以糠與鹽强發酵製成者）並柴灰料及含淡氣之一種料，凡加鈉養淡養者，各植物均生長合法，加阿摩尼硫養者，則阻植物初時期之生長，或竟萎死，而尚存之植物至後時期，其阿摩尼硫養有數分已變爲淡養物，卽利用之，又將黃豆種於含石灰之沙土，而此土中多呼莫司，其效相同，有三或四邁當平方之田數號，均加多燐料一百二十克蘭姆，第

一號不加淡氣肥料，第二號加淡氣二十克蘭姆，合鈉養淡養一二一·五克蘭姆，第三號加淡氣二十克蘭姆，合阿摩尼硫養九四·三克蘭姆，收成植物重數如左

田	肥料	實	殼	稭	乾料共數	蛋白類質共數
		克蘭姆重數				
一號	無淡氣	三八一·三	一三三·〇	八〇六·五	一三四二·八	二〇二
二號	鈉養淡養	一八五·二	四七八·一	二二〇三·〇	三三三二·四	六七〇
三號	阿摩尼硫養	九四·六	三八二·〇	一六二三·〇	二六〇三·三	五七四

此試驗卽知第二號第三號均有良效，而第二號更佳，第三號之植物在初時期不甚發達，後始復原壯盛，此復原

恐非因阿摩尼鹽類物變成淡養之故，乃因植物根有微生物之功也

博士排安屢次用阿摩尼鹽類物並水種大麥，卽知此物有害於嫩植物，須待其有數分已變爲淡養，然後植物發達，英國人亦知加鈉養淡養於大麥田，其稭料長大，生實較多，潑山亦言加鈉養淡養於大麥田甚有益，而加阿摩尼硫養往往無效

海塞爾跋脫試種苡仁米於盆中，所用之土，係沙土，而加所需之柴灰料，有數盆更加淡養料，又有數盆更加阿摩尼鹽類物，查知淡養料與苡仁米相宜，而苡仁米不能卽

由阿摩尼鹽類吸取其淡氣儻阿摩尼鹽類易變成淡氣者則苡仁米生長尙爲茂盛而茂盛之度全依其變化淡氣法以爲定梅理格爾細心試種苡仁米及他穀類獲效亦同且知淡養物無論何時均有益於植物凡用他種肥料並淡養物爲數不過多者其收成數與淡養物相稱據其意他種含淡氣料似不宜於穀類

勞斯並葛爾勃試種苡仁米及小麥於田在春閒加鈉養淡養其時天氣乾燥則穀實並稭料較加阿摩尼鹽類同數者爲更多在秋閒加阿摩尼鹽類於小麥者其收成植物中所有淡氣較春閒加阿摩尼鹽類於苡仁米大麥所

含淡氣爲少又云農家往往不願用鈉養淡養於小麥然此料與他種金石類肥料並用合法者則鈉養淡養之功較加阿摩尼鹽類更有效又於羅退姆斯退脫地方試種用同價之鈉養淡養及阿摩尼鹽類則由鈉養淡養所得淡氣較由阿摩尼所得者更多卽是有同情形之二田一則歷年用阿摩尼一則用淡養二田相較有淡養物之田其力更久

試種飼畜草

如地下層有白石粉其面土種草料而加阿摩尼鹽類並金石類肥料數年閒所收草料較鈉養淡養與金石類肥料並用者更多惟後數年加淡養並金石類者收數較多且久用此物土中所有淡氣甚深而深根草料更能得益勞斯並葛爾勃試驗二十年之後始覺鈉養淡養獨用或與金石類並用其淡氣功效較由阿摩尼鹽類所得者更大

草田用阿摩尼鹽類之功效與鈉養淡養不同於是知有一等草田用阿摩尼鹽類更爲合宜儻田閒生坎拏大荆棘草白色蔓草硬梗草蒲公英等則用鈉養淡養爲佳而葛爾勃試驗指明羊蹄草在有阿摩尼之田中生長更盛在有鈉養淡養之田中較次然羊蹄草茂盛之地他草並

不茂盛如阿摩尼鹽類與鉀養或他種金石類肥料並用者所謂六月草菜園草生長甚速惟用鈉養淡養之田中則不然牧畜場所產泊阿草喜淡氣不喜阿摩尼鹽類而貓尾草則均喜之余曾見阿摩尼硫養用於草田甚合宜博士勃里爾以爲水種草料用阿摩尼鹽類或淡養均佳博士達學在英國試種捲心菜用阿摩尼硫養其效較次於用鈉養淡養惟不知當時旱乾情形有何關係在美國輕土種蕃茄用鈉養淡養甚獲利

博士海爾斯在西印度巴拜朵斯島試種甘蔗於田歷三年所用肥料卽係該地易得之含淡氣物並金石類肥料

此甘蔗收成頗豐，惟淡氣肥料加數過多，則蔗中糖汁不甚濃厚，不甚潔淨，此試驗明知鈉養淡養三不及阿摩尼鹽類所發之淡氣爲佳，且美國博士司脫勃斯在魯西安那省試驗，亦得相同之效，英屬南阿美利加奇阿那省待梅拉辣江兩岸所種甘蔗，大半以阿摩尼鹽類物爲肥料，甘蔗生長甚速，惟糖汁爲數不多

由二種含淡氣物變成似鹼類

博士提德立次曾用阿摩尼鹽類並淡養三物試種罌粟，欲察其變成嗎啡多寡，此罌粟種於沙土，此沙土中淡氣甚少，不加肥料之土，所產鴉片中有嗎啡僅得百分之五，加鈉養淡養三之土，所得嗎啡爲數較多三四倍，而加阿摩尼硫養三者較多十三倍，博士倍爾脫曾試種先高那樹，所加肥料，阿摩尼硫養三圭拏牧場肥料，指明植物生長各時期，選擇各種合宜之含淡氣料用之，則變成似鹼類之多寡可定此樹之似鹼類者即係雞那霜先高甯先高尼丁等

博士荷色斯在盆中用水試種葱頭，各盆中均加鐵養燐養五，第一號盆中，更加鉀養硫養三鎂養硫養三阿摩尼綠，第二號盆中，更加鈣養淡養三鉀養淡養三鎂養硫養三，第三號盆中，所加者係依第一號第二號盆中所加之料對分劑，其初各盆中植物生長均佳，至後有阿摩尼之盆中植物憔悴而有數顆竟萎死，餘兩號並無參差，閱六星期後化分之，知各盆之葱頭並根鬚中，均有淡養三料，惟葉中則無之，祇加淡養三物者，惟根鬚中有淡養三料，加阿摩尼綠者，植物各部分中均有阿摩尼，而祇加淡養三物之植物體中，竟可謂並無阿摩尼，由是觀之，植物能將阿摩尼鹽類變爲淡養三物，而不能將淡養三物變爲阿摩尼

又查知葱頭大蒜劍形葉百合之體中，在十月間無淡養三物，而在六月間其數不少

種番薯宜用淡養三物

博士衞格奈在田試種番薯，查知阿摩尼鹽類反有損害，因能阻此植物生長，而令其葉有病形，如該處地土不宜於阿摩尼變成淡養三者，則每黑克忒田加阿摩尼硫養三四十啟羅，並未增番薯收成數，而同此地土每黑克忒田加鈉養淡養三四十啟羅，則收成數增百分之二十八，博士盤集樓斯亦在田試種番薯，此田係肥沃黃沙土，早已加多燐料，而後加阿摩尼硫養三之價值不能反回，無論此物獨用，或與鈉養淡養三並用，均如是，惟每英畝加鈉養淡養三九十磅，可獲豐稔，如加至一百八十磅，則收成所增數與肥料價值相較，亦不合算，盤集樓斯於前數年曾用阿摩尼硫養三種苡仁米及大麥，獲效較勝於用鈉養淡養三

博士華爾甫並克拉侍哈勃用沙土試種番薯查知淡養三料宜於此植物惟所需數應多如用少數之鉀養淡養則番薯不甚得益然此數用於大麥甚爲合宜

博士謀克在田試種番薯查知鈉養淡養三阿摩尼硫養三秘魯鳥糞或獨用或與多燐料並用其功效均無甚參差如獨用之宜少數多則無益且在春間加之亦無效

如不用畜糞則將鈉養淡養三與多燐料相和而用之卽每英畝用倍扣島多燐料三百五十磅其百分中有易化燐養五酸十八至十九分謀克之意如種番薯每英畝可用倍扣島多燐料三百五十磅並鈉養淡養三一百七十五磅

農務全書 上編卷十四 三二

謀克又試驗而知鈉養淡養三與牧場肥料並用甚爲合宜較勝於阿摩尼硫養三且查知阿摩尼硫養三果有害可見生物本之淡氣肥料雖與牧場肥料並用亦無濟也

種番薯以多燐料與牧場肥料並用則收成數可增如將馬廄肥料多燐料鈉養淡養三並用且多燐料數可較少如是番薯收成數爲最多儻不用馬廄肥料則多燐料數應較多倍扣島多燐料一百七十五磅並淡養三八十至一百二十五磅和於新鮮牧場肥料中卽爲相稱之數

博士特蘭虛樓在德國試種番薯查知鈉養淡養三與多燐料並用者獲效甚佳勞斯並葛爾勃查知番薯似與易消化之淡氣和物不甚合宜蓋番薯吸取此等料較緩於他植物所以祗用鈉養淡養三或祗用阿摩尼鹽類者番薯收成數較少而含鉀養鹽類鈣養多燐料金石類料並用者收成數可增如有白石粉之土則用鈉養淡養三較阿摩尼鹽類更合宜下表指明十二年連種番薯收成中數

所用肥料	收成噸擔數
無肥料	二·〇、
阿摩尼鹽類	二·六
鈉養淡養三	二·一三
攙和金石類肥料	三·一五
鈣養多燐料	三·一四
阿摩尼鹽類 攙和金石類肥料	六·一五
鈉養淡養三 攙和金石類肥料	六·一三
牧場肥料十四噸共加六年	二·六
牧場肥料十四噸 鈣養多燐料 共加七年	五·一二
牧場肥料十四噸 鈣養多燐料 鈉養淡養三 共加六年	七·一二

農務全書 上編卷十四 三三

由上表觀之加阿摩尼鹽類者收成數僅多六擔加鈉養淡養三者收成數多十三擔據云鈉養淡養三之淡氣在土中敷布較速可令植物根生長暢達祗用阿摩尼鹽類不甚

合宜因植物根生長時所需金石類肥料爲數不足也
又查知無肥料田加阿摩尼鹽類田加鈉養淡養田在第二之四年收成數較第一之四年爲少而在第三之四年更少加多燐料田加擾和金石類肥料田加金石類並淡氣肥料田在第二之四年收成數較第一之四年爲多然在第三之四年其數較少可見種番薯而不加肥料或祇加淡氣肥料則所需金石類質常覺其不足凡加金石類肥料並淡氣肥料十二年閒番薯收成中數有六.五噸即爲甚豐前六年加牧場肥料並鈣養燐養並鈉養淡養則番薯收成中數有七噸二擔而後六年加牧場肥料其收

成中數祇有四噸可見收成多數實賴金石類肥料之力也

種番薯不宜多加速性淡氣肥料因植物嫩茂之莖葉易爲菌類微生物所侵而成所謂番薯病即是生長不足也昔阿爾蘭初有此番薯病凡多加鳥糞肥料者變壞更速勞斯並葛爾勃在羅退姆斯退脫地方試種番薯此病並不增然多加肥料其莖葉茂盛則番薯病數較多於莖葉不甚茂盛者不加肥料或祇加金石類肥料則所產番薯其病較加淡氣肥料者爲少如祇加淡氣肥料其番薯病較加淡氣肥料金石類肥料者爲少然此二種肥料並用者其植物甚爲可觀

淡養物最宜於紅菜頭

紅菜頭於初時期生長儻加淡養物甚能得益斯時鋤鬆根旁土更能助其變化淡氣惟在後時期加此淡養物恐有害其葉而作爲畜類食料較次且害其汁而製糖亦不合宜若加阿摩尼硫養不能速變淡氣則較淡養爲次且用之過多於地土有害

謀克云種孟闍爾及製糖之紅菜頭所需淡氣不可由阿摩尼硫養得之凡種紅菜頭所需淡氣料以鈉養淡養爲佳在德國薩克生奈省試種此植物春閒加鈉養淡養一

擔產數有二十五至三十擔又一田加阿摩尼硫養四分擔之三即其中所有淡氣與鈉養淡養一擔中所有之數相等產數不過十五至二十擔然在秋閒加阿摩尼硫養其效則與加鈉養淡養相同博士斯秃克拉脫在花剛石沙石變成之土試種紅菜頭考知獨用鈉養淡養較勝於獨用阿摩尼硫養然阿摩尼硫養鈣養炭養並用者其效與鈉養淡養相等

衞格奈亦查知有一等田阿摩尼硫養之變化淡氣可加鈣養炭養助之於是阿摩尼硫養亦宜於根物且草煤土並黃沙土或有石灰相雜者用阿摩尼硫養並鈉養淡養

試種夏間之蘿蔔查知無石灰之草煤土其阿摩尼變化淡氣較淡養$_{三}$之變化淡氣僅得百分之二十八而有石灰之草煤土其變化淡氣有百分之九十然在黃沙土中更能助其變化淡氣蓋此土中本有石灰料可與硫養$_{三}$相合不必再加也其阿摩尼變化淡氣有百分之八十九與無石灰之草煤土中淡養$_{三}$變化之淡氣數相近

以上所云與福爾克在田試種孟閣爾之效相同據云在輕鬆地土加燐料與含鉀鹽類相和之肥料然後稍加阿摩尼鹽類或鈉養淡養$_{三}$甚合宜又云種孟閣爾稍加鈉養淡養$_{三}$甚見效惟應先加他料或因土中本有肥料之餘力乃佳

一千八百五十八年福爾克試驗後即知阿摩尼硫養$_{三}$在春間加於田爲數少者與瑞典蘿蔔相宜如與多燐料並用亦不甚得益總之阿摩尼硫養$_{三}$實次於鈉養淡養$_{三}$而魚廢料或他種動物廢料培壅蘿蔔其功效勝於淡養$_{三}$及阿摩尼鹽類又云英國有地土種根物者儻加阿摩尼鹽類收成數反少

博士斯秃克拉脫考察各田所種製糖之紅菜頭其十一處中之七處鈉養淡養$_{三}$較阿摩尼硫養$_{三}$爲佳而二十二處中之十四處較骨粉爲佳而二十九處中之二十處較多燐料爲佳而二十處中之十五處較菜子餅爲佳而二十二處中之十一處秘魯鳥糞較鈉養淡養$_{三}$爲佳而十處中之九處較阿摩尼鹽類爲佳在七年間二十三處最大之收成數百次其九十六次均係用易化之淡氣和物祇有四次不用此料而百次收成中有七十七次更用燐養$_{五}$料其二十三次則否據博士皮那云次等植物如苔類則阿摩尼鹽類並淡養$_{三}$均合宜

在熱地之植物能得天然之淡養$_{三}$物較吸取阿摩尼鹽類之淡氣爲便即是大槪地土中本有淡養$_{三}$物若干而有數處爲數更多然地土中所有阿摩尼鹽類物爲數較少

博士待麥蘭斯脫云有數種植物如薄來次其葉有毛其根有青蓮色料向日葵細辛草等均能將淡養$_{三}$物藏儲體中儻不加此料則植物瘦弱如土中易助其變化淡氣則尚佳

各植物喜含淡氣料不同

上所載之試驗均係發明有植物始終吸取淡養$_{三}$物或至生長發達時然後需此料或在稚嫩時以阿摩尼爲有益更有在生長初時期而阿摩尼不宜然有森林之地土變成淡養$_{三}$物甚不易其植物所需淡氣料由含阿摩尼物質供之或由呼莫司得之或由空氣中取之均賴其根所有微生物工作之力也

據雷孟云有植物喜淡養物或有植物喜阿摩尼鹽類物此意與農家之識見相符即是此植物加新畜糞爲合宜彼植物則以陳宿肥料爲合宜勞斯並葛爾勃云種多需淡氣之黄豆豌豆苜蓿則加鉀養淡養較阿摩尼鹽類物爲佳而農家久知阿摩尼鹽類宜於小麥並苡仁米又查知儻將阿摩尼鹽類物散於草地可令正草茂盛惟苜蓿蔓草則不然

各植物各有所喜之養料於數種草類可見之如醉仙桃喜畜糞而豬草廩場草喜生長於不流通水之池邊及牧場溝道等處蓋此等植物能吸取糞堆等處之淡養物而

尋常植物則不宜更有豆類植物喜一種含淡氣料並藉其根微生物之力得空氣中之淡氣

阿摩尼鹽類在土中易變爲淡養物

阿摩尼鹽類並淡養鹽類壅於田究以何者爲合宜殊難判斷阿摩尼鹽類遇合宜地位甚易變化成淡養物故各肥料中用此爲最多然大概植物均需淡養物而生長發達時亦然凡有稚嫩植物喜阿摩尼鹽類者用此料宜謹慎即加尋常所宜阿摩尼硫養其土中必須含有白石粉並加牧場肥料則能助其變化淡氣謀克曾明言含白石粉之土用阿摩尼硫養爲最宜之肥料如地土中少此料則其變化淡氣較緩渠曾試種番薯雖加畜糞以助化阿摩尼鹽類尚不獲佳效而畜糞與鉀養淡養並用者收成較豐據惠靈敦之意凡加阿摩尼硫養或阿摩尼綠於土其第一層工夫爲化學之變化即是此阿摩尼鹽類與土中鈣養炭養化成阿摩尼炭養爲呼莫司矽養等所羈留又有變成之含鈣鹽類由溝道隨水洩出阿摩尼如此攝定後未歷多時將盡數變爲淡養在温和天氣時地土中阿摩尼鹽類幾盡變爲淡養查察六尺深處土中竟無阿摩尼之迹故在熱地用阿摩尼鹽類其植物吸取之淡氣即由此變成之淡養物福爾克亦言熱地可多用阿摩尼

鹽類

盧蘭莘在法國查考阿摩尼速變成淡養之情形取黄沙土二號各重五百克蘭姆各加阿摩尼綠其效如左

	密里克蘭姆數	試驗初時	試驗畢時
一號	阿摩尼	五五·六五	五·九五
	硝强酸	○·○○	一八六·五○
二號	阿摩尼	五七·○○	六·八○
	硝强酸	○·○○	二○六·五○

勞斯並葛爾勃在春季試種小麥加阿摩尼鹽類二百磅並柴灰料至八月杪溝水中所含淡養物甚少可見收成

時由阿摩尼變成之淡養已爲植物用罄後又加阿摩尼鹽類四百磅並柴灰料其效與前同更有一處在春季加阿摩尼鹽類四百磅惟此田三十一年來未加柴灰料由阿摩尼鹽類變成之淡養物小麥不能悉數吸取及收成後查其土中尚有餘多者儻天氣乾燥更有此情形蓋植物無力多吸取阿摩尼變成之淡養物故查土中尚有餘料

勞斯並葛爾勃之前赫敦試用阿摩尼硫養爲穀類之肥料甚宜惟豆類植物不然在一千八百六十九年試種大麥其田於往年已加阿摩尼鹽類至本年蓋已變爲淡養物則大麥收成應佳在一千八百七十年又種大麥於此田收成亦應佳孰知所產植物數竟等於不加肥料者可見變成之淡養物在二年閒爲雨水沖失也至一千八百七十五年試種燕麥亦有此情形

下表試種之田均係一八·四四邁當平方其田前曾加肥料後在某年又加阿摩尼硫養與無肥料田相較所產植物數

某年	種植物	某年加阿摩尼硫養	前曾加肥料田 實	前曾加肥料田 稭	無肥料田 實	無肥料田 稭
一千八百六十九年	大麥	一千八百六十八年	三〇九〇	五八八五	八二〇	二〇九〇
一千八百七十年	大麥	一千八百六十八年	八九	三三	八九	三二〇
一千八百七十一年	大麥	一千八百七十一年	五二六七	九一八五	一六七	五二三
一千八百七十二年	狠莢	一千八百七十二年	二三三三	七二一四	一六六六	六三九一
一千八百七十三年	燕麥	一千八百七十三年	四二九八	一三五三三	八二五	二五二五
一千八百七十四年	苜蓿	一千八百七十三年	二〇五二一	三九四二	五八四	二四七二
一千八百七十五年	燕麥	一千八百七十三年	二一九〇	二六四三	一三三四	二九一七
一千八百七十六年	豌豆	一千八百七十六年	二〇三五	六七〇〇	四三二〇	七〇〇〇
一千八百七十七年	燕麥	一千八百七十七年	八三八〇	一〇六〇八	九七〇	一九〇二
一千八百七十八年	番薯	一千八百七十八年	三四三六〇	二三〇〇	九七三〇	四六〇

以下亦係赫敦試種大麥用阿摩尼之淡氣與淡養之淡氣相較

一試種大麥於花剛石變成之土加阿摩尼硫養每田係四分黑克忒之一前種番薯時每一英畝曾加牧場肥料十五噸許

所用肥料	收成啟羅數 實	收成啟羅數 稭	收成啟羅數 共數	較無淡氣多收數 實	較無淡氣多收數 稭	較無淡氣多收數 共數
易化燐養五酸二十磅	五五九·九一	八八〇·四二	一四四〇·三三			
易化燐養五酸二十磅阿摩尼硫養三合淡氣四磅	六五三·四八	九九九·三三	一六五三·七一	九三·五七	一三八·八一	二三二·三八
易化燐養五酸二十磅阿摩尼硫養三合淡氣八磅	六七六·六八	一〇〇〇·四二	一六七七·一〇	一一六·七七	一二〇·〇〇	二三六·七七

二　試種大麥於緊密黃沙土加阿摩尼硫養三每田係十分黑克忒之三前種番薯時加畜糞肥料

所用肥料	收成啟羅數 實	稭	共數	較無淡氣多收數 實	稭	共數
易化燐養五酸二十四磅	三六六·四三	一〇三四·二〇	一四〇〇·六三			
易化燐養五酸二十四磅阿摩尼硫養三合淡氣四·八磅	六五三·五二	一二六八·九〇	一九二二·四二	二八七·〇九	二三四·七〇	五二一·七九
易化燐養五酸二十四磅阿摩尼硫養三合淡氣九·六磅	八二一·〇五	一四三三·七一	二二五四·七六	四五四·六二	三九九·五一	八五四·一三

三　試種大麥於畧緊密花剛石變成之土加鈉養淡養三每田係四分黑克忒之一前種大麥梅士林（郎大麥與馬豆雜種）燕麥番薯種番薯時每一英畝加牧場肥料十五噸種大麥時散鈉養淡養三於田面

所用肥料	收成啟羅數 實	稭	共數	較無淡氣多收數 實	稭	共數
易化燐養五酸二十磅	五五九·九	八五〇·四	一四一〇·三			
易化燐養五酸二十磅鈉養淡養三合淡氣四磅	七〇一·七	一〇二五·〇	一七二六·七	一四一·八	一七四·六	三一六·四
易化燐養五酸二十磅鈉養淡養三合淡氣八磅	六八〇·三	一〇〇八·四	一六八八·七	一二〇·四	一五八·〇	二七八·四

四　試種大麥加鈉養淡養三每田係十分黑克忒之三前種大麥時加阿摩尼並多燐料種梅士林時不加肥料種小麥時加骨粉並阿摩尼硫養三種番薯時加畜糞

所用肥料	收成啟羅數 實	稭	共數	較無淡氣多收數 實	稭	共數
易化燐養五酸二十四磅	三六六·四	一〇六四·二	一四三〇·六			
易化燐養五酸二十四磅鈉養淡養合淡氣四·八磅散於田面	六〇九·六	一二九一·五	一九〇一·一	二四三·二	二二七·三	四七〇·五
易化燐養五酸二十四磅鈉養淡養合淡氣四·八磅壅入土	六二三·五	一三四二·〇	一九六五·五	二五六·〇	二七八·八	五三四·八

所用肥料	收成啟羅數 實	稭	共數	較無淡氣多收數 實	稭	共數
易化燐養五酸二十四磅鈉養淡養合淡氣九·六磅散於田面	八五四·一	一五三三·四	二三八七·五	四八八·二	四六八·七	九五六·九
易化燐養五酸二十四磅鈉養淡養合淡氣九·六磅壅入土	八二一·八	一五〇八·二	二三三〇·〇	四四六·四	四四四·〇	八九〇·四

一千八百七十八七十九年間試種燕麥於畧緊密之田土加阿摩尼硫養三每田係四分黑克忒之一前在一千八百七十六年種番薯加畜糞肥料七十七年種大麥七十八年種梅士林稍加骨粉肥料

所用肥料	收成啟羅數 實	稭	共數	較無淡氣多收數 實	稭	共數

所用肥料	收成啟羅數 實	稭	共數	較無淡氣多收數 實	稭	共數
易化燐養五酸十磅	五三六·七五	九六〇·一	一四九六·八五			
易化燐養五酸十磅阿摩尼硫養三合淡氣四磅	六三五·六五	一〇八四·一五	一七一九·八〇	九八·九〇	一二四·〇五	二二二·九五
易化燐養五酸十磅阿摩尼硫養三合淡氣八磅	六五二·六五	一一四二·六〇	一七九五·二五	一一五·九〇	一八二·五〇	二九八·四〇

試種燕麥加鈉養淡養田地大小與上等所加鈉養淡養在秋閒春閒作兩次散於田面

所用肥料	收成啟羅數 實	稭	共數	較無淡氣多收數 實	稭	共數
易化燐養五酸十磅	五三六·八	九六〇·一	一四九六·九			
易化燐養五酸十磅鈉養淡養合淡氣四磅	六五三·九	一一六九·一	一八二三·〇	一一七·一	二〇九·〇	三二六·一
易化燐養五酸十磅鈉養淡養合淡氣八磅	五七四·〇	一〇五七·六	一六三一·六	三七·二	九七·六	一三四·八

觀末表加淡養之淡氣過多反不合宜卽是在畧緊密之田土加淡氣四磅獲益且合算而加倍淡氣反無益

植物體中含阿摩尼料

博士荷色斯言各種植物之各部分並在各時期均有阿摩尼並淡養料在其中伊查考植物漿汁中所有阿摩尼鹽類爲數較多於淡養且有時竟無淡養而阿摩尼則甚多蓋寒冷之地土淡養物爲植物養料居於次等而此等土中助化淡氣之微生物不能動作卽較暖時能作此工夫爲期甚促勞斯並葛爾勃云英國尋常寒天氣地土中變化淡氣並不阻滯由試驗房考知天氣在法倫海寒暑表三十七至三十九度時其酵料微生物之變化淡氣仍未阻止惟吸取空氣中由利淡氣之微生物不能動作

麥約在鮮菸葉中查得許多阿摩尼此植物所有百分淡氣其十二或十三分係阿摩尼淡氣且此植物無論加何種肥料所有阿摩尼之數無甚參差惟淡養有多寡全恃所加何種肥料以爲定此植物如再加阿摩尼水其葉中所有之數亦不過如此並不多於加鉀養淡養所得之數

植物能用阿摩尼

以上試驗可見各種植物能用阿摩尼卽將阿摩尼氣質供與植物之葉亦能吸收之麥約又試種小麥並他植物於盆其盆有不透氣之罩令盆中土與空氣隔絕有數盆之植物葉隨時用阿摩尼炭養水潤之又有數盆則否不特用此阿摩尼之植物較更茂盛而乾料更多且化分考驗其所含淡氣物質亦較多

博士辟虛燒滅黃沙土中所有微生物如變化淡氣之發酵料等而種大麥苡仁米小麥馬豆查知不用淡養料而

用阿摩尼硫養之植物在初時期不生長待若干日後乃如常可見穀類能由阿摩尼鹽類物而得淡氣養料變成許多生物質及蛋白類質惟用淡養之植物更爲壯盛蓋自幼即生長發達也

博士孟紫亦試種珍珠米豆馬豆麻均能吸取阿摩尼淡氣其法先取泥土用清水漉洗其淡養物乃加阿摩尼硫養加熱至法倫海寒暑表二百十二度以毀滅其中之微生物植物子亦畧浸於沸水其盆亦用無淡養之沸水洗洗之其泥土並所種植物亦與空氣隔絕則空氣中微生物不能入數月間各植物生長如常而有數顆至收成時

高一碼有餘化分考驗各植物體中有淡氣甚多然泥土中並無淡養物也

阿摩尼或有害

據羅博士並薄考奈云阿摩尼鹽類較淡養物爲劣因阿摩尼與各種鹼本能令植物賽爾中之普魯秃潑來成黏結成顆粒凡阿摩尼鹽類爲數不多則在賽爾中速變爲蛋白類質可無害

此二博士以爲阿摩尼入賽爾中爲數較多不能速變爲蛋白類質則令其黏結而爲害若用淡養亦變成阿摩尼維甚緩故賽爾中所積之數不多有植物喜阿摩尼鹽類物者蓋賽爾中之汁水能將鹽類物從緩化分不致黏結或因此等植物有許多易消化之炭輕藉此可速將阿摩尼變成蛋白類質

羅博士又查知淡養物並阿摩尼鹽類物均能在植物體中變成蛋白類質惟淡養須先變爲阿摩尼然後可用其淡氣據博士之意由淡養物變成之阿摩尼在植物之賽爾中隨變隨用因不能多積也植物賽爾中之生物料藉淡養或硫養之養氣變成哥路哥司（又名葡萄糖其分劑爲炭$_6$輕$_{12}$養$_6$）並變成水及炭養酸草酸他種酸而淡養之淡氣與生物料中之輕氣合成淡輕即阿摩尼而此阿摩尼速變爲蛋白類

質此博士又試驗如下將哥路哥司三克蘭姆鉀養淡養一克蘭姆化於清水二百克蘭姆中加鉑黑粉一百十克蘭姆然後加熱至法倫海寒暑表一百四十或一百五十八度歷六小時查知淡養中淡氣百分之四十六已變爲阿摩尼而流質中有酸性蓋已合成薩卡來德並哥路哥司酸尚有一種無名之酸此因哥路哥司得鉀養淡養之養氣或由空氣中得養氣變化成之也

蛋白類質由阿摩尼變成

博士爱佛林試種豆類植物查知其根在土中能吸取淡養物而至植物之綠色料如葉中已變爲生物質淡氣和

物即阿美弟類後又變為蛋白類質總之植物根榦中有淡養物甚多惟葉蕚花果中為數極微反言之植物新嫩處阿美弟為數最多而此處生長壯盛產新物如果等尤多他博士亦查知如此

據考究生理學博士之意植物賽爾中欲變成蛋白類質須有一阿美弟如阿司叭拉精（即阿摩尼與阿司叭的酸阿司叭的酸為炭輕淡養）又有一炭輕如糖或易消化之小粉並硫並燐為數極微此為蛋白類質不可少之物凡植物不見光則不能變成蛋白類質因少炭輕故也此炭輕須藉日光之力變成之羅博士查知菌類等植物可不見日光故亦不能變成蛋

白類質

愛佛林以為阿摩尼在植物體中變成阿美弟較淡養為次因查其葉中尚有阿摩尼未盡變化也羅博士以為蛋白類質由阿摩尼變成或淡養先變為阿摩尼而後變成蛋白類質地土中含衰之和物（衰為炭淡合成之質）如鉀衰鐵可供蜉所需而蜉即化分之變成阿摩尼惟發酵或發霉微生物與此不宜又云淡養物變成阿摩尼然後其中淡氣可變成蛋白類質而淡養並硫養之養氣則變成生物質如糖由糖又變成酸質如草酸又變成炭養酸並水且生物質已化分之後有輕數分與淡養之淡並硫養之硫變成

阿摩尼或輕硫此二物又速變成蛋白類質至葉中變成阿美弟甚多者蓋因葉之呼吸靈捷故賽爾中之工作更有力然前曾言以阿摩尼鹽類物之水灌植物不及用淡養為佳是何故也羅博士以為並非阿摩尼有毒害惟阿摩尼並阿摩尼鹽類能令賽爾中之澄蘭士買（即生物黏初基料）韌以阻其工作如淡輕養並二阿美弟則有毒於植物

或用阿摩尼或用淡養以價值較賤為定

依格致之理考之鈉養淡養終較阿摩尼硫養為佳而近年來用之更廣因價值較阿摩尼硫養為賤也據博士謀克之意用淡養以種小麥並苡仁米收成可增百分之十

或十五然此利益實不為大若阿摩尼硫養之價值較賤則用於此二種植物以代淡養更為合算且在含石灰之黃沙土儻耕種勤慎則阿摩尼硫養為合宜之肥料總言之欲判斷多用阿摩尼硫養少用鈉養淡養與否如阿摩尼淡氣之價值較淡養淡氣之價值賤四分之一即將有限之資本甯購阿摩尼硫養而不願購鈉養淡養也

德國諸博士試種小麥在秋間或加阿摩尼硫養或加鈉養淡養惟所含淡氣數相等查知每毛肯田收成所增中數用阿摩尼硫養者為二百九十五磅用鈉養淡養者為三百四十四磅此與不用淡氣肥料之田產數相較也所

增稭料一爲七百九十四磅一爲九百十四磅穀實較數如三與三五稭料較數如三與三四九而阿摩尼硫養三八七五磅有淡氣一七九磅鈉養淡養三一百磅有淡氣一五五磅當博士謀克時阿摩尼硫養三之價值甚賤如阿摩尼淡氣有一七九磅其價值較淡養三淡氣一五五磅更賤八分之一而勞斯並葛爾勃試種小麥云用鈉養淡養三所增收成數爲一百則用阿摩尼硫養三所增數爲八八五六

德國博士用阿摩尼硫養三試種苡仁米其收成所增數較用鈉養淡養三者如三與三七四其稭料如三與六當謀克時阿摩尼硫養三之價值合算而苡仁米用鈉養淡養三者其

農務全書上編卷十四

稭料較多各人試驗均如此謀克亦曾試驗查知用阿摩尼硫養三之苡仁米收成所增數較用鈉養淡養三者如三與三三六而價值如三與四則用阿摩尼硫養三爲合算也

勞斯並葛爾勃試種苡仁米於緊密黃沙土歷十六年用鈉養淡養三爲肥料收成所增中數作爲一百而用阿摩尼硫養三所增中數則爲九〇七四福爾克試種苡仁米其中數係九一八五並七六九

石灰並阿摩尼鹽類

欲查考石灰是否能助阿摩尼鹽類謀克將石灰細粉每毛肯田加十擔耕覆入土而前時已加阿摩尼硫養三查知

每黑克忒田較獨用阿摩尼硫養三收成所增數如左表

苡仁米實	三七三啟羅
大麥實	四四〇
小麥實	六〇
番薯	八一二
製糖紅菜頭	四八一

然孟閣爾獨用阿摩尼鹽類其收成數較多於並用石灰者

衞格奈查考阿摩尼鹽類之淡氣在田中盡變爲淡養三與否而知其情形合宜者如以阿摩尼鹽類足數加於熱而

農務全書上編卷十四

輕鬆之灰土此土中且有呼莫司則阿摩尼之淡氣百分可變成淡養三淡氣九十分即是阿摩尼硫養三肥料之功與鈉養淡養三相較爲九十與一百又查知數種泥土加阿摩尼硫養三儻有石灰或鈣養炭養二相助則變化更速

總言之鈉養淡養三之淡氣一磅價值較賤於阿摩尼之淡氣則用鈉養淡養三爲合算然數年前英國阿摩尼硫養三之價值較淡養三爲貴而農家樂用之因鈉養淡養三雖於乾季時合宜而阿摩尼在溼季時更爲合宜也

阿摩尼硫養三之性較鈉養淡養三之性更緩故植物或宜此緩性者則更佳然此二種肥料之功效在第一年相等至

次年其餘力均無參差而牧場肥料則有久性也

卷終

農務全書上編卷十五

美國哈萬德大書院農務化學教習施妥縷撰　慈谿舒高第口譯
新陽趙詒琛筆述

第十二章下

阿摩尼和物（即阿摩尼鹽類）

植物體中藏儲淡養

農家早已知淡養在數種植物體中藏儲甚多儻地土肥沃者更甚勞那言向日葵種於畜糞堆者其體中藏儲硝甚多種於寬暢田中則無之余曾在花園旁拔馬齒莧考之見其體中淡養亦甚多以其乾料燒之似引火紙昔化學師皆記載此事且言許多植物有此藏儲之硝以致爲取硝之源凡强壯植物吸取粗養料者並生長於牆下或廢料堆處者其體中必藏儲硝向日葵薄來次薰米脫羅里芹菜閙羊花菸草紅菜頭等其體中藏儲硝甚多

此等植物體中有許多硝諒非必不可少之物如爲必需則將變成蛋白類質且今尚未查明此等植物是否與喜淡養而不喜阿摩尼有何相關

葉能吸收阿摩尼並阿摩尼炭養

植物葉能吸收阿摩尼氣並阿摩尼炭養氣前已言之又查知玻璨花房中之植物可將阿摩尼炭養成塊者置於

熱氣管上任其消化則花房空氣中有此阿摩尼氣霧植物葉吸收空氣即得之或將淡輕綠與鈣養相和而代阿摩尼炭養亦可然阿摩尼雖爲植物所喜而花房中阿摩尼之數與空氣相比例祇須萬分之四否則較嫩植物爲其損害植物葉吸收阿摩尼不必藉日光之力且其氣質易爲植物酸質所羈留

用含淡氣肥料所增植物葉較所增實更多如植物枝葉生長已甚足而將開花時用阿摩尼炭養氣供之則能阻其將放之花即有花亦不能生實而枝葉又因新得此阿摩尼炭養氣更生長壯茂

空氣中阿摩尼

前雖言植物葉吸收空氣中之阿摩尼其爲數並不多因空氣中有此物極微於植物無大益惟此微數爲雨露挾帶入土則與植物根有關係而亦無大益所以空氣中並土中所有阿摩尼終不及地土中本有淡養之功效也

阿摩尼硫養

阿摩尼鹽類於農務最有關係者爲阿摩尼硫養除秘魯鳥糞外此爲農夫由市中易得之阿摩尼粗料從前由秘魯運來之鳥糞含有許多阿摩尼並有由里克酸草酸燐養酸相雜後當論之

今之阿摩尼硫養係由煤氣鐙廠廢阿摩尼流質中提出者而煙煤如草煤呼莫司木質並各種生物質含淡氣少許蒸化之即有阿摩尼騰出並水汽並可然火之氣並他種氣並黑柏油並油質等待其涼則其中之水與阿摩尼凝成阿摩尼流質俗謂之煤氣流質

煤氣流質

煤氣流質中阿摩尼之數頗有參差與所用煤之等類並提淨煤氣之法有相關總之此流質百分中有阿摩尼一分此阿摩尼爲數甚微若運往遠方殊不合算所以此阿摩尼流質可爲近廠田莊取而用於和肥料中

不可將此流質加於植物因其中含有他物於植物有害也且此阿摩尼爲數甚微運往遠方不合算而即用於植物尚覺其過濃蓋其中阿摩尼炭養亦能毒害植物須加水十倍至十二倍以淡之曾有人試驗將此流質加河水三倍尚有害惟合宜時以應用之數加於田則有數種植物能增其收成儻煤氣流質或阿摩尼炭養可以賤價得之灌於田地毀滅蚯蚓並各種蟲豸之子亦妙是宜在未種植物之前若干時爲之

阿摩尼硫養之製法係由煤氣流質中易化騰之阿摩尼和物如炭養硫養硫衰加熱逐出用硫強酸收集之即變

爲阿摩尼硫養漸澄停成灰色細沙形之結晶歐洲用此阿摩尼硫養以千噸計美國昔亦用以助含阿摩尼之多燐料今用以助次等鳥糞

阿摩尼硫養用處

觀農家試驗阿摩尼硫養是可爲植物養料並能令植物壯盛多吸取他種養料惟專用之則有弊若以助緩性肥料殊有功或輪用肥料亦可獨用一次歐洲有數處用阿摩尼甚合宜因該處風俗固執沿用舊法至於特有數種植物養料藏儲過多所以用此阿摩尼甚能獲益也

製阿摩尼硫養不可有硫衰相雜此物於乾蒸煤氣時結

成於植物甚不宜據福爾克云硫衰毒害植物甚猛如種小麥苡仁米一英畝用雜硫衰之阿摩尼十磅散於田面即有害數年前市肆有椶色阿摩尼硫養即係有硫衰攙雜故也後知其有害遂不用

胡爾奈查知硫衰爲害植物之度各不同草類尚能耐之番薯珍珠米則不能當也如種冬燕麥每一英畝加十八磅尚不受害而製油之菜及豌豆孟閣爾紅菜頭加數過九磅必能害之

勞斯並葛爾勃在田試種

此二博士連年試種小麥獨用阿摩尼鹽類爲肥料在第一之九年較無肥料田所增收成數每畝九斗餘至以後十年所增收成中數僅有七斗又四分之一

獨加易化金石類肥料於小麥則無利益須並加阿摩尼鹽類或他種速性淡氣料所謂金石類肥料如鉀養鎂養鈣養燐養酸硫養酸加數較植物所需更多者在第一之八年每年增收成數較無肥料田所產多三斗至第二之八年增數不及二斗與加牧場肥料之田產數相較則第一之八年少十五斗第二之八年少二○五斗此參差之故因前數年所加阿摩尼鹽類並金石類肥料尚有餘力也

金石類肥料與含淡氣肥料並用則產數最豐即是較僅加牧場肥料者更多試種苡仁米效亦相同後當論之而獨用阿摩尼鹽類較獨用金石類肥料所增收成數能歷多年足見該田必有金石類肥料爲數多於淡氣也

加淡氣料於熟田

歐洲田地歷年播種植物多壅糞料並草料而土中含植物所需柴灰料之數自甚多所以勞斯並葛爾勃試種加易化之含淡氣肥料殊爲合宜且令植物根易取近處所有肥料惟田土須肥沃有力則易化淡氣料之動作能逼令植物吸取存積之柴灰等養料也

赫敦試驗亦發明此理將新緊密沙土田之一分在十年間壅阿摩尼硫養七次而每次收成甚豐惟在第十一年並以後之四年該田統加此肥料察其前曾加肥料之田一分收成數反遜於前未加者且在此五年間每年減若干即是第四年第五年每黑克忒田加淡氣一百啟羅燐養酸二百啟羅鉀養三百啟羅而第五年在十年間已加阿摩尼硫養之田一分所種莜仁米收成數較在十年間未加此肥料之田產數爲少也列表如左

十年間不加肥料及加肥料			
莜仁米收成啟羅數	無肥料	阿摩尼硫養	無肥料所增數
實	三三一〇·六	一五五六·八	一七五三·八
稭料並穀殼	五九五七·六	二二七三·二	三六八四·四
共數	九二六八·二	三八三〇·〇	五四三八·二

所以土中柴灰料爲數甚足然後阿摩尼之淡氣可爲植物利用考查溝水所含淡氣數即知之如田間少柴灰質料則溝水中阿摩尼鹽類爲數必多勞斯並葛爾勃試種小麥田洩出溝水一百萬分中所含淡養物以五年中數計之如左表

溝水一百萬分中所含淡養淡氣數					
每英畝於三月間加肥料磅數	三月至五月終	六月至收成時	收成至秋播種時	播種至三月時	不種植物時全年耗失數
阿摩尼鹽類四百磅	二六·六	一一·四	一一·五	六·三	九·九
阿摩尼鹽類並鈣養多燐料四百磅	一九·五	五·六	九·二	七·一	八·五
阿摩尼鹽類並各種柴灰料四百磅	一六·三	一·四	八·三	五·二	六·四

用阿摩尼硫養之法

從前多加牧場肥料之田每畝加阿摩尼硫養一百二十五磅或散於田面或於未種植物之前稍壅和於土中爲尋常法然欲其數布周徧宜與黃沙土三四倍和而散之若壅穀類宜與他肥料並用或云英國用此料於肥沃緊密土速種小麥甚宜如輕鬆土種家畜所食之根物則不可用也

總言之阿摩尼鹽類罕有獨用者如輪種而加燐養肥料之後亦不可獨用且阿摩尼硫養不可與田莊肥料相和又不可與他肥料同時散於田因阿摩尼遇腐爛生物質料則變成淡養較遲若與黃沙土相和可無此弊且用阿摩尼硫養之數不可過多與金石類肥料並用亦然勞斯並葛爾勃試驗之田前曾加擾和金石類肥料而加阿摩尼硫養二百磅歷三十二年每英畝增小麥收成中數較專用金石類肥料者多九斗如加阿摩尼硫養四百磅又增八斗或九斗加此肥料三倍者僅增三五斗可見多加淡氣過於植物所需之數殊爲無益

用阿摩尼硫養最合宜之法當春間穀秧已有數分高出田面時散之切不可於播種時壅之蓋此肥料入土受溼潤而變化甚濃厚將阻其萌芽或損害嫩秧衞格奈云阿摩尼硫養之弊未必過於鈉養淡養如天氣或地土不合宜而多加鹽類肥料培壅植物則受鈉養淡養之害更甚於阿摩尼硫養惟土中石灰料甚多所種植物已生長於是畧加阿摩尼硫養是爲最佳至收成後又加此料則田閒蔓草不生長而正草可茂盛

博士格里角來云如種蔡頭不發達加阿摩尼硫養能速其生長每畝加二百磅用鋤鬆土而攪和之可也

石灰並鈣養炭養化分阿摩尼鹽類

蒲生古福爾克諸博士言含石灰之土加阿摩尼鹽類爲鈣養炭養化分變爲鈣養硫養而離其阿摩尼昔年曾將阿摩尼硫養加於數種含有石灰料之田又有田不加此料觀察所種植物並無參差然所加阿摩尼其臭甚濃蓋阿摩尼盡爲石灰化分而與植物不相關福爾克又言此等田應加鈉養淡養或用尙未發酵變成阿摩尼之新鮮牧場肥料亦可英國博士勃郎亦曾試驗取含石灰之土數磅與阿摩尼硫養少許相和即發出阿摩尼臭歷半小時其臭更濃

特海蘭加阿摩尼硫養於含石灰之土化成阿摩尼炭養其燥性甚烈有損植物而種製糖之根物於此等田先加此料或種後即加之必有害如根物必需此料宜待其稍長時加於行間壅入土中不可散布田面

阿摩尼硫養之害

特海蘭言阿摩尼硫養並非各土均相宜而數之多寡氣候情形亦有關係在法國格里囊含石灰之輕鬆土每畝加一百四十至一百七十五磅適天氣乾燥地面結成白色鈣養硫養一層此係阿摩尼硫養與土中鈣養炭養變化而成也其時地土變爲堅硬更覺乾燥且土質膠結加之以水亦無韌性須歷多年乃漸復原若加鈉養淡養於此田則甚有益下表所載係輕鬆地土用各肥料而種製糖之紅菜頭比較收成多寡

每黑克忒田所用肥料數	每黑克忒田紅菜頭收成數 一千八百七十六年	一千八百七十七年	一千八百七十七年又種紅菜頭
無肥料	一七四〇〇	三〇六〇〇	四六六〇〇
田莊肥料		四四〇〇〇	七〇四〇〇
鈉養淡養四百啓羅	一九〇〇〇	三四六〇〇	五七三〇〇
鈉養淡養四百啓羅 多燐料四百啓羅	二二四〇〇		
鈉養淡養一千二百啓羅	二二四〇〇	二九八〇〇	五六四〇〇

阿摩尼硫養四百啟羅	一六四〇〇	二九四〇〇	四九一〇〇
阿摩尼硫養四百啟羅 多燐料四百啟羅	一六四〇〇		
阿摩尼硫養一千二百啟羅	一四六〇〇	二〇〇〇〇	三七二〇〇

多加阿摩尼鹽類之弊往往歷數年一千八百七十六年七十七年種紅菜頭七十八年種飼畜之珍珠米七十九年八十年八十一年種聖芳馬料各田收成數如左表

所用肥料	每黑克忒田馬料收成中數
無肥料	五八六〇噸
一千八百七十五年七十六年七十七年七十八年加田莊肥料	八二六九
一千八百七十六年七十七年七十八年七十九年加鈉養淡養四百啟羅	六三〇〇
一千八百七十六年七十七年七十九年加鈉養淡養一千二百啟羅	六八一五
一千八百七十六年七十七年七十八年加阿摩尼硫養四百啟羅	五八二七
一千八百七十六年七十七年加阿摩尼硫養一千二百啟羅	四二九五

格里囊輕鬆土用阿摩尼鹽類為肥料於一千八百八十年八十一年八十二年八十三年所種小麥能見其害此田自一千八百七十五年至七十九年連種番薯當時加肥料數如下表而以後四年種小麥並未加肥料

所用肥料	小麥收成中數
無肥料	一八·七五擔
一千八百七十五年至七十九年加田莊肥料	二四·七一
一千八百七十五年至七十九年加鈉養淡養四百啟羅	二一·〇九
一千八百七十五年至七十七年加鈉養淡養一千二百啟羅	二〇·五七
一千八百七十五年至七十九年加阿摩尼硫養四百啟羅	一九·四五
一千八百七十五年至七十七年加阿摩尼硫養一千二百啟羅	一七·七七

勞斯並葛爾勃試驗

勞斯並葛爾勃試種小麥將金石類肥料與阿摩尼肥料並用獲效甚顯

每畝獨用金石類肥料四百磅所增收成數極微而用同數之阿摩尼鹽類其效尚不及田莊肥料如連年用之收成數愈減惟將此二種肥料並用在二十年間每畝每年

所增實收成中數二十一斗稭料二十三擔此係多於不加肥料之田也較用牧場肥料之收成亦多實一斗稭料三擔又有人試驗將阿摩尼鹽類與金石類肥料並用而阿摩尼之數較多則所增收成數亦畧多惟增數並不與多用阿摩尼之數相應

鈉養淡養可代阿摩尼鹽類而與金石類肥料並用惟為數須多蓋鈉養淡養五百五十磅所有淡氣等於阿摩尼鹽類四百磅所有者且收成數較阿摩尼鹽類與他肥料並用更佳與用牧場肥料相較亦更佳然初用淡養所增實數較用阿摩尼者為少試種八年後功效漸著而三十

二年間每英畝增實四斗許其中數爲三六·二五斗稭料亦較多而每畝每年所加鈉養淡養五百五十磅合淡氣八十六磅可抵阿摩尼鹽類淡氣一百二十九磅因連年加此料存積土中而三十二年間產物之力有增無減也又論小麥及正草云金石類肥料與阿摩尼鹽類並用初年獲效勝於金石類與鈉養淡養相和之肥料至後年則以鈉養淡養爲佳因鈉養淡養在土中散布廣速更能得力並引起溼潤而植物根鬚遇此養料生長愈速又查知此料用於苡仁米較用於冬麥更爲合宜

用阿摩尼一磅可增小麥若干

勞斯並葛爾勃計度英國佳土因加阿摩尼若干應增小麥收成數若干據云如各情形合宜而氣候和平者每英畝用阿摩尼五磅可增小麥一斗其稭料亦較增

勞斯並葛爾勃試驗摘要

英國宜種小麥田四十年間有不加肥料者有加肥料而等類不一者

不加肥料之田第一年每英畝收成數十五斗第二十年十七斗又四分斗之一其二十年間每年收成中數十六斗又四分斗之一若以四十年計之爲十四斗

專加金石類肥料之田其肥料雖係易消化而收成數並不見增蓋未嘗令植物由空氣中多吸取炭質及淡氣也以三十二年間每年每英畝收成中數計之祇增一斗又四分斗之一

專加淡氣肥料之田每年增實爲數甚多可見用此肥料試種之地土中本有合宜之金石類料較淡氣更多

專加牧場肥料之田第一年每英畝增收成數二〇·五斗第二十年則增四十四斗三十二年間每年每英畝所增收成中數爲三三·五斗以四十年計之爲三二·四斗

金石類肥料與製成之淡氣肥料並合用者則第一年所增收成數係二十四斗又四分斗之一第二十年五十五

斗又四分斗之三其三十二年間每年每英畝收成中數竟有三十六斗又四分斗之一

所加製成之肥料多寡並未測查地土應需之數故尚有不可恃之處

德國農部諭令農夫將各等地土試種燕麥大麥小麥苡仁米獲效與勞斯並葛爾勃試驗者相同專用鈉養淡養所增實並稭料較多惟用柴灰料而不加淡氣料者增數甚微

然用易化之淡氣和肥料令植物生長亦有限制如地土本係肥沃而有吸引地下層水之力加此肥料甚合宜或

地土輕鬆乾薄，則不能與勞斯並葛爾勃在肥沃黃沙土試驗所得之效相等，若常用之，將竭其地力而不能產物，宜加牧場肥料並輪種法以濟之。

阿摩尼鹽類繞道之動作

阿摩尼硫養不特爲植物之養料，且在土中又當化分化合之職，猶石膏及他種鹽類肥料也。此阿摩尼硫養能將土中藏儲之植物養料洩放以供植物所需，即將土中所有鋁養、鈣養、二矽養或鎂養或鉀養變爲鋁養、阿摩尼矽養並鈣養硫養、鎂養硫養、鉀養硫養而化於水土中，故福爾克查知加阿摩尼鹽類之小麥田溝水中多含金石類

料。總言之，凡田地多加阿摩尼鹽類物者，溝水必多含金石類料。勞斯並葛爾勃亦查知每畝加金石類肥料並阿摩尼鹽類二百磅或四百磅或六百磅，則溝水各一百萬分中含金石類料四百五十及五百四十五及六百十五分；祇加金石類肥料者，則溝水一百萬分中含金石類料三百三十分，其洩出料大分係鈣養硫養、鈣綠、鈣養淡養，而加阿摩尼鹽類四百磅之田，全年洩出鈣養有一百七十二磅。

阿摩尼淡氣每磅價值

灰色阿摩尼硫養論大桶或噸數出售者，每磅價值三五至四分，其中所有淡氣每磅合價值若干，亦應計之。潔淨之阿摩尼硫養係淡輕硫養，可依比例數而算其中之淡氣。其各原質點重數爲淡等於十四，輕等於一，硫等於三十二，養等於十六，所以原質點共重數係一百三十二，如

淡＝二八

輕＝八

硫＝三二

養＝六四

共一三二

即是阿摩尼鹽類一百三十二分中有淡氣二十八分，欲

查一百分中有淡氣若干，即

一三二∶二八∷一〇〇∶地＝二一·二

市肆所有阿摩尼硫養品等不一，須視其中之溼氣並雜物多寡以爲定，其中數一百分中有淡氣二〇·五分，約畧估計阿摩尼鹽類五磅合淡氣一磅。由此計之，阿摩尼鹽類每磅價值三·五至四分，則淡氣每磅價值一七·五至二十分。惟近來阿摩尼鹽類價值較賤，所以淡氣亦較爲便宜。有一時由秘魯鳥糞中而得同等之淡氣，其價值合算，於是阿摩尼硫養之價值視鳥糞以爲定，至今猶然。鈉養淡養之淡氣價值亦有此情形，近與

阿摩尼硫養三相較亦更便宜其淡氣每磅價值若干亦應計之

鈉養淡養三之分劑如下鈉之原質點重數係二十三如

鈉‖二三

淡‖一四

養‖四八

共　八五即

八五∶一四∷一〇〇∶地‖一六·四七

市肆所有鈉養淡養料決非潔淨其百分中有潔淨鈉養淡養三九十七分餘係食鹽並溼氣而尋常百分中必有九十六分即

一〇〇∶九六∷一六·四七∶地‖一五·八一

即是市肆所有鈉養淡養料一百分中有淡氣一五·八一分所以鈉養淡養料六磅又三分之一合淡氣一磅即

一五八一∶一∷一〇〇∶一∶地‖六·三三

如鈉養淡養料每磅價值二·五至二分則淡氣一磅價值不滿一角六分或幾近一角三分

除鈉養淡養並阿摩尼硫養外更有數種合宜之料可得其中之淡氣如骨粉魚廢料油渣餅屠家廢料等較由阿摩尼所得之淡氣更為便宜然並無一種肥料同分量而得淡氣較多者且運往遠方迥不如阿摩尼硫養三之穩且賤並實用功效之更有把握

可恃之商家論大桶出售之灰色阿摩尼硫養三尋常已為潔淨如雜有紅紫色之阿摩尼硫養三則有害於植物且常與食鹽沙泥鎂養硫養三相和或竟將青礬即鐵養硫養三和之更有一種其百分中有自由之硫養三酸十六分前曾言市肆所有阿摩尼硫養三一百分中有淡氣中數為二〇·三九而最少數為一五·二九最多數為二一·一二

含阿摩尼之他種鹽類

除阿摩尼硫養三外與農務有關者係阿摩尼炭養二並阿摩尼呼莫司而阿摩尼炭養二由動植物質腐爛變成所以肥料中多有之在畜廐中其氣觸鼻尋常短稱之為阿摩尼

儻將阿摩尼炭養化於水而與黃沙土相遇則混濁黏結他種鹼本炭養亦如是蓋阿摩尼炭養能令泥土黏結也惟與黴苔等微植物相遇即變為阿摩尼呼莫司或因牧場肥料緩緩發酵變成呼莫司則又將變為阿摩尼呼莫司由此觀之植物之養料乃阿摩尼呼莫司而非阿摩尼炭養二也

阿摩尼炭養二由蒸法而成亦有由腐爛發酵而成其蒸法即將煤或骨蒸得之此為市肆得含阿摩尼鹽類物之來

源又有秘魯鳥糞及發酵之溲溺亦可得此料並阿摩尼硫養近火山之地土所產之淡輕綠亦係由地中生物質受天然之蒸法變成昔時淡輕綠由駱駝糞蒸得之煤氣鐙廠中所得之含阿摩尼流質中大半係阿摩尼炭養並阿摩尼硫並阿摩尼硫養由骨蒸得者更多此乃製骨炭時所得之廢料也

阿摩尼綠之價值較阿摩尼硫養更貴故與農家無甚關係且作爲肥料亦較爲不甚佳其變化淡氣法亦較爲遲緩若在土中與鈣養炭養化成鈣綠爲害植物較硫養更甚然價值較賤者亦未嘗不可作爲肥料盧蘭萃曾試驗

之將含阿摩尼綠之土一百萬分作爲二分各盛一器第一器中再加阿摩尼一一·三分第二器中再加阿摩尼一百十四分閱十八日第一器中少阿摩尼八八·三第二器中少阿摩尼八八·一而第一器中則見有硝強酸內之阿摩尼等於一○五·五數第二器中則見有硝強酸內之阿摩尼等於一一四·一數此多數由土中之阿摩尼綠變成也又有一次試驗所用阿摩尼綠數多十倍卽合阿摩尼一千一百三十六分與土一百萬分相和閱十四日則見其變成淡氣甚少惟在以後之三十二日閒變化甚速在五十七日後每阿摩尼百分已失八五·六分而變成之硝強酸可抵阿摩尼八三·七

惠靈敦言地土中儻有阿摩尼綠則變化淡氣法較緩如取土研細溼潤之分爲二其一依乾土一百萬分加阿摩尼綠合阿摩尼七十分又一並不加阿摩尼閱一百十九日加阿摩尼者其百分中失九七·六而不加阿摩尼者變成本土中之淡氣有八三·六

盧蘭萃查知用阿摩尼硫養變化淡氣法較阿摩尼綠爲速如土一百萬分加阿摩尼硫養六百九十四分閱二日卽變化淡氣閱二十二日阿摩尼百分中已失九八·六而變成之硝強酸等於阿摩尼九六·四又用阿摩尼炭養試

驗共有三號第一號土一百萬分中加阿摩尼炭養五百二十六分第二號土加一千二百七十一分第三號土加二千二百五十一分其變化淡氣第一號閱二十八日阿摩尼百分中已失九七·七第二號閱三十七日已失九九二第三號閱八十六日已失九七·六而第三號有百分之八·七變爲自由之淡氣騰失第二號亦有百分之三·四變爲自由之淡氣騰失

煤中所有淡氣惟蒸法可得之而發酵腐爛或用強酸並鹼類均不能化出其中倔強之淡氣骨及魚及肉中淡氣用發酵法易取之植物並草煤用發酵法亦能助化其中

之淡氣後將論之至鳥糞爲阿摩尼之來源後亦將論之

阿摩尼鎂養燐養五

更有一種含阿摩尼物與農務有關者係阿摩尼鎂養燐養五此和料甚難消化亦常作爲肥料由於糞與溲溺發酵時變化所成在土中亦然往往凝結成塊其大一二寸德國舊城地方有之因茅厠中物數百年來飲吸入土而變成者

阿摩尼本係易化騰之物化學家欲令其成和料阻其化騰其法甚少而此法合成者可無此弊更可由此法而得陰溝水中燐養五酸化學家云城鎭地方溲溺中之燐養五酸

並阿摩尼可加賤價之含鎂鹽類令其澄停然爲此事必先令溲溺發酵而在人衆之處有害衛生亦一難也儻將鎂養硫養三加於新溺中並不能變化澄停須歷數日始發酵而變成阿摩尼其流質遂混濁因不消化之阿摩尼鎂養燐養五分離也既成此澄停物有肥料之功用曾試驗而獲實效

空氣中阿摩尼之數

近年來博士常考查空氣中阿摩尼多寡從前化學家以爲植物所得之淡氣其源由此今知不確蓋空氣中阿摩尼爲數甚微無濟於植物之生長也凡空氣五千萬分有阿摩尼中數僅一分

從前試驗空氣中阿摩尼常在城市有房屋處故無確證當百年前博士駭爾見室中盛酸質之瓶口有阿摩尼鹽類物一層此由空氣中來也後有博士待薩蘇將鋁養硫養三盛於盆見有阿摩尼礬之顆粒所以此博士亦以爲空氣中必有許多阿摩尼也

此二博士所居之處其空氣中均有阿摩尼故記載之實驗並非不確然必有發出阿摩尼之來源後有博士亦未能除其來源以試驗

由是以觀空氣中似有許多阿摩尼因阿摩尼炭養之爲

物不特甚易化騰且能隨水汽化入空氣中如水中含有阿摩尼炭養即於蒸時化分而爲阿摩尼偕水汽化騰又如工藝廠中將廢流質蒸之其中所有阿摩尼即與化騰之物五分中之第一分先化騰可見在他處亦係如此博士潑來斯拉恩取一泥土其百分中有阿摩尼〇.〇六七置於乾處歷四十三日查其失數極微然同此土同有此阿摩尼數令其溼待其乾又溼之如是者三次其化騰之阿摩尼竟有十分之五

且地面常變成阿摩尼炭養凡動植物質從速腐爛者則有阿摩尼炭養洩放化騰而腐爛樹葉及蟲豸等必變成

許多阿摩尼稍大動物死而腐爛其臭觸鼻則阿摩尼自必更多又物面均有微細阿摩尼停止如房屋之牆壁室中之器皿均有之即鄉閒之石並植物料亦均有之更有淡養並淡養與阿摩尼相雜在人所居處更多此阿摩尼由生物質腐爛所變又藉淡氣發酵物令其變成淡養又含淡氣物質料如木如草煤如石煤受燒時亦有許多阿摩尼化騰於空氣中惟大概地土有吸收阿摩尼之功所以動植物腐爛時變成之阿摩尼氣入於泥土即羈留不放而阿摩尼炭養由地面化騰或由水汽化騰入於空氣中者由霧露雨挾帶阿摩尼入土植物葉亦將吸收之

由此論之空氣中阿摩尼與炭養氣大不相同因炭養氣由生物質腐爛或由所燒物質或由動物呼吸而得在空氣中爲數較多而阿摩尼則吸收之者較其來源更廣有博士數人詳細查考全年雨水由田溝洩出者雖爲數甚少而所含之淡氣較共數雨水所含阿摩尼中之淡氣更多可見空氣中阿摩尼爲數並不多也

蒲生古亦試驗指明空氣中阿摩尼無關於植物之生長曾以植物種於玻璨房則雨露不能挾帶阿摩尼供給之而植物之生長全賴空氣中之淡氣也今以沙土或清水種植物亦可明此理

雨中阿摩尼之數

然爲雨水挾帶而下之阿摩尼其數亦常多新雨水一百萬分中有阿摩尼一至三分霧露中有二至六分雪霰中之數與雨水相同

凡陵雨初降含阿摩尼數較後降者爲多蓋初降之雨將雲與地面閒之空氣洗滌所有阿摩尼盡數挾帶入土以後雨水將含阿摩尼之水沖淡而已久雨之後其水中幾無阿摩尼

城市雨水中所有阿摩尼爲數較鄉閒更多一百萬分中竟有三十分久晴後雨其數尤多

一千八百五十五年勞斯並葛爾勃在羅退姆斯退脫地方每畝田千分之一設有雨表考查化分甚或每日考查之知雨水一百萬分中有阿摩尼淡氣○·三然各次陵雨中所含阿摩尼數殊不等一百萬分中有阿摩尼淡氣自○·○四三至五四九一

惠靈敦在此地方考查每一英畝全年由雨水挾帶而下之阿摩尼淡氣有二·五磅除此外由空氣中墜下硝强酸之淡氣幾有一磅並各種生物質化出之淡氣亦有一磅共計四·五磅

空氣中阿摩尼與植物有何相關

每年每畝田由雨水挾帶而下空氣中之淡氣與此田植物吸收淡氣之數有相關如勞斯並葛爾勃在羅退姆斯退脫地方查知有田一畝全年受雨水中之淡氣四磅或五五磅蒲生古將植物輪種五年權而化分查知吸收淡氣數如左表

年	收成		每畝植物吸收淡氣磅數
第一	番薯		四一
第二	小麥實	二三	三一
	小麥稭料	八	
第三	苜蓿		七五
第四	小麥實	二九	五〇
	小麥稭料	一〇	
	蘿蔔	一一	
第五	大麥實	二一	二六
	大麥稭料	五	
	五年共數		二二三
	每年中數幾近		四五

由此可見輪種之植物每畝每年吸收淡氣中數爲四十五磅即較多於雨水挾帶而下之空氣中淡氣數九倍雨雪霧露中淡氣數與各肥料中淡氣相較似非小助博士張森云青雀島鳥糞並鈉養淡養$_{三}$各百分中有淡氣十五分合三十三磅中有淡氣五磅即同於上所云每畝受雨水中所有之數然以鈉養淡養$_{三}$一百十二磅加於田而馬料收成可加倍當情形合宜時加鳥糞或鈉養淡養$_{三}$三十或四十磅已能見效此所加數與雨水中淡氣數相等惟由雨水挾帶而下之阿摩尼其大分在冬月勞斯並葛爾勃計算能存留土中供植物所需者並無此數因爲雨水沖失也故或謂無濟於植物

大概植物吸取土中呼莫司之淡氣

豆類植物能由空氣中得淡氣而他種植物所需料除炭養氣並養氣數分外均得自土中葢土中呼莫司有淡氣甚多也然此淡氣不能徑直供養植物須經他法變化而後適用

土中常有淡氣少許與他物相合更有少許係成阿摩尼和物爲數甚微然土中有阿摩尼關係匪淺所以無論何土均應考查其多寡

今詳細考查尋常土百分中僅有阿摩尼〇·〇〇〇二至〇·〇〇〇八其中數爲〇·〇〇〇六肥沃花園土百分中有阿摩尼〇·〇〇二熱帶地方由江河衝運所成之沃土百分中有阿摩尼〇·〇〇四至〇·〇〇九蒲生古考查一

種草煤百分中有阿摩尼〇・〇一八南阿美利加腐爛樹葉變成之土百分中有阿摩尼〇・〇五

地土吸收阿摩尼氣

初視土中有許多腐爛發酵情形而成阿摩尼然所有之數並不多凡除沙土外各土皆能以勉强或以化學法羈留阿摩尼昔人皆知地土能吸收阿摩尼氣並阿摩尼炭養氣霧而他種鬆疏之物亦能如此如炭即係勉强吸收法既吸收後漸由化學法合成和物虛蘭莘以此關係甚要特用試驗法考查而知溼土與空氣相遇每英畝每年可吸收淡氣三十八磅其下層土即稍減據云吸收者爲

阿摩尼並非淨淡氣惟溼土所有之淡氣係含淡養物爲多盤德羅亦言地土中有已死之植物質能吸收空氣中由利淡氣少許此因地面常有電氣往來令其爲之也

阿摩尼淡氣復變爲不易化之物

含阿摩尼和物在土中不能存積一則因其易變成淡養物二則因其變爲生物質如呼莫司是也阿摩尼硫養之阿摩尼將與含水雙矽養鋁養並鈣養相合即在土中攝定不易消化而鉀養鈉養鈣養等亦如此相合如將阿摩尼硫養或阿摩尼炭養或阿摩尼綠或阿摩尼淡養以水和之甚淡濾過黃沙土而羈留阿摩尼甚多如將含鉀鹽類或含鈣鹽類濾過黃沙土亦將鉀養等羈留

除含水雙矽養羈留阿摩尼外土中更有許多生物質總稱之爲呼莫司酸凡阿摩尼及他本質如鉀養鈣養鎂養鈉養鐵養等均能與之相合即謂之雙呼莫司酸和物在水中幾盡不能消化惟鉀養單呼莫司酸或鈉養單呼莫司酸或阿摩尼單呼莫司酸較易消化總言之此雙呼莫司酸能將易化之鹼本攝定與雙矽養相同

初思之阿摩尼既合成雙呼莫司或雙矽養則能久攝定於土中如鉀養而有用於植物然如此攝定之呼莫司酸與阿摩尼並金類養合成之和物在土中從緩變化令阿

摩尼之分劑改變成爲含淡氣物此物在水中不易化爲植物之養料且更有含淡氣他物如司脫克甯（即木鱉尼子精）古丁並他種含毒之物在地土中亦有此等變化蓋因含毒之似鹼類物化於水後與呼莫司酸或黃沙土相合即解散其毒性然阿摩尼淡氣變成不易變化之和物與呼莫司中之淡氣物質究竟如何尚未考明總言之今農家應如何令不易化之淡氣和物變爲植物利用此問題殊難解判

阿摩尼與炭輕物相關

有化學師令阿摩尼變化如上所云之意將阿摩尼水與

小粉或葡萄糖或對格司得林和而燒之甚熱或即在尋常空氣熱度與甘蔗糖久和此阿摩尼即化滅或化分而水中有合成之數種新物質多含淡氣此物質即以阿摩尼中之分劑與小粉或糖之分劑合成也

物質在發酵腐爛時其阿摩尼變爲生物質淡氣和物此因許多微生物當發酵時吸食阿摩尼中之淡氣造其體也法國博士拍斯拖係最初考究微生物學迄今各試驗家皆宗其法即將微生物養育於一種流質中此流質中有溶化純淨化學物質如含燐養物等其淡氣養料係阿摩尼果酸或他種含阿摩尼物並一種生物酸質

所以土中阿摩尼或阿摩尼炭養或阿摩尼攝定變爲矽養並呼莫司酸與生物質久遇即大改變諒非虛語博士腦朴試驗將阿摩尼與草煤或與多呼莫司之土盛於瓶密封之在夏閒數月之後其中阿摩尼或竟盡變化或大分已無而因養氣不能透入故不能令阿摩尼變爲淡養物由此可見阿摩尼已變爲一種生物質與呼莫司中尋常所有者同也

阿摩尼鹽類爲肥料其性不久

勞斯並葛爾勃試驗小麥並苡仁米云阿摩尼鹽類之淡氣數分留在土中如上法變爲攝定後又漸變化有數分

供植物所需又云阿摩尼鹽類加於田爲數較多者則其中大分淡氣不見於植物體中又不見於溝水中其不見之多寡視所加之數而增減蓋此淡氣並非留於土中變爲不易化之物其所失數乃爲植物根並野草等吸取也阿摩尼鹽類不能歷久此二博士在數處種小麥田輪加金石類肥料並阿摩尼鹽類四百磅合淡氣八十六磅如今年此田加金石類肥料他田加阿摩尼鹽類次年則此田加阿摩尼鹽類他田加金石類肥料如是三十二年每田各加金石類肥料並阿摩尼鹽類十六次下表乃八年閒收成中數並與每年專加金石類肥料之田收成數相

較

		每年加金石類收實斗數	輪加金石類收實斗數	輪加阿摩尼收實斗數	每年加金石類收實稭磅數	輪加金石類收實稭磅數	輪加阿摩尼收實稭磅數
一千八百五十二至五十九年	八年閒	一九·○	一八·九	三三·四	三九一	三三五	五九三八
一千八百六十至六十七年	八年閒	一五·三	一六·五	三三·三	二四五○	二六九六	五三九七
一千八百六十八至七十五年	八年閒	一四·○	一五·○	二八·五	三四四	二四○四	四七八一
一千八百七十六至八十三年	八年閒	一三·六	一三·三	二七·八	一八九九	一八六九	四九三○
一千八百五十二至八十三年	三十二年閒	一五·三	一五·六	三○·○	二四三一	二五五一	五三三七

由上表觀之是年不加阿摩尼所得收成較從來不加此料之田所得收成數未見其多即是當年所加阿摩尼之

田收成甚豐而餘力極微阿摩尼加數甚多者其肥沃之力亦不能歷久如有數處田在十三年閒每年加金石類肥料並阿摩尼八百磅許合淡氣一百七十二磅然後種小麥歷十九年不加肥料十三年閒之末二年收成係五十六及五十一斗至不加肥料之第一年收成僅得三十二斗而在近處從來不加肥料之田該年收成十四斗其第二年僅有十七斗近處田收成該年有十三斗

其次之二年此田收成與從來不加肥料之田收成相較僅多五斗總言之曾加肥料之田尚有餘力至十五年後其餘力已竭蓋金石類肥料能令土中呼莫司變成淡氣也而十三年閒每年每畝所加阿摩尼鹽類其合淡氣一千磅惟此數並未爲植物盡吸取其後十年閒得其餘力亦未滿淡氣六十磅之數

井水中無阿摩尼或爲數極微

地土有權力能羇留阿摩尼且易令含阿摩尼物變成淡養物故在耕犂所及處毫無阿摩尼可見鄉閒井水並田溝水中亦無阿摩尼鹽類物蓋經發酵情形而變爲鈣養淡養或鉀養淡養也城市井水中僅有阿摩尼淡養而無阿摩尼綠或阿摩尼硫養地土中由水濾出之易化淡氣係先變成含淡養物並非變成阿摩尼鹽類物而後洩出也卽使田面多加阿摩尼鹽類物而由瓦溝洩出水中所有阿摩尼爲數極微含淡養料爲數必多

土中變成之阿摩尼鹽類物並非盡不能消化於水如試驗之用泥土少許而加阿摩尼以多水灌之則第一次必沖出阿摩尼總言之土中阿摩尼鹽類物不易消化而能化之數分卽供植物所需觀上所云在試驗房考究固易見其情形而在田閒欲實驗此事則甚難因田閒屢次沖濾之後而得阿摩尼極微卽是地土羇留阿摩尼之權力較以水消化之力更大也所以農家不必憂慮陵雨之沖失阿摩尼雖將鳥糞或阿摩尼硫養壅之後有雨水亦不患其沖失惟鉀養淡養等則不然受雨既久卽有耗失或由溝道洩出或飲吸於土之深層

地面阿摩尼因變淡氣而耗失

鬆疏土中之阿摩尼鹽類易得養氣而變爲淡養物數年前有博士考查溝水而知之凡阿摩尼鹽類與土相遇此土鬆疏空氣易入則化分而成淡養物既成此物則易洩失大雨之後溝水中可查得之如春閒多加阿摩尼鹽類物於田至冬閒溝水中可多得含淡養物此卽耗失淡氣之數也

福爾克言英國冬季温和多雨時有許多淡氣由此洩失此卽在秋間所加阿摩尼鹽類於冬麥也此博士查知在秋間每英畝加阿摩尼鹽類合淡氣八十二磅其溝水十萬分中則含有淡氣二·五至三·七五分如溝水十萬分中含有淡氣一分卽合每英畝下雨一寸所失淡氣二·二五磅之數所以三·七五分之淡氣合每畝所失之數爲八·五磅法來格林查知在秋間每畝加阿摩尼鹽類物六百磅至冬間十萬分溝水中含有淡氣七·八四一分卽是每畝耗失淡氣十八磅

據福爾克之意含阿摩尼肥料不宜在冬間加於田因其中淡氣必爲雨水沖失當春間可較加鈉養淡養三時略早加之如在三月間加阿摩尼鹽類物至五月間小麥田溝水中所含淡養三物甚少如在秋間未種小麥時加阿摩尼硫養三至冬間由田溝水洩出許多阿摩尼鹽類可見在冬間植物不生長時淡養三物洩失甚易而在春間植物生長發達卽能阻其耗失

肥料中淡氣非盡爲植物所吸取

在英國曾試驗肥料中淡氣有若干可在增加植物中查考之卽知第一次所增植物收成數中有淡氣不及三分之一或一·五分並將以後所增收成數總計其所有淡氣終不及所加之數惟須知所得植物數並非該田產物之全數因尚有根枝葉實並蔓草遺在田間也且此阿摩尼鹽類及含淡氣肥料尚有一分受發酵而變爲淡養三料滲漏於土之下層更有一分變爲不消化之鹽類羈留於土中勞斯並葛爾勃言在二十七寸深處土中藏儲許多淡氣卽所增收成數中未及吸取者也

在春間加鈉養淡養三其淡氣由溝水洩失者較該時加阿摩尼鹽類耗失之淡氣更多又較在秋間加阿摩尼鹽類耗失之淡氣亦更多而秋間加阿摩尼鹽類於小麥田不論爲數若干至冬間必有許多淡養三物由溝洩失且所增收成數中之淡氣較春間所種苡仁米或大麥因加阿摩尼鹽類所增收成數中淡氣數爲少

儻地土中少鉀養並燐養五酸者則溝水中之淡氣數較多於土中多金石類肥料者或加阿摩尼鹽類並金石類肥料則植物中之淡氣爲數較多而溝水中所有之數較少祇加阿摩尼鹽類則植物中之淡氣爲數較少而溝水中爲數較多

煤中所得阿摩尼數

前已言市肆所有阿摩尼和物幾盡由煤中提出而煤中所有淡氣甚少每百分中有二分已爲至多其中數往往

不及一分僅有四分之三而蒸煤時能變成阿摩尼者祇有三分之一然製造煤氣為數極多而阿摩尼之數自亦集少成多如倫敦煤氣鐙廠每年蒸煤過於一百萬噸依此數計之即是三分之一淡氣變為阿摩尼而此阿摩尼變為淡輕四綠可得此鹽類物一萬噸此乃一城中所有之數

一千八百八十三年英國蒸煤有六百五十萬噸由此所得阿摩尼流質有七十四萬五千噸可製成阿摩尼硫養三六萬噸法國比利時國蒸煤亦甚多而比國廠中尤注意於含阿摩尼之料是年德國蒸煤共有一百五十一萬六千噸而得阿摩尼流質十五萬二千噸

從煤氣流質中欲得阿摩尼鹽類工費較鉅所以有博士考究阿摩尼有無新來源於是憶及取空氣中之淡氣以製成阿摩尼夫天下阿摩尼廢料甚多將來必有人設法取之以獲利凡地方多油煤煤即煙者取而蒸成焦煤此乃乾蒸之餘物將此焦煤燒汽或為鎔化金類或為尋常燒料亦極宜而從前焦煤鑪中有許多阿摩尼並他種餘物任其廢失一千八百八十五年謀克查核德國有焦煤鑪一萬三千具每日燒煤三萬二千噸可製成阿摩尼硫養三六千四百擔即每年有二百二十五萬擔

凡城鎮人多處有許多阿摩尼偕廢料同失且製造阿摩尼礬為工藝中所用者亦有許多阿摩尼耗失

工藝中人再三設法以免阿摩尼耗失而製焦煤鑪中所有阿摩尼從前任其廢失今亦為有用且歐洲將煙煤乾蒸時其收入空氣並極熱蒸汽皆有合度之規則故煤中許多淡氣可變為阿摩尼

以煤鎔鐵其時發出之氣即變為許多阿摩尼硫養三在一千八百八十九年英國監督至鹼類廠曾言阿摩尼硫養三之製造法漸有進步此料每噸以六十圓計之每年有七百五十萬圓之數且云將來尚可增至十倍歐洲諸城有許多廢物如茅厠或因無自來水沖洗乃以糞運往遠方在後論人糞一節中有佳法可取其中之阿摩尼

煙炱

凡燒煙煤或柴木者其煙囱中之煙炱必有阿摩尼含鉀之和物並含燐養五物英國當春間天晴有雨水之時將煙炱散於小麥田及種草田如地土堅重者則更宜每畝加二十或四十或六十斗據云此物可增麥實而並不增其稭料或云小麥自初生長至收成時煙炱常能助其發達而用鳥糞則植物常靑生長較久往往過於收成之時又如番薯欲其生長甚足亦可用之

最佳之法，煙炱與黃沙土攙和而順風散之，如用手散甚為煩難，所以英國特有器具散此肥料，以省農夫之力也，煙炱中淡氣數較錏養淡養三中所有者為少，故以多用為合法，儻土性堅冷，逢春較遲，則用煙炱甚合宜，因其色黑可收光熱，而令土暖也，若將煙炱用於膠土殊不合宜，因乾燥時，多收熱氣，而植物之芽將焦也，如小麥田當天氣久旱，散此料又遲晚，則為無益，且因無雨水沖之，反受其害，然種小麥甚早，受寒霜，而散煙炱遲晚者，亦無功效，或種小麥後而種苡仁米，則煙炱與此苡仁米亦無益

煙炱不特可令植物生長，且可殺蟲豸並蜒蚰等，而野兎及他種動物為害植物者，見此料亦厭惡而避之，所以常用以保護初萌芽之豌豆，然宜散於田面，或和以木屑散之亦可

博士潘恩並蒲生古查知煤煙炱百分中，有淡氣一·三五，柴木煙炱百分中有淡氣一·一五，有博士勃郎查知柴木煙炱百分中有淡氣一·三一，煤煙炱百分中有淡氣二·○五，煤與柴木同燒之煙炱百分中，有淡氣二·四六，又查知此三種煙炱百分中有灰二三·八○及二四·七七及二四·七五，此灰係微細土質隨氣入於煙囪，並有石膏少許，而柴木煙炱中，無燐養五酸，又無鹼類物質，博士赫敦查真倫敦煙炱百分中，有阿摩尼一·七五，鉀養○·二○，鈣養鋁二養三燐養五二·○八，沙土一四·四○，炭五三·二，柏油並他油十八，此外更有他物少許，格蘭斯科地方之煙炱，大約有偽物攙雜者，查知其百分中，有阿摩尼二·八，鉀養○·三○，鈣養鋁二養三燐養五三·二○，沙土二五·七，炭三五·七，柏油並他油十五，在該地每年所得煙炱不過五百噸，其價值不過五千圓，據赫敦云，英國有許多煙炱運往西印度羣島，作為甘蔗之肥料，數年前博士勃拉科奴言，用柴木所燒之輭煙炱百分中，有阿摩尼醋酸○·八，鉀養阿摩尼醋酸並綠四·四六，鈣養燐養五一·五○，福爾克由市中得一種煙炱，百分中有阿摩尼三·五，鹼類物二又四分之三，鈣養炭養二十一，鎂養炭養二二，又查他種煙炱百分中，有淡氣或一·三五或三·六三或五·○四，博士坎尼克查知煤煙炱百分中，有淡氣○·六，燐養五酸○·五，鉀養○·九，鈣養三有奇，灰四十二，據華爾甫云，煤煙炱百分中，或有淡氣二·五，鉀養○·一，鈣養四，灰二十五，柴木煙炱百分中，有淡氣一·三，鉀養二·四，鈣養十，灰二十三

博士批脫曼查比利時國一種煙炱百分中有淡氣二又三分之一，燐養五酸四分之三，博士潘維西查意大利煙炱百分中有淡氣一又三分之一至二，鉀養炭養二一至一·五，

此二博士言欲得清潔之煙炱甚難因常有土灰相雜也據麥約云草煤燒成之煙炱較他種更佳有一處其百分中有淡氣二·八博士辣克汀查草煤煙炱百分中有灰二六·四柴木煙炱百分中有水一·二木炭二八·四酸質中不消化之灰五·一水中淡鹽强酸中易消化之物質六五·四易消化物質百分中有鈣養二十一鋁養並鐵養二鉀養十六鈉養一鎂養三燐養酸三硝强酸十一矽養酸一·五

皮革等物中阿摩尼

含淡氣物質價值極賤者即可用化學法取出其中之阿摩尼如皮革或草煤係含淡氣之生物質加烙炙鈉養與

陳石灰之和物或鈉養硫養或鈉養炭養與新石灰之和物乾蒸而取其阿摩尼凡無淡氣之生物質如小粉或糖與鹼性金類多輕養之物同蒸之則其中炭質與金類物中養氣相合而成炭養氣其輕氣則洩放如有淡氣之生物質與鹼類多輕養之物同蒸之則洩放其淡氣與輕氣相合而速變爲阿摩尼可收取以備用此理化學家早知之加鈉養並石灰者所以助其變化也博士羅脫之法將皮革屑浸於鈉鹼類水中輭之乃加足數之陳石灰令其變成厚漿形然後蒸之則皮料中淡氣將盡變爲阿摩尼此阿摩尼與輕並炭輕氣擠出於是設法提取之

更有一法取皮屑置於蒸器中加以足數之空氣並熱氣即可製成許多阿摩尼由此思之阿摩尼之價值將來必更賤因製造之法能漸改良也

卷終

農務全書上編卷十六

美國哈萬德大書院農務化學教習施妥縷撰　慈谿　舒高第　口譯
新陽　趙詒琛　筆述

第十三章

他種含淡氣和物

除阿摩尼鹽類並淡養物外農家若問更有何物可得淡氣供與植物則答曰含淡氣之物爲數不少如含衰之物淡氣替代和物並似鹼類如咖啡恩(即咖啡之精)先高甯嗎啡惟不能供養植物且或有害而由里阿由里酸留辛太路辛各里各可路希布由里克酸圭拏克里阿汀阿司叭拉

精阿西他阿美弟博學家曾試驗均宜於高等植物有數種係難得而他種甚有益於農家如溲溺並鳥糞中所含者且大概植物中本有阿司叭拉精少許留辛太路辛係蛋白類質腐爛時所變成各里各可路係希布由里克酸化分時所變成

菌類物能吸取生物質中之淡氣如含蛋白類質並阿摩尼鹽類由里阿等物中之淡氣及似鹼類物中之淡氣羅博士言不特阿摩尼鹽類淡養鹽類而各種生物質亦有淡氣可供植物死物質中有淡氣之物如鉀養鐵衰等惟爲數甚少更有二種如淡輕養並二阿美弟甚毒不能用

淡養物較遜於淡養物因淡養物變爲阿摩尼較有毒之淡養更速也

或者上所云各種含淡氣物質在土中變成阿摩尼或淡養物然後爲植物所吸取因尋常黃沙土中有微生物可將阿司叭拉精留辛太路辛阿立白明化分而成阿摩尼惟由里阿不易變化由里酸亦然如加泥土於溲溺中歷一月或月餘仍係新鮮而不變似此泥土可去發酵並腐爛之物所以由里阿可歷久不變化也

然此等物質未必變爲阿摩尼並淡養物因有博士細心考究而知由里阿由里酸圭拏克里阿汀等速爲植物所

吸取

由里阿並含由里阿物之關係

此甚有關係今查知新鮮溲溺可作爲肥料不必待其陳宿而鳥糞中之由里酸亦可徑直作爲植物之養料蓋從前農家以爲新溺中淡氣先變爲由里阿再變爲阿摩尼炭養然後植物可用之今則知溺中加以保護之料並殺微生物之料而令由里阿不變化是爲最佳瑞士國舊法由坑穴中收取糞流質加靑礬(即鐵養硫養)保護之法國仿行此法亦獲效初意此靑礬可將易化之阿摩尼炭養變爲不易化之阿摩尼硫養其實此靑礬保護溲溺而令農人

多得由里阿加於田地

新鮮溲溺不可過濃此宜注意中國日本早已知新鮮人溺加水一倍灌於植物尙有害坎爾奈亦言此淡溺中之由里阿尙嫌過濃因溺百分中有由里阿二分若加水一倍有由里阿一分植物尙不能當而最穩妥之法千分中有一分卽是加水十倍也如千分中有半分或千分之一者則更妥

由里阿有一特別性卽與發酵後變成之阿摩尼炭養三不同處此事必須注意蓋由里阿並不如阿摩尼和物爲土所羇留而能在土中布散甚廣植物根易得之其大分先

變爲淡養三者下雨過久則有若干隨溝水洩出

坎爾奈言夏季土面由里阿速爲空氣並發酵物而變成阿摩尼炭養在土下層者則不然如取一尺深處之土考之其變化已甚緩歷二月後尙未盡變化在輕鬆土二尺餘深處亦已不能變化前言由里阿並同類物並圭拏過濃者有害如不沖淡不能用於高等植物而千分水中有由里阿一分者能害細海帶菜惟菌類尙宜之

秘魯圭拏

更有他肥料能供淡養三阿摩尼含由里酸物或他種易化之含淡氣物於植物其最著名者爲圭拏此乃格致農學中大改良之物也

秘魯國海疆無雨水之島眞圭拏係古時海鳥糞並他廢料從緩變化而成運往歐洲及美國其中易消化之阿摩尼鹽類如由里酸草酸炭養燐養五幾有一半且有阿摩尼硫養三阿摩尼綠並含阿摩尼和物並油酸圭拏之氣味卽油酸之氣味並非阿摩尼氣味也

圭拏產處最著名者爲青雀島其百分中有淡氣十至十一分上等者有十六至十七分其中數爲十二至十三分圭拏四分之一重數爲鈣養燐養五卽是百分中有燐養五酸十至十二分此外更有含鉀養之物少許及沙泥並生物

質惟此島所產者幾將告罄今所謂秘魯島糞來自他羣島其品性較遜

圭拏中物質分劑

數年前華爾甫將各種圭拏考查其中物質分劑依百分數計之如下表而無甚關係之物質不列內

	水	生物質並易化物質	淡氣	燐養五酸	鉀養	鈣養
秘魯	一五·○	四二·○	七·○	一四·○	三·三	一三·六
圭拏澇	二·六	三六·三	九·三	一三·四	三·七	一一·三
倍勒司退斯	三三·九	四二·○	一二·二	一三·一	二·八	一○·五

並鈉養

配比郎提辟楷	六·二	四八·八	九·二	一三·五	八·四	一三·七
亨太提羅薄斯	一四·三	四三·八	八·三	一三·四	七·三	一二·八
況尼羅斯	一〇·〇	四〇·九	八·〇	一五·〇	六·八	一四·六
					鉀養	
薩爾達那海灣	三三·二	三五·五	九·〇	九·二	一·三	七·六
新開抑楷薄愛	一六·〇	二九·五	八·〇	二一·三	〇·八	二·〇

紐海文化學房近年考查紐約所考得之圭拏物質分劑知其百分中有淡氣八分燐養五酸十一至十五分鉀養二至三分然市中往往以阿摩尼硫養三加於圭拏中以增淡氣數因由他處運來之圭拏所有淡氣不能及市中以爲必定有之數即將阿摩尼硫養三依欲增數攙雜之此乃習氣實非規矩所以市中所有之貨較劣於三十年前而價值反昂

圭拏中最要物質係淡氣

圭拏之價值全賴所有含淡氣物質然其中鈣養燐料亦有價值儻圭拏中無此燐料則爲肥料不能若是廣用也此二物甚宜於佳土在歐洲此等田每年僅用圭拏爲肥料或僅用牧場肥料亦可而圭拏初興用時已知甚合宜於佳土

昔人以爲圭拏中最要之物爲鈣養燐養五然則倍扣島斜維斯島呼蘭島所產含燐養五酸之圭拏可勝於秘魯圭拏蓋此等島所產圭拏祇留鈣養燐料餘皆爲雨水沖失也試驗數年之後即以含燐養五酸之圭拏製造多燐料而不獨用於田此等圭拏有一時每噸價值僅十八至二十圓該時秘魯圭拏價值五十至六十餘圓

圭拏中因有淡氣並燐養五酸及鉀養少許故爲普通肥料甚合宜蒲生古論云秘魯沿海地土均有石英類之沙土與泥土相雜本無產物加以圭拏並灌水合法者變爲肥沃之田收成豐稔其效甚爲顯著

圭拏之性迅捷可令植物葉速生長所以用數宜少且宜與牧場肥料並用前已言阿摩尼硫養三或鈉養淡養五有益於某等田圭拏亦然且更過之因圭拏中合成之鹽類物有數種如燐養五由里酸炭養二草酸阿摩尼此外更有自由之由里酸圭拏甯並淡養三物然淡養三物中之淡氣甚微僅有百分之·三或·四

圭拏與嫩穀類有相關

此肥料大有助於新出之植物凡植物幼嫩時茂盛者可禦寒冷及不佳之天氣又可免蟲患而易吸取食料以備其後生長所以種穀類之田面加以圭拏當嚴寒時不甚受寒至春間凡穀類及草生長較遲者加以圭拏可令其

發達惟所有淡氣之功效較緩於鋤養淡養而羈留於田中則較爲更久且有燐養物並鉀養少許

博士斯禿克拉脫云在佳田土以圭拏之功效與牧場肥料相較則圭拏一擔可抵牧場肥料六十五至七十擔且料理之工夫亦簡省

從前每一英畝祗需靑雀鳥圭拏二百磅已可若用四百磅已甚足不必再加他肥料然較此數更大者亦用之每畝所用圭拏過於二百磅其植物往往茂盛而生實較少凡穀類有此情形者其稈必傾倒英國初用此料因加數過多其麥稭極盛而生實瘠瘦且有黝黯之色多加圭拏

於蘿蔔者則生長速而鬆易腐爛據博士那吞所記載種蘿蔔每一英畝加上等圭拏八擔則生長其葉而無根以後此田種小麥其稭料極盛而生實瘠瘦

今之圭拏英國每畝用三擔至五擔惟菜圃則用加倍數要而言之用圭拏最合宜者每畝加二擔或三擔並加牧場肥料若干司考脫倫省寒天氣用圭拏於蘿蔔甚合宜在早熟之蘿蔔及他種根物每畝加以三擔或五擔可不必再加他種肥料惟晚熟蘿蔔此數尚嫌多因催其生長過速也如用多燐料較更合宜若種冬麥當散子時先加圭拏一擔至春閒再加二擔此時已耙田而碎其土塊

壅圭拏之法

有博士之意須將圭拏犁入土中或耙入土較深則圭拏可助土中呼莫司之發酵且圭拏中所有阿摩尼由里酸補養植物甚有效若在地面速變爲阿摩尼炭養而必耗失若干稍壅入土則含淡氣物速將盡變爲淡養物然此變化法亦不盡合宜後當論之

博士梅理葛爾云深壅圭拏於土中當旱年實爲甚合宜惟溼年則不宜其實溼年將圭拏稍與土相和較深壅者更佳博士斯禿克拉脫試驗壅圭拏之效如下表卽係每毛肯田加圭拏一·五擔而每方勞特田所割稭捆數

	冬小麥	冬燕麥	大麥
與子同耙入	七又四分之一	六又四分之一	一一
犁入二寸至四寸	七又二分之一	六又四分之一	一一
犁入四寸至六寸	一一又四分之三	五又四分之一	一三又四分之二
犁入六寸至八寸	一三又四分之一	七又四分之一	一三

第二年圭拏餘力如左

	大麥	冬燕麥	冬苡仁米
與子同耙入	一一又四分之一	九又二分之一	三
犁入二寸至四寸	一〇又四分之一	一〇	四又四分之三
犁入四寸至六寸	一三又四分之三	一一	六

犁入六寸至八寸	一四又四分之一	二三	八又四分之三

赫敦在含沙黃土田試種苡仁米壅圭拏一擔查其效與散一·五擔於田面者同如左表

	每毛肯加圭拏數	每毛肯田之收成數 實	稭料
無肥料		五〇〇	八四七
散於田面	一擔	五四五	八七三
犁入土中	一擔	六六九	九八〇
散於田面	一·五擔	五七〇	九七六
犁入土中	一·五擔	六八五	一二五七

乾田加圭拏不宜

凡田地欲加圭拏者須有足數之溼度如乾燥則圭拏中物質不能變化發酵而獲效甚尠所以早年加此圭拏恆不能副農夫所希望美國因此故不喜用之若多雨水各國用圭拏甚得益可考脫倫之西方及英國西省即係如此而當時東方各省因旱乾故用多燐料爲肥料據福爾克云秘魯圭拏甚宜於番薯如其土鬆疎者更合宜然遇乾燥之時季亦不甚見效歐洲向來壅鳥糞於鬆土獲效尚不及溼潤之佳黃沙土如欲查圭拏合宜之情形須用盆種蔬菜等類考察之大凡用圭拏爲數不多而有水甚足者即獲佳效

福爾克查知圭拏中一半質料在水內易消化而其中生物質之淡氣在水內亦易消化所以植物更易吸取在田地種法情形相合者第一年殊有效而第二年之餘力已極微

用圭拏須謹慎

圭拏未加於田之時先須與泥土二三分相攪和或云須用泥土五倍至十倍其土須新由田開掘取因稍溼潤也乃將圭拏磨成細粉篩之其成塊者即在倉地上敲碎用器與泥土相和其意即令此肥料布散可均並能阻其中

阿摩尼之化騰不特此也且可阻圭拏之傷害嫩植物及子蓋圭拏中阿摩尼鹽類物甚多儻與嫩植物相遇即燒滅之如地土乾燥更有此患

圭拏與土相和散布之時須在耕種前數日犁入土中或耙入之或散於田面稍輥之然後與所散子同耙入土或度陵雨將降之前即將圭拏加於田則能得足數之水據福爾克云加圭拏於田噴以水若陵雨然終不及天然下雨之有效如築小土堆而種番薯即可將與土相和之圭拏一握散於堆中或先築成槽者則統散於槽內然後再築成小土堆此所云詳細情形昔人皆以爲是因圭拏實

係化學肥料恐其有害於植物也

空氣潮溼圭拏或變壞

圭拏藏於乾燥地方不遇溼空氣可歷久不變不然則耗失甚速博士克蘭查知圭拏歷一冬季因遇溼空氣竟耗失其中阿摩尼五分之一至四分之一即是其中阿摩尼由里酸變爲阿摩尼炭養而騰化且因其易發酵而其中生物質淡氣即變爲阿摩尼炭養上所云圭拏與泥土相和可免斯弊惟不能盡阻之雖阿摩尼與五倍十倍二十倍或五十倍之黃沙土相和仍有耗失據博士奈士卞脫云即與泥土一千倍相和亦稍有耗失然圭拏本有特別之氣味與阿摩尼氣味相似而誤以爲阿摩尼氣味福爾克將正號秘魯圭拏二兩浸入於硫強酸令其中共有之阿摩尼變爲不易化之阿摩尼硫養而圭拏仍有特別之氣味未嘗減少復將此和料隔水熱之歷五或六小時令其乾亦仍有此氣味惟不如溼時之濃厚

圭拏中阿摩尼耗失之故猶如博士潑魯斯所試驗化散土中收吸阿摩尼之法此博士查知泥土從含阿摩尼水中收吸之阿摩尼可將此土露於空氣中化去之或屢次溼之乾之更易化去或將阿摩尼氣與空氣相和納入土中則大分阿摩尼爲泥土所羇留又將純潔空氣納入此含阿摩尼之土中則又將其中大分阿摩尼化散

圭拏與食鹽

農家初用圭拏時恆加食鹽而後散於田因鹽可令圭拏更重則散布可均且圭拏細粉與鹽相和亦不致耗費然詳考植物所以豐稔之故並非此二料相和之功效實係食鹽之益也赫敦用上等圭拏其百分中有淡氣十四分燐養五酸十三分與鹽對分劑相和而散於六年間未加肥料之黃沙土面試種苡仁米其效如左

	每毛肯田收成數		較無肥料所增數	
	實	稭料	實	稭料
無肥料	五〇〇	八四六		
圭拏一百十磅	六六九	九八〇	一六九	一三四
圭拏一百十磅 食鹽一百十磅	七五二	一二八一	二六二	四三四

當初用食鹽以爲能阻阿摩尼之化騰今則知其不確因化學中無此理也不特不能如此且反將圭拏中之阿摩尼洩放而散布土中苟無此鹽則此數之阿摩尼將爲雙矽養所羇留然思之鹽可阻圭拏中之阿摩尼由里酸化分所以與鹽並用者植物可多得阿摩尼由里酸

正號圭拏昔時尚可得

秘魯圭拏運至美國出售者由該國家遣員至美國口岸

經理其事指明其品等爲正號於是購之者信其可恃當初農務中由秘魯之圭拏得最賤價值之淡氣直至近今其中淡氣之價值果可與阿摩尼硫養三並鈉養淡養三相稱紐海文博士張森查知秘魯圭拏百分中有淡氣八又四分之三燐養五酸十四分而圭拏每噸價值七十圓其一噸中有淡氣一百七十五磅燐養五酸二百八十磅當時燐養五酸每磅價值六分卽以二百八十乘六等於十六圓八角以此數除七十圓則每噸圭拏價值五十三圓二角卽爲一噸中所有淡氣一百七十五磅之價值以此五十三圓二角與一百七十五相除得三角卽爲每磅淡氣之價

值而此價值適爲當時阿摩尼硫養三中之淡氣價值也然購此肥料較爲合算因上所考覈者其中尙有鉀養百分之二未計及也每噸圭拏中有鉀養四十磅每磅價值四五分卽爲一圓八角如同十六圓八角與七十圓除之則有五十一圓四角爲淡氣一百七十五磅之價值而每磅淡氣得二角九分

歐洲農家始用圭拏時並不察其中所有質料以定價值祇將開取費轉運出售費與農家所獲利益相較而算之迨後農務化學精益求精乃知其價值未必較他種肥料更賤蓋近來鈉養淡養三價值甚賤而阿摩尼硫養三之價值亦因有此肥料而貶價也然智利國家所定圭拏價值較爲貴在一千八百八十五年春間智利國家經理人在紐約口岸爲圭拏百分中有淡氣七五分燐養五酸十二分鉀養二分索價每噸六十五圓而當時鈉養淡養三並阿摩尼硫養三中淡氣價值幾近一角八分

歐洲覈算圭拏之價值常不計及鉀養據云凡田宜用圭拏者其土中必有足數之鉀養且更加以牧場肥料而此肥料中本有許多鉀養所以圭拏中之鉀養農夫視爲無足輕重如圭拏之價值與阿摩尼硫養三相等者仍以用圭拏爲合算況圭拏中又有易化之燐養五酸二至三分也惟

歐洲農夫亦視若無足輕重夫易化之燐養五酸價值須倍於尋常不易化者所以圭拏中燐養五酸總數爲僅值六分者尙嫌過少

家禽糞

家禽糞料與圭拏相類惟同此輕重數而功效不如圭拏因雞鴿並火雞除有蚱蜢外其食料均係植物而產圭拏之海鳥食魚故多淡氣且歷年久遠由漸腐爛變化成爲濃厚飛禽並鱗介類之糞中均有由里酸與四足動物之糞不同蓋獸糞中無此含淡氣料卽有之亦爲數極微此由里酸爲甚佳之肥料植物可易化而吸取之其腐爛時

亦變爲阿摩尼草酸秘魯圭拏爲最佳肥料者卽此物也所以農家若因圭拏價賤樂於購用而忽署田莊所有家禽糞卽爲失算茲考查其新糞中所有質料如左

	雞糞	鴿糞	鴨糞	鵝糞
水	五六·〇〇	五一·〇〇	五六·六〇	七七·一〇
生物質	二五·五〇	三一·〇〇	二六·二〇	一三·四〇
淡氣	約一·六〇（〇·八〇或二·〇〇）	約一·七五（一·二五或二·五〇）	一·〇〇	〇·五五
燐養酸	一·五〇或二·〇〇	一·五〇或二·〇〇	一·四〇	〇·五四
鉀養	〇·八〇或〇·九〇	一·〇〇或一·二五	〇·六二	〇·九五
鈣養	二·〇〇或二·五〇	一·五〇或二·〇〇	一·七〇	〇·八四
鎂養	〇·七五	〇·五〇	〇·三五	〇·二〇

福爾克查得雞棚糞料百分中有水四十四分淡氣二·三四鈣養燐養五二·三七鈣養炭養並鹼類物四·一八更有一種糞得自牧場其百分中有淡氣〇·八九鈣養燐養二·三一又有矽養卽沙泥類四十分在强酸中不能消化尚有一種糞有矽養不及七分坎尼克查田莊之家禽糞百分中有水一三·六四生物質七三·四五灰一二·九一淡氣四·〇一燐養酸二·七八鉀養〇·五八鈣養三·二八鎂養〇·二五俄國黎茄商埠將鴿乾糞磨成粉者百分中有沙土一九·五八淡氣三·一九此淡氣在由里酸中者又有燐養酸一·八六在一千八百九十年美國紐海文地方查得一種鴿糞中本不應相雜之物甚少百分中有水九·五五生物質並易化騰之物六二·三八沙泥並矽養一八·一二燐養酸三·九鉀養一·〇七鈣養二·一二生物質百分中有淡氣三·四三阿摩尼中之淡氣〇·四七

黎茄地方博士湯姆斯試驗鴿糞數年知其百分中有淡氣二·五至三燐養酸一·六至二鉀養〇·八至一·一二其中數爲淡氣二·八四燐養酸一·八鉀養〇·九六數年前由埃及國運至英國之鴿糞百分中有水六又四分之三生物質六十分沙泥二一·五分生物質中之淡氣三又四分之一阿摩尼一·五鈣養燐養並鎂養八分鹼類五德國博士淮恩由教堂尖閣上取得鴿糞查其百分中有水十一分乾料八十九分此乾料百分中有生物質並易化物質五十六分灰三十三分淡氣二又四分之一燐養酸二分鉀養五·五蒲生古查鴿乾糞百分中有淡氣八又三分之一水九·五有一比利時國農夫查算每一鴿每年有糞六磅雞糞十二磅火雞並鵝糞各二十五磅鴨糞十八磅

如糞料中淡氣每磅價值一角八分燐養酸六分鉀養五分則雞糞一百磅價值三四角近抱絲敦地方有一老農

夫謂余云黨古養七·五角購得雞糞一桶每桶約一百二十磅已爲甚喜又云此肥料若乾而成細顆粒每斗重三十磅雞糞用於田較少而最宜於草莓並能催大珍珠米速生長將雞糞與柴灰對分劑相和加以草煤或黃沙土可阻其中阿摩尼之化騰將此和料作成小堆積用器噴水潤之其料中之由里酸可變爲催植物生長有力之肥料新鮮雞糞有膠黏性而乾則結塊不能成細粉所以不能用散種子之器具散之然因其輕而易布故最宜於園圃即是可用手散之也總言之此肥料如料理合法甚有利益

鴿糞昔時重用

鴿及他種家禽糞爲古時羅馬人農務所必需在東方各國如波斯埃及亦然直至近來歐洲農人亦以此爲要從前英國人於堅土而無溝道之田當春間將鴿糞加於小麥田溝邊法國大亂之前即第一拏破崙之前大農家均有養鴿之處甚廣可見此乃自古以來著名之肥料然查得圭拏及淡養三並阿摩尼功效之後遂增農夫之智識而陸地鳥糞之用度漸減惟古人重用此肥料者確知其中有淡氣之功也且其中由里酸之功效幾與圭拏相等而家禽糞並鴿糞之異於圭拏者以其不變爲堅實而圭拏歷年久遠受發酵而變爲潔淨也今游歷家尚記述埃及波斯仍廣

用鴿糞

鳥糞常因發酵而變壞且易爲飛蟲等散子其中鴿糞中亦常有無用之物如大麥殼碎櫻桃核等

蝙蝠糞

在熱帶各國之山洞中有蝙蝠糞堆積厚數尺所以論及肥料此亦爲一源其等類須考其相雜穢物之多寡及露於空氣中受養氣之變化情形何如以爲定福爾克等博士查知此糞料百分中有水七至六十四分生物質並阿摩尼鹽類六至六十五分燐養五酸一·五至二十五分淡氣三分之一至九分而往往有淡養三物每百分中有淡養

酸三分

圭拏振興農務

圭拏甚有關於富國及人之智識故宜注意且與他種肥料相較亦甚有關係即是他種肥料之價値可由此減準然此關係尚小而增農夫之識見實甚大也

圭拏未用之前農夫祇賴牧場肥料而歐洲輪種法較美國更難惟有資本之農家多備食料養畜以增其洩出料爲肥料並用以改良他物如石灰灰土石膏之類或稍購柴灰並煙炱以助之然此等物料體積甚大難於轉運而辦理亦費工夫所以歐洲小資本農家殊難獲利又不

能在本田莊作爲製造肥料之廠商家見他方少某貨應速將某貨轉運至該處而歐洲農家竟無產物以供之或農夫之識見能知明年市中必少苡仁米惟有向鄰近定其貨以備明年之用仍不能獲厚利且離其農業而爲商人矣

自有圭拏爲肥料並田間築瓦溝後其情形爲之一變而高等農家可成其功所以英國德國大增有識見之農夫考察商務而備其資本工夫博士斯禿克拉脱查其效如下

一　用圭拏後可令本係肥沃田地增其產物

二　輪種之法可隨時改變無所阻礙故無論何等田均可種市中必需之物而不爲輪種法所限制

三　凡有田因歷年耕種而減其肥度者速用圭拏即可復原而得足數之收成

四　生長之植物或遇旱乾或遇嚴寒隨時用圭拏可免其損傷

五　新開墾之地用此圭拏可速變爲肥沃之田

六　田莊所養畜類增減可隨意蓋養羣畜欲增其糞爲肥料也今用圭拏則畜數之增減並不相關

農家明悉以上情形自必爭購圭拏更可兼購體積簡而濃厚之肥料所以鈉養淡養阿摩尼硫養多燐料魚廢料肉廢料並含鉀養鹽類均入市爲農務所需之品而農家由此考究簡濃肥料之化學情形於是農學以興

秘魯圭拏今時雖爲天然肥料之一種而並非緊要之物然初用此肥料時其勢力不特農夫爲其所感動即考究農學處如學堂如報章莫不感動而工部局及丁口與盛之家由是考究除其糞溺並流通陰溝等事

蓋圭拏並他種濃厚肥料之價值更賤所以城鎮中之穢物沖運入海即是此等賤價肥料竟將從前農務以爲必需之貴價肥料如人糞等概行廢棄

一千八百四十六年英國議政院欲裁糧稅例有一議員名倍帖克在下議院宣言每小麥田一英畝加秘魯圭拏二擔可增產物九斗餘依此數計之圭拏二百萬擔可增小麥九百萬斗即可供一百萬人一年之用或有人辨所加圭拏過少則以每英畝加三擔計之亦可此議員之意以爲國家裁此稅例則農家可增其資本而購佳肥料培壅田地以獲良效且國家可增收他項貨物稅補之

種蘿蔔情形亦然每畝加圭拏二擔可增蘿蔔十噸如用三擔計之則二百萬擔之圭拏在本無肥料之田可增蘿蔔六百六十六萬六千六百六十噸每瑞典蘿蔔一噸可

供羊二十頭三星期之食料每一羊在一星期後可增肉一·五磅羊二十頭共增肉三十磅將此肉三十磅與六百六十六萬六千六百六十噸相乘可得羊肉二萬萬噸許足爲人民所需

改正圭拏

近年來各等圭拏先用硫强酸料理然後出售其初因載運之圭拏在船中受海水而變壞故加硫强酸作爲多燐料後知此等改良圭拏甚有效乃將上等圭拏亦如此料理據云圭拏潑島之圭拏往往溼而軟不合用加强酸料理變爲乾細粉甚佳且商人知此法更可獲利因將次等

圭拏與上等者相和於是市中之貨均係同等而無參差或更加阿摩尼硫養以增其淡氣在美國如此料理者名爲改正圭拏其百分中可保其有阿摩尼十分即是每噸中有淡氣一百六十磅每磅價值二角易消化之燐養$_5$酸十分即是每噸中有燐$_2$養$_5$二百磅每磅價值一角鉀養二分即是每噸中有四百磅每磅價值四五分而阿摩尼價值共三十二圓燐養$_5$酸二十圓鉀養一圓八角每一噸共五十四圓

他物質中之淡氣

鳥糞變成之礓石亦名圭拏而人畜之新糞料爲由里阿

並他種淡氣和物著名之來源即可徑直爲植物養料故糞溺能催植物生長蓋所含易化之淡氣甚多也至各等生物質料其腐爛時發出許多阿摩尼或含淡氣物而此阿摩尼或含淡氣物不能徑直爲穀類植物所吸取

論尋常肥料時再論人畜之糞料而此繞道之肥料最合用而爲商務之貨物者係魚廢料肉廢料並血並有數種製油所餘之渣料

卷終

上海製造局各種圖書總目

史志類

四裔編年表四卷 四本 連史一元六角 賽連一元
俄國新志八卷 三本 連史七角 賽連四角五分
法國新志四卷 二本 連史六角 賽連三角五分
東方時局論略一卷 一本 連史一角五分 賽連一角
西美戰史二卷 二本 連史六角

政治類

埏紘外乘二十五卷補遺一卷 八本 連史二元 賽連一元二角
佐治芻言不分卷 三本 連史六角 賽連三角五分
列國歲計政要十二卷首一卷 六本 連史一元五角 賽連九角
美國憲法纂釋二十一卷附憲法纘增憲法 二本 毛邊一元

交涉類

東方交涉記十二卷 二本 連史四角 賽連二角五分
英俄印度交涉書正續一卷 一本 連史二角五分 賽連一角五分
公法總論 一本 連史一角 賽連五分
各國交涉公法初集四卷二集八卷三集十六 十六本 連史三元七角 毛太二元四角
各國交涉便法論六卷 六本 連史一元四角 賽連九角

兵制類

列國陸軍制不分卷 三本 連史七角 賽連四角
英國水師考不分卷 二本 連史三角五分 毛太二角
美國水師考一卷 一本 連史二角五分 毛太一角五分
俄國水師考一卷 一本 連史二角五分 毛太一角五分
法國水師考一卷 一本 連史二角五分 毛太一角五分
英國水師律例四卷 二本 連史五角 賽連三角
西國陸軍制考略八卷 四本 連史九角 賽連六角
德國陸軍考四卷 四本 毛太四角
海軍調度要言三卷附圖 二本 連史三角五分 賽連二角
防海新論十八卷 六本 連史一元二角 賽連八角
水師章程十四卷續六卷 十六本 連史三元二角 賽連二元

兵學類

製火藥法三卷 一本 連史三角 賽連二角
克虜伯礟說四卷操法四卷附表 二本 連史五角 賽連三角
臨陣管見九卷 四本 連史一元 賽連六角
輪船布陣十二卷首一卷附圖 二本 連史五角 賽連三角
攻守礟法一卷克虜伯腰箍礟說一卷礟架說一卷螺繩礟架說一卷 一本 連史三角 賽連二角
礟準新法一卷附圖 二本 連史二角五分 賽連一角五分
兵船礟法六卷 三本 連史六角五分 賽連四角
營城揭要二卷附圖 二本 連史三角五分 賽連二角
營壘圖說一卷 一本 連史一角五分 賽連一角
爆藥記要六卷 一本 連史二角五分 賽連一角五分
水師保身一卷 一本 連史二角 賽連一角五分
水雷秘要五卷附圖 六本 連史九角 賽連六角
水師操練十八卷首一卷附一卷 三本 連史七角 賽連四角五分
開地道轟藥法三卷附圖 二本 連史六角 賽連三角五分
行軍指要六卷附圖 六本 連史二元 賽連一元二角
格林礟操法 一本 連史一角 賽連五分
克虜伯礟彈造法二卷附圖附藥餅造法 三本 連史五角五分 賽連三角五分
礮乘新法三卷首一卷附圖 六本 賽連七角
洋槍淺言一卷 一本 連史一角 賽連五分
喇叭吹法 一本 連史一角 賽連五分
營工要覽四卷附圖 二本 連史四角 賽連二角五分
前敵須知四卷附圖 五本 連史六角 賽連四角五分
子藥準則一卷 一本 連史二角五分 賽連一角五分
鐵甲叢談五卷附圖 二本 連史五角 賽連三角
淡氣爆藥新書上編四卷 二本 毛邊四角
淡氣爆藥新書下編五卷 二本 毛邊四角

船類

航海章程一卷紀錄一卷 一本 連史二角 賽連一角五分
航海通書辛未年起至壬子年每年一本 一本 連史八角
航海簡法四卷 二本 賽連四角五分
行船免撞章程一卷附一卷 一本 連史二角五分 賽連一角五分
行海要術四卷 三本 連史七角 賽連四角五分
船塢論畧一卷附圖 一本 連史二角五分 賽連一角五分
御風要術三卷 二本 賽連二角五分

學務類

日本學校源流一卷 一本 連史二角五分 賽連一角五分
日本東京大學規制考畧一卷 一本 毛邊二角五分
養蒙正規 一本 毛太一角

工程類

工程致富十三卷附圖 八本 連史一元四角 賽連九角
行軍鐵路工程二卷附圖 一本 連史二角五分 賽連一角五分
鐵路彙考十三卷 二本 連史七角 賽連四角
鐵路記要三卷 一本 連史一角五分 賽連一角
海塘輯要十卷 二本 連史五角 賽連三角

農學類

農學初級一卷 一本 連史二角五分 賽連一角五分
農務化學問答二卷 二本 連史四角 賽連二角五分
農務土質論 三本 連史八角 賽連五角
農務化學簡法三卷 一本 連史四角 賽連二角五分
農務全書上編十六卷 八本 毛邊一元九角
農務全書中編十六卷 八本 毛邊一元九角
農學津梁一卷 一本 連史二角五分 賽連一角五分
農學理說二卷附表 二本 賽連四角
意大利蠶書 一本 連史四角 賽連二角五分
農務要書簡明目錄 一本 連史一角五分 毛太一角

礦學類

開煤要法十二卷 二本 連史四角五分 賽連三角
開礦器法圖說十卷石印 六本 連史三元
冶金錄三卷 二本 連史五角 賽連三角
井礦工程三卷 二本 連史四角 賽連二角五分
寶藏興焉十六卷 十六本 連史四元 賽連二元六角
銀礦指南一卷 一本 連史二角五分 賽連一角五分
求礦指南 二本 連史五角五分 賽連三角五分
探礦取金 一本 連史四角五分 賽連三角
相地探金石法四卷 四本 連史一元 賽連六角
礦學考質上編五卷下編五卷 四本 毛邊六角

工藝類

汽機發軔九卷附表 四本 連史一元二角 賽連七角
汽機新制八卷 二本 連史五角五分 賽連三角五分
汽機必以十二卷首一卷附一卷 六本 連史一元五角 賽連九角
製羼金法 二本 連史四角 賽連二角五分
西藝知新 六本 連史一元六角 賽連一元一角
西藝知新續刻 九本 連史二元六角五分 賽連一元八角
電器鍍鎳 一本 連史一角五分 賽連一角
電氣鍍金畧法一卷 一本 連史三角 賽連二角
藝器記珠不分卷 一本 皮紙五角五分
兵船汽機六卷附一卷 八本 連史二元 賽連一元二角
考工記要十七卷附圖 八本 連史二元二角 賽連一元三角
考試司機七卷首一卷附圖 六本 連史二元二角 賽連一元三角
鍊鋼要言一卷 一本 連史一角 賽連五分
鍊金新語不分卷附圖 三本 連史八角 賽連五角
鍊石編 二本 連史四角 賽連二角五分
製機理法八卷附圖 四本 連史一元三角 賽連七角五分
鑄錢工藝三卷附圖 二本 連史五角 賽連三角
鑄金論畧六卷附圖 六本 連史一元七角 賽連一元
取濾火油法一卷附圖 一本 連史二角 賽連一角五分
照相鏤版印圖法一卷 一本 連史二角五分 賽連一角五分
造洋漆法 一本 連史一角五分 賽連一角
金工教範一卷 一本 連史三角五分 賽連二角
美國提鍊煤油法一卷附圖 一本 連史一角五分
汽機中西名目表 一本 連史一角五分 賽連一角
工藝準繩 六本 賽連一元四角

商學類

保富述要不分卷 二本 連史四角五分 賽連三角
國政貿易相關書二卷 二本 連史四角五分 賽連三角
工業與國政相關論二卷 二本 毛太二角五分

格致類

格致啓蒙四卷 四本 連史一元 賽連七角

上海製造局各種圖書總目 三

書名	本數	紙	價	紙	價
格致小引一卷	一本	連史	一角	賽連	五分
物體遇熱改易記四卷	二本	連史	五角	賽連	三角
物理學上編四卷	四本	連史	一元三角	賽連	八角五分
物理學中編四卷	四本	連史	一元三角	賽連	八角五分
物理學下編四卷	四本	連史	一元三角	賽連	八角五分
算學類					
算式集要四卷	二本	連史	五角	賽連	三角
算式解法十四卷	二本	連史	五角	賽連	三角
數學理九卷附一卷	四本	連史	九角	賽連	六角
代數術二十五卷	六本	連史	一元五角	賽連	九角五分
三角數理十二卷	六本	連史	一元五角	賽連	九角五分
代數難題解法十六卷	六本	連史	一元八角	賽連	一元二角
微積溯源八卷	六本	連史	一元二角	賽連	七角五分
電學類					
電學十卷首一卷	六本	連史	一元八角	賽連	一元二角
電學綱目一卷	一本	連史	二角五分	賽連	一角五分
電學測算一卷附表	一本	連史	二角五分		
通物電光	一本	連史	四角	賽連	二角五分
無線電報	一本	連史	二角	賽連	一角五分
化學類					
化學鑑原六卷	四本	連史	一元二角	賽連	八角
化學鑑原續編廿四卷	六本	連史	一元五角	賽連	一元
化學鑑原補編六卷附一卷	六本	連史	二元四角	賽連	一元五角
化學分原八卷	二本	連史	七角	賽連	四角五分
化學考質八卷附表	六本	連史	二元五角	賽連	一元六角
化學求數十五卷附表	十四本	連史	四元六角	賽連	三元
化學源流論四卷	二本	毛太	二角五分		
化學工藝初集四卷二集四卷三集二卷附圖	十三本	賽連	二元四角		
化學材料中西名目表	一本	連史	一角五分	賽連	一角
無機化學教科書	三本	毛邊	七角		
聲學類					
聲學八卷	二本	連史	六角五分	賽連	四角
光學類					
光學二卷附一卷	二本	連史	六角	賽連	三角五分
天學類					
談天十六卷附表	四本	連史	一元四角	賽連	九角
測候叢談四卷	二本	連史	五角	賽連	三角五分
地學類					
地學淺識三十八卷	八本	連史	二元二角	賽連	一元三角
金石識別十二卷	六本	連史	一元七角	賽連	一元
金石表	一本	連史	一角五分	賽連	一角
醫學類					
儒門醫學三卷附一卷	四本	連史	一元	賽連	六角
法律醫學廿四卷首一卷附一卷	十本	連史	三元五角	賽連	二元二角
西藥大成十卷首一卷	十六本	連史	六元	賽連	三元八角
西學大成補編六卷首一卷	六本	連史	一元二角	賽連	七角
西藥大成中西名目表	一本	連史	一角五分	賽連	一角
內科理法前編六卷後編十卷附一卷	十二本	連史	四元	賽連	二元六角
產科附圖不分卷	四本	連史	一元四角	賽連	一元
婦科附圖不分卷	六本	連史	一元六角	賽連	九角
臨陣傷科捷要四卷附圖	四本	連史	九角	賽連	五角五分
濟急法一卷	一本	連史	二角五分	賽連	一角五分
保全生命論一卷附一卷	一本	連史	二角五分	賽連	一角五分
圖學類					
運規約指一卷	一本	連史	三角	賽連	二角
器象顯真四卷	三本	連史	七角五分	賽連	五角
繪地法原一卷附圖附表	一本	連史	二角	賽連	一角五分
測地繪圖十一卷附一卷附表	四本	連史	九角	賽連	六角五分
測繪海圖全法八卷附一卷	六本	連史	一元五角	賽連	九角五分
行軍測繪十卷首一卷	二本	連史	五角五分	賽連	三角五分
地理類					
海道圖說附長江圖說十五卷	十本	連史	二元八角	賽連	一元六角
平圓地球圖石印	一副	局料	一元二角		
八省沿海全圖石印	一副	連史	四元八角		

上海製造局各種圖書總目 四

附刻各書

書名	本數	紙	價	紙	價
四子書	二本	賽連	三角五分		
詩經	一本	連史	三角五分	賽連	二角
易經	一本	連史	二角五分	賽連	一角五分
三才記要	一本	連史	二角五分	賽連	一角五分
算法統宗	四本	連史	一元一角	賽連	七角
算學啓蒙	二本	賽連	三角五分		
董方立遺書	一本	連史	三角	賽連	二角
九數外錄	一本	連史	二角五分	賽連	一角五分
勾股六術	一本	連史	二角五分	賽連	一角五分
恒星圖表	一本	毛太	二角		
開方表	一本	連史	一角五分	賽連	一角
對數表	四本	毛太	八角		
八線簡表	一本	連史	三角	毛太	二角
八線對數簡表	一本	毛太	二角		
繙譯弦切對數表	八本	毛太	一元七角		
幾何原本	三本	連史	八角五分	賽連	五角五分
躔離引蒙	二本	毛太	四角		
交食引蒙	一本	毛太	一角五分		
謝穀堂算學三種	一本	連史	二角	賽連	一角
類證活人書	四本	賽連	六角		
疇人傳	二本	連史	一元七角	賽連	一元
小學韻語	一本	毛邊	一角五分		
簡易庵算稿	四本	連史	一元	賽連	六角五分
礮法畫譜	一本	連史	一角五分	賽連	一角
古文選讀	二本	毛邊	三角五分		
王陽明先生集要三編	十二本	連史	三元三角		
西國近事癸酉起己亥止共二十七年每年四本		毛太	十五元		
新譯出版顏料篇三卷附圖	二本	毛邊	四角		
製造局譯書提要	二本	毛邊	三角		
製造局記全書	十本	連史	三元五角		
羅鄂州小集	二本	毛邊	四角		

農務全書中編

宣統元年春江南製
造局刻趙經式題贉

農務全書中編目錄

卷一　第一章上

含淡氣之動物並植物廢料

卷二　第一章下

含淡氣之動物並植物廢料

卷四　第三章

炭養二氣爲肥料

卷五　第四章

青肥料

卷六　第五章

呼莫司並徽料

卷七　第六章上

糞溺並牧場肥料

卷八　第六章下

糞溺並牧場肥料

卷九　第七章

和肥料

卷十　第八章

用肥料法

卷十一　第九章

糞溺爲高等肥料

卷十二　第十章

人糞

卷十三　第十一章

鉀養肥料

卷十四　第十二章

含鎂物質

卷十五　第十三章

石灰並含石灰物質

卷十六　第十四章

含鈉物質

農務全書中編卷一

美國哈萬德大書院農務化學教習施妥縷撰　慈谿舒高第口譯
新陽趙詒琛筆述

第一章上

含淡氣之動物並植物廢料

上編論含淡氣之肥料均係速性卽是植物可徑直吸取以爲養料惟更有他種含淡氣肥料其性遲緩不能徑直供給植物須待其發酵或腐爛之後變成阿摩尼或淡養物或他種易化之和料方能獲效有數種生物質淡氣和物畧似牧場肥料可漸變爲植物之養料然其性甚緩而

守舊農家仍用之者因壅入田中能歷數年尚有餘力而徑直供養植物之速性肥料如圭拏或鈉養淡養等壅於田歷一季已盡其力故彼等農夫以爲用牧場肥料骨粉草煤廢肉料織物廢料等爲肥料亦甚合算且耗失之數較圭拏並淡養物爲少夫此等料爲之合法固有效而在熱地多雨水者亦以用生物質之淡氣較用淡養之淡氣爲更合宜

魚廢料

有用魚廢料肥其田而市中遂增一種含淡氣肥料此料名魚圭拏亦名魚廢料分爲二種一爲挪威魚廢料供歐洲之用一爲美國魚廢料卽供美國之用挪威所產者係用乾鱖魚所製其中骨料較人食之尋常乾魚更多蓋由鹽魚或薰魚廠中收集廢棄之魚首及骨料製之也一千八百六十年此魚廢料由挪威國出口有七十噸及一千八百七十年增至五千五百噸

美國魚廢料因製油而得之其魚名海林又名鰽魚又名孟海騰又名普齊先將此魚煮爛之乃用器軋出其油與製軋蘋果成甜酒之法相同於是魚之肉料中所含油與水悉軋出而油浮於水面撇其油以出售軋器中之渣料卽魚廢料也漁人名之爲普齊渣盛於桶運往他方或曬乾之

或成堆積任其自乾或用熱氣令其極乾磨成細粉出售者卽名魚圭拏惟魚圭拏未必勝於尋常之魚廢料

博士雷恩云日本人由海疆得多數海林魚以製油並魚廢料將此料曬乾或任其鬆散或盛桶壓緊運至市出售蓋日本用此肥料培壅茶樹及棉花菸草等當初視爲貴重之肥料

美國魚廢料含水多寡隨其料理法而定在日光中曬至半乾者含水有百分之九至十或有至十二市中出售者有百分之十八至二十二或竟至三十四十五十新鮮魚廢料含水本極多博士潘恩並蒲生古查有百分之七六

六並淡氣二·七四加鹽之鰍魚廢料查有百分之三十八並淡氣六·七

美國製肥料者常以魚廢料攙和於多燐料中其價值依所含淡氣數爲準尋常百分中自六至八分惟農夫須知此料百分中有燐養五酸六至七分幾與淡氣數相等

博士挨倫特查得挪威魚廢料百分中有化分之物質如下

水	一七
淡氣	一○·五
燐養五酸	四
生物質	七二
灰	一一

他種魚廢料百分中之燐養五酸較更多自十三至十五分淡氣較少自八·五至九分有一等魚廢料已經蒸煮而取其油

挪威魚圭拏與美國普齊魚廢料不同蓋此二種魚不同也且美國製法先將魚蒸煮而後軋之有許多淡氣與油共軋出卽是取其所含之油也惟大廠中將此魚廢料令其乾然後再料理而普齊魚多骨故廢料中多燐養五酸

魚廢料爲肥料價值甚賤

上所云美國魚廢料價值甚賤每噸販價自十二至十五圓而罕有過於十八圓者可見其中所有淡氣較他料中所有者更賤蓋因魚廢料有難當之臭氣而料理此事之人又極畏之若以少數載運更不合算依此價值之料如每噸中有燐養五酸一百二十磅則每磅價值五分卽是每噸中燐養五酸共值六圓其中淡氣不過一百二十磅者則除此六圓計之爲每磅淡氣價值一角三分

上所云之淡氣係依百分之六算之儻依百分之七計算其價值自更賤然今製造廠中所有含燐養五酸之渣料價值極賤與魚廢料之價值亦有關係

魚廢料宜獨用不應與他物相和

凡農夫可徑直向漁人購本作廢料之魚若由商人經手與多燐料相和則價值較貴予曾查知魚廢料可代畜糞之用若加以柴灰或他種含鉀養肥料亦宜據人云此料最宜於鬆土歐洲農家云可於秋間加此料於田預備明春播種而望夏季之收成

魚廢料中淡氣價值

商人以魚廢料中之淡氣價值爲每磅一角八分或二角者卽與鈉養淡養三之淡氣價值相等然爲農務計算則美國北省之天氣若用魚廢料不能如鈉養淡養之速見效

必歷多時方能發酵而淡氣可由此變爲阿摩尼鹽類及淡養三鹽類或他種植物易吸取之鹽類

尋常魚廢料中本有阿摩尼少許加入田閒時亦有之惟爲數甚少若論其中所有淡氣盡變爲植物可用者未必確由此可見化學和肥料如阿摩尼硫養三或鈉養淡養三之淡氣各顆粒均屬合宜而生物質料如魚肉畜肉並植物類中之淡氣有數分雖易變爲植物之養料其餘必爲無用

博士張森近來試驗而知新鮮孟海騰魚中之淡氣較所謂魚圭拏中之淡氣在土中更易化分故向漁人所得之

魚廢料實較乾者爲佳因曬乾之能阻其所含淡氣之溶化度

美國魚廢料較挪威之料更有功效因其中多燐養五酸也且美國之料曾經蒸煮其性更可速供養植物

魚廢料因蒸煮而增功效其理與蒸過之骨粉相同博士荷色斯曾試驗表明將尋常挪威魚廢料先蒸煮而後加於黃沙土之新田所謂新田者已去其面土一層也其溝道亦屬合法試種苡仁米而加此料之處生長更盛蓋此料已經蒸過更易化分養料以供植物並非其中淡氣及燐養五酸多寡之故也各田廣一嘿克忒其效如左表

	實啟羅數	稭啟羅數
無肥料	七〇九	三七九九
尋常乾魚圭拏	一二九七	四三六七
蒸過魚圭拏	一七〇四	五〇三二

今美國自製挪威魚廢料

美國東北省今自製魚廢料近似挪威所製者儻市中有銷路則出數可無限每年各捕魚處捕得無銷路之魚如灰挺魚即鱗魚類司開脫魚其形方小海魚狗魚鯓魚以數千噸計又有天氣熱時已壞之魚及魚之首鰭臟腑骨並製鰳魚等類所棄之料均屬無用之物如農夫核算可獲利益

即曬乾磨細之其費並不鉅也

如農夫爭先購求可專捕此等魚以供給而今時捕得此等魚尚爲漁人所不願然海中之魚來源竟不絕因洋海廣大人力不能盡捕且不能制其遷游之性也

魚廢料較人糞更賤

將來生齒日繁必須注意於農務而曬乾魚廢料之業必將重視今時大城鎮設溝道一事已有關係蓋有人言城中沖流糞溺入海實爲耗棄肥料之一端然由海中得一種清潔濃厚肥料如魚廢料取之既便衛生無害較將城中穢料運至田莊加以人工料理之費更賤則農家費工

本而取此穢料者殊爲失算

至衛生一事有許多病因溝道不暢通所致如糞料堆積近於房屋或加於田間均易傳染疾疫況由魚廢料中得淡氣並燐養五酸其價值更賤所以城中穢料不必爲農家注意即是與工部局並衛生有關係而與農務無關也然有許多地方如內地之城鎮其穢料必須運至田間如此等地方將溝中物料用化學法使其澄停以解毒其一切費用較運至田間者尙爲合算

鹽魚法

魚作爲肥料者因其價值甚賤也除上曬乾魚廢料之外

更有一法離捕魚處稍遠地方可設廠收購魚加鹽保護之德國司搭斯夫脫地方產鉀綠鹽其價值較尋常食鹽更賤以之鹽魚則魚圭拏中鉀養並淡氣燐養五酸均有之較今之無鉀魚圭拏更佳所以魚廢料如此料理者可稱爲完全肥料惟須計其所費合算與否然後爲之恐如此料理殘與尋常人所食之鹹魚之價值相等或他日能得賤價之物保護此肥料則價值自低於人食之鹹魚數年前有人將鐵綠或鐵硫水灑於魚廢料中可保三四日不壞此水濃度係罷美表四十五度其重數與魚重數相較爲百分之五然後將魚壓緊曬乾儻魚中多油質者則將此乾魚加那普塔提出其油

近年農家用魚廢料漸廣因以此料製造阿摩尼並多燐料並他種肥料爲數種植物合宜之養料也紐芬特蘭島之近處羣島法人依挪威法製魚圭拏美國麻賽楚賽茲省亦有製造此料之廠惟廠主查知取鯨魚肉爲之較用尋常魚廢料更爲合算探查北極博士腦騰斯茶爾特云挪威人由北冰洋司比兹姆盤格島載運死鯨魚至挪威海疆製魚圭拏廠中製造肥料

博士廓落克查考鯨魚圭拏較尋常魚圭拏所有物質如左表

	挪威鯨魚圭拏	挪威尋常魚圭拏
水	五·三五	九·八四
生物質並易化質	六二·三五	五六·一八
灰料	三二·三○	三三·九八
共數	一○○·○○	一○○·○○
淡氣	七·六三	八·五○
燐養五酸	一三·四五	一四·八四
鈣養	一六·四九	一五·九六
鎂養	○·一五	○·九四

麻賽楚賽茲省考特地角並愛呸地角之格勞司脫地方

均設廠取鰍魚並海獨克魚並他魚廢料以製之該處魚價貴賤每日有告示如普齊魚廢料每噸十二圓魚廢料九圓魚肝料六圓此肝料有時賤至每噸三圓或四圓係取魚肝壓取其油而所餘之渣料也其料尚輭而韌黏其價每噸從未過十二圓福爾克將貨樣查知其百分中有水二十六分生物質二十四分不易化之矽養物三十七分鈣養燐養$_{\text{五}}$二·三三淡氣一·七

格勞司脫地方又有一種魚廢料每噸價值十六圓其貨樣百分中所有物質如左表

法倫海寒暑表二百十二度化出水	八·二五
淡氣	七·〇〇
燐養$_{\text{五}}$酸	六·五〇

此魚廢料係魚皮魚翅並脊骨及少許之魚肉相雜蓋鹽鰍魚並海獨克魚裝罐出售而將棄料製此肥料也格勞司脫地方更有一種鹽法未完全而又未乾之魚所棄廢料其價值每噸三圓或三·五圓

潘恩並蒲生古從前查知未乾之鹽鰍魚百分中有淡氣六又三分之四水三十八分更有一種鰍魚先已洗淨壓緊而後氣乾之其百分中有淡氣十七分水十分

梅呧省海疆漁人捕海林魚馬鮫魚裝罐出售其所棄廢料亦作爲肥料之用

魚廢料埋於土中令其發酵

魚廢料中之生物質須先在地土中發酵化分而後全數變爲淡氣方可供養植物然欲其發酵必藉溼與溼空氣其法將魚廢料埋於地土中不必過深惟宜滋潤如天氣燥熱更不可過乾據云歐洲地方當晚夏早秋用魚廢料於鬆土所種小麥燕麥爲合宜之肥料惟用於春間苡仁米及春麥似無益又云美國南省用魚廢料較北省更宜蓋南方熱地其物質腐爛甚速而變爲阿摩尼及淡氣更速也

坎爾奈云日本溼熱之天氣用魚廢料及骨粉實爲速供淡氣於植物之肥料在火山噴出質料變成之鬆土地試驗之則知秋間播種苡仁米時用魚廢料及骨粉者較用阿摩尼硫養或人糞更佳阿摩尼肥料能速變爲含淡養物往往爲雨水沖失而植物不得其益魚廢料及骨粉如天氣合宜則變成淡氣亦甚速故此料在土中閱六月其力已竭用魚廢料於稻田其情形亦然坎爾奈又云在多雨水之熱地易化之含淡氣肥料功效較遜於在溫和地方因熱地可速令其化分所以此等地方用貴價之淡養並阿摩尼鹽類似不合算

英法二國天氣不同所以法國早已多用魚廢料而英國農夫尚未注意於此法國農家又將織物廢料壅田英國亦有用之者惟特壅於數種植物而已

將挪威魚廢料加於田面或犁入深土均屬不宜因阻其發酵也在初春加此料於緊密寒性之土亦不能速見效惟熱天氣時培壅鬆熟田所種大珍珠米甚有良效大約溫和天氣獨用魚廢料是為最佳或稍與新柴灰相和亦可

魚廢料為石灰所保護

法國從前用鹽保護魚廢料此事在魚廢料賤價時甚宜

注意又法用一大酒桶盛石灰與魚廢料相間成層此石灰收魚中之溼氣變為陳石灰而魚廢料亦為石灰所鬆散然後傾出成堆積以器擾和之則其成為散粉可見石灰與魚廢料相合變為鈣養蛋白質不易腐爛或速乾此法猶加鹽保護之也

夫石灰與生物質相和其情形不一如人家有瓷器損碎者可用石灰與牛乳或石灰與趣斯即牛乳餅相和而成塞門汀以補之又有數種顏料不易染於布若用石灰與趣斯相和以助之則此色不退其料即可名石灰趣斯

製糖廠渣料

製甘蔗糖並紅菜頭糖須加石灰提淨也此石灰與糖汁中不易化之蛋白質並膠質等相合於是濾出淨糖而棄其穢料儻此等穢料和於糖中則易變化而令糖發酸是故糖廠中有許多廢料西音司考姆即穢濁之渣料也此渣料可作為肥料之用然由廠運出時壓緊黏韌用之不便且石灰甚多故有鹼性若浸於水中調成汚泥形流質而與草煤或蔓草或他種肥料相和甚宜於壅田又或用淨土蓋之可阻其中阿摩尼之化騰否則此廢料自然發酵變成阿摩尼以致耗失若從速犁入土中是更佳也

堅土用此廢料甚合宜特海蘭言有一處每英畝竟用此

廢料二十二噸其功效無殊於石灰地土變為鬆熟不似從前之膠黏矣

糖渣料大分是鈣養炭養或鈣養與生物質相合然仍有淨鈣養由紅菜頭糖廠所出渣料其百分中有燐養$_{五}$酸一至二分淡氣○·二五各廠所出渣料所含物質不同如百分中有水自三十四至五十分生物質自十分至二十分有奇灰料自二十至四十分有奇石灰自十八至二十四分淡氣自○·一至○·九燐養$_{五}$酸自○·五至一·三鉀養自○·一至○·二博士麥約查荷蘭國糖渣料百分中有淡氣○·二燐養$_{五}$酸○·六又云用清水沖淡糖質然後加石灰則

變化周徧若加以燐養五酸更妙而渣料中鈣養燐養五爲數遂較多博士李法查甘蔗糖汁加石灰之後其渣料百分中有生物質一一·七〇灰料一四·四六其中有鈣養六·一六燐養五酸三·八三鐵養〇·八五炭養酸一·二八矽養二·三四

美國農部宣言用甘蔗製糖而得之渣滓餅百分中有水四十五分灰料一五·七燐養五酸三·五淡氣一·一四依其乾料計之則百分中有灰料二八·五六燐養五酸六·三三淡氣二·一〇

博士駭爾從前言輭號糖渣料由廠運出時速壅於田有

害植物若將此渣料堆積任其發酵閱一年卽變爲甚有力之肥料總之用渣滓餅最合宜者須歷多時待其改變至秋季壅之近來歐洲不甚注意此肥料因含燐鑪渣料得之甚易然鬆細之土將此糖渣料與牧場肥料和而用之極佳也

石灰能令各種動物質植物質當輭時相幷合而阻其變化卽是保護肥料而減其發酵之性也此於各製造肥料廠均有關係且石灰又能保護人糞而潔溝道後當論之有一廣種菸草之農夫謂余曰凡用魚廢料肉廢料或畜血壅於菸草較用含淡氣料或阿摩尼料爲合宜蓋菸葉之香味更佳也可見用此等肥料其益非一言可盡

動物廢料

除魚廢料外更有他種含淡氣肥料如乾血乾肉並數種製油所餘渣滓餅等

各種動物之廢料含有許多淡氣可作爲肥料田莊可得者如動物之腸臟及皮肉骨筋絡等物與土相和極有用蓋此等廢料與溼土相和卽化分而變爲細顆粒加於田地易爲植物根所吸取

更有一類物如角甲毛羊毛並羊毛織成之料豬鬃羽毛皮革等物亦多含淡氣惟在土中不易化分故徑直加於

田其效較慢或竟不獲益如擇其最合宜者成堆積而以糞溺或柴灰鉀養石灰和之任其發酵或以鉀養水煮之或在蒸器內獨蒸之或加鹼類物同蒸之由此法可得其中之阿摩尼上所云不能獲益者因化學師曾考知皮革乃天然造成本欲其禦腐爛也

福爾克從前指明肥料中之淡氣功效不等全恃此淡氣與他物質化合情形何如將鈉養淡養及圭拏及羊毛廢料試驗比較卽見其效之優劣如種小麥加鈉養淡養可令其稚嫩時卽茂盛數日間已見深綠色加圭拏則八日或十日後方有此效加羊毛廢料則四星期或六星期後

稍見有效而收成多寡亦不相等

乾蒸皮革料

皮革之性堅硬可令其受大熱力以鬆散之仍不變壞其質料蓋有許多皮革屑因製皮時有油質在內故作廢料之後欲去其油則用熱力取出之而皮革料遂鬆散成粉可攙雜於含淡氣及多燐料中

數年前有人名蘭雀脫以密鍋盛皮革用熱氣蒸之變爲堅而乾脆可磨成細粉

如此所製皮革粉歐洲農家亦用作肥料詳細考查尙有功效而不用熱氣蒸之者竟屬無益博士批脫曼查蒸過皮革粉百分中有淡氣共七五一其中阿摩尼〇四三燐養五酸〇八一博士瑪倫云蒸過皮革粉受溼熱易腐爛發酵有臭氣因其中阿摩尼並許多易化之含淡氣和料發出也然較少於蒸過之角料所發出者

法國科巖地方燒焦煤所騰出汽霧並熱氣以料理皮革屑其價值較用鍋蒸之者更賤其法將皮角羊毛廢料或製膠廠中廢料用法倫海寒暑表三百度之熱力令焦煤所含水化汽並熱氣於是質料脹鬆而乾脆並不失其中之淡氣批脫曼在比利時查此肥料百分中有淡氣六又四分之三燐養五酸十四又三分之一在巴黎之製造肥料廠將羊毛皮角廢料亦如上所云之法以製之先將骨料用熱氣除去其油質及直辣的尼

瑪倫查考乾蒸之角粉受溼潤易腐爛發酵當斯時結成阿摩尼少許並易化之含淡氣物又查知角粉化散較速於皮革粉故有識者願用之

博士唐格查各動物之皮革廢料十四種其百分中淡氣自四至七分張森查知有淡氣五至八分又查知儻與濃鉀養水同煮之卽有許多阿摩尼發出

數年前蘭雀脫將乾蒸皮革粉與鉀養水相和可消化三分之一德國化學博士倫格於一千八百六十年前曾將

皮革羊毛廢料加以新石灰並鈉養硫養三（西名格勞勃鹽）同煮之作爲壅田肥料張森將乾蒸皮革粉加以硫強酸其數多於對分劑然後加鈣養炭養令其成中立性而與他種生物質淡氣料試驗盆中所種珍珠米乃知此肥料功效與乾魚廢料角甲粉相等

血肉中物質分劑

精肉百分中有水約七十五分淡氣三至四分鹼類物〇五燐養五酸〇五以一噸計之其中有淡氣七十磅燐養五酸十磅若氣乾之後潘恩並蒲生古查其百分中尙有水八五淡氣十三分

新鮮血百分中有水約八十分淡氣二.二五至三分鹼類物○.五燐養五酸○.二五以一噸計之其中有淡氣五十五磅燐養五酸五磅

法國市肆久已有製成之乾血運至產甘蔗之新疆其價值不賤一千八百三十一年曾運至西印度法屬軋特羅島有四百噸一千八百五十六年德國出售此料每擔價值自三圓至三.五圓

製乾血法

製乾血有二法其一將新鮮血激動之令其中非布里尼凝結又令其清汁化騰而取其中之蛋白類質此在工藝

中甚有用其二加以硫強酸令血中非布里尼並蛋白類質其相凝結當時又吹入熱氣並激動之如此為之淡氣悉含於凝結之血塊中乃將其分離之清汁棄之無論第一法第二法所凝結者均磨成細粉而後出售作為肥料名曰乾血或血粉據云新鮮血一列忒得凝結血塊五百克蘭姆此數有乾料一百七十至二百克蘭姆其乾料百分中有淡氣十二至十三分惟凝結之物極乾須加他料少許故其後百分中淡氣較前為少市中所有法國乾血粉百分中含水十三至十四分生物質七十八至七十九分灰料七至九分淡氣十二分燐養五酸一又三分之一其

中鉀養鈣養各有四分一之三

德國明斯脫實驗場查得乾血粉十種其百分中有淡氣自八.五至十三又四分之一其中數為十一又四分之三誰勃羅地方有此料十三種其淡氣中數為一一.二三此肥料中化學分劑甚大且與其中他物質相和亦甚合宜此料乾脆而成細粉並無氣味轉運及致用均甚易

美國乾血常與他種肥料相和然後售與農家如製造數種多燐料因所用硫強酸過分故溼而韌須加乾血粉以乾之有一舊法先將血並屠家廢料並木屑相間成層其後速即犂入土中或與草煤蔓草成堆積任其腐爛而成

肥料大約木屑並血二車與黃土三車相和足敷小麥田一畝所需惟此料加於鬆土更佳

乾血百分中有淡氣自十至十二分及水自十至二十分者亦可謂有益之肥料美國出售之乾血有生物質並他物相雜據製造乾血之人云乾血儻無他物相雜不能歷多時如和以乾肉質屑甚均可藏儲較久而阿摩尼無大數之耗失成流質之血作為肥料頗有速效用於花園尤宜凡田間種子或嫩植物及番薯均不可多遇乾血如遇之易腐爛此肥料宜散於田與土相和然後播種不可壅於田槽或當植物幼小時將新鮮血和水十倍或十二倍

灌之亦佳

田閒試用乾血

批脫曼取泥土並沙土各四畝羅試種小麥而考乾血粉並鈉養淡養之功效所加肥料有三種一獨用淡氣料二淡氣料與燐養五酸並用三淡氣料與燐養五酸與鉀養並用其淡氣數係〇・二五克蘭姆燐養五酸〇・三克蘭姆鉀養〇・二克蘭姆列表如左

	泥土 實	泥土 收成共數	沙土 實	沙土 收成共數
獨用淡氣料				
無肥料	七・九四	二六・三	二・〇八	七・三四
乾血	一九・五六	六一・〇七	五・〇五	一五・七五
鈉養淡養三	二〇・一四	六四・三九	七・五一	二七・〇二
淡氣料與燐養五酸並用				
乾血	一九・五一	六二・四一	八・九四	二九・四〇
鈉養淡養三	一九・六二	六四・五八	九・七六	三一・二二
淡氣料與燐養五酸與鉀養並用				
乾血	一九・四四	六三・一七	一二・二九	三四・七八
鈉養淡養三	一九・八〇	六四・八一	一二・九三	三六・九七

觀上表乾血中淡氣確爲有力之肥料而用鈉養淡養三於

沙土亦屬合宜用此二種肥料增實三倍增稭料二倍餘此乾血功效較燕過之羊毛廢料更佳而燐料及鉀養似無益於泥土而有裨於沙土批脫曼又云比利時國種小麥於瘠沙土壅乾血料合法者可倍其收成

據云英國種穀類及飼畜草若散乾血和肥料於田面甚合宜以乾血與骨粉或與多燐料相和加於蘿蔔田亦甚有效

乾血中淡氣一磅大約較遜於秘魯圭拏中相等數之淡氣然較他種不易化之淡氣肥料勝多多矣即與骨粉中淡氣相較其佳亦倍之

血並石灰

博士密勒云由屠家所得新鮮血可以草煤並石灰和之令其歷久取新鮮血二百五十克蘭姆加石灰粉五十克蘭姆再加草煤屑三十二克蘭姆則變爲鬆疏和料毫無氣味此博士又試驗將新鮮血二百五十克蘭姆和草煤屑五十八克蘭姆亦幾無氣味而其中之水化散甚速爲數竟有百分之七十一從前舊法祇用石灰不加草煤以血盛於淺箱中加乾鬆石灰百分之四或五又蓋石灰一層待其乾可歷久不變壞隨時加於田或加於他種和肥料中然後用之亦可

赫敦試驗如下取羊血二千克蘭姆和乾鬆石灰一百三十克蘭姆又取石灰百分之一鋪於面在二十四小時間其和料已盡變爲定質至七八月間將此和料在屋內令受徑直之日光如是數日並不見其改變情形惟稍有氣味後乃結成硬殼一層以刀碎之亦不易殺中料較輭而黑似未變化之血而血中水質蓋已騰化其半矣

肥皂廠廢料

市肆之肥料中有許多乾肉廢料有一種西名格里維斯又名克辣格林斯又名肥皂廠廢料此係製牛油並預備製肥皂之油而得之即是動物之油質中所有筋絡等也

其所含油質已用壓力取出而廢料由商家又用重壓力製成硬餅如趣斯潘恩並蒲生古查此貨樣百分中有水八分淡氣十二分

從前將此餅浸於水甚久然後敲碎或磨成粉作爲肥料製造多燐料廠中常用以相雜今時製此餅較薄故易令成粉英國以之飼犬而美國作爲家禽食料或以飼豬

百餘年前英國亨脫嘗言製鯨魚油所有廢料雜於和肥料中甚爲合算此廢料殊有氣味其法如下先取草地之土鋪平厚一尺其上鋪馬廄肥料亦厚一尺再上鋪鯨魚廢料一層其堆積約高六尺餘又蓋草地土一厚層閱一

月加新土以和之於是又得第二次之發酵屢次翻鬆待其悉腐爛即可運至田莊應用

如屠家廢料不易得則以次等格里維斯雜於和肥料中可令其中草煤等發酵然上等格里維斯可飼畜其價高美國亦可購以飼豬蓋豬所食珍珠米粉中含小粉甚多而淡氣較少若取肥皂廠之廢料和之可補其不足遂爲食料之佳品

屠家廢料

此即屠家所棄動物之臟腑肉料等製成之肥料也其法將此廢料盛於櫃中用熱汽蒸去油質又置於鐵鍋內用

乾熱氣令其乾並用器鬆碎之如製之合法者每百分中有水不過十至十二分不合法者有水三十餘分尋常百分中含水並燐養酸之數較乾血中所有者爲多其燐養酸往往有百分之五至七淡氣七·五此淡氣易消化故在溼土中經發酵而爲合用之肥料

未播種之前以此料與田土相和可免其腐爛變壞當散於田面然後耙入土中而不應散於田槽中此廢料及乾血乾魚廢料棉子渣餅與土幷合之後不易洩水所以下層土中水引起之力即減若旱乾時將此等生物質料加於田猶燒之也儻在合宜時用之合法者適能羈留應需

之雨水今時屠家廢料如血骨肉令其乾磨成粉者其百分中含水五至六分淡氣十一至十二分其料中雜有牙齒粉屑故有次等之燐養五酸

屠家廢料須發酵

屠家廢料並魚廢料必令其發酵然後所含淡氣可供養植物此料或作成堆積或和以泥土令其發酵合法者則甚能補養植物否則無益歐洲農家云當年加此肥料於田者所獲收成較少於往年加之者且在往年秋季所加較在春季所加更佳特海蘭云此肥料不宜於番薯若在當年以之培壅飼畜草等固屬有效然在第二年其效更

大惟當年加於大麥田尚爲合宜加此肥料於番薯待番薯收成之後在秋間播種小麥則甚豐稔而以後多年所種小麥仍獲其益

南阿美利加歐羅葵地方人稀地廣野牛成羣捕而斃之設廠製造牛肉汁並取其皮供人用所以大廠中除所棄肉渣料外更有血骨筋等廢料作爲肥料無殊於他種肉料所製之肥料也其百分中有淡氣五至七分燐養五酸十三至二十分而製造之人則云有淡氣六分燐養五酸十六分

養蠶地方以蠶蛹壅瘦弱之桑樹並他樹以補其養料之不足且蠶糞並其所食桑葉之筋絡未消化者及病死之蠶聚集堆積而爲大有力之淡氣肥料潘恩並蒲生古查其百分中有水一一·四淡氣三·三蠶蛹百分中查有水七八·五淡氣一·九

已消化之動物廢料

歐洲製造廠中人取南阿美利加之肉料加以硫強酸製成肥料其百分中有易化燐養五酸十二分此製法可施於各種屠家廢料

博士齊拉待爲衛生故取傳染瘟疫病而死之動物肉料以冷濃硫強酸和之毀滅其微生物而保護其質料可作

爲肥料此博士將硫強酸傾入木桶中此桶內面有鉛皮襯貼於是斬已死動物成塊投入而密閉之可免硫強酸吸收空氣中之溼氣硫強酸與肉料相和之後發出熱氣其油變成流質浮於面可去之據云不過二十四小時或三十六小時可令動物質料悉變爲流質惟角甲等消化較緩又云強酸之勢力甚猛及消化肉料四分之三其動情漸緩惟此硫強酸用過之後必含有肉料而殭石磨成粉製多燐料即可用此強酸是又成一種肥料矣

此強酸中所含已化之肉料爲數甚微蓋死動物一百磅中所有淡氣不過二磅燐養五酸不過一·五磅與強酸相和

自必極淡如將病斃之羊九頭其重二百零四啟羅以强酸五百啟羅化之其共數百分中有生物淡氣〇·七二二阿摩尼淡氣〇·〇五八更有易化之燐養五酸〇·五齊拉待云儻化學房及工部局欲設法料理此事應加以熱硫强酸則消化肉料更速更濃厚則以後所製之多燐料中淡氣爲數亦更大又有阿摩尼少許此阿摩尼由强酸與肉料變化而得也

乾肉粉

更有一種乾肉粉係由德國斃馬及患瘟疫病而死之畜製成之名曰肉粉肥料其製法將死馬剝皮剖腹斬爲四

塊投入圓柱形大鐵鍋內此鍋西名待誰斯脫其意卽消化具也每一鍋可容馬三或四匹以熱汽蒸烘之歷八小時有二倍空氣之壓力

如此蒸法肉料中之油質等盡化出而筋等變爲直辣的尼小骨變輭待其消化既畢卽阻止熱汽而料中有流質二層上層爲油質卽可出售以製輭肥皂或潤滑機輪或爲紡織羊毛所需下層爲肉湯含有膠類並肉料令其水化散遂變成糖漿形然後出售名曰骨膠爲紡織人用之於紗乃將所蒸肉料去骨壓緊而在鑪中烘乾磨成粉

德國辣潑賽克地方之廠此消化具有三而晝夜工作每二十四小時可消化馬十六或十八匹有一年共消化馬一千五百匹牛一百五十頭豬犬羊五十頭

德國來因江邊雷德地方亦有一廠每年消化馬一千至一千二百匹並他畜類百頭及屠家廢料如羊之頭足等數千擔博士楷瑪羅脫曾考查此廠所製乾肉粉云稍有黃色顆粒尚細略有初腐爛之氣味每百分中有淡氣八·六五燐養五酸七·五三

德國海那浮省內近林登地方亦有一廠將骨與乾肉和而磨細之故粉中燐養五酸爲數較多博士衞格奈查其百分中有淡氣六·五並含燐養五之物三十分其中燐養五酸約

有十四分

德國暮尼克地方亦有一廠博士海澤爾查其所製料百分中有水七分淡氣七·四四燐養五酸一四·九華爾甫查考德國各廠所製乾肉粉中淡氣中數爲百分之九又四分之三燐養五酸爲六又三分之一水爲二十八分

廚房廢料

美國城市風俗廚房廢料不與煤灰並室中乾廢料相雜而有人收取以飼豬惟近今有人設法將一切廢料蒸烘之

美國紐約省勃勿羅地方博士福蘭駭云凡穢濁有害衞

生之物可用足數之熱度毀滅其微生物而提出其中油質並骨及織物廢料及他種可出售之物可將此等廢料五千餘磅傾入於有套殼之圓柱形桶中而套殼中容八十磅壓力之熱汽蒸烘之桶中又有空管耙亦容熱汽令其在桶中旋繞而騰出汽霧扇入於一房此房有冷水噴之令汽霧凝結成水墜滴如此凝結之水爲汽霧百分之六十而由陰溝洩出

桶中廢料已極乾乃盛於提油具內用偏蘇尼化提其油質而無損於乾料也此含油之偏蘇尼又用蒸法去其油可復用之此乾廢料又由提油具取出屢次篩之分出其

中骨及織物廢料及粗粉而篩下之乾細粉卽爲肥料其中淡氣並燐養尚多在勃勿羅地方每日料理此等穢濁物約有三萬磅可提出油質一千八百磅製成肥料一萬二千磅據云工作之時毫無氣味運至市肆出售可獲厚利

油渣餅

蔴子菜子棉子等均含油質先將此等子磨成粉以粗布袋盛之而夾於熱鐵板之閒用重壓力壓取其油而袋中渣料遂成薄硬扁餅名曰油渣餅或以餅磨細成粉名曰油渣粉此油渣餅與粉價值較貴宜飼家畜若作爲田閒肥料似可惜也然中國日本及法國南方畜類甚少惟有作爲肥料耳更有數種油渣餅係由蓖麻或瀉果製成有泄瀉之性不可飼畜

蓖麻渣料

美國抱絲敦地方從前有瀉果製成之渣料出售蓖麻渣料百分中有淡氣五至六分燐養酸二分鉀養一分此渣料甚宜於菸葉勝於他種淡氣肥料故農家願以貴價購之

蓖麻渣料一噸中所含物質如左表

淡氣百至百二十磅	每磅一角五分	十五至十八圓

燐養四十磅	每磅六分	二圓四角
鉀養二十磅	每磅四·五分	九角

總言之油渣餅中多生物質故用於不甚乾之沙土較他種肥料更佳惟蓖麻渣料不可與家畜相近而散布此料亦宜順風爲之因雖非毒品而與人之口鼻殊不相宜也

胡麻渣餅

胡麻渣餅百分中尋常有淡氣五分鉀養一·五分燐養二又四分之一可見較圭拏爲次然有一時以爲可與圭拏相等靑雀島圭拏一噸中之淡氣較此渣餅中所有者更多二·五分燐養多六倍鉀養多六倍餘所以渣餅價値較

圭拏少於一半者用之方爲合算而日本人至今仍以製油所餘之菜子渣餅及豆渣餅爲貴重肥料壅幼嫩之棉花及初生長之菸草從前德國英國亦用此渣餅獲效甚佳約每英畝用碎菜子渣餅半噸許若磨細成粉而與子同散者五六百磅已可儻用八百磅其數已甚足據格司配林云法國南方尋常田每畝加五百至九百磅若種粗蔴須用一千四百或一千五百磅曾在瘠土專用渣餅而種狠莢並他種馬料均甚佳

溼土宜渣餅

查知英國地方於溼季時用渣餅較勝於乾季時蓋碎餅

或成粉者入溼土易化分所以不必先令其發酵或和以他肥料然亦有加牧場肥料三十倍者據人云其性速不能歷久而與一年之收成則相宜種穀類則散於田面或與小麥子同散每畝約用八斗至十六斗百年前亨脫云英國耀克駭省含石灰之瘠土加以菜子渣餅甚合宜如與小麥子同散者每畝用三十二斗與苡仁米子同散者每畝用二十四斗有農夫將碎菜子渣餅與乾黃沙土相和而溼之令其發酵則其性速而敷布較均

勞斯並葛爾勃試種苡仁米每年每畝專用菜子渣餅九擔所獲收成較用他肥料更佳惟不能勝於多含淡氣之牧場肥料及製造肥料此渣餅中淡氣之敷布較遲於阿摩尼淡氣所以苡仁米生長發達之際吸取此養料不能多於淡養或阿摩尼鹽類所供給者然敷布雖遲而甚均勻故功效久遠數年之後九寸深面土中含有淡養並炭質可較他田更多

比利時國未用圭拏及阿摩尼鹽類及淡養料之前將菜子渣餅與流質肥料相和待其發酵然後加於田今則可由阿摩尼等得補養植物之料其效等於發酵之渣餅而辦理並無困難其所以與他肥料相和者因獨用渣餅發酵速捷而有害於播散之子也故法人以爲多用製油所

餘渣餅而渣料中多呼莫司者則與地土不宜是故用此料必先和以草料或輪次用之

發酵或有損於植物

總言之各種易發酵之生物質在土中不可與散布之子相遇或加骨粉者亦須數日後方可播種免受骨粉發酵之鬱熱所以前云菜子渣餅與子同散者實爲不妥據勞斯云生物質肥料並他種多淡氣料不可與幼嫩植物相遇若壅於根鬚幾及之處最佳

歐洲植物未得雨水之前加菜子渣餅反有損害或加此料後天氣旱乾而植物幼嫩者亦爲有害所以法國南方

宜將磨細渣餅溼而用之若在他處加此料十日或十二日後乃播種其損害有二故一因料中油質將圍固種子阻其萌芽二因易生蟲豸敗壞種子

菜子渣餅之敷布雖較圭拏爲緩而速於骨粉博士斯禿克拉脫試種大麥於略溼之土而考其效如左表

肥料	每黑克忒田加啟羅數	每黑克忒田收啟羅數 實	稭
無肥料		九二八	一二一三
骨粉	四〇〇	一一二七	一三九〇
骨粉 硫强酸	四〇〇 二〇〇	一二四九	一七五七
菜子渣餅	四〇〇	一八七二	二三八七

用菜子渣餅於乾土殊屬無謂若用於佳土在第一季已能見效德國博士查考用此料第一年之效爲五十分第二年爲三十分第三年僅二十分

勞斯前曾言菜子渣餅並他種生物質肥料加於蘿蔔田甚合宜因此料中多炭質也從前英國亦甚多用於蘿蔔而最合宜時在蘿蔔稍長成後近則不用此料乃以多燐料代之

勞斯並葛爾勃試種小麥云此渣餅之效全恃所含淡氣多寡爲定如菜子渣餅一百磅其百分中有淡氣五磅炭質八十或九十磅者加於小麥田所增收成不能過於有淡氣五磅而無炭質之阿摩尼然用於蘿蔔則菜子渣餅勝於阿摩尼

用菜子渣餅以阻綫條蟲之法

英國常用菜子渣餅保護嫩小麥不致爲綫條蟲所損害博士雀諾克有言將菜子渣餅五擔壓碎成塊犂入土中則綫條蟲將食此餅過飽而死或因其中有毒性足以殺之或又因過飽並受毒而死均未可知如磨細成粉者蟲類不能聚集試取餅塊察視則滿布蟲類或已死或將死

英國種製啤酒所用哈潑草之地亦用近似此法而滅綫

條蟲即將番薯切成小塊埋於哈潑草之旁引誘蟲類當蟲繁多時二星期閒每晨取起番薯察視有許多蟲已死如不用此法每顆植物有蟲十二條

勞斯並葛爾勃云曾以菜子渣餅加於小麥田則綫條蟲舍小麥而食此餅惟該地用此法不特未殺蟲類而其數反多並不損害植物故此餅究爲合宜之肥料

英國坎勃里芝駭省將菜子渣餅磨成細粉與小麥子同散較勝於散鈉養淡養於田面博士潑山云菜子渣餅粉與小麥子同散實爲最佳小麥種於輕土因受嚴寒而將死者用此料亦佳

小麥田每畝用菜子渣餅粉八斗至十六斗已爲足數加於田時或與子同散或在春間壅於麥壟均可或以爲尋常重土其溝道合法而下層土乾者用此料最宜博士葉恩云阿爾蘭初春溼天氣時肥料已竭之草田每英畝加四分噸之一則馬料收成甚豐若尋常天氣用此料於高土則較用於卑溼土更宜惟在暮春加於田而以後旱乾者則不宜

棉子渣餅

棉子並棉子渣餅美國多用作肥料較胡麻子渣餅更肥然棉子用法去其殼並細屑而製爲餅可以飼畜不必作

爲田間肥料其百分中所含物質如左表

水	八·○○
油	一三·七○
蛋白類質	四四·○○
膠質糖質	二一·五○
木紋質	五·七○
灰	七·一○
淡氣	七·○○
燐養五酸	二·五至三·○○
鉀養	一又三分之一至二·○○

然市中亦有未去殼之棉子渣餅其色較深因有黑殼細屑相雜也詳細察視能別之所含淡氣較少或作爲畜食料或作爲肥料較去殼者爲次等且有硬殼粗塊在其中以之飼畜亦難消化而美國南方以爲畜之佳食料或云去殼之棉子渣餅較硬然既磨成粉亦無相關若將此等物飼畜不可在發酵時又不可多食因其甚肥也況棉子中尚含有毒品二種一名考林一名奴林幸其爲數極微而各種豆類亦含此毒品凡生九月至十二月之犢曾將棉子渣粉六斤與去乳皮之牛乳並草料並他種渣餅和而飼之竟死或因所含毒品致之也

棉子渣粉每噸中所含肥料之價值如下

淡氣一百四十磅	每磅一·五角	二一圓
燐養五五十至六十磅	每磅六分	三至三·六圓
鉀養三十至四十磅	每磅四·五分	一·三五至一·八五圓
共約		二五圓

觀新聞紙所載價值則知佳棉子渣粉在美國北方其價甚廉次等者更廉然所含質料甚多可以飼畜農夫不知遂以壅田且市中此物甚多而用度不廣所以價值極低作爲田間肥料亦不甚可惜

查棉子渣粉中淡氣之功效與乾魚廢料肉廢料相等農

夫不可輕視之若地土過乾者則不應用也至其功效可與他種渣料相較而知之勞斯云骨粉無論粗細終不及菜子渣餅功效之靈捷而此等餅類亦均不及鈉養淡養阿摩尼鹽類或圭拏因渣餅入土之後有若干在土中速化分而土鬆疏者則更甚入土之第一年發出淡氣及各肥料較牧場肥料更不能歷久所以牧場肥料在第一年祇需四分之一已足然菜子渣餅等所含物質由溝道洩失較少即是留於土中者較多曾查其淡氣大分留於地面而植物不能即得之

棉子爲肥料

農務全書中編一 三五

美國南方種甘蔗棉花珍珠米大半用棉子渣粉爲肥料每畝加四百磅當初將不磨碎之棉子或用泥土或用和肥料與之相和作成堆積令其發酵以殺其生機或竟獨自堆積令溼而腐爛此法猶意大利農家將狠莢煮熟而培壅橄欖樹橘樹也俄國德國亦用狠莢粉爲肥料猶美國用棉子也最佳之法將此等子稍浸於淡號硫強酸中以滅其微生物然後加於田藏儲之番薯當春閒欲阻其萌芽亦可略浸於淡號硫強酸中以滅其芽本則免因發芽而變壞也

農家云有一等地土最宜用全棉子較成粉者更佳睴得

內以爲全子中之油質可與泥土相感化或將地土變爲鬆疏如加棉子渣粉則土中之水流洩較緩然粉與子均能阻地下水引起之力

美國種菸草用棉子渣粉最爲合宜坎奈狄克省種菸草田儻土中少石灰類質者則每英畝加和肥料如下即是棉子渣粉一千或一千五百至二千磅棉子殼灰五百或八百或一千或一千五百磅石灰二百或三百或五百磅相和而用之曾西安那省博士同德勃斯云如種棉花所加和肥料則爲棉子渣粉一百斗牧場肥料一百斗鈣養多燐料一噸楷尼脫一千磅相和而用之每英畝加此和

農務全書中編一 三六

料三百至一千磅

油渣餅繞道用法

胡麻子渣料百分中所有物質如左表

	舊法製油	新法製油
水	九·三○	一○·○○
油	五·七○	三·六○
蛋白類質	三四·五○	三三·○○
膠質糖質	三五·四○	三八·四○
木紋質	八·七○	九·○○
灰	六·四○	六·○○

觀上表卽知爲肥料甚佳然以渣餅並田莊所有植物廢料飼畜而取其糞以壅田更妙密西西比平原所產珍珠米稈及苜蓿草料等均可與棉子渣粉相和以飼畜此等田莊若購燐料及圭拏或他肥料殊不合算

美國東北省以渣餅粉或珍珠米粉加草料並珍珠米稈並藏儲窖中之靑植物料飼產乳之牛其糞中不特有渣料中之燐養五酸並鉀養且淡氣亦較專食草料之畜糞中所有者更多而渣料中油質蛋白類質糖質則增長畜體之肉料及乳並補養其精神

勞斯並葛爾勃試驗指明凡畜食渣餅等所出之糞壅於

土中其變化淡養五料較用阿摩尼鹽類者更緩而變化之時亦久如將渣餅及菜子渣餅徑値加於田變化成淡氣物較速而在試驗房考察之則甚緩蓋渣料中別有他物能阻淡氣之發酵或因菜子渣餅中淡氣料變成阿摩尼較他物更緩此二博士屢用菜子渣餅爲肥料查土中所有淡氣較用金石類肥料或用金石類加含淡氣料或用阿摩尼鹽類者更多然在堅硬之土此渣餅變化淡氣法不甚便利也

博士辟雀特查知沙土與棉子渣粉相和者百分中有淡氣〇·三沙土與呼莫司相和者百分中有淡氣〇·五而試驗房考察棉子渣粉中發出之淡氣較呼莫司中發出者反多

廢穀

稃皮　釀酒家苡仁米芽渣　哥路登渣　酒坊

此等物飼畜甚合宜而罕有用作壅田者且此物須腐爛改變方可爲肥料稃皮百分中有水十三分灰五五淡氣二·三鉀養一·三燐養五酸三分廢穀百分中有水七十六分或有奇灰一·二淡氣〇·九燐養五酸〇·五鉀養〇·〇五其一英斗卽六十磅之百分中有淡氣〇·五四燐養五酸〇·三鉀養〇·〇三價値約一角美國海疆城鎭酒坊之廢穀其價

有時不止此數凡農家以廢穀飼產乳之牛而牛糞卽能補益田地英國博士云廢穀散於草田面甚合宜可令草壯茂而速成熟哥路登渣百分中有水十四分灰〇·七五淡氣四分或五分

苡仁米芽渣常以飼牛馬曾化分考驗知其爲肥料甚合宜因其百分中有淡氣四分鉀養二分燐養五酸一·三尋常者其百分中有水五分至十分灰約六分前百年間英國以此渣散於嫩小麥田甚佳其時在春初或散於苜蓿並狠荚田如天氣多雨其效亦甚佳德國農家於番薯旁掘槽而散之或散於酸性草地亦有佳效又或將此渣粉散

於馬料田約每英畝三十至六十斗可速其生長若散於
嫩穀田可補救其冬閒之困苦
葡萄渣卽釀葡萄酒廠所餘之渣料也蒲生古並潘恩查
其百分中有水四十八分淡氣一·七

織物廢料

羊毛織成物已成廢料者並織次等呢絨（西名駭台）所餘羊毛粉屑（西名福勞克斯）作爲肥料稍有功效數十年前博士湯姆斯以盆盛沙並土試種小麥及捲心菜而壅此廢料獲效甚佳在英國將此廢料加於小麥田甚有益如每英畝加四擔或五擔第一年可增小麥收成二倍而以後二年尚有

餘力奥克斯福特駭愛省常加於種小麥並稗草之沙土田惟因其易令植物發黴故農夫將舍棄之然苡仁米大麥與此廢料甚宜而加於哈潑草田者亦甚多一千八百四十二年博士海納云英國南省農家每年用此廢料有二萬噸每噸價值約五鎊將此廢料斬成細條每英畝用手散半噸許據潑山云種小麥之鬆土每畝加六擔或七擔已足若重土則罕有用之者

法國腹地及南方並意大利亦久已廣用此廢料而作爲葡萄橄欖桑樹之肥料更多蓋羊毛腐爛化分較緩故甚宜於此等植物且不致過於茂盛令葡萄葉茂實少而製成之酒亦不損其品等據云法國南方葡萄樹全以此爲肥料其價值與酒價相比例

一千八百九十三年德國博士納斯欒云織物廢料與土相和變爲和肥料在春閒於葡萄樹之左右掘溝二條以壅之是爲最佳然英國美國此廢料因織呢廠需用甚繁致農家不易購買或揀選廢料中之稍有用者售與織賤價貨物之廠而將實不堪用者壅田其法將舊破料扯成細條與新羊毛或棉紗相和紡織次等貨物或提淨此廢料中之棉料以製氈等更有以印度麻織成底而將此還原羊毛嵌入其閒收緊之則外蓬鬆遂成堅暖之氈料可

以衣馬又有一種名福勞克斯卽是此等製成之氈絨類將羊毛粉屑嵌填其閒令其光堅而重較爲更暖因空氣不能透入也

從前織物廢料較今時之料爲佳因今料中雜有棉花也所以從前農學博士論此等廢料云百分中有淡氣十七或十八分而今料中不能有此數蓋今料百分中僅有淡氣十一或十二分卽合每噸中有淡氣二百至二百四十磅如果所有淡氣速變爲阿摩尼或他種含淡氣料如圭拏之速性可速爲植物利用則價值雖貴農家用之尚合算然其變化之性實緩於圭拏故昔人以爲此等廢料宜

距散種時六月即加於田庶有效也

此等料細散者在土中變化較速敷布較均如細散之廢料所含淡氣等於扯成細條者則細散之料更能有益於植物所以福勞克斯之功效更速大約扯成細條之廢料所含淡氣每磅價值一角則此等料一噸中含有淡氣百分之十者其價值為二十圓即是廢料一磅為價值一分百餘年前馬歇爾云此等廢料自倫敦運至肯脫省一千七百九十年時每噸價值五鎊用作哈潑草之肥料

羊毛變化甚緩

歐洲農家云羊毛廢料變化之性雖緩而實有功效在熱

地更宜若加於不甚乾之鬆土亦較加於重土者更佳所以地土於此料有宜有不宜而總以易腐爛變化與否以為定在英國法國或獨用此料則腐爛變化較緩閱七八年尚能得其餘力用此料最合法者可與他種易腐爛肥料相和如溲溺或圭拏等此二物易令羊毛從速腐爛變化也數年前福爾克云有數種次等織物廢料百分中有淡氣三至五分油質二十至二十五分此油質能阻空氣並溼氣之透入羊毛中故在土中將久阻其化分法國農家常加以流質肥料頗能獲益即是以此廢料與糞料相和令其速腐爛變化勝於獨用也

潑山試種孟閣爾用織物廢料培壅之其地土亦宜於此料之腐爛變化茲列其效如左表

每英畝所加肥料數	每英畝所收孟閣爾噸數
田莊肥料二十六車	二八·五
田莊肥料十三車	二七·五
織物廢料十三車七擔	三六·○
圭拏十三車三擔	三六·○
菜子渣餅十三車七擔	二七·○
骨粉十三車十四斗	二六·○
菜子渣餅七擔	二○·五
骨粉十四斗	二○·○
圭拏三擔	二○·五
無肥料	一三·五

可見用加倍之田莊肥料其效並不甚佳而菜子渣餅並骨粉不與畜糞相和而用者其效亦不大他博士試種根物用多生物質之肥料如織物廢料等亦頗有佳效

卷終

農務全書中編卷二

英國哈萬德大書院農務化學教習施妥縷撰　慈谿舒高第口譯　新陽趙詒琛筆述

第一章下

含淡氣之動物並植物廢料

羊毛廢料

羊毛廢料百分中，有水十四分，淡氣二至七分，其中數有三分又四分之三，比利時國法國農家頗用之，當秋閒每英畝將此料犁入土中一千五百至二千二百磅，博士華爾甫言羊毛廢料百分中淡氣中數為五·二，燐養$_5$酸一·三，

赫敦云，有此料數種，其百分中有淡氣七分，在達姆地方，於六年閒得羊毛廢料三十種，分析之，知百分中淡氣中數為四分，燐養$_5$酸○·六，僅有五種其淡氣過於六分，而有一種竟不及一分

英國輕土田一畝，加羊毛廢料半噸，而種小麥或種飼畜草，均甚合宜，農家或以此料藏於窖中，而和以人畜溲出之流質穢料，化分之，其百分中有水二十七分，生物淡氣二分，阿摩尼一分，燐養$_5$酸一分又三分之一，鉀養一·一，鈣養七分又三分之一，有一種比利時羊毛廢料，曾在蒸器內令其乾脆，於是碎而考之，知其百分中有生物淡氣四分，阿摩尼淡氣一分，水十一分

福爾克塞羊毛廢料於小麥田，其土係含鈣養者，初不見效，及後植物乃得其益，雖未能如鈉養淡養並阿摩尼鹽類令植物變為深綠色，而收成數每英畝有三十九斗，他田用田莊肥料者得三十一斗，用圭拏者得四十斗，用阿摩尼硫養$_3$者得四十四斗，用鈉養淡養$_5$者得四十五斗，美國農家將此等羊毛廢料與草煤相和，令其發酵，然後用之，殊有效

批脫曼取廠中洗羊毛之濁水化分之，知其洗出物質甚多，每百分中有水四十九分，淡氣○·五分，鉀養四分一之

一，燐養$_5$酸八分一之一，又取梳下羊毛粉屑化分之，其百分中有水九分，淡氣三分，燐養$_5$酸○·八五，鉀養○·六七

蒸過羊毛廢料

比利時國法國將羊毛廢料加壓力蒸之，令其緊密而又易鬆散，蓋此料受熱汽而變為流質及水質騰化，遂成紫色散粉，稍易收溼，其氣味如焦糖，加以水，幾盡溶化，比利時出售者，名溶化羊毛肥料，每百分中有淡氣自九分至十三分，此數中之淡氣有二·五分已變成阿摩尼式，其共數淡氣在水中幾盡溶化，更有淡氣數分，變為他種和肥料

由此觀之此已蒸之羊毛廢料仍有肥力批脫曼試驗之果然渠將此料與未蒸過者及鈉養淡養三料比較試驗用含沙黃土種小麥並製糖之紅菜頭或加澄停燐料或不加燐料下表即指明四千克蘭姆土中所產小麥克蘭姆數並一黑克忒田中所產製糖紅菜頭啟羅數

春小麥	未加燐料		加燐料	
	實	全體	實	全體
無肥料	一四·七九	五八·八二		
未蒸羊毛廢料	一七·六三	六三·一八	一七·五九	六三·三三
蒸過羊毛廢料	一八·四一	六七·五五	一九·八一	六九·四八
鈉養淡養三	二〇·三九	七三·三三	二〇·四五	七〇·七三

紅菜頭	根物	全體
無肥料	二八五七三	
未蒸羊毛廢料	三一七四四	三一七一
蒸過羊毛廢料	三七四〇八	八八三五
鈉養淡養三	四二一〇四	一三六三一

可見已蒸過羊毛廢料於小麥並紅菜頭大有益而勝於未蒸過者然不及鈉養淡養三也

已蒸過羊毛廢料中之淡氣不知是否易為溝水所洩失而查驗溝水中所有淡氣數似未嘗洩失蓋無異於未加此肥料之他田溝水也

博士張森云有數種動物料能製成膠質者如骨筋脆骨皮腸包膜煮之或蒸之其中膠質能阻塞細孔令其腐敗較緩惟羊毛及他動物毛角甲如此料理則變為更易溶化

織物廢料化分法

前已言博士倫格用鈣養並鈉養硫養三與皮革羊毛廢料等同煮之其法如下取新石灰三磅鈉養硫養一磅清水九十六磅相和而加織物廢料八磅煮之約歷三或四小時如用鍋者可加〇·五或一空氣壓力則化分更速

美國紐英格倫亦可依此法為之凡製呢絨廠之廢料並製皮廠之廢毛或骨角等用淡鉀養水或用柴灰濾出之鹼水同煮之惟羊毛與鹼類同煮其中阿摩尼有若干將耗失

博士謀克之意將織物廢料並羊毛廢料與陳石灰相和令其化分其法每羊毛粉屑一百磅用石灰十磅或十二磅或更和以溼土此和料堆積高約半尺餘噴水以溼之再堆積一層其高相同亦噴以水如是堆積至若干高而以土蓋之任其發酵歷二三月此宜在夏間為之乃妙待和料已盡化分可散於田惟當時須常溼潤則石灰與料

中油質等可動作變化若乾石灰不能感化物質也
博士好夫買斯脫於數年前將羊毛等廢料用濃鹼水煮之此鹼係用石灰水濾木柴灰而得之再加石灰水令其變爲稠流質即能與溶化之羊毛并合而成凍形物餘賸之鉀養鹼水傾出以備下次復用然則鉀養鹼水爲數不必多而可多溶化羊毛廢料令其變成合用之肥料也

羊毛與棉花分離

數年前歐洲有人領憑照專作化分羊毛廢料並毛髮等料又由棉花料或麻製之紙料中化分而得羊毛料其法將此等廢料一百磅加淡石灰水以煮之約歷一小時此

石灰水係石灰十磅與清水六百磅相和乃將已化散之羊毛由棉花料或麻料中搥出之更有一法係英國博士華爾特所云製紙之料中儻有羊毛棉花或絲相雜者並廢料之縫隙用棉或麻紉者則先將此料用汽水蒸之約歷二三小時當時加空氣壓力三倍至五倍則料中羊毛變爲鬆脆可由未變化之棉花料中搥出蓋搥時此羊毛料已變成細粉而棉花料可製紙此羊毛料中有淡氣二十分而較福勞克斯肥料之性更速惟較圭拏之性爲緩耳
近年來棉花之價值較賤而製紙又用木質料所以羊毛

織成物已成廢料者其中羊毛較所雜之棉花爲貴可用鹽強酸料理令其中棉花料變輭化散以便提出而所存羊毛不致有損此羊毛料可製氈或製他種物件
比利時有數種羊毛織成物已成廢料者用熱汽加壓力料理之批脫曼查考其百分中有生物淡氣七分至八五分並已成阿摩尼淡氣○七五至一分水九分至十一分
德國博士柴倍爾有一法取製糖廠用過之織物廢料經過硫強酸而堆積之令其速化分堆積之下置廢骨炭一層可收滴下之硫強酸其上亦蓋廢骨炭一層約厚尺許歷數星期後此廢料均已化散因思園圃工人亦可將細

樹枝蔓草並他種可作肥料之廢物如此料理且可用鉀養鹼類以代硫強酸
謀克云羊毛粉屑有一速簡化分之法取硫強酸五十分與水對分劑相和而盛於襯貼鉛皮之櫃內加羊毛廢料調和之至濃厚而難攪擾將發出許多熱氣然亦無妨因查其中之阿摩尼並無耗失也此廢料已盡變化成稠流質於是用水漂出其中之硫強酸待其乾即變爲鬆脆可壅於田

化分毛髮等料

潘恩並蒲生古查知牛毛粉屑百分中有淡氣十三分又

四分之三水九分衛博士查知馬毛百分中有淡氣一一·八三分如燒之其百分中所賸之灰僅有五分德國明斯脫地方試驗房報告云曾試驗毛髮十種知其百分中有淡氣自三分又三分之一至十三分又四分之一其中數爲十一分又四分之一博士駭爾查知人髮用法倫海寒暑表二百五十度熱氣令其乾則百分中有淡氣十七分張森查知馬毛製成之氊百分中有淡氣九分又三分之一

好夫買斯脫由製皮廠內所得毛料與石灰相和者其百分中有淡氣七分至八分

製膠廠並製皮廠之場地有一種廢料係畜毛並畜體料與石灰相和頗有臭氣如令其發酵可爲農家之肥料衛博士取此廢料三種考查之第一種百分中有淡氣〇·八九分第二種一·三五分第三種一·五七分其鈣養燐養$_{五}$百分中自〇·五〇至一·八三分鈣養炭養自三十至三十三分此外更有水並他種穢料自二十四至二十六分

潘恩並蒲生古查羽毛百分中有淡氣十五分又三分之一而由棧房掃集之垃圾衛博士查其中有淡氣六分又四分之一然羽毛腐爛變化更遲

化分畜角粉

潘恩並蒲生古查潔淨角鑤花百分中有淡氣幾及十五分衛博士查知百分中有淡氣一二·五分且云此等角廢料培壅哈潑草可獲豐稔明斯脫地方查得角粉九種其百分中有淡氣七·五至十四分又四分之一其中數爲十二分又三分之一梅理葛爾云角粉百分中有淡氣自十分至十三分燐養$_{五}$酸六分至十分尼林查得東印度水牛角之鋸屑百分中有淡氣一三·七六分燐養$_{五}$酸〇·二四分沙類〇·八〇分張森云美國野牛角之鑤花鋸屑百分中有淡氣一四·五分至十五分燐養$_{五}$酸僅有〇·〇八至〇·一五分乾角用熱氣蒸十小時或十二小時之久即易研成

細粉

角中含淡氣和物名幾拉丁不易化分而植物不能徑直得其益須將角粉和於溼潤土中則此淡氣和物可變爲阿摩尼並含淡養$_{三}$物

美國製梳廠所棄角廢料係輕薄之鑤花形如與馬糞相和數月之久可壅於田或云此等角鑤花甚輕鬆雖與他料攙和而散於田尚覺不易英國二百年前農家以爲此料甚宜於堅冷之土而在熱地則不宜當秋閒散於田槽中然後犁入土約每畝需七斗

司考脫倫省近年試驗而知極細之角鋸屑在土中尚易

化分若爲穀類亦係一種含淡氣之佳肥料若成粗片或鏇花則化分甚緩不宜作爲肥料卽尋常粉屑亦不宜於春種之穀類而爲秋季播種者尚屬合宜至美國應將角粉與他種肥料比較試驗而種大珍珠米

德國有一法將角粉藏於窖中與陳石灰相閒成層而每層令其溼潤則角粉變輭而易化分

紐海文地方查得一種角粉百分中有淡氣一三九分

生物淡氣功效

前曾言動物質並植物質中所有淡氣一磅其功效有若干甚難判斷有數種物質經發酵而易化分而有他種物

質則不然此情形並不依其物質中之淡氣多寡而定乃依其生物質之化學物質品類以爲定如羊毛並溲溺中之定質料皆有淡氣百分之十六或十七分然溺中大半係化學物質如由里阿希布由里克酸在水中均易消化經發酵之力均易變成阿摩尼而羊毛中含淡氣物在水中不易化故較由里阿甚爲倔强卽是可久抵制發酵微生物之動作除此情形外凡熱溼之地較堅冷之土更易發酵化分可見地土亦有合宜不合宜法國含鈣養之鬆土中因速得養氣而少呼莫司故以生物淡氣和料爲貴重此等田地若加鈉養淡養$_{三}$或阿摩尼硫養$_{三}$易爲雨水所

洩失也美國南方亦有此情形

歐洲南方地土少田莊肥料祇用生物淡氣和料爲肥料雖難化分者亦用之如培壅橘樹常用角粉織物廢料皮革屑油渣餠又用腐爛樹葉等料坎爾奈查日本熱高田所加魚廢料並植物廢料並阿摩尼硫養$_{三}$能從速變成淡氣惟稻田因多水不易變化在溼土所加生物淡氣和料其功效全賴其變成阿摩尼且查知高田加以石灰更能助其速變淡氣而在溼土亦可令其速變爲阿摩尼前曾言在溫和地方骨粉中每磅淡氣之功效不及圭拏而羊毛等廢料亦然尋常皮革廢料儻未蒸或未用化學法料

理亦屬無用尚有一故凡一種生物淡氣料宜於此植物而不宜於彼植物如羊毛廢料角料油渣餠頗有益於哈潑草勞斯云菜子渣餠和以合宜之他料加於蘿蔔田較勝於用阿摩尼料

總言之凡速生長之植物如苡仁米春燕麥春小麥不宜用生物淡氣須用有此淡氣之鹽類物而哈潑草蘿蔔葡萄樹並他種果樹歷時久遠則數種生物淡氣和料甚爲合宜

生物淡氣價值

含淡氣之生物質市肆價值往往不計及農務上之功效

蓋此等料工藝中頗用之也若魚廢料屠家廢料之價値則常爲製肥料廠所定

一千八百六十六年德國薩克生奈省博士斯禿克拉脫查每磅淡氣價値如下

易化分之淡氣如阿摩尼鹽類含淡養三物質如圭拏乾血由里阿等每磅約一角七分

細骨粉人糞等每磅約一角五分

尋常粗骨粉角粉油渣餅羊毛廢料等每磅約一角三分

研碎骨料畜廄糞料角鑤花織物廢料等每磅約九分

美國此等物料價値相差不遠上等秘魯圭拏今不能得而阿摩尼硫養三之淡氣每磅價値一角九分鈉養淡養五之淡氣每磅一角五分細骨粉之淡氣每磅約一角六分粗骨粉之淡氣每磅七分棉子粉之淡氣每磅一角五分魚廢料之淡氣每磅不及一角五分而次等生物淡氣每磅價値僅七分

生物質淡氣並他種含淡氣之物質爲工藝家所需故甚有關係如含淡養物爲化學製造廠用之甚廣或有戰事以之製造火藥所以價値更昂當初圭拏價値尚廉之時化學廠亦取而製造阿摩尼並阿摩尼鹽類並製造布國黃色料即鉀衰鐵布國藍色料即衰鐵嬌艶青蓮色料即炭輕淡養並他種顏料

生物淡氣試驗法

依勞斯之意如英國天氣羊毛粉屑並他種含淡氣生物質作爲肥料者其淡氣功效甚緩故較鈉養淡養三阿摩尼硫養三或圭拏之價値僅得其半或三分之二坎爾奈在日本試種稻指明在熱地加之以水有數種生物淡氣爲肥料甚合宜下表係每黑克忒田所加肥料其中淡氣合四一·四至八二·八啟羅克蘭姆除此淡氣外各田均加燐養五酸二百啟羅克蘭姆鉀養一百十啟羅克蘭姆即是鈣養

燐養五及鉀養炭養也加此肥料時在種稻前數日其泥土本係多含淡氣凡氣乾之土百分中有淡氣〇·六一分

所加肥料	較未加肥料田產米克蘭姆多數	因加阿摩尼硫養產物多數爲一〇〇分
阿摩尼硫養三水	九九·五	一〇〇
蒸過骨粉百分中有淡氣四分	一四二·五	一四三
小魚廢料百分中有淡氣九·九	一三四·七	一三五
又一種魚廢料百分中有淡氣九·五	一三三·九	一三四
乾血粉百分中有淡氣一·四分	一三五·〇	一二六
生骨粉百分中有淡氣四·七	一一九·七	一二〇

所加肥料	所增收成百分中挽回淡氣數	因加各肥料挽回淡氣比較數	所增收成中數並挽回淡氣數指明各肥料功效
釀酒家乾渣料百分中有淡氣二·三	一二八·九	一一九	
角粉百分中有淡氣一四·七	一二六·二	一一七	
秘魯圭拏百分中有淡氣七·六	一六二·五	一一四	
已發酵人糞百分中有淡氣○·五一	一○二·八	一○三	
製醬油豆渣料並烘乾小麥百分中有淡氣三·五	一○一·八	一○二	
菜子渣餅百分中有淡氣五分	一○○·七	一○一	
田莊肥料有人糞相雜均已腐爛百分中有淡氣一·一	九四·六	九五	
米殼百分中有淡氣二·一	五四·○	五四	
青肥料大半係硬草百分中有淡氣○·五	四五·七	四六	

下表指明增收植物中挽回淡氣數其第三層各數係各

農務全書中編二 三

肥料之功效

所加肥料	所增收成百分中挽回淡氣數	因加各肥料挽回淡氣比較數	所增收成中數並挽回淡氣數指明各肥料功效
無肥料			
阿摩尼硫養三	六一	一○○	一○○
蒸過骨粉	八六	一四一	一四二
魚廢料百分中有淡氣九·九	八三	一三五	一三五
魚廢料百分中有淡氣九·五	八一	一三二	一三三
乾血粉	八二	一三四	一三○
生骨粉	七三	一二○	一二○

所加肥料	所增收成百分中挽回淡氣數	因加各肥料挽回淡氣比較數	所增收成中數並挽回淡氣數指明各肥料功效
釀酒家乾渣料	七二	一一七	一一八
角粉	七一	一一五	一一六
秘魯圭拏	七二	一一七	一一六
壓緊渣餅	六五	一○六	一○四
菜子渣餅	六八	一一○	一○六
人糞	六六	一○八	一○六
田莊肥料	五○	八一	八八
米殼	二六	四二	四八
青肥料	二三	三七	四二

試驗時各情形甚宜於生物質之化分即是其地土係溼

農務全書中編二 一四

稻田而天氣適在春夏之交更可見生物質如骨粉魚廢料乾血粉功效最大角粉功效亦大惟菜子餅壓緊渣餅化分較緩阿摩尼硫養三人糞田莊肥料均居次等因其中易化之淡氣爲稻田中之水沖失而生物質中之淡氣漸變爲阿摩尼稻可吸取之也

凡青肥料米殼並稭料作爲肥料者利益最少因其易化分耗失也

加青肥料之田均不能獲益而用他種肥料者一月後始有效可見易化分之生物質不可在散種或蒔秧時加之宜在播種前數月壅入土中或作成堆積令其發酵然後

加於田

坎爾奈以爲稻田中之水能阻變化淡氣法上所試驗不用含淡氣鹽類物惟用生物質肥料令其變成阿摩尼即可爲稻所需然在無水之高田當夏閒其生物質變成之阿摩尼有數分速變爲淡氣植物可利用之尚有數分遇土中鹼類物則變成含淡氣鹽類隨雨水而入深土植物不能得其益下表係德國博士山福脫試種蘿蔔其料理法均相同惟所用含淡氣料不同

所加肥料	收成克蘭姆數
無淡氣肥料	七六
密聚羅納斯島生圭拏內有淡氣二十五克蘭姆	七一
已蒸皮革粉內有淡氣二十五克蘭姆	四六九
已蒸骨粉內有淡氣二十五克蘭姆	一五七二
乾血粉內有淡氣二十五克蘭姆	一六五四
已蒸角粉內有淡氣二十五克蘭姆	二〇〇五
鈉養淡養內有淡氣二十五克蘭姆	六二〇八

由此表觀之鈉養淡養並角粉之功效甚佳而皮革粉居次等乾血粉之效與前相同博士阿爾勃脫欲考證上表之效因種大麥比較試驗如左表

所加肥料	收成克蘭姆數			
	實	稭	根	全體
無淡氣肥料	五·二	一五·七	一四·三	三五·二
已蒸皮革粉	一三·三	二三·二	一三·六	四九·一
已發酵皮革粉	二一·五	三六·四	一七·二	七五·一
已蒸骨粉	三六·二	四一·三	二〇·〇	九七·五
已蒸並發酵骨粉	三四·〇	四四·三	二〇·三	九八·六
乾血粉	二四·八	四四·五	一八·五	八七·八
已發酵乾血粉	二九·六	五七·二	一六·五	一〇三·三
已蒸角粉	四七·五	七〇·四	二五·四	一四三·三
鈉養淡養	四八·九	六二·六	二七·九	一三九·六
阿摩尼硫養	三三·二	四四·六	二二·一	九八·九

由此表觀之鈉養淡養並骨粉之功效亦甚佳已發酵之乾血亦佳皮革粉不合宜而大麥收成後再種他植物亦不能得其餘力雖發酵皮革粉亦不甚有用也

博士亨利試種大麥之後云儻以阿摩尼硫養之功效作爲一百分則屠家廢料之效等於七十二骨粉等於六十五皮革粉等於五十九乾血粉等於五十八角粉等於三十三鉀硝之效與阿摩尼硫養相同淡養及硫養耙入土中或更深者均佳惟肉骨皮血等粉與泥土相和甚均而

又罯耙之是爲最妙

下表係博士愛肯勃蘭克試驗當時用血骨並角粉發酵甚佳頗宜於植物生長其土係無產物之沙置於一方磚箱中其深一尺半有餘此沙中又和植物灰而各箱中加淡氣五克蘭姆此淡氣即表中所列各肥料所含者依次序各灌以水熱度亦爲合宜其歷二年其各箱植物收成權之如左表

	大麥收成克蘭姆數	大麥全體克蘭姆數
無淡氣	一二·六	八〇
乾血粉	四二·二	二二五
角粉	三八·一	二二七
骨粉	四七·七	二四九
阿摩尼硫養	四六·〇	二五一
三以脫里阿美尼淡養（即以脫代阿摩尼中之輕氣而變爲以脫里阿美尼）	五二·九	二五二
鈉養淡養	五八·三	二六〇
生圭拏	一五·五	九二

圭拏之效不佳可謂甚奇然未明其故

角粉骨粉令穀實成熟甚緩而三以脫里阿美尼之效甚顯近由紅菜頭糖槳製酒醋時可多得此物也

博士衛格奈在田試種夏燕麥及收成後又種麻及夏小麥並紅蘿蔔而比較各種生物淡氣如左表

	第一年	第一第二年中數	第一第二第三年中數
鈉養淡養	一〇〇	一〇〇	一〇〇
阿摩尼硫養	八五	七四	八八
秘魯圭拏	八四	八八	八〇
乾血粉	六七	六七	六九
草麻渣	六二	六五	六七
青肥料	六二	六〇	六八
角粉	六三	六一	六三
魚圭拏	五一	五九	六四
蒸過骨粉	四二	五三	六一
屠家廢料	四四	四七	五四
羊毛粉屑	二七	二八	三三
畜廄肥料	一一	一六	三二
皮革粉	一三	一二	二〇

角料須多用

張森在紐海文地方用盆試種大麥而比較乾血粉並角粉乃知角與血中之淡氣助植物生長之功效相同惟角料中祇有限數之淡氣須依植物最大收成所需之數而加之

其試驗法，以盆成對，而盛多年未加肥料之黃沙土，乃加鉀養綠養五，並鈣養多燐料應需之數。其乾血粉百分中有淡氣一三·四○，角甲粉百分中有淡氣一三·五四，角鑤花百分中有淡氣一五·三七。此等含淡氣料，均係磨研極細。其盆中加淡氣之多寡，卽依田間所加二十或四十或六十磅而計算之。所種大麥生長甚佳，當開花時有黴點，尚無大害

所加肥料	克蘭姆數	肥料中淡氣克蘭姆數	收成乾料克蘭姆數	收成料中淡氣克蘭姆數
無肥料		無	二三·四	○·二○四二
又		又	二五·一	○·二一二
又		又	二二·四	○·二○五五
又		又	二二·九	○·二○五○
乾血粉	○·八五○八	○·一一四	二九·六	○·二三七八
又	○·八五○八	○·一一四	二九·七	○·二四一○
又	一·七○一五	○·二二八	三二·七	○·二八一六
又	一·七○一五	○·二二八	三三·三	○·三一七三
又	二·五五二四	○·三四二	四一·六	○·三八四四
角甲粉	○·八四一九	○·一一四	二四·一	○·二○五六
又	○·八四一九	○·一一四	二六·○	○·二三四六
又	一·六八三八	○·二二八	二六·五	○·二四一一
又	一·六八三八	○·二二八	二八·六	○·二五二八
又	二·五二五七	○·三四二	三三·一	○·二八二六
又	二·五二五七	○·三四二	三二·七	○·二八○八
角鑤花	○·七四一七	○·一一四	三二·五	○·二○七三
又	○·七四一七	○·一一四	一九·四	○·二四五七
又	一·四八三四	○·二二八	二六·一	○·二二八○
又	一·四八三四	○·二二八	二八·五	○·二五三四
又	二·二二五一	○·三四二	三二·三	○·三一四○
又	二·二二五一	○·三四二	三二·八	○·二八七○

由上表觀之，每畝田加血淡氣角淡氣各二十磅，加血淡氣所得收成較加角淡氣者多四倍，各加四十磅者，僅較多二倍半，各加六十磅者，僅多一倍又四分之三

每畝田加血淡氣二十磅者，收成之料中所增淡氣數較加角淡氣者多二倍，加四十磅者多二倍半，加六十磅者多一倍又三分之二

張森以爲乾血粉在土中易化分，故爲數若多者，將令植物枯焦，而角粉中之淡氣雖與血中所有之數相等，能緩緩發出，則植物得其益。然角粉之功效與血粉相較，猶四七·五與一○○之比，而收成之料中淡氣中數，猶五○·五與一○○之比，可見血淡氣一磅之價值，可抵角淡氣一

磅加倍數此與老農閱歷所得者相同若用萆麻渣料並鈉養淡養試種珍珠米則鈉養淡養之功效等於一〇〇上等萆麻渣料等於八十五胡麻渣料等於八十乾血粉等於七十七棉子渣料等於七十六次等萆麻渣料等於七十四角甲粉等於七十二乾魚廢料等於七十釀酒家渣料等於六十八

角粉之益因其幾拉丁有腐爛之性也有人名毛根將角粉皮革粉令其溼而腐爛之然後化分考查角淡氣百分之六一·六二溶化於流質中而皮革淡氣僅有百分之三四·五六溶化於流質中

生物質爲含淡養鹽類之源

孟紫及齊拉待考究數種生物質肥料如氣候情形均合宜則發酵微生物變化動作而成含淡養物其法將一種生物質料權其重若干與定數之黃沙土相和令其溼其熱度爲法倫海寒暑表五十九至七十七度陸續權其重數以三十日爲試驗一期蓋在此期內物質中之淡氣易變化者均已變成淡養物其不易變化者須久延多時始變成由此試驗之後即知阿摩尼鹽類物之淡氣較各種生物質中之淡氣易變化圭拏及蝙蝠糞中之淡氣次之豆類植物作爲青肥料犁入土中者又次之乾血粉屠家廢料角粉及烘過角粉中之淡氣又次之烘過皮革中之淡氣變化最緩至生皮革幾不能變化列表如左

考究物質	物質百分中淡氣數	三十日後 淡氣百分中變成淡養鹽類數	三十九日後
阿摩尼硫養	二〇·四〇	七五·〇〇	八三·七六
乾血粉	一一·九二	七二·四四	七三·五六
烘過角粉	一三·六六	七一·二〇	七三·一七
屠家廢料	一一·〇八	七〇·四〇	六六·一五
角細粉	一四·〇六	五五·五〇	七二·一六
粗號人糞料	二·三〇	一八·一四	一四·九四
烘過皮革細粉	七·一八	一一·六二	一六·四七
生皮革細粉	八·〇五	〇·三九	

仿照胃汁消化法

先將肥料少許權準之浸於暑熱之流質中此流質中有伯布辛並淡號鹽强酸依畜類胃汁之濃度凡肥料在此流質中最易消化者即最宜於田間之用即其中最多易化之含淡氣物質此係德國試驗所獲效如左表

	百分料中淡氣共數	百分淡氣 在伯布辛中易化之數	在伯布辛中不易化之數
骨粉	三·五四	八九·七五	一〇·二五

已蒸皮革粉	六·九一	三九·一九	六○·八一
烘乾角粉	一三·七○	四○·七三	五九·二七
生角鋸屑	七·○六	二三·四三	七六·五七
人糞料	六·七七	八○·二三	一九·七七
又一城之人糞料	一·五八	二三·九二	七七·○八
羊毛廢料	一○·五五	二·七二	九七·二八
生骨粉	四·○二	九五·四五	四·五五
又一種生骨粉	三·九四	九七·九五	二·○五
已蒸骨粉	四·三一	九二·七四	七·二六
又一種已蒸骨粉	二·四三	八八·三五	一一·六五

由里酸已除去之秘魯圭拏	一一·○八	九四·五三	五·四七
已用硫强酸料理之羊毛廢料	一二·三七	八五·三四	一四·六六
美國駭潑並駭壽二人依此法試驗			
紅號乾血	一五·一九	九九·一八	○·一九
黑號乾血	一四·四九	七八·六一	二一·三九
乾魚廢料	一一·五六	八八·六七	一一·三三
屠家乾廢料	一二·四八	六一·二九	三八·七一
上等乾廢肉料	一四·一七	九三·三二	六·六八
乾馬腳蹄連殼	一二·一五	五三·一○	七四·九○
加酸之魚廢料	七·一四	八四·五九	一五·四一

已烘皮革粉	九·九二	三七·八○	六二·二○
棉子粉	七·七六	八三·一八	一六·八二
棉子渣粉	八·五六	八五·六七	一四·三三
粗磨棉子粉	四·二三	八三·一○	一六·九○
張森試驗			
窯烘黑號乾血	一三·四四	九六·八	三·二
第二種窯烘黑號乾血	一三·四七	九七·九	二·一
孟海騰魚廢料	一○·六四	八五·九	一四·一
乾磨細魚廢料	八·七六	七一·二	二八·八
乾馬肉	八·一二	六一·三	三八·七

淨硬乾骨粉	四·一一	九八·八	一·二
棉子粉	六·六八	九二·七	七·三
蓖麻子渣	六·八八	九二·四	七·六
已提出小粉之珍珠米渣	五·五五	八二·九	一七·一
野牛角鋸屑	一四·八五	七·二	九二·八
角鏇花	一五·三七	二三·四	七七·六
磨細角甲粉	一三·六九	二八·三	七一·七
羊毛廢料	一一·二五	四·八	九五·二
毛氈廢料	一三·一二	七·二	九二·八
細脆皮革粉	八·一三	二五·四	七四·六

用偏蘇尼料理之皮革粉　八·四〇　三五·九　六四·一
用大熱蒸後磨細之皮革粉　六·八五　三三·三　六六·七
毛與皮革和料　六·九一　一三·八　八六·二

上表所載各料之效驗，如用於田中，其效亦同，惟角粉之效與以前盆中試驗者畧有不同

血並骨粉肉料油渣魚廢料均與田莊所用之情形相等

皮革粉並羊毛廢料仍表明其無甚益，屠家乾廢料並甚乾之魚廢料爲中等。由此法試驗生物和料，可依其淡氣易化與否，列爲二等，第一等易化淡氣有大半，第二等易化淡氣不及三分之一，然第一等農家亦早已知爲上等

佳肥料

此試驗後，即知皮革粉先浸於硼砂水中，而後入於有伯布辛流質中，則易消化，如將皮革粉蒸過，然後浸於硼砂水中，再入於伯布辛流質中，可化其淡氣八十四分，若不用此法，僅能化其三十三分又三分之一

蒸織物廢料

德國近年來設法取織物廢料中之淡氣，將此等廢料在田莊蒸之，其騰化之阿摩尼氣霧收入於酸質或水中，乃將此流質與土相和而加於田，其蒸法僅用一簡便之煙囱，約高六尺，闊二尺，用磚砌之，煙囱之下有穴，爲出灰料進空氣之路，煙囱頂可隨意開閉，距頂稍下，有彎管由煙囱通出，接連於木櫃，木櫃中有清水或淡號硫强酸，各櫃用木管令其彼此相通

煙囱下先燒木柴火，而煙囱中加以織物廢料，關閉其頂，令空氣少許由穴入，則最下層之廢料緩緩然燒，漸令上層蒸熱，其然燒之料有氣霧騰起，而由彎管入於櫃

此器具造之甚簡，而費亦省，從煙囱下所得之灰，與土相和，而又與含阿摩尼之流質相和，即成肥料，其效等於圭拏

美國工價甚賤，而情形合宜之地方，則小農家亦可用此

法以料理草煤並皮革廢料並蔓草並花園所有之廢料

商務中之阿摩尼鹽類，亦可用此法由煤中得之，且煤中淡氣不能徑直爲植物吸取，較皮革等尤甚，而草煤及植物苔類並黑土均有相同之情形

土中不變動之淡氣

土中有許多淡氣往往不變動，因此不能得其益，猶皮革及煤中所有之淡氣也

土中植物料並糞料並阿摩尼所含淡氣，變爲似呼莫司物質，而不能生利用，淡氣供給上等植物，惟有少許能變爲含淡氣料，漸爲植物利用

土中呼莫司常含淡氣英國並美國佳黄沙土百分中有此淡氣四分或五分舊金山乾土中之呼莫司所含淡氣以中數計之有十六分氣乾之草煤中有三分勞斯並葛爾勃查考羅退姆斯退脫地方熟田每一英畝第一九寸深有淡氣三千磅第二九寸深有淡氣一千七百磅第三九寸深有淡氣一千五百磅即每畝二十七寸厚之土共有淡氣六千二百磅又查知奥克沙脱地方白石粉土之田由五六百尺深處所得土百分中有淡氣〇·〇四與羅退姆斯退脫地方四尺深處所有之數相同其意凡澄停料變成之石中必有含淡氣之生物質也

從前以爲土中之淡氣係阿摩尼呼莫司而呼莫司爲鹼類並他物所化分阿摩尼鹽類物則不易化分之然今人之智識知此說未必確蓋土中植物料或肥料腐爛而變成阿摩尼呼莫司即將速變爲不變動之含淡氣物而此含淡氣物中並無阿摩尼如草煤燒時或腐爛時化出阿摩尼非其中本有結成之阿摩尼也猶骨料肉料織物廢料並他種含淡氣物中並無阿摩尼而燒時能變成阿摩尼騰出

土中阿美弟物（阿摩尼亞者即淡輕$_3$也儻其中輕之分數爲鏹質所替代即名阿美弟）

土中所有之淡氣變成和料名阿美弟如由里阿者即阿美弟炭輕也如

炭輕$_4$淡$_2$養＝淡$_2$（炭養、輕$_2$、輕$_2$）

阿西他阿美弟係阿西他並阿美弟如

炭$_2$輕$_5$淡養＝淡（炭$_2$輕$_3$養、輕$_2$）

蛋白質並相類物質均有阿美弟在其中所以思之此等蛋白質入於土中而腐爛化分將阿美弟洩放任其與他物質相合

儻將土中呼莫司少許用鹼類物和而煮之則漸化出阿摩尼猶阿美弟與鹼類相遇漸化出阿摩尼也不特如是即土中含淡氣物質用鹼類質煮之亦有阿摩尼化出而含淡氣物質若加以酸質煮之亦有阿摩尼化出即用清水煮之亦然蓋加以酸質更易化出也

土中阿摩尼爲數不多

如將黄沙土與石灰水和而煮之即有阿摩尼騰出故從前人以爲土中有阿摩尼此不確也凡鹼類濃流質與含淡氣物共煮之即有阿摩尼騰出而騰出阿摩尼多少全賴物質之性情並所需之熱度往往未至沸水度已有許

多阿摩尼騰出而熱度不高於法倫海表一百度時亦已有之或在尋常空氣熱度亦能騰出

農家知土中有許多物質當化分時有許多阿摩尼騰出於是考查某土數內有物質若干能變成阿摩尼若干而考查時恆將易變化之物質誤爲含阿摩尼之和物如從前博士核算土百分中有阿摩尼○·一○今知其僅有○○○一或○·○○二

蒲生古考準之法用鎂養以代濃鹼類物而查阿摩尼多少甚爲詳慎然今所用之法更較爲確準當時以爲淡氣在土中係阿摩尼式如將花園土用鈣養和之在尋常空

氣中其中含淡氣之呼莫司即化分而有阿摩尼騰出其實此阿摩尼並非土中本有之物其所本有者乃淡氣也藉鈣養之功遂得輕氣合成淡輕即阿摩尼而當時熱度又高故騰出也

肥料中淡氣之功與灰質相較

從前農家未明上所云之理故往往爭論淡氣爲上等抑阿摩尼及阿摩尼硫養爲上等或以爲土中已有許多阿摩尼祇加柴灰類如鈣養燐養五或鉀養燐養五已足爲植物所用或又以爲圭拏之功全賴其中鈣養燐養五及鉀養燐養五然此等論說毫無確據觀勞斯並葛爾勃之試驗即知之如左表

每英畝田所加肥料	收成 實斗數	成 稭磅數
田莊糞料十四噸	二三·〇〇	一四七六
田莊糞成灰料十四噸	一六·〇〇	一一〇四
無肥料	一六·七五	一一二〇
骨灰多燐養五七百磅	一六·七五	一一一六
多燐養五六百三十五磅 阿摩尼硫養六十五磅	二二·二五	一三六八

今人皆知專用灰料不足以供養植物地土中雖有淡氣如因天氣寒冷亦不能爲植物所吸取惟天氣熱時則淡

氣易變化爲植物利用之品然此淡氣變化較肥料中所有者爲緩因肥料中有微生物以助化之也所以農家應設法使地土中之淡氣變爲利用之品而又加田莊所有之肥料或他國運來之靈捷淡氣料助其不足

地土中淡氣變成含淡氣物質法

凡熱帶地方其情形合宜者則土中淡氣變化敏捷而大珍珠米等植物頗能獲益若土中淡氣本已甚多而再加易化之淡氣料亦有損害從前博士勒色爾云美國熱沙土田如種冬小麥因過於茂盛反致黴害宜種於少肥料之輕沙土田若在英國司考脫倫則此等少肥料之田不

宜種此麥菸草種於肥沃黃沙土者其葉生長壯大而少香味所以種菸草家須擇輕沙土種之

地土中不變動之淡氣有少數由阿摩尼鹽類並含淡養物質所化成其多數由蛋白類質料並他種含淡氣和料化成此和料係植物料並生物質變化所成凡地土中植物料或動物質或糞料變化其中有淡氣數分變成阿摩尼鹽類物並淡養鹽類物又有變爲由利淡氣少許而入於空氣中其餘淡氣留於土中變爲生物質此生物質在水中並空氣中均不能變化如遇植物根能消化而吸取之

生物質中輕氣炭氣耗失較淡氣更速

地土中微生物將呼莫司中之炭氣輕氣化分而不擾動其淡氣所以植物料受熱發酵腐爛之後其中輕氣炭氣耗失者較淡氣爲數更多而此呼莫司中淡氣數遂較原呼莫司中所有者更多此情形俄國之黑土甚明顯此黑土乾之每百分中有淡氣四或五或六分而由此呼莫司所產之植物其百分中有淡氣不過一分或二分在舊金山荒土中之呼莫司百分中竟有淡氣十六分殊覺奇異蓋植物根化分質料時其中炭輕質遇養氣從速變化騰散而淡氣變化較緩故拘留於呼莫司中其數較其中蛋白類質更多也

據博士羅集斯云呼莫司中不變動之淡氣可在鹽强酸內稍消化之似有鹼本之性情遂用鹽强酸將黃沙土濾之而濾出之流質令其化汽乾之其存者係含淡氣黑色物雖土中呼莫司甚少者亦有此情形此黑色物必異於呼莫司酸因呼莫司酸不能在鹽强酸內消化也由此法化分查考之二種多呼莫司之沙土百分中本有淡氣〇·八〇四而用鹽强水化出〇·三三二更有一種沙土百分中本有淡氣〇·三六七而化出〇·〇八三

盤德羅又查知地土中有數種易化散之含淡氣和物如妥孟（即動物質死體之毒）係由土中微生物所變成而有時爲數較阿摩尼更多所以地土發出毒氣非虛語也

植物吸取土中淡氣甚多

上試驗土中淡氣所得之數不可即定爲植物吸取之數也

如每英畝田加圭拏或鈉養淡養肥料數磅則所增產物較未加肥料田所產者甚多於春閒將鈉養淡養加於冬麥田此時地土尚寒冷變化淡氣並不敏捷而已能見大效

多燐料能令土中微生物在呼莫司淡氣中工作而變爲

含淡氣和料植物可吸取之或將木柴灰與多燐料與鉀養鹽類並用者亦然福爾克加殭石製成之多燐料並與鉀養綠養擾和之燐料於苜蓿田並馬料田每英畝加四擔苜蓿生長壯茂意大利馬料亦然後收割草料每英畝有十五噸與未加肥料田相較增九千四百磅惟專用多燐料並未增加而專用鉀養鹽類增數僅二千七百磅總之不可忽視地土中之淡氣此等淡氣雖似不能變動而實非盡如此也

地土供給淡氣數

蒲生古早已考究輪種之法其田並不常加肥料卽加亦

不多查知數年收成料共數中之淡氣較所加之數多寡懸殊近來博士戴侯屢次試驗而知植物吸取淡氣一百磅依中數計之其五十五磅得自土中本有之淡氣其四十五磅由所加肥料中得之又特查由肥料所加易化淡氣應有若干爲得其宜歷十五年每畝每年植物吸取淡氣中數爲五十二磅而每年所加肥料中之淡氣爲二十四磅或所加數及次數更多者反爲無益如小麥每英畝可受淡氣三十五至三十八磅大麥番薯四十三至五十二磅然番薯田加至五十二磅亦未見其格外增加總言之戴侯之意祇須依希望將來收成數中所有淡氣數之半加之

勞斯並葛爾勃屢言凡用淡氣肥料逼助植物生長則此植物較未加肥料田收成所增數中淡氣數罕有等於加入肥料中淡氣數此二博士歷年試種小麥苡仁米大麥馬料所用肥料係阿摩尼鹽類或鈉養淡養並他種金石類料此等肥料中之淡氣在收成增數中大分不能挽回二十年閒每年每畝加金石類和肥料外再加阿摩尼鹽類二百磅在小麥收成增數中挽回淡氣較所加者僅三分之一在苡仁米中幾有二分之一加金石類和肥料外再加阿摩尼鹽類四百磅則二十年閒小麥收成增數中

淡氣數如前如加阿摩尼鹽類更多者則挽回之淡氣更不及三分之一卽加愈多而利愈少也至苡仁米加金石類料外六年閒加阿摩尼鹽類四百磅十年閒加二百磅四年閒加鈉養淡養二百七十五磅共計收成之中數中挽回淡氣幾及二分之一而春閒加鈉養淡養二百五十磅卽等於阿摩尼鹽類四百五十磅則小麥挽回淡氣數不少於二分之一而大麥不止二分之一

地土中淡氣之關係

下表指明二十年閒每年加田莊肥料中之淡氣數並每年小麥苡仁米吸取淡氣數加金石類肥料者並無淡氣

在其中即可見植物由地土中吸取淡氣之多少

	每畝每年淡氣數 田莊肥料十四噸中之數	加金石類肥料收成中之數	加田莊肥料收成中之數	因加田莊肥料收成增數中之數	收成增數中挽回數	田莊肥料中每百磅淡氣收成增數中耗失數
小麥	二〇〇·七	二〇·一	四九·三	二九·二	一四·六	八五·四
苡仁米	二〇〇·七	二三·九	四五·三	二一·四	一〇·七	八九·三

大麥三年間加金石類肥料並阿摩尼鹽類四百磅者，收成數中挽回淡氣竟不止二分之一，加菜子渣餅於苡仁米，則挽回之淡氣較加阿摩尼鹽類者爲少

小麥並苡仁米加以田莊肥料，則挽回淡氣數較加製造

肥料者爲少，如每畝每年所加糞料中淡氣有二百磅，則由小麥挽回之數約七分之一，由苡仁米挽回不及九分之一，然糞料在土內化分較緩，故餘力能歷多年，勞斯並葛爾勃於一千八百六十三年末次加田莊肥料於田，至一千八百七十五年尚能見此肥料之餘力

有一舊草地在不加肥料時，十年間每年產馬料中數二千五百磅，而挽回淡氣有三十五磅，後加金石類肥料，其中並無淡氣，產馬料三千八百磅，而挽回淡氣有五十五磅，此所增淡氣數諒因草料中雜豆類植物也，儻加金石類肥料又加阿摩尼鹽類物四百磅，則每年收馬料六千

磅，而挽回之淡氣有七十六磅，加金石類肥料又加阿摩尼鹽類物八百磅，此八百磅中本有淡氣一百七十二磅，產馬料六千九百磅，而挽回之淡氣爲一百零三磅，由此觀之，多加阿摩尼鹽類物，亦屬無濟

加金石類肥料並鈉養淡養₅二百七十五磅，產馬料五千一百磅，而挽回之淡氣爲六十三磅，若鈉養淡養₅加至五百五十磅，產馬料五千九百磅，而挽回之淡氣僅六十八磅，八年間每畝每年加田莊肥料十四噸，其後十二年間不加肥料，獲效如左表

	每畝田淡氣磅數	百分數
八年間所加肥料中之數	一六〇六	
二十年間較未加肥料田收成多數中挽回淡氣數	二九一	一八·一
收成多數中未挽回之數	一三六五	八一·九
五十四寸深土中賸餘之數	五二九	三二·九
收成多數中並土中均不見之數	七八六	四九·〇

如田一畝，加阿摩尼鹽類物四百磅，其中有淡氣八十六磅，並不再加柴灰料等，十年間每年可產草料三千四百磅，而挽回淡氣五十八磅，如加鈉養淡養₅五百五十磅，其中淡氣與阿摩尼鹽類四百磅中所有之數相等，亦不再加柴灰料，則八年間，每年收成中數有四千磅，而挽回淡

氣六十三磅如鈉養淡養減半用之收成數有三千八百磅挽回淡氣五十六磅

休爾茄試種穀類於盆極爲注意收成料中挽回之淡氣有百分之九十此乃播種之子及所加肥料合爲百分也

華爾甫並克拉侍哈勃種大麥於沙土用淡養並柴灰爲肥料查其挽回淡氣數幾與種子內及肥料內之數相等惟在沙土中種豆類植物其效迥殊蓋豆類中所有淡氣數較加入土之數更多是豆類得淡氣之道異於穀類能由空氣中吸取淡氣而與土中及肥料中有淡氣或否不甚相關也

勞斯並葛爾勃查知根物挽回淡氣較穀類更多試種製糖之紅菜頭五年有一地在第一之三年間用他肥料外再加鈉養淡養而將五年之收成考之則見祇加柴灰料之根物中挽回淡氣數等於加鈉養淡養者

田莊肥料之久暫

格司配林論法國南省農務云該處仍依古時羅馬二次輪種法即第一次種小麥第二次休息有田數年不加肥料每間一年種小麥而每畝得十斗如加田莊肥料十一噸其中有淡氣一百十磅則第一年得小麥二十斗稭料幾及一噸其後二年不加肥料得小麥十四斗稭料一千

三百磅至第五年仍得小麥十斗可見此田所加肥料之力歷三年而二年間所種小麥已竭其肥料之力

倍克試驗法國含石灰之瘠土如不加肥料每畝得小麥十斗稭料八百三十磅其吸取田土中淡氣爲十六磅如加田莊肥料十一噸其中淡氣有一百十磅得小麥一六四斗稭料一千二百七十磅而次年種大麥收成三八·五斗稭料一千六百三十七磅吸取淡氣爲二十八磅可見肥料尚未用罄

在同等之田每英畝加菜子渣餅六百六十磅其中有淡氣四十五磅第一年得小麥二十斗稭料一噸第二年種

大麥得二十八斗稭料一千八百七十磅吸取淡氣爲二十一磅此較第一年不加肥料田之小麥吸取淡氣爲多惟較加田莊肥料田之大麥吸取數爲少可見菜子渣餅之力較田莊肥料更速而第二年其力尚未用罄

又每英畝加圭拏六百六十磅其中有淡氣七十九磅得小麥二十九斗稭料二噸以後種大麥得三十斗稭料一千三百三十磅吸取淡氣爲二十二磅此大麥吸取之淡氣數較加菜子渣餅者更多可見圭拏之力尚未用罄

勞斯並葛爾勃云試種番薯而知田莊肥料在初數年爲植物未吸取之數分其敷布行動甚緩如六年間每年加

田莊肥料十四噸其中有淡氣二百磅則每畝每年番薯收成中數爲五噸五擔以後六年不加肥料收成中數爲三噸一擔此較加無淡氣金石類肥料收成中數爲更少可見有淡氣肥料及無淡氣金石類肥料大半不易變化在土中雖歷時較久而植物仍不易吸取

種苡仁米田連二十年加田莊肥料乃將此田作爲二區一區仍加肥料又一區不加肥料此不加肥料之田在十年間所種植物能得以前肥料之益查其土中之淡氣並淡養物較他田中所有者更多惟少於連三十年加肥料之田中所有耳

有植物多需土中之淡氣

屢次考知植物吸取土中之淡氣而當時並未加肥料於此田也勞斯並葛爾勃查未加肥料之田連三十二年植物吸取土中淡氣每年每畝中數爲二十一磅共計六百餘磅又有一田加金石類肥料每年每畝小麥吸取淡氣有二十二磅

有一田二十四年間有年不加肥料有年加柴灰料所種苡仁米當不加肥料之年吸取淡氣十八磅又三分之一加肥料之年則有二二·五磅

有一田三十一年間專加柴灰料每年所種根物吸取淡氣二十七磅

有一田二十四年間當不加肥料之年種豆類植物吸取淡氣三十一磅又三分之一而加金石類肥料之年有四一·五磅

有一田二十二年間當不加肥料之年種苜蓿吸取淡氣三〇·五磅而加金石類肥料之年有四十磅

土中淡氣漸用罄

地土歷年耕種在初數年植物吸取淡氣數較後年爲多如不加肥料之田三十一年間每年耕種而小麥吸取淡氣中數有二十一磅在第一之八年其中數爲二十五磅

又四分之一而在第一之十二年其中數爲二十三磅可見土中存積之淡氣爲歷年耕種植物所用罄且用化學法考查亦能見土中淡氣告匱之情形如四十年間連種小麥之佳土其存積之淡氣及鉀養燐養酸之數均能覺其漸減然土中此料尚有存積可供此等植物所需

惠靈敦以爲地土歷年耕種植物而獲效尚佳者因植物所需之數不多且能由土中吸取金石類養料也又當知植物能吸取養料必賴泥土之溼潤有一田四十四年間不加肥料輪種四種植物每一種成熟悉數收取及輪種小麥其收成數爲最多在英國種小麥之難處因不易令

地土清淨而在堅密土及溼天氣此難更甚其小麥收成必不佳惟耕種之田與荒田迥殊蓋荒田之植物榮枯代謝將質料還入土中而熟田產物必耗失土中有用之料所以農家加以肥料者即補償其耗失也

土力告竭

農務如不合法則土中淡氣漸罄此之謂土力告竭即是地土初極肥沃而多呼莫司因歷年耕種此一種植物致土中本有之淡氣耗失以後耕種難獲豐稔也蓋土中發酵微生物能將工作所成之含淡氣養料供與植物而有若干爲溝水所沖失又有若干反成爲不能變動更有若

干爲他種微生物所耗失

勞斯並葛爾勃云土中含淡氣物質變化之法各不等吸收養氣甚緩而變成含淡養鹽類物爲數甚少土力已竭之田易變化之淡氣大都已耗失而佳地土常有植物廢料並人工所加生物質肥料以補益之夫此易變化淡氣料爲產物之根本而不易變化者存積土中爲豫備之根本以後產物實賴之

特海蘭查各土中之淡氣在合宜時變爲含淡氣鹽類物之緩速載於下表用刷磁油之大花盆數只其底有孔可以洩水盛不加肥料之土五十啟羅更有數盆盛土五十

啟羅並加田莊肥料一啟羅此肥料內有淡氣五克蘭姆各盆中均無植物而情形甚宜於變化淡氣表中各數係三月至十月受盆中濾出水所含淡氣鹽類物之淡氣數

土類	濾水中含淡養物質之淡氣密里克蘭姆數 加肥料	未加肥料
畧含石灰之輕土	二三三四	一一三一
重土	一三〇七	五九五
多呼莫司之重土	一四一一	六六〇
又一處之重土	一二〇五	七二七

可見情形合宜則濾出水中之淡氣半從土中本有之淡

氣物質而來半從所加肥料而來且含石灰之輕土所加肥料僅五分之一在本年變爲含淡氣物質尙有五分之四留於土中漸受養氣之變化而助後來肥料之力第二第三種之土得力之肥料僅七分之一第四種土僅十分之一餘均留於土中爲後日應用

勞斯並葛爾勃試種根物不加肥料閱數年幾無產物加以金石類和肥料則初數年根物吸取之淡氣較後數年所得者爲多

在第一之八年所種蘿蔔每年吸取淡氣中數爲四十二磅以後三年種苡仁米每年吸取淡氣二十四磅又三分

之一以後十五年間其十三年種瑞典蘿蔔二年休息則每年吸取淡氣一八五磅在末次之五年更種製糖之紅菜頭每年吸取淡氣十三磅可見末次之年吸取淡氣數較初年僅得三分之一勞斯並葛爾勃又查知根物能將面土中淡氣吸取殆盡而他種植物則不如是也

苜蓿並豆類植物蓋從下層土中吸取淡氣且此類植物根有微生物能由空氣中取得之故種苜蓿後其面土中之淡氣較以前更多

佳土中淡氣較多

熟田中淡氣存積甚多廓落克並潘恩云有百分之二其

實不止此數博士密勒考查少石灰之面土中淡氣有百分之·二六其下層土有百分之·一五含石灰之面土有百分之·六六有數種土竟有百分之·九至·九六此博士又查面土中生物質有百分之三·七至四·六德國種製糖之紅菜頭佳土中呼莫司之淡氣有百分之一·七至七·二其中數爲百分之三·六蒲生古查各等佳黃沙土十四寸深每英畝有淡氣六千至三萬餘磅此大數之淡氣均係不易變動者也

休爾茄並雅愛在美國考查溼土中有呼莫司百分之一·二五至五分而呼莫司中淡氣有百分之五在舊金山高

乾土中呼莫司之淡氣竟有百分之十六可見此等荒土中淡氣甚多而呼莫司與土相較僅百分之〇·七至五分

黃沙土中淡氣常與肥料中淡氣相等

肥沃土與田莊肥料同重則土中所有淡氣數往往與肥料中所有之數相等即使肥料中淡氣較多二三倍加於田間覺其極微惟肥料中淡氣品等甚佳而有發酵微生物藉土中之溼以變化動作故極有功效博士愛特生考驗司考脫倫八處田莊之地土中淡氣及生物質之多寡如左表

	百分中生物質	百分中淡氣
甲號田莊土	五·九七	〇·一四
甲號田莊肥料	二〇·一七	〇·四一
乙號田莊土	五·六七	〇·一五
乙號田莊肥料	一五·二四	〇·四六
丙號田莊土	五·六九	〇·一四
丙號田莊肥料	一一·一九	〇·四九
丁號田莊土	九·三五	〇·二九
丁號田莊肥料	二一·六八	〇·四九
戊號田莊土	四·九六	〇·二二
戊號田莊肥料	七·二四	〇·一九

已號田莊土	九・六五	〇・二七
已號田莊肥料	一一・三九	〇・三四
庚號田莊土	六・三六	〇・一八
庚號田莊肥料	一一・四七	〇・三三
辛號田莊土	八・五〇	〇・二六
辛號田莊肥料	一三・一七	〇・三六

土中淡氣甚要

陸續加燐料鉀養料於熟田，可令發酵微生物發達，則土中淡氣漸變為植物利用，農務中最要之一言，即土中無窮之淡氣如何令其利用而不竭，故自古以來用輪種法及息田法，以糞多得此淡氣，又加肥料並畜糞以助之

草煤為淡氣之一源

不變動之淡氣不特熟田並有植物葉肥料之田有之，查紐英格倫地土有此等葉料甚多，而功效甚微，又如草煤並溼草地之污泥並荒土並牆根舊土，往往用作肥料，因草煤可為含淡氣之肥料，如前所云也

在美國草煤之名，即包括各植物變成之溼土並溼草地污泥並完全之草煤

各種草煤本係植物料腐爛而變成，如卑溼之草地積水甚多，則植物料漸腐爛變成之，蓋此等水中常生萍苔等類甚易發達，及其枯死，仍在原處，如是歷年久遠，則腐爛之植物料自必甚多，海那浮地方有溼草地，因掘取變成之草煤，而成潭穴，乃在三十年間自然填滿，有四尺至六尺深，司考脫倫地方變成草煤亦甚速，其情形亦如是

此變成之草煤，含有淡氣甚多，而死物質等若非由水挾帶沙並澄停料沖運至此者，則甚少

化分草煤

賢爾大書院化學房博士張森查考草煤三十種，知其百分中有淡氣〇・四至二・九，氣乾草煤百分中，有淡氣中數為一・五，較尋常牧場肥料中多三倍餘，有草煤數種其百

分中淡氣竟有二・四，上所云氣乾之一種，尚為甚瘠，因有泥土相雜，並其百分中有金石類料十五至十六分，又有一種鹹水草地之土，百分中有淡氣一・四

然有草煤含淡氣甚少，博士楷瑪羅脫查考德國弗里斯蘭省紫色草煤，用鈉鹼水濾之，得呼莫克酸中之淡氣甚少，儻農家有草煤數種，宜擇佳者用之，總言之，草煤中之淡氣不易變動，而難溶化於水，然農家皆知其中淡氣果能為植物吸取，於農務甚有裨益

草煤遇空氣之變化

草煤如與熟田土相和，令其多遇空氣，則其中淡氣由漸

變化而有若干分爲植物利用猶織物廢料及骨粉中之淡氣變化也惟草煤中含淡氣物在土中變化較緩於蒸骨粉而較速於羊毛廢料並生骨並皮革粉

博士馬歇爾云土中因有微生物之動作故呼莫司中淡氣料加以伯布通（食物中淡氣物質遇胃汁變爲伯布通）留辛太路辛並油酸卽變爲阿摩尼此微生物最能發達敷布時係多溼而熱度在法倫海表八十六度空氣甚足又有足用之鹼性然酸呼莫司變化法畧有不同因其動作全賴發黴微生物之力而不藉酸質之功總言之若加鹼類物如石灰柴灰或鉀養令其酸性改變則此草煤可速變爲植物養料或將此草煤與糞料或廢肉料相和令其腐爛變爲和肥料亦可供植物所需

博士蒲落孟考究溼草地中之淡氣可加不鹼性之鉀養鹽類物如鉀養硫養並鉀綠令其變爲植物之養料博士赫斯又試驗將溼草地之土與楷尼脫相和或與鉀養硫養或鉀綠或石膏或石灰或鈣養炭養相和盛於瓶溼潤之歷一年有半然後加清水濾之能化出呼莫司中淡氣若干分較未加料之土多化出淡氣八倍餘用石膏相和者亦化出許多淡氣並查知化出生物質之數與化出淡氣相比例而此二物化出兼有許多酸質蓋淡氣之數與酸質數亦相稱也故以爲淡氣與酸質必有相關或者化出之淡氣作爲鹼本而酸質與之密合清水不能化分之赫斯又查知溼草地之土與硫養或綠氣相和而用水濾出其中許多石灰並淡氣然則土中共有之石灰可依此法化出之將石灰或鈣養炭養與此土相和數星期後其中化合成紫色黏韌有臭之物卽是其淡氣變化而爲有臭之物也此和料歷一年半並無淡氣可得

有數種草煤易發出阿摩尼

草煤置於熱處與空氣溼氣相遇其中淡氣漸變爲阿摩尼發出此不變動之淡氣能變爲阿摩尼乃微生物之工作也然亦有因其中不變動之淡氣和料化分成之

蒲落孟取溼草地土以高熱度乾之查知其中不變動之淡氣和料數分能化於水博士塔開查此土若在水中熱之其百分中含淡氣料可在法倫海表一百零四度熱度化其一分在一百九十四度至二百十二度之間可化六分二百三十四度可化一〇·二分二百七十二度可化十六分當此熱度並有阿摩尼發出

草煤中淡氣價值

草煤中淡氣如每磅價值五分則氣乾之草煤百分中有此淡氣二·五以一噸計之其價值爲二·五圓而他物如呼

莫司亦可得善價今祇論其淡氣料因肥料中最有價值者係淡氣之多少也他種含淡氣肥料如圭拏鈉養淡養阿摩尼鹽類物血廢肉料每噸價值較貴因其中此等濃淡氣料甚少而又不便料理也

鈣養燐養五常查獲新來源故近年來此料價值並不昂貴惟易化之淡氣和料價值較燐料或鉀養鹽類爲更昂故應及早考究草煤並呼莫司之利用並價值且此二物得之甚易也

卷終

農務全書中編卷三

美國哈萬德大書院農務化學教習施妥縷撰 慈谿 舒高第 口譯
新陽 趙詒琛 筆述

第二章

同生

從古以來人皆知異類動物同居而交情甚密彼此有益如狗獾成羣與獅相伴而在前途吠叫獅聞其聲奔赴擒拏食物狗獾取其賸餘以裹腹埃及國產鱷魚有小鳥名潑羅復恆與之同居此小鳥鳴則戒鱷魚有敵將至而鱷魚亦任其在齒閒啄其食料考究動物博士亦知有許多下等動物異類同居互相爲助如有甲之魚並海螺其殼內有許多微細蟹介類居住爲其保護此蟹介類所得食物卽與海螺等分而食之宛如賓主且均有利益

不特下等動物有此互相生養之情形從前人又知有寄生植物之根透入所寄之植物中彼此甚爲密切寄生植物卽藉所寄之主而得水並養料無異植物之一枝而所寄之主亦藉寄生植物之綠葉吸取空氣中物質供給之

接樹法係寄生

凡植物相接者其所接之體卽上所云之寄生也蓋養料經過本樹之根以供給之而所接者亦由葉吸取空氣中

養料以供給本樹根如榆樹冬季葉落而有一種寄生冬青藤其葉仍吸取食料所以榆樹中汁液亦運行供養之歐洲人常言葡萄藤一枝或他樹一枝當冬季牽引入玻璨花房其根及他枝均在外而在房中得暖之枝將發萼而生葉可見接樹法即同生之意因所接者與本樹實爲二種植物而互相爲助也

近年來有許多人研究植物同生之問題而知其關係甚大所謂同生者即表明異類植物可互相生養也

苔類係雜合植物

博士盧文登云苔類並非單獨之植物乃與微生物雜合

而成即是有獨一賽爾之苔類物西名阿爾格者常有寄生菌類物圍包之由此以觀每一苔形體似一邦其中所居之阿爾格恆有數百或數千有一袋形菌類作爲主由阿爾格供養之此袋形菌類將青色阿爾格圍包其法係用筋絡形之網料猶蜘蛛之網惟蜘蛛吮其所得食物中之脂膏而棄其軀殼此菌類則催阿爾格速生長以吸取其所供之養料今博物家考知凡菌類均係互相倚賴而樹木並豆類亦有此情形總言之菌類常由空氣中得淡氣後當詳細解明即可悟其在毫無植物毫無淡氣之光滑石面能生長吸取空氣中淡氣以供養植物動物

菌類全賴生物質以生長

今查知菌類如樹菌蘇茹並許多同類之微細菌類均恃生物質以生長其生物質如呼莫司而菌類能吸取其中炭氣淡氣博士拍斯拖試驗而知許多微生物能速將糖並果中之炭質吸取消化又能吸取蛋白類質並阿摩尼鹽類中之淡氣又查知微生物可生長於蛋白類質炭輕類油質類料中若養育於阿摩尼果酸水並柴灰水中能建造蛋白類質等物

奈格蘭考知微生物在阿摩尼醋酸中吸取炭氣淡氣在他種阿摩尼鹽類中亦然凡阿摩尼變成之和料在水中

易化而不甚毒不甚酸不甚鹼者微生物能吸取其炭質而最合宜之炭質養料係糖瑪內得各里司里尼布低里酒醋惟炭養衰由里阿福密克酸（即蟻酸）草酸不能養育然由里阿中之淡氣及阿司叭拉精留辛布路比辣阿美尼等物中之炭氣淡氣亦能吸取之

發酵微生物在畧酸之流質中能令糖變成酒醋然欲令一種微生物名蜉生長繁衍者則流質中須有鹼類物奈格蘭考知發酵微生物不特在蛋白類質伯布通留辛等物中能吸取炭質淡氣由阿美弟阿美尼和料並阿摩尼物中亦能取之惟與鹼類物衰物並淡氣鹽類物則不宜

羅博士云，阿摩尼鹽類物，阿美弟酸質，阿美尼，由里阿，圭拏料，似鹼類物，淡養並淡養鹽類物，此微生物亦能吸取其淡氣，以供植物，又云各種菌類物所喜各等淡氣養料不一，如呼莫司喜吸取淡氣料生物質並阿摩尼鹽類淡氣鹽類物，然有數種發酵料不甚喜阿摩尼鹽類物，而淡氣鹽類物之淡氣竟不能用，又如伯布通等甚易消化生物質和料中之淡氣，而敷布甚繁

死物質淡氣和料，在植物賽爾中易變爲阿摩尼者菌類喜之，羅博士以爲阿摩尼爲菌類合宜之食料，凡淡氣鹽類物爲菌類所用，此淡氣物必須變爲阿摩尼，其變化法

先變成淡養然後變爲阿摩尼方可用

樹根菌類

樹根有菌類，吸取養料供樹所需，不特榆樹椎樹樺樹赤楊樹有之，即尋常冬青之樹如杉樹松樹刺柏等亦有各種菌類寄生於樹根，而吸取空氣中淡氣，以供所寄之樹，且查此等樹其根鬚甚少，有數種樹並無根鬚，而有一厚層菌秧圍包之，此菌秧入於根皮圍包其賽爾而又入於根旁土中，吸取養料，由此觀之，此菌秧之功用，無殊根鬚，然亦有此等吸取淡氣微生物竟深入樹根之中，而恃樹中之汁液以生活

森林土中呼莫司少淡氣料

森林地土中呼莫司所有淡氣料爲數甚微，僅能供給尋常熟田之植物，蓋根物需淡養料者，即生長於多此料之處，而生長於少此料處者，賴菌類物供給之，則此等少此料之地方，其植物亦能茂盛

高地並卑溼土雖不同，而樹根均有菌秧，惟多呼莫司之土其樹根菌秧更多，而瘠土中呼莫司較少，他微生物並菌秧亦少，如將幼樹其根多菌秧者，遷於少呼莫司之土或遷於有養料之水中，此菌類速將消滅，而樹生長仍佳，蓋此等樹可徑直由土中得養料，不必繞道藉菌類而得

之也，有時此二法並用，或用一法，夫樹根有菌類者，其土必佳，如紐英格倫產赤楊之牧畜地，將赤楊連根拔起，則見其四圍泥土甚佳，有一樹俗名黃巢，幾全賴其根之菌類而生活，此樹無葉無實，而產於半腐爛植物料之土中，由菌類而得呼莫司中之炭氣淡氣

苜蓿根閒腫塊

植物學家考究苜蓿狼莢並他種豆類植物之根發達腫塊之故，一千八百六十三年，英國博士薄考奈云，豆類植物有一現象，尚未詳考，即是此植物生長時，其根發達腫塊往往甚大，而尋常銷塞花樹之根亦有之，且云，當天氣

旱燥時此腫塊甚有用

腫塊中微生物吸取空氣中淡氣

常聞人云苜蓿等根間腫塊爲植物之病殊不知此腫塊與植物並無損害且生長茂盛之植物其腫塊獨多或以爲腫塊中藏儲養料或以爲有腫塊乃豆類之本性皆是也蓋此腫塊與此植物實有密切之關係焉

豆類根間腫塊係微生物自土入根與植物中之賽爾互相工作敷布蕃衍而成卽是此微生物由植物得養料而又從空氣中取由利淡氣變爲養料以若干供養植物於是植物亦賴此微生物以生長

有微生物養育於糖液中並不與植物相遇自能攝定空氣中由利淡氣所以腫塊中微生物亦必由植物汁液中取其糖質也一千八百五十八年辣克蔓始知此腫塊與植物所需淡氣甚有關係至一千八百六十四年牢吞勃並居恩二人試種豆類植物於水中查知此水中不加淡氣料者其根間有腫塊乃悟辣克蔓所云是也

腫塊中有許多淡氣

提佛里斯查知植物生長時其根間腫塊中有許多蛋白類質有蟲豸侵蝕爲證至植物結子成熟時此質卽運至體中凡植物能徑直由土中吸取淡氣者則腫塊中之淡氣較少

博士潑魯斯曾查豆類植物之根並腫塊中藏儲淡氣及燐養五酸爲植物之養料較尋常根中所有者爲多其較數如左表

	根百分中	腫塊百分中
灰料	四·〇七	七·五一
油類物	一·三一	五·三三
淡氣	一·一三	七·二五
炭輕養質	三四·六一	三二·四二
寫留路司	五二·九五	九·四三
灰中燐養五酸	八·八四	一六·一九
灰中鉀養	一二·八〇	一六·九〇

休爾茄考驗

休爾茄云腫塊之發達與植物甚有關係今得確據知此腫塊中微生物吸取空氣中由利淡氣以生長法將種豆類植物於淨沙土中而此沙土中並無淡氣料僅加合宜之柴灰並加微生物之種類此微生物卽在其中孳生蕃殖

此情形由休爾茄許細考驗知之凡豆類植物根間有微生物恆由空氣中得淡氣而植物藉此藏儲淡氣甚多所

以無生物質無淡氣之沙土中亦能依然生長且查知由空氣中吸取淡氣致生腫塊而腫塊中滿布微生物

若取植物子散於並無淡氣之淨沙土中而加以灰料溼潤之其子萌芽甚速生長甚佳葢以子中之淡氣爲養料也及此淡氣告罄而植物已有葉遂顯憔悴困難之狀當此時稍加前年曾種苜蓿豌豆之黃沙土濾水則此植物漸變深綠色且茂盛查其根閒已有許多腫塊

黃沙土中有吸取淡氣之微生物

黃沙土濾水中有微生物入於豆類植物之根即敷布蕃殖爲數甚多發生腫塊包圍其根此微生物實賴植物中質料並空氣中淡氣以生活而植物又恃微生物所得之淡氣爲養料也

未加黃沙土濾水者其植物殊爲憔悴困難然不免空氣中浮宕之生物質等入此土中試驗時欲免斯弊先將沙土設法去其產物所需之料而用藥水浸過之紗布罩護之所加黃沙土濾水又燒煮以毀滅其中微生物如是微生物之種類已絕而植物得淡氣之道已失其根閒遂無腫塊葢加新鮮黃沙土濾水無異加微生物之種也或將腫塊中質料加之亦能從速蕃衍雖不甚注意者亦能覺之

此試驗即表明植物不能徑直得空氣中由利淡氣必藉微生物之工作變化乃能利用之休爾茄云不特豌豆爲然即他種豆類如法試驗亦莫不然惟苡仁米大麥蘿蔔芥菜製糖根物蕎麥等種於無淡氣之沙土中加以黃沙土濾水仍有憔悴困難之狀

徑直傳種微生物 如種痘苗法

近今考驗家舍棄黃沙土試種法而取腫塊中微生物苗由空針射入豌豆根中此微生物極爲純淨並不與他種微生物相雜初傳種微生物苗時豌豆嫩秧似受困難因微生物入根中初生長時耗費植物之養料也然歷時不久即得微生物供給之料而發達甚速

由此可見根閒腫塊中微生物吸取空氣中由利淡氣工作而成生物質和料速爲植物所需無論此微生物將淡氣如何工作變化而淡氣和料必由腫塊運入植物體中羅博士揆度其情形云空氣中淡氣加之以水爲微生物所吸取經其工作則變爲阿摩尼恩並淡養依化學而論其式爲

淡$_{二}$丄二輕$_{二}$養‖淡輕$_{四}$淡養$_{二}$

各微生物各有合宜之豆類植物

微生物吸取淡氣供養豆類植物是固然矣然各微生物

與豆類各有特別之合宜據休爾茄云有益之微生物較他種微生物更多而狠荚之腫塊較他種豆類腫塊不同其形式及位置亦均不相同曾試種狠荚並烏腳草灌以熟田黃沙土濾水查知此水雖與他種豆類甚宜而與此二種植物無效若用宜於此植物之他黃沙土濾水則狠荚收成較不用此法者竟多四十五倍並查知壯盛植物體中所有之淡氣較憔悴植物中所有者多八十倍此皆由空氣中得之也他博士亦考知他種豆類合宜之純淨微生物或與狠荚無益於是知各種微生物與豆類植物有合宜不合宜者

論及紅苜蓿今尚未知何種黃沙土之微生物爲最宜然農家種此苜蓿往往在某土則盛他土則否可見其微生物確有合宜不合宜予曾目覩沙土舊路生紅苜蓿甚壯盛而此路並不受高處沖下之水以令其肥沃博士興格羅亦考知缺少淡氣之瘠土地所生豆類植物甚佳其腫塊較生於和肥料堆上者更多

下表係種狠荚於無淡氣之沙土中而考其微生物攝定空氣中淡氣數

不加黃沙土濾水			加黃沙土濾水		
休爾茄試驗號數	收成乾料克蘭姆數	收成料中淡氣克蘭姆數	休爾茄試驗號數	收成乾料克蘭姆數	收成料中淡氣克蘭姆數
二八五	○·九一九	○·○一五	二八七	四四·七一八	一·二四一
二八六	○·八○○	○·○一四	二八八	四五·六二一	一·二五三
二八九	○·九二一	○·○一三	二九一	四四·四八一	一·一八五
二九○	一○·二一	○·○一三	二九二	四三·四五一	一·三○七

若加鈣養淡養爲肥料其收成料中所有淡氣數亦較加數更多

從前農家閱歷

古時農家均知豆類植物不特不能竭土中肥料且能增土之肥度考驗家用盆盛沙土連年種豆類植物甚佳此

沙土中雖加以柴灰料然並無生物質及淡氣和料百年前瑞典博士盤集樓斯記載此事五十年前蒲生古亦云不知其故蒲生古曾輪種穀類豆類而田中淡氣較由肥料所加者更多一千八百六十三年休爾茄試驗云苜蓿可種於無淡氣並無微生物之淨沙土中祇加金石類養料而已

美國博士阿德華武首知此理然各人記述之效果互異蓋試驗時有微生物黏於子同入土或由空氣入土諸如此類均不免其互異休爾茄於一千八百六十二年並以後數年試種豌豆苜蓿其效不同因此不敢問世且待詳

細考究而兾有把握然後報告後乃疑豆類植物根之微生物具吸取空氣中淡氣之能力始悟從前試驗互異均係此故也

華爾甫並克拉侍哈勃試驗

此二博士近年來屢次細心試驗獲效與休爾茄試驗者相符用江邊含鈣養之粗沙土而種狠荚馬豆苜蓿豌豆牛豆鳥腳草此沙土中毫無淡氣肥料祇加柴灰料其收成較淨沙土產數更多儻加鉀養鈉養以助柴灰料則收成並不見效或因所加甚微故也考收成料中所有淡氣與子中及加肥料中淡氣相較則知豆類植物得空氣中

淡氣甚多若種豆類並穀類壅以淡養肥料其效各不同如下表所載上層係試種大麥九次之收成中數下層係試種豆類並苜蓿二十八次之收成中數

	大麥收成		豆類並苜蓿收成	
	克蘭姆數	百分數	克蘭姆數	百分數
淨沙土	二六·六二	一〇〇	五〇·五二	一〇〇
加柴灰料	二八·六〇	一〇七	一一九·五三	二三七
稍加淡養料	七一·六二	二六九	一一一·五二	二二三
多加淡養料	一一五·五〇	五八四	一三二·二九	二四二

下表指明每黑克忒田所種植物收成之稈葉並子中淡氣啟羅數惟其根及廢料所有之數不在內

	馬豆	狠荚	紅苜蓿	豌豆
無肥料	五七·七	八八·四	一三五·八	八四·七
加柴灰料	一四六·二	三五九·三	三三四·一	四六四·九
稍加淡養料	五四·六	一五八·八	三一八·八	六四三·五
多加淡養料	八九·五	一九五·八	二四二·九	六六八·一

勞斯並葛爾勃考查苜蓿田中所增淡氣數假如壅以肥料連種小麥大麥苡仁米六次然後將此田作為二區其一區種紅苜蓿又一區種苡仁米皆不加肥料收成之後取土化分考驗則種苜蓿土九寸深百分中有淡氣〇·一

五六六種苡仁米土有〇·一四一六至第二年即在苜蓿田種苡仁米並不再加肥料其收成有五十八斗惟種苡仁米田又種苡仁米其收成不及三十三斗是苜蓿田所增肥度甚為明顯也

老農學家之識見

詳細考究農學者早知豆類植物能由空氣中取淡氣而入於土如法國格司配林暢論豆類植物有取淡氣之權力所著書中有七十葉均論此理

勞斯並葛爾勃論令草地肥沃云鉀養鹽類並他種金石類料雖無淡氣而能助豆類植物之生長且能增土中淡

氣數較植物吸取者更多此等肥料加於馬料田其收成較無肥料者多一·六七倍儻加於熟田種小麥並苡仁米其產數幾及三倍

蒲生古之識見果確

休爾茄考證蒲生古之試驗蒲生古曾取烘乾土盛於大玻璨盆中此土並無淡氣待其種子發芽而成小植物然後查考之知此植物並未由空氣中得淡氣休爾茄依其法試驗惟加黃沙土濾水一二滴於土中所種豌豆生長壯盛其中有許多淡氣必由空氣中得之大麥並蕎麥亦如此試種加黃沙土濾水一二滴則因缺少淡氣而萎死

豆類所有微生物能用呼莫司否

植物根閒之菌秧及土中非寄生類之微生物均能由空氣中攝定由利淡氣此非寄生類之微生物由土中呼莫司得其養料或徑直得之或因呼莫司收養氣而變爲炭養然後得之惟寄生物之得養料不知與呼莫司有何關係抑收淡氣供養之抑收炭養氣供養之令其更易取空氣中之淡氣也

多生物質肥料頗能助闊葉植物之生長如苜蓿蓋其根閒寄生物亦取此生物質然狠莢類反爲土中呼莫司所害因呼莫司可令許多不合宜之微生物孳生而致害於

腫塊中微生物也

總言之各生物質淡氣與農家有何相關即是何種含淡氣之生物質最宜供給植物根閒寄生物之養料今考知大都寄生物可徑直取數種生物質淡氣然欲確知其實情尚待詳考博士軋在里試驗似稍有理取角甲粉與黃沙土相和盛二盆其一盆種豆又一盆不種植物而料理之法均相同及豆成熟後考其土中毫無角甲粉而不種植物之土中尚有許多未化分者

初以爲樹根菌類從四周土中呼莫司得淡氣然依試驗豆類植物之理思之或者菌類取空氣中淡氣而不取呼

莫司中淡氣若將樹林砍除其土中呼莫司可作爲肥料夫此呼莫司之有用因樹根之菌類取空氣中淡氣猶苜蓿根微生物之工作也數年前博士歇凡提恩云樹林每年存積許多淡氣而今人皆知其枝葉中淡氣甚多然寄生之理未發明以前皆不解樹中淡氣由何道得之

樹根菌類果由呼莫司中得淡氣即使試驗泥土亦不能確知此土合宜此植物或否須待明知某種呼莫司宜於菌類之養料乃可

解明輪種之理

上所云者後當更能考究詳明惟輪種之理我等確有把

握蓋苜蓿紫花苜蓿狠荚所得淡氣雖藉微生物之供給而植物亦能令土中多積淡氣爲後種植物之用即是豆類植物收成後其根鬚及廢料留於土中即爲肥料因其根有許多收吸淡氣之腫塊也

農家早知苜蓿並狠荚之根鬚及廢料含有許多肥料若留於土中適宜後種植物之用而莫明其所以然又知每次輪種四五年者全賴第一年所種豆類植物得其肥力亦莫知其故今始知其因吸取許多淡氣也此理既明人皆知其關係甚重

特海蘭連數年種山方或紫花苜蓿所增土中淡氣數可用化分法考得之慮爾兹在德國北方鄉間瘠沙土試種狠荚苜蓿豌豆鳥脚草並他種豆類云此等植物均係吸取淡氣者而收成之後留於土中之淡氣甚多爲後種植物之用且收成時其植物已成熟則土中淡氣數較靑割時更多歐洲農家常種苜蓿馬豆之後即種小麥此小麥生長較休息田所產更佳然當時豆類已由土中吸取淡氣及柴灰料甚多夫種豆類植物爲後種穀類之用古時已知之大西洋密聚羅納斯羣島中聖麥克爾島其風俗最古一千八百七十三年英國生物博士瑪斯蘭在該島見其農事將小麥田作界成角每角種狠荚俟小麥收成後即耕覆狠荚入土爲後種植物之肥料

總言之凡豆類植物均犂入土中者則淡氣較多若收成之後祇賸根並廢料犂入土則淡氣較少

豆類植物收成後土中淡氣或減

連次種苜蓿等而每次收成又不加淡氣料則土中淡氣數將減勞斯並葛爾勃查舊花園土連年種苜蓿其收成甚豐而土中淡氣數因之銳減將連種苜蓿第四年並第六年之土九寸深用化學法考驗淡氣減數可抵苜蓿所得數四分之三更深之土所有數亦減然減數並非盡爲植物吸取或因他故洩失也

查考草地土常種豆類植物而得並未增淡氣之據此田加鉀養並金石類肥料以助供多淡氣之豆類所需肥料二十年後此土中淡氣數較他田更少博士潑羅甫種狠荚並他種豆並苜蓿及草料亦查知土中淡氣數甚減惟較種珍珠米燕麥小麥田減數爲少據其意豆類植物若不作爲靑肥料壅入土則此植物僅能保守土中淡氣免其耗失而不能增其數

豆類植物收成後土中淡氣數固較未種之前爲少然所賸根料等中所含淡氣品性甚佳適宜以後耕種植物所需

豆類需含淡養料

農家應注意之事如下一種豆類植物之後土中必增淡氣二此等植物加以金石類肥料如鉀養鹽類頗能得其助力三此等植物雖加以靈捷淡氣肥料亦無濟然更奇者豌豆並他種豆並各種苜蓿皆吸取含淡養物質甚多而鈉養淡養實爲此等植物合宜之肥料勞斯並葛爾勃在夏季或早秋查考未加淡氣肥料之田新獲收成者而知種豆類植物土中所存含淡氣料較休息田或所種不必需此淡氣之植物田所有數爲少在休息田每一英畝二十七寸深有淡養之淡氣四十至六十磅惟曾種紅苜

蓿白苜蓿薄楷拉苜蓿紫苜蓿或他種豆類則不及五磅至十四磅而最多數在九寸深之間因近地面其變化淡氣較爲迅捷而植物速取此含淡養物質以致其淡氣數速減如種長根豆類者深土內或竟無之

數年前休爾茄查知苜蓿可吸取土中淡養之淡氣近更查明豆類植物亦取此淡氣以生長且瘠土地面可稍加含淡氣肥料如阿摩尼淡養助幼嫩植物生長而待其根開發達腫塊然同此數之淡氣料加於豆類植物之效較加於穀類者更少若將淡養淡氣一分加於大麥或苡仁米田能增收成乾料九十至一百分而加於鳥腳草田不過得五十至六十分

查豌豆並他種豆類植物種於瘠土而加含淡養料者其生長甚豐然收成料中淡氣數較所加之數爲少若不加則植物因少淡氣而有憔悴困難之狀須待加合宜之微生物發達乃有蘇甦之機總言之田間所種此等植物宜稍加易化淡氣肥料以助之而豌豆得鈉養淡養或鈣養淡養生長甚速收成更豐儻不加此料不能得最多之收成數因其生長有參差不齊也

含淡氣料功效不及微生物

尋常豆類植物收成料所有淡氣較加數更多土中本有

之淡氣料亦然勞斯並葛爾勃云土中含淡氣料數不及豆類料中所有之數即是土中含淡氣料數不足以供苜蓿等吸取之淡氣

凡土中多合宜之淡氣則根間稍有腫塊或竟無之可見其吸取空氣中之淡氣較少格司配林曾改良植物作爲青肥料以預備助穀類等因幼嫩尚未得空氣中淡氣之時生長

凡田間加牧場肥料者其豆類植物吸取土中淡氣肥料又由根間腫塊而得空氣中淡氣所以種此等植物宜加畜糞或加金石類料如石膏等

有數種豆類遇牧場肥料果能獲益格司配林云尋常飼畜之豆類植物由空氣中得大數之淡氣而不由土中得之且根並廢料中淡氣數較土中所有之數尚多而人食之豆則猶穀類從土中得淡氣所以論及肥料宜歸穀類惟多加肥料於馬豆其根並廢料中淡氣較在子並葉中者更多豌豆及他種豆類亦相異凡豆類在幼嫩時可多加肥料及其葉由空氣中得養料乃可代根鬚之功用而豌豆葉雖發達其根鬚仍由土中得養料所以豌豆往往葉茂實少即是多加肥料以茂盛其稈與葉也若紫花苜蓿則多加肥料甚有益

休爾茄識見之實效

休爾茄發明豆類根閒有微生物寄生而互相獲益德國北方博士薩耳非爾特依其旨廣種豌豆馬豆於新墾之草地加石灰並含燐鑪渣料並楷尼脫並鉀養淡養三又加遠處產豆類豐稔之黃沙土少許其效果甚奇必非新墾土之品性特佳亦非所加肥料有大效也然黃沙土中植物養料之數較肥料並土中本有之數甚微由此觀之乃悟休爾茄之識見果不謬蓋黃沙土中實有微生物能令豆類得空氣中之淡氣凡田地從前未種豆類植物今欲種之並新墾之田植物根腫塊甚少者即可用此法傳種微生物

惟傳種微生物其地土須宜於微生物之孳生發達而無阻敵此微生物之生活爲要博士司密得取種狼荚之土蓋於肥力已竭之重沙土田面而散狼荚子竟不獲效在第一月已能見其不合宜若沃土中既多利用之淡氣而用傳種法亦不得其益此因植物不必需腫塊中微生物助其生長也

有博士查知腫塊微生物在土中敷布並不速如在荒土分界而種豌豆灌黃沙土濾水深至一百二十或二百密里邁當其根閒有此腫塊而界外未得黃沙土濾水處其

根閒並無微生物如植物根已老而尚多嫩鬚者得此水亦生腫塊惟將黃沙土散於田以傳種耙入土中爲要

豆類植物無久性

更有一故農家尚未明曉即是有數種豆類植物不能常在一處耕種雖泥土甚肥而養料甚足亦無用從前愛佛林云豌豆及苜蓿類易變性連種數年之後土質雖佳而收成則歉推測其所以然必有抵拒微生物之發達或微生物洩出料過多因而毀滅或因此等料化成毒品有害於微生物亦未可知總之微生物孳生甚繁則洩出料堆積日多而害其生長遂致衰敗凡畜類得數種病之後其

微生物結成死質毒質而肉料與牛乳當腐爛變化時亦然又或因微生物將土中呼莫司淡氣物質用罄所以種苜蓿或豌豆之後須隔數年方能復種

考驗家將來或能發明種豌豆或他豆類後種小麥有時不甚佳又或種番薯或苡仁米之後所種小麥亦常不能豐稔之故博士李百休查屢次種豌豆其根鬚間有許多微蟲類然將豌豆輪種則無此弊連年種豌豆之後不特不加淡氣不能茂盛即加之亦未必有效查其根間腫塊甚少或竟無惟輪種者必多腫塊此不發達之豌豆根間均有許多微蟲類以後種大麥其根亦有此情形而近處

田間植物則並無此蟲類蓋因屢次種豆類其吸取空氣中淡氣之有益微生物將衰敗而無用之微生物發達遂致損害所以農夫須查根間有無腫塊及有無微蟲類為要

輪種苜蓿之功效

近來考知同生之理而輪種苜蓿以吸取空氣中淡氣及呼莫司中牧場肥料中淡氣之益更覺明顯博士何爾士論天然肥沃田依舊法種穀類二年至第三年任其休息不加肥料可常種穀類若將此田於休息之期種紫花苜蓿頗能改良其土性而休息之法不足以增其肥度也屢

種紫花苜蓿其田土易復原而宜於穀類之發達雖當時紫花苜蓿收成費失之淡氣較不種此植物時穀類吸取之淡氣及柴灰料尤多然因其根鬚留於土中而有黴菌類微生物工作所成之有用淡氣料殊為有益勞斯並葛爾勃屢次考驗種馬豆紅苜蓿之後其田土確增肥度若種穀類較息田後所種者收成更豐

狠莢改良沙土

德國瘠沙土屢種狠莢甚合宜足見其根間微生物吸取淡氣之功效如每毛肯田每年加楷尼脫三擔不再加他種肥料虛爾茲在此田連種狠莢十五年每年得實六擔

柴料十二擔而覈算其每黑克忒田收成料中吸取淡氣數為一千三百五十七啟羅燐養五酸三百四十四啟羅鉀養四百八十二啟羅取其二尺深土查考之每黑克忒田尚有淡氣三千八百五十一啟羅而近處之田牧養牛馬者祇有淡氣一千五百八十啟羅又有一田僅加糞料者祇有二千零零四啟羅可見種狠莢田中藏儲之淡氣為數甚大

有苔類能吸取淡氣

除豆類外各植物必有許多他種物能吸取淡氣如荷葉蓮芹類根間有許多腫塊而塊之多少與葉之茂盛有相關

其生長不壯茂者，則無此瑰，或甚少，且菌類微生物並此芹類及豆類等所有微生物外，更有許多下等植物如苔類甚有攝定空氣中淡氣之能力

殘株生長法

砍樹者常見一種奇事，與前所云根閒菌類物能吸取養料之事，蓋有相關，如歐洲地方斬砍小松柏類樹身，查其斬斷處往往自能彌補，而生皮遮護之，尋常樹身斬斷之後其情形亦然，雖無葉無枝，仍能生活數年，而每年增其新圈，歐洲之銀柏樹並數種松樹，其斷處有此情形更顯，而司考脫倫所種柏樹亦如此，或云此等植物產於草煤土並溼草地者爲多

或又云殘株之根鬚與他樹根相接，則他樹汁液運入殘株體中，得不死，然此說無據，不足信，或因樹無恙時，其根閒有菌類微生物供給生長之料，及斬砍後供養仍不息，故不死也

黴菌類吸取淡氣

除上所云同生微生物外，更有許多黴菌類可由空氣中得淡氣，明曉此理，卽知植物有許多奇異之情，此黴菌類無論在不能供給淡氣之光滑石面或無產物之質料上，均能生長甚速，又如北冰洋麋鹿所食之大苔類，亦如此，

更有生長於鐵器面者，其器係新製不過數日耳

脫郎謀在一千八百五十七年，查知許多隱交植物，確有吸取淡氣之能力，據云，無產物之沙土，除松樹外，不能有植物者，常有數種黴菌類生長甚茂，博物家考其來源，尙未能發明其故，且不第能生長迅速，而又能生成許多生物質，爲明交植物所不能者，更查其體中淡氣甚多，而土中淡氣極微，由此觀之，其生長及各情形，殊爲隱秘

盤德羅之考究

盤德羅第一查知有數種極微細之生物，在土中能攝定空氣中淡氣，渠查知泥土沙土黃沙土當生長植物時，有

許多微生物緩緩吸取空氣中淡氣而不息，又能吸取呼莫司或他種生物質中之淡氣

此微生物攝定淡氣，在光中或暗處均能之，而在光中更有力，夏季熱度如法倫海表五十至一百零四度之閒，儻多養氣者，最宜其發達，蓋亦恃養氣以生活也，然此種情形，與速變化淡氣不相宜，如用法倫海表二百三十度熱度熱泥土，與速變化淡氣甚相宜，而此微生物將不能抵當而死，若在冬季亦不能動作，凡泥土鬆疏多空隙又多雨水，則吸取淡氣尤多，土百分中有水不過十二至十五分至少有二至三分者，最爲合宜，其吸取淡氣情形，不特

荒土如是即有植物之熟田亦然又查曾種豆類之土中往往無此吸取淡氣之微生物蓋此等土中更有他種微生物與此微生物相敵也

由空氣中所得之淡氣在水中固不易消化然有數分能變爲含淡氣和料

由盤德羅試驗房之考究則知沙土泥土每英畝每年可增淡氣七十五至一百磅而有二處沙土每畝竟增淡氣五百二十五並九百八十磅若黃沙土已存儲空氣中淡氣少許之後不能再增蓋土中呼莫司愈少者則攝定淡氣之功愈盛此等考究甚有關係因可證前人之識見果

不謬也

提少首並默特之試驗

博士提少首等從前言植物腐爛時化成淡養料中之淡氣數分係得自空氣中由利淡氣更有諸博士考知白石粉礬並無生物質之迹而產含淡氣物不少可見此淡氣必來自空氣中也博士弗蘭台指明各種定質料多遇空氣者有淡氣若干此意後屢有人查考而得其證默特云腐爛呼莫司遇空氣即與養氣相合而其中輕氣即與空氣中淡氣化合成阿摩尼或他種含淡氣物曾查無淡氣之質料所產黴菌類均有布路打質（蛋白質類其原質係炭輕淡養）試將淡

糖液盛於有玻璨塞之玻璨瓶中並有空氣七倍密塞之閱三月即有許多黴菌類收取乾蒸之發出許多阿摩尼又將小粉澄停於瓶水中此瓶中亦有空氣遂發酵而生菌類物乾蒸之亦有阿摩尼且木料在少空氣之土中亦能變成阿摩尼因木料中之輕氣與空氣中之淡氣化合而成也其他質則與養氣相并

默特又取由糖製成之烏勒迷克酸加以百分之一之柴灰料或取炭亦加以百分之一之柴灰料試種豆類植物灌以清水查豆類中所有淡氣較尋常土所產豆類中之淡氣多二三倍當時不知其理以爲此植物生長時與空

氣中淡氣相遇而得之不知微生物居間之功也且從前人又云烏金類如鋅或鐵遇水能吸收水中之養氣而將輕氣洩放於是輕氣與空氣中淡氣相并而成淡輕即阿摩尼後有博士衞爾生考之知此說不確

菌類物吸取淡氣前人之考究

蒲生古試驗而知花園黄沙土中當夏季雖土中炭質與空氣中養氣相遇而化失甚多而淡氣數則稍增若土中去其生物質則不能有聚結之淡氣博士飛德薄更用盆盛溼草煤加以鈣養炭養鉀養炭養或他種化學物質置於玻璨花房試種植物閱四月而查之知其中淡氣較初

時為多以為此淡氣所增數因草煤中炭質耗失較淡氣耗失更多之故其實非也

博士克羅斯亦試驗而知由空氣中得淡氣蒲生古用花園土試種狠莢麻並豆則見此土並植物中所有淡氣較初時更多博士侯格林連二年在盆中試種醬油豆所用者係溼草地土與鈣養炭養並鈣養燐養並鉀養硫養相和雖其中含炭物質為養氣所耗失而淡氣在試驗將畢時較初時更多且所種植物中亦有許多淡氣然侯格林亦未知由空氣中得淡氣之理也

坎尼克並開沙二人欲試驗生物質腐爛時耗失淡氣數

查知不但無耗失而竟增其數儻加以石膏並黃沙土則增數更多然此增數實不甚多蓋試驗不合法也

美國博士阿姆斯倍將腐爛含淡氣生物質稍加溼而不黏令遇空氣查知稍有淡氣耗失若用鉀養令生物質變成鹼性則淡氣數有增可見腐爛生物質遇鹼類物即能由空氣中攝定淡氣而此淡氣並不變為硝強酸或阿摩尼蓋鹼類物如鉀養者能令物質發酵而發酵即能增淡氣也

博士盤納將馬牛糞加數種物質歷半載惟遮蔽之不見日光又不受雨後查知此糞料中淡氣較初時為多必得

空氣中之淡氣也此和料第一號百分中加楷尼脫一分鎂養硫養一分則增淡氣數最多第二號百分中加陳石灰二.五分草煤屑十分增淡氣數較少若此和料百分中加草煤屑五分者反失淡氣七.二加鈣養炭養一分者亦失九.七八更有一號和料加陳石灰一.五分則失淡氣較少若加石灰半分者則失數較多而有七分又有一號加石膏一分則失數亦少

由上觀之凡情形合宜於發酵者則攝定淡氣較增若其情形合宜於變化淡氣之工則糞料中淡氣有失即是其中有鈣養炭養或易於腐爛者則淡氣有失有一號肥料

特令其溼六月之久令其腐爛則失淡氣六.六又有一號令其極乾失淡氣僅一分

賽爾米並特海蘭之試驗

坎爾奈將醬油豆浸溼而與牛乳相和令其緩緩發酵查其中淡氣數畧增又將乾魚粉與牛乳相和令其發酵查其中淡氣數畧失博士薩孟以為呼莫克酸能由空氣中得淡氣合成阿摩尼而福格爾及潑里復斯脫以為不然意大利化學師賽爾米查知黴菌物無論人目能見者或用顯微鏡能見者均能發出輕氣儻置於陰涼處尤甚尋常大菌類物發出許多輕氣與空氣中養氣相合而成水

然初發出之輕氣與空氣中淡氣相合而成阿摩尼養爾米乃悟此情形與農務大有關係

默特試驗後數年特海蘭亦試驗取老樹之呼莫司與鉀養炭養水納於有養氣並淡氣之瓶中和而熱之乃查其中養氣與生物質相并而淡氣亦有數分被其攝定故默特以爲土中生物質能攝定空氣中淡氣並養氣以供植物所需

特海蘭因他種試驗而知養氣似能阻淡氣之攝定蓋因養氣過多速與初發出之輕氣相并而淡氣遂不能與之化合然將鋸木屑或加石灰或不加石灰或將老樹之呼

莫司或將哥路哥司並鈉養與淡氣相遇則淡氣數分被其攝定遂成爲含淡氣料儻與鈉養鈣養燒之則發出阿摩尼由此可見此含炭物質在空氣尋常熱度亦能攝定淡氣若加其熱度則更速愛佛林云哥路哥司與鈉養水相和而加以乳酸酵料熱之則發酵而發出輕氣並乳酸甚速

特海蘭後又取木屑並老樹之呼莫司並腐爛木料並哥路哥司與鈣養鉀養鈉養阿摩尼相并查知由空氣中攝定之淡氣呼莫司中爲數較多而養氣實有阻力惟深土中養氣較少則淡氣易與之化合其意以爲土中發酵或

腐爛生物質發出輕氣易與空氣中淡氣相并而成阿摩尼此阿摩尼卽與含炭物質并合成料

以上試驗所得效果近今識見乃知均係微生物居間之功並非化學之理也特海蘭之試驗有時不能得效者因無微生物在其中也足見微生物確有攝定淡氣之功效

愛佛林之試驗

數年前愛佛林設法欲多製乳酸而知發酵時所發出之新輕氣與空氣中淡氣并合成含淡氣料渠云查考發酵情形而知植物得空氣中淡氣之理有空氣並鈣養炭養之處其淡氣酵料卽與阿摩尼合成含淡氣料而爲植物

之養料凡新發出之輕氣與空氣中淡氣相遇必成阿摩尼凡哥路哥司或乳酸或他種植物料當發酵時必有新輕氣發出如哥路哥司發酵卽變爲布低里克酸並二炭養並輕其式爲

$$炭_{6}輕_{12}養_{6}=炭_{4}輕_{8}養_{2}+二炭養_{2}+輕_{4}$$

松樹銀杏樹及立古尼尼遇水可發出哥路哥司並蛋白類質並成鹽質之養料木料發酵甚速直至腐爛因其中有小粉及以奴林及糖以致發出輕氣愈多除布低里克酸外更有許多酵料亦能洩放許多輕氣愛佛林在一千八百八十五年試驗云黄沙土中亦有發酵情形而發出

輕氣將花園黃沙土盛於盆，而與鈣養炭養相遇，加水，其熱度爲法倫海表一百十度，遂有許多炭養氣騰出，可見其中必有乳酸布低里克酸酵料，並能成哥路哥司之物質

後衛拏克辣兹開分析土中微生物，供以哥路哥司並柴灰料養育之，察其能從速攝定空氣中淡氣，當時糖質化分發出炭養氣布低里克酸醋酸並輕氣

由同生法攝定淡氣較酵料攝定者更要

上中因發酵而攝定空氣中淡氣，今知之甚確，此與地學有相關，而與農務更有關係，然土中發酵微生物攝定淡氣尚不及豆類根間微生物之要，休爾茄云發酵微生物攝定之淡氣爲大麥燕麥苡仁米等所需，而豆類植物亦賴之，惟豆類不特取此淡氣，且能藉根間微生物之功，而得空氣中淡氣，穀類不能也，所以豆類植物需土中之養料較少

不收取田間植物能增其肥度

田間植物任其生長而不收取者，則每年能增其肥度，如美國樹林地及長草地無人收取生長之材料，故各菌類物攝定之淡氣存儲土中，而甚肥沃，大凡地球面除荒土及冰凍之地土外，即露於土面之山石亦常生茂盛之植物遮蔽之，又除土中肥料爲雨水沖失或乾燥過甚外，均有植物生長，可見必由空氣中得淡氣也，惟植物中無淡氣之質料，係由石質化分成土而得之，因植物在此石質化分之土中生長枯死，即作爲後生植物之養料，而淡氣之來源，從前尚未明曉，後經研究詳查，始悟由空氣中得之，於是知荒土亦能生長植物也

卷終

農務全書中編卷四

美國哈萬德大書院農務化學教習施妥縷撰　慈谿舒高第口譯
新陽趙詒琛筆述

第三章

炭養氣爲肥料

炭養氣爲植物緊要之養料前曾論之故爲肥料亦甚要玆考其功用並是否應增其數或整頓本有之數令其利用

前曾言空氣中炭養氣用之不竭凡火燒腐爛發酵動物呼吸等必成許多炭養氣散入空氣中且地球各處含金

石類質之泉水並火山並地面之裂縫均有許多炭養氣發出而泥土之微孔亦然又江河池等水曾流行而過白石粉土者亦有許多炭養氣化在其中

空氣中炭養氣

今人皆知青植物吸取空氣中之炭養氣由此化分其養氣而收其炭質空氣二千分中炭養氣僅有一分論其體積爲空氣三千三百分中有一分然估計地球面共有之數竟有三或四百萬兆以每一英畝計之有二十八噸植物如菸草珍珠米向日葵並由開列潑脫斯樹均生長甚速而需此炭養氣甚多惟因其有此大數故無告罄之日

蒲生古查知田地壅肥料甚合宜而種番薯苜蓿蘿蔔小麥大麥者每年吸取炭質之中數爲一千五百磅勞斯並葛爾勃在不加肥料之舊田每畝收穫馬料二千七百磅由空氣中得炭質有九百磅若加以阿摩尼鹽類並柴灰料而不加炭質料則收穫馬料七千磅其乾料爲五千七百磅其中炭質有二千二百八十磅均由空氣中得之

歇凡提恩亦查知每畝壯盛之樺樹每年吸取空氣中之炭質一千五六百磅即合炭養氣三噸空氣中炭養氣極多儻全地面均有植物亦須九年方能用罄此估計依據提少首之理想渠以爲空氣之重數爲一萬分則炭養氣

僅重六分惟今人計算須空氣重一萬二千分則炭養氣居其六分

風之運動

博士考知空氣中炭養氣在某處之多寡有定數即有參差亦極微儻一處炭養氣少者因有樹林及焚燒或有火山或石灰燒窯等或人與動物之呼吸而增其數則有風在大空中運動令其均勻

風運動之力甚大若每一小時行二英里人尚不能覺而一房之空氣已更易五百二十八次可見炭養氣因風以運動陸續不絕而爲植物需用猶養氣運行以供動物之

呼吸此乃天然之妙理若欲藉人力爲之則斷乎不能惟泥土中之肥料余等人類尚能設法補救耳

空氣中炭養氣已足用

依今之熱度並日光之普照不必設法以增炭養氣之數休爾茄試種苡仁米及他種植物特加炭養氣如空氣中所有或如土中含水之炭養氣而他種養料亦如常供給之其收成並不增蓋空氣中炭養氣足供植物最豐稔所需也

若用炭養氣水試驗瘠土之耕種亦並不與上所云之理相反蓋加以炭養氣可令瘠土中質料消化以備植物所

需從前人曾論及砍刪密樹令其稀疏可多得空氣卽可多得炭養氣其實樹林稀疏更易發達展布且葉面多受日光則根在土中更能多吸取養料而所需空氣中炭養氣之數與未砍刪之前相同也

休爾茄之識見勞斯並葛爾勃考證之果不謬在田閒遵種小麥四十餘年加以生物質此生物質化分之後可多發炭質作爲肥料亦未見其獲益於是知小麥凡有他種養料者加以炭質殊無用也卽是所需之數可由空氣中得之惟供以淡氣並金石類料已可又試驗一小麥田在三十七年閒祇加金石類肥料其肥料中竟無一兩之炭

質而每年每畝植物能得炭質一千磅又有一田加淡氣並金石類肥料則有炭質三千五百磅亦並未特加炭質料

苡仁米及草料所需肥料中亦不必加炭質且查知製糖之根物中炭質較更多而土中亦未加炭質惟加淡氣並金石類肥料稍多耳

農家之有識者早知蘿蔔油菜均恃土中生物質爲養料如製糖之根物在將長成時多加腐爛之馬糞者較沙土用金石類肥料更爲壯茂而最要之養料卽炭質任其由空氣中得之

根物需炭質否

論及根物有數種不必需土中生物質若菌類等非此等食料不能生長而居閒植物能用炭養氣並能用生物質中之炭質有數種寄生植物及賴土中呼莫司生長之植物均有克落非耳卽綠色料蓋可藉綠色料而化分炭養氣又能吸植物之汁液或土中呼莫司以得其炭質

凡植物初萌芽全恃子中藏儲之炭質及其葉生成克落非耳乃取空氣中炭質更有植物或賴肥料中之微生物或苔類以生長格司配林云有農夫以爲炭質肥料頗有益於紅菜頭番薯葡萄樹而特海蘭查之果確特海蘭云

多加肥料之田土中生物質可徑直爲製糖之根物麻珍珠米苜蓿之養料或因此肥料中有淡氣之故乎常見根物得他種肥料中之淡氣甚爲發達也

生物質中含炭物質或有益於根物將來或更能查知紅菜頭蘿蔔之根間亦有微生物助其速生長而今之農家壅以木屑草料牧場肥料及他種含炭質肥料之功效或並非因其中有炭質之故乃因其能羈留多水供根鬚之吸取或能助根間微生物之動作而由此令土更肥耳

植物根發出炭養氣

科崙渾特並克那潑用水試種植物時考知其根發出許

多炭養氣從前博士亦查知有此情形夫由根發出此氣或即係植物之呼吸法也開凡脫考豆類植物根在晝閒發出炭養氣較多在日中時尤多當此時其生長更速於夜閒而夜閒似休息不甚生長科崙渾特之試驗用盆盛水加以玻璨罩其水中有定數之炭養氣與罩中之空氣相遇後查之水中炭養氣不特未減且增其數

植物化分炭養氣數較空氣中所供者更多

雖確考得穀類植物當生長期內所供給之炭養氣多於空氣中應有之數亦屬無益然植物所能化分炭養氣分數實能多於空氣中所含之數

博士克羅斯云空氣中炭養氣數稍增則植物化分之亦較多惟有定限若供給之數過其限則有害而化分工即減其力各里司里亞草化分此氣最有力爲天氣清朗時當此時空氣百分中有炭養氣八至十分大潑草化分最宜者爲空氣百分中有炭養氣五至六分哇里恩特草須炭養氣數更少且查知有綠色料之植物在空氣百分中有炭養氣六至八分時則化成之小粉較尋常多四倍如炭養氣過於八分則化成小粉較緩又光愈烈者其工作亦愈速

炭養氣過多則植物有損

大概植物不能多受炭養氣蒲生古查知葉在暗處而空氣中或多炭養氣淡氣輕氣池河發出之氣往往悶死雖以後復見日光亦不能化分炭養氣即是葉少得養氣失其呼吸之力而賽爾均爲殺滅也博士薄姆查知空氣百分中有炭養氣多於二分者即有害於植物如有二十分即死博士待凡查知空氣中炭養氣之數較植物所佔地位僅得三分之一者此植物已不能壯茂須較此數更少方爲合宜又查知空氣中炭養氣多者有植物尚能生活或有不能者

一千八百四十八年博士陶比尼查知開花之植物並細

葉草在空氣百分中有炭養氣五至十分者歷半月尚佳至一月之終細葉草似有困難之狀惟有一種花名潑辣各甯者在空氣百分中有炭養氣十分者尚佳若將此植物忽置於有炭養氣二十分之空氣中則二日三日或八日十日之閒必將損害或漸加炭養氣至二十分亦然又將細葉草置於有炭養氣一分之空氣中漸加至二十分歷二十日則植物大受害可見炭養氣過多者植物必死空氣百分中有輕氣二十分者第一之十日似無害於植物陶比尼查此等植物發出之養氣與吸取之炭養氣數不符即是炭養氣過多者其葉化分養氣之力較減

陶比尼取細葉草數顆置於有炭養氣五分之空氣中歷十一星期之後與尋常空氣中細葉草相較並不壯茂更置於稍加炭養氣之空氣中又加以水則生長更佳

炭養氣稍多或有益

提少首從前查知豌豆幼嫩時可抵當空氣中有一半炭養氣數日之久若加至三分之二或更多則萎死而置於有炭養氣八分之空氣中其生長較在尋常空氣中更茂祇須常令其受日光若置於無光處此炭養氣有害其試驗法將植物置於加炭養氣之空氣中每日受日光五六小時除此數時外仍置於尋常空氣中如是歷十日可見

植物幼嫩時多加炭養氣並受日光可助其速生長

從前博士以為地球初涼時空氣中炭養氣數極多故彼時植物生長較今時更茂更速而後世之煤草煤呼莫司灰石並他石中藏儲許多炭質此所藏之炭質數在當初必為炭養氣以意度之當時植物必與此多炭養氣之空氣相宜故化分之工較今時植物更有力

然查細葉草並煤層中同類之他種植物在今日不能多受炭養氣且煤層中亦不應有呼吸空氣之動物遺迹由斯言之則與上所云相反而博士亨脫以為地面空氣中炭養氣為植物所吸取藏儲則太空中炭養氣入於地面

空氣中以補其乏依此理想則地層中所有炭質由漸存積並非當某層時格外多吸取炭養氣成之也

含炭養氣之水載運植物養料

地土中炭養氣雖未必為植物所需炭質之源然與鈣養炭養或鎂養炭養相并可消化數種植物之養料而為植物所需博士排安試驗指明凡水中有鈣養二炭養能化分鈣弗石較淨水更有力乃思鈣養多收炭養氣則易供柴灰料與植物此炭養氣或為生物質化分或為微生物及植物工作而成也

意大利科瑪地方多花剛石所成之卵石而花剛石之質

大分係鋁養鈣養矽養博士潘維西查得近該處之地方二十六尺深有花剛石所成之卵石堆積石隨高山之冰雪水沖下彼此磨磋遂致光滑俗謂卵石此卵石埋於土中與土中之水相遇已不知若干萬年而石中遂含有炭養氣甚多

	卵石碎殼	卵石中心
鹽强水中能化之物質	九六·五四	二五·六〇
炭養氣		二·四三
鐵養	三·四五	一·九九
鋁養		六六·九一
鈣養		三·二一
共數	九九·七九	一〇〇·四一

觀上表卽知石質中鋁養矽養並鈣養矽養本不易化者因與土中炭養氣之水久遇而化分

博士密勒將各種金石類如鈣弗石霍伯倫石吸性鐵欺人石金色石蛇色紋石研成細粉浸於炭養氣水中閱二月查知爲炭養氣所化之物質各有多寡吸性鐵百分中有〇·三七金色石欺人石有〇·一一而變爲鈣養燐養酸鐵養鉀養矽養鎂養鋁養

排安亦取鈣弗石研成細粉或浸於水中或浸於鹽類水中各加炭養氣試驗之由此知泉水中有鹼類炭養氣並鹼類土質之動作甚明顯蓋地土中矽養石並他種金石類質均爲含炭養氣之水所感化遂成爲含炭養氣之泉水也

鈣養二炭養之動作

地中多灰石並土質多含石灰者則其中之水有許多炭養氣與鈣養炭養合成鈣養二炭養博士麥約考查德國盤明亨地方深土中之水含炭養氣較多於鈣養自一·五七至二·四五分其中數則爲鈣養一分炭養二分依化學分劑論之爲鈣四十養十六共五十六炭十二養合三十二共四十四而二炭養爲八十八卽是鈣養二炭養合五

十六與八十八也

鈣養多炭養之物是誠有之觀山洞頂結成之石鐘乳可知也蓋山中含鈣養多炭養水在洞閒漏滴有炭養數分因遇空氣化騰而消化於水中之鈣養炭養遂由漸澄停凝結在該處之泉井江池之水亦有鈣養多炭養他處土中亦莫不如是此等質料存積土中可令地土肥饒更能變成肥沃之呼莫司以助所加肥料之變化淡氣

淨水中炭養氣甚少

深土中之水亦有含炭養氣極少者凡土中無石灰質料則水中無炭養氣雨水亦能由空氣中挾帶炭養氣少許

而水之壓力與空氣相等者則含炭養氣數亦不能過於空氣中所有之數凡空氣一體積尋常含炭養氣萬分之三而相等體積之雨水不能含更多於此數之炭養氣博士薄考奈試驗而知清潔之汽水納以炭養氣然後置於空氣中數分時其炭養氣卽騰散若多含炭養氣之水與定質相遇其化騰更速荷蘭國博士范登倍克在花園開掘井深數尺其水中無炭養氣用石灰水驗之不能有澄停物又取該花園深井之水加石灰水則有許多澄停物此卽炭養氣水消化之物質也

又查花園土中有炭養氣甚多可用一陣空氣吹去之然

取泥土一條厚二十寸闊三寸者用清潔之汽水濾之並無炭養氣又將水一體積納同體積之炭養氣濾過泥土則炭養氣盡數爲泥土所羈留

含炭養氣水爲定質所化分

此化分之理全賴花園土之鬆疏可令空氣透入依格物之理而論含炭養氣水與久在空氣中之物質相遇此炭養氣卽離水騰化如水一玻璨盃歷時不久卽見盃邊有許多空氣上升卽此理也或將陳啤酒及已洩氣之荷蘭水加饅頭屑或乾草煤少許卽有許多炭養氣騰出總之定質粗糙而容空氣多者則炭養氣更易騰出

水或啤酒所含之炭養氣化入空氣或吸入定質中儻其中有空氣少許則化騰更速如鬆疏物或粗糙物浸於含炭養氣或他氣水中吹氣入之卽將此炭養氣或他氣逐出博士司密得考知炭質收吸淡氣或輕氣而此氣由炭質中洩放時其勢甚猛可將玻璨管中水銀壓下四分寸之三

土中空氣含炭養氣

土層閒空氣往往含有炭養氣較尋常空氣中所有者更多蒲生古並雷恩從前查知土中之空氣含炭養氣較尋常空氣中所有多十倍至四百倍

凡沙土中少化分之生物質其空氣中所有炭養氣較尋常空氣中所有約僅多十倍在黃沙土並膠土中之空氣含炭養氣爲數較少然在加肥料之田土並肥料堆中空氣所含炭養氣爲數較多由此可見泥土因肥料化分並植物之根鬚變化而成炭養氣之數實爲不少儻將草煤或腐爛之肥料加於面土則土中炭養氣亦必增

炭養氣令地土易耕犂

土中炭養氣化於水中者可令該土鬆疏而更肥饒因土質散細其空隙不致阻塞而尋常泥土每受雨水卽變成漿形又呼莫司之益亦因其化散而變爲炭養氣常令土

質鬆疏也

炭養氣鬆疏之功

炭養氣在土中可令土鬆疏而細厥功甚大德國化學師斯禿克拉脫並批脫斯試驗如下用二尺半高五寸半直徑之玻璨甑盛不肥沃之黃沙土惟其中有呼莫司而每甑中種同數之豌豆並大麥第一甑祇加清水而已第二甑每日用管吹入至甑底空氣三斤半第三甑每日吹入有炭養氣四分之一之空氣三斤半第四甑每日吹入有炭養氣四分之一並養氣四分之一之空氣三斤半閱三月刈割所產植物氣乾而權之依克蘭姆計算如左表

	第一甑	第二甑	第三甑	第四甑
大麥	三·九〇	七·六五	八·四九	五·一一
豌豆	一·七二	二·四六	三·二六	三·四九
大麥豌豆之根鬚	〇·二七	〇·三八	〇·六〇	〇·三七
乾料數	五·八九	一〇·四九	一二·三五	八·九七
柴灰料	〇·五二	〇·九五	一·一二	一·〇一
收成較數	一·〇	一·八	二·一	一·五

收成之後又查第二第三第四甑土所含水中有金石類並生物質數較第一甑所有更多取各甑土六千克蘭姆而考所有金石類並生物質克蘭姆數如左表

	第一甑	第二甑	第三甑	第四甑
金石類	二·〇四	三·七一	四·九九	三·九一
生物質	二·七六	四·三二	二·四三	三·一四

炭養氣爲地土所緊閉

土中之空氣有炭養氣外更有許多炭養氣並他氣爲地土所緊閉不能洩放所受壓力或等於地面空氣之壓力或等於沸水度之壓力博士蘭雀脫及其門生試驗此事即將各土用法倫海表二百八十四度熱之其效如左表

一百克蘭姆	發出氣立方桑的邁當數	百分氣中炭養氣	淡氣	養氣
溼花園黃沙土	一三·七	二四·一	六四·三	二·九
氣乾花園黃沙土	三八·三	三三·三	六四·七	二·〇
草煤	一六二·六	三一·〇	四四·四	四·六
氣乾含水鐵養	五八六·七	六八·二	二六·一	五·七
泥土	三三·九	一四·五	六四·七	二〇·八
氣乾已久泥土	二五·六	二五·一	七〇·二	四·七
磨細石膏	一七·三	〇·〇	八一·〇	一九·〇
松炭	一六四·二		一〇〇·〇	
銀杏樹炭	四六七·〇	一六·五	八三·六	〇·〇
骨炭	八四·四	四五·八	五四·二	〇·〇

不獨地土能緊閉藏儲炭養氣並他氣而炭質並他種定質亦能之如鐵養之羇留炭養氣甚明顯凡地土能藏儲此氣者賴鐵養之多寡也

土中炭養氣之動作

水土中含炭養氣其動作法在消化含炭養氣之物質如鈣養炭養鎂養炭養而將由含矽養物化出鉀養鈉養鈣養鎂養因地土當尋常熱度時炭養氣之力較矽養之力更大也其情形甚易試驗令炭養氣過含金石類水中卽有鉀養鈉養鈣養鎂養澄停若令炭養氣與鈣養燐養五相遇此炭養氣漸去其鈣養致以後僅存酸性鈣養燐養五

植物根鬚發出炭養氣究竟有何動作尙未考明而必有相關可知也因此炭養氣必與土質相遇變化之也所以溼土中有石質者必爲其化分石面有植物遮蔽則消化較光滑之石更速況根鬚發出他種酸質與石亦必有關係

發酵所得炭養氣

土中炭養氣更有一源卽由微生物之發酵也此發酵所得炭養氣較植物根鬚發出者更多余查知氣乾之土中化合成之鈣養二炭養爲數甚大諒因微生物與植物質料相遇並與土中含鈣養物如矽養呼莫司酸燐養五等相遇而合成且土久乾之後遇溼更易發酵而化分更速則炭養氣爲數亦更多

卷終

農務全書中編卷五

美國哈萬德大書院農務化學教習施妥縷撰　慈谿舒高第口譯
新陽趙詒琛筆述

第四章

青肥料

各肥料在土中化成許多炭養氣依理論之肥料之功效或即因其多炭養氣也凡牧場肥料並堆積之肥料及海草等均歸此類而青肥料爲尤著

熱帶溫帶地方除極荒及有毒之土外無論何等土均可屢種狠荚苜蓿等令土更肥且將未及成熟之青色植物

料耕覆入土

用此青肥料確有理應考究之播種之豌豆苜蓿狠荚等均能由空氣中得養料而狠荚蕎麥燕麥更能在不合宜時由土中吸取養料此等植物任其自然生長吸取土中之養料至開花時耕覆入土則地土得此植物藏儲之料由空氣中來者由土中來者由水中來者而土中遂有一層輭新嫩之生物質可速變爲酵料而令地土發酵當此時有許多炭養氣發出則土中質料變爲鬆散

此法與肥沃黃沙土在地面藏儲肥料之功相同因植物之根鬚吸取深土中養料至地面並由空氣中得養料日後此植物耕覆入土遂變爲後種植物之養料

呼莫司甚要

地土中有此等生物質則供給許多呼莫司並收溼氣又供給許多淡氣而發酵情形更猛銳令地土變熟所以用青肥料法雖瘠土亦不必費工資可令其留水留肥料以備植物所需如德國薩克生奈省屢種白狠荚屢次耕覆風吹移動之沙土竟變爲合宜耕種之地土

有地土盡係沙其中呼莫司甚少若依上法爲之則不久可稱爲熟田蒲生古在南阿美利加查得一肥田其百分中沙居九十二分餘係腐爛之葉料比利時國亦有許多

荒沙土屢加街道垃圾並畜廄肥料則變爲肥沃之土如此者其中呼莫司之動情與泥土之功相同即是改良地土令其留水並肥料也

總言之青肥料用於瘠薄土最易令其發酵挽回其肥度即重土用此法亦能獲益因重土加此生物質可令其鬆而不韌更宜於耕種

作青肥料之植物

植物最宜作爲青肥料者係狠荚然近時亦有用牛豆燕麥蕎麥者古時羅馬人於九月間種狠荚至明年將此植物耕覆入土或刈割而埋於果樹葡萄樹根旁意大利並

南方常用馬豆或狠荚等植物作爲青肥料亦有用蘿蔔白芥菜大珍珠米豌豆作此用所以散子甚密英國農夫云芥菜或他種速生長之植物每畝所需種子之價值不昂若欲竭盡地土之肥料而仍令其肥沃者此法最宜美國南省多用牛豆猶歐洲多用豆類植物也

意大利多種麻用馬豆作爲青肥料當開花時與馬廄肥料並壅入土然後散麻子而此馬豆植物之功效可抵田莊肥料之半故欲得麻之收成豐稔應用此法然必欲用馬豆者因該處不宜種狠荚也

意大利卑溼土八月或十月間種豆類植物爲耕種小麥

之預備八月間種豆類爲備秋間種小麥十月間種豆類爲備明春種小麥若在乾土則十月間種豆類以備明春耕覆入土之用又有一法在明春再種此豆類於本年秋所種植物之間及收成時卽將新種豆類耕覆入土

前曾論苜蓿狠荚及他種植物取空氣中淡氣之理與今所論種豆類植物作爲青肥料者實相符合格司配林云種豆類植物作爲青肥料功效甚大以其能由空氣中得養料不必先加肥料於土也然該時種子價值較貴故爲此法頗覺困難而豆類植物之根間腫塊能收淡氣早已有人考知於此可見又他種植物如燕麥蕎麥芥菜蘿蔔等或在晚夏或在早秋或在正熟收成之後卽可播種以備耕覆入土葢此等植物歷時較短此短時期間若不種亦不過荒廢地土而已且土中許多淡氣料因無植物羈留之往往爲雨水沖失也

法國溫和地土其土質不甚堅者則八月所種豆類植物可至明春耕覆入土爲備四月間種製糖之根物所需若冬季晴暖此豆類生長亦不停止

或云歐洲中原正熟收成之後速可種此等額外之植物作爲青肥料因該時天氣甚熱地土熟潤頗宜生長植物也或將作爲青肥料之植物在春間與穀類子同散令其

生長較久亦可德國黃沙土田穀類與作爲青肥料之豆類植物並種其效甚佳及青肥料耕覆入土而種大麥其收成數亦有增惟較種尋常豆並豌豆之後所種大麥收成數畧少然種小麥或燕麥時兼種瑞典苜蓿哈潑草鳥腳草爲青肥料其效更佳卽是與穀類並種之苜蓿等其根間淡氣數較其枝葉中所有者更多惟鳥腳草則反是青肥料可分爲二項一夏秋間耕覆入土爲冬間穀類之肥料一春間耕覆入土爲珍珠米或番薯或他種根物之肥料如紐英格倫天氣則燕麥爲第二項而老草或苜蓿爲二項均宜蕎麥芥菜等爲第一項

農家有用青肥料之意

用青肥料不必費特別之工資而得額外之植物如馬料苜蓿狠莢等耕覆入土又可令田地免全季休息所以獲益匪淺紐英格倫農家頗有用青肥料之意因該省地土瘠薄適宜兼種馬料而將廢料及根等翻壅土中即得青肥料之利益

該省農家所種馬料任其久生長因馬料頗有價值也及刈割後即將根並土翻壅之作為植物之養料

有一法先將有根之土用犁翻壅並不加他肥料即散燕麥子而耙之及燕麥收成後其根料等又壅入土明年種

番薯珍珠米或根物再加牧場肥料以後又種馬料當麥根壅入土時以前之馬料根已腐爛而敷布

又有法或在春間翻壅根土而種番薯珍珠米或在八九月間翻壅根土即散馬料子從前紐英格倫常種晚熟之番薯所以馬料任其生長至春間始收割此時土中因馬料根發酵而得暖

草根土種珍珠米

珍珠米種於有草根之田中甚宜紐英格倫種珍珠米不宜過早所以草類可任其久生長及草根等翻壅土中即發酵速腐爛而變化成淡氣即是草料所得之養料今為珍珠米所用也若在春間翻壅過早則生長未足其肥力較遜該處農務之風俗往往作淺槽以埋根料令其速變化成淡氣蓋因珍珠米能吸取面土之肥料較他種植物更有力故不必深犁也

將草根土覆壅番薯甚佳如作槽若干條每條種番薯而以草根土覆壅之此為阿爾蘭種番薯法

英國農家之意新開墾之草地不宜用青肥料若將馬料或蔓草耕覆入土往往生蟲致害正項植物博士考倍脫云耕覆草料之後散小麥子常為蟲類所損害有一種綫條蟲能入麥芽中而食其心更有一種紫色蟲晝匿土中

夜出嚙齊土之麥稈而食之此等地土惟有屢犁休息以除蟲患

草土中生物質有多寡

美國斯禿合斯農學堂教習查驗一英畝草土中生物質之多寡載記如下其草為帖摩退馬料略雜紅頂草種於七寸深之輕黃沙土中其下層係黃色緊密泥土在七月二十三號刈割馬料有二噸許至十一月七號此田面又生茂草一層約高三寸將此田之一分草料並根挖深六寸取起之又一分挖深三尺取起之用法倫海表二百十二度令乾而試驗之知每英畝挖深三尺取起之草並根

乾料共有八千二百二十三磅即合四噸左右其中有淡氣九十磅燐養五酸二十五磅鉀養五十六磅挖深六寸取起者乾料共有七千六百零六磅有淡氣八十四磅燐養五酸二十五磅鉀養五十四磅可見其根近地面者爲數較多同時又試種牛豆而在十月三號挖深三尺半取起草料並根而乾之計每英畝共有一千零九十五磅其中有淡氣十五磅燐養五酸三磅鉀養六磅

格司配林在法國南方墾闢田地以種紫花苜蓿收取二畝半田所產之料並根查知每畝田共有十六噸其中淡氣有二百六十一磅格司配林云所以有識見之農家種

此等草料取其根飼羊也惟蒲生古查知苜蓿草田生物質爲數較少如每畝田已收取料二千二百磅作爲馬料而氣乾之根料有一千七百六十磅其中淡氣爲五十五磅

若將植物之稈葉根等悉壅入土則料中物質均反回於田地意大利博士賽斯梯尼在近羅馬城處種尋常豆及狼荚作爲青肥料查知每畝田所產豆植物青料有二十五噸狼荚有十九噸尋常豆中淡氣有二百八十磅狼荚中淡氣有一百十七磅

格司配林云種狼荚合法者每畝能得氣乾之馬料二噸

其中淡氣有六十四磅而根並廢料不計福爾克查英國種於輕土之狼荚每畝有青料二十一噸又十二擔其中淡氣有一百八十四磅

葡萄園用青肥料之效

博士休麥克在奧國西省替鹿耳地方葡萄樹之行列間隙地均種苜蓿預備作爲青肥料之用其散子數每畝三十磅或加含燐鑛渣料約每畝需五百三十磅或不加肥料查曾加含燐鑛渣料之田所產苜蓿生長高至十六七寸其他則高十二寸查一處有含燐鑛渣料者其根閒腫塊大且多以其全體權之每畝有二十一噸其中淡氣有

一百磅博士蘭佛來克種豆類植物亦依上法爲之其效相同此二博士之意凡作爲青肥料之植物有含燐鑛渣料並鉀養鹽類物助其生長者則此葡萄園之培壅法較加馬廄肥料更爲合宜

衞格奈查各植物作爲青肥料者每畝收得乾料並淡氣數如左表

	乾料噸數	淡氣磅數
野扁豆並豌豆	三·三三	二二〇
紫苜蓿	三·〇〇	二〇〇
紅苜蓿	二·〇〇	一一一

瑞典苜蓿	一五〇	一〇〇

博士維勃蘭斯查播種豆類時之遲早並收成多寡作爲青肥料如左表

野扁豆爲青肥料

播種時	收成時	每毛肯田合英畝〇六三二 收乾料合德國磅數	得淡氣合德國磅數
七月十九號	十月二十六號	一六九〇	六一·三
又二十二號	又	一三七〇	五六·〇
八月五號	又	九三三	四〇·〇
又二十號	又	五八二	二七·二

又三十一號	又	三三二	一六·〇

在四月二十號雜種於有穀類田中至十月十二號收穫

野扁豆	乾料	七六〇磅	淡氣	三四·四磅
瑞典苜蓿	又	一三〇〇	又	三九·〇
哈潑苜蓿	又	九一〇	又	三〇·〇

又一試驗雜種哈潑苜蓿於有穀類田中

播種時	收成時	乾料磅數	淡氣磅數
五月二十七號	十月三十一號	七五八	二八
六月一號	又	七五八	二六
四月十號	又十二號	九一〇	三〇
五月三十一號	又二十六號	八六三	三一

美國南省氣候和平每畝散牛豆子二斗當一季可刈割三次每次得乾料二噸至四噸此植物雖係稚嫩較苜蓿更能耐熱禦旱北方坎羅那拉實驗場將牛豆耕覆入土即種小麥其收成較不加肥料者增十斗魯西安那實驗場每畝之牛豆有質料三千九百七十磅而反回於土中之淡氣五十六磅燐養$_{五}$酸二十磅鉀養一百十一磅由其根反回於土中之淡氣至少有一磅燐養$_{五}$酸四·四磅鉀養十八磅

青肥料動作較緩

北方天氣乾燥之時青肥料耕覆土中其死物質並淡氣化分遲緩而後種之植物須待其化分方能獲益休麥克在一田試種小麥刈而權之乃將實熱殺其生機而剉細其稈並壅土中是將前次所種植物悉數反回於地土也後種小麥其收成數較少於他田用尋常青肥料之法所得者

氣候合宜者作爲青肥料之植物如豆類易變化成淡氣其功效不亞於尋常肥料中生物質淡氣博士孟紫之試驗在每啟羅克蘭姆土壅肥料一克蘭姆閱三月變化成淡養$_{三}$淡氣密里克蘭姆數如左表

一克蘭姆	變化成淡養三淡氣密里克蘭姆數	
	在輕鬆白石粉土	在緊密土
阿摩尼硫養三	二六八	五·一
狠莢青肥料	一八三	八八·〇
乾血	一六一	三·六

觀上表狠莢作爲青肥料可將緊密土變鬆令空氣易透入以助淡氣之發酵物又一試驗在鬆土之田種植物此田已加足柴灰料並他種肥料依每黑克忒田加淡氣一百啟羅克蘭姆數閱十八日查知每啟羅克蘭姆土中有淡養三酸數如左表

加	淡養三酸密里克蘭姆數
阿摩尼硫養三	一二一·四
紫花苜蓿青肥料	八六·〇
乾血	七二·二
無淡氣肥料	一四·五

此試驗考知青肥料變化成淡養三較乾血爲速在九月杪壅各肥料而種飼畜珍珠米得收成啟羅克蘭姆數如左表

每黑克忒田	收成啟羅克蘭姆數
阿摩尼硫養三	六六〇〇
鈉養淡養三	七八五〇
紫花苜蓿青肥料	七八〇〇
乾血	七一五〇
無淡氣肥料	三九五〇

法國冬季所壅青肥料變化成淡氣甚少至春季變化較速特海蘭查知壅青肥料及不壅青肥料每黑克忒田溝水中某時至某時各含淡養三淡氣數如左表當時田面並無植物

	十月二十六至十一月二十四號	十一月二十四至十二月十五號	十二月十五至正月四號	正月四號至二月九號	二月九號至三月二十二號	三月二十二至七月十號
不壅青肥料田	一·四九	四·三八	二·四七	一·九二	三·〇六	一八·五〇
壅野扁豆青肥料田	一·二二	五·〇一	二·二九	二·七一	七·九五	三三·四〇

青肥料不常用

從前北方農家因商品肥料不易購置所以常用青肥料之法而近來罕有用之者惟老草地苜蓿草根地及穀類在冬間半已損壞者則耕覆入土在南方仍用牛豆植物爲青肥料南坎羅那拉省農夫蘭佛來耳之法先散殭石燐料於田面然後播種牛豆待其生長耕覆入土可令難溶化之殭石燐料與腐爛植物相遇變爲易化可供養植物

坎爾奈與其門生在日本試種豆類植物其名曰阿司塔

克羅斯又名甘草豆又名牛乳豆可爲稻田之青肥料先將每黑克忒田加燐養五肥料並鉀養肥料乃各加鈣養或一百或二百或四百啟羅種稻至九月杪在稻開散阿司塔克羅斯子至稻收割其阿司塔克羅斯已長成嫩植物用短稭料覆蓋之以禦冬寒至明年五月十號此植物花盛開齊土刈割而權其輕重於是化分考驗之其料耕覆入土作爲第二次種稻之青肥料

開花之阿司塔克羅斯百分中有乾料一二·二三淡氣○·三六九每黑克忒產乾料二千五百四十啟羅淡氣七六·八啟羅而查知每黑克忒田曾加鈣養一百啟羅者較未

加之田所產更多而與多加鈣養之各田相等除壅青肥料新得所加之燐養五並鉀養肥料外仍照前加鈣養至青肥料歷時已足在土中發酵於六月種稻其效如左表

所加肥料	稭料	壯實	餘料	收成全數
	克蘭姆數			
無青肥料	五三六	四一二·七	三·二	九五二
有青肥料無鈣養	六二三	四六四·二	四·二	一○九一
青肥料並鈣養一百啟羅	八三七	六三三·七	五·三	一四七四
青肥料並鈣養二百啟羅	八二五	六一三·三	五·五	一四四七
青肥料並鈣養四百啟羅	八六○	六四六·二	四·六	一五一一
完全和肥料	九七五	六三八·一	七·六	一六二一

可見加青肥料並鈣養所產之穀實數與加完全和肥料所產者相等且完全和肥料中有許多阿摩尼

查考各收成料中吸取淡氣數如左表

所加肥料	收成全料中淡氣	吸取肥料中淡氣
	克蘭姆數	
無青肥料	七·四三	
有青肥料無鈣養	八·一六	○·七五
青肥料並鈣養一百啟羅	一一·八四	四·四一
青肥料並鈣養二百啟羅	一一·五二	四·○九
青肥料並鈣養四百啟羅	一二·一八	四·七五
完全和肥料	一二·四六	五·○三

九處加青肥料並鈣養之田所產植物吸取青肥料之淡氣中數爲五十三啟羅此數與坎爾奈他試驗考知每黑克忒田加阿摩尼硫養三八十五啟羅所得者相同由此可見種稻用青肥料法殊爲合算若稻田不如此治理惟有令田地在冬季休息

苜蓿爲青肥料

紐英格倫農家用草土爲青肥料歐洲行輪種法之處並美國紐約等省種小麥則用苜蓿土爲青肥料均因其價

値甚賤也

苜蓿根敷布甚密故僅將其乾根翻壅入土已可令土中得許多淡氣生物質歐洲更有一法苜蓿刈割後待其復生莖葉於是翻壅入土欲得此效須取第二年應用之肥料若干分待苜蓿刈割後壅入土作爲鋪面肥料令復生之萌芽較盛乃於農隙時犁入土中

如此治理苜蓿可令其由空氣中多得淡氣並生呼莫司之料不特不枉費所加之肥料而實爲節省肥料之妙法蓋稍加肥料可令作爲青肥料之植物更茂盛也

美國南省往往種紅苜蓿因尋常苜蓿與此鬆土不合宜

農務全書中編五第四章 十五

而紅苜蓿在無石灰之土或沙土或輕土均宜惟天氣酷熱新發之嫩芽不免枯萎

自南省至中省如待勒威均可種紅苜蓿或爲夏閒之植物或在秋開可遮蔽田面而爲冬閒之植物如爲冬閒之植物可在七八月播種待勒威省農業實驗場每英畝購價値一圓之紅苜蓿子播種於已生長珍珠米之田中至次年六月第一星期苜蓿已開花而得青肥料八噸又六百磅於六月五號耕覆入土六月七號即種珍珠米每畝收成可得四十八斗而在近處一田收成僅得二十四斗此田往年因種番薯而加鉀養淡養一百磅

豆類植物供給穀類養料

歐洲舊法用豆類植物作爲青肥料以供養植物格司酕林云宜種狼莢之田於穀類收成後即散狼莢子待其生長則壅入土作爲青肥料稍歷若干日即種第二次穀類歐洲南方藉灌水之田穀類收成後速散豆類植物及十月開花即將其全體壅入土爲播種小麥之預備德國西省種苡仁米之法往往在收成之後將冬小麥或燕麥之根料署耙起然後密散豆類子加以石膏令其茂盛至晚秋將此植物壅入土以備明春種苡仁米由此法收成之苡仁米壯足豐美

農務全書中編五第四章 十六

星海嘎省更有一法將苜蓿第二次之生長留過冬天作爲重生肥料用耙以偃之若梳然則地土可得暖其耙偃須順方向將來耕犁亦依其方向爲之如此治理儻遇春旱其患可減惟耕犁時較難宜裝一小犁於犁柄而犁首衝於大犁之前即易翻壅此苜蓿土如田面有此苜蓿料二噸者用此法甚便易

司潑留草爲青肥料

歐洲卑溼土用司潑留草爲青肥料此草生長於前後次所種植物之閒甚佳蓋因其生長甚速也亦能如苜蓿之令他植物得益福克武於一季閒連種此草三次均壅入

土以備種燕麥其後又種番薯依此法司潑留草可抵牧場肥料四五噸因此草亦頗能得空氣中之淡氣而他博士以爲得淡氣之功不能過於大麥芥菜旱芹

青肥料爲呼莫司之源

耕覆苜蓿於土中而與土中死物質肥料如圭拏多燐料柴灰料等相變化遂增生物質甚多故或云死物質即金石類肥料與地土不宜是不根之談也蓋此等人以爲常壅此金石類料不能變化成呼莫司殊不知土中實隨時可得所需之呼莫司如在晚夏早熟穀類收成後即種作青肥料之植物及壅入土即能變爲呼莫司如此則田地

不必休息一季且與苜蓿等青肥料同加之肥料亦並不耗失此因二種肥料在土中相變化而爲植物之養料也況苜蓿更能由空氣中得養料

紐英格倫地方大都係乾燥田土故作爲牧場所產苜蓿等植物無論爲青料爲乾料均飼畜類而取其糞爲壅田之肥料若耕覆入土反爲不宜如此情形當時以爲所產青肥料甚少然農家所得之益並不減也此因刈割草料並飼畜等雖畧費工夫而農家實得二益一令畜類茁壯二草料作爲繞道之肥料

有田不必翻壅苜蓿於土中先刈割一次以飼畜待其第二次生長結子出售其根仍可作爲肥料售子所得錢可購棉子粉珍珠米穀粉釀酒家穀芽粉飼畜而以畜糞爲肥料蓋畜糞之功效較速其肥力亦大故較徑直壅青肥料更能有益

近來欲作青肥料者大都如上法並不徑直壅入土中惟老草根土在春閒耕犁以預備種珍珠米若種冬小麥之後亦然可在春閒每畝田散苜蓿子十或十二磅於小麥田至五月杪苜蓿已生長即翻壅速種珍珠米如所種正熟不合法而度其收成必歉薄者亦可壅入土中作爲青肥料其數不多者翻壅後即種新植物其數甚多者須待

若干日令壅於土中之植物腐爛然後種新植物恐所散子與土中之植物同腐爛也英國秋季散製油之菜子其田所種苜蓿不能在夏閒刈割二三次於第一次刈割後即將根料等翻壅於土中至九月閒已腐爛乃散此子

青肥料腐爛較緩

農家常藏儲青肥料於窖中由此可知青肥料耕覆入土而爲地土所緊閉者則不易腐爛須待情形合宜方能變化苟欲令其速腐爛須得暖而溼並有空氣並許多微生物作合宜之發酵夫地土堅乾或因過溼而空氣不易透入則變化不易何異藏儲於窖中惟情形合宜者即將腐

爛而變化成阿摩尼此猶地面堆積之靑蔓草料其腐爛甚速也特海蘭在法國將野扁豆於十一月間耕覆入土不能速腐爛惟在畧溼地土壅入後二三星期雖尚有靑色而已變爲輭更歷多日則變爲黑而發出阿摩尼至二三月後已盡變化並無植物之迹矣

用靑肥料與休息田相較

總言之用靑肥料之意與休息田地之意不同休息田地可增土中淡氣更有大益能滅盡許多蔓草從前休息之田任其自然其後雖仍休息而屢次耕犁之因屢次耕犁可將未長成之野草翻壅入土且在晚春加以

肥料此肥料入土後又有野草生長又犁之由此觀之用靑肥料之意由休息田之法而來也

從前以爲休息田地殊有益後漸知其不確遂行用靑肥料之法然田地擬種靑肥料者應覈算其資本並考究合宜之種子乃能得效並畧加製造之肥料後得靑肥料數噸翻壅土中其功效與畜糞相較亦未必爲效也

種靑肥料最宜在夏間可連次播種如第一次所種嫩靑肥料翻壅之後又種之令畜或羣羊食此料又一星期於是翻壅則佳嫩之植物已作爲飼畜之料蕎麥在一年間可如此連種三次而因其生長甚密野草不能蔓延且蕎

麥散子過早者葉稈多而生實少作爲靑肥料尤宜

芥菜爲靑肥料

白芥菜似最宜爲靑肥料因歷六七星期卽已長成於一季間可連種二次而翻壅之後在秋間仍可及時種馬料並穀類每英畝散芥菜子二三升已足他日翻壅祇須輕犁之

英國農家云無論乾田或溼田蔓草甚多者在一季間連種作爲靑肥料之植物三次卽能滅之如種芥菜初次將全料翻壅入土第二第三次種之更密則蔓草不能復生其生長較稀者所種芥菜之嫩葉可作爲羣羊之食料而

第一次翻壅後每畝加鈣養一百斗甚爲合宜此等田每畝散芥菜子約三四升待其開花時速犁之當日再散子則新植物壓前次壅入土中之將死植物不能復蘇如此法連種三次不特可阻蔓草之生長且可令田土驟增肥度無異加牧場肥料也據人云第一次翻壅靑肥料稍加鈣養淡養更能令後次之植物壯茂而壓前次之蔓草更易其功效可較第一次之靑肥料增二倍並增以後之產物數有農家不用此法在春間先種野扁豆及苜蓿或易生長之植物令羣羊食之其後種芥菜二次尚不爲晚俟其生長均犁入土或作爲羣羊之食料亦可

馬歇爾在英國南方七月杪散油菜子待其生長令羊食之蓋羊喜食此菜更甚於蘿蔔葉也至秋閒可播種小麥其效甚佳

條形犁法以耕覆蔓草

英國農家有一耕犁之舊法其名曰條犁以此法壅青肥料殊佳其法犁起草土成條覆於左或右未犁之草土面第一條與第二條犁槽相距數與犁起草土之闊數相等則第一條犁起之草土可覆於第一條未犁之草土面如此爲之田面均爲低窪淺槽而青植物俱已覆蓋所犁之土並工夫實什五耳

犁起草土覆蓋於未犁之草土面竢其腐爛乃重耙之或橫犁之

以此法施於多蔓草田可代一季所種二次之青肥料若第一次所種青肥料尚嫩時用條形犁法則第二次可散青肥料子於此田面第三次之青肥料待其長成而橫犁之

凡舊牧場草料不茂或產無用之草者亦可用條形犁法因此法費工較少而野草易滅也條形犁後草料任其腐爛而預備散白苜蓿及佳草或六月草或菜園草等子

青植物遮蔽田面

作青肥料之植物可遮蔽田面令地土更易發酵而土中化學變化之工易成其泥土自更佳

田面有植物遮蔽者其情形與蓋肥料相同即是令田土鬆潤不致徑直受日光並雨水而變爲堅實且許多蔓草爲此青植物遮壓不能生長則田閒清潔然此等植物遮蔽田面自屬甚佳而能吸引下層土中之水以致土中較乾以後播種植物不免受害所以地土擬在秋閒種小麥者不宜種此等植物因該時土中之水或被其吸引殆盡所散麥子不易萌芽或其嫩秧不易發達若將此青料從速刈割以飼畜則土中之水不致耗失而田面仍得其遮

蔽之益

田面有遮蔽固佳然將青肥料耕覆入土其益尤大因頗能增土之肥度也博士虛白試種蘿蔔加牧場肥料至收成時分其田爲二其一田所產蘿蔔收取全料一田將蘿蔔葉犁入土至明春此田統種大麥獲效如左表

	實	稭
蘿蔔葉犁入土	二三○○磅	三七○○磅
蘿蔔全料收取	一八○○	二三七○
因蘿蔔葉增產物數	五○○	一三三○

博士羅勃克將豆田作爲二區第一區壅青肥料第二區

青肥料全數收取然後統種小麥至收成時壅青肥料之區得穀實三十三分收取青肥料之區得穀實僅二十二分

胡爾奈將一田分作小區每區四邁當平方有數區任其休息他區各種青肥料當開花時將各第一號田青肥料刈割而移壅於各第三號休息田則各第一號僅壅根並廢料其各第二號青肥料則全數壅入至明年於此田統種豌豆其效如左表

各種青肥料		耕覆入土	實	稭
			克蘭姆數	
白狼荑	一	根並廢料	八七七	一六〇二
又	二	全料	一二八三	一四七〇
又	三	一號刈割料	一四四三	一八八〇
白芥菜	一	根並廢料	一〇一一	一二三三
又	二	全料	一一九二	一三二七
又	三	一號刈割料	一四九一	一六六八
野扁豆	一	根並廢料	八六三	一〇六六
又	二	全料	一一四五	一一二六
又	三	一號刈割料	一四三九	一六〇三
蕎麥	一	根並廢料	九七三	一二〇八
又	二	全料	一〇〇六	一〇六三
又	三	一號刈割料	一一三五	一四二九
休息田			九八三	一二三七

觀土表休息田與種青肥料之田頗有殊異因休息田既無植物吸取其養料而又壅以刈割料則其效較僅種青肥料者更佳

狼荑為青肥料

將狼荑耕覆入土作為青肥料由來久矣古時羅馬博士潑里內論云務農者將狼荑全料耕覆入土或將其刈割料培壅樹根或葡萄樹根均甚佳意大利並法國內地從古以來將白狼荑為青肥料迄今尚沿用此法以預備種冬閒之蕎麥或小麥德國百年前仿為之殊不見效因畜類不肯食其料而生實又不成熟後漸用黃或青狼荑以代之此狼荑與該處氣候更合宜而未耕犁以前已能令沙土肥沃且無論其為乾為溼料均可飼羊

德國瘠鬆之沙土於他種青肥料不相宜而獨與黃狼荑甚宜所以四五十年來廣種之自輪種此黃狼荑之後從前種燕麥蕎麥不甚暢茂者今可收成數次凡甚瘠之土有雨水與冬雨相接者則此狼荑可生長高至三四尺若在七月中旬刈割黃狼荑作為馬料閱三四星期其根

復發新莖葉遮蔽田土如第一次刈割時尚早者此第二次之生長仍可刈割如第一次刈割時已遲晚此第二次之生長可待其生子尋常令羣羊食其嫩葉或刈割已成熟者置於架以氣乾之爲畜食料然此料並子稍有害於畜因其味稍苦辣惟慣食者乃宜故不如苜蓿飼畜之爲佳也或在六月間散此子待其開花而將生子時卽耕覆入土數星期後散燕麥子如此爲之所産燕麥往往較加牧場肥料者更佳或因此植物生長甚豐刈割而耕壅之或以刈割料壅於犁槽間均可

歐洲南方各國冬季不甚嚴寒者則狠荚不凍萎在意大

利於穀類收成之後速種此植物至明春耕覆入土以預備種正熟在德國北方因天氣甚寒所以春夏之時其田地均爲狠荚所佔

近今農家以爲狠荚不可在開花時耕覆入土須略遲因開花之後生子未成熟之前其吸取空氣中之淡氣更多也

狠荚爲青肥料甚合宜且較苜蓿更佳因其在泥土或沙土均能生長甚速而根鬚入土甚深可耐旱乾並禦蟲害其葉繁密可遮蔽田面而生許多生物質更要者其根間能寄生黴菌類此黴菌類能攝定空氣中之淡氣如同生

章所論

沙土黄沙土與狠荚甚合宜有呼莫司並含泥之沙土亦然惟寒冷堅硬之土或溼土或甚多呼莫司之土或雜石灰之土則不宜今查知此植物之生長全賴其根間寄生之微生物可由空氣中得淡氣如新墾之田地種植物不暢茂者可取他處常種此植物之土少許加於新田卽能得效此卽傳布微生物於新田也博士蒲得林依此法取他處有此微生物之土散於黄沙土田而種之果有效若加堆積之腐爛肥料亦得甚佳之收成據此博士之意凡地土有沙甚多者儻加堆積之腐爛肥料並柴灰並磨細

殭石燐料者則狠荚收成必豐惟雨水不可稍有間斷

青肥料之功效

赫敦用狠荚青肥料試種燕麥取田數方每方作爲二區第一區散狠荚子六十磅第二區任其休息及狠荚已生長將全方田耕犁而散燕麥子其收成之磅數如左表

	實	稭料穀殼
用狠荚青肥料	五三二	一〇七二
休息	二三二	六五六
又田一方		
用狠荚青肥料	四〇〇	六〇九

休息	二四五	五〇三

又田二方所種狠荚較稀

用狠荚青肥料	二七〇	四九八
休息	二一六	四二三
用狠荚青肥料	二五九	五四二
休息	一九一	三八八

又有田一方作為四區每區有二十四平方勞特試種燕麥如左表

一 用狠荚青肥料	九六	二〇五
二 狠荚刈割	六四	一三〇
三 用二號狠荚刈割料	六六·五	一三六
四 休息	五六	一一四

用青肥料各法

美國用青肥料有數法一法在六月間犁田而將蕎麥壅入土或在八月間生實未成熟時耕壅入土至秋間散冬小麥子或云蕎麥耕覆之後散鈣養於田是為最佳之法尋常散鈣養十五至三十斗儻作為青肥料之植物極茂盛者於未耕犁前用輥壓偃之可遮蔽田土而耕覆入土須甚深如是可多留溼易腐爛

又一法蕎麥耕覆後散白蘿蔔子至明春將蘿蔔荚耕犁於土中此蘿蔔在霜降之後仍能生長而在此時生長甚發達更有一法蕎麥耕覆後散燕麥子至明年五月生長高有三四尺乃耕犁於土中而種大珍珠米

博士衛格奈在少淡氣已多加鉀養並燐料之田連三年之八月間散豌豆並野扁豆子至晚秋將此茂盛之植物耕覆入土作為青肥料至明春種夏燕麥每黑克忒田三年間青肥料之稈葉由空氣中得淡氣二百啟羅而燕麥實收成三千三百啟羅稭料七千五百啟羅

儻正熟收成遲晚不能及時種蘿蔔則種燕麥至晚秋或早春為飼畜之用或在春間刈割之或耕覆之此燕麥在暖秋頗易生長若田地卑溼者更甚此植物能阻田間蔓草之生長並能羈留含淡氣物不為秋春雨水沖失凡田土肥沃者秋冬並春間必須有甚密之植物則土中淡氣等料能羈留弗失若在夏間為雨水沖失者較少

用青肥料之困難

鬆燥之土用青肥料未嘗不合宜堅重土亦常用之惟鬆燥之土青肥料壅入後而天氣適患旱乾者則不易腐爛欲種他植物遂有所阻礙蓋全賴土中溼潤其料方能腐爛變化也所以犁入土後宜輥之又輕耙之令土中水緩騰化為要

輕鬆之黃沙土加馬糞肥料此糞料中有未消化之莖稈等所以產物較加牛糞者稍歉亦因地土鬆燥過甚不易腐爛之故也反而言之馬糞肥料加於冷性重土殊為合宜

可見用青肥料務求其得當方能獲益大約含石灰之土用青肥料較宜於含矽養之土總之無論何等土質必須詳細考驗以免枉費儻地土溼潤而粗細合宜者用此料自能獲大益反之則耗費甚鉅

用青肥料之法於花園為尤宜儻有荒田欲改良而成佳景壅以青肥料卽能達此目的若為農務耕種計將田地所產青肥料收割以飼畜而畜糞仍反回於田卽可預備輪種是為最合算凡農家地土廣而肥沃者試種青肥料以資研究則知此法果可用也

遷移青肥料

古時羅馬農家取他田青肥料壅於葡萄園今法國南方尚仿行之卽是園土過乾不能產青肥料則往往由二十五或三十里外取溼土田所產各草料加之阿爾蘭農家在秋閒收割他處所產細葉草壅於田以備明年種番薯果能得效

穀類稭料

稭料作為肥料較遜於青植物因稭料中淡氣本少而死物質等亦較少也凡植物生長將成熟時其中之燐養五酸並淡氣並他種必需之物質均已運入穀實之中

博士斯禿克拉脫查考小麥燕麥苡仁米大麥之乾稭料各二千磅中有物質如左表

	小麥	燕麥	苡仁米	大麥
生物質	一九二〇	一九四〇	一九一〇	一九〇〇
淡氣	八	六	六	六
死物質	八〇	六〇	九〇	一〇〇
鉀養並鈉養	一二	一一	二四	二八
鈣養並鎂養	六	七	一〇	一〇
燐養五酸	四	二五	四	三
矽養	五六	三六	四六	五〇

查知乾稭料中之淡氣較青植物中所有者為少雖其中生物質亦可為微生物所用而變為腐爛發酵等情形然功效之實乃在灰料也

英國有一農夫依斯禿克拉脫之法考究乾料之功效於數年間取溼草地土所產之長草卽貓尾草並大蘆葦加於各田查知貓尾草果為有用之肥料而蘆葦之肥力極微

考查貓尾草蘆葦乾料各二千磅中有物質如左表

	貓尾草 磅數	蘆葦 磅數
生物質	一九〇〇	一九六〇
灰料	一〇〇	四〇
共	二〇〇〇	二〇〇〇
淡氣	一二	一一
鉀養並鈉養	二二	一
鈣養並鎂養	三二	八
燐養五酸	五五	二
矽養	八	二二

觀上表此二種植物中淡氣並成呼莫司之料無甚參差而作爲肥料之功效則有高下蓋依其鹼類物並燐養五酸多寡以爲準而淡氣或呼莫司在此肥料中不及死物質關係之甚也

稭料可得善價

稭料可爲畜類之食品故爲畜食料較爲肥料更能得價值且除田莊外其用處亦甚廣從前無法壓緊之以便運往遠方則爲農家所用已屬甚要今有法壓緊出售即可與他種產物相比而得善價以此價購他種肥料壅田殊爲合算至其用處可護襯裝箱之易碎物而人與動物所用之墊褥等亦需此料也

海草爲肥料

所謂海草者其種類不一在美國及英國法國之海濱所產者均作爲肥料紐英格倫農家分此草料爲三其一謂鰻鯉草又一謂石草又一謂海肥料

鰻鯉草博物家名爲沙士脫拉梅里那即海帶菜此爲海草中之無甚價值者

此爲一種扁草其百分中有淡氣一・三三而有成呼莫司之物質其百分中有七十餘分係生物質爲肥料之功效

甚少因無論在地土或在豬棚或在肥料堆或在和肥料堆均難腐爛且犁具或糞車料理之亦甚不便易所以此草在植物肥料中爲最劣猶動物肥料中之皮革屑也若爲保護植物以免霜侵及發黴腐爛並遮蔽畜棚或玻瓈花房或地窖等尚爲合宜

然試驗化分此草可作爲肥料之物甚多苟有善法料理之必爲有用之肥料

氣乾鰻鯉草百分中有淡氣一分又三分一之一鉀養一分燐養五酸〇・二五草灰百分中有鉀養七分燐養五酸一・五此分劑數與尋常人家柴灰中所有之數相等

鰻鯉草之弊上已言之卽是不易腐爛也必須設法使其易腐爛方能得益或燒灰而取其鉀養及燐養五酸或與石灰或與石草相和以速其腐爛則更佳其法可將此草與石灰相間成層以堆積之或將此草鋪於田面而與新鮮石草或海肥料相間成層如是則腐爛較速

正號海肥料

農務中所用海肥料歸入甫西一類而包括闊海帶菜俗名鬼裙又名昆布狹海帶菜石草及又一種名喀拉格呧此海肥料中有許多膠料且有許多淡氣其物質可與肉類相比新鮮時含水甚多所以腐爛分離之後其體積甚簡小

當腐爛時其中淡氣易騰化而灰料等收吸入土中有識見之農家因此故不肯將海肥料堆積於海濱歷數小時之久並欲取新由風浪飄來之海肥料而不願取由風浪飄來飄去已腐爛者

因此海肥料甚易化散而不能如岸草之葉稈能收吸流質所以堆積令其發酵必有耗失然可藉其發酵之功而令鰻鯉草或草煤發酵腐爛則亦未嘗無用也農家常乘其新鮮時犁入土或散布於田面如天氣不旱乾其腐爛甚速第一次所種植物必能獲益犁入土中者能令泥土寬鬆且敷布甚速凡海濱地方宜用此料者無論何時均可取而壅之

農家可加此海肥料於草田而以草飼畜又以畜糞壅田以增補田土之肥度然畜糞雖有助於田地不用之亦無關緊要近法國海疆有海島甚多島田所用肥料僅係此等海肥料並畜糞之灰蓋養畜甚多而取其糞爲燒料也法國西北海疆有一島名就賽在冬季由風浪飄來之海草甚多草料品性甚佳牛喜食之而以草料加於草田則生長之草更佳該島農家又取牧場肥料和此海草而種香紅蘿蔔或種孟閣爾或種瑞典蘿蔔惟種番薯用此料則有特別之氣味故不甚合宜種香紅蘿蔔之法取新鮮

海草鋪於田面而後犁入土約深二三寸至春閒加牧場肥料二十至三十噸用重犁以壅入土中

紐英格倫海疆之海肥料甚有功效除坎奈狄克江流域並大城鎭所有肥料並有地方用角廢料外紐英格倫農務全賴風浪飄來之海肥料每年產馬料並番薯頗豐英國司考脫倫及阿爾蘭海疆甚廣故海草甚多該處田地賴此肥料而輪種小麥大麥屢獲豐稔

海肥料可禦旱乾

草田若用海肥料雖遇夏季之旱乾依然青綠而地處少此肥料者已變爲黃萎總言之田地所用肥料甚足則能

留水以供養植物由是思之此等海肥料亦能改良田地而留土中之水也況耕犁合法所種植物又與地土相宜則根鬚入土更深而能吸取深土中之水並養料自與耕種不善之瘠薄土所產植物當旱乾時其情形迥殊也紐英格倫之紐海姆希亞省由海疆入內地八里或十里沿海十餘里有海肥料甚多阿爾蘭西海疆之農家用海肥料一車可抵畜糞六車足見其功效甚大而牧場肥料遂視為無足輕重以致畜糞堆積甚多常遷移茅舍以避之司考脫倫北奧克奈海島所有牧場肥料亦因其甚次於海草往往棄而不用或任其堆積或傾入海中在一千

八百七十四年據云該島農主與佃戶訂立合同必須註明每年將田莊之畜糞傾入海中凡牛牢等建造於海濱者去其糞料較易

海肥料含多水

海肥料惟近海濱之田可用而因其含水甚多有用之質料遂較少雖以大車載運至田而獲益並不甚大是宜屢壅之

因此等料中含水甚多而天氣較冷之國如瑞典其農家不取新鮮料壅於溼田恐其腐爛發酵遲緩也

海肥料中無草子菌類子蟲子等凡田莊多蟲患者用此

料可清潔之其功效實與製造肥料相同農家可免許多煩惱而糞料等均係蟲類之巢穴也

海草生長甚速司考脫倫海疆之石潮汐最低時出於海面而在十一月間取其所產之海草至明年五月尚未滿六月之時此石面復生之狹海帶菜已長二尺尋常海帶菜竟長六尺

海草之物質分劑

有博士查知海草當新鮮時百分中有水七十至八十分淡氣〇·三三生物質十八至二十四分灰料三至六分每灰料百分中有鉀養十至二十分燐養五酸二至三分鈣養

十至十二分鎂養六至七分乾海草百分中灰料甚多自十至二十分而尋常柴料百分中僅有灰一斤或二斤

海肥料為鉀養肥料

海肥料著名為完全肥料因其中供養植物之淡氣燐養五酸鈣養鉀養俱有之然鉀養為最多即可名為鉀養肥料猶圭拏可名為阿摩尼肥料也

鉀養肥料與苜蓿為最宜紐英格倫海疆多此海草者所種紅苜蓿最盛蓋自開墾以來常壅此肥料也該處所產苜蓿往往自然生長而不絕猶他處所產之六月草也

海草收縮

若將海草堆積日久，其體積漸小，因其百分中有水八十分也。其餘分數十分之八，係一種甚韌而易化分之生物質，所以此料甚易收縮。極大之堆積歷數年之後，幾化爲烏有，惟存少許之黑色料而已。若將骨粉與海肥料並用，更可爲完全肥料，竟可代畜糞也。

海草灰

除新鮮海草壅田外，歐洲農家取此海草待其乾而燒成灰，以灰爲肥料。如法國西疆孥門待並勃里退奈地方，均取乾海草在窖中燒成灰。阿爾蘭並司考脫倫西北地方造窯燒之。此二地更用化學法由灰中提出碘並含鉀含鈉之鹽類物，而灰中僅有如煤之物迹。

英法間海島農家燒海草者甚多。先將海草置於高處晾乾，乃堆積農舍旁，作爲柴料燒之，或用小火緩緩燒乾草，得其灰出售，每斗價值一角二分。就賽島農家特以灰料加於小麥並苜蓿田，而先種香紅蘿蔔、紅蘿蔔、番薯，然後種小麥。若在冬初散麥子者，則每畝田加此灰二·五噸，待小麥生長高三四寸，則散苜蓿子或他草子。灰料中有未燒盡之炭料並沙質等，故加數宜多。有博士查知法國灰料百分中，有水中不能溶化之物質五十分，在水中易化之粗鹽類物百分中，有鉀養硫養$_3$十一至四十四分，鉀綠十二至三十五分，食鹽九至七十分，或有鈉養硫養$_3$三十五分或無之，或有鈉養炭養$_2$八至十五分或無之。灰中物質之多寡，有無全依燒時之空氣熱度、方向、燒法而定。已提出易溶化鹽類物之灰料，法國農家以爲田莊之佳肥料，往往載運三十英里外製碘廠所棄之廢灰料，加於田地，不辭勞苦。

苔草之物質

北方之人常取苔草以代柴草作墊之用。博士好夫買斯脫考查數種氣乾苔草百分中，有水十四至十八分，灰料二至六分，生物質七十八至八十四分，淡氣一至一·五。灰中多鉀養並燐養$_5$酸，有一種灰料百分中，有燐養$_5$酸六分，更有二種僅有三分。

木屑並製革廠廢樹皮料

論及草料須略述木屑並製革廠用過之廢樹皮料。此等物可作爲畜棚鋪墊料，然後爲和肥料。總言之，此二物不必多用，因其中肥料之物質不多，而甚次於柴草料、樹葉、草土等。

此等乾料畜棚中可用，惟羊棚中不宜，因羊毛將受損也。而廢樹皮培壅果樹並楊梅樹尚佳。

木屑用於牛牢甚宜，因其潔淨輕鬆易運散於田，而製木器所棄之木花亦可作此用凡乾木屑可收吸其本料三倍之水因此故或謂用於馬廄中將令地土過乾燥似不甚宜且馬糞中雜木屑甚多以致鬆疏不易發酵牛糞與之相雜亦不免有此弊歷二星期後已不堪用所以此等糞料須速壅於田

然木屑與骨粉對分劑相和堆積以溼之可令其發酵甚佳所以將來或可與牛糞等合成和肥料亦未可知

木屑中生物質爲數不多惟淡氣較柴草中爲多其實木屑最合用者爲清潔牛牢須將小木片及木塊等篩出之

製革廠之廢樹皮爲肥料之物質甚少故無他用惟加於

土中令土鬆疏而已

下表所示係各料中要質之多少

百分中	木屑	廢樹皮	柴草料	鰻鱺草	枝葉	秋閒樹葉
鉀養	〇·一〇	〇·〇八	〇·五〇至一·〇〇	一·〇二	〇·八八	〇·一〇至〇·五〇
燐養五酸	〇·〇五	〇·〇四	〇·二〇至〇·三〇	〇·二三	〇·三三	〇·〇二至〇·三〇
淡氣	一·〇〇	〇·一六	〇·三三	一·三〇	一·二八至二·八四	〇·七五

由此表可見嫩枝葉之肥料最佳古時羅馬博士開禿云儻葡萄藤變爲瘦弱者可修翦其嫩枝埋於根旁令其肥沃

卷終

農務全書中編卷六

美國哈萬德大書院農務化學教習 施妥縷 撰 慈谿 舒高第 口譯
新陽 趙詒琛 筆述

第五章

呼莫司並黴料

野植物中之呼莫司含淡氣最多各等植物所得最多淡氣養料均來自地土中之呼莫司

雨露亦能挾帶淡氣灌入土中其數極少爲不茂盛之植物或下等植物所需尚嫌不足港河水中亦有淡氣數分植物吸取此等水即得其淡氣物質然植物獲其益極微

且水中之淡氣亦由上流運來之呼莫司變成者

前論空氣中淡氣受電氣之力即與養氣相合可爲植物用而土中之微生物亦能攝定空氣中淡氣供養豆類植物並他種植物惟多種植物均賴呼莫司而得之

呼莫司爲聚積淡氣之所

田土中及溼草地中呼莫司之大功即聚積淡氣也此淡氣本係古時植物所聚積而藏於土中者如石面所產石花菜類能令石質化分並吸取空氣中之淡氣其後所出青苔並耐苦之植物能取水中之淡氣如溼草地所出之青苔聚積淡氣藏於草煤中變爲多淡氣之呼莫司由是

言之凡卑溼田在温帶地方者常有植物陸續生長不遇火患不爲水沖則此等料當由漸存儲夫土中呼莫司之來源本因植物吸取該處流水中之養料即是此養料藉水由他處運來也後變爲呼莫司其聚積之淡氣供給耕種之植物

呼莫司品性與天氣有相關

各處天氣情形不同與呼莫司有關係惟在不甚乾熱之地方其呼莫司有增而無減在温帶地方往往變成草煤而酷熱地方之土中則無之然熱地之山高於海面數千尺者亦有草煤而酷熱地方呼莫司甚多徧地皆是在寒

冷之高地則成爲草土不能變爲草煤有數處地方廣袤千里而有深黑色之呼莫司其中淡氣甚多惟冷而有酸性者幾不能種植紐英格倫高山中亦有此冷酸性之黑土

歐洲中原並南方情形各有不同如德國北方之土係草土而法國有酸性呼莫司土俄國地方有著名之黑土係天然所成異常肥沃連年產小麥馬料其地甚廣係一種淡性呼莫司存儲於細土之下此細土當初係海底後掀起而變爲陸地蓋此土質由水中漸出而澄停時已爲污泥形甚宜於多呼莫司也其淡氣甚佳並有燐料及他種養料

成呼莫司合宜之情形

呼莫司之變成全賴空氣與溼凡腐爛之植物料如葉得空氣與溼熱者速受養氣之變化而爲炭養氣及水及阿摩尼及含淡氣物質並由利淡氣猶受火燒而盡化滅僅賸灰少許而已若在温和及寒冷地方其葉堆積於溼地或埋於他葉之下以致養氣較少遂不能有上所云之變化農家知有一種呼莫司名曰冷酸即因其中多水而空氣不能透入也又一種名曰熱即因地土較乾能多得空氣也凡植物料浸於多水中其養氣變化甚緩惟在暖而

通氣之所則變化情形不同司密得論南阿美利加唵麻森大江濱之大樹林云沿江地方均係沙土並不肥沃且因天氣甚熱不生黴料而樹林生長極爲茂盛至於北方之樹葉落地往往在雪下腐爛而在此地之樹葉全年逐葉落下變乾成灰飄散於空氣中落下之枝幹等又爲蟲類所蛀蝕竟無質料可以肥土

所以赤道極茂盛之植物全賴地土肥沃之語甚爲不確須藉日光並溼空氣補助地力之不足該處除雨水外濃露溼風皆助植物之生長而沙土實毫無肥力惟因土質鬆疎可將雨水敷布至根處不致聚積地面且亦不致過

乾也

呼莫司不易腐爛

溫和地方若將植物料置於空氣中任其腐爛則速收吸養氣與其中化分之物質相合其植物之嫩者變爲炭養氣並水此卽係微生物之功也祇賸呼莫司餘料可歷久不變化或當初腐爛時化成許多定質在溼而少空氣之處不復化分及吸養氣所以樹林地牧羊場溼草地中有許多呼莫司因其有遮蔽不得與空氣相遇也

舊呼莫司更有不易腐爛之性

土中儻有空氣呼莫司必將改變其改變之遲速依新舊

而定嫩新者先化分稍舊者後化分總言之呼莫司愈舊者愈不易化分如靑蔓草堆可見其從速腐爛而草煤則腐爛較緩蔓草腐爛發酵後賸呼莫司若干此呼莫司腐爛較緩勞斯並葛爾勃試驗小麥田土其呼莫司炭質與淡氣各數有參差不加肥料之土百分中炭質居十分淡氣居一分加牧場肥料之土中炭質居十二分淡氣居一分加金石類並阿摩尼鹽類和肥料之土中炭質居一○五分淡氣居一分加田莊肥料者炭質居二十五分淡氣居一分可見植物質從緩腐爛時其炭質耗失較淡氣爲速面土中生物質與深土中所有者亦不同如羅退姆斯

退脫舊牧場地九寸以上之面土無草根者炭質居十三分淡氣居一分九寸以下深土中炭質居六分淡氣居一分英屬坎拏大之蔓尼拖罷省田土一寸深之下炭質居十二至十四分淡氣居一分此二博士又查知深土中淡氣生物質變化更緩

呼莫司因耕種耗失

樹林地牧場地苜蓿田溼草地常有植物遮蔽者呼莫司存積較多若因耕犁而變爲鬆疏則呼莫司必速耗失從前有博士查知呼莫司甚易由空氣中吸收養氣且熱度愈高者吸收亦愈速查耕種田中之呼莫司耗失數往往

甚多蒲生古試驗阿爾散斯省之園土屢加畜糞在七八九月閒令其多遇空氣而每日灌水則炭質耗失三分之一當試驗初時百分土中有炭質二·四三至其終僅有一·六其耗失數爲○·八三

斯禿克拉脫每年夏季取老椎樹林中濃厚植物黴料與含沙之土相和而種燕麥並草並大珍珠米查知土中呼莫司愈多者耗失數亦愈大如在盛土之箱中埋熱水管較尋常夏天熱度增百度寒暑表八度或十度則呼莫司耗失有三十八分未增熱度者耗失祇十八分卽是其中因增熱度炭質耗失四十分淡氣耗失四十七分未增熱

度者炭質耗失十六分淡氣耗失十八分

勞斯以舊牧場土與耕種二百五十餘年之田土相較則自開墾至今每畝田耗失淡氣三千磅更查各田面土九寸深百分中耗失淡氣數如左表

舊牧場地	○·二五○
耕種之熟田	○·一四○
三十八年間未加肥料小麥田	○·一○五
三十一年間小麥並休息田	○·○九六
三十年間未加肥料苡仁米田	○·○九三
二十五年間未加肥料蘿蔔田	○·○八五

可見連年種穀類而不加肥料者其淡氣之耗失較尋常耕種之田耗失數爲少於蘿蔔田更爲明顯且多加肥料之熟田以後屢次收成而不加肥料則土中淡氣數爲之速減

今知呼莫司之耗失蓋爲土中微生物工作所致凡地土因耕犁開溝而多得空氣並熱與溼均勻並鈣養炭養氣之數合宜則微生物之生長甚爲發達反而言之地土係酸性而浸水甚足者則呼莫司有增無減

耙樹林地

斯禿克拉脫如上試驗以來德國有樹林之農家遂不願小農家至其樹林中耙取地面樹葉等廢料管理樹林者爲栽培美材以出售也故不准他人修枝耙地而歐洲或設法律嚴禁此等之盜竊

耙樹林地之害因其移去地面遮蔽之物並非因物中有肥料也惟遮蔽物移去則地土易乾德國勃凡利亞省博士意勃麥邪於樹林地開設積水小溝池其大爲一方尺而查其水數如左表

地面無遮蔽處溝池深至一尺	二五三立方寸
地面有遮蔽處溝池深至一尺	四七五
地面有遮蔽處溝池深至二尺	五一四
地面有遮蔽處溝池深至四尺	二五七

右表係無遮蔽田與三處有遮蔽田相較積水之多數三處有遮蔽者其中積水較三處無遮蔽田可多水一千二百四十六立方寸

樹林地有遮蔽實爲甚要斯禿克拉脫考查樹林地已耙過者及有遮蔽者其效如下

五十年來松樹林有遮蔽之沙土並近處時常耙去遮蔽物之土相較下表係半英畝田二十寸深之土在水中易化之灰料物質以磅數計之

鉀養	鈣養	鎂養	燐養五酸	生物質	淡氣

有遮蔽面土二五六〇〇磅	五六	九二	六四	九六	八五八〇	一二三
無遮蔽面土五〇〇〇〇磅	四	二八	一四	一七	八六五	一四
有遮蔽上層土	四〇〇	三二四	八〇	三三六	二三二四〇	一〇三
無遮蔽上層土	二七三	二五六	八二	二八〇	八〇八〇	五二八
有遮蔽下層土	三四〇	一七六	四八〇	三四〇	三八〇〇〇	三〇六
無遮蔽下層土	一六〇	六四〇	一二〇	二〇八	二〇八〇〇	一八〇〇

又查知有遮蔽之土百分中有佳土十二分可含於水中而不澄停其他僅有六分且有遮蔽之土百分中可含溼四十三分其他僅三十三分

又將有樹林之黃沙土試驗如下表其鉀養鈣養燐養五酸

均係在水中易消化者而以磅數計之

	鉀養	鈣養	鎂養	燐養五酸	生物質	淡氣
一號四十年有厚青苔遮蔽之面土二三五〇〇磅	九五	一五〇	四九	一三〇	一四〇〇〇	一八七
二號三十年有鍼形草遮蔽之面土三二〇〇〇磅	八六	一一六	五三	一〇五	一六五〇〇	二四四
無遮蔽之青苔並短草土一八〇〇〇磅	三七	一六〇	四三	七一	五七〇〇	七四
上層土						
一號	三三〇	五四〇	一八〇	一三三六	八三二〇〇	六九〇〇
二號	三四〇	六三〇	二三五	一七三〇	九二〇〇〇	七六〇〇
無遮蔽	二五〇	五八〇	一四五	一三七〇	七九二〇〇	五六〇〇
下層土						
一號	四四〇〇	二六〇〇	一〇〇〇	五六〇〇	一六〇〇〇〇	一二七〇〇
二號	五一〇〇	三三〇〇	二一六〇	六六〇〇	一六八〇〇〇	一三八〇〇
無遮蔽	三七〇〇	二四〇〇	一〇五〇	五六〇〇	一七二〇〇	一三四〇〇

由上觀之黃沙土有無遮蔽之參差較沙土爲少而黃沙土羇留鉀養並淡氣爲數甚大此試驗之效與農家在輕沙土實驗者相符此等地土之弊在酷熱時牧場肥料之生物質速與空氣中養氣變化而耗失無遮蔽之輕鬆土中呼莫司易與養氣變化而耗失者其地遂有餓荒之稱斯禿侍哈勃云樹木砍斬後須設法保守土中之呼莫司而美國常用焚燒樹林之法無庸保守也夫呼莫司者本

係植物質料所變成因吸收養氣或發酵以致耗失然較其本植物質料耗失爲緩耕種之土中所有草煤腐爛情形較畜廄肥料之腐爛更緩故草煤和肥料加於沙土更爲合宜

呼莫司之變成乃植物質料與養氣并合而未盡變化也猶木料用泥土遮護而不能燒盡則變爲炭其色或黑或紅或焦枯形全依吸入之空氣多寡以爲定呼莫司之有各等分別亦係此故也

凡植物質料中之炭氣並淡氣與養氣并合較其中輕氣與養氣相合爲更緩所以呼莫司中之炭氣淡氣較原植

物質料中所有者更多，當物質腐爛時，不特有炭養二氣騰出，且有池河之氣，即炭輕四，並炭養少許，此外又有阿摩尼由利淡氣並輕硫氣

溼草地並草地之土中含硫質

草地土不遇空氣者，有含硫質，輕硫並由利硫，此等物由石膏或他種含硫養三之物質所變成，如掘鹹溼草地土甚深，即有輕硫氣是也，其中查有微細阿爾格苔類，此阿爾格生長時，洩放炭輕氣，而常有定質之硫放出，查其賽爾中有硫之顆粒甚多，可用哥囉昉或炭養二氣阻其變化，而阿爾格微苔類能變化硫養三之料，蓋各植物之賽爾中均有此情形，惟定質硫尋常為蛋白類質中居其一分，然阿爾格生長時，此情形更速，而洩放之硫較植物中之蛋白類質所需者更多

前曾言含硫質有害於植物，故宜時常耕犁，令空氣透入，如開墾之田地擬種草者，先開溝道，然後耕犁，則空氣透入而令土中所有之含硫質變為鐵養硫養三即青礬，於是加石灰，令其更變成石膏

福爾克查考數種瘠土，見其色近似黑，此黑色並非因植物質致之也，乃因土中有甚細顆粒之鐵硫二，為最有害於植物，凡溼空氣在空氣中並地土中，能令發出炭養二氣與此鐵硫相合，而發出輕硫，此輕硫亦有害於植物動物，且更較鐵養硫養三之害更甚

博士配克爾云，凡不流動之水，往往發出惡氣，蓋含硫質所變成也，又查知草地中變成含硫質時，有許多阿摩尼騰出，當時含硫養三之質亦易變成

草地中含硫質遇養氣易變成由利硫強酸，而變成易化之鐵硫養三為更多，此二物易致地土瘠薄，必須開溝加石灰或加灰土，令空氣透入以化滅之，從前荷蘭國哈倫海濱築塘以增平陸，而海底之土多含硫質，不宜耕種，即加石灰以改良也

福爾克並謀克皆以為土中之鐵養易變化者，雖甚多，並無損害，如已開墾之溼草地土，其鐵養與呼莫司或與矽養二相化合，頗能產物，而查不能產物之土中，有鐵養甚多，且少紅色之鐵養三，凡高地更有此情形，若用開溝翻深土，令空氣透入之法，何難變為熟田，蓋地土中多鐵養者，即表明少空氣，而不足為植物生長發達也

由呼莫司可得化學物質

呼莫司有何化學物質，尚未明知，從前凡有關於農務化學者，已注意考究草煤並植物黴料，曾由其中考出呼莫克酸、烏勒迷克酸、烏勒迷格里尼克酸、阿布格里尼克酸

等惟此等物質與植物有何關係仍未知之

植物初腐爛時成紫色呼莫司查有烏勒迷克酸並烏勒迷日久更腐爛則變爲黑色呼莫司查有呼莫克酸

呼莫克酸亦可製成之將糖並小粉並膠質與鹼類物同煮或與濃硫强酸或鹽類酸同煮即得若將糖與淡號鹽强酸用火緩燒而得暗色不易化之酸人皆以爲即烏勒迷克酸也

若將草煤或花園黃沙土少許與鈉養炭養$_2$溶化於水中而用布濾出黑色流質乃加酸質少許於此流質中即得不淨之呼莫克酸並烏勒迷克酸此不淨之呼莫克酸凝

結成輕微雲之形式

諸博士雖詳細考究而終不能得盡無淡氣之物質楷姆陸脫查知百分中有淡氣一·八張勃羅特查知有〇·八一待德冒將阿摩尼呼莫克酸用强酸溶化而澄停之百分中有淡氣一·五若將呼莫克酸溶化於水中加鉀養煮之又用酸質令其再澄停再用鈉養炭養$_2$令其溶化而再用酸質又令其澄停然後所得呼莫克酸百分中尚有淡氣〇·七九沙斯脫克尼由草煤中取得呼莫克酸查其百分中有淡氣二至二·二可見草煤之呼莫克酸中有含淡氣之鹼本和料爲呼莫克酸羈留若干甚固由糖所得呼莫

克酸其分劑式爲炭$_{40}$輕$_{24}$養$_{12}$丄三輕$_2$養烏勒迷克酸分劑式爲炭$_{40}$輕$_{28}$養$_{12}$丄輕$_2$養

格里尼克酸並阿布格里尼克酸係呼莫司更多得養氣而變成者含格里尼克酸之物質溼土中往往有之因地土溼則易變成此物也凡乾鬆地土易得養氣者則含阿布格里尼克酸之物質變成較多此二種酸質用養氣加減法彼此可互變據化學家云格里尼克酸分劑式爲炭$_{24}$輕$_{24}$養$_{16}$丄三輕$_2$養阿布格里尼克酸分劑式爲炭$_{24}$輕$_{12}$養$_{12}$丄輕$_2$養然此二式未必甚確此二種酸質中均含有淡氣在水中亦均易化沃土中含此之物質均有少許大約與植物

生長關係不少惟如何關係尚未明知

呼莫克酸化學力較大

呼莫克酸在水中雖不甚易化而變化之工實大博士阿康將呼莫克酸烏勒迷克酸並酸性草煤化於水中查得此水可化分鉀綠酸鈉綠酸淡輕$_4$綠酸並他種中立鹽類酸而能將物質中之鹽强酸或他種酸化分而洩放之甚至酸性土化於水而加中立性鹽類物然後用試紙試之反見其酸性更甚凡草煤或土中無由利之呼莫克酸祗有含呼莫克酸之物質者其化學力不甚明顯在德國查有數種草地土若加鉀養鹽類物此鹽類物爲土中呼莫

克酸所變化羇留其鹼本而將硫强酸鹽强酸洩放即有害於植物

田間加鈣養燐料或澄停燐料與由利之呼莫克酸相遇亦有此弊惟化分之工較弱儻田土中有灰土石灰並肥料者則可與由利呼莫克酸并合不致爲害即是酸性之草煤與骨灰或骨炭相和令其溼將緩緩與此物質并合而去其酸性以改良燐料所以新開墾之溼草地土用不易消化之燐養五物亦爲合宜

德國北方新開墾之沙土草地在一千八百五十八年博士侯格林祇用骨灰連種燕麥七年該地當初頗有酸性

疑其不能產物而加含燐料甚有功效更在近處一田加相等價值之秘魯圭拏而種燕麥收成反少因植物多生稭葉也由是思之不特骨灰等能化滅土中之酸性即燐料亦能令土發酵以增肥度也

土中由利呼莫克酸多者有害於植物之生長所以人皆知多酸性呼莫司之土須加沙土及肥料及灰土石灰並含燐鑪渣料以改良之方宜耕種

呼莫克酸洩放矽養二

博士李維格斯查土中多呼莫司者植物吸取土中之矽養二較難此因呼莫克酸將鹼本羇留甚固不能與矽養二并合此矽養二遂不能變化以供植物福格爾則云凡植物產於多矽養二而少呼莫司之土則吸取矽養二較少於多呼莫司而少矽養二者其意以爲呼莫克酸與矽養二變化雖甚緩然能將已變化之若干供與植物所以溼草地之植物可多得矽養二者均因呼莫司多而盡其職也由此言之呼莫克酸能將土中生物質變爲有用也

呼莫司更有他用

呼莫司可作爲肥料須察其中之物質如何第一爲其能以淡氣供給植物也

第二因其鬆疎可改良土質並能羇留溼潤且又能羇留

阿摩尼並阿摩尼鹽類物及他種物質

呼莫司中有許多酸質如格里尼克酸阿布格里尼克酸均因腐爛變化而成可令土中增化學之工且腐爛遲緩遂發出許多炭養二氣此炭養二氣將消化植物之養料以供植物

溼草地及泊船處及泄河底之污泥中均多呼莫司此等呼莫司中更有死物質於植物亦有用

呼莫司可令土中金石類物質化於水中所以消化物質此亦居一要職博士批脫斯查知呼莫司加於有鐵二養三燐養五之土中則燐養五酸不致速洩放而爲雨水沖失將從緩

化分變爲鐵養燐養五斯禿侍哈勃試驗呼莫司消化之功用木箱盛黃沙土或盛舊樺樹林有呼莫司攙和之黃沙土有數箱中裝熱水管增土之熱度較尋常夏季熱度更高百度表八度至十度試種稗草並珍珠米

共計土二萬五千克蘭姆其中物質歷夏季三月化出如左表

	多呼莫司之土		少呼莫司之土	
	尋常熱度	加熱	尋常熱度	加熱
鈣養	七·七八	七·二三	一·五七	一·三六三
鎂養	三·三〇	二·四四	〇·〇〇	一·九七
鉀養	五·八八	八·六〇	五·一一	一·四二
燐養五酸	三·一一	六·〇二	三·三六	一·六四

呼莫司改良土性

呼莫司能令重土變爲鬆疎令沙土變爲緊密變爲鬆疎者猶以稭料或半腐爛之木屑及製革廠廢樹皮料等加於田也其情形如冬閒街道積雪爲車馬踐踏有微細垃圾相雜遂不能并結成冰塊

土質成細顆粒空氣並雨水均易透入則變爲肥沃欲得斯效須加呼莫司若干雜和之此呼莫司遇土中之石灰並他種鹽類物則變爲黏韌沙土之緊密即此故也

博士盧蘭莘考究如下

先將淨沙與淨溼土相和其分劑各不同每和料百分中土居一分或五分或十分或十五分或二十分待其乾可以指鬆散之

於是用豎直管數枚管底有碎玻璃屑以粗沙蓋之盛上所云之和料管口蓋棉花一層而用加鈣養鹽類萬分之二或三之水緩緩滴於棉花上或噴霧亦可歷三四日所和之土不及百分之十者則失其當初鬆疎之情形而有土百分之十五者與當初幾無異又用和料其土居百分之十或十一或十二或十三或十四或十五分如前法爲之查知加凡亞斯地方之土十一分者可令沙結成顆粒以禦水

若以白石粉代沙所加土數須過於百分之十一纔能令其黏結總之欲令沙與土相黏結加土之數無定蓋土性有不同也

凡天然黃沙土百分中有土不過五至十分者如上之試驗仍有鬆疎之情形可見除加土之外應再加他種有韌黏性之物如呼莫司試驗之效如下

先將黃沙土用淡號鹽強酸濾去其中之石灰並他種鹼本此鹼本原係呼莫司所羇留者乃加鹼類水化出其中

之呼莫司儻仍有酸質黃沙土之情形不變然呼莫司爲鹼類化出之後此黃沙土卽鬆散不黏韌地土中呼莫司爲鹼類化出甚多則黃沙土之顆粒鬆散更甚可見呼莫司實有膠黏之力所以農家皆謂呼莫司能并結泥土洵不謬也

虛蘭莘又將鈣養呼莫司酸鐵養呼莫司酸鋁養呼莫司酸試驗之先取鈣養呼莫司酸與淨沙並石灰若干相和如左表

	百分	百分	百分	百分
淨沙	九九	八二·五	六六	○
鈣養	○	一六·五	三三	九九
鈣養呼莫司酸	一	一	一	一

將此和料盛於上所云之四管中用水試驗之均能禦水雖汽水亦無濟可見鈣養呼莫司酸一分能抵凡啞斯地方之土十一分

將此和料製成球形或圓柱形待其乾可抛擲而不碎然沙甚多而呼莫司料甚少如表中第一行所示擲之尚易碎

呼莫司可令泥土寬鬆

沙與石灰相和其百分中兼有土質四或五分再加鈣養呼莫司或鋁養呼莫司一分亦能禦水總言之含呼莫司酸之物質有膠黏沙質顆粒之力較土質更甚而土質與呼莫司物質相并其膠黏之力反不如分開者卽是土之膠黏力加以足數之呼莫司物質反爲寬鬆

虛蘭莘取淨泥土與水攪和之百分中加呼莫司物質二分或四分或六分查此三種和料既乾之後其堅硬似相同然復與水相遇則見其膠黏力有參差矣蓋加水之後均變爲污泥形並不攪動待其自乾而成細土多加呼莫司之一種膠黏力爲少凡田間佳土中有足數之呼莫司卽能致此效也

土中有呼莫司數分卽能膠黏若欲令鹼性呼莫司水中之土質膠黏須另有膠黏之物呼莫司愈多者膠黏物亦必愈多如令淸水中之淨土膠黏須有鉀綠千分之一至三儻土質在一列弍水中更有呼莫克酸一百至二百密里克蘭姆則鉀綠須加至千分之十至二十

前曾言腐爛呼莫司發出炭養氣之功可令泥土成顆粒而鬆疏由此可見呼莫司之功用不一又查知草煤可令已開溝道之泥土有益大約亦因令其鬆疏也含草煤之水有生物質之色經過泥土則淸可知其與土質有關係博士何爾士云斜形小地一方其面土係薄而堅者下層

係粗沙土屢耕而耙之終不能將沙與土相和變成中等之黃沙土因思加以足數之呼莫司當可改良也

呼莫司留溼

呼莫司與沙土甚有關係所以地土除多灌水之處或地中水甚足者能缺乏呼莫司殊不多見也紐英格倫之地土頗多沙質若加多呼莫司之肥料較加化學肥料爲更宜凡老農莫不重草煤肥料實與格致之理相合也

當夏季乾燥時覩曾加草煤和肥料之沙土田所產植物甚茂而近處不加此和料者植物枯萎足見呼莫司有留水之功並可見地土下層猶地面有變化肥料之功也

博士斯替屋言試溼草地之土一百車以鈣養和之鋪於輕鬆之沙土田面當乾季時能補救珍珠米令其有深綠色其葉亦不致乾卷而近處田地不如此培植者變爲乾黃枯萎收成僅得其半從前農學報常論草煤有大功效可與牧場肥料相並

含灰石之溼草地土可徑直運至田莊以備用不必特爲治理即能致效惟田土本多灰石料者恐呼莫司過多亦不宜然無灰石之田土所有草煤不易腐爛變化須久遇空氣或已發酵方能獲益

生草煤有酸性

紐英格倫農家以爲生草煤有害於熟田因初由土取出尙有酸性也惟此酸性可用鹼類物如灰料或灰土或石灰或令其久遇空氣以改良之博士司密得言令鹼性物以減酸性爲農務之要凡多酸性之土須多得石灰也

司密得查地土中有益之發酵與鹼性有相關且黃沙土中加鹼類物可令其速腐爛一千八百四十七年考知有鹼性並有草煤之地土天氣寒涼數日之後即變成酸性似乎腐爛物料之酸質因寒涼而不能更化分所以酸質有增無減在肥沃之土肥料足而蓋護以暖之則仍係鹼性雖尋常之土本係酸性者亦能變爲鹼性由數種微生

物工作而成也此微生物賴高熱度以生長發達天寒則不能動作矣

草煤新由土取出時往往有解毒或殺微生物之功反阻變化淡氣及他種發酵腐爛之情形阿爾蘭農家從前即知開溝之溼草地牧養綿羊不易有病

溼草地陘地並池河底取出之污泥中往往有鐵硫二遇空氣即收吸養氣變成鐵養硫養俗名青礬如草煤中多此物者於植物有毒並害發酵之微生物所以此等草煤著名有酸性德國北方溼草地土中常甚有酸性因其中有由利硫强酸此硫由含硫養三之鹽類物並植物料中之蛋

白類質所洩放後與空氣相遇卽漸變爲硫强酸後又與死物質幷合而留於土中而死物質爲雨水沖失留此硫强酸致害於植物

地土中所有由利呼莫克酸並非定與植物爲害如德國許多草地其面土並深土多有呼莫克酸所種燕麥蕎麥大麥番薯均獲豐收總言之佳土不甚有酸性以試紙試之祇見其有中立性或稍有鹼性

生草煤縱無害於植物而依農家所考驗大抵無益或得益甚尠司考脫倫博士廓落克掘取築造鐵路處之草煤與製造肥料相和將田地分作小區或散大麥或散苜蓿

或散馬料之子壅以和肥料不加石灰其植物均不能發達儻加石灰而無燐料者收成亦荒歉惟加燐料之外每英畝再加石灰一百二十斗楷尼脫四擔阿摩尼一擔其收成最豐

法國農家考知石灰可改良草煤法國地方固多肥沃而土中多呼莫司土中之水又含石灰質然亦有由花剛石變成之沙土有酸性而甚瘠薄此等田地亦頗多也

總言之新取出之草煤較遜於已遇空氣而改良者大約草煤須變陳方能有益如堆積於地面至第二年用之則久遇空氣其中含淡氣物質並解毒之物質有變化而生物質亦因遇空氣有改變若在冬間水浸入於草煤中冰之及天氣暖而融解更能改良草煤初出土時有一種韌黏物質既乾之後變爲堅硬似角料有害於佳土惟堆積過冬以改良則易變爲熟土之情形若將生草煤加於田不特無益且與他肥料結成不易消化之雙本呼莫克酸致阻淡氣之發酵

生草煤成堆遇空氣之改變其中化學情形究竟如何尚未詳悉博士司密得考查云草煤腐爛後變成之物質將與由利呼莫克酸相遇而變爲中立性卽是新草煤變成和平性之呼莫司凡生物質腐爛時變成數種鹼本物質

如阿摩尼並以脫拉明頗能令酸質成中立性又相類之物如留辛太路辛亦然可見生物質腐爛所得之效與蒸化所得者相同若將木料或煤或骨或他種生物質蒸製黑柏油焦煤及炭及骨炭並煤氣鐙之煤氣時卽蒸成許多似鹼類物如阿摩尼迷脫拉明以脫拉明阿美拉明非尼拉明等且更有比哥林貝里定哥立定派復林等

上言生草煤中由利呼莫克酸可用石灰柴灰或他種鹼類物令其成中立性若將草煤與糞溺魚廢料肉廢料並血攪和製成和肥料令其腐爛更速此爲最佳之法後當論之

淡性呼莫司有溶化功

上言酸性呼莫司之外更有數種淡性者可令死物質溶化而爲植物養料博士格司配林云許多金石類料在呼莫司並他種生物質發酵所得之水中較在清水中更易溶化

博士浮待尼數年前查知肥沃地土中有一種中立性之生物質可在清水中溶化且能令此水溶化許多死物質而此等死物質在清水中爲不能溶化者凡清水溶化數種土質之後此水中則特有一種生物質與燐養五酸鈣養鎂養鐵養並矽養相并以致用試紙試之不能見效依化

學之理論之爲特有一種生物質所覊留故不能顯其證據

博士格蘭度云俄國黑土並他種肥沃花園黃沙土牧場肥料並牧場流質中特有一種生物質能覊留上所云之死物質以禦淡號鹽强酸之化力用尋常化學法竟不能查考也

格蘭度詳細考究乃將黃沙土與淡號强酸和而濾之則生物質與鹼本相并者可離其鹼本復用清水濾去黃沙土中餘多强酸加較淡之阿摩尼水或他種鹼類水更化出餘賸之黑色物此黑色物化於阿摩尼水中有燐養五酸

鈣養鎂養鐵養矽養若用尋常之法不能化出也然此各物質並鉀養錳養又可用下法試驗即是令其水化汽而將物質燒之然後將阿摩尼水並其中化出之土質料盛於薄膜中而浸於清水內則膜中所有死物質由漸洩出而入於清水內黑色料仍留膜中歷三十六小時之久其灰質料已洩出百分之八十六並無色與炭質由是言之植物吸取死物質當亦從含生物質水中得之似此薄膜法也格蘭度所考之黑土其百分中有此等灰質不過二分或竟有六十分者

由上觀之阿摩尼水可由土中化出燐養五酸鈣養等物質

即是此阿摩尼水化於生物質水中然後能化出土中之金石類物質地土並肥料中本有之阿摩尼炭養較阿摩尼水更有力因其動作更速也其中炭養氣將土中所有不易化之黑色物質所含鈣養化出而在阿摩尼水中更變化如俄國黑土百分中有燐養五酸〇·二分亦爲阿摩尼水所化出

格蘭度云歐洲地土中所得黑色物百分中有淡氣三至六分有奇休爾茄查美國數處溼土中之黑色物百分中有淡氣中數爲五分而舊金山並他西省爲數較多舊金山高地之呼莫司百分中有淡氣幾及十六分其隰地之

呼莫司百分中有淡氣十分然高地土百分中有呼莫司○七五其隰地土百分中則有呼莫司○九九

格蘭度云阿摩尼炭養溶化物質供養植物實屬甚要據其意凡牧場肥料並肥土中有許多可化之死物質為生物質載運至植物體中此死物質日後燒之即係灰料且云地土之肥沃與金石類並其所含之生物質均有關係此物質在阿摩尼水中可溶化也無產物之土中此等物質僅有少許而俄國黑土中則甚充滿他處肥沃花園黃沙土並森林地土亦有此等物質

呼莫司過多為害

呼莫司於乾土有益於隰地則有害其害較他物質之害更甚若多加之地土將久溼而冷

有地方多不流通之水者所產草料粗劣瘠瘦蓋祇有此等不佳之草可生長於溼冷土中也此等地土初開墾時其未乾未盡腐爛之草煤等物將致害於植物至冬間因冰凍而變鬆將秋間所散之子顯於土面須歷多年方能變為宜種小麥之土然亦有種大麥蕎麥番薯於此等土而種小麥苜蓿殊難必其收成之豐稔

此新開墾之地用沙土鋪於田面而犁之是為改良之法或將沙土鋪於田面約厚數寸再加肥料以種植物此係古法阿爾蘭及英倫均用之蓋沙土可擠緊溼草地土令所含之水由溝洩出也

近年德國北方用沙土鋪於溼草地面甚佳凡地方有草煤或溼草地土深一尺半至三尺而近處又無小山之沙土則在此地方每距若干遠掘深溝取出沙粒鋪於地面約厚四尺然後播種

或於此等田地每距約七十五尺開一溝道溝面闊十六尺溝底十一尺其深四或五尺溝內取出之黑土先鋪於地面然後由溝底取出之細沙及黃沙土蓋之約厚四寸而粗沙之效尤佳總言之下層土若為粗沙多多益善若

有土相雜及淨細石英沙反較次因此等沙在地面不特為風所吹移且晝則乾燥過速夜則又速傳熱阿爾蘭農家用灰石之沙亦獲良效

粗沙蓋於田面即可速種大麥然後可種小麥番薯及他根物並各種飼畜草而翻起之沙須留於田面必不可犁入土中又與溼草土相和此為最要之目的尋常翻起之沙土其厚不過四寸然歷時久遠其面土或將變為堅硬可用深犁略犁鬆之而不與沙層相和

粗沙之用不一能將溼草地土壓緊而不令其變為輕鬆無韌力不吸水不肥沃之情形因初開墾之地土依尋常

耕犁法受日光並風力往往變爲過鬆也且在春間有此沙層可保護嫩植物獲益匪淺又能阻土中騰化之水而令地土緩涼在秋冬間又能引起地下水滋潤面土所以此等溼草地所開溝較尋常隰地之溝更深者亦無妨礙所葢粗沙或細沙變乾仍能阻地下層升上水之化騰令地土常滋潤而植物根可得合宜之養料且其中呼莫司亦易變爲養料有此情形春間耕種可較他田更早播種之子在冬間不爲冰霜之力顯於土面凡此等田犁之不必過深如上所云之四寸已足若放火燒之亦無變壞土質之虞

行此法者所開溝道須合法總言之田面與瀉水層相距不可過於三或四尺若種飤畜草田其溝更不必深據云依此法治理之田地所得收成較用他法者更佳並能歷久

如此治理者查所產植物中頗多淡氣卽知其土中速增呼莫司約歷十年後則有更變葢因當初所加肥料與高田相等而肥料中之淡氣又易供與植物以致過於肥沃而沙土層中之成熟呼莫司自必過多也

博士奧斯華爾忒曾考查數處葢沙之溼草地知其土中生物質爲數甚多並非此粗沙與下層溼草地土相和之

故沙與土之界限在此十二年閒實依然分別其弊乃因常加馬廄肥料令植物根鬚增多以致沙層中呼莫司甚多也

奧斯華爾忒查知淡養料不多而阿摩尼爲數甚多可見其中所有靈捷淡氣肥料過多所種穀類每次收成不特不竭其肥力且反增其肥度故不能如從前之得佳收成十二年之後種飤畜草尙爲相宜如種稗草甚佳屢次刈割爲馬之青食料雖其時土中畜糞並多燐料骨粉司搭斯夫脫鉀養鹽類甚足似不嫌其過多

總言之此等田重加肥料殊爲不宜或金石類肥料稍多而兼以畜糞亦可葢治理合法者田土中之淡氣不患其不足惟當初酸性呼莫司須加石灰或畜糞令其變爲淡性而石灰並多燐料鉀養鹽類斷不可多用致阻呼莫司之變化淡氣德國農家於未葢粗沙之溼草地畧加沙土和之可得草料較所種穀類更豐此等田若多加肥料卽令植物有過於暢茂之弊若加灰土而兼用燐料並鉀養鹽類尙宜儻所葢之沙中呼莫司過多宜屢種需多肥料之植物以減其肥度或於舊沙層面再葢新沙一層惟工費頗鉅也

粗沙葢於溼草地面之法在工資較廉處尙可爲之而在

美國種珠果之草地竟如此治理

溼草地土深不過八寸至十六寸者德國農家用開溝法取起下層沙土鋪於地面所用犁有三式依次犁之第一犁則犁成槽約深三寸第二犁即在此槽底更犁深十二至十六寸第三犁可將下層鬆沙土犁起約六寸許翻至地面此治理法與前所云者不同即是取粗沙以蓋呼莫司也其犁時當夏秋間為之至明春用重耙以平其槽即散大麥子

隰地或有毒

德國北方卑溼草地用上法尚佳惟土中有毒者則不宜

即是草土並粗沙中不可有鐵硫二因此物遇空氣即變成鐵養硫養三或由利硫強酸如遇炭養二氣即成輕硫而洩放均有害於植物

有數處溼草地土用粗沙蓋之仍不能產植物因該處由地下層引起由利硫強酸或鐵養硫養三致害於植物也福爾克查考瘠土之故知土中有鐵養硫養三不及百分之半分者足以害植物如過一分竟無產物惟鐵養並鐵養矽養二在水中本不易化尚不為害凡有此情形足見其地土不能透空氣也

福爾克查知一處極瘠之沙土頗有酸性其百分中有鐵養硫養三一·〇五並黑鐵硫二〇·五六此物雖為數極微而殊有害於植物荷蘭國哈倫築海塘以增陸地其土亦甚瘠有酸性其百分中更有鈣養硫養三一·七二鐵養硫養三〇·七四鐵硫二〇·七一並硫強酸一·〇八與鐵養合成多本之鐵養硫養三此土雖多淡氣燐養五酸鉀養並灰料亦屬無濟犁之甚深更不宜種植物若多加牧場肥料亦不能增其收成如每年淺犁之產物雖少尚為合宜其故因耕犁深土將鐵硫二翻至地面多遇空氣變為鐵養硫養三欲改良之須重加鈣養灰土白石粉因此等物質能化分鐵養硫養三而與洩放之硫養三合成石膏此乃有用之品並變成鐵養亦為肥沃土中本有之物在英國亦有海濱新增之陸地其百分中有鐵養硫養三一·三九鐵硫二〇·七八亦宜依上法治理之

博士謀克取四處蓋沙之土試驗之第一處土產物甚佳第二處土並無產物且四寸厚沙土之面結成含鐵質之硬塊第三處土在一千八百七十一年得小麥佳收成至次年種馬豆甚荒歉第四處土係荒野之草地有樺樹林所取試驗之土乃此林中隙地自二十五年來並無產物者

考知各土中均有鉀養鈣養燐養五酸並他種灰料為數甚

足惟有許多鐵質且有鐵養硫養列表如左

	一	二	三	四
乾土百分	常肥沃	不能耕種	初可耕種	二十五年無產物
鐵質(如鐵養)	四·八三〇	七·五四〇	六·五八〇	六·三九〇
鐵質(如鐵養)	一·五〇〇	一·八〇〇	一·七八〇	二·七四〇
水中易化之鐵養	〇·二六	〇·九九	〇·三一九	〇·〇六
水中易化之鐵養	〇·〇〇〇	一·三四九	〇·二九八	〇·三九五
水中易化之鐵質作為鐵養	〇·二六	二·四九八	〇·六五〇	〇·五〇五

由上觀之第一處土中鐵養爲數較少尚無妨礙第二第三第四處土中之鐵養甚有毒由此化分考驗之後乃知必用骨灰含燐鑪渣料或靑沙由地層中取出含白石粉之沙土兼有鐵養矽養並鉀養綠養而不宜用石膏及鉀養硫養或有石膏之多燐料因石膏中之硫養將結成鐵硫多遇空氣由鐵硫而變爲鐵養硫養更爲有害謀克之意若加石灰於此土即有鈣養呼莫克酸而有害之鐵養硫養可化分然今查知不易化之含鐵物質尚無害惟易化之含鐵物質如靑礬者必有害於植物

又須知溼草地土中所得之沙必有鐵硫較高地土中所有者更多因高地能透入空氣也總言之凡沙由高地衝運至溼草地面者較由溼草地中取得者爲佳若沙中有

鐵硫速加石灰可得苡仁米之收成不加石灰則第一年之植物無望須待數年後方變爲肥沃

各等隰地治理法不同

博士福蘭駭等查知高原之草地其治理法與上不同所以各等草地各有合宜之治理法彼此不能相同有數種酸性呼莫司之土不能速變爲淡性蓋以粗沙並加製造肥料開溝合法而沙土與肥料又相和甚均尚無效若此酸性地土未蓋沙之前加石灰而收成終不及將糞料等犁入沙土中之爲佳凡已蓋沙而再加糞料收成可冀豐稔可見淡氣爲必需之物苟能如此治理合法可將無用之呼莫司變爲有用更有一法溼草地面本有之植物必先鋤除然後蓋沙或於未加沙之前將地土略爲耕犁翻起土中之呼莫司得遇空氣令有益之微生物孳生於是加石灰或灰土則更佳福蘭駭查得一溼草地用三種改良法每毛肯田收成之數如左表

	燕麥擔數	
	實	稭
與沙土相和者	八·八	一七·七
蓋沙土而不預種者	四·八	一二·九
蓋沙土曾預種而加肥料者	一〇·九	一九·〇

荷蘭國博士楷司登曾將溼草地數區種大麥各區廣英畝五分之一有數區先蓋沙土如上法或將沙與草地土攙和凡沙與土相和者其收成較次於蓋沙者其情形如左表

每英畝五分之一所用肥料	肥料價值	大麥收成斗數 蓋沙於地面	和沙於土中
改正圭拏五十五磅 蒸過骨粉五十五磅 鉀養硫養 鎂養硫養三十三磅	四·〇〇圓	六·一三	五·五六
淨秘魯圭拏六十六磅 蒸過骨粉五十五磅 鉀養硫養 鎂養硫養三十三磅	四·二五圓	八·五一	六·一三
鈉養淡養三十三磅 蒸過骨粉六十六磅 鉀養硫養 鎂養硫養八十三磅	三·八〇圓	四·二六	一·九四
改正圭拏一百十磅	三·八〇圓	九·三七	六·八一
淨秘魯圭拏	四·〇〇圓	一一·〇八	七·六六

楷司登云鈉養淡養大分爲雨水沖失故用數須多距若干時加於土面是爲最佳

當試驗時又將英畝五分之一之田二區加以城中茅廁糞料每區糞值一四·八七圓大麥收成有一二·一四斗及一一·三五斗可見用人糞料並圭拏獲效最佳因此肥料中發酵物甚多易變成淡氣也又有一故更宜注意每畝田用淨圭拏價值二十圓收成可得五十五斗半若用人糞其價值須七十四圓方能得相同之效

牧畜草田中增呼莫司

不特卑溼草地中之呼莫司有增積即牧畜草田並種飤畜草田亦見其有增無減勞斯並葛爾勃試驗如下凡生物質變成之物並非即有耗失如在熟田散子爲牧畜或飤畜之用者數年之後其土中淡氣數頗增如左表

熟田百分中有淡氣	○·一四○
牧畜八年後百分中有淡氣	○·一五一
牧畜十八年後百分中有淡氣	○·一七四
種飤畜草二十一年後百分中有淡氣	○·二○四
種飤畜草三十年後百分中有淡氣	○·二四一

葛爾勃試種草三十年之田面所增淡氣每年每畝計有五十磅此淡氣五十磅中有數分由每閱一年所加馬廄肥料得之者亦有得自空氣或爲植物所吸取或由下層土中引起

呼莫司令土涼

前已論黑色料與地土寒暑有關係遂以為呼莫司之色能令土暖此非尋常之理也蓋呼莫司反能令土涼因其能留水而又能平地土之熱度當夏季日中時淨沙土面熱可炙手若常加肥料或加草煤而多呼莫司熱度之高不能如是此呼莫司能引起地下層水並由天氣所降之水緩緩化騰消費許多熱氣而地土自涼

呼莫克酸攝定鹼本

前已論呼莫司能羈留阿摩尼氣及阿摩尼炭養氣茲所論者呼莫司中之呼莫克酸能與鈣養鎂養相并又能與鹼類物質中之鹼本相并如鉀養炭養鈉養矽養之鉀養

鈉養合成鉀養呼莫克酸鈉養呼莫克酸凡鹼本呼莫克酸在水中不易化惟鉀養鈉養過多者尚易消化此等鹼本呼莫克酸在土中又速與金類本或土質本之呼莫克酸合成雙鹽類物亦不易消化

博士待得冒云雙本鈣養阿摩尼呼莫克酸一分當法倫海表六十六度時在清水三千分內可化之雙本鐵養阿摩尼呼莫克酸一分在清水五千分內可化之酸性鉀養鈉養呼莫克酸多呼莫司之土中有之儻兼有鹼本炭養則在水中不易化

有數種呼莫司能由鉀養炭養鈉養炭養阿摩尼炭養中

攝定其鉀養鈉養阿摩尼較其攝定含水淨鹼本之數更多張森查知自紐海文來之草煤可攝定阿摩尼炭養水中之阿摩尼百分之一·三而淨阿摩尼水祇能攝定〇·九五或因此草煤中稍有鈣養呼莫克酸與淨阿摩尼水無甚愛力而遇阿摩尼炭養水則成阿摩尼呼莫克酸並鈣養炭養有化學師查知多呼莫司之土加石灰或鈣養炭養之後其攝定鹼類更猛因土中有鈣養呼莫克酸與所加之料將更迭化分也

儻田中有由利呼莫克酸者可先加石灰令其成中立性即是令其變為鈣養呼莫克酸可將肥料中之鉀養或燐

養五酸及他物攝定此最宜於低形地即所謂有酸性之地土是也反而言之花園黃沙土或熟田中之佳呼莫司中並無由利呼莫克酸而與鹼本合成含呼莫克酸鹽類物所以肥沃田土中如多石灰料者除炭養氣外並無他種由利酸福爾克從前云肥沃土試驗時用紅色或藍色之試紙無顯然之效可覩或僅略顯鹼性而已因其中有鈣養二炭養故也然紐英格倫及他處無石灰之地土雖能耕種不甚肥沃略有酸性可以試紙試而知之

在尋常地土中成呼莫司之各物質不易為水所化出惟草煤並樹葉並肥沃花園土經發酵或腐爛之後即多阿

摩尼炭養二而水能化出其數分往往又變爲阿摩尼呼莫克酸含此物質之水可改變土中物質爲植物養料如發酵或多收養氣易變爲淡養三物

含呼莫克酸之鹽類物在鹽類水中不易溶化

博士克那潑查土中含呼莫克酸鹽類物在鹽類水中較在清水中更不易化如將黃沙土和水以濾之第一次濾出者用試紙試之幾無色後又濾而試之則有已化之生物質蓋土中本有之鹽類物先爲清水所漉洗然後其中呼莫克酸物質始能溶化故欲令土中呼莫克酸鹽類物溶化必先設法化出尋常之鹽類物如久雨之後即有此

情形

有石灰之地土其井水俗謂之硬性然清潔無色此因水中有鈣養一炭養二能阻含呼莫克酸鹽類物之溶化故水無色克那潑云何以浜溪之水或有色或無色如紐英格倫並司考脫倫之浜溪流過溼草地後受雨水則甚有色又如佛齊尼亞省荒溼草地之水並南阿美利加巴西國唵麻森江哇里哥那江下雨之後其水則有黑色此等江水中所含金石類物質甚少其地土係花剛石所變並無石灰料而因植物質料腐爛甚多遂有呼莫克酸也此黑色江水流入清水江即失其色因清水中有鈣養而黑色

呼莫克酸與之化成鈣養呼莫克酸即澄停且此等黑色或咖啡色之水並不混濁其清若酒惟有生物質化在其中而已若欲將混濁水令其改變爲清潔在第十三章中論之

鹼性鹽類物如鉀養炭養二鈉養炭養二阿摩尼炭養二可將呼莫司化分其工作與上不同鉀養燐養五鈉養燐養五阿摩尼燐養五亦然克那潑云含呼莫克酸鹽類在清水內溶化較在鉀養硫養三水或鉀養或鈣養淡養三水中爲更易待得冒云呼莫克酸在清水內溶化較在鉀綠水鈉綠水鉀淡養三水中更易金石類酸如硫強酸鹽強酸淡強硝強

酸可化呼莫克酸爲數極微惟燐養五酸能化之稍多又查知法倫海表四十三度時清水八千三百三十三分可化其一分在六十五度時清水三千五百七十一分可化其一分然乾阿摩尼呼莫克酸在水中甚易化祇需清水二分又四分一之一已可化其一分

農家所種植物需呼莫司爲數甚少

前人常論數種植物能否徑直吸取呼莫司以爲養料至近世人皆以爲呼莫司可繞道作爲植物所用蓋此呼莫司須藉黴菌類工作之後方能變爲養料此黴菌類寄生於植物根將土中呼莫司吸取其炭質而以淡氣料供給

植物

有許多下等植物徑直吸取呼莫司並腐爛植物質或死植物質然農家所種之植物其生長大抵可不必需呼莫司惟香菌等類不然此可用清水或合成之土試種而知之如蒲生古試種向日葵用特去呼莫司並毫無炭質之土其生長甚佳所有炭質僅子中本有之少許而已又有許多沙土地僅灌以水能獲豐稔據格司配林云那浦爾相近之火山噴出石料中所種植物收成甚佳此灰料百分中有鉀養十二分而毫無呼莫司或他種生物質

地球初開闢時始生之植物必無呼莫司相助較今石面所產下等植物並海中之水草爲更苦前云地土中呼莫司與微生物頗有關係能繞道爲各植物之養料然有博士云穀類植物與土中生物質無甚關係惟蘿蔔孟閣爾油菜等則多含炭質之肥料頗能助其生長而呼莫司更能裨益之

有人云可無需呼莫司然思農家所種之植物有與此料無甚關係者而大槩植物由地土中吸取呼莫司中易化之物質待得目云呼莫司中之呼莫克酸並含呼莫克酸鹽類物均係膠形體不能運過薄膜惟呼莫司多得養氣之後成爲阿布格里尼克酸並其鹽類物則易運過薄膜可爲豆類植物所需

博士批脫曼將數種黃沙土置於羊皮紙之面而紙與水相遇查知不特死物質如鈣養鎂養鐵鉀養鈉養並硫强酸鹽强酸矽養二酸燐養五酸硝强酸由黃沙土濾過此紙更有許多易化之生物質亦濾過此紙而入水中十日之間黃沙土一百克蘭姆中有〇·〇四至〇·二六克蘭姆運入水中而此物質中有〇·〇一至〇·一八克蘭姆係生物質凡濾過此紙之物質百分中有生物質二十至六十九分批脫曼云此生物質並非呼莫克酸又非阿摩尼呼莫克酸又非格蘭度所謂黑色物此皆係膠形體不能通過膜

者而此通過膜之生物質實係中立性之易化生物質似對格司得林並糖類物此對格司得林從前博士提少首等曾由黃沙土中考得者

植物能吸取生物質爲養料

從前歇佛來爾云植物能徑直吸取血而用之後又查知此植物更能徑直吸取他種含淡氣之炭質物如由里阿且有植物慣於捕蟲類而食之博士范梯更查知種子萌芽時其子之周圍藏儲養料之賽爾不必保護完全卽是欲此子生成自活之植物並非定須此子並養料之間有生物質寫留路司相牽連如將秘魯埋弗爾子取出其子

中之胚珠而將餘物稍加水在鉢中研成漿製爲球形仍納胚珠於其中其後亦能萌芽而生長猶未擾動者若將蕎麥粉漿代上所云研成漿物以試之其效亦同或用番薯小粉以代之則胚珠吸取甚多儻加淡養三物燐養五物於此小粉中尤喜吸取之

今查知大槩植物均可吸取各種生物質以生長將來研究精進或能知各種植物均能之博士薄姆查知有多種植物之綠葉由其母枝割下浸入糖液置於暗處其葉中能變成小粉且屢查而屢得此效更有他人亦查知綠葉能吸取各種糖質而變爲小粉且葉中本毫無小粉祇供

以瑪內得特爾散得各里司里尼迷脫里酒醋等獲效相同博士薄考奈將蘭姆那萍草置於暗處供以有各里司里尼千分之一之水並柴灰料閱十六日後葉重數加倍更取一種克來度福拉植物用各里司里尼水養之其重數亦頗增更有一種置於暗處供以金石類養料並有迷脫里酒醋千分之一之水半月後其重亦倍之更有一種不加酒醋者其增重數較少薄考奈云凡植物置於無炭養二氣之空氣中供以生物質由生物質變成之小粉係在克落非耳綠色料中

博士阿克吞將植物或嫩芽用水種法種之先去水中之

小粉類而又不與空氣之炭質相遇惟加以呼莫司在淡酒醋浸而濾出者則植物能吸取而變成小粉儻不用此水不能得此效凡水百分中有哥路哥司〇.五者植物根吸取之較吸取蔗糖液更易如水百分中有哥路哥司一分竟能盡數吸取變成小粉而植物之生長甚合宜若水中加以易化之小粉葉能吸取之根則不能也

同生章論及黴菌類並酵料易吸取生物質中之炭質可見高等植物之得炭質猶黴生物得炭質之理也其克落非耳綠色料能化分空氣中之炭養二氣變成含炭物質速與汁液并合而在體中運行以爲養料

司密得云中立性油類物並尋常油類物所有哇里一克酸亦可作爲黴菌類之養料如豌豆等植物當萌芽時亦能吸收油類物據羅博士云凡化學物質如酒醋類非挐耳類植物酸類幾通類阿勒弟海特類炭輕類以脫類阿司脫類並許多似鹼類先浸於中立性之水或畧有鹼性之水中均可作爲植物賽爾所需之炭質也

由福密克阿勒弟海特變成小粉

福密克酸即蟻酸分劑式爲炭輕二養二阿勒弟海特分劑式爲炭二輕四養酒醋分劑式爲炭二輕六養

上編第二章論植物留炭質之理謂福密克阿勒弟海特即炭輕二養在葉中之克落非耳綠色料中由炭養二氣並水

所化成而為變成糖並小粉及他物質之料此可試驗而察之用人工製成福密克阿勒弟海特供給植物有毒害惟與鈉硫養相合者甚宜蓋加以鈉硫養可在植物體中緩緩化分而阿勒弟海特分出之後即變為糖或小粉因其數不多故不為害也

若將絲形阿爾格菌類置於暗處一二日或浸於無鉀之水中即失棄其小粉然後浸於福密克阿勒弟海特水中而畧加鉀養燐養料置於有光處其周圍之空氣並無炭養氣即可見此植物又速變成許多小粉儻依此試驗法而不加福密克阿勒弟海特則不能變成小粉更依此法

又取一種無毒之物名迷脫里阿爾(酒醋之類)加入之易化成福密克阿勒弟海特

有化學師由福密克阿勒弟海特得物質似糖可見此物必有培養植物之原料在其中也

前人以為阿摩尼藉酵料之動作吸取空氣中之養氣變化成物質其式如左

二淡輕$_{三}$丄養$_{六}$＝二輕淡養$_{三}$丄二輕$_{二}$養

由此式觀之養氣分數能與阿摩尼分數相配而不能有由利之輕實則非也其式如左

二淡輕$_{三}$丄養$_{四}$＝二輕淡養$_{二}$丄輕$_{四}$

即是吸取養氣數不足有輕數分成由利而由利輕即藉發酵菌類物之功與炭養相化合其式如左

炭養丄輕$_{四}$＝炭養輕$_{二}$丄輕$_{二}$養

此炭養輕即福密克阿勒弟海特也由此所得福密克阿勒弟海特可作為植物體中之炭輕料並變成似蛋白類質之本可見前人所云植物由土中吸取生物質以得炭質之理是甚確也且少克落非耳綠色料之植物由其根鬚吸取易化之炭質更可見各植物均能由土中得炭質也

尋常植物由土中吸取炭質為數甚少惟牧場邊池潭中

所出之草吸取土中炭質甚多而糞料中之淡氣更能助其生長

由福密克阿勒弟海特並阿摩尼變成似蛋白類質

羅博士云大約似蛋白類質由炭輕養輕之類並阿摩尼與硫所變成其理與合成炭輕類相同而與蛋白類質並阿美弟彼此相變化之理亦相符羅博士以為四福密克阿勒弟海特即四炭輕養輕與三阿摩尼即三淡輕合成炭輕淡養即福密克阿勒弟海特阿司叭的酸也六阿司叭的酸加六輕並輕硫合成阿立白明即蛋白類質其式

加左

六炭$_{一二}$輕$_{一七}$淡$_{三}$養$_{四}$丄六輕$_{二}$丄輕$_{二}$硫‖炭$_{七二}$輕$_{一一二}$淡$_{一八}$硫養$_{二二}$丄二輕$_{二}$養

植物體中之油類質蓋亦由糖並小粉變化而成

羅博士考查旋繞形幹之植物置於有福密克阿勒弟海特並鉀硝之水中不見日光此植物體中變成似蛋白類質甚多且有多種微生物養育於僅有福密克阿勒弟海特之水中即得所需之炭質而生長甚爲發達或以爲含鉀養鹽類可令福密克阿勒弟海特變成此物質甚速又有人考知錳並鋤之功效與鉀相同

卷終

農務全書中編卷七

美國哈萬德大書院農務化學教習施妥縷撰　慈谿舒高第口譯　新陽趙詒琛筆述

第六章上

糞溺並牧場肥料

畜糞肥度全視所飼食料而定所以考究一種糞料中物質分劑及如何保守此物質甚難

糞料中物質最有用者係淡氣燐養$_{五}$酸並鉀養又有含鈣養鎂養鉀養之物質均與植物有徑直之關係而田土因加此肥料遂有留水之力溺中本化含此等物質數種故爲肥料其效更速蓋即可爲植物所用也馬牛羊之糞料中有許多未消化之植物質入土之後不能速化其效較緩且淨糞料中能變爲呼莫司之物質爲數不多若與作爲畜棚襯墊之稭料或他植物料相和者則易變爲呼莫司

牛馬之乾糞重數不及所食乾料重數之半餘由畜體中變爲炭養氣並水而洩出或變爲肉並乳並毛料等

食料中之死物質幾盡數入於糞料中故以穀類飼畜則因穀類多含燐養$_{五}$酸而糞料中亦多有此物僅飼稭稈或兼飼以根物者所出糞料仍不及食穀類之糞爲貴重

糞料中含淡氣數較難考驗然在肥料中之功效較他種物質更要一則須考查畜食量之多寡二則須考查所食之料究係何物儻飼畜以多含淡氣之物且令其飽者則畜腸胃中含淡氣料運行較多而洩出糞料中亦必多淡氣也

若用柴草料畧加以穀類或根物以飼畜尚爲合宜惟糞中死物質較多而淡氣較少試取造紙廠淨寫留路司漿料以代柴草則糞中淡氣之減數甚爲明顯而飼以油渣餅棉子粉其糞中卽多淡氣並灰料故欲求肥料之有效必注意畜食料若欲畜體肥壯亦必以多淡氣之食料飼

之而洩出糞料之肥度亦自增矣

食料與糞料之相關可取食穀類或專食草料之馬糞考驗之馬歇爾在一千七百九十六年前已云人皆輕視馬糞因馬食草料其糞遂無甚價值然在馬廄中往往飼以珍珠米所出糞料較爲高等

牛糞較馬糞更有參差因牛食料更非一等也所以考查牛糞之功效甚難

食料與肥料相關

由上觀之飼牛馬等食料與洩出之糞料極有關係如農家以一定規則之法飼養之卽可得肥料一定之效

有時飼畜以含淡氣物祇欲其生長肉料有時欲其食料經過腸胃而增糞料之價值不慮其不能消化補養也

新開墾地方之農家養牛數頭者當孟冬之時其情形已苦窘此等地方既少佳食料又不能以牛出售若宰而鹽之又因其瘦瘠不合算必須過冬季方有轉機如此養畜但爲節省食料計而不爲糞料之價值計矣縱有佳草料或穀類必視爲貴重而輔以溼草地所產劣草以飼之僅免飢餓而已此等畜廄中所出糞料自不能及豢養肥壯預備出售動物之糞料蓋肥壯之畜多食油渣餅等佳食料也

上所云半飢餓之動物常有之如本年夏季旱乾而冬寒甚久農家又貧苦者卽有此情形紐英格倫之犢在冬季甚苦僅食溼草地之草料並粗草而已此亦有故因該處多石田雖在夏間亦不能多養畜恐至冬季無佳食料也

養畜不能令其過餓而餓與否茲可不論惟欲得佳糞料必飼以佳食料也

牛食馬糞

挪威農家有舊風俗恆將草料飼畜二次他國遊歷人曾見之英國雷恩在挪威時之筆記云

余在鄉見一事殊堪奇異有農家養牛三十頭馬十六匹

此馬自無穀類之食料乃農夫由廄中取馬糞鋪於雪地並不堆積然後驅牛往食之牛食此糞料若甚有味者據該農夫云每日必飼以一次

然此牛並非因飢餓逼迫不得已而食之觀其情狀欣欣而皮毛亦極潤澤非若司考脫倫小農家有餓形之畜艱於起立也若此牛在司考脫倫雖遜於送入市肆者而已可稱爲肥佳之畜矣挪威各江左右岸農家都有此風俗考查此等馬糞中尚有未消化之草料四分之一農家不肯將此一分草料廢棄乃令牛食之此牛至明年二月間情形甚佳可見此法不無小補而余等似不應譏笑之

畜亦似人能慣食一種物所以農家用粗料飼養免其飢餓而畜亦慣食不厭則可節省他項佳食料惟不可令其迫於飢餓不得已而食之也以上均係遊歷人筆記

此事與農務頗有相關因食料在動物腹中消化所有餘多淡氣均隨溺洩出可見食料在腹中消化二次者幾無淡氣卽如雷恩所見之馬僅食草料而牛復食其洩出料又變爲糞則此糞料必不肥沃惟有死物質而已格司配林云法國南方養牛者往往購馬廄中用過之草料飼牛而牛甚喜食之因此草料中有鹹味也印度大城市所養乳牛亦慣食馬糞足見此風俗由來已古而吾等觀之甚覺無趣然亦可表明食料與糞料之大有關係也

牛牢糞料

歐洲有養牛欲得其糞料而非專爲乳並肉如德國薩克生奈省特蘭士登城之四郊田畝壅乳牛牢之糞料以種小麥此等牛大抵食苜蓿並釀酒家番薯渣而苜蓿番薯與小麥輪種該處農家重視肥料以冀小麥豐稔爲產物大宗而牛乳或用乳製成之物雖亦出售不甚注意

蓋農家之目的在得畜糞溺爲佳肥料諺云食料充足者肥料必佳此卽德國農家之意也而挪威農夫則異乎是從前英國常購濃厚食料以飼動物令其格外肥壯卽可

得佳糞料壅田如肯脫省農家多購油渣餅飼牛專欲得高等糞溺爲肥料之用也

然田莊食佳料之動物洩出糞料一噸與牢中食稍次食料之糞一噸相較或遜之因有許多草料並他物攙雜也且因多食含淡氣料致增洩溺必多用鋪墊料收吸之所以此等糞料一噸中所有淡氣數或較少於牢中食稍次食料之糞一噸中所有之數

牛食料中肥料之價値

農家購食料時須計其中所有肥料之價値各食料每噸卽二千磅中有肥料數如表所列其價値卽可比較而知

之

	鉀養	燐養五酸	淡氣	價值
	磅數	磅數	磅數	
英國草料	三四	八	二六	四·五三圓
紅苜蓿	四〇	一二	四二	六·六〇
珍珠米乾葉稈	三四	八	一〇	二·九三
小麥稭料	一〇	四	六	一·六五
大麥實	八	一一	四〇	四·九一
珍珠米	七	一一	三三	四·〇七
棉子粉	四四	五九	一四〇	一八·三九
小麥麩皮	二七	五八	四四	八·五二
釀酒家芽渣	四二	二五	七四	一〇·六四
孟閣爾	九	二	四	〇·九一
蘿蔔	六	二	三	〇·六七

表中各物質市價鉀養每磅四·五分燐養五酸每磅五分淡氣每磅一角

肥料由牛乳運失

養乳牛之田莊有許多肥料由乳運至他處每乳百磅中有淡氣約半磅鉀養四分磅之一燐養五酸五分磅之一所以每年每一牛尋常產乳四千三百磅計運失淡氣二十

二磅鉀養十一磅燐養五酸九磅而每年產犢一頭所需之物質尚未計及然欲多得乳其食料必充足則糞料之價值較爲高等所以計算由乳運失之肥料較他產物盡數出售者爲少

從前農夫論食料與肥料之相關

從前農夫云除食料補養身體外洩出之糞料即表明所食之物質然食料在體中尚有化學之變化所食物質不能分此二項計算也

幼牛當生長時由食料中化取其骨肉皮毛脆骨所需之燐養五酸並淡氣牛羊有孕及欲令其產乳生毛者亦然況

動物呼吸亦有許多淡氣耗失

蒲生古考查馬之新鮮糞溺中淡氣較所食者僅得百分之八十三牛糞溺得百分之八十七近人知此等糞溺由動物洩出後隔數小時已發酵然後考驗其數未準今查知壯年動物所食料中之淡氣除毛肉乳等所需外均隨糞溺洩出變爲氣質而洩出者爲數甚微且除本由空氣中吸進之淡氣仍呼出外並不呼出阿摩尼或由利淡氣虛蘭莘查糞料中果有由利淡氣或否將糞料不與空氣相遇令其發酵化成炭輕四並不見有由利淡氣此糞料發酵歷二月祇有炭養二氣炭輕四氣輕氣放出據云大約生物

質當發酵時化出之由利淡氣變爲阿摩尼而騰失且查知溼糞料中之水有數分亦化分其養氣與炭質相幷而爲炭養氣其輕氣則與淡氣相合而爲阿摩尼

博士吉百生等試驗糞料藉微生物之動作腐爛化分時有由利淡氣惟坎爾奈並盧蘭莘以爲緩緩腐爛時除物質中本有之淡養物因化分其養氣而淡氣變爲由利外並不耗失生物質淡氣

糞料耗失淡氣甚速

糞溺當發酵時耗失含淡氣物質甚速以致食料中許多肥料不能反迴於田地此情形曾經孟紫並齊拉待屢次

考驗將各動物閉於廄牢而不令地面洩水依次定時取食料鋪墊料糞料並畜體均化分考驗知食料及畜體並所產物質中之淡氣與糞料中淡氣相較果有許多耗失其故因廄牢中微生物繁多所以發酵甚速而動物足底之糞料亦易發酵其發酵由於阿摩尼蓋糞溺由畜體洩出後不數時卽化分而成阿摩尼溺中含淡氣物當氣候合宜時將盡數變爲阿摩尼

自七月九號至八月十號試驗馬其食料中之淡氣耗失百分之二十九又二星期至四星期閒試驗四次其淡氣耗失中數較食料中淡氣百分之三十三而有一廄無鋪墊料所失淡氣僅二十七分又試驗羊六次耗失淡氣自四十四至五十五分其中數爲食料中百分淡氣之半因試驗時棚中鋪墊料並未更易而羊溺又易發酵化分故耗失多數由是觀之食料中本有之淡氣並鋪墊料中之淡氣共失數較其肉毛等所需並由糞料中查得之數爲更大又一次試驗羊如左表

	淡氣啓羅克蘭姆數		查得淡氣啓羅克蘭姆數
食料	九四·八六七	肉	八·一八五
鋪墊料	三·○七五	毛	二·七二○
		糞	三五·四二五
共	九七·九四二	共	四六·三三○

動物食乾料者耗失淡氣數較溼料爲多夏季耗失數亦較冬季爲多堆積之糞料耗失數則較不堆積者爲少成堆之馬糞中耗失淡氣百分之二十牛糞十分羊糞五分不成堆積者馬糞二十九分牛糞三十三分羊糞五十分

動物種類不同其糞亦不同

動物食料不同其糞亦因之殊異溺中都係易化之物而最多者爲由里阿此由里阿由食料在體中所變成也其糞料大抵係腹中不易消化之物質卽是不能變爲補養血肉骨等但由腸中經過而已所以食粗料之動物糞必

與人糞豬糞殊異因人與豬食料較爲濃厚精美且動物飲水有多寡而糞料遂因之不同如緜羊山羊之糞濃厚堅硬其飲水甚少鳥糞亦然

各動物洩出糞料不同又因其腸胃中選擇所需物質並所棄物質各不同也如犬與牛之糞迥然不同卽因其嗜食性情大不相同也

凡食肉之動物如貓其糞料中多淡氣並燐養五物頗殊異於食草之動物糞葷素均食者如人如豬如雞鴨等又生長於肥沃地方其糞料自較專食素者爲佳

豬糞

法國德國農家常養豬於牧場或閑之以飤廚房及釀酒家渣糜遂視其糞料爲貴重然英國美國須以穀類或牛乳飼之方以其糞料爲佳也

博士克里斯梯阿那云查肥豬之糞料不亞於他畜糞曾將一田作爲四區一壅豬糞二壅馬糞三壅羊糞四壅牛糞在七年間各加二次而輪種七種植物如冬閒之油菜苡仁米小麥大麥苡仁米小麥番薯每區共收成數壅豬糞者得一萬二千五百九十四磅壅馬糞者得一萬二千一百九十磅壅羊糞者得一萬一千四百八十五磅壅牛糞者得一萬零八百八十七磅此數俱依燕麥收成數計之

有識者皆知不以佳食料飼豬如草煤樹葉蔓草草土馬糞等其糞中並無許多肥料蓋豬似人與家禽須食濃厚食料視其洩出糞料並不似牛馬糞中有不消化之物質所以豬在閑內者其糞多在閑外者其糞少又豬糞濃厚較易腐爛其食料宜沖淡飼之總言之豬棚中亦可得佳肥料在紐英格倫地方以豬棚糞爲貴然壅於捲心菜製油菜等不合宜因料中往往有致病特易黏於菜葉也

糞料品等

余未知有人曾將飤相同食料之動物糞考驗否然欲考

驗之亦甚易若將貓並山羊各數頭均飤以饅頭或麥餅又或將犬並緜羊並雞各數頭均飤以珍珠米卽能考驗其糞料之品等或農家早已用此法考驗而未用化學法以得其確實之效耳

法國農學士嘗考各種尋常乾溼畜糞而核算其肥度次序如下山羊糞緜羊糞馬糞豬糞牛糞惟未言明各動物曾否飤以相同之食料

查各動物糞料之肥度必飤各動物相同之食料方能比較而知其等次此乃一定不易之理也

馬牛糞相較

馬廄內之糞料，較牧場之牛糞爲佳，夫人知之，惟馬牛均在外食草者，其糞料當若何，前言牧場食草之馬糞較食穀類者爲次，所以農家不以此糞料爲有用，然食草之馬糞，未必次於食草之牛糞，且以馬體功用而論，其糞料亦應較牛糞爲佳，古人云，馬並騾糞爲佳肥料，惟此糞料不可多加於小麥田，恐麥稈過於茂盛也，馬糞之性熱，與冷土合宜，牛糞則與熱地相宜，此二種糞相和者，合宜之地土甚多

家禽糞與馬牛糞不同，並非因其食料之不同也，馬糞較牛糞更乾，其中多草料，故易生熱發酵而變壞，且草料中

常有蔓草子，易運至田園也

牧場之馬糞，似次於牛糞，蓋此二種糞料在土中發酵情形殊異也，馬糞在田面腐爛時，因其鬆疏，所以淡氣耗失數較堅實牛糞之淡氣耗失數爲多，博士馬歇爾云，馬糞在夏草上改變甚速，爲蟲類所擾動，祇賸一堆不消化之食物質料而已，儻此蟲食此馬糞後，飛往他處，豈非更有損於田畝，博士待凡從前論馬在牧場不能得其益，因所食草料，至他處工作時，始洩出其糞料也，當此博士時，英國商務轉運貨物，全賴馬力，或令其拖車，或令其在運河邊拖船

考各動物之糞料

蒲生古並好夫買斯脫查考馬食草料並大麥者，每日洩出新鮮糞料三十餘磅，其中乾料自六磅至八磅，如卧處不鋪柴草料者，則每日洩出糞料中有淡氣〇·二磅，灰一磅，儻鋪柴草料六磅者，則糞料中有淡氣〇·二二磅，灰一·四磅，牛亦然，蒲生古以番薯陸恩（即第二次刈割之草料）飼乳牛，每日洩出糞料七十三磅又四分之一，其中乾料幾及十磅，如卧處不鋪柴草料者，其糞中有淡氣〇·二六磅，灰一·七三磅，儻鋪柴草料六磅者，則糞中有淡氣〇·二八磅，灰二·〇五磅，儻鋪柴草料十磅者，則糞中有淡氣〇·二九磅。灰

二·二八磅

博士亨盤格並斯安蔓查尋常飼養之工牛，當休息時，依每千磅活重數，計其洩出糞料六四·五磅，其中乾料稍過於八磅，其卧處不鋪柴草料者，則糞中有淡氣〇·二二磅，灰一·三磅，儻鋪柴草料六磅者，則糞中有淡氣〇·二三磅，灰一·六磅，儻鋪柴草料十磅者，則糞中有淡氣〇·二五磅，灰一·八磅，又查特別飼養肥壯之工牛，依每千磅活重數計其洩出糞料八十二磅，其中乾料有九磅，其卧處不鋪柴草料者，則糞中有淡氣〇·三六磅，灰一·八磅，儻鋪柴草料六磅者，則糞中有淡氣〇·三八磅，灰二·一磅，儻鋪柴草

料十磅者則糞中有淡氣〇·三九磅灰二·四磅蒲生古又查知一乳牛每年洩出糞二萬二千磅溺六千八百磅一馬每年洩出糞一萬三千磅溺三千六百磅華爾甫於四月間收集一牢中雌牛四十六頭雌犢二十頭雄犢十四頭二日半時間洩出之糞料當時所食者大抵係草料並紅菜頭又飼他物一萬一千八百十德磅其卧處亦鋪柴草料洩出糞溺共重一萬四千五百五十磅其中有乾料四千零三十磅由此新鮮糞料中取二百二十磅爲考驗之用其餘一萬四千三百三十磅中有乾料三千九百七十五磅如堆積於門外高約三四尺歷一年後其高幾不滿尺而堆中物質當溼時權之有六千七百三十磅今權其乾者祇有一千三百六十磅下表即示二號糞料百分中之各物質比較數

	新鮮乾糞料		乾爛糞料	
易化生物質	九·七	一四·四	七·〇	一二·〇
易化金石類質	四·七		五·〇	
不易化生物質	七六·三	八五·六	五六·三	八八·〇
不易化金石類質	九·三		三一·七	
易化生物質中淡氣	〇·六三	一·六五	〇·三	二·二
不易化生物質中淡氣	〇·八六		一·七	

淡輕和料中淡氣	〇·一六	〇·一

無論新鮮或乾爛糞料中均無含淡氣鹽類物當腐爛變化時耗失易化淡氣之多寡一則因雨水沖濾二則因阿摩尼化騰三則因變成不變動之含呼莫司物質等情形而定

赫敦查考一牢中有牛三十頭在冬季夏季計算其每千磅活重數洩出糞溺如左表

	新鮮肥料磅數			乾質磅數		
	糞	溺	共	糞	溺	共
冬季	九五	九	一〇四	一九	〇·四二	一九·四二

	新鮮肥料磅數			乾質磅數		
夏季	八八	一七	一〇五	一七	〇·五七	一七·五七
甚鹹食料	八二	三六	一一八	一七	〇·八八	一七·八八

食甚鹹之食料如第三行其飲水亦較多而溺亦多然乾質數不增也當查考時食料甚足等類亦多在冬季所食者大半係乾料在夏季所食者大半係青料

將此等肥料謹慎堆積而以溺儲於窖中其耗失數如左表

原質耗失之時	由冬季食料變成之糞溺		由夏季食料變成之糞溺	
	新鮮料百分中失數	乾質百分中失數	新鮮料百分中失數	乾質百分中失數
六星期	六·三六	一六·七六	八·〇三	二七·三七

九星期	一二·八〇	二三·〇三	一五·一一	三三·一九
十二星期	一八·二八	二五·四二	一九·一八	三五·四六
十五星期	一七·八〇	二六·二一	二〇·四〇	三五·九二

後考知此耗失數可用石膏並楷尼脫以減之若用手車運出此等肥料任其堆積鬆疏者則一五·五星期之後新鮮肥料百分中耗失二十五分乾質百分中耗失三十五分

化分糞溺

下表爲諸博士試驗糞溺中最要之化學分劑

清潔牛糞

號數	水 輕$_2$養	乾質	灰	鉀養 鉀$_2$養	石灰 鈣養	鎂養	燐酸共數 燐$_2$養$_5$	易化燐酸	阿摩尼 淡輕$_3$	淡氣共數
一	八六·〇〇	一四·〇〇	一·六九				〇·一〇			〇·三二
二	八四·〇〇	一六·〇〇	二·四〇	〇·一〇	〇·四〇		〇·二三			〇·三〇
三	八二·三〇	一七·七〇	二·一七	〇·二七	〇·七七	〇·一五	〇·一四			〇·二〇
四	七六·一九	二三·八一	三·〇九	〇·六〇	〇·五八	〇·〇三	〇·五二			〇·七九
五	八二·〇五	一七·九五	三·〇三	〇·〇五			〇·一六			〇·四四
六	四六·五七	五三·四三	六·九一	〇·〇四			〇·二			〇·四四
七	八〇·三五	一九·六五		〇·二五			〇·一五			〇·三六
八	八三·〇〇	一七·〇〇		〇·一四			〇·二四			〇·三三

號數	水 輕$_2$養	乾質	灰	鉀養 鉀$_2$養	石灰 鈣養	鎂養	燐酸共數 燐$_2$養$_5$	易化燐酸	阿摩尼 淡輕$_3$	淡氣共數
九	七九·七〇	二〇·三〇		〇·二三			〇·一六			〇·三四
一〇				〇·一五			〇·一九			〇·三二
一一				〇·四四						

一 此係乳牛之清潔糞此牛每日食陸恩一六·五磅番薯三五·二磅水一百三十二磅洩出糞六二·五磅溺十八磅共八〇·五磅由肺及皮膚洩出氣質計水七二·五磅乾質九·三磅此蒲生古考得之數也伊在他處又試驗獲效畧有不同如牛一千二百磅活重數每日食陸恩三四·六磅洩出糞五二·八磅如二星期閒每日僅食紅菜頭一百三十四磅者洩出糞僅得一六·八七磅每日僅食番薯八十四磅者洩出糞二八·六磅

二 飼以冬季食料之糞

三 每日食紫花苜蓿二十四磅之牡牛糞無溺及鋪料

四 無鋪料之新鮮乳牛糞或因有溺而溼飼以冬季食料

五 法國芒批里愛地方四月十七號朝晨乳牛四頭之乾糞此牛食青珍珠米紫花苜蓿稭料蘿蔔並畧加稃皮之棉子粉

六 與五號同於五月二十二號飼以青苜蓿並稍加

以稭料及籽皮及棉子粉洩出之糞

七　牽門待乳牛一頭重一千二百磅每日食紫花苜蓿二十磅紅蘿蔔八十八磅加以穀殼並水四十四磅洩出糞五十九磅溺二十三磅共八十二磅

八　牽門待乳牛一頭重一千二百磅飼以紅菜頭一百五十四磅不供水每日洩出糞之中數為四十二磅溺八十八磅共一百三十磅

九　牽門待乳牛一頭重一千二百磅飼以紫花苜蓿二六·四磅水六十六磅洩出糞四八·四磅溺一三·六磅共六十二磅

十　有牛數頭各飼以新割紫花苜蓿一百十八磅水一百零八磅各洩出糞七十三磅溺四十磅共一百十三磅

十一　各乳牛糞之中數

清潔牛糞溺或與鋪料相雜

號數	水 輕二養	乾質	灰	鉀養 鉀二養	石灰 鈣養	鎂養	燐酸 燐二養五 共數	易化燐酸	阿摩尼 淡輕三	淡氣共數
五〇	八五·三〇	一四·七〇	二·〇四	〇·三六	〇·二九	〇·一九	〇·一六		〇·二六	〇·五三
五一	八四·三〇	一五·七〇								〇·四一
五二	七一·六九	二八·三一	一〇·〇八	〇·四八	〇·一七	〇·一三	〇·二〇		〇·一三	〇·四三
五三	八二·四二	一七·六〇	二·二七	〇·三〇	〇·二八	〇·一二	〇·二〇		〇·一〇	〇·四二
五四	八一·八〇	一八·二〇	一·八〇	〇·三五			〇·一三			〇·三四
五五	七二·八七	二七·一三	六·七〇	一·六九	〇·四一		〇·二〇			〇·七九
五六	七五·〇〇	二五·〇〇	六·三三	〇·三九	〇·二四	〇·一八	〇·一四		〇·二七	〇·四六
五七	七七·七〇	二二·三〇	四·七一	〇·四六	〇·三七	〇·一一	〇·一三		〇·一六	〇·五四
五八	七四·〇二	二五·九八	三·九四	〇·五六	〇·五八	〇·一三				〇·四一
五九				〇·二九	〇·一六		〇·一四		〇·〇四	〇·三四
六〇				〇·二九	〇·一六		〇·一四		〇·〇一	〇·二七
六一				〇·二五	〇·〇八		〇·二二		〇·二〇	〇·四七
六二				〇·二八	〇·〇九		〇·二二		〇·一三	〇·四二
六三	八〇·三二			〇·四二			〇·三二	〇·一〇		一·三〇
	七一·五一			〇·六三			一·二〇	〇·五三		一·三九
	七四·五五			〇·四一			〇·四四	〇·一一		〇·七一
	七四·七五			〇·二五			〇·三三	〇·一一		〇·五七
	八三·九二			〇·三三			一·四〇	〇·一七		一·二二
	七九·八六			〇·四〇			〇·五二	〇·一二		〇·八八
	七九·五〇			〇·三四			〇·九八	〇·一二		一·〇〇
	八二·五一			〇·二七			〇·三六	〇·一五		〇·二九
六四	七五·九三	二四·〇七	四·三四	〇·四七	〇·三二	〇·〇一	〇·五六		〇·一三	〇·六七
	六九·五二	三〇·四八	三·一八	〇·四一			〇·三五		〇·一四	〇·六五

號										
六五	七八·七〇	二〇·三二	二·九九	〇·五〇			〇·二八		〇·一四	〇·五三
	五五·三一	四四·六九	一〇·一二	〇·八二			〇·五四		〇·一〇	〇·九六
	六四·八五	三五·一五	七·三〇	〇·六一			〇·三六			〇·六〇
	七〇·五一	二九·四九	七·六〇	〇·四六			〇·三九			〇·七二
	七一·九五	二八·〇五	五·五五	〇·九三			〇·四六			〇·五一
				〇·三九			〇·二一			〇·五五
				〇·七四			〇·三四			〇·六一
				〇·二六			〇·三三			〇·三七
六五中數	六八·四七	三一·五三	六·一二	〇·五七			〇·三五			〇·六一
六六	八〇·七〇	一九·三〇		〇·五四	〇·五三	〇·一七	〇·一七			〇·四〇
	七七·〇〇	二三·〇〇								
	八〇·八〇	一九·二〇		〇·四六	〇·二〇	〇·一一	〇·一四		〇·〇二	〇·三〇
	七八·八八	二一·一二		〇·五五	〇·二〇	〇·一一	〇·一四		〇·〇三	〇·三四
六七	七三·四四	二六·五六		〇·五〇	〇·四四	〇·二二	〇·三三		〇·〇六	〇·四七
	七三·二九	二六·七一		〇·四九	〇·三五	〇·一九	〇·二九		〇·〇六	〇·四九
六八	七三·〇〇	二七·〇〇		〇·八七			〇·三六			〇·六四
六九	七一·六三	二八·三七		〇·八九			〇·一三			〇·六〇
	七三·五〇	二六·五〇		〇·九四			〇·二四			〇·七一
	七二·八六	二七·一四		〇·八一			〇·二九			〇·七三
	七二·〇〇	二八·〇〇								〇·六二

號										
七〇	八三·七八	一六·二二	四·二八	〇·四三			〇·二六		〇·一三	〇·四六
七一	八一·四三	一八·五六	四·六九	〇·七四			〇·二七		〇·二一	〇·四六
七二	七六·五四	二三·四六	四·〇四	〇·七九			〇·三一		〇·一九	〇·六七
七三	七五·六七	二一·三三	四·四六	〇·七一			〇·三三		〇·二六	〇·五九
七四	八一·五〇	一八·五〇	二·五〇	〇·四七			〇·一四		〇·〇三	〇·三三
七五	七七·二〇	二二·八〇	二·七〇	〇·五七			〇·一四		〇·〇七	〇·四一
七六	六二·七〇			一·〇八			〇·三二			〇·六五
七七	五六·五〇			〇·九三			〇·三八			〇·六五
七八	七一·三〇			〇·八五			〇·二八			〇·六五
七九	七九·四〇			〇·七六			〇·一八			〇·四一
八〇	七五·一〇			〇·七六			〇·一五			〇·五一
八一	七七·五〇	二二·五〇	二·二〇	〇·四〇	〇·三	〇·一一	〇·一六			〇·三四
八二	七七·七三			〇·五三			〇·一七			〇·五〇
八三	七五·二五			〇·四四			〇·二九			〇·四三

五十　乳牛數頭之糞並無鋪料每頭每日任其食草料若干加以稃皮八斤孟閣爾八斤其糞每一立方尺重六十三磅

五十一　乳牛糞與溺相和亦無鋪料

五十二　乳牛糞飼以足數之珍珠米粉帖摩退草料並根物

五十三　乳牛糞飼以草料並他種草料此糞在房中堆積緊密其地土用塞門汀

五十四　新鮮乳牛糞飼以陸恩番薯有鋪料六五磅

五十五　牛牢中所積四星期之糞飼以新割苜蓿一百磅燕麥稈五磅

五十六　乳牛糞

五十七至五十八　在德國二月閒二乳牛牢內糞堆中取出者

五十九　乳牛九頭之糞飼以草料並壓碎穀類捲心菜紅菜頭釀酒家渣料每牛每日給以乾苜料三五啟

羅爲鋪料

六十　與五十九號同惟給以燕麥稈四六啟羅爲鋪料

六十一　乳牛十頭之糞飼以草料穀類矮捲心菜番薯釀酒家渣料給以乾苜料三五啟羅爲鋪料

六十二　與六十一號同惟給以燕麥稈四三啟羅

六十三　清潔牛糞八種

六十四　牡牛糞飼以釀酒家雜料並紅菜頭油渣餅令其肥腯考查之樣由七十立方邁當糞堆中取出

六十五　牛九頭之糞給以乾苜料爲鋪料

六十六　乳牛一星期之積糞

六十七　牢中牡牛一星期之積糞

六十八　深邃牢中牡牛之糞

六十九　牛糞與稭料相和爲牢中牝牡牛七十頭所踐臥歷二三月故糞料頗爛熟其稭料較牧場料更佳且多鉀養鏻類

七十至七十一　由比利時國二處田莊之牛糞堆中取出其糞係每日由牢中運至外

七十二至七十三　與七十至七十一號同惟牢中用直楞其楞下有可移動之籬以承糞

七十四　由乳牛糞堆取出

七十五　由深邃牢中取出之糞

七十六至八十　八牛共牢之糞每日每牛給以稭料十二至十三磅爲鋪料七十七號之牛飼以紫花苜蓿紅菜頭燕麥稈七十六號之牛飼以新割紫花苜蓿並燕麥稈七十八號之牛飼以新割紫花苜蓿苡仁米粉七十九號之牛飼以捲心菜葉及各粉及稭料八十號之牛放於牧場飼以苡仁米粉

八十一　新鮮乳牛糞並鋪料之中數

八十二　新鮮童牛糞居牢中食料豐足給以切細小

麥稈爲鋪料

八十三　新鮮乳牛糞食料甚足給以切細小麥稈爲鋪料

田莊和雜肥料

號數	水 輕二養	乾質	灰	鉀養 鉀二養	石灰 鈣養	鎂養	燐酸共數 燐二養五	易化燐酸	阿摩尼 淡輕三	淡氣共數
一五〇	七〇·〇〇	三〇·〇〇	二·七七	〇·五三			〇·一五			〇·七七
一五一	七九·六二	二〇·三八	六·五六	〇·五一	〇·五六	〇·二四	〇·二〇			〇·四一
	五八·六四	四一·三六	三·一九	〇·四〇			〇·三			〇·四一
	六六·二五	三三·七五	八·五一	〇·六〇			〇·六二			〇·四六
一五二	八二·四三	一七·五七	六·三八	〇·二七			〇·二九			〇·四九
	六八·九一	三一·〇九	九·四二	〇·五一			〇·三一			〇·四九
	八〇·二〇	一九·八〇	三·五六	〇·一〇			〇·一七			〇·一九
	七四·四一	二五·五九	四·二〇	〇·三三			〇·四三			〇·三四
	八三·〇二	一六·九八	五·五一	〇·三三			〇·〇九			〇·三
	六六·〇一	三三·九九	二〇·八二	〇·三三			〇·三三			〇·三六
一五三	五四·七〇	四五·三〇	三四·四三	〇·一六	〇·四七	〇·五〇	〇·七二		〇·〇一	〇·四六
一五四	七一·〇〇	二九·〇〇	四·四〇	〇·五二	〇·五七	〇·一四	〇·二二			〇·四五
一五五	七五·〇〇	二五·〇〇	五·八〇	〇·六三	〇·七〇	〇·一八	〇·二六			〇·五〇
一五六	七九·〇〇	二一·〇〇	六·五〇	〇·五〇	〇·八八	〇·一八	〇·三〇			〇·五八
一五七	六六·一七	三三·八三	五·五九	〇·六七	一·一九	〇·一五	〇·三一		〇·一二	〇·六四
一五八	六九·八三	三一·一七		一·三三	一·三四	〇·〇五	〇·三三	〇·一四	〇·〇八	〇·七四
一五九	六七·三二	三二·六八		〇·六八	一·九二	〇·〇八	〇·四五	〇·一五	〇·七六	〇·七五
一六〇	八〇·〇二	一九·九八		〇·四二	一·九七	〇·〇九	〇·二七	〇·〇九	〇·〇六	〇·五四
一六一	七五·四二	二四·五八		〇·四九	一·七八	〇·一四	〇·四五	〇·一八	〇·一〇	〇·六二
一六二	七三·九〇	二六·一〇		一·〇八	二·二七	〇·〇四	〇·一二	〇·〇六	〇·〇七	〇·二二
一六三	七二·三三	二七·六七	五·八七	〇·六九	〇·八五	〇·一四	〇·三〇		〇·〇二	〇·四六
一六四	七七·〇八	二二·九二	七·四二	〇·七一	〇·三四	〇·一五	〇·三四		〇·一六	〇·五三
一六五	七九·九五	二〇·〇五		〇·八四			〇·四〇			〇·七八
一六六	七五·五七	二四·四三		〇·七〇			〇·二九			〇·六八
一六七	七八·〇二	二一·九八	九·三八	〇·六〇			〇·二七			〇·四八
	七八·六九	二一·三一	八·五七	〇·六〇			〇·二九			〇·四七
	七六·四三	二三·五七	九·六〇	〇·六九			〇·三六			〇·五三
	七八·二五	二一·七五	八·七〇	〇·六四			〇·三六			〇·四八
一六八	七〇·〇七	二九·九三	九·二六	〇·八二			〇·四三			〇·六六
	七一·三〇	二八·七〇	八·二四	〇·八一			〇·四三			〇·六四
	七〇·二二	二九·七八	八·一八	〇·八七			〇·四六			〇·六六
	六九·九〇	三〇·一〇	八·五三	〇·八五			〇·四六			〇·六六
一六九	六七·二五	三二·五五	五·四七	〇·五八			〇·三一			〇·五〇
	七三·七三	二六·二七	三·五一	〇·四九			〇·二四			〇·三七

一七〇	七三・二七	三六・七三	三・五七	〇・五一			〇・二九			〇・二四
一七一	七七・八五	三三・一五	六・六八	〇・五七	〇・六〇	〇・一四	〇・三五			〇・五八

一百五十　英國田莊四百畝，四年輪種植物，所壅新鮮未腐之肥料，依理論之爲最佳，蓋以根物草料稭料油渣餅穀類等飼動物而得其洩出之肥料，依食料中物質之中數計算，應得佳肥料也

一百五十一　田莊大牢中有牛三十頭，馬三十匹，豬十二至二十頭，得其半腐爛之肥料，查此肥料甚溼，所雜禾稈雖未盡腐，而已變軟

一百五十二　司考脫倫八處田莊肥料各一立方尺

交格蘭斯科博士愛特生查驗，知此八處肥料中物質多寡不等，蓋鋪料有不同也，所含沙質，計乾料百分中有二十二至五十五分

一百五十三　童牛食草料洩出糞，已盡腐爛，其百分中有場土二十五分，每一立方尺重四十磅

一百五十四　田莊新鮮肥料中物質之中數

一百五十五　田莊稍腐爛肥料中物質之中數

一百五十六　田莊盡腐爛肥料中物質之中數

一百五十七　馬牛豬新鮮糞溺和肥料，雜有鋪料，於十月間藏儲窖中十四日，當時未有雨水

一百五十八　三個半月之肥料，於二月間由堆積中取出

一百五十九　自十一月至二月，卽三個半月之肥料由有遮蔽之堆積中取出

一百六十　自十一月至五月，卽六個月之肥料，由無遮蔽之展開處取出

一百六十一　六個月腐爛肥料

一百六十二　八個月腐爛肥料

一百六十三　牡牛及馬豬之和肥料，本儲於櫃中，用細篩由肥料百分中分出糞五八・三，稭料四一・七

一百六十四　由牢內堆積肥料中取出，牢內有小動物生長甚速，又有馬數匹，食上等帖摩退草料及粰皮甚多，並大麥珍珠米少許

一百六十五　馬牛糞和肥料，在有遮蔽之場地，冬季所積高二尺，爲牛馬四十五頭於一百九十五日之間踐踏甚堅，所用鋪料共八十噸，而得和肥料四百六十六噸

一百六十六　與一百六十五號同，係又是一年之肥料，飼棉子粉較少，其畜數爲乳牛二十四頭，牡牛一頭，馬十二匹，騍馬一匹，冬童牛七頭，春童牛十二頭，共大

小五十七頭當大動物四十七頭計算於五個月內共洩出糞料一九九·五噸

一百六十七至一百七十　牝牛二十五頭牡牛及羊數頭童牛十二頭馬十四洩出之糞料所用鋪料並木屑數甚足當夏間分二次取其肥料各成一堆第一堆即一百六十七號係堆於場地並無遮蔽受日光並雨水而地作爲凹形用塞門汀土所以濾出流質不致沖失第二堆即一百六十八號有遮蔽惟一面展開地爲高形而任動物每日至此堆踐踏一小時或二小時令其堅實於八月間將此兩號肥料運往他處無遮蔽堆計二十九車每車重約三千磅有遮蔽堆計三十四車每車重稍不及二千磅至秋冬間又分二次取其肥料各成一堆第一堆即一百六十九號係堆於場地無遮蔽至明春二月運往他處計五十六車每車重約二千八百磅第二堆即一百七十號有遮蔽計五十四車每車重約二千五百磅由上觀之在夏間無遮蔽堆耗失生物質並淡氣較有遮蔽堆耗失數更多而冬間有遮蔽堆耗失生物質並淡氣較無遮蔽堆耗失數更多

一百七十一　馬三十二匹牝牛三頭豬十二頭之糞料係連四年查驗四次之中數

馬糞料

號數	水輕二養	乾質	灰	鉀養鋰養	石灰鈣養	鎂養	燐酸共數燐二養五	易化燐酸	阿摩尼淡輕三	淡氣共數
二〇〇	七五·三〇	二四·七〇					〇·三〇			〇·五五
二〇一	七五·四〇	二四·六〇					〇·一七			〇·七四
二〇二	七六·〇〇	二四·〇〇	三·〇〇	〇·三〇		〇·三〇	〇·三五			〇·五〇
二〇三	六七·四〇	三二·六五	三·三五	〇·七二			〇·三三			〇·六七
二〇四	七五·七六	二四·二四	五·〇七	〇·五一	〇·三〇	〇·一九	〇·四一		〇·二六	〇·五三
二〇五	六九·三〇	三〇·七〇	五·〇五	〇·六三	〇·七四	〇·二九	〇·六七		〇·一三	〇·六九
二〇六	七〇·七九			〇·五三			〇·二一			〇·五一
二〇七	六七·二八	三二·七二	六·四九	〇·二二	〇·一七	〇·二〇	〇·三五		〇·一五	〇·四七
二〇八	七二·一三	二七·八七	三·三七	〇·五九	〇·四一	〇·一七	〇·一二		〇·四四	〇·六七
二〇九	七二·三五	二七·六五	二·五〇	〇·一五			〇·四〇			〇·五七
二一〇	七〇·〇〇	三〇·〇〇		〇·五四			〇·四九			〇·七二
二一一										〇·五五至一·五
二一二										〇·二至〇·三
二一三										〇·三〇
二一四	六四·九〇	三五·一〇		〇·六四			〇·三三			〇·四八
二一五	六五至八〇	二〇至三五		〇·二七至一·〇			〇·一七至〇·三五			〇·四四至〇·六七
二一六	六九·八〇	三〇·二〇		〇·八〇			〇·三七			〇·四七

號										
二七	五七·三〇	四二·七〇		〇·五六			〇·二九			〇·四四
二八	五四·一六	四五·八六		〇·四九			〇·三五			〇·四四
二九				〇·四八			〇·二六			〇·四九
三〇	七〇·九〇	二九·一〇	三·六〇				〇·三五			〇·五六
三一	七三·七六	二六·三三	三·七七	〇·五五			〇·四二		〇·三九	〇·七九
	七三·一二	二六·八九	三·六九	〇·四六			〇·三三		〇·四二	〇·九三
三二	六〇·五六	三九·四二								〇·八〇
三三	七一·三〇	二八·七〇	三·三〇	〇·五三	〇·二一	〇·一四	〇·二八			〇·五八

二百　馬糞

二百零一　一馬之糞溺

二百零二　飼以冬間食料之馬糞

二百零三　新鮮馬糞係食草料大麥每日每匹給鋪料四·五磅

二百零四　紐約城拖循軌車之馬在廄中洩出新鮮糞飼以大麥珍珠米粉切細草料其數均相等糞中並無長稭料每一立方尺重三十五磅

二百零五　由紐約城糞車中取得

二百零六　馬糞飼以足數之草料大麥此肥料中雜有鋪料三十磅其糞溺共四百六十六磅

二百零七　新鮮馬糞每日食帖摩退草料十四磅大

麥並壓碎珍珠米共八磅此肥料當冬季乾燥之日洩出卽收取又一日查其新鮮糞百分中有水七三·八六

二百零八　馬糞

二百零九　法國芒批里愛地方在五月二十一號收取二馬之糞此馬食紫花苜蓿並大麥

二百十　田莊一馬之糞每日食珍珠米大麥共一七·六磅草料麥稈六·六磅水二十二磅洩出糞二〇·六磅溺三磅

二百十一　數馬之糞每日僅食大麥或珍珠米或馬豆洩出糞四·五至十一磅

二百十二　數馬之糞每日僅食草料洩出糞十八至四十磅

二百十三　數馬之糞每日食草料或稭料並穀類俱係尋常數洩出糞十一至三十三磅

二百十四　法京巴黎拖公司馬車之馬糞

二百十五　巴黎拖公司馬車之廄中收取新鮮之馬糞售與農家者

二百十六　與二百十五號同惟堆積於外已六個月

二百十七　法國聖芒地方馬兵營中大堆積之新鮮馬糞

二百十八　與二百十七號同堆積腐爛已二個月

二百十九　新鮮馬糞此馬食草料並穀類給以切細稭料爲鋪料

二百二十　由廄中收取之馬糞給以德國乾鬆草煤爲鋪料

二百二十一　氣乾之馬廄肥料給以細草煤並苔料爲鋪料厚約五寸三星期後與糞溺相和甚溼取少許考驗之又以乾鬆之草煤爲鋪料一月之後又取少許考驗之

二百二十二　法國南方旅館中之畜糞料即係馬與騾之糞此畜食草料並大麥在大路拖貨車者其臥處亦有鋪料惟較少耳此肥料堆積閱一月已發酵惟不甚溼尚有肥力法國南方旅館中之馬廄糞大抵如此每一立方邁當重六百六十啓羅克蘭姆裝於車中踐踏堅實則每一立方邁當重八百二十啓羅克蘭姆此乃蒲生古所考驗後格司配林復考證云各田莊畜糞並各動物糞之參差均因飲水有多寡也查各田莊及馬廄中之糞其鋪料不多者用法倫海表二百十二度熱度烘極乾則百分中有淡氣不遠於二分

二百二十三　數種新鮮馬糞並有鋪料相雜之中數

羊糞料

號數	水 輕二養	乾質	灰	鉀養 鈉二養	石灰 鈣養	鎂養	燐酸 燐二養五共數	易化燐酸	阿摩尼 淡輕三	淡氣共數
三〇〇	五七·六〇	四二·四〇					〇·四四			〇·七二
三〇一	六七·一〇	三二·九〇					〇·一六			〇·九一
三〇二	六一·六〇	三八·四〇	三·九〇	〇·八四			〇·二一			〇·八三
三〇三	六三·〇〇									一·一一
三〇四	五八·〇〇	四二·〇〇	六·〇〇	〇·三〇	一·五〇		〇·六〇			〇·七五
三〇五	七三·一三	二六·八七	六·九九							〇·九五
三〇六	七三·六六	二六·三四	一三·六九	〇·四四	一·三九	〇·四九	〇·八一		〇·〇三	〇·六三
三〇七	六四至七三	二六至三七	一〇至一二	一·〇五至一·一			〇·二五至〇·四			〇·七五至〇·八
三〇八	六四·六〇	三五·四〇	三·六〇	〇·六七	〇·三三	〇·一八	〇·三三			〇·八三
三〇九	六九·三〇	三〇·七〇	六·六九	〇·七七	〇·六〇	〇·〇六	〇·二一		〇·四五	〇·六一
三一〇	七〇·二七	二九·七三		〇·三七			〇·四七			〇·六〇
三一一	七五·六〇	二四·四〇		〇·八七			〇·三四			〇·五一
三一二	六七·三〇	三二·七〇		一·七一			〇·六二			〇·六五
三一三	六五·〇〇	三五·〇〇		一·五四			〇·三一			〇·七六
三一四	六八·三〇	三一·七〇		一·二六			〇·二六			〇·五一
三一五	五九·五三			〇·五九			〇·二九			〇·七七

山羊糞料

三五〇	四六·〇〇	五四·〇〇								二·一六
豬糞料										
三七五	八一·四〇	一八·六〇								〇·六三
三七六	八〇·〇〇	二〇·〇〇	三·〇〇	〇·五〇		〇·三〇	〇·四五			〇·六〇
三七七	七二·四〇	二七·六〇	二·六〇	〇·六〇	〇·〇八	〇·〇九	〇·一九			〇·四五
三七八	八〇·五七	一九·四三		一·八六			〇·一九			〇·七一
三七九	八四·〇〇	一六·〇〇					〇·六二			〇·七〇
三八〇							〇·二八			〇·三七
三八一	七四·一三	二五·八七		〇·三二			〇·三九			〇·八四
三八二	六五·二三	三四·七七	九·〇四	〇·一〇	一·四八	〇·一二	〇·八一		〇·〇二	〇·五八

三百　騾羊糞每日食草料二·二磅溲出糞溺共五磅

三百零一　即三百號之畜糞和料

三百零二　新鮮騾羊糞料此羊食草料而有稭料半磅爲鋪料表中鉀養〇·八四兼有鈉養

三百零三　騾羊雜糞料

三百零四　騾羊糞每日食草料約二磅

三百零五　騾羊新鮮糞此羊在舊牧場食草根

三百零六　騾羊糞堆積歷三年已盡變化其色黑有油質其臭有土氣而無糞溺應有之臭

三百零七　騾羊糞在棚中踐踏堅實荷蘭國用以培壅菸草

三百零八　騾羊數頭之糞並鋪料之中數

三百零九　騾羊糞

三百十　騾羊糞每日食紫花苜蓿三·三至四·四磅並紅菜頭六·六磅

三百十一　騾羊糞溺依九十磅活重數計之每日食紫花苜蓿二·二磅並紅菜頭二·二磅溲出糞溺共四·五磅

三百十二　騾羊糞此羊食雜料

三百十三　騾羊糞此羊食紫花苜蓿

三百十四　騾羊糞此羊食紫花苜蓿青料

三百十五　騾羊新鮮糞此羊在棚中食料甚足給以切細稭料爲鋪料

三百五十　山羊糞溺

三百七十五　豬糞溺

三百七十六　豬糞溺此豬食冬間之食料

三百七十七　數豬新鮮糞與鋪料相雜之中數

三百七十八　法國泛里愛地方之豬糞此豬食番薯苡仁米其糞料價值每噸一·六二圓

三百七十九　一豬生八個月重一百三十二磅之糞

每日食煮熟番薯一五五磅其洩出糞二二二磅

三百八十　卽三百七十九號之豬糞溺每日洩出糞二二磅溺七磅

三百八十一　數豬之新鮮糞其食料甚足而給以剉碎麥稈爲鋪料

三百八十二　豬糞此豬食廚房廢料並珍珠米粉日夜露宿於閑中

清潔牛溺

號數	水	乾質	灰	鉀養	鈣養	鎂養	燐酸	阿摩尼	淡氣共數
四〇〇	八八·二八	一一·七三	一·四七						〇·四五
四〇一	九二·一〇	七·九〇	三·五六	一·三六或二·〇四			極微		〇·九七
四〇二	九二·〇〇	八·〇〇	二·〇〇	一·四〇	〇·一五				〇·八〇
四〇三	八九·七九	一〇·二一		一·五七			極微		〇·七八
四〇四	九五·八五	四·一五		〇·六〇			〇·〇一		〇·一三
四〇五	八八·二七	一一·七三		一·六九			〇·〇一		一·五四
四〇六				一·三六			〇·〇二		〇·七四至一·二〇
四〇七				一·三九					
四〇八				一·二七			〇·〇二		一·一七
四〇九				一·六七			〇·〇三		〇·五一

四百　此卽一號中所載乳牛淨溺

四百零一　乳牛淨溺此牛食陸恩並番薯

四百零二　乳牛溺飼以冬閒之食料並番薯

四百零三　此卽第七號中所載牛淨溺

四百零四　此卽第八號中所載牛淨溺

四百零五　此卽第九號中所載牛淨溺

四百零六　此卽第十號中所載牛淨溺

四百零七　數牛之溺此牛或食靑料或草料並油渣餅

四百零八　乳牛新鮮溺爲此牛全年食料中各物質之中數

四百零九　數乳牛之糞水於八星期閒考查其糞水中物質與食料中物質相較之中數此糞水中未爲他動物加水所以考得之數甚準

馬溺

號數	水	乾質	灰	鉀養	鈣養	鎂養	燐酸	阿摩尼	淡氣共數
四一五	九一·〇八	八·九二	二·六六	一·三八			〇·〇〇		一·四八
四一六	七九·一〇	二〇·九〇							二·六一
四一七	八九·〇〇	一一·〇〇	三·〇〇	一·五〇	〇·八〇		〇·〇〇		一·二〇
四一八				〇·九〇			極微		一·五二

騾羊溺

四四〇	八六·五〇	一三·五〇				〇·〇一		一·三一
四四一	八六·五〇	一三·五〇	三·六〇	二·〇〇	〇·六〇	〇·〇五		一·四〇
四四二				一·七二		極微		〇·八九
豬溺								
四七五			一·二五	〇·七二		〇·〇四		〇·二三
四七六	九七·三〇	二·七〇	三·九〇	一·六九		〇·二〇		〇·七八
四七七	九七·五〇	二·五〇	一·〇〇	〇·二〇	〇·〇五	〇·一三		〇·三〇

四百二十五　馬溺此馬食大麥並苜蓿青料

四百二十六　馬溺

四百二十七　馬溺此馬食草料大麥

四百二十八　馬溺

四百四十　緜羊溺每日食草料二·二磅洩出糞溺約五磅

四百四十一　緜羊新鮮溺每日食草料二磅

四百四十二　緜羊溺每日食紫花苜蓿三·三至四·四磅並紅菜頭六·六磅

四百七十五　一豬生八個月重一百三十二磅之新鮮溺每日食煮熟番薯五·五磅洩出溺七磅糞二·二磅

四百七十六　豬之新鮮溺每日食煮熟番薯並給以鋪料一磅表中鉀養一·六九數內有鈉養

四百七十七　豬之新鮮溺此豬食番薯並廚房廢棄之薄流質

糞水								
三〇〇	九六·八九	三·一一						〇·七二
三〇一	九九·六〇	〇·四〇						〇·〇六
三〇二				〇·四四			〇·〇二	〇·四三
三〇三	九六·二〇	一·八〇	一·一〇	〇·四九	〇·〇三	〇·〇四	〇·〇一	〇·一五
三〇四								〇·一九至〇·二三
	九九·二一	〇·六九	〇·五三	〇·二七			〇·〇一	〇·〇六	〇·〇五
三〇五	九九·二五	〇·七五	〇·三七	〇·二〇			極微	〇·一五	〇·一一
	九九·一三	〇·八七	〇·五二	〇·二三			〇·〇一	〇·〇二	〇·〇三

三百　四動物之溺和料卽牧場新鮮流質

三百零一　牧場流質

三百零二　數牛之溺流聚於窖中者取此溺屢次考驗其物質之中數此窖有蓋所以溺中淡氣每月耗失約僅百分之二

三百零三　糞水中物質之中數

三百零四　比利時國之流質肥料

三百零五　三種糞水之考驗數

博士納斯欒考查七處之糞水而知其中鉀養與綠之關

係列表如左

流質一百立方桑的邁當中有物質克蘭姆數

	淡氣	燐酸	鉀養	綠	鈉養	重性數
甲	○·○七○	○·○○七○	○·二三三	○·○四○	○·○一六	一·○○五六
乙	○·○七六	○·○一六	○·五三九	○·二○六	○·○六○	一·○一一八
丙	○·○四一	○·○一四	○·二○○	○·一一五	○·○七一	一·○○五六
丁	○·六五○	○·○二三	○·七七六	○·一四四	○·○七○	一·○三五○
戊	○·四八○	○·○五○	一·一○○	○·一一○	○·一○○	一·○二六○
己	一·○五○	○·○七三	○·七四二	○·二八○		一·○五一○
庚	○·三二○		○·六九○	○·一九四	○·一二○	一·○二二○

福爾克曾取糞水二號詳細試驗第一號取自舊肥料堆第二號取自新肥料堆舊肥料堆係和肥料即是腐爛之馬糞並肥牛之糞並羊棚肥料相和者取樣試驗時適有雨不免爲雨水沖淡其色深紫無阿摩尼或輕硫之氣以試紙試之爲中立性熱之則顯有鹼性葢因受熱而其中所有含二炭養之鹽類物化分而阿摩尼並炭養亦洩放也

若加鹽强酸於糞水中則有霧騰起而將呼莫克酸澄停於下其臭甚惡然無輕硫也由此試驗觀之即知此糞水當初之色因其中有鉀養呼莫克酸鈉養呼莫克酸阿摩尼呼莫克酸也而糞水冷時並無阿摩尼騰出惟熱則有之又考知其中有易化燐酸若干且多鉀養鹽類

第二號係馬牛豬之新鮮和糞水取樣試驗時已數星期無雨水所以質料濃厚其色暗而臭亦無輕硫用試紙試之爲中立性熱之則有阿摩尼騰出惟較第一號爲少

由舊新肥料堆取糞水各一軋倫查考所有物質釐數如左表

	舊肥料堆	新肥料堆
煮熱騰出阿摩尼	三六·二五	一五·一三（合計）
煮熱未騰出阿摩尼	三·一一	
烏勒迷克並呼莫克酸	一三五·五○	
煮熱騰出炭養氣	八八·二○	
他種生物質料	一四二·六○	七一六·八一
生物質中淡氣	三·五九	三一·○八
易化矽養	一·五○	九·五一
鈣養燐養兼有鐵養燐養少許	一五·八一	七二·六五
鈣養炭養	三四·九一	五九·五八
鎂養炭養	二五·六六	九·九五
鈣養硫養	四·三六	一四·二七
鈉綠	四五·七○	一○一·八二

鉀綠	七〇·五〇	六〇·六四
鉀養炭養$_{二}$	一七〇·五四	二九七·三八
共數	七六四·六四	一三五七·七四

可見新肥料堆之流質濃厚較舊肥料堆幾加倍因舊者爲雨水沖淡也然其中阿摩尼恩鹽類之阿摩尼較新者不止加倍新肥料堆中生物質淡氣爲數較多因其中尚未化分也而舊肥料堆中之生物質淡氣已變爲含阿摩尼物質

新肥料之流質中含淡養$_{三}$物質爲數極微惟腐爛糞之流質中此物較多

舊肥料流質中死物質數爲三百六十九釐生物質數約爲三百五十六釐可見易化生物質之速化分此情形與新肥料流質相反新肥料流質中灰六百二十六釐生物質七百十七釐且細查糞中之水與溺殊不同如糞堆濾出流質中有許多易化燐養$_{五}$物而馬牛溺中燐養$_{五}$酸爲數極微

人糞

號數	水輕$_{二}$養	乾質	灰	鉀養鈉$_{二}$養	石灰鈣養	鎂養	燐酸燐$_{二}$養$_{五}$共數	易化燐酸	阿摩尼淡輕$_{三}$	淡氣共數
甲糞	七五·〇〇	二五·〇〇	一·六〇	〇·三五	〇·五五		〇·五五			〇·七〇
乙溺	九六·〇〇	四·〇〇	一·一	〇·二〇	〇·〇三		〇·一五			一·〇〇

甲　平居食物豐美之人新鮮糞中物質之中數

乙　平居食物豐美之人新鮮溺中物質之中數

溺中之水固甚多而每日一人洩出溺中之定質較糞中之定質爲數尤多

表中所記糞中物質數爲比較而已後當詳論之

各肥料中物質之中數

田莊佳肥料一百磅中尋常有水七十至八十磅是水居四分之三淡氣有〇·〇四至〇·〇六磅燐養$_{五}$酸有〇·一五至〇·三五磅鉀養有〇·四至〇·六磅鈣養有〇·五至〇·九

磅鎂養有〇·二磅肥料中之水自應多無水不能發酵也田莊肥料百分中所有淡氣數較含淡氣之他種肥料爲更少於左表可見

商品肥料	百分中淡氣
阿摩尼硫養$_{三}$	二〇至二一
鈉養淡養$_{五}$	一五至一六
鉀養淡養$_{五}$	一二至一三
乾血	一〇至一二
屠家廢料	七至一〇
魚廢料	六至一〇

秘魯圭拏	七至九
油渣餅	五至八
骨粉	三至四
角廢料	八至一四
織物廢料	一〇至一二
羊毛廢料	三至七
煙炱	一·三至二·五
草煤	一·五至二
雞糞	一至二
田莊肥料	〇·四至〇·六

溺爲速性肥料

動物溺中多淡氣與農夫所謂溺爲速性肥料相符新溺爲甚貴重之含淡氣肥料頗能補養植物其中淡氣一磅可抵鈉養淡養三或圭拏中淡氣一磅之價值溺中淡氣均係化於水中故可速爲植物之養料食素之動物溺中含鉀鹽類亦係化於水中凡食料中多鉀養者此鉀養由溺洩出惟燐養五酸並大分鈣養鎂養由糞洩出

糞中淡氣品性較溺中淡氣爲次因其大分不易化而植物難得其益也蓋在動物胃中不消化而洩出也淮溺中淡氣均已消化所以溺中乾質較糞之乾質更有價值觀

前人糞表物質較數即知之然熟諳農務者則謂上等田莊肥料爲極有肥力如特海蘭查考格里曩地方田莊二號和肥料百分中有淡氣數如左表

阿摩尼炭養中淡氣	〇·〇四五	〇·〇三〇
不化騰阿摩尼鹽類中淡氣	〇·〇一五	〇·〇一〇
生物質中淡氣	〇·六六〇	〇·三七〇
淡氣共數	〇·七二〇	〇·四一〇

馬牛溺之鹼性

馬牛溺無論新鮮或已經發酵均顯有鹼性凡食素之動物新鮮溺更有鹼性因其中有鉀養二炭養也陳宿溺中

之阿摩尼炭養其鹼性亦甚重此關係甚要因發酵時其中多鹼性流質者其發酵更猛

下表爲蒲生古發明新鮮溺中淡氣情形

新鮮溺中	牛	馬	豬
由里阿	一·八五	三·一〇	〇·四九
鉀養希布由里克酸	一·六五	〇·四七	〇·〇〇
鉀養拉格的克酸即乳酸	一·七二	一·一三	未查出
鈉養拉格的克酸		〇·八八	
鉀養二炭養	一·六一	一·五五	一·〇七
鎂養炭養	〇·四七	〇·四二	〇·〇九

鈣養炭養	○·○六	一·○八	極微
鉀養硫養	○·三六	○·一二	○·二○
鈉綠	○·一五	○·○七	○·一三
矽養	極微	○·一○	○·○一
鉀養燐養	○·○○	○·○○	○·一○
水並耗失數	九二·一三	九一·○八	九七·九一

牛　食陸恩並番薯

馬　食苜蓿青料並大麥

豬　專食煮熟番薯，其溺中無希布由里克酸或由里克酸，飫以苜蓿青料，亦無之。

此各溺均甚有鹼性，因其中有鉀養二炭養也。由表觀之，馬牛溺之定質百分中，有由里阿八至九分。他博士亦考知食青料並油渣餅之牛溺一列式中，有由里阿十六至二十六克蘭姆。又有博士以爲食料中若多立古尼尼，則溺中多希布由里克酸。又有人查知牛食大麥小麥稈並稍加豆粉，其洩出希布由里克酸爲最多，每溺百分中有二·一至二·七。儻再食草料，則希布由里克酸祇有一·二至一·四。曾八次試驗而得中數，爲乳牛溺百分中有希布由里克酸○·八五，由里阿一·一。若飼以草料或稭料並稍加易消化之食料，則減希布由里克酸數而增由里阿數。惟

羊食草料稭料者，其溺中希布由里克酸較由里阿爲多。由里阿中淡氣幾居其半，由里克酸中居三分之一，希布由里克酸中居不及百分之一。

總言之，溺中由里阿與含淡氣食物消化度有比例。下表爲考查身體强健之人二十四小時閒洩出溺中有由里阿多寡，以克蘭姆計之。强健人一日閒洩出溺之中數爲五十兩，此五十兩中有由里阿五百釐。

	定質	由里阿	由里克酸	他種物質並鹽類
食和物	六七·八二	三三·五○	一·一八	一二·七五
食葷物	八七·四四	五三·二○	一·四八	七·三一
食素物	五九·二四	二三·四八	一·○二	一九·一七
食無淡氣物	四一·六三	一五·四一	○·七四	一七·一三

糞中流質之實用

舊糞堆濾出暗色流質，甚有肥力。凡有此流質處，野草生長繁衍。尼見此肥料不可輕棄。糞水表中已指明其中所有物質爲數雖不多，而色已黑。特海蘭查其百分中有乾質僅二至四分，且頗有鹻性，因有阿摩尼炭養並鉀養炭養也。儻加酸質，即發霧。

流質肥料之用

瑞士荷蘭比利時等國農家以爲流質肥料勝於他肥料。

頗多用之。比利時國農夫因欲多得此肥料故令屋面之雨水流入糞窖中

不特將糞中水並家中廢棄之流質聚於窖中且特加水以製之又用油渣餅化於糞水中歷三至四星期待其發酵然後用於田

此肥料加於田敷布甚均植物根隨處可得補養料然流質肥料與植物亦有合宜不合宜總言之此肥料甚宜於多葉之植物而不宜於多結子之植物

沖淡之流質肥料在早春可加於遲生長之穀類而蔬菜類亦頗宜之惟豆類不宜所以園植物及花椰菜可用此肥料以催其生長在每顆根旁掘成槽以沖淡流質肥料或人糞水灌之約二斤凡一年間刈割數次之草類並飼畜珍珠米菾闍爾他種根物亦均宜用此肥料

博士尼爾孫在丹國用流質肥料於春閒之冬麥馬料並速生長之紅菜頭據云秋草用此肥料殊不見效若蘧馬廄肥料於秋閒穀類亦不必雜有糞水留此糞水用於春閒新嫩之穀類可也然此糞水無論春或秋於豆類無益

流質肥料價貴

欲保藏流質肥料須建築地窖頗費工本故用度不廣惟園圃中常用之而小窄田地用此肥料者大抵因小農家不肯用鋪料以吸收動物溺也又如比利時國小農家頗重此等肥料雖少許不肯廢棄甯費工夫料理為不購圭拏計殊不知肥料不在乎多而在品等之高也

然此利時國用沖淡糞水之肥料其功效實勝於他種肥料因其中淡氣能速變化也

在講求農務之地方以為流質肥料遠勝於圭拏因圭拏入土之後儻遇旱乾則變壞而流質肥料斷無此弊且運水之費甚鉅若將流質肥料運至田莊備用不必特為運水矣或云瑞士國農家將糞水和於泉水中然後引運至田惟酷熱天氣則取水與糞水相和而用之

惠靈敦查考和水之溺濃淡度其中變化淡氣法與由里阿變化阿摩尼炭養有相關伊將泥土一克蘭姆加於一百立方桑的邁當溺水中在十一日之閒此流質百分之一有變為淡氣之情形在二十日之閒則有百分之五在六十二日之閒則有百分之十在九十日之閒則有百分之十二此末次試驗流質中之鹹性每一列忒中有阿摩尼四百四十七密里克蘭姆即可見變化淡氣之限制蓋流質一列忒中有阿摩尼五百密里克蘭姆以外者不能變化淡氣然有阿摩尼炭養水較上所云更濃厚加於肥田中仍能變化淡氣者因此等土能將阿摩尼收吸拘留

於是流質中之鹼性減少故也

每英畝需肥料考代數卽一百二十八立方尺

農家論各田所需肥料數各不同。紐英格倫農夫謂每畝田加肥料八或十考代已足。而罕有過於十二考代或少於六考代。抱絲敦地方種蔬菜者。每畝加城市中馬廄肥料二十或三十或四十或竟至六十考代。如種芹菜。加之最多。然亦有加十或十二考代並加圭拏一千磅或骨粉二千磅。其費較省

種蔬菜者多用此肥料。令泥土滋潤。而植物之最嫩根鬚。可四面敷布。然植物之香味不免有損。雖謹愼小心。不令

其葉與糞水相遇。亦仍有此弊。凡牛不喜食肥料堆上之茂草。又不喜食田閒塋牛糞之茂草。卽此故也

德國著名老博士名戴俟云。每畝田加此肥料十七或十八噸已足。而十四噸爲尋常數。八噸或九噸爲過少。更有德國博士云。七噸至十噸爲少。十二至十八噸爲尋常數。二十噸外爲多。三十噸外爲極多

衞克林考查二次盡數收成者。每畝田加此肥料十二噸已足。三次盡數收成者。則需十八噸。法國北方三年輪種。每畝加此肥料二十六噸。已屬極多。加二十二噸爲多。加十八噸亦已可。加十三噸爲尋常數。加八噸或九噸爲極少。格司配林云。法國南方每畝田加十三噸者爲尋常數。如三年輪種者。每三年加肥料一次。所加之數爲二十四噸。或加十三噸亦不嫌其過少

田閒所需肥料頗有參差。因肥料之優劣不等也。凡食佳料之馬糞。較騎跑或作苦工之馬糞不同。豬棚中糞料並食油渣餅與穀類之牛或乳牛牢中糞料。其肥力較食不佳料之動物糞加倍。而功效亦自加倍

地土雖係肥潤。須重加肥料者。則作爲一次加之。較分作數次加者。可省人工。且無論加若干。必犁耙入土爲宜。總言之。地土供給植物補養之料充足。然後可望豐稔

每考代肥料重數

蒲生古考查肥料重數如左表

	一考碼之磅數	一考代之磅數
田莊畜棚中多鋪料之肥料	五〇〇至六七五	二四〇〇至三二〇〇
又新鮮肥料	一二〇〇	五六〇〇
又半腐爛之肥料	一四〇〇	六四〇〇
又盡溼爛並壓緊之肥料	一五〇〇	七二〇〇
紐英格倫田莊食草之童牛糞已盡爛其中四分之一係泥土	一〇八〇	五一〇〇
不雜長稭料尚新鮮之馬糞	九四五	四五三五
又踏堅馬糞	一七二八	八一九〇

新鮮乳牛糞　一七〇〇　八〇〇〇
又堅實乳牛糞　一七九六　八五〇〇
半腐爛在糞堆底吸足溺之乳牛糞　一八九七　八九九二

美國衛靈又查知豬踐踏一車之馬廄肥料計重三·五噸合一考代

尋常計之乳牛肥料每一考代重三·五噸或稍有奇最佳之肥料或重四噸抱綠敦馬廄糞料每一考代重二·五或三噸

肥料中物質與收成植物中物質之相關

歇佛來爾數年前云肥料爲補田土之不足然肥料不特

供給泥土中化學物質尚有他職司若僅供給泥土中不足之鉀養燐養五酸則將收成之植物與肥料共化驗之卽能知其有效與否赫敦在德國華爾特地方依此意考查在十年閒每毛肯田所產植物吸取鉀養二百六十三磅燐養五酸一百二十一磅淡氣三百二十九磅

福爾克查得新鮮田莊肥料一百磅中有鉀養〇·六七二磅燐養五酸〇·三一五磅淡氣〇·六四三磅又查已歷六月之陳宿盡腐爛肥料一百磅中有鉀養〇·四九一磅燐養五酸〇·四四九磅淡氣〇·六〇六磅所以華爾特地方植物所需鉀養計用肥料二十至二十五噸所需燐養五酸計用肥料十三至十九噸所需淡氣計用肥料二十六至二十七噸

華爾特地方尋常法每毛肯田十年閒加肥料二十五噸分作二次半加之故甚肥沃卽是鉀養燐養五酸數多也若夫淡氣則植物吸取之數與所加之數相近

可見此舊法加馬廄肥料尚爲合宜淡氣數亦相稱其田土自極肥沃不必更多加矣

如上法多加肥料者數年之後尚有功效勞斯並葛爾勃試驗亦云其肥力能歷多年而不竭卽是屢加肥料過於植物所需之數也

如在二十年閒每畝田連次加肥料十四噸而種苡仁米勞斯並葛爾勃於此二十年後將此田分作二區其一區仍如前加肥料又一區不加肥料仍種苡仁米於十二年閒不加肥料田每英畝收苡仁米中數爲三四·五斗其末年收成因天氣甚佳竟得三十五斗可見前二十年閒所加肥料歷久始竭也馬歇爾云英國考茲華爾特小山地加肥料後其功效能歷五十年

上所云之情形其淡氣之耗失尚未計及今人皆知肥料中之鉀養燐養五酸在土中與含矽養二呼莫克酸並養氣相幷羇留弗失惟淡氣則不然能變成淡養五物質易爲雨水

沖失

植物吸取之淡氣並非盡由肥料中得之有若干由土中呼莫克酸供給之更有若干爲豆類植物由空氣中得之

保護肥料法

今有問題依化學之理如何可保護動物洩出廢料此問題實槩括多種爲久未能判定者列如下

一　肥料應在新鮮時抑在發酵後犁入土中

二　肥料應保守其溼或令其乾應遮蔽或無遮蔽應成堆積或藏於窖應踐踏堅實或任其寬鬆

三　肥料應攙和或不攙和

農務全書中編七　三十四

四　肥料應加於田面或犁入土中如犁入土應深若干

五　肥料應在何時加於田

六　何等植物應徑直用肥料爲佳一時應用若干應加若干次

保護肥料之問題殊難判斷因各糞料發酵情形各有不同保護法於此肥料合宜於彼肥料或不宜矣

若加新鮮人糞溺於肥沃田較他種糞料更有價值惟極難保護耳城鎮中人糞爲肥料之功效遜於新鮮者所以各種普特來脫（卽糞末）大糞磚（卽糞）等均用人糞所製並無大功效況近來更有甚佳甚賤之肥料頗能應用也

此等肥料之弊因歷時較久糞溺中淡氣物質發酵腐爛而變壞故不及新鮮者爲佳也況發酵時肥料中最佳之物質將變成氣質而騰散

泥土爲保護物

糞力甚猛須加他廢料或不易腐爛之物並令空氣不易透入以緩其易腐爛之性此法甚佳卽是加以泥土或他種物而堆積緊密並稍溼潤則空氣不易透入也今人皆知欲令肉料速變化可埋於炭屑中或乾土中而空氣易透入者夫糞中本多肉之物質以此度之糞料變化之法

農務全書中編七　三十五

與肉之變化相同此理在和肥料章中論之

乾法保護

依理而論人糞料可速令其變乾壓緊加鹽或加他種保護物少許此爲最佳之保護法若用此法保護他種糞料亦可惟不合算耳

衞博士化分試驗乾人糞百分中有淡氣六分燐養（五）酸四五分鉀養一分餘此等乾料二噸可抵上等秘魯圭拏一噸之價值

此保護法與美國農家不合宜因工資貴而天氣又不同也且由今之情形論之購圭拏及鉀養及製造多燐料之

價值較更賤又有人云糞料魚廢料令其乾即損其肥力蓋乾馬牛糞乾魚廢料中淡氣較新鮮者爲少也可見乾法保護在美國爲不宜當思他法以阻肥料之發酵其法不一惟保護物之價值固微而人工甚貴殊不合算也

窖中壓緊保護法

大約將糞料藏儲窖中爲保護之良法其法取新鮮糞盛於窖壓緊而以板蓋之更以重物壓於板或蓋泥土不令空氣透入惟農家爲之往往不能盡善將乳牛糞在寒天氣時納於倉屋中之窖內而不擾動其先納入者固爲後納入之料壓緊而堆積漸多必有若干仍係新鮮而不變然距畜洩出之時已久矣

糞料熱發酵並水濾之是最不佳蓋糞溺不可任其過熱又不可爲雨水所濾當夏季受日光之酷烈則糞中有稭料鋪料相雜者將發熱而乾燥不均致耗失其中之淡氣有農家欲免此過度之發酵常藏儲於涼處法國北方農家於糞堆周圍特種榆樹以庇之

夏閒不但有日光之酷烈又須注意田莊屋檐之雨水紐英格倫常有陵雨而稭料又貴儻有善法保護之是爲最佳曾聞人云肥料亦宜如草料之謹慎保護

糞棚並糞窖

農家欲肥料免日光並雨水之損害可特建棚保護糞堆並窖藏之糞料其費雖多其意則善糞在此等窖內不受日光霜露風雨之侵且有溼潤可緩緩均勻腐爛又可令豬踐踏堅實儻但有棚而無窖則保護法不可謂盡善當酷熱時或大風時不能保其不甚乾也

然通風之棚中其阿摩尼炭養將速化騰耗失化學師將糞料無論新鮮或久已腐爛查其中有溼若干而知耗失阿摩尼數分即是溼氣騰出時將與阿摩尼炭養同失也

總之肥料堆不必爲有雨水故遮蔽之因雨水入堆無甚損害而在夏閒反有利益惟水不可過多耳所以由屋檐傾瀉之雨水須由溝道洩出斷不可流入農場紐英格倫在冬季有舊法棄糞料於倉屋之北任其冰凍堅硬如石如此則不能發酵耗失淡氣物質

肥料堆令豬踐踏是有益可保全糞中化學物質而改良其品性豬以鼻掘取馬牛糞即將熱糞與冷糞擾和又加以稭料乾葉蔓草及草煤以收吸其溼而變爲和肥料此和肥料加於田甚易布散易與泥土相和且豬常食肥料中之草子或將草子踏壞因即化分於肥料中

鋪料可保護肥料

農家有保護肥料數法由化學之理觀之亦爲佳也如麻賽楚賽茲省牛牢中用稭料乾葉等爲鋪料或用乾草煤亦可收吸牛溺然後將此料藏於涼處之窖內

德國老博士勃拉克之意取稭料與黃沙土相和作爲動物之鋪料卽係保護肥料之法每日鋪稭料一層泥土一層不致壓緊成團洩出糞溺可悉爲此等料收吸又有農家每一牛每日鋪料中加黃沙土一立方尺因稭料不敷此用故以土加之如每一動物每日有鋪料不過三或四磅可以泥土一又四分之一至一·五立方尺補其不足亦有以此數之土加於鋪料六或七磅中則動物因食多含

水質之料而多溺者亦可收吸

黃沙土爲鋪料係古法

農家用黃沙土爲鋪料由來已古今守舊農家仍用之如司考脫倫北方歇得蘭特及奧克奈島之農夫刮取小山面及羊踐踏地面之黃沙土作爲冬季牛牢中鋪料此等泥土加以敲碎之乾草土並蔓草鋪之甚厚致牛立在其中幾着牛棚之頂則將此和料盡數取出此土功效有三其一可收吸其穢氣其二可收吸溺且用作肥料亦甚佳然地面屢次刮取黃沙土後漸變瘠薄於耕種有損害是其弊也

海濱沙土亦可爲鋪料而不必加稭料等英國耶麥脫地方自古以來用海濱沙土爲畜棚中鋪料凡棚地穢濁而溼卽以此沙鋪之待其收吸糞溺已足則盡數掃除而易以新沙由是成一種佳肥料內地農家亦來購求之

孟紫並齊拉待考究動物在棚中踐踏之新鮮肥料因阿摩尼發酵而失淡氣之事因查知棚中若用草煤並多呼莫司之黃沙土可減淡氣之耗失數而黃沙土實爲可恃之保護物因能將阿摩尼淡氣耗失數減其半並能令阿摩尼變化淡氣而稭料雖多用之仍不能盡阻其耗失草煤亦不甚佳然勝於稭料若將稭料草煤和而用之或將

稭料與多呼莫司之黃沙土和而用之其法固善惟刮取黃沙土及辦理之工費頗鉅不合算也

收吸流質肥料之情形可在糞窖底之地土見之赫敦查知牛牢中砌磚之地土幾及六尺深處飲足糞流質博士立脫好生查糞場地土三尺深處黃沙土百分中有燐養酸〇·五鉀養〇·三若將此土遇空氣數時卽變藍色因有鐵養燐養也

溺或過多

凡動物飲以多水之食料則溺必多如歐洲乳牛食釀酒家番薯渣料或多食紅菜頭渣或蘿蔔渣其溺自多在夏

季食苜蓿青料或珍珠米稈或青草則溺亦多
欲收吸流質肥料而又簡便者在歐洲可用機器剉稭料成一尺長爲鋪料若用乾葉亦有功效

我等之法每一動物每日給以剉成二或三寸長之稭料七磅爲鋪料動物所居之後地有槽深九寸闊十六寸可容積十二小時間洩出料今日動物身下之地面鋪料並糞溺等掃集於此槽內踏實之爲收吸第二日之溺至明日此槽中物掃除之又納以動物身下之料則此槽每日掃除一次雖動物食渣料者其溺亦不致有失也

如此保護之肥料甚均勻其收吸流質亦甚均作爲糞堆更能緊密歷久有此等糞堆自六月至十二月已歷五月查其化分情形尚不甚猛無論何時可運至田不必用器時時攪和之博士麥立克查短稭料收吸流質之功效較長者能多百分之五至二十分而春燕麥稈爲最佳春小麥稈爲最次

肥料溼發酵

保護流質肥料更有一法在牧場之外築一暗池而受流出之肥料並擲各廢料於池內可收吸此流質者

凡牛食多含水之料以致多溺則宜特備窖或暗池積聚之待存積稍多用韝韛抽起而灌於乾肥料中或盛於車櫃運至田間用之

孟紫並齊拉待考驗肥料耗失淡氣時而知畜棚中鋪以草煤或黃沙土者其失數較用稭料者爲少如有二馬廄各廄中有馬十六匹一廄鋪稭料其食料中淡氣百分之六十四不能挽回一廄鋪草煤其食料中淡氣百分之四十八不能挽回又有二羊棚各棚中有羊二十五頭其淡氣耗失數如左表

第二次試驗

稭料爲鋪料	食料中淡氣百分	耗失五〇分
黃沙土爲鋪料	又	耗失二六分

稭料並綠礬	又	耗失四八分
稭料並石膏	又	耗失四六分

儻糞料成大堆積或藏深窖中而收吸流質甚足者其發酵更周徧而情形似與稍乾者不同發酵後變爲深色或竟黑而甚臭其中稭料變爲爛軟而易分散其故因鹼性糞流質不但將稭料物質消化而令肥料變爲酸性且流質中微生物發達猛銳更能速將新加之草料與糞料發酵腐爛而消滅草子此等肥料因其生物質化分卽變成輕硫及硫養並他種物質猶不流動水中之草田變化情形可見此等發酵阿摩尼不致化騰亦不成淡養料

肥料中因微生物之力變化輕硫而蛋白類質之變化亦有相關但微生物不能多過糞流質所以新加草料之糞速發酵祇在糞堆之頂其中硫養存積過多即能毀滅之所以老糞堆中發酵情形必緩而耗失物質亦少

此等發酵腐爛而成之肥料其品性甚佳歐洲農家頗重之常如此製之用車運出時甚臭因有阿摩尼恩硫養故也此阿摩尼硫養由肥料中硫養物質發酵而得之蒲生古云田莊肥料之佳否於硫養之臭即能辨之此臭與植物無損若加於田即變爲硫養物質然化爾斯旦地方有博士云深窖中腐爛肥料有若干種物質與植物有損害據云將此肥料先鋪於田面歷三月或四月乃耕種可也此肥料惟有一益即是當初鋪料中之草子及動物腹中未消化之物質因浸於深窖爲時過久已盡腐爛可作爲熟肥料

上所云暗池中流質肥料將從速變壞其理易明因溺中含淡氣物如由里阿由里克酸希布由里克酸爲溺中最易最先變化之物也而乾糞中淡氣物質不如此易變化美國農家此等暗池不合用惟園圃中用之因建造池費較所得之益更大也

所需鋪料數

業此者云清潔牛馬棚日需鋪料磅數不定葢與食料中含水多寡並淡氣多寡均有相關也動物內腎之職司將身中廢淡氣物排洩之所以身中由里阿爲數較多者則溺必多即是食由里阿物質有逐溺之大功

凡馬牛食渣料者需鋪料較多因此等食料多水並多淡氣物質專食草料或穀類者則不然德國農學家云每牛一頭須稭料八斤九斤或十斤謂六月間需五磅冬間需七磅者甚少赫敦以爲折中而論鋪料之數依乾食料有三分之一者已足

稭料收吸流質

赫敦屢次試驗稭料能收吸流質之數大凡氣乾棐緊小梱稭料百分中含溼或一三·四或一三·三或一四·八或一五·一將稭料浸於水面之下二十四小時於是取出豎立半小時偃於地又一小時半之久餘多之水盡數瀝去乃權之以後每隔若干時待其溼騰化若干又權之其效如左表

百分數	小麥稈	燕麥稈	大麥稈	豌豆萁
二十四小時間收吸水	二三五·六	二四一·四	二三三·六	二八〇·九

溼稭料騰出水數

	一	二	三	四
前二小時閒	一二·六	二二·二	五·〇	八·四
以後二小時閒	五·八	三·六	四·三	一二·七
以後十六小時閒	一八·九	三五·四	一四·五	三三·三
以後四小時閒	六·三	二·二	三·六	八·七
以後四小時閒	一·二	三·三	二·九	七·五
以後十六小時閒	一〇·五	一二·二	九·五	三三·六
共四十四小時閒	三五·二	六七·七	四〇·〇	九二·二
四十四小時後留水數	一七〇·四	一七三·七	一七三·六	一八八·七

更有一稛小麥稈浸四十八小時收吸之水較多二十二分卽是四十八小時閒此稭料每百分中吸含水二四七·六而取出後第一之六小時閒騰出水一八·七以後十八小時閒騰出水二十八分共二十四小時閒騰出水四六·七而以後稭料中留水之數尙有二〇〇·九

樹林閒掃集之秋葉其收吸水數較多於稭料惟收吸法不同爲畜棚鋪料似爲次等若與稭料兼用而墊於其下較佳據博士克羅斯云椎樹葉百分中可收吸水四百四十二分松樹鍼形葉百分中收吸水三百零九分垂松鍼形葉百分中收吸水二百二十一分

博士勃蘭呑羅納查考各種鋪料收吸水之力如下將各料浸於有定數之糞流質中閱一星期此料係稭料剉甚短並松柏類之枝及乾蔓草及枯葉其葉已極乾而易散碎更有草煤研成粗顆粒亦極乾其效如左表

	二百十二度熱度逐出各料中潮濕數	鋪料一千磅收吸糞流質磅數	以杉樹枝收吸流質爲一百分與各料相較數
燕麥稈	八·〇	三〇〇〇	一二〇〇
馬豆萁	一〇·三	三三〇〇	一三二〇
木屑	六·六	三五七一	一四二八
乾蔓草並苔料	五·七	三〇八三	一二三三
枯葉	五·一	四三三〇	一七三二
製革廠廢樹皮料	五·六	二一五〇	八六〇
杉樹枝	六一·二	二五〇	一〇〇
垂松枝	五四·二	三五七	一四三
草煤	一〇·五	四四八三	一七九三
隰地草土	四·九	五五〇	二二〇

觀此表草煤並枯葉收吸之力最大木屑次之燕麥稈又次之松柏類之枝爲最次

又考知隰地草土並草煤能收吸糞流質中易消化之料以致賸餘流質較初爲淡而稭料等則反是能令糞流質中易消化物質較初爲濃

巴黎公家馬車行考得鋪料浸於水面下閱五日取出瀝

去餘多水而權之凡稭料一啓羅克蘭姆收吸水四啓羅克蘭姆木屑一啓羅克蘭姆收吸水五啓羅克蘭姆草煤苔料一啓羅克蘭姆收吸水幾及八啓羅克蘭姆

納斯欒考草煤十二種其百分中收吸水二百至八百分而夏燕麥稈百分中收吸水三百十五分且此等草煤百分中又能收吸阿摩尼一·三七至二·五三燕麥稈百分中收吸阿摩尼〇·二六

博士福蘭駭考未盡變化成之草煤其中尚有葦跡或尚有半腐爛之苔類各取其一千分而百分中本有溼二十分能收吸水六千三百至九千三百分又收吸阿摩尼恩

炭養十三至十七分然有葦跡之草煤較有苔類之草煤爲佳因有葦跡之草煤乾料一千分中有淡氣二十二至二十九分鈣養十七至三十一分有苔類之草煤乾料一千分中有淡氣不及九分鈣養二分此二種乾料各一千分中有燐養酸約半磅

批脫曼亦曾考驗數種鋪料收吸水之力如左表

小麥稈一百啓羅克蘭姆收吸水			二五四列忒
鳳尾草	又	又	二一二
野草	又	又	一九〇
華特麻梗	又	又	一一一
燕麥稈	又	又	三八九
葦跡草煤	又	又 依福蘭駭試驗	八九五
葦跡草煤	又	又 依華爾甫試驗	七〇〇至九〇〇

胡爾奈考究鋪料不以其重數而以其容積將各料裝緊於可容八列忒之立方洋錫匣中浸於水面之下閱十日浸溼透所用之料係樹林間枯葉草煤屑黃沙土並稭料均已氣乾將爲鋪料者查知草煤收吸水最多沙土收吸水最少多少二數間各料收吸水力之次序如下一草煤二黃沙土三苔料榆樹椎樹葉四豌豆萁五燕麥稈六松樹鍼形葉七垂松鍼形葉八石英沙土其苔料榆樹椎樹

葉收吸力相同較有草煤收吸力之半松柏類鍼形葉收吸力較硬樹葉爲次豌豆萁收吸力較勝於燕麥稈惟此稈與萁收吸力居於榆樹椎樹葉之間浸透之後黃沙土收吸之水數較枯葉中收吸者爲多論此等料騰失之水數似草煤黃沙土並沙土騰失數較枯葉騰失數爲多而苔料騰失數最大其次者爲稭料鍼形葉更次爲枯葉

雷孟並稭立盧考查各種鏷花爲馬牛棚之鋪料者其輭木鏷花收吸水力較燕麥稈更大惟次於苔料草煤而硬木鏷花收吸水數幾不及稭料總言之鏷花較苔料草煤更爲清潔儻以流質肥料浸之則杉樹松樹赤楊樹之鏷

花腐爛迅速與稭料等樺樹椎樹之鋸花腐爛較緩而苔料草煤更緩凡鋸花闊度須有〇·八至一·二五寸爲宜否則恐將嵌於動物之蹄爪閒

卷終

農務全書中編卷八

美國哈萬德大書院農務化學教習施妥縷撰　慈谿舒高第口譯　新陽趙詒琛筆述

第六章下

糞溺並牧場肥料

鋪料與食料相關

前所論者係產穀類之處故稭料甚多而易作爲肥料若在紐英格倫則省用此料或竟不用

若爲馬廄中用稭料爲鋪料德國博士云每日每馬須用四至六磅赫敦以爲鋪料若專爲收吸馬糞流質所需之

數須由食料中含水多寡而定大約所用鋪料依天然之食料四分之一已可儻食料甚乾者祇用三分之一

夜閒鋪料應較多可令馬安適其廄中務必潔淨須盡去其溺並收吸溺之鋪料如此可免糞溺腐爛發出阿摩尼之氣並能阻微生物之孳生繁衍此等微生物能致害動物之蹄爪而在腐爛鋪料中更易發達

保護肥料便法

古時羅馬論農務云糞料可堆積於露天其地須畧凹可積受流質上蓋稭料以蔽日光法國近有人論保護肥料如下糞堆不可受日光及雨水過多用黃沙土等和之令

其發酵較緩其堆中須有溼若干新鮮糞不可與陳宿糞攙和

德國薩克生奈省農家保護肥料法甚妥將糞並鋪料堆積於棚中成厚層適在動物身下或竟着動物之身每日加稭料二次或三次推平之令動物畧爲安適盛食料之槽裝於鐵柱可隨時舉高如此則糞與稭料爲動物踐踏堅實而該處天氣寒冷所以用此法其糞料中有合宜之溼度

空氣入此糞堆中爲數甚微且因氣候和平故肥料中有合宜之緩緩發酵總言之此等肥料較尋常法任其發酵

者爲更有肥力而在該處用此法甚佳農事亦甚佳畜棚中常有踐踏堅實肥料高至四或五尺或七尺於是用車運出徑直速布於田犁入土中

然爲此法畜棚須甚高有一人云高十七尺爲至少數動物出入處須成斜度其肥料尚未成堆積時須有溝道流聚畜溺數星期後稭料漸多其溺卽爲稭料收吸此法佳處卽是令稭料多變爲肥料也

余曾到該處觀察此等牛牢不覺有穢氣據云動物亦並無不安適之意然余不知動物蹄爪閒能無發酵糞中微生物之爲害否而在美國乳牛房或較暖之地方欲用此法必試驗之乃可惟專爲飼養肥牛供市肆出售者則用此法必合宜

上所云之法行之已久爲保護乳牛之溼糞並溺卽是令稭料收吸溺甚足而與糞和雜甚均緩緩發酵且此和肥料有棚以蔽之不受風雨博士好斯開在薄希密亞省頗有產業依上法爲之其肥料數果大增如與舊法相較而同數之食料稭料可增肥料數倍惟今所用稭料較以前加半故肥料尤多總言之此法卽係指明棚中肥料從緩發酵之益古人云肥料須常溼潤而堅實決無耗失之虞其是之謂也

比利時國亦有一法與此法近似其肥料雖留於棚中而在動物立足之後有深大窖可推入此和肥料亦可令動物踐踏之而英國養肥牛之牢中有移動之器受積肥料鋪料歷五月或六月乃去之

在動物身下如此堆積之肥料曾試驗數次卽前表第五十號至八十三號所示

愛佛林用化學法試驗之外又取深邃棚並糞堆之數種肥料用水漂洗法試驗之分作三項一查稭料物質二查不易消化之微細物質三查在水中易消化物質其效如左表

新鮮肥料一千磅

深邃棚肥料	稭料	不易消化微細物質	水中易消化物質	共數
乾料	一四八	六〇	二〇	二二八
灰料	六	一一	一〇	二七
燐養[五]酸	〇·三七	〇·九一	〇·一四	一·四二
鉀養	〇·〇八	〇·九〇	四·六九	五·六七
生物質中淡氣	〇·八八	〇·六七	一·九〇	三·四五
阿摩尼中淡氣			〇·六六	〇·六六
淡氣共數				四·一一

糞堆肥料				
乾料	一二五	五三	一八	一八五
灰料	六	一一	八	二五
燐養[五]酸	〇·四二	〇·五三	〇·四四	一·三八
鉀養	〇·一三	〇·五〇	四·二一	四·七四
生物質中淡氣	〇·七〇	〇·九九	一·一八	二·八七
阿摩尼中淡氣			〇·二九	〇·二九
淡氣共數				三·一六

深邃棚肥料中之稭料似不及糞堆肥料之稭料化分腐爛周徧而糞堆情形與窖中情形相同此二種肥料中含淡養[三]物質竟未查得惟深邃棚肥料中之淡氣較多且多易消化之淡氣並多阿摩尼及易消化生物質淡氣而此肥料中燐養[五]酸有數分葢已變為不易消化之鉄養阿摩尼燐養[五]即所謂雙本燐養[五]也

微生物工作成發酵

今知糞堆之發酵賴各種微生物之力也如酵料能令糖發酵而變成酒醕並炭養氣一千六百九十五年前李文好查知糞料中有微生物惟未知其有大關係近世學問家確知其甚為緊要故研究詳考日進不已乃知鬆散糞料發酵甚猛而壓緊或與泥土或與他物質攙和則無猛

發酵之情形若藏儲於窖窟中更難發酵又查知腐爛肥料有鹼性者微生物發達甚速而發酵亦速捷若遇酸質則能阻止之

有數種酵料須有空氣乃發達

拍斯拖考究發酵情形而知有二種微生物第一種須有空氣或由利養氣方能工作第二種無空氣或由利養氣亦能發達因其能由生物質中吸取本有之養氣也第一種酵料微生物名哀以羅別克第二種酵料微生物名安哀以羅別克

安哀以羅別克酵料無空氣亦能生活能將本已合成之

和物分剖變化而成單簡之新物質此工作已成卽止儻將發酵物料久遇空氣則腐爛之情形亦久延蓋哀以羅別克酵料遇空氣而工作也卽是安哀以羅別克工作停止之後而哀以羅別克工作也凡肥料中弗有空氣透入者則安哀以羅別克工作甚猛速及成此工夫乃止

安哀以羅別克發酵化分所成物質分劑能阻禦他微生物之工作而化出之炭養氣不得洩出卽在肥料堆中敷布周徧更能阻外來之空氣卽是阻禦哀以羅別克酵料之動作也況炭養氣本有毀滅哀以羅別克之力

炭養氣能阻止數種發酵腐爛昔已考知之一千七百六

十四年著名醫學博士麥勃蘭特云炭養氣可保護動物流質如乳或血等伊曾屢次試驗云炭養氣能將已變壞之物復原蓋炭養氣能毀滅致腐爛之微生物也此博士取爛羊肉一塊切成薄片以便炭養氣透入懸於大口之瓶中此瓶底有發酵之糖漿少許肉與糖漿並不相着惟令發出之炭養氣遇之如是一夜至明晨查此肉則變爲新鮮佳美矣

博士待凡亦云腐爛化分出之物卽炭養氣並阿摩尼炭養均有阻腐爛之功博士弗蘭開爾考微生物在炭養氣中能發達者爲數甚少惟啤酒酵料乳酸卽拉格的克酸酵料能

之曾詳細考驗各種微生物均爲炭養氣阻其發達惟啤酒酵料不見有害頗以爲奇林待脫用一瓶盛發酵物令其騰起炭養氣通入玻璃管而管之彼端有水銀則炭養氣不能洩出觀水銀之壓力卽知管中炭養氣之多寡其壓力輕者有二十密里邁當漸加至二百及四百三十及六百密里邁當雖有此數之壓力而查瓶中化成之酒醋並發酵物之重數毫無改變

酸質有害於多種微生物

一千七百五十年博士潑林格爾云稍加酸質能阻腐爛考查小粉類食物如麪包少許化於水中並麥粉莢仁米

大麥煮成溶液此溶液初不能阻止肉質腐爛歷久則此溶液變酸卽能阻止之

酸質有保護之性人家亦知之因酸醋卽有此性也所以鈣養多燐料在糞溺中亦有保護之功博士克羅斯查得凡肥料有遮蔽不受雨水者其百分中加多燐料一分卽能保護之乳牛之新鮮溺加以多燐料亦不致耗失其淡氣

博士謀克云加酵料於糖令其發酵其百分中若加乳酸三或四分卽阻之若加醋酸〇·五福密克酸〇·二均能阻之總言之淡號金石類酸質微生物已甚畏之苟有此酸

質百分之〇·五已失其動作之力然微生物在中立性或畧有鹼性物質中最易發達而生物酸質爲數雖少已能阻止其發酵猛銳之勢力在空氣中之生物質腐爛時其微生物發達甚速而食發酵時化分出之物質然此等發酵所生之黴菌類微生物與尋常腐爛中之微生物不同蓋此黴菌類在酸性物質中亦頗能發達如酸果腐爛時可見也大凡腐爛物質有鹼性者即有喜鹼性之微生物孳生發達有酸性者即有黴菌類等之微生物敷布繁衍如有一堅實新鮮肉其性本稍有酸令與空氣相遇氣候情形亦甚合宜而任空氣中微生物侵蝕之則未歷多時

此肉畧爲變輭因其中有乳酸並布低里克酸發酵也其發出氣味異於新鮮者當斯時有此二種酸質發達遂有酸性而發出者即布低里克酸之氣味也

歷時既久此酸性發酵之後更有他種動作其肉中數種蛋白類質亦化分而成阿摩尼此阿摩尼將與乳酸並布低里克酸相和而變爲中立性畧偏有鹼性於是眞腐爛其肉之物質速化分而有臭氣騰出魚腐爛較肉更速因魚本有鹼性而腐爛微生物即工作之不必有乳酸之發酵也

肥料發酵

欲令肥料發熱速腐爛必先有空氣透入欲令其緩緩依規則發酵須壓緊之不必有空氣透入因工作發酵微生物可由肥料物質中得養氣也

由微生物依一定之規則發酵將漸漸至乎其極而後止有時發酵忽停止考其故微生物雖多而已斃或微生物因養料不足不能敷布然亦有因其中已化成酸質並他種化分之物質致害於微生物苟有此情形其微生物必毀滅不能發酵雖養料甚多亦無濟也許多安哀以羅別克酵料亦不可毫無空氣須畧有少許之空氣其發酵之力乃較强若尋常酵料在糖液中工作而久無空氣相遇

其發酵情形將漸衰查其酵料之生珠並不活潑此可見其不得養料即無空氣之故也而糖液中已滿足炭養氣當斯時吹入養氣或空氣少許即能驟然發達所以釀酒等發酵亦不可盡阻絕空氣宜畧有少許透入惟愼防其數不可過多也

發酵必賴微生物拍斯拖曾發明之取一玻璨瓶其下半瓶盛溺上半瓶有空氣此空氣中有養氣又有微生物於是微生物吸取此空氣中養氣與溺中之炭質相合而成炭養氣如此數日之後其空氣中養氣盡變爲炭養氣又用一瓶其下半瓶盛溺上半瓶納以燒過之空氣即是此

空氣中微生物已毀滅也故此空氣中之養氣不能變動其流質果歷數年而依然如是可見養氣尚未變爲炭養氣也

拍斯拖試驗瓶中之溺已歷三年其空氣百分中尚有養氣一一·五分炭養氣一一·五分淡氣七十七分可見溺能久留而不變祇須空氣中無微生物也拍斯拖云血似溺亦可歷久不變惟相遇之空氣必先毀滅其微生物而以後愼防其雜入爲要

又試驗用榆樹木屑在水中略沸之其常熱度爲法倫海表八十六度與已燒過之空氣相遇歷一月查此空氣百

分中有養氣十六分又四分之一炭養氣二分又三分之一淡氣八一·五分如依尋常情形即是木屑未沸過空氣未燒過查其中淡氣都已耗失而炭養氣甚多

大凡易腐爛之物如糞溺乳血肉可保守不壞罐藏之肉及植物類是也其法先將物熱之至可令其中所有微生物毀滅爲度更加防範不令新微生物雜入於是封密之若僅欲免其發酵或腐爛則不必用此法惟失其原味而爲之亦較不便耳其法祇將物遇經過石灰之空氣或將空氣用濾法以減其微生物用甲乙二瓶甲瓶有玻璃管二其第一玻璃管與抽氣鞲鞴相接第二玻璃管通入乙瓶而乙瓶盛有藥水更有一管其一端通至瓶底彼端與尋常空氣相遇乃用鞲鞴抽

去甲乙瓶中空氣則尋常空氣由乙瓶經過藥水而入則於甲瓶則尋常空氣中所有微生物必爲藥水毀滅物亦可歷久不變若欲令其發酵則將空氣中微塵投入少許即有效用一大口瓶有棉花一層密罩之瓶旁有孔可裝玻璃管而用鞲鞴抽去瓶中空氣則在外空氣由棉花透入於瓶以補其眞空則空氣中微塵悉爲棉花所拘留以之投入少許即發酵

發酵各情形不同

肥料發酵之情形不同全依肥料堆中所得空氣多寡並有水多寡而宜於微生物之發達與否爲定肥料與泥土其發酵情形相似惟肥料發酵勢力較猛鬆疏之馬糞肥料而空氣易入者則哀以羅別克酵料甚能工作其中許多生物質由是變化而有許多炭養氣並熱氣其熱氣之

熱度過高反能毀滅酵料微生物博士奇項試驗之取肥料少許盛於木箱中此箱容積有一立方桑的邁當密蓋以阻空氣之透入查其肥料之熱度爲法倫海表五十九度又一箱盛肥料其數相同惟此箱係鐵絲布所製空氣甚易透入其熱度竟有一百六十二度雖乾鬆之和肥料有此情形其物質亦必有耗失因其中收養氣而變爲炭養氣也後當論之

然阻絕空氣不令透入肥料中而此肥料爲鹼性者則安哀以羅別克酵料工作而成一種發酵發出池河氣即炭輕並炭養氣如肥料酸性者則成輕氣並炭養氣此酵料

發酵時所生熱度較衰以羅別克酵料所生熱度爲低於斯時布低里克酸拉格的克酸亦化合而成

常於同時有數種發酵而彼此迭更其界不甚明顯總言之所生之熱度必甚高其糞料中所雜鋪料或因熱度過高而生火惟不常見耳

博士盧蘭莘考究之有一大堆積肥料早已攪和甚均取此肥料各一或二磅置於各器中而熱之至法倫海表二百二十一度歷一小時盡毁滅其中之微生物有數器中特加未受高熱度之糞料少許而各器中均納濾過空氣若干其抽出空氣百分中之養氣數較納入濾過空氣中

所有者爲多而炭養氣數竟增其半其炭養氣數及加未受高熱度之糞料發出之炭養氣數按日記載如下表觀表中列數則知因發酵所發出炭養氣之多寡並有若干數爲化學之變化自然所成者即是不加未受高熱度糞料之肥料中發出炭養氣數與曾加未受高熱度糞料中發出炭養氣數相較則知發酵所成炭養氣數若干

馬糞肥料	用法倫海表一百五十度熱度於二十四小時間	
百分中有	每啟羅克蘭姆乾肥料中發出炭養氣啟羅數	
水七十五分	熱滅微生物	加未受高熱度糞料
第二日		三三·八
第三日	一·一	二六·〇
第四日	〇·九	二二·二
第五日	一·三	一八·六
馬糞肥料		
百分中有	法倫海表一六二·五度	
水七六·二分		
第二日	二·三	九·八
第三日	二·九	一四·六
第四日	一·九	二九·八
第六日	一·四	二〇·七

第十五日	一·四	八·三
又	法倫海表一百七十八度	
第二日	三·九	四·一
第三日	二·八	二·八
第四日	二·六	二·四
第六日	二·一	二·四
第十五日	一·四	一·四
馬糞肥料		
百分中有	法倫海表一百七十五度	
水七十一分		

第一日	二·八	三·七
第二日	二·三	二·一
第四日	一·八	一·九
第五日	一·四	一·五
又　法倫海表一百六十三度		
第二日	一·三	一·四
第四日	一·一	五·三
第五日	○·九	五·九
第七日	○·八	五·二
第二十八日	○·八	二·○

由上表觀之熱度一百七十五度發酵微生物不能生活一百六十三度尚能生活一六二·五度更能顯其強壯在一百七十五度一百七十八度其肥料中祇有化學變化之養氣而發出之空氣中毫無能着火之氣質

上所試驗者係哀以羅别克酵料玆又試驗安哀以羅别克酵料納入器中者僅係淡氣非尋常空氣也其效如下表所用馬糞肥料百分中有水六十分表中列數係二十四小時閒一啟羅克蘭姆肥料發出氣質列忒數

法倫海表一百二十六度熱度發出氣質

	熱滅微生物			加未受高熱度糞料		
	炭養二	炭輕四	輕	炭養二	炭輕四	輕
第五日	○·○七	○	○·○一	一·三三	○·二一	○
第十二日	○·一九	○	○·○三	一·九六	一·八一	○
第十七日	○·一六	○	○·○二	一·六八	一·六一	○
法倫海表一百五十一度熱度發出氣質						
第五日	○·二二	○	○·○四	一·二五	○	○·○四
第十二日	○·五二	○	○·二○	○·六三	○	○·三四
第十七日	○·四○	○	○·一六	○·四二	○	○·一七

由此試驗並與乳牛糞之試驗可見法倫海表一百五十一度熱度時無池河氣卽炭輕四發酵之情形在一百二十六度此種發酵尚有生物質化分並炭氣之騰發有安哀以羅别克之發酵較速於熱滅微生物之發酵在一百五十一度時變化養氣較速於一百二十六度時無酵料之發出炭養氣數必少而在發酵之肥料中終無由利淡氣發出蓋生物質中所有淡氣因發酵化分而變爲阿摩尼也

常兼有拉格的克酸發酵而化合成拉格的克酸或又化合成布低里克酸或他種酸而布低里克酸於發酵之肥料及果品及肉及豆及地土中有之所謂腐爛者蓋卽布低里克酸發酵之情形也惟拍斯拖發明布低里克酸發

酵之微生物不必需空氣在生物質中雖毫無由利養氣亦能孳生繁衍且空氣或竟能毁滅此微生物而驟阻其發酵

更有一種發酵新鮮溺與腐爛溺相遇則新鮮溺中由里阿速變爲阿摩尼炭養此因腐爛溺中特有一種微生物致之其式爲

炭輕$_{4}$淡$_{2}$養$+$二輕養$=$(淡輕$_{4}$)$_{2}$炭養$_{3}$

特海蘭又考證之知上所云者果確查得肥料堆中有二種明顯界限之發酵一種係哀以羅別克發酵其熱度能高至一百五十度或一百六十度二種係安哀以羅別克

發酵其熱度僅能高至八十五度或九十五度此二種發酵之分別由於化分物質中所有各氣質不同而知之凡空氣中之淡氣易透入鬆肥料堆並尋常肥料堆之外層熱糞料中則有哀以羅別克發酵其動作即有炭養氣騰出而堅實肥料堆並尋常肥料堆之內層則有安哀以羅別克發酵其動作即有炭輕$_{4}$並炭養$_{2}$氣騰出

欲得此炭輕$_{4}$發酵甚易可取紙料或棉花或草少許溼而納於瓶加沖淡之阿摩尼炭養$_{2}$鉀養炭養$_{2}$又加阿摩尼燐養少許並牧場流質數滴此數滴中即有酵料也以一百零四度熱度熱之歷數星期漸有發酵情形質料中之寫

留路司將化分而有沺河氣即炭輕$_{4}$並炭養$_{2}$氣騰出凡與肥料相雜之稭料中寫留路司化分其料即散爛亦即是理也

肥料鬆堆或變壞

或將乳牛糞藏儲堅實而將馬糞令乾成鬆堆則速發酵而變壞蓋馬糞肥料不特較爲乾鬆且多淡氣因馬常食足數之穀類也所以化分甚速耗失淡氣較多此淡氣即變爲阿摩尼炭養而化騰也蒲生古查一種馬糞當新鮮時其乾料百分中有淡氣二·七及腐爛化分後幾失其三分之二

馬糞乾鬆堆時即有一種黴菌類微生物西名麥昔里阿似綫條形在肥料中敷布甚速試將其肥料在空氣中擾動之有一種白色似塵之物即是也此黴菌類透入堆中敷布繁衍侵蝕肥料中之炭質淡氣其肥料遂變爲俗所謂黴過若將此黴菌類收吸之淡氣壅於田其功效必不能及肥料中之淡氣或以草煤或以黃沙土與新鮮馬糞相和則能阻此黴菌類之發達而肥料可藏儲歷久不變黃沙土等與新鮮肥料相和即可阻其發酵乃知肥料中並非盡係化學之變化而黃沙土不特能將阿摩尼羇留且令黴菌類不易發達免黴過之害較此法更佳者畧令

肥料溼潤任豬等踐踏是也總言之馬糞爲肥料農家尚未考求詳細卽是農家尚不知新鮮馬糞不次於牛糞因而不甚注意以致速變壞

紐約城中往往將馬糞裝實於袋以便轉運惟此事農家尚未知之據有識者云此袋糞頗宜於田較上所云踐踏堅實之牛糞更乾

更有將羊棚中之羊糞並鋪料亦壓緊藏儲待用此項肥料較乾其中要質或因發酵未徧而變壞然羊糞中亦有變化淡氣情形而植物能獲其益

動物食料數與洩出肥料數相關

動物洩出肥料多寡可由其食料多寡而考覈之並加鋪料數然洩出肥料數又與動物種類有相關或洩出較多因其水質多也如牛活重數一千磅洩出肥料中數較羊活重數一千磅洩出者更多

赫敦記述亦頗有理考馬食料乾質百分中有四七·三三分變爲糞溺洩出而糞溺百分中含水有七七·五分所以糞溺百分中乾質祇有二二·五分每食乾質一百磅應得新鮮肥料二百十磅如

二二·五∶一〇〇∷四七·三三∶二一〇

卽是每食乾質一磅可得肥料二磅有奇

動物在棚中休養者洩出新鮮糞料可由其食料中乾質數與二·一相乘再加鋪料數六·五磅儻此動物工作者應除其在棚外所失糞溺數

如一馬於一年間工作二百六十日每日有十二小時卽爲一百三十全日而在廄中時共有二百三十五日與每日洩出糞溺數相乘而加全年所用鋪料數可得全年肥料之畧數赫敦依此法核算壯健工作之馬一匹每日洩出糞溺料五十磅全年得六·五噸惟須計其鋪料數多寡阿姆斯倍查馬廄中所用鋪料其鋪料每日曬乾復用之城中有計馬一匹每日須用七磅又有一廄常用新鋪料此風俗

凡已污穢者卽棄之計每一馬每日須用十五磅

牛食料乾質百分中有四十八分變爲糞溺洩出而糞溺百分中含水八七·五分所以糞溺百分中乾質祇有一二·五分如

一二·五∶一∷四八∶三·八四

卽是食料中乾質數與三·八四相乘卽得每日糞溺數再加以鋪料數其鋪料數尋常較乾料三分之一

所以牛活重一千磅每日食乾料二十七磅其洩出糞溺以二十七與三·八四相乘再加鋪料九磅共計一百十三磅而全年可得肥料二十噸如童牛活重五百磅每日食

乾料十六磅則全年可得肥料十二噸許若在場地食草或夜間無鋪料者應除所失糞溺並節省之鋪料數

羊食料乾質百分中有四九·三三變爲糞溺洩出而糞溺百分中含水七十三分所以糞溺百分中乾質祇有二十七分以乾料數與一·八三相乘卽得糞溺數如

二七∶一∷四九·三三∶一·八三

此數中亦須加鋪料數如羊活重數六十磅食乾料二磅者所用鋪料五分磅之三核計全年所得肥料有四分噸之三如動物在牧場或鋪料數節省者亦應除之依在棚之羊羣而論以三·七乘動物數卽得每日所洩糞料數卽

是＝二磅×一·八三也

肥料堆重數

肥料一立方尺重數由其中含水若干爲定博士斯替屋查知新鮮馬糞壓緊堅實每一立方尺或重六十四磅新鮮乳牛糞不雜鋪料壓緊堅實每一立方尺重六六·五磅張森查知馬糞稍新鮮者每一立方尺重不過三十五磅童牛糞每一立方尺重四十磅如欲查核大堆積肥料亦甚易量其堆積廣濶高低數若干乃用一箱或一車盛此肥料依其乾鬆或緊密權準而推算全堆卽得確數如乳牛牢中雜有鋪料之肥料運藏於窖已半腐爛長二十尺

闊十尺高四尺其肥料雖係滋潤並不滴水每一立方尺重有六十磅許欲推算全堆重數卽以二十乘十又乘四卽得八百立方尺以八百與六十相乘卽得重數四萬八千磅合二十四噸卽六考代有奇

盡腐爛肥料

今農家大抵重視舊式肥料卽是屢次翻覆令其腐爛變成一堆輭黑物此法恐不甚佳近世化學製造肥料甚多較更爲合宜也

肥料不可令其腐爛過度恐有害於植物然將新鮮肥料速壅於花盆其植物亦必受害因植物根鬚不肯透入肥

料中而與肥料已相遇者卽有發黴腐爛之患蓋被新鮮肥料中微生物所攻也如遷移樹木而壅此等肥料則樹必萎死其弊因植物根鬚多遇此肥料之故若用此肥料數合宜而先與泥土攪和可保其無害

然已發酵之肥料頗有功效敷布於土中更均更徧而輕土或少溼土更能獲益可助泥土羇留溼潤也英國農家用腐爛肥料製造肥料於乾土以種蘿蔔卑溼田重土田則用新鮮肥料此新鮮肥料亦可在冬季前犁入土以備春植物所需

美國牛牢所棄乳牛糞與歐洲牛牢肥料甚不相同因歐

洲肥料中有溺且有許多稭料並他種鋪料相雜總言之腐爛周偏之肥料可免蔓草速生長又不令穀類僅生長稈葉反而言之新鮮糞溺可令稈葉速發達農家以爲腐爛周偏之肥料中草子較新鮮者爲少其實牛牢肥料無論新舊其草子均甚多故此二項肥料無甚區別惟有一事必須記及今尚不能知新鮮肥料較腐爛者不更多有微生物類有益於苜蓿根而腐爛舊肥料敷布於土中果甚宜於有益之微生物發達變化淡氣供養植物所以此等肥料確能令土中本有之不變動呼莫司發酵而致其功效然化學家均謂新鮮糞溺壅於田爲合宜而農家以

耕種起家者亦深韙其說

新鮮溺中有甚要之化學物質如由里阿由里克酸希布由里克酸均係著名淡氣難料而腐爛周偏之肥料中竟無之凡各種肥料無論在何處經發酵即將其原質變化騰散若干分儻在土中發酵由漸變成腐爛化分之物即爲植物吸取且新鮮肥料在土中發酵有益於土甚多不特當發酵之職司且令呼莫司中不變動之淡氣和料分剖而化分所得各質又能令土中不易消化之質化散總言之糞料中有用之物質當新鮮時在土中變化較藏儲成堆者變化更盡而已發酵之馬糞其中有用物質大抵

爲發酵熱氣熘燒化去而陳宿肥料當發酵時所得淡氣數分或已變爲不變動之呼莫司式亦應慮及

新鮮肥料速性

腐爛周偏之肥料有益於穀類不必與製造肥料和而用之有熟諳農務者云新鮮肥料縱無害於植物亦將令其稈葉從速發達致生實之功較緩此情形在溼土之小麥見之英國農夫云小麥較他穀類更宜注意因其稈葉得過度之肥力即將枉費資本甚至土中肥料不留餘力悉供稈葉所需當溼李時易黃萎當乾燥寒冷之五月易發黴所以土質甚佳耕種合宜者往往有此徽患

歐洲農家以爲新鮮肥料壅飼畜草甚合宜腐爛周偏之肥料或和肥料壅穀類可冀其多生實所以各處地方以新鮮肥料壅次熟而不壅正熟博士考倍脫云糞料用於園圃不爲最佳之肥料或與他肥料相和待其盡腐爛如土質而後用之方免損害否則必令蔬菜等紋質粗劣減其味度不如用柴灰石灰白石粉織物廢料鹽類並和肥料爲佳也且糞料易致蔓草生長須藏於窖令其熱發酵毀滅其子

飼畜草亦不宜速生長德國農夫云苜蓿田在秋間散糞料於面土雖獲豐稔然動物不喜食其青料又云新鮮馬

殿肥料壅麻田則麻生長壯茂而紋質粗劣所以農家願得前壅肥料種他植物之田種之

人糞章中當詳論新鮮人糞更有令植物速生長之弊凡多用人糞者應再三設法先令其發酵攙雜他料以減其速性然新鮮糞溺未嘗不可用祇須爲數少而加製造肥料和之

農家在秋間以陳宿糞壅於田至明春播種亦此意也古時農家在春間或孟夏以肥料犁於休息田土中數月之後乃播種則犁入土之肥料中易化物質變淡有似堆積之腐爛肥料然有許多物質必致耗失

美國西省肥沃土不必需田莊肥料農家往往費工除去之用車運棄河邊或隰地水潭中因該處田土中已多甚佳之呼莫司若再加此肥料不特無益反致損害

肥料過多之害

新鮮肥料與腐爛肥料殊異者僅在品性有不同而已新鮮肥料多加之致穀類及草料等有速生長之害又如帖摩退草或園囿草未得此肥料之益而粗草已極茂盛壅以人糞者更甚所以佳草田面土重加肥料者此粗草生長甚密而嫩細之草不能與之競爭此等草可屢次刈割作爲青食料若待其生長擬作乾草者將偃仆而近根腐爛

凡夏間酷熱而旱乾者可多得此等草格司酡林論法國南方農家在此等草田可得草料四噸而在北方者可得三噸已爲甚多惟有數種植物與此速性肥料甚宜如粗麻番薯大珍珠米蘿蔔等油菜亦不厭肥料之過濃而豆類與稗草兼種者亦然比利時國農家令人糞腐爛歷一年乃壅粗麻細麻油菜歷二年乃壅穀類奧國亨加利省有地土甚肥沃耕種數年可不加肥料若加肥料而種油菜珍珠米尙爲合宜以後可種小麥或再加肥料則小麥將偃仆英國海濱卑溼田壅牧場肥料於植物根以製造

肥料助之輪種植物如根物苡仁米苜蓿小麥若不種根物或豆類者英國昔時風俗先令田休息而在孟夏耕壅肥料然後種小麥一千八百四十七年英國農夫論種小麥云小麥子播散後即加肥料雖爲我國常有之事實不合宜焉歐爾云英國諾福省農家於夏季休息田地耕壅田莊肥料然後種小麥種小麥時始於十月十七至二十四號而遷延至十二月間因恐早散麥子將在冬間從速發達生長其稈也或防有此弊可先種苜蓿待苜蓿收成於是種小麥若種蘿蔔已重加肥料者以後種小麥亦可不加肥料

歐洲製糖家早已知在春閒壅糞溺或重加田莊肥料者所產紅菜頭汁液之品性有損害又云多加肥料於菸草亦不宜儻加人糞或流質肥料更不佳然菸草所需合宜之肥料爲數稍多尚可又云秋閒加牧場肥料所產菸草較春閒加之者爲佳總之加肥料之時距播種之期愈遠愈爲合宜納斯欒云往歲已種菸草之田今年又種之其品性彌佳麥約云荷蘭國在秋閒加肥料以種菸草其菸葉中淡氣數較多於春閒加肥料者蓋因地土中變化成淡氣之法更久故也若加田莊肥料外又加鉀養淡養以助之其效尤爲明顯

蒲生古云氣候與地土中肥料之化分殊有關係在熱溼地方壅田莊肥料無論新鮮或腐爛周徧者無甚殊異因天氣旣熱足以速其腐爛也在寒冷地方則不然其暖時較植物所需者更短故宜注意此短時期熱之利益而寒冷之時期甚長以致生物質等埋於土中不能大改變在此情形則壅腐爛周徧之肥料爲宜如瑞典國用流質肥料而獲大效者卽因夏季短促用此速性肥料爲得其宜也

可抵禦肥料之植物

美國農家之意與蒲生古之意畧同如在北方種大珍珠米可多加肥料無庸疑慮因珍珠米得此過多之肥料頗能生實不似小麥大麥之不能抵當多肥料也近抱絲敦地方曾堆積肥料之地或竟在和肥料堆上可種南瓜西瓜古巴島種珍珠米多加肥料則不合宜美國南省亦然俱有稈葉過茂之患種大珍珠米最合法者如屋海嗄省意里那省因其氣候溫和也古巴島所產大麥稭料豐茂生實鮮少所以該島種此植物之意亦僅欲得其稭料而已又該島在冬季種菸草於黃沙土田並不甚肥且此時雨水甚少故無速長之害然菸草亦可在熱溼之夏季種之惟其味較遜蘇門答臘島亦種菸草於瘠土稍加肥料

而在歐洲須種於肥沃土且多加肥料方得佳味之菸葉也

新鮮肥料功效

德國農學博士何爾士云歐洲中原之氣候其田地用新鮮糞料爲宜德國南方農家於秋閒由田莊運出肥料堆積歷半年並不擾動至明年春加於田若在夏季其肥料堆積五或六星期乃加於休息田然在夏季運出之肥料較冬季爲多

蓋因夏閒動物多食靑料所以肥料較多然亦不甚確如四五月閒未有靑料之時其糞料亦已多而在夏閒飤養

肥壯之動物作重工之牛雖不給以青料其糞料亦不減少大約因肥料新鮮時堆積中之耗失數爲少也

何爾士之意新鮮糞料可速運至田則爲數較多敷布更廣成堆積者已收縮而有耗失矣

又云當少年時常在冬季運肥料至自田於二月間曾運肥料至冰凍之田計有三十六車成二堆積歷七星期後散布之此二堆積肥料僅存二十四車

其田地當時肥力已竭或以爲宜壅半腐爛之肥料而每年如此所壅肥料殊覺不足所以又運新鮮肥料以補之於是可詳察一田用二項肥料之功效

加新鮮肥料於田面其數較腐爛肥料爲少然收成之穀實不見有多寡也

後將肥料當最新鮮時運至田間漸覺新鮮肥料果有功效嗣後遂無肥料不足之憂

又欲考腐爛肥料之耗失乃牧羊於田而閑之得其糞料與由棚中運出糞料相較其田有十八毛肯牧羊於該田一年間共有二百四十夜其餘一百二十五日閑之八十晝夜居於棚中四十五夜如尋常法居棚中時每一羊給鋪料三分磅之一至半磅

至五月間將棚中糞料運出壅田三毛肯種油菜與牧羊之田相較連種六年牧羊田產物與特加肥料田產物無參差而有二年牧羊田收成更豐其後輪種小麥等之效亦然可見新鮮肥料果佳

肥料工作

農家皆知肥料等類與地土各性情有合宜或否如輕鬆不甚乾之土加以雜稭料之新鮮肥料將從速化分而陳宿肥料埋於泥土或重土中則化分之情形較緩因土質顆粒緊密致阻空氣之透入也

欲判定某肥料宜於某等土殊難且天氣之寒暖雨水之多寡時節之不同植物之等類與新陳肥料較短晷長更

爲複雜如輕鬆沙土往往與馬糞料不宜因其從速化分無歷久之情形也故或謂此肥料宜與牛糞豬糞和而用之然緊密泥土加此馬糞料因其中有稭料相雜能令土質變鬆大抵馬糞料並羊棚肥料均宜用於冷性重土或多呼莫司之溼土則腐爛較緩況此等肥料本係熱性又可藉此令地土畧暖反而言之牛糞料之性較冷其發酵較緩則宜於熱鬆之土而在緊密或冷性或多呼莫司之土則不宜也

肥料與地土之溼有相關

上所云情形外肥料更有他要職因肥料中有許多易消

化物質令泥土之顆粒改變而泥土留水之力遂或增或減所以牧場肥料並他種肥料可令植物禦旱盧爾兹從前考究鹽類流質收吸法卽知肥料中易化物質可令泥土顆粒之粗細改變暉得內亦考知水中所化之物質或能減泥土吸引地下層水之力以致不能補地面化騰水之數曾試驗化合馬廄糞料之流質加於泥土其吸引水力較加清水者爲少又考知石灰並馬廄肥料與泥土沙土相和而各有不同之情形後當論之

更要者廄棚肥料中易消化物質因其消化甚速卽將泥土空隙嵌塡令其緊密以致水不能流通暉得內取翻鬆

泥土灌以化合肥料之水一百立方數共六次而每次一百立方之水濾過此土需二千分時卽因水中物質令泥土緊密也若灌清水其濾過當甚便捷由是思之肥料之工作或以阻水之流通爲重而供給植物養料爲次乎卽是肥料之要職在令地土留溼而不在植物易得養料之多寡也

肥料堆收縮

前曾言肥料堆收縮之數甚大博士軋在里從前查知馬糞料堆積閱四月先失其中肥料大半於是腐爛有老農家云新鮮肥料一百車發酵歷二三月卽減至七十或七

十五車而一年後竟減至不及五十車潘恩取秧田之馬糞試驗之此馬糞已在該田發酵而變爲冷性用二百十二度熱度乾之查其百分中之淡氣不過一·五八而令乾之新鮮肥料中有二·○七福爾克查知畜糞與鋪料相雜者閱六月至十月發酵之後卽由其原重數百分中耗失三十至六十分除化失之水不計外其乾質耗失數較新鮮時竟有一半或三分之二

有一種和肥料當初百分中有生物質八三·五堆積於外閱一年乃用二百十二度熱度乾之查其百分中生物質僅有五十三分然肥料數如此銳減而發酵合法者其品

性並無改變且發酵歷時不久則植物所需養料耗失不多

如肥料堆積於外一年其第一之三四月發酵可改良其品性因該時其中易消化物質數增多而更有肥力以後發酵則將變壞因雨水將此易消化物質並淡氣數分沖失凡肥料鋪於地面者更甚爲時愈久者其情形亦愈顯明然已腐爛之肥料耗失數雖較新鮮時爲少而易消化物質更易爲雨水沖失

有時新鮮肥料不及腐爛周偏肥料爲佳福爾克以爲久留肥料亦無利益總言之肥料閱六月尚爲合宜若欲保

守物質免其耗失莫如速壅於田

華爾甫云有牛糞八十噸成一堆積於一年間受風霜雨水之侵蝕其百分中耗失五十四分其耗失數不特所含之水騰失若將新陳肥料用二百十二度熱度乾之考此肥料乾質百分中已失六十六分又四分之一

堆積肥料因腐爛而耗失最多者大都爲含炭質並含輕質然此二種物質並非爲肥料中之要質故與農務不甚關係儻將牧場踐踏之牛馬糞或新鮮糞用清水漉洗而察之則見此踐踏糞中大半爲未消化之稭料縱無鋪料相雜者亦都係不適用之生物質蓋此等物質受養氣之

變化而耗失所以堆積收縮也

福爾克查考田莊肥料

福爾克查考者爲牛馬豬糞攪和之肥料作爲二項一項係未盡腐爛者一項係已歷六月或八月盡腐爛者

	新鮮肥料	肥料堆積	有遮蔽肥料堆	無遮蔽肥料堆	腐爛周遍肥料	
	十四日	三個半月	三個半月	六個月	六個月	八個月
	十一月	二月	十一月至三月	十一月至五月		
水	六六·七	六九·二八	六七·三	八○·○二	七五·四二	七三·九○
易消化生物質	二·四八	三·八六	二·八三	一·一六	三·七一	二·七○
易消化死物質	一·五四	二·九七	二·一三	一·○一	一·四七	二·○六

不易消化生物質	二五·七六	一八·四四	二○·四六	二一·四六	二三·八二	一四·三九
不易消化死物質	四·○五	四·九○	七·四七	六·三五	六·五八	六·九五
淡氣	○·六四	○·七四	○·七五	○·五四	○·六一	○·七六
水中易消化	○·一五	○·二七	○·一七	○·○八	○·三○	○·一五
水中不易消化	○·四九	○·四七	○·五八	○·四五	○·三一	○·六二
燐養五酸	○·三二	○·三二	○·四五	○·二七	○·四五	○·一二
水中易消化	○·一四	○·一四	○·一五	○·○九	○·一八	○·○六
水中不易消化	○·一八	○·一八	○·三○	○·一八	○·二七	○·○六
鉀養	○·六七	一·一三	○·八六	○·四二	○·四九	一·○八
鈣養	一·一九	一·二四	一·九二	一·九七	一·七八	二·二七

鎂養	○·一五	○·○五	○·○八	○·○九	○·一四	○·○四
由利阿摩尼	○·○三	○·○二	○·○二	○·○一	○·○五	○·○二
阿摩尼鹽類	○·○九	○·○六	○·○五	○·○五	○·○八	○·○五
淡養鹽類	無	極微	極微	無	無	極微

觀上表可知新鮮肥料與腐爛已歷六月之肥料頗有參差其肥料攪和甚均且雜有鋪料藏於窖不過十四日當時並無雨水已腐爛者攪和亦甚均其色暗紫近黑由窖底取出蓋已歷六月其發酵甚周徧也

試驗後乃知新鮮肥料中易消化物質較少而不易消化物質如鋪料之生物質爲數甚多所以新鮮肥料腐爛爲

緩其中淡氣大都在不消化之地位而易消化之淡氣數遂減然此易消化之一部分確能補養植物此可在多淡氣之物質中考知之如新鮮肥料中易消化生物質一百磅有淡氣六·○四磅而不消化生物質一百磅僅有淡氣一·九二磅

肥料愈陳宿腐爛者其化成之淡氣愈多在乾新肥料百分中有不易消化生物質七六·二五即以此數爲百分其中有淡氣一·四六在乾陳肥料百分中有不易消化生物質五二·一五即以此數爲百分其中有淡氣一·二六此數與一·四六之數相近即是新陳肥料中不易消化生物質各一百磅而新者百分中有淡氣一·九六陳者百分中有淡氣二·四一如以噸計之則每噸乾新肥料中有淡氣三十八磅乾陳肥料中有淡氣四十八磅

肥料在初數月發酵其中有許多生物質可消化於水內所以注意此肥料雖歷六月之久其中易消化生物質較新鮮者可加倍然肥料之大改變祇在第一之三月若久藏之亦屬無益而當時其中易消化之淡氣已由○·四四增至一·二一即是在腐爛時漸增其易消化淡氣也而腐爛周徧之乾肥料中易消化生物質一百磅有此淡氣八·○二而在同等肥料當新鮮時祇有六·一四

當發酵時灰料之數亦增因其中生物質變爲淡氣騰失故也如以新陳二項肥料相較則陳者之中不易消化之死物質加倍即是乾新肥料百分中有不易消化之灰料十二分腐爛歷六月之後則有二六·八分此增數因生物質耗失所致其理如下將新鮮肥料用法倫海表二百十二度熱度烘乾查知百分中有生物質八三·四八死物質一六·五二腐爛之肥料依同法烘乾其百分中有生物質六八·二四死物質三一·七六

肥料腐爛歷六月之後其中易消化灰料較新鮮肥料中所有者爲多新鮮肥料之灰料中易消化物質最多者爲鉀養矽養更有許多易消化之鈣養燐料然腐爛肥料中此易消化鈣養燐料爲數亦甚多其情形與骨料腐爛時其中哇西以尼發酵致骨土料化散之理相同

總言之保護佳良而腐爛周徧之肥料較新鮮者更多有補養植物之料而有用之淡氣亦較多可令植物發達甚速而有力福爾克云新鮮肥料日久腐爛變爲濃厚植物得之更易表中又載無遮蔽之肥料爲日較久又多遇雨水者受害甚深此可見天氣之勢力擾和之田莊肥料無論新陳其中易化騰之阿摩尼爲數極微而含阿摩尼鹽類物亦甚微可見此等肥料當腐爛時淡氣變爲易化騰

之阿摩尼亦甚微惟此許多阿摩尼並他種要質往往爲雨水沖失也

福爾克之意肥料無論新陳騰化之由利阿摩尼爲數不多儻治理合法其中要質不致耗失而日光並風亦不能逐去已化成之阿摩尼由是論之不必將肥料藏儲於緊密之棚窖中如有雨水而肥料中之鋪料不足以收吸其流質則罯蔽堆頂而開闢其旁面已可然鋪料可得足數而流質不致洩漏則不必有蔽也若由動物洩出後速加於田亦不失其中之要質

特海蘭查知新鮮肥料不易消化之淡氣物質日久亦將

變爲易消化因肥料中有鹼性炭養物質工作也變爲易消化之物質由鋪料飲吸入堆中或隨糞流質濾出其色暗黑此暗黑易消化物質緩緩溢出水旣騰化其乾質變爲石鐘乳形物凡甚溼而腐爛周偏之肥料堆往往有此情形而華爾甫云此等情形不多見須糞堆踐踏堅實而又滋潤並無空氣透入者乃有之足見其堆中化分化合之工合宜而結成硫養物質並阿摩尼恩和料

草煤並溼草地中呼莫司往往亦有此情形而結成硫養並阿摩尼恩和料華爾甫曾試驗牛糞令其成小堆積腐爛日久其堆積則變爲更小此因其中易消化淡氣並生

物質並阿摩尼耗失故也

肥料應加於田抑加於植物

除肥料有新陳之別外更有一問題卽是應否重加肥料而次數少或輕加肥料而次數多其實此事與地土之性情有相關有識者云膠土宜重加而次數少雜沙之黃土宜輕加而次數多論及含石灰之地土歐洲農夫以爲肥料在此等面土中動作變化甚速不能歷久應重加而次數亦多蓋不嫌肥料過多也

格司配林以爲田地宜重加肥料令其飽足凡膠土中鐵養呼莫司含水矽養物質均有羈留植物養料之力所以

此等田地令其飽足肥料則此等化學料卽飽足植物所需之料遂爲藏儲養料之所預備供給然從此不更加肥料則植物常吸取此藏儲之料以致植物處四圍泥土中肥料匱乏

此等飽足肥料之佳土日後可再加肥料令產物更豐因新加之肥料可令植物盡數吸取也在未飽足肥料之地土其新加肥料功效不及百分之八十或七十五或五十或竟更少而此等地土宜種馬料等植物不可種穀類菜類然欲令地土飽足肥料頗費資本所以農家往往由漸爲之終不如速令其飽足爲妙也

尋常最佳之法，輕加肥料而次數多於一時應加若干必察地土之性情如土質緊密而空氣不易透入者則可加足肥料於數年間能產上等植物如在輕鬆沙土含有石灰者所加肥料將速化分而在植物料中不能挽回故宜輕加肥料而次數較多然自有製造肥料以來均用輕加而次數多之法蓋農家得此易消化之速性肥料加於目前之植物已爲習慣而從前農家之意乃加肥料於田地也一因考知此新肥料確有功效二因考知肥料中之淡氣常因久發酵變爲無力之呼莫司而耗失三因考知肥料中淡氣變爲淡氣鹽類物如植物根鬚未即吸取將爲

雨水沖失

糞料中淡氣耗失較緩

田莊肥料壅於田間其淡氣耗失較製造肥料淡氣鹽類物阿摩尼鹽類物爲數少而緩此肥料中淡氣生物質在土內化分甚緩以致不易爲植物吸取又不易爲雨水沖失勞斯並葛爾勃種小麥在二十五年間每年加田莊肥料而考其面土九寸間之淡氣較近處田同此九寸間所有之數加倍此近處田係加製造肥料而加田莊肥料之田雖阿摩尼鹽類物或淡氣鹽類物之淡氣爲數較少而所產植物較甚多

又試驗常種草之田第一田每英畝加田莊肥料十四長噸（每長噸二千二百四十磅）計每年每畝加淡氣二百磅如是八年而每年得馬料中數四千八百磅第二田不加肥料所得不過二千七百磅在以後十一年之間第一田毫不加田莊肥料或他種肥料每年得馬料中數三千八百磅第二田始終不加肥料得馬料中數二千二百磅第一田八年間加肥料所增收成計一萬七千磅以後十一年間因肥料之餘力所增收成計一萬七千二百磅然在末數年產數甚減計末五年間收成中數較第一之六年間不能及其半勞斯云第一田所加之淡氣在十九年間爲植物吸取

之數不過三分之二應有三分之一留於土中然爲雨水沖失存者尚不及四分之一

又有一田在二十年間每年每畝加田莊肥料十四噸而種苡仁米二十年後將此田分爲二其第一田不加肥料第二田仍加肥料如是三年不加肥料之田產苡仁米中數爲四十四斗稭料二千六百八十四磅而仍加肥料之第二田產苡仁米中數爲五二·五斗稭料三千五百零二磅較多穀實八·五斗稭料八百十八磅由此可見以後不加肥料者雖有餘力然不及始終加肥料也卽是地土雖有藏儲之淡氣並他種養料爲數尚多而新加之肥料尤

能有益於植物也若試種番薯亦能見常加肥料之有大益

舊法重加肥料一次閱數年再加之此乃宜於輪種蕎苜蓿等能吸取空氣中由利淡氣助肥料之不足也

格司配林云法國南方地土有合宜之溼潤加牛馬棚肥料可歷三年其第一年所種小麥由肥料一千磅中得淡氣六百三十九磅第二年得三百六十一磅儻灌水之法合宜則第一年可得收成二次然因肥料變化之法甚速以致淡氣幾全數用罄

分次壅圭拏

將秘魯圭拏分次壅之即見其情形與新鮮肥料相等因圭拏中之物質頗似新鮮之畜糞而能在土中從速變化或謂圭拏之性不久其實因用法不合宜也即如新鮮糞溺用之不合法亦然儻將此等肥料乘其新鮮時以足數加於田必能獲效

斯禿克拉脫於一毛肯田加圭拏一五擔試種大麥獲效如左表

圭拏	第一年	第二年
散子時全數壅之	一〇〇	一〇〇
散子時壅一半 萌芽時壅一半	一四七	一一三
散子時壅三分之一 萌芽時壅三分之一 開花時壅三分之一	一六八	一三三

三年後又試驗其效如左表

	瘠沙土	佳泥土
散子時全數壅之	一〇〇	一〇〇
散子時分二次壅之	一三一	一三四
散子後壅一次	一〇〇	一〇〇
散子後壅二次	一一五	一一二
散子後壅三次	一六二	一六一

試驗此肥料不特供養植物且能改良泥土令其易留水或令植物根鬚入土更深而得溼潤所以加肥料者非專

求植物豐稔並欲令泥土改良也此意由勞斯並葛爾勃試驗而知下表所列係數次收成之中數並尋常情形與旱年情形之效

	馬料磅數	小麥磅數	苡仁米磅數
不加肥料每年每畝收成中數	三三九一	三三九八	二四三三
一千八百七十年旱乾收成數	六四四	三〇〇二	一四九八
旱乾年收成較少數	一七四七	三九六	九〇四
加田莊肥料收成中數	四六〇四	六〇一六	三八五六
一千八百七十年旱乾收成數	一五五六	五〇九二	四九四九
旱乾年收成較少數	三〇四八	九二四	九〇七

加阿摩尼鹽類金石類肥料收成中數	五七九四	六三六七	五七八六
一千八百七十年旱乾收成數	三三〇六	五九三六	四二八七
旱乾年收成較少數	二四八八	四三一	一四九九

觀此表，肥料在旱年時，於穀類頗有利益，而草類當旱年受害甚深

勞斯並葛爾勃云：儻無大雨，所加田莊肥料之田，其水決不由瓦溝（瓦溝形如⌒）流出，因肥料能令泥土鬆疏也。而尋常田一年間管溝（管溝形如○）中之水，豈流四五次？加田莊肥料者，一年間罕有過於一次，或竟無之。又查得飲飽水之加糞肥料田，其面土十二寸間所含水數，較近處同寸數之田土不加肥料，或加製造肥料者多一五寸，而溝水流出不特甚少，且消化於水之淡氣料，亦較加阿摩尼肥料者為少

鋪料須腐爛

田莊肥料當新鮮時，運往田間者甚少，因工夫轉運均有不便也

尋常馬牛棚肥料，必有稭料、珍珠米稈並他種未腐爛之鋪料相雜，同壅入土，殊為不宜，惟重土須用此新鮮肥料，比利時國新闢之海濱田地，欲種穀類，須將此雜鋪料稭料之肥料堆於田，高與膝齊，於是犁入土，則可令緊密之泥土變為鬆疏，而空氣易透入。若熟田壅此肥料，因腐爛未偏，不能速見其功效，並能令泥土過鬆，以致有害

在英國輕土田，於秋間取雜稭料等肥料加之，令與土相和甚密，若在春間如此為之，將令田土過鬆，偶遇旱乾，植物受害更甚。總言之，此等肥料中之糞物，將供給與植物，而稭料則尚未消化，不能有用

此等未腐爛之稭料，應待其失觳力而易化分之時，然後用之，乃為合宜

由此論之，一年間所得肥料中有實用之物質數不多，農夫若有暇，可將有用肥料乘其新鮮時運至田間，而有若干待其腐爛發酵，然須知稭料吸飽溺或糞水者，則流質中之鹼性物質，能將稭料中蛋白類質並他料消化，變為有用

腐爛肥料之功

肥料中有安哀以羅別克酵料數種，頗能消化木質料，而令其中之淡氣燐養酸鉀養較新鮮肥料更為濃厚，然有時用腐爛周偏肥料中之淡氣為佳，有時用新鮮肥料中之淡氣，如由里阿為佳，而大槩農夫喜用腐爛周偏肥料者，因所含物質較為濃厚也。凡肥料堆積收縮時，其中有用物質變為濃厚，而無用之物，如寫留路司或木紋質均

漸化失

蒲生古云凡肥料得合宜之發酵以致堆積收縮則所含物質更濃厚其品性更佳且已發酵之肥料轉運之費甚省因其重數已減三分之一也

此等肥料不特轉運爲便且布散於田亦較易若未腐爛之肥料有稭料等相雜必須隨加隨犁而工費必較多於因腐爛耗失物質之價值

泥土不甚易乾者新鮮肥料可令其鬆疏而空氣易透入則肥料中之稭料等改變爲淡氣物較已腐爛之肥料更速此新鮮肥料之功也然亦有一弊未盡腐爛之肥料因

有稭料等相雜致泥土鬆開野草等頗易生長散子後天氣乾燥其弊更甚

盡腐爛之肥料理應加於輕土如熟田及園圃之泥土是也新鮮肥料應加於重土此等土所產植物大都可不必注意栽培而半腐爛之植物最宜於田莊之地土凡輕土不甚乾者加溲溺及新鮮肥料則淡氣物質之變化淡氣甚爲迅捷若加盡腐爛之肥料其變化淡氣較緩然供給之易消化養料可歷久要而言之有植物喜陳宿肥料中之淡氣亦有植物喜新鮮肥料中由里阿並淡氣物質

馬牛棚中腐爛已徧之肥料其功用較新鮮肥料更速每噸盡腐爛和肥料中之物質大半已宜於根鬚之吸取此情形與春小麥苡仁米更有關係而從前較今亦更要因從前無製造肥料也春閒播種之穀類歷時較短其生長之期祇在數月閒而吸取肥料之時不過數星期所以新鮮肥料中速變化之部分固爲有益而不能速變化者植物不能用之也若大珍珠米則無此情形

在旱乾之季加盡腐爛之肥料於輕鬆土爲數甚足而性又速捷者可令植物速發達以減旱乾之困難且此等肥料中之呼莫司當旱乾時之功效更勝於尚未發酵之肥料

稭料須腐爛

田莊肥料中所雜稭料應腐爛甚徧此理種穀類者均知之如紐約省西方農夫論肥料云一牧場地不可滲漏二所用稭料須足以收吸肥料之流質三雜稭料之和肥料須堆積甚高而有四方之形其堆頂略凹如盆式可留水至春季運至田

據云肥料堆頂圓尖或成斜度如屋者則飲吸入堆中之水必甚少而稭料不易腐爛此等肥料堆積已合法而堆邊亦不能盡腐爛須隨時剗削未腐爛之料擲於堆頂如春閒肥料堆積合法者至七月閒可用鏟切之至八九月

間可壅冬季之穀類於此肥料中若加保護之物如石膏及鹽及司搭斯夫脫鉀鹽反爲有害據紐約農夫之意新鮮且乾之肥料不可有遮蔽儻肥料中有牛糞四分之三者尚可依理而論紐英格倫等地方牛牢肥料有遮蔽尚爲合宜如在種穀類之地方則不宜然牛食料用多水之植物料如釀酒家廢料番薯廢料紅菜頭廢料和之者其洩出之糞料本有發熱之性而又爲雨水沖濾是二弊也

羊糞馬糞有遮蔽者亦更易發熱

無遮蔽之馬糞儻雨水甚少者亦將變壞作此等肥料堆須加草煤或黃沙土阻其不合宜之發酵然肥料遇溼過

久所雜之物有葉有草煤較稭料更多者將變爲冷酸性而成不合宜之呼莫司與溼草煤地土倘形相同凡肥料中有此酸性卽阻其發酵而雜和之稭料或他種鋪料不能化分所以肥料中加硫強酸或鐵養硫養亦不合宜惟加此等料之意乃欲省失阿摩尼也

噴昔維尼亞省博士斐里亞試驗養牛三十頭馬三十匹之棚中肥料所用鋪料並木屑爲數適足以清潔棚地以此肥料作相等之二大堆一堆無遮蔽其地略凹堆面塗以泥又一堆有遮蔽而開展其一面其地略高在冬夏時第一堆中之溼較多以全年計之耗失物質較第二堆反

少惟爲雨水濾失而已至夏天第一堆中耗失生物質較第二堆更多至冬天則淡氣與生物質之耗失數相等可見第二堆至冬天因過熱而失數較多第一堆至夏天亦因過熱而失數較多

窖藏肥料法依理論之固爲合宜然牛糞料如此爲之不合算而多雜未腐爛之鋪料應藏於窖於人糞爲尤宜所以中國種稻之農家常用糞窖之法

糞堆中淡養物質難變成

舊肥料堆中變化合成淡養及淡養物質諒必有之福爾克查由舊肥料堆濾出之紫黑色流質有淡養物質爲數

不多因變化淡氣之發酵微生物僅在堆邊可生活也然查馬牛豬新鮮糞料濾出更黑更濃厚之流質中淡養物質亦不多又查知更新鮮糞堆之流質中阿摩尼爲數亦較少大約新鮮肥料中所有生物質淡氣尚未化分

博士花爾提弗來斯查考常用糞水令溼之糞堆中變成之硝爲數較少有泥土蓋護或散含燐石膏者則變成硝較多若加司搭斯夫脫鉀鹽者反阻其變化淡氣法蓋此鹽能毒殺微生物也下表所載硝強酸數與肥料中共有淡氣百分數相較其肥料甚佳已堆積數月之久

用糞水令溼之糞堆　不令溼之糞堆

肥料	百分中 硝强酸	阿摩尼	硝强酸	阿摩尼
用泥土蓋護之肥料	八·五	六·六	一八·〇〇	
散含燐石膏之肥料	四·六	六·五	一〇·一三	〇·五四
加鉀鹽之肥料	〇·六	六·六	七·一七	三·七五

博士密勒查知與水沖和甚淡之糞料，變化淡氣甚速，且無臭氣騰出；惟加水四百分者，數月之久發出惡臭，而變化淡氣甚緩。

翻鬆肥料

從前農家常有翻鬆肥料之事，其意欲令空氣透入易化

合成淡養物質也。今之農家亦有翻鬆肥料之事，其意欲減其熱度而阻其發酵也；或因初次猛發酵之工已息，欲再令其發酵，以腐爛所雜之鋪料。前已論及發酵微生物遇空氣，卽從速動作，況安哀以羅別克酵料，儻遇空氣亦畧為活潑。

總言之，翻鬆肥料者，欲制度其發酵之情形，以改良其品性也，卽是令肥料堆中淡氣物質變化成利用之品，而獲植物之豐稔也；非然者，物質腐爛不能至合宜情形，加於田將有野草茂盛，害及正項植物之弊。

阿摩尼究竟有耗失否

農家常論肥料發酵時，阿摩尼不免耗失，曾設法補救之，如用石膏、鐵養硫養、硫强酸、司搭斯夫脫鉀鹽保護肥料，前已論之。然除畜棚地或動物踐踏處果有耗失外，牛糞料在尋常發酵時竟無阿摩尼之耗失，肥料堆常令溼者亦然。據特海蘭云：糞溺並稭料作成堆積，其溼度合宜者，其中由里阿化分變成之阿摩尼，為發酵微生物改變成含淡氣物質，而此物質與其初阿摩尼之性情不同，不能化騰。且查知此等生物質淡氣料能在鹼性糞水中消化不少。當發酵時，有淡氣由阿摩尼化出或化騰，而堆積之外層與空氣中養氣相遇者，亦稍有耗失，然如此耗失之

阿摩尼為數甚微，要而言之，惟有令肥料堆常溼耳。馬糞料本係不甚溼，而任其成寬鬆之堆積，則必耗失阿摩尼甚多。德國農家曾試驗之，將馬廄中之空氣濾過飲足鹽强酸之質料，以此質料漂出阿摩尼綠，乾之，卽得定質，此為實據。在德國潑蘭格城賽牛會時，見阿摩尼綠一大塊，卽如此得之也。

博士陳帖斯云：馬糞中耗失阿摩尼最多數在初發酵時，由定質糞料耗失者極微。查新鮮糞料於第一月間耗失阿摩尼數在共淡氣數中不過十分之一，尚有淡氣十分之九係在生物質內，而此生物質植物亦不能從速吸取

也在糞溺和肥料中耗失阿摩尼較多凡牛糞料並和肥料必須緊密溼潤則騰出阿摩尼氣不多福爾克查知祇在糞堆甚熱猛發酵時有由利阿摩尼騰出其堆甚冷者則無之據云大堆積中熱度甚高法倫海表有一百二十或一百五十度此甚熱之一部分中必有阿摩尼欲騰而用叉翻鬆之即放出儻不翻鬆則堆之周圍肥料因受空氣之冷可阻止之凡糞料堆積於田閒由漸收縮變爲堅實者阿摩尼亦不得騰出翻鬆之即有觸鼻之臭而不翻鬆之堆積毫無阿摩尼氣以紅試紙試之亦不變色特海蘭由溼肥料堆收其氣考之不能得有阿摩尼之證

福爾克云凡田莊肥料堆治理合法者由淡氣生物質發酵變成之阿摩尼與同時化成之呼莫克酸并合而羈留之不致化騰此阿摩尼呼莫克酸並阿摩尼烏勒迷克酸在水中易消化故易爲雨水濾出糞水之暗紫色均係此物質也坎爾奈云溼生物質發酵如青植物藏於窖中者變成許多阿摩尼而此阿摩尼與生物質酸并合或易化騰或不易化騰惟無由利淡氣騰出

福爾克云肥料堆中有化學物質能羈留阿摩尼故無由利阿摩尼騰出若特加化學物質於肥料中令其變爲不騰散之物實無謂也

糞灰

在寒冷及溫和地方大槩植物所需之肥料以田莊肥料中淡氣爲最要蕭生古在法國東方試驗常種植物以致地土瘠薄之田一英畝加田莊肥料二十二噸燒成之灰又有同等田一英畝加未燒肥料二十二噸均種大麥加灰料田所得穀實較所散之子多四倍加未燒肥料田所得穀實較所散子多十四倍

如印度如法國南方均用糞灰壅田古時羅馬農夫亦如此蓋糞灰性輕易轉運易壅於田然羅馬農夫亦知擇地土合宜者用之不用於園中小樹或穀類印度則以牛糞

與剉斷之稭料攪和製成餅形曬乾作爲燒料燒後所賸灰壅田埃及國亦有此風俗

可見糞灰在熱地用之最多因此等地土變化淡氣甚速而因此地土更熱若不先作爲燒料即壅於田植物亦未必獲其益也且尋常之法此糞灰恆壅於多呼莫司之田中英國博士勞勃茲在印度試驗牛糞灰壅田之效與牛糞相較甲田加牛糞三千一百五十磅乙田加牛糞三千一百五十磅燒成之灰一百三十磅丙田不加肥料均種長粗之黍培壅之法亦均同曾刈割青料二次爲飼畜之用列表如左

	甲田	乙田	丙田
	牛糞	牛糞灰	無肥料
第一次刈割黍青料磅數	四〇五八	四三六八	三一四〇
第二次刈割黍青料磅數	一六八〇	一一七六	八九六
共數	五七三八	五五四四	四〇三六

卷終

農務全書中編卷九

美國哈萬德大書院農務化學教習施妥縷撰 慈谿舒高第口譯 新陽趙詒琛筆述

第七章

和肥料

從前農家亦知馬牛棚新鮮肥料一分與草煤二分或三分相和待其發酵變成有力之和肥料其功用與馬牛棚尋常肥料相等今歐美二洲農家均考知其有實效其所以然之理因草煤中本有佳肥料經過發酵變爲更佳且有收吸流質之力凡肥料中有此草煤其發酵情形

較勝於不和草煤者自考得此理之後不特以糞作爲肥料有關係而又發明保護肥料之最佳法

和法可省肥料

凡糞溺料在未發酵之前與草煤黃沙土泥土稭料樹葉等多數相和可節省糞溺料且此肥料在田間發酵其佳遠勝於尋常肥料也前曾論馬糞中可加足數之溼草煤或黃沙土以禁阻其中之黴菌類發酵則堆中不致過熱此即可謂製和肥料一法也凡動物居臥處用黃沙土稭料葉爲鋪料均是此意

農夫不願用黃沙土爲鋪料者嫌泥土不潔而又甚煩費

也若依化學之理論之則不然有農夫亦知牛糞可以泥土保護之又有農夫云牛牢中用稭料並黃沙土爲鋪料仍能令牛清潔且甚合算因動物旣適意而肥料又能多得也大約鋪以草煤或黃沙土以木屑葢之是爲最佳之法

黃沙土爲鋪料

一千八百七十九年三月間博士開凡脫在埃及國那爾江口地方見土人製肥料法將泥土運入牛牢中爲鋪料其牛臥食均在牢中後將此肥料曬乾先作燒料之用

德國博士牢吞亨云養牛一百頭之牢中僅用乾黃沙土爲鋪料而牛身甚清潔牛身之後有木檻闌土而牛立於檻與槽（畜獸食器）間平土之上其近檻處所鋪黃沙土厚八寸或十寸

牛糞均與黃沙土攪和而溺收吸入土中每日三或四次用杴堆聚此溼土於牛身之後待二或三星期後盡數運往田間其牢中掃除潔淨復以新土鋪之

所用之土須乾燥則牛身常潔淨並宜其衛生尋常黃沙土或多呼莫司者均佳惟泥土不可用凡多呼莫司之土頗能收吸流質所以用數宜少或有用乾草煤者牢吞亨之法在秋間運沙土於屋宇下令其乾以牛車中數計之每月每頭用黃沙土一車或二車赫敦云牛活重一千磅每日須用黃沙土一百八十磅則牛立處可乾燥潔淨

美國北方淳芒脫省勃來脫爾抱羅地方之農夫名花爾勃落克每晨投草煤一斗於牢內牛身之後糞料中令此草煤收吸溺並溼料卽堆聚於牢溝內因熱而發酵於是運出此農夫之意以草煤製成和肥料非以草煤省糞料也據云在春間用此法製成和肥料較用他法製成者爲數更多

和肥料堆

農家製和肥料往往令其成堆積其法先於平地鋪草煤一層廣闊七或八尺厚約一尺乃加糞料一層較稍薄其上又加草煤如是相間堆積高至三或四尺所用草煤數各農家均依草煤及糞之性質而定大約草煤一分至五分和糞一分凡馬廄及養肥牛之牢中所得糞料較更濃厚者則和草煤必須多儻棚中鋪料或他種料相雜已多者則和草煤宜畧少總言之須考察該處土質之鬆緊及雜沙及呼莫司之多少而定加草煤之數

又用草煤之多少須察其能令肥料發酵盡腐爛與否最佳之法加數宜畧少則肥料腐爛不致過度

儻糞料中已無長鋪料則加草煤數應令其不速發酵然

此法亦有弊恐生不合宜之發酵反致有害

和肥料須費人工

溼草地之腐料其重數及收吸水之功與牧場肥料大同小異博士斯替屢試驗云溼草地腐料切成一立方尺宛似乳油而尚稍雜木紋質者初取出時含水甚多重有六十七磅餘其在熱空氣中變乾查其百分中化失水有八十三分新鮮馬糞無鋪料相雜者裝緊於箱成一立方尺重六十四磅新鮮牛糞無鋪料相雜者亦如此裝成一立方尺重六六·五磅由堆底取出牛糞已收吸溺甚足半腐爛每一立方尺重七十磅又四分磅之一

然人工製造之肥料濃厚堅實而散布於田之工費較省所以近年來此等肥料爲用甚廣而農家自製之和肥料用度日減觀紐英格倫之和肥料堆較往年更少矣張森云惟老省農家用腐草沙土草煤與馬廄肥料或牧場肥料製成和肥料尚視爲要事總之小農家有暇爲之者尚爲合算而近城之農家轉運馬糞人糞並得工値較自製和肥料尤爲便利

製和肥料爲保守淡氣

肥料或和肥料發酵時化學變化之理今尚有未能明曉者總言之發酵者欲令糞料並草煤中之物質改變成新

式而能得空氣中之淡氣必不甚多然有許多草煤爲和肥料之用者常以爲甚佳初觀之似未嘗有宜於植物所用之質料據張森化分而知有一種草煤當氣乾時其百分中有灰料三分此三分中半係沙質其淡氣祇有一·五則此百分數中之功效僅賴此一·五分之淡氣也其質料中幾盡係炭質輕氣養氣而此三質實無甚功效所以此等常以爲甚佳之草煤除淡氣外植物所需之養料爲數甚少也

然草煤除淡氣外更有功用生草煤在未發酵之前有毀滅微生物之權力凡酸性草煤毀滅發酵中之微生物或

阻其發達則不能猛發酵乃知牛馬羊棚中加草煤不特令其收吸流質且緩其發酵而保護之也

草煤中之呼莫克酸亦能羈留阿摩尼張森考知近紐海文地方溼草地之腐爛土一百分能羈留阿摩尼一·三而尋常泥土一百分祇能羈留阿摩尼〇·一至〇·五赫敦又查一種輕新之鬆草煤爲牛牢中鋪料者氣乾時其百分中有灰料〇·三七生物質九十三分此生物質百分中有呼莫克酸十一分淡氣〇·六四如此草煤一百分能羈留阿摩尼一·六若和於人糞中製成和肥料甚佳此和肥料加於輕土爲最宜

博士坎尼克詳細考查苔類變成之草煤並他種草煤均能由稍有酸性之阿摩尼炭養二並阿摩尼燐養五流質中羈留其阿摩尼然阿摩尼硫養三阿摩尼綠阿摩尼淡養三化於水其動情不同蓋草煤甚難羈留此阿摩尼也若將此已羈留阿摩尼之草煤用熱酸水濾之卽能去其中之鹼類物而仍令其羈留阿摩尼硫養三阿摩尼綠阿摩尼淡養三之阿摩尼則甚減而在阿摩尼炭養二阿摩尼燐養五水中羈留阿摩尼與未濾過者相同製紙之漿料亦能由阿摩尼水中阿摩尼炭養二水中羈留阿摩尼惟阿摩尼綠水內則不能也

博士待得冒用管盛草煤並沙之和料而令阿摩尼經過之羈留阿摩尼之效如左表

和料百分 沙	草煤	羈留阿摩尼克蘭姆數	草煤一百克蘭姆中羈留阿摩尼數
一〇〇		〇·〇九三	
九〇	一〇	〇·一八七	二·〇六
八〇	二〇	〇·三二一	二·三七
七〇	三〇	〇·六五四	三·八〇
六〇	四〇	〇·九九六	四·七〇
五〇	五〇	一·〇九〇	四·一八
四〇	六〇	一·一五二	三·七二
三〇	七〇	一·二四五	三·四八
二〇	八〇	一·三三九	三·三〇
一〇	九〇	一·四九四	三·三〇
	一〇〇	一·七一二	三·四二

苔料變成之草煤

德國有一種多木紋質之草煤名曰苔料草煤作爲馬廄中鋪料或專用之或鋪此料厚三或四寸加以稭料據云凡脆而有木紋質之草煤遇溼不腐爛者均可作此用近年來由德國運至英國美國代稭料爲鋪料其收吸水較稭料更多其呼莫克酸可阻溺之發酵而又能羈留其化分所成之阿摩尼

苔料草煤除此利益外更有他益馬不食而能潔淨又無阿摩尼氣可見牛馬棚中用此料較稭料更爲合宜英國農家查此料一噸作爲鋪料可抵稭料二噸據博士阿奴爾云細苔料草煤一磅可收吸水七五至八磅而稭料並木屑一磅祇能收吸水三或四磅批脫曼查苔料草煤一百磅爲馬廄鋪料可抵稭料二百十至二百五十磅然棚地已甚溼必易以新者因其甚能收吸水其色深黑較稭料更溼穢必須勤愼治理之

巴黎馬車公司查考草煤三·三啟羅爲鋪料可抵木屑三·五啟羅或稭料四·八啟羅馬每匹每日洩出糞料而用草煤十至十一啟羅或用木屑十二至十三啟羅或用稭料二十五啟羅所得一馬之肥料百分中淡氣爲〇·六八或〇·四五至〇·四九或〇·五一

阿奴爾云草煤鋪料收吸溼甚均若以全數一次加於棚地較或作三或作四次加之者無甚殊異然欲免臭氣之騰起必速去其溼層而以新者代之草煤佔地位較稭料爲少所以小糞窖尤爲合宜

下表係已用過之草煤由各博士考驗其中物質數第一號阿奴爾所考第二號福爾克所考而此二號之草煤未用之前已令其乾第三號范登倍克所考第四號麥約所考

百分數	一	二	三	四
水	一四·五〇	一三·〇〇	一八·九〇	二〇·〇〇
生物質	八四·二九	八五·〇〇		七八·九〇
灰質	一·二一	二·〇〇	〇·八七至一·三三	二·一〇
鉀養	〇·〇八			〇·〇四
燐養五酸	〇·〇八			〇·〇四
淡氣共數	〇·六四	〇·六〇	〇·四九	〇·八〇

博士福蘭駭以苔料草煤與剉成五寸長之燕麥稈各爲鋪料每月每一牛用草煤三·五啟羅若用稭料須四·六啟羅方可收吸溺當時每日每一牛洩出糞溺與草煤和成肥料五十一啟羅而用稭料和成之肥料五十五啟羅又有他試驗每日每一牛用草煤三·五啟羅者和成肥料五四·五啟羅用稭料四·三至五啟羅者和成肥料五三·四至五十七啟羅又查用草煤之和肥料中含易消化淡氣物質較用稭料者爲多曾覈算一牢養牛十頭用草煤爲鋪料全年和肥料中易消化淡氣物質較用稭料者多一百

四十啟羅將此二項肥料壅大麥燕麥番薯在輕土則草煤和肥料之效更佳其淡氣更能利用觀植物葉色更深更茂卽知勝於他項肥料矣

博士蓬脫來格考知馬廄肥料中雜有鬆疏之苔料草煤者變成淡氣法較雜堅實草煤者更速據孟紫並蘭符拉試驗馬廄肥料一雜稭料一雜苔料草煤均加孟閣爾若干擾和之每英畝壅此和肥料三十五噸至第二年不加肥料而種燕麥每英畝收成數如左表

第一年	第二年
種紅菜頭	種燕麥

雜稭料之和肥料	三六八〇	九〇九
雜苔料草煤之和肥料	三八七二〇	一〇八六

博士希梯愛在肥沃土試種製糖之紅菜頭第一田加雜稭料之肥料第二田加雜苔料草煤之肥料其數相等此二種肥料中均加磨細礓石燐料助之每畝收成數如左表

	紅菜頭	糖
雜稭料之和肥料	二七九六〇	四〇一六
雜苔料草煤之和肥料	三四一四四	四八九八

英國博士麥蘭以爲此等肥料加於草田或尋常田其功效固屬迅捷然不能歷久至第二年之餘力甚少

和肥料減酸性

糞和肥料中可加草煤因肥料有鹼性能改變草煤之酸性也卽如用石灰或鉀養所成之和肥料能減草煤之酸性英國農家試驗而知草煤非但可羇留阿摩尼且較草煤燒成炭之功用更佳用草煤並草煤炭各三百克蘭姆與溺半兩相和盛於盃而盃置於盛硫强酸之盆中以玻璃罩之閱五日查草煤中無阿摩尼騰出而草煤炭中有阿摩尼〇·三克蘭姆騰出而爲硫强酸所羇留

據張森之試驗草煤能由肥料中得淡氣並非如阿摩尼

中之淡氣如尋常氣乾草煤中所有淡氣僅合阿摩尼百分中之淡氣〇·五八鋪於棚地數時飲溺甚足則有淡氣合阿摩尼百分中之淡氣一·一五又以草煤與魚廢料相和爲肥料則其中淡氣合阿摩尼百分中之淡氣一·三一可見此草煤不特收吸阿摩尼若干而又收吸糞溺或魚廢料中之腐爛淡氣物質之淡氣上所云收吸淡氣數似甚多因馬廏肥料百分中之淡氣不及一分而草煤能羇留和肥料中淡氣半分有奇其功實甚大也

草煤和肥料中含淡氣之關係甚大蓋草煤羇留之淡氣變爲靈捷而植物易吸取之爲數雖不多大有裨於植物

之生長也如每畝田加秘魯圭拏二百五十至四百磅其中阿摩尼僅有五十至七十磅儻圭拏之品性佳者此阿摩尼百分中有淡氣十五分欲令其盡變爲靈捷淡氣須加和肥料五千六百磅而此肥料百分中須含阿摩尼一二五分然尋常農夫所加之數甚多每英畝用十考代而每考代至少有四千磅

和肥料中必有許多不變動之物質能阻其腐爛並發酵則肥料之發酵不致過猛蓋和肥料中之稭料有寫留路司並炭輕物質化散較緩或將阻糞溺中含淡氣物質之速發酵此在腐爛物質所成呼莫司中多淡氣之情形可

知之

改良草煤

以上均論改良肥料之法未嘗論及如何改良草煤及和肥料中之他物然此等物亦須改良也其實草煤黄沙土樹葉稭料並他種生物質在未發酵變化之前似無用者而既發酵後即爲有用之肥料

人皆知肥料堆與木質相遇如窗櫺木板等即將改變所謂木爛是也又如捕魚之網沾染魚之黏韌料及魚鱗則網料亦將發酵腐爛所以網宜令其鹹或設法免其發酵其實網及木之腐爛與擾和肥料之理相同窗櫺木板及

製網之麻猶和肥料中之草煤或稭料因發酵而腐爛又如籬柱埋於土中亦將速腐爛因木質與土中微生物相遇而被其侵蝕工作也其情形亦與和肥料之情形相同若欲保護木質須塗黑柏油或浸於他種藥料內則能阻禦微生物之侵蝕

擾和時令植物質化分

前已論稭料中許多物質必令其化分方可爲植物養料凡枝葉木片等類儻未化分與植物毫無相關然將此不得力之物與糞血魚肉廢料並他種易腐爛發酵之物質相遇者即可令其發酵速化分而有數分含淡氣物質變爲植物利用之品而植物質料中之死物質亦將變爲植物易吸取之物如骨粉發酵時其中哇西以尼變爲易消化之物質其中燐養料亦變化而與各酸質相遇以便植物根鬚之吸取儻此骨粉未經化分則無此情形

由骨粉魚廢料發酵之情形可見草煤並稭料及他種鋪料亦可令其發酵改良之博士配克爾詳細考知許多生物質中不變動之淡氣可由發酵法改良之則不易消化生物質淡氣變成易消化者然發酵之情形不宜過猛恐有許多淡氣將由此耗失也當發酵時微生物孳生繁衍而有禿克辛或妥孟毒物（禿克辛及妥孟均係動物死體之毒）結成少許此

毒物係易消化之淡氣物質而與植物中之似鹼類物相同可見發酵時必化成許多他種含淡氣物質作爲肥料之用

配克爾之試驗用數箱各箱中盛骨粉或魚圭拏一百磅許此料先與牛溺或糞三十五至四十郭式（郭式爲一軋倫四分之一）和之靜置一處任其發酵又有數箱亦盛此料惟百分數中加石膏十分其效如左表

所用質料	本淡氣百分中變爲易消化數	本淡氣中耗失淡氣數
一魚圭拏溺並溼石膏	四〇•四	

二魚圭筝溺甚溼無石膏	四八·三	
三骨粉糞水石膏初甚溼後乾	四六·六	四·七
四骨粉溺稍溼	八〇·〇	三九·二
五魚圭筝少加糞水不甚溼	四二·五	四·三

第三號之效與他試驗相同，卽表明石膏能阻發酵時淡氣之耗失（與第四號相較卽見），而第五號少加糞水，欲令其從緩發酵也。配克爾之意，發酵合宜者，其物質中熱度須法倫海表高過一百度，而發酵工將畢，卽見其熱度漸低。及熱度甚低，卽知其已畢，於是用叉翻動之，若嫌乾，再加糞水或溺，又令其發酵。然加數過多，則發酵又將過猛。凡骨粉一

百十磅加糞水二十五至三十斛已足

發酵情形與肥料同

此等發酵歷時久暫，全依初發酵時熱度之或緩或速，並堆積中物質之多寡而定。尋常爲骨粉或魚廢料，發酵三或四星期已足，此與福爾克論田莊肥料之發酵相同。據云糞料與鋪料初次腐爛，卽猛發酵，則肥料中物質變爲更易消化，以致易化生物質見其有增，所以新鮮肥料堆當斯時溢出之流質中生物質，較舊肥料堆溢出者更多。然發酵勢力猛極漸衰，至其終，則不動作，而間有發酵未透之物質，將漸收吸養氣以變化，猶緩緩燒之也，至久亦必盡化分

欲令和肥料發酵合宜，必須溼潤，當旱乾時，可灌牧場流質或水。若和肥料中有由利淡氣騰出，可加澄停鈣養燐料以阻之

稭料作和肥料

瑞典國家曾有限止稭料出口數之禁令，而王家田畝因稭料充牣，遂作爲堆積，高約七或八尺，灌水溼之，加磨碎之菜子渣餅，又溼之，令其變爲和肥料，堆面葢以泥土，厚約四或五寸，任其發酵，閱一月，再翻鬆而加菜子渣餅之水，及成爲肥料，運往田間應用。依此法爲之，稭料三十車

加菜子渣餅三擔，卽可製成。博士盤克斯脫蘭在兩月間得此肥料幾及三十車，詳細考查化分之，與馬廄肥料相較，其效如左表

	稭料和肥料百分中	田莊肥料百分中
水	七四·三六	七九·三〇
生物質	一五·六三	一四·〇一
灰質	一〇·〇一	六·六九
淡氣	〇·二三	〇·四一
燐養五酸	〇·一〇	〇·二〇
鉀養	〇·一七	〇·五〇

博士霍勃考究稭料和肥料中之變化將稭料剉細磨粉加以鉀養炭養阿摩尼炭養水又加牧場流質少許令其發酵閱三月熱度係法倫海表一百三十一度爲常度考稭料之重數已減其半所有寫留路司百分中已失五十六分而原稭料中有生物質淡氣〇·三九克蘭姆所加流質中有阿摩尼淡氣二·六四克蘭姆閱三月後稭料中生物質淡氣祇有〇·二四克蘭姆流質中阿摩尼淡氣祇有〇·四〇克蘭姆惟增生物質淡氣〇·九六克蘭姆可見有許多阿摩尼變爲生物質淡氣而原阿摩尼淡氣百分中失四十七分

博士待凡亦試驗之用煤氣鐙廠廢棄之阿摩尼流質與稭料相和計稭料二千五百啟羅加此流質九千列忒見其發酵甚速至第十三日更猛其中熱度竟過於法倫海表二百十二度有水汽騰出甚多並有許多炭養氣查騰出氣百分中有炭養氣三十二分而養氣極微蓋煤氣流質中之阿摩尼炭養與稭料中生物質相遇則腐爛化分而阿摩尼即與結成之呼莫克酸物質相并所以肥料堆底有黑色流質溢出且查稭料受養氣之變化成炭養氣騰出而全堆騰出之炭養氣有數分係阿摩尼炭養與呼莫克酸變化而成也

至十四日後發酵之勢力漸減騰出之炭養氣爲數亦減惟久延不息至四個半月後其動情乃止當此時觀其堆與半腐爛之黑色肥料堆相似查其重數計有四千二百啟羅較當初重數增三分之一於第三十三日取堆中之料少許查考之知其百分中有水八十分乾料二十分在該時未乾之和肥料中物質如左

法倫海表二百十二度易化騰阿摩尼淡氣百分中有〇·〇六七

法倫海表二百十二度不易消化阿摩尼淡氣百分中有〇·一三〇

生物質淡氣百分中有〇·四八三

淡氣共數百分中有〇·六八〇

此數較最佳之牧場肥料中所有者更多

糖發酵

論稭料或草煤或木料或他物製和肥料時之發酵情形可於糖發酵見之葡萄糖分劑式爲炭$_{六}$輕$_{十二}$養$_{六}$即百分中炭居四十分輕居六·六七養居五三·三三如加酵料於糖中其大部分變爲酒醋並炭養氣其式如左

炭$_{六}$輕$_{十二}$養$_{六}$＝二炭$_{二}$輕$_{六}$養丄二炭養$_{二}$

更有變成他種物質惟爲數甚少如各里司里尼㤁格西

尼克酸,儻加以布低里克酵料,卽將化分而成布低里克酸,並炭養氣,其中輕氣卽成由利,其式如左

炭$_{六}$輕$_{一二}$養$_{六}$=炭$_{四}$輕$_{八}$養$_{二}$+二炭養$_{二}$+輕$_{四}$

植物之賽爾外皮均係寫留路司,其分劑式爲炭$_{六}$輕$_{一〇}$養$_{五}$,受酵料之力,卽變爲更簡之物質,寫留路司百分中有炭四四·四四,輕六·一七,養四九·三九,而木質百分中有炭四十六至五十四分,輕六分至六·六五,養三十九至四十七分,並淡氣少許,木屑百分中有淡氣一分,枝葉百分中有淡氣二或三分,木質之分劑式,大畧爲炭$_{四四}$輕$_{四八}$養$_{二二}$,而草煤之分劑式,爲炭$_{二〇}$輕$_{二二}$養$_{八}$,觀糖之發酵有化分化合情形,卽可見木質草料受發酵之力,亦將有變化情形,而木質中之淡氣有一分或變爲阿摩尼或含淡氣之他物質

草煤作和肥料

以草煤合成和肥料,尋常用糞及魚廢料爲發酵之物質,溺與圭拏或牧場肥料亦可用之,畜血則不宜,因發酵時有劣臭也,然其臭與植物不相關,或論肥料之等級由其臭而定之,亦非是也

令其發酵之意,欲速成爲肥料也,凡植物中之機關,受發酵之力,在數星期或數月內,卽分散而成和肥料,若任其自漸腐爛,必歷時甚久,此可在榆樹根見之,榆樹已砍去後,其根本任其自然,雖能生黴菌等類吸取其中之物質,仍未能腐爛,若令此根本變爲木屑,加以合宜之發酵物,卽未歷多日,已見其變化矣,歐洲農家從前用織物廢料令其發酵腐爛頗有效,此等織物廢料百分中,有淡氣十二至十四或十八分,如以此料壅於土中,則變化甚緩,在溼土中七年或八年,尚能見其未化分之質,若與溺或圭拏水相和,令其發酵,則變爲速性有力之肥料也

凡生物質在原情形時,不能爲植物養料,必經發酵微生物之工作,乃變爲有用,糞溺或他物易腐爛者,其微生物發達甚速,所以織物廢料等與之相遇,將速消化,卽偶有未經化分之餘物,亦與當初原情形大不相同,古人云,不適用不變動之物質,以易變化之物質和之,亦卽變化眞閱歷之言也

如上所云,草煤受他項生物質發酵微生物之力,亦能改良,又前曾言有灰石之地土,可用數種草煤爲肥料,不必特令其發酵,當初掘出時,卽作成堆積,與溼空氣相遇,將自行發酵也,惟有數種草煤,必加合宜之物,令其發酵,變化其韌黏情形及酸性,然後能供給淡氣於植物,此等草煤實屬不少

有農夫云,凡草煤多遇空氣,可令其改變,此亦有理,且省

工費也然欲得最佳之利益必加以發酵物作成和肥料草煤與植物料相同其合宜之發酵料係畜糞馬糞而溺爲尤宜紐英格倫南方大都用魚廢料亦有用圭拏者每草煤五或六分以圭拏一分和之又如血屠家廢料魚廢料棉子餅肥皁廠廢料製革廠廢料人糞並他項動物植物易腐爛之料均可用之

如將病斃動物之肉料斬成小塊與草煤攪和甚均每肉一體積可發酵等體積之草煤若干倍惟其臭難當宜冬季爲之即在冬閒運至田速犁入土若用人糞製成之和肥料亦應如此以肉製成和肥料更有一難因犬常欲爬

開其堆積也

簡便和肥料法

居宅之廚房廢料櫃即係極簡便製成和肥料處如距房屋稍遠地方築一窖深三或四尺廢料即由櫃流入窖隨時將草煤及蔓草及房中廢物及收場肥料傾入之其窖宛如製佳肥料之小廠窖邊栽以冬青又用泥土鋪蓋以阻穢氣此法傳自上古羅馬人臘丁書中往往論及之

一千七百四十七年英國博士愛里哇脫言更簡便製和肥料法於大路旁設長闌令羣牛在闌內居宿閱一月移其闌而犁其地將犁起之糞土成爲堆積復設闌於此以養牛又閱一月又如是犁起糞土乃用車由大路運往他田此土因甚溼較更重又因與糞相雜較以前多四倍即以此料加於草田或穀田其效與純糞相埒此法製成和肥料與養牛在田令田土肥沃之意相同

和肥料功效在瘠薄冷性溼草地土可見之此等地土若不加此和肥料決不能產有用之植物司考脫倫北之小島及法國之瘠土其農家均取公田並荒地面土草土與糞料相和製成肥料壅之或以土作爲畜棚鋪料任動物踐踏於是作成堆積令其發酵乃壅之

蠔殼土

紐英格倫海濱有蠔殼類變成之爛土農家取之加於草田面其功效可抵收場肥料其厚層往往有十尺二十尺三十尺並有許多水族海族動物之迹而層面尚有活動之蠔類當秋季低潮時挖取載運至他處或在冬季用挖泥機器由堅冰下挖取之此等土中有活蠔殼之質與殼料變成之鈣養炭養相雜所以發酵甚速猶草煤與魚廢料攪和以令其發酵也此蠔殼土常作成堆積過冬至明春加於田可冀馬料並他植物豐收而肥力可歷數年苟蘭國亦頗有此土挖取甚便若加於耕種多年之田地尤爲合宜並能致力於燐料鉀養肥料以盡其利用

鹼類和肥料

最易發酵之物係易腐爛之生物質更有許多物質能令草煤等堆積中發酵凡烙炙鹼類如鉀養鈉養鈣養並阿摩尼均有此發酵之性而含鹼類之炭養鹽類物亦有此性即如薩里拉脫斯（即鈉養炭養與食鹽相和爲麪包之發酵料）並鈉養灰均有此功效若取土少許其中有生物質之迹者加以鹼類物令其溼而暖之其中生物質即速腐爛發酵馬牛之新鮮溺均有鹼性以試紙試之即變藍色反而言之酸質並酸性鹽類物能阻其腐爛博士配吞可福云糞溺有阿摩尼發酵之情形儻取出其鹼類物其發酵即止生物質之

所以能發酵或腐爛者均藉有鹼性也惟黴菌類雖遇酸質仍能發達又有許多酵料當發酵時因變成酸性物質過多致阻其發酵如用酵料令糖變成乳酸布低里克酸時須加鈣養炭養令其變成中立性如此其發酵可以久延

博士配克爾查知溼草地土加以鉀養水令其溼潤將收吸空氣中之養氣甚速乃考知致腐爛發酵之微生物稍加鹼類物其工作愈猛蓋含鹼類之炭養物最宜於發酵微生物之生長發達也有許多微生物苟遇淨鉀養或淨鈉養即將毀滅而遇鉀養或鈉養炭養物雖爲數甚多尚

能生活若將淨鹼類物加於有草煤之田中將速變爲含鹼類呼莫克酸或含鹼類之炭養

可見此情形與和肥料中之鹼類物有相關夫鈣養久知其爲和肥料中合宜之物矣又如柴灰草煤灰煤氣廠之廢鈣養並含阿摩尼之流質與鹽類相和者均有功效不特易腐爛之生物質可以發酵而草煤或黃沙土中腐爛物質發出之阿摩尼氣亦能致其發酵今美國鉀養鹼類物價值甚賤當春季可溶化於水而灌於草煤堆以加於田待其自行發酵頗能獲益

鈣養與草土等製成之肥料

從前有一製造和肥料之法掘取牆邊之草土或老草地土堆積於溝潭中加以鈣養或柴灰或動物洩出料一層再加草土一層任其發酵約閱數月乃用叉翻鬆攪和之壅於作爲馬料之苜蓿田甚佳亦可壅小麥並根物類而尤宜於輕土英國農家即依此法爲之

以下係鹼類與草煤作爲肥料自古以來傳授之法如草煤一百斗加柴灰十二斗並已濾過之柴灰二十斗草煤灰二十或三十斗煤氣廠或肥皁廠廢鈣養二十斗或鈣養十斗此鈣養臨用時須令溼或用食鹽水溼之或用鉀養綠養水令其鬆溼各層相間成爲堆積高三或四尺若

㜲乾以水潑之堆面蓋鬆草煤約厚數寸任其自然閲數月於是翻和甚均復用新鬆草煤蓋蔽之歷夏季之五六月其堆中草煤已盡腐爛即運至田閒壅入土中

用黃沙土羊毛廢料柴灰鈣養並鉀養鹽類物製成和肥料其百分中有水十分生物質四十五分淡氣一分鉀養五分燐養$_{五}$酸〇·五五其淡氣一分之〇·六六即變爲阿摩尼更有一種和肥料用織物廢料根物渣廢稭料黃沙土並鈣養與糞水製成者其百分中有水一六·五生物質二三·三淡氣一·八六鉀養一·七七燐養$_{五}$酸〇·一九

鹼類物消化生物質

今思鹼類和肥料之發酵蓋因植物質遇鹼類物而從速化分也即是鈣養或他種有力之鹼類遇植物質將收吸其所喜之物而化合其餘者任其分散由是變爲尋常腐爛情形而此情形必由微生物以致之大凡物質稍有鹼性者此情形更猛可由稭料木質製紙之變化見之凡稭料木質中之物質遇熱鈉養或鈣養水即由木料絲紋質中化出物質名凡司克路斯並柴倫爲成紙之料並有黑色流質此黑色流質中有鹼性而含呼莫司形物質若加以酸質令其變爲中立性即得呼莫司蓋與馬牛糞堆溢出之流質相同也

鈣養炭養爲和肥料

和肥料中用鈣養炭養皆以爲善有用蠔殼土者即此物也紐英格倫用已濾過之柴灰歐洲用數種草煤灰並木柴灰均是此意蓋鈣養炭養遇炭養水即有數分消化而令此水變爲鹼性能助發酵而生物質畧變爲鹼性則甚宜於微生物之發達以致其腐爛可見鈣養炭養繞道而令生物質化分並令微生物之蕃衍由是論之生草煤並他種不變動之物較鈣養柴灰鉀養之化學工爲遲而鈣養炭養又可令草煤之酸性變爲中立性既腐爛後又能速變成淡氣物質凡地土中有灰石並多水多呼莫司者

頗能得此功效花剛石料變成之土其性冷酸故功效較遲

凡草煤取出令受養氣之變化者遇鈣養炭養易變化成淡氣物質糞料魚並肉廢料油渣餅加以鈣養炭養亦有此效然生物質中速加鈣養炭養恐阿摩尼騰出所以堆積中宜加石膏少許以保護之令其變爲阿摩尼硫養以後即變爲淡氣物質

總言之獨以鈣養炭養加於和肥料中其功效不及淨鹼類惟與生草煤則鈣養炭養爲價最賤而最便可令草煤中之鐵養硫養變化並能改變他種酸性物質如由利呼

莫克酸硫强酸爲中立性

論製造和肥料不可輕視鈣養炭養之功效博士盧爾兹草已考知溼草煤加以白石粉可令其從速發酵而騰出之炭養氣較不用鈣養者爲多博士腦朴云鈣養呼莫克酸鎂養呼莫克酸並鉀養鈉養阿摩尼呼莫克酸在空氣中吸收養氣較淨呼莫克酸爲更速

呼莫司遇鹼類物速發酵

博士扺脫斯詳細考究酸性呼莫司發出炭養氣數並加以灰土令其變爲鹼性發出炭養氣數用無炭養氣之空氣經過獲效如下

一　取無產物稍有酸性之瘠土一列䢦其百分中含呼莫司二分在十六日間熱度爲法倫海表五十五度發出炭養氣不過〇·九二克蘭姆又取此土一列䢦其百分中加灰土依鈣養炭養〇·五數發出之炭養氣則有二·六二克蘭姆

二　取樹葉腐爛變成之土一列䢦其百分中含呼莫司五十八分頗有酸性在十六日間熱度爲法倫海表五十四度發出炭養氣〇·八五克蘭姆又取此土一列䢦其百分中加灰土依鈣養炭養〇·五數亦然卽是灰土不足令土中之酸性變爲中立也更取此土一列䢦加鈣養炭養三分則十六日間發出炭養氣竟有五·三五克蘭姆此試驗之效以變化淡氣法論之卽明葢令酸性呼莫司變爲中立性而淡氣發酵物卽孳生蕃衍也察炭養氣發出之多寡卽可見土中變化淡氣之遲速凡氣候熱度溼度合宜而土中有阿摩尼鹽類物稍有鹼性者則變化淡氣法甚爲迅捷然鈣養炭養之化學力甚微所有變化情形恐非專藉此也或尚有他種之變化耳

舊牆壁所墁石灰並肥皂廠廢鈣養不能視爲鈣養炭養因其中必有鈣養少許然均可令生草煤中之呼莫司變爲中立性以速其變化成淡氣又如煤氣廠廢鈣養雖含

有毒性之硫養類硫衰類並柏油物質亦可改變生草煤之酸性而預備日後將此草煤與糞料合成和肥料惟此等廢石灰爲此用不可過多

張森將鹼類物加於草煤中令其改良如下表每盆盛草煤二百七十克蘭姆

一　僅有草煤二七〇克蘭姆

二　草煤與嫩草灰一〇克蘭姆

三　草煤與嫩草灰與鈣養炭養一〇克蘭姆

四　草煤與草灰與陳石灰一〇克蘭姆

五　草煤與草灰與石灰並鹽

六　草煤與草灰與秘魯圭拏三克蘭姆各盆中均種珍珠米五顆用清水灌溉之俟其生長已足不復吸取土中之養料而吸取本體下節之養料即拔起令乾而考查之

	收成克蘭姆數	收成較數	收成重數與子重數相較
一　草煤	四二·〇	一	二·五
二　草煤並灰	三三·四四	八	二〇·五
三　草煤並灰並鈣養炭養	三八·四四	九	二五·五
四　草煤並灰並陳石灰	四三·二二	一〇	二八·五
五　草煤並灰並石灰並鹽	四六·四二	一一	三〇·五
六　草煤並灰並圭拏	五三·七八	一三	三五·五

觀上表草煤獨用不足爲植物養料草煤並石灰則較佳而加鹼類物則草煤中不變動之淡氣可變化而植物生長較盛三種鹼類之性各有不同而草灰獨用亦有鹼性之功效蒲生古亦早言黃沙土中加鈣養即能增其中阿摩尼數因黃沙土中呼莫司所含不變動之淡氣物質變化而成也

用石灰與食鹽爲和肥料

將草煤製成和肥料往往用鹽與石灰以代獨用石灰此非新法二百餘年前已行之化學師葛爾勃言用食鹽與石灰相和壅田最佳化學師待凡所著農務化學書云有識者以石灰與海水相和較尋常石灰更佳美國博士待那論肥料書亦云鹽與石灰並用之利益美國南方產棉花地廣用此法獲益甚大曾欲請國家免鹽稅而增利益夫鹽與石灰並用較獨用石灰或獨用鈣養炭養爲更佳者因鈣養二炭養與食鹽有化學之變化遂成鈉養二炭養而鈉養炭養可令草煤中較難消化之物質易消化也依化學之理論之食鹽並鈣養炭養與炭養並水相遇即互代變化而成鈉養二炭養並鈣綠和肥料堆中所謂鈉

養多炭養係鈉養炭養又炭養半分並非鈉養二炭養或炭養不及一分半惟較尋常略多而已總言之其中炭養分劑之多寡全恃當時天氣熱度並地土中炭養氣之數而定

用鹽與石灰製成和肥料之法以鹽滷灑溼石灰即以石灰粉與初由土中取出之溼草煤相間成層其石灰大分速變爲鈣養炭養又有數分變爲鈣養多炭養此因草煤化分養氣所以炭養有餘也於是鹽與鈣養炭養互代變化成鈉養炭養而鈉養炭養在堆中甚易敷布即與所遇之草煤變化

中编卷九　第七章和肥料

487

第壹分冊

凡地面天然所成鈉養炭養亦同此例如荒土所含之鹽與灰石相遇卽如此互代變化舊金山博士休爾茄首論斯理

總言之鹽與石灰並用較獨用石灰爲更佳乃一定之理然既知斯理不必取食鹽與石灰相和因鈉養炭養得之更賤更便如黑灰或鈉養灰或退納里甫島所產之排列拉卽不潔淨之鈉養均爲賤價之鈉養炭養也農家言地土中無白石粉類物而易變爲酸性者則用鈉養灰與草煤製成之和肥料甚爲合宜

鉀養較鈉養爲佳

鈉養灰之益因其價賤除柴灰價賤之處鈉養炭養可較鉀養炭養更爲便宜然鉀養價值今亦甚賤若作爲和肥料之用亦甚合算卽是淨鉀養亦爲植物所需之養料而淨鈉養卻無此利所以植物不得鈉養尚能生長而除價賤之外與鉀養相較並無他利益如用石灰者可以司搭斯夫脫鉀鹽代食鹽和之博士李別克之法如下取氣乾草煤一百磅鈣養二百磅用化楷尼脫二百磅之水化和之乃加骨粉或鈣養多燐料或澄停燐料一百或二百磅

石灰與糞料相和

糞當熱發酵時儻加鈣養或他種鹼類物能令其中許多阿摩尼騰化然尋常溼糞堆面蓋以石灰必有利益博士潘恩之意將石灰少許加於新糞或溺中可令其從緩化分因淡氣物質在新鮮時與石灰確有化合之情形也

華爾甫試驗如下將收吸空氣化散之石灰二百五十克蘭姆與新鮮牛糞在可容一立方尺之箱中攪和置於向北房屋內閱十五月任其腐爛初共重約一萬一千克蘭姆查其化失之水較淨肥料箱中所失者更多並較肥料與石膏相并者亦更多且查此石灰或加石膏之二箱中易消化之生物質數較糞料獨腐爛者爲少蓋石灰與生物質若干變成不消化之物質而爲石灰所羈留也惟查

其已經腐爛其中生物質淡氣無論易化不易化爲數較淨肥料中爲多

石灰與糞合成和肥料

法國西省地土由花剛石並端石所變成故少石灰而農家常用石灰並糞合成之肥料加之其法於田閒掘成長方形窖投入石灰以黃沙土蓋之此石灰速分散成粉乃用鏟攪和之運糞至窖邊而與石灰並黃沙土和料相閒成層作爲堆積閱二月壅田凡地土有酸性者加之甚宜然農家大都用鈣養炭養與糞料製成和肥料而不用淨石灰

用廢物作和肥料

除草煤外有許多廢物亦可依上法與糞與鹼類物作爲和肥料如草料樹葉並他種易腐爛之植物料其發酵情形前已論之更有許多物料如珍珠米稈番薯廢料蕎麥稈豆萁並活樹籬修翦之枝葉及鏇花木屑草土蔓草等均有善法可令其腐爛作爲和肥料較燒成灰者更佳

有時或將垃圾燒灰毀滅其中之黴菌類及蟲子草子等而以灰爲肥料然用沖淡之鉀養水灌之亦可毀滅蟲子等其生物質之淡氣亦可不致耗失當夏日既灌鉀養水後置於溼處腐爛甚速從前英國農夫收成哈潑草所得

廢棄之稈葉往往燒灰壅田不如令之令其腐爛更能獲益也如用鉀養爲不合算可用鈉養灰代之

將石灰十分或十五分加水鬆散和以青蔓草九十或八十五分卽從速腐爛至明春可壅田惟石灰毀滅草子不及鉀養之有力總言之鉀養或鈉養或和此物之炭養水毀滅草子較糞料爲更有力

歐洲農家將多蔓草之草料或鋪料與黃沙土相和屢用糞水灌之毀滅草子此猶從前美國南方用糞水滅殺棉子之生機作爲壅田之肥料也然情形畧有不同因草子有堅性不易腐爛往往堆積三年察視之尚有未死者蓋

發酵之力不足以毀滅之也

粗廢料之功用

粗廢料作爲和肥料歷時較細料爲久所以粗料之堆積宜大而各種粗料宜各成堆積常令溼若粗細料相雜則歷時更久

下表係各種粗料並其百分中所含水及淡氣及灰質數

	水	淡氣	灰質
小麥稈	五至一〇	〇·五	四或五
燕麥稈	八至一〇	〇·二至〇·四	四或五
苡仁米稈	八至一〇	〇·三至〇·五	五至七
大麥稈	八至一〇	〇·六至〇·七	五
蕎麥稈	一〇	〇·五至〇·七	五或六
豌豆萁	一〇至一二	一至二	四至六
馬豆萁	一二至一四	二	五或六
番薯	一〇或一二	一·五	一〇或一二
紅菜頭葉	八七至九〇	〇·五	一三或一四
紅蘿蔔葉	七〇	〇·五至〇·九	八或一〇
秋樹葉	一〇或一二	〇·七或〇·八	四至六
夏樹葉	五五	〇·九	二或三
榆樹鋸屑	二五	〇·五	一或二

松樹鋸屑	二五	○·二五	○·五
葡萄渣	四八	一·八	四至六
麥殼	八至一○	○·八	九或一○
苡仁米殼	一○或一二	○·五	一○或一二
苜蓿根	九或一○	一·六	九

總言之、田莊若有畜糞、須收拾粗料、與之相和、令其發酵化分、不可任其廢棄、而細料及草煤黃沙土等爲畜棚鋪料、收吸流質、已可致用、凡粗料作成堆積、似可不必費工翻鬆、以省資本、然翻鬆究竟有益或否、尚須考究

釀酒家哈潑草渣料

釀酒家廢棄之哈潑草渣、可鋪於豬棚中、成甚佳之和肥料、圃工甚以此肥料爲佳、因其中有許多生物質並淡氣、且腐爛周徧、可與泥土相和甚均也

哈潑草渣料遇溼則發酵甚速、然展開於空氣中又易乾、既乾後爲牛牢中鋪料、頗能收吸牛溺、既收吸溺、即可作爲肥料、此渣料如此治理爲最佳、若由釀酒家運出後作成堆積、因發酵而變熱、將騰出不佳之氣、有一種哈潑草渣料百分中有水五十七分、生物質四十分、灰質一·三、淡氣一·九一、燐養五酸○·八、又一種已乾者、百分中有水十分、淡氣三·三一、灰質並沙五·三四、淨灰三·五二、灰百分中有

鉀養一一·二七、燐養五酸二六·一、鈣養一四·七、鎂養一一·一、農家或以哈潑草渣料與釀酒家穀類渣料相和、飼動物、令其肥壯、動物初食之不適口、及慣則甚喜食之、查哈潑草渣料中物質分劑、與苜蓿相等、然羊不宜多食此料、因其中蛋白質料並炭輕料甚多也、所以專以飼牛羊爲不宜、而與穀類渣料或動物常食之他物料相和而飼之、未嘗不合宜也

熟和肥料

氣候不甚寒之地方、當孟冬時、用稭料及草土樹葉番薯廢料等、或竟用馬糞、遮蓋和肥料堆、以禦霜雪、而堆積中

可免冰凍、又時常翻鬆之、於暇時運至田、凡草煤等和肥料堆在冬季製之者、均可用此法、從前常見種南瓜等速生長之植物於堆面、不特得其遮蔽之益、且能收吸溼並助物質之變化成淡氣、然堆積中之水、被植物收吸甚速、致易乾也

有農學士之意、和肥料必須成熟、方可壅田、而欲其成熟、須歷數月或二年、隨其質料之品等而定、巴黎圃工所用和肥料、係黃沙土與馬牛棚肥料合成者、歷四年方爲成熟、其菜初種於肥料中、即所謂熱牀、如氣候寒冷、用玻璃蓋護之、及稍生長、乃遷移於尋常地土

和肥料應早爲預備可應田閒需用最佳之法莫如先後預備可依次供給所謂成熟者欲令物質中之淡氣並他料變爲最適用之養料即是肥料中淡氣變爲含阿摩尼物也然最多之淡氣已變爲阿美弟式既壅於田可速變爲阿摩尼並淡養物

翻鬆和肥料之意欲令空氣多透入更發酵也

此意從前博士考倍脫論之如下肥料中發酵功農家固知之如在六月閒取小路旁或窗外或馬廄旁之草土二十車堆積高一尺刈割蔓草類二十車加之又加上所云之草土二十車閱三日此堆積騰出氣霧以手按之覺甚

熱又數日熱漸減而堆積漸低一星期後翻和甚均察視草類與草土已腐爛既翻後又將發酵惟不及初次之猛烈又閱七日又翻之至第三次翻之得肥料四十車可抵牧場肥料二十車之功效爲菜圃中用殊爲合宜若更用柴灰或蠔殼土或骨粉或他種催生長之物料和之則彌佳也

博士密勒云用靑蔓草製成和肥料須加泥土或溼土或他項沖淡之物質否則因熱極易生火如堆積甚大者尤易有此患既成熟後用刀切之無異乳油加於田土極爲肥沃此等肥料之猛發酵者必係阿摩尼發酵也

製和肥料可省工夫

空氣透入肥料堆可助其變化成淡養並淡養物質惟較深處斯效不易得故翻鬆之也然用草煤或糞製和肥料者翻鬆之法宜畧計算所費工夫並價值與所得之利益能相抵否或所費工夫並價值用於轉運或另製和肥料堆爲合算亦不能定也

園工製此和肥料自必時常翻鬆令其成熟可供上等花草所需若爲田畝則需肥料甚多雖係粗料亦屬無妨更可購鉀養淡養或阿摩尼少許以助粗肥料之功效

蒲生古查考法國各田莊並園圃所用之舊陳和肥料均

有淡養物質不少乾和肥料百分中有鉀養淡養如下○·○八三　○·○九四　○·一○七　○·一五一等樹葉製成和肥料百分中有朴硝○·五五一上所云○·一○七之數係馬糞並黃沙土合成之和肥料堆積圃中已經數月

遠離居宅可製和肥料

和肥料可離居宅而製之如距宅較遠之田地需肥料者即在該田掘取池泥或草煤或草土於是載運糞料或石灰或柴灰和之此即因地制宜之法然近田莊屋之處亦未嘗不可察其宜而製之也

春閒之肥料成大堆積者圃工往往翻鬆令其發酵增熱

度此熱肥料加於寒土可得暖氣春生之豌豆菜蔬可早出售得善價此法以馬糞爲最宜凡畜糞雜有稭料者較佳於雜草料圃工如此爲之令地土得暖其理與熱牀相同每英畝用此等肥料二十五考代足以催逼植物速生長蓋不特增土之熱度且增許多淡氣也

和肥料如飽足養料之土

和肥料可作爲飽足易消化之植物養料之地土有許多植物得其利益較勝於淨糞所散植物子在和肥料中較在淨糞中更易發達因新糞易令子腐爛而熱糞或易燒滅其子也且根物如紅菜頭番薯等當幼嫩時其根鬚不

甚長往往極力透至稍遠處尋吸食料若將飽足養料之肥料供給之是爲最宜

此等肥料散於牧場或草地面亦甚佳更有地土如乾沙者加以糞料不易化分而加此肥料頗有功效

和肥料係多微生物之泥土

和肥料中微生物甚爲繁衍故可令地土速發酵而增肥度蓋能將土中所有物質變成利用之品並由空氣中羇留由利淡氣此情形可在加成熟肥料之田與瘠土相較而知之如溝邊路旁並開築鐵道旁之地土竟有數年不能產物者因土中無微生物工作致肥也即是不得合宜

之發酵而地土久瘠也儻稍加佳和肥料則微生物易於發達植物即易生長惟地形過斜所加肥料易爲雨水沖失宜開橫溝令雨水流至合宜處則斜面不致沖成許多小溝

含燐和肥料

製和肥料時可將含燐料如磨細之含燐鑪渣料或乏羅里苔省燐料製糖廠廢骨炭及骨灰及磨細圭拏或磨細殭石料等和之惟此法易有弊宜謹慎

加燐料之和肥料可速令物質腐爛蓋燐能供養微生物也如肉料及魚膏中稍加鈣養燐養可令其腐爛更速

乾黃沙土或令肥料變壞

前云草煤黃沙土或稭料與糞料相和可保護此肥料即是肥料堆用黃沙土蓋護合法者則耗失淡氣極少然乾黃沙土或乾草煤爲數甚多而與糞或溺相和且令空氣透入則堆中淡氣之耗失必多因空氣透入過多則含淡氣之生物質遇空氣中之養氣將從速收吸變化即有許多由利淡氣騰出所以空氣中之養氣逕入肥料堆亦爲不宜

吉百生云血或血水在空氣中將腐爛時加以黃沙土水此黃沙土中之微生物令血發酵當時即有由利淡氣騰

出此試驗卽知此黃沙土中微生物發出之淡氣與尋常變化淡氣法不同凡發酵肥料或他種腐爛生物質中有淡養物質者其養氣爲他物所化合卽有許多由利淡氣騰出

腐爛時淡養物質之淡氣有耗失

博士塔開云溼生物質當腐爛時儻有淡養物質和在其間者卽有許多淡氣騰出如將紅菜頭苜蓿葉肉料並麥粉小粉糖攙和任其腐爛而不加淡養物質則無由利淡氣騰出若加之則淡養物質將速化分而有許多由利淡氣洩放並有淡養酸騰出儻以此腐爛物質置於養氣中

則淡養物質之化分較少惟不能悉阻之總言之由利養氣愈少者淡養物質之化分愈速可見淡養物質之化分乃因腐爛物質中微生物收吸淡氣物中之養氣也

博士愛倫盤格又查知此情形在無養氣時腐爛物質有許多由利淡氣騰出因其中已加淡氣物質也若將腐爛物質置於淨養氣中未歷多時卽無淡氣洩放因發酵微生物用由利養氣而不用淡養物質之養氣也

乾黃沙土中微生物收吸養氣

黃沙土中微生物侵蝕腐爛物質而令淡養並淡養之淡氣洩放並非淡氣物質有變化乃因肥料藉微生物之工

作緩緩化分所致也凡乾土或他種鬆疏物質攙和於肥料中而空氣甚易透入則多與生物質相遇以發達其酵料

予曾詳察已乾數月或數年之黃沙土與肥料相和卽緩緩化分而發出炭養氣

前云糞堆中自然腐爛外尚有安衰以羅別克酵料可不需空氣以致其腐爛此二項腐爛外更有所謂緩性腐爛卽受養氣之緩燒也此情形亦由微生物所致惟有空氣乃得此效凡鬆肥料堆並田間呼莫司之腐爛均由衰以羅別克酵料之工夫其堆中則有無需空氣之酵料所以

堆內外之發酵情形不同凡植物之面動物之皮鳥之羽並地土面與空氣相遇則空氣中之微生物因較空氣爲重漸漸停止若灰塵然此情形甚易明試取久遇空氣之泥土或他物少許置於可養育微生物之液中不逾時取液數滴用顯微鏡察之卽有許多微生物此微生物卽由少許物質中敷布繁衍也博士考克依此法察視地面之土中有無數微生物又取二尺深之土察視之則微生物甚少在三尺以下竟無也

如上試驗寬鬆肥料堆之收吸養氣有數分係物質化分而得並非盡由空氣也如炭如絨如絨形白金質均可收

吸穢濁之氣而滅之、即是此等物質有化分氣質之功、而將養氣收吸以解惡毒之氣也

寬鬆物質收吸養氣

寬鬆物質有化分之功甚易表明、如將一鼠或一松鼠之體埋於骨炭中、閱數星期啟視之、鼠體之腐爛物質均不得見、祇賸骨與毛而已、且當時除稍有阿摩尼氣外、並無他穢氣、蓋哀以羅別克酵料藉鼠體之血液從速工作化分而穢濁之氣均爲炭質所收吸分剖也

炭質解毒有三要言、一有毒之微生物入炭質中而空氣又易入、則哀以羅別克酵料將此毒物化分、二炭質又能

收吸化騰之物質、三收吸入之物質將互代變化、蓋炭質收吸穢濁之物並空氣而空氣中之養氣與穢濁物相遇密切、即令其受養氣之緩燒以改變之、如歐洲大城鎮之大陰溝、其洩氣洞口、罩以鋪炭屑之篩、穢濁氣由溝洩出、即爲炭羃留不致有害衞生

或將柱端畧燒成炭質、於是入土、其意欲保護木料與上所云者不同、即是火燒木之外層、令其中淡氣並小粉類質變壞、否則此等物質爲溼土中微生物之養料、木既成炭則無養料可得、並能保護內層物質、蓋木料受高熱度時變成一種黑柏油類物質、能保護未受火處之木質、而禦微生物之侵蝕、然歷年久遠、外層成炭質者尙無恙、而內層仍不免腐爛

乾土亦有除穢氣之功、其情形與炭質畧同、凡死動物或穢物必須埋葬者、即此意也、然此等物質即可由此設善法而與泥土製成肥料

鬆土有消滅穢物之功

泥土能消滅穢物者全恃其寬鬆也、土質愈鬆、其功愈大、溼土之毛管已爲水所阻塞、故功效較次、凡肥料堆中必須有鬆乾之處方能得斯效

各種定質在空氣或他氣中、其面必與空氣相遇密切、而

沾染之、如白金或他物質鬆者、其細孔尤多、而相遇尤爲密切、又如人所吸之雪茄煙、亦能沾染於窗簾並羊毛織料上、所以泥土頗能收吸阿摩尼炭養氣也

定質面所遇之空氣或他氣一層、均係壓緊、故與物質易於化合化分、空氣存儲於物質中、即可供微生物之用

所用試驗之物質或鬆或密各不同、故難考定其功效、而不能判斷所用物質爲製尋常和肥料者能否保護之、抑損害之、華爾甫曾取甚細炭粉一百五十克蘭姆、與牛糞相和、盛於一立方尺之箱內、置向北室中、閱十五月、初權此和料、係重一萬五千克蘭姆、更有一箱全係牛糞、彼此

比較有炭粉者耗失數未見其更速惟以後查其淡氣較多也

博士斯坦福取肉料並溺並糞各與炭相和密蓋於盆歷夏季數月考其耗失淡氣數極少此試驗時因物質甚乾不易收吸養氣也故欲令微生物與生物質相變化須略溼則工夫較速

加土於糞窖變壞肥料

乾土鬆疏易收吸養氣故與除去人糞之法甚有關係卽將乾土速蓋於糞或用黃沙土或用含泥沙土均可若用煤灰則塵甚多

尋常茅廁往往有大管管與櫃相連以乾鬆土盛於櫃由管入之令糞料變乾更有一管與櫃可令和土之乾糞入櫃以便隨時運往他處

人糞以細鬆乾土蓋和則毫無穢氣卽是阻其發酵而除其臭氣也凡泥土一桶可屢次用之俟其飽足糞料於是運往他處察其情形似黃沙土又似柴灰除稍有阿摩尼臭外竟難別其爲糞臭殊有益於衞生惟較水沖法爲次耳更有一法以炭代土用過後可燒而復用之

從前鄉鎮地方加土於糞之法與農務亦有益因肥料中之有用物質雖不免變壞耗失而較用他法尙爲佳也

然用乾土之法究不能保護肥料因所用之泥土必須甚多始能收吸流質而泥土中之微生物將糞料變化消滅其淡氣爲泥土所羈留者極微

福爾克試驗糞窖中用過四次之黃沙土每次用火燒之其百分中淡氣不過〇·三九鈣養燐養五一·五鉀養一分又三分之一更試驗略不同之泥土已用過五次燒過四次至第五次任其自乾百分中有淡氣〇·四一燐養五一分鉀養〇·六六而無含淡養三之物質

又試驗衞克斐爾牢獄中加土之糞料獲效如下表其泥土以二百十二度熱度乾之

	未用過	用一次土	用二次土	用三次土
生物質並成體所需之水	九·八八	九·七九	一一·五三	一二·三三
鋁養三並鐵養	三·九五	一六·二五	一四·二一	一三·四八
燐養五酸	〇·一八	〇·二五	〇·四四	〇·五一
鎂養	一·四四	二·六三	〇·七七	〇·九〇
鹼類並失數			〇·七二	〇·七四
不消化之土並沙	七一·九九	六八·九三	七〇·三〇	七一·〇一
淡氣	〇·三一	〇·三七	〇·四二	〇·五一

此係花園含泥之沙土當用時其百分中有水十分已用

過者有水十二至二十二分含水之多少依天氣而定

觀上表用過之土所增淡氣甚微燐養五酸增數較淡氣爲多然亦甚少用過三次者每噸中所有燐養五酸罕有過於十磅用過一次者所增淡氣僅較未用過者多〇·〇六燐養五酸〇·〇七

博士葛爾勃取氣乾之黃沙土十四擔篩之待用將此數用至〇·三三至〇·五〇則糞窖已滿於是運出溼潤甚均而糞料紙料莫能分別鋪於地板待其乾再篩而用之試驗之效如左表

	未用過	用一次	用二次
二百十二度熱度烘乾已篩之氣乾土	八·四四〇	九·九七〇	七·七一〇
已篩之氣乾土百分中淡氣	〇·〇六七	〇·二二六	〇·三五三
烘乾已篩之氣乾土百分中淡氣	〇·〇七三	〇·二四〇	〇·三八三

觀上表用過二次之土尚不及花園黃沙土所以載運至遠處殊不合算英國農夫之意茅厠中用過之土儻速運至田植物尚能得其益每英畝加半噸至一噸則馬料番薯葱頭等頗能發達

衛靈試驗法

美國紐英格倫之紐帕脫地方有人名衛靈取乾土二噸屢次用之考其究竟能用若干次此乾土係黃沙土一分與煤灰三分相和其糞窖每年滿六次每次取出糞土堆積於通氣之窟內令其自乾復用之如是六次送請博士考驗似與初時相同毫無臭氣以手指擠之並察其功用亦與初時相同

博士阿德華忒查用過十次之糞土其百分中有溼〇·三一生物質並易化物質一〇·七二燐養五酸〇·三七淡氣〇·二八可見除燐養五酸畧增外未嘗改良十倍似糞溺與此土並灰不相關

衛靈以爲入於土中之肥料爲數不少因此茅厠曾受四成人之糞溺六年而每一成人每年洩出糞乾料二十三

磅溺乾料三十四磅惟溺祇有三分之一歸入茅厠依此計算共有乾肥料三十四磅尚未計及其紙料所以四成人在六年間洩出乾肥料過於八百磅而其中淡氣過於二百三十磅

由博士之試驗乃知二噸料中所有生物質及易化物質僅約四百磅此數中尚有數分爲二百十二度熱度不能逐出之成體所需之水且黃沙土未用之前本有生物質若干而用過之後其淡氣僅有十一磅福爾克曾查未用過之黃沙土中淡氣亦有此數可見糞料紙料中之生物質均爲黃沙土所消滅也

張森初亦試驗衞靈之茅厠糞土和肥料，惟年分較少，其效與後阿德華忒試驗者同，甚爲詫異，所以衞靈不肯報告，及阿德華忒試驗此料，屢次用過，已歷十年者，仍無以異，於是報告焉

於此可見乾土竟有消滅物質之力，故用作畜棚鋪料，殊不合宜，從前人以爲羊糞較牛糞爲乾，故用黃沙土爲鋪料，可保護之，由今思之，適因其乾，更易消滅肥料之功效

人糞和肥料

農家拋擲草煤或黃沙土於人糞窖，製成和肥料，其窖係特設，或將較多之草煤加於尋常窖內，於是陸續取出，作

成緊密堆積，而堆底並堆面均鋪蓋草煤一層，任其發酵

此與黃沙土攪和之法不同，實係尋常製和肥料法，即是以糞爲酵料，令草煤中不變動之物化合成新物質，爲植物養料，而草煤本有解毒之性，可令糞中物質不致因發酵而耗失

在鄉閒此等窖以淺爲宜，因深則不特易爲傳染病之源，且清潔治理亦有許多困難，大槩人不喜用人糞爲肥料者，因舊式糞窖有非常之劣臭騰出也

治理人糞法

欲遷移上所云之草煤與人糞和肥料，可用大箱或大桶或舊垃圾車裝運至田，則臭氣較少，車尾有捎拔起，則門開，凡遷移此料，須擇合宜之時，並擇合宜之田，旣加於田，速犁入土，血肥料亦然

奧國農家遷移人糞料之法，用盛火油舊桶裝運，桶旁有耳，可穿槓棒，以二人舉之，或裝輪推行，至於窖邊傾入之，乃散草煤或苔類，令不見糞流質，其散草煤有特別器具，後將此料由窖運至田，用叉或鏟或特別器具散布之，據云此肥料七或八車，可抵牧場肥料二十餘車，凡窖中肥料，宜速取出，否則上層壓緊下層，致乾溼不均

如閱三月取出，則最下層之料變爲輭而臭，惟上層臭氣

不多，甚爲合用

拖綵敦城內，今尚有多數人糞運至田莊，作爲肥料，而此肥料似稠厚之污泥，然農家合用者，乃新鮮乾堅糞料，而污泥形物，已經腐爛，或已沖淡也

數十年前用人糞較今爲多，當時或設法使糞流質流至田閒收吸入土，於是犁而耙之，或在田隅約二十或三十尺直徑之地，犁鬆築岸，以盛糞料，任其收吸入土，乃將在空氣中已經一二年之黃沙土或細草煤散其上，再加石膏，待其畧乾，用叉翻和，於是壅田，農家喜用此和肥料，以爲勝於新鮮糞料，蓋其中已變成許多淡養物質而加以

石膏亦甚合宜也

歐洲更有一法於田間各處掘成淺潭其直徑約二或三尺以盛糞料如此製成和肥料壅田較易

人糞實有危險

從前以爲人糞腐爛時將變成數種化學物質有害衞生將糞留於厠窖更有危險由今人之意識度之未免言之過甚然人糞腐爛發酵當猛烈時易致危險實有是理葢人糞中有微生物孳生繁衍爲傳染病之根源如痢疾傷寒急痧爛喉痧等病往往由此致之糞料中更有一種特別微生物如流布於水土中其危險更甚而不甚毒之

微生物亦能致泄瀉或皮膚損傷處發炎凡患此病而又加以空氣不淸則較弱之人竟能殞命

除人糞外更有他種肥料亦能致非常之危險其重者爲牙關緊閉之病葢爲馬糞中一種微生物所致如鐵器等件或草料或指刷損傷處之物稍染此等馬糞者卽生此危險醫院中或有病人忽患此病由於鼻觸馬糞臭致之也

卷終

農務全書中編卷十

美國哈萬德大書院農務化學教習施妥縷撰　慈谿舒高第口譯　新陽趙詒琛筆述

第八章

用肥料法

用肥料之法不一而合宜與否殊難判斷如拖絲敦近郊紳士之田地當晚秋或初冬鋪牧場肥料於草田面往往因地土將冰凍或下雨沖失肥料也

此法來自歐洲而歐洲天氣和暖總言之冬季加肥料於田面宜於平原不宜於山坡因加於山坡之肥料恆爲雨

雪水沖失而不能飲吸入土也

散布新鮮肥料

歐洲人之意不論在冬季或否於暇時速運牧場肥料於田紐英格倫農家亦有如此爲之者工夫及馬均屬省便也

儻輕土易洩漏者加肥料於面土殊不合宜肥料中不易化之物質久留地面變爲似乾草煤形無益於植物之生長歐洲農家當春天加牧場肥料於穀類以補救其受冬寒之困難若冬閒未受困難而遽加之爲日光曝乾甚無益也

肥料埋壅土中合宜之深淺

埋壅肥料其深淺之度合宜則可得土中之溼潤然爲數亦不宜多因空氣不易透入也在輕鬆土埋壅須稍深夫埋壅肥料之深淺與地下層水並天氣之乾溼均有關係若在夏季降暴雨能令面土及肥料得足數之溼而在秋或春須有大雨方能霑足

田地之下層土須含有足數之植物養料其養料大抵爲死物質或淡養而非牧場之肥料欲爲此計莫如將屢次產物之土翻入下層而以深土作爲面土再加肥料

勞斯並葛爾勃云下層土中藏儲之養料可備旱乾時所

需甚爲有益如一千八百七十年植物至秋閒尚應茂盛適天氣甚旱見田地常加鈉養淡養並金石類肥料者所產馬料頗盛而近處田地常加馬廄肥料甚多者不免荒歉下表係三田每田一英畝每畝產馬料擔數若干可見淡養之功效

所加肥料	一千八百七十年擔數	一千八百五十六至七十年收成中數	七十年較少數
無肥料	五·七五	二二·七五	一七·○○
金石類並阿摩尼鹽類	二九·五○	五二·三八	二二·八八
金石類並鈉養淡養	五六·二五	五七·六三	一·三八

一千八百七十年旱乾未加肥料之田收成數較折中數幾減至四分之一即是此年收成數較以前十五年閒無論何一年爲更少矣

第二田加金石類肥料並阿摩尼鹽類此阿摩尼之性能藏儲於土中故當此旱年收成數雖較常年爲少而較第一田爲豐稔矣

第三田加金石類並鈉養淡養當此旱年收成數甚豐惟暑減於常年足見鈉養淡養易化入深土而待植物根鬚透至其處吸取之可因此而得地下層水然則此田植物所得之水較無肥料田爲多矣

加金石類並阿摩尼鹽類之田所產馬料因養料敷足而茂盛蓋植物全賴面土深土藏儲之養料並溼潤也

各草各有合宜之肥料壅阿摩尼鹽類者其葉稈壯茂而根物等壅此肥料不免歉收宜壅以鈉養淡養

總言之深壅肥料當旱時大有益於植物且查知壅淡養肥料所產草類果能從下層土中吸取水甚多所以旱乾時無患其不能得水也

可見埋壅肥料之深淺於各植物亦各有合宜與否因各植物根之性不同而大小不一也如穀類能敷布其求食之根鬚有數種苜蓿亦然若紅蘿蔔或紫花苜蓿所需肥

料不可埋壅過深爲農夫之上計應將一田分作小區壅肥料深淺各不同於是種植物試驗考究之

埋壅肥料試驗法

麻賽楚賽茲省之農務會於數年前將一田分作五區以三年輪種其中四區均加肥料

第一區所加肥料犂深八寸第二區犂深四寸第三區罯耙於面土中第四區散於田面

試驗後則知犂深八寸者最宜於穀類罯耙於面土中者最宜於大珍珠米犂深四寸者最宜於馬料然農夫從事

宜深淺一律則四寸爲最便其次爲罯耙即是將田土耕犂鬆疎於是加肥料而耙之非於同時將肥料犂入土中也論及圭拏散於田面較深壅爲佳

如此試驗後植物之品類與地土之性情亦有關係穀類種於重密土其肥料深壅爲宜種於輕鬆土淺壅更爲有益由此而推與耕犂亦有相關也

凡此等試驗農家宜相度地形之如何並瀉水層之道路並吸引水之易否雨水之能羈留否更宜考土中呼莫司之化學性能否有變成淡氣之工夫

加肥料宜與土密切

埋壅肥料無論深淺若何而敷布於土中須密切均勻乃可供養植物生長一律若有大塊肥料深埋土中雖歷數年不能變動所以肥料宜用叉再三翻和令其熟爛乃用之有一法先以肥料在冬天或早春鋪於草田面擇成塊者令其鬆細然後耕犂而用有刷之耙鋪開之

秋間犂壅肥料於土中爲備明年種植物之一法儻地土輕乾者依此法爲之可免春閒因擾動地土致失溼潤膠土田在秋閒耕犂而加肥料亦爲有益可免春閒因加肥料而有踐踏堅實之弊且此時可令肥料與泥土相和甚均以省春閒之工夫英國種根物者往往從此法據云可

令肥料與植物子並根不致逼近即如種孟閣爾其肥料須稍離若過近則肥料中之草料並成塊者能令根物形式不佳總言之埋壅肥料須得最合宜之法乃可供養植物

下表係特海蘭在含石灰之鬆土試種飼畜之大珍珠米一田深壅肥料一田加肥料於面土

肥料七四〇〇〇啟羅	收成啟羅數	
	一千八百七十八年	一千八百七十九年
深壅肥料	七八〇〇〇	八七〇〇〇
面鋪肥料	七一六〇〇	八五〇〇〇

後又依此法試種番薯不如珍珠米之頗有參差至次年種小麥深壅肥料田收成較佳

肥料可令地土發酵

用肥料之大意欲令植物根鬚得其益也所以肥料必須適用爲貴而深壅之法更欲得其化學性如田莊肥料並他種多生物質之肥料可令土中物質速發酵則呼莫司中不變動之淡氣並死物質可變化而爲植物利用在輕土遇旱乾壅肥料宜更深以免變乾而不能發酵由此可見肥料與和肥料之別因和肥料在土中不能有腐爛發酵情形也至淨糞料在土中最易發酵

新鮮肥料埋壅土中其初發酵係阿摩尼馬歇爾查知蛋白類質水與尋常土中所有微生物相遇則變成阿摩尼即使酵料並黴菌類與蛋白類質相遇亦變成阿摩尼博士孟紫並科唐將三種土與乾血相和用法倫海表二百四十八度熱滅其微生物乃取數分加未經燒過之黃沙土其餘數分則否均以清水溼之不與空氣相遇閱六十七日查加黃沙土之百分中有阿摩尼如左表

香賓地方含石灰土	阿摩尼	○·一一一
花園黃沙土	又	○·○九八
草地土	又	○·○四一

未加黃沙土者歷二年半後查無阿摩尼

然肥料並土中含淡氣物能變爲淡養者亦甚有關係由此論之和肥料實較淨糞料更勝如新設之硝場必加以舊硝場之土少許而名之曰硝種今則知加以此土能生淡氣之發酵而佳和肥料猶舊硝場土也能爲發酵微生物之種令田土中呼莫司變化成淡氣物質所以和肥料之功效較淨糞料更速蓋淨糞料須經熱發酵乃能如此也

泥土濾性

農家以爲肥料不可埋壅過深恐泥土化出肥料中之淡

養物質也此意不甚確因雨水雖能沖失肥料中物質而土中有雙本矽養𩐌留易化之物質甚有力惟鬆土之開隙中淡養物質固易變成而易爲久雨沖失即是由泥土濾失也據云德國沙土當久雨時濾失此肥料以致不能產物而於草之養料之害更顯

肥料加於鬆土面之益大約因其變成淡養較速也總之含石灰之鬆土加以肥料最易濾失必不能歷久而又不能屢次加之

藉田土合成和肥料

淨糞料壅於田與泥土相和甚均即成和肥料猶作成堆

積與呼莫司等合成和肥料也而此法更爲便捷省費凡農家可將新鮮田莊肥料犁入土中或將他種肥料加於草田或休息田於是翻壅入土俟野草生長甚盛又翻壅之爲發酵料

發酵肥料熱度

圃工恆將馬糞多加於田地可得足數之溼而不憂旱乾之害且在早春馬糞發酵時生熱甚多可令早植物速生長博士衞格奈曾考知天氣不下於法倫海表五十度時馬糞和於土中可增其熱度如肥料中多淡氣其熱度更高葢發酵較速也牧場流質亦能速發酵而增熱度石灰

亦有此功惟較遜耳傳熱最猛時節在加肥料之後當天氣合宜其熱可較久如每英畝田加馬糞四十至四十四噸者其熱度可歷四或十二星期由微熱高至一度以中數計之爲〇·二至〇·七度二星期間熱度中數係一度又查知增熱度最多者爲豆草肥料竟高至五度新鮮馬糞能高至一度

孟紫並齊拉待查知馬糞肥料堆在第一之數日間發酵熱度竟高至一百七十六度而常有一百五十八度所以書中言馬糞肥料因熱度過高而生火也有人名樵柱生在日本東京試驗用無底籃深一尺埋於土中其邊與地

面齊籃內盛以該處火山洩出之灰形土此土百分中有呼莫司七或八分又加半腐爛之肥料少許每籃插一寒暑表深五寸在一千八百八十九年自十月二十九號至十一月二十一號記其熱度之高下每五日總結而得熱度之中數如左表

每英畝加肥料數	八十噸	四十噸	二十噸	十噸	無肥料
十月二十七至三十一號第一期	六五·一	六三·一	六三·八	六二·五	六○·五
較無肥料所增熱度	四·六	二·六	三·三	二·○	
十一月一號至五號第二期	六二·二	六一·三	六○·二	五九·五	五八·五
較無肥料所增熱度	三·七	二·八	一·七	一·○	
十一月六號至十號第三期	六○·四	五九·三	五八·四	五七·八	五七·二
較無肥料所增熱度	三·二	二·一	一·二	○·六	
十一月十一至十五號第四期	五六·八	五六·二	五五·三	五四·八	五四·七
較無肥料所增熱度	二·一	一·五	○·六	○·一	
十一月十六至二十二號第五期	五二·五	五一·六	五○·一	四九·八	五○·八
較無肥料所增熱度	一·七	○·八	丅○·七	丅一·○	

土中熱度減數依糞料所減之數而定表中有熱度反減數此因肥料變爲呼莫司留水之力較增至此水化騰減其熱度也

晚秋早冬闌羣羊於草田其草雖遇寒冷依然綠色而他

田之草已枯，山草牧羊處當此時亦似得泉水而壯茂，凡山樹林之界以上，在夏季牧乳牛者，至冬季尚有茂草，須經嚴寒乃枯

欲改良田土，須有發酵並宜於植物生長之情形，糞料發酵，可令極嫩植物當寒冷時，得所需之熱度，然有時能因發酵致泥土有空隙，容水成冰，反較未加糞料之細土熱度更低

製造肥料用法

前所論者，均係田莊肥料埋壅法也，至製造肥料亦應考求良法，布散均勻，如鈉養淡養$_{三}$可用簡易法布散於田面，

因其易消化吸入土中也，而阿摩尼硫養$_{三}$骨粉油渣餅魚廢料，須深壅於溼潤之土中，方能變化淡氣，而骨灰骨炭含燐圭弩埋壅宜更深，此類肥料與鉀鹽之用法最佳者，第一分於未犁前加之，第二分於橫犁時加之，第三分於耙田前加之，如是可令其敷布均勻，尋常圭弩並鈣養多燐料，亦須用機器散布於土中，與泥土相遇密切，乃得效

肥料攙和密切之功

博士封克將鈣養燐料與鉀養硫養$_{三}$相和，在黃沙土田第一區散布此肥料於面土，第二區犁此肥料於土中，深八寸餘，在秋閒加此肥料後，令其休息，及春夏時散苜蓿子，第一年加肥料於面土者收成較佳，第二年深壅肥料於土中者收成較佳

總言之，肥沃田地須用深壅製造肥料法，蓋此等田土頗有收吸力，能令肥料敷布均勻也，批脫曼云，若種製糖根物而加阿摩尼硫養$_{三}$及鈉養淡養$_{三}$者，亦須深壅，庶與泥土相和密切，據云此等肥料鏟入土中者，較用耙或鋤入土中為更佳，而肥料與子同加於田，將阻子之發達，儻少雨水，阻礙更甚，以致有害，縱令氣候合宜，亦較遜於先壅肥料而後散子者也

批脫曼在一千八百八十一年試驗園圃田地，每田有二

十三平方邁當，於四月閒鏟入鈉養淡養$_{三}$鉀綠並二鈣養燐養$_{五}$合成之肥料，依每英畝加八百八十磅之數，即是每一田地加肥料二千三百克蘭姆，肥料百分中有淡氣三·六九，鉀養六·三九，燐養酸$_{五}$六·二一，其效如左表

一千八百八十一年收成數如下

	黑克忒田收成啟羅數	收成增數	
		啟羅數	百分中增數
無肥料	一七六五七		
肥料耙入土	二二九五〇	四九三三	二七·九
肥料鋤入土四寸又四分寸之三	三二六七四	一五〇一七	八五·一

肥料鑱入土八寸又四分寸之三	三八五四三	二〇八八六	二一八·三

一千八百八十二年收成數如下

無肥料	二一七七二		
肥料耙入土	二三四五三	六八一	三·二
肥料鋤入土四寸又四分寸之三	三六二一七	一四四四五	六六·四
肥料鑱入土六寸又四分寸之三	三九〇三〇	一七三五八	七九·三

一千八百八十二年所加肥料與八十一年所加者不同除淡養$_{三}$淡氣外有生物質淡氣阿摩尼淡氣即是乾血阿摩尼硫養鈉養淡養$_{三}$鉀綠鈣養燐養$_{五}$·二鈣養燐養$_{五}$合成之肥料惟加數與八十一年同其百分中有生物質淡氣二·○五阿摩尼淡氣一·九八淡養$_{三}$淡氣一·五二鉀養五·一八燐養$_{五}$酸八·九四

一千八百八十三年末次試種根物每黑克忒田加鈉養淡養$_{三}$五百啟羅其百分中有淡氣一五·五三多燐料六百五十啟羅其百分中有燐養$_{五}$酸並檸檬酸一四·五一其效如左表

黑克忒田	根物啟羅數	莖葉啟羅數
無肥料	四九三一〇	二四七三三
肥料耙入土	五八五四七	三一六二五

肥料鑱入土四寸又四分寸之三	六五七二六	二四六七五
肥料鑱入土八寸又四分寸之三	六九五九六	三七二四三
先散肥料然後下種	六一三九二	三八七九五

法國博士奇項以製造肥料壅入土四寸六寸八寸試種根物其收成有二三五六〇　二七〇二〇　三一四〇〇啟羅

博士倍克種番薯於沙土以製造肥料壅入土九寸獲效較勝於加肥料於面土者用鈉養淡養$_{三}$之淡氣依此埋壅法收成增數爲百分之五若用阿摩尼硫養$_{三}$增數可得百分之十

糞溺有益

牧場肥料之大有益於農務者因農家知其用法且無論何地均合宜也此等肥料中有植物之灰質此灰質本由植物而來並加之以淡氣故爲植物必需之和肥料也且物質分劑甚均適宜供養植物

動物洩出之糞溺與食料稍有不同如苜蓿一噸壅入土中其淡氣並灰質較已經過動物體中而變爲糞溺所含者爲多他物亦然凡幼稚動物並產乳之牛或羊需食料中之物質更多然不能盡數取用有化學師考知在廄棚之動物其食料中之淡氣有五分之四隨糞溺洩出反回

於田地其餘變爲乳肉毛等且有若干耗失

糞爲肥料較食料徑直作爲肥料更佳

蒲生古以爲動物所食之料因其呼吸並出汗耗失許多物質所以糞之數甚減總之並非製成肥料乃耗失肥料也

博士斯潑倫克勒亦有此意以爲食料經過動物之腹於田土無益儻以此食料徑直加於田其功效當更大也斯潑倫克勒試驗如下以食料一稛飼羊令其肥壯又以同料一稛作爲堆積加以羊所飲之水數後權之較羊洩出之糞爲重加於田其番薯收成數較加羊糞者更多

此工人之試驗雖有趣味然其理不甚確因糞中化學物質與原料中物質不同食料中最佳之物質入動物體中卽補養其身或由糞洩出者已變爲由里阿希布由里並由里克酸惟植物料作爲肥料之功效與糞料作爲肥料之功效亦有不同如穀類用植物肥料其葉不繁盛若用糞肥料則有多生稈葉之弊而糞有似死肉其中有許多微生物而化分情形亦異於死植物之化分所以英國農家願人牽牛至其田食所產之蘿蔔也

然糞溺不特供給易消化之物質於植物且可令地土有發酵情形與植物之生長大有關係前雖言牧埸肥料有耗失而實爲完全肥料加數既足植物卽得其各種養料卽如尋常田土若用製造肥料必不能盡合宜此不足怪因製造肥料祇能助動物肥料之不足而已所以市肆初出售製造肥料時卽在養動物之地方也

凡製造肥料均係助糞料之不足或輪種時催植物速生長乃用之近年來製造肥料特用於棉花甘蔗菸草以抵畜糞而已

製造肥料亦可用

論農務各書均注意田莊肥料而不言盡用製造肥料夫製造肥料須歷多年方能言其實效也凡用製造肥料宜

兼以青肥料或加以人糞肥皁廠廢料或鹼類物令其發酵變成和肥料如此可代畜糞之實效阿爾蘭農家所爲之法與此法畧同先將馬料令其腐爛而後作爲肥料該處香囊江邊產天然之長草可以飼馬農家往往購此草料盛於窖中加廚房廢料等以腐爛之作爲番薯田之肥料

儻農家能詳知製造和肥料之法卽將知化學和肥料爲數宜少而僅助植物化分所成之肥料而已

田莊肥料中稍加以骨粉草麻渣棉子粉鈉養淡養並燐料而壅良田所得之效較所加之價值甚遠也

由製造肥料製成糞料

歐洲種穀類之田常加足數之製造肥料可產食料並草料飼養羣畜得其洩出之糞料以肥田其意甚善然未思及田莊肥料尙乏合用之淡氣而鈉養淡養之大功在春間植物如穀類並製糖根物亟需肥料時可得合用之淡氣於斯時若加田莊肥料其變化淡氣不靈捷或因地土過乾而寒冷以致遲緩誤植物之利用而田土中反存未用盡之肥料

有數種肥料特宜於數種植物

有地土天然肥沃不必加完全肥料如歐洲有數處含鉀

養甚多紐英格倫之山谷並新闢之鹹水草地每年常加特別之肥料而不能竭土中本有之物質此等地土不可多加田莊肥料致肥沃過度用之不盡

勞斯並葛爾勃查英國產穀類田及牧牛羊田常因種小麥而加田莊肥料並加多淡氣肥料以致不能用盡

德國勃凡利亞省博士勞虛試驗秘魯圭拏數年之後方知用此肥料之功以前未嘗多加田莊肥料或苜蓿土者其效不甚明顯大凡田以糞爲肥料者後加淡氣肥料如阿摩尼硫養等能得大效

天然肥沃土及多加肥料而變爲肥沃者其土中金石類

物質能漸變化供給植物以助糞料之功效所以用製造肥料亦應計及地土中自能變化成養料之理有地土用田莊肥料並加製造肥料者則田莊肥料應少用凡天然佳土多加糞料爲不宜儻用鈉養淡養或圭拏或魚廢料或阿摩尼硫養畧加糞料殊爲合宜

淡氣或有耗失

田莊肥料中之生物質在土中變化成淡養物質不能甚速此物質又易爲雨水沖失所以多加肥料之田其淡氣之耗失數更大有此情形宜少加糞料竢雨水過後又加含淡養肥料補救之凡田地如此重加肥料者反能羃留

雨水而減耗失之數

英國農夫之意有二要事一欲小麥之豐稔必供給淡氣肥料及金石類肥料甚足二田地久用糞料耕種則小麥等需金石類物質較淡氣爲數更多據此而論可知當初農夫治理田地之困難

卷終

農務全書中編卷十一

美國哈萬德大書院農務化學教習施妥縷撰　慈谿　舒高第　口譯
新陽　趙詒琛　筆述

第九章

糞溺爲高等肥料

闌牛羊於田

他國農家往往在晚間闌羊於此田，至次夜又易一田，如
是可得其洩出肥料，此亦爲節省肥料之一法，因可將新
鮮肥料加於田也
據云各植物各地土於此法甚爲合宜，若田土過溼爲羊

踐踏成爛泥則不宜，英國含沙黃土含白石粉土含粗細
沙土並新開墾之土均闌羊以得其肥料，然闌羊於田之
意不特欲得其糞溺之功效，而動物踐踏並洩出之汗並
傳熱於地土均有裨益
動物踐踏非欲泥土堅實也，欲令糞溺與泥土相和甚均
而已，古時歷史言未有耙具之前，農家常驅羊豬於田，令
踐踏所散之子與土相和密切，並得其洩出之肥料，且闌
羊於短草地，則羊食此草，而滅其蔓草，此蔓草爲牛馬所
不欲食者
闌羊最大之利益，因其糞料當新鮮時，卽爲泥土收吸，敷

布，而溺更有此情形也，如糞料在棚中，卽將腐爛發酵耗
失若干，有識者云，闌羊所得肥料其性速而不久，在第一
年已見效
羊糞爲乾而多淡氣之物，其化分甚速，得暖更易，大凡除
人糞外，所有各糞均宜阻其速化分，福爾克試驗羊肥料
取其新鮮者與陳宿三年者相較，則知陳宿糞百分中已
耗失淡氣四十分，其生物質已耗失百分之六十分

闌法不失溺

闌羊於一處，其溺當新鮮時，卽敷布於土中，故腐爛情形
與尋常不同，而在熱天氣更與肥料堆中之熱不同，蓋溺

在土中速腐爛，不致耗失阿摩尼之淡氣，所以闌羊之田，
無阿摩尼臭，惟積於土面者，不免畧有耗失耳
何爾士云，此等羊溺中物質敷布土中，可速爲植物利用，
不必待其變化也，如產蔓草後日亦可爲靑肥料，或新播
種之植物，亦能得其益
何爾士曾闌羣羊於山坡，忽有雷雨，土面物質幾盡沖失
而已收吸入土之溺，尚存留，所產植物至收成時，與未遇
大雨所產者同佳，凡地土曾闌羣羊者，所產穀類之稈較
加牧場肥料更佳
闌羣羊於田，更有一益，卽是不必費轉運並敷布工資，而

又無耗失之弊也總言之儻田地遠離羣窖或係山田則此法甚爲合宜惟欲得佳品羊毛據人云不宜而卑溼田地更爲不宜恐羊踐踏地土成爛泥而與羊毛有損也

在耕種之前闌羊於田得其糞溺速犁入土或播種植物子然後闌羊得其糞溺爲面土之肥料而羊之踐踏當爲耙輥田土之意此二法往往在夜間從牧場驅羣羊至該田

英國農家往往令鄰家羊至其田食蘿蔔並得值少許而鄰家亦可節省食料如蘿蔔收成極豐者不取值或竟反給牧羊人資惟羊踐踏田土有時或不宜此亦一弊也

闌羊得肥料數

德國農家以一羊在田間一夜洩出肥料之功效與棚中肥料相較孰佳博士盧奈計算羊二千四百頭在田間洩出中等肥料可抵棚中肥料一百擔羊三千頭洩出上等肥料可抵棚中肥料一百二十五擔博士考倍脫試驗而知闌羊三千頭於一毛肯瘠田僅一夜而以後產穀類數較壅尋常棚中肥料四大車者更多其實羊三千頭在棚內尚須加以鋪料而在田間一夜不能得肥料若是多也所以闌羊需費可抵轉運鋪料肥料之費而飼以草料之糞尚未計及也格司配林云一羊重十七啟羅一夜間闌於一平方邁當之田面可洩出淡氣〇・〇〇三七啟羅以羊活重一百啟羅計之可得淡氣〇・〇二二啟羅即是羊一千頭一夜間在一千平方邁當田面可洩出淡氣四啟羅此數可抵牧場肥料九百二十五啟羅

一夜間一羊在六尺平方田面洩出肥料已爲上等七尺平方者其肥料爲中等若十尺平方者因過廣其肥料敷布不均而夜間寒涼羣羊將互相擁擠一處更有一法羣羊全夜在一田恐其洩出肥料過多可於夜半驅羊至他田闌之蒲生古闌羊二百頭於已收割燕麥田歷二星期約每四平方尺有羊一頭後耕犁而種蘿蔔其收成可等

於加最多之牧場肥料所產數

闌牛法

美國產棉花之南數省自三月至十一月貧苦農家每夜闌牛於田而以松木爲闌或將犁田之前驅牛與犢偕往即在田擠乳在日間任其向森林覓食

及該田得牛肥料已足又驅牛之他田如上法以松木爲闌而犁有肥料之田種甜番薯芝羅里苔省則種果品等欲種菜類應需最肥沃之田地者耕犁之後可復闌牛於此田以增肥度而闌牛二次之後可連年產物不必再加肥料據云闌牛田所產果品較加他肥料者更佳更盛大

凡農夫養牛二十頭在一季閒可令瘠土驟變肥沃不以爲奇

此法人或非之其實功效不小也卽依化學之理而論亦因其肥料新鮮應得利益

牧場肥料

牧場清潔牛之肥料常較羊肥料爲次因蘭地較窄其草類不能生長鬯茂英國農家在不多石礫或矮樹之佳牧場其肥料不均往往耙之此耙具之後有鏈可壓平地面如是則成塊肥料可鬆散敷布

如刈割牧場之茂草亦可有新鮮之靑草牛不喜食而已

刈割之晷乾者則甚喜食之若用割禾機器從事頗爲合算蓋草類有酸苦之質割而乾之其味已改變適口據云荆棘草類當嫩靑時刈割令其晷乾飼畜亦甚宜

牧場肥料數

博士盧奈曾計算中等牝牛一頭在牧場二十四小時可洩出糞料三十七至四十磅在一百六十五日夜可得其肥料六千至六千六百磅而日閒洩出者較夜閒爲多計有二十二至二十五磅在一百六十五日閒可得其肥料三千六百至四千磅

由此可見牧場得肥料甚多故歐洲農夫以爲牧場之利益較勝於美國農夫特爲治理者

歐洲農家養一牛於不滿一英畝之田可得其肥料四千磅卽合新鮮糞溺半考代故甚有益若在美國養一牛於數畝廣闊之田其肥料自布散稀薄無甚裨益

畜肥效

英國老農家以爲牧場之草不特得糞溺之利益而牛呼出氣並卧時身與草相遇亦均有益所以肥效之意實兼此二項也

闌羣羊有令牧場肥沃之意而肥效言牛可令牧場肥沃也卽是此牛在此地面食蘿蔔或他物而得其糞溺無論

其肥沃由於糞溺或從其踐踏或呼氣或洩汗及身熱亦均有益也

闌羊並牛致肥效於田均有善法英國諾福省如此田種蘿蔔彼田種穀類卽係用此善法也

若種蘿蔔一田其鄰近至少有種穀類二田並種苜蓿一田掘取蘿蔔運至已收割之小麥田均勻散布則一牛食此蘿蔔不致踐踏一處其糞溺亦不致堆積一處而散蘿蔔之法務令其均勻彼此相距約一碼許此善法牛既肥壯田土亦得其肥效

此小麥田已得足數之肥料卽犁之驅牛至已收割苡仁

米田亦如上法自冬至節至四月其蘿蔔散布於苜蓿田面

此肥效法與輕鬆土更有益而在重土不甚合宜恐為畜踐踏成爛泥後變堅實也

其糞料與肥效所產草料均可出售其價值高下依牛所食物質並情形而定由肥牛所得草料價值最高瘦牛所得草料價值最下

又有養牛羊之法如下先掘取蘿蔔之半數或三分之二運至牧場然後驅羣畜至產蘿蔔田如此為之羣畜踐踏之地方更廣而洩出肥料更多

用飼畜草致肥效法

此肥效法在英國甚宜因天氣溫和也在美國北方則不宜所以美國農家每日負荷飼畜草散布於未加草料之田令畜類食之以得其均勻之糞料

馬歇爾云若將飼畜草堆積於田然後散布在輕土殊有益因肥料可敷布甚均而費工本不多也由此土性改良其苔草等可為動物踐踏毀滅此等苔草本不合宜也

紐英格倫嚴寒之冬季此法不宜然肥效者卽係指明新鮮糞溺之利益也老博士愛佛林云動物食青料時將其根微拖之可令植物生長佳嫩而呼出氣並踐踏並身體之熱均可令植物更加發達亨脫云精細農夫見動物卧於田間一夜得益歷一年食穀類之動物其呼出氣可令植物更茂盛有識農夫盍留意斯言

此等意見我輩以為不甚確然細思之亦有理如蔓草等往往隨人跡而生更有數種草隨動物之跡而生其草亦可飼畜而動物之身體壓力可滅無用之草

用豬致肥效法

坎拏大地方有製牛乳餅廠此廠所有田地甚廣故養豬甚多可得其肥料每日製造乳餅需牛五百頭之乳以渣滓餘質飼豬一百二百頭此豬闌於十英畝廣之田閒其

田有草或有荊棘等用櫃運牛乳廢料至該田傾於槽每數日用馬將此槽移至他處如此可令豬肥壯並得其敷布均勻之肥料且豬鼻常掘地土無異耕犂而無用之草根遂不能發達及夏末其田適宜於冬小麥之生長

糞溺實益

或曰今市肆有製造肥料何以農家仍重田莊肥料荅曰因農夫深悉治理畜糞之法而製造肥料究未能詳知也且大槩人云糞溺必較製造肥料為完全又畜棚肥料頗能改良地土如土質為堅實者製造肥料不得效據勞斯並葛爾勃之試驗而論凡田每年加田莊肥料者土質鬆

疏可羇留雨水其溝間流水較他田爲少

或謂馬廄肥料與酵料同類因其中有許多微生物可令泥土發酵而令呼莫司中淡氣改變爲植物利用

此言頗有理可發明糞料大功效之源由

牧場肥料更能散布均勻地土均得其肥力所以加此肥料實爲土中藏儲植物之養料因其中有許多淡氣並灰物質且價值甚賤故用之更合算

肥料中淡氣品性甚佳

牧場肥料更有一益其中淡氣與他種肥料中之淡氣不同

植物吸取含淡氣物質並阿摩尼鹽類外更吸取許多他種含淡氣物質如由里阿由里克酸希布由里克酸圭拏甯留辛太路辛等而牧場肥料中均有之且此肥料中更有他種肥料尙未考得

我等於是知牧場肥料中含此等物質與植物之生長有緊要之關係

加牧場肥料者所產植物較僅用淡氣肥料大不同蓋生長更茂盛可見此等肥料化於水加於田必有非常之功效

糞料堆積一處久不擾動而四圍泥土將飲吸其易消化淡氣物質以致肥度甚足反不宜種尋常植物祇能種熱地速生長之植物如西瓜南瓜類

土中飲吸此等淡氣物質諒非阿摩尼鹽類物因阿摩尼鹽類在土面而不能深入土中又非含淡氣鹽類物因糞水中本少此等淡氣也今考知必係易消化生物質淡氣大約與上所云由里阿等同類入土中極易敷布在寒冷氣候植物甚喜之不如含淡氣鹽類物易爲雨水沖失也

由此言之製造肥料須亦有此功效方能與此肥料並行否則終遜一籌也

此情形亦曾歷年試驗如下取一田分作數區或加肥料

或不加肥料休息之工人愚闇於休息田亦加肥料數車乃命誤加之肥料移去而插標爲記後此休息田亦耕種查知已加肥料各區並後又統加燐料淡氣肥料鉀養肥料所產植物獨此誤加肥料處爲最佳可見此肥料功效甚大而製造肥料似無甚裨益

由此觀之糞肥料有特別之功效爲製造肥料所無者或因其易自敷布或因其淡氣能陸續供給植物或因其淡氣又是一式宜於植物所需或因其有合宜微生物也

農家由此有固執之意以爲糞料較青肥料更佳若將青肥料犁入土中其效不如以此飼畜而得其糞料壅田然

此意與蒲生古之識見相反蒲生古以爲植物經過動物腹中不免耗失有用物質而農夫終以糞溺肥料爲第一坎爾奈試驗而知地土羼留由里阿不及羼留阿摩尼之甚故植物易吸取而新鮮肥料中由里阿爲易化淡氣物質中最要之一分況除由里阿外更有許多生物質淡氣均甚有益於植物不特新鮮糞溺中有之卽已陳宿腐爛周徧者亦然

陳宿肥料助製造肥料

試驗呼莫司後卽明肥料中生物質淡氣之有功科崙渾特用盆盛沙種紅菜頭一顆而灌灰料並淡養水更有紅菜頭一顆種於由和肥料堆取得之苔類中幾盡係化分之馬糞其效如左表

	收成數	
	沙盆產克蘭姆數	和肥料盆產克蘭姆數
葉	二七〇·〇〇	二五六·〇〇
根	四九〇·〇〇	二四五·〇〇
一百克蘭姆汁中糖數	一二·二六	一〇·六〇
根中糖數	六〇·〇七	一三一·三七

特海蘭亦試驗所取田土已種植十二年不加肥料者所產紅菜頭並苜蓿均甚瘦弱其土百分中含炭生物質僅有〇·七而尋常地土加肥料合宜者應有一·六各盆中或不加肥料或加製造肥料或加黑色腐爛肥料或並加此二種肥料種大麥及麻其效如左表

	收成數	
	大麥克蘭姆數	麻克蘭姆數
常加肥料之佳土惟試驗之年不加肥料		三五·八
瘠土不加肥料	一九·七	一五·五
又加製造肥料	二八·八	二二·八
又加黑色腐爛肥料	二三·五	二五·七
又加黑色腐爛肥料並製造肥料	三〇·七	三八·四

可見生物質淡氣與麻尤宜特海蘭之意凡肥力已竭之土欲其復原者獨加製造肥料不能得佳效也

特海蘭在法國含白石粉之輕土試驗糞中淡氣能助淡養物中之淡氣連四年閒每年加糞料及製造肥料於大麥田頗佳而一千八百八十年收成最豐此四年閒每年每黑克忒田產大麥黑克妥列忒數每一黑克妥合二十二軋倫如左表

	一千八百七十八年	一千八百七十九年	一千八百八十年	一千八百八十一年
無肥料	五一·一〇	二七·九〇	五三·七〇	三一·〇〇
加鈉淡養肥料	五四·四〇	三八·四〇	四六·二五	二九·〇〇

加田莊肥料	五二·三〇	五二·四〇	四三·八〇	三二·七五
加田莊肥料並鈉淡養肥料	五六·二〇	六六·三〇	八二·五〇	五五·〇〇

後於一千八百八十八年加田莊肥料並鈉淡養肥料於一田計每黑克忒田收大麥八十四黑克妥列忒當時又加此和肥料於二田而種小麥一田得五十九黑克妥列忒一田得六〇·三黑克妥列忒特海蘭以爲此和肥料與紅菜頭更合宜由每黑克忒田得紅菜頭啟羅數如左表

	一千八百八十七年	一千八百八十八年	一千八百八十九年
加鈉淡養肥料	二〇七〇〇		三五六〇〇
加阿摩尼硫養肥料	一七八〇〇		

加田莊肥料並鈉淡養肥料	四〇〇〇〇	四〇一〇〇	四〇〇五〇
加田莊肥料並阿摩尼硫養肥料		二五三二〇	

吾今有言田莊肥料中淡氣與淡養鹽類阿摩尼鹽類中淡氣相較則糞中爲植物易吸取之淡氣爲數甚少且其中有許多淡氣由鋪料並糞中未消化或半消化之物質而來此等淡氣未必有大效而製造肥料中淡氣甚有益於植物勞斯並葛爾勃從前已言牧場肥料中淡氣較遜於阿摩尼鹽類及淡養鹽類中之淡氣而査知植物得製造肥料中淡氣較得牧場肥料中淡氣爲多惟加牧場肥料時又加製造肥料以助之殊有益

圭拏似糞

今有問題市肆製造肥料以一種或數種相合而成其淡氣之數布可與牧場肥料相等否

荅曰有之如改正圭拏以硫强酸料理之是也大約冀秘魯圭拏有此品性可不必改正然吾等試驗改正圭拏果較未改正者爲佳總言之市肆肥料能最似田莊肥料則爲最合用蓋田莊肥料中有特別淡氣和物並有特別之功效而以强酸料理圭拏者即此意也

圭拏者人皆知之除阿摩尼鹽類外尚有由里克酸圭拏甯並他種生物質淡氣少許其功效恐與阿摩尼鹽類之功效不同總言之圭拏爲肥料中複雜他功效之物也

圭拏中淡氣半爲阿摩尼鹽類物半爲上所云生物質淡氣而生物質淡氣中由里克酸之分數爲最多從前秘魯圭拏百分中有淡氣十二或十三分此淡氣百分中自十至十五分與阿摩尼相合之由里克酸也

由里克酸並圭拏甯化學分劑人皆知之然圭拏中少數他種淡氣料甚難測度雖化學師亦不能盡知其化分之物質與他物質之關係並與硫强酸相遇變化之情形

或謂硫强酸遇由里克酸即將由里克酸數分變爲易消化之物然亦不確或謂由里克酸有數分與硫强酸相遇

變爲阿摩尼亦不甚礁因格羅文査知改正圭拏中阿摩尼爲數較生圭拏中所有者微多而已

以此度之改正圭拏壅入田土其中由里克酸仍未改變猶生圭拏之入於土中也故硫强酸與由里克酸似不相關祗能令其中燐養酸變爲易消化而已然此意不足恃蓋硫强酸之功祗能滅殺生圭拏中微生物則由里克酸在土中可免發酵而保守歷久以助植物之生長此與加食鹽於圭拏毀滅蟲類增其肥力之意相符

由里克酸不易化分於圭拏可見之蓋圭拏曾經風雨千百年而尙未改變也賽斯梯尼曾將由里克酸浸於水中

與空氣相遇數月仍未變化然取發酵溺加於淸水中其熱度爲法倫海表七十至八十五度即可將由利之由里克酸並阿摩尼由里克酸化出考此溺中有二種微生物致發酵之功效而令由里克酸並含由里克酸鹽類物變成炭養氣並阿摩尼炭養欲令其發酵透徧其熱度須更高其淡氣無耗失因由里克酸之淡氣爲阿摩尼炭養所覊留並爲一種微生物所攝定

圭拏之益

德國化學師格羅文始考知圭拏之益勝於製造肥料

一千八百六十二年格羅文在德國二十處田莊廣試各種肥料之利益其一爲阿摩尼鹽類與多燐料相合之肥料其一爲鈉淡養與多燐料相合之肥料其中淡氣並易化燐養酸數與改正圭拏中所有之數相等而產物數及功效仍不及圭拏

格羅文以此試驗布告於衆並云德國製造肥料雖極力研究糞與圭拏相敵而改正圭拏之用處仍逐漸推廣

格羅文在四年之間將各肥料詳細化分考準而後交與有名之農夫此各肥料以號數記之防農夫有弊竇也

下表爲格羅文屢次試驗所得之中數以顯明圭拏與他種肥料之品性由此可見圭拏與糞溺相同而勝於多燐

料並含淡養料並阿摩尼鹽類物

下表所示係每黑克忒田因加各肥料較無肥料田所增收成數

紅菜頭一生脫那‖三分大拉之一　大麥一生脫那‖二大拉　麥稈一生脫那‖三分大拉之二

一千八百六十二年每黑克忒田所加肥料數（一生脫那‖五〇啟羅）	肥料餘力			
	一千八百六十二年	一千八百六十三年	一千八百六十四年	
	二十處田製糖根物價值中數	十三處田大麥並稈價值中數	十二畝田紅菜頭價值中數	每黑克忒田加肥料之價值
牛糞七〇〇生脫那	五四·四	二〇·八	三五·六	七二

馬糞	又	又	六七·六	三〇·四	五六·〇	八〇
羊糞	又	又	八四·四	三八·四	五五·二	九〇
秘魯圭拏	六·三	生脫那	五〇·八	一一·六	一五·六	三〇
又	一三·六	又	七一·二	一六·四	一六·〇	六〇
又	二五·二	又	九五·二	三〇·八	三一·六	一二〇
多燐料百分之三三	二五·六	生脫那	三五·二	五·二	三一·二	三四
又又又	三一·二	又	四一·四	五·二	三五·六	六八
阿摩尼硫養三	三·六	生脫那	一九·六	〇·〇	〇·〇	三六
又	三·六	又	四六·〇	四·〇	〇·〇	七二
鈉淡養三	五·九	生脫那	三四·八	二·八	〇·〇	三四

又	一一·八	又	五六·八	五·二	〇·〇	六八

各田所加糞料由同處供給製造肥料亦然散子及收成亦係同日而試驗之法並無參差

觀上表圭拏之效甚著似更勝於畜糞而製造肥料最次斯禿克拉脫試驗之表如下與格羅文之試驗相同此表係一千八百六十二年種製糖根物之效載於書冊今摘錄之

用秘魯圭拏較鈉淡養三收成更豐			二二次居一一
又	又阿摩尼鹽類	又	一〇次又九
又	又骨粉	又	四〇次又二五

又	又多燐料	又	三二次又二三
又	又菜子餅	又	二八次又二〇
又	又牛糞牧場肥料	又	一七次又一四
又	又馬糞	又	一二次又六
又	又溺或牧場流質	又	一八次又一三

此二表之效甚確當時或謂獨用圭拏必有害因其中淡氣分數較多不免有偏性易致地土竭肥度又言其效果有把握惟在早年治理此肥料工價必鉅或又有言宜與賤價肥料如多燐料骨粉鉀鹽阿摩尼鹽類鈉淡養三合用要而言之凡一田所加肥料之價值以其半購圭拏趲之是爲最妥

加他料於圭拏

圭拏中加以他料其法不一或圭拏一半而加鉀養鹽類一半或圭拏居三分之一鉀養鹽類居三分之一多燐料居三分之一此二法皆以爲合宜又或以圭拏與阿摩尼硫養三相和或與鈉淡養三相和亦可爲有力之肥料聞人云圭拏獨用似不及製成和肥料爲佳也

格羅文亦知此等合成之肥料較獨用者爲佳而欲試驗何法合成爲尤佳

其法取圭拏三分之一或一半而以未用圭拏之價值購

他二種肥料和之其效如左表

	每田一至一·五黑克忒	和肥料與圭拏獨用試驗數	獨用圭拏得效數
一千八百六十一年	一〇	二〇	一八
一千八百六十二年	二四	七二	四六
一千八百六十三年	一三	三九	三一
一千八百六十四年	一二	三六	二一
一千八百六十五年	八	四〇	二七
一千八百六十六年	一三	九一	三九
一千八百六十八年	一一	四四	二七
一千八百六十九年	一六	一六	七
一千八百七十一年	七	二八	二二
一千八百七十二年	三	三	二
共數	一一七	三八九	二四〇＝百分之六二

卽是一百十七處田試驗三百八十九次而圭拏獨用得效者有二百四十次由是計之每百次圭拏獨用祇有三十八次較和肥料爲遜

此在德國肥沃土試驗較絀英格倫地土更均勻更溼潤所以美國農家若用圭拏必和鉀養鹽類或他肥料中加圭拏少許亦宜然論圭拏之功效此表亦足以顯明矣蓋德國地土既係肥沃祇加圭拏卽可令土中本有之肥料致其利用糞料亦然

生圭拏次於改正圭拏

第二次試驗將生圭拏與改正圭拏相較所種者爲製糖根物共有田十三處每處廣一黑克忒各加肥料四十七大拉收成中數如左表

一千八百六十六年	無肥料	加上等畜棚肥料三百六十生脫那	加生圭拏十生脫那	加改正圭拏十生脫那
較無肥料田收成多數		四八·〇生脫那	六五·〇生脫那	一三三·〇生脫那
百分汁中含糖數	一三·七	一三·五	一三·六	一四·一
測糖質浮表度數	一六·四	一六·三	一六·八	一六·六
千分汁中含他物數	二七·〇	二八·〇	三三·〇	二五·〇
較無肥料田多糖數		六·三	一一·五	一四·五

觀此表改正圭拏所增收成較多於生圭拏其效甚奇因一千一百磅生圭拏加於一黑克忒田其中所有淡氣較同重數改正圭拏中多五分之一燐養酸[五]亦多五分之一[七]加改正圭拏而得根物中之汁液反爲清潔卽是糖質較多他物質較少也所以汁液愈清製糖之利愈厚蓋汁液中既少鹽類物並穢物則糖之結晶更速更盡製糖家之意畜糞或製造肥料不可徑直加於根物宜在前次種小麥或他穀類已加肥料田種之表中無肥料田所產根物

之汁液亦甚清潔惟其效終不及加改正圭拏者將來格致家或能發明植物何以收吸不必需之他物質

格羅文云改正圭拏與根物品性之改良甚有關係而爲生圭拏所不及者且生圭拏或竟有損害糖汁之情形所以格羅文又以爲此硫强酸與圭拏必有變化特未明知其理蓋硫强酸不特羈留其中之阿摩尼並令燐養酸變爲易消化必更有他功能令根物變其品性由前而論硫强酸或毀滅生圭拏中發酵微生物而阻其由里克酸變爲阿摩尼炭養或淡養物此由里克酸即供植物所需

他肥料代圭拏

格羅文又試驗改正圭拏並德國市肆所有代圭拏之肥料其第一種係阿摩尼硫養五十磅與淡氣九·五磅倍扣島多燐料五十磅易消化燐養酸九·五磅相和其第二種係鈉淡養六十二磅與淡氣九·五磅倍扣島多燐料五十磅燐養酸九·五磅相和此種和肥料用處較少

第一種和肥料一百磅第二種和肥料一百二十磅可抵改正圭拏一百磅

格羅文之試驗不計及圭拏中之鉀養未知何故紐英格倫農夫查其中之鉀養甚有益也然德國肥沃土甚多鉀養所以該國農夫並製造肥料家均不甚注意生圭拏與改正圭拏相較生圭拏中鉀養自較改正者爲多

格羅文試驗此二種肥料時其價值與改正圭拏之價值相近

一千八百六十七年在十一處每罘克忒田番薯收成中數以生脫那計之如左表

畜棚肥料三六〇生脫那	鈉淡養七·一生脫那 多燐料五·六生脫那	阿摩尼硫養五·六生脫那 多燐料五·六生脫那	改正圭拏一〇生脫那
三三一	三七四	三七三	三八一

無肥料相等田產番薯中數有三〇三生脫那彼此相較加肥料田所增收成數爲二八|七一|七〇|七八生脫那且有肥料田之番薯其小粒更多

一千八百六十九年在十五處每罘克忒田番薯收成中數以生脫那計之如左表

	無肥料	阿摩尼硫養五·三生脫那 多燐料五·三生脫那	鈉淡養七生脫那 多燐料五·三生脫那	畜棚肥料四七〇生脫那	改正圭拏一〇生脫那
收成中數	三〇四	三四九	三五三	三六四	三六九
較多數		四五	四九	六〇	六五

一千八百七十一年在七處田收成中數如左表

無肥料	畜棚肥料三六〇生脫那	阿摩尼硫養三·一生脫那 多燐料七·三生脫那	鈉淡養三·五生脫那 多燐料七·三生脫那	改正圭拏七生脫那

收成中數	二二七	二四八	二五二	二六二	二八二
較多數		二一	二五	三五	五五

一千八百七十二年

試驗次數	無肥料	阿摩尼硫養三四·九生脫那多燐料五·三生脫那	改正圭挐九·四生脫那
一	八四	一四一	一八一
二	二三五	三二三	三三二
三	二八九	四三○	三八○

上表均顯明改正圭挐之利益試驗三十六處田圭挐勝於阿摩尼肥料有二十四處即是三分中居二分三十三處田圭挐勝於鈉淡養並多燐料有二十二處亦為三分中居二分

共計圭挐勝於他肥料為二四丄二二即四十六次較代圭挐之肥料每黑克忒田增番薯收成數三千三百二十二磅而代圭挐之肥料最佳收成為一二丄一一即二十三次增番薯收成數二千六百八十四磅總言之改正圭挐勝於他肥料有三分之二而每畝田多產番薯以中數計之為一千三百磅

圭挐加於穀類

或疑試驗穀類其效不同然眾人早已知圭挐與穀類甚宜祗須敷布均勻必能得益格羅文云改正圭挐在土中敷布速而均故較代圭挐之肥料更佳且當時德國種穀類大抵壅此肥料

格羅文考明此肥料之敷布均勻有二處黃沙土田未加肥料已歷五年各廣一千九百方尺第一年第一田種苡仁米第二年第二田種小麥其效如左表

一千八百五十七年	肥料中 淡氣磅數	易化燐酸磅數	實磅數	稈磅數
第一田種苡仁米				
無肥料			一三·六	三六·七
阿摩尼燐養五三·四磅	二·八	七·二	一四·六	三六·○
圭挐二○磅	二·八	二·六	三四·四	六六·六
一千八百五十八年				
第二田種小麥				
無肥料			三六·二	六五·九
阿摩尼燐養五二·九磅	二·五	六·四	四三·○	七七·九
圭挐一八·八磅	二·五	二·四	六五·九	一五八·○

由此可見圭挐中淡氣物質較阿摩尼鹽類物淡養鹽類物中淡氣更宜於植物之生長故產數更多

阿摩尼鹽類淡養鹽類雖各有其功而圭挐中之阿摩尼鹽類物更能得力蓋圭挐並畜棚肥料中必有物質能助

其阿摩尼也

糞料中淡氣非全有用

前已言田莊肥料雖已腐爛周徧其中得力之淡氣爲數較少蓋能爲植物利用方有益也人皆知田莊肥料中淡氣大抵不能速爲植物用須變爲他式淡氣物質於是有效然糞溺中亦有甚要之淡氣所以新鮮肥料加以製造肥料而用之必獲大益

勞斯並葛爾勃以製造肥料與田莊肥料相和壅小麥苡仁米產數與全用糞料者同然須考驗其如何相和方得最佳之效此二博士在三十二年間每年每畝常加田莊

農務全書中編卷一 三十五

肥料十四噸共有淡氣約二百磅又一田加金石類製造肥料並阿摩尼鹽類物共有淡氣約八十六磅每年每畝產實並稈中數如左表

中數	加田莊肥料		加製造肥料	
	實斗數	稈磅數	實斗數	稈磅數
八年 一千八百五十二至五十九年	三四·四	六一〇〇	三五·五	六四九〇
八年 一千八百六十至六十七年	三五·八	五九二六	三六·三	六二六二
八年 一千八百六十八至七十五年	三五·三	五九三二	三一·〇	五三七九
八年 一千八百七十六至八十三年	二八·六	四七八九	二八·〇	五二四八
三十二年 一千八百五十二至八十三年	三三·五	五六八九	三二·八	五八四五
四年			三二·四	五五一六

此試驗所用田莊肥料中之淡氣較製造肥料中所有者加倍餘且一千八百六十三及六十四年由加糞淡氣四百磅之田得收成數一萬三千六百五十三磅由加阿摩尼淡氣一百四十四磅之田得收成數二萬零零四十三磅卽是二年間較多六千餘磅可見糞淡氣有多數不能致用苟欲其收成數相等則加田莊肥料之數必極多

田莊肥料加於青熟

種小麥並苡仁米不宜多加糞料欲試驗糞料之功效必須種青熟植物如特海蘭在五年間種飼畜珍珠米於輕

農務全書中編卷一 三十六

土表中所示加田莊肥料之收成數較製造肥料爲佳

每黑克忒田青熟收成啟羅數	五年中數	末年數
無肥料	四七·一六〇	三二·五〇〇
田莊肥料	七九·九六〇	七六·五〇〇
鈉淡養三並多燐料	六七·二一〇	三三·四〇〇
阿摩尼硫養三並多燐料	五二·三七〇	三三·〇〇〇

依上法種番薯

每黑克忒田所收黑克妥列忒數
五年中數

	收成數	
每毛肯田＝〇·六三英畝	實	稈殼稃皮
無肥料	二四四	
田莊肥料	三〇三	
鈉淡養並多燐料	二八六	
阿摩尼硫養並多燐料	二七八	

圭拏中加含硫養物質

廓落克以圭拏與鈣養硫養相和試種大麥小麥與圭拏獨用之功效相較可明改正圭拏之有益其效如左表

種大麥於重土

	收成數	
每毛肯田＝〇·六三英畝	實	稈殼稃皮
圭拏一擔	四二〇	二八八〇
圭拏一擔以硫強酸五磅改正	四四〇	三〇〇〇
圭拏一擔石膏一擔	五六〇	三三四〇
種大麥於沙土		
圭拏一擔	六〇八	二三三二
圭拏一擔以硫強酸五磅改正	六四六	二六四三
圭拏一擔石膏一擔	七七三	二六四五
種小麥於重土		
圭拏一擔	八一五	二〇三〇
圭拏一擔以硫強酸五磅改正	八八〇	二三一〇

圭拏一擔石膏一擔	九七〇	二三七〇

可見圭拏之功效不在乎易消化之燐養五酸因表中較佳之收成並未有此物也

梅理葛爾以為圭拏與鎂養硫養相和能將化分圭拏中阿摩尼鹽類變成不易化騰之阿摩尼硫養此物較含由里克酸並含草酸之物質更難化分

試種冬燕麥得效如左表

	實	稈殼稃皮
無肥料	四八八	一三二八
圭拏一擔	五四四	一六八八
圭拏一擔鎂養硫養百分之一〇	五七二	一六五六

第二處田試種得效如左表

	實	稈殼稃皮
圭拏一擔	三五六	一二九四
圭拏一擔鎂養硫養百分之一〇	四四七	一六二七

須知糞淡氣之功

糞並圭拏中生物質淡氣在土中如何工作尚未確知然必有其功效不可忽也

蓋在土中不特能敷布均勻且又能合成宜於植物之養料前已言及含阿摩尼鹽類物在地面速變為含淡養物及不能變動之呼莫司而淡養鹽類物易為雨水沖失

圭拏並糞中和物密切

無論用何妙法製造肥料其中各物質終不及圭拏並糞中之物質相合密切如圭拏一顆粒猶種子中之有許多補養物質而阿摩尼鹽類並多燐料和而布於土中或先後布於土中終有參差所以德國製造家先將阿摩尼硫養消化於硫強酸於是用以製多燐料其意欲此硫強酸與磨細殭石燐料相遇而令阿摩尼鹽類與燐養各質點相和密切

福爾克云製造法斷不能造物而與圭拏相同假如牛乳其中物質俱已詳知然取楷西以尼糖乳油灰質並水各

依其分劑和之仍不能成天然之牛乳而飲此乳者亦不能如天然牛乳之有益故製造肥料決不能代天然之圭拏

昔人論呼莫司之意與糞之實效相合

古時農事試用牧場流質知其有特別之功效而與呼莫司流質相同所以呼莫司為植物養料有大益倍克云由腐爛生物質濾出之流質為植物合宜之養料而此動物質植物質之總數愈多其功效愈大蓋言由糞堆濾出之流質也凡甚爛之糞料尤以為佳者因其似呼莫司也反而言之呼莫司似甚爛之糞料者亦必佳也紐英格倫農家常論腐爛之泥土亦同此意

製造肥料不易敷布

巴賽農家會曾加各種製造肥料於瘠土試驗數年不獲大效又將各種製造肥料合成和肥料加於田亦不見有大效

肥力已竭之田除鈣養燐料鈉淡養外他種製造肥料大都積於所加處而植物之收成亦隨處殊異若將青肥料壅此等田地應有功效蓋易於敷布也

卷終

農務全書中編卷十二

美國哈萬德大書院農務化學教習施妥縷撰　慈谿舒高第口譯　新陽趙詒琛筆述

第十章

人糞

前已言新鮮人糞中肥質較畜糞肥質爲多益人之食物較畜食物更濃厚所以肥料中淡氣並燐養五酸之數亦增而更有價值第六章曾表明糞溺中最要之化學分劑與下表相較即可知人糞之功效據華爾甫考驗人糞中之合質如左表

百分中

	水	生物質	淡氣	燐養五酸	鉀養	鈣養	鎂養
新鮮人糞	七七·二	一九·八	一·〇	一·一〇	〇·二五	〇·六二	〇·三六
新鮮人溺	九六·三	二·四	〇·六	〇·一七	〇·二〇	〇·〇二	〇·〇二
糞溺合數	九三·五	五·一	〇·七	〇·二六	〇·二一	〇·〇九	〇·〇六
坎爾奈在日本考驗糞溺合數	九五·〇	三·四	〇·五七	〇·一三	〇·二七	〇·〇二	〇·〇五

尋常農夫所得城鎮之糞料其中肥質遜於新鮮者此因其發酵並漏洩所致且有水並他物質如煤灰垃圾等攙雜所以馬牛糞之實價易知而人糞甚難計算也近抱絲敦之農夫甚願用人糞而不能得其純者法國北方農人

科爾孟云凡人糞無他物相雜者其中定質之功效應較流質更大然流質係純溺不和水則功效較定質尤大而價值亦高

由不漏洩茅廁得常人糞溺考其分劑中數如左表

百分中

	水	生物質	淡氣	燐養五酸	鉀養	鈣養	鎂養	綠氣	鈉養	重率
齊趕定	九八·〇四	二·六六	〇·九二	〇·三三	〇·二二					
又大廢多加水	九九·六五	〇·〇五	〇·一八	〇·〇三	〇·〇二					
列爾住宅百分中加水十二至十五分	九九·六六	〇·五四	〇·六七	〇·一〇	〇·一五					
巴黎茅廁	九九·二三	一·二六	〇·四四	〇·一四		〇·一六				
密圈大分流質	九五·五二	三·〇一	〇·一八	〇·二六						
又厚流質	九〇·五三	七·三五	〇·六九	〇·五三						
楷爾施羅總茅廁	六九·〇〇	三·〇〇	〇·四〇	〇·三	〇·一七					
又千八百六十年			〇·四一	〇·一九	〇·一四					
又又沙濾過			〇·三三	〇·〇二	〇·〇九					
又千八百六十七年			〇·三五	〇·〇六	〇·一九					
又千八百六十三年			〇·三〇	〇·〇五	〇·一五			〇·三〇	〇·二五	〇·〇一三
又又更薄			〇·一八	〇·〇三	〇·〇〇八					〇·〇〇八
又又又			〇·一五	〇·〇三	〇·〇〇八					〇·〇〇八
又千八百六十八年			〇·二八	〇·〇四	〇·〇七			〇·二四	〇·三二	〇·〇一〇

又			○·二五	○·○三	○·○五					○·○三
又			○·二九	○·○四	○·○五			○·二七	○·二四	○·○二
開賽爾公廁			○·八至一·○							
一千八百八十八年弗蘭盤總茅廁			○·三四	○·○六	○·○二			○·二四	○·一八	○·○三
又隻雲廁			○·五二	○·一四	○·一八			○·三	○·二六	○·○二六
納斯鑾試驗中數			○·三一	○·○六	○·○二			○·二七	○·二五	○·○三
司拖脫軋得總茅廁	九四至九八	一·五二	○·四三	○·一五至○·一九	○·二八至○·二三					
又更厚	九六·四○		○·五四	○·一○	○·二七					
阿姆司脫待一號	八一·五	九·三	○·五六	○·六九	○·一三					
又二號	八五·○	三·七	○·九四	○·五四	○·三七					
又三號	九七·七	一·六	○·二四	○·○四	○·一三					
格羅壬根	九七·一○		○·一九	○·○一	○·三六					
百靈	三·七○		○·五三	○·五一	○·二六	三·七二				
黎茄	四·四八	四·三四	○·四一	○·一三	○·二○					
數城人糞中數	九五·五○	三·○○	○·三五	○·一六	○·二○	○·一○	○·○六			
日本東京新鮮糞溺和料	九五·三二	三·一八	○·五九	○·一三	○·二九	○·○二	○·○五			
東京中等住宅人糞	九四·五二	三·八九	○·五七	○·一五	○·二四	○·○二	○·○六			
陸軍水師糞	九四·四二	四·○七	○·八○	○·三○	○·一二	○·○三	○·○五			
東京相近農家糞溺和料	九五·二九	三·○三	○·五五	○·一三	○·三○	○·○一	○·○三			

比利時國用糞先令其發酵所以列爾地方人糞已發酵

後蒲生古並潘恩考其百分中有淡氣○·一九○·二二而一黑克妥列武其重為二百七十五磅

博士羅脫計算由糞濾出之流質每一列武其重中數為一千零二十三克蘭姆其中有水九九一·二○克蘭姆生物質淡氣一·二八○克蘭姆阿摩尼五·二四克蘭姆燐養酸一·三五克蘭姆鈣養一·五九克蘭姆矽養並沙○·七九克蘭姆

中國日本比利時國近城鎮之低田耕種植物頗以人糞為重而農夫不厭此料之藏儲或轉運蓋已相習成風若在講衞生圖適意畏羞恥之各國必不以為然也

大凡農務興盛處人糞不能多得除中國日本等國外各國近城之田地必多加馬牛糞農夫樂用此肥料亦更勝於人糞若中國日本馬牛甚少安能得此許多肥料也

英美人厭人糞

英國美國雖農夫亦以料理人糞為最汙最卑之事蓋古時以手工料理故甚汙穢甚卑賤今有機器轉運茅廁糞料毫無臭氣加於田亦有法以除其臭而人尚厭惡之未免過甚

然今文化日進此物究屬可厭儻有人業此者必失其名譽游歷人云中國農家必需此肥料故不能顧其體面矣

英國美國農夫甚厭人糞故不願用之更有一意凡糞料久儲於窖屢次發酵其適用之料大都已耗失而淡氣亦騰散甚多所存者幾盡屬無用之物然人糞必非無用之肥料也

人糞肥料有遍勢

人糞肥料之功不及雜稈稭牧場肥料之完全故不宜獨用須以他種肥料助之昔時農夫識見甚淺以爲頗有催逼植物生長之力而易竭田土之肥度今則有法可加鉀養並燐料以補偏救弊坎爾奈言凡種穀類或他種生子之植物所用人糞須加燐料近抱絲敦之農夫查雜稭稈

之馬糞與人糞和而用之甚佳因彼此肥料中所少物質可互相抵補且馬糞臭可冒人糞之臭

歐洲田地種穀類兼種菜蔬者僅加人糞不數年後穀類生實甚少而菜葉較豐凡專用人糞種穀類者須在散子前數月加於田否則有葉茂實少之患若在春間多雨時散於穀類已生長之田面其弊相同所以人糞祇能加於種菜類並飼畜草之田以助他肥料之不足

一千八百四十年法國列爾地方科爾盃試驗已發酵糞料一百軋倫可抵畜棚腐爛肥料二千磅此人輪種者係油菜小麥大麥在第一年十月或十一月間多加畜棚肥料犁入土每英畝再加已發酵人糞六千軋倫又犁入土乃散油菜子至次年秋每英畝加人糞一千二百至一千六百軋倫犁入土乃散小麥子至第三年秋每英畝加人糞一千二百軋倫犁入土乃散大麥子

如秋間田土溼潤不能即加人糞者則至明年三月間加於植物之上然此法有弊恐其損傷植物而田土亦將爲車或馬踐踏也所用之數祇能較秋間用數五分之一

從前歐洲農夫將苜蓿子與春穀類子同散而加人糞其數雖少其稈已生長粗壯苜蓿被其擁擠不能暢茂抱絲敦鄉間農家云人糞不能爲番薯之肥料苟用之其葉茂

其根瘦近今考究之亦知有此弊

奧國博士司密得試種苡仁米每田廣〇.五八黑克忒散子後第一田速加和肥料六十生脫那此和肥料係新鮮人糞與鬆草煤相合者第二田加鈉養淡養六十啟羅此二田收成同豐遠勝於不加肥料者至次年曾加人糞之田所種植物甚佳而曾加淡養者與未加肥料田幾相等試種小麥大麥亦然

過費人糞

英國美國人頗有不願用人糞之意然農夫以爲此肥料功效甚大而甚言普特蘭脫並他法製成糞肥料之有益

所以歐洲有地方令人包攬出糞銷售必納費若干圓因近處農家均以糞爲佳肥料也

然歐洲及美國出糞之事均由公款中貼費以寰球有教化各國論之用人糞數漸減而城鎮出糞貼費遂有增無減抱綵敦農家以賤價得人糞儻易得水沖淡而種菜蔬尙爲合算

關係衛生

前已言種菜蔬者以人糞爲甚佳肥料如中國日本多用之歐洲則否可見歐洲人常需穀類東方人常需菜類

一城之糞所得價值多少不足輕重所以出糞或貼費或

納費均無不可惟期衛生合宜而已豈斤斤於此少許之錢財哉或以多水或以泥土沖和糞溺以免爲害不必顧慮農家料理之困難也

計糞價值

化學家曾計算中等身軀人每日洩出糞溺中所有植物養料並一年之總數下表係赫敦所考美國中等人糞中化學物質五歲以下之孩未計算也表中每磅等於十六兩

	定質		流質		共數	
	一日	一年	一日	一年	一日	一年
	克蘭姆數	磅數	克蘭姆數	磅數	克蘭姆數	磅數
糞	一三三·○	一○七·○	一二○○·○	九六四·○	一三三三·○	一○七一·○
乾質	三○·○	二四·四	六四·○	五一·四	九四·○	七五·八
生物質	二五·五	二一·八	五○·五	四○·二	七五·五	六二·○
淡氣	二·一	一·七	一二·一	九·七	一四·二	一一·四
灰質	四·五	三·九	一四·○	一一·○	一八·五	一四·九
燐養五酸	一·四	一·一	一·八	一·五	三·二	二·六
鉀養	○·六	○·五	二·三	一·九	二·九	二·四

淡氣每磅價值一角八分燐養五酸五分鉀養五分計一人每年洩出糞價值共二圓二角五分以人丁數或數十萬

或數百萬乘之爲數甚鉅

糞料中有許多不適用之物而有功效之分數尙不能抵轉運之費若提取其有用者則爲數甚少工作之費亦不能相抵且甚厭惡之

糞中多水

糞中水甚多故農務中用之不便考查其百分中有水七十五分溺百分中有水九十六分惟各處均有小便所常不與糞相并而糞中難免雨水及住宅棄水沖和由此論之糞料不甚適用祇可加於近處田地以省轉運費也

數年前英國機器司名阿達姆斯擬在倫敦設一茅厠令

糞溺分開用桶運溺至鄉間據其計算云倫敦一城每年得溺二萬四千四百二十八噸獲利當厚博士坎蔓爾駮云此計算未免有誤百分溺中僅有阿摩尼〇·七儻一英畝田應加阿摩尼半擔者需溺三十噸而由倫敦運此數之流質至二十英里外其費幾及十圓若運阿摩尼半擔必無此鉅費也此阿摩尼或在阿摩尼硫養中或在圭拏中

今阿摩尼鹽類並圭拏之價值較昔爲貴所以坎蔓爾之計算仍不確且欲令茅厠清潔甚難當轉運時又難免不發酵

溺中淡氣即阿摩尼可用化學法提取之較轉運溺爲便易其法或蒸或加燐酸令其澄停然溺中由里阿爲植物養料較勝於阿摩尼而發酵時此由里阿往往變爲阿摩尼

轉運糞法

中國日本並歐洲小田莊之農務大都用人糞其糞盛於缸或桶或深桶運至田間尙係新鮮科爾孟云比利時國法國北方之田莊需城鎭之人糞者盛糞於大窖內可容五萬至八萬軋倫待其發酵每次出糞必留存若干於窖內則下次糞料可藉以發酵當發酵時略變爲厚韌儻留於窖數年亦不甚變壞若嫌其稀薄或不敷用可加磨細菜子渣料

日本農夫當夏季盛新鮮糞於桶加水二或三倍令其發酵歷一星期春或秋須歷十日察其有青色衣一層即黴菌類方可用據坎爾奈及瑪倫云此發酵時變成許多阿摩尼炭養須防其騰失

以桶代厠

轉運糞之便法不一或將深桶裝定於手車或桶邊有二耳耳有孔可穿槓棒用二人舉之此等糞桶之蓋甚密並無臭氣

用桶運糞較厠窖爲佳夫厠窖者砌築於地土中或以木櫃埋土中受積糞料待時出之或年出一次或數年出一次因平時不擾動其大部分有腐爛情形而有臭氣騰出況砌造甚密仍不免稍有洩漏延毒近處之井水

糞桶並深糞桶可隨時出糞不致有上所云之弊也

用糞法

和肥料章中曾論糞與草煤黃沙土相和令其收吸流質並滅其臭且令呼莫司發酵有一尋常法速運糞之田而犁之或在田間與土相和作爲和肥料儻轉運便易者即可如此爲之

凡田獨加人糞歷時甚久者必有泥土堅實之弊麻賽楚賽茲省買勃爾海特地方有農人民克利各蘭獨用糞十四五年其土變爲甚堅以致最良之農具易損壞蓋糞料有膠黏之性也在美國城鎮之糞大抵如泥漿形不能速乾而草煤或草料甚難收吸其流質又不易澄停若加於田易將地土之毛管阻塞有害耕種欲改良之可將此泥漿形糞料傾於田閒淺潭內每糞一車加馬糞草煤蔓草或煤灰一層庶有適用近巴黎有一田莊常以小舟運人糞而加河水淡之用鞲韛並管運入田閒

泥漿形糞料須加水五或六倍而溺或糞流質則加水三

四倍當旱乾時更宜多加水以淡之有一田種番薯當六月旱乾加不沖淡之糞料其後收成甚歉薄加糞料不數日其葉黃落似被燒後復萌新芽其根重生番薯然此田以後種小麥大麥均獲佳效若當酷熱旱乾時加不沖淡之糞流質於紅菜頭亦不宜卽加於他植物亦然

比利時國農夫查人糞須加水三至六倍以灌嫩植物有夏雨時加之亦可該國農夫常將糞儲於窖以便沖淡或加菜子渣料或他物和之於是由窖取出盛於大桶運至田閒盛於可移動之槽具內乃用長柄杓散於田坎爾奈云日本農夫不以新鮮糞灌植物須用水二三倍沖淡盛

於桶任其發酵數日察有青色衣一層然後用之

坎爾奈云新鮮糞溺加水淡之不爲害總而言之人糞無論新鮮或腐爛必無損害之物質然往往有害者均因過濃厚而植物根與其物質相遇過多之故如由里阿化於水甚濃植物得之其葉亦必枯萎

草煤普特來脫

歐洲將人糞與草煤並草煤炭並炭屑或製革廠廢樹皮料相和令其變成普特來脫出售然此等肥料無大功效而重數及轉運之價值甚鉅下表所示歐洲北方各城中以草煤與人糞相和之肥料物質數

	水	生物質	灰質	淡氣	阿摩尼淡氣	燐養五酸	鉀養
白猩蘇阿	八三·一〇	一四·六〇	二·三〇	〇·七八		〇·二三	〇·二八
明斯脫	八七·四五	一〇·二三	二·四二	〇·五五		〇·四四	〇·一七
些爾非特	八三·八二	一〇·四七	五·六一	〇·三六		〇·五一	〇·四〇
格羅王根任宅	六九·八五			〇·八四		〇·三三	〇·二八
又公厠	八六·五三			〇·六三		〇·二五	〇·三一
特蘭士登	二六·六〇	七三·三〇	五六·六*	〇·四四		〇·三五	
有矽養	四·〇〇	八·〇〇	七九·八*	〇·四六		〇·三五	
	八一·九〇	一三·三〇	四·八〇	〇·六五	〇·一二	〇·三四	〇·二二
黎茄	七六·八〇	一八·一五	五·〇五	〇·九五	〇·四五	〇·六八	〇·二三

八二·〇〇 一五·七二 二·二八 〇·六四 〇·三五 〇·五三 〇·二五

✳酸質中不能消化

此等和肥料中大抵係草煤或他物質中不靈捷之淡氣

城中和肥料

荷蘭國德國北方各城之工部局將人糞與各種廢料如垃圾及灰及住宅乾垃圾相和加於已除去草煤之新開墾地甚合宜街道垃圾可改良此等草煤地而與糞相和尤佳博士秦肯斯論開墾荷蘭草煤地云沙土與草煤不易和即和之亦無功效須先多加牧場肥料較加他種製造肥料爲佳開墾草煤地法先加沙土後多加垃圾等而

逐年耕種漸深

格羅王根及他處用街道垃圾並沙土相和製成肥料加於草煤地甚有效先掘取地中佳草煤出售其不適用者留之與沙土相和成新土再加和肥料計每英畝三或四噸此亦爲開墾之一法於是播種燕麥雜種苜蓿並草俟燕麥收成後作爲牧場歷數年令地土堅實又種燕麥豌豆番薯馬科黛情形尚佳可加種油菜馬豆並小麥若欲種榆樹須多加街道垃圾

據云街道垃圾可令地土堅實此後加上所云之肥料而人糞可助土中呼莫司發酵由不變動之情形變爲靈捷

當新開墾時不可加畜棚肥料因其甚鬆也再肥料亦有此弊

城中和肥料之物質頗有殊異均依糞料中所加物質之品性而定或篩取乾垃圾之細者和之在阿姆司脫待住宅垃圾中竟分出物質三十二種如紙料金類等考此和肥料中物質如左表

	水	生物質	灰質	淡氣	燐養酸	鉀養	鈣養	鎂養
比利時京城 七月	四二·〇	三六·九	二一·九三	〇·三九	〇·六〇	〇·三一	三·一七	〇·二四
又 十一月	七二·六	七·四四	二〇·〇〇	〇·一七	〇·一四	〇·二三	三·七	〇·二九
二	三一·〇五			〇·二七	〇·〇四	〇·二〇	二·六六	
百雷孟 二	三五·五一			〇·四七	〇·三五	〇·二四	二·七〇	
三	三六·五三			〇·五三	〇·三三	〇·二二	二·七六	
一	三五·七四			〇·四三	〇·四八	〇·四三	一·七七	
愛姆登 二	二七·八〇			〇·七九	〇·九五	〇·六六	二·六〇	
三	三五·七四			〇·四九	〇·五九	〇·四四	一·六〇	
格羅王根	六三·六八			〇·一七	〇·五〇	〇·二四	一·七九	
考龍				〇·二四	〇·一九	〇·一八	一·四八	
勃倫	四〇至四三	九至一五	四六至四八	〇·二五至二·〇	〇·二五至〇·六四	〇·五〇		
柏林		五九·七		〇·四一	一·〇六	二·二三	三·六三	一·二

賀賽江邊脫里符士城有人築一不漏洩之窖深二邁當

長四十五邁當闊十邁當將街道垃圾馬糞人糞草煤並化學肥料投於窖製成和肥料草煤約厚五桑的邁當其上加馬糞約厚十桑的邁當馬糞上加篩細街道垃圾約厚二桑的邁當各層間加楷尼脫含燐鑪渣料含燐石膏如此層疊共厚三十桑的邁當其面又蓋草煤一層於是加滿人糞流質令鬆散物質速收吸之上浮清水通入旁櫃俟窖中發熱乃用鞲鞴運此糞清水入窖減其熱度則物質不致耗失

以後窖中和肥料變爲堅實可用利鋤或鏇切塊裝於汽車運往鄉閒並無流質溢出而易布散於田惟製造價値

較貴該處農家以爲甚佳故願購之

街道垃圾

從前抱絲敦街道垃圾作成堆積售與農夫其價甚微其垃圾係掃集之污泥或灰塵並石隙之泥土及馬糞更有車輪及馬蹄之鐵質少許

斯退格里云一千八百九十年特蘭士登街道垃圾堆積長八十尺闊十六尺高六尺五寸閱六月用叉翻鬆噴水溼之再閱六月成爲熟肥料而有暗色可出售

此肥料中物質半係沙與土其水有三分之一其生物質有百分之九或十分淡氣爲百分之〇·二三至〇·三三燐養五酸〇·三七至〇·四六鉀養〇·三三至〇·三八鈣養〇·八四至一·〇五鎂養〇·一八

一千八百九十二年柏林地方福格爾查有阿司弗辣脫即硬石油之街道其垃圾百分中有水四十分生物質二十二分灰質三十八分新鮮物質百分中有淡氣〇·四八阿摩尼〇·〇〇四燐養五酸〇·四五鉀養〇·三七鈣養〇·八九鎂養〇·三五住宅乾垃圾成堆積閱九月已有數分腐爛其百分中有細土六十分此細土百分中有水十九分生物質二十分灰質六十一分其淡氣有〇·三五阿摩尼〇·〇五燐養五酸〇·五八鉀養〇·二二鈣養八·九二鎂養一·七四均在酸質中可消化者

巴黎街道自然堆積之垃圾孟紫並齊拉待查其物質如左表

百分中	一千八百八十六年十二月三十號	一千八百八十七年正月三號	一千八百八十七年正月十二號
水	七七·八〇	二二·〇〇	三四·〇〇
淡氣	〇·一三	〇·六三	〇·四七
燐養五酸	〇·二九	〇·六〇	〇·四八
鉀養	〇·〇二	〇·〇九	〇·〇七
鈣養	七·六一	六·三九	八·一八
天氣	多雨	旱乾	微雨

巴黎街道垃圾與他城稍不同因該處風氣在晚間將住宅廚房並工廠中所有穢物拋擲街道也在冬間更有灰甚多凡此等物均不能由陰溝洩去每晨由車運往他處約有二千六百立方碼此垃圾堆積中因發酵而增熱其生物質變成呼莫司堆積收縮漸變黑色即可售與農家新鮮物質名青垃圾發酵者名黑垃圾孟紫並齊拉待查其物質如左表

百分中	由車所得青垃圾	巴黎發酵後黑垃圾		卜度城黑垃圾
淡氣	○·三八	○·四五	○·三九	○·四九
燐養酸	○·四一	○·五九	○·四五	○·五八
鉀養	○·四二	○·五二	○·二九	一·二二
鈣養	二·五七	三·七五	二·九二	

羅馬住宅並街道垃圾集成堆積考其百分中有石料泥土墻牆之灰沙等四十分馬糞三十五分蔬菜廢料二十分織物廢料紙料皮革廢料骨料並玻璃等五分此堆積發酵腐爛其中心物質變為黑色和料堆頂與邊變為泥土黃沙土形倫格等查其物質如左表

百分中	舊堆黑色和料	舊堆黑色和料	舊堆頂土形和料	新堆
水	三四·一○	三一·六二	一九·五○	一五·○三
石料等	二·八一	一六·二四	七·五一	五·三○
灰質	三六·五三	三二·七一	四六·八九	六二·二五
燐養酸	○·七八	○·四○	○·五四	○·七七
鉀養	一·一八	一·三○	一·○九	二·二九
鈣養	九·七三	四·七一	六·四三	一·一○
淨淡氣	○·四五	○·三四	○·三一	○·四七
生物質淡氣	○·三○	○·二六	○·二九	○·四一
阿摩尼淡氣	○·一七	○·○一	○·○一	○·○七
淡養淡氣	○·○○	極微	○·○一	極微

普特來脫

數年前巴黎城外有人收取城中人糞製成普特來脫其製法頗著名遠近仿效之巴黎城外一鎮名芒福康有舊石礦地略為改築成數池先將糞料傾於最高之池中其定質澄停於底而流質入於稍低之池如是經過數池其最清之流質由細篩入於賽痕江中

每池流質用轆轤運入稍低之池而取其澄停料鋪於近處廣大田間待其曬乾然如此製成者終不如用今法之濃厚且臭氣布散殊為厭惡

此製法實屬可厭且歷時甚久可見巴黎之工部局未明

製造肥料之正道而果有農夫願購此無甚肥力之物今之農夫可得賤價之圭拏並他種製造肥料豈非幸福然巴黎已製成之普特來脫係甚乾之料卻無臭氣與植物子拌和用機器散之其中甚多有益之微生物與耕種當合宜可令土中呼莫司發酵變化淡氣而植物得此微生物之益應較化學之功更勝各博士考其中物質如左表

地名	水	生物質	淨淡氣	阿摩尼	淡養三酸	燐養五酸	鈣養
蒲生古潘恩	四·四	一五·六					
誰克芒			一·九○				
蘇佩蘭	二八至三三	二九·○○	一·七六	○·七三		三·七三	
羅脫	三○·二○	三三·八一	一·五三	○·五九	○·二○	四·一八	六·七○

一千八百六十三年排辣爾查巴黎近處所製之普特來脫每斗重六十五磅其百分中有水三十四分淨淡氣一·四奥平查普特來脫物質數不一以其中數計之其百分中有淡氣一至二分燐養五酸二至六分

孟紫並齊拉待查有一種普特來脫百分中僅有淡氣○·四六燐養五酸一·二一鉀養一·二九更有一種其淡氣二·七九燐養五酸八·一四鉀養○·五三以中數計之淡氣一·六八燐養五酸三·○○鉀養○·五○

澄停糞料中或加鐵養硫養三或石膏或明礬少許而氣乾之又或加草煤或草煤灰木屑煤灰或他物質令其乾鬆則製成之普特來脫與所加廢料有關係並與糞料之陳宿或新鮮亦有相關下表係從前各處所製普特來脫物質數

地名	水	生物質	淨淡氣	燐養五酸	鉀養	鈣養	鎂養
近紐約城之羅提鎮	三三·五三	一四·八八	○·九五	一·○六	一·三八	一·○五	極微
	一五·六○	一八·四○	○·九八				
	二五·六三	一四·八○	○·九五				
哈福城	三九·九七	二○·五七	一·○一	○·八七			
哈福城	六○·○二		一·○六	一·○五			
特蘭士登一號	一九·五○	二○·八○	二·二○	二·五○	一·五○	二·七○	○·七○
又二號	一八·四二	一一·二五	一·三四				
又三號	一五·九一	三五·二三	一·六八	二·七五	○·八一	六·二八	
考龍	二二·八○	三六·二○	二·○二	三·○一	○·五五		
勃倫	七至一七	二○至五三	一·○至二·五	二·五至三·○	○·八至一·三		
坎尼克斯盤格		三·○○	一·七三	一·五七			
辣潑賚克	一三·四○	三·二○	二·一○	二·九六	○·六一	一·○七	
墨芝	二七·七一	三五·八七	一·四八	二·九五	○·六四		
陶帕脫			二·三五	三·五○	一·○四		

德國近製	二·五	三七·四	一·六	二六	一·二

血普特來脫

有以糞定質或人糞定質加屠家血料製成普特來脫此物中多淡氣為肥料甚宜然各種中物質多寡不等如左表

地名		水	生物質	灰質	淡氣	燐養$_{五}$酸	鉀養
勃倫	一千八百七十一年	九·三八	七四·二〇	一六·四二	九·〇三	〇·八七	〇·六四
	一千八百七十一年	八·七三	八七·八二	三·四五	一二·三四	三·四六	
	一千八百七十二年	七·九四	三二·四四	五九·六二	二·〇九	二·六〇	〇·八八
維也納	一千八百七十三年	七·七六	四二·七九	四九·四五	四·四二		

燐養$_{五}$酸普特來脫

從前有一種普特來脫用燐養$_{五}$酸與輭糞料製成者其燐料係骨炭又或加血並骨炭或加製糖廠廢血廢骨炭考其物質如左表

地名	水	生物質	淡氣	燐養$_{五}$酸	鉀養
柏林	八·二三	四八·六九	七·一四	一四·一〇	
	八·四七	六五·三六	六·五三	八·七二	
	一三·二六	四三·一三	三·二二	三·七三	
勃來斯勞	七·二六	六二·二〇	九·三〇	八·二九	
	二〇·四八	二五·二三	二·五一	一五·八八	

海那浮	一二·二二	二七·八二	三·九〇	一九·二一	〇·四二
	九·〇四	三四·二八	二·六五	一六·九八	〇·三六
特蘭士登		四九·八五	三·五六	一四·一六	
柏林	五·六一	四六·七三	五·二一	一一·七五	
維也納	九至一九	二二至三〇	一·四至二·三	三·三至一〇·七	〇·八至二·〇
巴黎	二五·二〇	二六·一四	三·三五	一七·一七	三·二二

數年前有人名湯秘製一種燐養$_{五}$普特來脫未知其資本若干有人考究果有肥效其中物質如左表

水	一〇至一二
生物質並易化物質	三〇至四〇
灰質	五〇至六〇
淡氣	四至六
燐養$_{五}$酸	一〇至一二
鉀養	一·五

其中燐養$_{五}$酸四·五至五分在水中易消化其百分之十二為鐵鎂燐養$_{五}$餘均可化成鈣養燐養$_{五}$而澄停留化驗一種知其中淡氣一·七五為阿摩尼其百分之〇·五為由里阿又查其灰質中有硫强酸十五分而易化之燐養$_{五}$酸甚多可見其以新鮮糞料加鈣養多燐料並硫强酸製成者

提德立次依其法製成少許考知用此法製造其溺中淡

氣可保守不失

大糞

中國農家用糞料與黃沙土相和模製磚式名曰大糞在空氣中乾之德國人亦仿造一種大糞係用草煤並石灰製成者其百分中有生物質三十一分灰質四十分淡氣一·七燐養五酸一·六又有一種雜灰土者百分中有生物質四·四石灰並鈣養炭養二五十七分淡氣〇·三二燐養五酸〇·三七

化乾法

新鮮溺化乾而不失其淡氣可爲甚有力之肥料其百磅

中有淡氣二十五磅燐養五酸四磅鉀養鈉養五磅然欲得此一百磅料須千人溲出之溺

衞博士查知乾糞料百分中有生物質八八·五燐養五酸四·三鉀養一·二淡氣四·三至七分新鮮糞料百分中有水二〇·四至二六·八淡氣一·二至一·五依衞博士計算城中每一人於二十四小時間溲出定質〇·二五磅流質三磅

奈士卞脫計算新鮮糞溺化乾之料百磅中有淡氣十七磅燐養五酸三磅每噸中有淡氣三百四十磅燐養五酸六十磅儻將大陰溝之流質化乾其百分中有生物質三十分灰質七十分其中有淡氣六·五燐養五酸一又四分之三鉀

養一分

化乾糞

德國有加硫強酸於新鮮糞內而化乾之甚佳其中物質如左表

地名	水	生物質	淡氣	燐養五酸	鉀養
密爾朋	一〇·四九	五九·六九	六·五	五·二	
斯拖楷脫			七·五三至九·九六	二·七三至三·五〇	
海特盤克			八·八至九·一	三·〇至三·一	
奧格盤克			六·〇至六·一	三·〇至三·七	
密匿			八·四至九·六	〇·七至一·〇	
柏林一號			四·六九	四·〇五百分中二·九四易消化	
又二號			四·六五	四·〇九百分中三·一六易消化	
又三號			四·六五百分中二·六〇易消化		
又四號			五·一六	三·三八	二·二六
明斯脫			五·五九	三·二七	二·四八
哈蘭			五·〇〇	二·九一	二·七〇
白狼蘇阿			五·三〇	三·一〇	三·二〇
又			五·一五	二·九五	二·八九
亨盤克			五·三〇	三·三九	二·三一

有將新鮮糞用空氣壓力法製成普特來脫其中物質如

左表

地名	水	淡氣	燐養五酸	鹼類
陶得來脫	一二·〇至二三·五	一·六至七·〇	一·六至四·〇	
海牙	一六·八四	七·八〇	二·〇	
勃來大	二三·一〇	六·六九	一·一	
特勃倫	一五·八六	六·三二	六·八五	
衞斯巴登	一四·八二	七·五六	二·六六	三·一〇

此等普特來脫固有功效而資本頗鉅不知能否獲利惟工部局准令製造者欲求除去穢物以保衞地方並江河之清潔非計其合算與否也

從前英國將陳宿溺加硫强酸而與阿摩尼弁合乃用乾蒸法化乾之此法製成者於植物甚合宜惟工費較鉅耳德國近亦有法抽去空氣而得眞空可令糞料化乾其器具工作亦藉火力故費亦甚鉅

查子科之侵法

巴黎城外昔有人名查子科設法收取糞流質中肥料於流質中先加鎂養硫養三或鎂養硫養三並鐵養硫養三並黑柏油並鉀養以改其酸性於是用枝稈等浸於流質內取出令其水化騰又浸之日可二三次在夏閒二三星期後在冬閒兩月後可將枝稈置於外乾之敲取其凝結之肥料

此肥料百分中之物質如左表

生物質	水	沙土	鎂養並鐵養	淡氣	阿摩尼物	淡養三	燐養五酸	鈣養
五三·五三	一七·七五	四·五〇	四·五〇	四·二〇	〇·六五	極微	四·六八	四·二〇

此肥料較巴黎尋常所製之普特來脫更佳

帕特維爾斯之法

伯爵帕特維爾斯之意用煙免其腐爛並用火之熱力化至半乾然後加收乾物如煤灰草煤屑煙煤等亦可加已製成之普特來脫將此和料用模製成磚式氣乾之壓成細粉其中物質如左表

	乾糞料不加他物	半乾糞漿料	半乾糞漿料加灰質	加灰並煙煤已成普特來脫
水	九·〇一	四二·六九	三八·五七	七·六五
生物質化騰物	五九·一三	三八·五八	三五·六七	六八·七八
灰質	三一·八七	一八·七三	二五·七六	二三·五七
淡氣	一〇·六五	七·三四	七·〇四	五·三三
燐養五酸	四·四八	二·五四	二·一八	三·九〇

糞料百分中除水外所有物質數

	糞料	半乾糞漿料	半乾糞漿料加灰質	製成普特來脫
生物質化騰物	六四·九七	六七·三一	五八·〇七	七四·四七
灰質	三五·〇三	三二·六九	四一·九三	二五·五三

淡氣　二一·八九　二二·六○　二一·四五　五·七六
燐養五酸　四·八一　四·四三　三·五五　四·二三

用硫養三物

廁窖出糞時有臭氣布散歐洲人都設法除之先加鐵養硫養三水或他種解毒物然後用轆轤將此糞漿料運入不洩漏之車或大鐵桶中而桶中空氣已抽去成眞空或將轆轤與炭爐相通則糞入轆轤其炭之熱氣可燒滅其臭氣

惟用鐵養硫養三則將阿摩尼炭養三變爲阿摩尼硫養三並將輕硫及阿摩尼硫變化然用此鐵養硫養三之意非欲其變

化阿摩尼而欲其解滅臭氣且毀滅其微生物也此微生物能令糞料發酵腐爛如毀滅或阻其孳生則新鮮糞料可保守不致變壞

配吞可福之意儻以鐵養硫養三二三分化於冷水與糞料相和則每人每日洩出之糞應加此物半兩可無阿摩尼發酵之弊在冬天料理一人全年洩出之糞可用此物十二至十五磅

據云鐵養硫養三除臭之功亦不完全惟能阻止輕硫而已他項臭物不能變化也

鐵養硫養三與植物關係

含鐵養物質有損於植物所以糞料已加鐵養硫養三者不可即加於田宜令其久與空氣相遇鐵養變爲鐵養始無妨礙然坎爾奈曾試驗田閒植物如穀類等加有鐵養硫養三之糞料無礙惟圃植物如菜蔬等卻有害其所以然之理坎爾奈以鐵養硫養三與水沖和甚淡而後與糞相和加於田即變爲鐵養也麥約試驗除大麥外均易爲鐵養硫養三所害其次序如下小麥燕麥苡仁米大麥此與農家之意見相合蓋農家亦以爲穀類中惟大麥與有鐵養之地土倘爲合宜也

農家早已用鐵養硫養三於畜糞堆阻其腐爛並阿摩尼之

耗失由煤礦中所得含鐵硫二之煤並含鐵硫二之木煤亦作此用其鐵硫二遇空氣即變爲鐵養硫養三夫以含鐵硫二之物加於肥料者其功效大約在其變成之阿摩尼硫養三也或能令地土中含石灰物質變爲石膏也而石膏本有肥料之功用

辟雀特考石膏可保守地土中之淡氣較勝於鐵養硫養三在含鈣養之黃沙土亦然惟在沙土則石膏之功較鐵養硫養三稍次因其不易變化也所以少泥土石灰鐵養之乾燥沙土宜鐵養硫養三他等地土宜石膏

和肥料熱發酵時有許多阿摩尼耗失如欲留之則鐵養

硫養$_3$甚有功因其能毀滅和肥料堆中微生物也大都含鐵物質均與微生物反對惟有鐵養拉格的克酸能變化淡氣物質

加波利克酸加於糞以解毒有害於植物子之萌芽坎爾奈查知百分水中加加波利克酸〇·二五即能阻苡仁米子之萌芽而百分中加一分者足殺其生機百分中有〇一者則阻小麥之萌芽有〇·〇五者則阻醬油豆之萌芽在田閒試驗曾加沖淡加波利克酸之糞料而種小麥苡仁米喬麥則速死若於十月閒加此糞料至明年春播種並無損害

或以鋅養硫養$_3$並鋅綠代鐵養硫養$_3$其效相同

石膏與溺相關

從前英國用一種肥料名由里脫即係加石膏於溺中而令其澄停曬乾之物也其中有燐養$_5$酸並淡氣少許夫溺之功效全賴淡氣之多寡而定用此法其淡氣不多故農家不甚注意

糞料中往往加石膏因其可將阿摩尼炭養$_2$化成阿摩尼硫養$_3$也此功效較用鐵養硫養$_3$稍次且不能化散輕硫毀滅微生物之功亦較次又不能滅腐爛溺之惡氣此惡氣與阿摩尼氣不同

數年前有將已發酵之溺由石膏濾過變成阿摩尼硫養$_3$出售其製造法甚臭而不便易依今之物價論之亦甚貴況煤氣鐙廠中可得賤價阿摩尼廢料儻不能得而欲於發酵溺中取之者可用蒸法不必用石膏也

由溺中取阿摩尼鹽類

阿摩尼甚易化騰故用蒸法由發酵溺中得此物甚易而不費然欲得大數之溺甚難且多臭氣試以含阿摩尼水熱之則阿摩尼全數與水五分之一同速化騰所以已發酵之溺蒸化五分之一則其中阿摩尼已盡化去而此化騰之阿摩尼數合共流質百分中五分一之一其蒸具之

管可入於硫養$_3$酸中則阿摩尼與之相遇變為阿摩尼硫養$_3$或以管入於他溺中令阿摩尼更濃厚然後與硫養$_3$化合

倍爾脫並王克林將溺中騰出之阿摩尼氣納於一箱此箱中有鈣養硫養$_3$數倍由此阿摩尼炭養$_2$即與鈣養硫養$_3$變化而成鈣養炭養$_2$阿摩尼硫養$_3$又加熱仍變為鈣養硫養$_3$及阿摩尼炭養$_2$而騰出可收取之更有一法溺中阿摩尼氣灌入鈣養多燐料水中而化乾之其澄停物即結晶此乃鈣養阿摩尼雙本燐養$_5$物也

儻蒸陳宿溺此溺中或含燐養$_5$酸硫養$_3$酸或綠氣及不易

化騰之阿摩尼恩鹽類物則應加石灰水或白石粉水少許令與燐養五酸變化澄停而阿摩尼恩亦可保守如此爲之可易得溺中最要物質二種而不必化乾始可分出也

保溺新鮮

密勒並格羅文於數年前考究溺應如何保守不致變壞以備上所云之蒸法可加任何酸或酸性鹽類物令其不發酵則由里阿不變爲阿摩尼炭養而硝強酸爲此用甚合宜硫強酸稍次鐵養硫養三銅養硫養三鋅養硫養三加波利克酸禼柏油並歎尼克酸即樹皮酸均有功今知無論何種酸質能毀滅微生物者即有此效儻將新鮮溺令其有酸性

而在阿摩尼廠中與已有阿摩尼發酵之溺相和任其自然閱一二日即減其酸性成爲中立性然此法須特用器具並須洗滌潔淨

總言之欲保守溺新鮮而無臭氣者不特有轉運工費且須器具而蒸取阿摩尼之法甚便其價值祇在煤而已

得溺不多

格羅文考驗考龍地方公共小便處即知欲多得新鮮溺供廠中所需甚難如該地方每年可得溺四萬五千擔依每人洩出四十磅數而以城中人丁共數計之僅得百分之十儻將此溺化乾可得百分之四即是可得乾料一千

八百擔若加以酸質或多燐料亦不過三千六百擔可出售者故此數尙不敷廠中所需若加十倍製造方爲合算由此論之經理此等物必有許多煩惱故歐洲人以爲不如沖入海中較爲直捷了當

由糞中提出阿摩尼硫養三

糞中淡氣數較溺中所有之數更少故以糞爲取阿摩尼之源者其利益甚微惟由糞流質中取阿摩尼硫養似尙合算而得阿摩尼數較得諸煤氣鐙廠中者亦甚少在巴黎由糞流質一百軋倫中提取阿摩尼硫養三八磅即每立方邁當得十啓羅

荷蘭國阿姆司脫待地方有人名該存設法由糞流質中取阿摩尼其廠每日需此流質二百五十立方邁當稍加濃石灰水於流質中用鍋鑪以一百十二桑的邁當熱度熱之於是阿摩尼盡數化出而糞料亦不致有毒計每年所需糞流質八千七百五十立方邁當製成阿摩尼硫養三七萬二千一百啓羅原流質百分中有乾料二分阿摩尼○·三三燐養五酸○·一三鉀○·○七此阿摩尼數中祇有○·二爲由利而其百分之○·○八結成阿摩尼恩鹽類物其○·○六係與生物質相合阿摩尼提出後所賸流質用水壓力將其中定質濾出製成磚式其百分中有水四·一六

鈣養炭養二五二·三淡氣〇·五二燐養五酸一·一六鉀養〇·一六此淡氣百分中有阿摩尼〇·〇三二三

用鎂法

化學家有意可加含鎂鹽類於糞料中令其發酵提出阿摩尼並燐養五酸或將一鎂鹽和於新鮮溺中令其發酵即有雙本燐養五酸阿摩尼並鎂養結成而澄停於下作爲肥料然此澄停物作爲肥料不甚可恃

此意難於廣行因結成顆粒之澄停物雖多加水不易分離而令其澄停又需時甚久所以廠中如法製造必多設櫃具並歷時甚久方能得效且欲令阿摩尼盡數澄停者

則除鎂鹽外須加本質性之含水鎂養或含水鈣養

有製造家於陳宿溺或糞或溝糞中加鎂養燐養五令阿摩尼澄停此鎂養燐養五可由鈣養多燐料並鎂綠製成其價值甚賤此鎂綠產於司搭斯夫脫礦有於糞溺中和以鈉養燐養五或先加鈣養多燐料與含鎂鹽類合成之物更有一法以已發酵之溺濾過含鎂養硫養三之草煤而令雙本燐養五料從速分出惟雙本燐養五料在清水中較在鹽類水中更易分出

用石灰法

近有人屢加石灰於新鮮糞溺以保護之然此法製成肥料亦無甚利益

法國毛生蔓之法如下取石灰加水一半與溺等分相和此石灰化散成粉取其二·五分與糞料二分相和即可轉運出售此肥料中有糞溺之物質而由石灰發熱化去水數幾與石灰分量相等並有阿摩尼少許同時騰失

凡已發酵之陳宿糞料加以石灰則阿摩尼騰失更多故宜用新鮮者

昔有人云此新鮮溺製成之乾料並不改變後查知此說不確蓋改變較緩也所以得大數溺製造其法須略爲變通加石灰與流質等分劑加至三次則石灰較流質多三

倍而溺中之水化去其半

在冬季石灰一分可收吸糞溺和流質三分在夏季則石灰需水必較多故此製成之料百分中有石灰二十分此法亦有益凡牢獄兵營工廠等處可依此法料理而又宜於農家之用惟大城鎭用此法有困難因需石灰數必甚多如柏林城有人丁五十五萬則每年需石灰一百五十萬斗

近大城之重土田可用此石灰相和之糞料壅田其運費亦尙合算

下表所示一係毛生蔓二係德國城內考其百分中物質

數	一	二	
水	三四·〇〇	四六·〇〇	三〇·〇〇
生物質易化物	一八·三八	一〇·〇〇	九·〇〇
淡氣	〇·六九	未查出	
燐養五酸	〇·一九	一·〇六	一·二三
石灰	二四·四〇	三〇·三〇	四一·〇〇
鎂養	〇·六三	〇·七七	
鉀養	〇·二八	〇·〇四	〇·二八

密勒用石灰法

瑞典國京城有人名密勒亦用石灰之法考知新鮮糞料與石灰相和騰失阿摩尼極微曾屢次考查其百分中所有阿摩尼不過〇·一

密勒又查知將糞中乾料可易製成粉末以便轉運且云用石灰數宜少若藉空氣或日光乾之爲最佳儻糞料已初發酵須加酸性物如鈣養多燐料加硫强酸之草煤等物藹留其阿摩尼

德國人姓休者仿密勒之法造一茅厠令糞溺分開糞面蓋雜炭之石灰少許此猶今人以乾土加於糞窖也其製成乾料百分中有淡氣二分燐養五酸四分

石灰與糞相和其動作與加於他種含淡氣生物質相同卽如石灰加於魚廢料中變化成不易消化之乾料不遇溼則不腐爛化分而石灰又能藹留溺中之燐養五酸石灰與糞相和時因其發熱致水化騰此亦一弊惟其保護生物質之功足以相抵

以石灰保護糞料之意並非新法從前已有人論之百年前待凡在倫敦演說化學之理云糞臭可以石灰滅之儻將糞料壓成薄片多遇空氣加以石灰卽速乾易成粉末可代茶子渣餅之用且可與子拌和播種

石灰能令糞在空氣中速乾且能除糞料之韌黏性則易

變乾鬆

待凡以爲中國人用石灰亦有此意如棺中加石灰卽係不欲屍身腐爛化分也一千八百零二年有人欲將糞料與石灰相和曬乾作爲肥料

卷終

農務全書中編卷十三

美國哈萬德大書院農務化學教習施妥縷撰　慈谿　舒高第　口譯
新陽　趙詒琛　筆述

第十一章

鉀養肥料

前各章所論均爲含淡氣肥料，尚有數種金石類爲肥料之用而尤以鉀養爲要

前曾論植物生長須有鉀養，凡欲植物茂盛，必得含此肥料足數在海水中或近海水處之植物體中，亦有許多鉀養當化學初興時鉀養著名爲植物鹼類，因由植物灰中

提出也此名與鈉養有別，因鈉養名爲金石鹽類也然查灰中鈉養不多而植物之生長鈉養亦不居要職

地土中有許多鉀養可在植物灰中見之此鉀養由非勒司巴耳石化分此石中有矽養、鋁養及鉀養又有數分由干層石並他種含矽之石化分而得之所以大分泥土中必有鉀養數分納斯欒並格司配林查泥土百分中有鉀養〇·三至〇·七惟高嶺土並他種磁泥中均無鉀養農家亦知有甚少鉀養之泥土如沙土等惟有膠性之衝運土百分中有二至五分或竟至七分有奇此種泥土往往與矽養及鈣養土相雜而尋常黃沙土中之土亦多鉀養故甚肥沃紐英格倫之東北地方並無產物而山坡有甚佳之田莊乃考其土之由來知係上古藉冰雪衝運之力積成也

休爾茄將鉀養化於一·一一五重性之鹽强酸內隔水熱之閱五日於是在數種新土試驗之乃知鉀養功效之大小與泥土等類有相關如重土中鉀養較多於沙土中所有之數而天然所成之土其下層土中之土質較多故鉀養亦較其面土中所有之數爲多高原重土並黃沙土百分中有鉀養〇·五至〇·八輕黃沙土百分中有鉀養〇·三至〇·四五沙土中有鉀養〇·三天然沙土中有鉀養不及

〇·一儻此土中有燐料並鈣養足數者植物尚能生長鬯茂新土百分中之鉀養不及〇·〇六者則甚少有用之養料應速加鉀養肥料以冀日後之豐收然大都地土中之鉀養罕有少至是數者故亦不必亟加鉀養肥料也美國西與南各田地均加燐料並淡氣肥料亦是此意

地土百分中有鉀養〇·一則每一英畝計有鉀養三千五百磅以面土一尺深計之共有三百五十萬磅此數中僅有一分爲鉀養矽養石料而漸爲土中酸質所消化

石並金石類中鉀養

火山石中頗多鉀養如西西里島之愛得那火山並北冰

洋阿斯蘭脫之黑克拉火山坡有一種石名曰巴拉告奈脫其中多鉀養此石甚易化散故可作爲肥料而加以轉運等費尚爲合算近又查知尋常金石類中之鉀養爲易得鉀養之處非勒司巴耳石百分中有十二至十七分干層石有三至五分鈉養非勒司巴耳石有一至二分倍索脫石有〇·七五至三分泥端石有一至四分黃沙土有一·五至四分

據克蘭索考查非勒司巴耳石未化散前與已化散後其物質數如左表

	非勒司巴耳石	已化散非勒司巴耳石	較少數
矽養	六五·二一	三二·五〇	三二·七一
鋁養	一八·一三	一八·一三	
鉀養	一六·六六	二·八〇	一三·八六

海水中多鈉少鉀

非勒司巴耳石類並金石類天然化分時即有鉀養鈉養矽養炭養物質與地土中含鈣養鎂養之和物合成不易化之物而鉀養由是羈留土中與矽養鋁養鈣養或呼莫克酸相併而爲植物養料

此等含矽養含呼莫克酸之物質與農務大有關係儻無此物質則無羈留鉀養之勢力而今土中之鉀養必早爲雨水沖濾入海矣即如含鉀鹽類物均易爲水所消化也又鈉養在土中爲矽養等物羈留之力不甚固所以海水中有鈉綠之味而無鉀綠之味也鈉綠由水消化沖濾入海較他鹽類更易海水百分中約有鹽類物四分此鹽類物中之食鹽不止四分之三餘最多者爲含鎂含鈣之鹽類而鉀綠在海水中之定質百分中不及四分

金石類師從前考知金石中鉀養矽養與鈉養矽養雖同居而同係天然化散然鈉養矽養速失其鈉養而鉀養則仍在也斯禿羅甫考非勒司巴耳石之一種名礬石其中鉀養鈉養數如左表

	鉀養	鈉養
未化散時	三·四五	九·七〇
稍化散後	五·四四	三·二六
倍索脫石		
未化散時	一·三五	七·三五
稍化散後	二·六二	二·三一

休爾茄化新土於熱濃硫强酸內考知其中鈉養較鉀養爲數甚少祇及其百分之八分一之一至三分一之一可見地土存積鉀養甚多足供植物所需惟歷年產物鉀養亦易告罄故農家應設法加之其關係之緊要僅次於淡

氣燐料而已

荒土中鉀養甚多

荒地土中鉀養數往往較多於多雨水處之土中所有者鈣養鎂養鈉養亦然因無雨水卽無沖濾情形而土中遂少化學之動作卽矽養物不能將鉀養等分出也所以舊金山地土本係荒僻近用灌水法可得其存積鉀養之利益而植物頗茂盛

鉀養反回於田地

有許多鉀養由馬廄肥料反回於田地如用草料等物爲鋪料收吸流質後壅於田且植物廢料並製成之和肥料

亦均將鉀養反回於田地

鉀養在果實中動物體中之數斷無如燐養酸之多所以耕種合法者由該田收穫之植物他日仍由糞料等反回於田地而較燐養酸爲多

凡田耕種合法多加糞料其土質本係非勒司巴耳石腐爛變成者其鉀養未必匱乏也

宜用鉀養肥料之田

凡田不能得肥料而腐爛石質中本無鉀養者則購鉀養肥料加之是得當也

紐英格倫之沙土儻加柴灰之鉀養炭養甚合宜英國鬆沙土並歐洲有數處土中均少鉀養若加此鉀養肥料亦甚宜

鬆沙土並瘠田中甚少鉀養而欲種製糖根物應加鉀養硫養與鈣養多燐料相和之肥料德國北方隰地洩水開墾加鉀養肥料甚宜儻不加肥料得油菜七倍加燐料得十七倍加鉀養並燐料得四十七倍若種馬料或穀類加鉀養鹽類亦獲大益惟肥沃土不必加此鉀養肥料也或加之亦能見植物格外豐稔司考脫倫相近地方產苜蓿不佳後查知因少鉀養之故取司搭斯夫脫鉀鹽加之遂慶豐收

然福爾克之意加鉀養肥料苜蓿不能得其大效勞斯並葛爾勃之意苜蓿生長不佳者非因少鉀養或灰料必有他故可設法補救之

勞斯並葛爾勃云高原草地較小麥苡仁米田易竭其鉀養因穀類在輪種時可得前次植物所遺根稈等廢料而草料往往刈割且所加肥料有定數

德國北方瘠田常加楷尼脫並賤價司搭斯夫脫鉀鹽而種狼荚能得豐收若不如此培壅不能獲利或謂種此植物獨用鉀養肥料已可因有田不加燐料含淡氣料祇加鉀養肥料果能得狼荚之豐收也儻田土有沙並加含石

灰之土者,與狠莢不宜,而加鉀養鹽類,亦可種矣,此等田地加楷尼脫宜在秋若在春反有害

最宜鉀養之植物

田間欲種製糖根物或綽格蘭根物以代咖啡之用,或種番薯並菸草則土中鉀養易爲此等植物吸取應製成鉀養肥料補其匱乏福爾克在英國試種番薯,即知鉀養肥料甚爲合宜而鬆土更宜,伊用楷尼脫並多燐料,而得番薯甚多,或僅用鉀養鹽類亦然,孟闍爾亦頗宜此肥料,若加食鹽其效亦相等,將鉀養鹽類與多燐料兼用,可等於牧場肥料,而勝於多燐料與食鹽兼用者,在鬆土種瑞典蘿蔔,獨加鉀養鹽類,或與多燐料並用,均獲佳效,惟燐料易令根物之葉過盛,福爾克又在瘠鬆之土加鉀養鹽類並多燐料種根物,甚有益,惟種紅菜頭似不甚有效,若加鉀養硫養三即獲豐稔

德國近來廣用鉀養鹽類於紅菜頭番薯苜蓿捲心菜菸草蕎麥,哈潑草,葡萄,麻,大麥,均能有益,在紐英格倫,此鉀養鹽類甚宜於大珍珠米番薯,而苜蓿並豆類則鉀養肥料爲最宜,從前農夫加柴灰於苜蓿田而得佳效,即是此意,勞斯並葛爾勃考知鉀養肥料特宜於苜蓿豌豆,若加於穀類,則小麥得其益,更勝於苡仁米

葛爾勃論之如下,凡易化淡氣肥料加於小麥苡仁米大麥者,其效甚顯,此等穀類體中所有淡氣較少,由田間吸取者亦不多,惟豆類如豌豆黃豆苜蓿等,其體中雖多淡氣而用含淡氣肥料如阿摩尼鹽類淡養鹽類不甚合宜,而淡養三肥料較阿摩尼爲佳,總言之,蘿蔔宜燐養肥料,豆類宜鉀養肥料,穀類宜靈捷淡氣肥料,惠靈敦亦云,蘿蔔甚能得燐料之益,若孟闍爾則不喜也

前已言灰料準番薯甚宜,然據揮斐之意,灰中鉀養固無損害,而灰中必有鈣養炭養二能致番薯有凹癟不整齊之弊

在歐洲加鉀養鹽類於番薯之效常見之,達學言番薯所需肥料,不宜過多過少,而以鉀養爲最合宜,所以無論何土,均可用此肥料,凡田土中有白石粉而早已加糞料者,可再加多燐料二至三擔,或楷尼脫三至四擔,於耕種前或後加之,後又加鈉養淡養三一噸於面土,或分爲二次加之亦可,如當初未多加糞料,則加鈉養淡養三宜倍之,土中少石灰者,須加淨秘魯圭拏二至三擔,或細骨粉或含燐鑪渣料五至六擔,以代多燐料,儻地土有酸性或含草煤,則含燐鑪渣料更應多加

田間鉀養出入數

赫敦云製糖根物每一百磅中有鉀養中數○·三五九磅每毛肯田可產根物一百四十至二百擔則失鉀養五十至七十二磅而葉中所有仍反回於田地未計其數也所以歐洲中原每年產製糖根物出售者其田閒應速加鉀養肥料以補之

楷姆陸脫計算一千七百十七毛肯田每年種製糖根物其鉀養之出入數如左表其田並非隰地又非牧畜場

每年取出鉀養數

收成中	一○三八一二磅
牛食之莖葉中	四七三磅

鉀養共數	一○四二八五磅

加入鉀養數

圭拏入糞中	八四三九磅
根種中	一○二一磅
畜糞	
該田畜食料中	七四八七五磅
購草料並菜子餅中	四九六七磅
鉀養共數	八七三○二磅

觀上表每年失鉀養一萬六千九百八十三磅合草料一萬四千六百十九擔中所有鉀養數然田閒加足數之畜糞而此畜有草料苜蓿等為食料則不必憂鉀養之匱乏據赫敦之試驗論之歐洲田閒往往多加田莊肥料則鉀養數似有增而無減不必購價貴之鉀養肥料培壅也若多產製糖根物蘿蔔捲心菜番薯菸草等即加合宜數之鉀養肥料必可補償其失數

凡養乳牛而售其乳者往往飼以珍珠米粉棉子粉釀酒家渣料等助飼畜草之不足由此田閒得鉀養數較由乳所失之數更多而牛在外食野草中之鉀養數尚未計及也

五十年前德國司搭斯夫脫鉀鹽礦尚未發見農家必由

灰料中取鉀養欲得大數甚不易故廣種根物頗為困難

各物料中得鉀養

有設廠提煉各植物中之鉀養乃知植物各部分中鉀養有多寡而各種類中亦有參差老松樹料一千磅中有鉀養○·五磅老銀杏樹有○·七五磅老榆樹有一·五磅珍珠米稈有一·七五磅豆萁或向日葵稈有二十磅葡萄藤有四十磅

總言之植物嫩枝葉中鉀養數較更多所以修翦之葡萄藤等頗可收集作為和肥料他植物之嫩芽細枝等亦然從前農夫已知葡萄之嫩枝中多鉀養凡盛葡萄汁令其

發酵之桶中往往有積滯之物即係鉀養二打打里克酸也遂有人以爲葡萄樹最能竭土中之鉀養然此說不甚確因蒲生古曾考驗並與他植物相較知葡萄藤中鉀養數並不更多也

據蒲生古計算阿爾散斯省每黑克忒田每年收成物料中之鉀養數如左表

	鹼類啟羅數	燐養五酸啟羅數
番薯	六三	一四
紅菜頭	九〇	一二
小麥並根稈	二七	一九
葡萄酒並枝並酒器內之渣滓	一七	七又四分之一

特海蘭云葡萄樹加鉀養肥料亦有益法國南方不加田莊肥料而加菜子餅並織物廢料

從前歐洲將穀類稈並草料燒取其鉀養以壅植物於是頗盛而博士亨斯達脫種艾草於瘠地爲取其鉀養也計田一萬八千方尺一年開可刈割艾草三次共得二萬磅其灰料有二千磅可得鉀養九百磅即是百分之十二爲灰百分之五爲鉀養有人名排可司種蛇莓草每畝可得鉀養一千二百五十磅又有人名弗蘭賽那斯種萬壽菊生長甚茂其百分中有鉀養二十五分

菸草稈

採取菸葉之後其稈反回於田地頗有肥力張森云百分中有鉀養五分燐養五酸幾及一分淡氣三·五分含淡養物質〇·五分當稈料新鮮時有水四十六分每百磅中有鉀養二·六燐養五酸〇·三六淡氣一·八五即是每畝田產乾料一千五百至二千磅中有肥料價值十五至二十圓更有一種張森查其百分中有水六十七分灰質三分淡氣〇·七灰質百分中有鉀養一·三七燐養五酸〇·一八

菸葉之筋爲製菸者所棄亦頗有肥力張森在紐約購得之其百分中有水三十三分鉀養五分有奇燐養五酸〇·五淡氣二分更有一種稍次者百分中有水四十六分鉀養六·二五燐養五酸〇·四淡氣一·六又有一種篩過菸葉屑百分中有水九·六鉀養二·八燐養五酸〇·五淡氣二·四此稈與屑中查有許多含綠物質百分中有綠氣〇·五筋中爲數較少而石灰數甚多又有一種稈稍佳者百分中有水一九·八三鉀養七·六六燐養五酸〇·七五石灰四·二六淡氣一·九六

提德立次查潑來梯內得運來菸葉之筋百分中有灰三十二分水十五分鉀養八分燐養五酸二分淡氣二分

坎奈狄克省即以菸草之稈壅菸草並壅早成熟之番薯

若壅菸草每年每畝需十二噸所產菸葉質細而品佳有時以稈料一半畜廄肥料一半加之或在幼嫩時稍加製造肥料番薯壅以稈料其皮光潔可觀他植物亦甚相宜

海草灰

從前西西里島西班牙東海濱風浪飄來之海草燒成灰名排列拉其中鈉養炭養鉀養炭養爲數甚多該處竟種此海草如馬料之刈割令其乾而在地窟內燒成灰西班牙之楷脫齊亞地方輪種小麥苡仁米而休息當休息時即種此草儻因旱乾小麥有荒象亦即散其子

此種法甚有理在鹹性地土或水過多者可改良也然今

則不甚合算因鈉養炭養由食鹽製成之甚便博士哥卑爾取裏海之海草燒成灰百分中有在水中易化之鉀養五分鈉養三十分

鉀養肥料等類

鉀養有在灰料中者有在棉子殼灰中者有係鉀養硫養並鉀綠美國更有一種係含水鉀養與鉀養炭養相和者麥約查紐約鉀養肥料中物質如左表

	超等	一等	二等	三等
鉀炭養	四四至二五	五六	一五至五三	三八
鉀輕養	五〇至四四	六	三九至五五	

美國製造鉀養法以灰盛於桶而加石灰一層令水濾過成鹼類水化乾之

紐就袞省更有一種名曰靑沙可爲鉀養並燐養肥料之用製造玻璃廠有許多廢料其中有鉀養硫養火藥廠有廢料其中有鉀養淡養製造鉀袞鐵之化學廠亦有鉀袞廢料

木灰作肥料

紐英格倫農家以木灰爲肥料甚佳木灰可令土中不變動之淡氣致其利用如歐洲新開墾之草地加木灰可改良土中酸性呼莫司而易令地土發酵此灰中除鉀養外

更有燐養酸二分並他種有益於植物之料如鎂養少許鈣養炭養較多此物質之功效由農家用已濾過之灰料考知之

已濾過之灰料大都爲鈣養炭養而本有之鉀養爲百分之〇·五或三分一之一並燐養酸一分有奇有數種草煤灰中之鉀養濾取亦屬合算然煤灰中鉀養爲數極微與沙土相等惟能令土質鬆疏並能改良多呼莫司之土而已

木灰加於草田或牧場地甚爲合宜可令苜蓿並馬料發達而次等草並苔類不能生長歐洲農家加木灰於酸性

草地以滅無用之植物而種番薯可免凹癟之弊於珍珠米亦甚宜而加以他料製成和肥料之用更廣

木灰價值

從前市肆肥料祇有木灰而已每斗價值一角二分半其後抱絲敦市肆竟無從購覓在海濱地方已濾過之灰價值亦甚昂每斗須二角半而新鮮之灰竟弗有也

自司搭斯夫脫鉀鹽礦發見以來多運往紐英格倫而坎拏大之木灰價值漸平張森云未濾過之坎拏大木灰百分中有鉀養五·七燐養五酸一·二美國硬木灰中鉀養並燐養五酸爲數較多惟常有煤灰垃圾相雜

木灰價值不一須察產木之處並植物中本多鉀養或他物與否又須論其地土中養料多寡並植物某部分之灰如細枝燒成者其鉀養數自較老樹木心燒成者更多總言之幼嫩樹木灰最佳凡不燒煤而專燒木料處其灰中物質分數無甚參差然細嫩枝灰與樹木心燒成之灰相較百分中之鉀養竟有五分至二十分之上下從前美國製造鉀養家云以中數計算每斗尋常灰重四十八磅中有鉀養四磅有奇

余查數種灰得其中數百分中有鉀養八·五燐養五酸二分即是灰一斗可得鉀養四·二五磅燐養五酸一磅其價值共

二角至二角半已濾過之灰加於田仍稍有鹼性可令草煤腐爛並令其發酵所以此灰每斗價值爲一角或一角半或謂松樹銀杏樹等輭木灰爲無甚價值其實輭木灰爲數較少而重性較減易爲風吹颺若與硬木灰等重數計之其中物質幾無參差惟購灰者須考察是否有煤灰或已濾過之灰相雜

鹼類水令泥土膠黏

濾過灰之鹼類水可令泥土或黃沙土膠黏而增收吸水之力清水無此功效也儻將鹼類水如鉀養炭養二鈉養炭養二並阿摩尼炭養二水灌於黃沙土則此黃沙土變爲混濁

而更黏韌

暉得內云鹼類水可令土質顆粒鬆疏而填塞沙之空隙則地土中之水不易洩出試將玻璃管盛土加水一寸在二十五分時閒已濾過又一管加阿摩尼水須待七或八小時方能濾過

暉得內以爲沙與泥土相雜而土質緊密將沙質掀舉觀之若沙甚多者其實則泥土也

前人已知鉀養炭養二鈉養炭養二能令泥土變爲爛泥形如濕土或黃沙土擠成球而已濾過鉀養鈉養炭養二水者至乾後甚硬不易分散有一種製磚之黏韌泥與細灰相和

加水調成漿形可塗塞煙囪並鐵器之空隙待乾即甚堅硬

鹼性地土

有地土因多鈉養炭養以致不宜耕種雖屢次犂耙而土質仍易結成硬塊或成爛土情形惟有用多水灌之沖去其鹼類物據休爾茄之意宜用石膏改變之其式爲

鈉$_{二}$炭養$_{三}$丄鈣硫養$_{四}$＝鈣炭養$_{三}$丄鈉$_{二}$硫養$_{四}$

儻不去其鹼類物則此地土終不能變爲熟田因其土質膠黏也犂法僅能分土成塊而不能分散

新金山有鹼性地土農家無法治之休爾茄云凡土百分中有鈉養炭養〇・一即不宜耕種如兼有含鈉含鈣之中立性鹽類亦無濟然在鬆疏之地土須加鹼類物令其膠黏易留水所以地土過於鬆疏者常令牛羊踐踏而司考脫倫地方常用重石輥壓緊之此等田若加鉀養肥料甚合宜

余曾試驗在數年間多加灰料於輕土以致夏閒用二牛拖犂而耕之尚覺費力俱成塊坌所得之水雖與他田相等而多留於土中不易洩出

鉀養與土中淡氣相關

灰料爲菸草之肥料或云有弊因能令菸葉質較粗蓋灰

中鉀養能感化土中之呼莫司淡氣以供植物也曝得內之意菸葉質之粗細並色全賴土質之粗細並溼度熱度之均勻與否

砍斬森林而開墾可多得鉀養凡堆積樹根燒成灰處所種植物必更茂盛或以爲奇因灰中有許多鹼類物能害植物也然種小麥或他穀類於此地其稈葉亦甚壯茂此效必由於多得淡氣及溼潤也

羅倫查有樹根灰處較近處之地土更溼潤此說與休爾茄之意相同休爾茄云舊金山地土中鹼類物甚多以致變成爛泥而不能洩水祇須加石膏以改變其鹼性而消化之呼莫司可澄停於土中

棉子殼灰

棉子須去其殼然後製油其殼燒成之灰市肆有出售此殼雖常作爲畜食料而製油廠中亦作爲燒料加以木柴並煤故灰中物質不齊而價值須視雜他物灰多寡而定張森云灰色愈淡鉀養愈多

美國北方所得棉子殼灰均由南方運來百分中有鉀養十八至三十分在水中易化而無含綠之物質燐養$_{五}$酸五至十分其百分中有一・五至二分在水中易化者故論肥料之功效棉子殼灰較木灰爲佳其中鉀養炭養爲數甚

多若多加於田反受其害然鹼類物工藝家頗用之農家豈能多得哉此肥料雖未能多得而紐英格倫地方每噸價值三十五圓或四十圓較他種鉀養肥料之價值更賤種菸草家用此肥料頗多因其合宜也購是料應先考其貨樣有無攙雜物

鉀養鎂養炭養二

德國製造一種含水鉀養鎂養炭養二可加於木灰棉子殼灰合宜之田張森云百分中有鉀養十八分鎂養十九分與炭養二並水相合其中幾無綠氣然較棉子殼灰百分中鉀養中數少五至六分

石灰窯灰

更有一種名曰石灰窯灰係浮芒脫等地方燒木柴之窯灰有石灰屑相雜其百分中鉀養燐養五酸均不及二分此料為木灰而加以四至六倍之空氣化散石灰儻窯中兼燒煤者則鉀養燐養五酸為數自更少此灰料中有未經燒透或燒過度之成塊石灰雖遇溼亦不易分散曾聞農夫云堅硬成塊石灰易損鋤犁

磚窯灰

張森試驗燒栗樹之磚窯所得灰百分中有鉀養一·五燐養五酸不及一分頗有磚屑與沙相雜若該窯近處田地用之尚為合算稍遠者運費不能相抵也石灰窯灰有識見之農夫用之可合法然終不及木灰為佳總言之此等灰中物質不均斷不能與運費相抵即以石灰而論亦遜於農家特有一種新石灰之功效

青沙

紐就衰省有一種青沙又名青沙灰土其中有鉀養近處田地常用之百分中有鉀養五分此料一斗約重八十磅計有鉀養四磅實等於木灰中之數並有燐養五酸一至二分

青沙功效延緩加於田十年或十二年後尚能見效惟運

往遠處其費不能與肥料之益相抵

青沙似矽養二有羈留物質性

論此料均以為一種沙而已並非肥料又非泥土或化散之金石類物其中無植物合宜之養料其實青沙係含水鐵養鉀養矽養二可謂一種金石類物在地層水中能羈留鈣養鈉養阿摩尼等物質而將鉀養供給植物

當初鉀養肥料甚少農家希冀能自製成含水鉀養鋁養三矽養二物加於少鉀養之田地陸續可將鉀養供給植物而查此青沙乃一種天然雙本矽養又前所云火山石中有一種巴拉告奈脫石亦為天然含鉀養之料均應詳考

火山石腐化後可爲肥料非虛言也如法國奧文省黎美老地土係一廣大之山谷其西並西南有已熄之火山大風時火山石變成之細沙飛揚若霧該老地土常鋪蓋此沙一層曾計算一年間每黑克忒田風加此沙有一千啟羅然該地著名肥沃未必非此沙之功也

土中鉀養情形

植物最易吸取之鉀養在含水雙本矽養或含水雙本呼莫克酸中此物質中鉀養爲水所易化故易爲植物吸取而有數分爲炭養水變化爲鉀二炭養更有一分爲植物根酸質化分均易爲植物所得然此鉀養均由粗沙或化

散之石質中分出也

達學曾用淡檸檬酸並淡鹽强酸由土中化出鉀養其數多寡全依曾否加肥料而定有八田歷年均加鉀養硫養而用鹽强酸於土百分中化出鉀養一·三六而用檸檬酸化出鉀養九分未加此肥料之田僅得一分有一田三十八年間常加田莊肥料用淡檸檬酸化出鉀養數較又一田十八年間未加肥料而以後常加者倍之且各田之豐歉與易化鉀養之多寡相應

凡田加鉀養硫養鈉養硫養鎂養硫養不加多燐料則爲檸檬酸化出之鉀養爲數甚大加多燐料則化出鉀養爲數較少因加多燐料其產物豐盛吸取許多易化之鉀養加菜子餅兼硫養物而不加多燐料亦然又查知加阿摩尼鹽類物不加鉀養肥料則爲檸檬酸化出之鉀養爲數較少儻加鈉淡養而不加鉀養肥料可化出鉀養較多達學以爲凡地土用百分之一檸檬酸化出鉀養爲數少於千分之五者應加鉀養肥料

石中鉀養

非勒司巴耳石並他種石可用化學物料化出其中之鉀養以應農家需用如紐就㝡之青沙完紫云可加鈣綠化出之又或以新石灰化出非勒司巴耳石之易消化鉀養

此法固屬有理然不免有爲難處而司搭斯夫脫鉀鹽礦發達以來上所云者皆不注意矣然各處含鉀之石甚多如青沙巴拉告奈脫石特拉伯石(卽級形石)西哇來得石(卽熱發沸)石並數種非勒司巴耳石端石(卽石板石)等若磨細而用之亦尙合算或用軋碎骨料之機器以碎之亦可羅開司曾用含地柏油之泥板石(卽銳珥石)作爲燒料碎成粗顆粒壅田因其中多鉀養並燐養酸也

總言之此等石先用火煆至紅熱度化去水質卽鬆脆易碎福克司云非勒司巴耳石並他種有鉀養矽養之金石類用緩火煆之甚易分散卽可提出其鉀養一分蘭潑提

亞士云將含鉀矽養之石如乃斯石花剛石抬弗里石特拉伯石均可用緩火分散之加於田而植物得其益

司搭斯夫脫鉀鹽礦

德國司搭斯夫脫地方有含鉀之金石類礦而此書中亦嘗言之與農務大有關係也自此礦發見以來含鉀鹽類之價值漸平此礦與極廣之食鹽礦聯接即於食鹽層之上蓋數種金石類鹽類數層如含鉀含鎂含鈣等

此礦地於上古時必係大湖或如今之裏海逐年水汽化騰而鹽類澄停於下結成食鹽一層後又漸結成含鉀鎂鈣鹽類層

一千八百三十九年有人在該處開掘礦井而求食鹽至一千八百四十三年果得鹽滷其中多含鎂之鹽類以致停工後有地學師考查云鹽滷中之鎂養並非本有之物至一千八百四十八年在近處又開掘一礦井查得純食鹽層之上更有鎂養鹽類物一層於是確明其故至一千八百五十一年又興工作至一千八百五十六年開掘成二礦井約深一千一百尺得不純淨之鹽石而在鉀養鹽類層之下當時鉀鹽類無人顧問蓋未知其功用也

至一千八百五十七年得純淨之鹽石於是極力開取而鉀鹽類之功用至一千八百五十九年始知之當時此鹽類各層與地平面之斜度測算明確乃離前開掘礦井處一英里又開掘新礦井查鹽層之斜度果與測算者符合於是鉀鹽並食鹽可在較淺之新礦井得之自一千八百六十二年新礦井工程完畢以來取出鉀鹽類甚多近今又在近處多開礦井於是利愈溥矣

鉀鹽層下之食鹽層深淺若干尚未測得惟查知有四層各層有各不同之鹽類而層中料係純淨之一種鹽類層邊即有上下層之鹽類相雜其最下層之鹽石幾極純淨惟稍有鉀養硫養之紋路其上一層之鹽石厚一百尺雜有鉀養硫養鈉養硫養鎂養硫養和料名布里哈來得即多

鹽類石其上又有一層厚九十尺係鎂養硫養與鉀綠鎂綠雜和之料名開西來得其上又有一層厚七十尺係鉀養金石類名卡那來得爲含水鉀綠鎂綠其料百分中更有乾鉀綠二十七分用火藥轟取之故工作之費甚廉得料甚多足供市肆之討求

當初鉀養粗鹽類出售爲肥料名阿勃耶鹽至今尚沿其名後在該處設廠提鍊數種物質爲肥料之用如鉀綠及鉀養硫養別其等差出售

鉀養綠養

將粗金石類料即卡那來得化於水令其結成顆粒提出

可得一種鉀綠其純淨不等由此鉀綠製成數種含鉀鹽類物最著名者爲鉀養硫養三鉀養炭養又有一種鉀綠號稱百分中有鉀養綠養五八十分實則有淨鉀綠八十至八十五分蓋其中半係鉀養爲肥料之用甚廣可抵司搭斯夫脫他種鹽類該處又製成數種鉀養綠養五更爲濃厚百分中有淨鉀綠八十五至九十五分

卡那來得由礦取出時有淡輕四綠少許已製成之卡那來得其百分中有淡輕四綠四分由卡那來得料製成鉀綠時其賸餘之料百分中有阿摩尼綠八十至九十分

鉀綠無論濃淡若何均宜於苜蓿馬料珍珠米根物且價値較鉀養硫養三更賤惟於製糖根物菸草番薯不宜因綠能阻糖質之結成顆粒而令番薯變爲韌黏所產菸草亦不得善價所以鉀養硫養三甚宜於此等植物因其中無綠也若番薯爲製小粉之用亦不可加有綠氣之肥料然有時種番薯而加鉀綠肥料與加鉀養硫養三同佳或云鉀綠須在秋閒未種番薯之前加於田至來春可得佳品番薯且收成亦豐

含綠鹽類與地中水關係

鉀綠與他種鹽類肥料均能吸引地上深層之水前已言鈉淡養三並含綠含硫之鹽類在旱乾時均能令地土溼潤

暉得內考地土吸引含鹽類水較吸引清水之力更大吸引清水力爲七·五三二如水中有鈉淡養三則爲七·七三〇有鉀綠則爲七·九〇七有鈉綠則爲七·九一一有鎂綠則爲七·九六四

歐洲旱田多加鹽類肥料忽變爲溼潤因鹽類物吸引地中之水也然日光酷烈而水汽化騰地面將結成鹽類一層鋤犁甚不易所以謀克之意須在秋閒或極遲至播種前一月卽加此料犁入土中儻土質緊密而重者兼加石灰尤佳因可稍變成鈣綠令其收溼也

鉀養硫養三

司搭斯夫脫地方製成數種鉀養硫養三其法將鎂養硫養三鉀養硫養三之和料分開之或在倒焰鑪中燒鉀綠與硫養三而乾之有一種鉀養硫養三百分中有淨鉀養硫養三九十六至九十八分又有一種運至美國者名高等鉀養硫養三百分中有淨鉀養硫養三九十至九十五分其中鉀養可保有五十至五十二分而幾無含綠物質爲農家所用諒必合宜

此二種鉀養肥料我美國製造鹽强酸者亦可製之祇將高等鉀綠以代鈉綠而已鉀綠與硫强酸在鐵鍋內蒸出鹽强酸而鉀養硫養三亦結成然加入之硫强酸可較應需

分劑數畧多令鉀養硫養溶化而易由蒸具取出其式如左

二鉀綠⊥輕養硫養=鉀養硫養⊥二輕綠

多加硫强酸則成酸性鉀養硫養其式如左

二鉀綠⊥二(輕養硫養)=(鉀養輕養二硫養)⊥二輕綠

尋常鉀綠二分子與硫養一·五分子相合則成鉀加半硫養質烘去其餘多酸質即可得淨鉀養硫養若此酸性鉀養適當播種時加於田能滅殺子並嫩植物故與蔓草相和作爲青肥料可滅草子儻製造家未烘去餘多酸質而入於農夫之手可加灰料減其過分之酸性此灰已濾過

或未濾過均可又或用含燐鑪渣料或用骨炭攪和閱若干日然後加於田

尋常或中立性之鉀養硫養則無消蝕之性可即加於田較加鉀綠數更多此等鉀養硫養勝於鉀綠鈉綠鎂綠鈣綠以其無損害也休留勃試種植物於盆查知食鹽一分之損害等於中立性鉀養硫養鈉養硫養鎂養硫養八至十一分之損害

上所云高等鉀養硫養外更有數種司搭斯夫脫鉀養硫養有一種百分中有淨鉀養硫養八十分而鉀養硫養百分中有淨鉀養四十分更有許多綠氣其中三分之二之鉀養係含於鉀養綠養中又有一種不潔淨者誤謂鉀養硫養百分中有淨鉀養二十五分又有一種僅有十分

楷尼脫

楷尼脫係最尋常含鉀肥料司搭斯夫脫老礦中罕見之惟在近處新礦中較多楷尼脫往往名謂鉀養硫養或名下等鉀養硫養然其中含綠質較多故與名稱不甚符合市肆楷尼脫中綠氣數不止四分之一而與鉀養全數相合所以化學家謂爲鉀綠並非鉀養硫養也運至美國者其品等不一尋常者百分中有淨鉀養十一至十五分而與他雜物相和其大分爲食鹽並石膏其中鈉養較鉀養

爲多而鎂養甚少或云楷尼脫由卡那來得多得水而變成者

一種純淨楷尼脫有鉀養硫養鎂養硫養鎂綠其式爲鉀養硫養鎂養硫養鎂綠⊥六輕養從前或謂其中祇有鎂養硫養並鉀綠其式爲鉀綠二(鎂養硫養)⊥六輕養然鎂綠在空氣中甚易收溼而鉀綠並鎂養硫養不易收溼所以上一式較爲有理儻令楷尼脫久遇空氣其中鎂綠一分將消化濾出若加酒醕即可將鎂綠盡數化出福蘭駭云楷尼脫百分中加草煤細屑可令其鬆而不結德國製造肥料家或用此法保護之或竟配準其分劑製成之

德國美國用楷尼脫爲草地肥料甚多而幸其價值甚賤其效勝於含八十分之鉀養綠養五在德國種大麥每毛肯田加二·五擔可減綫條蟲若與鈉養淡養五並鈣養三燐養五並用其效更顯

福蘭駭在百雷孟地方加楷尼脫於草地試種植物其效如左

	靑草收成啟羅數
一黑克忒草地加燐料	一二〇〇〇
又加燐料稍加楷尼脫	二三〇〇〇
又加燐料多加楷尼脫	四一〇〇〇

第一田草料收成後又得苜蓿增百分之三至十分並二十七分第二田增百分之十至二十分並三十四分而田閒野草則減百分之三或四至十九分

雙本硫養三

市肆更有一種肥料雖名鉀養硫養三實係鉀養鎂養與硫強酸相合者故又名鉀養鎂養硫養三又名鹽類肥料其百分中有鉀養硫養三四十八至五十四分其三分之一係鎂養硫養三他係溼並雜物此肥料價值甚賤而無綠氣故甚有用或云其中所有綠氣不過百分之二或三分其淨鉀養則有百分之二十六至二十九分

轉運綠養五費較硫養三爲賤

轉運鉀養綠養五之費較轉運鉀養硫養三之費僅四分之一而鉀綠中之鉀養有五十分鉀養硫養三中之鉀養祇有二十分因此二種物料之分子重數大不同也如

鉀二=七八　鉀=三九

硫=三二　綠=三五·五

養四=六四　七四·五

一七四

其鉀如下

七八/一七四=三九/八七=〇·四四八而

三九/七四·五=〇·五二三

鉀養綠養五運費較賤外其價值亦較賤因司搭斯夫脫礦出數甚多而鉀養硫養三須有學識者方能製之且費工夫也

司搭斯夫脫鉀鹽不合算

歐洲農家考知燐料淡氣料均可速反資本有時竟獲利甚顯而司搭斯夫脫鉀鹽類在肥沃土難獲益惟菸草及

人食之番薯則合宜福爾克云或獨用此鹽類或與多燐料加於苜蓿製糖根物或穀類往往有效若以將本求利而論似不合算總言之鉀養硫養較勝於鉀養綠養

一千八百七十八年福爾克結論如下鉀養鹽類爲肥料在英國不甚用查此鹽類和於他種製造肥料中亦不甚見效然在瘠沙田或肥力已竭之田牧場草煤地土則鉀養鹽類與骨粉並多燐料或與多燐料並圭孥相和者頗能有效燐料並淡氣肥料培壅番薯而加以鉀養肥料亦有益

以市情觀之司搭斯夫脫鉀養鹽類恐難持久而燐料等

則常有人購求或云鉀養鹽類並他種鹽類爲製糖根物肥料將減糖數而加於他種可製糖之根物或可得利

然新開墾草地並鬆沙土則加鉀養鹽類可得大效虛爾兹在瘠土祗加楷尼脫而種狠莢獲利甚厚豌豆苜蓿亦然此等植物種於冷乾沙土得燐料甚能生長而多加以楷尼脫則發達更盛其稈葉尤爲壯茂

木灰較鉀養鹽類更佳

總言之司搭斯夫脫鉀養鹽類肥料不及木灰因鉀養硫養並鉀綠中尚少鹼性而木灰中有鉀養炭養故其效較勝也歐洲農夫查鉀養鹽類用於含石灰之泥土最爲合宜或與石灰並用亦佳因石灰能與此物質合成鹼性鉀養二炭養而易爲植物吸取也

鉀養硫養鉀養綠養今農家尚未詳知其功效然加石灰之法不可忽畧更應考究草煤並石灰並鉀養綠養作爲和肥料之事大約牧場肥料加鉀養鹽類並他種鹽類亦可有益於植物而資本亦輕上所云鉀養鹽類無效者或獨用或與他種製造肥料並用故也

然石灰與鉀養綠養并合必結成鈣綠若干於植物有損並能令地土變爲韌黏此亦一弊也若欲免此弊可將此和肥料在秋閒加於田則鈣綠可由雨水等沖失而春閒

植物不致受害楷尼脫加於含石灰之沙土而有益者因能變成鉀養二炭養令土稍有韌性可羇留雨水也

鉀養硫養甚有益於地土

赫敦之意鉀養硫養有益於地土較鉀綠更甚因能在土中化成更合宜之和物也若與黃沙土相遇可變成石膏並鎂養硫養若爲鉀綠即將合成鈣綠並鎂綠有害於植物所以次等鉀養硫養或有綠相雜者亦有功效其效須視其中淨鉀養多寡而定農家試驗而知次等鉀養硫養終較淨鉀綠爲佳歐洲輪種植物用次等鉀養鹽類其中雖有綠不致損害如種大麥多加楷尼脫能增收成而泥

土中鉀養已富足後種番薯製糖根物卽得其利益而楷尼脫中之綠已爲雨水沖失或濾入深土矣

休爾茄在舊金山種製糖根物其地土中本有鈉養硫養所得糖汁較地土有鉀綠者更潔淨凡地土中有食鹽則糖汁幾屬無用因食鹽中多綠也羅博士之意含鈣養炭養或鈣養二炭養之地土在秋閒加楷尼脫其中鎂綠則與炭養合成鎂養炭養有益於植物

鉀綠在土中敷布較易

鉀綠在土中敷布較鉀養硫養更易鉀養硫養之鉀養爲黃沙土中二矽養並呼莫克酸所羈留不能敷布無論耕犁深淺若何往往仍在原處而深根植物如製糖根物苜蓿等不得其益

鉀綠與製糖根物不宜其鉀養不易爲他物質羈留故在土中敷布較勻而結成顆粒之鉀鎂硫養敷布旣易且甚淨並無含綠物質頗宜於製糖根物並菸草若在秋閒將此料與司搭斯夫脫他種鹽類並石灰同加於田尤佳

試驗鉀養敷布法

武羅得勒考查如何阻禦土中羈留鉀養令肥料可在植物根鬚處敷布均勻於是查知骨粉可阻禦鉀養硫養鉀養炭養鉀養淡養鉀綠之鉀養羈留又有他種鹽類肥料

可令鉀養炭養之鉀養不致爲他物羈留又有數種牧場肥料可阻鉀養硫養鉀綠之鉀養羈留然反易助他物質羈留鉀養炭養鉀養淡養之鉀養

骨粉之外儻以呼莫司與鉀養硫養或鉀綠並用能增其敷布之功惟於鉀養炭養鉀養淡養則助其羈留之力若將呼莫司與阿摩尼炭養合而用之較獨用之功爲少且更少於阿摩尼炭養獨用者炭養酸水遇泥土易騰化故消化之功不大

鈉淡養可增鉀養硫養鉀養炭養鉀養淡養之鉀養敷布惟於鉀綠則無此功效石膏鎂養硫養鈣養多燐料均有增敷布之功惟於鉀養淡養亦無此功效鈉綠並無敷布之功

除鈉綠並鈉淡養外骨粉呼莫司牧場肥料糞水阿摩尼炭養多燐料石膏鎂養硫養炭養酸水均能阻禦鉀綠中鉀養羈留總言之鉀綠中鉀養被他物羈留不如鉀養硫養鉀養炭養鉀養淡養之鉀養羈留之固也

用鉀養鹽類法

司搭斯夫脫鉀養鹽類轉運費不合算不能速獲利故不可於一時多加於田須斟酌輪種之植物應需數乃加之瘠沙土草煤土種苜蓿豌豆狼荚番薯等加鉀養肥料尙

爲合宜計每一英畝可加楷尼脫四百至五百磅尋常每一英畝加鉀綠一百二十五至二百五十磅若加楷尼脫則七百至九百磅此二種肥料宜與他種肥料兼用速犂入土德國業此者云鉀綠須在秋閒加於重土至早春祇可加於輕土或沙土

赫敦之意每一英畝種製糖根物者可加鉀鎂硫養三百五十至五百五十磅或加上等鉀養硫養一百七十五至二百五十磅種番薯者可加鉀鎂硫養二百五十至五百五十磅或加上等鉀養硫養一百三十五至二百五十磅種孟閣爾者可加次等鉀綠二百至四百磅種狠荚苜蓿麻者可加號稱鉀綠八十分之鉀養肥料

若加含鉀肥料於番薯其用法亦有關係司搭斯夫脫鹽類可依應加數加之然論其收成鉀養硫養無殊於鉀綠祇須鉀養數相等而已凡田先耙平乃加此鹽類物又輕耙之築畦下種此法可冀番薯豐收埋格司坦云番薯須得鉀養可在未下種前加之並深耕令其敷布均勻

鹽類肥料之害

凡山田種番薯不可加鉀養鹽類因能阻其萌芽也又不可散於番薯上恐其根不得益也若種番薯或製糖根物先在秋閒加此肥料爲最合宜鈉養或海水當植物生長時加之尚宜在幼嫩時則不宜司搭斯夫脫鹽類亦然要而言之應在鋤田時加之不可與嫩植物相遇福爾克論曰用各種鹽類肥料有危險如遇旱乾更甚食鹽並含鉀鹽類須在早春加之不可遲至三月初須令此易消化之料飲吸入土方有益於植物含綠物尤應如此

格里角來云凡山田播種捲心菜等子不可加楷尼脫須待第二次鋤土時加於根旁

謀克云德國農家查知肥沃老草地及黃沙土之少石灰者加楷尼脫無益然德國有許多地方用楷尼脫甚合宜惟植物所需之水應足凡草地中有沙及草煤或黃沙土者用之均甚佳尋常馬料及苜蓿加楷尼脫甚有益且有餘力又可滅田閒之苔類植物總言之每一英畝加楷尼脫三百五十至六百磅者必有效儻少至一百七十五磅多至七百磅不能獲益此等田欲種穀類並馬料須在十一月或十二月加此肥料若在十月或三月四月加之則收成不豐

德國有草地因常加楷尼脫致阻其變化淡氣法或其中含鎂鹽類亦有損於植物

德國農學報常論鉀養鹽類之效不一下係斯秃克拉脫之試驗摘要其田係輕沙土而多呼莫司計一·五英畝肥

力已竭加此肥料以種番薯得收成數如左表

肥料	收成德磅數	百分中小粉數
鉀養淡養六百磅德國磅下同	一二三四〇	二三·〇
又 硫養又	一二一五〇	二一·六
又 炭養又	一〇七二〇	二四·二
又 綠 又	八八五〇	二〇·六
又打打里克酸又	六六四〇	二四·〇
又燐養酸又	五九五〇	二四·〇
無肥料	四八四〇	二三·二
鉀養矽養六百磅	八一九	反受害

含綠質阻菸葉之然燒

鉀綠爲菸草之肥料不宜凡菸草種於多綠之地者其葉不易然燒因葉中多易鎔化之鈣綠當然燒時遮蔽其炭質以致空氣不能透入麥約云含燐質及含硫養之物阻菸葉之然燒較鈣綠更甚因更易鎔化也又查知鉀綠並不阻其然燒惟鈉綠則有此情形若將葉浸於鉀綠水內而曬乾之其然燒反較易

麥約之意凡以爲含綠物爲菸草之肥料不宜尚須考究葉燒餘之灰愈多者則鉀養亦愈多與鉀養幷合不易化騰之酸質少者其然燒較易而燐養酸並鈣養愈多者則然燒愈難多鈣綠或鈣養硫養者亦有此弊

納斯欒亦言菸葉中除含綠之物外更有他種灰質並數種生物質如不易攬火之油質蛋白類質則然燒之度必減由是思之菸草不能改良者大約其中多綠而少鉀也上等菸草中鉀養必較綠爲多也祇須去其不易攬火之生物質而陳宿之其然燒自易

納斯欒查德國排騰地方所種菸草四十六種其地土品等亦各不同凡葉中鉀養愈多綠氣愈少者則攬火之後然燒更能久延卽使鉀養愈多綠氣亦愈多者尙無妨礙反而言之綠氣愈少鉀養亦愈少者亦不減其然燒之度

農務全書中編十三 第十一章

又云凡製成雪茄菸者其葉中鉀養必須較綠氣多六倍如百分中有鉀養不及二·五而綠過於〇·四則爲次等蘇門荅臘島菸葉百分中有綠〇·六四至〇·七八而鉀有五分所以然燒甚易更有一種百分中有綠〇·四而有鉀僅三分則然燒不甚易

綠氣之多少可證明然燒之難易納斯欒在七月杪種菸草加鹽類十五克蘭姆水灌之收成後考驗獲效如左表

卡爾助羅地方

菸草肥料種類	菸葉攬火秒數	百分數 灰質	鉀養炭養	綠	水

蔓果蘭	無肥料	三六				
又	鉀綠	九	三〇·八	〇·八三	一·二四	
又	鉀養硫養	四三	二八·〇	一·一〇	〇·四三	
又	鉀養淡養	六二				
爪哇	無肥料	四三				
又	鉀綠	二〇	三一·六	〇·八三	一·四二	
又	鉀養硫養	六七	三〇·四	〇·三七	〇·七一	
又	鉀養淡養	三一	二八·二	〇·六四	〇·七一	
奴倫盤	無肥料	九				
又	鉀綠	一四	三八·九	〇·二〇	一·六三	
又	鉀養硫養	一五	二五·七	一·四〇	一·五六	
又	鉀養淡養	三一	三一·一	一·六五	〇·四三	
色根喊地方						
根提	無肥料	八				
又	鉀綠	五	一九·九	〇·六〇	二·一三	一二
又	鉀養硫養	三一	一八·九	〇·四二	一·五〇	一四
又	鉀養淡養	四五	一七·二	一·五七	二·二〇	一四
又	每黑克忒田加鉀養多燐料六百五十四啟羅羊毛屑一千一百八十啟羅	一九	一六·〇	一·三三	一·二四	一三

又	田莊肥料三十三車鉀養多燐料三百啟羅	二二	一八·七	二·三〇	一·四九	一四
又	田莊肥料三十二車糞水三萬零四百列忒	一七	一八·八	三·八〇	一·三五	一五
又	田莊肥料二十五車糞水一萬九千三百列忒	七	一八·〇	二·九〇	一·四九	一二
又	田莊肥料十五車人糞十五車	一七三	一九·九	三·三	〇·七一	一三
又	每黑克忒田加田莊肥料四十車	八	三三·一	一·八四	二·〇〇	一五

觀上表、菸葉用鉀綠爲肥料者、祇有一次然燒較久、而人糞之效甚奇、用人糞中之綠甚多、應減然燒之時、乃反能久延、納斯纍憶及此田前一年曾種孟閣爾、多吸取綠質故也、於是取孟閣爾試驗之、果然

避綠之弊

在多綠氣之田、試種孟閣爾、查得一黑克忒田之孟閣爾根鬚、吸取綠五十二啟羅、鉀養一百七十六啟羅、其葉有綠十三啟羅、鉀養十啟羅、由此可見更有他種植物、亦可作爲種菸草之先導、夫菸草本有吸取綠氣之功、特因此減其葉之價値也、飼畜之蘿蔔、亦有此功、故收成時廢料

不可留於田大麥並豆類吸取綠氣較多吸取鉀養較少宜種之又如苜蓿穀類麻油菜亦同具此性若多加無綠之鉀養鹽類於田而先種大珍珠米製糖根物或紅苜蓿紫苜蓿令其吸取土中本有之綠固屬甚佳惟此等植物亦能多吸取鉀養而根物吸取鉀養數較綠更多至十倍二十倍所以出售後田土中卽有鉀養匱乏之患而留於田閒之葉廢料卻多綠氣以之飼畜洩出肥料含綠亦多所以此類根物不宜種於菸草田

盧蘭荦從前考究綠並鉀與菸葉然燒之相關獲效如下表其田係瘠沙土畧有石灰料並泥土故稍黏韌此土中所有綠硫養酸鉀養爲數極微於試驗後乃知鉀養硫養三之鉀養可供給植物而舍棄其硫養蒲生古以石膏試驗其效亦同

號數	黑克忒田加肥料啟羅數	鉀養	鈣養	鎂養	硫養三	綠	菸葉攢火難易
一	無肥料	一·○四	七·七三	○·九九	○·九九	○·七○	幾不攢火然燒不久
二	三三○○新掘 一二五○○洗淨草煤	○·九八	七·四八	○·八一	○·九三	○·五五	又
三	六六六鉀養硫養三	二·六六	六·五八	○·七八	○·九七	○·四三	易攢火久延三分時
四	五七○鉀綠	一·七四	七·一七	○·七三	○·八七	一·六四	畧易攢火久延一分時
五	七三鉀養淡養三	二·一三	六·二六	○·六四	○·七九	○·三八	易攢火
六	三六五鉀養炭養二	一·六五	七·三四		○·九六	○·四四	易攢火久延三分時
七	五三○又	二·二四	六·二四	○·六五	○·八四	○·四二	又
八	一○六○又	二·五○	六·六一		一·○五	○·五四	易攢火
九	四三三鈣綠	一·一六	八·四七	○·九七	○·八五	一·七七	不攢火
一○	二三三鎂綠	○·八二	八·二九	一·○九	○·七七	一·六九	又
一一	五○○鉀養矽養二	一·三九	七·七四	○·九二	○·九八		稍攢火久延一分時
一二	一○○○又	一·九九	七·四四	○·七八	一·○四	○·五○	尚可攢火

一號二號九號十號田鉀養甚少所產菸葉竟不易攢火四號九號十號田均多綠以致葉中之綠較他種多三倍可見菸葉甚易吸取綠而然燒之效亦不佳矣

菸草合宜之肥料

納斯欒以爲種菸草者決不能以製造肥料代田莊肥料雖將製造肥料品性改良亦無濟凡菸草所需之肥料其中須有鉀養六百磅綠一百磅綠愈多者愈不相宜人糞爲天然肥料中之最不合宜者因其中有綠百分其鉀養不過四十分然楷尼脫中有綠百分其鉀養亦不過五十分

無綠之田莊肥料如上等牛糞甚宜於菸草所用馬糞次之羊糞豬糞不宜在歐洲多用糞堆濾出之流質爲菸草肥料其中之綠與鉀養數不一全視動物之食料品等並加鹽或否而定納斯欒查流質肥料有綠一百磅而有鉀

養一百八十二磅或有綠一百磅而鉀養竟有九百十七磅凡肥料中綠不多而在播種之前犂入土是爲最合法若在生長時加之則成熟較遲葉變爲厚鬆

總之楷尼脫卡那來得或他種司搭斯夫脫鹽類均含有食鹽若加於菸草不特菸葉中多綠卽其廢料中亦多綠也納斯欒之意每黑克忒田在春間加灰一千至一千四百啟羅或鉀養硫養三二百至四百啟羅其土深者須在秋間加之儻未多加糞料者在春間可加鈉養淡養三一百五十至二百啟羅

菸草當生長時不可加鈉養淡養三恐阻其成熟也如在初夏其鈉養淡養三爲雨水沖失則生長遲而綠色淡可加鈉養淡養三一百至一百五十啟羅

鎂鉀硫養三可代鉀養硫養三儻土質鬆疏而有沙者卽加鉀綠亦可其綠易爲雨水沖失也

納斯欒之意種菸草於沙土較種於重土者多鉀而少綠以中數計之沙土所產菸草百分中含綠〇·二九重土之菸草百分中含綠〇·九二若先用輪種法而後種菸草則含綠更少總言之輕鬆沙土或中等土種菸草較重土爲佳

儻沙土加以人糞亦可得佳品之菸草歐洲種菸草之地久用多綠之人糞或他種不合宜之肥料當雨水多時可得佳品菸葉若旱年其葉百分中竟有綠二分蓋多雨時綠濾入深土而旱乾時卽在面土中也

司搭斯夫脫鹽類可保護肥料

司搭斯夫脫數種鹽類可代石膏保護牛羊之肥料令其堆積不致腐爛因腐爛易耗失阿摩尼也其價值亦較石膏爲賤此料中之鎂綠並鈣綠均能羈留阿摩尼有人查知乾鎂綠一克蘭姆可收吸阿摩尼一千一百八十七立方桑的邁當鈣綠一克蘭姆可收吸阿摩尼一千四百三十七立方桑的邁當而松樹炭一克蘭姆祇能收吸阿摩尼一百零五桑的邁當且此等鹽類物有毀滅微生物之功猶食鹽能保護肉魚及皮革等類

飛德薄更屢次試驗棚中之羊當時天氣爲法倫海表五十四至六十九度將羊食料先加各種保護之物而後飼之查其洩出肥料中淡氣多寡如左表

	淡氣
無保護物	七一至八二
每日每一羊食料加石膏〇·一〇啟羅	八八至九〇
又　加楷尼脫〇·〇八	八四至九四
又　加卡那來得〇·一二	八七至九七

加司搭斯夫脫廢鹽類 ○·○六　九○
馬牛各一頭或羊十頭每日可加楷尼脫或卡那來得或石膏半磅

脫羅虛克在畜棚內加卡那來得可收吸阿摩尼九分儻加等數之楷尼脫僅收吸四·五分然卡那來得中之綠氣過多恐有害謀克之意凡種菸草及製糖根物所用肥料不可多綠又查知鹽類中多鎂綠者能多收吸空氣中之溼氣故用之不便

瑪倫查角粉腐爛時有耗失淡氣之弊可依角粉百分加楷尼脫十分保護之此和料遂有中立性否則任其發酵將變鹼性

脫羅虛克查新鮮肥料閱三月凡加楷尼脫者耗失乾料百分之二十淡氣百分之十加石膏者耗失乾料百分之十九淡氣百分之三十二飛德薄更查石膏收吸阿摩尼恩炭養較司搭斯夫脫他鹽類更甚且司搭斯夫脫鹽類中最有功者係開西來得赫敦又查知楷尼脫收吸阿摩尼恩炭養之功不及石膏

花爾提弗來斯近今試驗將新鮮牛糞作成堆積或加楷尼脫或加他物而在空氣中七月之久查知加楷尼脫者無甚耗失可見糞料無大改變而有一堆淨糞料則已化散甚多加含燐石膏及以泥土遮蓋者亦有耗失列表如左

每堆六噸	淨牛糞	加楷尼脫	加含燐石膏	泥土遮蓋
閱七月乾料百分中失數	三·二	二·九	二三·五	
淡氣得失百分數	失 三三·三	得 ○·二五	得 四·六	失 二·二

淨肥料堆耗失淡氣甚顯加石膏並楷尼脫則有增泥土亦能保護淡氣

後將各堆肥料培壅番薯加楷尼脫者得番薯數較少且不甚佳而淨肥料所產番薯更少加石膏者爲最有效

鉀養價值

美國鉀養肥料大都爲含水鉀養與鉀養炭養相和者此和料百分中有淨鉀養六十分今市售每磅價值五分合淨鉀養每磅價值八分作爲鉀養綠養或鉀養硫養者則鉀養價值合四·五至五·五分淨鹼類有化分骨料之功並可令草煤蔓草他種植物料堆積發酵故爲農夫計可多購鉀養肥料較多購鉀養硫養或鉀綠爲合算雖則鉀養肥料中之鉀養價值爲貴然功效亦大因能令骨料草煤等發酵之後仍不失其本有之功用也夫鉀養物質簡濃且易得如能得灰料則更賤因木灰等本係未經製造之

料惟畧加運費而已

今市中往往以鈉養冒充鉀養以致鄉閒不得眞鉀養肥料宜向大商埠購求之

鉀養淡養

鉀養淡養爲甚得力之肥料論含淡氣肥料中已言及之地土中亦能結成此物而爲植物養料然市售者價較昂爲工藝家所用或爲製造火藥用之而農家不多用自司搭斯夫脫礦發達以來此料來源漸廣可用於菸草因菸草之品等甚有相關故肥料須求上等者若欲得佳品番薯亦可用之

向來之法並非將鉀養淡養獨用而常與鈉養淡養兼用爲馬料穀類之肥料尚佳惟用於菸草番薯製糖根物因其中有鉀綠易致損害所以用此肥料須相宜之土然上等鉀養淡養與鈉養淡養合成之和肥料果較淨鉀養淡養更佳否特蘭虛樓試種番薯査知鉀養淡養較楷尼脫爲佳所產番薯更大惟品等若何則不言也

廢硝

火藥廠並他種工藝廠將粗硝提淨之後賸餘廢料中尚有鉀養硫養並鉀養淡養少許又有食鹽並鈉養硫養用作肥料甚爲合宜其品等不一應化驗確實而後用之有以鈉養淡養與鉀養綠養合製成硝賸餘之料爲食鹽及鉀養若干並含淡養物質有人査此項廢鹽類十二種其百分中有鉀養中數五·六有一種有鉀綠九分鉀養淡養六分

含衰養質及含衰質料

製造鉀衰時有許多廢料於農務亦有用如一種鐵衰鐵衰廢料曾試驗之易化於水而甚有鹼性其百分中有鉀養四十三分並燐酸〇·五分美國廠中此廢料百分中有鉀養五十四分製鐵衰廠中更有一種黑色廢料其中有許多物質如鐵養並鐵硫等雖用强酸亦難消化楷姆陸

脫云百分中有鉀養十至十二分燐酸五至六分鈣養五或六分令與空氣久相遇其中鐵質多收養氣即可爲有用之肥料

更有一種含衰廢料其中有鉀養五十分可將其原流質化乾而令鉀衰結顆粒分出此料在工藝家電氣鍍金等用之

鉀養傳變小粉之功

植物之生長含鉀物質實居要職植物能由空氣中吸取炭質而變成生物質此含鉀質有大力焉査知葉中有許多鉀養方能變成小粉並糖博士腦朴考克落非耳綠色

料中無鉀養則無小粉其體中無鉀養則不能生長伊試種蕎麥灌以含各種養料之水惟無鉀養閱三月蕎麥不能生長其後稍加鉀養即得空氣中之炭質而用顯微鏡察視其葉中已結成小粉顆粒

凡植物體中多炭輕物質必多鉀養即不試驗亦可以理想知之與含燐料並含蛋白類質料均有關係

麥約云此與寫留路司亦甚有關係凡植物生長最盛之部分其鉀養必甚多而藏儲之寫留路司亦必極多勞斯並葛爾勃查知小麥實之灰愈多者其實愈成熟即是其中小粉愈多也番薯收成最豐者其中鉀養亦最多小粉

亦然

植物中酸性含鉀鹽類

凡植物汁液甚酸者如檸檬大黃羊蹄草蘋果十字果葡萄等之汁均有許多酸性含鉀鹽類與此鉀養相合之酸係檸檬酸蘋果酸打打里克酸草酸

菸葉若多含植物酸性含鉀鹽類則易然燒較多鈣綠者大不同所以菸草若用合宜之鉀養肥料不特增其產數且改良其品性也如卡爾助羅地方試驗表菸葉灰中多鉀養炭養者即表明葉中生物質數之多也將此等生物質鉀養鹽類然燒之其中炭質即鬆而易攬火燒後即成

鉀養炭養

麥約考究菸葉然燒情形用濾紙浸於各鹽類溶液中後令其乾而燒之有火燄不易熄可見生物質易發火燄而減其留火之性反而言之死物質除燐並數種含鈣鹽類外多助留火之性而減其發火燄之性有菸葉因發酵而品性改良者蓋其中生物質已改變或化散而金石類質則存留也

生物酸與鹼類相幷之物並淡養酸硫養酸炭養酸與鹼類相幷之物均能助留火之性雖鉀綠亦能助其久延鈉養鹽類留火之性較鉀養鹽類更短鈣養鎂養鹽類更

不及鈉養而紙料加鉀綠或鈉綠則留火之性反增其理尚未知之

又查知不易然燒之菸葉可令其變爲易留火即將葉浸於百分水中有鉀養醋酸或鉀養淡養〇·五分閱二十四小時於是乾而燒之若將此鹽類液灑於葉面則無效因浸法不特可增其留火之性且令葉中生物質含綠質化出也惟畧減其重數並菸性變淡如浸於百分水中有含鈣養醋酸〇·五分者則燒成之灰有白色

凡菸草產於多鉀養淡養之肥沃土者則然燒更易所以廢硝等爲肥料之益不特增其收成而已鉀養炭養並木

灰亦能令菸葉改良麥約又云鉀養淡養鉀養炭養較含淨硫養物更勝而澄停鈣養燐料或雙本多燐料或含燐鑪渣料爲菸草所用亦較尋常多燐料爲佳因尋常多燐料中鈣養硫養較多也

卷終

農務全書中編卷十四

美國哈萬德大書院農務化學教習 施妥縷 撰　慈谿 舒高第 口譯
新陽 趙詒琛 筆述

第十二章

含鎂物質

鎂係一種原質亦爲植物所需如無之不能茂盛尋常土中並所加畜棚肥料中有許多含鎂料故農家不甚注意植物吸取鎂數甚大如小麥實之灰百分中有鎂養十二分鈣養僅三分豌豆灰百分中有鎂養八分鈣養僅四分而他植物之實亦然夫許多鎂養藏儲於子與實中隨之出售而地土不患匱乏此料者因其敷布極廣用之不竭也於此可見造化之功

如花剛石及歲以內得（即鋁矽養）度里來脫等石中均有鎂養矽養少許各種石灰石中亦有鎂養多寡不等多路美得（即鈣養炭養鎂養炭養）或鎂石灰石中鎂養甚多肥皂石（即鎂矽養）蛇色紋石台而客端石均爲含鎂養之石木灰骨料海水中亦均有之所以除不毛之地外凡地土中均有此物休爾茄查美國地土在多雨之界內者百分中有鎂養中數〇·二二五在西方旱乾之界內者則有一·四一一

鎂養工作

田間加含鎂之料可改良地土此在德國加司搭斯夫脫礦所出含鉀鎂之料於田而知之又斯禿克拉脫在薩克生奈省低形地土屢加含鎂養之石灰石而知之

鎂養加於田可徑直或繞道作爲植物養料其繞道者在土中能化分鋁養雙矽養中之鉀養阿摩尼鈣養而替代之若加含鎂養石灰石則其中之鎂養能助鈣養將上所云矽養中之物質化分卽是鈣養與鎂養相合更能令矽養物化分而較鈣養獨行工作更勝

斯禿克拉脫查含鎂養石灰石百分中有鈣養六十分鎂養四十分渠在薩克生奈省早已查知此等石灰石作爲

肥料較淨石灰石更濃厚此石灰石在地土中更有勉强工作之勢卽是令土質改變其疏密並收吸水之易否總言之鎂養炭養在炭養水中較鈣養炭養更易消化所以含鎂養石灰石加於重土甚有改良地土之勢

凡子與實中含燐養酸甚多故宜設法供給之由此推之子與實中亦多鎂養亦應設法供給然情形畧有不同燐料在土中敷布較少而鎂養在石料中及土中甚多也

鎂養或有損害

鎂養作爲肥料農家不甚注意因古人以爲此物有損於植物也百年前英國化學師考驗亦有此說查知數種含

鎂養石灰石有損於植物將無水鎂養加於已播種之田後查察植物或黃萎或不壯茂

所以鎂養爲肥料之聲名不佳待凡曾詳細考究含鎂養石灰石則謂有大益有農家送呈數種佳石灰石者其中大都有鎂養待凡又言英國西南康屋省之地土有鎂養甚多其隰地多產短青草作爲羊食料可得上等羊肉其平原可種穀類亦甚佳東北耀克駭省有一帶地土亦多含鎂養石灰石故斷無荒瘠之象默特云有鎂養石灰石之地土其土雖不深而頗宜耕種儻更加以肥料可產甚佳之蘿蔔番薯苡仁米小麥待凡以泥土與含鎂之物相

和試種植物查知有烙炙性之鎂養加之過多有損害惟與草煤相和則有益或用鎂養炭養者亦有益一千八百三十年休留勃查知鎂養炭養毫無損害加於尋常黃沙土爲數稍多者亦可又云德國胡呑盤克省之地土多含鎂養石灰石並有鎂養炭養每年所產植物甚豐

休留勃云有烙炙性之鎂養加於植物已生長之地土必有損害蓋此等鎂養能令土質變爲堅硬如塞門汀令土結成硬殼於耕種不宜卽尋常所用鎂養亦均稍有鹼性故易致損害克那潑將各種含鎂養鹽類化於水試加於植物均有害須多加鈣養或鉀養或阿摩尼鹽類儻獨用

阿摩尼鹽類卽將令植物根鬚失其功用而死克那潑云鎂養之弊可多加鈣養改變之其意鎂綠甚易消化而加有鉀綠肥料之土中必有鎂綠結成則鉀綠雖較鉀養硫養爲次亦不致爲害此鎂綠又能化分鉀養矽養而將鉀養洩放以供養植物

賽爾毀壞

羅博士考克那潑所論石灰可改良鎂養之言果確伊查知植物賽爾中之生珠有含石灰之料並生物質遇數種鎂養鹽類卽將石灰料分出而賽爾卽毀壞又查知鎂養硫養鎂養淡養鎂綠有毒性如草酸並含草酸之物羅博

士又以爲鎂養係一種弱鹼本與其相合之强酸遇賽爾中含鈣物卽生互代變化之情形而賽爾從此毀壞若加合宜數之鈣養或含鈣鹽類卽可與鎂鹽類彼此相化而免損害賽爾

依此而論楷尼脫加於瘠沙土之損害亦可以石灰免之楷尼脫百分中有鎂養十五分或鎂綠十二分然在秋閒加此料往往得良效者卽因其中含鎂鹽類與土中含鈣鹽類互代變化而有數分變爲雙本呼莫克酸也且當其時有雨水可將鎂綠沖失若干

歐洲有瘠土係多路美得石變成者此石質中多鎂養料後有德國農夫加阿勃郎鹽類並數種多鎂養之司搭斯夫脫鹽類亦同此弊然司搭斯夫脫礦所出許多廢料爲田閒肥料獲效殊不一葢因其百分中有鎂綠自二至三十分也嗣後用較淨之料以代阿勃郎鹽類

鎂養肥料等類

今不必論田閒應加何等鎂養肥料總而言之司搭斯夫脫粗鹽類或已經製造改良者均易得也而多路美得料中之石灰有改良地土之功且價值甚賤除此外司搭斯夫脫礦鉀養鎂養鹽類亦爲得鎂養最賤最佳之源多路美得料令其細不甚難或以肥皂石蛇色紋石加以硫强

酸亦可得稍次之鈣養硫養鎂養硫養海水中亦易得鎂養硫養製造荷蘭水廠以硫强酸加於含鎂之石灰石而得炭養氣爲荷蘭水所用遂有許多含鎂廢料可得近來司搭斯夫脫之鎂綠廢料可不出價而得之

將鎂養鹽類並一種鹼類加於腐爛溺中可得雙本鎂養阿摩尼燐養此料甚易得而與農務相關甚要由此城市中燐料並阿摩尼不致耗失然亦有難處因堆積甚大而製造法有害衞生也若以糞堆之流質儲於窖加鎂養硫養或鎂綠或阿勃郎鹽合成有用之肥料似較妥

農家不必慮及鎂養爲植物養料因隨時稍加次等司搭

斯夫脫鹽類於田其中本多含鎂鹽類且無偏弊

地土中有鎂養祗須加含炭養鹽類凡雙本矽養三呼莫克酸燐養五酸並雙本鎂養阿摩尼燐養五酸在炭養二水中均易消化也

卷終

農務全書中編卷十五

美國哈萬德大書院農務化學教習施妥縷撰　慈谿舒高第口譯
新陽趙詒琛筆述

第十三章

石灰並含石灰物質

石灰爲肥料甚有關係農家或以多數加於田致地面見白色反之近抱絲敦之農家不以石灰爲要物

農家意見之不同殊難判其緣由要而言之石灰作爲肥料農家尚未詳知而地土亦有宜不宜也

德國農學書云重土用石灰甚合宜法國農學書云鬆土可用石灰據潑山之意英國西方必須用石灰而在他方則不宜亦不知其故豈土質不宜歟抑氣候不宜歟惟據其意多雨之地與石灰大抵相宜也在英國近年來廣用製造肥料而石灰之用漸減

用石灰法

用石灰普通之法在春或秋將新石灰埋於溼田之小潭中或在地面作成小堆而以土蓋之依此二法均可令石灰速分散若天氣乾燥須灑以水在重土每一英畝可加四噸至六噸或竟至十二噸石灰必甚細而天氣宜乾燥否則地土將變爲韌黏漿形

司考脫倫有一農夫論曰，大麥收成後，速將根稈等廢料犁入土，至明春耙平，將新石灰堆積於田，每堆相距六碼許，以溼土蓋之，二十四小時後，巳分散成細粉，於是布散之，又用重耙將此石灰耙入土，即種蕪菁，可無分成指形之弊。

紐就衰省有人名斯替屋論曰，每石灰一斗，作成一堆，彼此相距三十三尺，以此計之，每英畝可加四十餘斗，即令其受雨露而分散，於是用長柄鏟布散均勻。此等田在秋散小麥子，至春間散馬料苜蓿子，加石灰之時，在肥料犁入土巳耙一次之後，或在春間加於馬料田，或苜蓿根土

巳耕覆預備種珍珠米之時。

依理而論，石灰犁入土愈深，獲效愈佳，不可布散於田面。總言之，農夫主意巳定，即燒成石灰，運往田間，令其分散犁入土中，不可遷延時日。

此法可節省運費，而在田間作成小堆之法，較在農場製之更便，然此物即使爲之合法，而終有不便處，因其易眯人目及入口鼻也。

草地用石灰

嫩草或嫩苜蓿須加石灰，布散宜均，其田有足數之溼者，可增收成。石灰似鉀養肥料，與豆類亦合宜，而與苜蓿爲尤宜。法國西北地方多花剛石料，每年種紅苜蓿等，加石灰或灰土，可冀豐收。

一千八百六十至七十年，司考脫倫南方老牧場廣加石灰，每一英畝加一百五十至一百八十斗，或竟加至三百斗。據云地土深厚而多植物料者，加石灰可令草類刈割後易復生。夫石灰可清潔田面，殺蟲類，並能化分物質，於是草類如白苜蓿等甚茂盛，畜類喜食之。勞斯亦云，此等田若種白苜蓿，殊發達，令人疑此田與苜蓿有特別之合宜。

英國西南方農家亦知石灰可令草類豐茂，每一英畝先

加石灰一百斗，乃散草子，以後每隔三年，加石灰五十斗於面土，可令牧場地甚佳。

更有一法，老草收成後，每英畝加石灰一百六十斗，將石灰堆灑以水，當其發熱時布散之，十五年或二十年後，尚能見其餘效。

石灰爲植物養料

植物所需石灰，有如鉀養、鎂養、燐養五酸等，均爲不可少之物，無之不能生長，然論其數，每一英畝加含石灰物質數磅巳可，因地土中本有足數之石灰也。格物家考植物子在萌芽時，與含石灰物質相遇，則子中之生物質用之更

爲合宜吸取甚多而少石灰之地土其子不能生長成植物

特海蘭云植物子在寒冷地土萌芽必多需石灰庶可與熱度較高地方得相同之效鈣養鳥勒迷克酸所得效較鈣養淡養更佳蓋鳥勒迷克酸中之生物質爲嫩植物最佳之養料也

石灰甚多

寰球物質中大都有石灰曾考查各石灰數而石灰石居其六分之一地殼質料十六分中鈣居一分有甚廣地面幾盡係石灰石所成更有地土幾盡係鈣養料而地之下

層亦多有石膏各石中石灰不居要分者甚罕見花剛石中有鈣養矽養拖絲敦舊城之井水含石膏故頗有燥性凡地土多石灰石者其水有硬性因有鈣養二炭養也有沙土少石灰者或地下層無含石灰之水流行者則植物不足所需然此等地土他種養料如燐料鉀養等亦必缺少應補其不足而石膏或骨粉或多燐料或與石膏相合之和肥料均可用不可加生石灰

田間石灰出入數

地土中均存儲石灰植物均吸取石灰惟各有多寡而已此二項數相較即知其出入之數熟田中之石灰較植物

所需之數更多如每一英畝土深一尺共有三百五十萬磅而有石灰十分之一此等土中石灰不少於三千五百磅其產物數如

小麥十八斗稈料二千磅中有石灰六至七磅

豌豆十六斗其料一千二百磅中有石灰二十八至二十九磅

番薯一百二十斗葉料三千磅中有石灰二十磅

孟閣爾三百七十五斗葉料六千磅中有石灰二十五至二十八磅

苜蓿五千磅中有石灰一百磅

若加田莊肥料則肥料中之石灰與植物吸取之數可相等各種製造肥料中亦有石灰相雜福爾克化驗腐爛已歷六月之田莊肥料知其百分中有石灰二分即是加不及三噸之肥料地土中可增石灰一百二十磅圭拏一百磅中有石灰十磅骨粉一百磅中有石灰二十七磅石膏一百磅中有石灰三十磅

喜石灰之植物

昔人云有樹並野植物生長於有石灰之地土甚發達而他種植物則不宜可見此等植物之生長與否全賴土中石灰之有無

休爾茄論美國沿海灣之各省云肥沃含石灰之地土生長榆樹野蘋果樹野梅樹山慈姑羅克司脫樹杜松等甚茂盛而松柏等祇能在瘠薄無石灰之土生長考查地土鬆而有沙者欲令喜石灰之植物生長其百分中須有石灰○·一如係黄沙土其百分中須有石灰○·二五重土中石灰不可少於○·五儻加至一分或二分則更佳過此數又不宜

農家耕種之植物向以爲含石灰之地土與哈潑草並山方草相宜惟十字果梅子草等在此土不能生長所以歐洲田地如生十字果並草酸草等卽表明該田須加石灰

或灰土揮婁云石灰又與苜蓿並他種佳植物甚合宜凡田間加石灰並阿摩尼硫養三則梅子草等生長甚苦若加石灰並鈉養淡養三則此草生長較佳屋海嗄等多石灰之地土所種栗樹不能與茂而有一種海忒草亦不能生長牧場最盛之草

石灰改良熟田

由上觀之除數種特喜石灰之植物外農家不可多加石灰於田應考究土中各物質與石灰之化學性合宜否田土中本多含石灰之物質者則加石灰有益衞博士云倫敦相近之地土加石灰甚宜此土中有許多白石粉料卽鈣養炭養三也又閣爾脫土與石灰亦甚宜此土中有許多石膏也

多雨地方沖失石灰不少

前曾論溝水中有許多含石灰鹽類而鉀養或燐養五酸則甚少可見雨水易沖失石灰而此石灰已與淡養三綠二炭養三硫養三相合又有若干濾入地土之下層休爾茄云歐洲美國沿大西洋之各省地土均有收吸情形所以地下層所有鈣養炭養三較面土中更多凡山谷地土多石灰料高地則少

農家或加石灰或白石粉或灰土於田以補雨水沖失之

數若在旱乾地土則鈣養炭養三有增無減美國旱荒之省有農田甚佳其土中所有石灰較多於東海疆十二倍

雨水沖濾石灰之情形於山洞之石鐘乳可見之凡田溝水經過多石灰之地土亦有此等情形察其瓦溝往往有鈣養炭養三黏滯之所以瓦溝宜大以免此黏滯物阻塞

石灰改變地土鬆密

石灰能令土質之疏密改變因此或有益或有損

若將陳石灰與水調和成漿形塗於石面或木面待其乾則膠黏甚固因漸乾時石灰已變爲鈣養炭養三也以石灰水粉刷牆壁亦是此理

然此石灰宜成薄層否則易脫落若塗於鬆性物質如磚則膠黏較光滑面更固此因石灰入其微孔也若以乾黃沙土代磚則膠黏力尤大

所謂灰沙者係一種石灰漿料加石料如沙等若干每一沙粒有石灰一層塗之卽彼此相黏也若以石灰加於田則石灰與水相和而膠黏土質之顆粒猶灰沙之情形也而地土由是大改變其吸引地下層水之力或增或阻

馬歇爾云耀克駭省之山谷地未加石灰之前可種燕麥其溼草地除燕麥大麥之外不能種他植物至一千七百八十七年始加石灰於是可種小麥亨脫云石灰將土質

膠黏則肥料不致沈濾過深以致根鬚不得吸取若在重土則石灰之功效不同因石灰能令地土緩緩發酵而下層僵土變爲鬆疏然輕鬆沙土中少油類物質故石灰亦不宜多加若加數過多以致緊密則植物根鬚更難得由地下層引起之物質若欲多加者必多加糞料織物廢料角甲粉並他種動物廢料

地土有一種石變成者德國人初稱之曰里阿司其質係石灰與沙故甚有膠黏力亞洲及中國北部有數十萬方里均是此土美國西方亦有之在中國者深二千尺在美國者深一百五十至二百尺以手擠之易散然有懸崖高

二百尺不知已歷若干年並未崩坍可見其甚有膠黏力詳考其毛管四面敷布其空隙均有鈣養炭養塗之此地土甚爲肥沃宜種穀類如中國已耕種四千餘年而需肥料不多蓋毛管可由地下層引起植物之養料也祇須以水潤之而已

加石灰過多

司考脫倫北方地土天然鬆疏其草煤地並草地往往多加石灰以致過鬆人足踐踏輒陷土中而穀類之根亦不能固如此情形則疏密不均反不能引起地下之水

日本稻田每英畝加石灰五噸以致泥土顆粒膠黏此情

形或在面土或深數尺而田地並植物均受害因水不能流通也所產禾稻其稈穗甚脆而品等較次

石灰令泥土凝結成微雲式

石灰能令泥土細顆粒并合成較粗顆粒若將黃沙土少許用汽水漂洗置於漏斗濾出一切鹽類物或先加鹽强酸化出石灰然後漂洗此後黃沙土之性大改變和於多數汽水中較重顆粒速澄停輕者浮宕於水中雖歷時甚久其水仍有土色於是加含石灰鹽類物少許其浮宕之顆粒卽聚集若微雲而澄停水遂清潔此法係盧蘭荸考證數年前盧爾茲之言也盧爾茲之言曰混濁流質可加

石灰或他種化學物質令其澄停清潔凡水中含有細顆粒之泥土稍加石灰或鈣養二炭養即變爲微雲式而澄停於底上浮之水甚清潔其澄停料較自然澄停者更輕更鬆既乾之後亦然

盧爾玆之識見經盧蘭莘等考證乃知石灰與細顆粒泥土大有關係可將泥土澄停並改良黃沙土

石灰令泥土收溼

尋常地土半係空隙此空隙爲沙與土之顆粒所成與植物生長大有關係蓋不可過大過小而治理田地者欲其空隙不得均勻也

堅性泥土之顆粒大小相等以致空隙甚均勻而留水較緩凡土質小顆粒能幷成塊而有大顆粒沙相間者則空隙有大小易留水如留水甚緩之土須加石灰令土質幷塊其空隙遂較大美國蔓里蘭省帕禿諾克江邊地土之顆粒大小相等故不易留水其下層土中雖有水甚多亦不易引起所種植物頗有旱乾之患

薩克斯並倍克試驗如下將堅性黃沙土加生石灰百分之二而盛於大玻璃管中管之下口以紗布裹之又以同式管盛不加石灰之黃沙土其高均爲十五桑的邁當以水濡之歷二小時半無石灰者飲溼八桑的邁當此後土質變爲河泥形而水不能通過至次日管之下口仍無水滴出其土面水深十六密里邁當加石灰者歷一小時又十分其水已飲深十五桑的邁當此後管底有水陸續滴出管中共加水六一·二立方桑的邁當而滴出二二·五立方桑的邁當土中尙留水三八·七立方桑的邁當

又用高嶺土與石灰百分之二相和盛於管加水卽飲入土歷一小時又五十分其土已全溼共加水四十立方桑的邁當而滴出水共有十九立方桑的邁當不加石灰者水亦能速飲入土亦有水滴出旋變爲河泥形而不通水土質膨脹致管碎裂

黃沙土漂洗變爲混濁

有人取各土用水漂洗出其易化物質而見第一次漂洗之水甚清以後漂洗則混濁因水中含有泥土顆粒也盧蘭莘先灌炭養氣於土而後漂洗其水遂清考其水中已有鈣養二炭養今知炭養氣水可令泥土幷塊有許多鹽類物亦有此功然生石灰之性較速

東方各國常用明礬令混濁水清潔卽此理也又海洋之水甚清因含有鹽類物也

石灰令水清潔

盧爾玆查石灰並含石灰物質並各種酸並含鉀含鈉鹽

類並阿摩尼炭養等物均能令混濁水中物質凝結澄停惟阿摩尼無此功盧蘭莘考證之果確凡含泥土混水加鈣綠千分之一即速澄停清潔儻加鈣綠萬分之二則數分時後亦將澄停祇加五萬分之一者須歷二三日方能澄停又查知鈣淡養鈣硫養鈣二炭養並含水鈣均有此功效含鎂鹽類亦然含鉀鹽類須加五倍數含鈉物質較更次

黃沙土漂洗出之混水可加含石灰物質萬分之數分令其速澄停清潔儻加十萬分之數分者須待二十四小時或四十八小時方能澄停酸質可令細泥土並塊澄停而

農務全書中編卷五 十二

鹼類則不能無論用何料如第一次澄停後尚有土質浮宕於水中可再加石灰速澄停之

盧爾茲查知混濁水二萬分中加陳石灰一分即可澄停儻將清水一百桒的邁當加泥土十桒的邁當令其混濁而加陳石灰百分之〇五能令其澄停由此知許多含鹽類物並酸質均有令混水變清之功而鹼類等物並含炭養之鹼類能阻其澄停暉得內加阿摩尼極微數於混濁水中而取此水一滴以顯微鏡視之則見泥土顆粒不能彼此相合而反令其分離若加石灰水少許則顆粒相合甚緊密

地土成河泥形或成顆粒形

工藝中往往欲令泥土顆粒極細而有膠黏如將泥土舂緊或用水調和成漿形或搙之均是也若在農務則泥土須改變此等情形而石灰實有其功

休爾茄云無論何土加水搙成韌黏之塊令其乾變爲堅硬似石若加生石灰百分之〇五令其乾稍擠之即散所以田地加石灰可令其更熟更宜耕種

盧蘭莘查石灰令混水變清較他種含石灰物質更有效

休爾茄用炭養氣經過含石灰土之水二十四小時可除石灰之燥性然泥土韌黏性則減

農務全書中編卷五 十三

細土不論用何法并合顆粒則將久延此情形須待搙之舂之以水調和之漂洗之始復原形所以田地加石灰令土變鬆之後可歷數年加含石灰之土亦有此效此灰土全恃其中之鈣養二炭養之多少如少者則炭養水易感化之生石灰在水中極易消化所以石灰水在土中敷布速而功效廣

無石灰之土少許置於漏斗以雨水緩緩灌之其初滴出之水甚清以後滴出者漸混濁而漏斗中之泥土變成漿形以致水不能滴出若混水初滴出時即加石灰少許則無此情形而滴出水又變清

所以無石灰之田土久受雨水不能飲吸入土其地若係平原則有泥漿水潭若係山坡則有混水挾帶土質流洩須待天氣晴霽地土已乾由地下層之水引起鹽類物始減其膠黏性

石灰改變泥土情形

批安生試驗如下先將泥土三種乾研甚細而篩之加生石灰百分之〇·二五—〇·五〇—二·五以水調和成漿形又令其乾研細篩之如前法各盛於管其數相同舂緊約高二寸各加沙半寸以水灌之至沙面有水二寸爲止而記其飲吸水之遲速中數如左表

飲吸水之時刻

	第一種土			第二種土			第三種土		
	日	點鐘	時分	日	點鐘	時分	日	點鐘	時分
泥土不加石灰	六	四	一七	三	一一	二八	二六	一九	〇
泥土加石灰〇·二五	〇	一二	四二	一〇	二	四五	七	二二	一五
泥土加石灰〇·五〇	〇	九	五七	五	六	三〇	二	一二	三〇
泥土加石灰二·五	〇	二	五五	〇	八	二〇	〇	七	〇

第一種不加石灰之土所有水二寸須六日始能濾過二寸高之緊土第二種土祇須半日即能濾過批安生云若以溼土如此爲之其相差更大不加石灰者須二十三日至三十一日始能濾過而加石灰二·五者祇須七小時而已

石灰與泥土甚有關係

泥土遇石灰並鈣養炭養即能改變爲鬆疏而有毛管當其乾時亦不致堅實則土有暖性因餘多之水可流洩而空氣透入以補水之地位也農家查知有地土初甚瘠後用石灰或灰土即變爲熟而肥沃膠黏之堅性土耕種甚難愛佛林云榆樹在此等土須歷年甚久始能發達成爲美材愛末生論麻賽楚賽茲省之樹林云抱絲敦南北之地土無甚殊異然北土所種胡桃樹甚茂榆樹松樹亦茂而南土則有瘠薄之狀察其土係堅硬之泥也北土雜有沙或有石料

休留勃云德國胡呑盤克省含石灰之土雜有細沙久受空氣之冷熱並雨水乾旱仍不改變此等土係熱性故種葡萄樹甚宜然歷數年之後漸變爲膠黏性之冷土而水不易飲入

沖運土須加石灰

衞格奈論德國北方哇爾登盤克溼草地係澄停泥土雖有甚佳之料而與農務不宜所以耕犁時不翻起其深土因深土顆粒極細而有膠黏性堅硬似石也然農家未知

泥土肥瘠之原由若加以沙或石灰或灰土卽能改變也余曾用爛管泥加沙而種植物後查知泥土細顆粒阻塞根孔以致不能生長

總言之泥土有膠黏性須設法改良而石灰卽有此功英國農主與佃戶訂立合同須註明應加石灰若干如休息田每英畝加石灰一百斗肥料十五立方碼最佳之法於根稈未犂入土之前卽加肥料在冬季可乾鬆至冰凍時將石灰運至田間成堆而後散之務期周徧

或謂地土加石灰所產植物更茂盛且成熟較速或以爲不甚確此一偏之見也

然地土之土質較少者加石灰則有害因將所有土質膠黏而改變收吸水之力凡輕土少生物質則石灰更不可加

石灰與沙土關係

美國蔓里蘭省南方輕沙土以石灰爲最佳之肥料然土中須有生物質料否則石灰將燒之故加苜蓿廢料或他種靑肥料或畜棚肥料助之暉得內云石灰與生物質相合能令沙土更易留溼曾試驗水一寸深在五分鐘時濾過六寸深之粗沙土若加石灰則水濾過較緩若加畜棚流質而不加石灰則濾過情形無殊異儻先加石灰後加生物質水此生物質爲土中石灰所澄停似輕微雲式其濾過之水無色而甚緩至其終水竟不能濾過

暉得內試驗造屋所用之粗沙加以已濾淸之牧場流質其濾過情形無甚參差若加以石灰則肥料中之生物質澄停拘留此與田間情形相同又將最高一寸之沙與石灰相和而加糞淸水卽變爲暗色與下層沙分界甚顯暉得內又云輕沙土較他種土更易爲石灰所改變祇須有生物質而已凡欲改良地土令其多留溼有二法甚明顯一令土質顆粒鬆離然非欲增大其空隙也欲令大顆粒中之細顆粒分開卽顆粒大小均勻二土質顆粒已有此排列法用微細澄停物塡滿之

石灰滅蟲豸並黴菌類

鈣養炭養可助變化淡氣法而石灰有毀滅黴菌類之功所以蘿蔔下種之時加石灰可免生成指形之弊余曾連三年種瑞典蘿蔔甚佳卽加石灰之效也

司考脫倫之騰弗里斯省有人名克爾斯酡云石灰可滅蟲類若加於根稈廢料或草地可免根物生成指形之弊而此弊病之源由於牛羊等食不佳之蘿蔔所有黴菌類等微生物仍隨糞洩出壅田故也

司考脫倫之阿勃提恩省所產蘿蔔有指形之弊較諸福

省所產者更甚然此二省均係輕沙土而諾福省天氣較佳地土較乾故不宜於微生物之生長

一千八百五十三年有人論云英國塞雷省有農家加石灰免蘿蔔指形之弊其效甚顯往往在雜黃沙之靑沙土十二年前加石灰而此十二年閒所產蘿蔔均甚佳反之同此沙土不加石灰或於一田有未加石灰之處者其蘿蔔均有弊病

一千八百五十五年有人論云英國奧克斯福特駭愛省新開墾之地土並有草煤之地土並有紅色之地土加石灰甚合宜有田每隔八年或十二年加石灰八十斗所產

根物可保無弊病否則不特根物有損害即芥菜油菜亦不能佳也加石灰法二人犂田又一人將化分發熱之石灰散於犂槽閒而以第二槽之土蓋之

美國享脫並衞靈云加石灰之田種捲心菜瑞典蘿蔔甚合宜每英畝加空氣化散之石灰一桶即獲良效

英國農學士云堅重土每英畝加石灰三噸或五噸已足輕土加數宜更少若種蘿蔔可於十二年閒加石灰一次其數或三噸或四噸蓋石灰如藥品不似肥料能毀滅蝸牛螃蟹等而令根物不變形若種小麥其穗更有光彩而稈料更堅硬

石灰令植物生長合法

農家知植物生長合法者必多加石灰凡田土中少石灰各植物必有弊病甚至收成荒歉雖多加肥料或人糞及圭拏亦無效也沙土須先加石灰或灰土然後加糞料或圭拏能得利益

石灰可減地土之酸性而最大之功效能滅蟲豸並蟲子等也如蚯蚓並各種微生物均甚畏石灰園工往往以石灰水或石灰與鹽兼用或與鉀綠兼用由此推之農家亦可仿此法以毀滅有害之蟲類也

或謂毀滅蟲類宜多用石灰每英畝僅加三噸或四噸尚

不足以盡滅之若加七噸或八噸則布散周徧庶可收效加石灰水於田不久即有變化蓋與土中炭養氣幷合也當其未變化時頗能毀滅蟲類

石灰滅蝸牛

英國常用石灰於田不特爲滅殺蟲類且欲令土中植物廢料易化分也其法在冬季休息田之乾者將燒透之石灰作爲圓堆其堆面受雨露而化散漸變成硬蓋則堆中石灰不能速散至春閒耕犂預備散子時當乾燥天氣每英畝散布此石灰一百至一百七十五斗於是耙平之

如欲滅殺蝸牛當溼天氣之朝晨將石灰或鹽少許散於

苜蓿田或有豆萁廢料之田，以備播種穀類，否則至秋間其麥葉爲蝸牛所損害。農家或以石灰散於小麥上，終不及上法爲佳也。因蝸牛在犁槽中者，不能遇石灰，則無效。據云：蝸牛遇熱石灰，速脫其外層之殼，而考倍脫以爲石灰須成細粉方能殺之。最佳之法，將乾熱石灰粉散於蝸牛之身，而蝸牛本甚溼，其皮甚薄，有膠黏，遇極少數之熱石灰，即能殺之。所以每英畝加石灰數斗已足用，惟散布石灰須在黃昏或黎明或雨後，此時蝸牛適出游也。可用粗料袋盛石灰，往田間抖之，則石灰散布於地，而蝸牛身均受石灰少許，遂斃。如適逢大雨，石灰沖失，須再散之。凡

豌豆等及草本楊梅、龍鬚菜葉茂盛者，必多蝸牛，亟用此法滅之。

石灰引番薯成凹癟

番薯並製糖根物有一種病，名凹癟，係黴菌類致之也。而石灰不特不能免之，且反引之。塔克斯退考查種番薯之畦間有灰沙等者，其番薯必多有凹癟。從前亦曾論及種番薯若加灰料，亦多有此病。據揮斐云：係鈣養炭養致之也。

凡地土加含石灰物質，後化成鈣養炭養，則番薯多有凹癟病。若加石灰時，多加鉀養炭養或鈉養炭養，亦不能免

此弊。此等田若種製糖根物亦然。紐英格倫酸性地土，加化散之石灰，可令番薯收成甚豐。他處地土加石灰種番薯一次，亦甚佳。或擇根種之毫無凹癟者，或用汞綠水洗之，均可免此弊。

煤氣廠廢石灰

煤氣廠用石灰提鍊可然燒之煤氣，故有許多廢石灰，用以滅殺蟲豸蝸牛等頗有效。惟此廢石灰中有含硫含衰物質，與植物有害，宜謹慎用之。若令其久遇空氣，則含硫物質變爲無害之石膏。或有煤柏油少許，亦有損害於植物。此廢料最宜加於堅土，可令其變爲鬆疏黃沙土。酸性

草煤土均可用以改良。

荷蘭國重土每英畝加煤氣廠廢石灰二百至二百三十餘斗，英國農夫之意，在秋間每畝加新鮮廢石灰一百至一百八十斗，預備明年種根物。此料加於草地有損害，若與沙土相和，久遇空氣，而後加之亦佳，益能令酸性呼莫司變爲和平性，以後可加糞和肥料。化分煤氣廠廢石灰之效，往往登報，下表爲麥約所考查者

水	三〇
含水石灰	三三
鈣養炭養	一七

鈣養硫養三鈣養二硫養鈣養硫養二　二〇

此外更有極微數之鈣硫、鈣硫衰、阿摩尼

石灰改變酸性

溼草地土中有由利呼莫克酸、並有鐵養硫養三以致不能耕種。有較高之地土亦具此等情形。若加石灰可變爲甚佳之土。格司配林云此等田加石灰後喜酸性之植物如十字果類將不見而穀類收成數倍增且可種小麥及飼畜之豆類。凡熟田不必有鹼性然畧有鹼性亦不妨礙。蓋地土有足數之鈣養二炭養能有變化淡養之情形者雖雜有花剛石料其水中含有鉀養二炭養並鈉養二炭養

稍有鹼性之物尚爲合宜也。無石灰之地土往往畧有酸性以試紙試之似係中立性。近拖絲敦地方加田莊肥料有功效者因此肥料中畧有鹼性可改變其酸性也。紐英格倫地方以灰料或已濾過之灰料爲甚要者亦此故也。又用盆試種植物知養料甚足者加畧有酸性之水尚無害。然地土中若酸質過多不特害及植物且毀滅有益之微生物阻止呼莫司之發酵並將含鐵物質化分損害微生物及植物。有此情形速加石灰卽能改變爲中立性

紐英格倫地土酸性過甚。揮斐查知該省所種紅菜頭受其害而大麥燕麥珍珠米番薯黍不甚受害。宜加改變酸性之肥料也

試驗地土酸性簡易法可取土少許權之加鈣養炭養若干並加水若干封密插一表以驗其中洩放之炭養氣數反之地土中鈣養炭養之多少亦可測算。取土少許加打打里克酸粉若干加水若干封密用表測驗之

石灰與呼莫司相關

石灰不特可將生物質黏合而又能將地土中之生物質化分。前已論可令含呼莫司物質中不變動之淡氣分析此卽石灰最大之功也。湯姆斯云英國衛耳司省有溼草土大分係暗色之腐爛植物料並有許多草煤地加石灰

甚爲合宜。該處農夫將畜棚肥料加於馬料田將石灰加於小麥田得豐收。曾隨意取一麥穗數其實有六十粒。蓋石灰能速令腐爛植物質料變化成養料也。法國瑪倫云酸性溼草煤地種苜蓿欲收取其子者將石灰加之卽能獲效

此等田地加石灰之功效竟等於和肥料。蓋石灰能將草煤中物質變化。儻其中有呼莫克酸者卽令其變爲中立性。於是地土畧有鹼性而微生物速發達以致其分析呼莫司中不變動之淡氣而成植物之養料

石灰洩放阿摩尼

石灰更能將呼莫司中含不變動淡氣物質中之阿摩尼分出由是阿摩尼變爲有用之淡氣蒲生古詳細考究將已化散之石灰與園土或田土相和有阿摩尼騰出須待石灰之性已過乃止有人云田間加石灰者即有阿摩尼耗失也

所以田地加牧場肥料或他種多阿摩尼之肥料者不可即加石灰恐阿摩尼爲石灰所洩放耗失也如有植物須加石灰並牧場肥料宜在晚夏或秋間先將石灰犁入土中至明春加他種肥料

上編論變化淡氣情形蒲生古已論及此事玆更有一試

驗係暗紫色緊密草煤料其百分中有淡氣二·二阿摩尼○·○二並無含淡養之物質

研細草煤一千克蘭姆

與含水石灰一百克蘭姆相和閱五星期得阿摩尼○·一三七克蘭姆

與含水石灰一百克蘭姆相和閱十三星期得阿摩尼○·一二四克蘭姆

乃以草煤每啟羅加黃沙土四啟羅令其寬鬆與含水石灰四百克蘭姆相和

取此和料一千克蘭姆

閱一月得阿摩尼○·三三二克蘭姆

蒲生古於此試驗發明云分出阿摩尼之數不與石灰多寡相比又不與地土中生物淡氣多寡相比即如上所云之石灰一百分與有百分之二之淡氣之草煤相和而得阿摩尼○·一有奇加沙土者得阿摩尼○·三 ○·四 ○·八

或和石灰爲數甚少而得阿摩尼數較多者有二次試驗以石灰三克蘭姆與黃沙土一千克蘭姆相和在一星期間依石灰百分數計之分出阿摩尼二·三三分四分然用石灰數甚多者則每石灰百分僅得阿摩尼○·八蒲生古

試驗所得之中數加石灰之黃沙土一啟羅得阿摩尼○·三三克蘭姆此數雖少然較歐洲北方最佳黃沙土中所有之數爲多而法國佳黃沙土一千克蘭姆得阿摩尼中數不過○·○一七克蘭姆南阿美利加肥沃黃沙土一千克蘭姆得阿摩尼中數○·○六三克蘭姆

石灰消蝕之弊

石灰有消蝕化分發酵變淡氣之情形故與地土甚關緊要如將石灰加於青肥料堆或犁入土或加於已壅入土之青肥料中均能令肥料速化分

坎爾奈在日本考知高溼地土並低形草地中之生物質

加以石灰可速化分若在乾土其效更顯閱六星期乾土百分中耗失生物質一三五八溼土則五八五同此土不加石灰則乾土耗失生物質三二四溼土則二二一此因石灰加數過多而致之也所以古人有諺云石灰令父富令子爲丐

歐洲初用石灰以爲可代畜棚肥料故爲數甚多以致土中所有淡氣燐料鉀養均爲其化分用盡要而言之石灰豈能代肥料祇能助之而已今市售之肥料甚多所以石灰用數遂減此今昔情形之不同也

石灰之力甚猛所以無論種子或嫩植物與之相遇甚危

險待凡云加石灰水爲滅蔓草之便法英國農學士論冷土改變爲牧場云欲令數代耕種之瘠田變爲佳草地甚難因農夫曾多加石灰於此田休息之時也惟有屢加尋常肥料補救之

然石灰確有改良呼莫司之功福蘭駭論德國膠土之草田常用火焚燒草料者加以石灰或灰土甚得效較加糞料製造肥料更佳據伊云少加石灰與多加石灰相同此博士試驗每半年閒於植物未種時每祟克武田加灰土二 四 六 八啟羅察其效果佳惟久用此法有害如第一年如此治理其田無論爲燒草料之草地或耕種之熟田所產蔬豆番薯均獲豐稔至其後數年亦如此治理產物收成歉少蓋地土肥力已竭也

蚯蚓等在成熟呼莫司中

英國溼草煤地開溝加石灰變爲良田之後即生許多蟲類賴腐爛植物料以生長其後又有許多田鼠來食此蟲此等地土加石灰之後未生蟲類之前已可爲微生物活命之處故土中質料即發酵成熟合宜耕種

此等田地加石灰固易引蟲與鼠然不加石灰未必遂無蟲與鼠也余曾見酸性溼草地開溝改良之後不加石灰而加畜棚肥料亦有許多蟲與鼠蓋開墾治理之後微生

物孳生蕃衍而變化淡氣迅捷於是蚯蚓等蟲類生長田鼠即來矣

休爾茄論舊金山之荒土云地土中鈣養炭養可令呼莫司速收吸養氣以變化而淡氣數亦有增因腐爛植物料中之炭輕料收吸養氣較含淡氣物質之收吸更速也

石灰助發酵

石灰更有一要職能助微生物之發達如苜蓿並豆類根閒之微生物是也赫敦考察田土加石灰之後確有此情形故赫敦云石灰可謂爲收集淡氣之物

赫敦在生茅草之重土耕種十年於是考查土中淡氣數

其第二田在十年間不加肥料第三田加石灰六次每次每英畝加十四噸第四田加阿摩尼硫養$_{三}$七次第五田加鈣養三燐養$_{五}$六次第六田加鉀養硫養$_{三}$六次此各田中所有阿摩尼淡養$_{三}$酸生物淡氣如左表

面土

	二	三	四	五	六
阿摩尼	〇·〇〇〇五	〇·〇〇二一	〇·〇〇〇五	〇·〇〇〇八	〇·〇〇一〇
淡養$_{三}$酸	〇·〇〇四八	〇·〇〇五六	〇·〇〇〇二	〇·〇〇一七	〇·〇〇一三
生物淡氣	〇·〇三三四	〇·〇五八八	〇·〇四九七	〇·〇四八一	〇·〇四九三

深土

	二	三	四	五	六
阿摩尼	〇·〇〇〇五	〇·〇〇〇八	〇·〇〇〇八	〇·〇〇〇三	〇·〇〇〇二
淡養$_{三}$酸	〇·〇〇〇三	〇·〇〇〇八	〇·〇〇〇三	〇·〇〇一六	〇·〇〇一三
生物淡氣	〇·〇四五九	〇·〇六一三	〇·〇二七五	〇·〇三三三	〇·〇四一六

觀上表第三田加石灰者生物淡氣最多淡養$_{三}$酸並阿摩尼亦較多此多數非因土中有植物廢料也第四田加阿摩尼硫養$_{三}$者收成數較他田更豐因此田中所有根稈等廢料較第三田或他田更多也

生石灰阻淡氣之變化

農學士之意石灰或鈣養炭養$_{二}$可令土中含淡氣之生物質或阿摩尼變爲含淡氣鹽類近今試驗鈣養炭養$_{二}$果有此動作所以古人云鈣養炭養$_{二}$在鬆土中可助增其變成硝凡有石灰之山洞並牆壁堤石灰或灰沙者往往有變成硝之情形衞靈亦考知多加鈣養炭養$_{二}$則變化淡氣之酵料可發達無鈣養炭養$_{二}$處此酵料不能蕃衍

上編論淡氣變化情形曾言生石灰有損於淡氣酵料儻田間加數過多即速止呼莫司中之變化淡氣衞靈考查石灰水之鹼性甚猛淡氣酵料不能抵禦然生石灰之猛鹼性遇炭養$_{二}$氣即變爲鈣養炭養$_{二}$而易爲土中空氣所拘留且土中酸性呼莫司亦將與石灰并合變爲中立性如是則石灰能助變化淡氣

石灰化分金石類

石灰有消蝕之功可令含矽養$_{二}$物化分較石膏更有力非勒司巴耳石並他種金石類遇石灰甚易化分此有緊要之關係也如重土中多未化分之非勒司巴耳石料即應加石灰蓋石灰遇炭養$_{二}$氣變爲鈣養二炭養$_{二}$即與非勒司巴耳中之鉀養矽養$_{二}$變化而成鈣養矽養$_{二}$並鉀養二炭養$_{二}$福克司並就爾二人曾試驗磨細之非勒司巴耳與石灰用緩火燒之然後將此和料加水令飽足或將磨細非勒司巴耳先燒過乃加濃石灰水煮之或浸於石灰水中令其久遇空氣則非勒司巴耳中鉀養爲石灰所替代化於

水中此法化出鉀養甚易爲數亦多所以工藝家欲仿此法取其鉀養又或將土少許加於石灰水中隔一或二星期然後加鹽强酸其土質化散有一種膠韌之矽養二物分出蓋石灰有一分與土中物質相并而成鋁二養三鈣養雙矽養二易羇留於土中當其變化成雙本矽養二時即將鉀養並阿摩尼洩放坎爾奈云石灰可令燐養五料變化而易爲植物吸取所以石灰加於田易令土質中灰料等物從速變化供養植物以致減其肥度

司秃克拉脫考知生石灰不特化分非勒司巴耳即磨細

石英並澄停矽養二酸亦能消蝕而令成鈣養含水矽養二此物在各種酸質中易化

依化學之理而論可將石灰與泥土相并作爲和肥料堆爲鬆疏田土之用英國常以石灰與土等分相合作爲和肥料解土質之韌黏性獲效甚顯

休爾茄云土中有鈣養炭養二與肥沃甚有相關可令含不變動矽養二之物質化分成易化之西哇來得其意凡土百分中加鈣養炭養二一分或二分即有鬆疏之效蓋土中已變化工作也休爾茄又將各土消化於酸質中查知土中有石灰者其動作情形較速

含石灰之土在酸質中消化將其中鋁二養三盡數化出休爾茄云美國西南地土歷年肥沃者職此故也此等地土中有石灰助令不變動之物質洩放鉀養燐養五酸等

含石灰鹽類物如鈣養炭養二在土中可增泥土收吸羇留之力則鉀養鈉養阿摩尼等不致耗失

石灰與矽養二物相合

石灰與地土中含水矽養二物相合而漸將其中鉀養阿摩尼鎂養洩放爲植物用赫敦考知若用石膏更妙有化學師之意鈣養二炭養二或鈣養炭養二化於水可將非勒司巴耳石料中之鉀養鈉養並矽養二中所有鹼類物洩放蓋石

灰與矽養二相并合則鉀養或鈉養可化於水也

由上論之石灰之動作多端所以德人英人論之者往往不同而究其歸結未嘗不合如法人以爲石灰加於鬆土最宜德人以爲加於重土最宜其實均合宜也

石灰改良地土者以其能令土質并合成較粗顆粒而失其當初韌黏之性也至於鬆土加石灰則能令土質細顆粒擠緊而吸引水之力合法猶變爲灰沙之情形也且令土中更多含水矽養二夫石灰更有改變地土酸性之功而令物質速腐爛此功效在堅土更勝於鬆土在鬆土則石灰可令植物壯茂而助其變化淡氣法更勝於堅土

石灰確能令地土中生物質或金石類物質從速變化以備植物利用然市售之製造肥料亦有此功價值較賤用數較少

石灰在土中漸變爲鈣養炭養

前人之意石灰在田土中其燥烈性未必有感化情形緣地土毛管本有炭養氣此氣遇石灰即變爲鈣養炭養也然石灰與土中生物質相遇亦變成許多炭養氣更能合成鈣養呼莫克酸赫敦考知多加石灰者往往有未變化之石灰水如在五月初每畝加石灰十四噸歷半年取土少許試驗有石灰四四五密里克蘭姆又取第二田未加

石灰之土少許試驗祇有石灰四七密里克蘭姆可見加石灰者由水化出石灰較多九倍餘以此二田之深土考之亦較第二田多六倍其共數第一田有石灰一五八密里克蘭姆第二田有石灰二六克蘭姆

更有一試驗一田在十二年前已加石灰取二土試驗之第一土百分中有石灰〇·〇三九仍可在水中消化者第二土有石灰〇·〇三二夫同此土而含石灰有多少蓋因當初敷布不勻也下表所示試驗各田石灰並歷時之久近

加石灰所歷年數	百分土	
	用清水化出石灰數	用熱濃鹽强酸化出石灰數
一四	〇·〇一九七	〇·二七二二
一〇	〇·〇二三五	〇·三六二九
八	〇·〇二三二	〇·三四七二

由此表可見清水亦能化出石灰惟熱濃鹽强酸化出之數較多十四五倍

赫敦云清水化出者係含水石灰因地土中本有鹼性也所以水中炭養氣爲數甚少若土中所存舊石灰中炭養氣甚少則不足令其變爲中立性而含水石灰或並無燥烈性與含石灰物質生物質性相同

瘠土不宜加石灰

除重土並酸性之土須加石灰外不可加於瘠土而地土中植物養料充足者加之亦不合算蓋石灰之職司能改良土中物質並所加肥料以供給植物而已總之石灰祇能相助並非可代肥料也

今農家用石灰數較少於昔歐洲開築鐵路處石灰多而價值賤則常用之即如法國花剛石變成之土甚爲苦瘠該處鐵路既通運石灰費又賤故往往用之此等地土可產苜蓿以飼畜而得畜肥料

田閒應加石灰數

加石灰於田應察其土性以定數緊密土加數較鬆土沙土更多方能改良其品性尋常用石灰數以噸計不似肥料之論磅數或以斗計之亦可每斗約有八十磅如噴昔維尼亞省東部中等田地每英畝加四五十斗肥沃土則加七八十斗瘠土初加二三十斗俟其漸改良漸多加從前有五六年輪種法每輪種第一年種珍珠米時加一次至秋間將草土犁入土而耙之至明春四月堆石灰於田灑水化散乘其發熱時布散而耙入土又或在秋間散小麥子之前加之又或在十一月麥芽幼嫩時又加一次畜棚肥料不與石灰同加須待來春種苜仁米時或秋間種小麥時方可加也

英國鬆土每畝加石灰四噸已爲足數或分作數次加之每次僅一噸或二噸可考脫倫行輪種法加石灰有定時其數自六十至一百五十斗尋常爲九十至一百二十斗從前舊法耕犁草地後卽加石灰六噸至十二噸若以前未加石灰則加數應多農家早已知石灰性隨處不同或其性較爲猛烈一千七百六十五年有一英國農夫云石灰性情如地土性情之有殊異故有加石灰六十四斗而植物被其燒滅者若在英國賓刖駭草地每畝可加三百八十四至四百四十八斗

英國有地方每畝加石灰一百至一百六十斗總言之冷性重土須多加每畝八噸十噸或十二噸次數亦須多每六年可加一次惟熟田加十二噸似過多沙土決不嫌其多也加時須在春天不可用猛性石灰

冷性生草煤地土開溝洩水後每英畝加石灰二百或三百斗爲合宜據云如此多加石灰並陸續犁之在數星期間可令草煤改良而爲植物所用惟石灰價值甚多農家用此數者殊寥寥也

一千七百七十六年英國亨脫記載如下據人云石灰加於沙土較加於重土更宜此言因農家加石灰於重土之數過少也儻依尋常數增三倍則知較加於沙土爲更佳也大凡石灰之有弊與否全在用之得法與不得法重土加足石灰至冬間易分散而與酸質易發酵土性卽改良矣至其價值甚多余豈不知之

今用石灰數較少

近來英國風氣用石灰數較少而次數較多除堅性地土外每畝罕有用至五六噸數從前每間十五六年加四噸至八噸爲一次今則每間七八年加一二噸爲一次

從前德國農家每間七八年每畝加石灰六噸至十二噸法國在花剛石或沙石變成之地土尋常加三噸或四噸

今則每閒三年僅加二噸儻土中多生物質則加四噸加石灰多寡之效觀察植物之形狀並其品性即知之而白首蓿更爲明顯若在重土每閒四五年加三噸凡堅性土所加石灰數須與產物價值多少相較而定新草煤地開溝洩水後每畝加二噸或三噸如獲效可多加從前比利時國農家每閒十一二年每畝加一·五噸已爲足數

有人查新開墾酸性草地每畝加石灰九百磅尚不足爲馬豆豌豆所需謀克云德國有草地受鐵養硫養之害者每畝須加四噸至十噸可免其將來再變成鐵養硫養又云地土愈深加石灰應愈足有識者云田閒再加石灰之故因前次所加者漸濾澄於地土深層閒也苟無此情形則加一次可歷百年

盧爾茲云有田地宜在散子時每畝加石灰八斗或九斗如此則石灰與土中不變動之淡氣和料互相感化而洩放其阿摩尼此阿摩尼適宜於當時嫩植物之用且石灰又能保護植物而禦敵蟲類

石灰濾失

多雨水之地方土中石灰往往濾失凡土中本有之石灰或炭養氣與腐爛之呼莫司或他種植物質腐爛而成之炭養氣并合成易消化之鈣養二炭養即濾澄於深層土中更有數分在地面沖失英國含石灰之地土其溝水中有許多鈣養炭養儻加肥料則沖失數亦增因所加肥料中之炭養與土中鈣養相合也若加製造肥料則溝水中有鈣養他鹽類較鈣養炭養爲多若加鈣養多燐料鉀養硫養阿摩尼硫養其溝水中即有鈣養硫養若加阿摩尼鹽類其溝水中有鈣養淡養因阿摩尼變化也據勞斯並葛爾勃試驗加阿摩尼鹽類之後其土中石灰料耗失更多應多加白石粉或石灰以補之凡牧場有此情形則畜類受害

休爾茄云石灰濾失地土苦瘠而深土中將多石灰若在旱地則無此情形於新開墾後用灌水法治理之極肥沃

盧蘭莘考查肥沃地土或新加肥料之有石灰地土其空氣百分中有炭養氣一分或此地中水一列忒內含空氣百分中有鈣養炭養〇·一九克蘭姆儻有雨水二十四寸者此水五分之一濾入土中則每英畝洩出溝水四百八十立方邁當而此水數中運失鈣養炭養二百磅

鈣養炭養

新石灰加於土即與土中炭養合成鈣養炭養蓋石灰必須變成中立性之鈣養炭養始見功也英國有地方查得加石灰之第一年不甚見效而以後功效漸著即是當初

所加鈣養變爲鈣養炭養也阿爾蘭隰地往往以石灰爲肥料

和肥料章中曾論鈣養炭養助呼莫司發酵並變化淡氣法虛爾茲用玻璃罩覆於盛水銀之盆罩內半盛酸性呼莫司之黃沙土而滿足空氣一罩內加鈣養炭養較黃沙土十分之一閱四日至八日之後加鈣養炭養之罩內空氣中養氣已無蓋爲黃沙土收去變爲炭養氣而他罩內養氣所失不及一半較有石灰者緩四倍此與法國農夫之閱歷識見相符即是在旱地有石灰之土中生物質從速化失宜加牧場肥料以補之若在無石灰之地土其呼莫司有增而無減

石灰石地土中呼莫司

多雨之石灰石地土中能增上等呼莫司因該地之鈣養炭養令植物質速腐爛變成呼莫司也凡土中水中有石灰料者其呼莫司更佳更可作爲肥料溫帶含石灰之地土罕有變成酸性草煤並草土馬歇爾云多石灰之草地中其呼莫司遇空氣者變爲黑色而甚肥沃

含石灰土所以肥沃者因其呼莫司性情和順易變化淡氣也此等地方農夫云溼草地爛河泥有肥料之功效而不以花剛石地方所製之和肥料爲重紐英格倫北省地甚肥沃即因土中有石灰石也他省係花剛石地土而無呼莫司

休爾茄常論及美國西省長草地土中有許多石灰凡高原有暗色黃沙土者即知其下層爲石灰石也

鈣養炭養令土不黏韌

此情形前已論及蓋鈣養炭養化於地土之炭養水中實已變爲鈣養二炭養可令土質鬆散英國江河之水流過石灰石之地土即甚清潔瑞士國誰尼伐湖水亦如此均此故也在誰尼伐城之羅姆江取水十列弍其清與湖水等考有鈣養炭養七百八十九密里克蘭姆鎂養炭養四

十九密里克蘭姆鈣養硫養四百六十六密里克蘭姆鎂養硫養六十三密里克蘭姆即是每一列弍中有鈣養六三五密里克蘭姆鎂養四五密里克蘭姆更有他種含鹼類物質少許總之無論江河池井之水如果甚清必係俗所謂硬性因有含鈣之鹽類也

凡土中有鈣養炭養者雨後不易變爲爛泥情形其鈣養二炭養並他鹽類爲雨水沖淡或沖失而不久即復原仍阻禦泥土顆粒之黏韌

虛蘭苹云儻地土竟無鈣養炭養或他鹽類則爛泥永遠不能澄停而水亦不能清每次下雨則江河之水挾帶土

質沙質衝運入海至久祇有粗細沙存留而已。古時地球面尚未生草木時。必有許多泥土由沙質中濾失。因地土中旣無呼莫司。而又爲熱水所沖刷。所有炭養氣爲數不足。而爲時又不及羈留石灰也。於是泥土細顆粒均不得澄停矣

由此可見田地之易否治理。全賴其石灰之多寡。科爾孟云荷蘭國膠土加煤氣廠廢石灰料而改良。然亦有未改良者。查土中本有石灰質料。其弊必由他故。凡堅土百分中有石灰不及〇·一五。而易爲炭養氣所化出。則加石灰可改良之。若有石灰〇·五有奇。再加之亦徒然耳

含石灰之土常肥沃

地土除石灰石質料過多及天氣甚乾不宜耕種外。凡土中有合宜石灰數必係肥沃。在無產物之花剛石地土界內有一處生長植物甚茂。必此處土中有石灰也。如紐英格倫之阿羅斯禿克一州是也。總之。無石灰之土終不如稍含石灰之土爲佳也

德國肥沃田土百分中有鈣養炭養至九分。含石灰土並濾過之灰。無論何處農夫。皆知其有功效。可見土中不能少鈣養炭養也。今之肥沃土。必係古時江河之泥土與海底珊瑚料相合而成。凡珊瑚料或他種微生物埋滅於土

中之後。不特有鈣養炭養。更有燐料若干並他種養料

有博士論阿爾蘭石灰石並有石灰之沙土云。儻英國膠土所受雨水與阿爾蘭地土所受雨水相等。則不能耕種。然阿爾蘭之石有植物遮蔽。其石灰石面有薄層苔類。故景象甚可觀也

膠土加白石粉

英國農家皆知膠土或黃沙土須有石灰若干。可望肥沃。儻近處有白石粉土地。則應取而加之。在春間每畝加八十至一百立方碼。堆積於田。待過冬自化散爲堅土之佳肥料。或卽在田開掘井。取出深層白石粉料。散於田面。經

霜化散而與土相和。如此黏韌泥土可變爲鬆疏矣

如產蘿蔔其形式不佳。可加石灰或加生石灰。所以蘿蔔產於有石灰之地土甚佳。歐洲農夫之意。儻將鈣養炭養加於田。可令牧場肥料化分。然法國多石灰之熱地。其肥料化分甚速。亦爲有弊。除雨水多之石灰石田地外。耕種亦不甚宜。在春間暖性遲緩。因其色白不易傳熱也。在夏閒又患過旱。經霜降後土質甚鬆。易被風吹散而顯植物之根。如雨水多者。此等石灰地久作牧場。則漸變佳。可有細嫩植物生長

有石灰石之地土大都肥沃。所以泥土百分中加石灰一

分或二分為上策或加白石粉或灰土或廢石灰料均無不可格司配林云如依此法可令燕麥田變為小麥田紐英格倫農夫能明曉已濾過木灰料之功效在微細石灰卽將思及用他種鈣養炭養為便且賤矣又有人論云灰中鉀養濾出之後尚含有石灰土質並鈣養燐料少許均可為肥料然此二項物質之數尚不及等數灰土中所有之數夫灰料固屬甚合用而其功效不能如地土中掘出之灰土也

上編已論及石灰石並石灰土有留水之功乃斯石變成之土並含細石灰之土亦然因其略粗石質均為水消化

或沖失矣蔓里蘭省石灰地土若種早熟植物竟嫌留水過多正熟收成雖可豐稔亦不免因之遲緩也

含石灰之沙並蠣蠔殼類

阿爾蘭法國英國海濱有一種沙為壅田之用此沙係鈣養炭養為古時蠣蠔殼之細料法國農夫取此料由車運入內地約數十英里英國康屋省農夫取此料由鐵路運入內地據云加於堅硬泥土最有益特海蘭云最佳之蠣殼沙每英畝可加七十至一百八十斗次等者須加一百十至二百三十斗法國北疆駭薄克地方每畝竟加三百至一千斗

又有人云此沙料加於溼草地亦有益每英畝加十噸至十二噸或鋪散於田面亦可或與草煤或湖泥或畜棚肥料相和而後加之格司配林云畜肥料並海草中常有此料相雜凡牧場草得此肥料可改良而滅苔類而豆類植物亦能得其益法國勃里退奈省花剛石變成之土種苜蓿並豆類殊不合宜後加此料常獲豐稔

英國待文駭省每畝加蠣殼沙土十二三車可種小麥蘇格蘭農家計算其價值云為牧場面土肥料最合算法國海濱農家亦同此意

蠣殼石灰並蠔殼粉

抱絲敦城內數年前製成許多蠔殼粉以為有用且以為較蠣殼沙更佳其實不確也農務實驗場將新鮮蠔殼磨成極細粉其效不及燒成石灰為佳然蠣殼中生物質並淡氣之數極微為肥料甚少功效所以磨細之工費不能抵所得之益不如燒成石灰反為合算也

若欲得賤價之鈣養炭養可將石灰石或蠣殼燒灰加水令其陳宿卽變為鈣養炭養令其陳宿之法以新石灰成小堆蓋以溼土待石灰飽足水而分散速加於田或以新石灰加於和肥料堆中亦可或任其收吸空氣中溼氣亦可此料可代已濾過之木灰以空氣分散之石灰又名含

水鈣養炭養實係含水鈣養與鈣養炭養相和之物此含水鈣養加於田有新石灰燥烈之性須待其性過後卽有鈣養炭養之功蓋新者一分與地土有害也然新石灰轉運費較運石灰粉費更廉鈣炭養原質之分劑爲四○一二一一六而鈣養炭養之分子數爲一○○鈣養炭養一百磅中有炭養四十四磅幾及共數之半在窯廠處將此炭養逐出然後轉運豈不省費

濾過木灰

含鈣養之和料將來用法當較今更明顯而能知鈣養炭養與泥土有特別之合宜生石灰爲和肥料之用亦有益

處此意在用已濾過木灰可見之法人斐里配以生石灰與礪殼沙相較在一黑克忒田種紅蘿蔔儻加蠣殼沙者其收成較加石灰者多四千五百七十啟羅種番薯多三千二百啟羅種燕麥其實多八百七十啟羅其稈料多二千九百五十啟羅

紐英格倫之羅達倫省坎奈狄克省滓芒脫省麻賽楚賽玆省常用已濾過之木灰價值雖昂不計也坎拏大之灰運至紐英格倫每斗重五十五磅價值一角八分至二角已濾過者乾溼不一其中數爲百分中有水三十五分此溼料半係極細熟之鈣養炭養其百分中有鎂養三分或

四分更有土沙炭並他雜質此灰百分中罕有鉀養一分燐養酸一分又三分之一儻將炭養並土沙炭作爲廢料則其肥效不及三分之一

假冒濾過木灰料

張森云若將新燒成蠣殼石灰三十磅楷尼脫八磅細骨粉十磅相和可假冒已濾過之木灰料此料中有鈣養二十八磅燐養酸○八鉀養一○鎂養○七此數卽等於濾過木灰一百磅中得力之肥料有許多地土儘可用以代之

凡地土本係易變化淡氣者加濾過木灰其鈣養炭養卽

速動作若土中少生物質則不合用須加牧場肥料或他種含淡氣料助之盧爾玆曾實驗而獲效於牧場肥料中再加甚細之鈣養炭養而輕犂入土謀克用阿摩尼硫養而加鈣養炭養亦知較不用鈣養炭養爲更佳

鈣養炭養不特爲植物養料並能令地土水中物質改變又稍有化分生物質之功與鹼類性相同此不足奇也因鈣養炭養化於含炭養水中卽有鹼性張森將鈣養炭養與草煤化於水亦有此效惟較弱耳

鈣養炭養改良之功

田間用鹽類物爲肥料或有不妥可加鈣養炭養改正之

如加鉀綠鉀養硫養或食鹽，而土中本有鈣養炭養，則此等鹽類物，自能緩緩化合成鉀養二炭養或鈉養二炭養，此鹼性和料之肥度，當勝於未改正時，即是鈣養炭養變爲改良物，而令地土成熟，又可令變化淡氣法更易，休爾茄試驗美國西南省之地土云，凡土中本有石灰料者，則燐料易爲植物吸取，又考知有沙粒之黃沙土百分中有燐養五酸〇.一者，在八年或十五年間，可得豐收，祗須土中有足數之石灰而已，反而言之，土中少石灰，雖倍其燐料，亦無效，前已論及鈣養炭養可令土中含矽養物化分洩放其養料，爲植物用

石灰土

石灰土之名稱，不甚確切，其意乃含石灰之土與泥土黃沙土或沙土相和也，石灰土百分中有鈣養炭養不過五分，或有五十分，或竟有八十分

蠣殼石灰土係澄停土細蠣殼相和，此乃溼草地下層土並池河底之料也，此土不可與一種白色蟲殼土相和，此白色土係微生物之矽養殼所變成，蠣殼石灰土中往往有許多鈣養炭養，近海濱或池河邊，當初土人聚集處有許多蠔殼堆積，或他種水族，或淡水中之蠣殼堆積，此等不得謂之灰土，若燒而變爲石灰，爲農務之用，甚宜

總言之，灰土中之鈣養炭養，有肥料之功，更有數種灰土中，不特有燐養五酸並鉀養少許，且有含淡氣之生物質甚多，夫鈣養炭養之功效，在改正酸性，並助生物質之化分，且爲土中含炭養水消化後，可令黏性土鬆散，而預備變淡氣法，至灰土之益，因產於內地，便於農務，而不如生石灰之易有害，或加於田甚多，可改變土性，故亦稱爲改良物

鬆土或沙土往往因其過鬆，難於治理，須善耕之，或輥之，或牧畜踐踏之，或輕犁之，若加灰土，亦有效，英國有此等地土，多加灰土，令其堅實，而膠土可加雜沙之灰土

英國林肯省隰地，往往加有泥之灰土於草煤並草煤沙土，以改良之，據云用此灰土壅田，其效可延十年至十二年之久，如欲令苦瘠之灰土地產白苜蓿，須加無石灰之土

總言之，泥土與石灰相雜，即爲灰土，可令堅薄土變爲鬆厚，有農學士云，無論何土，均與灰土相宜，格司配林云，法國地方，每英畝加灰土十一噸，其百分中有甚細之鈣養炭養七十七分，特海蘭云，法國有地方仍用灰土，每隔十五年或二十年，每畝加十噸至二十噸，從前英國來克駭省每隔十二年，加灰土於熟田一次，法國博士潘維西云

加鈣養炭養法如犁起土一百磅須加三磅此乃依天然灰土之數而計之也惟格司配林之意有地土百分中僅加鈣養炭養〇·八已足

灰土料自有功效且合成之法亦有其理如碎骨或粗粒其效終不如骨粉所以灰土成塊不及細者爲佳若但將灰土用化學考其分劑是爲知一不知二也

灰土分類須依其幷合之情形如石形灰土蠣殼灰土土形灰土端石形灰土是也灰土加於田經風霜雨露而化散此爲最佳然亦依其質料如何未可一定也其中土質遇雨水卽漲而沙與鈣養炭養則否至旱乾其中溼土料

自然收縮而沙與鈣養炭養仍無改易於是漸失其膠黏性而變爲鬆散矣

房屋拆卸後其舊灰沙亦爲一種粗顆粒之鈣養炭養並有石膏及燥性石灰少許砌磚所用灰沙其功效不及墁牆之石灰因石灰中和以牛毛而牛毛中有淡氣可有益於植物也又如製糖廠製革廠肥皁廠所棄之廢料中均有許多鈣養炭養而價值甚賤亦有益於農務

卷終

農務全書中編卷十六

美國哈萬德大書院農務化學教習施妥縷撰 慈谿舒高第口譯
新陽趙詒琛筆述

第十四章

含鈉物質

含鈉物質爲肥料可不必贅言農家所種植物曾詳細考驗似鈉不甚緊要苟無之亦獲豐稔蓋植物體中所需鈉養極微而土中空氣中均能供給也前人以爲植物體中之鈉養可代其鉀養今知此說不確

凡畜類必需食鹽或他種含鈉和料否則難保生命其得

之之源亦有由於植物料而與農務無關係也家畜所需鈉養可以食鹽或鈉養硫養供給之若專欲由植物料中求鈉養不亦難乎雖然耕種之植物未嘗不可加以食鹽而視爲佳肥料也

食鹽動作

食鹽之動作爲繞道而非徑直能將土中物質化分爲植物用其情形與石膏近似惟石膏將含水雙本矽養物中之鉀養及鎂養阿摩尼分出而食鹽先將鈣養分出然後將鉀養鎂養並燐養酸分出也此情形考知後於農務化學甚有關係

農家論食鹽之利弊各不相同而不知其何以如此假如甲論食鹽爲甚緊要之肥料乙論以爲必有害於植物而考驗家則又以爲此物既無利益又無損害惟據大概議論則以食鹽爲不合用如勞斯試驗中等田二處種小麥二十年一田每年加金石類肥料阿摩尼恩鹽類一田連三年加此肥料外又加食鹽三擔其效如下表

每年每畝收成中數

年	小麥斗數 加鹽田	小麥斗數 無鹽田	收成共數（實磅數 稭磅數）加鹽田	收成共數（實磅數 稭磅數）無鹽田
三年前未加食鹽	三二·二五	三二·七五	五九八八	五九七六
三年間加食鹽	三〇·〇〇	三〇·二五	六五三五	六五六八
加鹽後十年間	四〇·七五	四〇·七五	七七九九	七八一一
十六年	三七·二五	三七·二五	七二二二	七二三四

然今考知或有地土加石灰鎂養鉀養時可加食鹽或他種易化含鈉質令土中鉀養獨立此與石膏之功效相同盤梯安從前查知多鹽質之地土所產豆類中有許多鉀養而甚少鈉養華爾甫試種蕎麥一田多加食鹽又一田不加查加鹽田之蕎麥稈燒成灰中較少鈉養而多鉀養可見田土加食鹽亦有肥料之功效即是將土中鈣養鉀

養推逐以供植物然欲得斯效可用含鈣養物質較含鈉養鹽類更賤若欲用含鈉之鹽類則鈉養淡養爲更佳因其中有淡氣也

福爾克查食鹽能將土中阿摩尼鹽類物洩放如前曾加糞料或糞料與圭拏或阿摩尼並加者此食鹽均能致其功效又云凡鬆土田先加牧場肥料者加食鹽或與圭拏並加甚有益在上等田地祇加食鹽已可多產小麥等穀實蓋能洩放阿摩尼供給植物也若肥力已竭之田加之無益

今法往往加含鉀養肥料而不計及食鹽或含鈉物質之繞道動作如福爾克種苜蓿及意大利馬料加鉀養綠養卽得壯盛之草料而近處一田加食鹽者並無良效

諸博士考知食鹽並他種鹽類物與金石類肥料相和獲效殊不一

用鹽阻植物過盛

英國農家常用鹽阻肥沃田之植物過茂盛法國羅姆江邊地土多鹽類物產小麥稈葉堅短而較無鹽類物之田所產者麥實尤多所以此等田若重加肥料豐收可必

海納考知大麥苡仁米用食鹽可增其穀實並改良其品性其稈葉白脆且速成熟而小麥每斗之重數亦有增農

夫云此小麥成熟較尋常者可早一星期

從前農家常以秘魯圭拏或煙炱與食鹽相和、加於田、英國農夫當雨水多時加鹽而阻穀類稈葉之過盛然鹽加於各田、其效各不同肥沃田有鹽可增麥實而瘠田不宜福爾克加鈉養淡養於小麥田而云加鹽於穀類並草類、不增其產數惟能阻其過於茂盛而令其生長更細嫩而已且稈葉短而堅則將收成時、不致爲風所偃若以鹽加於牧場、則有損無益有一次每英畝加鹽五擔所產草料、較不加鹽者少七百六十磅、凡所加肥料在水中易化在土中不易消化者、加鹽宜少、即加之須有雨水

英國農學士云食鹽加於鬆土或沙土種小麥每畝計二擔至四擔、可令稈葉堅而不增其體積其實壯足格爾福地方愛列斯農家田地係深厚之鬆黃沙土歷年耕種、從前加鹽於冬小麥殊有效其時在秋間犁田之前、或播種之前、據云加鹽更可殺蜒蚰及他蟲類惟在堅土則功效較尠

愛列斯試驗之效如下、將小麥田一畝作爲四區每畝加糞料八車先種苜蓿並馬料、然後種小麥而一田在三月間、加粗鹽二擔、其收成如左表

加鹽田	無鹽田
頭麥九斗每斗六十一磅共五百四十九磅	頭麥八斗每斗六一·七五磅
尾麥九十磅	尾麥五十四磅
共六百三十九磅	共五百四十八磅

加鹽者產小麥多九十一磅、即是每畝共增六五斗、其稈料重七百八十六磅、不加鹽之田、重六百九十六磅、即是每畝增三百六十磅、此田加鈉養淡養無大效惟在春間加秘魯圭拏一·五擔食鹽二擔於面土殊有效

英國用鈉養淡養恆致麥實發黴而稈葉壯茂所以稍加海鹽可無此弊在春間每小麥田一畝將海鹽一擔與鈉養淡養一擔相和加於面土甚佳潑山以此和料當雨水

多時、作二分隔半月、再加之其效如左表

白小麥	每畝收成斗數	紅小麥	每畝收成斗數
未加肥料	二二	未加肥料	一九又五分之三
加圭拏二擔	二四		
加鈉養淡養並海鹽	二五·五	加鈉養淡養並海鹽	二七又五分之四

潑山之意此和料加於未開溝之冷性地土爲佳儻冬小麥爲霜所損或有綫條蟲爲害用此料均屬合宜

苡仁米早種而受霜者每畝可加鈉養淡養四十二磅海鹽八十四磅可挽回而得深綠色較不加此料者高半尺

收成有四十七斗，尋常田僅得四十斗

鹽之功用

鹽加於番薯紅蘿蔔粗細麻甚有功效，然鹽能殺滅淡氣發酵料及他種微生物，致阻植物之生長而令其瘦弱，加之甚多，植物亦將死，或所加次數少者，則植物初受病，後可漸復原，若每畝加鹽過於三擔，必阻害植物

福爾克云，乾鬆土所種根物，生長過速，不及由空氣並地土收吸足數金石類物質，則葉易脫落，而根物不能長足，其收成或不得其半，有此情形，可加鹽少許，而令其生長久延，根物可得豐收，此等地土每畝可加鹽三擔或四擔，卽加七擔至九擔，亦未見其果有害也，如種孟閣爾，每畝可得二·五噸至四噸，然種孟閣爾，加食鹽之功效與加楷尼脫相同，福爾克之意，此鹽類可阻其速生長，而令其緩緩收吸佳肥料，英國東方種根物，亦稍加鹽

英國諾福省地土係輕鬆而多白石粉，該處農事甚爲講求，如種孟閣爾，則鹽與圭拏並用，每畝加三擔至五擔，或先加牧場肥料，而又加以鹽，此法可增根物之重數，改良其品性，蓋鹽又能羈留土中之溼也，所種各植物，以鹽散於面土，均可令穗實壯茂

加鹽須察地土之合宜與否，開秃在倫敦佳沙土田種孟閣爾，每畝加鹽五擔，並圭拏畜糞，甚佳，其效如左表

	噸	擔
加多燐料十二擔	一四	一九
加秘魯圭拏七·五擔	一七	一七
加畜糞四十立方碼	二一	三
加畜糞二十立方碼 圭拏四擔	二三	一六
加畜糞二十立方碼 圭拏四擔鹽五擔	三〇	一二

若在堅土，加鹽不宜，因植物成熟本係較遲也，福爾克之意，在堅溼土或冷性土種穀類根物馬料，生長遲緩者，每畝加鹽過於五擔，必有害，所以加鹽不合理者，葉中未成熟之汁液，不能變化成熟，於是將歉收矣，若加多燐料，則根物可速成熟

勞斯在堅土試種孟閣爾，第一畝加鹽五擔，第二畝加十擔，第三畝不加鹽，後查知無鹽者，生長較速，可見鹽能令孟閣爾緩生長，至收成時，無鹽者得二十一噸二擔，加鹽五擔者得二十噸十擔，加鹽十擔者得十八噸，其莖葉則無鹽者得七噸六擔，加鹽五擔者得八噸五擔，加鹽十擔者得七噸八擔

鹽加於製糖根物不宜，因遲其成熟，而損糖汁之品性也，卽是令汁液中之糖不能結成顆粒，在佳黃沙土種小麥

若加鹽其實並未增重，且有未長足之穗，然未能歸咎於鹽而以爲均如此須察土性以得其宜爲要也

小麥可多加鹽

派克斯論曰，英國東方亨盤江一帶之低田，種小麥，能受鹽甚多，在一千八百四十四年，第一次種小麥，至四十五年之秋，余見其田面有結成之鹽質，可見其地土甚多鹽也，然第一年每畝得小麥二十五斗，其治理此田之法，先任其產緜羊所食之草，此草在三年閒，徧生於地面，於是枯死，卽犂之，種油菜，令其生子，此油菜可吸收土中過多之鹽，竢收成後乃種小麥，而小麥旣種之後，無論何植物均可種矣，在數年閒，可不加肥料

蓋鹽中之綠能令小麥生長合法，並非鈉之功也，由是言之，不如用鉀綠，卽司搭斯夫脫礦鹽，較食鹽爲更合宜矣或稍加鎂綠於面土，亦甚佳，而較鹽亦更賤，美國西方肥沃草地，若將食鹽與鉀綠試驗比較，當於農務有益，如意里那省低草地所產植物，根稈較穀實更爲壯茂，珍珠米稈高至十尺十二尺，其周有五寸，然僅有一穗，每田收成五十斗左右，而小麥收成二十五斗而已，若加以食鹽或他種含綠和料，不知能否令其稈葉與穀實生長相勻稱也

鹽可令麻堅韌

納斯欒查蔴草種於加鹽之田，其葉更韌而易卷，種麻於稍加鹽之田，其有用之麻料更多，而較不加肥料，或加阿摩尼硫養者更佳，麻子增三分之一，稈料增四分之一，麥約查知荷蘭海濱所增陸地種麻甚合宜，惟係鹹土不宜種蔴草，格司配林從前亦云，稍加食鹽之田，所產麻料更堅韌

斯禿克拉脫云，加鹽於田，將減番薯中之小粉，而有時亦減番薯產數，蓋根物遇鹽，卽減其收吸生物質之力也

論及製糖根物，則鹽並阿摩尼綠並鉀綠均減糖數，惟淡氣物質灰質有增，休爾茄查草地若加鹽，則植物中淡氣物質灰質寫留路司均有增，而炭輕質則減，羅博士云，用鹼類綠者，植物之寫留路司有加，而小粉必減

福爾克云，旱乾時加鹽於番薯田，有損無益，而在膠土較沙土，其弊更甚，在鬆沙土稍加鹽並加多燐料，可增番薯收成，然旱乾時加鹽四擔，終不宜，或在此田每畝加多燐料四擔，楷尼脫四擔，得番薯八五噸，又一田加多燐料四擔，食鹽四擔，得番薯不及四五噸，與不加肥料者相等，且加多燐料並食鹽其收成，較獨加多燐料者更少，若種孟閣爾瑞典蘿蔔，加多燐料並鹽，尙佳，而加楷尼脫並多燐

料尤佳種蘿蔔若獨加鹽則害多益少

加鹽於面土

福爾克云英國往往加鹽於孟閣爾並與他肥料或鈉養淡養相和加於春小麥及苡仁米之面土鬆沙土當旱乾時加之亦有益欲植物生長遲緩加鹽於面土之法爲最善然亦有用鹽犁入土得其益而加於面土不得佳收成者有田加鹽九擔小麥燕麥毫無利益反有損害於嫩苜蓿總而言之加鹽宜謹慎爲數宜少時候宜合誠恐其子或芽或嫩植物受害也有田加鹽過於三擔者根物收成減數過於四五擔者番薯收成減數或加一擔或二擔而

種燕麥甚佳加至六擔更爲茂盛加至九擔即減其收成加至十二擔收成愈減紐英格倫每畝加五斗至八斗甚合宜據云此少數必無損害也嫩小麥田可加二十斗加至二十五斗亦甚有益家園草地加鹽可驅逐田鼠若加鉀綠亦有效並可令草豐美可觀

有一種市售之鹽價值甚賤特爲此用據云每英畝可加三百至六百磅英國種小麥每畝往往加一桶以爲例

福爾克查草地加鈉養淡養可令草茂盛加鹽則減其收成鹽與鈉養淡養並用亦然凡草地中存積他種肥料甚多者可加鹽於面土阻草之過於茂盛而更合於畜類胃

口赫敦種苡仁米於黃沙土田六年間未加肥料乃加鹽於面土較犁入土更佳如左表

一勞特田	收成磅數 實	稈	皮殼
鹽五磅犁入土	一六·七	二七·一五	六·二四
又 加於面土	二一·二七	三〇·〇〇	五·一五
鹽七五磅犁入土	二三·八	三三·九〇	四·一四
又 加於面土	二七·二三	四〇·二五	六·〇〇

總言之治理之法必須合宜有時加鹽二十至四十斗於休息田欲滅其蔓草乃從此久不能產物可見蔓草滅殺

而土中有益微生物亦滅殺矣雖然除食鹽外豈無他種鹽類物無害於植物者其價值畧貴而已

鈉養硫養與植物之相關較食鹽大不同休爾茄種製糖根物用鈉養硫養得甚佳之糖質而用食鹽則無效此與德國農家用鉀養鹽類之意相符即是鉀養硫養所得效較鉀綠更佳也

鹽可令膠土變鬆

膠土加鹽亦有良效可令土中膠黏物質幷結澄停如江河之水甚混濁加鹽則澄停清潔休留勃云鹽與石膏相幷加於重土或有草煤土甚有益在雨季更合宜無論與

畜糞或糞水並用均佳惟在鬆土則損不能抵益格司配林論法國羅姆江邊之農務云將牧場肥料加於有鹽之田其植物速得益儻土中無鹽須先重加肥料然後耕種方爲合法

荷蘭國農家早知鹽可改變土性凡地土堅硬者稍加鹽必有良效食鹽與他種鹽類肥料可令微細土質與沙粒相合則不致膠黏而水可流洩卽是變爲鬆疏也又如海水灑街道則道途爛泥較灑淡水者爲少

食鹽並他種鹽類物加於水可令水中浮宕之細土澄停如密西西比江水沖至墨西哥海灣江水中所含物質卽

爲鹹水所澄停因此故江口有小沙島

印度最大之商埠名加爾各荅居民飲水取自恆河惟甚混濁乃築沙塘令混水濾過變爲清潔查知當雨季時水中微細土質深入沙塘而淤塞之旱季則澄停於沙面不能深入初甚詫異後思其故因雨季江水沖淡而少鹽類物所以土質不得澄停隨水深入沙塘也欲除此弊可加明礬並含鐵鹽類物助其速澄停乃可飲卜駭甫用含鐵鹽類將美國密西西比江水清潔亦是此意鐵質遇水則化成可易消化之鐵質鹽類而令泥土幷結增重遂澄停

美國北方有大湖名意里其北岸係泥土質湖水近岸數里間均係混濁土色至近南岸之水則常清潔其故因波浪衝激北岸之泥土而無鹽類物澄停之也然有情形必須注意凡地土中有石灰料者加以鹽或鉀綠非第不能澄停且反致混濁

他種鹽類令膠土變鬆

除食鹽外他種鹽類肥料亦能將膠土變鬆如常加製造肥料則地土改變而留水情形亦因之改變因土中已有鈣養二炭養鹽類雖爲數甚少與耕種大有關係也盧蘭莘試驗如下將溼黃沙土少許以指擠散加於玻璃盃中盃底先置碎玻璃並加粗沙一層以汽水漸漸滴下卽將

黃沙土中鹽類物逐於下層而汽水卽與無鹽類物之黃沙土相和變爲韌黏泥其下層雖甚溼受壓力較重而情形並無改變

盧蘭莘又依此法惟用井水查知黃沙土面並無韌黏之泥卽是黃沙土中之微細土質與沙粒相攪和此功效全賴其中有足數鹽類物儻以淸水漂出則泥土失其力而不能變鬆矣

盧蘭莘云各土並非皆有以上情形有土質顆粒不易擠緊則不易變爲爛泥然大抵黃沙土受雨水後其面土變爲爛泥因雨水與汽水相同故情形亦相同也

虛薗莘之意幸土中有天然鹽類物令混濁土質澄停清潔否則泉井溝河之水決不能清所以前言各種製造肥料糞肥料中易化物質與地土大有關係職是故也田間加灰土或加肥料與土中易化鹽類物化分化合改變土性論及此功效鈉養淡養之動作甚大

鹽類物能將土質顆粒并結澄停若爲雨水沖失則土中化學情形卽有改變勞斯並葛爾勃查已加阿摩尼鹽類物之田溝水常淸潔因阿摩尼鹽類與土中本有之鈣養炭養并合成鈣養硫養鈣綠之故此含鈣鹽類能令土質結顆粒而澄停

空氣中含鈉鹽類物

前已言各土中均有鈉惟多少不同而已此鈉由鈉養矽養石料化散而得或由雨水在空氣中挾帶而下蓋海中浪峯噴騰細霧含有微鈉入於空氣卽隨風運至各處雖距海洋較遠處亦能畧得之而低地空氣中之鹽塵較高地爲多此孟紫之意也又云凡高地所產馬料並他種草料中之鈉養較少九千尺之高山所得雨水一列忒中有鹽不過〇·三四密里克蘭姆而在山麓雨水一列忒中有鹽二·五至七·六密里克蘭姆所以高山之野獸甚喜鹽也近海地方得此鹽較內地爲多囍合查法國克行地方距海九里許一年間一黑克忒田面所受雨水中得鹽五十七啟羅抱絲敦近地雨水中亦含鹽甚多所以該處植物中有鹽頗宜爲畜食料而不必另飼以鹽紐海姆希亞之高山離抱絲敦一百英里該處畜類甚喜食鹽若不供給則畜體不能茁壯美洲中原之野獸往往奔走若干遠路尋求食鹽

有植物能受鹽甚多

觀北方鹹水草地並南方鹹湖鹹泉岸灘生長之植物甚茂盛卽可知其能抵禦多鹽也又如小麥龍鬚菜亦然農家種龍鬚菜恆以鹽爲肥料其實欲滅蔓草也或云椰樹

根浸於海濱之鹽水內其生長甚爲發達且蜩螗類亦遠而避之在五六年間已能生果其果中似乳之汁液稍有鹹苦味而果瓤並油類無異於他處所產者唐批安論近蘇門荅臘之小島名忒列斯脫云此島周圍不滿一英里甚低大潮能淹沒之其土係沙質多產椰樹其果小而甜甚滿足較他處椰果更重

戴侯考知土中有他種合宜肥料如燐料淡養料而種捲心菜加以鹽可得艮效又如燐料並鈉養淡養料加以楷尼脫而獲大效者亦因其中有鹽也

近抱絲敦之圃工查知通海之江水灌溉捲心菜花菜芹

菜辣紅蘿蔔葱頭均佳據云有時灌鹹水甚多至地土乾後見白色惟此等菜類當壯盛時遇鹹水固無害在幼嫩時或因之殺滅

赫敦之意此壯盛植物能禦敵鹽類倍克查知小麥苡仁米子較萊草白芥菜更易爲鹽所害於未播種前加鹽滅蔓草子即他種子遇鹽亦不易生長於是正項植物可發達舒展赫敦又有意凡用鹽最合宜在未播種前或已生長壯盛有力禦敵其損害之勢之時

上所云鹹水灌田事不可在一田久行此法福爾克特用海水灌田數年之後竟無產物法國南方當旱時地面畧

有鹽凝結即不宜耕種須常令溼潤爲要英國農家以海水灌田數次反無產物有人云鹹水雖或有益於植物至其終必有害惟在雨季尚有功效可見地土必須常溼潤也然至旱季含鹽之水騰化而地面有鹽凝結則足以殺其植物凡水一千分中有鹽過於一分不可灌溉凡水二千分中有鹽一分稍有洩放土中肥料之功司禿潑云水二千分中有鹽一分能阻苡仁米之生長儻用水一千分中有鹽一分竟令苡仁米不能生長

特海蘭云法國溼潤土百分中有鹽二分亦可耕種若易乾之土雖百分中有鹽一分亦足以殺植物格司配林之

意凡土百分中有鹽不過〇·〇二則與小麥甚宜若加至十倍有損害法國南方有以蘆葦壅田可得小麥佳收成然此土有鹽而甚有鹼性溼潤時難犁既乾又變爲塊垡也所以春旱時必令其常溼潤否則嫩小麥被土質擠緊而死

用鹽類有危險

由上觀之各種鹽類肥料加於田均有危險食鹽或鉀綠或他種物質散於田其各顆粒與地中水相遇則成濃鹽水其勢能滅殺子或嫩植物苟欲免此危險須有多水沖淡之或加此肥料後散子前有多雨甚合宜或竟在雨時

加之惟爲數不可多恐日後乾時已濾澄之鹽由地土吸引而起及水既乾又變爲過濃矣據云美國尤叨省之地土本有鹽類於植物有損惟番薯南瓜並他瓜類尚爲合宜

從前英國農家以爲鹽宜於孟閣爾因其生長本在近海地方也福爾克詳細考察云有石灰之堅土種孟閣爾而加鹽是不妥若在鬆土尚有效所以鹽與孟閣爾爲不宜亦難言也如苦瘠沙土每畝加鹽九擔最鬆之沙土加鹽四擔或五擔已足黃沙土並宜種蘿蔔之暖鬆土加鹽三擔若爲孟閣爾其數亦不可有增

鹽殺蟲類

鹽有殺蟲之功，尙未有定論。然以鹽少許加於田，可滅黴菌類並蟲類，是鹽固有用也

英國農家以鹽滅殺蜒蚰等，較石灰更有效。據云每畝加鹽一擔，可盡滅之，與小麥無損害。或於未種小麥前，每畝加鹽四擔或五擔，則晚間或雨後出游之蜒蚰，爲鹽所殺

有人云，每英畝小麥田加鹽六斗，在陰溼之一朝，可滅蟲類並蜒蚰，儻係鬆土，可令麥稈短而佳，其實有增。若地土過溼，則植物不甚壯茂。又或於靜夜之明晨，每畝加鹽二擔圭拏一擔於盂閣爾田，殺滅蜒蚰，此蜒蚰往往食根物

之葉，而害及其根也

英國家園草地每畝散鹽十斗，以滅蚯蚓並殺其子。美國麻賽楚賽茲省之草地常有蟲食其根，每畝散鹽四十斗可殺蟲而令草茂。更有一種名曰切蟲，能咬斷嫩芽，於農務甚有害也，須以鹽散其上，或用鉀綠或鈉養淡養，亦可

據哥卑爾之意，欲殺蜒蚰蟲豸之類，須用濃鹽滷，尋常沖淡之鹽滷，不足以殺之，僅能略阻其損害而已

美國南方大農家論鹽之功效如下

余之棉花田與鹽合宜，所以十五年間常用之，有鏽色菌類延禍最大，甚爲可惡，可用鹽三百磅石膏二百磅相和而滅之。鹽又能令棉花生長久延，而耐旱乾，增其收成，改良其品等。論及珍珠米大麥並他穀類，亦有相同之效，麥稈更爲堅韌，至刈割時，其穗不致有耗失

觀右所云，若用鉀綠較鈉綠更佳

瑞士國農家將糞堆濾出之流質，積受於窖，待時灌田，常加以食鹽，其理尙未知，而其效則甚顯。大約鹽能阻肥料中之菌類發達，然司搭斯夫脫礦鹽爲此用尤佳

鹽固能殺蟲類，而用之宜謹愼，不可過多，恐滅殺土中有益之微生物。此微生物能令土佳美而成熟，即是幸有此微生物可令土中呼莫司不致變爲酸性也

鹽並石灰在土中之工作

和肥料中鹽並石灰之工作，能合成鈉養二炭養。少許可令草煤或他種生物質發酵。苜蓿田每畝加鹽一分，鈣養二分之和肥料二十五至三十五斗，種小麥頗獲豐稔。據云最佳之法，依每畝應加數，和水十斗至十五斗，於是加之

開溝洩水之新田並草煤地等，加鹽與石灰和肥料，甚合宜。據云此和肥料可滅苔類，預備種番薯，可增收成。前已言與石灰相和，則鉀綠較鈉綠爲佳，故不如以鈉養或鉀養製成之

鹽與鈣養炭養相和而遇地土中炭養氣則成鈉養炭養故有時加鹽有大效蓋鈉養炭養可令地土中呼莫司易化分而令土質顆粒鬆散由是獲益匪淺

有許多地土均因如此改良如多鹼類之荒地加鹽即與石灰石有變化惟其力甚猛往往致害植物然鈉養炭養數不過度則與地土有益鈉養炭養更有變化土中鐵養燐養之功福爾克云已加肥料之舊牧場加石灰並鹽則佳草可增收成若獨用鹽有害

多鹼類地土

鈉養炭養加於土過多者有害所以少雨水多鹼類之地土頗難耕種須設瓦溝多加水沖淡之令土質鬆疏方爲合宜若加石膏亦能有效而工作不甚周密

卷終

農務全書下編十六卷

江南製造局刻

崑山趙經武署

農務全書下編目錄

卷一　第一章

肥料用法歷史

卷二　第二章

輪種

農務全書下編目錄　一

卷三　第三章上

輪種各法

卷四　第三章下

輪種各法

農務全書下編目錄　二

卷五　第四章

修燒之功

燒泥土　燒泥土法　燒泥土窯　修燒　修燒
法　又修燒法辯言　福爾克試驗　試種已
燒土　靡且之格言　煤灰功效與燒土同　泥
土倔強性　燒稈草　燒溼草地　燒法不傷地
利　火力與草煤相關　不成熟之溼草地　試
驗已燒之溼草地土　薄溼草地土不宜燒　焚
燒矮樹

卷六　第五章

灌漑法

肥料藉水敷布　淨水之功　用雨水之植物
植物需水數　植物枯萎之界　植物枯萎之故
雨水數　灌田水數　測算用水數　灌水與
雨水相較　灌水合宜之地土　多水草地　廣
用灌水法　紫苜蓿與灌水相關　水並熱度之
功效　不用灌水法之害　由灌水增進教化
摩洛人灌水法　灌水之弊　得水之法　水池
用水法　灌水令田美　枝溝　草類因灌水
發達　陰溝水灌漑法　牛膨脹病　城市溝水
不能廣用　陰溝水宜於植物　陰溝水灌漑草
類　迷蘭用溝水法　地面下灌水法　地面上
灌水法　歐洲中原灌水法漸少　河泥水爲肥
料　灌河泥水之歷史　灌河泥水法與灌水法
畧同　埃及國灌河泥水法　鹹水中物質澄停
較易　草地沒水　灌水中之澄停物　合宜之
水　灌流質肥料法　用管無效　流質肥料用
於穀類　流質肥料合宜之地土

卷七　第六章

溝料

市售肥料較溝水爲佳　陰溝物質淡薄　溝水
肥料不足　溝水中更有他種沖淡物質　田閒
鉀養肥料　含燐料尙未甚貴　江河耗失肥料
江水所含物質　衞生攺良　陰溝物質用濾
法　輪次濾法　變淡氣以清潔　泥濁溝水不
宜灌田　用酵料合溝水清潔　地土有清潔之
功　用灌水法清潔溝水　濾水法較灌水法更
省費　令溝水清潔所需田水數　加化學物質令
溝水澄停　加石灰令溝水澄停　棄澄停物之
難　澄停物製成塞門汀土　用鎂養令溝水澄
停　用鋁二養三令溝水澄停　先用石灰後用明礬
用鋁二養三燐養五並鎂養燐養五令溝水澄停　用鈣
養燐養五令溝水澄停　甲乙丙法　用鐵綠法
用鐵養硫養三法

卷八　第七章

田地布置

沿江低田　山閒瘠地　種草地　番薯田　大
珍珠米與農務相關　大珍珠米與根物不同
道路與農務相關　牛馬相較　平田用牛不宜
棉花苴脫麻與紵麻粗麻相敵　用牛合宜之
地方　農務因鐵路輪船攺良　田莊大小依治
理情形而定　耕種有高等次等之別　何謂農
務合法　次等耕種法　草地常用次等耕種法
次等耕種法需田廣闊　宜高等耕種之地土
廣闊田畝甚少　肥沃須溼潤　治理田地法
不可驟攺變　佳田產物之貧本與次等田比較
種大珍珠米之貧本　種根物加肥料多少與
產物多少相比較　開闢人之耕種法　新土
肥沃土因耕種衰敗　農務攺良緣由　田主欲
田地歷久肥沃　講求農務有一定輪種之法
英國農務老法　產物不可廢棄　紐英格倫田
莊　溼草地之農務　各等溼草地　牧場甚要
天然牧場利益　薩克生奈省養乳牛之田莊
不費肥料之產物　大田莊與小田莊爭利
農家等次　耕種不養畜類出售草料

卷九　第八章

植物生長總論

植物體內物質動情　將熟之穀實中物質運行
穀實次層成熟　何時應收成　考查植物體
內養料何時運行　植物之養料運行與天氣相
關　植物萌芽時養料之運行　特有物質運行

燐養料與似蛋白類質同運行　分細消化
燐養酸之運行　燐養酸之職司　含燐料並淡
氣變成普拉司馬里昔丁　植物之酸質　小
粉之運行　鉀養之運行　鎂養並鈣養之運行
硫黃之職司　灰質　灰質過多　矽養與植
物之相關　壯盛植物多收吸金石類物質與植
物中物質運行式　珍珠米稈變成甘蔗　老樹
發芽甚弱　根生長法　植物藏儲養料預備明
年用料　樹內藏有預備養料　根物捲心菜等預
備養料　遷樹之時　材料之經久　燒料與材
料不同　剝樹皮　修翦樹木法　樹中預備物
質有數分　藏儲甚久　花果生長法　根物等由
葉養成　根物時久則生長愈大　根物之葉飼
畜　根物葉作肥料　刪摘葡萄葉　收成草料
收成穀類　極熟子宜播種　增成熟之速
不全美子不宜種於瘠土　植物幼時需養料
大根物並蘿蔔中之養料不及小根物中之多

卷十　第九章

苡仁米

耕種苡仁米甚廣　製啤酒用苡仁米　製酒係
發芽法　苡仁米係細弱植物　種苡仁米最宜
之熱度　苡仁米喜多肥料　加肥料於苡仁米
淡氣一磅增產苡仁米數　極成熟苡仁米製
酒最佳　畜食穀類植物　全美苡仁米　全美
植物必須之事　田間獲效不確　光與植物相
關　蔓草可蔽嫩植物　植物需水甚多　多水
地土所產果品無鮮味　玻璃房中植物加水法
稍旱有害　雨水與收成豐歉相關　沙質無
產物　佳子之效　苡仁米收成數　苡仁米在
各生長時期之物質　實與稈相較　田間植物
之限制　子萌芽　溼與養氣相關　萌芽與生
長相竝　子先浸水然後播種　化學物質阻子
萌芽　浸子法　包裹子法

卷十一　第十章

大麥

大麥喜溼　種大麥無難事　淡氣和肥料最宜
於大麥　燐料與大麥關係　大麥在各生長時
期其物質多少　天氣與大麥相關　大麥生長
時期　寫留路司成法　炭輕質成法　似蛋白
類質成法　根稈穀運行物質　灰質參差　新
大麥不宜爲重工馬食料　大麥似有感動性

卷十二　第十一章上

草料

美國常以帖摩退草爲馬料　預備地土種草
堅土宜種草　擾動草地　春或秋散子　霜滅
蔓草　穀類中雜草　雜種利益　草子不可埋
深　散草子法　輥草子　散穀類子後散草子
試驗埋深草子　或宜埋深穀類子　散子稀
密　草之冬黃　面土加肥料阻土質鬆起　小
麥冬殃　雪保護草　雪較冰爲佳　春間輥草
地　燒地面之草

卷十三　第十一章下

草料

幼植物禦旱乾　草料需多水　草地加肥料
夜寒草易茂　新割草地加肥料　和肥料宜於
草地　肥草地之蔓草不甚害　面土加肥料須
早　秋間加肥料於面土最宜　乾面土不宜加
肥料　紐英格倫農家老法　驅羣羊於草地藉
此得面土肥料　面土加肥料之弊　肥料不深
壅易廢棄　草地加賤價和肥料　草料或過於
茂盛　和肥料易散布　各肥料各有合宜之草
勞斯並葛爾勃試驗事　禽場肥料之益　金
石類肥料之益　阿摩尼肥料之益　鈉養淡養
之益　多燐料之益　勞斯並葛爾勃試驗之總
效　肥料與苜蓿關係　圭拏與居宅草地關係
草料雜蔓草不可作佳馬料　苜蓿在馬料田
之關係　加保護料於草地　草地作爲牧場
食第二次所產之草

卷十四　第十二章

製馬料大理

牧場

窖料

農務全書下編卷一

美國哈萬德大書院農務化學教習施妥縷撰　慈谿　舒高第　口譯
新陽　趙詒琛　筆述

第一章

肥料用法歷史

除灌水之法外欲令田土肥沃須用灰料如樹木或野草灰古時此法盛行山爾貼克人治理田地即將田間草根燒灰並鋤起泥土以助然其後將牧場畜糞燒灰又其後闌羣畜於田而得其糞料並用廄棚畜糞又其後用稈稭料沖水人糞爲肥料如比利時國荷蘭國中國日本國均

如此於是農務大有進境

畜糞初由野植物變成者因古時畜類豢養於隰地或森林閒後飼以草料又其後飼以休息田植物並植物廢料如稈稭稃皮釀酒家渣料番薯及穀類廢料菜子渣餅製糖根物渣料麥粉等於是糞愈有價值矣

美國西省地土極肥沃可不必費工製肥料培壅也然近來農夫亦可惜畜糞不肯廢棄往往加於珍珠米或番薯田而不敢加於小麥田恐其過肥反有損害也

肥料雜稭稈

農家加稈料於畜棚肥料中於是肥料又有進境矣新墾肥沃田地之農夫厭此稈料往往焚棄或投於江河在舊金山省穀類稈料均作爲打穀機器鑪中燒料在乾燥地方恐遭火災必速燒棄之

舊金山之天氣乾燥罕有雨水所以稈料堆積無法令其腐爛或加水或儲於窖均屬費事歐洲北方南方及沿大西洋之地方令稈料腐爛甚易故不爲困難

稈草場

古時用稈料飼畜並爲鋪料羅馬耕讀家開禿云肥料可以畜棚鋪料爲之或狠荚豆萁等及穀類田拔起之草並各種草加以枯葉均可爲牛羊棚中鋪料潑里內云少畜

類地方欲令田土肥沃可取野草細葉草壅田歐洲北方農家稈料堆積近於房屋任畜類尋食踐臥此亦爲得肥料之便法

英國稈料場即是如此情形設闌四圍令畜在內尋食踐臥

羅脫云稈料場往往設於田莊閒其近處有糞窖上有遮蓋旁有籬笆而開展其南任畜類在內尋食踐臥久之稈料與洩出糞料相和可作爲肥料且無耗失

英國田莊在冬季有畜數頭特闌於鬆土之稈草場欲令稈料變爲肥料也稍飼以蘿蔔或渣料至春閒將牛出售

索值不大過於資本祇須收回食料之費而已此田如此治理可種蘿蔔小麥而蘿蔔可飤羊其土亦稍爲堅實德國地土較英國爲瘠薄所以稈料飤畜較多然大分稈料爲畜棚鋪料之用後運至糞堆作和肥料

古時農家卽知畜糞有稈料相雜者較獨用糞料爲佳所以至今農家尙注意於加稈料斷不肯出售或留以飤畜或鋪於廄棚與糞料相雜阿姆斯倍云小麥稈一噸愼加於城內馬廄中可得新鮮肥料六噸尋常亦可得五噸廄中有馬一二匹其糞料不常運出者加稈料一噸之後得肥料不及二·五或三噸美國城內養馬之法每年每一

馬可得糞與鋪料相雜之肥料一萬二千五百磅尙有在廄外耗失者每年爲一馬鋪料必須二千五百磅

視稈料過重

歐洲有數處農家自古以來不肯出售稈料佃戸與田主立契劵時必註明植物稭稈並畜糞料盡反回於田地而農事賴此例得以不衰近年來農家知稈料之功實因其中有灰質其灰含肥料中最要之物質而溺可將其鉀養並他種灰料化分之所以稈料中有許多鉀養鈣養等供穀實需用以稈料反回於田地卽將此等灰質加於田也如此循環不息地土中之死物質不致竭盡惟燐養酸在穀實中不能反回須設法加之

有考究農學者甚注意於稈料中之生物質云微生物發酵料於農務大有關係所以稈料中之生物質亦甚緊要勞斯從前論種蘿蔔用生物質肥料事云輪種蘿蔔並他根物之故因此等根物可令穀類廢料如稭稈等變爲補養畜體之物

雜稭稈肥料助留水

農家均知地土有足數田莊肥料者易羈留雨水爲植物用凡田常加肥料則生物質並泥土空隙有增而運水之力亦因之有增此情形於鬆土尤顯而膠土亦能多留溼

潤惟不可過溼變爲爛泥

勞斯並葛爾勃查驗田地加肥料與不加肥料留水之效二田本係重性黃沙土其下層爲泥土種小麥歷三月旱乾之後卽一千八百六十八年七月終及明年正月初下雨十日後流出溝水可見其地土飲吸雨水飽足然查加肥料田留水較未加肥料田爲多每年每畝加肥料十四噸在六寸深之土百分中含水三五·六不加肥料之百分中祇含水二四·五此二田深土中含水數亦有參差自地面至深三尺處掘土考之加肥料者百分中有水二六·七未加肥料者有水二三·二當旱乾時小麥吸收土中之溼

其田面情形無甚參差及三尺深則加肥料者百分中含水十一分未加肥料者含水一二·四分

每畝三尺厚之土在旱乾時重一千二百萬磅加水八分之一則重一千三百五十萬磅由是計之加肥料一田留水一千六百十噸未加肥料一田留水一千三百九十六噸多少數相較爲二百十四噸合雨水二寸有奇加肥料田地面十二寸閒有雨水一·五寸勞斯並葛爾勃云植物生長發達時此田所留水必有許多由溝道流出故較查驗時爲少若以減三分之一計之尚餘三分之二可見該時仍有多水供給植物

代稈料之物

歐洲農家如此重用稈料若無之則農務不成由是盡心調查有否可代稈料之物而耙取森林廢料之事興矣

用樹葉爲肥料其歷史又有進境紐英格倫農家父老近頗注意於此耙取秋天落葉鋪於畜棚中作爲和肥料德國最著名之農務學堂監督何爾士著書論糞料並樹林廢料與農務大有關係該時製造肥料已大興而書中則云樹林廢料更爲合宜而有益

何爾士云農家憂愁缺乏鋪料並以後將缺乏肥料而種樹者則恐農家屢次來耙取廢料以致樹林生長不足又有人云德國生齒日繁農產物將不足以供之所以請國家推廣殖民地何爾士則云無論此意見之是否農家苟能盡心考究使農務蒸蒸日上當可無此憂患蓋何爾士之意若用近處易得之物料農務必能振興也

何爾士云農夫與種樹者彼此爭論可設法以弭之祇須種樹者分劃若干地種可供農夫耙取廢料之植物其餘地土乃種可出售之材木並柴料又糞料當新鮮時即運至田更能得其肥力且省工本也

枯葉中養料甚少

秋季枯葉中所有植物養料甚少故較稈料爲次費工本治理之不合算也

北方人家堆積枯葉於宅舍旁以禦寒或爲畜棚鋪料亦以禦寒後可作爲肥料惟種樹者因枯葉有益於森林不願農家耙取而農夫頗有可惜之意

然以枯葉作爲肥料所費工本並不合算葉中鉀養燐養五酸淡氣均甚少因將近冬季其質料已運入樹體預備明春發達所需

總言之秋閒枯葉縱無雨水浸濾其中有用之肥料已極少惟有許多次等灰料如矽養酸並石灰查硬樹葉未經雨水浸濾而已腐爛者百分中有鉀養十分一之一至十

分一之五燐養酸僅有百分一之六至十分一之三淡氣四分一之三卽是每噸中有鉀養六磅燐養酸不及三磅亥等淡氣五磅至十五磅而尋常稈料一噸中有鉀養十磅至二十磅燐養酸四磅至六磅較佳淡氣六磅至七磅牧場肥料加草煤或樹林之草土或黃沙土其始由於用稈料然收集之工本終不能抵其肥料之益惟黃沙土取諸荒地尚無妨礙於暇時爲之似較收集秋葉爲便易

石灰並灰土煙炱代木灰

歐洲農家用稈料之外又用石灰並灰土煙炱以代木灰其後始創製造肥料初用壓碎之骨料或骨粉骨炭並普特來脫後用秘魯圭拏抑楷薄愛圭拏骨多燐料含燐圭拏糞石阿摩尼硫養鈉養淡養挪威魚廢料石質多燐料改正圭拏美國魚廢料肉廢料後又用菜子渣餅及他種渣料釀酒家渣料織物廢料並飲畜穀類渣料釀酒家渣料而得其糞料及近今又用屠家乾廢料鉀鹽類溝道廢料

又行煙炱肥料

司考脫倫之羅易斯島人草舍其鑪竈無煙囱草舍之頂以枝幹搭蓋其上以稈根草料覆之又其上編蓋長稈料如此可禦嚴寒而舍中騰積煙炱甚多至春閒拆卸作爲番薯田肥料至夏閒僅留編成之稈料一層至秋閒將所種穀類拔起割其根加於枝幹之上而以新編稈料易其舊者作爲燒料得其灰並煙炱亦爲一種佳灰料

用製造肥料法

今應考究製造肥料如何裨益畜糞以獲良效英國農家之意將製造肥料加於種蘿蔔之鬆土田而以蘿蔔飲羊得其糞料

或獨加製造肥料於田因距田莊較遠也或其地形係斜坡艱於行走則製造肥料須濃厚轉運費可省英國有白石粉之山田以多燐料與蘭羣羊所得糞料更迭加之圭拏一百磅中有淡氣九磅此數合半腐爛畜棚肥料一噸中所有之數且圭拏淡氣之品等較高其一百磅中更有燐養酸十二磅此數合畜棚肥料二噸中所有之數

潑山試種孟閣爾查知畜糞中須加製造肥料較獨用爲勝如獨用圭拏或織物廢料每畝產物數較不加者多五噸而已如獨用糞料多十一噸而已雖加倍亦不甚見效若將此二項肥料並用每畝可得三十六噸卽是勝過二項肥料獨用所增數二十噸該地產物數可謂極豐稔矣製造肥料與糞料並用須考其化學性情前曾言有時新鮮肥料有害腐爛周徧肥料甚佳糞料亦然如壯豬糞羊

熱糞牛冷糞人糞亦各有區別所以各農家論糞各有意見以爲某糞宜於某地如抱絲敦種捲心菜並南瓜則以人糞爲合宜種紅蘿蔔則以陳腐畜棚肥料爲合宜據云紅蘿蔔若加人糞茂其葉而瘠其根或因所加過多以致如此儻以人糞少許與燐料或含鉀肥料兼用當有效惟各物料分劑難配準也

提則爾云欲免牧場肥料淡氣耗失可將田間應用燐料數中取出數分加於糞堆又云燐養酸一磅又四分磅之一加於牧場肥料十擔中卽能保護之或以此數燐料加於窖藏流質肥料中亦可

製造肥料阻植物過盛

農家種小麥苡仁米屢思用製造肥料助牧場肥料若獨用牧場肥料則有弊因稈料過盛而穀實瘠少也有識者在春間加肥料於休息田而犁之及秋或明春播種儻肥料卽時加於小麥苡仁米田必須已陳腐者後有法加肥料於根物豆類苜蓿蔟收成後乃種穀類近查知畜糞料與製造肥料並用不特可卽加於穀類田且肥力頗厚

歐洲種製糖根物多加肥料然後種冬小麥至明春加鈉養淡養此法小麥收成較豐雖有數種小麥稈壯盛而有數種其實生長甚足

種小麥加畜糞過多者美國農家知其弊英人勒色爾云北阿美利加種冬小麥於稍肥沃土有豐收若種於肥沃黃沙土殊無把握因夏天溽暑小麥易發黴惟珍珠米無損害坎拏大並美國所種小麥往往有黴患而在新墾田並舊熟田此患更甚須田地肥度已減方宜種小麥也

欲免小麥黴患於早秋散種最佳如遲種則七月間之酷熱令其成熟過速坎拏大並美國夏天雷雨且甚酷熱此時易令肥沃田之小麥發黴所以美國種小麥最合宜之田若在英國則爲次等田不宜於此植物也

美國種冬小麥至春間其稈應堅壯否則稈粗而多汁液

管更易發黴故余謂農家云須及早散種以免黴患新墾之田在晚秋散種倘無妨礙因其地土肥厚可令小麥速生長追及早種者

美國肥沃土因氣候不合宜故種小麥有困難若種次等穀類可獲利也紐約省之誰尼西山谷輕沙土種小麥其利益應較英國司考脫倫更佳然英國農家於種法甚考究而利益尤厚據坎拏大並紐約農夫云輕沙土中有許多植物養料與小麥不宜若種春夏之植物當較爲有效牧場肥料頗助蔓草之生長況肥料中有許多蔓草子加於田更多此草有害於穗物而肥料之功由是不見若種

小麥之前一年於休息田種易鋤去之植物則可除其蔓草

牧場肥料中必有物質可助蔓草之生長製造肥料亦有數種可助穀類並他種植物之生長所以二項肥料並用之後其田面甚爲清潔蓋植物生長猛速而蔓草不能與之競爭也

畜棚肥料有蔓草子相雜者可加於舊草地而犂入土甚深則其子不能發達草地之草根稍久即能收吸此肥料又加以製造肥料草愈茂盛

製造肥料與根物之相關

英國往往於一方小田種根物多加肥料以增產數供給所需而餘田可多種他植物出售

製造肥料加於製糖根物之效甚顯多加牧場肥料則不宜因糖質中將雜鹽類物過多也然有地土種根物必須加某種肥料如秋閒稍加糞料或再加圭拏數擔或加圭拏骨粉鈣養多燐料鉀養硫養合成之和肥料

秋閒在不甚肥沃田種根物加圭拏少許亦有益他種土亦然若稍加阿摩尼硫養亦有效惟因含淡氣肥料之性甚速將令根物之葉盛而根中糖質數較減故不如用鈉養淡養也總之此等根物宜於肥沃田除加畜棚肥料外又加製造肥料儻無製造肥料則製糖根物產數並製成之糖不能如今日之多也

肥料數宜相稱

植物根鬚在土中所得淡氣並金石類質之數宜與所加肥料之數相稱乃能生長自然而不致稈葉過盛成熟過早凡加有力之淡氣肥料爲數過多者不特無益而又耗費

草地多加鈉養淡養阿摩尼鹽類糞料爲數過多亦屬無益阿摩尼鹽類四百磅中本有淡氣八十二磅勞斯並葛爾勃將此數並和以植物灰料加於每畝田在二十年間

得馬料三噸考收成料中淡氣並灰質較不加肥料者爲多而此植物由地土中所得化學物質並不見多所以思之若日光熱溼更合宜則植物可由空氣中多得炭質而生長更佳其後收成數竟有減而生長數較其淡氣數反少然土中尚有許多肥料餘力也

欲令肥料分劑相稱甚難因各土性不同也有加牧場肥料而小麥甚豐有加此肥料殊不合宜即如堅土田加新鮮糞料於小麥苡仁米則稈料過盛而生實甚少然亦有加此肥料而產小麥甚佳者

有人云凡小麥稈不茂盛之地牧場肥料可用之蓋此土

本無力產佳稃料故須加肥料也總之肥沃地土易於變化淡氣者種小麥加糞料爲不合宜

製造肥料可增收成

一千八百五十八年英國諾福省農家云每畝可產小麥較十五年前多五斗因從前所加肥料均爲蘿蔔所需今則多加製造肥料於蘿蔔田則田莊肥料可加於小麥田苜蓿馬料收成後即加田莊肥料犁入土而輥之至秋種小麥明春又加鈉養淡養三并鹽

今種根物并穀類大用製造肥料數年前所用者係油渣餅骨料并新查得之圭拏其後耕種蘿蔔則加多燐料種

孟閣爾則加牧場肥料與圭拏并鹽相和之肥料亦有種瑞典蘿蔔專加圭拏然大抵用多燐料每畝田加牧場肥料七八車而用多燐料二三擔壅種子

燐養五肥料鉀養肥料加於瘠沙土所種蘿蔔苜蓿豌豆猥荚之類甚有效可預備以後種穀類依此法田土中肥料已足穀類可得空氣中或呼莫司中淡氣而前次根物等之廢料亦作爲肥料矣根物又可飤畜而得其洩出糞料壅田

專用製造肥料

將來農學日進當討論專用製造肥料之法而在今時代尙難判斷因土性或有改變或此地與之合宜彼地則否欲考定之須農家子孫相繼研究方有把握也

有氣候合宜地方加製造肥料甚有益如勞斯并葛爾勃四十年連種小麥加製造肥料所產穀實并稭稈較專用糞料者爲多若氣候不甚佳則其效亦有參差查最佳之年較最不佳之年每畝多產小麥實三五二斗而麥之全體多二噸專加糞料之田最不佳之年減數亦大而在最佳之年其增數不甚大如一千八百七十九年一田加金石類并阿摩尼鹽類肥料其收成增十五斗與加糞料者相等而三十二年間收成中數亦相等即是一爲三二七

五斗一爲三十三斗然在一千八百六十三年最佳之年加糞料者每畝增四十四斗加製造肥料者增五三六三斗

歐洲南方有不養畜類而全賴製造肥料并人力工作英國田莊近數年亦專用製造肥料并用機器工作此等田不必輪種可屢種小麥得善價而僅加鈣養多燐料鈉養淡養三德國有市售圭拏以來有農家亦專用之頗得效

豆類苜蓿類

苜蓿等能增田地肥度前已言之在輪種章中尙須論及兹畧論種穀類之前先種苜蓿之一法與農務大有關係

也凡田先加製造肥料而種豆類或苜蓿類牧養羣畜然後種穀類而加牧場肥料之田即種小麥往往有稈茂實少之患若先種此類植物能救其弊蓋種苜蓿後原有肥料中之淡氣物質並其化學性改良而地土仍有肥力於是種小麥可保豐收

畜糞價值

自製造肥料盛行以來有人問田莊肥料一噸較製造肥料一噸之價值如何此誠難言也因田莊情形不同而畜棚肥料各有品等

將專計算糞料中淡氣燐養酸鉀養之價值並製造肥料中此等物質之價值亦未必有把握也因牧場肥料中有用物質爲許多無用物質所羈留且轉運之費亦較多惟此項肥料中物質往往有特別之功效製造肥料中則無之

總言之田地全恃畜糞爲肥料者則製造肥料之價值須與之計較方知用畜肥料之合算否也

計算肥料價值

欲考此事有二法一試種小麥一方田加肥料若干應產小麥若干二查究此某數肥料工本若干欲查明第一項較第二項爲難因地土之性情殊不一定而雨水有多少並土中以前本有肥料若干

查究固甚難然亦有法應先計算肥料之價值並製此肥料工本若干而畜棚中日用之費增添畜若干頭多加食料之費均應計算於是總計之可得肥料中物質之價值以此價值與市售製造肥料價值比較即知其詳從前勞斯亦論及多養動物以得糞料抑購製造肥料均視農家之資本多少而定總言之養畜類得糞料而產某數之小麥其工費較購製造肥料約增五倍

大抵田莊地方自製肥料較購諸市肆爲合算然有植物須特用一種肥料如含燐肥料或鉀養肥料則購之以助牧場肥料之力亦甚佳也

福爾克試驗已腐爛三月之牧場肥料每噸中有鉀養二十五磅燐養酸六磅淡氣十五磅依鉀養並燐養酸每磅價值五分淡氣每磅價值一角計之則每噸價值三圓每考代價值十圓五角儻淡氣價值一角五分則每噸價值三圓七角五分每考代價值十三圓若田莊自製此肥料祇須半價而已

一千八百四十一年蒲生古並潘恩云田莊肥料價值每噸一圓至一圓三角六分最貴者至一圓八角法國博士排辣爾云田莊肥料價值每噸一圓六角至四圓在四十

六年前蒲生古並格司配林論法國南方馬驢廄中肥料每噸二圓三角六分此肥料加於灌水之田甚合宜而加於乾沙土則難見效一千八百七十三年比利時國批脫曼計算一田莊屋之牛糞肥料其工本價值每噸二圓一角然各農家運此肥料至遠田之一切費用當與簡濃製造肥料之運費計較之

格司配林計算法國南方各動物之肥料價值如下

一　復克羅斯地方養羊一百頭於瘠地

付款		進款	
牧場租費	四○·○○圓	每一羊產毛四·四磅	四○·○○圓
稭稈五五噸	二八·○○	出售羊	一六·○○
食鹽一一○磅	二·六○	共	五六·○○
牧童工食剪毛工食	三九·二○	肥料五○噸	一一一·○○
棚屋損壞並利息	五七·二○		
共	一六七·○○	共	一六七·○○

每噸肥料資本二·二二圓

二　一千八百二十三年阿爾地方養母羊一千頭

付款		進款	
夏季山間牧場租費並路費	四○○·○○圓	小羊七○○頭	一一二○·○○
冬間肥沃草地並平地牧場租費	六○○·○○	每一羊產毛五·五磅	六五○·○○
牧童工食剪毛工食	五三○·○○	牧童飲乳錢不計	
棚屋損壞並利息	三二○·○○	共	一七七○·○○
		肥料三三噸	八○·○○
共	一八五○·○○	共	一八五○·○○

每噸肥料資本二·四二圓惟在牧場時有耗失

三　塔辣斯康地方養乳羊二百頭

付款		進款	
三八噸	三五·二○圓	春小羊一六○頭	二四○·八○圓
草料四·六噸	二五·二○	新母羊二八頭	二九·六○
鋪料三三噸	一六三·○○	羊毛	一二○·○○
茅草牧場租費	一六○·○○	小羊二八頭之毛	四·二○
苡仁米田之廢料	二六·四○	產乳	八○·○○
牧童工食剪毛工食	一六四·○○	共	四七四·六○
利息等	一五四·○○	肥料二三○噸	五三二·二○
共	一○○六·八○	共	一○○六·八○

每噸肥料資本二·四二圓

四　養肥羊一百頭

付款		進款	
秋季牧場租	四○·○○圓	增肥價值	二○○·○○圓
每一羊飼草料四四○磅共	一六○·○○	肥料五○噸	四二·○○

牧童工食五月 四二·〇〇

共	二四二·〇〇	共	二四二·〇〇

養肥羊甚有利每噸肥料資本〇·八四圓

五 愛亟地方一牢養牛三十五頭

每一牛付款		每一牛進款	
食物鋪料	一八·八〇圓	乳餅	一八·六二圓
牧童工食並製乳餅工資	六·九一	犢	一·〇〇
利息等	三·二六	牛工作獲利	三·五〇
共	二八·九七	共	二三·一二
		肥料五·六噸	五·八六
		共	二八·九七

每噸肥料資本一·〇五圓

六 茄脫省地方養肥牛

每一牛付款		每一牛進款	
每一牛價值	二六·四〇圓	肉七七〇磅每磅價值〇·〇七二七圓	
食料	二一·六〇	共	五六·〇〇
牧童工食	一·五〇		
共	四九·五〇		
賺利	六·五〇		
共	五六·〇〇		

糞料尚未計及惟飼養令肥合法須具材識

七 養肥豬一棚

每一豬付款		每一豬進款	
每一豬價值	六·〇〇圓	肉二三五磅每磅價值〇·〇八圓有奇	
番薯二五七磅	一·五〇	共	一八·三一
豆一·七斗	一·七八		
榆樹果一·七斗	一·二〇		
珍珠米〇·九斗	一·三七		
有時飼糈皮四磅	二·二八		
共	一四·一三		
賺利	四·一八		
共	一八·三一		

每一豬洩出糞料一·五六噸尚未計及

八 塔辣斯康地方作工馬二匹

付款		進款	
草二噸	一一·六六圓	作工一百九十四日每日工資	〇·三〇圓
粗食料七噸	二六·四〇		五八·二〇
稭稈料五五噸	一四·六〇	糞料三三噸每噸價值	一·八一
蘆葦鋪料二噸	四·〇〇		五九·七三
大麥二三斗	九·六〇	共	一一七·九三

利息並衰耗	一一·〇〇
馬蹄鐵等	三·四〇
共	八〇·六六
賺利	三七·二七
共	一一七·九三

動物作工之價值不計外

重工馬		田莊馬		
食料	價值	食料	價值	
大麥二一磅	〇·一八圓	草料三三磅	〇·一八圓	洩出糞料八八磅得價值〇·一〇
草料三三磅	〇·二〇	稭稈二一磅	〇·〇二	
稭稈二一磅	〇·〇二	共四四磅	共〇·二〇	
共四四磅	共〇·四〇			

達會計算德國四處田莊所養乳牛每年每頭洩出糞料價值如左表第五項係又是一處農夫名赫脫所計算

	一	二	三	四	五
食料費用	一三八圓	一三六圓	一五三圓	一四九圓	一六六圓
牧童工食	一二	一二	一二	一二	一〇
鋪料一·三三噸	八	八	八	八	五
牛耗減等項	八	八	一三	八	
共	一六五	一六三	一八四	一七六	八一
乳	一五四	一四九	一七九	一四八	六六
糞料資本	一一	一四	五	二八	一五

據格司配林計算一年間洩出糞料十四噸鋪料亦在內赫脫計算一年間洩出糞料十三噸每噸價值一·一五圓運往田間工費約〇·一七圓

博士畢士麥克計算德國泊密來尼亞地方一牢中有乳牛七十頭其進出款項數亦相同食料係番薯廢料稭稈草料並穀類廢料少許每年每頭費用五十二圓又加以房屋牧童工食等費八圓共產乳並製成之物價值爲三千零六十二圓其費用共四千二百五十圓所以糞料之資本爲一千一百八十八圓一牛之糞料爲十七圓此糞料加於一百七十英畝即每畝得肥料計七圓轉運等費不在內

根物或穀類飼畜而得其糞料價值

英國博士范倫退計算以根物稭稈或穀類飼養肥牛而得其糞料價值伊田莊有二百四十英畝其中六十畝專種瑞典蘿蔔並孟閣爾每畝收成中數爲十噸有數次冬季牧牛六十頭於露天每日每牛食根物一·五擔凡所產根物悉供之無苜蓿及乾草每星期每牛洩出糞料半噸

許而增肉六磅閱二十星期之後每牛增肉價值一圓至一·五圓共得糞料六百噸其糞料所費資本如下表又飤牛以草料並根物並購進之棉子粉胡麻子餅珍珠米粉其糞料所費資本亦如下表惟此項牛每日食根物不過半擔而該田所產之數實可供牛一百八十頭所需也

每一星期每一牛飼根物稭稈

每一星期費根物一〇·五擔依每噸價值二·〇〇圓計算

共　一·〇五

稭稈三擔爲食料並鋪料依每噸二·四〇圓計算

共　〇·三七

牧童等費　〇·二五

每星期共費　一·六七

養肥增肉六磅依每磅價值〇·二六圓計算

共　〇·九六

糞料十擔資本　〇·七一

糞料每噸資本　一·四二

飼根物草料油渣餅等

每日食渣餅粉八磅每一星期食〇·五擔依每噸價值三五·〇〇圓計算

共　〇·八七

苜蓿或草料一擔依每噸價值一七·四〇圓計算

共　〇·八七

鋪料一擔　〇·一三

根物三·五擔依每噸價值二·〇〇圓計算

共　〇·三八

牧童等費　〇·二五

每星期共費　二·五〇

養肥增肉八磅依每磅〇·一六計算

共　一·二八

糞料五擔資本　一·二二

糞料每噸資本　四·八八

牢內牛一百八十頭二十星期間洩出糞料九百噸價值四千四百圓牛六十頭食根物稭稈洩出糞料六百噸價值八百五十圓較少三千五百五十圓所以范倫退之意若用價值一千圓之製造肥料以助之甚爲合算

由此論之農家購求佳食料飤畜而得糞料是計之拙也

德國以廚房廢料並加他廢料飤乳牛較英國養肥公牛而飤以渣餅等爲合算也

奧國並亨加利養肥牛於牢內其洩出糞料之資本一爲二分半一爲五分統年計之一爲九·一二圓一爲一八·二五圓

考查肥料

糞溺固屬有益然製造肥料獨用或與田莊肥料並用均有實效可比較而知之各肥料中或和肥料中之植物養料磅數詳細計算列表如左

腐爛閱三月佳田莊肥料八

淡氣　燐養五酸　鉀養

考代每考代重三·五噸	一二〇	一六八	一九二
宜於蘿蔔之田莊肥料四考代多燐料三五〇磅多燐料百分中有燐養五酸一二分	六〇	一二六	九六
田莊肥料四考代魚廢料四百磅魚廢料百分中有淡氣七分燐養五酸六·五分	八八	一一〇	九六
田莊肥料四考代秘魯圭拏一〇〇磅圭拏百分中有淡氣八分燐養五酸一四分鉀養三分	七六	一一二	一〇二
田莊肥料二考代棉子粉一〇〇〇磅棉子粉百分中有淡氣七分燐養五酸二又四分一之三鉀養一·五分	一〇〇	七〇	六三
棉子粉一〇〇〇磅多燐料五〇〇磅楷尼脫二〇〇磅	七〇	八七	三九
棉子粉二〇〇〇磅棉子殼灰八〇〇磅	一四〇	一一九	二〇〇
棉子粉二〇〇〇磅鉀養鎂			

養雙硫養三六五〇磅	一四〇	五五	二〇〇
骨粉五〇〇磅木灰三〇斗每斗重四八磅骨粉百分中有淡氣四分燐養五酸二三分木灰百分中有燐養五酸二分鉀養八·五分	二〇	一五四	一二三
木灰三〇斗魚廢料一〇〇〇磅	七〇	九四	一二三
木灰三〇斗鈉養淡養三一〇〇〇磅	四六	二九	一二三
木灰三〇斗棉子粉一〇〇〇磅	七〇	五七	一三七
魚廢料一〇〇〇磅鉀養綠養五二〇〇磅其百分中有廢料二〇分	七〇	六五	一〇〇
棉子粉八〇〇磅骨粉四〇〇磅鉀養綠養五二〇〇磅	七二	一一四	一一三
骨粉六〇〇磅鉀養綠養五一〇〇磅鈉養淡養三二〇〇磅	五五	一三八	五〇
魚廢料一〇〇〇磅楷尼脫			

八〇〇磅楷尼脫百分中有鉀養一二分	七〇	六五	九六
多燐料二〇〇磅魚廢料一〇〇〇磅鉀養綠養五二〇〇磅多燐料百分中有燐養五酸一二分	七〇	八九	一〇〇
多燐料三〇〇磅棉子粉一〇〇〇磅鉀養綠養五一〇〇磅多燐料百分中有燐養五酸一二分	七〇	六四	六五
多燐料四〇〇磅鈉養淡養三三〇〇磅楷尼脫八〇〇磅多燐料百分中有燐養五酸一二分楷尼脫百分中有鉀養一二分	四六	四八	九六
勞斯並葛爾勃定意骨粉二〇〇磅阿摩尼硫養三三〇〇磅楷尼脫五〇〇磅骨粉百分中有燐養五酸三二分	六〇	六四	六〇
多燐料五〇〇磅木灰二五			

斗多燐料百分中有燐養五酸一二分		八四	一〇二

表中指明和肥料中最要之植物養料而未言某種肥料確可抵田莊肥料之功效欲知其詳須在田閒試驗之

番薯所用肥料

勞斯之意種番薯不可多加糞肥料宜於前次種植物時加之至種番薯時應加圭拏一百五十至二百磅並加同數之多燐料此博士連年種番薯第一之四年閒加鈉養淡養三鈣養燐養五鉀養鹽類者每畝收成中數為七噸八擔若加田莊肥料並鈉養淡養三鈣養燐養五者六年閒每畝收成中數為七噸二擔若加田莊肥料並多燐料而不用淡氣肥料者六年閒每畝收成中數為五噸十二擔若專加田莊肥料祇有五噸五擔而已

儻以十二年為一期不加田莊肥料則加淡氣肥料並金石類肥料之收成為最多

福爾克在輕沙土試種番薯加以殭石燐料四擔鉀養粗鹽料二擔阿摩尼硫養三二擔或鈉養淡養三二擔相和之肥料其收成甚豐等於加腐爛田莊肥料二十噸所獲之效然在重土其效畧減僅等於田莊肥料二十噸之效之半

馬料所用肥料

種馬料宜加秘魯圭拏三分鈉養淡養一分阿摩尼硫養一分相和之肥料可在早春每畝加二擔至二·五擔於田面若每年加此和肥料一次每隔四年或五年加次等糞料十噸或十二噸則馬料每年可獲豐收而肥力亦不致告竭若獨用秘魯圭拏則每畝可加一·五擔至二·五擔若獨用鈉養淡養或阿摩尼硫養則每畝可加一·五擔至二擔英國農夫更用他種和肥料陸續加於草地如多燐料二擔至二·五擔楷尼脫三擔鈉養淡養一擔至一·二五擔又有一種和肥料係骨燐料三擔楷尼脫一擔鈉養淡養〇·五擔或阿摩尼淡養與阿摩尼硫養等分相和者均在

早春加於田頗有效

勞斯之意馬料田每隔四年或五年加腐爛田莊肥料一次此田不可專加製造肥料可以阿摩尼硫養助糞肥料也又云隔五年加糞料一次其後隔四年加鈉養淡養二擔已足

英國製造肥料多加於根物福爾克云種蘿蔔並瑞典蘿蔔每畝加金石類多燐料三擔或四擔而已在冷性地土向係種穀類者加多燐料三擔而種瑞典蘿蔔及尋常蘿蔔其收成數可與加阿摩尼或淡氣肥料或鈣養多燐料相等然在輕土並瘠薄沙土種根物須加糞料等於製造

肥料之半而加骨燐料秘魯圭拏並他種製造肥料之百分中有阿摩尼二分或三分者則較金石類多燐料更佳

哈潑草所用肥料

勞斯云哈潑草需動物或植物作爲肥料而肥力又不可過度最合宜者爲織物廢料羊毛屑角甲粉油渣餅皮革廢料將此等肥料與圭拏相和而加之甚有效總言之哈潑草不宜於粗沙土而喜腐爛之泥土

一千七百九十年肯脫省博士馬歇爾云近年用織物廢料爲種哈潑草最見效之肥料若用池河泥亦合宜吞勃利次無鈣料之地土加石灰極有益凡畜類食菜子渣餅

洩出之糞與池河泥或僻地苔類合成之和肥料壅此草尤爲合宜

達學種捲心菜於稍有鈣料之土當散子時加多燐料四擔或將多燐料三擔與骨粉或磨細殭石燐料和而用之亦可至此菜生長發達而刪稀之時則每畝面土加鈉養淡養二擔食鹽三擔否則在散子時加秘魯圭拏二·五擔其百分中有阿摩尼八分或九分兼以食鹽二擔或加次等圭拏如上數待其稍生長加鈉養淡養一擔食鹽三擔

菸草所用肥料

納斯欒論種菸草曰在秋閒每畝加多燐料一百磅並鉀

養硫養鎂養硫養二百五十磅此二項肥料百分中之綠氣不可過於三分至明春再加鈉養淡養一百二十五至一百七十五磅儻係甚熟田則在早春加鉀養硫養鎂養硫養一百二十五至一百七十五磅多燐料七十五磅鈉養淡養一百二十五至一百七十五磅將此各種肥料攙和而每一磅加水十三軋倫可作爲早夏灌溉所用麥約之意鉀養淡養鉀養炭養爲菸草所用較鉀養硫養鎂養硫養更佳蓋因含硫之鹽類並含綠之鹽類於菸葉之然燒性有阻礙也所以石膏分數最少之燐料加於菸草較尋常所用多硫養之燐料更爲合宜

麥約云荷蘭國種菸草加牧場肥料其土中縱多呼莫司亦甚相宜若在秋閒加牧場肥料至明春助之以鈉養淡養爲最佳儻不能多得畜棚肥料則加製造肥料補其不足總言之種菸草不可用人糞

格司配林試驗肥料功效

格司配林在法國南方近度耶斯江之荒地先加某數肥料待植物已生長以清水灌溉之則植物吸取前所加之肥料其地土係江沙所成無膠黏性殘薀無生物質或淡氣物質故無人敢在此地耕種而冀其豐稔也

其田二·二二畝試種三年曾加旅館馬廄肥料二十三噸每噸作二千磅此肥料百分中有水六十一分淡氣〇·八所散麥種爲三百十七磅產小麥三千一百四十六磅並副產物若干除灌溉工費及種子費外其餘小麥二千八百二十九磅價值七〇·七四圓其麥稈可製新肥料一千七百十八磅其副產物如番薯豆黍除種子等費外亦得價值三八·六六圓此外更有副產物之稈料等可得肥料九百二十二磅其算式爲七〇·七四+三八·六六=一〇九·四圓所用肥料實爲二一·七噸因新製之肥料可抵其一·三噸也由此計之每肥料一噸可產物得價值五圓而耕犁散種收成等工費均未計算須隨地方情形酌定也

卷終

農務全書下編卷二

美國哈萬德大書院農務化學教習施妥縷撰　慈谿舒高第口譯　新陽趙詒琛筆述

第二章

輪種

農家欲冀豐稔不特於耕犁肥料注意而已必須考究輪種之理夫輪種佳法也有植物在一田連年播種漸見衰敗若先種他植物後又種此植物則易發達歐洲從前輪種有定法將各田分劃界限每年各種各不同之植物以五年爲一周今年第一田種小麥至明年種於第二田如

是逐年依次種於他田而他植物亦依次種於小麥之後至第五田今年所種之植物明年又種於第一田此所謂五年輪種

然分劃輪種之田地須察度地方情形並泥土品性大抵廣袤田地分作小田而輪種之更爲合法

植物與地土有特別之性

農家須留意植物與地土各有特別之性罕有植物在無論何土均相宜者雖野草之生長亦必適其宜所以玻璃花房所用泥土更應考究務令與盆種之植物合宜也至鬆燥田地之輪種亦異於堅實土在宜種小麥之佳土則輪種須注意於小麥若在瘠土則注意於種燕麥論及春穀類亦然如宜種苡仁米田則早爲預備種此植物若不合宜者可預備種大麥而粗細麻亦必須佳土山方草紫苜蓿可連年播種故地土須深厚而不可堅硬

總言之田莊之田地各年分劃若干畝輪種小麥或燕麥或麻或苜蓿等而逐年預計其收成如何並可養畜類若干頭亦預計其應得肥料若干價值若干依此法治理農務豈無把握

植物需養料並耐苦各不同

有植物需養料較少而頗能生長故在瘠土亦能發達如仙人掌等並有他草生長於沙漠地及沙堆是也紐英格倫之沙土山產有松油之松樹歐洲瘠沙土可先種司潑留草作爲種燕麥之青肥料此等草大抵恃空氣以生長也

亦有不能耐苦之植物如來自歐洲之苦栗樹楓樹等是也在抱絲敦地方此樹固可種然與地土究不相宜此樹幼時須肥沃土若在瘠土不易生長至於農家植物亦有此等情形如哈潑草有某處地土宜其生長發達農家須選擇之不可漫然播種也溫帶之瘠地所種菸草甚難發

達必重加肥料而後豐收也

農家查知各植物同在一類之地土而收吸養料各不同以荒土所生之植物與耕種之植物比較即見耕種之植物如蕎麥燕麥大麥狠莢在甚瘠土能生長他植物須種於肥沃土紐約省北方燕麥蕎麥可生長若種他植物因養料缺乏而瘦弱所以田地為前次所種植物竭盡其肥度者應輪種此麥也

紅蘿蔔能耐苦

或云紅蘿蔔頗能自求養料迥異於他根物衞博士云紅蘿蔔吸取金石類植物類養料之多寡猶紅菜頭等所需之數也惟紅蘿蔔可不加肥料而他根物則不能英國輪種紅蘿蔔往往不加肥料亦不必選擇地土然紅蘿蔔並非不喜肥料蓋能自求養料也且農家知紅蘿蔔不可加新鮮肥料因其易生指形而腐爛故輪種時恆種於他植物之後此猶穀類因多加肥料而稈葉過盛生實較少之弊也

有人名新克蘭於一英畝加煙炱六·五斗食鹽六·五斗產紅蘿蔔四十噸而未加肥料田產二十三噸此根物之根甚長於堅土或多石礫土均不宜或云種於深厚佳黃沙土其根鬚能入土十餘尺

植物吸取養料之時不同

植物當生長時所需養料多寡不同而生命較短之植物需養料尤多然並非果尤多也特因其吸取肥料之期較短耳

豆類植物得淡氣

有豆類植物種於穀類不能生長之地土能得淡氣故欲得苜蓿或豆類豐收者不必如種小麥多加含淡氣肥料此情形甚奇蓋其根有微生物能攝定空氣中淡氣以供之

穀類因肥料過多受害

小麥苡仁米麻不可多加肥料恐其稈葉過盛而不能抵禦黴菌類微生物也英國農夫皆知徑直加肥料於小麥易致微生物發達從前歐洲常種小麥於清潔之休息田在播種前數月稍加肥料如此小麥豐稔可有把握若存奢望貪得之心多加糞料等反受其害矣

英國東方多呼莫司之深土試種小麥加以灰土亦無良效蓋種於苜蓿田或夏季休息田其生長過盛而生實較少也然可先種大麥減其肥度於是種小麥必獲良效英國農家早知過瘠過肥之土種小麥均不宜儻地土已竭力或肥料不靈捷則麥穗瘦短其稈亦輕儻地土中肥料

過多則稈葉茂盛而生實甚少此肥料過多之土於小麥甚有害若種闊葉植物如珍珠米南瓜紅菜頭番薯馬豆哈潑草苜蓿油菜等則甚相宜然此等植物之壯盛亦不能過度也

預備植物

種小麥徑直加肥料不宜此由輪種法考知之須先種他植物如馬豆苜蓿而多加肥料俟收成後乃種小麥則田土中尚有許多肥料餘力也若先種紅菜頭亦可多加肥料而令其留餘力在土中英國農家種蘿蔔多加製造肥料可節省苜蓿田之用糞料此各法均爲預備種小麥之

計也

不第新鮮肥料有此特別性卽各植物在此田中能興盛之數亦不同如一田某植物收成後卽種他植物不能得相同之效有數種尋常植物種於前次曾種某植物之田生長甚佳而種於曾種他植物之田則未必能豐收也近抱綵敦地方種六月草已收成後第二次又種此草仍獲豐收若種紅苜蓿收成後第二次又種之則不佳農家均知種小麥後卽種苡仁米甚有效然種苡仁米或燕麥後卽種小麥不能豐收德國廣種燕麥惟不能種於山方草之後預備植物可除田間之蔓草亦一大功也如種番薯之清潔田可預備種麻種蘿蔔田亦然

竭力植物

植物收吸養料之力各不同或收吸一種養料至竭盡以致第二次所種植物或同類植物不能興盛勞斯並葛爾勃亦有是說余查知瘠土連年種蘿蔔應陸續加肥料美國種菜人均知種此某菜後他種菜類不能再種休爾茄之意蘿蔔不能由空氣中得淡氣凡田種捲心菜菠菜後大受其害若種他植物似地土有毒其實此二植物猛吸收養料以致四周土中所有含淡氣物質等均已告罄也所以輪種時應計及此等植物性情而察其與土中化學

物質並肥料之相關若何此甚爲緊要也

論及小麥或需一種含淡氣料或燐料或鉀養較需他種此類肥料爲更相宜卽是或與阿摩尼鹽類更宜而與淡養三不宜或與鈣養二燐養五更宜而與三燐養五不宜或與含鉀養雙本矽養二更宜而與雙本呼莫克酸不宜須屢種此植物始能考定某肥料之宜否也

此植物耕種法不宜於他植物

一田耕種此植物甚合宜若種他植物則不宜此必須改變治理田地之方法也多雨水之地方所產根物收成後不及在天晴時耕犁預備種冬季之小麥而又不能遲延

不得已在此濕土勉强耕犂則地土并結成塊不能種小麥矣

各土中之植物養料數不同或由於近今所加肥料多少或由於各植物吸取養料之性情有異是皆與下次所種植物有相關也

植物長根

有植物如紫花苜蓿並他種苜蓿發出之根長大且多可吸取其四周之養料若將根物類之根鬚與穀類之根鬚比較卽見或有野植物其根甚長生於海濱或石隙中卽侵蝕石質又如馬尾草生於濕沙土其根亦極長凡荒地所生草類大抵長根

就衰島農夫深犂田地而種香蘿蔔將肥料壅入土深十二至十六寸因其根甚長也若種尋常番薯則壅肥料甚淺總言之壅番薯之肥料可較壅珍珠米畧深番薯喜涼濕故地土不妨深厚而養料亦可因之較深惟開溝洩水必須合法耳

根式均勻

植物根在地土中爲人目所不見故其生長之性情亦難明曉然地土與之合宜則各植物根各依其搆造一定之法而生長均勻猶其幹之發出枝葉有定式也

查苡仁米蕎麥苜蓿生長時候合宜其根鬚之生長亦均完全此三種植物根式顯然不同豌豆狠荚馬豆雖歸一類而根式亦有分別蓋大抵植物均如此也

無論土中養料多寡而植物之根鬚發出卽四面敷布園工查植物在瘠土發出之根鬚較在肥沃土爲多蓋植物稍生長時則在肥沃土中已遇特別合宜之養料不肯再敷布於較遠處而在瘠土中者其根鬚尋求食料故較多也

根鬚敷布之遲速全賴地土之情形如何苟無阻礙則生長甚速而泥土濕潤養料足敷者其根鬚往往敷布近地面或深入土中此非植物之本性如是也

總根並支根

植物根各不同可分爲二種一名總根深入土甚有力一名支根如網之密布又有植物並無軸形之總根祇有支根甚多而大小無甚參差凡植物由其總根或支根再發出根鬚均有一定之次序如生長之枝葉也根之大小長短全賴此植物之壯盛與否

凡各植物之總根或支根發出之根鬚多少並次序各不相同或甚有次序而相距較密或不甚有次序而相距較稀

有植物之支根生長甚速而最老者最長其敷布之根鬚亦最多更有植物其根特別或較長於他根或生長甚速僅在面土而最老者最大或有根在深土中生長甚大即是新根發達較速也

休爾茄云植物分類不可依其根之深淺而定即是不可依其有無總根而定也如穀類並無總根當壯盛時即發出二十支根或三十支根如地土鬆厚能入土甚深而由此發出根鬚其長或等於支根

穀類根入土甚深

農家因穀類根入土甚深頗以爲奇格司配林查見羅姆

江並挨待虛江岸坍陷處顯出小麥紫苜蓿桑樹之根入土幾深十尺益深根欲求地中之水而此水即由沙土濾入江中者也又查見紫苜蓿根長者有十三尺有一根竟長五十餘尺遂送往瑞士國京城博物院中

有人名崔勃來在美國屋海嗄省堅土田開築瓦溝計長三英里深三尺此田每年種小麥查見溝底翻起之土中有微細麥根或爲當年之活根鬚或爲前年之半腐爛根鬚然此祗見其三尺半深處之根鬚而已當其時已一月無雨而三尺下之深土頗爲濕潤所以小麥不患旱乾也儻其田係黃沙土更爲合宜

凡地方雨暘合宜則穀類根不必深入土格司配林云近巴黎有甚佳之小麥田然佳土不過深一尺法國南方氣候乾燥麥田必須較爲深厚方能耕種

休爾茄云舊金山有薩克倫孟拖並衰樵肯兩江相匯處之地土係重性黑色膠土而含肥料甚足其土性又甚緊密所以小麥根鬚不必深入於二尺以下之土中然在該省他處雜沙之土小麥較大之根必深入土六尺餘始得養料也

虛排之考驗

一千八百五十一年德國農夫名虛排取植物根鬚漂洗

其泥土而量之在十一月十號查知九月間所種之小麥其根深入土之下層黃沙土中計有七尺更有一處稍堅土其根計有六尺又查小麥在九月杪散子者至明年四月杪其根入土三尺二寸在十月杪散子者入土二尺十一寸至六月杪查早種之小麥根入土三尺十一寸遲種者入土三尺七寸半均在堅硬之黃沙土

八月杪種燕麥於深黃沙土其根入土三尺至十一月則幾及四尺然當時植物之稈僅高一尺也九月中旬種燕麥於堅重土至明年四月杪其根入土三尺九寸至六月中旬更深半寸許而已

考驗珍珠米根

美國衛斯康新省博士金先生查考珍珠米根之敷布法散種九日之後其根已橫布十六寸之遠入土深八寸而近地面之三寸間四圍六寸內並無根鬚至十八日後其最長根有十八寸而根端向上近地面五寸許在此時最深之根有十二寸至二十七日後最長根有二十四寸而根端向上近地面祇四寸許最深之根有十八寸

又有他試驗於七月九號散種閱四十二日其植物已生長高十八寸其根入土深亦十八寸而各行植物相距係三尺半近地面之根漸向兩行中間敷布互相交錯僅深

八寸第二次考驗當植物高出地面三尺許卽末次薙草之際其四圍泥土二尺深竟滿布根鬚在兩行閒者僅深六寸第三次考驗當植物秀時其根三尺以上皆有根鬚最近地面處僅五寸許然在兩行閒者仍深六寸至此植物生長已足其根入土深四尺餘而橫布之根在兩行閒者僅深四寸

新根速發達

植物生發數葉後其根卽速發達觀上所云卽知之蓋植物必藉根得力乃能預備開花生子也

此情形不特量根之長短可見卽權其輕重亦能知之當

植物幼嫩時其根中質料較枝葉中所有之數爲多及植物將長足時則根之重數漸減凡每年播種之植物至將成熟時其根發達之機已停止

盧排考查四月初在緊密黃沙土播種之豌豆閱一月其根長十寸至十三寸半閱二月其根長二十寸至二十二寸開花時其根長四尺

往年種苜蓿於鬆黃沙土至今年四月初其根長三尺六寸而前年所種者其根長三尺十寸

考查菜園草帖摩退草其根有長四尺半他種草並萊草之根亦有長四尺金先生查帖摩退草冬小麥大麥紅苜

蓿及隰地豆類其根幾深四尺六月草之根較短祇有二十六寸

亨利用深十三尺之箱盛已篩過之花園土試種大麥苡仁米豌豆待其成熟將其根洗去泥土而詳考之得效如左表

植物	根長尺數	乾根克蘭姆重數	乾稈料稃皮克蘭姆重數
大麥	七又二分之一	四三·七五	六一·五
苡仁米	六又四分之一	二七·五○	七六·五
豌豆	一又四分之三	六·○○	三一·五

亨利又在田試種查知大麥根在地土中透過阻礙物較多於苡仁米根

或云有植物需養料較多又有壯盛植物其根能深入土尋求養料所以堅土種小麥後犁一次即可種大麥而獲豐收惟苡仁米則不能因其根深入土之力弱於大麥並豆類也

穀類根體積

休爾茄欲考穀類根之體積數用大盆盛肥沃土而種苡仁米大麥及成熟後亦將其根鬚洗去泥土而考之苡仁米之根鬚接成一條直綫量得一百四十尺第二次試驗

其土稍瘠植物較弱其根鬚共長八十尺總言之植物愈小弱其根愈短

大麥之稃葉發達時其根共長一百六十四尺至開花時一百二十五尺至成熟時一百五十尺植物成熟時其根鬚應較少恐量法未準也且盆中植物之根鬚間有未至其時而已死者

穀類種於盆其根鬚能繚繞周偏此亦甚奇又查種於花園土之苡仁米其根鬚長二十萬密里邁當佔土三百八十萬立方密里邁當即土每十九立方密里邁當有根鬚長一密里邁當又即每根鬚一密里邁當其四圍有土高一密里邁當直徑五密里邁當供養之則其根鬚之或左或右有土二五密里邁當也

大麥根鬚每長一密里邁當其供給養料之土幾及二十立方密里邁當若在肥沃黃沙土其根鬚敷布之地位較更廣也

休爾茄將濕木屑稍壓緊而種豌豆狼荚馬豆查考其根甚有興趣

豌豆有強壯總根入土甚深當始發出時其四圍已生整密之根鬚此強壯總根上節更生支根甚長其大小幾等於總根其下節亦有整齊支根陸續生發惟較小耳此等

根俱有根鬚甚多豌豆根之尋常形狀係一總根而四圍生發許多支根儻土中有所阻礙損傷即能在近處補償之此情形在有石類之土中顯然可見

其總根上節四圍發出之支根甚有次序且強壯堅硬總根入土漸深則上節支根較稀所以愈向下其根網愈細密也

他豆類並無特別之長根此與豌豆不同其根之總形如錐且根鬚甚多故不畏阻礙物及受損傷等情形惟馬豆有畧大之根似總根如遇損傷必害及植物紅菜頭亦然所以農家遷種幼嫩紅菜頭必慎毋損其總根儻遇損害

將來必多根鬚成爲廢料

狼荚根

黃狼荚之根異於豌豆根並他豆類之根先發出較粗而有根鬚之總根入土甚深當植物生發第三葉時即由總根之端發出支根稀而不整至植物壯盛時其總根亦大而支根亦更多且密惟不及豌豆支根並他豆支根之粗大也

狼荚根之最大者乃在下節非如他豆類之根即在上節發達也儻遇阻礙之物則其受害較豌豆或他豆類更甚也

有博士試種狼荚查其根向地下層吸取養料之力勝於大麥根其法用無底箱埋於地土中而盛不能產物之瘠沙土或深一尺半或深三尺不加有淡氣肥料僅加灰料先在箱下地土內每一方碼加鉀養淡養六十七克蘭姆於是種狼荚大麥及收成後考其氣乾之料克蘭姆數如左表

	半碼深箱所產	一碼深箱所產
大麥甲	六七七	二二〇
大麥乙	四〇五	一六〇
白狼荚	一三九八	八三七
黃狼荚	一一四七	六八七

由此可見狼荚較大麥更能深入土吸取其所需之養料即鉀養淡養然以肥料埋壅面土中則此二項植物生長同佳

苜蓿根

觀紅苜蓿根似豌豆根在第一年發出之根甚有力以後每年由其老根發出支根即藉老根中之養料以生長敷布

苜蓿試種於玻璃盆每次刈割後則見其根極力動作發出新根鬚甚多務令植物生長新葉復其原形於是老根

四圍泥土今均爲新根所滿布矣此根鬚如此生長發達則攝定淡氣之微生物如菌類更能工作供給之而地土由是改良

植物如穀類必每年散子而他植物如苜蓿等名曰永久植物即是第一年散子之後可連年生長也故其根吸取養料法異於穀類根而每年植物至生子成熟即枯死蓋一世之生命僅在一季而已惟連年生長之永久植物每年發出新根甚多入土不深而敷布較廣如苜蓿每年發出之新根未必即在老根所佔地位之內而能向他處得其養料也

永久植物得養料較易

永久植物新舊根鬚得土中養料較廣而每年植物之根得養料有限處有限時儻遇旱乾受害更重而永久植物根在土中甚安適能向下層土中得養料並水或下層土過濕亦能向稍高處尋求養料且根鬚敷布甚廣此地土中養料不足能在彼地土中多得養料其總根又能存儲養料供明春發達所需而豆類植物之根有腫塊其中可藏儲含淡氣養料博士安爾查各層土中之苜蓿根數如左表

根數	一○○	五三	三三	二五	二○	一一	六	二
地土深數	一○	一四	一八	二二	二六	三○	三四	三七

又有博士查知面土七寸間所有苜蓿根鬚數較其下多六倍

植物生長之法恃嫩細根鬚並根鬚周圍之微孔凡根愈多者其根鬚亦愈多而排列法亦更細密更均勻

根敷布周徧爲要

夫植物不能行動而欲由土中取某數養料必藉根鬚端之賽爾收吸所以根鬚敷布周徧廣遠爲要也

然根鬚在某地位祇能吸取近處之養料所加肥料往往不能適在近處供其所需故加之宜足數務令其隨處能得耳

植物不能盡數收回所加肥料

勞斯並葛爾勃常加肥料於草田而查刈割之草料中得前所加肥料極少如八年間所加肥料中之鉀養爲植物所得者祇百分之四十四分其後六年間祇二二五分又後六年間祇一○五分即二十年間共得百分之七十七分然不加肥料田所產植物亦得鉀養一○·五分由此計之四十四分中實僅得三○·五分後六年間僅十三分又後六年間僅四·五分共爲四十八分也

二十年間所加燐養五酸爲植物所得者祇百分之五十七

分依上法計算實僅得三十三分鎂養爲植物所得者祇百分之七十分亦依上法計算實僅得二十一分八年間所加肥料中之鈣養爲植物所得者百分之一二五分後六年間得百分之九分又後六年間得百分之四分二十年間共得百分之二五五分至淡氣爲植物所得者則更少也

肥料令田久肥沃

格司配林云田土含肥料甚足者可得豐稔否則獲效不佳或將肥料堆壅而不均勻其植物根亦往往不能即得所需之養料故在畦間加肥料而後下種極有良效而園

工恆用此法

總言之田土務令其肥沃而已即是令地土中有發酵情形也凡地土必自有肥力方可供養料於植物而加肥料之法僅補其爲植物吸取以致缺少之數也凡富饒地土祇須畧加肥料已能補償其所失

德國有人名克里斯趣尼在四十五年間試驗沖運土變成之肥沃田有一田不加肥料有一田重加肥料又有一田稍加肥料在第一之八年第二之八年間查知雖加肥料而未得其利益收成之價值僅抵所加肥料之價值而已第三之八年間天然之肥力漸有告罄之象而於前所

加肥料之功效漸著然重加肥料之田產物尚未能勝於稍加肥料者不加肥料之田因歷年耕種頗見損害所產製糖根物竟不能抵耕種之資本也在一千八百五十年前此等田種番薯小麥苡仁米大麥油菜其後五年間又種製糖根物與大麥苡仁米輪種三次而製糖根物需肥料極多愈見加肥料之益其重加肥料田亦較稍加肥料者更佳矣

由此三十二年之後即一千八百五十九年以後不加肥料田分而爲二其一加用莊肥料試驗其何時可復其肥度乃一年或二年後即得豐收

田間藏儲淡氣

勞斯並葛爾勃試種小麥三十二次收成後考查土中所有淡氣數如左表

地土深數	每畝地土重數	每畝淡氣磅數 不加肥料田	加田莊肥料十四噸之田
一寸至九寸	二二八七一五五	二四九三	四三〇四
一〇至一八寸	二七一二五〇八	二〇〇二	二一九七
一九至二七寸	二八四八九七三	一五九八	一七六四
共二七寸	七八四八六三六	六〇九三	八二六五

每年加肥料而多歷年數者則九寸間土中之淡氣較不加肥料者可增二倍餘尚有許多淡氣或改變或濾失或騰入空氣中二十二年間爲種小麥所加田莊肥料中之淡氣耗失數如左表

	每畝	百分數
二十二年間田莊肥料中淡氣磅數	四四一五	
收成增數中挽回數	四七〇	一〇·七
又 未挽回數	三九四五	八九·三
二十九寸深土中之餘數	二一七二	四九·二
耗失數	一七七三	四〇·一

觀上表所加田莊肥料中淡氣由收成增數中挽回者甚微且以後每年挽回者亦有減而無增如輪種他植物能攝定淡氣者則耗失數較少

根鬚在各層土中生長

休爾茄用熟鐵所製鑽地器具約直徑九寸高十寸由每層土中取出泥土考察其根鬚數而記之當試驗時適植物開花其根鬚甚發達也

一　高田種冬麥　取出二尺深之黃沙土其下層爲更粗之沙土上層一尺深係佳土有呼莫司其第二尺土則無之查所有根鬚數如左表

八寸深黃沙土	根鬚	八二〇
二十一寸深黃沙土	又	二〇〇
三十一寸深粗沙土	又	二六
三十九寸深粗沙土	又	〇

二甲　低田種冬麥　面土中係多呼莫司之黃沙土其下層爲帶泥之江黃沙又下則爲淨沙查所有根鬚數如左表

八寸深面土	根鬚	五五八
十五寸深江黃沙土	又	二一八
二十六寸深淨沙	又	八三
三十三寸深淨沙	又	一〇六
四十一寸深水層土	又	〇

二乙　低田種冬麥　面土十七寸間有草煤呼莫司其下七寸呼莫司較少又下有二三尺厚之粗沙又下有藍色韌土查所有根鬚數如左表

八寸深黃沙土	根鬚	四三二
十七寸深帶泥沙土	又	三四四
二十三寸深帶泥沙土	又	一四九
三十一寸深粗沙	又	一一九
三十九寸深泥土	又	九八

農務全書下編卷二第二章

四十八寸深水層土	又	〇

三　高田種紅苜蓿第二年生長　面土爲二尺深之黃沙土其下層爲粗沙上層土中有呼莫司查所有根鬚數如左表

九寸深黃沙土	根鬚	八七四
十八寸深黃沙土	又	三四〇
二十六寸深黃沙土	又	一八五
三十二寸深粗沙土	又	三六
四十一寸深粗沙土	又	一〇

四　低田種紅苜蓿　此田係三尺深雜多沙之黃沙土

其上層十八寸中有呼莫司三尺以下則有帶泥之江沙共計厚三尺至三尺半又下係淨沙查所有根鬚數如左表

九寸深黃沙土	根鬚	七二九
二十寸深雜多沙之黃沙土	又	八七
二十四寸深雜多沙之黃沙土	又	五六
三十二寸深江沙	又	三四
四十寸深江沙	又	三二
四十三寸深淨沙	又	七四
五十一寸深水層土	又	○

同此地土種大麥苡仁米油菜紫苜蓿猥荚冬燕麥其效亦同油菜之支根最多九寸深土中有根鬚一千二百七十五其下十七寸深有六百八十五麻與蕎麥之根鬚較少苜蓿豌豆並他豆類根鬚更少穀類根鬚尤少而猥荚之根鬚爲最少

各植物根鬚深入土之情形相同若在高田其根鬚大抵在上層佳土中在低田其根鬚能深入瘠土中者亦甚少不及百分之十也然深層土濕潤者則根鬚似不厭艱苦願極力深入總言之瘠土深三尺以下其根鬚爲數極少也

植物灰

張森查收成植物灰中所有肥料百分數如左表

		鹼類	鎂養	鈣養	燐養五酸
穀類	實	三○	一二	三	四六
	稈	一三至二七	三	七	五
豆類	豆	四四	七	七	三五
	萁	二五至四一	七	二五至三九	八
根物	根	六○	三至九	六至一二	八至一八
	葉	三七	三至一六	一○至三五	三至八
草類	草料並花	三三	四	八	八

植物吸取肥料數

張森查每畝佳土所產植物磅數並植物體中之要質磅數如左表

		收成	淡氣	灰	燐養五酸	鉀養
小麥	實	一八四○	三四	三二	一五	一○
	稈	四六○○	一四	二○七	八	三九
	共	六四四○	四八	二三九	二三	四九
燕麥	實	一四七○	二八	二五	一二	九
	稈	三五○○	一二	一四○	四	二七
	共	四九七○	四○	一六五	一六	三六

豆類	豆	一八四○	七六	六○	二○	二七
	其	二七○○	三三	一三八	一四	三四
	共	四五四○	一○九	一九八	三四	六一
根物	根	三六八○○	八八	三五三	一二二	一五八
	葉	九二○○	二六	一七三	一一	六九
	共	四六○○○	一一四	五二六	三三	二二七
苜蓿		六○○○	一三○	三九○	二二五	一○五
草類		四○○○	五三	二四六	一三	五八

燕麥吸取淡氣較苜蓿根物吸取者祇得三分之一小麥吸取燐料較草類吸取者幾加倍較諸根物豆類祇得三分之二小麥並草類吸取鉀養數略相等

輪種之理

各植物由土中吸取肥料雖有定數然並不吸取相同之肥料或多寡相同所以各植物竭地力亦不相等豌豆苜蓿並他豆類均能由空氣中攝定淡氣而穀類祇能在土中吸取淡養之淡氣所產植物不運往他方者則肥料仍可反回於田地惟土中本有肥料數不能復舊且品性或有改變

植物並非均受害於蔓草惟地面已有他植物佔據則農務植物不能生長自由宜時鋤鬆根旁土至第二年仍須種於前曾鋤鬆處或將麻子散於生有刺之野植物田中可滅此野植物而大麥亦有禦敵蔓草之勢力

不必輪種

儻田地加肥料等合宜則不必用輪種之法菜圃地土甚肥沃而或用輪種法者欲滅蔓草及黴菌類也或因土質過堅之故也有農家在一田歷年種紅蘿蔔並無害如美國中省往往歷年種葱芹菜扁豆大黃菜等而麻亦歷年可種

英國種哈潑草之地係黃沙土其下層爲白石粉土而一百五十年來並未輪種他植物可見此土殊宜於此草他

處種哈潑草之地係濕土不易開溝可種八年十年或十二年或二十餘年於是輪種他植物果樹葡萄樹亦可久種而無年限

歐洲農家亦連年種製糖根物於一田其地土甚肥沃祇須加糞料等肥料而已儻無蟲害則根物壯大然爲製糖計凡新墾或重加肥料之土不宜恐其多吸收鹽類物而糖質較少也況鹽類物既多則糖不易結成顆粒卽減其品性所以苜蓿田種此根物雖生長甚豐而製糖家不喜也蓋苜蓿田有許多腐爛之根葉等均能供給鹽類物於根物實與糖之汁液有妨礙德國種製糖根物於小麥收

成之後而小麥已吸取田土中肥料故甚合宜然有一種小麥其稈堅硬並不茂盛若種製糖根物於此麥田亦不宜也

歐洲在一田歷年種番薯爲蒸酒醑或作小粉或作哥路哥司之用者祇須常加肥料而已蒲生古從前云南阿美利加有一田可常種番薯較熟田輪種者更豐稔美國有田如連年種番薯則多凹癟之弊病此弊病實由黴菌類致之此黴菌類在田莊肥料中頗易發達旣入於田害及番薯

穀類可連年耕種

蒲生古云南阿美利加之秘魯國有田數百年來常種大珍珠米而在安提斯山嶺間之高平原二百餘年來常種小麥甚佳英國阿爾蘭之東南有田莊以海草並含鈣之沙土培壅之九十年來常種穀類不用休息或輪種法收成甚佳格司配林云法國南方有田四十年來連種小麥祇須除去蔓草並蟲類黴菌類卽獲豐收其法卽將小麥之廢料並犁起之蔓草根盡數焚燒毀滅夫常以爲小麥不可連種者因收成之後未將田土耕犁鬆疏令其宜於生長也並非地土之性情有不宜也然前次小麥收成後往往有黴菌類遺於田閒新種之麥易於受害而其患尚

淺惟麥田若有一種蒼蠅則宜種他植物以除滅之勞斯並葛爾勃論種苡仁米云若加田莊肥料製造肥料在二十年閒可連種苡仁米每畝得五十斗稈料三十噸較輪種之收成更佳

英國坎勃里芝駭新墾濕草地所種植物收成殊無把握蓋因地土甚有肥力而農夫用法不一難制度令其合宜也或先連種小麥後連種大麥後又種小麥後又種大麥如此數次輪種則田中多蔓草於是任其休息此亦一法也

燕麥亦可連年種之據云歐洲雜沙之田土可連年種燕

麥或連年種靛青並甘蔗其實各植物均可連年耕種不必用輪種法惟必須多加肥料並施工作令土中化學物理之情形合宜然此治理法較輪種法更不易從事所以農家甯將各植物輪種而加應需之肥料也然在近城鎮地方肥料甚多亦不必輪種又開溝洩水並加海草令地土肥沃之田亦然

新墾田合宜之植物

紅蘿蔔葱麻龍鬚菜均可在老田屢種惟有數種植物種於新墾田地甚爲發達而以草本楊梅爲尤宜然數年後卽將改變其品性蓋初爲新土後變爲老土也有人云數

年之後其蔓延之新枝不得合宜地土之故且此等田往往有數種黴菌類微生物害之英國農家種草本楊梅於番薯田亦甚不宜新墾田地甚少綫條蟲此蟲害菜根最易也

有植物如蘿蔔番薯不必需呼莫司更有他植物如芹菜白芥菜花椰菜端典蘿蔔必須多呼莫司凡多草煤之地土種紅菜頭較蘿蔔更合宜且蘿蔔不能在一田連年種之儻連年種此植物必有蟲害而其吸取肥料情形亦應更易地土連年種小麥苡仁米逐漸減其收成而蘿蔔儻不重加肥料其收成數必鋭減

種蘿蔔並豌豆宜易地

欲多得蘿蔔收成僅用燐料已可不必再加含淡氣肥料如地土前一二年已種是根物者宜加之曾查考連二十七年種根物之地其土中淡氣料已大減故收成極少若種蘿蔔爲種小麥之預備者則可令羣羊在田閒食之並踐踏地土而加肥料也從前種油菜闌羊以飼之亦是此意豌豆可在一田連年種之然隔五年六年種一次最佳據云德國輕土每八年始能輪種豌豆一次否則將爲所謂豌豆微生物所害也

暉得內論美國蔓里蘭省農務云此省地土鬆疏種豌豆甚合宜然不可連種二年至第二年其枝葉雖茂而生豆較少種豌豆之後種小麥種草種珍珠米於是又種豌豆如此可令地土久鬆疏而獲豐收勞斯並葛爾勃云馬豆易與地土不合宜初數年收成尚佳後此地無論用何法終不能得佳收成

苜蓿之變性

尋常苜蓿收成後再種紅苜蓿往往歉收有許多地方種紅苜蓿一次之後隔數年方能再種又有地方每隔四年種尋常苜蓿一次而紅苜蓿須隔八年或十二年再種也德國農家以苜蓿與他植物輪種應隔若干年依各種苜

蓿之性情爲定

大抵豆類植物之性與紅苜蓿相同如紅苜蓿須隔五年種一次者則此田種紫苜蓿須隔九年種狠荚須隔十年法國南方地土宜於狠荚故甚豐然格司酡林云亦須依其特別之性其意種狠荚之地土必須肥沃根鬚可廣布多得養料若種於濕潤深厚之土不必多加肥料其地土淺薄者初雖茂盛終必瘦弱在多灌水之田其深層土中之水流通因此不患過濕者與狠荚甚合宜至於高地往年已種此植物今年再種甚易黃萎此等田宜於此植物僅數年而已以後雖多加肥料亦無濟也

今年種狠莢須隔數年再種然亦應察其情形所隔年數最少者爲灌水田深犁之旱田隔年亦可略少而深層土中之水流通者卽可復種之有堅實土在三十年前曾種一次今再種之仍不發達

總言之一田不宜屢種豆類勞斯並葛爾勃在一田自數百年來常種菜者初試種苜蓿第一年收成甚豐在一千八百五十四年散子後至一千八百六十年不必再散子連種三十六年之後每隔二年或三年須重散子一次而收成亦漸減然較尋常收成尚佳也此三十六年間每年收成中數爲三噸考倍脫云在一田連五十年種早豌豆收成甚佳然每隔四年或五年種一次者尤佳格司配林云法國南方有田可連年種此植物甚合宜

麻種於新田生長甚佳此亦爲特別性或云有地土須隔三年或六年或九年而種一次最爲合宜然格司配林在一田加足肥料連種八年未見其收成歉少

散子法

新土忽生野植物足見有天然散子之妙法蓋其子或由鳥之羽翼或由風之吹移或由水之沖運或黏附於行走之獸身或子殼自能裂散或子隨果品及菜類爲禽獸所食不能消化而洩出均能散子於新地又如草本楊梅落花生等其枝能敷布蔓延另生根鬚自成一植物然並非因老土之肥力已竭乃新植物生於他處合宜之地土不與舊植物爭此尺寸土也蓋新地既無他植物與之相爭卽不甚合宜之地土亦能生長發達休爾茄云各植物須有足數地土方能暢茂所以植物生長於新地阻礙之情形較少而得養料較多人與禽獸亦何以異是在廣曠之地方能保全其生命而在人煙稠密不能容足之處更加以洩出穢料等日漸堆積致病之微生物日漸發達必有害於衞生矣

梅樹特性

從前查知梅樹在紐英格倫新墾地土生長甚茂而紐海姆希亞森林間之梅樹在今日亦甚發達抱絲敦夏間出售之梅子由斧伐斯考夏地方運來然種梅樹之地漸變爲老土則衰敗矣

農家云梅樹吸取土中肥料甚速故宜於新土然此意不甚確歐洲梅樹種於久耕種之地土未嘗不得佳收成也若在抱絲敦近地則不能發達因該地多蟲類卽他植物亦受害若毁滅克科列亞蟲並黑色菌類而加合宜之肥料定能興盛依近時情形而論梅樹種於深林間甚佳惟該地土不可有野櫻桃凡產野櫻桃處必有克科列亞蟲

並黑色菌類也

休息田

休息田法可令所有廢料腐爛以補償植物吸取之養料故每隔二年或三年宜休息一年凡有沙之地土亦任其休息並不治理而在農務講究處則常犁此休息田令草類作爲靑肥料以增其淡氣英國諸福省常耙休息田令草速發達於是用犁耕覆之作爲靑肥料初次宜淺犁第二次橫犁宜深此法更能毀滅蟲類蟬類凡蟲類翻至地面易爲鳥獸所食卽不被食亦因無合宜地位而死矣所以植物收成後農家必犁耙田地亦是故也

古時羅馬農家亦有休息田法尋常於收成後休息一年儻易得肥料則連種數年於是休息之其時限依地土性情而定美國俄國瘠薄荒地種一次後任其休息德國瘠草地每隔二十年焚燒草類而種植物一次卽是一年種穀類十九年爲休息也其北方隰地一年種穀類十二年休息此皆極瘠無產物之地土也然德國此類田可分爲二等其一等毫無產物又一等爲瘠薄此瘠薄田或隔一年二年三年而種燕麥一次極瘠者至少隔六年種一次呂宋有田種穀類後須隔數年再種英國賓蘭省從前連種二年休息一年亦有第一年種小麥第二年種大麥或

豆類於是休息二年凡開溝合法多加肥料者除重土田外似可不用休息之法瑞典國有農家將一田分爲二每年互相耕種休息而休息田加肥料七分之一

休息田之廢料腐爛情形

乾旱之休息田有微生物工作而令地土有發酵情形於是廢料速腐爛此大有關係於農務也若該田已成極佳之地土則每年腐爛之廢料足供植物所需

勞斯並葛爾勃云二三百年來常種小麥有中等收成之田近連種四十年不加肥料其第一之十年每畝收成十五斗又三分斗之一第二之十年其收成一六·五斗第三

之十年其收成十二斗又三分斗之一第四之十年其收成十斗又四分斗之一則此田四十年共收成中數爲十四斗惟此田未試種前曾加肥料一次連種五年可知已用盡其肥料今賴土中廢料腐爛變成淡氣料供給試種之小麥而此收成中數尙可與美國並他國盛產小麥之收成數相頡頏也

第四之十年收成較少者並非因養料告竭之故蓋當時氣候不合宜也

此十年之末一年氣候較佳其收成有十三斗又四分斗之三則幾及四十年間收成之中數於此可見氣候大有

關係在一千八百六十三年已試種十九年其收成得小麥十七斗又四分斗之一而在最歉收之一年僅得四斗又四分斗之三其懸殊若此然地土養料漸竭之情形亦不可不計蓋每年僅減收成四分斗之一或麥實並稈料共減四十磅之數而已又有一故肥料每年漸竭收成應減之數並不與之有一定比例此因地土中尚有餘力供給植物也

在此不加肥料之田每畝小麥並稈料收成共數爲一噸或二千磅則此一百至一百二十磅料中有鉀養十七磅燐酸十磅淡氣二十磅勞斯並葛爾勃在七年間試種每

畝得馬料收成中數二千八百磅七年後之四年間得二千九百磅又連種番薯不加肥料第一之四年得二噸十三擔第二之四年得一噸十八擔第三之四年得一噸八擔十二年收成中數爲不及二噸

地土天然力

肥沃土中本有許多養料供給植物然地土供給之數與植物所需之數不能相等如夏間腐爛之物質或不足爲某時期之植物所吸取而依全年計之則腐爛變成養料之數終較植物吸取之數爲多也

此腐爛物質供給植物即農夫所謂天然力也然有地土其物質頗能腐爛變化以備植物所需亦有地土卻無此變化之力農家宜注意考察之

卷終

農務全書下編卷三

美國哈萬德大書院農務化學教習施妥縷撰　慈谿　舒高第　口譯
新陽　趙詒琛　筆述

第三章上

輪種各法

輪種之始

英國並歐洲輪種初行時尚未知化學之理葢上古井田法之遺意也然希臘國於古時已言及二年種小麥一年休息羅馬人亦云穀類與豆類宜輪種至中古世界意大利並歐洲南方亦行此法當時論此事者往往並論及井

田古時田地公共治理而又各有限制並不分爲小田莊惟大公田常分爲三區第一區隔三年種冬季穀類一次如小麥燕麥等均在秋閒散子第二區種夏季之穀類一次如苡仁米大麥等均在春閒散子第三區爲休息田此實爲三年輪種法也而歐洲肥沃田地數百年來亦如此治理

三次輪種

歐洲中原及北方公田中或分一區爲牧場凡牛羊豬鵝均可在此界內牧養又分一區種草以飼畜如此則畜類洩出肥料均反回於田地故三次輪種可得牧場肥料壅田

此法甚簡易可省耕種工費於當初勤儉風氣甚爲合宜後世生齒日繁漸覺有妨礙

輪種草

草類爲輪種次序之一其地土既肥厚並可作爲牧場而以後此田甚宜於耕種此法創自德國漸行於英國近今輪種次序中又增苜蓿英國則以苜蓿與萊草雜種

草與穀類輪種在氣候合宜時草甚發達苟遇旱乾其生長亦不遲緩如德國勃凡利亞省薩克生奈省高田及北

方並丹國低田均以草輪種德國北方化爾斯坦省輪種法如下一新墾草地種大麥二休息田滅草子三種小麥加肥料或否察地土情形而定四種苡仁米五種燕麥畧加肥料六種大麥並苜蓿七及八爲牧場

司考脫倫從前輪種法如下一休息田二種小麥三及四及五種草六種大麥豌豆並他豆七再種小麥奧國司塔林省高田簡易輪種法如下一夏閒種燕麥加肥料二種大麥三種冬燕麥加肥料四及五及六種草抱絲敦近地輪種法如下一種馬料二種冬燕麥而犁起草根土不加肥料三種大珍珠米番薯或他根物加肥料四種草並燕

麥

種草爲牧場其情形稍異於欲得馬料而種之者歐洲之牧場專爲牛羊計故其法亦稍異於美國紐約省西部尋常輪種法如下一種珍珠米加肥料二種苡仁米或大麥三種小麥四種苜蓿先刈割後收其子五種苜蓿並帖摩退草其北部一種大麥二種珍珠米番薯或他根物三種苡仁米或春小麥四及五及六種苜蓿或帖摩退草英國中省輪種法如下一種大麥二種小麥三種苡仁米並草四爲牧場約歷七年或八年

紐英格倫輪種並無定法自開闢以來珍珠米及燕麥常輪種而爲大宗產物或於其閒種麻一千七百十九年前紐英格倫尙未種番薯至一千七百五十六年珍珠米燕麥收成大荒歉於是多種此植物德國亦因一千七百七十年饑饉而廣種番薯其重土田輪種舊法如下一種大麥二種番薯多加糞料三種麻或小麥四種草歷年甚久

一千七百九十年華盛頓有人論及紐約東之長島輪種法如下一種珍珠米築成畦而加肥料或亂種亦可二種大麥並麻三種小麥而加種珍珠米時節省之肥料此法行三年或六年其地土漸有膠黏性即速耕犂之仍依法輪種

噴昔維尼亞輪種次序係珍珠米冬小麥並草與苜蓿雜種而更舊之法如下一種珍珠米加肥料於草土田而在春耕覆入土二種大麥不加肥料三種冬小麥並草尋常每畝加家禽肥料十二車帖摩退草之散子與小麥同時紅苜蓿則在春散子可刈割二次惟第二年後收成大減更有輪種法如下一種珍珠米二種小麥菸草大麥三種珍珠米並苜蓿四種馬料五作爲牧場近今又有一法如下一種珍珠米加肥料二種菸草並珍珠米於菸草加多燐料三種冬小麥四種冬小麥並帖摩退草並苜蓿於小麥每畝加多燐料二百或三百磅更或在三年四年閒種大麥並番薯五及六則種苜蓿並草先刈割其料而後作爲牧場

密且爾云紐英格倫輪種法當如下一種珍珠米至稍生長時刈割爲飼畜料然後種蘿蔔二將田分爲三其一種紅蘿蔔其二種孟閣爾其三種番薯三種大麥或他穀類四種苜蓿設法遲其生長爲飼羣牛之用在五月十號至六月十號之閒種牧場草然後種燕麥至冬閒刈割然後種紫苜蓿又後種尋常苜蓿又後種草於是又種珍珠米作爲草料末次種晚熟苡仁米並根物取其葉如此輪種於該地最爲合宜

美國南阿拉罷麻省輪種法如下一種珍珠米二種小麥三及四種棉花五及六種苜蓿

牧場改良田地

以化學而論氣候濕潤之處牧場草地次於輪種閒可令地土改良蓋草地猶矮短之樹林也任其枯死腐爛於土中則每年增其肥度且地面有植物能由空氣中攝定淡氣而草木之根如網之密布可羈留養料不爲雨水沖失又田面牧養畜類則肥料仍反回於田地變成淡氣亦有大益

刈割草料飼畜而得洩出之糞溺大抵反回於田地所以

種草次於輪種閒者可藉此得許多肥料以補地力之不足而種草之時其田仍似休息也凡農家種珍珠米或他穀類而覺其肥度漸減即散苜蓿子草子任其休息冀其復原

亦有肥沃田地仍用種草之法者如德國薩克生奈省今之輪種法如下一種冬燕麥先將草根土深耕而加肥料二種番薯三種小麥四種苜蓿五種大麥六種豌豆加糞料七種冬燕麥八種白苜蓿並草九及十作爲牧場又有一輪種法一種番薯先將草根土深耕而加肥料二種燕麥三種麻四種小麥五種大麥六種豆七及八及九作爲牧場

英國北方並司考脫倫有五年輪種法如下一種小麥或大麥二種蘿蔔或他根物三種苡仁米並大麥四及五種苜蓿並草然往往改作六年輪種法即於種草之後連種穀類二年更有種草三年或四年則輪種須及六年或七年在堅土用四年或六年輪種法較五年爲合宜有人云種草三年後乃種穀類其收成更豐且可連種二年也五年輪種者則種穀類時蔓草較少後種蘿蔔因田閒膹留許多肥料故收成亦豐凡穀類稈料及蘿蔔均可爲畜類過冬之食料而四年或五年草地所產之料可爲夏季牧

場用也

愛定盤格城輪種草

愛定盤格城甚大需動物肉料爲數甚多而人工較貴所以養畜類並欲多得草料須籌畫合宜之法其法如下一種大麥二將田分爲二其一種番薯其二種豆三種小麥四種蘿蔔五種苡仁米六種草或作爲牧場今農家擬二年作爲牧場似較一年者爲佳又有一法如下一種大麥二將田分爲二其一種番薯其二種蘿蔔三種苡仁米或小麥四種草五作爲牧場又有一法如下一種大麥二種豆三種小麥四種根物五種苡仁米六種草

距城稍遠地方輪種法如下一種大麥二將田分爲二其一種番薯其二種蘿蔔三種小麥或苡仁米四及五種草在鬆疏田輪種法如下一種大麥或小麥二種蘿蔔三種苡仁米四及五及六種草依此法大麥偃壓青草並阻新蔓草之生長而田面更爲清潔可預備種小麥此等地方因氣候濕潤蔓草易興否則小麥之收成當較大麥加倍也

英吉利氣候較佳次等黃沙土田輪種法如下在春及初夏治理田地至七月杪耕犁每英畝雜散萊草子三斗白苜蓿子十四磅芹菜子二磅至九月間草料生長驅羣羊

食之約閱數星期至冬季任其休息至春間每畝闌羊十頭或十六頭至夏間羊肥壯送至市宰而出售至第二冬季畧加糞料又依上法牧羊如此治理可謂善法遠勝於天然之牧場矣

輪種法並工作

各輪種法欲計算資本及工作而向田間取償也由此可知工作不可貿然從事須謀其合宜當未有農務機器時工作與輪種尤有相關其時均用人力故下種時期應有次序至收成時可分先後而各植物需工作若干並於何時施工瞭如指掌方稱老農萬不可此植物之收成適與

治理他植物之時相並也

農家儻能將工作布置調度得其合宜則四季力田可按步就班毫無紊亂從前舊法在春間預備田地爲大麥苡仁米之散子此時適在休息之後宜加肥料耕覆入土若爲種小麥則在夏秋之際於馬料並他穀類收成後治理妥善於是播種

自農務機器興用以來從前治理工作之舊法爲之一變若依舊法用馬力犁田且無製造肥料而馬之工作亦須調度得當今用汽機犁並加化學肥料則治理田地不特不誤時日而土質鬆細植物發達厥功尤偉他項工作如

刈穫打穀亦用機器事捷工省不待言矣

計工耕種

從前行三次輪種法各時季應種之穀類須估計人力並動物工作之數若干而定當散種時已過休息田已加肥料農夫方有暇播種合宜之他植物如英國從前種蘿蔔在正熟工作已畢之後庶無妨礙他處夏季少陵雨者則此法又覺困難

英國養乳牛地方以青草爲要故輪種法不必如他處之講究卽以人工馬力隨時施工於有限之田地儻乳牛家欲兼種穀類則與收成有妨礙不得不將工作調度以得

其宜矣
當工作調度時須注意於能清潔田地之植物令田閒蔓草不致生長否則該田情形變爲不合宜而與後種之植物有關係
種大珍珠米頗有利益其最顯然者散子時收成時不與穀類同時也所以美國農家於此植物獲厚利而一年閒可得二項糧食
拖絲敦近地輪種燕麥因其長稈料可得善價也或問大槪農家何以不種此植物則答曰麥稈固可獲利而與他穀類有妨礙將如之何苟欲種之必將他植物播種時期

及工作調度得其宜然非易事也
凡田莊欲多得馬料則種燕麥之時期有妨礙且收成後倘有打穀並收拾稈料等工作若以麥子與草子同散則燕麥吸取土中要質之時亦爲草發達之時二類植物遂有爭奪食料之情形所以農家欲種燕麥須特別調度務期合宜

增種植物

少肥料地方常行三次輪種法而延休息田之時期實卽二次輪種一種穀類二休息
延休息田之時期者因從前應種之植物簡少也當其時

歐洲北方除穀類並草外並無他項大宗之產物惟南方各國如意大利埃及日斯巴尼亞東亞西亞種豆類甚多爲人之食品而在北方此等植物僅種於園圃其後於第三年卽休息田後輪種豆類目爲新法又後增種蘿蔔苜蓿番薯珍珠米製糖根物於是歐洲農務大改變矣
或云歐洲廣種番薯以來從前凶年之景象不再見於今日矣當從前每隔六年或八年必遇荒歉道殣相望而阿爾蘭一島由此全種番薯至一千八百四十六年氣候不宜收成歉少以致人民大受飢餓之苦是當兼種穀類爲未雨綢繆之計也然阿爾蘭未種番薯時有人民三百萬

左右及種番薯歷百年其人丁增至八百二十五萬可見番薯大有益於民生匪淺鮮也
當番薯並紅菜頭等未與穀類輪種之前查知穀類不能在常加肥料之田茂盛於是有休息田之法後查知苜蓿可種於種穀類之次年或休息田之年作爲乾草並能偃壓蔓草而增土之肥度此亦爲新得之佳法也

青植物代休息田

今世最爲久長之計者莫如種青植物以代休息田凡地土愈瘠薄愈宜種青植物待其生長耕覆入土作爲青肥料或無暇耕犁卽任其在地面腐爛亦可爲肥料或刈割

以飼田莊畜類或竟作爲牧場均無不可此等青植物吸取土中養料與穀類不同不特不竭地力反能增其肥度而令田地更合宜於後種之穀類如種油菜至中秋令羣羊食其青料而地土即得羊洩出之肥料明年種大麥及苡仁米收成必豐在歐洲穀類收成後即種豆類如此則蔓草不興並能由空氣中攝定許多淡氣且種此時常鋤鬆泥土之植物能減後種穀類因肥料過多之弊而田面亦甚清潔

休息田種此副產物於人生大有關係農家多得飼養畜類之草料並增乳與肉供城市之討求而獲厚利又根物

如番薯等類亦大有補於糧食匱乏之時也況田面有植物則土中金石類質之變化更速於農務亦有助焉至於變化淡氣査休息田之含淡氣料爲數較多然終不能抵產物之利益也

或云種青植物恆與早散子之冬小麥有妨礙或將地土中之水並淡養料吸取甚多以致嫩小麥不得合宜之生長若以豆類作爲青植物確能改良地土並增其淡氣在卑濕地方其土質堅硬者則種苜蓿或草甚合宜其易消化肥料可免爲雨水沖失也

副產物可出售

從前休息田所產植物供給畜類以得其洩出之肥料而已如蘿蔔苜蓿等均爲此用歐洲有種孟閣爾捲心菜番薯珍珠米亦爲此用而不如種蘿蔔苜蓿之佳也後知此等植物可運至市出售農家更注意於是焉蓋工藝家用番薯或珍珠米製成小粉酒醋並哥路哥司也近又用紅菜頭製糖故耕種亦甚廣其渣料飼畜甚佳從前常多種油菜取其子製鐙油而以渣料製成餅壅田

休息田地不能盡地土產物之力似乎可惜然有不得不行此法者如英國膠土田每年有數星期其道路不能行走祗能種根物不種穀類而治理之法亦甚不易所以此

等田僅取其三分之一種根物也

比利時國並誰尼斯地方始行休息田種副產物之法該二處貿易甚廣人丁較多故農家增產物以供市肆之應用誰尼斯在十六世紀時仿照古時羅馬每隔二年休息田之法已不行即於休息時期種小麥黍豆其輪種法如下一種小麥後種蕎麥或苡仁米二種豆或黍據云此法至今尚如此惟第二年種南方高稈珍珠米以代黍

一千六百十一年土爾其國送珍珠米子至奧國瑪加荒地種之即次於三年輪種間而代第二年之春穀類其收成可較大麥苡仁米增三十倍而春穀類之收成祗有十

倍近年瑪加地方輪種法如下一種冬小麥或燕麥二種春穀類或珍珠米三休息田四種冬穀類五種春穀類六休息田加肥料而第三年之休息田不加肥料也

靑植物廢料可增淡氣

勞斯並葛爾勃云靑植物收成後遺棄之根稈廢葉等腐爛於土中其生物質即變成淡養物穀類廢料亦然如一田連種小麥三十年其情形如左表

肥料	實稈收成磅數	千分土中淡養淡氣數	收成千分中歸入地土之淡養淡氣數
無肥料	二一六八	六·七	七·六
阿摩尼鹽類金石類肥料二百磅	三九五四	一〇·二	七·三
阿摩尼鹽類金石類肥料四百磅	五七一〇	一二·九	七·〇
阿摩尼鹽類金石類肥料六百磅	六七七八	一三·三	六·三
鈉養淡養金石類肥料五百五十磅	六九〇三	一二·四	五·五
鈉養淡養五百五十磅	四二九三	一九·九	一二·六
田莊肥料十四噸	五六九六	一一·四	九·四

從前穀類收成甚要

從前歐洲載運貨物遠不如今時之迅捷故農務最要之宗旨乃在欲得糧食供給一方之人口也而小麥之收成視爲最要其次則苜蓿當其時尚未發明微生物能由空

氣中攝定淡氣之理以爲惟有靑肥料可爲小麥之肥料又以爲地土濕潤則種豆類植物尚爲合宜若高燥地方種此植物反令地土更乾而受害

休息田易爲雨水沖成小溝

美國南省田地蔓草不甚興茂常有陵雨易將休息田之土質沖失而變成無數小溝道所以休息田之法似不甚合宜且雨過之後其沙土又爲大風吹揚由是農產物將衰敗矣至於森林地土有植物遮蔽能保守其肥度決無此患也

或地土天然不能飲吸水或深土性堅密而面土係鬆沙則易爲雨水沖失地形係斜度而地面成泥漿更易有此弊其肥料亦由是耗費所以山坡田地宜輪種植物愼防斯弊總言之此等田若在春間耕犁最爲合法在冬季之前令田面常有穀類植物並靑草保護之至收成後其草根土過冬季始耕犁若在秋耕鬆則無草根之土較有草根之土更易於沖失注意察視即能覺也

古時著名肥沃之地方今已變爲荒蕪者大抵皆因雨水沖失肥料也或因雨水過少而患旱乾也凡地土稍肥沃者決不爲耕種而竭其力惟下層土緊密面土鬆疏多受雨水必有一日如上所云荒蕪之象也

休息田大理

休息田之大理有三其一可令地土中多藏儲淡氣料預備下次耕種植物所需其二可滅除田面之蔓草等其三可令在氣候乾燥地方入秋後不致受過旱之害而適宜耕種穀類凡田若在夏閒種靑植物則土中之水幾盡被其吸收不能從早播種穀類而此休息田在秋閒卽可散冬麥子並無他植物佔其地位至冬季其嫩植物已有生長發達之象不畏嚴寒矣

美國西方產小麥田在夏閒遇旱乾卽任其休息不可耕犁又收成某穀類遲延時日不及播種他植物者亦令其休息而待合宜時耕種

多葉植物吸乾地土

種多葉豆類之後而種冬小麥往往不發達者因豆類將土中之水盡吸收也在英國諾福省查知種燕麥之後而種蘿蔔生長茂盛若種豆類之後而種蘿蔔則不宜卽因豆類將此乾燥土中之水盡吸收也所以休息田不患有此弊

衞爾生詳細考驗各植物生長並耕犁法與地土之濕潤相關情形查晚冬之地土在前曾種某植物者此田本係黃沙土而多呼莫司其百分土中吸引起濕潤之數如左表

深數	新土田		乾土田	
	珍珠米田	紫苜蓿田	珍珠米田	紫苜蓿田
〇·五尺	二二·二	一七·七	二八·五	二一·四
一·五尺	一六·九	一三·二	二〇·三	一五·二
二·五尺	一六·四	一三·二	一九·七	一三·九

地下層爲濕沙上層爲雜灰沙之黃沙土

深數	小麥田	製糖根物田	小麥田	製糖根物田
〇·五尺	一八·八四	一六·九二	二三·二三	二〇·三七
一·五尺	一〇·八一	一八·〇一	二六·二八	二一·九六
二·五尺	二四·二六	二二·六一	三一·〇三	二七·五七

凡植物收成遲緩者如紫苜蓿製糖根物吸引起之水較少而紫苜蓿有長根故吸引起之水較製糖根物爲多

有一年八月閒並九月上旬雨水甚多而在十月二十九號查考相近之種苡仁米及製糖根物二田情形如左表

苡仁米田

深數	水數			
	百分土	百分乾土	寒暑表六十一度時乾土留水數	百分新土留水數
黃沙灰土〇·五尺	一四·八九	一七·六〇	五一·五八	三四·一二
黃沙灰沙土一·五尺	一八·二三	二一·一五	五八·六七	七三·七五

沙土二·五尺	三·五一	三·六四	三六·六五	九·九三
製糖根物田				
黃沙灰土〇·五尺	一四·五〇	一六·九七	六三·六九	二六·六四
黃沙灰沙土一·五尺	八·八二	九·八六	五六·二一	一七·二五
黃沙灰沙土二·五尺	一三·八八	一六·一三	五一·九九	三一·〇二

由此可見製糖根物將一尺半深之土中水吸引起甚多以後種穀類恐不合宜此情形適與苡仁米田相反

衞爾生分田爲五區此田前三年曾種山方草

一　仍其生山方草

二三　在四月間用鏟掘鬆而第三區較第二區掘更

深

四　亦以鏟掘鬆至八月初散蕎麥子

五　在四月間散大麥及豆類子

在此五田各取土試驗其深淺分爲三等如

六·五寸

一八寸又三分寸之二

三一寸

於是查其三等深淺之乾土各一百克蘭姆中之水數如左表

一　山方草田

四月二號	五月五號	六月二號	七月二號	八月五號	十月七號
四四·一〇	三三·〇一	三四·七八	二八·二三	二九·四四	一六·七一
二八·七八	二七·四六	二八·三〇	二二·六三	一六·九五	一八·六六
二五·六九	二七·五三	二五·一八	二四·七九	二〇·〇一	二一·五一
二　無植物田					
			二四·七一	二八·八二	二三·三七
			二三·七二	二〇·三四	一九·六四
			二六·四三	二五·一	二三·九五
三　無植物熟田					
四一·二八	四二·三二	三〇·八〇			

四月二號	五月五號	六月二號	七月二號	八月五號	十月七號
二六·五九	二七·四五	二六·八四			
二八·一三	二六·四二	二六·三〇			
四　蕎麥田					
				四三·一三	二五·九一
				二七·八二	二二·二〇
				二七·四〇	二四·一五
五　豆類田					
			一七·一六	二七·六八	二三·九八
			一〇·三七	一七·〇一	一六·二一
			一九·五二	二〇·三五	一九·六四

表中各數頗有參差蓋因每月雨水有多寡也自四月至九月雨水密里邁當數如下

四月	四九·七六
五月	八三·二四
六月	五九·七八
七月	九八·八九
八月	四八·五二
九月	三二·六六

無植物田較紫苜蓿田更濕

衛爾生查田間有蔓草等植物頗能吸收地土中之水伊將紫苜蓿田分爲二其面土爲多沙之黃沙土其深土爲多大顆粒粗沙之土因此地下水不能引起而至植物根鬚處凡面土中所有之水大抵爲雨水也其一田之紫苜蓿在四月閒拔起未令地土鬆疏以後所出蔓草盡薙滅之又一田任紫苜蓿生長在夏季刈割四次於是在同日取此二田之土一百克蘭姆考其水數如左表

取土日	○·五尺	一·五尺	二·五尺
	紫苜蓿田		
四月二號	二六·九七	二一·四四	一○·○三
五月五號	三○·四九	一八·九八	一一·○三
六月二號	一八·三九	一八·二三	一四·四六
七月八號	二四·四六	一○·七一	二·三三
八月六號	二四·三三	一○·三八	二·九五
十月十六號	一○·九九	七·七九	一·五二
	無植物田		
五月五號	三一·八四	二三·九九	二○·五四
六月二號	二五·○九	一九·六五	二一·三○
七月八號	二九·九二	二一·○八	一二·○九
八月六號	二七·七九	一八·八六	一六·五九
十月十六號	二四·七三	二一·一七	九·四八

其雨水數如下

三月一號至四月一號	二九·一八
四月二號至五月四號	三一·二二
五月五號至六月一號	二七·七四
六月二號至七月七號	四四·七八
七月八號至八月五號	三一·五四
八月六號至十月十五號	三○·○九

多葉植物吸收地中水美國衛斯康新省金先生曾考查之在五月十三號查新種珍珠米田六寸閒乾面土一百磅有水二三·三三磅而在相同地土種苜蓿者距珍珠米

田不過數十尺其六寸間乾面土一百磅中祇有水八五九據金先生云苜蓿吸收之水較地土下層引起之水數更多而珍珠米行列稀疏空地甚多故無此情形然當其生長發達時由土中吸引起之水亦不少也曾查其面土下四十寸許減水數至百分之七而瀉水層即在四十二寸以下也

青植物遮庇田面

上所云植物能吸引起地下層之水然青植物卻有遮庇地土之功猶加之以肥料也有根物類如紅蘿蔔者行列稀疏幸有茂盛之葉遮庇田面令其易於生長也

種瑞典蘿蔔之田地甚覺濕潤或有蚯蚓蝸牛等殼因其葉茂盛也此等植物吸引起地下層之水似無關緊要而無植物之田則甚易乾燥或謂耕種根物其地土易乾恐未明其理也

植物並肥料減土熱度

胡爾奈試驗而知夏間田地有生長之植物遮庇或用根物之葉或肥料遮庇者較無遮庇田更涼下表所示爲夏間各田十桑的邁當深處熱度中數

	青草	稭稈	無遮庇
黃沙土			
每日熱度中數	一七·〇	一八·〇	一九·一
每日熱度相差中數	二·三	四·七	八·三
石英沙土			
每日熱度中數	一七·九	一八·七	一九·五
每日熱度相差中數	三·八	六·二	一〇·八
灰沙土			
每日熱度中數	一七·二	一八·二	一八·七
每日熱度相差中數	二·八	七·〇	九·二
草煤土			
每日熱度中數	一六·八	一七·九	一九·三
每日熱度相差中數	七·四	二·六	四·三

總言之夏間無遮庇田最熱以稭稈或肥料遮庇則較有青草者更熱在此試驗地土等類雖不同而熱度無甚懸殊蓋遮庇之情形勝於地土之品性也

在春或秋無遮庇田較有遮庇者涼更速在夏間上下午之熱度相差數最大而在春或秋熱度相差數最小然有遮庇田較無遮庇者其熱度相差數更小青草田熱度相差數亦較有肥料田爲小石英沙田熱度相差數最大而草煤田爲最小無論何田有青草遮庇者其熱度相差數最小而無遮庇田終較有遮庇者更易涼總言之無遮庇

田易與空氣熱度相關，在春易熱，在秋易涼也
田面遮庇之稭稈或肥料厚薄，與熱度之高低，亦大有相關，如厚三桑的邁當者，則在夏閒較青草田更涼，在秋閒更熱，如厚一.五桑的邁當者，則在夏閒秋閒較青草田更熱，如厚○.五桑的邁當者，則在夏閒較青草田更熱，在秋閒更涼

遮庇之功

植物生長時，與地土熱度最關緊要，其枝葉茂密者，在夏閒地土之熱度必減，而相差數亦小，如種成行列者，則較亂種者更熱，儻行列稀疏而向南北者，則較行列窄而向

東西之田更熱，當熱天氣時，將苜蓿青草等刈割，則地土驟增熱度
黍生長遲緩，不能速遮庇其田面，故恆爲日光風雨所侵，變爲乾燥，至收成後有乾荒之象，在美國西方，暮春早夏氣候甚爲乾燥，則密種穀類其受害較稀種者爲淺，大約有遮庇田，其發酵情形較易於無植物田，空氣亦易透入，而遇微生物及植物之根鬚也，此語與輕土田確有相關，而黃沙土或韌黏堅硬之土則不然
田地爲農務植物遮庇者，與森林地土相同，均爲涼濕，農務植物之根與樹林之根，在深土中發達情形亦大抵相

同，凡有青植物遮庇田面，可阻禦風雨之衝擊，而葉孔騰出水汽，亦有益於地面

露水並騰汽令地面濕潤

植物葉騰出許多水汽，故其地面較深土更濕潤，福格爾查知休息田空氣之濕有百分，紫苜蓿田當開花時則有一百二十五分，長草地則有一百五十分，其濕潤由於植物葉晝夜騰出水汽，爲土所吸收也，且露水甚多，積於葉面，亦將滴入土中，而無植物田其露水甚少，蓋有遮庇田傳熱較速，露即凝於葉面，積受既多，瀉滴入土也，據休麥克云，葉之傳熱與煙炱之傳熱相等，如夜閒天氣清朗無

風，明晨起視草田，露水沾濕衣履，而近處無植物田依然乾燥也
然露水瀉滴入土，與植物枝葉生長之法有相關，如製糖根物瑞典蘿蔔珍珠米等，其葉面積受露水，易瀉滴入土，而少阻礙，若番薯之葉，則不易令露水滴下，所以番薯根旁土易乾燥也
凡枝葉茂密之下，其地土騰起水汽甚少，因有遮庇，可令地土較涼也，前曾論有遮庇之地土，更易變化成淡氣法，又論及休息田所種副產物，能攝定空氣中之淡氣，故有人欲將多葉植物與少葉植物輪種也

英國農家於小麥收成後治理田地令其清潔蓋小麥生長有野草亦同時生長今小麥已刈割此野草將發達敷布於地面而根入土甚深若不早除後將難治其根已入深土則耕犁僅斷其根而已斷根在土中難保其不復生長也

青植物增肥料於面土

休息田若種副產物可引起地下層之水然引起水至地面愈多則土中易消化之料爲雨水沖失亦愈多所以輪種苜蓿令其引起地下層水有許多灰料隨水至地面苟不爲雨水沖失可備後種植物所需也

凡植物葉面騰出之水汽本由其根在土中吸引水運至葉中者也其根鬚吸引水則四周土中之水有動情而將土中所有物質消化於是苜蓿或他植物根選取爲養料餘則仍留土中爲後種植物所用

美國氣候乾熱所以植物葉面騰出水汽頗有關係紐英格倫農家常注意於西北風之與農務相關據種菸草家云有西北風數日之後菸葉變爲更厚更重當此時刈割此菸草製菸爲最合宜惟鎌刀沾染葉汁濃厚韌黏若膠須用磨刀石刮磨之若在清晨有露時刈割則韌黏不甚膠固也

輪種豆類

歐洲農家數百年卽知豌豆蠶豆黃豆狠莢等有肥田之功故常次於輪種閒古時羅馬農家亦云凡種豆類之田不必再加肥料卽此理也

羅馬農家云種穀類之田若種麻大麥罌粟易竭地力若種尋常苜蓿紫苜蓿有肥田之效與穀類相反蓋穀類易竭盡土中肥料也農學書中曾言植物有肥竭田土之分別

格司配林亦云苜蓿改良田地之功效甚爲顯著毫無疑義如種苜蓿之後卽種小麥其生長較休息田加肥料所

種者更佳伊用田莊肥料三萬啟羅克蘭姆加於二黑克忒之瘠田然後種小麥至秋刈割至第二年春將此田一黑克忒任其休息又一黑克忒散紅苜蓿子生長壯茂刈割一次得二千八百四十啟羅其後因天氣旱乾第二次不能刈割至九月閒卽將復生長之苜蓿耕覆入土於是二黑克忒田再散小麥子其效如左表

	每黑克忒田得穀類啟羅數	
	有苜蓿	無苜蓿
第一次得小麥	九九三	一一〇〇
第二次得小麥	一二二二	八八五

共	二二一五	一九八五

可見第一年因苜蓿尚在生長吸收地土中之肥料以致小麥歉收至第二次種小麥因苜蓿已增地土之肥度其收成不特補償第一次之歉收且反有餘計其二年間共收之數較多於休息田所產者二百三十啟羅

歐洲有數處自二百年來均在種苜蓿以後播種小麥頗獲良效而未知其所以然及休爾茄發明豆類植物能由空氣中攝定淡氣藏儲土中以備後種穀類所需之理於是恍然覺悟英國上古行井田法時亦有以豆類次於輪種間者

內田外田

英國上古時有農家分其田爲二名曰內田外田內田較外田小而近於田莊其數爲共田三分之一或四分之一依田莊肥料有若干而定儻作爲三次輪種者一小麥或苡仁米二大麥或苡仁米三豆類則肥料盡數加於此田至於外田輪種法稍不同或二年種穀類二年休息作爲牧場或又將外田分爲三其一連三年種穀類六年休息不加肥料不種副產物而作爲牧場

依此法爲之草類與豆類輪種之期往往妨礙然豆類如豌豆黃豆苜蓿並根物如番薯等可在不種穀類之田耕種而獲豐收

輪種至第三年種豆類爲預備種小麥之意比利時國英國從前農家亦嘗論之卽是二種植物均需此一種肥料者不可連種英國肯脫省輪種法如下一種穀類二分爲二其一種豆類又一種蘿蔔以飼羊或一種穀類又一種豆類而關羊於田所得肥料可供給小麥其羊在春飼以豆類在冬飼以蘿蔔賓蘭省地土甚瘠農家以蘿蔔與苡仁米輪種或又次之以苜蓿所產蘿蔔亦飼羣羊此乃輪種之實意近世輪種法卽由此推廣也

勞斯並葛爾勃嘗於一田連種小麥四十年若依輪種之理論之不能咎地力之竭盡欲補救之可雜種紅苜蓿於穀類中或重加糞料與青肥料英國農家又查知種穀類可以孟閣爾爲青肥料或種小麥苡仁米大麥之後卽種根物後種苜蓿又後再種穀類除滅蔓草種小麥時可加鉚養淡養並多燐料儻田土有改變情形則必用輪種之善法而重加糞料並青肥料此後再種小麥不必加鉚養淡養並多燐料矣

輪種餘論

穀類易竭地土肥度故治理田地務必令其合宜又不可連種須以不甚竭肥度之植物雜種之

加新鮮肥料甚足者須種易抵禦此肥料之植物然後種能受肥沃之植物

總根深入土之植物如蘿蔔類與敷布根鬚於面土之植物如菜類輪種甚爲合宜

小麥等植物其稈甚長故其根宜牢固須擇地土堅艮者種之而蘿蔔等可種於甚鬆土

凡保護草類之植物祇能種一次不可連種也

蟲類並黴菌類實與蔓草情形相同用輪種法可阻其發達也

有許多蟲類甚害穀類如一田歷年種穀類其害更顯儻

雜種與此蟲類不合宜之植物如種小麥大麥之後種豆類及蘿蔔則能滅殺之然根物並捲心菜等亦有許多蟲類與之合宜所以無論何植物均不可連種也拖絲敦種菜家罕有於一地連年種捲心菜者即此故也歐洲種根物亦往往有蟲患德國農家之意凡一田祇能在七八年間種製糖根物一次若連種之不特有蟲患且糖汁中將多鹽類物也

休息田副產物

上所云青植物即休息田之副產物也古時休息田不種植物歐洲南方農務有一時輪種馬豆蘿蔔孟闊爾番薯

珍珠米製糖根物於濕膠土以改艮土性且使休息田無荒蕪之象司考脫倫從前休息田亦不種植物近於休息期內種蘿蔔飼畜並加糞料多燐料由此田莊之畜肉並穀類之數有增矣

休息田之副產物有改艮田地之功蓋種此植物亦須鋤之犁之除滅易興盛之蔓草而植物又可作爲青肥料增土之肥度以阻其竭力之勢況植物根間有微生物能攝定空氣中之淡氣而入於土中又能吸引起地下層水而變化土中之灰質等其情形猶樹林之根能將深土中之肥料吸引而至地面也所以休息田種豆類最爲合宜蒲

生古查每黑克忒田所種植物之根稈等廢料啟羅克蘭姆數如左表

每黑克忒田收成數	青料或	乾料（一百十度令乾 百度表）	根藤枝葉等乾稈不在內 乾料（一百十度令乾 百度表）	廢料中淡氣	廢料中灰質
苜蓿	二五〇〇	一九七五	二〇〇〇	一五四七	二七·九	一九四·九
番薯	一三四〇〇	二九八八	二八七〇	六八七	五·八	一三·三
孟闊爾	一四九二	一八二〇	一〇四七二	二六七	五二五	二五〇·九
大麥	二〇三一	一六〇八	九二二	六五〇	二·六	三三·一
小麥	一一七二	一〇〇二	七〇〇	五一八	二·一	三六·三

苜蓿可增淡氣

英國農家查知所種苜蓿在一年間刈割二次然後盡數收割並蔓草等亦不留於田間卽種小麥甚爲合宜且較在一年間刈割一次而任其作爲牧羊場者更佳然羊糞確有肥田之功效反不及上法之善殊屬詫奇或將苜蓿刈割一次而以後待其生子收割卽種小麥則較刈割二次及刈割一次以後作爲牧場者尤佳福爾克考察云苜蓿雖由土中吸取許多燐料鉀養鈣養等較多於他植物且吸取淡氣數較小麥所需者多三倍然苜蓿田之面土中仍有許多含淡氣料此淡氣大抵由苜蓿攝定並其根鬚等留於田間者也又考知生子之苜蓿根在十一月間較刈割二次者更爲壯健重多而各層土中有用之物質亦更多可見生子之苜蓿因根多而藏儲於土中之淡氣亦因之更多其葉等墜於土中者亦足以增其肥度而作爲牧場之苜蓿其根並根間腫塊不甚發達似有阻礙故土中藏儲之淡氣自較少矣其試驗之效如左表

留於土中物質	苜蓿割二次 每畝共得四噸	苜蓿割一次令其生子 每畝得草料二噸 得子三擔
每英畝乾根磅數	一四九三·五	三六二二·○
乾根中淡氣磅數	二四·五	五一·五
每英畝面土六寸間淡氣磅數	三三五○·○	四七二五·○
第二層土六寸間淡氣磅數	一八七五·○	三三五○·○
第三層土六寸間淡氣磅數	一三二五·○	二二二五·○
面土並第二層土共十二寸間及根料中淡氣磅數	五二四九·五	八一二六·五

福爾克云生子苜蓿留於土中之淡氣不特爲數較多且數布於面土甚均勻以後所種植物頗能得其利益因此等淡氣物質易變爲淡養料也苜蓿刈割二次之田土十二寸間每畝有淡氣二·五噸而生子苜蓿田面土六寸間幾亦有此數十二寸間共有淡氣四噸此足以表明農務大旨矣凡某植物能竭肥度某植物能增肥度農家須明察其宜於是播種則地土之肥度不減而產物可冀豐稔至於新墾田地試種植物尤以葱類爲特別合宜

稈根留於田間

格司配林在法國南方查知一田在五年間連種紫苜蓿可得草料十六噸其中淡氣有八百磅稈根等十六噸有奇其中淡氣有二百二十九磅衞斯克查知一毛茛田種各植物之後留於土中物質磅重數如左表

	燕麥	苡仁米	大麥	小麥	紅苜蓿
稈根	三○一九	二四二	二一六七	一九○四	五一一六
生物質	二○七四	九二四	一三三九	一三六九	四○一五

灰質	九四五	二一八	八二八	六二五	一一〇一
淡氣	三七六	一三·二	一五四	一二六	二·〇
鉀養	一八	六	一四	二	四七
燐養五酸	一五	七	一七	七	四三
鈣養	四二	二四	四九	四四	一五〇
鎂養	八	三	七	六	二八

	紫苜蓿	山方草	白苜蓿	鳥腳草	蕎麥
稈根	五五四	三四〇一	二八七〇	一七九五	一三五九
生物質	四八五六	二八一四	一三二一	一四八二	九九二
灰質	六六八	五八七	五五九	三一三	二六七
淡氣	七八·二	七〇·八	五八·七	三七·二	二七五
鉀養	二一	二五	一五	五	五
燐養五酸	二三	一七	一四	二	六
鈣養	一二三	六七	七六	四六	四六
鎂養	一四	一八	一〇	八	四

	豌豆	狼荚	油菜
稈根	一八四八	二〇二七	二五五七
生物質	一四六三	一七一一	二三〇〇
灰質	三八五	三一六	三五七
淡氣	三二·五	三五·八	三四·九
鉀養	七	一〇	二七
燐養五酸	九	八	一八
鈣養	四一	四六	七一
鎂養	六	七	八

美國衛斯康新省金先生用管盛土埋於田閒試種植物獲效如左表

	每畝田乾料磅數		較數
	根以上物料	根	根以上物料 根
大珍珠米	一九八四五	二九〇一	六·八四至一
大麥	八一八九	三六五八	二·二三至一
苡仁米	一四一九六	四二〇八	三·三四至一
紅苜蓿	一二四八六	三一一二	四　至一

德國農家查知白狼荚並苜蓿爲預備種冬小麥之植物，提德立次試驗而知德田每畝產此植物之根稈料有二千磅，其中有淡氣三十三磅，炭質九百二十二磅，合炭養氣三千三百八十二磅，鈣養四十一磅，鎂養一磅又四分磅之一，鉀養五磅，燐養五酸七磅，休爾茄查知若以狼荚爲穀類之預備植物，其地土須有佳酵料，而暖性黃沙土爲最宜，冷性乾黃沙土則不宜，然有地土種狼荚生長甚發達，至種穀類則不甚合宜，無論狼荚耕覆入土或刈割均

有此情形若加半分田莊肥料亦無效此等田及瘠薄田須加灰土並楷尼脫多燐料則種狠莢之後而種燕麥大麥甚能發達蓋加此肥料其土中有合宜於穀類之發酵微生物也狠莢輪種於羊牧場五六次後亦將衰敗似田土厭此植物者若每畝加楷尼脫五百二十磅漸可復原此植物頗能攝定空氣中之淡氣其根甚長故宜於深土易吸引起養料凡留於田間之廢料可增地土之肥度者即因其吸取深層土中之物質也

苜蓿爲小麥預備植物

美國屋海噢省紐約省以苜蓿與小麥輪種儻合法在一

年間可得草料甚多且田間少蔓草今農家將苜蓿子與大麥子同散及穀類收成之後則耕覆苜蓿並根稈等於土中預備種冬小麥如此則田土之增肥度僅賴苜蓿而已或於耕犁後不種小麥至來春種大珍珠米

總言之苜蓿之莖葉等可作爲青肥料其淡氣物質漸變爲淡養料供給後種植物所需若種麻必盡數收割無留於田間者也勞斯並葛爾勃在三月杪考察地土中淡氣鹽類物之多寡此地土爲二田其一田往年曾種小麥又一田曾種苜蓿此苜蓿即在往年十月間犁入土而麥稈任其自然查麥田上層土二十七寸間有淡養淡氣不過一四五磅苜蓿田則有三八·九磅

不特苜蓿多留廢料於田間而廢料中之淡氣亦堪爲種小麥之預備蓋苜蓿根間腫塊中藏儲佳品淡氣足爲小麥之養料也蒲生古前表所示紅菜頭廢料留於田間較更多而淡氣並灰質亦甚多然爲小麥之預備遜於苜蓿要而言之小麥與紅菜頭輪種未見其果爲合宜不如與番薯輪種較有把握惟留於土中之廢料稍少耳

蒲生古考驗云紅菜頭竟有竭盡地力之勢而苜蓿則不然所以紅菜頭廢料反回於田地不足補償其所失苜蓿則吸取地土中之淡氣爲數甚少而由空氣中攝定之淡

氣甚多其廢料留於田間者頗增肥度番薯亦有此情形惟較次於苜蓿耳凡種苜蓿後可隨時散小麥子若種紅菜頭須待收成之後方可播種往往時候已遲他草留於土中之淡氣其效不及苜蓿而變爲淡養物質亦不能迅捷也

歐洲以紅菜頭爲休息田之植物在冬麥收成後種之亦可爲種春麥之預備然天然堅土或壓緊土種冬小麥於苜蓿之後其效遠勝於種紅菜頭番薯或休息之後種之者勞斯並葛爾勃在曾種苜蓿之田種小麥又在一田連年種小麥均不加肥料苜蓿田得小麥二九·五斗較連年

種小麥田多十四斗，初甚以爲奇，因苜蓿田之土中耗失灰質並淡氣較小麥田爲多也

苜蓿特別利益

上所云甚以爲奇者，今人乃知之，因苜蓿頗能由空氣中攝定淡氣，而根閒腫塊實有微生物工作，所以不特不竭地力，且反增其肥度，至於根物等往往易竭面土之淡氣，特海蘭云，紅菜頭菸草粟大珍珠米均須許多淡氣料，儻盡數收穫之後，將來植物有匱乏養料之虞，而苜蓿爲預備植物，其功效迥異於尋常草類，英國農家曾種萊草以代苜蓿爲預備種小麥，亦無良效，衞博士在肯脫省一田

先種苜蓿後種小麥，又一田先種萊草，後種小麥，至收成時苜蓿田產小麥較多二倍

馬歇爾云，重土種蘿蔔之後，卽種苡仁米不甚合宜，若在輕土，則此法頗得效，蓋因羣羊食此蘿蔔，將地土踩躪，而土性因之改變，亦未可知，英國重土種苜蓿豌豆並他豆類之後，而種小麥，常慮豆田不合宜，且散麥子須較遲，於苜蓿田，其豆萁等亦必除去，否則有礙耕種，並有蜒蚰等致害於小麥也

堅土宜種小麥

小麥種於鬆土爲不合法，麥子入土甚深，而生長瘦弱，其

根四圍又無扶持之土質，此等田有車馬經過處，所產小麥反較佳

所以英國農家云，苜蓿及馬豆爲小麥之先導，甚佳，而番薯則不宜，雖種番薯時，可多加肥料，然地土由此變鬆，應種苡仁米苜蓿，於是種小麥

早成熟之番薯，可爲冬麥之先導，屋海哸省之北部所種苜蓿，可速犂入土而種小麥，不必先種珍珠米或番薯也，然苜蓿攝定之淡氣或過多，亦不宜於小麥，恐其稈葉過盛而生實較少也，該處種苜蓿刈割一次之後，任其生長，於是犂入土而種番薯，考查土中之淡氣尚甚多，余有鄰

農將春閒之苜蓿田加肥料，爲種番薯之預備，至秋耕犂播種小麥，孰知其肥料適在秋閒腐爛變化而成淡氣甚多，反爲不宜，故依余之意見，隔年種苜蓿，今年耕犂而種番薯，及番薯收成，乃種小麥，尚爲妥善

根物後種夏穀類

歐洲農家往往於根物收成後，種夏閒之穀類，此等地方隔年種紅菜頭番薯捲心菜，及收成後，卽以苜蓿子與苡仁米子同散，此時田地甚清潔，加足肥料，然後再種小麥，北方根物收成時與散穀子之閒時日甚促，且恐天氣不佳，不及擇合宜散子之日，儻遲延因循，則穀類在熱天氣

時不能生長發達

小麥與燕麥不同

英國有識見之農夫云種小麥宜略堅之舊田祇須肥沃及田面有鬆黃沙土壅護麥子而已蓋小麥根必賴堅土扶持故產麥最豐稔之田其面土之下恆爲膠土

格司配林用盆試種小麥其土以篩分其粗細或壓緊或任其鬆疏盆面不加水而由盆底之孔吸引水乃知小麥在稍壓緊之細土中生長最佳在不壓緊之粗鬆土生長最次

粗細沙土與燕麥相宜而與小麥不宜燕麥非惟在不能

生長小麥之多沙黃沙土能生長且甚喜此輕鬆之地土所以重土擬種燕麥應格外注意務必屢次耕犂以增其鬆疏然新犂之田又似過鬆不可即散燕麥子須隔二或三星期幸其生長甚速不嫌遲緩也有農家云隔二或三星期於是散子非欲地土之堅實乃欲令肥料在土中敷布均勻也

種草後種大麥

新墾鬆疏之草地不宜種小麥而宜種大麥英國中省百年前輪種之法先種草六七年於是種大麥大麥後種小麥以後種苡仁米苜蓿其西方則在老苜蓿田散小麥子

田間之蔓草掘起焚燒或令其休息時腐爛於土中所用肥料爲石灰而稍加糞料

凡地土中有茅根及不腐爛之草根者必多空隙若種小麥將爲冰霜或蟲類所損害其根土已腐爛而土質堅實者則無此患英國農家在此等鬆土種草之後即種蘿蔔之類作爲副產物令羣羊食之其田土藉羣羊踐踏堅實依此法治理從前不能產物之甚鬆土今可豐收小麥司考脫倫有農家云種蘿蔔較種番薯更多者則以後產他植物較不用此法者更爲豐稔蓋種蘿蔔頗能改良田地也故觀察田間植物之豐盛與否即知以前種蘿蔔或番

薯然此均論鬆疏乾燥之地土若堅實之田而在多雨之時縱羣羊食蘿蔔亦有許多不合宜處

農務緊要之時可闌羣羊於春間小麥初出之田美國西北平原草地均種春小麥據云此麥種於新墾之草地不能興盛須先種珍珠米番薯大麥或豆類然後可連年種春小麥坎拏大之盎退列育湖邊地土甚軟而黑天氣又不合宜所以不能種秋麥若種春麥大麥苡仁米則甚佳儻欲種秋麥須在數年前作爲牧場令土堅實休息一年方可種也在密希軋省田地散草子並苜蓿子此草留於田間三年之久而令地土堅實乃種冬小麥其南之意里

郡省平原草地稍有數處能種秋麥，因該省地土並天氣大抵與秋麥不宜，其風甚猛，冬有濃霜，均足以損害小麥，至春間暖和，則土質更爲鬆疏開展，致顯麥根，且易有黴患

綫條蟲損害小麥

鬆土中之草根等生一種蟲，名曰綫條蟲，能出入地土，而害小麥，蓋小麥之根鬚敷布，須賴地土扶持，方能生長，其稈葉而發達，今有此蟲，則根不牢固，易萎死，新墾田頗有空隙，儻本係甚多綫條蟲者，至此時更易孳生繁衍，有草煤物質之地土，先作爲牧場，而後墾之，即種大麥，亦將爲

綫條蟲所害，所以英國或燒此草地而耕犁入土甚深，有一田依此法治理，四年間連種小麥，頗獲豐收，英國農家亦恐有此蟲爲害，將苜蓿田或草地深犁其根料等入土而種小麥

羊滅綫條蟲

小麥田欲滅綫條蟲，須養羣羊，當小麥已散子而耙平之後，驅羊踐踏，令地土堅實，若在秋間無暇如此治理，則在早春爲之，此可保護小麥不爲蟲害也，即已爲蟲損害，亦可阻止之，蓋濕天氣時用石輥壓之，甚爲不便，驅羊踐踏堅實事半功倍也，英國南方輕土，小麥初生時常用石輥壓緊之

苜蓿田在夏間或七月間耕覆入土甚深，至將散麥子時，其犁槽之土已畧爲堅實，而苜蓿根亦已腐爛變化，頗宜於小麥之生長，或耕犁後隔月餘輥而平之，尤佳，凡有灰料之地土，有綫條蟲並他蟲類，耕覆草根土後，用輥壓之最爲合法，其蟲類因地位不宜且無食料，遂死，然草根土須令其先發酵腐爛，否則植物子在土中將與之同腐爛矣

苜蓿有益於薄土

或云，已刈割之苜蓿田種小麥，其收成較苜蓿爲羊所食

之田所產者更佳，若苜蓿刈割二次者尤佳，此理因苜蓿作爲乾料，其根即極力敷布甚廣也

據福爾克云，苜蓿之根敷布愈廣，裨益地土亦愈甚，有農家之意，將苜蓿刈割，任其更生長，以備第二次之刈割，如此其根之重數倍於尋常，若苜蓿自春至秋爲羊所食者，則阻其根之敷布，又有人云，留於田間之苜蓿廢料並未刈割前之遮庇田面，均足令田土格外改良，今思其故，蓋因苜蓿刈割後其根間腫塊大且多，此即更合宜於小麥之生長也

英國東南有白石粉之山地多種苜蓿，或兼種草類之後

可種小麥此等地土種蘿蔔之後卽可種苡仁米若欲種小麥合法者如其地土輕鬆瘠薄則土中須有草根土爲要輕鬆土中有含鎂養之灰石土者亦宜先種苜蓿或兼種草類方可種小麥然輕鬆白石粉土耕覆草根土後必須用石輥壓緊於是散小麥子散子後又壓之令子與土密切並闌羊踐踏之如此治理麥子有堅實之地位而草根等亦易腐爛可供小麥所需他日麥根亦不致顯露而綫條蟲發達之勢亦因之阻止輥具式樣不一尤以輥面稍有凹凸者爲佳凡輥過之地土無異羣羊之踐踏從前未有此輥具時驅幼穉之畜類於田閒踐踏之此踐踏之

法必須周偏於耙平之後令畜類成行列來往踐踏此與闌羊之法不同因闌羊在田令其宿於田閒且有糞料以肥田也

根物後種小麥

苜蓿之後種小麥常聞不獲佳收成如英國耀克駭省含石灰之深鬆山地種蘿蔔之後方可種小麥若前此種苜蓿者則小麥至初春已發達亦屬有弊先種油菜其效與蘿蔔同地土瘠薄者其情形適相反先種蘿蔔後種小麥不獲佳效須以大麥或苡仁米代之一千八百五十八年諾福省白石粉鬆土田今種小麥甚廣數年前種根物之後而種小麥罕有良效可見各地土須各有合宜之法治理不可固執也

一千八百七十三年司考脫倫之海亭吞省種苜蓿而有根在土中者不宜種小麥百年前卻依此法而得小麥之大收成且他處地土恆爲綫條蟲所損害此省地土未見有蟲害然小麥種於苜蓿之後亦未嘗不得收成而未種麥之前必令其田休息在七月閒犁而輥之加肥料又犁輥之乃散小麥子格司配林云法國東方苜蓿田不甚廣鋤而耙之隨散小麥子亦可得中等收成

人踏田地

英國新開墾之濕草地散小麥子之前或後均注意於開溝加泥用輥壓緊各法以冀豐收他處田地用羊踐踏已可令麥根牢固而此新田多草根土者常用男女工分班依次踐踏堅實其工費亦不甚大較用輥更佳

散小麥子時須待地土因乾燥變成塵土之期已過而稍有雨水令地土堅實農家之意散小麥子時不嫌土之過濕祗須易於治理而令其子有泥土遮護至已散子後則不可擾動儻擾動之將成塊垡也

古人云燕麥之性喜乾而小麥子在陰雨天氣散之甚爲合宜且散子之前耕犁田地亦必稍濕方易從事

英國塞福省有農家以一田肥料作爲二分其一分先加於種馬豆時至種小麥時又加一分加於馬豆之肥料不必深壅入土其豆根可在土中牢固至種小麥時深犁地土將前此所加肥料翻至地面司考脫倫有農家恐豆根中有蟲子俟豆收成後卽深耕以壅其根料於是耙平隔四或五星期又深犁而種小麥所以深耕滅殺蟲類往往與加肥料有相關

卷終

農務全書下編卷四

美國哈萬德大書院農務化學教習施妥縷撰　慈谿舒高第口譯
新陽趙詒琛筆述

第三章下

輪種各法

穀類須供給淡氣

小麥需淡氣較多故輪種必須注意於此田間連年種小麥而屢加肥料則肥料中之灰質常有餘多欲用盡之每隔若干年不加肥料而種能向空氣中攝定淡氣之植物或稍加糞料再加製造之淡氣肥料又種小麥以令其吸

取新加肥料之灰質

英國農家知製造易消化淡氣和肥料培壅穀類最爲合宜又查知休息田所種植物如苜蓿或豆類能自攝定空氣中之淡氣勞斯並葛爾勃查驗甚確云淡養阿摩尼爲最合宜之肥料而燐料宜於蘿蔔鉀養料宜於豆類又云豆類與穀類輪種往往攝定許多淡氣祇須土中有鉀養料燐料石灰等如田土中多金石類肥料者可連年種豆類不必加淡氣肥料查第一之十二年閒加鉀養肥料每年每畝由豆類攝定淡氣六一五磅不加肥料之田僅有四十八磅第二之十二年閒加鉀養肥料每年每畝由豆

類攝定淡氣二九五磅不加肥料之田僅有一四·五磅共二十四年間加鉀養田每年每畝攝定淡氣中數爲四五五磅不加肥料之田攝定淡氣中數爲三一·三三磅此二十四年間加鉀養田之豆類所得淡氣較小麥在同等田所得淡氣數不止加倍

種紅苜蓿以代豆類不能得一定之實效緣紅苜蓿收成頗有參差且不能在一田連年播種然亦可見此植物能攝定淡氣爲種穀類之先導如在一田連種穀類六次將此田之一分種苡仁米又一分種紅苜蓿查知每畝田之苡仁米得淡氣三七·三三磅苜蓿則一五一·三三磅至第

二年此田全種苡仁米則曾種苡仁米之一分所產者得淡氣三十九磅曾種苜蓿之一分所產者得淡氣六九·四磅即是苜蓿田已得淡氣一五一·三三磅至第二年又較增三〇·三三磅可見苜蓿能自攝定所需之淡氣且有餘多藏儲土中以備後種植物所需

根物吸取淡氣

紅菜頭蘿蔔爲休息田之植物吸取土中淡氣甚多有人名克里斯梯阿那在不加肥料田連種根物四十五年然後種小麥苡仁米大麥而得中等收成若再種製糖根物則不能獲利據法人潑那爾云法國有田可屢次種根物

又云在肥沃田可連種製糖根物十年不加肥料甚得豐收

勞斯並葛爾勃云田地不加肥料連種小麥數年又連種蘿蔔三年均不見效後加淡養鹽類物或阿摩尼鹽類再種小麥收成加倍再種蘿蔔仍不見效惟有一田加以多燐料於小麥無大效而於蘿蔔得豐收可見多燐料爲蘿蔔合宜之肥料有人云多燐料在土中能令微生物蕃衍而呼莫司變爲一種含淡氣物質適宜於蘿蔔而不宜於小麥也由此言之種蘿蔔須加含燐之和肥料

勞斯云種蘿蔔須加製造肥料以助之先令地土鬆細多

加含炭含燐之肥料又云加生物質肥料爲最合宜因其中多微生物即多生物淡氣也如菜子渣餅與多燐料和而用之是也並可代牧場肥料至於阿摩尼硫養三或獨用或與燐料同用其效不顯在已竭肥力之田加阿摩尼鹽類不能令地土復原而蘿蔔之葉則甚茂盛儻依法加菜子渣餅收成可增六倍凡地土新開墾而多微生物者僅加金石類肥料已有功效然數年之後其效漸減須加有微生物之肥料

如此試驗後勞斯以爲蘿蔔最合宜之肥料須有炭質而不必有淡氣據云蘿蔔生長發達之時全恃土中之生物

質而尤要者爲炭質若欲得其豐收必多加含炭物質英國以蘿蔔與穀類輪種購菜子渣餅與濃厚肥料合成之肥料加之卽此故也

法國輪種苜蓿

法國尼姆省輪種法如下先種紫苜蓿重加肥料四年之後犁入土中連種小麥四年不加肥料全恃耕覆之紫苜蓿腐爛而爲肥料也以後連種山方草二年後又連種小麥二年於是再種紫苜蓿此法十二年閒得佳品小麥收成六次僅加肥料一次所以租田卽以十二年爲一期計每英畝收成中數爲二十二斗其肥料卽在本省可得此

輪種法得紫苜蓿之淡氣甚足故不必將牧羊所得肥料盡數加之可以其餘加於葡萄園

此輪種法可見穀類屢次種於一田而全恃耕覆一次之紫苜蓿爲肥料且該省天氣並地土均合宜故收成可及時卽可治理田面預備種他植物而毋庸過慮其收成係在六月閒而下次應種之植物須在十月或十一月散子在九月或十月之上旬可得雨水滋潤田土

夫輪種之法亦賴地方情形欲得其完全之合宜甚難祗能詳察斟酌行之

休息田所產植物反回於地土

休息田所產植物收成之後其根稈葉等廢料大抵反回於地土仍可作爲肥料至於穀類之稈料其中有鉀養亦頗能供給生物質爲發酵微生物所需此外並無肥料之利益其穀實則運往遠方而蘿蔔苜蓿卽用於田莊故其大分淡氣並金石類質均反回於地土中

歐洲農事今異於昔者卽係休息田種飼畜草也蓋近來養動物較多得肥料亦較多有此休息田副產物可爲種穀類之預備並爲動物之食料實爲輪種新法之要事所以勞斯云欲求農務合法而費用節省者須依此法爲之又云飼畜類肥壯之時食料中之淡氣變爲畜體之骨肉

爲數甚少而此淡氣大都爲肥料仍反回於田地畜肉中淡氣之價值較食料中所有淡氣價值甚大故得肉之法愈善其價值亦愈增如肉二十八磅可得價值三圓三角六分其中淡氣爲一磅而豌豆或菜子渣餅二十八磅其中淡氣大抵相等僅得價值五角或七角五分

苜蓿改變地土

美國西省常種大珍珠米用馬耕犁有損於地土蓋此等地土本係微細澄停之泥乾時不擾動固甚佳若擾動之將擠緊而變爲堅實也若種苜蓿則土面有葉遮庇土中有根敷布是爲苜蓿根土以犁翻覆之卽有生物質相雜

不致有上所云之弊且由此情形變佳英國林肯省之澄停土亦種苜蓿爲第一之收成物因地土初爲江水所澄停極卑濕易變成泥漿形須加苜蓿等根類以令其鬆又有他處地土適休息時遇大雨變成泥漿形以後種小麥竟被其悶壓不能發達宜速種草類而將其根耕覆入土爲要

大珍珠米爲休息田植物

有地土多次種植物不獲佳效所以細黃沙土地以大珍珠米輪種之此大珍珠米與他穀類之生長法並所需化學物質大不相同如在晚夏小麥已收成後而大珍珠米

依然茂盛該時土中呼莫司變成之淡養物質適供其所需歐洲南方百餘年來種大珍珠米爲休息田之植物猶英國輪種蘿蔔也夫大珍珠米亦能竭盡地土中賸餘之肥料亦可供給畜食料而多得洩出肥料固無異於蘿蔔也美國以小麥爲產物正宗其輪種法如下一紅苜蓿二小麥三大珍珠米四小麥尋常將肥料加於大珍珠米而不加於他植物法國輪種法先種大珍珠米而重加肥料後種小麥亦稍加肥料

勒色爾論意里那省農務云產長草之平原田種大珍珠米可加新佳之肥料因其能抵禦多肥料也該處農夫故云肥沃田亦可加肥料歐洲南方之魚池往往戽水而種大珍珠米收成甚豐此植物最宜之地土爲肥沃深輕黃沙土凡田先種草或苜蓿耕覆入土而後種之亦佳惟未開溝之堅溼草地則不宜恐所散子易腐爛而乾土則又因土性寒冷不易發達也

化分輪種之植物

各植物竭盡地土之肥度有參差故蒲生古考究歐洲尋常輪種植物之分劑與所用肥料中之化學分劑相較如下表

舊法輪種一休息田加肥料二冬小麥三春小麥每黑克

忒田加田莊肥料二萬啟羅合乾料四千一百四十啟羅得穀實並稈料一萬零八百十八啟羅合乾料八千三百八十六啟羅

每黑克忒田	炭	輕氣	養氣	淡氣	灰質
乾肥料	一四八二	一七四	一〇六八	八三	一三三三
乾產物	三九九四	四五九	三三九〇	八七	四五七
相較數	丄二五一二	丄二八五	丄二三二二	丄四	丅八七六

又試驗法國東方阿爾散斯省堅土五次輪種之法一番薯加肥料二冬小麥在春閒散苜蓿子三苜蓿刈割二次餘料犁入土四冬小麥並蘿蔔五大麥此大麥收成歉少

可見土中肥料將竭，而其益在番薯有吸收盡餘肥料之功，苜蓿有增益肥料並藏儲淡氣之功。第一年種番薯，所加肥料，每黑克忒田，有四萬九千零八十六啟羅，合乾料一萬零一百六十一啟羅。收成之物，除番薯廢料並蘿蔔莢棄於田間外，係四萬零四百十八啟羅，合乾料一萬七千七百九十一啟羅

每黑克忒田	炭	輕氣	養氣	淡氣	灰質
乾肥料	三六三八	四二七	二六二二	二〇三	三三七二
乾產物	八三八三	九七三	七一七三	二五一	一〇二一
相較數	丄四七四五	丄五四六	丄四五五一	丄四八	丅二三五一

依此輪種法，又重行一次，惟將紅菜頭以代番薯，其效亦相同

更有輪種法如下：一番薯加肥料，二冬小麥，三苜蓿，四冬小麥並蘿蔔，五豌豆加肥料，六燕麥。所加肥料，每黑克忒田有五萬八千九百啟羅，合乾料一萬二千一百九十二啟羅。收成植物，四萬六千五百六十六啟羅，合乾料二萬三千三百三十啟羅

每黑克忒田	炭	輕氣	養氣	淡氣	灰質
乾肥料	四三六三	五一二	三一四六	二四四	三九二六
乾產物	一〇九五〇	一二六九	九四〇五	三五四	一三五三
相較數	丄六五八六	丄七五七	丄六二五九	丄一一〇	丅二五七三

阿爾散斯省產挨梯义克菜，有一田常種此菜，獲利甚厚。每隔一年，每黑克忒田加肥料四萬五千四百五十啟羅，合乾料九千四百零八啟羅。第一之二年間，收得此菜頭五萬二千八百八十啟羅，其莖料二千八百二十啟羅，共合乾料三萬五千五百六十二啟羅

每黑克忒田	炭	輕氣	養氣	淡氣	灰質
乾肥料	三三六八	三九五	二四二七	一八八	三〇二九
乾產物	一五九八八	一九六四	一五九八八	二七四	一二五七
相較數	丄一二六二〇	丄一五六九	丄一三五六一	丄八六	丅一七七二

以上試驗，均表明植物中之炭與養，均得自空氣，而輕氣由水得之。其吸取之淡氣，較肥料中所有之數更多，此情形在輪種更為明顯。古時三次輪種，往往不得佳效者，觀此表即可知之。蓋植物吸取地土中之養料，尚嫌不足，須特加肥料也

肥料中灰質較植物所需之數更多，因灰質中有許多物質為無用也。又肥料中有燒贘物質之餘料數分，大抵不能再燒者。格司配林化分肥料中之灰質與五次輪種之植物吸取灰質數相較如左表

每黑克忒田	燐二養五	炭養	鎂養	鉀二養 鈉二養	硫養三	綠	矽養二 鐵二養三

肥料	一八九	二四三	二二五	七二〇	六六〇	六八	一七九四
七年植物	一五四	一四二	七四	五四〇	四五	二九	四二六
相較數	三五	一〇一	一五一	一八〇	六一五	三九	一三六八

諾福省輪種法

諾福省近百年來著名之輪種法如下、一小麥二苡仁米三蘿蔔四苡仁米五苜蓿六草此草在孟夏刈割作爲乾草其根則耕覆入土於是休息預備種小麥後漸行休息田種青植物之法此田先加糞料爲小麥並蘿蔔之肥料又陸續加灰土爲苡仁米及蘿蔔或小麥所需當種蘿蔔時屢鋤地土令蔓草衰敗農家亦全恃蘿蔔供給畜類以

得其洩出之肥料其苜蓿並草可爲春夏之食料所以不必計及天然之牧場矣一二百年間歐洲北方始種苜蓿由此改變古時之輪種法而至今視苜蓿爲草料美國亦然諾福省之輪種法最宜於該省鬆疏淺黃沙土凡田主與佃戶訂立耕種契劵必注明此法

英國四次輪種法

英國農家云乾鬆地土宜用四次輪種法葢從諾福省輪種法略爲改變也一蘿蔔加肥料二小麥或苡仁米雜種苜蓿三苜蓿或豆四大麥或小麥此輪種法先種他植物以竭地力然後種蘿蔔也在秋犂之至春再犂去除蔓草

未散蘿蔔子之前即加肥料並鋤之淸潔田面或驅羣羊食所產蘿蔔即在田間得洩出之肥料預備種小麥

據云此法雖善難於持久因蘿蔔往往不能成熟或苜蓿亦歉收均屬阻礙尋常輪種法如下、蘿蔔不能成熟則任其休息至秋閒散小麥子或苜蓿子或久休息至明春散苡仁米子苜蓿子儻苜蓿生長不佳即種豌豆待其生長耕覆入土或以大麥代苜蓿或以苜蓿代大麥均無不可若苜蓿因不發達而顯露地土即在其地散白芥子他日與苜蓿同爲青肥料

當今農務之困難即在苜蓿之不發達蒲生古云苜蓿豐

稔有把握則輪種之法有定規至於紅苜蓿每隔四年散子一次尙有不發達之患葢地土有厭苜蓿之性終不能得佳收成也在第三年以他植物代之致八年或十二年或十六年開輪種苜蓿僅一次或在第三年分其田爲三其一田種豌豆或他豆又一田種白苜蓿或紅苜蓿或山方草或萊草亦可種瑞典苜蓿

有人以爲種蘿蔔如不合宜可種孟閣爾以代之如數埆或十二埆種孟閣爾其鄰田同數之埆種紅菜頭至再輪種則孟閣爾與紅菜頭互易如此一田在八年閒此二植物僅輪種一次更有欲避多種蘿蔔生弊之法即以花椰

菜代之英國農家亦用此法也

四次輪種法可易改爲五次輪種於穀類收成後卽散苜蓿子或草子任其生長作爲休息田之植物閱二年凡輕土宜牧羣羊者最爲合宜在夏間有苜蓿爲食料至冬間有蘿蔔爲食料愈令動物肥壯若在重土則五次或六次輪種爲佳

殷博士云阿爾蘭堅濕土用四次輪種法爲善一馬豆二大麥三苜蓿四小麥或用二次輪種法一豆二小麥從前德國常種番薯以代蘿蔔惟番薯易有病故又種孟閣爾或製糖根物以應近處製糖廠所需英國堅土從前輪種

法如下一小麥二休息不種植物三小麥四苜蓿然開溝洩水與用汽機犂以來卽極堅之地土亦可變爲細熟產豐美之蘿蔔供給肥壯之動物並得洩出之肥料於是利源愈溥矣

四次輪種法爲佳

四次輪種番薯苡仁米苜蓿小麥據勞斯並葛爾勃計算每英畝在四年間可出售小麥三十斗苡仁米三十五斗其畜肉由瑞典蘿蔔十噸苜蓿六千磅補養變成又飼以穀類稈根而得洩出之肥料反回於田地惟出售之穀實並肉耗失要質爲鉀養四五至五磅燐養酸七至八磅

論及淡氣則藉苜蓿根他植物根間之菌類微生物由空氣中攝定之況英國農家購菜子渣餅並蘿蔔飼畜則每年田間耗失之鉀養及燐養酸可得畜糞料以補償之由此可見四次輪種法其地土肥沃可合宜也

如此輪種其費用較作爲牧場者更大因四分之一之田種蘿蔔須費資本甚多又四分之一之田種苜蓿而每年四分之二之田種穀類多費資本及肥料儻用五年輪種法費用較省蓋有二年可作爲牧場不必加肥料及耕種之費也然種草或苜蓿爲期過久亦不免有弊所以山方草田已歷三年宜耕覆入土而種大麥或小麥若爲期更

久則田間不清潔其根類敷布牢固以後所種植物或受綫條蟲之害

種山方草之期限可較紅苜蓿更久亦有歷十六年或二十年者然此草恆易爲他草所擁擠故常種八年或十年在稍不合宜之地亦可歷五年或六年馬歇爾論英國中部云小山坡田種山方草不能歷久罕有過於十年者紫苜蓿在此田可歷年較多格司配林云種於深濕含鈣之地土可歷十五年或二十年以後再種祇能歷四年或五年而已法國南方可久種紫苜蓿不必加肥料此等田地下層土常有水引起以潤田面也

司考脫倫六次輪種法

六次輪種法在稍堅土較爲合宜輕土田如不多種根物者亦可行也此法可多種穀類而根物或苜蓿不成熟之險亦可較少因在六年間僅輪種一次也治理合法之地土所產小麥較四年輪種一次者更豐祇須他植物依次輪種合宜而已阿爾蘭乾輕土宜種番薯若用此輪種法亦可一番薯重加肥料二小麥三蘿蔔四苡仁米五苜蓿六小麥

田莊肥料灰質中物質不均勻

前曾論及田莊肥料中之淡氣與灰質不稱而此灰質中之鉀養燐養$_{五}$酸亦有多寡全恃所產植物吸取之功查四次輪種所產植物中之鉀養並燐養$_{五}$酸數如左表

所種植物	鉀養	燐養$_{五}$酸
一 小麥	一六·四○	一○·六七
二 大麥	一○·四七	四·五九
三 番薯	六六·四一	一八·三三
四 馬料	三九·五四	一一·三二
共	一三二·八二	四四·八一

即是鉀養與燐養$_{五}$酸相較猶二·九六∶一

所種植物		
一 小麥	一六·九○	一○·六七
二 苡仁米	一七·四四	一○·六五
三 番薯	六六·四一	一八·三三
四 馬料	一九·五四	一一·三二
共	一四○·二九	五○·九七

即是鉀養與燐養$_{五}$酸相較猶二·七六∶一

所種植物		
一 燕麥	二○·○三	一二·一五
二 大麥	一○·九七	四·五九
三 番薯	六六·四一	一八·三三
四 馬料	三九·五四	一一·三二
共	一三六·九五	四六·三九

即是鉀養與燐養$_{五}$酸相較猶二·九五∶一

所種植物		
一 小麥	一六·九○	一○·六七
二 大麥	一○·九七	四·五九
三 孟閣爾	一四八·五四	二五·六二
四 馬料	三九·五四	一一·三二
共	二一五·九五	五二·二○

即是鉀養與燐養$_{五}$酸相較猶四·一三∶一

所種植物		
一 燕麥	二○·○三	一二·一五
二 苡仁米	一三·四四	一○·六五
三 孟閣爾	一四八·五四	二五·六二
四 馬料	三九·五四	一一·三二
共	二二五·五五	五九·七四

即是鉀養與燐養五酸相較猶三·七八：一

德國華爾特地方有十年輪種法如下休息田不種植物冬油菜小麥豌豆燕麥番薯夏季休息田種苜蓿及草或苡仁米刈割苜蓿作爲牧場燕麥此等植物共吸取鉀養

二百六十三磅燐養五酸一二○·八磅相較猶二·一六：一華爾甫查新鮮肥料一百磅中有鉀養○·五三八磅燐養五酸○·一二九磅相較猶四·一七：一司密得查第一畜棚肥料百分中有鉀養○·四六一燐養五酸○·一二六相較猶三·六六：一查第二畜棚肥料百分中鉀養○·五五六燐養五酸○·○七四相較猶七·五一：一可見畜棚肥料中之鉀養並燐養五酸數與植物吸取之數不相稱所以地土中養料或不足或過多

所以輪種法中須種番薯孟閣爾以吸取地土中餘多之養料如鉀養等又可見肥料中須特加宜於某植物之養料以補其不足並將該田所產植物仍反回於田地

此試驗即知根物由地土中吸取鉀養較吸取燐養五酸更多倘不加肥料不知地土供給此要質能歷若干年

新近輪種法

今之輪種全恃所謂稈植物葉植物或謂白植物紫植物而不用牧場之法如此則依次輪種之植物更多可應市肆之討求然幸而耕種之法改良外來之製造肥料又多故輪種各植物不致竭蹶且可預計產物之價值並市售肥料之價值而定播種之規則不必如從前舊法有一定年限也

如在英國將牧場改變爲熟田先開溝道而修燒其草料以後每隔一年可產小麥不種小麥之年則種苜蓿紅蘿蔔孟閣爾番薯等其根物並所製之菜子渣餅大麥豆爲牛羊豬之食料所得糞料加於休息田而種副產物所以此田每年有耕犁清潔之法其肥料足以補償出售之穀實等不數年後穀類之稈料過於壯茂而生實漸少於是種馬豆爲副產物以減地土之肥度

此治理法肥沃田地可永久產物蓋耕犁多次則地下層水易引起並可令藏儲之淡氣物質改變爲易吸取之養料且所加肥料又可藏儲土中雖遇旱乾亦不甚爲害

製造肥料助糞料

今之輪種法所加糞料較少於從前而製造肥料頗有功效易助糞料之不足故農家樂用之然今農家亦知植物有宜於用糞料或宜兼用製造肥料或宜專用製造肥料在英國六次七次八次輪種法往往種番薯每畝重加田莊肥料十二或十四或二十噸據勞其並葛爾勃云番薯吸取田莊肥料中之淡氣爲數不多而在今日種此根物則加製造肥料並糞料或竟將數種製造肥料和而用之不用糞料種馬豆孟閣爾所用田莊肥料中加以製造和肥料二擔三擔五擔或至十擔若種蘿蔔亦用肥料十噸至十一噸並和以多燐料若干司考脫倫種早成熟之番薯加以糞料種蘿蔔則加製造肥料或不種早成熟之番薯則種蘿蔔加製造肥料並加糞料

番薯較穀類可多加肥料歐洲農夫早已知每年在一田種番薯可每年加肥料即在小麥田種此植物亦可如此爲之然須知番薯易受黴菌類微生物之害若經過動物之腸胃而不死即入於田莊肥料中然種番薯亦可加製造肥料其生長甚佳福爾克從前試種番薯於輕土不加他肥料而用多燐料與鉀養鹽類阿摩尼硫養三和而稍加之所費亦不多

輪種關係之事

德國農家常將良田三分之二種穀類三分之一種畜食料次等田五分之三種穀類五分之二種畜食料下等田五分之三種畜食料五分之二種穀類凡地土之佳否氣候之宜否均與輪種有相關故不可不揆度情形而行之也

卑濕地土設法速洩餘多之雨水爲要乾燥地土阻止水飲吸入深土爲要儻雨水合宜則輕土耕種最便易可省工費

歐洲中原雜沙之地土宜種燕麥苡仁米大麥豌豆扁番

薯等惟不宜種冬小麥在膠土宜種冬小麥馬豆孟閣爾捲心菜苜蓿而苡仁米燕麥大麥春小麥番薯並他根物均不宜耕種若種果樹亦往往憔悴而霜降時易受害

暉得內博士論蔓里蘭省之沙土膠土云此省膠土雖多有植物養料宜於甜番薯或瓜類之生長而終不甚佳土中又有宜於番茄之養料然番茄之藤壯茂而茄之成熟較遲且甚小與藤不相稱各種蔬菜類之成熟亦均遲由此可見該地土積留雨水過多致植物成熟遲緩惟與草類及小麥相宜因此等植物不妨歷時較久可多生稈葉而後生實也至於沙土種此植物則情形相反恐其生長

未足而巳成熟尋常此等地土每畝得小麥五斗六斗而巳膠土每畝有二十五至四十斗

英國於濕潤土種馬豆爲種小麥之先導至於番薯與輕土甚合宜

含草煤之地土種大麥紅蘿蔔瑞典蘿蔔油菜均合宜惟與氣候大有相關如司考脫倫重土田種此瑞典蘿蔔尤合宜也

氣候相關

論及小麥最合宜之地土爲始終羼留濕潤至其成熟德國南方雨水較少祇有重土可作爲小麥田荷蘭國英國

西疆雨水甚多可在輕土散小麥子葢小麥雖喜濕潤而不能受過度之卑濕也未種小麥之前應以何植物爲先導據格司配林云在巴黎未種冬小麥之前若種晚熟番薯適遇多雨之秋季則種小麥不合宜在倫敦此情形更不合宜因十月間雨水過多也祇能在輕沙土田種根物之後而種小麥此地土不易留水較爲合宜法國南方秋間天氣晴佳可先種晚熟番薯然後種冬小麥

此博士之意凡種根物之後即種冬小麥者其雨水不可多於根物收成及散麥子時間地面騰汽之水數由此可見倫敦巴黎種晚熟之番薯紅蘿蔔後應種春小麥而冬

小麥須在蘿蔔豌豆苜蓿收成後種之此等植物收成較早也

暉得內云美國南省所產植物如棉花等因重土中之水較多故生長遲緩豐其收成蔓里蘭省有一田似種菸草不甚合宜然與小麥輪種甚得效惟菸葉粗厚葢菸草最合宜之地係輕鬆土而小麥則嫌其過鬆南楷羅拉那省並蔓里蘭省之高田欲種小麥須有泥土百分之二十不滿此數宜種淡色菸草果樹並早成熟之菜類最佳之小麥田其泥土有百分之三十至三十五種佳草之田其泥土須有百分之二十五至三十五蔓里蘭坎勃里江兩岸

含石灰之地土並其著名之藍草地者其泥土有百分之四十至五十此省輕土不宜種小麥及草可種早成熟之植物如蔬菜類出售得善價

天氣與植物之相關種燕麥亦可見之北方種此植物爲要事往往生長於瘠薄之沙土而不畏嚴寒紐英格倫種燕麥不特欲得其稈實且在早春刈割以飼乳牛儻地土之熱度合宜在秋間種大麥苡仁米亦甚佳作爲畜食料較爲糯輭

蘿蔔必須濕潤

司考脫倫天氣濕潤最宜種蘿蔔英國北方美國開特角

地並坎拏大之紐勃倫士衛克地方亦然勞斯云司考脫倫所產蘿蔔較英國所產者品性更佳價值更廉而英國南方所產小麥較勝於北方所產者總言之英國氣候濕潤宜於蘿蔔不宜於上等小麥農夫云無論瑞典蘿蔔扁蘿蔔其地土一尺以下之熱度不可少於法倫表五十至五十二度英國東南省天氣乾暖宜種紅菜頭似與蘿蔔不甚合宜此等地方產小麥苡仁米豆類亦屬不少

諾福省種蘿蔔並非因天氣與此根物合宜惟種此根物所費資本不多而可為預備種小麥苡仁之先導若穀類不甚合宜之地土則輪種此根物必須增種穀類之田

畝非計之得也司考脫倫地方雖宜種蘿蔔然種之者實不及四分之一英國西方如阿爾蘭產蘿蔔亦甚多聞該處農夫不欲多種此根物而願種草料以飼畜

阿爾蘭種諾福蘿蔔甚為合宜飼牛羊易肥壯惟該島之天氣濕熱可多得草料為畜類冬季所需

阿爾蘭地土宜作牧場前已言英國南方並東南地土宜種小麥苡仁米豆而不宜種靑植物其西方並阿爾蘭天氣濕潤宜種靑草大麥蘿蔔油菜而不宜種穀類豆類

阿爾蘭天氣濕潤宜種草類歐洲並他處產最佳之小麥必在乾燥之地土權麥之重數即知其品等之佳而可抵

制外國來貨阿爾蘭麥較乾燥地土所產者為輕即他省所產察其色已知非上等貨雖耕種甚為合法田間必多草類又因多雨以致收成歉少然畜類可多得其稈料而英國有時天氣甚乾燥決不損害小麥也阿爾蘭南方植物之茂盛紐英格倫人見之甚為奇異據云該地豌豆藤較美國所產至少大三倍蓋天氣溫濕地脈肥厚土質鬆疏且有灰質多葉植物甚易生長也

般博士云阿爾蘭天氣常濕潤未必定有雨水故與小麥不合宜假使取一牛皮濕之展開於不得日光無火鑪之房內雖在夏間閱一月尚不能乾且阿爾蘭及英國之西

方冬季氣候溫和甚合宜於春初之植物如燕麥豆並早成熟之菜類因此等植物產數甚多則豢養各畜之種類及其洩出之肥料均與他處不同而工夫並輪種法亦不免殊異

般博士又云紫苜蓿並山方草種於司考脫倫南方甚佳而天然所生之草尤為合宜阿爾蘭天然草甚豐茂故種山方草等往往受累

地土補助天氣

勞斯云英國天氣如一千八百四十六年調順每畝每年可產小麥四十或五十斗而今僅得三十三或三十四斗

如在陰濕之夏季加足五十斗小麥所需之肥料徒增其稈葉而已所以英國農家深畏陰濕之夏季試種三十年在不加肥料田收成中數十三斗多加肥料田收成中數三十三斗或氣候大不相宜僅得五斗至二十斗豐稔之年可得十五斗至五十六斗收成數之不齊有如此者

輪種各植物與天氣之相關顯而易見如英國濕潤地土連以穀類二種與青植物輪種並不廣其田畝則小麥不必多加肥料而種蘿蔔之後種苡仁米恆患其稈葉過茂此等濕潤地土種小麥於休息田亦宜或種須鋤鬆之植物亦可若在乾燥地方種苜蓿或山方草後種小麥最佳

勒色爾云種青熟之番薯蘿蔔後所種小麥較爲堅實而天氣愈濕潤則鬆沙地土與小麥愈合宜在司考脫倫阿爾蘭英國等西方種苜蓿或山方草後種小麥未必有把握若種大麥可冀豐稔其故因草類生長甚速難於芟除與小麥有礙惟密種大麥能將此草類偃壓或特種大麥除其草類預備明年種小麥亦一法也

勒色爾又云司考脫倫農家及英國人論北阿美利加地土不宜種小麥因天氣大不相同也蓋美洲之冬季甚寒植物不能速生長至氣候和暖濕潤如夏季之初則生長又嫌過速所以農夫云最宜於小麥之地土爲雜沙土凡土中多腐爛植物質者往往麥稈茂盛易於受病

熱天氣遏植物生長

暉得內云天氣冷熱與產物甚有關係麻賽楚賽茲紐約噴昔維尼亞一千八百八十九年小麥收成中數爲十五斗珍珠米三十三斗即在是年喬樵南楷羅拉那阿拉龍麻密西西比小麥收成中數爲六斗珍珠米十一斗南省熱度較高且濕潤多雨故稈葉茂而生實少更南各省更如此至於熱帶地方草木倍茂穀實甚少

阿勃克龍倍云赤道天氣甚熱植物如在花房生長不息凡寒地植物種於此地則多葉少實番薯亦多葉而蘿蔔亦僅有其葉而已由此可見天氣與植物相關較肥料爲尤要而肥料亦與天氣有關係然終不能勝過天氣也故農家思量輪種之事必顧慮天氣如何在輕土多種須鋤鬆之植物將竭盡其呼莫司惟有隨時種草或苜蓿可保守其肥度至重土田不以保守肥度爲首務而以輕鬆其土質爲要事宜種須鋤鬆之植物又多加肥料而耕犁之

地土中化學性之關係

論及化學與植物關係種菸草田可見之凡土中之綠入於菸葉中愈少愈佳而鉀養愈多愈佳故菸草家棄含綠

之製造肥料天然肥料而用飼畜少緣氣之物如番薯孟閣爾蘿蔔等洩出之肥料依理而論紅菜頭蘿蔔荚亦不可供給畜食以得其洩出肥料加於菸草田也又不可加鈉養硫養於食料中馬牛豬糞料較牛糞更不宜人糞中亦多緣故輪種法須計及供給動物少緣之食料以得合宜之肥料又須計及種不多吸取鉀養之植物

德國南方種菸草外又種麻及油菜穀類等惟珍珠米紅菜頭紫苜蓿均多需鉀養與菸草輪種殊不合宜儻農家能多得含鉀養之肥料加於田尚可種之然次等含鉀養鹽類物恐有損於他肥料之品性亦不可加也若加木灰並鉀養硫養或鉀養鎂養二硫養又隨時加鉀養淡養或鈉養淡養催菸草之生長均屬合法

閒植物

凡田地當季夏小麥已收成擬於明年產春植物則其閒可種植物吸取土中淡養物質否則將爲雨水冲失如法國南方及意大利國等熱地善用灌溉之法而種黍番薯豆珍珠米及根物等又種畜食之珍珠米大麥豆均乘其青色時刈割歐洲北方天氣較冷不能種上所云之閒植物祇能種蘿蔔蕎麥油菜芥菜法國德國常種蘿蔔燕麥取其稈料不竢其生實白芥菜亦在未成熟時刈割英國

農家亦於八月中小麥或大麥收成後播散芥菜子至十月中旬卽刈割在温和地方八九月閒播散油菜子亦至十月閒割其青料飼畜然如此爲之其時較久有礙春植物之耕種

此法次於輪種閒可免地土荒蕪若加製造肥料更合宜故有地土連年種春閒散子之穀類並閒植物而不令田地休息得此閒植物卽地土之餘利也

一季產數種植物之法於菜圃可見之歐洲卑濕田一年閒依次連種各植物爲畜食料如燕麥苡仁米大麥蕎麥油菜芥菜珍珠米黍菽亨加利草萊草有一法自五月至七月每一星期下種植物如豆豌豆蕎麥黍等則一月半月之閒可得一種植物之收成幾每日有植物生長開花也此雜產物加珍珠米以飼乳牛而不必再覓牧場矣紐英格倫養乳牛家往往用此法冬閒散燕麥子至五月閒刈割飼畜速種珍珠米或亨加利草至刈割後又速種蘿蔔苡仁米作爲青植物然此法未必每次有足數之收成也

副產物

今農家得製造肥料甚便易故種副產物亦欣然樂爲之英國四次輪種法從前在八月閒穀類收成後至明年六

月始種蘿蔔則其閒九閱月爲休息今在南方九閱月閒種畜食料如冬燕麥可作五月閒羊食料而預備種正熟至豆類種於正熟之後亦爲畜食料而預備種晚熟蘿蔔美國未行棉子油煤油之前英國農家種油菜爲副產物油菜之葉敷布如蘿蔔捲心菜而子可製油爲鐙火所用德國初用圭拏時亦廣種油菜此菜與含淡氣肥料甚合宜不似他植物遇此肥料僅茂其稈葉也且種油菜之後其地土改變甚佳種小麥燕麥殊爲合宜所以農家購進圭拏三閱月卽收回資本不必再加他肥料可得穀類之佳收成

今之輪種原由

歐洲所行輪種法不一由四年至十六年有奇然大都可分爲數類農夫察地土情形並市肆遠近或以穀類與青植物輪種或一田連種穀類二次數次

英國大興製造肥料以來農家不必多養畜類故連二次種穀類亦屬合法英國商務會論今之農事改良云一用機器二連種穀類二次於佳田加合宜之製造肥料農夫可計租田之期限而用輪種之法從前四次輪種小麥蘿蔔苡仁米苜蓿亦有二大益一穀類於田地有復原及竭盡之效二一年之功夫可調度得宜惟近年用機器並加圭拏鈉淡養三阿摩尼燐養五等肥料不必專注意於輪種法矣

其地土須深厚濕潤方可連年種小麥在歐洲田地連種小麥似不合宜因地土瘠薄也而在深厚肥沃地方欲大興農務須設法免其稈葉過於茂盛而令土中養料緩緩供給植物則一年所產穀類不必較今所得之數更多若以數年所得之總數計之則有盈無不足蓋穀類可連種多次產物自增也欲得斯效必用機器並加製造肥料司考脫倫有一田以苡仁米代小麥頗能改良地土令田閒潔淨而少草類且吸取肥料較小麥所需之數爲少

英國農家或於苜蓿刈割後加田莊肥料十噸或十二噸於是耕覆根土而種小麥亦有在未割苜蓿之前加之亦有在第一第二次刈割之閒加之更有適在耕犁前加之

美國種穀類次序如珍珠米苡仁米小麥初種珍珠米時重加肥料種小麥時稍加製造肥料

紐英格倫新輪種法在第一年種大珍珠米或連種二年然後種草可以飼馬其田卽用珍珠米廢料爲肥料而刈割之青植物藏儲於窖或氣乾之以飼乳牛當珍珠米幼嫩時鋤鬆土質以滅蔓草及天氣既熱生長猛速亨加利草亦可種之爲一次產物先加肥料甚多俟其生長發達

他草自不能與之競爭

租契註明輪種法

英國租田舊契所載之言與今之情形不甚合符蓋當時未由購求畜食料或製造肥料田地之肥沃均由田自供給近今世界民智日開識見日增畜食可購求肥料可製造若拘泥舊契必須種某植物必須加某肥料是窒礙難行也

更有租契註明佃戶在某時種某植物或某田不能多種番薯或專種草須閱二年或不能連種穀類或不能運移飼畜草及根物等由今言之此等防戒反有損害也

勞斯云草料一噸中之肥料價值不滿三圓若出售可得十二圓然近年佃戶始有權出售稈稭等而得其價值購進肥料

近年輪種法

近年輪種又有一法連二三年種小麥或穀類之外雜種根物類或多種製糖根物或多種番薯以取其小粉或作輝斯開酒或多種紫苜蓿山方草作爲青食料以飼乳牛坎奈狄克省種菸草家謂余云近地製糖廠購進紅菜頭肯給每噸價值六圓況種菸草後其土中尚有許多肥料故種此製糖根物尚得其宜

又云養畜類爲不合算種珍珠米小麥獲利亦薄此農夫之田地在小河邊甚低濕其土雜細黃沙其田面距地下層水十五尺至二十尺

下表係英國八年輪種新法

一 苜蓿
二 小麥
三 蘿蔔
四 大麥
五 豌豆他豆類
六 小麥

農務全書下 編四 第三章下

七 孟閣爾
八 苡仁米雜苜蓿

英國農家云佳土六年輪種可產小麥三次豆類一次尚不竭地力其法如下一休息二小麥三馬豆四小麥五苜蓿六小麥

上所云八年輪種可將植物次序更改多法在一田一類植物可隔多年乃輪及也如蘿蔔與苜蓿相隔甚久則收成較四年輪種者更豐比利時國農務最爲勤儉其輪種法之最佳者二類植物隔八年或十二年或十四年輪及一次英國諾福省農家亦同有此意因該省所行四年輪

種法產蘿蔔苜蓿均不甚佳似有衰敗之象也

苜蓿可恃則輪種年期可短

農家知一田輪種苜蓿漸見衰敗可取產佳苜蓿之田土散於此田即得良效蓋傳布其微生物也然至今除加鉀養鹽類物之外加他種肥料改變地土究竟與苜蓿合宜否尚未明知所以四次輪種之田常將其田三分之一或其半種小麥豌豆馬豆以代苜蓿如此則苜蓿在八年間輪種一次或十二年間輪種二次更有一法每逢第八年或第十年散苜蓿子至他年應輪種苜蓿者則種意大利猍草或山方草而猍草易作爲牧場苜蓿可作爲馬料或將紅苜蓿在十六年間輪種一次他年則將白苜蓿豌豆等代之博士盧會茲云豆類不可作爲正熟故較苜蓿尤次然苜蓿紫苜蓿山方草不能興盛祇能種豆類爲畜食料也

英國有以尋常蘿蔔扁蘿蔔瑞典蘿蔔油菜輪種甚佳此三種蘿蔔下種之時各不同故可除田閒之蔓草

比利時國數年前輪種法如下

一　番薯　重加糞料
二　小麥　稍加糞料並流質糞料
三　麻　同上
四　苜蓿　加木灰料
五　燕麥　重加糞料並流質糞料
六　大麥　稍加流質糞料
七　蕎麥

英國有輪種法如下

一　油菜　重加糞料並圭拏
二　小麥
三　番薯　稍加糞料
四　大麥　稍加圭拏
五　苜蓿　加鴿糞

六　燕麥　重加糞料
七　油菜　加圭拏
八　小麥
九　番薯　稍加糞料
十　大麥　加圭拏
十一　豌豆　重加糞料
十二　燕麥
十三　苜蓿　加鴿糞
十四　小麥　重加糞料
十五　紅菜頭　同上

十六 苡仁米

十七 燕麥 稍加糞料並圭拏

十八 苜蓿 加鴿糞

由此可見田土中必多鉀養否則如此輪種爲不合宜加鴿糞欲其助發酵並變化淡氣而令苜蓿茂盛

輪種之故多端

輪種之事須察地土之化學性情如何更有數事亦屬甚要三次輪種法往往因農家情形而定然各輪種法均不外此意

天下各輪種法均依地方情形而定故不可固執一法自以爲合宜也

夫天氣寒暖地土乾濕市肆遠近工人價值肥料或畜食料易得與否農家資本之富足與否均與輪種有相關凡田有主而令佃戸耕種則輪種之久近與租期有相關農夫亦不得不計算年期內之豐歉以取其中數故歐洲南方租田六年爲期者有二次輪種法在農家可得小麥收成三次至於中原盛行三次輪種法其租田亦有以六年爲期者則在農家僅得小麥收成二次春穀類收成二次有此租期故輪種之法不易改變

久種之植物

凡一方常耕種此植物則不思種他植物如常種麻並哈溌草或油菜等則該處有熟諳培植此植物之人在美國有地方種珍珠米甚廣此物可獲大利故農家深明培植之法而因此不甚注意於蘿蔔或他根物恐將來美國中原並北省欲得製糖之根物而農家祇能種蘆粟以應之因種蘆粟之法與種珍珠米相同也

近時改良法

從前輪種之植物不能運往遠方而本地又無需乎此又無他田莊之產物可互相交易蓋各農家各種自家所用之物而已至近年汽車輪船來往若織一鄉之土產朝在田地而夕已陳列於遠市故農家不必依舊法耕種可專種城鎮必需之品一二種以獲厚利惟地土氣候宜兼顧也

近今農家銷售產物之法甚多爲農夫至要之務者莫如講求農學改良產物至於家用可購諸市較自種尤爲便捷總言之農家必藉機器之力廣種植物可節省工資而獲厚利

資本與輪種相關

輪種須備資本依法爲之始有次序有資之家地方廣闊泥土較佳養畜類亦甚多可得其洩出之肥料又有靈敏

工人以助之意大利國法國德國瘠沙地輪種穀類狠爽甚宜然在肥沃地土農家資本充足者則輪種法又可不必拘定次序至於種菜欲免微生物之爲患宜多購肥料加之其田地以濕潤肥沃黃沙土爲合宜

法國西有一島名諾摩替愛係溼草地而多呼莫司數年前始開墾輪種其植物爲穀類豆類草類所加肥料爲海草畜糞灰

第一年至第五年　連種草不加肥料刈割爲乾草飼畜每黑克忒田得二三千啟羅

第六年　種豆

第七年至第十年　種小麥每黑克忒田加海肥料三萬啟羅

第十一年　種豆

第十二年至第十五年　種小麥加海肥料

畜糞灰應於何時加於何植物並未記明殊爲疏畧

司考脫倫之北並海島之農家用海肥料該處小農家有田約五畝而在公田可牧牛羊尋常耕種法將其田四分之三種大麥重加海肥料其餘四分之一種番薯稍加牛糞並圭拏而海肥料在北方寒地與番薯不甚合宜也大麥連種三次然後種番薯如地土過濕可連種大麥十二年當此十二年間均加海肥料麥稈飼冬間之畜麥實並番薯爲農夫之糧食

預備種植

凡種此植物必須預備地土爲種下次之植物此理農家均以爲然植物根旁宜常鋤鬆則無用之草可除而田面清潔即爲預備下次種穀類等植物而前次植物之廢料作爲新鮮肥料尚有他項關係均屬有益於地土

如種各豆類均可爲種穀類之預備因其根間有微生物頗能攝定空氣中淡氣供下次植物所需而苜蓿遮庇地面令地土格外滋潤並能令其易發酵變化成淡氣下層

土中之養料亦可吸引而起留於土中之根料又可作爲青肥料

馬豆存留於土中之根料雖不多或其豆不盡用於田莊然亦可爲預備地土種下次之穀類從前英國行公田法時查知休息後所種小麥不及種豆類後種之爲佳夫種苜蓿並豆類大有益者因其能攝定淡氣也而豆類在地土中化分物質收吸養料更有裨益

雜種

大麥與豌豆雜種其功效益因根鬚能化分土中之物質地面亦得其遮庇根間有微生物攝定淡氣也紐英格倫

將苜蓿與帖摩退草雜種其功效亦因根閒有微生物攝定淡氣也或穀類不能種則種此二植物甚合宜其實小麥一顆之旁又有第二顆小麥不免擁擠種紅菜頭而不將其叢生者分離亦同有此弊

植物須有遮庇

熱地植物應有遮庇或兼種他植物以庇之如種咖啡須種矮樹或芭蕉得其蔭庇阿非利加沙漠地所產棐樹其旁常種豆及瓜並菜類紐英格倫種加倫子覆盆子均須遮庇方能生長合宜

何爾士云中等地土冬小麥冬燕麥可雜種其效較勝於獨種然冬燕麥散子之後而散冬小麥子者其效不佳而燕麥之受害較輕馬歇爾云農家之意小麥與燕麥同散子可免黴患或小麥之中稍散燕麥子亦可格司配林云此二植物性情不同故吸取養料亦不同某養料為此植物所棄者適為彼植物吸取也

大麥豌豆或他豆類可雜種或同時散子或先後散子有地土種穀類之後而種苜蓿紫苜蓿不甚合宜若種於穀類前頗有良效種麻之後種冬穀類亦不佳然麻田可種苜蓿至於夏穀類宜種於番薯之後

歐洲農家或於小麥收成後種苡仁米戴侯云冬苡仁米

收成後種小麥則較遜於春大麥之後種之者惟苡仁米成熟較大麥更早而為預備種小麥之時期寬久紐約中間有田珍珠米後小麥之前往往種苡仁米其地係雜泥黃沙土此地土儻生荆棘等不佳之草則珍珠米後小麥之前應散大麥子

有植物保護蔓草

農家知植物或有特別之性能保護特有數種蔓草由是觀之雜種之法果有其理蓋此蔓草不損害正熟植物而植物在合宜情形時似亦保護此蔓草植物學家曾見野植物中往往有二種植物同生長有若此二植物互相倚賴也亦有菜類生長於某樹之下有特別之合宜倍根云古時農家發明植物有愛憎之性情有同在一處生長有須離開方能生長凡一植物吸收土中所喜之物質而留他物質為他植物所需如此各得養料各有合宜之生長如彼此均需此物質則有爭奪養料之患其勢不能在一處生長矣故觀各植物生長一地即知其吸取物質適為彼此相助也又試驗乾燥地土之樹下種山方草即將吸取土中要質並下層土中之水而樹受其害竟有葡萄樹大榆樹因此枯悴所以桑田禁種此草

根物吸取要質

紅菜頭並蘿蔔如不重加肥料不可種於穀類之前恐將土中淡氣物質吸取殆盡也勞斯並葛爾勃試驗云在第一田連八年先種蘿蔔不加肥料祇加灰質後種苡仁米三次均爲歉收第二田種蘿蔔曾加淡氣肥料並金石類肥料後種穀類收成較佳而第一田所產苡仁米尚不及不加肥料連三年種小麥之後種之者由此觀之根物確有吸取盡土中淡氣物質故地土中藏儲肥料過於濃厚可種蘿蔔減其肥度以後適宜穀類之生長

論及雜種法孟閣爾與紅蘿蔔可相閒成行而種之查孟閣爾外一行之根鬚較內一行之根鬚更粗大故農夫將

其行排列較稀或紅菜頭二行之閒種紅蘿蔔一行有一田築成畦相距二十四寸亦相閒種紅菜頭紅蘿蔔更有一田築成畦相距三十寸均種紅菜頭此二田如此種法甚爲合宜至收成時查畦相距三十寸者所產紅菜頭重數較雜種紅蘿蔔者少三分之一又有一次均種孟閣爾其收成數亦較雜種紅蘿蔔者爲少而紅蘿蔔每英畝幾得八噸可見雜種之法改良根物

輪種植物須有規則

一種植物之生長久暫及所佔地位或輪種之次序均有關係而一次植物已收成後預備下次應種之植物須格

外留意不可紊亂輪種之規則致有妨礙麻賽楚賽兹省近今種番薯之後種蘿蔔較從前爲易因從前所種番薯成熟較遲儻地土爲時局促則蘿蔔不可種於燕麥或草類之前祇能將草子與蘿蔔子同散

卷終

農務全書下編卷五

美國哈萬德大書院農務化學教習施妥縷撰　慈谿舒高第口譯
新陽趙詒琛筆述

第四章

修燒之功

農務中有恃焚燒爲功者或燒其矮樹或燒其草料或燒其泥土古時燒法最著名者將堅地之草根土燒之謂爲修燒

焚燒之宗旨有四其一僅將佔地位之樹木燒之如開闢森林等其二將濕草煤地土並陘地之呼莫司或無論何地土多呼莫司者燒之改良其土脈其三將重土或土中有他種金石類物質者燒之改變其緊密並其化學性情其四將地土多蔓草並昆蟲微生物類者燒之毁滅其子卵

燒泥土

掘起之深層泥土殊難改變其化學性情雖用猛烈之强水亦難見效然化學家考知此等土受紅熱度後其中之鋁養能爲强水所感化工藝家製礬並鋁養硫養用此法因有此理故燒法與農務大有關係

若將此等土用法倫表二百十二度熱度令其極乾烘之成極細顆粒即減其重數百分之六至十一分此因其中多水悉騰化也而此水名曰成體質之水當此水騰化其土之化學性情即有大改變失其堅實之力吸收水之力遂無柔韌性雖久浸於水不能復化合有似石英沙不似泥土矣

燒之一法與各泥土有宜有不宜凡泥土中有許多鉀養矽養並鈣養炭養者用燒法甚佳此土中所含石灰將矽養化分而洩放鉀養數分猶化學家將難變化之鉀養矽養研細而與鈣養炭養相和於是稍燒之則鉀養分出

大都各種泥土用稍燒之法均可改變其韌黏性燒之合法者變成極細顆粒加水調之亦不復膠黏惟其熱度不可過高若將此燒過泥土與田間未燒之土相和大有裨益而農家更須考察各地土能否改變其性情而令其易引起下層土中之水以羈留鉀養及阿摩尼並他種有用之本質

要而言之燒泥土之火力愈緩愈佳與物理之勉强化合並化學化合情形均有相關儻火力過猛則泥土結成硬塊無異磚瓦已失其化學性情豈能變成極細顆粒所以燒泥土必令其適能散成細顆粒是爲得法

燒泥土法

有一法泥土與茅草或草煤或輭煤渣相和作成堆積或在窟中或在窯中或在鐵竈中用火緩燒據云用茅草所作之柴團較用煤更佳價值亦賤燒成泥土不致過堅惟大堆積泥土非用煤不可凡熟悉此事之工人用煤一噸可燒成泥土五十立方碼不熟悉者須用煤二噸燒成泥土又往往不適於用其泥土須由地下層掘起不可取諸地面其火力須有定度方得良效此法工價較貴

或在地面掘成一窟深二尺闊三尺長十尺或二十尺先將茅草或草煤或廢稭料等堆積於其中至窟之邊然後蓋以泥土其火自上漸燒至下又擲加泥土或草根土惟

火力須緩不可有燄穿出泥土之頂有此情形速蓋泥土以阻之初燒時所蓋泥土不可甚厚恐不能發火也燒料與泥土必須相稱其火既然可加輭煤渣或細顆粒焦煤以代之

燒泥土窯

英國從前有石窯可燒泥土並草根土後因運土至窯之費甚大廢而不用卽造火鑪於欲燒泥土處此鑪燒荒地之草根土甚合宜就近地掘起草根土又可作爲燒料

或將草根土堆積如窯式長十二尺或十五尺或二十尺闊八尺或十尺或十二尺外牆高二尺或二尺半或三尺或四尺內橫牆相距各三尺厚十寸或十二寸高二尺或三尺可擱起泥土柴料而制其熱度通氣之道其徑四寸至六寸以草根土爲之從窯之四隅通至中間蓋以石板加煤茅草草煤或賤價之燒料而在迎風之邊生火於是漸擲泥土草根土於其上愼勿將火壓熄又不可令火過猛致有火燄穿出通氣之道須察風火之勢力而阻塞或開通之窯牆常加泥土高過於應燒之堆積十二寸或十五寸如此不致爲風吹火過猛矣

第一層之土焚燒得法則以後可不甚注意朝暮陸續加草根土至堆積已高爲止此法在工價昂貴之處亦可爲

之凡田地有野草或矮樹等不宜耕種農夫卽可用此法烘燒泥土變爲良田德國農家云在秋間稍犂明春再犂令草根土成大塊待其乾作成小堆積用柴草或草煤燒之燒成後卽可散於田面

修燒

修燒爲英國舊法古時土人清治草地並壓地卽用之格司配林云法國治理荒田亦用此法凡從前不能產物之田由此可產甚佳之植物壯健敏捷之農夫用一似鋤之器鏟切草根土長一尺半高四尺卽可燒之

此草根土之面覆於地俟其乾作圓堆積高三四尺直徑

四五尺乃用緩火燒之閲數日土塊分散拋擲火中令易攬火之物悉燒之法國舊法收拾餘燼特堆一處至散子時加於田面燒草根土時不必加灰因田地得此燒土已能產佳植物也

歐洲古時往往將草根土盡數掘起燒滅其種類並昆蟲等如此其田地甚肥沃雖不加肥料亦可得穀類二三次收成惟第一次穀類其稈料過於壯茂第二次種穀類可兼散苜蓿子得其壯茂之植物作爲肥料而令田土更佳格司配林云如此治理卽可產上等番薯而不必有芟薙蔓草之工夫

英國百年前修燒並焚燒泥土法並非爲清潔荒田也欲將牧場並草田改變爲艮田而已掘起之草根土較爲小薄其修燒法馬歇爾載之如下

先伐地面之草木矮樹於是用特別鋤形犁以犁起草根土塊闊一尺長三尺厚薄隨情形而定過厚難燒過薄不能盡得其根土凡茅草鬆土犁之應深無草堅土犁之應淺如天氣溼潤犁起土塊令其側立不必仆地則易乾天氣乾燥土面多草葉者不必如此

於是作成各小堆積相距約十六尺焚燒較大堆積爲便其灰更易鋪散堆底爲圓形直徑約一碼或在迎風處加以茅草等易攬火之物而其上再蓋乾草根土令堆積漸高堆之中間須寬鬆通風堆之外層須緊密堅固則熱氣不洩或堆頂作一煙囪令煤料等易生火也

至其堆已生火陸續加草根土塊於火力較猛將穿出火燄處草根土已燒完再取堆旁壁下之土塊加於頂重燒之待涼卽布散於田而犁之

修燒法

修燒之法常在春初爲之須察地土之溼潤是否宜於鋤形犁之工作而後從事已修燒之田常種蘿蔔油菜小麥或大麥然種大麥爲時甚早往往不及修燒若種孟閣爾捲心菜亦合宜馬歇爾云此等田屢犁而耙令灰土與地土相和甚均最宜種小麥

一千七百九十六年馬歇爾論耀克駭省之農務云該省尋常田地不用修燒之法惟老草地用此法改艮之摘載如下

農家往往不注意於此法改艮地土然竟無他法可令堅土變爲鬆疏夫修燒草根土以改艮田地係天然妙法而工費甚省且地土由此永久肥沃不必再費資本購他肥料由此論之此法之便利孰有過於是者輕土固得其益堅土得其益非常矣

般博士於一千七百七十年論之如下

英國西方北方盛行修燒之法夫人知其利益或有人云恐令地脈變爲薄弱此憑空之論不足信也格司配林亦云此等田地可種蘿蔔油菜苛不用此法必有蟲害

又修燒法

馬歇爾云英國克勞斯特駭地方改良舊草地用修燒之法其後種蘿蔔福爾克云英國農務官會化學師云該處今仍用此法開秃博士云五十年前有一田亦如此修燒其後即種蘿蔔而蘿蔔之後可種他植物該處輪種法係七次並不加他肥料即壅以原田產物之廢料而植物無

瘦弱之象

福爾克云修燒合法者尙有土質數分變爲堅密不易透空氣若種蘿蔔最宜食蘿蔔之羊糞即留於田間故無竭盡肥度之虞或云因修燒而收吸水及阿摩尼等致呼莫司有耗失福爾克云此不足慮也因該土自能有力收吸空氣中之水及阿摩尼而無損於呼莫司且修燒之費用與製造肥料之費用相較亦幾相埒而產物甚爲豐美可見用此法以爭地利未必不佳而蔓草及昆蟲子卵將盡毀滅許多生物質變成灰可供給蘿蔔所需易消化之燐養酸並鉀養福爾克云蘿蔔頗能得灰中之燐料故收成較多於不用此法者又查知荆棘等刺草之灰中燐養酸甚多故將此草灰加於田無異於加骨粉培壅植物也修燒草根土之法大抵因其費用甚省也或以爲舊田之呼莫司並其中之淡氣物質等爲火所燒減其肥料之功效然此理想不能敵農家及博學家詳細研究所得之實效

辯言

格司配林云或疑修燒之功效不甚明顯者因農家屢次種穀類以致竭盡其肥度也然此亦足以表明地土之肥料未嘗爲燒法所耗失古時未治理之田地甚廣所以新

用修燒之法即屢種植物至竭其肥度又棄而之他田開墾修燒令舊田自行復原

英國南方有白石粉之山田亦用燒草根土之法即以燒成之灰爲肥料如山方草田修燒耕犁而散小麥或大麥子或種油菜爲羊食料總言之將輪種須鋤鬆之植物則修燒以除蔓草等實爲甚佳他日穀田可令清潔也

福爾克試驗

焚燒泥土可洩放其鉀養福爾克在無論何等天氣取含鈣養炭養之土烘燒而用强酸消化查其中之鉀養矽養更易消化伊將新紅沙石變成之土在未燒之前用熱淡

鹽强酸化其鉀養等質之數又將此土各燒若干時又用此强酸化之獲效如左表

	天然泥土	土在蓋密器內緩燒半小時	紅熱度燒半小時	極紅熱度燒三小時
二百十二度熱度騰化水數	五·五四	九·六	九·二〇	九·三〇
生物質並成體之水	三·六二			
水中不消化物質	八四·一〇	八〇·二六	八一·八五	八五·三二
酸質中易化矽養	一·四五〇	一·三八〇	一·五八〇	一·一五〇
鋁養並鐵養	三·〇七〇	八·二四五	六·〇九〇	二·九七〇
鈣養炭養	〇·七四〇	〇·四二〇	〇·五五〇	〇·一八六
鉀養	〇·二六九	〇·九四一	〇·五一三	〇·五四四
鈉養	〇·二二〇	〇·三三六	〇·三一四	〇·一〇四
燐酸	〇·三八〇	〇·一六五	〇·一二八	
淡氣	〇·二四〇	〇·〇一八		〇·〇〇八

觀上表泥土用稍高熱度燒之在强酸內較天然土或用高熱度所燒者更易消化而鉀養尤有此情形天然土在强酸中祇能化出鉀養百分之一之四分之一用緩火燒後可增三倍餘如熱度更高化出之數反少

天然土中鈣養炭養因受熱變成鈣養矽養而洩放其鉀養故欲燒之土中應有石灰若無之須用石灰與土相和然後燒之

福爾克並不以爲泥土有石灰之變化不甚要然其意焚燒泥土有大功效者可將鉀養洩放而爲植物利用也大凡泥土中無鉀養或爲數極微燒之無益若土中多未化分之非勒司巴耳及他種金石類質燒後變成得力之肥料有一種泥土不能產物然其百分中有鉀養四分又四分一之三焚燒後其鉀養變爲植物易吸取之養料惟燐養酸不能因燒而變爲易消化所以燒後之功效決非由於燐料也

福爾克又試驗一種泥土有許多鈣養炭養其百分中有

水七·七五鈣養炭養三一·三八土質五八·六二細沙二·二五淡號强酸能化其物質四十四分而其百分中有鉀養〇·三五用緩火燒之能化四十九分而鉀養有〇·七七焚燒更合法者能化五十四分

司秃落克孟博士查知有端石之土未燒者其百分中有鉀養〇·七八可在强酸內消化已燒者竟有一·五三可消化

福爾克試驗英國賽倫斯脫地方之泥土百分中有物質如左表

未燒土	燒後熱灰

含水	五·九八	一·一八
生物質並成體水	一三·二二	三·三二
強酸中易化物質		
鋁二養三並鐵二養三	一二·九五	一八·四二
鈣養炭養二	七·五八	八·八三
鈣養硫養三	○·四三	一·一五
鎂養炭養二	一·四一	
鎂養		一·七六
燐酸	極微	○·七一
鉀養	○·五二	一·○八

鈉養	○·一二	○·五五
強酸中不消化之土質	五七·○九	六二·五二
耗失	○·七○	

觀此試驗情形每英畝應燒之泥土有十五噸即有燐養五酸二百二十五磅鉀養一百八十八磅

又一次試驗

	未燒土	灰
水	○·九三	九·一二
生物質	一○·六七	
強酸中易化物質		
鋁二養三並鐵二養三	一·三四○	一·四五六
鈣養炭養二	二·三九○	一·七一七
鈣養硫養三		
鎂養炭養二	一·一○	
鎂養		○·○四
鉀養	○·三八	一·六一
鈉養	○·一三	○·○四
燐酸	極微	一·八四
矽養二		八·七○
強酸中不消化之土質	四九·六六	四四·六四

此試驗燐養五酸較多大約因生物質化分較多故化出燐養五酸亦多如生物質不能變動則淡號強酸不能將其中燐養五酸盡數化出也又試驗而知泥土用較高各等熱度燒之用強酸化出燐養五酸較天然土化出者更少又用緩火燒後化出鉀養甚多若再燒之仍歸爲不消化之一類所以火力不可過猛草根土不可過乾而堆積不可過大英國農家欲將牧場改變爲良田必須修燒而後成凡草田中多昆蟲等亦必燒滅之如第一田有大麥根土未燒即耕犁散子大抵爲蟲所食第二田早已修燒者產油菜甚佳又有一法修燒草田所得之灰移運至他田可種蘿

蔔

試種已燒土

德國司禿克蔓㐌試種植物考知修燒草根土及燒淨土之法均有大效據云燒淨土法在工費昂貴之地尚可爲之第一年種豆及麻其利益不大因合宜此植物之微生物均已毀滅也若種瑞典蘿蔔捲心菜則甚豐美及收成後種小麥甚見發達蓋從前堅韌之土性今變爲鬆散有似黄沙土矣

第一年之植物收成後卽預備種冬小麥至於此各田均產第二年之小麥查知加以圭拏更有甚顯之效他田曾加燒過之淨土者亦然

勞斯試種蘿蔔每畝田加蔓草灰土十五斗其效勝於加他肥料其收成較不加肥料者不止加倍其根物較他二十處田所產者大四分之三

潑山在土性韌黏老草田開溝修燒適因陰雨所燒草土僅有數分後種大麥在已燒處得收成計每畝四十八斗未燒處十六斗而已又將此田修燒草土僅一分而天氣又雨卽散小麥子已燒處亦得佳收成每畝可得小麥四十斗未燒處二十斗而已至八月間修燒周徧每畝可得小麥四二·五斗可見此等地土加以鬆散草根土灰頗獲良效而田土之色變爲更黑熱度因之較增產物收成更早

楷脫來得在泠性膠土試種第一田加燒過土四百斗第二田加木灰一百斗第三田任其自然收成各植物數如左表

	瑞典蘿蔔 擔	考爾拉倍菜 擔	番薯 擔	苡仁米 斗
加燒土	五〇二	一三七·五	四八〇	三六
加木灰	四七二	七八五四分之一	四五六	三四
不加肥料	二〇四	八七·五	三四〇	二四

趣侯在未開溝道極堅難治之土試種將此田三分之二加燒過土而此二分之一闌羣羊其三分之一不加他肥料均種小麥未加肥料之一分每畝得小麥三十八斗加燒過土之一分得四十六斗加燒過土並闌羊之一分得四十八斗此一分在夏季甚濕潤小麥稈葉過於壯茂可見此等地土在此氣候中僅加燒過土已足爲肥料矣若加糞料徒盛其稈葉也

靡且之格言

倫敦工部局員名靡且有特別識見發爲言論往往合理此人甚信燒土之法據云燒土爲堅土地方農夫之眞友

燒成灰土加於已犁之田澄停於下層土中令其肥沃鬆疏與植物根鬚甚合宜余於二十年來每遇天氣晴佳卽將可作磚之堅土燒之頗得良效此田土原不宜種植物而燒後竟變爲良田

噫堅土一燒而大變情形豈不妙哉無論氣候之如何地土之或冷或濕或重或韌或滑一燒之後卽變爲鬆脆暖乾又云堅硬韌黏無石灰之泥土幾不能產物燒後變爲似磚之屑而肥沃之功甚大依格致之理論之蓋因堅土中之植物養料羈留不能化分經火卽洩放易供植物所需而物理情形亦與前不同植物之根又易得空氣從事

農務全書下編五 三五

耕犁更爲速易凡燒料不易得之處可將泥土在空氣中乾之然後焚燒其時宜在夏閒煙煤屑一噸可燒土二十噸

有田如此修燒二十年後尚見功效設有二田其一修燒甚偏又一修燒數分彼此相較其效更顯農家云除開溝用汽機農具之外惟有此法爲最佳

煤灰功效與燒土同

煤灰加於田其功效實與燒土同此煤灰較沙更佳沙不能與土相和密切易流入溝道而煤灰留於土中不致沖失

泥土倔強性

前言泥土韌黏性是其大弊儻地土百分中有淨土三十分則有韌黏性土中多植物養料者名强壯淨土治理覺其堅實難吸水又不易乾此情形在天氣合宜之年尚佳若遇濕季將患過濕成泥漿形不能耕犁若遇旱季地面爲日光曝乾變爲硬蓋植物又不得發達且龜坼致斷其根鬚惟開溝洩水加煤灰並燒土可補救之

燒稈草

歐洲南方夏閒旱乾甚久故割麥之後秋閒播種之前不得依尋常工作當初夏割麥留略高之稈於田而後燒之

農務全書下編五 三六

耙之再種第二次小麥如此地土變爲合宜及秋雨之時刈割此麥又可種冬小麥矣而蟲子草子等亦均毀滅無遺

燒溼草地

燒草煤土並溼草地卽係燒多呼莫司之土也其意卽係燒泥土也凡農家應注意此事不可輕忽俄國芬蘭德國北省弗里斯蘭及奴倫盤及哇爾登盤克及荷蘭國均行之又有田地因工作多費道塗難行亦用此燒法總而言之此法實爲改良田地之捷徑德國農家列配論之如下

往年初春余有草地二十三畝設法治理今均爲茂盛之

燕麥田

當初此田僅產蘆葦貓尾草及酸性草及荆棘及喜陰濕之苔類，尚有不雅觀之矮樹，人畜至此，輒陷於淖非拖拔扛舉不能起出也余僅在其中開開築溝道焚燒廢草，不加肥料忽變爲芃芃然壯美之燕麥田矣

燒法不傷地利

總言之焚燒之利益甚大且可毁滅佔地土之苔類等植物

或言此法不善將土中許多草煤作爲廢料，欲請政府禁阻以保利源其實未合於事理也因所燒之草煤爲苔草等根類而已並非已變成之草煤，儻眞係佳草煤，農家豈肯燒之德國農家所燒地面，不過深十二寸或十六寸耳，查數百年來燒損溼草地之物質爲數極微而田地若任其休息不多日即徧生植物，又可燒之所以屢次燒焚者，均爲地面之植物也惟燒時可厭之煙氣滿布遠邇實非所宜德國北方有滅煙會勸戒農夫不可在某時焚燒致害居民

各處燒溼草地法各不同，然其大意當乾燥時，剷起若干深之草根土架空以乾之於是作堆焚燒，取其灰並已焦之物質速布於田而耙平播種，惟地土中須有合宜之溼

潤，阻火力透入土中

最善治理之法先將溼草地開溝，然後燒之，又加以天然肥料或製造肥料，令其格外合宜其肥料大抵爲主拏多燐料含燐鑪渣料骨粉石灰含鉀鹽類或將此田耕種數年之後任其休息復變爲從前草地情形而又在他田修燒治理之

火力與草煤相關

草煤地土修燒之後其野物植之灰並燒成之草煤灰可作爲肥料然尚有許多草煤僅燒焦或僅烘熱而已亦均有改良地土之性情令其易吸收水

不成熟之溼草地

溼草地土耕犁後其犁槽間不易乾既乾之後變成塊壘此塊壘後又變爲鬆黑不吸水之沙土形物於植物生長甚不合宜儻地土早開溝道，則變爲合宜之黃沙土或將雜石灰之沙土已燒之草根土加之亦可改良，

焚燒之功不特改良草煤且改變其油質性情，不致阻禦水之吸入並滅其酸性，而死物質變爲易消化曾試驗焚燒之溼草地其中燐養酸用鹽强酸化出數較多於未燒者百分之二十斯禿克拉脫用各等熱度試驗木煤形溼草地土獲效如左表，

地土百分中	百度表一百熱度烘乾	百度表二百熱度烘乾	百度表三百熱度烘八小時	烘至稍有火燄
攬火物質	八二·七〇	七八·五〇	七二·二五	四一·三〇
灰	一八·三〇	二一·五〇	二七·七五	五八·七〇
水中易化死物質	〇·四七	〇·八四	〇·五三	二·五八
水中易化生物質	一·三六	一·二五	〇·四三	〇·九九
酒醕中易化松油類物	三·五五	二·五二	一·一〇	〇·八七
令酸質變成中立性所需之鈣養	三·七五	二·一四	〇·二七	〇·一七

此試驗所用火之熱度高下猶焚燒草煤土田其田面之火力最猛愈深而火愈緩也衞爾特論焚燒溼草地土云農務中用此法非欲燒成灰祇令其變成不全之炭而已即是令土中物質燒成焦形也

衞爾特將天然溼草地土依此法焚燒先開溝道令其漸乾至秋間修薙剷成草土片覆於地面至明年五月初在朝露已乾之後將此稍乾之草土片生緩火焚燒但有濃煙而無火燄至黃昏火始熄其土遂變爲不全之炭其火須由下風燒之則可制度其火力不致過猛儻有火燄即擲溼草土壓悶或燒四十八小時後即在其熱灰中播種蕎麥而用手耙以耙之

英國有窯燒草煤成炭形作爲蘿蔔等肥料或云草煤炭加於田可令蘿蔔子速萌芽發達避蘿蔔蒼蠅之爲害每田一畝用此炭三十至四十斗與子同散或用手散之或用器散之然蘿蔔與此炭之相關尚未明曉須待格致家考驗大約能令土中發酵情形更爲合宜亦未可知也

試驗已燒之溼草地土

德國薩楷里亞博士查考焚燒之草煤地土改良是否由於餘多之呼莫司變化之故抑由於地土燒後增其吸收水之力之故抑其灰有益於地土之故此一切情形究竟有何相關而與他田加肥料之功效相較究竟有何上下將溼草地作爲三分第一分在秋間耕覆第二分在秋間剷薙修治而移於他田第三分在明春剷薙修治就地成堆焚燒此三分田又作爲小分其焚燒田之小分治理法如下甲小分之灰盡數收拾以每畝計之有九千餘磅移至丙小分而與丙小分本有之灰相和布散之乙小分之灰仍散於原地其第一第二大分田均加各種肥料於是統犁之至五月間散苡仁米子八月中旬收成各分所得產數依每毛肯田用德磅計之如左表

第一分 耕覆草土	第二分 移去草土

下编卷五　第四章修燒之功

	實	稈	實	稈
甲 無肥料	五八	一六五	一四	七五
乙 木灰一千磅	一九八	三七五	一九六	三二一
丙 骨粉二百磅	二二九	四五〇	二二二	三三四
丁 秘魯圭拏二百磅	一一一	四三九	一三五	三三四
戊 石灰一千磅	四一	一八四	三五	一二〇
己 沙土	九七	二八六	三二	六五

第三分

剷薙焚燒

	實	稈
甲 無灰	二七三	八二八
乙 原地灰	八五〇	一三〇〇
丙 加倍灰	八四七	一五五二

由上表觀之、一草土耕覆較移去者爲佳、二石灰在第一次收成不見效、三骨粉圭拏木灰固屬有益、而其效不甚顯、四移去草土灰其功效尚較加骨粉木灰圭拏者加倍、五留其灰於田、增其收成獲利甚大、惟加倍灰未得更大之效

此試驗可知焚燒溼草地爲最佳之法、而加灰較植物所需之數更多者、不得利益、其灰留於原地、則甚合宜

薄溼草地土不宜燒

各等草地並非均可焚燒而得其益也、法國有地焚燒之效僅歷一二季、其東方化學師蔓勒古梯云、焚燒之功效非化學之理、特因其價值廉而獲效速

法國溼草地與德國不同、法國溼草地土薄冷而酸、生物質亦不深、下層卽是粗細沙土、其地面所產矮樹及草均無適用、所以燒此等溼草地竟似燒泥土、又似修燒老草土、而修燒老草土、如非種蘿蔔並牧羊在其地者無益也

如欲其功效歷久、可將草土剷起覆之、待其腐爛、若遽用火燒、卽將所有生物質淡氣毀滅

焚燒矮樹

開墾田地焚燒矮樹、論其化學之理、猶燒泥土及草煤土也、今歐洲北方各國並美國均有焚燒森林之舉

德國農家常言焚燒矮樹之法、一千八百五十六年薄希密亞省有農學博士論之如下

農家焚燒矮樹、名曰以火開闢地土、在山間或多樹之平地可爲之、先將大小樹木砍斬、卽在其地焚燒成灰、布散於田、耕犁之、乃種大麥或燕麥一二次、又任其生長野草矮樹、又如前法焚燒、此之謂樹木與農田輪種也

此法甚拙、尚有開墾稍巧之法、不必再焚燒也、如美國農

家開墾荒地播種草類及燕麥以後永遠耕種不令其復變爲荒蕪而多生矮樹等也如前法之屢次焚燒是不考其土中化學情形但以焚燒爲得計豈有實效

焚燒矮樹時必將呼莫司毀滅此法之未善也多樹地土中之呼莫司爲最佳即是樹根開菌類微生物攝定之淡氣今因焚燒毀滅並他種有益之微生物亦毀滅而灰中卻能得許多養料植物在第一第二年利用之然灰易爲雨水沖失又易爲風揚散凡土中多石質亦可因燒而鬆散供給植物

論化學之理焚燒矮樹有損地脈故最佳之法阻其生長

儻地面已生此植物而又不能出售則焚燒爲不能免之事惟須記及木灰並所燒泥土之利益終不能抵毀滅淡氣之害

卷終

農務全書下編卷六

美國哈萬德大書院農務化學教習施妥縷撰 慈谿 舒高第 口譯
新陽 趙詒琛 筆述

第五章

灌溉法

美國沿大西洋各省農家均不注意於灌水之法舊金山及其近地近年講究此法因此改良地土總言之美國農家大抵不甚注意於灌水事

農家尚未知灌水之益其實有化學之理寓乎其間然余並非謂農民不知開水道築水閘及用風車或汽機轆

等事也而各處製造局並舊金山用水力開礦等事均足以表明水利

灌水於田可抵肥料此理農家不甚明曉蓋水中含有許多物質爲人目所不見而田地得其肥沃儻爲之合法每年可多產佳馬料不必再加肥料亦無虞旱乾並可任意種欲得之植物

近年試驗灌水及加沙土以鬆田地之法均係顯明其利益如多細沙土之田多灌以溪河之水亦可種甚佳之植物蒲生古云南阿美利加安提斯山嶺閒之平地有沙易被風吹移乃用沖瀉之雪水灌之頗可耕種總言之欲令

植物能在各土得其所需之養料祇須灌水合法並令其暖又如瓶中插花一枝僅加井水亦不枯萎此亦可證水之利益甚大也

前曾言植物根能吸取水中養料惟水易至其根處爲要所謂養料者溪河水中多含淡養物質及他種有用物質也此物質其初卽由田閒隨水洩入河中以之灌漑雖愚者亦知其有益

夏閒多雨植物頗得其益所以農家最上之策留此雨水供給田地而費又甚省余用煤灰加以草煤種各植物僅灌以水甚有佳效惟灌水不足必加肥料

肥料藉水敷布

暖熱天氣其田地屢次重加肥料並多灌以水可令植物速生長蓋此等肥料中物質之功效勝於地土中原有之肥料及水中所有之養料也印度有田重加肥料而灌水亦必較不加肥料者更多卽是土中多水其肥料更能敷布供給植物又或所加肥料不甚多而因土中濕潤遂獲豐稔他田僅多加肥料其效反遜焉

紐英格倫農家均知雨多之年瘠薄輕土可得佳收成若每年用合宜之灌水法亦獲豐稔而多加肥料田在旱乾時其害較少肥料者更甚反而言之肥料少而水多之田

其得效較多肥料而少水者更佳

紐英格倫農家察知有雨時馬路之水瀉入牧場草地得益甚大此卽馬路瀉水補地土中水之不足然此水甚少植物養料而瀉入田閒挾帶細沙凡膠黏泥土由此改良或有苜蓿根閒之微生物隨水入田尤妙

凡不甚細之鬆沙土最宜灌水因餘多之水易漏洩而地面不致成泥漿也至膠土等田應用瓦溝令田面出草或多加肥料休爾茄云舊金山多澄停細土飮吸水甚難故溝道相距僅數尺及其既乾灌水之後須隔多時方能濕潤

淨水之功

淨水卽不含植物養料也然與植物生長亦大有關係據蒲生古云植物之賽爾竟浸於水中生長不特其體中物質並化學化分之法均須藉水卽其生命亦繫於淨水儻水多可將土中灰質供養植物有子一粒其中稍有灰質料由此萌芽而敷布於葉葉中有水卽變爲汁液運行周徧更吸取土中養料如灰質等補養之水種植物亦然

淨水有益於植物在乾燥地方得更明顯之效此等地方之植物因無雨水故土中之養料不能供給若加以水變化運動以資植物吸取此地土中有含水雙本矽養將鉀

養等本質羈留其間久未沖失故養料甚爲富足歐洲各處用灌水法耕種其收成必豐養民無數

用雨水之植物

舊金山種穀類之田地有植物全恃土中積留之冬雨以滋潤名曰雨水植物其他植物名曰灌水植物又有地方所積冬雪至氣候暖和漸漸消融供養春植物英國武弁在阿富汗當差時論該處近茂格大江之田地云冬間之雪將植物庇護漸漸消融猶玻璃花房也此等地方平日多雨水每年僅有一次收成其肥沃之效似全恃雪而幸雪不如雨水之易流洩也

植物需水數

上編已論及植物需水甚多今不必贅言總而言之植物在尋常時其體中必有水甚多而多水汁之果品如尋常瓜黃瓜生菜類其百分中有水九十五分根物有水九十分青草有水八十至八十五分穀類在開花時有水七十五分樹之老葉尚有水六十分可見植物雖在乾濕無定之空氣中而體中之水仍甚多也此多水豈偶然哉蓋藉以運行養料也

植物體中之賽爾藉水乃活潑此賽爾必須柔韌半似流質形則其功用合法若少水變爲厚硬漸失其生機若將水盡數化散生命頓失凡欲其久延生長則賽爾中之養料須運行不息總言之多水則其生機暢而無阻反之即阻其生長

植物葉化分炭養氣非水不能也植物有憔悴狀者即此工作不敏捷而炭養不得化分也蒲生古試驗櫻桃葉之效如左表

	百分中水數	化分立方桑的邁當炭養氣數	
		每七小時三十四方桑的邁當葉面化分	每一小時一方桑的邁當葉面化分
尋常葉	七〇	一六·九	〇·〇七一
稍乾葉	三六	一〇·八	〇·〇四五
甚乾葉	二九	二·九	〇·〇一二
極乾葉	〇〇	〇·〇	〇·〇〇〇

蒲生古云極乾之葉再浸於水不能再化分炭養氣即是其生命已絕也

大都植物生長於溼潤地土爲最宜惟不可過於溼潤欲植物茂盛者其地土中之水須較其本能羈留之水數多十分之五或六盤納試種番薯之效如左表

地土百分中有水	能共留水數	每顆番薯		
		番薯克蘭姆數	番薯中乾質數	比較重數

二四至三二	六〇至八〇	八〇九	三〇二	二〇
一六至二四	四〇至六〇	六二八	一五三	一五
一三至一六	三〇至四〇	四一三	八八	一〇
八至一二	二〇至三〇	三一三	六五	八
四至八	一〇至二〇	二一四	四四	五

植物枯萎之界

上已言植物所需之水，由地土供給，惟其水常由葉孔騰失，當酷熱之夏季數小時間植物體中之水竟可盡數化騰，幸其根鬚速吸取土中水以補償之。曾試驗佳植物由地土並空氣得乾質一磅，需水三百餘磅運行變化以成

之。植物當幼嫩時其枝葉生長最迅速，故需水亦最多。舊金山種麥，可表見其情形，該處冬雨足潤地土，麥之生長無憂旱乾，及成熟時所需之水往往不足。休爾茄欲考查地土中之水至何最少數尚可供養植物不致枯萎，乃用花園黃沙土在六月間詳細試驗，獲效如左表

法倫海表午時度數		地土百分中水數
八〇	狼荚始枯萎	一三
七九	狼荚未枯萎	一四至六
七六至八二	豆類始枯萎	一〇至一三
七九	豆類未枯萎	一四至一五
七六	苜蓿始枯萎	一四
七〇至八〇	苜蓿未枯萎	一三至一六
七六至八〇	蕎麥始枯萎	一〇至一六
七九	蕎麥未枯萎	一四至一六
七六至八一	豌豆始枯萎	七至一三
七六至八一	豌豆未枯萎	八至一四
八〇	苡仁米始枯萎	八·五
七六至七九	苡仁米未枯萎	一一至一五

可見各植物騰失水數不同，如豌豆苡仁米騰失水數較豆類或蕎麥更少，又可見前數種植物必須地土溼潤爲要。以花園黃沙土試種，當夏季酷熱時，其土百分中至少有水十六分，而此土百分中可含水三十五分，在温和時天氣稍溼，則水數較少亦不妨，而寒涼天氣所有之水，不必過多於植物吸取之數

植物枯萎之故

休爾茄以爲植物枯萎實因其耐苦已至其極，凡植物不能向外取水以補其化騰所失之數，則其體中汁液變爲

濃稠其養料艱於運行幾將停息其葉先萎有此情形恐已受傷不易復原

休爾茄見德國乾燥沙土酷熱數日而無雨水植物之生長幾將停息嫩苜蓿在田間有石處先已枯萎及全田如此則似焚燒

有一日在晴午之前苜蓿已有數處始枯萎取而考驗其葉百分中有水七十一分乾質二十九分其莖百分中有水七八·四分乾質二一·六分又查其未萎者其葉百分中有水八二·五分乾質一七·五分其莖百分中有水九十分乾質十分已枯萎植物中之乾質較尋常幾多二倍將萎之前亦已失水甚多可知其生活法已不依常理又查前數日曾有雨水可無枯萎之狀惟此植物早已受旱乾之害則不足以表明前此雨水之多也麻賽楚賽茲省紐登地方農夫斐爾勃立克常在玻璃房種黃瓜云儻不灌水任其葉枯萎則日後所得黃瓜彎曲不佳可見植物曾經枯萎必有損害不能完美也

格司配林云總言之水少而植物葉不能呼出水則日光之熱留於體中其熱度較天氣熱度增三十至四十度物質速變乾未及極乾之前其生命已絶矣如植物在天氣

中有一百十度或一百二十度有多水供其所需能令其格外茂盛

雨水數

紐英格倫田間所得之水由於雨雪每下雨一寸每方尺田得水○·六二三軋倫每方碼得水五·六一○軋倫一英畝田得水二萬七千一百五十四軋倫即一百十三噸許儻全年共下雨四十或三十或二十寸則每畝田得水數甚巨然雨水雖多而不均勻有時竟爲雨水浸沒有時旱乾竟似火燒

灌田水數

灌田之水甚多而初灌之時應更多方可令地土飽足也舊金山衰樵肯大江左右地方全年雨水僅能潤土深二尺或三尺不灌水之田掘深四十餘尺始得水而四十尺以上之土極乾須灌水甚多乃滋潤既滋潤即可引起地下層之水數里外之地土亦得其水運動之益以後灌水可少數

不甚旱乾之地土欲種草其灌水亦多意大利國灌水於草地必令其地面積水四寸方爲合宜此水之半飲吸入土又半流於較低處

總言之灌田之水其來源須廣若稍灑以水無濟於事也

抱絲敦近地自五月至九月天氣最熱植物最易發達每隔五日其田面應得雨水一寸方爲合宜在多陵雨之時有水不及半寸亦可在旱乾時須不止此數此等地土欲令其飽足水須積水二寸卽每畝有水五萬軋倫

測算用水數

灌水之數以每秒時一立方尺爲準而水道某高某闊數並來源高度之壓力若干數均可依壓水機器司之法測算其確數

據提里格試驗每秒時灌水一立方尺則二十四小時計

有水八萬六千四百立方尺而四英畝田面有十七萬四千二百四十方尺此水數加於此田可深六寸已甚足用意大利有田地每二星期如此灌水十二次不知者以爲水盡飲吸入土其實非也農家計算云吸收入土之水僅有半分或三分之二而意大利南北地土飲吸水數亦有不同英國有草地需水較上所云之數更多

測算灌水共有三法一算其冲出水之容積數二算其地面積水深數或每次或全年測算之三算其共水之立方數可密得云印度灌水冊載明每秒時有水一立方尺則一年間足以灌溉一百八十英畝由此可種各植物然各植物需水之數不等如稻甘蔗棉花及他穀類各有應需之水數

舊金山南方農學家云每秒時有水一立方尺可灌田百英畝尤叻省亦依此例而定灌水之數惟考陸拉度每秒時有水一立方尺祇供五十五畝之用舊金山有田地灌水之數較少而地面較廣在此等地方可用木槽引水至田其槽邊有多孔隨意洩閉在果園中此木槽接裝枝槽引水至樹根旁如此每秒一立方尺之水可灌田一千英畝

白芳論法國及意大利國農務云草地一英畝以每秒有

一八·五立方寸之水灌之如久流不息可灌田九十三畝司密得以爲此數甚確玆將各人測算之數列表如左

提里格	灌田九十六畝
迷蘭人	又 七十八畝
意大利佛羅那並孟趣阿人	又 六十八畝
塔趨尼	又 九十六畝
白芳	又 九十三畝

此各數與印度相較祇得其半此因意大利用水不過半年而已意大利用水最多之時自三月至九月終

坎尼克論德國灌水數云尋常每黑克忒田以每秒有水

一百列忒灌之

舊金山南方灌水數依礦工測算有四寸壓力之每寸水爲準計每分時有水沖出九軏倫二十四小時有一萬二千九百六十軏倫合一千七百二十八立方尺即每秒時有水立方尺五十分之一則一年間灌於十英畝田面可深十八寸而此灌水並無耗失故較雨水五十寸更爲得用此灌水數加之以雨水在不甚多沙之土可種橘樹他果樹及大珍珠米而爲葡萄並各種草本果品所需亦不嫌多

灌水與雨水相較

少雨水處用灌水法有一益蓋不致令地土堅實植物偃仆也然種花者以水淋於植物之頂亦有益可將葉面灰塵洗滌而灰塵實能阻塞其微孔況植物更有汁液滋溢而出若不沖洗易黏葉面亦是有弊

灌水合宜之地土

歐洲農家云黃沙土田宜於灌水含石灰之土需水亦較多而膠土需水較少蓋不易飲吸也意大利國及法國南方之地土百分中有沙二十分者每隔半月灌水一次有沙四十分者每隔十一日灌水一次有沙六十分者每隔六日灌水一次有沙八十分者每隔三日灌水一次

地土需水若干與天氣及土性有相關又與時季及植物均有相關即如膠土小心灌水亦可合宜惟不可常灌水致土質變爲堅冷又不可過乾致泥土龜坼植物根斷絶最佳之法以畜廄肥料蓋護而灌水少許草煤地並溼草地儻已飽足水不可再灌能令淤泥澄停於地面可得益也

多水草地

歐洲農家常將田之一分多灌以水令其出草飼養畜類他田即壅畜糞爲肥料而種穀類等此係舊法在瘠薄地土爲之今紐英格倫有許多田依此法治理費工本甚微而田地在八月酷熱時不致受猛烈日光如焚燒而有裂縫也

紐英格倫有鬆疏易洩水之地土其下層爲粗細沙雨止數時地面已乾而在旱乾時非常乾燥然此等地土甚易治理即少馬力人工者往往耕種甚廣至於膠土其情形則異乎是在乾時犁之將成塊坔溼時犁之又似油灰澄停土亦然

上所云紐英格倫鬆疏黃沙土如加肥料合法在溼季可得佳收成當乾熱之夏季往往不能產物即任其作爲牧場生發如大麥之野草而佳草卻不能生長也

當旱乾時觀牛在山麓覓食甚爲可憐蓋近處頗有水道未嘗不可灌溉草地令其發達以養畜類祇須設法整頓耳

吾等農家不特忽畧池潭浜溪之水卽許多流通水之河道亦不用以灌田儻設善法得水之利雖在六月亦可得馬料飼養畜類格司配林云法國南方草地加肥料灌水較不灌水之田收成可增三倍

意大利國長夏常用灌水法之草地可刈割三次或四次入秋作爲牧場司密得論英國此等草地一畝得草料如左表

第一次刈割	二七三〇磅
第二次刈割	二〇七二
第三次刈割	一五五七
共	六三五九

此卽合馬料三噸餘價値二圓且可作爲牧場凡舊溼草地儻不宜種他植物卽牧養羣牛甚佳而意大利常以灌水次於輪種閒

格司配林云意大利國北方以灌水次於輪種之閒如下一麻並黍二大珍珠米三小麥四溼草地或一小麥並苜蓿二苜蓿三麻並黍四大珍珠米五溼草地此法在十六世紀時頗行之倍克輪種之法一麻二小麥接種黍爲閒植物三小麥接種大珍珠米四及五及六溼草地司密得輪種之法一小麥七月閒收成兼種馬料二及三及四多灌水重加肥料爲溼草地五大珍珠米並麻至六月終刈割麻接種黍至八月收成或在第六年再種大珍珠米然後種小麥

溫帶黃沙土田在仲夏收成之後卽耕犂灌水再種植物法國南方常如此南阿美利加西海濱亦然秋閒如旱乾而根物適收成亦灌水以省人工從前法國多種莧草亦灌水始能收成

廣用灌水法

美國東北及英國法國瑞士國德國北方並中原種草種菜罕有灌水者因後種穀類及果樹至收成時地土不宜過濕也

北方各國冬雨甚多已足爲穀類及菜類等所需惟在熱地須灌以水補其不足凡冬雨甚少處至明春灌水爲嫩穀類所需誠爲要務及穀類稍生長發達灌水更宜小心山田灌水爲不可少之事雖有陵雨滲洩無遺且因地形有斜度受日光之力更甚騰化之水更多

德國法國呂宋國瑞士國及奧國之苔鹿耳地方種草作

爲牧場常用灌水之法意大利國有數省亦然其他省種珍珠米並稻必須灌水格司配林在法國試驗灌水田加牧場肥料一百啟羅得小麥十啟羅若不灌水僅加肥料一百啟羅得小麥三四啟羅而已據伊云春間天氣頗旱乾惟有灌水之法可以挽救小麥又云酷熱旱乾地方用灌水法者散小麥子可較晚在印度種穀類甘蔗棉花等大都用灌水法又如阿爾齊里亞並他處熱乾地方灌水以爲常例

法國南方高田在旱乾之年春間已極乾植物憔悴而是時適爲植物發達之期儻不灌水阻其生長必致歉收

紫苜蓿與灌水相關

法國上等溼草地每年每畝產馬料並陸恩六千磅蒲生古計算法國東方草地治理合法每畝可產馬料並陸恩四千四百磅其南方種紫苜蓿往往灌水甚爲得法蓋在旱乾地土紫苜蓿子不易生發不有雨水必須灌水如是在夏季可刈割數次山方草地灌水之後其第二次刈割數可等於第一次

格司配林以三千六百圓購新開墾之沙田十四黑克忒散紫苜蓿子用灌水法在一年間得草料三十五萬啟羅價值三千六百圓又有含石灰地土從前每黑克忒得租

錢二十六圓後用灌水法變爲溼草地得租錢六十五圓日斯巴尼亞有田常灌水加肥料種紫苜蓿獲利甚厚勃里爾云灌水之後一年間每黑克忒田得紫苜蓿乾料二萬二千啟羅合九七噸休爾茄論舊金山之田亦云妥來並克呀地方灌水之後在一季間每畝可刈割紫苜蓿五次合十噸此等田在一年間種蘆粟埃及國之珍珠米並黍可得三次收成亦可作爲馬料

日斯巴尼亞薩拉加衰紫苜蓿田據來拉度博士云每年灌水三十一次每次每黑克忒田灌水一千立方邁當合計每黑克忒田共灌水深三邁當此田在八年十年之間每年可收成六次共數爲一萬六千啟羅合六噸或七噸第一次並末次所得之數有二千二百啟羅其間四次約每次得三千啟羅

濕潤或灌水之田而土性又暖可種橄欖者若種紫苜蓿必增收成格司配林云春間紫苜蓿之發達須法倫海表五十四度爲始至秋間在五十四度之下即阻其生長故溫和地方此植物發達之期甚短

瑞士國灌水之草地每英畝可得草料四噸或五噸此外尚有廢草料可備畜廄所用

水並熱度之功效

熱帶地方用灌水法可令多水汁之植物生長且熱度甚高可濟肥料之不足反而言之熱度較低之地方須多加肥料以濟熱度之不足湯姆斯云如日斯巴尼亞之熱度灌水甚足植物生長甚速若種葡萄在十五月十六月之閒可繞滿於房屋之前面或作一棚人立其下採取葡萄若種橙橘櫧檬在數年閒卽成大樹而桑樹葉飼蠶之後不數日又鬱然茂盛阿達姆斯云阿非利加之散納茄爾地方所產植物有一年爲蝗蟲食盡毫無青綠之葉乃不數日又茂盛如故

格司配林云西西里島並法國東方小麥田旱犁而加肥料至十一月初散小麥子其地土不可緊密致阻其飲吸水作堎闊三尺至六尺堎閒小溝闊九寸或十寸深二寸或二·二五寸至春閒熱度在法倫海表五十五度時儻旱乾卽灌水於堎閒之溝內令地土漸飽足水

此灌水不可將堎面浸沒若浸沒其地土變爲堅實阻植物之生長日後又乾又可灌水惟二次灌水甚罕見耳所產小麥甚爲豐稔收成後多灌水浸沒閱若干日任其自乾種番薯大珍珠米黍豆爲閒植物因天氣甚熱地土滋潤故生長甚佳惟地土肥度易致竭盡明年多加肥料方能耕種也法國更有小麥田灌水四次者第一次在十月初未散麥子之前第二次在四月閒天氣熱度爲五十四度第三次在開花時第四次在第三次數日之後如此植物開花更易生實較多每畝得麥二千八百至三千二百五十磅

不用灌水法之害

游歷者常言波斯國有地下水道並水池水櫃印度有灌水溝等從前猶太國齊里亞國亦然馬歇爾云今之田地肥沃不及古時者卽因積水灌水之法廢弛故也又云猶太國有石灰石小山其巓鑿池以儲冬閒之雨水灌溉山坡之梯田故耕種甚爲合法著名肥沃及後世國政衰敗屢經兵燹凡農務要政廢弛莫舉此等水池遂成古蹟其梯田之岸亦坍廢殆盡冬閒雨水不能積儲夏閒又乏水竟成荒蕪鄰近之國亦然埃及國之地土騰化之水及飲吸之水均甚速以致植物非用灌水法不可其那爾大江潮退後速行播種隨卽灌水補其不足所以那爾江邊終夜聞汽機轔轔之聲而貧苦農家用桔槔灌田無時或息其困苦情形尤爲可憫

意大利之地土氣候與紐英格倫相似而灌水之法亦大抵相同馬歇爾云意大利北方之夏季較紐英格倫爲長而熱度則較低雨水之數無參差抳特芒脫及浪白待二

省並其北方之澄停土常用灌水之法見有石路並粗沙均為上古谿水沖流之遺跡紐英格倫亦有此等古蹟一千八百五十六年意大利薩提尼亞舊邦灌水之田有十三分之四即為六萬英畝左右泿白待有一百十萬畝法國有三十萬畝由此觀之歐洲南方廣行灌水之法至十九世紀之末意大利灌水田應加倍法國應加四倍又云泿白待有二運河可灌田二十五萬畝係在十二世紀時開築者

一千八百九十年美國密西西比江左右灌水之田有三百六十餘萬畝

農務全書下編六第五章 三十

由灌水增進教化

史家言各國由灌水之法增進其教化蓋國運發達之基實賴農務之興盛如埃及國有那爾江之潮水可預卜收成之豐稔於是人丁繁盛首先為教化之邦秘魯國亦極少雨水而古時整頓灌水之法甚有法度遂稱秘魯為阿美利加之埃及大抵各國耕種均無把握或天氣有改變久旱或多雨或下雨之時期不合宜雖有教化各邦亦無法制度之惟埃及國農務不受四季晴雨之累而收成可預測此灌水之效也

所以自古以來即有灌水之善法後為不知文化之强邦佔據土地日漸廢弛而農務由此衰敗不特猶太波斯等國為然即日斯巴尼亞墨西哥秘魯等國亦何嘗不然印度灌水之法亦漸廢弛後歸英國版圖始重行整頓而猶太等國竟全然廢棄於是教化亦不能有進當第六世紀時摩洛人即阿拉伯人呑并日斯巴尼亞整頓灌水之法通國開築溝道在法國之南方亦然其後摩洛人敗於日斯巴尼亞灌水之善法遂廢而日斯巴尼亞亦因之衰敗秘魯墨西哥亦因强敵侵伐致廢灌水之善法惟日斯巴尼亞當時稍傳受其法勉為整頓入墨西哥更為推廣溝道等事而舊金山地方亦得其利益至歸入美國版圖而美人始知灌水之有大效

農務全書下編六第五章 三一

然美國在沿太平洋各省地方將來必能大興灌水之法惟恐不及從前阿拉伯人在日斯巴尼亞整頓之善耳

印度國灌水之法久廢今則極力整頓並設法改良庶幾可免凶年

摩洛人灌水法

法國東南邊疆與日斯巴尼亞為鄰英人盤勃論該處摩洛人灌水之法云所開運河溝道甚為合法各農家各能取水而河之下流又為他農家灌水之用此法良意美令後人佩服惟不知當初何人創此事業蓋非英雄豪傑不

能爲也

此灌水法甚爲簡便運河之上流有閘可隨時洩水灌溉而流至最低之田其耕種法在八月間用古時羅馬小犁翻鬆小麥田草土此犁所起之土甚薄而無深槽即散苜蓿子令童子騎板用馬拖之碎其泥塊以平田面雖有野草或麥根並無妨礙於是灌水令苜蓿發達至九月十月間已高與膝齊即供羣羊所食而又即灌水至正月二月間又令羣羊食此苜蓿至五月間刈割作爲馬料又用小犁鬆其土種黍或豆又灌以水至成熟刈割又犁四次在十月十一月間又散小麥子此乃一年間耕種工作之情形也

灌水之弊

多山地方有泉溪之水而用灌水法固屬甚便然欲推廣於他處有許多困難其費用及國政均有相關與衛生亦有關係往往多患瘧疾其費用如開築溝道等儻公家能相助尚可爲之

運河大小宜度田畝需水若干而定建築之後更改不易而運河水源亦有大小故農家不能任意多灌水須遵定章汲取也

農家往往因爭灌水而啟釁端管理河道員弁又不免舞弊所以歐洲此等灌水田不願爲小農家之產業而願歸并於富戶可少交涉而免爭端

得水之法

灌田水之價值依得水之便否最便者爲高處泉溪之水流於最低之田其費用甚省惟道路遠近稍有參差耳

當植物生長時欲多灌水則於泉溪之上流設閘積聚雨雪之水至應用時宣洩而由溝道或橋或塘引至田間其費雖大而田地產物足以補償之

儻地形高低不合宜水不能流灌於應需處則可用空氣壓力法令水舉高亦屬費省而有效此法美國房屋馬廄等處常用之而田間今尚未行此法莫明其故也又有彎形吸水管及用水力或汽力舉水均爲簡便不必巧工始能之

從前麻賽楚賽茲省海濱煮鹽用風車取水若以之灌田亦合宜惟其行動隨風遲速且須有池以儲水

若用汽機轆轤其費甚省不必有水池凡廣大地土尤爲合宜可以汽機與尋常之鑪相接即有效並無危險或用水車亦可舉水高數尺惟遲緩而已此水車若藉汽機或水力以行動之運水更速而東方則藉人馬之力工費較貴或竟用電力行之價值不大亦爲新法

恐將來必有人令灌水之汽機藉日之熱力蓄日之熱度極高祇須設法用之耳美國並他國大博士如愛列克生等曾藉日之熱力行動汽機頗有艮效惟資本較用煤更巨然此事既發其端必底於成施於農務以代今時灌水之法有無窮之利益焉

水池

廣行灌水處即將溪河之水設閘以成池或湖可隨時用之惟工程甚大費用浩繁然爲一農家計宜築小池蓄水而岸邊塗以河泥則費用甚省英國及歐洲各國造池有簡便之法或爲魚池或爲園池或爲畜類游泳之田池其岸邊塗以塞門汀土即不漏洩至冬間須防冰凍

用水法

灌水之法甚多不能悉述且有專書論之地形有斜度者須用長溝以通水接以小溝引至田間用小木閘啟閉之然小溝口用小草土一塊已足阻塞其水也

溝道之水冲出時須成一薄片而田間餘多之水入於旁溝就其斜度灌溉他田如此灌水數日之後即下閘阻止而令田土漸乾

意大利國田溝流出之餘多水因經過肥沃地土故含有肥料瑞士國僅以水爲肥料則餘多水所含肥料較少意大利餘多水之熱度較地土之熱度更高更宜於變化淡氣而令嫩草速發達

一季間灌水若干須察氣候而定總言之必有一次灌水浸沒地土惟水在地面不可久留恐阻塞土之毛管不得空氣

空氣不能透入泥土則土性變爲冷酸有用之草類將死無用之蘆葦將興故草地必須有洩水之溝方可灌水湯姆斯云草地積留不流通之水大有損害若積留數星期或數月各物質已腐爛矣依余之意佳草地非得多水之益乃得其時常流通之水之益也

凡欲灌溉田畝必有暢通之洩水溝儻無此溝大雨之後植物已受其害又不可任畜類踐踏致地土堅實荷蘭國極低之田產物豐稔即因開築洩水溝合法也

灌水令田美

灌水第一艮效能將溼草地土中之苔類物毀滅蓄流通之水冲失土中易消化之呼莫克酸硫養鐵養等化學物質也此物質有害於佳草有益於劣草

劣草既滅佳草生長產數較多品性較佳凡溪河流動之水均與佳草有益惟冷性不流動之水與之反對

灌水成薄片則田間易生細葉草此薄片之水含有許多

空氣並能沖去有害之物質反而言之積留之水日久不流動必有害於植物

枝溝

山坡田地有一横溝已足滋潤全田夫開築溝道之法甚多而此法最爲簡易所以農家開溝須揆度地土方向如何不可固執也若用灌水法爲加肥料之意則枝溝愈多愈佳可令地土多吸取水中所含物質山田僅有一横溝則水中肥料限於某地不能分散均勻宜常易其地位俗語云溝多草多

舊金山灌水之法甚爲特別如十英畝田之一端作一水

槽闊八寸或十寸其槽每距一尺至三尺開一寸徑之孔每孔有塞隨時啟閉以制度灌水多寡作槽之費甚廉可用數年其水來自溝道有二三十寸水之壓力每孔之塞尋常開其六分寸之一至十分寸之一沖出之水成條共有一百二十至二百條可灌溉果園之土溝七條或葡萄園之土溝二條或珍珠米番薯等田之土溝一條彼端之水須閱十五至二十五小時方能流行至此端留其水於田四十八或七十二小時則全田滋潤約深三尺或四尺俟其漸乾而耕種之閱六或八星期又如是灌水一次儻果園地土多沙者於樹旁更開小溝引水潤之

麥約考查灌水田之來水並去水每列弖中所含物質密里克蘭姆數如左表

	來水	去水
鈣養	二三·一	一二·四
鋁$_{二}$養$_{三}$並鐵養	二·四	三·五
燐養$_{五}$酸	極微	極微
鉀養	四·二	二·九
化乾燒後有物質在鹽強酸中不消化者或爲矽養	一一·一	一三·三
生物質等	七·一	一〇·二
化乾後能消化之物質總數	八一·八	六一·六

坎尼克在三月間將數種肥料加於灌水中於是查考其去水中所含肥料數如左表

肥料爲多燐料鉀養鹽類阿摩尼鹽類

密里克蘭姆數	鉀養	淥	阿摩尼	燐養$_{五}$酸
來水二·六列弖	四〇·四	五七	一七〇·六	三三九·一
去水一·九列弖	二三九·六	五三	四五·六	一三一·一
減密里克蘭姆數	一七一·〇	五	一二五·〇	二〇八·〇
每百分中減數	四一·六	一	七三·二	六一·三

肥料爲鉀養淡養$_{三}$

密里克蘭姆數	鉀養	淡養$_{三}$酸

來水二六列𢦔　一五五〇·九　一五二七·一
去水一九列𢦔　二〇一·四　四五六·〇
減密里克蘭姆數　一三四九·五　一〇七一·一
每百分中減數　八七·〇　七〇·一

江河兩岸之平田灌水合宜法犁起地土爲塘岸於岸面作淺溝於岸旁作深溝灌水於淺溝內乃開通令水流入田其餘多水卽由深溝洩出

法國及瑞士國當酷熱之夏季欲灌水於將收穫之田宜在夜間爲之在收穫之前一星期已不可灌水夜間灌水其化騰之數甚少至明晨而地土已飽足水又或馬料刈

割之後其根因過乾不能復生長亦可在夜間灌水其意欲令馬料在夜間得養料在日間得光熱且可節省灌水之數也

英國農家從前用此法灌流質肥料如在旱乾時種捲心菜之田一畝灌流質肥料一萬二千軋倫足以敷布約深半寸若在日中時灌之不數小時水已盡數騰化依然受旱乾之害

散本博士在尤切省三季試驗而知當植物生長時於黃昏灌流質肥料三次其利益較在上午十點鐘時所灌者多百分之十五又查知在日間灌水所生穀實較根稈爲多蓋因日間得水其地土熱度較低也

草類因灌水發達

草地灌水須察其草是否宜用此法當旱乾時用灌水法而與其草不宜者反爲無益歐洲温和地方種意大利萊草最宜灌水在法國查知此萊草種於瘠乾沙土不能發達若灌水而加肥料生長甚速第一年已可刈割三次意大利迷蘭地方一年間刈割此草八次計每畝得馬料七噸其品性較他種萊草更佳

田地用灌水法更有一益卽是農家可制度地土之熱度也如春秋間恐有霜降之害祇須在晚間灌水可免霜侵

夏間酷熱時灌水卽有化騰情形而地土之熱度卽減

陰溝水灌溉法

近大城鎮之農家往往灌陰溝水於田甚爲合宜此水中所含肥料較多迷蘭及愛定盤格城外用此法均得良效而近年倫敦巴黎柏林等大城之陰溝水亦以之灌溉田畝

余在愛定盤格城見用陰溝水灌溉草地甚佳每年生長之草料豐稔無比其草地自近城之山谷起至數英里外均用此法有狹深之溪河過此山谷而城內之陰溝水挾帶穢料洩於此河並不覺有臭氣游歷者以爲河水畧爲

混濁而已蓋其流甚速也泥此城之地方甚高其地下層之水亦入此河故更無穢濁之氣

此河設水力壓水櫃數處令其自行噴沖則稍高之田亦得水其水先入於與河竝行之長深溝內所有泥土均澄停之然後由枝溝流入田間

如此灌溉所產之草較爲稍粗並無酸性每年可刈割五次六次作爲青肥料惟不作草乾以飼馬自春初至秋末每刈割一次灌水二次此草之茂盛令人見而奇異余在九月間甚熱之日散步於草地不覺有臭氣據同游者云雖在夏日亦毫無臭氣可見生長之草將溝水中腐爛物

質盡數吸取化分也其長深溝中澄停物售與種菜家爲肥料

聞人云此處田地未行灌水法之前甚爲荒蕪每畝能得租值二圓五角已爲滿意今則可得一百五十圓其地土天然之沙掘取以供城市之用而以城市之廢料塡平之此塡平之地更易飲吸水

愛定盤格城之陰溝水祇灌於草地而池河溝道之澄停泥土又可爲菜蔬之肥料司考脫倫濕天氣若用此灌水法亦爲合宜其廢料塡平之地頗鬆疏以溝水灌之若地下有溝道者

一千八百七十七年愛定盤格之草地有四百英畝尙在逐漸推廣克里根梯阿那之草地約有二百英畝三十年來亦用此法灌溉當初祇能種意大利裓草而雜以他草今則均種本地草矣刈割作青料售與乳牛家每畝可得八十至一百五十餘圓有一年竟得二百二十圓自四月初至十月杪刈割五次二百畝草地每年產物價值共一萬五千至二萬圓其平日祇須特僱二工人修理溝道而愛定盤格之陰溝水每年獲利中數約有三萬圓產草料可飼養乳牛二千頭據乳牛家云草料旣佳價值又賤其牛糞又可售與他農家

如此治理固屬甚善然不免有可憂處設此溝水或雜入人糞中之各種惡病微生物而遺傳於草田沾染於草葉其禍患不堪設想將若之何今醫家發明人患病之根源大抵因此微生物之發作凡此草料置於棚內多遇空氣當搾乳時或將乳裝罐時此微生物卽由空氣傳布於乳中人飲此乳卽有非常之危險又查知牛食此草嘗患泄瀉之病德國有一田灌以溝水而餘多之水含有菌類微生物流入鄰近牧場草地牛食此草遂病斃

牛膨脹病

凡草無論得自何處而稍有致病之根源必有危險故青

料或苜蓿飼牛極應謹慎儻刈割後已隔若干日而食之又過其量往往在牛腸胃中發酵生氣肚腹膨脹以致喪命此病名呼甫其意卽膨脹也然牛食溝水培壅之草而無致病之根源者所生肉並乳均屬佳品各蔬菜類用溝水灌溉者亦甚佳

城市溝水不能廣用

除愛定盤格及迷蘭外他處用此法灌溉者甚罕見因近城市之草地價值昂貴應建房屋不宜種草近惟倫敦巴黎待積克柏林並他處稍小之城將糞溺等料用韝韝運入池由池入陽溝流至數里外之田莊作爲肥料其費用

甚大不知曾與購買圭拏或殭石料與草煤相和之料或司搭斯夫脫鉀養料或竟用近處河水灌溉等費用相較否

總言之運糞溺料至田莊作爲肥料其費必巨若在近處其糞溺等由溝道自然流出者作爲肥料則得其益而又合算若用汽機韝韝並設管以運至高低不等之田恐所得之利益不能抵其所費之資本也

田莊近城市則溝中之肥料雖淡亦可用也如愛定盤格城之郊田是也惟農家灌溉有一定之時期而陰溝之水時時洩流故工部局須預備廣大之地儲積以待用

陰溝水宜於植物

歐洲農家均知陰溝水爲草類肥料有特別之合宜若爲芹菜捲心菜大黃孟閣爾亦合宜惟不可沾染於葉面有農家用溝水多灌於將成熟之捲心菜孟閣爾田而爲預備種番薯若種大麥每畝可得七十至八十斗或云穀類生長時不必灌溝水

陰溝水灌溉草類

溝水與草類最宜而與萊草尤爲合宜若灌之甚足可刈割多次所以溝水儻無他用可悉灌於此田

默特云佃開種意大利萊草而灌溝水其景象殊爲可觀

八月或九月散萊草子卽灌溝水至明年四月閒其景象鬱然悅目至十一月刈割耕犁之因此草第二年所產遜於第一年也於是再灌溝水而種早成熟之番薯及秋又種萊草或孟閣爾至第三年種捲心菜其秋又散萊草子

英國那列次省常種萊草每年每畝散子一斗收成甚佳該省灌溝水法自三月杪至十月閒輪灌於各田而英國天氣灌溝水之草料不易曬乾祇能儲藏於窖中作爲半青料

盤明亨西北有河名阿司蔹其城內陰溝水均洩於此河有農家取此水灌溉草地六十英畝又灌溉荒沙土六十

英畝均種草類穫利甚厚可牧養畜類在六月間灌水一星期或十日後將畜類驅至他處在七星期內草又生長於是刈割然欲作爲乾料頗非易易因成堆積時往往發熱而有燒乾情形同時堆積他田之草則已變乾運入棧房矣計每畝可得草料二噸許其品性畧粗尚可稱佳當其根尚未復生之時又灌溝水閲七日此後八星期間又生長可刈割每畝得一噸許又令羣畜食田間遺賸之料秋間又灌一次明春又灌一次

栢林果園沙土地灌以溝水亦可得許多草料若種雜萊

草更佳五月至十月刈割六次計每黑克忒田幾有六萬啟羅

英國田地築設瓦溝灌陰溝水甚足有萊草田刈割之後在二星期間灌漑二次或三次每次歷數小時之久每畝約得溝水四五百噸積於田面可深四五寸以後產草料每畝有十噸至十六噸一年間灌溝水共四千至六千餘噸

勞斯在勒格倍地方試驗春夏間之草地灌以城市沖淡之溝水此田若不灌溝水每畝得草料二·五噸全年若灌溝水五千噸得青料較多四噸合乾料〇·七五噸每畝收

成最多數爲青料三十三噸可備畜類半年所需

第一年第一畝灌溝水三千噸得青料十五噸第二畝灌溝水六千噸得青料二十五噸第三畝灌溝水九千噸得青料三十餘噸三年間收成中數爲二二·二五噸三〇·二五噸三二·五〇噸而近處未灌溝水之田僅得中數九·二五噸若以乾料計之爲五噸五·七五噸六·五〇噸三噸

英國克勞登地方所種萊草一年間刈割八次每一星期灌溝水約歷二十四或四十八小時之久蔬菜類每隔二星期灌一次儻在多雨之季則隔五或六星期至收成之前一星期則不灌水萊草田仍可灌也其西方衞爾斯省

夏季較短初次刈割萊草在四月間末次在十一月間全年共刈割四次

可見田地用溝水爲肥料不患牛馬食料之匱乏在植物生長時可食其青料在冬間可食其窖藏之料

迷蘭用溝水法

意大利之北迷蘭地方溝水與清水並灌鄉間田地半爲草地該處氣候溫和而由城中流出之溝水較熱故灌漑合法者在二月二號青草已生長高一尺即可刈割而全年可刈割九次或云迷蘭之陰溝水均洩於惟退比亞運河中此運河左右岸有草地四千英畝均藉此溝水爲肥

料故地土極肥沃或將草土掘起售於他處壅田而草料過於茂盛反不宜爲肥料

然意大利灌溝水之田不多見即迷蘭亦不盛行此法而常運清水至城之東南十英里外灌溉田畝用畜糞爲肥料此畜類即牧養於該草地

灌水法與草地最爲合宜且土中有草根不致成泥潭瑞士國及他處山坡有斜度之田可作爲梯田則灌水不易流失泥土不致沖失而費用卻爲甚大故在酷熱地方不得不如此灌水而氣候寒冷處其梯田之岸又易爲冰凍所鬆

農務全書下編六

地面下灌水法

種他植物之田而用灌水之法往往積留於田面令已犁之細土變爲泥漿形及乾甚堅阻礙植物之生長復灌以水亦難飲吸入土所以舊金山農家慎防所灌之水與樹根相遇又防其變爲堅硬凡地面稍乾即用耙具以鬆之不令其成土塊德國從前盛行地面下灌水之法即在地下多設瓦溝令水暢行無阻而用水較省則地土不致堅實然粗沙田不可用此法也

約畧觀之地下設瓦溝其費甚大然爲衛生之事卻甚合宜有農家云草地用此法實爲久遠之計是以水配於田

非以田配於水也蓋有此瓦溝水道流通地土飲吸之水已足則餘多之水自然流出而各植物或草料均得其宜於輪種法亦有益不必專種草也

英國工程司名派以克云平地溝道可接於坑厠而令高處之水流過之則沖洗潔淨儻閉其出水之總口而開其坑厠進水之口則水由枝溝灌於田閒如田閒水過多亦可開溝閘以洩之此即爲地面下灌水之法也

此地面下灌水法即似地下天然水流動之法春閒餘多之水可洩出而夏閒少雨水之時有水供給無虞旱乾況田地平正種植物之面積較多

農務全書下編六

此法更有一益蓋騰化之水較尋常爲少由此熱度不致枉費而地土更暖

尋常灌水法易令地土變爲泥漿形惟加肥料合法者其功效等於地面下灌水之法或地面下有溝道可灌水而地面上又稍稍灌水令地土數日之久始能滋潤或更由此推廣灌溉之新法於農務學識當愈有進境也

地面上灌水法

地面下灌水其騰化之水數較少故熱帶地方用此法獲益非淺

有地方一年閒之雨水不足以消化土中鹽類物質如此

情形則土中之鉀養鈉養鈣養鎂養等爲土中之矽養二羈留而成雙本矽養二若有雨水則鈉硫養三鈉綠鈉養炭養二等消化澄停於下至旱乾時水騰化此物質亦因之引起往往在地面幷結成顆粒

猶太之死海俄國之裏海美國尤叨省之鹹湖其鹽類物日積月多蓋因各處之水挾帶鹽類入此湖海水易騰化而鹽類存留所以地土無洩水之溝道而水又時時騰化遲早之間必變爲荒田尤叨省舊金山省並中亞細亞鹹土均係此故又有溪河之水流至山谷不能洩出年深月久亦是如此

凡地土灌水必須治理合法否則反增其鹽類物江河之水無論其如何清潔儻不能洩出因而騰化必有鹽類物積留於該地印度灌水不合法者受害顯而易見

休爾茄云用溝水灌溉而無洩出之溝道其害甚大從前肥沃田今變爲荒田矣而農家以爲地土竭力殊不知已積留許多鹽類鹼類物也然地土並非遽有此情形惟累年水質騰化必至不能耕種之一日

此等鹽類物最有損害於植物者爲鈉養炭養二不特有害於耕犁且有殺滅植物之勢力休爾茄云凡土百分中有鈉養炭養二〇·二五則植物子在萌芽時已爲其毀滅若遇溼季其害較輕及雨水已過又害其根鬚至其終植物必死

凡荒田稍有鹽類者用灌水法可令鹽類物澄濾於下層土中稍可免害然有時灌水可令鹽類物加積於地面以致農家勞而無功休爾茄之意此相反之理蓋因所灌之水敷布之法有異於雨水之敷布也即是尋常灌水之數較溼季之雨水數爲少且灌水驟增於一時而水中含有許多鹽類物澄濾於土未深而水已騰化則悉留於地面更有一故灌水之溝道洩漏者即將地下水引起相和如此則從前乾土中鹽類鹼類物在四十尺五十尺深處者

今將引起至地面矣如此灌水豈有良效

此爲害情形若用地面下灌水法均可免焉儻地土多沙者甚易將此鹽類鹼類物沖去之膠土則較難而此鹽類物若由深處引起者則瓦溝更不可不設也有此瓦溝則深層之水因之隔絕而鹽類鹼類等物無從引起矣然地面下設溝道工程較大而屢次灌水易將植物養料沖失即在地面加肥料或令植物葉庇之以阻水之化騰或用化學肥料解其鹼類性

儻地土中鹼類物不甚多者時時深犁亦可稍爲補救蓋地面之鹽類物堆積較多深犁之令與下層土相和可減

其害泥耕犁周徧亦可減化騰之水數化騰之水既少則積留之鹼類物亦少也

歐洲中原灌水法漸少

歐洲北方及中原從前盛行灌水法今則漸少蓋當時農家尚未種苜蓿蘿蔔並他草而在鬆沙地土欲得飼畜草爲冬季所需甚爲困難故重視天然草地在春夏閒多灌以水希冀多得馬料其後在高田特種苜蓿蘿蔔爲馬料且購市肆肥料培壅之於是天然濕草地都不注意而灌水之法漸不多見又查知天然濕草地所產草料品性較次價值較賤須加油渣餅及哥路登粉稃皮釀酒家渣料

農務全書下編六

等庶幾與高田所產者相埒

英國有人云濕草地在早春牧養緜羊小羊甚合宜而在夏秋之前牧養之羊羣易生疾病蓋因此故農家不甚注意而廢棄灌水法也然在英國南海濱之鹹水草地牧羊甚茁壯並無傳染之病該處因生齒日繁爭競地利往往將隰地改良可種根物並蔬菜而草地日見其少

河泥水爲肥料

英國有將澄停泥土壅田意大利國在冬閒亦然蓋大水氾濫之時河道並水溝中有許多澄停泥土以之壅田頗能改良地土各處荒田用此法卽變爲熟田此荒田先築圩岸高二尺或三尺岸內更築小岸分爲若干格而最近灌進河泥水之處其岸較高五六寸先灌第一格河泥水深一尺半又引而灌第二格至其終全田均有河泥

格司配林云度耶斯江有一田當初每畝價値不及百圓如上法改良之後其價値驟增至五百六十圓意大利國奧國如此治理在十年或十二年閒竟將地面加高五尺半至七尺半均築圩岸留河泥水俟泥土澄停然後洩其水

灌河泥水之歷史

據人云第十八世紀時意大利國始用此河泥水灌田後

農務全書下編六

漸行至英國其東方亨盤江之低形地土卽在江邊築圩岸水閘待高潮時令河泥水沒田及潮退洩放其水如此河泥水沒之田其泥土物質均澄停於田閒林肯及耀克駭二省每沒水一次可積土十分寸之一所以屢次沒水卽得地土厚數寸或數尺有一處在一季閒用此法而得澄停泥土厚一尺或有地方用此法一次已足或有地方係甚鬆之草煤土所加河泥乾輒低陷數年之後宜再灌一次

坎拏大之東芬特海灣兩岸之地甚低用此法改良田地已有數千英畝法國鬆土田在冬閒亦用此法凡多石或

荒蕪之地土此法無不合宜

英國用此法後令田地休息一年即是令空氣改良澄停之泥土也然後散大麥苜蓿草子等為飼羊所需約閱二年方耕種小麥大麥在第一之五六年不必加肥料其後加圭拏油渣餅牧場肥料若種馬豆油菜亦甚發達惟土性稍有韌黏故與苡仁米蘿蔔不合宜

灌河泥水法與灌水法畧同

灌河泥水法即同於江河之水天然汜濫浸沒田地也惟設法制度之其效更顯耳那爾江兩岸之田地每年僅大潮汜濫一次農事得慶豐稔而灌河泥水法每次潮汐來

往即可灌一次其效豈不更顯夫水視之甚清尚含有微細物質有益於田地況此混濁河泥水其澄停之物質自必甚多田地之得其肥效奚啻倍蓰

然此法宜施於無植物田因有植物之田其地土不可為河泥蓋蔽也故在冬或春或秋收成之後為之凡大江之水含有黃沙並植物類物質於地土甚有裨益若江水經過白石粉或石灰地土則與草地尤為合宜惟不可久浸沒其地面耳

風潮汜濫其退甚速決不久留於地面故有益於草地並各農務然在植物生長之時灌溉之水宜清不宜濁而山間混濁之水不特無肥料且所含矽養物質頗能擦損植物也

埃及國灌河泥水法

上古以來埃及國農務全賴每年那爾江水之汜濫該江之潮水在九月杪為最高田閘築横塘留水六或七星期令地土飽足水而地面有肥沃之河泥一層於是耕犁散子至明春小麥苡仁米豆類苜蓿猩荚等收成甚豐收成之後任其休息以待第二次之水沒所以半年間其地土竟無產物夫澄停之河泥大有益於植物惟夏季植物如蘆粟珍珠米葱頭棉花甘蔗宜用人工灌水法其水宜清

不宜濁

鹹水中物質澄停較易

英國農家知河泥水灌溉為最佳故由溝道引至數里外而灌於田據云沙土並草煤土均為合宜有許多荒地用此法改良矣

水中所含土質甚易澄停清潔蓋因混濁水中有海水數分也博士海拉魄查知每軋倫水中有物質二百三十六釐者可澄停其二百十釐由此計算每英畝地面有水深一尺其澄停物當有三噸又四分噸之三此澄停物極微細而與地土中之粗沙或草煤相和頗宜於植物

英國用此法得其澄停物以肥其田若爲草地珠果田稻田宜用清水灌溉不必取水中之肥沃物質也苟欲取其肥沃物質應在未種植物之前灌河泥水

草地沒水

德國少水之地方往往在草地築壩留水此亦灌水之意也此法留水於草地約閱數時然後洩放而水中物質澄停於田依理而論此留水之法實令水變爲不流通於田地似無甚裨益不如灌以挾帶肥沃物質並有空氣之流通水然此流通水若留阻於田卽變爲不流通其弊亦相同也

草地灌水浸沒可斃地鼠昆蟲等而有用之植物及無用之蔓草亦將浸死惟沒水之後播種佳草子殊爲合宜江河兩岸之低田有天然沒水之法而澄停於地面之物質亦甚多此等田若遇旱乾其植物亦能吸取地下層之水故種草類生長較速各國稻田所需之水大抵恃江河之潮汐儻其水混濁則無異於灌河泥水意大利並印度之稻田分作各格每格漸高至與溝道相平水由高格流過而至較低之格如此最低之田亦得水也

灌水中之澄停物

法國博士蔓勒古梯云江河水中所含物質爲地土中矽養呼莫克酸所羇留此理從前人未發明今載其論如下

英國農家灌水於草地而查其流出之餘水中鈉綠並鈣養二炭養已爲地土羇留其半足見此水爲植物根鬚所吸收卽將所含物質供給植物也水中含有鈣養炭養與地土中炭養氣化合卽成鈣養二炭養爲植物養料鈉綠卽食鹽其數亦減蓋因植物有時吸取鹽類物質較多故也所以時常灌水之田易減土中之物質卽易供植物所需而農家遂謂水能竭地力也

然今知地土中雙本矽養並呼莫克酸將由水中羇留鉀養鎂養阿摩尼燐養酸此等物質適爲植物之養料而鈉養鈣養亦然

地土不易羇留含淡氣物質故經過肥沃田之水往往將此淡氣物質挾流至瘠薄田又水久遇空氣其中必含有空氣而此水中之養氣較空氣中之養氣更多空氣中養氣爲四分之一淡氣爲四分之三而此水中養氣爲百分之三十五淡氣爲百分之六十五雨雪水中之養氣淡氣分劑亦然且雨水中更有輕養故以水灌溉其養氣速與地土中喜養氣之物質并合而獲大效

合宜之水

天然水中之物質不等故各水各有功效盤納並羅開納

斯灌以河水井水試種大麥此二水十萬分中除不計之物質外有物質如左表

	淡氣		燐養五酸	鉀養	鈣養	硫強酸	鎂養
	阿摩尼	硝強酸					
井水	○·○八	一·五六	○·一六	二·一三	一五·四	七·四五	一·五四
河水	○·○八	○·○四	○·一一	○·六三	一七·六四	一·四六	○·八七

此植物種於盆每星期每顆灌水一列式收成後每顆乾料用井水者其重中數為二·九一九○克蘭姆穀實為一·二四九○克蘭姆用河水者為○·三一一二克蘭姆穀實為○·一○八七克蘭姆可見用井水所種之植物較用河

水者更為肥壯此因井水中物質較多也有識者常言江河之水有甚宜於灌溉者有灌溉而不得其效者如含草煤之黑色水為尋常草田灌水之用甚不合宜儻草地中有石灰質倘可不流通之浜水亦少功效總言之水中不含空氣者無甚用也

法國歇凡提恩及山爾凡泰二博士灌不佳之水於第一草地灌佳水於第二草地其水數相同每一英畝收成之效如左表

	不佳水	佳水
馬料	一五七一磅	六四八四磅
陸恩	八四七磅	二五七二磅
共	二四一八磅	九○五六磅

此二項水中之灰質並無參差惟佳水中生物質之淡氣較多即是一為百分中有淡氣五·七三又一為二·三八且佳水中之淡氣品性亦較佳因有佳品之呼莫司也而不佳水中有酸性呼莫司格司配林云其微生物亦各不同凡熱性水中有多淡氣之微生物

多河道之地方可擇其最佳之水灌於田如水中有萍藻等甚多而河底之石面生有膠黏之植物類即可知此水之宜於灌溉

灌溉之水不可有冷性據開秃云印度灌水來自喜馬拉

亞山消融之雪其熱度較田土之熱度更低此等水若灌於足肥料之田尚可若不加肥料者灌之反有害該處田地灌井水可少此弊因汲取不易用數不多也

歐洲除含石灰之地土外用井水灌溉不以為合宜或云井水性寒而硬次等野草得此水甚易生長瑞士國農家頗知冬閒之雪水流入江河則減灌水之功效若夏雨令江水溢滿甚佳

水更有他功效因其中有炭養可令土中之石質並金石類物質化分即如空氣中之濕亦可令呼莫司腐爛而改變其以前不適用之淡氣所以灌水應有定時則土中有

足數之濕而宜於發酵並石質化分及變化淡氣等法

灌流質肥料法

數年前英國農家始行灌流質肥料於田此法實始於比利時國用人糞水灌溉田畝也據云比利時國灌此流質於生長植物之田亦合宜惟旱乾時不可灌他國或將草葉及草煤浸於畜糞流質中然後灌之英國儲糞流質於窖或加水令淡由鐵管引至田此無異於灌水法也

所設鐵管如尋常舉高之水槽接以像皮管可隨意噴沖田面其地形有斜度者管亦隨之此法在山間田莊頗合用至於平田祇可用汽機耩耩倫敦近地名帖脫里田主

密且爾終身用汽機灌溉田畝至一千八百八十年爲止常言此法尙合算凡遊歷人見之者頗贊美之所養畜類闗於一處其棚內有直楞洩出糞料墜於楞下之水坑即將油渣餅等擲於坑掉和之或和以他佳肥料以增其濃厚比利時國亦行此法

糞料在此坑內多加水令淡乃由管灌於田或將灌流質肥料之前數日先灌清水於田令地土不致乾硬凡田間植物生長未高不能蔽其地土者更當如此

有農家之意灌清水之數較流質肥料之數更多爲妙因地土須水深一寸方能浸透則每畝需水一百噸所費工

資尙爲合算然在一季間如此灌水數次又灌以流質肥料則水數實爲甚大

英國農家當乾熱之時灌流質肥料竟令草類枯萎然地土若濕潤而天氣又熱灌之甚爲合宜

英國温和地方可用新鮮肥料以免淡氣之耗失凡糞料等儲於窖必有發酵情形致淡氣耗失也

農家多養牛飼以青料如苜蓿或釀酒家渣料則流質肥料較多宜速運至田免其耗失此等肥料頗難治理若堆積一處又易變壞德國人云乳牛食番薯廢料並青料其洩出糞料大抵似流質灌壅於田最佳

歐洲大農家知此流質肥料甚有益於田地而又不能久存儲故加水令淡即灌於草地或灌於遲生長之穀類田用大桶裝輪運之比利時國以此肥料灌於菸草或捲心菜田此植物需肥料甚多而生長遲緩也

用管無效

設管引流質肥料至田曾試驗數年以爲無效蓋因設管並器具之費甚大也數年前福爾克在密且爾之田考查用流質肥料法與用相等數圭拏之功效若何一英畝田灌流質肥料五萬軋倫合五十萬磅其中有阿摩尼三十九磅合圭拏二擔價值計九圓餘而圭拏每噸價值六十

五圓二擔則不滿七圓

後又查知流質肥料之功效遜於圭拏惟青草並萊草地加之尚佳他草亦合宜在乾燥時或冬季少草類之時灌此流質可令其速生長

司考脫倫之阿俟駭省係瘠薄沙土在秋閒每畝散萊草子四斗然後灌水至明春再灌水至六月閒初次刈割得十噸或十二噸於是加圭拏與阿摩尼硫養和肥料三擔或四擔而由管灌沖淡流質肥料一百噸五星期閒此草生長高三尺刈割可得十六至二十餘噸

此田仍如上法再加肥料至九月閒可得十六至十八噸

再加肥料至十月終又得十噸至十二噸許至明春再灌水至五月閒刈割未至八月終可刈割二次共得四十或五十噸在二年閒共刈割七次得馬料八十至一百餘噸所用圭拏阿摩尼硫養鈉養淡養共一噸沖淡流質肥料七百噸

英國大抵用流質肥料於萊草農夫以爲此草不必耕犁重行播種而可陸續得合宜飼畜之料以節省他食料此等萊草田在二年閒可刈割十次或十二次每次刈割後每畝灌流質肥料三千至二萬軋倫

流質肥料中所加之水悉依地土天氣之燥濕如何在濕時可灌不沖淡之流質肥料五千軋倫在燥時灌水二萬三千軋倫卽合地面水深一寸種萊草二年然後耕犁其地土甚爲清潔宜種穀類不必再加肥料除大麥外他穀類收成甚豐葢大麥較小麥苡仁米更能受過度之肥沃也所以大麥之後種小麥極合宜或苜蓿子與小麥子同散加以畜糞作爲青料然後種穀類及根物此後地土肥度將竭再用灌水法而種萊草

流質肥料用於穀類

由陰溝灌流質肥料於穀田將令其稈葉過於茂盛此弊正與加淡養鹽類相同卽是穀類在成熟時不可再加淡

氣肥料也

英國農家在冬閒用溝水灌於田至明春散穀類子至早秋灌水其植物得此肥料而不從速生長稈葉者甚少是大弊也

前論初次加糞料於植物尚爲合宜而不可加新鮮糞料於穀類因其但生稈葉而不生實也所以流質肥料亦屬不合宜有識之農夫當散子前將肥料攪和於土中若加於地面須極少而流質肥料用此二法均屬爲難卽如油菜萊草亦不可重加肥料恐其過茂難施劖刀或竟在田閒腐爛

然有數種植物甚喜多肥料而稈葉並不壯茂如捲心菜紅菜頭菸草麻大珍珠米蘆粟等或云柏林溝水灌溉麻田殊有效該處種麻因此甚發達

流質肥料合宜之地土

英國農家早知各地土非均合宜灌流質肥料如重土灌此肥料將令地土變爲堅硬封閉其孔隙而阻空氣之透入惟在黃沙土可用此法應先加石灰解其韌黏性凡草煤地土或溼草地土必須開溝洩水漸變爲熟田方可用此法要而言之鬆深之沙土其下層爲多孔隙之泥土則灌此肥料甚佳無論其如何瘠薄屢次灌流質肥料必能

耕種獲利比利時國卽有此情形故大獲利益蓋流質肥料灌於此等沙土其物質敷布甚均植物根可隨處得養料自獲特別之良效也

英國田莊高低之田不等如須灌流質肥料其低田可隨其就下之勢其高田築積受池用輴輴或用提桶運散於田引流質肥料之道可用U形木槽以代鐵管

此法費用甚省可擇一地爲積受池凡田莊並廚房廢料悉歸於池至耕種菸草及蔬菜或逼催草料速生長以飼乳牛則用汽機或馬力將池中流質肥料運散於田或加水較牧場肥料及溺更淡

比利時國坎品沙土地灌流質肥料灌清水二法兼用其田在秋閒灌以運河之水至明年四月閒又灌之卽耙其草閒土每畝加圭拏一百磅以後察其情形而定儻地形較低而多溝道者不必再灌也此草刈割後每畝又加圭拏二十五磅

卷終

農務全書下編卷七

美國哈萬德大書院農務化學教習施妥縷撰　慈谿舒高第口譯
新陽趙詒琛筆述

第六章

溝料

城市之溝水甚關緊要而近年於農務亦極有相關惟各人意見不同故議論亦不一

新聞報常論令人奢侈無度而不計算耗費之物質如陰溝水沖入海洋亦耗費之一端也儻設法留用之其利益豈可量耶

大城之陰溝與衛生極有相關當先注意於此然後可計及農務及國家利源

德國大化學師李別克之議論驟聞之似甚偏謬而按諸事實未嘗不切當也其言如下

英國收取各國富饒之源是其所長因欲用骨爲肥料而已開挖辣潑賽克及華忒羅及克蘭密亞戰場之骸骨又在西西里島死屍地道中挖取其骸骨大約每年從他國收取肥料壅田可養三百五十萬人此即爲吾民生之養料竟爲英人攜載而去也

至其耗費之物質均由陰溝洩於海中由此論之英國猶吮人頸血之蜞充英人之志願將盡收取天下之脂膏而不加憐惜但恐至其終自亦失其利益耳

如此耗費他國之精華必遭天譴所產金銀煤鐵決不能挽回數百年來耗費之物質

地土中有許多燐酸鉀養淡氣鈣養等爲植物所吸取而畜食此植物人又食植物及畜肉則此等物質均入於人身後由人身洩出歸於陰溝沖入海洋作爲廢料如中國日本國比利時國農務往往用人糞其物質仍可反回於田地惟人糞中難免有毒物若加於田易害衛生況今之農家因鐵路輪船四通八達選擇所需之肥料甚便易不

必用人糞也美國南楷羅拉那省乏羅里苔省並西印度羣島可得含燐殭石料或從鋼廠得含燐鑪渣料或從英國比利時國德國法國等礦中得卡布路來德（即欺人石料）或從坎拿大並日斯巴尼亞等國礦中得鴨不對愛脫（即天然鈣燐料）論及淡氣可從煤氣鐙廠並燒焦煤之廠而得之而秘魯鈉養淡養礦及各種魚廢料肉廢料油渣餅等均可爲含淡氣肥料論及鉀養則司搭斯夫脫礦取之不竭

市售肥料較溝水爲佳

當今可多得製造肥料而舍棄城市之陰溝物料況取此溝水其費較購製造肥料更多而田畝廣大溝水甚少亦

屬困難如一千八百七十六年巴黎溝水僅灌田一萬二千畝此田產物僅可供給該城五分之一之八日所需

陰溝物質淡薄

歐洲大城市其坑厠有陰溝凡溝中物料一噸僅有乾料二磅或三磅而已美國溝中物質尚不及此數一千八百七十二年尼克爾斯查抱絲敦溝水一千九百九十八磅許而乾質不滿二磅胡斯脫城之陰溝水一噸中僅有乾質一磅

溝水中物質多少即以一星期而論已有不同蓋天氣等情形均有相關也勞斯查考勒倍地方之溝水中物質最

多最少之數如左表

	試驗二十四次一千八百六十一年四月至十一月	試驗三十四次一千八百六十一年十一月至六十二年十月	試驗三十五次一千八百六十二年十一月至六十三年十月
最多數	六·九三	四·一四	八·六四
最少數	一·二〇	一·六二	一·九九
中數	二·四一	二·五七	三·三〇

試驗陰溝物質共九十三次又查考物質化或含於流質中之數如左表

	消化物質	含物質	乾物質共數
生物質	〇·二七六	〇·六〇三	〇·八七九
死物質	一·一四六	〇·七七八	一·九二四
共	一·四二二	一·三八一	二·八〇三
抱絲敦溝水二千磅中	一·一七九	〇·七四七	一·九二六
胡斯脫 又	〇·五〇七	〇·四二三	〇·九三〇
柏林 又	一·五七八	〇·一〇二	一·六八〇
待積克 又	一·三六六	一·一六四	二·五三〇
英國城鎮五十處又中數	一·四四四	〇·八九四	二·三三八

陰溝物質中之肥料最有功效者爲含淡養$_{三}$物惟其數甚少而在由里阿或阿摩尼中由里阿或阿摩尼之數依其料之新鮮或陳宿而定此外更有不變動之生物淡氣

來得倍計算英國城市之陰溝水一噸中有淡氣〇·一七八磅勞斯並葛爾勃查倫敦溝水每噸中數有阿摩尼〇·二〇六磅來得倍試驗九十三次每噸中有阿摩尼〇·一八五磅英國城鎮五十處之溝水一噸中有淡氣〇·一五五磅其中阿摩尼爲〇·一三四磅並淡氣〇·〇四四磅係與生物質相合尚有含淡養$_{三}$之和料少許

抱絲敦溝料一噸中有燐養$_{五}$酸〇·〇三四磅柏林〇·〇三二磅胡斯脫〇·〇〇七磅待積克〇·〇〇三磅來得倍計算英國城鎮溝料每噸中有燐養$_{五}$酸〇·〇四五磅鉀養〇·〇四八磅

由上數計之英國城鎮溝料一噸中有肥料價值一分至四分

拖孫敦溝料一噸中或有價值一分之植物養料即是溝料四十萬分中有阿摩尼並含淡養三之物質十一分合佳秘魯圭拏一百分中所有之數此四十萬分中所有燐養五酸不滿七分而不及圭拏百分中所有之半數凡大城中必有許多雨水並街道之廢棄水故甚淡薄極少肥料之功效

美國大城每人每日用水約一百軋倫此數之水無論如何至其終歸入陰溝而與雨水並水道之水合并計其中數較英國德國加倍故溝料更為淡薄

溝水肥料不足

或用溝水肥料灌於田以為其中有石灰料也然為數甚少倫敦衞博士查溝水一噸中石灰僅有〇·〇七磅其實農家可用新石灰或濾過灰料或肥皁廠廢石灰或竟用石膏均屬取之易而價值賤

大城溝水以一年計之其中有許多植物養料惟極淡薄取而灌之所費工資頗不合算愛定盤格及迷蘭取之較便者尚可為也

溝水中更有他種沖淡物質

近居宅之溝道中有許多有用物質均極淡薄取之不合算美國費里爹費亞鑄錢廠二博士查該馬路之地下有泥土一層甚廣每一百二十二萬四千磅中有金一磅凡建築地窖掘起泥土一車有金價值足抵其掘此泥土一車之工資磚料中有金儻提煉可成箔二寸方

此一層泥土中有金價值金錢一萬二千六百萬圓並近城泥土合計之約增八倍

然無人提煉此金因他處可得金較便也況創一大事業必須估計工程資本若干能抵償否而此土中之金甯棄勿取矣

歐洲來因江並亭加利之特來佛江從前有淘取金沙者可稍獲利如遇凶年工價較賤則羣往淘取以資餬口舊金山村塾放暑假時學生淘取已廢棄之金沙礦餘金亦可稍獲微利

今各廠燒煤甚多燒過之煤中有許多阿摩尼故論及溝水中之淡氣廢棄似可不必計較燒焦煤爐中有許多氣質洩失亦屬可惜儻收取其淡氣肥料售與農家彼此獲益他日海濱魚廢料告罄或草煤並煙煤銳珥石中之淡氣亦不能得則各處燒煤之鑪中尚有許多阿摩尼可取也此阿摩尼淡氣為數較溝水中所有之數不知增若干

倍也如司搭斯夫脫礦已罄則地面之花剛石中均有鉀養取之不盡由此等石提煉其鉀養終較取諸溝水中為便易也況植物自能從石質中吸取鉀養而較從灰質中吸取更易也

田間鉀養肥料

司搭斯夫脫礦未興以前農務所需鉀養卽係田間之產物今則用此礦產而奪農家製鉀養之利益

歐洲北方人口甚少材木甚多坎拏大並美國亦然常焚燒木料而取其灰質蓋欲得其中之鉀養也後又設法用

食鹽製成鈉養以代之其價值更賤

從前道路未通材木甚多故焚燒而取鉀養為木棉小麥珍珠米之肥料竟有以此為業者總言之取鉀養之法甚便其費甚省而地土中又能化分而得之故欲由人糞中提取此物殊不合算

今查知非勒司巴耳石一立方尺可供給榆樹所需鉀養五年其榆樹之廣大為二萬六千九百方尺抱絲敦近地每十五年或二十年或三十年收集硬木樹一次而地土之肥度不致竭盡也更有積存鉀養甚多之地土而鹹湖中鉀養鹽類甚多鈉綠亦然

含燐料尚未甚貴

由上論之淡氣及鉀養斷無竭盡之患而含燐料亦然近已查得許多含燐之地次等含燐雜質亦查得甚多惟以今之工價計之開取尚不合算數十年前農家常憂燐料將竭盡而價值有漸貴之象今則製造此肥料日多價值甚平農家可無憂矣

南楷羅拉那並乏羅里荅之殭石燐料坎拏大之鴨不對愛脫充塞於市故價值甚平又有鋼廠之含燐鑪渣料亦甚多法國比利時國俄國亦查得殭石燐料日斯巴尼亞亦有之更有許多偏僻地方有此物質待人開取況魚廢

料肉廢料並木灰中亦可得含燐物質少許可見此物之來源甚廣何必由溝料中提取之也

南楷羅拉那燐料礦掘深不及十尺已可得之乏羅里荅之礦更近於地面且因價值甚賤故在淺近處開取他年掘至更深處可得其更佳之料

江河耗失肥料

溝水含植物養料歸於海洋似不足惜因地球各處之江河沖失肥料更有甚於此也卽如野植物所需之燐養酸藉水及空氣及炭養氣並他種化學物質將石質化分而成者漸隨雨水濾入江河至其終歸於海洋他種植物養

料亦莫不如此考察海產物即可知矣地土本有收吸力可將燐料羇留惟斷不能毫無洩放而總計其耗失之數幾不可思議

一日間由江河沖入海洋之燐料較各處陰溝一百年間所耗失之數更多論及淡氣亦未嘗不如此蒲生古云來因江馬賽江馬愛斯江每日沖入海洋之淡養物質合硝二百十二噸巴黎之賽痕江每日耗失之數有二百六十噸埃及國之那爾江含淡氣物質之數若等於來因江者則一日間有三百三十噸然排列爾計算那爾江水所含淡氣物質實較來因江更多每日耗失之數有一千一百噸云

由此論之溝水中耗失之燐料並淡氣物質爲數極微欲挽回之其費甚大而欲從江河水中挽回之其費更大況今農家能取海中之魚廢料海帶菜並地土中之殭石料爲肥料豈不簡捷而合算

江水所含物質

勃蘭呑羅納博士查奧國北方薄希密亞省地土中之植物養料由阿爾勃江沖入北海之數云薄希密亞省之河道均匯於阿爾勃江查該省一年間之雨水由此江流入海有四分之一其四分之三或化騰或濾入地層中此江

水流過該省北疆之鎮名羅薄雪枝計每年有六萬萬立方邁當數取其水考查所含物質密令啟羅克蘭姆數如左表每一密令爲一百萬

	灰質	燒而逐出	共數
消化物質	四八一·九八	一一四〇·七〇	六二二·六八
含物質	六九五·七二	五一·四二	五四七·一四
共	九七七·七〇	一九一·一二	一一六九·八二

此六萬萬立方邁當水中有爲農務甚要之灰質以密令啟羅克蘭姆計之如左表

	含	消化	共數
鈣養	二·九八	一三七·四〇	一四〇·三八
鎂養	一·七三	二六·四〇	二八·一三
鉀養	二四·三四	三〇·一八	五四·五二
鈉養	五·四六	三四·一四	三九·六〇
鈉綠		二五·三三	二五·三三
硫酸	〇·二七	四五·四二	四五·六九
燐酸	一·五〇	極微	一·五〇
共	三六·二八	三九八·八六	三三五·一四

水中物質百分中消化者爲八十九分含者爲十一分而一啟羅克蘭姆合英二·二磅然則一年間此江水沖失之

物質僅以燐料一項計之已有三百餘萬磅

李特計算密西西比大江每年沖失消化之定質一萬五千萬噸據勒色爾云沖失消化之金石類物質爲一萬一千三百萬噸此外含於水中而可澄停之物質較多四倍其計算由密西西比江水運入海洋之死物質三十萬九千一百噸其中鈣養炭養有十三萬七千四百十九噸流過紐約之大江名黑次森每日沖失消化之死物質四千噸其中鈣養炭養有一千二百噸紐約省之克羅敦江每日沖失消化之死物質一百八十三噸其中鈣養炭養有四十七噸流過倫敦之退姆斯江每日沖失易消化死物質一千六百八十二噸其中鈣養炭養有一千一百二十一噸

由江水運入海洋之物質供給海洋中植物動物所需而動物之等類繁多莫能計其數即以魚類而論可爲人之食料一大宗所以城市溝水中所含物質沖運入海洋亦供給水族所需非果廢棄也

衞生改良

倫敦大城每年耗失之肥料爲數甚大欲挽回之工費頗鉅且論及衞生之理凡人煙稠密處糞料穢物應速沖運入海而今查知最便易之法莫如用多水沖去之

從前所築茅廁或有漏洩之弊今之茅廁有通暢速流之陰溝加之以廢水雨水均歸於街道下之大陰溝內或令其飲吸入地下層

用此法以來凡易腐爛物質及居宅一切穢物均用自來水沖入大陰溝而大陰溝特有阻穢氣之法而令其入於海洋如此居宅之衞生甚爲合法惟浴室及盥沐之洩水管不可與茅廁之管相通

街道下築大陰溝及改良茅廁諸法均爲清潔城市之本源惟城市近海或近大江此一切穢物沖運入海洋固甚易也而內地城市則甚爲難若沖運入小河道仍有害於衞生於是公家設法將溝中物質濾之或加化學物質澄停之或用灌水法沖淡令其飲吸入地下層

陰溝物質用濾法

令陰溝物質清潔之法不一最合宜者爲濾法然用細沙粗沙或炭等如濾尋常水法以濾之則大陰溝物質易阻塞其孔隙以致無效即不阻塞亦僅能濾得其泥土等而消化物質不能留也若欲阻留其穢氣及消化之生物質阿摩尼燐養酸等並去其各色料祇有令其與許多泥土相遇如用一方田土飲吸之是也

溝水中極微細之生物質等與許多泥土相遇宛如極密

之濾器均能爲泥土所滅有數種致危險病之微生物用此法濾之竟毀滅也

輪次濾法

泥土飽足溝水可露於空氣中則以前收吸之物質及毒物將受養氣之變化而毀滅此實賴發酵微生物之動作而此發酵微生物遇空氣則發達猛速以致其功效其法用鬆土田數畝其下六尺或八尺或十二尺深處設有瓦溝而灌陰溝水於田面則溝水中物質皆爲地土所羈留而流質濾入瓦溝洩於河道中乃將此田土露於空氣中令其改變後仍依此法濾之此之謂輪次濾法或在田間

掘溝而塡以沙令溝水濾過則穢濁之流質飲吸於地土下層中

有一鎭八丁四萬所有溝水均灌於二十英畝之田此田作爲四分先將一分限於六小時內灌滿溝水於是又灌於第二分如此每分有十八小時可露於空氣中此溝水將灌於田先過濾器而留其所含粗物質田面往往種萊草與溝中物質甚相宜

濾溝水之田係輕黃沙土其下層有粗沙或云瓦溝流出之水甚清潔猶地下層所來之水況所用田地不廣故較用水沖淡之法更善計每日每一英畝可濾清溝水十萬軋倫

變淡氣以清潔

大陰溝之穢濁物如變成淡氣則爲清潔所以用粗沙土時時濾之若用細沙土濾此物質較緩而濾得之生物質較多

海澄云溝水時時令其變爲清潔全賴養氣及所歷之時與寒暑關係較少凡濾之不清潔者必因有罅隙或過速以致養氣不及改變之所以溝水灌於沙面宜均勻而多與空氣相遇則受養氣之變化周徧

陰溝物質甚厚則變化淡氣遲緩儻澄停之物愈積愈多

郎將沙土之毛管阻塞而失其變化之效查知花園地土草煤之類爲濾法用較沙土爲次

海澄用粗沙土濾溝水每日在一英畝田面可清潔溝水十萬軋倫或竟有十八萬軋倫而生物質百分中可濾得九十七分儻每日濾溝水六萬軋倫可濾得生物質九十七至九十九分其水清潔無色以中數計之生物質可濾得百分之九九九細沙土田每畝每日可濾三萬軋倫幾盡濾得其生物質

惠靈敦之意濃厚溝水可加石膏不必沖淡及用甚廣田面濾之因石膏有攻濃厚溝水之大鹼性也若用一方田

濾溝水將此地面掘深亦屬無用而重土更易并結成塊用地土濾溝水往往不能毀滅傳染病種猶漏洩之茅厠其穢濁物質由厠旁濾入無空氣之地土而漸至於井水中也

混濁溝水不宜灌田

凡灌田之水不可多有定質懸宕於其中儻無植物田擬即耕犂者混濁水尚可灌也蓋地面多積河泥而并結成塊則水並水中消化物質不能飲吸入土即是大弊試將混濁水灌於生長植物之田其田面即澄停膠黏物一層而地土之毛管因之阻塞所有植物根鬚遂難敷布

英國農家知此等水不宜灌田故先令其在池中澄停或加化學物質於是灌之惟肥料不免畧爲耗失

用酵料令溝水清潔

溝水可藉發酵微生物之工作以清潔博士密勒即用此法令鄉間或製糖廠等之溝水澄停清潔然未能推廣也伊用微生物傳布養育於溝水中令其食水中穢濁有害之物質惟溝水須變成中立性而熱度須合宜此微生物方能發達或稍加木灰等質以補其食料之不足此法猶麪包加酵料也後又考知夏間空氣中有許多微生物往往墜於水中即孳生繁衍可供給發酵微生物之養料

此變爲清潔之法江河水亦有此情形蓋江河水亦全恃此類發酵微生物之工作以澄停清潔也如變淡氣之微生物及菌類物均能食水中之生物質

地土有清潔之功

古人已知地土能收吸穢濁之氣今將溝水沖淡之法猶古人將此物質埋於土中也惟各土收吸穢濁之功效不同查英國粗沙地土面數尺緩緩收吸生物質改變之較勝於退姆斯江流若干里而改變清潔者可見江河水中菌類等微生物食穢濁之生物質令其清潔之功效甚爲遲緩此菌類又可爲他微生物之養料

英國特請博士查考特斯蘭地土百分中有鐵養十八分矽養四十三分故每一立方碼土每日能清潔溝水九九軋倫他處地土之功效終遜於此凡能清潔溝水八軋倫已甚佳田間有瓦溝在六尺深處者每畝有地土九千六百八十立方碼以每日能濾清八軋倫計之共爲七萬七千四百軋倫博士之意沙土每一立方碼能清潔溝水五五軋倫依此數計之溝水十萬分中之生物炭質由四·三八六減至〇·七三四生物淡氣由二·四八四減至〇·一〇八而一切物質悉爲羇留查瓦溝流出之水中有淡養一及淡養二物質未濾過之溝水中則無之也又試驗勃亭吞地

土每一立方碼每日清潔溝水七六軋倫可見其變化淡氣之功甚大然加溝水過多其泥土孔隙將淤塞而變化淡氣將中止亨盤克地土每一立方碼每日僅能清潔溝水四四軋倫排肯蘭地土僅能清潔溝水三八軋倫草煤地土亦僅能清潔溝水四軋倫

用灌水法清潔溝水

凡鄰近有荒僻地土而無妨礙者則將溝水沖淡灌之此法甚有功效公家房屋如善堂養老院工藝學堂等廢棄之穢物用水沖淡其費甚省也又乾燥地方用清水灌漑植物者亦不妨兼灌此沖淡之溝水

巴黎園圃有用沖淡之溝水灌之其地埨闊二尺半埨溝之闊相等俟植物收成後卽灌溝水於埨溝內令其漸飲吸入土惟植物在生長時不可與溝水相遇其埨與溝往往互相更易卽是田埨之土翻入溝作爲埨而埨地變爲溝如此其地土之半常作爲休息田灌以溝水令其變成淡氣而田地愈肥沃極宜於蔬菜類

濾水法較灌水法更省費

上所云用沖淡溝水灌於闊溝其法甚善因可濾入土較灌於田面者更多也況溝水須濾之極淨又須省費闊溝卽有斯效若灌於田面必須廣闊而除萊草外他植物不

可與溝水相遇或反有害苟欲顧全植物之生長致溝道不清潔亦非計之善也

溝中物質常因過多而難治理公家欲設二項溝道其一專洩穢物至於田其二專洩雨水入江河

此法實屬有益惟田閒積溝水過多或將濾入鄰田而鄰田已得佳水今又來此餘多溝水反有損於地土故第一項之溝道尙須設善法免以鄰田爲壑也

令溝水清潔所需田數

英國有人計算溝水灌田每百人廢棄之溝水需一英畝而此一英畝可濾清溝水二千軋倫或云一英畝可供百

五十人所用惟爲之合法者則僅六十人也

上所云百人需一畝蓋一畝田在一年閒可濾清溝水五千噸之數然與天氣地土雨水均有相關亦未能定也一千八百九十年柏林地方有一田幾能積受二百人廢棄之溝水或云待誰尼沙土田一畝可濾清六百人廢棄之溝水恐未必然也

巴黎夏閒天氣甚乾熱而地土多沙故極易收吸水從前計算每田一畝在一年閒可濾清溝水八萬二千軋倫爲三次成熟植物之用每次植物用二萬七千軋倫是收集三百六十八廢棄之溝水也依英國人之計算最多爲二

百人之溝水此數尚與植物相宜

溝水中所含物質先令其澄停則需田數較少因未澄停之溝水易將地土之毛管阻塞於是地面不可不廣查一畝田每年灌溝水四萬噸則地下層水因之舉高而鄰近田地將爲水所浸沉矣

加化學物質令溝水澄停

有人加化學物質於溝水中以淸潔之如此可得有用之物質然今人之意此已淸潔之溝水可流入江河不必濾於地土中也

今於溝水中取其肥料或蒸取其阿摩尼固善惟費用甚

大若將牢獄或病房之溝物並製造廠廢流質加化學物質令其澄停尚屬合算而大城鎭許多溝物未能如此料理也祗加以藥料稍提取其穢濁物質而用地土濾法淸潔之

用各法澄停溝中物質必需機器及化學物質並請熟諳此法之工人方能從事故費用甚大而臭氣終不能免澄停物如黑污泥等與農務無關者又必設法棄之

加化學物質淸潔之溝水宜仍由地土濾入溪河方可供田間之用如此則穢濁水中之微生物大都澄停農家用此河水亦不致有害衛生然微生物種類甚繁尚慮不能

盡滅也

溝水中紙料等物澄停之則溝水灌於田不致變爲薄漿形之膠黏物總言之已澄停淸潔之溝水可灌於田否則不合宜也

加石灰令溝水澄停

稍加生石灰於溝水中卽有凝結之物懸宕於水中置而不動漸漸澄停並將消化於水中之物質澄停其四分之一而燐養五酸易化生物淡氣亦能澄停也

石灰將溝水所含物質幷結成細顆粒又將已化之物質合成不易消化之和物而澄停之厥狀如輭黑色之河泥

其氣甚可厭溝水中所有淡輕三鹽類物遇石灰則將阿摩尼洩放而此阿摩尼氣運散於空氣中

石灰與易化生物質幷合之法猶甘蔗及根物之汁液用石灰令其淸潔也卽是石灰與汁液中之各物質幷合而澄停也所以溝水既澄停後視之甚淸潔任其流入江河可灌於田

此溝水視之甚淸潔而不能謂之眞潔淨其中尚有輕硫及已消化之生物質久置不動卽將發酵而有臭氣故流入江河水中以淡之或由田間瓦溝濾出之爲妙有用石灰之後再加鐵養硫養三或鋁養硫養三令其淸潔其效不甚

大

棄澄停物之難

英國溝水加以石灰而澄停之河泥形物質欲去之殊爲困難此物質中有許多鈣硫當漸乾時易變化成輕硫若將此澄停物加於田遇天氣陰濕須數月方能乾而有穢濁之氣霧騰起

有地土與此河泥形物質不相宜若於沙土尙可而佳黃沙土得之反有害據衛理斯云英國來斯脫城有人丁十二萬每日溝水有七百萬軋倫每百萬軋倫需石灰二十至三十擔澄停之其澄停物質每年有一萬二千噸而百

分中有水三十分從前有一令乾法將澄停物質盛於圓大鐵桶而用機器旋轉甚速其物質擠緊於桶邊卽所謂用離心力法以令其乾也至稍乾之時用模製成磚式置於空氣中更令其乾卽名來斯脫磚其百分中有鈣養燐養五一·二至三淡氣〇·五至一鉀養〇·二五作爲肥料其功效不能抵運費因淡氣品等較劣也故農家不願用之

更有一法將此澄停物質盛於濾壓器中製成硬餅便於轉運有地方用之尙爲合算惟苦於無人顧問耳盤明亨地方氣乾之澄停餅衛理斯查其百分中有淡氣〇·五鈣養燐養五一至一·五石灰十二分水十三分生物質二十分

澄停物製成塞門汀土

英國人有一法甚巧妙加泥土石灰於溝料中令其澄停乃將此澄停物燒成塞門汀土且因其中有許多生物質故末次燒時用煤甚省惟有濕氣必須令乾後因不獲大利而罷

或可特設鑪用緩火燒之勃郎用甘蔗之渣料並濕草煤榆樹皮廢料提取顏色之廢木料燒之又可加廢焦煤或煤屑令其速攬火馬益有一法將澄停物壓緊置於窯中燒其下層而蒸乾其上層則有汽水阿摩尼黑柏油等易攬火之氣騰出而灰則墜下其上層已乾而略焦者逐漸

焚燒於是收集其阿摩尼等物出售而棄其灰無害衛生惟蒸燒時之臭惡氣須滅之爲妙

又有一法用石灰並青礬澄停之將澄停物壓成塊如磚而擲棄於海中

此法並他法澄停溝料均有困難而大城鎭之溝料不知有若干豈能如此辦理已乾之料農家亦不願購買卽有人購之僅能償其令乾之費而濕者更無人顧問矣或用以填平荒僻地面亦可一千八百八十一年衛理斯查格蘭斯科地方穢濁溝料每日有四千萬至七千萬軋倫若製成磚式有一百三十五噸當其濕時約多五倍卽有六

百七十五噸用石灰澄停之每日需四十噸此博士云城鎭溝料不可先用澄停之法宜先籌棄之之所

若將石灰澄停之溝料棄諸江河卽有大弊蓋石灰有害於魚也必須由地土或焦煤屑濾過則所含石灰可與空氣中之炭養氣相合據來克拉甫云所有石灰並生物質可用空氣震動收去之或令成霧噴入空氣中或濾過稇束之柴草均可改變其性

用鎂養令溝水澄停

從前用鎂養令溺中之阿摩尼並燐養五酸澄停此法久已作爲罷論德國用鎂養與石灰相和而加於溝水並各廠

廢料中澄停之蘇文取成顆粒之鎂綠七十分生石灰一百分煤柏油七分或八分均燒熱然後加水成薄漿形之和料其百分中有定質十分左右而化成含水鎂養並鈣綠此外更有煤柏油並含水石灰

蘇文將此薄漿形和料加於溝水中卽有許多阿摩尼燐養五酸並鎂養燐養五石灰生物質澄停

此溝水並澄停物流入大櫃令其盡數澄停上浮之水變爲清潔然其中尚有許多生物質易發酵宜棄諸大江中庶免爲害查知此淸水一千分中有定質一·五分如此爲之新鮮溝料中之淡氣可澄停其三分之一而燐養五酸幾

全數澄停又有淡氣三分之一變成阿摩尼氣騰失又有三分之一消化於水中如由里阿

蘇文令乾之澄停物百分中有燐養五酸一·五淡氣〇·七五生物質並煤柏油二十分若作爲肥料甚無益因雜有煤柏油也

近柏林之田莊試用蘇文之澄停物竟不能抵其運費之價値然道路不過數里也

用鋁養令溝水澄停

游歷者常取濕草地之池潭濁水加明礬淸潔之爲飮料而明礬較石灰更佳儻濁水中有易消化之生物質則明

礬中之鋁二養三卽鋁二養三硫養三與生物質相合變成凍形澄停物故明礬或更賤之鋁二養三硫養三中之鐵養硫養三往往作爲清潔溝水之用從前有人欲將石灰與鋁二養三硫養三相和變成中立性而洩放其全數硫養三則功效更大然溝料中有許多由利阿摩尼可與鋁二養三相合不必加石灰也

海澄查知不必加石灰若加之澄停可稍速而費用更不合算凡用明礬少許已可令許多穢物澄停而無臭氣因溝料中之燐養五酸及阿摩尼生物質均澄停故也或以爲此澄停物有肥料之功效在巴黎試驗果確然福爾克試驗之後云幾毫無功效又有人在近柏林之田莊試驗其

報告與福爾克同他如街道之垃圾坑厠之廢料設法澄停亦可加於田惟費用必須合算方能從事也

據人云用明礬澄停物質之效較用石灰更速惟能澄停之物較少而燐養酸爲鋁養所改變故清水不易發臭又云用明礬可將溝料中生物質之半或三分之二澄停之用明礬之法較用石灰更便而價値較貴巴黎有人查知所用物料之價與其物質肥料之價相等巴黎試驗之效如下原溝水中有淡氣○·○三七啟羅易化騰並攬火物質○·七二九金石類物質二·○三八其共數爲二·八○四已清潔者有淡氣○·○二一易化騰並攬火物質○·二四○金石類物質○·七二四其共數爲○·九八五即是已清潔之溝水中仍有淡氣三分之二生物質三分之一

德國陶脫孟地方之溝料先澄停其穢濁物質於特設之窖中乃將上浮流質盛於櫃與石灰水並鋁養水相和令其流入深窖澄停之坎尼克查第一窖並深窖澄停物質如左表

	第一窖	深窖
水	五○·○○	四○·○○
生物質	一八·六三	一七·七一
灰質	三一·三七	四二·二九
燐養酸	○·三七	○·五五
鉀養	○·一二	○·一一
石灰	二·六九	一四·九三
鎂養	○·一九	二·二○
淡氣	○·七四	○·四三

英國斯配士公司出售一物名鋁鐵餅其中係鋁養硫養並鐵養硫養爲澄停溝料所用

先用石灰後用明礬

斯配士公司之意溝水先用石灰令其清潔然後用明礬更澄停其生物質若干而由利石灰亦變爲中立性溝料如此二次澄停諒可棄諸小河而無害含明礬之澄停物質若加淡硫强酸可復得鋁養硫養而復用之其間所得之生物質售與農家爲肥料此亦斯配士公司之意也

用鋁養燐養並鎂養燐養令溝水澄停

英國福姆司並潑拉斯二人思一法與蘇文之法畧相同即將含鎂鹽類並鋁養燐養消化於硫養或鹽强水中而加於溝水中並加石灰水少許則餘多之强酸變爲中立性此法鋁養燐養將生物質澄停鎂養燐養將阿摩尼澄停而一切物質均隨之澄停

據云此法甚簡易所用器具僅一櫃其澄停甚周徧上浮

之水清潔無色鋁養燐養係西印度天然產品爲數甚多澄停之物質可作爲含燐肥料

用含水鋁養燐養如此澄停者在炭養酸並他種物質中較易消化故澄停物質中之燐養酸每磅價值較天然金石類物質之價值加倍而工費亦因此合算福爾克考其貨樣百分中有澄停燐養酸幾及二十九分

用鈣養燐養令溝水澄停

揮勃來之法加鈣養多燐料於溝水中如有酸性稍加石灰水令其成中立性是將鈣養二燐養三燐養與生物質相和並與石灰及燐養相和而澄停之也此法溝料中所含生物質十分之九並消化之生物質三分之一悉澄停惟阿摩尼不能提出所澄停之穢物中燐養物質甚多尚有淡氣少許批脫曼查考已乾之貨樣百分中有淡氣不及〇·六而燐養酸幾及十分此燐養酸數之半可在阿摩尼檸檬酸中消化勒色爾考又一種貨樣百分中有淡氣二·五物質澄停後其上浮之清水中有許多易發酵之生物質尚須提出或用灌水法或在地土中濾之

甲乙丙法 卽簡易法

此法卽用不潔淨之鋁養硫養或明礬及血並泥土並炭澄停清潔溝水也人皆知用泥土而加之以明礬或蛋白類質或直辣的尼則穢濁流質見白花而懸宕之物質均澄停上浮之水甚清潔如濾糖法之用血卽因其中蛋白質凝結時將澄停物質一并澄停也溝水中加此等物質亦將所含物質盡數澄停而消化於流質中之生物質若置之不動易發酵腐爛由此言之此法不能較用石灰更清潔也澄停物質在未乾時有臭氣旣乾則無之若用血澄停較用石灰者其肥料功效更大然欲售與農家甚不易或竟奉送尚恐見拒也

用泥土法亦有功效因含泥土之水加以化學物質令泥土黏結澄停其水則清潔可飲不含泥土者有許多生物質在其中不能用令黏結之物清潔之也故令黏結之物中再加以泥土其生物質卽黏結澄停

福爾克取此甲乙丙法所成之澄停物質五種查考其各百分中有水六至八分生物質十至二十二分泥土並沙三十八至六十分淡氣一至二分鈣養三燐養二·五至四三分衞博士又查知一種其百分中有水三六·二分鈣養燐養二·六三分淡氣〇·六二分鈣養炭養二〇·三五分批脫曼亦查知一種其百分中有水一一·三七分燐養酸一·四分淡氣〇·八二分鉀養一·六六分鈣養三·五七分

用鐵綠法

清潔溝料若用鐵綠法亦甚有效惟價值較昂未能廣用所用者係不潔淨之鐵綠猶上所云之鋁養硫養也加於水中凝結成含水鐵綠爲澄停物甚重而將水中所含物質一并澄停其輕硫變爲鐵硫其燐養酸變爲鐵養燐養因澄停物質中鐵養爲數甚多故爲肥料不合用或將鐵綠水與石灰水同時加於溝水中或加於製糖廠之溝水中亦可

用鐵綠或他金類如鋅綠錳綠清潔之溝水在七日或十日間若天氣和暖易發酵其臭氣及腐爛情形不如用上法之甚也一千八百八十四年荷蘭國勞脫待地方瘟疫

盛行有人名特斯勃克在馬斯大江邊設大廠濾清江水以供人家飲用所用物質即鐵綠也其澄停物百分中有生物質三十三分淡氣一又四分一之一若作成堆積則速發酵腐爛而有異常臭氣

更有一法用賤價之鐵養硫養係將鐵硫礦加之以濃硫強酸烘而加水成薄漿形在數小時間令其熱度高至一百至一百五十度隨時掉和日後變成易散之乾塊其面有署白色之鐵養硫養一層將此物隨時加水即得含硫養酸之水而濃淡不一據云用以澄停溝水中物質較用石灰水更周偏且澄停甚速而上浮之水清潔無色無臭

有中立性或稍有酸性若用石灰者係鹼性稍有色有臭甚易發酵海澄試驗獨用鐵養硫養甚合宜雖加石灰亦不能增其效也並較用鋁養硫養亦更佳

用鐵養硫養法

鐵養硫養與石灰爲清潔溝水之用較用鐵養硫養之法更不便而效亦不佳因含水鐵養硫養較含水鐵養硫養更難消化且獨用竟無功效宜將溝水先加石灰而後加鐵養硫養

卷終

農務全書下編卷八

美國哈萬德大書院農務化學教習施妥縷撰　慈谿　舒高第　口譯
新陽　趙詒琛　筆述

第七章

田地布置

天氣情形相同而田地之布置仍各有其限制或宜牧羊或宜養牛或宜養乳牛或宜產穀類草料木棉菸草糖根物或宜雜種各植物

大凡田土中化學之性情各不同故必擇合宜之植物耕種之

欲辨識土中化學之性情殊屬不易且與氣候土性均有相關

治理田地有燒泥土法休息法加畜肥料城市肥料海草肥料法灌水法並地土之毛管吸水法均與農務大有關涉而與化學之理尤有相關

沿江低田

美國西方沿大江之地土甚多淡氣溼潤肥沃百餘年來耕種大珍珠米無荒歉之患亦不加肥料故農家無改變耕種之思想即近於城鎮者亦不思種他植物以應市肆之討求所產珍珠米往往飼豬令其肥壯屠宰送市或將珍珠米加酵料製燁斯開酒有此數法可以獲利而保守舊法耕種之心愈堅其稍爲改變者種草飼羊得其毛料或將草並珍珠米飼牛得其乳與肉或將乳製成乳餅等而已

凡遠離城市之田地所產穀類釀酒或飼豬牛較爲合算蓋地土雖甚肥沃終有竭盡之一日故釀酒或飼畜可得肥料以增地土之肥度也美國西方所種珍珠米僅收取其最佳之穗餘任羣豬食之製酒者卽用發酵法令珍珠米中之小粉變成糖然後將此糖質蒸成酒醞而提出含淡氣物質寫留路司灰質等並他廢料飼畜

美國西方沿江低田甚肥沃他國此等地土亦然如沿那爾江之田是也農家耕種用肥料極少游歷人在埃及國常見大堆積之廢料頗爲詫奇更有許多硝地亦是前代廢料堆積變成者然該處廣種甘蔗木棉以來查知須加製造肥料方得豐美之產物蓋地土中本有之肥料培壅此等植物尚嫌不足也

猶太古地名潑蘭斯拖其情形亦相同該處近江河之田常用灌水法故地土甚肥沃博士華克云樵騰江邊十餘英里之田面所產糧食可供西里亞全省人口所需

荷蘭國築塘開墾之田其地土肥沃歷久不衰法國聖麥

克水灣開墾之溼草地將莪仁米小麥油菜輪種不加肥料每畝可產小麥三十六斗而稈料粗大如人之小指出售得善價又多種龍鬚菜不必注意培植而生長甚佳在水灣彼岸其地土肥度稍次輪種之植物係小麥苜蓿油菜而每畝可產小麥三十二斗第二次生長之苜蓿即耕覆入土

山閒瘠地

山閒瘠地情形適與沿江低田相反此等地土宜爲牧場或森林而各處治理之法不同美國北方紐海姆希亞小溪之閒有小山田高低不等其尋常法在田之中開爲田

莊屋後爲山坡地前爲稍平之田夏閒牧羣羊於荒山中冬閒刈割稍平田所產草料飼之亦稍種珍珠米番薯大麥亦有養牛者如此情形固無大產物而稍近江河之地耕種尚能得利該處農家往往輕棄故地出尋肥饒地土必須有合宜之補救法方能阻農家之遷移若將草煤與草根土作成和肥料或購製造肥料加之又開溝道而用灌水之善法當可產茂草也惟美國西方肥沃地土廣大無垠故無注意於此者

達會在比克爾兵船當醫官時之記載云智利國亦有此相同情形該國山嶺之閒有許多平田用灌水法甚便因其順流向海而高處之水來源不絕也其地土甚肥沃若無此灌水法決不能產物當夏季之天氣竟無片雲異常旱乾其山閒祇有矮樹而已罕見他植物凡大農家均有產業在山閒牧養半野之牛任其隨處覓食每年祇有一次驅羣牛至低田檢查而作記號並選擇其肥壯者若干頭灌水之肥沃田可廣種大珍珠米小麥工人所恃之糧食爲一種豆類

英國創立之初尚未試種苜蓿蘿蔔農家利源全恃所養牛羊豬而冬閒飼畜之料往往匱乏故在秋閒擇肥畜殺而鹽之留養年幼並能產息之畜今司考脫倫及衛耳斯

荒山牧場仍用此法惟將畜類運至英國地界之肥田以收牧場之餘料然後又運回本地飼以蘿蔔油渣餅令其肥壯

種草地

美國西方肥沃低田並東北紐海姆希亞瘠薄山田之外尚有許多田地其肥瘠不等如紐約省屋海嘆省之地土甚肥沃惟恐其竭力故用輪種法以濟之即將苜蓿與小麥輪種苜蓿料飼畜可得其洩出之糞料或種此植物僅欲其攝定淡氣南省種牛豆以代苜蓿亦甚合宜喬樵省種大麥牛豆法如下在十月閒播種大麥至明年五月可

刈割而將稈料犁入土即種牛豆至八月收割豆藤爲畜食料第二次生長者犁入土中至十月十一月間又種大麥據農家云此輪種法可歷久不改變

與大利亞不產苜蓿故以豌豆輪種改良其田地而豌豆之後所種小麥甚佳雖久種小麥之田勢將竭其肥度者輪種豌豆即見良效或云英國地土堅硬種小麥豆類尚爲合宜祇須開溝合法耕犁得宜並加石灰而已所以英國農務最得效者係小麥與馬豆輪種也此二類植物出售可得善價豆其麥稈壅田尚嫌不足可購製造肥料以助之

英國重土不宜種根物者其輪種法如下一馬豆加肥料二苡仁米或大麥與草並苜蓿三草類苜蓿歷一年或二年四小麥其堅土與重土相雜者則半種豆類半種根物德國亦有此情形以小麥與油菜輪種頗可獲利且不必多加肥料而與用圭拏以求增產油菜不少

未用製造肥料及未將渣料飼畜之前農家欲得肥料惟有多養畜類得其洩出之糞料然多養畜類又乏食料必須先種飼畜草等方能得其肥料也

番薯田

番薯尚未傳染黴患之前美國東北省有專種此根物者如紐海姆希亞省梅亞省並英國屬地挈伐斯考夏沿江地方是也此等地方取水既便產數亦多爲民生大宗食品在內地則製成小粉易於轉運其廢料亦可飼畜或即以番薯飼畜而得其洩出之糞料凡莖葉等即留於田爲青肥料如此治理不竭地土之肥度尋常番薯田兼種馬料並穀類供家畜及人之食料至夏間即將該田作爲牧場

一千八百四十七年及四十八年挈伐斯考夏之番薯大受黴菌類之害阿爾蘭天氣頗溼潤所種番薯較勝於他處一千八百四十五年及四十六年亦爲黴菌類所害以

致荒歉然在豐稔之年每英畝可得一千斗

從前司考脫倫廣種番薯後因傳染黴菌類即多種蘿蔔而購含燐肥料爲和肥料蓋因畜類食蘿蔔所得之糞料培壅所種蘿蔔不及肥料中加以圭拏或骨粉或多燐料爲佳也

據云司考脫倫每畝田因用製造肥料而增產物五噸至六噸即是較獨用糞料之時爲加倍又云圭拏及多燐料可令根物自幼即發達壯茂而骨粉可助其後期之發達凡多種蘿蔔可養羣羊多得其糞料又可驅羊至田踐踏周徧令植物與地土更爲合宜由此不必用休息田地之

法也

司考脫倫自種蘿蔔代番薯以來即依上法用燐料爲肥料大獲利益不特蘿蔔可變爲畜肉而得利且能淸潔田面其地土藉羣羊踐踏堅實預備種穀類

大珍珠米與農務相關

德國今仍用番薯製成小粉及輝斯開酒及哥路哥司糖有許多農家全恃番薯度日惟在美國均用大珍珠米製小粉等故產物即以此爲正宗而番薯居其後夫大珍珠米耕種甚易祇須肥料多足產數甚大可供人畜食品並可代麵包而田地不必休息

從前歐洲治理國政有要言凡國家農事至少有二項植物一爲供養人者一爲飼畜者飼畜之植物較次然遇凶年亦可爲人糧食自初種番薯以來即依此爲大例惟番薯生長於地面之下不似穀類之生長於地面之上故恆有危險而在北方種之甚合宜至於大珍珠米則因氣候乾冷不能多種也

然種大珍珠米如合法則成熟較易而更能助穀類之不足凡一國中小麥燕麥珍珠米番薯均種者決無荒年之危險如美國創業之初屢與英人戰爭並近今與南方有戰事民間苦於徵兵商家困於封口岸而吾輩仍得飽食免飢餓之患者豈非廣種珍珠米也耶

大珍珠米與根物不同

美國廣種大珍珠米而畜類所食之根物可不必注意或稍種之爲畜類適口而已況今將珍珠米藏儲於窖作爲青食料則根物更可無需

然有地方尙須種根物一千八百十六年考倍脫在近紐約之長島設立田莊而種瑞典蘿蔔捲心菜大珍珠米其法如下治理一百英畝其十二畝種瑞典蘿蔔每畝可產五百斗其十五畝種大珍珠米兼以蘿蔔每畝可產淨珍珠米四十斗並畜食料一噸其三畝種畜食之捲心菜其

一畝種孟閣爾其一畝種紅蘿蔔並香蘿蔔其十二畝種草作爲園地其餘田畝均種馬料穀類出售

田間養工作之牛四頭乳牛三頭母豬十四頭母羊一百頭二月初即飼以瑞典蘿蔔該時此植物已生長甚佳春間即將肥畜出售七月初將捲心菜並園草飼母羊令其肥壯以後即將捲心菜草料穀類廢料珍珠米稈料爲畜食料十二月初可飼以蘿蔔孟閣爾及他根物其豬稍飼以珍珠米令其格外肥壯於是出售

出售馬料穀類外又可出售早肥壯之小羊一百頭豬一百頭每頭約重二百四十磅肥母羊一百頭牛肉二噸又

四分噸之一牛皮三件各肉價值共計三千圓尚留養於田間新母羊一百頭大公牛三頭然瑞典蘿蔔捲心菜為肥畜之食品而耕種卻無把握恆為黴菌類等微生物及他蟲類所損害況工本又大其地土又未必合宜此尤為困難如夏季乾熱當以種珍珠米為佳因珍珠米能當酷熱而蘿蔔須較低之熱度並多雨水如司考脫倫地土方合宜也孟閣爾等需雨水不甚多又不易為蟲類所損害宜多加肥料謹慎耕種

道路與農務相關

道路之平坦崎嶇地形之高低斜正與田間產物大有關

係而與田莊所出之肥料並治理田地之法亦有相關如荷蘭國之溼草煤地土運河之水不能灌溉者則毫無產物儻取水便利則此等田每畝價值五百圓左右此依其草煤之厚薄而定該國今尚有許多草煤地未開墾大約因運河之水不能通也

牛馬相較

地形平正道路廣闊則載運貨物產物均可用馬之力若用人工牛力遲緩而費大也至於磽确不平之田或溼草地必須用牛力以運之因牛之蹄爪分而為二陷於溼土中易拔起而馬則甚難行走也蓋馬蹄易深陷於土中其蹄下空氣又不得透入舉足輒陷拔起甚難其情形頗為窘困

牛食料稍粗劣尚無妨礙牛之耐苦勝於馬如陷於泥土中或有他項意外之事馬即恐慌跳躍至其終失其勢力而頹然廢矣從前馬賽武弁帶馬騾牛由尤叨省過落機山嶺而至紐墨西哥其時適在冬間半途遇大雪深三尺騾不能行蹄於地馬之志氣較高勉行若干里而力乏惟牛則緩步行走過此雪地並無窘困之狀又無力乏之態且能食山嶺間松樹之枝葉以充飢他動物不肯食也

平田用牛不宜

紐英格倫農家從前多用牛力近今用之較少因收穫之機器載運草料之機器耕犁之機器等駕牛行走殊不相宜也其西方所產之牛肉由鐵路運至紐英格倫故肥牛價值又漸減紐海姆希亞山開田地崎嶇難行不能用馬駕機器工作往往棄而弗耕蓋自與用機器以來均欲在平田耕種刈割草料以致磽确不平之田雖極肥沃任其荒蕪而從前於此等田皆願用人力治理清潔也所以荒廢之田反較增於前是可憂也

農家養牛或馬所種飼畜草料不同而耕種收成並糞堆等亦均因之不同

養牛或馬不同之情形在英國美國甚爲明顯惟歐洲小農家養乳牛而地形平坦道路通達者卽用乳牛之力以運貨物或竟令其在田工作既得其乳又用其力而不必養公牛矣至於馬行速而力大不作重工之處亦不必養之也

意大利並印度之田莊喜養牯牛於稻田甚合宜且可載運貨物有人名曼脫福特曾覩牯牛之工作工畢入河泥水中以爲樂而蛙集於其背據里克爾云錫蘭島多稻田黑色牯牛往往成羣游泳於淺水中有白鷺在其背啄食

棉花苴脫麻與紵麻粗麻相敵

近年市中有數種新式布匹係用棉花苴脫麻小呂宋粗麻織造此與農務甚有相關從前各田莊均種粗細麻而今則祇有數處種之矣

中國農務用人糞爲肥料其情形遂與各國不同並非因人糞有肥料之功效而實因畜類甚少也中國耕種均用人力或他工作用動物之力亦甚少且人丁衆多小農家居於茅屋中故無論何物稍有肥效者均取而用之

用牛合宜之地方

田莊用牛必須合宜法國稍偏僻地方牛甚少且其品格非上等然與該地土甚合宜產乳不多而食料頗能適其胃口若上等牛居於此地必將餓斃其乳雖少足以哺犢若將油渣餅穀類渣料等加於食料中以飼之則得效更佳惟費較大耳此等牛在冬間祇食稭稈並次等草料近來種苜蓿山方草大珍珠米爲冬食料於是養牛較多並漸改良其種類

法國馬盧省有養羊爲業者各村鎮有公家牧場養羊無費用或有大雨或有積雪則關羊於棚內而取乾細葉草茅草次等草供給之一羣中倒斃之羊甚多其生存者肉與毛亦較法國他處所產者爲次其羊體小而弱出售不得善價然並非劣種實因不善飼養以至於此若遷移至

合宜地方速能改良

農務因鐵路輪船改良

各處農務近來大改變均因載運貨物之便易也自畢士麥克用新法鍊鋼以來擴充鐵路而輪船並機器製造均逐漸改良又建築提移穀類之大樓於是美國西省所產穀類並牛及印度穀類載運之費甚省行七八百里猶行百里也遠處賤價地土所產之物可速運至都市而獲厚利其貨物愈多則轉運之費愈省又運至遠處較運至近地之費亦更省如近處有麪粉廠載運麪粉一桶至居宅門口須費五角若將此貨運至烈物浦爾商埠每桶祇須

三角五分

鐵路未有之時載運貨物二百里之遥其費用已抵其貨物之價值據云一千八百六十年至八十年載運穀類費每里每噸由四分減至半分所產小麥數由一萬六千萬斗增至四萬八千萬斗而在英吉利及衞耳司地方一千八百四十年所產小麥一萬零八百萬斗價值一萬五千五百萬圓至一千八百九十年增多不過半倍而價值不及舊價三分之一自一千八百八十年至九十年即十年間英國產小麥之數減百分之三十均爲美國來貨所奪也

田莊大小依治理情形而定

專爲牧場最廣次爲牧場而兼耕種者則稍小專爲耕種則尤小若作爲花園是最小也

耕種有高等次等之別

高等田即英國農務之名其意爲耕種合法地方廣闊工人多而資本足也次等田費用較省

高等耕種法或宜於此而不宜於彼次等耕種法亦然均須察地方情形而定美國有許多地方願多用人工多費資本而不必在狹小地方耕種以省人工及肥料也

何謂農務合法

總言之農務合法可向田間得最大之利益然農夫之宗旨非欲竭地力以盡獲其利惟冀得應有之產物則肥料不致枉費瓊司云農夫用其學識於田地而得其應有之利益即謂之合法

從前肥料較貴人工較賤故將其田小心耕種然最佳之法藉地土天然之力古時羅馬農夫云用高等耕種法不能獲利

印度康普省用人工灌溉田畝而種小麥開秃云每英畝產小麥約六斗不及英國收成之半此等地方日光並熱度均足灌之以水而加鈉養淡養則產物可加倍然小麥

之價值與鈉養淡養之價值核算恐未必獲利也如麥價每斗爲六仙令則尚合算若僅值三仙令用此肥料難免虧本一千八百七十八年十一月該處小麥每斗價值四仙令已爲甚貴

阿爾蘭之遜脫省有人云凡牧羊場一千畝祇需一人一犬之力可以管理

若依羅馬人之意見費資本最少則最能獲利

次等耕種法

耕種之田地廣闊可用合宜之法而得其厚利亨脫云印度哇列帥省耕種之法極欲推廣故募森林間土人開墾

不收租值令其砍伐樹木而種農務植物此等游牧之民無安土重遷之心耕種三年之後擬畧收其租値即相率遷徙願往他處再開墾新地而此已成熟之田棄之弗惜且工作極少不肯設法免竭地力

福勃斯游歷緬甸日記云山間土民並無恆產而生活之計無常法大抵恃游牧度日所需之植物簡少尋覓山間斜形田地焚燒其樹林而耕種之時有大雨將此新開墾鬆疏之泥土沖失故收成一二次後又易一地亦如此開墾耕種而前此已闢之田廢棄日久又生樹木遮蔽其地面而漸增其肥庋他年又有游牧之民來開墾矣所以需

地甚爲廣闊惟他人已開墾正在經營之地土不得佔據其砍伐之材木往往有圍六尺長十丈或十五丈劈而燒之清潔田面其田之四圍即用木爲柵防野豬鹿象之蹂躪緬甸尋常產物爲早稻大珍珠米根物菜蔬所種棉花爲自家用也

美國舊金山有塔克雪斯省從前均係未開墾之地日斯巴尼亞人於此廣牧羣牛擇水草所在而遷移之所產者牛之皮骨角油也或驅牛至市宰而出售新金山並紐斯蘭牧羊之情形亦與斯相同地方遼闊工費與資本不多所產者係羊之毛皮油也此等地方雨水甚少雖有水道

來源甚遠尙不足以推廣農務也

歐洲有許多溼草地亦爲牧場產物甚少紐英格倫矮樹林隔數年焚燒一次得其灰料可望農務植物數次收成以後任其休息凡地價賤而人工貴轉運貨物不靈捷錢幣不易流通之地方今尙如此

俄國北方阿根樵之東北數百里西卑利亞之烏斯薩買地方英國人西蓬云該處畜類所食草料係在江灘所刈割者春間水漲灘地浸沒而冬間若加肥料必沖失然此地土亦不必加肥料也猶那爾江之有潮水浸沒能得天然之肥料冬季甚寒畜類居於廄棚故洩出之肥料堆積

甚多無所用之待春間冰融江水氾濫始沖去之

美國西省小麥田甚廣產數不多每英畝收成中數僅得英國收成三分之一而地價甚賤種穀類之資本並轉運之費均省故能獲利他處講求農務費資本較多者反不能敵焉

種穀類之資本不但用機器可節省且可速犂而不甚深據云西省廣大之小麥田其墒僅犂深二寸而他處耕犂有深三四寸者五六寸者至八九寸者已爲極深

新開墾之田地必須廣闊於是耕種庶幾合算即是恃地土天然之力更勝於用人工費資本也然此論謂尋常之

田地非謂極瘠薄之地方也

草地常用次等耕種法

凡種草必須田地廣闊然種草次於輪種閒者又當別論

或欲取其青料飼畜亦然

或因天氣相逼雖肥沃田亦須種草如阿爾蘭之天氣多陰濕草生長甚易在冬季亦有草尚可得利若種穀類則不與也或兼種蘿蔔或兼種一家所需之菜蔬類亦可惟多養畜類爲要

阿爾蘭之天氣甚濕此島所產最要之穀類如大麥雖小心耕種終遜於司考脫倫所產者

或云阿爾蘭祇能種較粗一種之大麥其生長較上等穀類爲佳總言之天氣陰濕日光甚少故不得豐收

阿爾蘭之南方種小麥竟難成熟即成熟而收成甚少該處種穀類與天氣之相關更甚於他處或小麥田加肥料或與蘿蔔輪種如英國之法則因地土肥沃生長稈葉亦爲不宜也

樵姆斯云阿爾蘭農家種少肥料之小麥反較其鄰田多加肥料者豐稔蓋因該處日光足於瘠瘦小麥之生長而肥沃田之小麥稈葉雖茂生實不足僅可供家禽所食也

次等耕種法需田廣闊

田畝之廣大不一或遼闊無垠或窄小如園地論及廣種必須計算工作並肥料之資本能愈省愈妙如擇種不必多培壅之植物而在早春養畜類於田至秋又能久留畜類於田閒如此廣種方可得利

無論何處其田地若何廣闊必須計算工作之費法國人瑪倫論其本國農務之謬因其工作之費過多也其次等肥田多加工作亦不合算大農家往往由此衰敗

從前未有機器刈割馬料收成穀類須多用工人而人少之地方不能供給凡大農家招僱近城市之人來田工作比利時國人有往法國地方工作阿爾蘭人有往英國地

方工作意大利山民至平原田工作倫敦游民至東南種哈潑草田工作由此可見一國人丁之多少與農務大有相關儻無他處工人來助則許多植物將何以收成而農家不免坐困矣

宜高等耕種之地土

凡地土肥沃近城市多人工或天氣合宜可種特選之植物而用高等耕種法如國家懸賞而令農家多種製糖根物或粗細麻又如法國產香賓酒地方美國產菸草地方菰巴島之產甘蔗均可用高等耕種法也然農家罕有注意於此者英國及司考脫倫及薩克生奈省其地土甚佳

資本充足人丁眾多故獲效最大若地廣人稀之地方而用比利時國人烟稠密處耕種園圃之法以種之是計之拙也焉能獲利儻近城市而情形合宜者即以菜蔬一項而論可乘其新鮮時運至市得善價

法國有農家德國山間農家往往有田二百五十英畝祇用工人三名馬二匹如此廣闊之田在巴黎之郊種菜蔬者需工作之人七百名馬一百二十四此二法耕種各有攸宜而用人畜之力則大相懸殊

開秃云英國天然最肥沃之地土係牧場每畝可養肥牛一頭羊二頭此等地土雖少而各府縣中均有之如塞買

農務全書下編八　十九

衰駭一府沿派落脫江澄停肥沃土直至海邊作為牧場每年每畝可得租息二十五至三十圓賽衰克斯並克脫二府之溼草地亦如此至山間荒蕪最瘠薄之牧場十畝田尚不能養小羊一頭也勞斯並葛爾勃取最肥沃最瘠薄之泥土試種三十年而計其末次十二年收成之中數如左表

	實	稈	共收成
	磅數	磅數	磅數
種小麥十二年末次收成中數 無肥料	七三〇	一二一〇	一八二〇
又 有肥料	二三四二	四九二八	七二七〇

其地土相同均係堅硬而下層為泥土更下有白石粉其治理之法亦相同而獲效之不同祇在一畝三十年間毫不加肥料一畝加肥料甚足也加肥料甚足者得穀實較多三倍餘稈料較多四倍餘肥料之價值將產物之利益相抵外尚得加倍之利

英國農家計算上等牧場一畝養中等牛一頭羊二頭每年得牛肉二百磅羊肉二十磅羊毛五磅儻將該地耕種每年可產番薯十二噸或小麥四十斗

廣闊田畝甚少

可用高等耕種法之田地實屬甚少或有園圃等阻隔要

農務全書下編八　二十

而言之農務須察地方情形庶幾盡地力獲利益也然廣闊地方耕種其間亦須有如園地者如十畝田重加肥料二十畝田稍加肥料依此法其工作祇須一半

紐英格倫農務即用此法甚為合宜擇最佳之田講求耕種其他田用廣種之法有許多溼草地或舊牧場如此治理均可改良而不宜耕種之地即種材木亦可獲利總言之此等地方農務欲大改良須再歷多年

欲令一地改作高等耕種法殊覺不易必須開溝灌水農夫具有耐心方可令瘠薄土變為肥沃田也在歐洲北方見房舍旁之植物茂盛而謂為地土肥沃其實非也蓋近

屋之園地常加廢料等又禁家禽等踩躪歷年既久自然肥沃

肥沃須濕潤

地勢不便灌溉不易而欲令瘠土變爲肥沃是最難事也雖重加肥料亦不得艮效況土地各有合宜之肥料而瘠土所宜者與肥沃土不同所以農家常將佳田極力整頓而棄其瘠薄地或作爲樹林地或作爲牧場肥沃土耕種極易而肥沃黃沙土每畝可得小麥一噸所費資本較瘠薄地產數僅得其半者反爲少故窄小地加工耕種獲利較厚

農務全書下編八

治理田地法不可驟改變

欲將廣種之田改爲高等耕種法須逐漸推放不可將一方大田驟然改變也此一方田整頓之資本與鄰田所費之資本有相關必須兼顧若一旦改變費大而效少待鄰田均有改艮情形方可爲之

儻有學識之農家購得瘠薄田地若干築屋居住督率工人朝夕從事整頓改艮專心致志亦可獲利也

佳田產物之資本與次等田比較

法國農家蔓勒古梯並勒古脫試種小麥或多加肥料或少加肥料以比較獲利之厚薄由此知佳田多費工作實爲合算而窄小田多加肥料亦較廣大田少加肥料爲合算也

有田二畝至輪種小麥時令一田之小麥收吸肥料一萬磅又一田小麥收吸肥料二萬磅依小麥一磅收吸肥料十磅而論少加肥料之田得小麥一千磅即得麥實十七斗又一田得小麥二千磅即得麥實三十四斗而因肥料一百磅價值十分故一千磅之麥實需肥料價值十圓二千磅之麥實需肥料價值二十圓

然收成及價值並非盡依此數爲定更有他項費用如一田工作費須五圓五角又一田需七圓五角種子每畝二

農務全書下編八

圓地租農具雜費稅項並資本之利息每畝共三圓合而計之少加肥料田之小麥每斗價值一圓二角多加肥料田之小麥每斗價值九角五分

其稈料每噸價值五圓而每斗麥實有稈料一百磅則少加肥料之麥實一斗價值減至九角六分多加肥料之麥實一斗價值減至七角一分

法國勃利地方有著名之農家其農務甚爲考究據云其田每畝可產小麥四十斗每斗出售價值一圓一角三分如每畝得三十四斗則價值爲一圓三角三分如每畝得二十八斗則價值爲一圓六角惟美國小麥運至法國與

之相敵每斗出售價值一圓一角二分上所云考究耕種法確有道理惟與美國不加肥料田耕種小麥之法不同蓋美國小麥每斗價值七角或七角五分而農家所費資本每斗僅合三角也

種大珍珠米之資本

馬賽農務第四編載一千八百四十一年科爾孟計算坎奈狄克江流域每畝耕種大珍珠米之資本如左表

犁耙費	五圓
禽場肥料五考代費	一二圓
車費堆積肥料費	四圓
種子並種費	一·七五圓
除草費	五圓
收成並軋米粒費	五圓
租稅費	六圓
共	三九·二五圓

得淨珍珠米四十斗其稈料爲一噸價值十圓相除則 二九·二五圓

則每斗價值 〇·七三圓

科爾孟云該處有識見之農夫言每畝可產珍珠米中數八十五斗

一千八百七十五年抱狄次在弗里明愛地方耕種珍珠米九·五畝依每畝計算如左表

犁耙費	五圓
肥料卽阿摩尼硫養$_{三}$四百六十二磅鉀養綠養$_{五}$一百七十七磅骨炭灰一百六十三磅與硫强酸相和八十一磅費	三三圓
攪和肥料並運費加於田費	一·四圓
種子並種費	一·六圓
除草費	五圓
收成費	三圓
軋米粒費	一·一五圓
藏堆稈料費	七·五圓
租稅費	五·五圓
共	七三·五圓

其稈料爲五·七五噸每噸價值八圓共 四六圓

得淨珍珠米一一五·五斗共 二七·五圓

每斗價值 〇·二四圓

其田本係草地已三年不加肥料而在一千八百七十四年秋犁深七寸其地土係深色黃沙土其下層係雜沙之

泥土和肥料之半在一千八百七十五年春加之又半散於埨間而以足踏之於是用手散子如此種法可見多加阿摩尼硫養三之功效

種根物加肥料多少與產物多少相比較

論及種根物加肥料多少之效尤為明顯因耕種及收成等費較省也有田一畝產蘿蔔五噸者其收成費較田三畝所產更多之數之收成費為省一千八百七十四年科爾孟在密特爾散克斯耕種番薯較小之一畝暉得內在平亭耕種番薯較大之一畝計算如左表

資本數

	科爾孟	暉得內
犁耙費	六·五〇圓	八·〇〇圓
肥料	一六·〇〇圓	七一·〇〇圓
種子並種費	七·三〇圓	三〇·五〇圓
除草費	五·〇〇圓	一八·〇〇圓
收成費	五·〇〇圓	三〇·〇〇圓

進款數

科爾孟之田得番薯一百五十斗每斗價值五角　共　七五·〇〇圓

暉得內之田得番薯四六一·三三斗價值共　二三〇·五〇圓

加肥料亦有限過其限則無益如以下勞斯並葛爾勃之試驗可見之雖耕種之費頗有多少而得利無甚參差所以多加肥料之價值能與收成之價值相稱則可挽回市肆貨價跌減之情形也

惟此意恐不可恃即是加肥料過其限不免枉費或天氣不合宜以致反受其害格司配林有確論云依植物能受肥料最多之數而加之如天氣平穩即應得最大之收成勞斯並葛爾勃曾試驗多用阿摩尼鹽類與金石類肥料

共用之效連數年小麥田數處均加此和肥料惟又加阿摩尼肥料之數各不同第一田加阿摩尼鹽類依每一畝計之有二百磅即得淡氣四十三磅第二田加阿摩尼鹽類依每一畝計之有四百磅即得淡氣八十六磅第三田加阿摩尼鹽類依每一畝計之有六百磅即得淡氣一百二十九磅

更有一田加阿摩尼鹽類依每一畝計之有八百磅即得淡氣一百七十二磅而耕種十二年加淡氣一百二十九磅者所增產物數甚少故以後即不用此法

試驗之效如下表係八年間所種小麥收成折中斗數

		加金石類和肥料增產物數	加金石類並阿摩尼鹽類		
			淡氣四十三磅	淡氣八十六磅	淡氣一百二十九磅
一千八百五十二至五十九	八年	一九·〇〇	二七·六八	三五·五〇	三六·八八
一千八百六十至六十七	八年	一五·二五	二六·二五	三六·二五	三九·七五
一千八百六十八至七十五	八年	一四·〇〇	三三·〇〇	三一·〇〇	三六·〇〇
一千八百七十六至八十三	八年	一三·六三	二〇·三七	二八·〇〇	三六·二五
一千八百五十二至八十三	三十二年	一五·二五	二四·一三	三二·七五	三六·二五
共產實稈磅數	三十二年	二四二一	四〇二九	五八四五	六八三三

因加淡氣四十三磅而增小麥八斗至十一斗以三十二年中數計之所增尙不及九斗再加淡氣四十三磅增小麥八斗至九斗第三次加淡氣四十三磅所得之效更不佳僅增三五斗而已可見第三次加淡氣過多植物不能盡用之

一千八百六十三年小麥最豐稔加淡氣八十六磅者得麥實五三五斗而加三倍淡氣者僅增二斗依英國情形而論此加八十六磅之淡氣爲加肥料得利之限制若加四倍淡氣卽一百七十二磅則竟難得種一次小麥能用盡其一半之數

博士羅集斯云種馬料尙未考知在最合宜情形時所得收成究有若干卽是尙未知加肥料至若干數爲最合宜

余曾見溼潤佳土種帖摩退草在春閒草地面重加牛糞甚合宜然氣候或有改變則失其利重葉馬料多得大雨易壯茂而在收成時則有損害羅集斯又云農家有輕鬆沙土田五十英畝養畜類甚多其法在秋閒掘得田溝深二三尺每溝相距四尺加佳肥料於溝內而平之至春散萊草子並豆類俟生長茂盛驅羊於田食草料其植物竟高至六尺每畝產青料二十餘噸頗獲利益將草料青時飼畜則爲天氣所損害之弊較帖摩退草刈割之後作爲馬料而爲天氣所損害者爲少羅集斯又云英國克勞唐地方有田六百畝其地土輕鬆肥沃而灌溝肥料十閱月閒每月每畝可產萊草七噸然後散大麥子每畝得麥實一百斗

開闢人之耕種法

凡地方新開闢時其人往往藉砍木捕魚或打獵而得利其田地幾全恃天然肥度而不思加肥料所養畜類食野草及溼草地鹹草地之草儻地方多石多山或甚瘠薄者則牧養畜類砍伐樹木或作他業爲永遠餬口之計奧國之替鹿耳瑞典挪威瑞士坎挈大並美國北方梅唔省紐海姆希亞省均如此也

此等不講求農務之地方儻森林無焚燒之災則地土不

爲雨水沖失其樹木可得養料而根在土中敷布深廣所以竭盡地土肥度之情形不若農務植物之甚也樹之根閒亦有微生物攝定淡氣前已畧言之天下果樹甚多如蘋果梨桃梅李柰栗橘棗橄欖檸檬胡桃等所需肥料甚少而耕種之植物每年收成不加肥料補償其所失則地土極易衰敗

總言之森林地方所產之物實較該田變爲穀類田所產物爲少蒲生古云法國復斯篆司山中樹林地每年每畝產乾木料三千磅若作爲耕種之田每年產乾料之數如左表

小麥並稈料	三五〇〇磅
馬料	三九〇〇磅
苜蓿或紫苜蓿	四五〇〇磅

森林地或牧場地罕有忽變爲耕種之田必須由漸改變其理當然也開墾之人初數年將此等地土稍作爲耕種之田及漸覺地脈竭盡任其休息數年而又變爲牧場或森林地此卽輪種之始而其時休息田竟不加肥料至後世始知加肥料並闌羊於田之法後又加之以禽塲肥料助之

新土

美國森林地並長草地初改作耕種之田者較今時爲肥沃因長久耕種收穫而不注意於加肥料故漸漸衰敗可見當初地土中有許多肥料存儲

森林並長草能由地土深層中吸取養料在空氣中攝定淡氣生長枝葉根鬚布於地面後卽變爲肥料此情形化學家曾考驗確實

肥沃土因耕種衰敗

勞斯並葛爾勃試驗而知佳田不加肥料常種穀類其肥力竭盡亦極遲緩伊在產小麥之佳田連種小麥五十年不加肥料每年每畝所減之收成僅〇·二五至〇·三三斗

更有五十二年不加肥料之田每畝得小麥中數一三·七五斗此數較他處產小麥之中數更大蓋他處產小麥中數爲一二·二五斗也

上所云減收成數因地土中本有藏儲之淡氣由漸告罄故也以致地面九寸深之土所有淡氣不及百分之〇·一每年每畝穀實漸減三分斗之一不以爲意然以三十年計之將減十二斗若加肥料則無此患

考查未加肥料之地土並曾加金石類和肥料之地土則知數年閒均耗失許多生物淡氣加金石類肥料者每畝竟有耗失一千磅者勞斯並葛爾勃計算每畝之植物每

年吸取淡氣自二十八至三十二磅其中三分之二爲麥所吸取三分之一爲溝水所沖失又查加金石類肥料之田土變成淡養物質較不加肥料者爲多所以植物吸取之數並耗失之數亦較增據云凡新田加金石類肥料小麥收成甚有增益此等土地本多生物質而加燐料等金石類物質則變化淡氣更爲合宜也

此二博士試驗久種草之田在第一之十年間每年每畝未加肥料者得馬料中數二千五百三十一磅第二之十年間得二千二百三十六磅而二十年間收成馬料中數爲二千三百八十三磅第二之十年每年所減中數較第

一之十年幾有三百磅合淡氣四磅有奇金石類物質約二二·五磅

農務改良緣由

論理上所云二項耕種法均應得效祇須未加肥料田休息甚久不受焚燒及大雨也惜農家往往不肯如此留意而務欲盡得其利至人丁漸漸衆多所需植物漸增於是設法改良其田地然近今改良之法頗多而獲效無以遠異於昔時也

其實農務老法有損於地土後種靑料於休息田養畜類並用灌水之法加製造肥料於是地土久肥沃美國樵福

生在一千七百九十四年致書華盛頓云十年之間余之田產交付經理人管理其人甚苛刻專開拓田畝爲余所不料余即將田產分而爲六而用輪種之法如下一小麥二大珍珠米番薯豌豆三燕麥或小麥四及五苜蓿或蕎麥六飼畜蕎麥及牧羊七飼畜蕎麥及牧畜須待三年至六年方可復原而見效

田主欲田地歷久肥沃

佃戶耕種無久遠之慮故欲令地土肥沃實不易也美國租田之年期較短佃戶更欲用盡田土肥料之意歐洲租期較長田地之肥沃亦可久延凡田爲佃戶耕種者其田

主雖欲其田久肥沃而往往有所不能美國農家之自田又因地方廣闊而無安土重遷之意遂少盡心竭力耕種之心

開秃云農務祇有二等人肯費資本一田主一佃戶第一等所費資本爲治理並改良之法是切實之事故利較輕第二等所費資本爲養畜類並田間植物皆與四季及市情有相關故利較厚然須防虧本之事第一等者每一畝資本二百五十圓得常年三釐利息已心滿意足而佃戶之資本爲五十圓須得一分利息方能償其耕種之辛苦及荒年之不測

譬如有資本購田一百畝其價值爲二萬五千圓其利依三釐計爲七百五十圓所費資本五千圓其利依一分計爲五百圓共爲一千二百五十圓如英國例規將此共資本租田六百畝得進款三千圓是不啻將田主之資本以貿易也所以英國田主之資本爲六分之五佃戶之資本爲六分之一凡有意外之事田主受虧更大

講求農務有一定輪種之法

英國百年前德國四十年前貿易之事尚未繁盛所以農事並他事均按次序爲之沿爲常例蓋當初英國於農務有定法其田不致荒廢而田主享其利佃戶亦得其利所

以輪種之肥料用牛糞羊糞或和以石灰或灰土至今倫敦之田地其輪種無次序全恃所得城中肥料而定

一千七百九十九年馬歇爾云近退姆斯江之田地輪種毫無次序田間有橫木柵爲界歷代以來或種穀類或種青植物常種穀類者尚未種草常種草者尚未種穀類可見風氣並未改變

此法在他處則不宜幸近城市而草地所產之料可供畜類所需畜類洩出料可歸於耕種之田各得其益彼此無損

然英國內地農務尚未發達而輪種亦無定序祇取牧場之利而已故一千七百八十二年八十三年八十七年馬歇爾考察耀克駭省農務竟不見輪種之法而牛羊任其在牧場過夏草地所產之料足供冬季之畜食料須待該地無出產於是設法整頓耕種紐英格倫亦如此

英國農務老法

英國諾福省輪種穀類蘿蔔穀類苜蓿以蘿蔔苜蓿養肥畜類而得其肥料加於穀類田其中省農務則稍有不同其地土係深黃沙土甚宜種穀類並馬料所養乳牛並產犢亦可得利此法與紐英格倫農務稍相同惟美國草地大抵作爲牧場而英國冬季溫和所需草料爲數不多其

法即將田畝種草六年或七年然後種大麥小麥苡仁米再種草

各地土之性質並天氣與產物大有相關英國老者云凡有石灰之泥土可產上等苡仁米根物豆類雜沙之泥土可產燕麥麻根物堅土可產小麥馬豆而根物與此土不甚宜

從前英國農家在冬季養次等牛飼以苡仁米乾草蘿蔔至夏天驅入牧場至秋間售與屠家或飼以蘿蔔油渣餅至孟冬出售近今之法在第一年之冬飼以蘿蔔孟閣爾油渣餅令畜肥壯出售且須擇最佳之草料飼之稍次之

草作爲鋪料

產物不可廢棄

凡田間所產之物均須用之以得其利屋海嗄省並其近省穀類田所產粗料竟用之不盡田莊畜類在冬季以珍珠米稈料苜蓿並穀類少許飼之所產草料在春秋二季飼工作之馬而以稈料爲鋪料等用爲數甚少而苜蓿之廢料均棄於田間至第二次刈割收取其子其廢料又棄於田間

人皆以爲此等廢棄之物終可變爲牛羊肉羊毛牛乳並製成乳餅等其牛豆稈料珍珠米稈料棉子粉等均可藏

儲窖中以備不時之需然不止此也凡治理田地必須改良使無論何物均適其用密爾斯云田地治理合法者各物輔助他物而共收其利

紐英格倫田莊

該處田莊大抵可分爲二類一產牛乳者一牧羊者而尋常之牛今不飼養均從南省塔克雪斯並西省產牛之區運來以供用

紐英格倫最佳之田均產牛乳或將乳送市出售或將乳製成乳餅乳油出售製乳餅者較少田間所產馬料大麥番薯均出售而近城地方更有許多圃植物出售如葱頭

珠果菸草等燕麥小麥豆類種之亦甚廣

產牛乳之田莊種根物少許並將珍珠米稈藏於窖作爲青料亦可得利除此等外紐英格倫之農產物不多其沿江之田常取水草作爲肥料要而言之該省農務不甚發達而田莊之治理亦不甚善

溼草地之農務

歐洲有多灌水之溼草地而牧牛於此或取其草料藏儲爲冬間之食料是僅以水爲肥料也畜溲出糞料則加於他田種穀類根物等可出售此法自古卽如此人皆知之不必多論蓋有古時井田之遺意

農家賴此公地牧養畜類得其肥料以種穀類根物等則旣有草料又有稈稭而田莊之盛衰全恃穀類田之出產穀類田之發達與否亦恃草地之大小而定其後公家溼草地作爲他用農家失其所恃不得不購製造肥料及畜食料也

各等溼草地

紐英格倫低田實屬溼草地之類其草自然生長不必用人工加肥料當初此等草地大有助於農務可刈割許多馬料爲冬間養畜之計

總言之美國農夫著名取地面天然之產物而得其利卽

是取地面明見之植物稍不見者不肯查考而用之如公家出費築塘以增陸地民享其利數十年來爲風雨潮汐所沖坍不思修理遂失其益

一千八百七十二年七十三年麻賽楚賽茲省之馬盧非爾地方築造塘岸增陸地甚多均爲有價值之溼草地築塘之後其水必須去之待雨水沖洗地面之鹹性物質方可種植物若欲其速改變宜開溝道淺犁面土先種草及苜蓿於是種他植物或將溼草地築岸分格灌浸淡水由溝流出其溝須深過於該地潭池爲要

牧場甚要

人稀地廣之處天然牧場甚要人皆知之英國與克斯福特駭愛省從前農務之大利即在天然之牧場未種冬季根物及草之前此等牧場頗有價值歐洲中世牧場之租值較耕種之田大八倍至十二倍沿退姆斯江之天然牧場五百年前產草極多

天然牧場利益

今紐英格倫有許多田莊恃公家牧場並溼草地鹹草地等以養畜類而得其溲出糞料加於自田然購稃皮及釀酒家渣料珍珠米油渣餅等飼畜亦係取他人田產物加於自田也

英國有白石粉地土其下層或有石或有石灰石畫牧養畜類於此地夜則關於耕種之田此法可爲四年五年六年輪種而多得小麥三分之一或加倍如農家有此等田三分之一則養羊者每畝可多得小麥八斗至九斗

薩克生奈省養乳牛之田莊

薩克生奈省農家養乳牛之法甚效耕種番薯甚多而爲大宗食料養乳牛數頭居於一棚而穀其乳出售或製乳油乳餅其番薯即在家令其發酵釀成輝斯開酒而以廢料並渣料加以稃稭作爲秋冬之牛食料在春夏則刈割苜蓿或他草飼之此法在一年間得許多糞料可壅番薯小麥燕麥油菜田此一切產物及輝斯開酒均可出售如此治理由牛乳或乳餅獲利較少亦已滿意因其養牛之宗旨在得其肥料壅番薯田也而種番薯爲種穀類之預備也計有三利一穀類二酒類三乳類或天氣不佳小麥之收成歉少則釀酒之利已可補償之

當十九世紀中間牛乳家頗爲發達其時鐵路之轉運尚未靈捷而作麪包之小麥已爲人生甚要之糧食蓋德國當時尚未富足平人不能多食肉所以肥牛亦不易出售農家養之者祇欲得其糞料而已司考脫倫養牛則欲得其肉也

不費肥料之產物

農家欲得根物之糖及油菜子胡麻子之油番薯並穀類之酒酯小粉哥路哥司又欲得草料飼畜變乳與乳油等此各物均無淡氣故農家之意種此植物不致耗失肥料且可得廢料並渣料養肥畜類而得其糞料是卽不費肥料而得產物之利益也德國古時農家勞克有格言云欲令田地久肥沃須由空氣中得養料而成產物又云由地土金石類物質變化成養料又云多得養畜之料或得製造肥料

製造肥料未興之前治理田地法已如上所云惟肥料出

自本田莊不必購諸他處紐英格倫田莊亦有用本地之草煤和肥料固屬甚善而養乳牛家卽以自田之青料再加以棉子粉等飼牛又用窖藏之青料此等善法未能推廣

大田莊與小田莊爭利

歐洲人有一問題究竟大田莊之法爲佳抑小田莊之法爲佳大田莊須大資本其辦理如局廠小田莊卽在本地稍加資本耕種度日

大田莊治理原料與地土肥料須有格致工藝之學識而用機器開溝犁耕如此大舉動大工程猶製造廠也歐洲農務大改良者卽係此等富戶竭力經營也至小田莊自知無此力量且無此學識安居樂業自享其應有之利或畧爲仿效而已

夫農務猶貿易也亦可費大資本而經營之然地方遼闊用人難恃駕馭調度稍不得當往往失敗尋常富農家頗有資本小心耕種逐漸推廣得利甚厚

般博士從前查紀錄而知大農家之收成遠勝於小農家然亦有限制如英國二百畝至四百畝之田莊最爲合法所養畜類較小田莊更佳如五五與三五之比而較更廣大之田亦勝五倍

凡小農家勤愼耕種其田雖小獲利甚厚且工價減省作事周到故產物格外豐美余嘗見小農家率其妻子至田工作盡心竭力故得效亦與尋常不同大農家僱工耕種工人之志僅在工値作事不肯盡心往往懶惰田主又安能時時督率之因此產物不能敵小農家法國無業之民往往爲大農家從事耕種卽有此情形然人稀地廣之處大農家有機器相助則小農家之產物價値較貴

農家等次

農家之大小有依其犁之多寡而定有三犁爲大農家有二犁爲中農家無犁爲小農家又有依田畝多寡而定三

百畝以上爲大農家一百畝以上爲中農家百畝以下爲小農家

耕種不養畜類

今有農家甚欲免養畜類而購製造肥料加於田令田閒出產均可出售無餘賸在山閒牧場並溼草地則不能不養畜類然非欲專得其糞料也凡田閒有珍珠米稈料並溼草地之草料苜蓿等有畜可飼不致廢棄

然牧場之肥料亦有用度能改良地土而令各植物生長茂盛儻此肥料較少可購製造肥料補之

牧場肥料較少購製造肥料補之所以製造肥料價值較

賤者亟應購之以備用如骨粉加於蘿蔔田斯塔司夫脫鉀鹽加於捲心菜田鈉養淡養加於小麥田此法較購食料養畜而得其洩出糞料壅田尤爲合算惟農家度量有田若干應養畜若干方爲合宜似稍爲難

出售草料

紐英格倫農家之田地不近大江又不近城市而海草肥料不易得者則出售草料爲不宜因此草料由地土吸取肥料不少也勞斯並葛爾勃查不加肥料之老田一畝得草料二千七百磅其中有金石類物質五十九磅卽較不加肥料田所種小麥或苡仁米吸取之數增一·五倍儻草

地僅加阿摩尼鹽類每畝所得草料中有灰質二百二十四磅較此等田種小麥或苡仁米吸取之數亦增一·五倍儻將阿摩尼鹽類並灰質加於草地則每畝所得草料中有灰質四擔若加牧場肥料者有灰質三百零七磅儻加牧場肥料並阿摩尼鹽類者則有灰質三百七十四磅在未加肥料田一畝所得草料中有淡氣四十磅儻加阿摩尼並灰質則有淡氣一百十五磅

今之農務依化學之理論之出售草料未嘗不合算祗須得善價而已得其善價可購製造肥料補償其耗失豈不甚妙今紐英格倫有許多田莊均賴出售之草料蓄資本

少而得利厚也此等草大都種於近江河之地方或地土下層有水足以滋潤之其肥料卽用溼草地之畜糞或飼畜以廢料及珍珠米稈料棉子粉等所得之糞料如此種草之資本省而利愈厚

此等種草之地如無畜糞則用灌水法爲最合宜所用和肥料加之以含燐鑪渣料並海肥料斯搭司夫脫鉀鹽類或木灰等均屬賤價之物而和肥料亦係田莊自製之紐英格倫有用重價之肥料種草殊難得利若購製造肥料加之亦須雜種他植物方爲合算勞斯並葛爾勃亦云種草之田宜省用製造肥料而常加牧場肥料如新開墾溼

草地當草生長時須加楷尼脫每畝在早秋加五百或六百磅或獨用或和合燐鑛渣料三百五十磅以後逐年減至一百七十五磅

抱絲敦近地種草之農家不免受虧蓋他處沿江田地種草均賴天然灌水法所用肥料少而資本不大也且有許多荒地產草甚多運至抱絲敦奪近城產草之利

抱絲敦近地農家在冬閒恆招游戲馬匹牧於草地其意卽可免載草料至城市出售並省載運糞料至田之費又可得寄養馬匹之錢是一舉而有三利也

卷終

農務全書下編卷九

美國哈萬德大書院農務化學教習 施妥縷 撰　慈谿 舒高第 口譯
新陽 趙詒琛 筆述

第八章

植物生長總論

植物體內物質動情

植物生長時其中各物質運行布散當子初萌芽有許多物質運至根及芽而生長之已發芽後卽極力推廣其根鬚然後敷布其枝葉至根葉生長完全於是生花及果子或發達其根物以備明年之用枝葉生長敷布時有許多養料因此消耗至葉之生長已止尚未枯萎之前其養料供花果子等所需所以花果子等必待枝葉生長完全乃發達也

植物生長之宗旨係在生子傳代故其子爲將來一植物之起點所有物質如小粉油質蛋白類質等均爲其子之養料至萌芽時乃用之更有灰質如燐養五鉀養等爲子之性命所係植物生長自始至終專爲此子之預備也

秋間樹木長成其葉中要質仍回於樹體中以備明年生發新葉之料並生成花蕚等其脫落枯葉僅係葉架並無養料凡樹木並他植物在生長將終時其物質由此處運

至彼處補養各器體而有時運行更爲速捷葉之職司由空氣並地土中吸取死物質變化成養料供給他部分所需然後葉漸老而功用畢其中尚有物質如腐爛之後又可爲植物之養料也

植物體中不特運行死物質或灰質即生物質亦如此運行不息如蛋白類質糖質小粉油質均隨其所需之處而運至而灰質之運行亦因生物質所需之故也

查考灰質之運行較易於生物質所以從前化學家常考論之今知生物質之運行尤關緊要

將熟之穀實中物質運行

燕麥大麥小麥苡仁米之嫩芽爲極佳之青料而畜類最喜食之至植物長成之稈料畜雖飢餓不願食之矣蓋植物生長穀實之時不吸取空氣或地土中之養料而將其體中養料運行聚集於穀實中此係一種特別工夫故稈料中物質與前迥然不同

話合查考小麥未長足之前十五日至二十日之間乾生物質爲最多以後此物質吸收養氣而變化於是漸少在此時葉枝根中之物質悉運行入子實中

穀實次層成熟

植物子輭而有乳色時即刈割儻不將其子剝下任其與

枝梗相連自能漸漸增其成熟又將番茄連藤拔起懸於玻璃房或暖熱之室內以免霜侵此未成熟之番茄仍可漸漸成熟此等熱地植物欲令其次層成熟祇須熱而有遮庇由此可見植物體中各養料之運行不息

何時應收成

既知植物中養料運行不息之理即可知應於何時收成及收成之植物或取其穀實或作爲青料之用此理係近數年考明而農家頗得其便利更可由此明從前未明之事

凡見識有二種一係閱歷一係格致有許多農家自知何

時應刈草收穀爲最合宜而鄰農亦仿效之均不知其所以然之理也其實各地收成時各不同近來化學家考知其故因地土中之物質有不同也

從前紐英格倫有許多草料留於田間刈割甚遲恐其未長足而收成易乾而變爲不佳也其實不然凡未長足而收成者尚能自生長也一千八百五十五年余游歷德國聞斯禿克拉脫告薩克生奈省學生云陸恩草爲養牛甚貴重之料而農家以爲此草不甚佳然此農家亦頗有見識惜無化學之學問故斯禿克拉脫特言及之余因思美國農家本以陸恩草爲佳故佩服斯禿克拉脫之言可見

無學之人有世傳之識見若加以有學問人之言豈不更妙

考查植物體內養料何時運行

考查植物體內養料運行之時與輪種之理及竭盡肥度之期均有相關從前農家以爲植物竭盡地土之肥度祇在開花生子之時因查知某重數之子中所有養料較植物他部分中更多故云然也而當時人之意又以爲生子成熟後刈割則損傷地脈較輕其實如苜蓿等不特不竭地力且能增其肥度改良土性

法人唐排爾云生子時所得養料係開花時所藏儲者由

是論之植物自幼嫩至開花時吸取許多養料均爲預備生子之用也

唐排爾之意植物幼時吸取養料之數與生長發達時吸取之數相等如捲心菜煙草等並不令其生子而地土仍減其肥沃種油菜紅菜頭之地土其肥力耗失甚速凡青料不甚減地土肥度者因其根鬚仍留在土中也

一千八百二十年六月杪唐排爾種小麥四十顆當開花時拔起其二十顆餘二十顆俟其成熟查此拔起之二十顆既乾之後根鬚重四十三克蘭姆稈葉重一百二十六克蘭姆共重一百六十九克蘭姆二閱月之後查其成熟之二十顆根鬚重二十九克蘭姆稈葉並殼重八十六克蘭姆穀實重六十七克蘭姆共重一百八十克蘭姆可見二閱月之間此二十顆植物增重十一克蘭姆總計之僅增重十六分之一又可見未開花之前已得十六分之十五儻在開花時刈割則留於土中者爲總數四分之一成熟後刈割則留於土中者爲總數七分之一

唐排爾之後二十五年蒲生古將大麥開花之後拔起常加汽水潤其根不與地土相遇亦能生子成熟可見花已開而未有子之前植物中所積之物質如糖小粉蛋白類質從根稈葉運行至生子之處至於成熟當是時葉之綠

色漸退此與上所云之動情亦相符也

以後亨利亦取大麥試驗此大麥種於乾燥沙土至開花時即拔起而將其根所有泥土洗淨置於汽水中孰知大麥之生長較在田土中更速惟所生之子較輕可見成子所需物質均係植物開花時所積之養料凡已成熟之苜蓿及根物有子者不得謂之青料因已生子其體中之物質均已歸入子中而稈料爲無味之木紋質而已

蒲生古以唐排爾之試驗爲特別據蒲生古之意植物開花之後仍由空氣並地土中吸取養料也今查知此情形全恃氣候如何並地土如何如植物已長成後得溼潤而

有養料亦能增其生長
儻唐排爾之言果確則植物在開花時拔起其體中已有極多之生物質可備以後二三月所需之料然最佳者莫如將植物早刈割作爲靑料不必待其子之成熟如此一年一田可散子二次

蒲生古欲考證唐排爾之試驗果確否於小麥各層生長時取其四百五十顆乾而權之得效如左表

一千八百四十四年五月十九號收植物四百五十顆考查如左

乾稈葉	二七七克蘭姆
乾根鬚	四六
共	三二三

六月九號當開花時考查如左

乾花穗	二一一克蘭姆
乾稈葉	八五○
乾根鬚	一○○
共	一○六一

八月十五號收成時考查如左

乾實	六七七克蘭姆
乾殼	一五五
乾稈葉	九二八
乾根鬚	一三二
共	一八八一

由此可見植物自開花至成熟爲止幾增其加倍之重數其較如一○○：一七七然則唐排爾之試驗爲不確也

蒲生古之田每畝克忒得實一千六百八十五啟羅稈料並殼二千六百八十一啟羅根鬚三百啟羅共四千六百六十六啟羅將此植物並實化分獲效如左表

收植物時	乾料	炭質	輕氣	養氣	淡氣	灰質
五月十九號	六八九	二五七	四○	一五四	一二	二六
六月九號	二六二三	一○○八	一六三	一一七一	二四	六六
八月十五號收成	四五六六	一七三六	三一七	二一二四	四二	一八七
五月十九至六月九號增數	一九四三	七五一	一二三	一○一七	一二	四○
六月九號至八月十五號增數	二○二五	七二八	一五四	九五三	一八	一二一

自初生長至五月十九號已吸取炭質二百五十七啟羅自五月十九至六月九號卽開花之前又吸取炭質七百五十一啟羅自六月九號至八月十五號卽開花至成熟之間又吸取炭質七百二十八啟羅其吸取淡氣初時爲十二啟羅第二次亦爲十二第三次爲十八又考其三月一號至八月十五號小麥久延生長其各時吸取之物質

數如左表

生長各期	生長日數	每畝克忒田每日吸取啟羅數 乾生物質	炭質	淡氣	灰質
三月一號至五月十九號	七九	六·六二	二·七五	〇·二三	〇·二六
五月十九至六月九號	二一	九二·九五	三五·七五	〇·五四	一·九三
六月九號至八月十五號	六六	三〇·六四	一二·〇三	〇·二六	一·六三
每畝克忒田每日吸取物質中數		二六·九五	一〇·八八	〇·二五	一·二八

今知植物第一期之生長爲敷布其根鬚故該期地面以上之物質所增甚少至第二期麥稈發達其炭質及生物質卽寫留路司等所增甚多蒲生古之意植物幼時生長

甚速至成熟時稍遲然而開花之後仍由空氣並地土中吸取物質

總言之植物幼時卽極力生長敷布其根鬚然後發達其枝葉而開花至其終生子成熟如植物有二年生命者則將藏儲養料於根中以備次年之用且各期所作工夫均爲開花生子之預備惟其期限之界不甚明顯往往晚期尚在工作早期應作之工夫

蒲生古又取豆類如此試驗然豆類植物開花後所增物質之數甚大以致不必用化分法表明之

植物之養料運行與天氣相關

植物自生長至成熟與天氣有相關所得養料因之有多寡在乾瘠地土各植物生子甚早而植物遇淡氣物質多者生長枝葉較速生子較遲

熱地植物成熟較速而在早期時儻得較高熱度生長亦甚速英國肥沃土在六月間散小麥子或蘿蔔子其發芽生長甚速而似不願生子此植物在早春種於瘠土往往患其生子過早而乾冷之地土尤有斯弊應重加肥料

地土或天氣令植物從速成熟卽減其收成之重數總言之收成早而又豐稔不能相並惟有多加肥料尚可得其功效猶增其時日也論及小麥其生長之力最大者係在

涼溼地土則開花較遲而稈穗豐足收成必多

上所云者爲種小麥之天氣然他植物亦各有合宜之氣候並地土也格司配林云在旱地而熱度全年不低於六十八度者則小麥不得成熟當小麥未發芽時其地土已嫌乾至熱度升高七十二或七十四度小麥但生稈葉猶青草也亨薄爾脫論墨西哥之謝拉魄山坡所種小麥云生長甚爲壯茂然不生穗祇能收割其稈料作爲飼畜之料而已豌豆等若種於重加肥料之田亦可令其葉茂盛而不生實

植物萌芽時養料之運行

植物子萌芽時卽發根鬚其中養料之運行由此亦可知矣儻子中有油質者卽變成易運行之糖質而運至所需處生成新物質如寫留路司或後又變爲油質且查知有油之子當成熟時其中所有糖質亦相應減少至小粉變成糖質蛋白類質變成阿美弟或伯布通後當論之

植物可不恃子而生長卽由空氣並地土中得養料則生物質如糖如阿美弟由葉運至根爲其養料而灰質水並淡氣物質由根鬚運布各體補養之總言之易消化之阿美弟由蛋白類質來易消化之糖質由小粉並糖來均爲造成新賽爾並賽爾中物質之料子中此等物質因與養

氣相遇變成炭養氣而化散所以新根鬚並芽權之較其子之重數爲輕或竟同大之物其重數減半

特有物質運行

蛋白類質並似蛋白類質由穀之葉過其稈而至其穗中在彼變成小粉亦從葉運行至其子中糖質運行甚易而膠質並寫留路司大約亦如此情形

似蛋白類質之運行甚有關涉因需用甚廣而運行較難此係膠形物質故在植物之膜質中難於流過然未運行之前似蛋白類質先變成阿美弟物如阿司叭拉精留辛太路辛格路太明等物此阿美弟物均係結成顆粒而非爲膠形之蛋白質也故在賽爾之膜中易流過而運至應需此物質之處復變成蛋白質料

此等變化情形在子萌芽時考驗明曉凡子遇溼熱則速有化學變化之動情卽將似蛋白類質變成阿司叭拉精運行至嫩芽處豌豆並他豆類初萌芽查其中已有阿司叭拉精並留辛蒲生古從前考知植物芽中有許多阿美弟物老植物或不見日光之植物中均有之此植物不見日光卽不生長不加重數此均表明阿美弟物由似蛋白類質料化分而成或因得養氣而成儻將不見日光之植物令光照射則其中之阿美弟從速變化而植物卽生長

增其重數

考知阿司叭拉精之爲物已歷百年在阿司叭拉克斯菜芽中所得此菜中之阿司叭拉精來自稈葉並非來自子中也今查知凡根稈及根物中除似蛋白類質外尚有藏儲許多阿美弟至秋間作爲淡氣質料如番薯等根物至明年下種則前所積存之阿美弟爲嫩芽及根鬚之養料由此可見阿美弟之爲物實爲植物之要質而在植物易生長之部分阿美弟爲最多運行之後卽變爲似蛋白類質料

物質中或有酵料似伯布辛或脫里百辛又有似蛋白類

質變成易消化之伯布通除伯布通之外更有許多他物質如留辛太路辛均由子並根鬚中似蛋白類質所變成者在植物體中運行甚易

然尋常植物萌芽時變成之阿司叭拉精較留辛爲數更多今考明阿司叭拉精由子中蛋白類質料遇空氣而變成者有博士名配拉定將植物已萌芽一星期置於無養氣之空氣中其變成阿司叭拉精之法卽止而此植物仍能延其生命其留辛則仍有之可見無論何植物死後尚能變化成留辛而不能變化成阿司叭拉精

植物體中之似蛋白類質料或有他法可運行流動博士休麥克考知似蛋白類質與鉀養燐養及水相和則易透過薄膜據博士發否之意似蛋白類質料雖在水中不易消化若遇鉀養燐養則易化而可透過賽爾之薄膜運至他部分如一種似蛋白類質料名來古明與鉀養燐養消化之後卽運行至他處若去此二物則來古明成塊澄停

燐養料與似蛋白類質同運行

燐養酸從植物之稈葉運至子中儲積似蛋白類質亦如此恐此二種物質之動情有相關

許多果品並根物中多小粉而少蛋白質者亦少燐養酸反而言之凡植物中多似蛋白類質料者亦多燐養酸如

番薯百分中折中計之有似蛋白類質料二分而燐養酸不過於〇・二馬豆百分中有似蛋白類質料二十五至二十六分而燐養酸幾有二分

數年前已查知植物吸收淡氣與燐養酸有一定之比例且查知其子內亦有此比例數麥約考知大麥小麥莜仁米中之比例如下燐養一分淡氣二分燕麥燐養一分淡氣二・二分豌豆燐養一分淡氣三・七分豆燐養一分淡氣三・四分飛德薄更取各輕重之莜仁米作爲七分查知燐養酸並淡氣之上下自一：一・八二至一：二・四三然此數未必一定如此蓋稍有參差也用盆盛沙土種莜仁米成熟

時其比例爲一：一・六未成熟時爲一：一・七二

有人云燐養酸與淡氣無此一定之比例小麥並莜仁米更不然西格脫查知儻多加含淡氣肥料則增穀類中之淡氣而減其燐養酸數

然植物中似蛋白類質運行之法不一或自行流布或有燐養酸助之或傳變爲阿美弟物而至其終仍變爲似蛋白質料

分細消化

似蛋白質料並小粉在植物體中有分細之功並發酵法而變成他物質與動物體中之物質相等有植物吸取微

蟲類者能溢出酸液消化之且植物中有未成器之酵料與酸質相遇即變成似蛋白類質料而爲易消化易運行之伯布通此等酵料可將小粉變爲糖

挨倫特查知大麥中之燐養$_{五}$酸與淡氣並無一定之比例然亦似有限制如成熟植物中燐養$_{五}$酸一分則有淡氣四分大麥中此二物之比例爲一：三此博士考驗均表明淡氣分數較多與西格脫之意相同

挨倫特查知燐養$_{五}$酸常運行至變成似蛋白類質料之處衞茲開及赫敦及福克忒及金茲考驗子中之燐養$_{五}$酸與淡氣之比例數與所用各種肥料有相關列表如左即各

植物中燐養$_{五}$酸一分則有淡氣若干分也

	大麥 一千八百六十九年	大麥 一千八百七十年	大麥 一千八百七十一年	燕麥 一千八百七十三年	燕麥 一千八百七十五年	燕麥 一千八百七十七年	豆類 一千八百七十二年	豌豆 一千八百七十六年
子中	二·五三	二·四五	一·七○	二·三三	二·○一	二·一八	四·八六	四·九四
無肥料				一·五六	一·八三	二·○九	五·七六	六·○七
無肥料	一·七八	一·七六	一·八二	一·六七	一·九六	二·二九	六·二五	五·二八
鈣養	二·三一	二·九四	一·五三	一·四四	一·九○	二·二一	六·五六	四·○○
阿摩尼硫養$_{三}$	二·五○	一·二○	一·八三	一·七○	一·六○	二·七七	六·三五	四·一○
鈣養燐養$_{五}$	二·八三	一·六八	一·六七	一·四六	一·七四	二·三九	四·六七	五·五五
鈣養硫養$_{三}$	二·一七	一·六三	一·一六	一·六○	一·九三	二·三一	六·七三	六·○五

農務全書下編九

由上表觀之其數雖頗有參差然加含淡氣肥料者穀類中淡氣有增而豆類中則不增也至於豆類加以燐料者其淡氣更少

燐養$_{五}$酸之運行

植物體中燐養$_{五}$酸之運行甚爲奇特此物爲植物體中死物質之最活潑者與淡氣物質迥然不同挨倫特考查大麥當開花時燐養$_{五}$酸由下運行至上而葉稈中積儲之數至少有六分之五運至穀實中今查大麥一千分中在各時所有燐養$_{五}$酸數依克蘭姆計之如左表

	下節三葉展開 上節二葉合緊	稈頂束長足	開花後	初成熟	已成熟
稈之下三節	○·四七	○·二五	○·二二	○·二○	○·一九
稈之中二節		○·三九	一·一四	○·四六	○·一八
稈之上節		○·六六	一·一三	○·三一	○·三九
下節三葉	一·○五	○·七○	○·六九	○·五一	○·三五
上節二葉	一·七五	一·七七	一·一八	○·七四	○·五九
穀實		二·三六	五·三六	一○·六七	一二·五三

燐養$_{五}$酸之職司

植物初萌芽至以後生長含燐養$_{五}$物實當要職化學家考知植物賽爾中有一種似蛋白類質料名紐克林其數分

由子實中或地土中含燐養料五取出變成其克落非耳中亦有燐養五酸可見造成賽爾不特幼稚時需此物即以後生長亦均賴之羅博士云無燐料則不能成克落非耳若將有病植物常加含燐料則能速變成賽爾及克落非耳而植物遂有深綠色即壯美矣

勞斯並葛爾勃論少燐養五酸之弊如下有二田連種苡仁米二十九年每年各加足數易化淡氣料而第一田再加含鉀養鈉養鎂養和肥料第二田加此肥料外又加鈣養多燐料以後查無燐料田之收成植物所吸炭質不及他田之速而植物之色似更深綠無燐料之植物不論何時含淡氣較多惟因其無燐料故收吸炭質較少總計其二十八年間每年每畝產物少炭質五百磅

麥約亦考知燕麥並草料若加易化燐料並加鈉養淡養五則其變成似蛋白類質料甚速若地土中乏此燐料雖加鈉養淡養五而變成之蛋白類質料未見其有增

含燐料並淡氣變成普拉司馬即單簡生物質

休爾茄用盆種製糖根物加以各種養料據云植物初生長時即變成普拉司馬少許此物係化學合質其中多淡氣而植物幼時全恃此普拉司馬之功收吸養料變成小粉及糖並他種生物質凡地土中絕無燐養五酸者則製糖根物將萎死至於淡氣或無或爲數極微尚能變成普拉司馬及許多賽爾並葉然後待有他料以生長即是植物雖少淡氣不致速死而其中之普拉司馬可延命也

凡植物所需淡氣不足則收成必歉少其葉亦少然葉之重數與根重數有比例其根中物質有若干則糖數亦應有若干儻製糖根物多得淡氣養料則普拉司馬變成甚易其數往往過多於收成反有礙即其時季雖已晚而收成之植物中多水且其物質中多淡氣並他物質尚有未變成糖者

儻根物中鉀養料爲數不足而淡氣並燐料爲數甚足則變成普拉司馬甚多然與變成小粉之法不相宜則其中所有小粉將變成新賽爾而變爲糖者較少以致根物中糖質甚少察其葉數似與有鉀養尋常數者無甚參差而權其重數則較輕也故收成總數亦較輕而根物更輕蓋收成之乾料並糖質之重數均隨鉀養多少而定也

休爾茄用石英沙二十九啟羅盛於盆種根物而加淡養五淡氣二·九易化燐養五酸一·二鉀養一·七克蘭姆並足數之鈣養鎂養硫養三則可得產糖中等數又查知祇須植物相宜之養料加之合法可得最多之根物及糖如此試驗植物收成數及其葉及糖並其中淡氣鉀養燐料可隨意加

減肥料而均有把握

里昔丁

植物中有許多油質而含油之子實中則更多除此外更有數種含燐之油質總言之曰里昔丁博學家以爲植物中常有之物卽動物中亦有之此里昔丁似蠟形物用以脫從植物中化出尋常無燐之油時將同化出此里昔丁化學分劑爲$炭_{四四}輕_{九〇}淡燐_{九}$名曰大斯替立克里昔丁卽各里司里爾與司替立克酸二分相合並燐養$_{五}$酸與考林故此里昔丁易化分而成各里司里爾燐養$_{五}$酸考林並司替立克酸然更有他種里昔丁其中無司替立克酸物而有他油質以代之化分以後所得之酸卽爲他油質酸二種名曰哇里一克里昔丁卽橄欖油又一種名曰巴勒密克里昔丁卽椰子油

化學家以爲克落非耳是一種里昔丁其中之酸爲克落非耳勒密克酸因將克落非耳加以酒醕鉀養而煮之可得各里司里爾燐養$_{五}$酸考林並克落非耳勒密克酸也

植物之酸質

植物中變成之酸質並其變化之工均與果品穀實成熟有關係大約花並葉之變色果之成熟卽其中酸質加減之徵也凡果品成熟時由青變紅或青蓮色亦有由青變爲黃或紅或青蓮或藍色而尋常生青之果大都有酸性有花由紅變紫或青蓮色或藍色於是衰謝樹葉在秋間由漸變爲淡黃或淡紅或紫紅或深紅色在試驗房中之植物有黃色者加以鹼類則變色樹葉及未熟之果中有打打里克酸瑪里克酸卽蘋果酸草酸等至將成熟時均變爲糖此等酸質在植物中常與鹼類質如鉀養鈉養鎂養鈣養相合而將變糖時則分離或以爲葡萄成熟時其中鉀養漸少卽因鉀養等鹼類爲留酸質之用也及酸質變糖其職司已盡

小粉之運行

小粉亦似蛋白類質由葉運至果中往往積儲甚多蓋此小粉先在葉中變成於是消化透過賽爾薄膜

在無鉀養之地土試種植物可查其小粉之變成及運行之法此等地土之植物不能茂盛而葉中所有小粉甚少可見欲得小粉須由鉀養然非以其有鹼性之故因他種鹼性物不能替代也卽加以鈉養鋰養鏭養並鉫養均無用而有數種菌類物如得含鉫含鏭物尚爲合宜卽是可爲菌類物之養料而替代其鉀

尋常植物中之小粉亦需石灰方能運行且須稍有綠氣此猶克落非耳之必需鐵也苟無鐵質則葉色變白而失

其綠色用顯微鏡察視克落非耳遇鐵質即有增無鐵質則不能增也

綠氣在植物中積儲無定處石灰則運布甚均據阿司考夫之意雖未知綠氣一定之職司然而有此物則賽爾易生長

物質中之油質似由小粉變成者如含油之子在未成熟時多小粉及漸熟而小粉漸少油質漸多反而言之子在萌芽時其中所有之油變爲小粉或糖

鉀養之運行

上已論植物中須有鉀養然後可令植物由空氣中吸取炭質若用水試種植物可制度其吸取炭質之法而阻其變成小粉將植物置於水中其水中有含鈣養淡養鎂養硫養並鈉養燐養則植物當初所有小粉速不見蓋已變成新賽爾也於是又可試驗其如何復變成小粉

阿司福爾用各里司里尼爲植物養料查知加以含鉀物質可令各里司里尼在植物體中速變爲小粉勞斯並葛爾勃依此法在草地加鉀養料並他肥料試驗之查知鉀養大有助於植物之生長未加此料者卻無此情形其葉亦不茂似不易成熟

所種馬料加以靈捷淡氣肥料並含鉀鹽類物其草生長極易成熟無鉀養之田草料之形狀不佳產數較少而淡氣肥料之功效亦因之較遜然植物甚有深綠色先六年所加肥料中均無鉀養其後八年間每年每畝產草料少炭質折中數四百磅此八年之後其數更減由此可見鉀養缺少而依然收吸淡氣其克落非耳變成之數亦甚多惟變成炭質之功大減在草地雜種植物者若加靈捷淡氣肥料並鉀養鹽類物則豆類及草料生長甚豐茍減其鉀養數則豆類衰敗而草亦不佳

植物無鉀養則生長不佳其成熟亦不合法此事可將花盆盛沙土試種蕎麥考究之其沙土中稍加骨灰所灌之水千分中加鈣養淡養一分則此植物之綠色並葉之茂盛均表明其得所需之淡氣數然生長不足又不易成熟此均表明無鉀養之故

總言之植物中之鉀養布散均勻至成熟時鉀養由穀實反運至稈中甚不易而稈料即萎枯惟大麥反運之法較爲靈捷成熟稈料下節中之鉀養爲數甚多下節以上則植物愈老其數愈少

挨倫特並勃來希奈脫云大麥成熟時即不收吸鉀養而麥穗收吸鉀養最多之時爲開花時其後穀實中之鉀養數有減而鎂養有增

番薯爲產小粉之物勞斯並葛爾勃種番薯於田獨用金石類肥料卽係燐料與鉀養相和之肥料以爲較勝於獨用淡氣肥料若此肥料加之甚足再加含淡氣肥料尤爲豐美查知獨用淡氣肥料其植物之定質不加多獨用金石類肥料每英畝可產番薯幾一千磅此二種肥料並用則增至二千六百磅

獨用淡氣肥料番薯中之鉀養不見多而金石類與淡氣肥料並用則其收吸之鉀養爲數甚多每年每畝所加鉀養一百五十磅竟在收成之物質中可盡數得之若以後獨用鈣養多燐料則每畝番薯收吸鉀養有三十磅是過

於未嘗加此肥料者除用金石類肥料並多燐料等以外仍加鉀養一百五十磅所得反回鉀養數可多三磅

鎂養並鈣養之運行

鎂養由稈之下節運至上部分而在穀實中亦時有增挨倫特查成熟大麥穗一千其乾料有鎂養僅三克蘭姆鈣養二·五克蘭姆從前有人查知大麥實之灰質中鎂養數較鉀養爲多惟鎂養在穀實中時有增而鈣養當穀實成熟之前爲最多至成熟則散運之他部分又查其葉中之鈣養較鎂養爲多其比例如下 一六·三 一六·二 一三·三

總言之葉中鈣養較鎂養多五六倍在稈中其比例如下 一·一或一·○五 祇有一次查得鈣養較鎂養加倍此物質之多少必有所以然之理尙未考明

上編已論各植物葉中多鈣養而植物欲生長豐足者不能少此物卽是葉中化學運動全賴鈣養之功以變成賽爾而賽爾之邊可變爲厚堅凡物質變成小粉時似與鈣養無甚關係而由小粉變成寫留路司則必需鈣養也

博士之意植物中有草酸與鈣養化合變爲不易消化之物而由此無損於植物羅博士查知草酸化於水中甚淡並含草酸物質化於水中者與高等植物有毒害可見草酸須與鈣養化合方免爲害於植物

羅博士之意含鈣和料如鈣並紐克林係克落非耳中之要物並賽爾中之生珠亦然儻遇草酸卽將含鈣物移去而賽爾從此毀壞夫鈣養有禦敵草酸爲害之功故草酸遇鈣養卽變爲不易消化之和料可見葉中多鈣養者卽鈣養在此處成其大職司也凡葉色變白者卽係少鈣養然須記明鈣養之大功效係變成克落非耳也而令草酸變爲中立性之功尙在其次有許多植物中不變成草酸者更有許多菌類物無需鈣養卽因其無葉也又如尋常啤酒酵料無鈣養亦能敷布

然啤酒酵料之敷布鎂養爲必不可少之物博士方羅門

之意鎂養與鈣養爲變成克落非耳有關係之物儻無鎂養則亦不能成克落非耳又能助小粉之運行而變成克落非耳之小粉更需此物

硫黃之職司

植物吸進硫黃先變成鈣養硫養鎂養硫養鉀養硫養或更有他物相和之硫養於是變成植物中之蛋白類質與其中似蛋白類質料運行至植物之盡處並穀實果品中又有植物有含硫之易騰油而各油有特別之氣味如大蒜胡葱辣蘿蔔芥子藥芹等是也

灰質

總言之灰質功效在植物之頂端在尋常時儻地土中易化之死物質不過多則其植物之葉及嫩枝中及未成熟之果品中灰質料爲最多至老樹木中灰質爲數較少所以植物生長時所需之死物質爲數甚少此情形在水種沙種植物可見之

灰質過多

有植物收吸灰質數較其所需之數更多華爾甫用水種法種大麥其灰質百分中有鈣養三十八分然尋常大麥中之數不及百分之四查植物中往往收吸鉀養鈉養綠氣等較尋常多六倍或十倍仍可生長全美然各植物祗

當灰質過多之數各不同如有植物本生長於鹹土者能收吸尋常食鹽較小麥收吸數更多而各植物收吸死物質過多之數亦有定限或因收吸過其限以致損害

矽養與植物之相關

前論矽養尚未明確蓋祇有數種植物能收吸此料惟過多亦不宜有植物灰百分中矽養居七十分或有植物其中有此料極微然多收吸矽養似無所用而大珍珠米往往竟無矽養博士樵庭曾水種珍珠米得其子再種如此四次除由空氣中所得矽養並花盆質料化於水中之矽養爲數極微外毫無此料此珍珠米並不因此憔悴可見

矽養在植物體中與運行生物質之功似無關係穀類稈料中則有許多矽養蓋此類植物必得此物質之益也博士立脫好生之意矽養將老植物之賽爾邊令其堅固蓋此矽養聚積於賽爾邊猶執黏物可阻汁液之運行至久汁液止而葉不生長所以植物老部分之葉漸枯脫也此老部分之料運至應用處於是新葉新芽發達由此論之矽養之阻塞賽爾亦有功效如老部分之葉因矽養阻塞過早忽爾乾枯其中質料不及運至應用處則有害於植物全體

華爾甫用水種試驗而知矽養助穀實之成熟論及大麥

完全之實有矽養二則較大於無之者且有矽養二時所需之燐養五酸較無之者可稍少惟水種大麥若將不必需之灰質除去則燐養五酸數須較田種者爲多因田種者可多得矽養二而燒成之灰中亦多此料華爾甫云不必需之灰質可令植物多收吸必需之質料各養料全備而考其完全成熟所需每一種養料最少之數如左表

	淡氣	鉀養	鈣養	鎂養	硫養三酸	燐養五酸
所需最少數	○·七	○·五	○·一六	○·一	○·一	○·三五
中等生長成熟所需數	一·○	○·八	○·三五	○·二	○·二	○·五○

第二行之數與田種尋常成熟大麥中之灰質數無甚參差惟華爾甫云須有不必需之灰質在植物處否則雖有必需之養料全備難望其完全成熟

其實植物收吸之灰質較表中所列之數爲多因灰質共數爲百分之三而田種者其數過於百分之五總言之大麥有不必需之灰質在土中則生長更豐

壯盛植物多收吸金石類物質

壯盛嫩植物中所有灰質數與他物質數相等或較多考穀類在茂盛幼嫩時其中所有鉀養鈣養數較短瘠者爲多而矽養二並燐養五酸較少由此思之同等地土其壯盛植物收吸灰質較瘦弱者爲多也故蔓草中多灰質

凡地土中植物養料富足則植物收吸之數多於應需之數而不能增收成數故亦屬無益論及穀類此等灰質過多於運動小粉及蛋白類質外均積儲於稈料中所以稈料作爲肥料有大功效或擬出售作爲馬料者宜取舊田所產則肥料不致耗失較爲合算

植物中物質運行式

植物成熟時其中有改變除此外各部分更有各職司之式樣如割一枝扦於土則新根由枝發出其質料卽係枝中所存者或割去枝之處從速補養藎護新皮所需汁液當初並非爲新皮用也是勉强應其所急也或將樹枝絞傷割破彎埋土中則以後易發根鬚此新根鬚由枝中質料變成亦從母樹發出修割樹木應留其芽並小枝可令葉中汁液流行速補其傷處若接樹則本樹下節舊葉宜多留否則新接之枝易死

凡樹多生果子則易竭其力以後卽將衰敗蓋其質料均已用竭也故園工欲得佳果恆刪其花或摘去未成熟之小果祗留大者佳者則樹中養料可悉供給之如瓜如葡萄晩開花之枝刪除可豐其已生之瓜果而養料不至耗失豌豆之藤過茂者亦須刪除歐洲種葡萄家在生葡萄相近處去其皮一圈此意欲令質料在一枝中運行不得

往反運至他枝中則葡萄大且佳矣

珍珠米稈變成甘蔗

更有一奇事即是可令珍珠米稈變爲甘蔗在仲夏將珍珠米已生之穗盡數摘去則養料速增積於稈料之賽爾中此稈猶存質料之棧房而餘多之料令其生長甚足漸變爲糖

摘去其穗則稈中糖質數可加倍此生子之植物遂變爲製糖之植物而此糖與根物之糖與甘蔗糖同爲有用之品因尋常珍珠米稈中汁液百分中有似甘蔗糖不過七分或八分若摘其穗則有十三至十六分此數與熱地所

產甘蔗之汁液數幾相等況當初與甘蔗亦係生子之植物歷代以來令其漸漸改變專產糖質今各甘蔗均不能生完全之子或所生者並無子之形式矣珍珠米亦以此法治之將何以異於甘蔗

斯替屋之意治理珍珠米最佳之法不任其成熟而去其未成熟之穗令其稈中多變成糖質於植物生長至其汁液變爲乳色形時將其所有之穗盡數摘去

去穗之後適當八月間尚有十餘日甚熱之天氣所生糖質至九月間第一星期已可在廠中製糖摘下之穗藏儲窖中爲青料之用或有半成熟之子可剝下令其乾稈梢

無用亦藏於窖田間可預留人容足之地位

老樹發芽甚弱

老弱植物其養料運行法往往不及嫩壯者速而便所以老樹所發之芽或小枝必甚弱無用似乎此芽枝之養料由樹根賽爾中提出縱能發達變成材料亦不堅實不適用也

一千七百九十六年馬歇爾論曰新樹留心培植定能壯茂若老樹欲令其壯茂甚不易也凡每年脫葉之樹未及數十年即伐之者其樹復萌新芽然所萌之芽並不多也近抱綠敦地方樹木每百年間斬伐數次作爲燒料有傳

士云楊樹銀杏樹樺樹在十年二十年三十年之內伐作材料其樹復萌新芽惟此芽斷不能成材料將來祇能作爲燒料而已總言之由地土所產之材料較由樹身重發出之芽生長成樹者價值高二倍或三倍

番薯在春間置於乾燥處自能發芽其嫩芽中所有之水係番薯中本有之也其質料亦此水中所含者當是時番薯漸收縮而乾輕他種有大根之植物如水仙之類萌芽之後其根物亦瘦而縮蔬菜類之老葉枯脫其中養料運至新葉發達處則上端更爲壯茂

植物各葉之生命有期限而自幼至老其中質料之化學

分劑數亦各不同博士探閣查知菸草之葉在生長各時期間其中之小粉並糖質之數如左表

乾料百分中	小粉	糖
未成熟菸葉	三·四	一·二
半成熟菸葉	兲·四	一·二
成熟菸葉	四二·六	〇·八

收成之植物預備出售往往發酵而將葉中化學物質耗失此情形論草料章中再言之菸草亦然故欲製菸草須謹慎料理方可獲利成熟之菸葉新鮮時有許多小粉並糖少許已發酵後其小粉甚少而無糖新鮮葉中之小粉

數在質料中往往居三分之一或竟有半儻此等葉令其速乾則所存小粉及糖必多故製菸葉須令其漸漸變乾而發酵以去其小粉並糖其發酵時亦將其中似蛋白類質料變成阿美弟

根生長法

大抵植物最早之葉發出時即從速發出許多根鬚然後地面以上之植物可生長而牢固如穀類之下節先發數葉當時在地土中之根鬚已甚多人第見其稈之驟然發達也此情形在冬燕麥尤明顯此植物在秋間已預備來春之稈葉發達

每年播種之植物初生果子時其根已生長敷布完全二年生命之植物其根之發達在早時期甚明顯如一種野草名盤陶克在幼時其根之發達甚爲特別然後生長許多大葉至第二年其稈長高而生有刺之子

永久生長之植物每年春間敷布許多新根鬚一層而後地面上之枝葉發達休爾茄用玻璃盆連二年種苜蓿查知每次刈割後即速發其新葉而察其地土中之根鬚已滿布蓋先有許多根鬚而後有許多新葉也

植物藏儲養料預備明年用

尋常二年生長每年生長之植物其根與葉初發達與永

久生長之植物無異惟至晚夏之時則二年並每年生長之植物將在其稈或根中藏儲許多養料以備來春補養新芽葉之用此猶子中養料預備至合宜時萌芽成小植物也紅菜頭或蘿蔔之生長法亦是如此先發出根鬚少許以備新葉之用然後從速生長且吸取空氣中之養料愛特生查知一英畝蘿蔔在各生長時期其葉並其根之物質若干如左表

查驗日期	植物生長日期	葉磅數	根磅數
七月七號	三二	二九	七
八月十一號	六七	三七九三	二七六二

九月一號	八七	一九二〇〇	一四四〇〇
十月五號	二二三	一一二〇七	三六七九二

樹內藏有預備養料

博學家早已知每年脫葉之樹在春末或早秋其枝幹中卽藏儲小粉並他質近冬時葉將脫之前其葉中有許多小粉並似蛋白類質料鉀養燐養酸及有用之灰質均已運行至幹中至來春得暖氣所藏之小粉變爲糖對格司得林或膠質其藏儲之他質亦均補養其新葉冬青樹一類其中小粉則不藏儲因不脫葉也卽無上所云之樹有一定休息之時期也早春時其中化學動情更靈捷於葉

未發出時已可考明因該時其芽收吸養氣較他時更甚也在寒冷時收吸養氣較發出之炭養氣更多在正月間其芽之生命尚未活潑而呼吸情形尚弱馬色查知麻栗之枝有二芽重一百克蘭姆在十小時間發出炭養氣十七立方桑的邁當至四月間藏儲之物質變化其芽發出而汁液運行靈捷同此一枝發出炭養氣較多不止四倍卽是在十小時間發出有七六·三立方桑的邁當在此月取其芽重五百克蘭姆而法倫表爲五十九度十小時間發出炭養氣九十八立方桑的邁當而八十六度發出二百零二立方桑的邁當由此觀之其芽中之動情最靈捷

而有力之時乃在其萌芽之際閱一月又查之其時葉已布放然呼吸情形較萌芽時爲弱

有許多樹在冬季藏儲小粉等物質預備明年之用博士特排查得一樹名羅斯在冬季嫩枝中所有物質與在春季萌芽之後相較如左表

	冬季百分數	春季百分數
乾料	七二·一六	六六·七〇
灰質	一·六〇	一·二三
小粉	一七·三一	一·五七
似蛋白類質料	九·四二	二·二五

春間楓樹中之糖質係往年冬間藏儲之小粉變成者博士哈帖克等云有許多樹均如此藏儲小粉至春間則變成甜汁

根物捲心菜等預備養料

二年生長之植物在第一年卽成許多養料爲預備第二年之用如紅菜頭蘿蔔白蘿蔔香蘿蔔葱番薯捲心菜考爾拉倍菜等均歸此類在夏間其葉中變成養料運至在地土內之根物中如捲心菜等則運至其頂故在冬間其葉甚發達明年儻將根物埋於土中則根物中所有往年藏儲之養料速爲其枝及花之用而生長茂盛以至於生

子
然根物中藏儲物質尚不足爲明年生子所需德國試種製糖根物查知第二年此根物發出許多新料故莫妙於埋肥沃之地土中或其地土早已加足肥料者水種植物如水仙花之類僅能得其花不能令其生子也
根物並他植物藏儲養料本欲爲明年之用乃人取之以爲食料凡穀類豆類菜類根物類其情形均如此而甘蔗蘆粟製糖根物並製油之子亦莫不如此

遷樹之時

遷移植物之時期宜乘其休息時即是或在秋或在春該時樹中養料運行較弱而生長亦不速洩出之水汁亦不多紐英格倫氣候甚寒園工遷種植物在春不在秋因在秋季其樹已預備藏儲養料以過冬也若擾動之則未及預備而已入冬季安能補養其損傷在春間則無論遷種於何地大抵能復其生命蓋即以藏儲之養料補救之也天氣較暖處在秋間遷種植物較在春間更能穩妥此等地方罕見冰凍從前格司配林云法國南方地土燥不甚溼者則在秋間遷移樹木爲最合宜因該時其地土尚暖潤已遷之樹能服其土性而速生活尚可發出新根鬚令芽葉自然發達然地土過溼則秋間遷移其根將浸於水中以致腐爛祗能俟春間遷之也
遷移橄欖樹並常青之榆樹須去其葉則樹體中之汁液不致耗失法國南方遲至五月間亦將桑樹遷移於灌水之田而去其葉

材料之經久

凡樹木中所有淡氣物質並小粉等均係補養料而爲蛀蟲及致腐爛之菌類微生物等最喜者所以樹木俟其最少淡氣物質糖小粉並他種可養蛀蟲及微生物之時而砍伐之以後作爲材料較能經久工藝家或用化學物質令此等養料變爲毒品可殺滅蟲類亦一法也
古時羅馬博士瀲里內云砍伐樹木時須待其子已成熟爲妙又不可隨意亂斬西受云春間斬木料製造船隻不能經久羅馬工程司維脫羅未亞斯云不可在春間砍伐樹木因該時樹木猶如得孕須將其精華運至葉果中也至於斬伐須速砍入樹身之中間而略待一時令汁液流下以免將來材料易腐爛之弊其汁液流畢木料較乾於是砍斷備用或云冬間砍伐其質料固閉材料較堅此又一意也瀲里內又云有砍伐樹之四圍留其中心任此樹之汁液流下殊有效此與上所云之法同意

燒料與材料不同

樹木有二用一工藝家用二作爲燒料如爲燒料在冬砍伐爲宜同數木料冬間砍下者較重而易攬火發熱之物亦較多紐英格倫樹木無論何用均在冬間砍伐以該時人工有暇也且材料用雪車運出較尋常車爲便宜然砍伐森林往往在夏間或云歐羅巴阿爾勃山及北方各國在夏間砍伐多松節油之樹英國博士羅脫云此夏間砍伐樹木之意因冬間樹林中有厚雪不便工作也

夏間甚熱時砍伐樹木以爲不宜者因此時樹中汁液盈溢砍下之後易爲蟲類所蛀蝕雖樹中小粉等質糖質此時甚少而天氣熱度卻宜於微生物之發達也總言之爲

工藝家所用材料則在夏間砍伐爲合宜蓋不易爲蟲類蛀蝕所以有資本家在北方求覓能經久之材料往往在夏間砍伐或在中夏之前其時去冬藏儲之小粉並蛋白類質等均爲花果枝葉用盡矣潘恩查知冬天樺樹中有許多小粉法國砍伐樺樹最合宜時爲五月其中小粉等已用盡將來可免蟲蛀

論及樹木作爲燒料在夏間砍伐雖有菌類微生物侵蝕然亦在該時砍伐爲宜因有樹遇熱天之陰溼易腐爛也般博士論阿爾蘭地方云六月間砍伐柏樹浸臥於水中數月變爲甚堅之材料

剝樹皮

維脫羅未亞斯並潑里內云平斬材料樹而俟其流下無用之汁液之意英國業此者亦以爲然一千六百四十年英大議院爲製革家立定章程云凡人在尋常時不許砍伐榆樹而剝其皮自四月一號起至六月末日止則弛此禁令又明示樹木縱爲皇家所用亦不能通融此定章且在弛禁期內不許多砍伐均須酌量足於製造水師船艦應需若干數於是砍伐之

法國白芳在一千七百三十七年五月間將大榆樹數顆剝取其皮此樹在三年間因此均死乃砍伐之查其外層

木質堅乾無比此博士云先剝其皮俟其死而後砍伐已成乾料較連皮砍伐者更重更堅歐洲博士均以爲此法最省費最合宜砍伐柏樹亦可如此頗有良效然此法砍伐樹木閱時甚久實則耗費資本若在春間剝其皮閱數月砍伐之則其中之糖質及小粉等並易腐爛之物質均已流出可倍其經久

修剪樹木法

馬歇爾云樹木在生長時修剪之有傷於以後之生長且與根鬚有妨礙若在冬間修剪則根鬚中藏儲許多養料可預備復生長之用至天氣和暖自有壯茂之枝葉發出

故此博士之意修剪樹木定有合宜與否即是在樹中汁液初升上而尚未生發之時爲合宜切不可在其汁液已用盡之後也

修剪果樹亦同此例在孟冬時其樹休息於是修剪之留存之枝明年可發出新枝格外壯茂此因根鬚中藏儲之養料供其用也反而言之當生長時修剪即阻其生長不但失葉甚多且失其葉收吸養料之功而剪傷處更須格外供給補養之也

晚冬修剪樹木其傷處至早春流洩許多汁液該時嫩芽尚未生發以致以後發出之芽甚弱若在晚春修剪即將發新芽枝甚速而用其有糖之汁液補養之並無流洩汁液之患修剪葡萄並他果樹亦有此情形即是在秋間修剪並不流洩汁液其傷處有養料彌補而新汁液之流通尚爲時甚遠也在晚春修剪亦尚合宜

樹中預備物質有數分藏儲甚久

博士哈帖克云一樹本年夏秋間藏儲之小粉往往至明年夏秋間尚未用盡查知賽爾中所有預備物質至春間足以補養嫩芽之發達則任其在空氣中吸收養料而樹中尚有預備物質至開花生果子之年於是用盡一千八百八十年此博士查樺樹生果之後其中小粉或半分或三分之二已不見而物質百分中僅有淡氣○·○一數在八十六年有淡養○·三九二

樹體中藏儲養料從緩消化者製楓樹糖家頗知之楓樹培壅合法則汁液甜而多糖及其葉生長大如人掌則糖質少矣又楓樹生萼之後不宜製糖蓋糖中有花萼之氣味也其實因天氣漸熱萼將放開其汁液漸變酸性故製糖之利大減

除小粉外更有許多物質藏儲如似蛋白類質油質並阿美弟料又有與寫留路司相近之物質名曰半寫留路司有植物如甘蔗蘆粟大珍珠米其糖質中應有之小粉或已變爲蔗糖而葱根中則變爲葡萄糖犬理花等之根中有以奴林小粉類

花果生長法

春間開花之植物如番紅花山慈姑花紫玉花蘋果花等均由大根發出其根中均有往年藏儲之養料此等植物開花較易於春季由子生發者由子生發其根與葉收吸養料須閱若干時至發達既足然後開花總言之不特二年植物永久植物即每年播種者其花與果子所得養料並非從空氣及地土中得之乃由葉供給之也蓋其葉早已從空氣並地土中收吸物質製成養料

根物等由葉養成

植物葉須長足然後可得豐收數年前試驗阻止番薯之變壞而知之當時以為番薯之莖葉見有菌類微生物之病速即割除以絕其源而根物可豐收夫此法行於菌類未發達之前而其根物已生長者尚可且甚費工作或用鏟刀為之或用他器為之至其後仍難保其根物不因此而止其生長蓋去其莖葉則根中變成養料之物質匱乏也博士提德立次試驗如下

五月二十號將番薯田作為四分每分有一百五十顆而於各時割其莖葉如下法種番薯後十星期即七月二十

九號將第一田掘起五十顆所存一百顆之莖在稍高於地面處割去而新芽速萌惟以後仍為菌類所害至十二星期即八月十六號將第二田掘起五十顆所存一百顆之莖亦割去至十四星期即八月三十號將第三田掘起五十顆所存一百顆之莖亦割去此第二第三田已割之後並無新芽發出至十八星期即九月十三號第四田番薯莖葉大半受菌類之害無可割也惟將掘起五十顆所存一百顆任其在田間在八月十六號觀其情形均佳然以後菌類之病已深八月三十號各田之情形均已不佳顯見為菌類所害至十月四號將所存各百顆掘起權其

重數如左表

掘起五十顆作一百顆計算之時	得番薯磅數	割一百顆莖葉之時	十月四號得番薯磅數
七月二十九號	二〇	七月二十九號	三一
八月十六號	六一	八月十六號	七四
八月三十號	六九·五	八月三十號	六五
九月十三號	七一	九月十三號	七六

在已割莖葉所生之番薯及無病之根物自七月二十九號以後變壞四分磅之一掘起之番薯壞者祇有一二磅番薯晚種者至十星期後查其根物僅存其半其重數亦

不及半且甚小可見該時受菌類之病已深以後試驗因此不準即是莖葉為菌類侵蝕不能供養料於根物也此等莖葉割去無妨

有許多蔓草阻其葉之生長即可滅之又有一種茅草其葉適高出於地面時割去之即死所以比爾在有此草之地當春間生長時犂土成槽而又鋤之如是每隔三日一次其數次即無此草矣又在密希軋省亦用此法至六月中旬欲種植物時即可盡滅之查知此茅草在春間生長甚速若用此法滅之工省而便易

根物時久則生長愈大

英國植物晚收成者較早收成更豐然用肥料則其數相同大約因植物在地土長久可由空氣中多得養料以供其葉之用故收成較豐新金山省此情形更明顯該處紅菜頭紅蘿蔔並南瓜等往往在天氣溫和時留於田以過冬則至收成時得數極多即是從下種至明年此地擬種他植物時其間十月之間所得養料藏儲甚多故也

據勒色爾云小麥散種較稀而後日略爲培壅其根得效甚大因其生長展布而多佔地位也此等植物久延生長以增其葉則其實亦有增若稀種而稍加水並肥料可增其葉之面積此亦節省灌水法並肥料之費也反而言之密種之法雖多灌水多加肥料而各植物所得之水並肥料不足故阻其生長而易發花收成較早其實較少

根物之葉飼畜

從前歐洲根物之葉均有要用飼畜是也或云當初耕種根物而得其葉之原意即爲供給畜食料以後查知根物並蘿蔔可供人食而農家仍將其下節葉供牛豬等食此法有識者不以爲然總言之必須考明畜類食其葉而得之利益與根物因此而得之害相抵否如法國南方令羣羊食葡萄樹廢料或云此事不宜而孟紫則云並無妨害祇須葡萄枝芽已稍堅老則不致爲羊所食也

農家查知凡植物之佳葉除去其根必受損害博士飛德薄更云無論何時除去根物之葉而日後任其自然生長其根物必小而其數必少去其葉愈晚者其害愈輕至老葉將枯而摘去並不爲害博士駭脫從前考知製糖根物之葉當發達時稍去之則根中糖數亦減所以製糖家不願購曾在植物未長足時除其葉之糖根物也據科崙渾特之試驗其糖質實在葉中變成故葉大而豐者糖數亦因之有增據伊云糖根物之糖數與其葉之面積大小有比例

根物葉作肥料

根物葉留於田犂入土亦稍有肥料之功效有熟田種製糖根物爲預備種穀類此法甚佳然輕土田種根物之後而將其葉移去則後種穀類不見效如種孟閣爾之田不留其葉莢而種小麥未必豐收反而言之犂此廢料於土則有效此亦不足怪乃一定之理也蓋根物之葉中有含淡氣料並他種鹽類物質故也法國肥沃田所種製糖根物其葉中淡養物質甚多以致不宜爲畜食料

德國農家屢次試驗而知製糖根物之葉中確有許多肥料此等葉中多此鹽類物往往有礙於糖質將此根物之葉培壅苡仁米但見其稈葉茂盛不能增其實也特海蘭

云僅將其葉堆積於地面濾去其中之肥料來年在此地耕種已見有效所産珍珠米青料發達甚高有深綠色司考脫倫西北多雨之省在十一月初每畝田留孟閣爾或瑞典蘿蔔之葉四噸數而深犂之預備種小麥頗獲豐收然在英國之南或中省根物之葉似不及在司考脫倫之有效故加製造肥料助之或以爲司考脫倫氣候溼潤故其葉較多也

此等根物之葉亦可藏於窖以備飼畜歐洲農家有用此法者爲之合宜根物不受害也

删摘葡萄葉

法國南方農家以爲删摘葡萄葉可令糖質富足因其果可多受日光也密勒之意葡萄當成熟時須將其生葉之枝删摘因此枝葉需許多糖質方能生長而助葉之呼吸也伊以爲此法並無妨害所删摘之枝葉消化養料之功已減且爲上葉所遮蔽又有博士以爲在一時不可删摘過多且須察其果有成熟之象方可動手恐其果得養料不足也

孟紫考知直受日光之葡萄熱度較有葉遮蔽者可高法倫表三十至三十五度然似不因此增其中之糖質數反而言之此高熱度或竟有害於糖質蓋九十五度熱度其減放之炭養氣較在六十三度時多五倍又查知在葉下之葡萄較直受日光者更酸由此言之删摘枝葉在遲成熟之葡萄卻是有益即是可減其酸性也

删摘枝葉之害在早春剌毛蟲食其葉可見之其嫩枝因此止其生長而樹身將盡力再發新芽以補之儻樹瘦弱者或竟死在仲夏往往又有許多蟲類食其葉至盡苜蓿之葉久生長則其根爲肥料之功效較曾爲羊食者更大也

收成草料

由上所云葉之功用而論飼畜草須在開花後不久即刈割之是時其子尚未生成也若待其子成熟則稈葉中許多蛋白類質小粉並他物質盡輸入子中而稈葉變爲無補養之料矣其子易於散失入畜胃不能消化或藏儲不愼爲鼠蟲所食美國初開國時農家常見僻路有馬糞處帖摩退草生長甚茂

有數種植物其子方成熟其葉尙茂盛可爲草料之用大麥作爲青料者往往刈割過早故稈葉中養料不甚多而畜類須多食之格司配林云瑞士國有農家於豆類尙青時刈割欲得其莖葉中養料飼畜也

總言之草料不宜適在開花時刈割須待其子將生之時

是時其子尚輭而多水而植物中之質料較在開花時更多然刈割亦不可遲延蓋草料已割後其子尚有成熟之勢力而引起稈中之物質也且開花之後其稈之下節已變弱即是其子將取稈中養料以生長也

大麥亦有此情形開花之後刈割者畜類甚願食之若生子成熟而後刈割與尋常草料無異

大麥實與稈有嫩絲相連已屆成熟儻遇大風其絲斷而子失落故刈割應早其時稈葉較小麥苡仁米之稈葉更佳論及小麥燕麥苡仁米已成熟而稈料中尚有許多物質畜甚喜食之

總言之成熟大麥收成者為成熟之麥實及已乾枯之稈料若作為馬料不及早刈割者為佳若將此料與穀實等同碎而蒸之亦可作為佳食料惟價值不能如早刈割之節省也

須記及最成熟之草料或已枯之秋葉其中養料尚有留於賽爾中故仍有補養之功也

收成穀類

植物之穗結成即不復生長而稈葉中養料均供給其子之所需以至於成熟凡農家尋常在穀類尚未完全成熟時刈割紮捆成堆藉其餘力更生長其子若至完全成熟

而刈割則因搖動散失子粒羅馬人有諺云早割二日之弊尚勝於遲割一日之弊已割之料藏堆乾燥處在多雨地方宜俟天晴為之又開其捆日光燥風以乾之其捆須小豎立而不偃臥若蠶作繭之山帚形

上所云之情形與蒲生古之試驗相同伊將大麥在開花時刈割而浸於汽水中日久亦生佳子克那潑以大珍珠米用水種法查知在開花時已收吸足數之養料故在水中僅藉空氣並汽水而生佳子

極熟子宜播種

休爾茄考驗極熟子與以後播種發達之相關伊所種燕

麥分次取其數顆第一次在六月二十六號其植物尚青其子甚小而多含水壓之則有青汁流出第二次在七月三號其植物尚青其子較大壓之有乳色汁溢出第三次在七月十號其稈葉初黃子中已滿足小粉惟尚青輭第四次在七月十八號其稈葉已黃而稍乾其子亦堅乾此即謂之黃熟第五次在七月三十號其稈葉已乾搖動其子似將脫落此即謂之死熟即極熟也

此五次所取者作為四分如下一摘移其實以後子與本植物不相連二割其穗紮之如此其子尚可由殼中得養料少許增其成熟三其稈高於地面數寸處刈割猶尋常

割麥紮成稛如此其子更可增其成熟四連根掘起並留其根鬚於是置於汽水中以增其成熟至九月終將其植物之子盡數摘下而在十月初種於各盆每盆有子一百粒其土爲肥沃園土所產植物第一分甚瘦弱而第三分亦多乾萎下表指明天氣令乾之子每一百粒權其密里克蘭姆重數

	一	二	三	四	五
去殼	一〇四三	一四六六	一八三七	二〇二九	二一三三
留殼	一〇五八	一四八三	一八五五	二〇三〇	二一三五
留於稃	一一三一	一四九三	一八六三	二〇三〇	二一三六
留於稃浸於水	一三九九	一五四四	二〇三三	二一〇七	二一三三

由此可見第一次之子所產之數較尋常者不及一半第二次之子所產之數較尋常者不及三分之二

下表指明當初所收之子各包空氣令乾之重數

	一	二	三	四	五
去殼	一·二六五	一·二六〇	一·二六〇	一·二八〇	一·二九〇
留殼	一·二六五	一·二七〇	一·二八〇	一·二九〇	一·二九〇
留於稃	一·二六五	一·二六〇	一·二七〇	一·二九〇	一·二九〇
留於稃浸於水	一·二三〇	一·二七〇	一·二八〇	一·二九〇	一·三〇〇

下表指明散子於盆中以後生實折中重數

甲 去殼	一	二	三	四	五
	四·五	五	九·五	三六	八四

以上觀之在初生長時其子之發達甚弱以後漸有力而長足之子其力最大休爾茄云第一第二次所收之子難於萌芽因在殼中之生長不完全而稍強者其發達亦較強第四次所收之子由殼取出時已略爲堅乾而發達亦不能自然長足成熟之子發達小芽最強最易生長可見植物之發達悉依收子之遲早及其長足與否爲定也田種植物其情形亦與上之試驗相近其子愈幼嫩則發

達之數愈少而芽亦愈弱在瘠沙土其情形自始至終如此若移種於肥沃土則瘦弱之芽能得養料而漸強於未成熟時已與強壯者相等矣休爾茄在他試驗而知輕弱之子若種於肥沃土可挽回而得佳生長反而言之強植物種於瘠土亦將受害也

乙 留於稃	一	二	三	四	五
	七七·五	七七·五	七六·五	八六·五	八八

第一第二次所收之子其後所增成熟與子之發達大有關係然萌芽力不甚明顯

丙	留殼			
一	二	三	四	五
八一	七三	八二	八四	八四·五

此增成熟之力由殼中養料入於子中也其芽雖弱其發達尚强

丁	留於稈其根浸於水中			
一	二	三	四	五
六二	六三·五	八七	九一	八四·五

此情形殊不滿意未免失其希望或掘起時損其根鬚不能得力以養其子也

增成熟之速

以下試驗增成熟之情形將燕麥尚未盡成熟時割下若干作爲四分第一綑速剝出其子餘三綑置於陰涼處令其增成熟不致乾壞八日後將第二綑之子剝出二十七日後將第三綑之子剝出五十日後將第四綑之子剝出每分各有一千粒用法倫表一百十二度熱度烘乾權其克蘭姆重數如左表

		百分中增數
速剝出子	一九·八九〇	
八日後剝出子	三·一〇〇	二·一
二十七日後剝出子	三·二四〇	二·八
五十日後剝出子	三·〇五〇	一·〇九

觀上表在八日內增成熟似已完全或未必至八日也由此可見休爾茄發明植物子須待其極熟爲最合宜而子愈嫩者發達之力愈弱是一定不易之理也田間植物收成時因過熟而子散落於地適遇大雨此自散之子甚易發達農夫有識者必選擇佳子播種卽此意也

不全美子不宜種於瘠土

瘠薄地土播種不全美之子則發出之芽更少而始終瘦弱若種於肥沃土其初發芽甚少至其終或可成强壯植

物休爾茄有四田係瘠黃沙土試種燕麥其收成有遲早而記其克蘭姆重中數如左表

	實	殼稈	共收
一	〇·一二七	〇·七七〇	〇·八九七
二	〇·四四五	一·二六六	一·七一一
三	一·〇六二	二·六九七	三·七五九
四	一·一八一	二·八八六	四·〇四七
五	一·〇七五	二·八二四	三·八九九

又有四田係花園土其收成中數如左表

一	四·六九三	九·二四一	一三·九三四

二	五·二六	一〇·七三五	一五·八五一
三	五·五五三	一〇·五五三	一五·一〇三
四	五·四三六	一〇·九二六	一六·三六二
五	五·七二五	一一·二一一	一六·九三六

植物幼時需養料

凡植物未生果子之前須發達其根葉並稈方可藏儲養料以備需用所以植物當開花之前無力收足穀實所需之物質則不能完全豐稔而生子亦瘦弱將來播種於收成亦有關係

飼畜之青料其情形不同凡生長過茂者畜類往往不喜食之且此壯茂植物適有風雨甚易偃仆或加以淡氣肥料是更不宜而該植物在幼嫩時可多得地土中燐料並灰質爲生實之預備者則可加淡氣肥料也

飼畜之青料宜早割與作爲青肥料者相同須在開花時犂入土中此時植物中最多易化之生物質而少灰質況爲青肥料須促短時期可預備種他植物又可免其生子並蔓草之生子也

大根物並蘿蔔中之養料不及小根物中之多

論及根物須察其大者小者孰多養料從前德國農家以人糞加於孟閣爾獲根物甚大然含水甚多詳細考究所含水較定質更多凡氣候合宜植物格外豐稔多得大根物亦屬甚佳而藏儲較爲便易

英國屠家願出善價而購小蘿蔔此爲未鋤鬆之田所產最大者僅如二拳以爲較勝於耕種合法之大蘿蔔殷博士聞其言而笑之農家亦不以殷博士爲然也然農家購進蘿蔔權輕重付値但求作爲食料有補養之功實則未嘗知小者之果佳也

卷終

農務全書下編卷十

美國哈萬德大書院農務化學教習施妥縷撰　慈谿　舒高第　口譯
新陽　趙詒琛　筆述

第九章

苡仁米

種苡仁米爲最久遠最廣多而格致家亦極考究之凡溫帶他穀類可種者苡仁米亦可種之雖在融冰地方或每日法倫表折中熱度四十一或四十二度亦能萌芽生長此卽與他植物不同因他植物必得地土並空氣熱度較高方爲合宜也

遠北地方如辣潑蘭特及冰島均在地球緯綫七十度界內苡仁米亦常種之此等地方秋間散子之他穀類斷不能禦冬季之嚴寒種苡仁米之大利益在其成熟較速凡地形不甚高而有風者成熟更易瑞典有種此植物者六星期間已可成熟或歷七八星期則以爲常也挪威山谷地土豐年之時八九星期已得收成在夏季可得二次成熟挪威塔爾買肯地方有一田莊名曰脫里賽脫其命名之意卽三次收成蓋有一年竟收成三次也在該地每日見其稈生長二三寸可知其發達極速阿爾蘭竟有從六星期間所種苡仁米已製成麪包是處一年可種二次而第二次之收成更佳然地球尋常田土種此植物往往閱八九十日卽十三星期方得收成遠北地方雖可種之似不及燕麥小麥之能耐冬季之嚴寒紐英格倫夏季亦種之儻冬季不甚嚴寒亦種冬苡仁米

北方高緯綫之寒地種苡仁米儻多得日光其性漸改變數傳以後取其子種於南方尚有在北方之情形德國阿爾吞在北緯綫七十度散子後六十七日而成熟移種於勃來斯勞在北緯綫五十一度亦須六十七日而成熟卽其遺傳之性也有取阿爾吞所產之子種於克理斯梯阿那在緯綫六十度五十五日已成熟因該地雖較北而熱度較高也

耕種苡仁米甚廣

瑞典挪威今種苡仁米仍較種他穀類更多考從前歷史此穀類種於此等地方較燕麥更早故歐洲古時北方人言及穀類其意必指苡仁米也冰島開闢於八百七十年卽廣種此植物至一千四百年後由外國運進他穀類於是種者漸少近則又廣種矣一千八百三十年冰島之南誰維克地方種之歷九十八日始成熟寒冷地方種此植物之難處在其稈嫩時或遇晚間之濃霜而凍死也博學家云今冰島氣候較古時爲溫和

一千八百九十一年英國及阿爾蘭種苡仁米田有二百二十九萬八千九百七十八畝種小麥田有二百三十九萬二千二百四十五畝種大麥田有四百十二萬八千一百二十七畝種燕麥田有六萬零一百四十八畝美國一千八百九十年之農冊載明種苡仁米田有三百二十二萬零八百三十四英畝種小麥田有三千三百五十七萬九千五百十四英畝種大麥田有二千八百三十二萬零六百七十七英畝種燕麥田有二百十七萬一千六百零四英畝種大珍珠米田有七千二百零八萬七千七百五十二英畝

苡仁米不特可種於極北地方又可種於極南地方作爲馬食料者甚多熱帶地方一年往往有二次收成在西西里島秋間所散之子至明年五月中成熟卽收其子種之至秋間又成熟令温帶地方此產物不能等於燕麥之貴重蓋不用作麪包也惟製啤酒家用之甚多或以之飼畜亦屬不少

製啤酒用苡仁米

製啤酒常用燕麥小麥或珍珠米亦有用苡仁米製之者用此植物製酒可多得未成器之酵料名曰弟阿司打西此物質之功能令小粉變爲糖及酒各種有小粉之子在萌芽時其小粉變爲對格司得林並糖此功效均由酵料致之此酵料原係萌芽時其子中之似蛋白類質名曰柴莫精卽生酵物變成者也

初萌芽之苡仁米此酵料可得甚多而將小粉變糖之功更猛尋常所有之弟阿司打西均由苡仁米得之所以廣種此植物也凡苡仁米五百分中有弟阿司打西一分有此微數已足以大顯其功效蓋弟阿司打西一分可將小粉一二千分變爲糖質祇須當時熱度有一百四十九至一百五十八度

今查知各植物之子中均有許多弟阿司打西令子中物

質變化而成嫩芽之養料至長成之植物則令小粉變爲糖至小粉變糖後乃藉尋常酵料令糖變成酒醇也

製酒係發芽法

用苡仁米或他穀類製成酒是入令其萌芽也先將穀類浸於水輭之然後濾去水而堆積不多時堆中發熱漸乾不數日將發芽乃開堆減其熱度俟其所發根鬚與穀粒等長驟令其乾阻止之此令乾法或在空氣或在鑪中旣乾卽攪擾去其根鬚此無根鬚之穀粒卽謂之釀料所去之根鬚卽名酵芽又名酵櫱可以飼畜其酵料卽與新穀類相和研碎浸於熱水中數小時則其中所有小粉均變

爲糖並對格司得林由不易化之物質中分出化於水中用酵藥令其發酵其不易化者卽名曰糟或售與養牛家爲食料其中有許多似蛋白類質料並木質紋爲畜養料甚合宜也

弟阿司打西非苡仁米中所獨有凡他穀類發芽者亦莫不有之番薯中亦有少許他穀類亦能發酵惟不及苡仁米之靈捷故製酒家用苡仁米爲最多然每日製啤酒並輝斯開酒所用大珍珠米燕麥米黍及番薯爲數甚多而製法則與上所云不同卽是將此穀類或番薯壓碎與苡仁米酵料相和於斯時其中小粉變爲糖然後令其糖發

酵此已發酵之流質蒸出其酒醇遂成輝斯開酒其餘賸渣料飼養畜類

苡仁米係細弱植物

苡仁米種之甚廣而在極北地方並在瘠土均能耐苦生長然在美國並英國實爲細弱植物如在近拖絲敦地方此植物尙幼嫩至春間忽遇寒冷東風雨卽將阻其生長在北方多雨水或遇冬季之冰凍竟能死之在北緯綫七十度阿爾吞地方小麥可成熟當生長時有二十一日下雨在北緯綫六十四度四十五分來肯維克地方有五十一日下雨而苡仁米均不能生長或云苡仁米喜熱乾之

地土常有微雨最爲合宜無論何地若有大雨必損害適在散子後或開花或成熟時更不可有大雨

穀類在初時期生長須多溼潤而苡仁米爲尤甚大麥則可較乾又穀類在晚時期生長漸減其溼潤及其成熟竟可極乾曾考察舊金山所種植物其情形果如此所以該處苡仁米小麥種之甚廣歐洲南方並印度則用灌水法以補雨水之不足

勞斯並葛爾勃連數年試驗苡仁米在生長期內雨水過多或過少其效最不佳最多雨水之時與最低熱度或最高熱度相應而高熱度時缺少雨水亦有損害收成最豐

者適在生長時期雨水之數相宜而又均勻熱度高低亦不甚懸殊小麥與苡仁米相較在生長時期遇雨水過多固不宜若雨水過少更爲不佳而苡仁米之受害更甚於冬散子之小麥

德國有人試驗而知種苡仁米最合宜者在地土有法倫表七十七度熱度種燕麥最合宜者在六十八度然苡仁米亦可種於與燕麥同緯綫之地方或更北因其生長成熟較速也據薩克斯云苡仁米能生長於最冷地方係四十一度最熱地方係一百度格司配林云尋常地方每日有折中熱度四十三度亦可生長也

種苡仁米最宜之熱度

休爾茄考知種苡仁米他項情形均合宜而每日折中熱度爲法倫表六十一度獲效必佳在其初時期葉稈發達最合宜之熱度爲五十九度在其中時期穗與實將長足最合宜之熱度爲六十三或六十四度若欲其完全豐稔則午時之熱度中數不可過於七十度初時期不可過於六十八度中時期不可過於七十三度其葉稈發達時熱度過於七十七度穗與實將長足時過於八十二度均與收成有相關

苡仁米喜多肥料

或有人云苡仁米所需養料最不易令其合宜如遇美肥養料卽勃然發達如缺乏養料卽憔悴萎頓農家以爲種此植物最宜之地土爲肥沃鬆黃沙土而膠土亦未嘗不可耕種祇須耕犂鬆疎而已據博士李百休云幼稚苡仁米在第一之數星期吸取肥料甚多竟有成熟植物所需之半

農家云堅密地土耕犂不合法不可種苡仁米蓋此植物尤喜疏鬆地土凡過溼過堅均不合宜而大麥燕麥珍珠米並他穀類尚可勉强種之也從前英國農家以爲宜種於有石灰之地土而在膠土沙土不能發達然英國田地

近年築砌瓦溝並用機器耕種故苡仁米宜種之地土漸漸推廣在膠土田於小麥之後種之收成甚佳凡小麥田在秋閒用機器耕犂其根料入土至來春地土尚乾時又耙犂之卽可播種苡仁米

苡仁米喜疏鬆黃沙土與小麥不同小麥須種於堅土方能發達故苡仁米種於小麥之後較小麥種於苡仁米之後爲合宜乾燥地土不可深犂又不可屢次犂之恐土中之溼潤易騰化也

加肥料於苡仁米

從前農夫之意苡仁米生長於地土爲時不久所以加禽

場肥料不合算若先種他植物加肥料然後種之較爲合法況此植物加新鮮肥料本可不必也歐洲農夫之意凡田曾牧羣羊而種苡仁米不可爲製啤酒之用在英國鬆疏土所種蘿蔔令羣羊食之然後略犂令羊糞壅田卽種苡仁米或卽將燕麥子散於犂槽閒更有耕犂較早者至散子時又輕犂略耙之務令泥土鬆疏以便散子依此意而論須加速性肥料如秘魯圭拏或圭拏中稍加硫强酸亦可

勞斯並葛爾勃之意春閒播種苡仁米則發生根鬚之時較短而吸取地土下層之養料較少卽在近地面布其根

鬚故加金石類肥料如含易化燐料之肥料可見效往年秋散子之小麥以其在田間多歷數月可向地土下層得肥料不必恃地面所加之肥料也法國北方種苡仁米爲製啤酒用者在秋間加流質肥料或加腐爛之糞料

總言之苡仁米不可加數種肥料又不可多加以致稈葉茂而生實少此植物雖需易化淡氣肥料然其數較少於小麥所需之數勞斯並葛爾勃之意牧羣羊於蘿蔔田之後而種苡仁米無大益即輕土亦然蓋過於肥沃也堅土爲畜類踐踏變爲更堅實反有害也

此二博士之意曾種小麥或根物之田種苡仁米畧加圭

拏阿摩尼硫養鈉養淡養或油渣餅並多燐料少許謀克之意淡氣肥料亦須小心加之否則收成之植物不合釀酒之用稍加鈉養淡養或阿摩尼硫養雖無危險不用爲妙苡仁米生長時期甚短而發出根鬚甚速所以地土較堅者稍遠處之肥料不能深入吸取故不合宜也

或云英國有在小麥之後種之者四種植物輪種亦然若種於他田其品性易變爲劣

從前福爾克云阿摩尼肥料並鈉養淡養加於苡仁米爲不合宜惟遲種者其發達較晚稍加多燐料能助之據其意凡地土已加畜類之淡氣肥料甚足者則種之不可過遲遲則收成時尚不足於成熟而與釀酒有妨礙德國有將苡仁米與製糖根物種之甚廣往往根物之後可種苡仁米二次或云第二次收成甚佳英國重土未播種苡仁米即加多燐料二擔至三擔並鈉養淡養半擔至一擔

勞斯並葛爾勃在一田連數年試種苡仁米其田係稍重性之黃沙土其下層係僵性帶黃紅色土又下層係白石粉土故甚易漏水其效如左表

每畝加肥料數	第一年 實斗數	稈擔數	第二十年 實斗數	稈擔數	二十年中數 實斗數	稈擔數
禽場肥料十四噸	三三	一八五	四十又四分之一	三十又六分之一	四十又四分之一	二十六又四分之一

每畝加肥料數	第一年 實斗數	稈擔數	第二十年 實斗數	稈擔數	二十年中數 實斗數	稈擔數
無肥料	二十又四分之一	一十又六分之五	一十又四分之三	一一	二〇	一十又四分之三
金石類和肥料	三十又四分之三	一九五	一二五	一四	二七五	一十又六分之三
含阿摩尼鹽類二百磅	三十又八分之七	三十又八分之七	三十八又六分之三	三十又六分之一	三五	一八五
金石類和肥料並阿摩尼鹽類二百磅	四十又四分之三	二十七又八分之七	四六五	三五	四十又四分之一	二八五
又四百磅	四十又六分之一	二十又六分之三	四八	三十又六分之五	四十九又四分之三	三十又六分之三
金石類和肥料並油渣餅二千磅	三八	二十四又六分之一	四五	三	四十七又六分之三	二九五

欲較阿摩尼鹽類與鈉養淡養功效孰佳將阿摩尼鹽類二百磅鈉養淡養二百七十五磅則其中各有淡氣四十一磅加於種苡仁米之二田第一田連加二十年第二田連加十九年穫效如左表

每畝加肥料數	第一之十年 實斗數	第一之十年 稈擔數	第二之十年 實斗數	第二之十年 稈擔數	二十年中數 實斗數	二十年中數 稈擔數
加鈉養淡養二百七十五磅十九年	三七·六	二三·四	三七·一	二三·五	三七·四	二三·九
加阿摩尼鹽類二百磅二十年	三三·六	一九·四	三一·四	一七·四	三二·五	一八·五
加鈉養淡養五十磅五年					四八·○	三一·五
加阿摩尼鹽類四百磅六年					四六·○	二八·五

觀上表速性淡氣肥料加倍數似嫌過多而植物反爲其所困矣故試種六年之後即減其半然與當初加阿摩尼鹽類二百磅加鈉養淡養二百七十五磅之田相較產物更豐

由此論之苡仁米有似小麥之情形在稍肥沃田專加金石類肥料未必有佳收成而在二十年間稍加速性淡氣肥料尚可得中等收成若欲得滿意之豐稔每年須加淡氣與多燐料相和之肥料

二十年間每年春加阿摩尼鹽類二百磅並鈣養多燐料二五擔則收成中數較近處田地所產更豐若加鉀養鹽類鈉養鹽類鎂養鹽類不見效

此二十年間每年得苡仁米收成中數四七·一斗稈料二七·六擔以此數阿摩尼鹽類並鉀養硫養鈉養硫養鎂養硫養加之僅得淨苡仁米三五·一斗稈料二○·七五擔若加以阿摩尼鹽類並燐料與金石類相和之肥料得淨苡仁米四六·四斗稈料二八·五擔

此二十年間苡仁米收成中數因加阿摩尼並多燐料每年增實二六·一斗稈料一五·五擔此肥料又加以金石類肥料增實二五·四斗稈料一六·四擔若僅加阿摩尼鹽類僅增一四·一斗稈料八·六擔用淡氣肥料並燐料其效較用禽場肥料更佳

淡氣一磅增產苡仁米數

勞斯並葛爾勃云田間先除去前次壅糞料所產植物之根或小麥之後而種苡仁米加阿摩尼硫養一·五至二擔

或鈉養淡養一·七五至二·二五擔並多燐料二擔至三擔或圭拏二擔至三擔其百分中有阿摩尼十二分如不用多燐料則苡仁米增一斗即五十二磅稈料六十三磅如不用圭拏則加其淡氣一·六五至一·八六磅或加阿摩尼二至二·二五磅亦可得此數

然此增數與地土氣候均有相關而淡氣數不可過多且土中不可缺少金石類物質此意祇論淡養阿摩尼鹽類秘魯圭拏之效果如此若加禽場肥料或作爲牧羊場所增收成不多用油渣餅須較上所云淡氣數更多方得豐收

由此論之苡仁米較小麥用霝捷淡氣肥料更爲合宜欲增小麥實一百磅須用阿摩尼三磅而增苡仁米一百磅僅用阿摩尼一·七五或二磅也春散子者所需之數較秋散子者更少然欲苡仁米生長緩而足則地土必覓佳爲要至大麥在一田可連種數次而獲利苡仁米則不然或云種大麥之後而種苡仁米較前種苡仁米後種大麥更佳

法國農家不種苡仁米於根物爲羣羊所食之田英國最佳之苡仁米係種於往年種小麥之田然種於飼羊之蘿蔔田尚佳法國有一田重加肥料種根物後種小麥不加

肥料又後種苡仁米亦不加肥料而獲效甚佳據云冬小麥生長於田甚久約閱四月故吸取土中肥料較苡仁米大麥所需之數更多其田必須養料富足方爲合宜

極成熟苡仁米製酒最佳

或云製啤酒所用苡仁米須待其極熟而後收成卽是其穗自然垂下失其紅色方可收成也蓋釀酒一事其穀實均極成熟則同時發芽而無先後農家常將苡仁米尚未十分堅硬其稈料尚未極乾之時刈割作成綑任其在田數日其實則吸收稈中之養料而增其成熟若任其在田過久將有許多實散失收成不免有耗失若將綑藏於倉或作堆積則易發酵腐爛而失其增熟之功也

畜食穀類植物

或有在春天當苡仁米極茂盛時刈割以飼羊如此法畜得佳食料而植物亦不致徒豐其稈葉也刈割飼羊較驅羊至田更佳蓋可擇其過茂者用劘刀刈割至秋間收成時有子落於田卽生新植物爲畜食料最佳

春間刈割苡仁米之過盛者飼羣羊他穀類亦可用此法而冬穀類尤爲合宜秋間所種冬燕麥令羣羊食之許多蔓草亦食盡至冬間冰凍時亦可行此法至春間令羣羊食此等植物郤有不宜其時植物嫩綠多汁水入畜胃易

致膨脹病

論及小麥在春間令羣羊食其嫩稈殊不合宜羊既易受病而麥或因此歉收然有地方和暖較遲冬間之食料已盡則可如此以濟之馬歇爾在五月間至諸福省見牛食此穀類植物該處無羊惟有雌牛及壯大之雄牛及馬蓋因天氣甚寒草類尚未發達而蘿蔔已食盡也

全美苡仁米

休爾茄試種苡仁米頗獲良效此博士欲查考每畝田各情形均合宜能產苡仁米若干其地土須鬆疏而易洩水其地位亦廣大而根鬚可展布其地土滋潤其空氣中並

地土中之養料亦富足日光並熱度均有定數此一切情形均完全其植物應產若干

上所云一切情形依理而論均屬甚要然不易悉合宜也如田土中所需之燐料淡氣鉀養等可供給之至於應需水數及光熱實無權力制度之

此一切情形查明之後可依各地土情形酌量整頓休爾茄用此法已得全美之植物較他處所產者更佳而光熱並他項相關情形伊均能制度之故獲效亦有把握然情形均已合宜而其子之輕重亦須相同埋於盆土中之深數亦須相同凡雨露日光空氣灌水養料並保護之

法亦無不相同

若養料或溼不足則瘦弱之植物速成熟其稈高僅數寸或情形畧爲合宜而養料爲數不多則生長法亦不能全美此於田種植物可見之如乾燥之田其成熟必速而收成必少如肥沃溼潤之田其植物壯茂而生長甚足其實甚重在田種植物又可見養料並水過多之害卽其稈葉豐而生實成熟之時期較短也

全美植物必須之事

欲制度日光並空氣等情形將所種植物各盆置於車其車行於軌道便易往來如此試驗數年係用大玻璃盆盛

純石英沙而加所需之養料爲易化之化學物質等如欲令苡仁米全美其土中空氣中應有何等化學物質並多少均須知之在各盆各加化學物質若干他次加他養料其數亦各不同加之最多者卽爲尋常植物所需過多之數欲查需鉀養若干能得最全美者其效如左表

盆數	一百萬分土中加鉀養磅數	收成重數 殼稈	實	共數
一	○	○·七九八		○·七九八
二	六	三·八六九	二·九三三	六·八○二
三	一二	五·七四○	四·六九五	一○·四三五
四	二四	六·八五九	七·八五一	一四·七一○
五	四七	八·一九五	九·五七八	一七·七七三
六	七一	九·三二七	一○·○九七	一九·四二四
七	九四	八·六九三	九·○八三	一七·七七六
八	一四一	八·七六四	八·五二九	一七·二九三
九	二八二	八·九一六	八·九六二	一七·八七八

各盆中均加足鈣養鎂養鈉養鐵矽養硝強酸硫強酸燐養酸緣觀上表凡一百萬磅土中加鉀養五十至七十磅獲效最佳然化分植物灰中之物質加鉀養四十七磅已足其所需之數係在二十四至四十七之閒也加七十一

磅所增產物數亦不能相稱今查考每乾料一百磅中有鉀養磅數若干列表如左

	穀稈	實
二	○·四五九	○·一七五
三	○·三七一	○·一八一
四	○·四二五	○·三五四
五	○·九九○	○·三七五
六	一·七九一	
七	二·六八○	○·四九七
八	四·○六八	
九	六·四二八	○·六六九

地土中鉀養若過多則入於稈而不存於實中且此植物亦不願吸取過多之數也

鉀養本有功於植物由此試驗即知其有一定之職司故需一磅者若加二磅即耗費也休爾茄之意欲得乾稈料並穀一千磅須有鉀養五磅而實一千磅中有鉀養三·八磅如第四盆是也

田間獲效不確

麻賽楚賽茲省每畝田種苡仁米其收成中數爲實二十五斗每斗合四十磅共計一千二百磅應有鉀養四·五磅稈料爲二千四百磅應有鉀養十二磅共一六·五磅然農夫於每一畝加鉀養一百磅不以爲多而往往加乳牛糞八車其中鉀養不止二百磅可見耗費肥料實屬不少此即考驗不確也大凡地土欲其合宜須供給易化易散易收吸之肥料不必將無用之肥料重加之

休爾茄云盆中試種植物所有鉀養較少於豐稔應需之數者則植物不甚發達稈短而小其減數與鉀養少數有正比例

他次試驗用各不等之燐料或鈣養或鎂養其效與用鉀養相近前曾言空氣中炭養氣可令苡仁米豐收然空氣

中炭養氣甚多足以供給不必特加也

曾考知空氣中所有阿摩尼並含淡養物質爲數不足於植物中等收成所需如種於盆各灰質均全備惟無淡氣而灌以汽水日後收成稈料○·一八四克蘭姆灌以雨水得○·二○○克蘭姆若加含淡氣肥料依一百萬分土中有淡氣八十四磅者其收成如下

實	穀稈	共數
九·○八三	八·六九三	一七·七七六

光與植物相關

光之多少與植物生長之關係亦可考驗而知之一種苡

仁米於露天二種於玻璃房之前或後至收成時種於露天者全美種於玻璃房前者尚不及中等種於後者不能直受日光故收成最不佳此三種法得稈料重數為七∴三∴一然除光外各項情形均合宜也其效如左表

甲　種於露天

	穗	無實之稈	實數	乾料密里克蘭姆數 實	殼稈	共數
	一七	一○	二八五	一○一○二	一二四三六	二二五三八
	一二	八	三一二	一一二八八	一○九九一	二二二七九
折中數	一五	九	二九九	一○六四五	一一二一四	二一八五九

乙　種於房前

	穗	無實之稈	實數	實	殼稈	共數
	一一	四	一二三	二八六一	六七一六	九五七七
	一一	三	一四三	三二五六	六三二三	九五八八
折中數	一一	四	一三三	三○六三	六五二○	九五八三

丙　種於房後

	穗	無實之稈	實數	實	殼稈	共數
	○	一六	○		三三九六	三三九六
	○	二○	○		二五九四	二五九四
	○	一八	○		二五九五	二五九五

植物種於有色玻璃罩中將光隔去若干或罩上加紙隔光則收成必減

在冬或秋植物移置玻璃房內以得暖氣必阻隔光若干即燭光或煤氣燈光用玻璃罩之亦隔光百分之十儻有色厚玻璃隔光更不止此數

休爾茄云田閒植物決不能如試種於盆之植物得光之多也蓋田閒植物必為旁植物阻隔光若干惟在幼時及成熟時葉脫落則無阻隔所以播種植物其如何稀密甚有相關即成行列者各行相距及方向亦均須斟酌總言之所有光亮務令其全得之是為最要

據考克之意穀類稈葉之茂盛或為其光不足故也即是散子過密不能得其應需之光所以散子較稀者易於豐

收或將其子成行列種之得光較多可免稈葉之過於發達

美國種大珍珠米作為青料亦宜行列種之其地位須寬留儻擁擠而少日光則植物瘦弱不成熟應變成之小粉並糖數亦必少從前種乳牛所食之珍珠米往往過密受日光不足至六月閒將刈割其稈尚軟而嫩乃將他草料飼畜

論及種麻散子宜密可得麻較細若欲多得麻子則散子宜稀農家以為蔓草及他植物生長擁擠於農務植物中有害即因其阻隔日光也

蔓草可蔽嫩植物

農家常除去蔓草令地土清潔因麻葱紅蘿蔔等生長不甚高苟不除去此等草則遮蔽日光矣惟種較高之植物如粗麻大珍珠米番薯此工作可緩因植物在蔓草之上仍可多得日光如哈潑草生長發達甚速受蔓草之害甚輕早春天氣尚寒豌豆蒲公英生長甚速可阻蔓草之生長以清潔田面由此再種他植物甚合宜或種草本楊梅之前種蒲公英即此意也

比利時農家種麻或小麥或苡仁米之間雜種紅蘿蔔德國恆以油菜雜種之蓋因紅蘿蔔之根展布後其生長遲緩及他植物收成此根物尚在生長而得初秋之熱天氣儻在三月間麻與紅蘿蔔雜種至七月一號拔麻而紅蘿蔔須待冰凍天氣方得收成此項根物每畝約有十噸紅蘿蔔與小麥或苡仁米雜種至穀類收成時連根拔起此後根物可得清潔地土頗易發達每畝能產八噸許如此種法不必亟亟除去蔓草因幼稚紅蘿蔔與嫩蔓草不易分別惟蔓草生長較高而奪地土中之養料並水則宜速除之

百餘年前馬歇爾言蔓草有害於植物以其阻礙植物雌雄花之交際也據伊云蔓草害馬豆並他豆類較害穀類更甚穀類之花在頂故蔓草花不易阻礙之至於豆類之花或高或下其情形不同儻得地位寬曠空氣及日光均足則豆莢可全美且查知其莢在近根處更佳所以第二次鋤地土之功實屬不淺而豆類植物因此易發達易成熟凡密種植物必有數顆生長高而細其根旁少光少空氣也

二類植物雜種或彼此可免阻礙之情形要而言之種植物亦不宜過稀若稍密可免蔓草之生長

植物固喜多光多空氣然地土亦須略有遮蔽令其溼潤以便淡氣酵料並他物質之變化也

植物需水甚多

德國達姆地方雨雪露水不特不足於苡仁米所需而小麥燕麥亦然即將此等水盡儲積以待用嘗植物生長時尚嫌不足

用沙土種苡仁米而考其與水多少之關係此沙土中各養料全備而百分土中之水不滿三分或五分不能發達儻僅有二·五分則地土毛管中之水僅有百分中之一。數其發芽之子不能生長在六星期間尚有生命加水即能復蘇若減於百分之二·五則植物枯萎欲其生長須加水百分之五此加少數之水而關係卻甚大可知地下層

若能引起此水數卽為佳土也

休爾茄在此土百分中加水五分至二十分其植物各依所加水數生長以後多水少水之效更為明顯此事與抱絲敦近地種菜情形相同該地係低形沙土甚溼潤故菜類豐盛荷蘭國之低田開溝合法溼潤得宜產植物亦豐紐英格倫在夏間往往阻塞新墾地之溝而留積雨水預備種草

休爾茄試驗地土中之水數不過於沙土能吸留水百分之十至二十分者其植物較多水之地土遲其生長二日至五日可見植物受旱乾之害在熱天氣其地土中之水

少於百分之二十分者其害更甚

凡地土溼潤合宜而又不浸於水中則所產植物最豐稔其效之最佳者地土中有水百分之五十至六十分如有八十餘分將患水多而阻空氣不能至植物根處其根朋微生物亦將浸沈而死也總言之水過多其植物變為輭弱難於開花生實

多水地土所產果品無鮮味

美國市面常有舊金山所產之果其味不佳因該省灌水過多也從前殷博士云阿爾蘭菜類之味不及英吉利所產者因阿爾蘭天氣多雨也該處之豌豆及生食之勒脫斯萊均無佳味此等地方之植物其葉甚大稈節相距較長若作為飼畜草適合宜也若種穀類及多子之植物則受虧矣美國南方溼土當溼季時其棉花較小而其壯大至於菸草葉茂而多水汁製之較難色亦不佳

休爾茄云多水之植物生長較大而有濃綠色其葉甚厚養料全備而水不足者其植物有深綠色與多吸收淡氣之植物相似觀其狀挺立堅固而體質收緊呼吸法不靈捷蓋因賽爾中之物質流通不易而易失其中之水也用顯微鏡考察多水之植物其賽爾較多較大其呼吸之孔亦多且大

用各盆盛沙四啟羅克蘭姆種苡仁米六顆或七顆而加應需之養料惟加水自始至終各有定數其效如左表

地土能含水一百分加水若干	生子數	收成乾料密里克蘭姆數
八○	二七六	一九六九三
六○	三一一	二二七六三
四○	三一三	二一七六○
三○	二六九	一九七六五
二○	二二四	一四六二○
一○	三二	三○○九

五　　一二三

末盆之植物僅生數葉並無稃料

又用佳土試種其效亦相同由此可見無論何地土儻所加水數較其能含之水數減半者其效最佳種於沙土其水數最宜在六十至四十分之間或在七十至三十分之間植物尚不受害

玻璃房中植物加水法

上試驗之效與玻璃房中所種植物之效相同凡業此者俱知無論何植物在玻璃房中用黃沙土種之增其熱度可依其所加水數而得一定之效有數種植物因多加水

而稃葉甚發達其開花生子較難反之則可令其開花較早

種於露天植物常有雨露沖洗葉面灰塵並溢出之汁液所以玻璃房中植物之灌水法尤要也

稍旱有害

休爾茄之試驗均表明植物始終需水足與不足有一定之效然植物在生長時令其旱乾若干時日以後仍多加水此植物已大受損害不能復原且常多得水者驟令其旱其害更甚

盧爾茲用鈉養淡養加於乾沙土種植物試驗之其效亦相符即是用鈉養淡養在早春加於燕麥或大麥田得效速捷不能久延約一月後其植物即有病形此因植物得此肥料而茂盛者更難禦旱乾也又查知瘠沙土所種植物加以楷尼脫或多燐料其能禦旱乾情形較勝於加鈣養燐養或鈉養淡養或阿摩尼硫養者

休爾茄云嫩植物旱乾更有害於初萌芽時尤甚至於苡仁米須待其穗中之子已生者方可望其豐收而無慮旱乾之害矣即是地土中所有少許溼潤已可令植物之葉並莖中養料運入子中令其漸漸成熟也

雨水與收成豐歉相關

休爾茄考究田間所得雨水能否足為植物所需據云在達姆地方有種苡仁米田四塲其收成中數合一英畝有二十三斗或每黑克忒田得實一千二百八十啟羅稃料一千八百啟羅共計除根料外有三千零八十啟羅又考在達姆所種苡仁米其生長自始至終呼出水汽依地面上乾料每啟羅數計之有三百十啟羅如此計算每黑克忒田須有水一百零二萬三千啟羅方得上所云之收成而因一黑克忒田等於一萬平方邁當則所云之水數每一平方邁當地面應有水一〇二·三密里邁當而自五月中至七月杪植物需水一百密里邁當儻收成加倍水數

亦應加倍，收成減半，水數亦應減半

自一千八百五十九年至七十三年，每年五月中至七月杪，爲苡仁米發達之期，其雨水中數爲一百五十三密里邁，當最多之一年爲二百二十六密里邁，當最少之一年爲七十七密里邁。當然前所計算之數，祇記植物呼出之水，而未考由地土騰化之水也。欲考之，殊覺不易，而苡仁米呼出水與騰化之水，必將與該時雨水之數相等，且夏間雨水並無定例，或久無雨，或屢次大雨，而各地土爲留雨水情形亦有不同，或因工作合宜而獲良效，此均表明植物所得水數與其生長之關係也

休爾茄又查考達姆地方每年雨水足爲苡仁米成熟所需否，而此雨水儻能盡數留積供給植物，尚嫌不足。收成最豐者每黑克忒田得乾料四萬二千三百五十九啓羅。依地面上乾料每啓羅需水三百十啓羅計之，應需水一千三百十三萬一千二百九十啓羅，即是每一平方邁當地面應有雨水一千三百密里邁，而達姆地方雨水中數僅有五百五十一密里邁，當較考驗所需之數尚不及半

在尋常有雨水地土亦可得穀類中等收成，如舊金山省是也。祇須下雨之時得當而已。印度西北近瀕駭華江之瘠地，全年雨水中數不及十五寸，且有夏季之酷熱，所以尋常耕種不能成功，須特用灌水之法，然每五六年間必有一年雨水甚足，在是年冬可犁其溼土而散小麥苡仁米子。江之兩岸瘠地忽變爲深綠景象矣。此即俗所謂沙漠地生薔薇花也

沙質無產物

休爾茄將一地掘深三十二寸，此地有黃沙土厚十三寸，而多呼莫司，更下十三寸，盡是黃沙土，又下六寸，係淨沙。查此田一黑克忒可含水一百十六萬四千四百八十三啓羅，如此廣大深數爲淨沙者，祇能含水四十一萬八千

六百啓羅

此二等含水數合雨水一一六.五及四十二密里邁當。此可表明不同之沙土，其肥沃亦不同。凡佳黃沙土易留水，較淨沙有加倍數，更能積留冬春雨水數分，又加以夏間之大雨，足以供給植物也

此等考究可知淨沙雖重加肥料，其產物終不能豐，而黃沙土與地下層之水相接，故用之不竭。其地土又不甚冷，是爲最宜於耕種。勞斯並葛爾勃在旱乾時試驗各深數之溼潤黃沙土而計算之。此黃沙土之下有堅密泥土，一千八百七十年六月二十七號二十八號將休息田並苡

仁米田土掘起其深數分爲六號每號更深九寸共深五十四寸查苡仁米根鬚已入土四尺至五尺因此下層土似較爲鬆疏其百分土中含水數如左表

	休息田	苡仁米田	較數
第一之九寸	二〇·三六	一一·九一	八·四五
第二之九寸	二九·五三	一九·三二	一〇·二一
第三之九寸	三四·八四	二三·八三	一一·〇一
第四之九寸	三四·三二	二五·〇九	九·二三
第五之九寸	三一·三一	二六·九八	四·三三
第六之九寸	三三·五五	二六·三八	七·一七
五十四寸折中數	三〇·六五	二二·〇九	八·五六

此時天氣甚乾燥惟在試驗之前曾有數次大雨共有水四分寸之五

由上表觀之苡仁米植物收吸地土中之水甚多而在近地面則收吸水尤多然較深土中仍羼留許多水在一英畝休息田四尺半深之閒有水二千八百七十五噸而在苡仁米田有水一千九百五十一噸卽是較少水約九百噸或云每一畝產乾料二噸呼出水幾及六百噸然則乾料每一磅呼出水三百磅可見植物種於佳黃沙土當旱乾時全恃地下層之水接濟也

佳子之效

休爾茄曾考知植物子之輕重與將來收成大有關係其子愈重則植物愈茂盛然植物當生長時而養料不足則重子之效不甚明顯將苡仁米權其密里克蘭姆重數而種之閱十五日取新植物又權其重數如左表

子重	青料重	乾料重
二〇	二六七	二九
三〇	四七七	四六
四〇	五七五	五五
五〇	七九七	七〇

可見重子收成必佳若欲用其青料必在未成熟時刈割此等重子於旱乾地土亦較爲合宜

苡仁米收成數

休爾茄用玻璃盆盛土二十八磅種苡仁米試驗之合一畝可產一萬八千八百十一磅卽有三百九十二斗一穗有四十或五十或五十五粒雖然種於田決不能得此數因田閒植物所得之光並水決不能足也盆種植物其穗甚多生實大且重

此試驗之收成極豐在一千六百九十二年已言及小麥一粒竟產四千粒此植物每顆相距十寸發出穗八十每

一穗有實五十粒若將其子播種相距十二寸每顆發出穗六十每穗有實四十粒共有二千四百粒而一畝可得二百十二斗英國尋常收成每畝得九十斗舊金山薩克倫門拖江邊每畝得七十至八十或八十餘斗有一次得一百零八斗是爲最豐

法國有一農家在葡萄園見小麥一顆生長於肥沃土郎培壅之後得實四千八百粒其稈料竟成一梱二千七百二十年法國農夫哈里愛在花園內種苡仁米一顆發出穗一百五十四後得實三千三百粒

英國每畝產苡仁米自十五至七十五斗司考脫倫之南每畝所產中數三十四斗美國東方所產不及此數農務紀錄載一千八百七十年各省每畝產數自二十至二十五斗舊金山並奧里貢省每畝產三十五斗一千八百六十九年麻賽楚賽茲省所產中數每畝二十五斗

苡仁米在各生長時期之物質

博士飛德薄更遵依休爾茄所考定最合宜之情形而種苡仁米更考究其生長時所有生物質灰質等每次取十二顆令其乾詳細化分之其各生長情形如左表

次數	收取日期	桑的邁當數 稈葉	根鬚	葉	穗	實
一	五月二十二號	一一三·四	六七九·四	七〇		
二	六月二號	四三八·二	一七九〇·八	一一三		
三	六月十六號	九八三·四	三三二六·五	一二〇	一二	
四	六月二十四號	一〇三四·八	三三八三·〇	一二三	一三	三二九
五	七月十六號	一〇九八·六	三五四八·九	一三一	一四	三二六

次數	收取日期	乾料克蘭姆重數 根鬚	稈葉穗	共數	實	殼稈
一	五月二十二號	○·九七九	一·六七三	二·六五二		
二	六月二號	二·二〇九	五·八〇一	八·〇一〇		
三	六月十六號	二·九六〇	一二·四五三	一五·四一三		

次數	收取日期	乾料克蘭姆重數 根鬚	稈葉穗	共數	實	殼稈
四	六月二十四號	三·三〇六	一六·七八一	二〇·〇八七	四·七二六	一三·〇五五
五	七月十六號	二·六七六	一九·二二三	二一·八九八	九·二四七	九·九七五

生長完全苡仁米一百顆在刈割時所有物質依克蘭姆重數如左表

次數	生物質重數 共數	根中	地面上植物	灰質重數 共數	根中	地面上植物
一	一七·九七五	六·一五八	一一·八二二	三·八六〇	二·〇〇六	一·八五四
二	六〇·七五三	一六·六六九	四四·〇八三	五·一三九	一·七三九	三·四〇〇
三	一三九·六九四	三三·〇二七	一〇六·六六七	六·二三〇	一·六六三	三·五六七
四	一六六·八二三	二五·六七七	一四一·一四六	六·四二六	一·八七三	四·五五三

四一·二五〇 一　一·〇〇〇 一

九九·八九六 二　三·五六三 二

七四·六五四 一　一·三八八 一

八〇·三〇八 二　三·七八七 三

五	一七五·七六	二〇·七六四	一五四·九六三	六·九六三	一·五三八	五·一五五			

次	淡氣重數			燐養五酸重數			鉀養重數		
數	共數	根中	莖穗物	共數	根中	莖穗物	共數	根中	莖穗物
一	一·二三四	〇·三三七	〇·八九七	〇·四三三	〇·一九七	〇·二三六	〇·九七八	〇·二三〇	〇·七四八
二	二·〇四三	〇·四三八	一·六〇五	〇·六二五	〇·一六一	〇·四六四	一·二一六	〇·二六五	〇·九五一
三	二·二〇四	〇·四七〇	一·七三四	〇·七二九	〇·一二八	〇·六〇〇	一·一三三	〇·一七六	〇·九五七

四	二·二五四	〇·六二一	一·六三三	〇·七七六	〇·〇九七	〇·六七九	〇·八四七	〇·二五九	〇·五八八

〇·六六二 一　〇·三八四 一　〇·二三九 一

〇·九五五 二　〇·二九五 二　〇·四五九 二

五	二·二三二	〇·五六三	一·六六九	〇·八〇二	〇·〇七七	〇·七二五	〇·八〇九	〇·〇七九	〇·七三〇

〇·九七七 一　〇·五六八 一　〇·二三五 一

〇·七三三 二　〇·一九九 二　〇·四九五 三

表中一卽實中之數二卽殼及稈中之數

由上表觀之植物久生長其中生物質並灰質亦有增淡氣存積至於開花之後而植物在幼時淡氣並灰質存積更易而速惟生物質在其穗已結之後存積較易

又考生長完全苡仁米一百顆收吸物質依克蘭姆重數如左表

次	每次				每日折中數		
數	日數	生物質	灰質	淡氣	生物質	灰質	淡氣
一	一〇	一七·九七九	三·八六〇	一·二三四	一·七九八	〇·三八六	〇·一二三
二	一一	四二·七七三	一·二七九	〇·九〇九	三·八八八	〇·一一六	〇·〇八三
三	一四	六八·九四三	一·〇九一	〇·一六一	四·九二四	〇·〇七八	〇·〇一二
四	八	三七·一一九	〇·二〇八	〇·〇五〇	四·六四一	〇·〇二六	〇·〇〇六
五	二二	八·九〇三	〇·二五七	〇·〇〇〇	〇·四〇五	〇·〇一二	〇·〇〇〇

查灰質數雖有增惟其中有數種物質並不常增如植物

在晚期生長其灰質中鉀養鎂養鈉養綠氣所增數較其幼時爲少

植物增重數最多時在其穗初發出及其開花完畢之間虛文登前已言苡仁米有此情形司禿克拉脫及華爾甫論大麥亦然凡田間植物與天氣地土均有相關似不可執一論之也挨倫特查知田間大麥吸取物質最多數尚在較幼之時

儻將乾根最大之數作爲一百分飛德薄更查各次收取植物其乾根鬚數如左表

第一次收取之前所增　二九·六

第一次與第二次收取之間所增　三七·二

第二次與第三次收取之間所增　二二·七

第三次與第四次收取之間所增　一〇·五

其實自初顯至成熟時根鬚中之乾物質百分中減十九分

每乾根鬚一百磅在各次收取時所有乾稈葉等數如左表

第一次收取時　一七一磅

第二次又　二六三

第三次又　四二一

第四次又　五〇八

第五次又　七一八

此數與腦朴所查佳黃沙土種蕎麥之根葉中乾生物質數大不同伊查知每乾根鬚一百磅其乾稈葉等數有一千五百二十磅

實與稈相較

尋常荳仁米收成其實與稈之數頗有參差而人皆注意考究之休爾茄所種全美植物其乾實之數與乾稈之數相近即是植物百分中實四十四至四十八分稈四十四至四十八分殼六至八分此將地面以上之植物悉算無遺而實亦無一粒遺失也惟在田間之植物至收成時必有遺失所以田間實與稈之數為二∶三收成最合法者亦不過五∶六荳仁米稈可飼畜較燕麥小麥稈更佳總言之耕種植物愈合法其成熟愈完全而實之數較其稈之數為多

時季之情形與實稈比較數有相關諸博士論各年所種植物其數有上下如一千八百四十一年至四十二年甚旱乾蒲生古收得小麥實十磅稈殼十一磅而在一千八百四十年至四十一年甚陰溼收得小麥實十磅稈殼四十二磅英國麥實與殼稈相比尋常為一∶一·五或一∶

二·五衛博士在一年間選三十八處地土所產者其數為一∶一·三由此可見昔人言稈料之多尚屬不確格司配林論法國南方云用灌水法種小麥其稈料數較其實數加倍

田間植物之限制

欲得與休爾茄所考相同之效查知全美收成之各事尚可為之惟田間植物所需之光人力無可制度因田間植物之周圍必有旁植物遮蔽萬不能如盆種植物得光之多也

然休爾茄試驗收成之效各年亦有參差其實與稈之比

亦有不同蓋因各年天氣熱度有高低也光之多少熱度高低農家竟無法制度之況各植物各有其應需之光熱論及植物幼稚時其運行生長之法較他生長期畧有不同此時所得光熱須相稱此卽農務最難之問題也至成熟時所需熱度較幼時應更高而小麥所需較燕麥更高苡仁米所需較大麥更高

所加肥料相同而一處植物之收成豐歉全恃得光之折中數多少而定除此困難外其他農夫均可設法調濟補救如深耕以增其成熟加肥料以益其肥度灌水以足其滋潤獨惜光熱無法制度之也

蒲生古云植物需熱度情形在熱帶之高山可見之如葵樹可種於山麓犬珍珠米可種於山坡並可種於稍高處小麥可種於更高之山坡此等山田農夫均深明各有合宜之植物

上編論天氣愈熱而地土溼潤相稱者則加禽場肥料甚合宜安提斯山坡種小麥田其下邊肥料可較上邊畧少然平田耕種所需熱度與光同爲難制度也農夫擇地種合宜之植物可用開溝法稍增其熱度或加發酵之肥料或編籬種樹以禦寒或地面加黑沙土或得牆面之回熱助其生長又有植物不能耐酷熱者則可種於較涼處除此各法外須恃天然之熱與光也總言之農務植物所需熱度之高下無甚參差北冰洋所產植物在天氣熱度稍高於冰度地方亦可種之有植物能受法倫表一百十三或一百十度熱度如近溫泉之植物是也

子萌芽

用苡仁米製酒一事曾論其萌芽及化學情形將一子令其溼而置於多養氣處其熱度亦得宜卽有萌芽之勢力是萌芽所需者溼潤養氣熱度也此三者缺其一萌芽之機遂止

子浸於水中以漲之乃置於玻璃筒內令其熱而又有空

氣流通以散子中物質與養氣合成之炭養氣則更易萌芽若其子之周圍炭養氣過濃或子深埋土中而空氣不易透入均足以阻其萌芽

用滿水之盆以布張於盆口置浸漲之子於布面其子雖易萌芽而不及在黃沙土中之合法此因布面之子當萌芽時其熱易傳散也

欲令此子萌芽合法須暖其水以得合宜之熱度苟能如此其子之發達固甚佳也大抵農務植物子無論何季均可令其萌芽祇須熱度與溼潤合宜而已惟野植物或樹或蔓草等子下種有定時而發芽亦必閱數月似此等子

有遺傳之性必待其時而發達其生機也

上法尚有一弊其水易將子中之似蛋白類質料化散致水有腐臭情形欲免斯弊可用淸水一分與濃石膏水四分之一相和此石膏水遇蛋白類質料變成不易化之物則不爲水所化散矣黃沙土有收吸羇留子中所出之物質又因其鬆疏不易傳熱故較沙與木屑更易令子萌芽最妙之法將子種於無磁油之淺盆中此淺盆置於較大之盆內而大盆內之水加滿至小盆邊又有一法將子散於綿花絨上而繞於竹管浸於盆水內此綿花絨及子均能吸收水以滋潤又有一法先將新木屑浸於水中而擠

出其餘多水即散子於木屑中置於較暖處蓋護之不令其水化騰過速農家或用蘋果樹蛀壞變成之呼莫司以代木屑亦得效

溼與養氣相關

一子中本有嫩植物所需之各養料惟水與養氣則無之故欲其萌芽須加此二物若子在油中或在熱水中均不能萌芽總言之有他空氣而無養氣者則不得有效其子所需養氣亦可不必依空氣中所有之分劑供給之空氣中養氣有百分之二十而爲數少至九分之一或十六分之一者均不能令子萌芽惟來否勃並赫敦查養氣祇有三十二分之

一亦可萌芽極遲緩且減空氣之壓力亦有妨礙壓力愈減萌芽愈緩

博士盤脫查苡仁米百分之八十五可在尋常空氣壓力中萌芽即合風雨表水銀壓力七百六十密里邁當儻壓力在五百密里邁當則苡仁米百分之四十能萌芽在二百五十密里邁當祇有百分之二十八能萌芽在六十密里邁當祇有百分之十能萌芽在四十至一百二十密里邁當其子不能萌芽而仍有生機其故並非少壓力蓋少空氣中之養氣也以此壓力而增其養氣較尋常數爲多則子如在尋常空氣中博士薄姆查知在淨養氣中其壓

力祇有一百五十密里邁當能萌芽或將養氣一分與輕氣四分相和亦可令其萌芽

然養氣過多亦有不宜提少首並赫敦屢試而知水浸漲之子在淨養氣中其初萌芽不能較在尋常空氣中更速薄姆並盤脫云初萌芽時可用淨養氣而依尋常空氣之壓力至其後生長須令養氣較淡撒盤脫云凡空氣中有養氣百分之八十或九十則難萌芽其嫩植物在養氣六十或更下方可發達若將空氣壓力增二倍三倍尚無阻礙增至四倍五倍則有礙增至十倍其子即死因養氣過於緊密也已生長發達之植物空氣壓力增六倍亦將死

其空氣中本多養氣者其壓力祇增二倍已能死之常帖斯試驗而知嫩植物在淨養氣中其壓力較空氣更重者雖生長似無阻礙而終遲緩紅蘿蔔芥菜蘿蔔在淨養氣中其壓力等於空氣而生長較低壓力者更佳豆類並向日葵則減其壓力無甚關係養氣壓力較尋常空氣壓力更重致阻植物之生長者因其有毒並非因植物不能呼吸也故淡氣或輕氣與養氣相和則無阻礙其炭養氣於萌芽時亦有害

藉空氣並水加以合宜之熱度子中物質即變成體名曰無生機酵物由此子中不易化之物變爲易化易運散亦

有變爲易化之小粉而小粉亦有變爲糖變爲對格司得林其後又變爲寫留路司並他物質並嫩芽子中之似蛋白類質變爲阿美弟類如阿司叭拉精格路太明留辛並伯布通少許子中之油質則變爲各里司里尼並油酸此均由空氣中得養氣而變成炭輕類物質也各里司里尼速變成糖並變成在水中易化之酸質當此時有炭養氣發出且有植物酸少許

此變化情形全賴酵料之功效此酵總稱弟阿司打西此變化法實係消化之法猶動物胃中消化食物也消化之酵料須稍有酸性乃能靈捷所以子當萌芽時以試紙試之有酸性證據或云子中物質變式而運至應需處全賴植物中之新賽爾吸收此等物質也新植物儻阻礙其生長則子中所藏物質將變爲他新物質須待上所云阻礙之情形已除方能運行至植物體中補養之

酵料所成之消化物質由子而運至芽變成寫留路司又變成小粉蛋白類質並芽中所有之他物質此物質之變化往往由低葉運至高葉中故幼植物竟可月餘藉清水而生長其低葉漸枯高葉漸大在萌芽時其子並芽常減其重數因子中許多物質變爲炭養氣而騰失也

萌芽與生長相竝

尋常幼植物未用竭子中藏儲之物質而已由地土並空氣中收吸養料故細根鬚四面敷布極速由此更可得土中各灰質往往秧田之佳料已罄而植物中已有許多灰質

子中變化物質之酵料名曰毋酵將未萌芽之子用中立性流質如清水各里司里尼食鹽水浸濾之其濾出水並不顯動作而不能令似蛋白類質或油質發酵儻水中略加酸性而熱度在法倫表八十六至一百零四度浸濾其子其濾出水有發酵之能力或用貝麻子如此試驗閱一二小時即覺其發酵

植物在萌芽時有許多淡氣放出此因子中含淡氣物質由微生物化分所致然據阿德華忒云尋常萌芽時往往並無微生物之動作及淡氣洩放之情形

各子各得其合宜之熱度乃能萌芽然萌芽時因子中變化亦能增其熱度而大珍珠米熱度較苡仁米小麥之熱度更高其化學物質之分劑則相同也范梯更考各子萌芽時最高最低最合宜之熱度如左表

	法倫表最低熱度	最高熱度	最合宜熱度
芥菜	三二度	九九度	八一度
小麥	四一	九九	八一
苡仁米	四一	一〇〇	八三
紅苜蓿	四二	八二	七〇
豌豆	四四		八〇
蘿蔔		一〇八	八九
大珍珠米	四九	一一五	九三
瓜			九九

休爾茄欲試驗之在正月十五號用玻璃盆盛園土散子置於不生火之房內而隔壁之房則均生火其土含水百分之六十其生發葉之日期均記於簿當試驗時折中熱度為四十八度其上下午熱度參差自四十三至五十三

度其效如左表

各植物	散子數	至久植物生發數	散子後若干日生發
冬燕麥	一〇	九	九
冬小麥	一〇	一〇	一二
苡仁米	一〇	八	一三
大麥	一五	一五	一三
大珍珠米	一〇	二	三二
麻	一〇	九	一三
豌豆	六	六	一〇
馬豆	三	三	一九
狠荚	五	二	四二
苜蓿	二〇	一七	一四
蕎麥	一〇	三	一六
紅菜頭	二〇	二〇	三八
紅蘿蔔	二〇	二〇	三八
黃瓜	一〇	〇	四二

農家又有一法將豆類浸於沸水中俟水冷取出之此熱法似驚動其子令其速變化意大利國克來比爾亞省於小麥收成後焚燒其根稈而散山方草子明年六月間可

得草料甚豐，即將所賸稈料耕覆入土，預備種冬小麥，亦獲豐稔。此麥稈又如前法燒之，又種山方草，如此輪種數年，可不必加肥料。凡他田地或森林地，焚燒而種白苜蓿飼畜草，亦均有佳效

有油質之織物廢料或他種多油之生物質，加以水即發熱，所以來度拉之意，多油之子加以水，亦能發熱。依此論之，多油之子生機發動時，其油質吸收養氣，增其熱度，同時遂有發酵情形，從此繼之以萌芽也

子先浸水然後播種

紅蘿蔔類子草類子，往往因過乾不能萌芽，故先浸於水而後散之，頗爲合法。或云浸溼之子，須散於溼土，否則乾土將收吸子中之水，並已消化於水中之物質，而子受損害矣。既散子後，速輥壓地土而灌以水

乾熟之子頗能禦寒氣，故熱地之蔓草子在溫和地方，有害於農務。抱絲敦近地有最劣之蔓草，爲秋霜所殺，而其子已成熟且甚乾，不畏嚴霜，至明春生發甚猛。蒲生古用變爲流質冰凍之炭養氣，在百度表一百度之下，以苜蓿子、燕麥子、小麥子凍之，仍不死，他日得暖氣，依然萌芽成植物

化學物質阻子萌芽

諸博士曾用各化學物質試驗子之萌芽，大抵含鹽物類並酸質水，均與萌芽有害。凡有解毒殺蟲之功者，即能害子。煤油、黑柏油、加波利克酸、波利克酸、薩里西立克酸，均能滅殺子中之實爾並他種生物質。食鹽並他鹽類水亦有此情形，惟沖水甚淡，方可免也。百餘年前亨脫云：余取各子浸於各種水內，而觀察其情形，查知在清水中者，其萌芽最壯而有力。加朴硝、海鹽並石灰於水中而浸子，其萌芽有黃色有病形

所以農家用食鹽或他鹽類爲肥料，極應謹慎。其子或嫩芽常遇此等物，將反受其害。休留勃查泥土千分中有鹽類九分或十分，僅能產豆類及苡仁米，而終不能發達。其幼嫩者或竟死。納斯爍查水百分中有鹽類半分，已能損害子並初發之芽。如水百分中有食鹽半分，即阻苜蓿油菜麻子之萌芽，惟小麥尚不受害。如水百分中有食鹽一分，竟阻各穀類之萌芽，而已有芽者亦速死，僅存小麥數顆而已。麻子更不能抵禦鹽類，如水百分中有鹽類〇·二五，已大受其害

納斯爍試驗而知小麥浸於百分水中有阿摩尼硫養一分者，尚可萌芽，而以後不能生長，即減阿摩尼硫養至〇·七五亦然。一千八百四十三年，辟雀特查知水薄荷加之

以阿摩尼鹽類少許卽死可見阿摩尼鹽類甚有毒於植物凡植物根得其千分之一已死克羅斯試驗數種水產植物萬分水中加阿摩尼鹽類一分已有害納斯爍查百分水中加糖十分浸子能萌芽惟幼稚植物加糖半分者能阻其生長銅養硫養在水百分中僅加○·○五亦已爲害此一切試驗之效推而至於田亦莫不如此其泥土千分中有鹽類一分是爲合宜

總言之子浸於淸水或無害之鹽類水中然後播種則他日收成較乾種者更豐然鹽類水或糞水終不及淸水之得效也胡爾奈云此等子將來多發葉如紅菜頭先浸於

糞水中而後下種其葉甚發達其根物反較瘠小納斯爍與胡爾奈皆云百分水中加鹽類物過於半分必有害加朴硝一分者亦然

浸子法

上所云浸漲其子之法與用有毒之化學物質加於水而浸之之法其旨不同如用銅養硫養水及鍾水浸子爲滅殺菌類微生物之意否則此菌類在植物體生長卽有弊病而有毒之化學物質祇能浸於子之外皮切不可浸入子中害及其生機或用陳石灰保護穀類子亦此意也更有一法將子用沸水淬之滅其微生物此亦簡便易行者也

包裹子法

古時希臘羅馬並今之中國往往用肥料或殺蟲物包裹其子而後散之有化學博士考知此法畧有功效有數種肥料如此用之可滅除微生物而令植物速生長不受蟲害

惟包裹之法亦有弊其肥料如血如圭拏包子爲數少者尙可若較多反受害司考脫倫北之奧克奈島農家將大麥子與圭拏相和可免一種蟲類之侵攻其法在大路掃之潔淨而將稍溼之大麥與秘魯圭拏相拌和每大麥一

斗用圭拏二十磅如此所散大麥子其田面再加圭拏一擔已足用

在散子時而地土情形或有不合宜則有生物質之肥料如血如骨粉將腐爛其濃厚流質肥料與子相遇亦卽致其害葢此等物質膠黏於子甚固故爲害甚易

胡爾奈試驗包裹子之法將子先浸於淡膠水中於是與骨粉圭拏鉀養硫養多燐料等相拌和之查此已包裹之子萌芽較遲而竟有不生發者或發達時其稈葉過於茂盛而穀實之收成其數或有減或有增故胡爾奈之意此包裹法不能代尋常加肥料之法而易化之化學物質不

可如此用之須先沖淡並加中立性物質如木屑等地土又須肥沃其吸引水及羇留物質均屬合宜如此用包裹法以散子可遍幼植物之生長

可見用包裹之法其稈葉易壯茂生實或歉少然用此法種飼畜草則甚有利益也

卷終

農務全書下編卷十一

美國哈萬德大書院農務化學教習施妥縷撰　慈谿舒高第口譯　新陽趙詒琛筆述

第十章

大麥

大麥爲能耐苦之植物宜種於温帶地方麥實有補養人身之功其稈料可以飼畜且較他稈料更佳在寒冷瘠薄地土此植物亦易耕種因其强壯頗能吸收土中物質也至於小麥或苡仁米種於此等田則不能耐苦矣春間已開溝之草地余自試種大麥其時天氣尚寒惟地面數寸閒冰凍消融即散子而耙之蓋大麥須在早春散子可令生長之期較長而得豐收也

所以大麥常種於瘠薄地土而在古時輪種法中亦必種於最少肥料之時然大麥若得肥料其生長發達甚猛而地土中多呼莫司尤爲合宜凡新墾地土並草煤地往往以大麥爲第一次耕種在瘠薄土或連次種之在尋常田或連種六七年此等田從前係休息而盛產野草者尚肥沃也

人以爲大麥竭盡肥度之植物此因常種於無肥料之田故也惠靈敦云大麥似有竭盡肥度之情形者其根鬚能

擠緊泥土而不易分散也或云種大麥最宜之地土爲有草根之田如耕覆蔓草根而種之甚佳又云最宜之地土爲多淡氣植物料者至小麥則不宜種於多草根之田種苡仁米之田在秋閒須耕犁周徧而在春閒種大麥則不必耕犁或種於初耕之田亦有良效

熱帶地方不多種大麥故在巴黎之南罕見之一千八百九十一年英國種大麥田有四百萬畝大抵在司考脫倫及英吉利之北美國於是年得大麥七千三百八十萬斗小麥六千一百二十萬斗大珍珠米二萬零六千萬斗一千八百九十年美國冊載種大麥田有一千八百三十二

萬零六百七十七畝得大麥八萬零九百二十萬零六百六十六斗種苡仁米田有三百二十二萬零八百三十六畝得苡仁米七千八百三十三萬一千九百七十六斗種燕麥田有二百十七萬一千六百零四畝得燕麥二千八百四十二萬一千三百九十八斗

大麥喜溼

陰涼溼潤之天氣最宜於大麥如坎拏大之東部及其鄰近潑林次愛特華脫島並阿爾蘭司考脫倫之北部此等地方所產大麥一斗重五十五磅不合宜之地土所產者每斗僅重二十四磅而已涼溼時季久長則頗能發達蓋此植物始終喜溼潤過於小麥及苡仁米也小麥及苡仁米在成熟時須熱度稍高可令穀實壯足而皮薄大麥遇此天氣反爲瘦輕在輕鬆地土大麥之豐歉較他穀類更明顯因其更易受旱乾之害也𢪷絲敦近地種大麥不令其生實惟取其青料作爲他用恐其產實不佳失所望也在美國南方並英國南方種冬大麥甚多

種大麥無難事

粗沙土泥土草煤土均可種大麥而地土溼潤不可過度或云凡地土可犁可耙者均與大麥合宜據麥約云地土中有鐵質亦無妨礙蓋抵禦土中之鐵養硫養較勝於他

穀類及草類也

美國南省每英畝產大麥十斗至十二斗阿哇亞省舊金山省每英畝可產三十七至四十斗折中數爲二十八斗紐英格倫每畝產三十斗英國及司考脫倫最合宜之田所產折中數爲四十四斗並五十六斗若極肥沃田竟有九十斗並一百斗

休爾茄試驗溼潤並淡氣與大麥之關係伊用高盆盛沙土此沙土百分中能留水二十五分而加足各養料惟水數有限制其效如左表

百分土　土中能留　收成克蘭姆數

中水數	百分水數	穀稈	實	共數
二·五至五	一○至二○	四·一九	一·八○	五·九九
五至一○	二○至四○	一一·七八	七·八一	一九·六○
一○至一五	四○至六○	一三·九四	一○·九一	二四·八五
一五至二○	六○至八○	一五·七八	一一·八五	二七·六三

最少水之盆產實亦未壞休爾茄查達姆地方之雨水數不足爲大麥豐稔所需而與前所云苡仁米之情形相同也

第二次試驗亦加足各養料惟淡氣有限制其效如左表

百萬磅土中淡氣磅數	大麥實收成數	大麥實除耗折計數
○	○·三三○	增數
七	○·九二九	一·一六八
一四	二·六○五	二·三三六
二一	三·八四五	三·五○三
二八	六·二一一	四·六七一
四二	七·○三○	七·○○七
五六	九·○五二	九·三四二
八四	九·三四二	九·三四二

此試驗之後乃知欲得大麥豐收所需淡氣數較小麥燕麥苡仁米所需者更少所以輪種次序中常種大麥於最少肥料之田

休爾茄查知種大麥而獲豐收之地土每百萬磅土中有淡氣五十六磅已足若種燕麥需六十三磅小麥需八十四磅此效與前博士斯禿克拉脫所云相同此博士云種大麥加以易化之含淡氣肥料可增其收成

淡氣和肥料最宜於大麥

斯禿克拉脫之意種大麥須用易化含淡氣肥料並與不易化者相和其易化者助初發出嫩植物速發達其不易化者至植物長大時以爲養料

此意曾連年試種而得其效凡易化淡氣肥料匱乏者則植物在幼時不發達儻僅加此易化者則植物開花之後不能生長甚足可將易化淡氣肥料如鈉養淡養逐次加之至開花之後仍可加肥料蓋幼時需一種含淡氣肥料至壯年又需一種含淡氣肥料也所以農家不必在一時多加肥料以致耗費

斯禿克拉脫以爲大麥可受多新鮮肥料其意農家應斟酌而購合宜肥料加於大麥田必得豐收若不加合宜肥料恐地土因此竭其肥度英國及司考脫倫農家查知膠土或黃沙土多加淡氣肥料甚合宜因大麥頗能受多肥

料也總言之大麥較苡仁米更能多受肥料德國有人名立特克試種大麥而考其何時加鈉養淡養三為最合宜而得其各收成之中數如左表

加肥料時	實 列忒數	稈料 啟羅數
無肥料	一二·七五	一二·八○
散子後加鈉養淡養三	一五·二五	一四·○二
植物初出時加之	一六·七五	一五·九二
初發達時加之	一八·○○	一六·一○

斯禿克拉脫用骨粉試種大麥亦獲長效將骨料蒸而磨

粉壅於田有逼植物生長之功骨料中淡氣供給植物所需甚周到英國肥沃田在春間種小麥之後往往種大麥先加圭拏二擔於埨溝間於是散子至大麥已生長加鈉養淡養三其稈料並不因此過於茂盛諜克云鉀養肥料培壅大麥其效較小麥苡仁米所得者更大

燐料與大麥關係

華爾甫用水種法考究燐養五酸之多寡與大麥之生長如何關係用八盆各種大麥六顆其水中有各養料惟燐養五酸數有限制其效如左表

號數	燐養五酸全料中密里克蘭姆數	乾質克蘭姆數	實與稈料 實	實與稈料 稈料	稈料較數	乾質百分中燐養五酸數	灰質百分中燐養五酸數 實	灰質百分中燐養五酸數 稈料
一	三○·四	二○·七一	五·八一	一一·○五	一:一·九	一·一二	四三·八	一八·九
二	一五·五四	二八·六四	三·三六	一○·九三	一:三·二二	○·八三	四○·六	一一·八
三	九·七九	一八·三○	二·七一	一一·○五	一:四·○	○·五三	三九·三	七·九
四	四·九四	一五·五五	二·四七	一○·三三	一:四·一	○·三三	三七·七	四·四
五	三·三○	一一·四七	一·七六	七·二五	一:四·一	○·二八		
六	二·四八	八·九四	一·七七	五·三三	一:二·九	○·二七	三九·四	六·七
七	一·四八	五·四六	一·○四	三·○一	一:二·九	○·二七		
八	○·○	二·○四	○·三四	一·○五	一:三·二			

穀實灰質中燐養五酸數甚大可見此料大半歸於實中全植物之乾質為數甚少其燐養五酸數僅有○·二三可見此料在此中過少第五第八號植物未長大儻多加燐料亦有佳效

大麥在各生長時期其物質多少

有博士曾考查大麥在各生長時期其中物質改變等情形

挨倫特在一田計三·五畝取强壯而發達大小相等之大麥其子亦均全美在日光內曬乾以備考究如此取大麥共五次即是記其五次生長之時期也

第一次收取其植物約高四寸發出三葉有二葉將發而未放第二次收取約高二尺適在植物長高之末期第三次收取適在開花後第四次收取將成熟時其子尚輭嫩而已可剝出第五次收取其子已成熟堅老

將此各次所取者作爲六分一穗二最高之二葉三最低之三葉四上節五中二節六下三節每一分各分次數而考查之

由此詳細考究而知植物自初至終常增其體積及重數惟各生長時其數多少大有不同

在發達長高時增乾質最多在成熟時增物質數甚少而

大分歸入子中

大麥一千顆在生長各時期所有物質數如左表

	一	二	三	四	五
乾物質克蘭姆數	四五六	一三六四	一八六八	三三三四	三四五九
生物質克蘭姆數	四一九	三九二	一七六七	三○三	三三三

大麥一千顆在各時期收吸物質消化勻布之數如左表

乾物質克蘭姆數	四五六	九○八	五○四	四五六	一三五
生物質克蘭姆數	四一九	八七三	四七五	四三六	一二九

上所列數稍有不準有他人試驗田間植物各時期收吸物質多少亦與天氣及肥料情形均有相關斯秃克拉脫並華爾甫查知大麥生長最多時在穗初發出至開花將謝之間又有人查知苡仁米生長情形亦相同勞斯並葛爾勃云小麥中之炭質在六月中旬後增加倍數當斯時淡氣增數較少斯秃克拉脫云大麥加之以易化淡氣肥料則在未開花前生長甚大

又查知加難消化淡氣肥料初時不見有效然開花之後能久延生長在玻璃房用阿摩尼肥料試種可見之園工亦知植物在開花時加易化淡氣肥料者或其葉遇阿摩尼氣者則花之發達將減而稈葉甚茂斯秃克拉脫查每毛肯田大麥生長磅數如左表

	五月二十至七月五號	七月五號至二十五號	七月二十五至八月二十三號	共九十六日
無肥料	五五五	五四五	三三五	一四三五
加骨粉	五七○	一四四○	一三一五	三三二五
加圭拏並鈉養淡養三	一二六○	二一三一	六八二	四○七三

丹國農夫亦試驗含淡氣肥料如下種大麥於二百四十平方勞特田加血肥料二·五擔得實一千八百六十八磅稈料二千二百二十五磅不加肥料者得實一千五百八十四磅稈料一千六百六十磅因加肥料增實二百八十四磅稈料二百六十五磅

天氣與大麥相關

斯禿克拉脫查知天氣之寒暖燥溼與植物中之淡氣運行有相關不特與淡氣多少及時期有相關也一千八百五十一年氣候冷溼大麥吸收淡氣因此不靈捷五十二年氣候乾熱其吸收淡氣及勻布之法有增而靈捷故知該處天氣平和暖乾則實中多淡氣稈中少淡氣天氣寒冷陰溼則實中少淡氣稈中多淡氣今將五十一年五十二年大麥中之淡氣數載之如左表

	一千八百五十一年	一千八百五十二年
稈料	○·五七	○·二八
麥實	一·○九	二·○○

斯禿克拉脫聞人云一千八百五十一年所得大麥為畜食料不甚有價值

勞斯在一千八百四十七年論及連三年種小麥云該三年之天氣與小麥之關係而與四季尋常情形相合即是最多雨水最冷之一年得實甚少得稈甚多最暖乾之一年得稈甚少得實甚多

大麥之性情與他植物同生長於某地往往因該地土之風氣情形而改變里雀生查知美國大麥數種自南方來者大而輕有長針鬚帶紅紫色殼與實不密切自北方來者小而堅無針鬚殼內之實滿足每斗重中數三七·二磅自考陸拉度並特考他二省來者最重有四八·八磅並四八·六磅自阿拉罷麻並乏羅里答二省來者最輕僅二四·七磅並二六·九磅

種花草者在開花之後往往令其葉速生長並令其以後開花較早其法將花盆置於房內熱水管之上即可多得葉之面積或加阿摩尼肥料亦有效

地土情形天氣寒暖均與植物相關已屢次論之矣如在一千八百五十一年德國坦倫地方氣候冷溼種大麥之第一田係重土其百分中有淡氣一·○九第二田稍輕土其百分中有淡氣一·五○第三田有沙之土其百分中有

淡氣一·八五所以收成數因淡氣多少有參差又因天氣冷溼尤有參差

大麥生長時期

挨倫特在五次時期拔起大麥而各次時期所得者切成六分查其各分中之物質伊考究甚詳記述成書今摘其要學者觀之

植物開花之後其生長均歸於穀實所以生長可分為二期一自萌芽至開花二自開花至生子也而開花之後惟穀實內之生物質有增當子將成熟時其上節稈葉中之生物質略少其下節之葉當發達時未開花已止其加增

今考大麥一千顆在各時期其乾生物質克蘭姆數載之如左表

	下三節	中二節	最上節	最下三葉	最高二葉	穗
四寸高	七六·七六			一七九·八六	一六二·五六	
發達後	一二〇·六	一七八·八五	一三七·八八	一九九·三三	二八六·七七	三八七·三四
開花後	一三五·二九	三三八·二四	二〇四·二八	一九八·二一	三三七·四七	六七四·〇二
初成熟	一四三·八二	三三七·四八	二〇九·八九	一八八·七〇	三三四·〇二	一〇八九·一四
全成熟	一四一·五五	三三一·〇一	二〇五·八四	一七九·九四	三三七·五三	二四五·七一

所有灰質克蘭姆數如左表

第一期、	三·五四			一九·三四	一三·七二	
第二期	三·二六	五·二五	四·六七	二〇·六八	二一·七三	一五·六六
第三期	四·九一	一一·四六	一一·三三	二·四九	二四·五三	二五·七〇
第四期	六·六八	一二·五二	一三·四一	二一·三	三五·九六	三一·八六
第五期	六·九五	一三·〇〇	一四·二六	二〇·〇七	三八·四七	三四·二九

寫留路司成法

大麥質料品類中寫留路司、在其發達時變成最多、開花後則不增植物一千顆在各時期生長寫留路司克蘭姆數如左表

一	二	三	四	五
一〇三	四六〇	五六五	五四五	五五一

其稈發達時、增寫留路司最多、適在發達時之前後、寫留路司爲數較有二倍、以後則不增

所以刈割草料、不可待其發達完畢之後、恐該時木紋質料較有補養之質料更多也、總言之、乾大麥葉之重數中、所有寫留路司、較稈中爲少、至開花時、在高葉中之寫留路司爲數最多、此後其低葉中漸多、因其中質料均入高葉令其成熟也

穗中寫留路司依其漸成熟而漸減、在開花時、收留他物質有百分之二十七、至成熟時、祇有百分之十二、惟在穗中之寫留路司、終較葉中爲少、而共葉中所有之數、亦較稈料中爲少

炭輕質成法

無淡氣之養料、如小粉、糖、貝格土司、膠質等、在植物發達時、其生長較他時更多、而在成熟時、則爲最少

總言之、稈料中無淡氣之養料、較其葉中爲多、然自生長至老、此物質運儲於上部分、以致上節葉中甚多、所以成熟時、稈料之中節上節無淡氣物質甚減、而上節葉中穗中則有加、將運入子實中也、植物在幼時無論何部分、此物質均甚多

大麥一千顆在各時期其各部分中所有無淡氣之養料

克蘭姆數如左表

	最下三節	中二節	最高節	最低三葉	最高二葉	穗
四寸高	四六·〇七			八三·一〇	七一·六五	二〇·四〇
發達後	六〇·九二	九二·八九	六六·九七	七九·七七	一〇六·一〇	二七·四七
開花後	六六·九〇	一三四·九五	九九·五一	八二·三六	一三九·四四	四三四·〇二
初成熟	七四·〇〇	一三一·三五	九三·九五	七七·一三	一五九·八七	七〇一·八八
全成熟	七三·八四	一三四·四〇	八九·六九	七九·四四	一六一·一三	八二一·四八

各時期乾植物一千克蘭姆數中無淡氣物質克蘭姆數如左表

第一期	五六·〇八			四六·八七	四〇七·五六	
第二期	四九三·七三	五二一·七五	五三三·五五	三六〇·六二	三四四·二二	五三九·五三
第三期	四七七·一七	五二一·二五	四六六·七六	三七三·三九	三九三·二六	六〇五·六五
第四期	四九一·六七	四六二·〇五	四四九·六二	三六七·一三	四九一·九八	六二六·一七
第五期	四九七·三	四四六·八三	四三三·三九	三九七·一四	四三九·八一	六三四·五九

似蛋白類質成法

幼稚植物中含淡氣料爲最多，至生長完全，則淡氣數漸減，而竇留路司數漸加，至開花後將成熟時，淡氣爲數忽減。查植物一千顆在幼稚時，吸進含淡氣物質九十五，發達時六十四，開花時四十四，開花後至成熟時一百十五，完全成熟時三十四克蘭姆。幼稚植物百分中所有淡氣

數如左表

稈中	低葉中	高葉中
二·二五	二·三四	三·七四

此三部分漸生長，其淡氣數漸減，至成熟時，其各部分中之數爲〇·七九 一·四三 一·七四

穀實未成熟之前，葉中淡氣較穗中爲多，至成熟時，淡氣物質由稈葉運入穗中，由低葉運入高葉中，總言之，高葉中淡氣較低者爲多，而似蛋白類質料均有運高之勢。前挨倫特之試驗，可見淡氣全數五分之四在開花至初成熟之間吸進，生物質全數五分之二亦於是時吸進。然挨倫特試驗之數較尋常爲多，蓋選擇格外壯茂之植物也。

根稈殼運行物質

斯秃克拉脫考明大麥之根鬚漸生長，其中淡氣漸少。於一千八百五十二年，取幼年壯年植物同重之根鬚考之，幼根中淡氣較壯者多十六倍，開花時較成熟者多二倍。由此知刈割大麥爲青料，可令地土供給下次植物之養料也。

又查大麥並他穀殼運淡氣入於子實中，所以歷時愈久，淡氣愈少，然在成熟時，殼中尚有許多淡氣，與葉中所有之數相等，而較稈料中爲更多，且此穀殼中亦多金石類

料故作爲畜食料殊合宜又有輕穀與草子相雜入畜胃更能消化

大麥稈料作爲畜食料較他穀類稈爲佳因大麥植物有草類之性也而產稈實多少全恃地土氣候情形往往稈料一百磅得實九十磅或稈料一百磅僅得三十磅而已據格司配林折中計算每稈料一百磅可得實六十二磅

儻在成熟時久留於田不刈割則穀實不能全成熟即是一顆植物之實有過熟有未熟宜畧早割之任其在稛堆中增其成熟而耗失之實亦較少稈料之品等亦較佳農家云早割之稈料其功效幾與草料相等

挨倫特查各時期所收植物其百分中之緊要養料如左表

	寫留路司	肥物蠟料	無淡氣料	有淡氣料
第一期	一八	二〇	二五	二七
第二期	六三	三〇	三二	一八
第三期	一九	三五	二三	七
第四期	〇	一五	一二	三八
第五期	〇	〇	八	一〇

植物成熟時之各物質作爲一百分而各時期所有之數如左表

第一期	一八	二〇	一五	二七
第二期	八一	五〇	四七	四五
第三期	一〇〇	八五	七〇	五二
第四期	一〇〇	一〇〇	九二	九〇
第五期	一〇〇	一〇〇	一〇〇	一〇〇

灰質參差

挨倫特查穀實中之灰質漸成熟漸減此時子實之包衣變爲厚硬植物一千顆在各時期所有灰質克蘭姆數如左表

一	二	三	四	五
三六·六〇	三三·四八	三〇·三三	二〇·二四	七·一八

此數與同時期所有乾生物質之數其比例不相應

四一九	八七三	四七五	四三六	一二九

此二項數之上下因灰質中有許多物質偶在其中而與植物之生長不相關植物在發達時其百分中之灰質最多者在長足之高葉中有一〇·五最少者在稈之下節中僅二·五六

穗之百分中灰質漸減而子則漸大至於成熟其灰質僅有二·六八與稈中最少數相近

新大麥不宜爲重工馬食料

馬食新大麥，易患腹瀉病，其皮肉有浮腫形，易出汗而乏力，所以然之故，尚未明曉，刈割後數月或經寒冷之天氣，麥實有增其成熟之勢，或有發酵之式，而後飼之，則合宜，大約有化學改變之情形也

大麥似有感動性

大麥不但有補養畜類之功，且有感動之性，人常疑大麥中有藥性，故有此效，用大麥爲馬之養料，實較大珍珠米更佳，可增其馳驅之力，並助其體中血氣運行之速，美國農家均知拖重車遲行之馬，須飼以大珍珠米，令其能耐苦工，儻將駕輕車之馬飼以大珍珠米粗料，則馬性變爲

遲鈍，而易跌仆，蓋此食料中少感動血氣之物質也

福格爾云，大麥中提精神之品，全恃其中之油質，此油質亦可提鍊而得之，法國馬醫生查知大麥中有一種物質名阿維甯，可令馬出力而振精神，然化學家尚未考得確效

馬醫生云，將大麥壓碎或磨粉，則減其感動血氣之功，然不磨細而飼之，往往不消化而洩出，曾見羣鳥啄馬糞中未消化之大麥，所以磨成粗粉飼之最宜

有人查知飼馬之大麥，百分中竟有二十九分不能消化者，此數中耗失似蛋白類質料並炭輕料有三分之一，然

馬常喜食全粒大麥也，老年疲弱不能嚼細食料之馬，必以磨碎大麥飼之

卷終

農務全書下編卷十二

美國哈萬德大書院農務化學教習施妥縷撰　慈谿　舒高第　口譯
新陽　趙詒琛　筆述

第十一章上

草料

種草並如何治理之法頗有議論其地土與草合宜否亦應詳考農家須知地土性情並肥瘠堅鬆宜於某草又須知散子時及全年之濕度若何

一田散子多少與化學有相關凡由子生長之植物均有爭奪養料情形所以擠密時與養料有相關且子埋壅之

深淺亦大有關係

當時此草地應加肥料若干並其品等若何均宜注意而種草以助出肥料或補肥料之不足亦必計及

凡種植物須明知其各生長時期之情形刈割時之合宜否亦與化學有相關

收成之後又須知能速乾否既乾後應如何藏儲不可漫然置之也今農家尚未知新刈割之草料或曬乾或堆積令其自乾究以何者爲佳也

種草料之地布置已得宜尚須慮及如何久延治理是否每隔數年耕犂一次然歐洲有久遠不耕墾者

論及此事分作二項一種草料法二作爲牧場如何治理法茲先論種法因美國北方飼馬牛之草料甚要也

美國常以帖摩退草爲馬料

紐英格倫農家視帖摩退草爲正項草料以其料中兼有他草之佳處也或將紅頂草與苜蓿與帖摩退草雜種或以爲帖摩退草爲最佳品之草料尚未得證據他日或更查得他草在紐英格倫種之亦甚合宜未可知也大約草類有三四千種而合宜於美國北方氣候者豈僅一二種而已耶或又云紅頂草爲馬料甚佳然飼牛或更佳也種此草地須多溼潤

以爲帖摩退草最佳者世俗之見如此耳如種蘋果者喜抱爾温蘋果種梨者喜罷脫來得梨至於他年或又以爲他種蘋果梨爲佳不足怪也苿草種於英國甚佳而在美國種之以爲不合宜故與紐英格倫農家或與西方紐英格倫人之子孫論之均言帖摩退草與紅頂草雜種最爲合宜

種帖摩退草亦有利益在肥沃黃沙土或在有草煤之黃沙土再加以沙土均能生長茂盛尋常雖宜溼潤儻遇旱乾較他草更能耐苦據人云英國東方低窪草煤地土數十年來始種此草以爲獲利之一源惟地土之養料或溼

潤不足究不合宜所以輕乾地土第二年產此草料有衰敗之象而溼膠土欲久種此草或苜蓿似亦甚難若種他草如舊牧場其發達可歷多年

預備地土種草

第一法如拋絲敦近地連數年種須鋤鬆之植物並加以肥料然後散草子或雜種穀類凡田地屢次耕犁則土鬆而肥料勻布其蔓草自不能生長吸引水之情形亦改良且耕鬆之土遇冬季之嚴寒可滅殺蟲類歐洲治理有草根地土甚爲困難因產草時有許多蟲類存留土中割草後而種他植物即供其食料也

第二法將肥料鋪於舊草地而畧翻犁泥土速散草子可省深耕之工夫祇令溝槽平正而已此法在低形地土甚合宜其肥料可用雜蔓草子者犁入土六七寸深其肥料中有易化養料助草之速發達而蔓草子因不得空氣難於生發即腐爛變爲肥料而草根將深入土求之若肥料中易化物質不多可畧加骨粉或多燐料或多燐料與含淡氣肥料和而用之亦有效

欲犁起舊草地以滅蔓草者因當時此等無用之草漸蕃茂也然僅將草土翻轉已甚得效或其地下層水不甚深者更妙如一田可豐收大珍珠米及根物及他應鋤鬆之

植物即將此等植物雜種於草地中由此可藉其功而令地土多得肥料並有合宜之發酵蟬類之子亦因之毀滅此等蟬類在土中時遇旱乾將食舊草地之草又有許多蔓草須雜種鋤鬆之植物方可除之

紐英格倫之草地輪種植物往往多生細蔓草害及正項草料此細蔓草有長大之根鬚拔起甚難割斷又發新草更有一種野紅蘿蔔亦係蔓草之類頗難除之其生長並開花甚易非用犁耙連根除之不可歐洲有牧場地或馬料地已歷數百年因其過於久遠則反爲合宜若用輪種法亦無阻礙也

堅土宜種草

耕種務欲地土改良加肥料以增其肥度除蔓草以潔淨其地面此等情形外尚應慮及地土吸引水之法凡地土屢次耕犁種他植物合宜者種草亦無不宜然歐洲舊草地都係堅土故情形與美國不同

幼稚草生長於堅土往往甚佳格司配林云面土鬆疏則平行根鬚易展布而佳草必須稍堅之土猶小麥種於堅土可牢固其根本也所以鬆土之佳草不易生長

在秋耕犁來春散子最爲得賞余有一田往年曾種大珍珠米並未耕犁惟畧耙而已散草子後用輥壓之不加肥

料至五月底得馬料甚豐

德國北方溼草地多出苔類及野草將此地開溝洩水而將掘起之土加以草根土並石灰或糞料作爲和肥料在冬閒或早春作小堆積待雪融化後布散於田其時地面二三寸深冰凍已解下層土仍有堅冰也散紅苜蓿子一分帖摩退草子與紅頂草子一分約每畝有子十二磅散子後縱橫耙之縱耙稍緩橫耙則速而將下層冰凍土及苔類亦翻起令地面變成溼泥土一層

上所云之法須面土冰凍已解下層仍有冰凍方可令和肥料與草根土與草子攪和變成溼泥土一層其苔類任其自然可保護幼嫩草不致受霜侵也至八月間刈割草料作爲牧場以至於晚秋惟在來春須用石輥壓平之此法與溼草地土不宜此等溼草地在春間地面之冰凍未解而地土下層之冰凍早已消融因有地下水侵之也

或云久爲牧場之草地每年多加生物質如呼莫司等似不合宜恐空氣不能入土中也然久爲草地亦有一益可省人工而產草不及新墾地之豐美也

英國農家云舊牧場產草漸衰可畧耙而焚燒其草根土其灰質在田宜種蘿蔔此蘿蔔亦可飼羊也其後又治理而散草子或云此法較將草根犁入土更佳

草根土翻起之後又用重犁翻鬆其深層土如此耕犁可謂周偏矣

擾動草地

僅將草根土翻起不爲無益麻賽楚賽茲省農夫云在八月初將十六年之舊草地犁起草根土約費工半日至第二日用馬拖犁復將草根土翻轉其草仍在地面又費工半日而草遂發達壯茂與前迥然不同至明年此田每畝可得馬料一千三百磅以後連四年均得其利益未如此治理者僅得六百磅大約因土層中佳肥料翻至地面也凡將草根土畧爲翻動令地土鬆疏必有佳效

英國製成重犁專爲犁此草地深層土之用美國農家之意用稍重之犁加一輪而將舊草地犁深六寸許工省而效大當在春間和暖時每距十二至十四寸犁成槽一條犁之後幹加一耙隨犁隨平犁畢散子用輥稍壓之久種草地如此爲之尤屬合宜可令地土多留水則植物不患旱乾或用重犁翻鬆或築造瓦溝均爲有益惟工本較鉅耳

從前法國農夫名杜亨梅爾亦有此意於犁之幹裝長刀四五柄用二馬拖之能入土五六寸而成三寸闊之小溝卽壅以腐爛糞料所有蔓草等均因此毀滅而正項草類

更發達矣

春或秋散子

麻賽楚賽茲省近數十年來散草子一事頗有更改從前以爲春散子最宜今則在八月杪或九月初散子惟梅呫省尙依舊法近海地方冬季無雪春閒陰溼春散子之草恐不能抵當夏季之酷熱反令野草生長故亦不宜春散子也

必欲春閒散子宜在早春爲之可令嫩植物根牢固而阻天熱時野草之生長此等野草需水數甚多也近抱絲敦地方開春甚晚至六七月閒天氣甚熱春散子之草恐不

能阻蔓草之發達以致乏水易黃萎若在卑溼地土可不必慮也然秋散子之草必較豐

佳草並穀類在寒冷天氣較蔓草之生長更速格司配林云法國南方冬穀類不可在早秋散子須待夜閒天氣已涼方爲合宜此時蔓草將衰嫩植物可發達舒展

霜滅蔓草

在北方秋閒散草子甚合宜此時蔓草將爲嚴霜所滅不致有害佳草然英國秋閒散子之苜蓿易爲蜒蚰及霜損害也

重土田之溝道未合法者春散子後其嫩草尙未生長甚高即焚燒其蔓草因其地土甚溼不爲害也

麻賽楚賽茲省氣候除卑溼地土外不宜種草該省高地瘠而乾不能產上等草料凡種草欲豐盛歷久者春季及孟夏不可少水而全年亦不可過於旱乾所以美國南方產草甚少北方東方則甚多

格司配林云歐洲近種製酒葡萄之地方因天氣尙熱旱種草有許多不合宜僅與他植物輪種得其青料以補牧場草之不足若種於低形地或用灌水法是爲最佳而法國亦有以糖根物渣料或珍珠米青料飼畜也

穀類中雜草

從前穀類田常散佳草子近今抱絲敦地方則專散草子不種穀類舊法夏閒散草子雜以小麥或燕麥子而在春閒則雜苡仁米或春小麥或大麥或春燕麥子或以爲春閒雜種苡仁米或春小麥較種大麥更宜恐大麥過於壯茂有礙嫩草也

大麥過於壯茂不但少生穀實且與草之萌芽或幼嫩之草均有妨礙須播種較稀刈割較早而地土不可過乾則草類可免其害

總言之春閒散草子雜穀類子少許可令幼嫩草得其遮護而阻蔓草之生長在秋閒穀類與草類雜種入冬遇雪

亦可保護嫩草
未散草子之前即散苡仁米或大麥或春燕麥子此植物速發達遮護嫩草而蔓草亦無隙可以生長或慮大麥壯盛亦有害草類可從早刈割作爲靑料英國乾燥地方每年僅有雨水二十六寸必藉穀類保護嫩草也
苜蓿並聖方草等大葉未生而蕊已發故必雜種他植物以保護之若與穀類子同散則此草受其保護而不爲烈日所曬焦矣美國北方草田中雜種豌豆或在晚夏散蘿蔔子少許可得有用之產物且與草類無礙近大城市長稈稭料頗有用所以草田中雜種燕麥能獲利益拖絲敦

地方近今獨種燕麥或獨種草罕見雜種者其意欲得其長稈料而無草料相雜也

雜種利益

夫二類植物雜種欲得其利益耳上所云穀類遮護嫩草有其益亦有其弊然省人工又省地面穀實收成後日光仍可照射於草上至秋間又得草料之收成來年又可得重發之草是皆利益也
穀類與草類雜種更有一益凡一家所需之穀類在一小田得之儻獨散大麥子草子則每年需田十八畝用雜種法僅有田十二畝已可得大麥如獨種之數矣

總言之紐英格倫農家種自家所用穀類往往與草子雜散近來在西省購穀實反較耕種爲便宜故又專種草類而草料價値較貴於昔頗可獲利
穀類與草類雜種猶各草子同散也輪種植物欲令其各得不同之養料而雜種之法亦是此意可擇合宜者雜種不必拘定某植物也又有一故種一類植物須得其應佔之地面而二類植物雜種以致擁擠可無甚害
草與苜蓿之生長法不同此二類植物雜種並無阻礙又如園草其形蓬鬆其隙地可任他植物生長紐英格倫往往以紅頂草與帖摩退草雜種此二草發達甚密蔓草等

竟不能生長於其閒
紅頂草帖摩退草雜種甚密大麥或他穀類與草亦能如此雜種甚密否恐其弊不能抵其益也故穀類與草雖可雜種但恐穀類收吸面土中肥料並水甚多而當此時幼嫩草亦急需肥料及水而不得也溼潤地方將草子在春閒散之而穀類已發達且地土中養料及水足於此二類植物所需則穀類之遮護嫩草殊得益也
在秋閒苜蓿與小麥子同散至春暖時小麥稍受其害因苜蓿頗收吸養料及水也此小麥與苜蓿相雜緊成稇不易乾若作爲畜食之靑料甚宜欲免此弊則在春閒雜種

或待小麥已生長而後散苜蓿子諸福省有白石粉之鬆疏地土將苜蓿或脫里福爾草或聖方草子散於小麥田較與苡仁米雜種更佳小麥之稈葉不茂而更堅直且因小麥播種較早苜蓿之生長可得稍堅之地土其地面有細黃沙土蓋之若在苡仁米田其地土殊鬆疏苜蓿根不易牢固也

或以為種大珍珠米末次鋤鬆泥土時可散佳草子儻地面平正者此法尤為合宜大珍珠米種成行列其左右餘地稍犁鬆之至末次鋤地時散帖摩退草子每畝二十餘斤隨即耙壅於土中

草子不可埋深

凡大子如豌豆珍珠米等深埋土中其芽恃子中之養料可透出地面至於小子如草子等在面土之下無力生發從此不能成植物

溼子更不可深埋須與空氣相遇且恐泥土壓緊無力生發故愈淺愈合宜而子中養料亦不致盡耗費於透出地面所需

白苜蓿子常散於末次下雪之後其子在雪面得濕潤雪消融即生根於溼土他草子亦往往如此散之頗易萌芽而根鬚亦頗易發達苜蓿子連殼者亦可如此散於雪面而有殼更能留溼白苜蓿有蔓延之性在地面則收吸養料更易凡子散於地面其數可較少若深埋土中有不能發達者散子須多

尋常草子散於田亦不必有泥土壅護惟防其嫩芽初出時為風所吹而地土溼潤至嫩芽能自立乃止農家或以泥土稍壅之則不易乾亦可免為風所偃

散草子法

拖絲敦近地尋常之法散子於地面或稍埋或輕耙又用石輥以平之倘恐有土塊未分散仍用拖板在地面拖過儻地土肥沃其吸引水又合宜則散子後不必用上所云

之法僅用輥以平之瘠薄地土或有沙甚多之土其子稍埋深而耙之較為合宜且常有地土不平或多石礫不可用輥則用埋耙之法散園草子須畧有遮蔽因其收吸水之力不及他草子之靈捷也

紐英格倫散帖摩退草紅頂草子最佳之法如下先將佳田犁之又橫耙之加肥料又耙之然後散子埋於土中或又畧耙以平地面散子之時須在無風之朝辰如小田將子作二分以一分直散之又一分橫散之如此散法較為均勻於是輥之或用枯葉遮蔽之散子之要言地面必須平正則其子可免深埋土中也

雖然言之非艱行之惟艱欲令地土之面極平談何容易鬆土用此法又恐土中之水易化騰幸而地土有吸引水至地面之功故子易於萌芽也輥可壓碎小土塊而令子與土密切其地土既平他日刈割用鐮刀或用機器均易從事

輥草子

凡地土鬆疏而水不足者則輥之甚有益可令子及嫩植物多得溼潤或有地土先令其平於是播子輕耙之輥平之英國農家之意凡種馬料草子之田須清潔而堅實其土性又須甚熟否則其子難於萌芽發達或預備種草種

穀類之地土用瓜輪輥以輥之如此地面有淺槽似輥式在淺槽一面之植物得其後略高泥土之遮護生長較佳此猶田閒或有一土塊或有一石塊在其後而向陽之植物生長更爲發達也挪威國農家從前常用此法卽將一木輥周圍釘長木條每條相距半寸或一寸許輥地使成淺槽

拖絲敦近地秋雨後散草子不必用輥總言之在秋閒散子其雨水足以滋潤地土故不必用此法也

散草子之地土稍乾而土之下層有溼潤爲最合宜斯時天氣雖晴似將下雨卽散子用輥壓之其子由地土收吸溼潤已稍得力於是下雨必能發達

若穀類子與草子雜散者其法稍不同因穀子宜稍埋深不致爲鳥及田鼠所食而草子甚細可無此慮

此二類植物子同散應思節省工夫之法或同時散子卽耙之穀類子固可深埋且省工夫而草子因深埋必有許多不能萌芽者其能萌芽而成植物亦長短不齊所以從前人云二類子同散其弊必甚是治理之未善也

今法先散穀類子而耙之後散草子其地未散穀類子之前已耙輥甚平故散子後祇須略耙而已

散穀類子後散草子

司考脫倫氣候溼潤故用法不同在愛定盤格城近地今所用之法將草子與苡仁米子同散若早散苡仁米子卽待其生發而後散草子在同時散子至收成時其草過茂亦不免有阻礙所得稈料紮成綑不易乾在豐年散子時四月中旬爲始令散子有一器具闊十六至十七尺乃用耙壅護之或用輥以壓之而輥法以爲更合宜至散細子仍在地面頗易生發司考脫倫農夫云春閒須待小麥生長能抵當重鐵耙時於是散草子卽日耙之隔數日又用輥壓之不損其嫩小麥若散苡仁米或大麥子則可速散草子或輥而後散之或用帚以掃平之散草子後又用輕

鐵耙𦔳耙之若當輥時散草子則有不能發達者

美國在春閒𦔳耙冬小麥田該時小麥已高二三寸於是散草子耙之此法在無旱性之地土甚宜而耙法可助穀類之生長其意春閒地土較乾馬足可踏於是耙之碎面土之硬塊並滅蔓草則穀類發達矣或全種穀類者每隔一二星期耙其田至植物高一尺乃止

春閒散草子於穀類田此二類植物之爭競不及在秋閒同散之甚也在秋閒同散子則同時生長而奪地土中養料至於春閒穀類根早已敷布其草根在土中所需養料已爲穀類根收吸矣然在春閒當穀稈生長稍牢固卽散

農務全書下編十二　十五

草子其地位𦔳寬可布其根鬚不致爲穀類根所阻也此法草之發達較易得穀類葉之遮護地面而得溼潤並承受滴下之露水否則日光照射將焦枯也然至草生長牢固之時有他植物遮護反爲有害其根入土已深將與他植物爭奪養料及水彼此必有損害所幸穀類將成熟刈割故此情形不久也

試驗埋深草子

前曾言好夫買斯脫之試驗情形儻將苜蓿子埋深過於三四寸雖各情形均合宜亦不能萌芽而穀類子埋深八寸許尚能生長豌豆珍珠米可由十寸深處透出地面惟各子埋深十二寸者均不能生長勞斯試驗而知草子僅須薄土蓋之或無遮蓋或稍深四分寸之一或半寸若埋深一寸極難萌芽過於二寸則罕有透出泥土者

德國人名樵柱生試驗各草子其效與勞斯相同在黃沙土或泥土田將帖摩退草子埋深至半寸其生發之數不及半埋深〇・〇六寸則其子均能萌芽園草子埋深其生發之數更少由此試驗可知草子苜蓿子在重土埋深〇・〇三寸爲最宜在黃沙土〇・一至〇・二五寸爲最宜中等黃沙土有水時可埋深〇・〇五寸旱乾時〇・一寸穀類子在重土埋深十分寸之一黃沙土十分寸之四中等黃沙

農務全書下編十二　十六

土有水時四分寸之一旱乾時三分寸之一均屬合宜

更有地土散子之深淺隨時季氣候而定總言之早秋穀類子可較在春閒更深因春閒地土寒冷易阻其發芽也從前在鬆土將穀類子犁入土如諾福省卽如此埋小麥子苡仁米子

或宜埋深穀類子

甚乾地土埋深其子仍有佳效德皇在一千七百五十六年論農家云不可散燕麥子於鬆沙土之面須將其子犁入土則植物可抵禦天氣之冷熱而根不爲大風吹拔美國西省秋閒旱乾爲害小麥較輕於從前卽因散子時犁

入三寸深之土中也小麥在此土中生發可得溼潤而遇風亦不致搖動

德皇指普魯士平原沙土而言確有道理然近來德國博士皆云此等沙土散燕麥子亦不可深過二三寸在重土宜更淺如土與子均極乾者有塵土蓋之已可

德國博士好山合士試驗而知埋深之子往往有良效在乾燥之秋季易乾之鬆土取小麥子數包每包有子一百粒在十月五號散之各有深淺其前一日適有大雨至十月十八號二十五號十一月六號十二月十號查數生長之植物自十月五號至十月十九號天氣晴熱夜涼有露

十月十九號至二十五號天氣冷而有雨十月二十五號至十一月六號天氣甚晴其後陰晴不定雨水不多試驗之法分爲二號藉可比較由此知鬆土乾燥時小麥子埋深四分寸之三至一寸最合宜埋深三分寸之一嫌淺不得佳效列表如左

子埋深桑的邁當數 每桑的邁當＝○·三九四寸	埋深子一百粒在某日見植物數 十月十八號	十月二十五號	十一月六號	十二月十號
一	四五	七○	七三	七三
	四七	七九	八七	八七
二	八七	九○	八八	八八
二	八七	九六	九八	九八
三	八八	九三	九三	八九
	九二	九四	九七	九四
四	五六	八八	八七	八四
	七四	九二	九五	八九
七	三四	八二	八二	八一
	三六	八○	八○	七九

英國退奈云中等黃沙土埋深小麥子一寸最宜鬆土有沙者可深至一·五寸或二寸許在乾燥時季不及一寸深者不得溼潤而過於二寸深者又有他故不宜

散子稀密

埋子過深往往不能生發故有識農夫多散子以補損失亦不得謂之合宜紐英格倫農家散草子惟恐其甚稀而有人之意與此相反然子有落於泥土深處以致不能生發者尙以多散子爲是也有博士云每方寸地面尋常散草子十五粒能發達者僅二三子或更少也麻賽楚賽玆省每方尺地面散草子二千二百粒而在尋常牧場每方尺地面僅產草二百至九百顆肥沃舊牧場則有一千顆肥沃壓地則有一千八百顆

有子因損傷不生長或已成植物適遇旱乾萎死所以務

農者總須令嫩草發達茂密壓倒根閒之蔓草是爲最妙然治理田地合法農家講求精進則散子可較少而獲效更大

嫩植物如新生之小魚往往遭意外之害博士達會曾在長三尺闊二尺之地面考究多生子之蔓草將此地治理清潔不任其生他植物查數所生小植物三百五十七顆其後二百九十五顆爲蜒蚰及蟲類所害此可表明地面加石灰滅蟲類之果有效

地面多散草子以補救其損害此法尚不及治理田地令土中多含水以供草之生長也散子亦宜謹慎須擇數種

佳草子同散近今可向市肆選購佳子

草之冬黃

紐英格倫氣候種草有一難須令其嫩植物强壯牢固方能抵禦冬天之嚴寒夏天之酷熱在秋閒或晚夏所散之子已成嫩草或將爲嚴寒所損害至明年夏秋閒之酷熱又恐其焦灼

近抱絲敦之隰地或草煤地新開墾者儻散子較晚生長遲緩不能遮蔽地面以致霜降受害凡此等隰草地在去冬須加沙土或令其屢次冰凍改良土性否則驟經天寒冰凍土質鬆疏所有嫩植物之根不能牢固必易黃萎而死也

秋夜天氣甚寒隰草地面易結冰條其粗如筆此冰條之下亦有冰凍以致漲高數寸而將地土鬆起離其原位至於受日光和暖而融解之第二日尚不能平復

若此冰條甚多則土層中之嫩植物根必移動而受其害然此情形並非一夜冰凍卽能致之須屢次冰凍屢次融解土之孔隙爲冰所擠於是鬆散移動其根也

面土加肥料阻土質鬆起

新開墾之地已種嫩植物在秋閒可加肥料於面土余有法八月閒荒草地加禽場肥料並人溲出之肥料而耕耨

之後散帖摩退草與紅頂草子至十一月中旬於嫩草上又稍加禽場肥料此法可遮蔽地面而免上所云冰條之害其後地土漸堅實成熟祇須開溝合法可保無虞

隰地在秋閒冰凍其情形與溼草地同至於高形地土之受害不在秋霜或嚴寒而在初春之忽然冰凍忽然融解也冬寒無雪高形地所產嫩草至二月閒觀其情形甚佳然自二月至四月閒反易萎死總言之久延寒冷無害於草卽無雪亦不妨礙而其所以有害者在忽冰忽融也此卽地土屢次鬆起而將其根鬚移動也惟天氣嚴寒於上等草有害初萌芽之草更有害山坡山嶺風勢甚猛雖無

忽冰忽融之情形其草不能抵禦此風勢亦將受害也

小麥冬殃

雷孟在德國考察小麥在冬天易萎死之故查知地土無雪遮蓋者其冰凍深八寸至十寸得暖氣消融三寸至四寸許又冰凍深二寸至二寸半則植物大受厥害因初次冰凍之後植物大根已執住於下層冰凍地土中至第二次冰凍時其地面之土又將漲起而植物亦舉起其根必斷

更有稍輕之冬殃凡平原地土已經冰凍又加以嚴寒大風其霜或冰即在地面化乾而土質變爲灰塵情形隨風

揚散則小麥根鬚將無所憑藉而死

在平原草地雨水積成水潭凝結厚冰將草舉起致斷其根低形地土未開溝者其冰凍之力更甚受害尤深此因地土下層已冰而水不能收吸入土也此等地土在春夏開流通水之法固甚合宜

雪保護草

冬閒地面有雪蓋護則草受冬殃較輕紐英格倫農夫有俗語云冬天有雪可望馬料之豐稔價廉而在極冷地方有厚雪蓋護更可保護穀類及草料故俗謂雪年豐年

冬麥在紐約及紐英格倫可較西省種於更北因東省常有大雪而西省恆有大風吹掠平原地也厚雪蓋護植物不但阻禦寒氣據蒲生古云雪可作爲遮簾而阻晚閒地土熱氣之騰散

蒲生古在秋閒散小麥子於一田至二月閒將寒暑表置於四寸厚之雪中而令寒暑表之球與地土相遇又將一寒暑表置於雪面其置法可令晚閒下雪堆於此表十分寸之一更有一表懸於空氣中距地高四十尺在房屋之北面該處地面騰起之熱氣不易散失也

日期	時刻	百度表○度時 雪下	雪面	空氣中	
三月十一日	下午五點半鐘	○度	負一·五度	正二·五度	天晴無雲查看時日沒半點鐘
三月十二日	上午七點鐘	負三·五度	負一·一度	負三·五度	日光尚未照地夜閒清朗無雲
三月十二日	下午五點半鐘	○度	負一·四度	正三·○度	日已沒
三月十三日	上午七點鐘	負二度	負六·二度	負三·八度	天氣稍陰微風
三月十三日	下午五點半鐘	○度	負一·○度	正四·五度	日已沒天氣晴而清
三月十四日	上午七點鐘	○度	正○·五度	正二·○度	西風微雨

試驗三日天氣甚佳日光照射於雪面頗有光亮

地土已冰凍後有雪蓋護則地土中之熱氣漸令融解所以蔓草在有雪地生長較速於無雪地也

雪較冰爲佳

輕鬆之雪蓋於地面最爲合宜若久遇寒氣忽冰忽解收縮堆積則失其保護之益卽是雪形愈近於冰者則地土遇冷氣而冰凍愈深猶抱絲敦地方住宅北面餘地有冰凍也其草往往因此死滅蓋此草所遇之寒氣甚重其冰凍又足以阻空氣不與植物相遇遂悶死或植物雖能生活終不發達卽是植物須時時吸養氣而放炭養氣也博士麥約云植物能呼吸之初係在冰未消融度之下卽是

較其能生活之度稍低而已能呼吸也歐洲山間冬穀類常因厚雪久留於田而受害大約因植物在雪下不得光與空氣也

總言之冰雖不易傳熱之物而其功不及雪因雪在田面輕鬆多隙容有許多空氣此空氣亦不傳熱可阻地土所有之熱並阻霜之透入冬季無雪則冰凍較深據云西卑利亞湖周圍之地在冬天幾每日下雪故堆積甚厚初次下雪時地土尙未冰凍由此雪遂保護植物而免霜侵之害蘿蔔番薯之類當初下雪時尙未掘起者仍可掘起而無損壞此植物至明年能復生長

據云德國地土未冰凍時下雪甚厚久留地面則小麥因不得光與空氣而悶死儻雪稍融解結成一層冰片其害更甚晚春下雪可阻禦該時雨水之衝擊而漸漸消融滋潤地土均有大功效

春間輥草地

去冬嫩草爲霜所害者至春間用石輥之令地土堅實根鬚與泥土密切惟此事須度合宜之時爲之卽是地土已乾而馬足可踏石輥之面不致有膠黏土質其植物之根並未顯出於風光之中此其時也然行此事之前稍散新子尤佳且用石輥更有一益設地面有石礫等輥過之後

壓於地面之下至刈割時劘刀或割禾機器不致損壞英國牧場地嫩草生長已固其高約三四寸卽輥之總言之春間各草地土屢次輥之可以改良因老根發達之新葉新根往往高於地面恐泥土不能壅護令用輥令其稍埋於土中更爲牢固居宅前之草地亦須屢輥令其堅實至夏間割草之後又輥之

燒地面之草

在八月間散草子於乾田其子雖能受露水微雨發芽而天氣乾熱數日之後將萎死所以抱絲敦地方八月旱乾不宜散子惟在低形熟地溼潤者可散之若高地無旱乾

之患則八月散子較九月爲佳因早散子之植物在冬季更能耐苦也密散子亦有益早秋嫩植物因乾熱而死者尚有未萌芽之子漸漸生長以補其缺至得雨滋潤卽發達

卷終

農務全書下編卷十三

美國哈萬德大書院農務化學教習施妥縷撰 慈谿 舒高第 口譯
新陽 趙詒琛 筆述

第十一章下

草料

幼植物禦旱乾

提少首試驗而知各植物適在萌芽時爲旱乾所逼仍能復原尋常穀類子散於田有微雨潤之卽易萌芽然地土極乾其芽亦不易生長惟在此幼時數次受旱乾之害其後依然生長

提少首用一年陳之子置於溼海絨或飲墨水紙之面令其萌芽其試驗分爲三期一其根鬚初發出尚不及其子長之半二根鬚等於其子之長三芽葉將破子殼而發出在此三期各選其子數粒置於法倫表九十六度之鑪內此熱度係瑞士國誰尼伐城尋常天氣最高之熱度也如是數日

此烘乾之子置於乾房內一月或數月房內熱度爲法倫表六十度然後再置於海絨或紙面令其復萌芽依此法爲之小麥燕麥蕎麥苡仁米大珍珠米豆類芹菜麻捲心菜芥菜生菜各子雖旱乾二三月仍能萌芽發達若過一

年則不能生活小麥子在第一第二期置於乾處六閱月又半月尚能生長惟有他植物子適在萌芽時驟令其乾數時已不能生長矣如豌豆黃豆罌粟子等是也

今將試驗之效列表如左

萌芽之子	若干日後萌芽	熱度	烘乾後置乾處星期數	若干日後復萌芽 一期	二期	三期
小麥	二	五九至六三	一〇	三三·五	五	
燕麥	二	又	八	又		四至五
苡米	三	又	又	八	八	無定期
大麥	二	六三	一〇	二	無期	無期
菾藜	八	六八	八	一二	又	又
蕎麥	四	五九至六二	又	六	一四	又
扁豆	二	又	九	二	又	一六
豆	四	五九	八	四	六	無期
芹菜	二·五	又	九	五	五有奇	又
捲心菜	四	又	八	四	一四	又
芥菜	一	七〇	一〇	二	四	
麻	四	五九	八	四	無期	無期
生菜	二	六二至六五	一〇	六	又	又
白苜蓿	一	七九	又	八	又	又

觀上表第三期之子乾後而能萌芽者甚少如小麥子在第三期祇有少數能挽回須極小心方能發達二星期之後其高尚不及二寸而第二期之子此時已高三寸子將萌芽時驟令其乾仍無損害遇溼即生發矣如已有根鬚忽受旱乾其根萎死欲挽回之須重發新根鬚故烘乾之時愈晚者其重發芽之勢力愈弱第一期之子初發芽已失其重數百分之二至三分或竟失七至八分第三期之子挽回所需之時甚久或在此時閒竟死此困難蕎麥大麥可明見而易腐爛之子如豌豆等亦然

更有試驗將烘乾萌芽之子置於法倫表一百五十八度熱度中此係誰尼伐夏閒最熱直接日光之熱度也查知第二期之子均死第一期之子小麥燕麥捲心菜蕎麥扁豆復挽回而生長惟甚遲緩苡仁米麻豌豆遇一百五十至一百八十度之熱度則不能挽回而死提少首云在尋常泥土第一期之子直接此熱度之日光不死博士司派拉誰尼從前云烘乾萌芽之子在一百六十七度熱度中二分時尚可復生伊將未烘乾發芽子之根鬚浸於一百四十五至一百五十六度熱水中二分時尚未熱死

諸屋澤將子置於溼法蘭絨上令其萌芽及其根鬚並芽已生長約半寸許即用六十至六十八度熱度令其乾又

溼之又令其乾如此數次其效載於下表與從前提少首之試驗相符小麥苡仁米大麥萌芽之後頗能受旱乾也嫩植物每次乾時其根鬚必盡死至又溼之則又生新根鬚其初發之芽葉亦乾枯惟子內之生機尚活所以遇溼又有新料發出其芽葉已生長四分寸之三或一寸者亦然含油之子並豌豆苜蓿禦旱乾之性較穀類更弱

每次乾後各植物復發達之數

十月二十四號置各種子一百粒令其萌芽	至十月三十一號發芽之子數	第二次乾後至十一月十號	第三次乾後至十一月二十七號	第四次乾後至十二月九號	第五次乾後至十二月二十五號	第六次乾後至正月五號	第七次乾後至正月十三號
小麥	七五	七〇	五七	三一	二五	一〇	一
苡仁米	八五	七八	七四	四〇	三三	一七	四
大麥	九〇	八三	七七	六二	四〇	二七	八
大珍珠米	九八	九六	六六	一四	三	〇	〇
油菜	八五	五五	二七	一七	一	〇	〇
麻	八八	七八	三〇	九	〇	〇	〇
紅苜蓿	八五	四一	一〇	三	〇	〇	〇
豌豆	八七	三八	三	〇	〇	〇	〇

草子甚小其中養料爲數不足於嫩植物禦旱乾之用故較他子更易死

舊田之草當中夏之酷熱往往乾死儻有蟲子至夏天出

嚙其根則死者更多欲免此弊不可在近根處刈割須留其稈少許或稍留葉則植物尚可得養料蓋下節之葉雖係老弱而既割之後留此數葉亦殊有濟也若草尚壯盛刈割時又非極熱之天氣則至酷熱時死滅之數較少儻飼畜草宜於灌水者則刈割之後卽將草料移開而灌水於田遇酷熱天氣其害較輕紐英格倫高草地並牧場灌水足數卽可禦夏季之酷熱夫灌水固不免費工本亦不得已也而南省中省灌水較北省更爲緊要意大利北省浪白待有多水草地可隨時刈割草料美國南方亦有此等草地

草料需多水

草在多雨地方最易茂盛據勞斯並葛爾勃之意草生長時雨水多者則情形不同於小麥凡小麥燕麥在秋播種者其根鬚已有力而多得土中之養料英國小麥至冬閒亦頗能得土中之養料故小麥不似草料之專恃春夏之雨水惟需春夏之高熱度而已

飼畜草在田閒有一年或二年之生命故利益更厚於穀類然地面固可爲草根敷布而入土之力則不及穀類

觀勞斯並葛爾勃之試驗草料小麥苡仁米連年耕種不加肥料折中計算每畝所產重數大抵相同惟一千八百

七十年極旱乾則未加肥料之草地每畝竟少一千七百四十七磅苡仁米少九百六十四磅小麥僅少三百九十四磅即該年旱荒減草料產數四分之三苡仁米不及五分之二小麥六分之一

草地加肥料

草地加肥料之功效全恃地方之情形並時候之宜否如英國南方舊法在冬至節加肥料於面土羅克駭省割草後亦速加肥料五十年前亨脫試驗云加肥料須在草料尚有生命之時不可在冬天大概植物休息之期儻加肥料後數日得雨水有把握者則在中夏加之爲最宜然在

英國雨水雖無定期亦以夏季加之爲宜

草料刈割後加肥料有一益當時落地之子又可生發而成新植物其地土不甚旱乾則帖摩退草連年種之不見衰敗凡地土堅硬或難犁之隰地均可用此法也

待文駭省寫租契往往載明牧場須多加肥料每畝加肥料二三十大車從前農學士之意加肥料宜在秋間雨水尚未令地土過溼裝肥料車尚能運行之時其肥料須極腐爛均勻近今農學士之意每草地一畝應加牛棚肥料十噸或十二噸先令相和之鋪料腐爛而後加之其時在九月杪或十月初有微雨尤宜

夜寒草易茂

抱絲敦近地早秋時老草地面加肥料以爲甚合宜該時夜間已寒冷又得合宜之溼度加此肥料可令所種草速發達而阻喜甚熱之蔓草生長由是多得佳草料凡居於北方者均可用此法即是秋間尚未多雨之時刈割草後速加肥料

農家云佳草地加肥料較加於瘠地更合算加肥料多少須察其草之盛衰儻過於茂盛其根間不免腐爛而多加肥料於帖摩退草最爲合宜美國選擇草料甚注意故加肥料不多而次數則較多恐一次多加其草料變爲粗劣

惟欲壓死蔓草則不能不多加令所種草格外茂盛也

新割草地加肥料

麻賽楚賽茲省低形草地在秋間將冰凍之前加肥料於面土其子在一二月前散者更佳可免霜侵之害其肥料稍和馬廄肥料令地土暖而增肥度

平草地如此加肥料亦屬良法其實無論何等草地新散子者均宜如此惟工費較鉅耳當春間種於小麥田之嫩苜蓿亦可加禽塲肥料惟此肥料須細而鬆否則恐壓倒植物若用散肥料具而在陣雨之前加之則穩妥矣

和肥料宜於草地

在英國煤灰並煤渣料加於膠土牧場可以改良此等灰料令地面不致堅實如硬殼若加磚屑並道塗泥土或垃圾等亦有益由是思及草煤和肥料

早春或秋間稍加黃沙土一層於地面可保守其溼潤並壅護爲冬霜舉起之根鬚且有草在其根之四圍發達因而土鬆根顯者用此法其根牢固不搖故用畜棚肥料或草土和肥料較用金石類肥料更佳若用草煤和肥料加之以糞料令其發酵獲益尤大

肥草地之蔓草不甚害

凡地土在近年整頓美善者則肥料中雖有許多蔓草子亦無甚害因佳草生長發達自然偃壓蔓草也他時并蔓草刈割之惟各肥料與蔓草子之關係各不同如歐洲乳牛糞藏於深窖令其多溼而發酵者其中之蔓草子較少馬糞未經豬踐踏者其中蔓草子必多

有一種蔓草名曰牛眼草馬食之其子不能消化所以此等馬糞壅田甚易生發此蔓草又有一種爲尋常野紅蘿蔔子亦不消化頗易生發祇有鋤去之一法若在冷性低草地其肥料中有此草子而深犁入土者不得空氣不能萌芽況地土多溼更易腐爛英國北方紐海姆希亞省近剎紫陌城多用海帶菜爲肥料其法用此料與畜廄肥料

相和則蔓草子不能生長草煤加之以木灰鉀養或石灰或石灰與鉀綠相和之肥料壅入土中雖有蔓草子相雜並無妨礙此等肥料可代海帶菜而助佳草之發達也若加於面土亦宜

英國農家除老牧場苔類之法用新石灰二大車與佳鬆黃沙土八車相和加於一英畝田已甚足至春間犁耙周徧先將佳草刈割一次以後生長即任畜類在田間食之

面土加肥料須早

地面在早春或早秋應加肥料早春其土稍堅硬而秋間亦不可過遲遲則將冰凍肥料不能入土蓋加此肥料於面土意原欲其隨雨水收吸入土中也紐英格倫之南夏間有大雨時即可加之

故在高形草地早春加肥料於面土或在秋間亦以早爲妙紐英格倫在二月閒每畝加肥料十車或十二車於面土至收成豐稔者可得馬料三五噸否則二噸而已拖絲敦居宅前之平草地並園中草地已經冰凍加肥料於面土大抵爲雨水沖入溪河中即留於地面者亦漸爲雨水消化沖失秋間甚早加肥料其草更將發達並可保護冬季之嚴寒然田鼠等或因得其保護而食草根來春必顯見損害亦不得謂之盡善也

秋閒加肥料於面土最宜

紐英格倫地方秋閒加肥料於面土最爲合法加肥料後必望有雨水而在第二次刈割之前地土可飽足肥料也惟此事亦須查察地土下層水之多少爲定

乾面土不宜加肥料

凡雨水不均勻之地方則面土加肥料不合宜格司配林云法國南方地土除灌水之草地外罕有加肥料於面土者拖絲敦近地有老草地並牧場加肥料於面土竟無益因天氣旱乾也所加肥料均廢棄而與植物不相關前曾言肥料不能入土中往往廢棄面土加肥料亦常有斯弊

故農家應考度其宜否

紐英格倫農家老法

從前博士拉特云草地加肥料其情形頗不同或在刈割後加之若在春閒不遲於三日之後其地土本係濕潤者刈割後速加之如此則肥料可隨雨水入土中而得其利益此等地土在晚秋或冬季加肥料將爲雨水沖失其效微矣

地土瘠薄產弱草夏閒刈割後加肥料則草在夏秋之閒變爲茂密以待明年用在明年第一次刈割時可顯見其效若加肥料較遲至第二次刈割始見其效也

溼草地亦宜早加肥料余曾用未發酵之畜廄肥料其中鋪料尚未腐爛然較相等之已腐爛肥料更佳夏閒甚乾熱天氣加肥料亦不妨礙此時佳草能從肥料閒高發而無肥料處則不發達故加肥料以均勻爲第一要事肥料中有長草等須鬆散之不費工也

驅羣羊於草地藉此得面土肥料

歐洲草地並居宅前之平草地當早秋驅羣羊至該地實爲面土加肥料之計博士殷先生言用木料長十二尺直徑五寸裝木條爲柵欄而兩端各有相交之木此柵欄頗易遷移闌羣羊於草地甚合用又云此法加肥料甚佳費

用亦省而羊得許多食料阿爾蘭陸地頗用此法增其肥度其盛食之槽加以油渣餅排列於草地陸續遷移則羊糞徧於地面

面土加肥料之弊

或云凡草料得地土之利益須待肥料與泥土相和密切草根已得其養料則地面之草自然發達不可阻遏矣面土中有腐爛肥料尤佳其微根鬚將在面土中敷布他日翻犁之後更可爲他植物所需

實驗老田並老草地果有斯效哀的克之意肥料與泥土相和又須與草根相遇面土中肥料非易化者用器翻於

土中然後耙之輥之或令壯羊踐踏之或用他法治理之如此面土加肥料庶有良效

肥料不深壅易廢棄

農學士云面土肥料恆因發酵耗失此耗失數乾田較溼田更甚格司配林云法國南方溼草地面土肥料每畝得淡氣二百二十四磅三年間增草料六噸左右此草料中有含淡氣物質一百七十磅與原加肥料中之數挽回四分之三然從前曾言他植物欲挽回肥料中淡氣原數極難

格司配林又有試驗云一方草地不加肥料得草料一千

七百六十磅加肥料十三噸於面土其中有淡氣一百零六磅得草料六千一百六十磅而因四千四百磅草料中有淡氣六十二磅僅挽回所加淡氣大半而已此亦不以爲奇也

草地加賤價和肥料

梅呩省有農夫見草地肥力漸竭至秋間取溼地泥土與石灰相和而加之每畝十大車每車有三十七斗價值五角用此法後四年間每畝增上等帖摩退草並苜蓿一千五百至一千三百磅依此計之每年每畝加一圓二角五分價值之肥料可多得草料四分噸之三

上所云之數與英國草地加圭拏所得之利相較可知其有利益英國每一畝得馬料一．五噸若春間加秘魯圭拏二百磅可得二噸則增半噸之價值有限而增資本幾近六圓因所用圭拏數係十分噸之一而一噸價值爲六十圓也凡用圭拏者收成之後尚有餘力然此餘力僅能抵載運肥料及壅田之工資而旱乾之年又恐不能得利若用和肥料則依然豐收也

草料或過於茂盛

梅呩省農夫取溼地泥土與石灰相和之肥料加倍壅田其效反不佳據云此加倍之法以致多生蔓草而佳草過

於茂盛數年間所産之數不合用蓋因地土得淡氣肥料過多也由此可見草地加肥料不可多即穀類田加肥料亦不可過多多則小麥苡仁米稈葉茂盛而不能合法成熟至收成工費亦因之有增故宜謹慎免此弊病爲要

英國農家常查知草地在春間加鈉養淡養甚足者其葉速變爲深綠色生長極茂羣羊食此草將不能肥壯而有害

當七八月間旱乾忽有大雨其草地變爲極茂盛羣羊食之亦有害凡羊食此等田所産苜蓿或嫩草數月後似有受毒之象而小羊尤甚牛馬食之亦然旱乾時羊糞落於

地面至夏間熱雨將其糞中許多淡氣肥料沖運至草根間由此速發達卽有肥料過多之害家兎野兎食此草竟有死者

凡草生長於畜糞堆處必茂盛然大抵畜類不願食此茂草而迫於飢餓不得已食之英國種馬料用圭拏亦見有此弊而穀類田用圭拏之弊似較輕

英國每草地一畝可加最佳圭拏六擔許此草爲羣羊所食尚合宜惟不可任其生長甚高刈割之草料祇可加圭拏三擔或四擔萊草生長甚高者每畝可產三噸作爲馬料然因其根間茂密易於腐爛不能多得利也

和肥料易散布

春間用和肥料較用畜廏肥料更有益可在田面布散均勻若畜廏肥料或并成塊殊難布散也在秋間加於田者至春間須用耙以散其塊而均勻之黃沙土和肥料加於面土爲滅苔類最佳之法布散亦易

膠土或低形草地以煤灰製爲肥料散於面土甚佳細垃圾池河泥道路垃圾海濱沙土均可用也凡瘠薄竭力之田用此法尤有功效

此等和肥料中加之以製造化學肥料少許散於面土其效更顯紐英格倫嘗試用之

近倫敦地方有廣大之草地用馬糞散於面土凡地土稍覺其韌黏者卽向倫敦馬廏取出糞料加之甚合宜

各肥料各有合宜之草

各肥料與各植物各有合宜不合宜如一田之草有數種而加肥料必有與某草合宜與他草不合宜常見用速性淡氣肥料者有一種草頗易茂盛他草得益甚淺

紐英格倫查知木灰與白苜蓿甚合宜石膏與苜蓿亦合宜蓋石膏可令土中之鉀養洩放也百年前石膏爲肥料有聲名均因在苜蓿田見功效總言之欲得馬料必須用鉀養肥料則種苜蓿較種他草更可獲利又查知石灰亦

可助白苜蓿之生長英國近年減用石灰而苜蓿遂不及往年之盛或云萊草不得石灰亦不易茂盛

勞斯並葛爾勃試驗事

如將舊園平廣地六畝以半畝爲一分未試驗前每畝產馬料一·二五至一·七五噸其根料等可供羊食其地係較重之黃沙土下層爲紅色土更下層爲白石粉土所以洩水法甚合宜

勞斯並葛爾勃考究各肥料與產草之關係其效甚顯查知鉀養與草地之豆類物甚合宜儻以鈉養代鉀養則豆類物將衰又查知無肥料田所產雜草較多加肥料田所

產雜草較少總言之無論用何種肥料所產植物必較爲清楚

禽場肥料之益

禽場肥料不僅可增佳草料之收成且可減雜出植物如蔓草之類其功效勝過製造肥料有田在八年間每年每畝產馬料中數四千八百磅較多於未加肥料田二千一百三十九磅

禽場肥料加之以阿摩尼鹽類二百磅其收成較僅加禽場肥料者更豐草色亦甚深綠而雜出植物如蔓草等更少惟草料似較粗耳

金石類肥料之益

金石類肥料如鉀養鈉養鎂養鹽類或鈣養多燐料均能增植物之收成其生子亦較多成熟速而不過於茂盛此等和肥料中鉀養爲緊要之一分若去之雖灰質料甚多亦無濟也

阿摩尼肥料之益

獨用阿摩尼鹽類可增正項馬料收成數而減豆類植物並蔓草之生長田間用此肥料苜蓿竟可絲毫不得利益而馬料之葉甚茂其稈料及子不多此猶前所云梅呫省農夫用陘地泥土製成和肥料所得之效也用此阿摩尼肥料植物下節生長較密開花不多收成較晚科爾孟從前試驗之效列表如左

田一畝	馬料磅數		
	第一年	第二年	第三年
無肥料	三三六一	三九四八	二九三〇
加阿摩尼硫養二〇九磅	四八九六	三六七〇	
第三年又加阿摩尼硫養			四五七〇

由此可見肥料之功效僅在加之之年凡新草地加肥料可令植物從速發達而偃壓許多蔓草不與佳草爭奪養料勞斯並葛爾勃試用淡氣肥料並鉀養肥料或他種金石類和肥料收成頗豐而雜出之蔓草等甚少

有一次將阿摩尼鹽類四百磅和以鉀養並他種灰質加於田而二十年間並不再加肥料所產馬料不止加倍數較獨用阿摩尼者亦幾加倍較獨用金石類肥料者增一五倍若將阿摩尼鹽類加倍而他種肥料仍依原數所產馬料更有增二十年間每年每畝得二噸許且係佳馬料雜出之植物甚少此馬料粗壯葉闊而清潔有過於茂密者其近根之葉已將腐爛是成熟不能均勻而品性未免較次也若在生長不甚高時卽驅羣羊食之或刈割之則第二次之生長亦甚得利

鈉養淡養之益

獨用鈉養淡養正項馬料產數可增下節多葉而稈料較少其成熟稍較晚此情形與加阿摩尼鹽類不同加阿摩尼鹽類亦多葉而有深綠色然其生長法多吸收炭質而無速成熟之性

加淡養料者所產植物其情形並無特異惟多葉而更茂其稈堅壯其色較用阿摩尼鹽類者畧淡儻續加鈉養淡養每畝二百七十五磅所得收成數較多於加阿摩尼鹽類同數所產之數若淡養加倍其增數亦甚微

草地用鈉養淡養爲肥料豆類植物不得其益加鈉養淡

養或阿摩尼鹽類豆類植物往往不能生長然此二種肥料尙以淡養爲合宜總言之鈉養淡養爲豆類所用較阿摩尼爲合宜爲正項馬料所用其功效不及用阿摩尼也

鈉養淡養並鉀養或他金石類肥料和而用之得馬料收成較獨用淡養或獨用他金石類更多而成熟較獨用鈉養淡養者更速此等肥料加數愈多則蔓草愈少

多燐料之益

數年間獨用鈣養多燐料每年每畝可增馬料二百磅然以後收成數漸減至十七年所得之數與未加此肥料之田相等而較以前加和肥料者竟少收成三分之二似乎

多燐料獨用於草地尙不及獨用鉀養鹽類有功效也鉀養鹽類爲苜蓿或他豆類植物之肥料其效明顯

鈣養多燐料與阿摩尼鹽類並用在七年間每年每畝可多得馬料十七擔以後十七年間較獨用阿摩尼鹽類者多三分之一當時豆類植物並蔓草漸減惟堅壯之草尙能存留

英國甚少禽場肥料故農夫於每一畝加鈉養淡養和肥料一擔至一擔半多燐料二擔至二擔半楷尼脫三擔獲效甚佳據云此和肥料甚宜於苜蓿以楷尼脫中有鉀鹽之功效也惟淡養不可多用恐苜蓿反受其害如福爾克

有一田係瘠沙土種苜蓿並意大利莠草加多燐料四擔鈉養淡養四擔其苜蓿爲莠草所偃壓得馬料不及上等大麥稈料而苜蓿甚少更有一田用此和肥料又加之以煙炱苜蓿竟不能生長所產草料均係重而粗

田間用溝肥料亦可令草類生長甚速而少雜出之草惟稍生車前草蒲公英草而已此等田所產草嫩時卽刈割稍雜他草亦無妨礙

勞斯並葛爾勃試驗之總效

勞斯並葛爾勃試驗者均係正項馬料其根料等任羣羊食之不計及也然七年間未加肥料之田每畝亦有一千

四百磅許,加金石類並阿摩尼鹽類四百磅者,則有二千二百磅

七年閒每年每畝加各種肥料而得產物之數如左表

	馬料磅數	淡氣磅數	灰質磅數
無肥料	二八〇〇	四〇	一六八
阿摩尼硫養並綠養各二百磅	三七〇〇	六二	二〇五
金石類和肥料	三九〇〇	五七	二六一
金石類和肥料並阿摩尼硫養阿摩尼綠養二百磅	六四〇〇	七八	四〇四
又四百磅	六九〇〇	九八	四三六
鈣養多燐料加四年	三二〇〇	四四	二〇九

農務全書下編卷十三

又並阿摩尼硫養$_{三}$阿摩尼綠養$_{五}$二百磅加四年	四九〇〇	七〇	二八六
禽場肥料十四噸	四八〇〇	五九	三二九
又並阿摩尼硫養$_{三}$阿摩尼綠養$_{五}$一百磅	五五〇〇	六八	三七〇
鈉養淡養$_{三}$二百七十五磅加五年	三七〇〇	五五	二三五
又並金石類和肥料加五年	四九〇〇	六五	三二九
鈉養淡養$_{三}$五百五十磅加五年	四〇〇〇	六四	二四三
又並金石類和肥料加五年	五九〇〇	七〇	三六四

惠靈敦之意,此試驗各地之植物,殊不均勻,其正項馬料及苜蓿並蔓草之生長茂盛有參差,均因加化學鹽類多寡有以致之

肥料與苜蓿關係

勞斯並葛爾勃種苡仁米並紅苜蓿而加各肥料試驗之

此田前加禽場肥料多燐料而豐收瑞典蘿蔔,至第二年加各肥料種苜蓿,收成甚豐,在一處未加肥料者,刈割苜蓿青料三次,有十四噸,即合正項馬料三·七五噸,加多燐料者,得十七至十八噸,即合正項馬料四·五至五噸,此多燐料或獨加,或與鉀養硫養$_{三}$同加,或與鉀養鈉養鎂養硫養$_{三}$同加,惟此和肥料中若加之以阿摩尼鹽類或油渣餅,不甚見效

田閒苜蓿根犁入土而種小麥,亦得豐收,以後再散苜蓿

農務全書下編卷十三

子,不獲佳效,稍加肥料,尚可得中等收成,曾加鉀養並多燐料,則收成較佳於曾加他種肥料者,此苜蓿至第二年頗有病形,加鉀養並多燐料田,其病尚輕,加阿摩尼及油渣餅田,其病更輕

可見加多燐料而兼以鉀養鹽類或鉀養鹽類獨用者,甚爲合宜,至鹼類物如鉀養,初種之苜蓿與之合宜,而以後或不得效,必與土性有相關也

此等田以後再種苜蓿,不得良效,如六年連種之,竟有二年歉收,他年之收成亦薄,若於此田種苡仁米,則茂盛而豐稔

勞斯並葛爾勃之意凡苜蓿已豐收之後加尋常禽場肥料或製造肥料不能挽回地土之肥沃然在相近之老田連年種紅苜蓿卻是每年豐收一千八百五十四至五十九年連收紅苜蓿十四次而並未再播散子此六年間不加肥料田每次刈割之苜蓿有四噸七擔以後四年間有四噸十九擔若加以石膏或鉀養鈉養鎂養硫養並多燐料者獲效更佳

圭拏與居宅草地關係

或有人以為圭拏加於居宅前之平草地不特可令草類茂盛且可滅蔓草如在天晴之朝晨每一勞特地加圭拏

五五磅此地雖有蔓草亦將盡滅因蔓草之葉闊朝晨積受露水遇圭拏似得毒物待有陣雨將圭拏吸收入土中正項草類發達矣初加圭拏時草稍變為不清潔之紫色至新葉發出即偃壓受傷之蔓草若在陰雨天氣加圭拏其草雖能茂盛生長而無紫色然不能滅蔓草也

草料雜蔓草不可作佳馬料

加上所云之肥料其利益可滅蔓草而得乾淨馬料不易發霉以之飼馬或出售均無不宜且刈割此等佳草可擇時為之並無局促之患故又與不加肥料田之草不同

達會亦論及地土已雜出他植物則所種植物必受其害

又查知田間植物屢次為畜類所食則有力植物將弱植物漸漸滅之有一平草地長四尺闊三尺共有植物二十種其中九種為他植物茂盛擁擠而死

苜蓿在馬料田之關係

如馬料田將苜蓿與帖摩退草兼種則苜蓿之相關甚明顯因苜蓿所得養料與他草不同能由空氣中得由利淡氣也而他草類即得苜蓿根間所積之淡氣大約苜蓿根間微生物攝定之養料可供與他草用之總言之種苜蓿一二年之後漸漸衰敗其根料留於土中於是他草得其根中積存之淡氣所以苜蓿種於尋常草地當年所加之

肥料他草可得之且苜蓿之根又能令土質鬆疏改良

勞斯並葛爾勃論及馬料田之久得肥料云用無淡氣之金石類和肥料二十年間所產佳馬料較多於無肥料者一倍半不加肥料之田在第一之十年產數漸減加金石類肥料之田至第二之十年產數有增

如注意於馬料則苜蓿應早刈割凡養馬者因苜蓿作馬料易於發霉並有他黴菌類故不願用之

苜蓿子往往與他草子雜散於田因有數種草子雜種至收成時較專種一種草者為多即如正項馬料有多種草雜種者所得之數較種二三種草者更多雜種苜蓿其效

亦相同據達會之意凡田種草多種者其收成亦多曾將一方碼田種二十種植物此二十種可歸爲十八大類又如一小地其植物及小蟲等往往類數與其種數相同論及較高等之禽獸其理尤爲明顯

馬歇爾亦有此意云稀種之小麥至春間可雜種大麥令其更盛卽是春間小麥茂瘠不勻於稀疏處補種大麥由此偃壓將生發之蔓草至其終小麥大麥均獲豐收而大麥子小麥子可用風車分別之

加保護料於草地

黄沙土散於草地面頗可助所加馬廄肥料及他肥料之

功效故謂之保護料博士格奈從前論肥沃牧場云地面須有保護之物用小麥大麥稈料並長草料輕勻蓋護每畝約用料一噸至一噸半半月之後翻開成堆而令牛羊食草又半月復蓋護之如此迭次翻開蓋護經過夏季其保護料卽作爲冬間畜棚鋪料凡植物當生長發達時保護料必須翻開恐生長於其間他日將與料并拔起也苜白苜蓿用此法生長更佳

美國坎奈狄克省博士奥爾克脫有竭力之田在八月間略散帖摩退草並苜蓿子每畝用溼草地所產馬料二噸半蓋護之據云凡草有衰敗之象卽取他處所產草料蓋護能令此地漸漸改良而與冬天霜雪及耕犁或加馬廄肥料之功效相同

屋海噴省苜蓿田亦用此法苜蓿約高尺許在雨後雨前用機器刈割之其機器劇刀裝置略高多留其根稈而割下之料任其自然均勻落地不久變乾卽作爲蓋護料儻氣候陰濕則屢次修割至九月中旬爲止此時苜蓿僅高一尺

新種草至冬間易死卽因無蓋護物也老草地則有舊料落地蓋護之冬間之雪亦頗有此功效在秋間散燕麥小麥子至冬尙幼嫩不能受霜侵卽用嫩草料蓋護以禦冰

凍之害八月間散草子者可稍散大麥苡仁米子或他種速生長之植物入冬之後此等植物受霜侵葉落卽爲草之蓋護物並可阻雪之重壓雖然爲此用者究以何項植物爲最合宜尙難言也似用苡仁米或豆類植物較更合宜斯替屋之意秋間散草子時雜散蘿蔔子一磅他日蘿蔔之闊葉卽有蓋護之功效其根物凍死又可爲春間嫩草之肥料

草地作爲牧場

更有一法在秋間驅畜類至草地可得其蓋護物紐英格倫農家常用此法或有農夫不以爲然因帖摩退草不宜

爲畜類踐食、而苜蓿在夏秋閒任其發達、至來春可多得草料也、紅苜蓿刈割之後、又驅畜類踐食、竟可滅之

福爾克查知第二年刈割苜蓿之後地土中存儲之淡氣甚多、所以第一年必須任其生長、第二年可令畜類食之在第一年苜蓿根閒微生物繁多、正在攝定養料、若爲畜類踐食、不免失其功效、然畜類在田踐食、又可滅許多野草、如野紅蘿蔔等、此等植物若不滅、至晚夏將極茂盛、其地土鬆疏者、又可藉此稍爲堅實、故驅羣羊至田、並非小事、而牛則不及羊也、抱絲敦近地夏秋之閒、不用此法、常見野紅蘿蔔等甚盛

老草地在早秋令畜類踐食甚合宜、凡地土肥厚產草極茂者、均無不宜、惟瘠地種帖摩退草或苜蓿、則不可用此法、凡驅畜類至田踐食、固屬善法、然不可過度、須有限制爲妙、刈割之後、亦不可驅畜至田、或又以爲割斷之草根將刺傷畜類之鼻、不敢暢食、馬歇爾云、畜類不願食此存留不甚佳之草、非有他故也、凡用鐮刀刈割、其近根所發之葉、必須存留、可稍阻冬天之寒氣及於根、即在夏閒若近根無葉、亦恐熱氣逼迫受害

食第二次所產之草

英國西省衞耳斯南方氣候甚溼、欲產馬料甚不易、在該處有第二次產草法、即是在五六月閒將畜類由牧場驅至他處、而保留本年所生之草、至明年春又驅畜類至草地、據云草地一畝、此第二次所產之草、可供畜類之數、較同大地所產他植物更多、而畜類得食此草、形狀更佳、不特節省刈割之費也、或云老草子落地、又可生長嫩草、斯時有第二次所產之草蓋護、故新嫩草頗易發達、此等草料飼乳牛、可增其產乳數

用此法將至春閒、或有枯死之草、佔地面而阻嫩草之發達、是爲一弊、且漸漸堆積、易引鼠類匿其閒、囓傷草根、必將此死草去之爲妙、在老草地稀種之草、第二次生長卻無此患

無論何處農家、即生番亦知焚燒枯死之草、令新植物速發達、博士哇姆斯對脫云、二月爲塔克雪斯省之春月、此時焚燒黑色平草地、忽變爲深綠色、猶嫩小麥田、而未經焚燒之地、有廢料蓋護、不易發達、須遲一月、乃有此景象然則秋閒刈割草料、或令畜類踐食、或用蓋護之法、均有利弊、必須斟酌行之

卷終

農務全書下編卷十四

美國哈萬德大書院農務化學教習施妥縷撰　慈谿　舒高第　口譯
新陽　趙詒琛　筆述

第十二章

製馬料大理

製馬料之法均係大同小異從前農家欲得馬料祇求乾草而已此意亦合理凡草之嫩者均能補養馬身也然須知馬料與草此二字大不同蓋馬料者非僅乾草而草實爲牧場之料也馬專食草料如菜如陸恩草等其筋骨卽將軟弱其肉料多水而易出汗不能作重工他畜類亦然

農家亦未嘗不知此弊故僅飼以陸恩草者謂爲飼以拳毛其意卽不合宜也

凡欲得佳草料必擇合宜時刈割若作爲出售品須紮捆成式樣爲要

製馬料時之耗費

製馬料耗費有數端一刈割時適有雨將料中糖質對格司得林並他易化質灰質沖失二未乾料中恐有菌類微生物孳生此亦因受雨之故或因料中汁液本未乾也此最爲緊要菌類等及菌類累及之物均有害於畜之衛生有馬因食發黴之大麥珍珠米而倒斃者農家偶不經心卽受此大損害凡已收成之料從速設法藏儲杜絕損害之根原眞要務也

此等損害之所以然惜尚未詳細考究今但知馬料並大麥等有黴菌類者用汽水蒸之則飼馬無害然仍不免有危險也或云已蒸之料加稃皮少許或加研碎之穀類令其味更甘美則與畜胃合宜凡肉料及牛乳等初變壞時人食之往往受其害然並非有微生物之故蓋因腐爛物質孳生微生物而與肉料并合變成猛烈毒品如禿克辛妥孟等其中分劑有定如似鹼類物如司脫克寧卽木鼈子精非用極高熱度或極冷度不能消滅也

馬料中加鹽

馬料中往往加鹽或稍加陳石灰其意鹽與石灰能阻菌類之發達如已製成之馬料在陰溼天氣藏儲者可賫以保護在秋閒日短時刈割之陸恩料不能在田閒曬極乾者亦可加之每噸半乾之草料加鹽十餘斤已足內地畜類甚喜鹽得此加鹽之料頗願食之其旁或有較佳之料無鹽者不欲食也農家用此法今推行漸廣矣紐英格倫馬料一噸中加鹽六斤或七斤亦不論其爲何等馬料然余以爲極乾之草料藏儲合法者不必加鹽凡粗馬料如隰地所產之草可加之令其味更美以開畜胃

人工較多之地方將隰地所產草料與禾稈料相間成層堆積之每層加鹽歐洲常用此法禾稈料將收吸草料中之溼並香味畜類食此堆積之和料若甚合其胃口者

馬料中雜有蔓草更應加鹽田間有白色蔓草或黃花蔓草刈割較早者令草料極乾甚難惟有加鹽保護之此等多蔓草之馬料頗能補養畜體飼乳牛亦合宜

紐英格倫沿海地方欲保護九月成熟之西瓜至於十二月杪將此瓜置於涼窗而以鹹馬料襯墊之此鹹馬料即係鹹水中所產之草也近用以裝墊香蕉由汽車運往內地

乾料易失落

馬料受雨水並黴菌類之發達有損失外其細葉因乾脆亦有許多失落此關係甚大此嫩脆之料大抵為料中之雅品即是為植物最可貴之一分苜蓿因此失落者尤多所以早乾時刈割必須留意不可待其乾脆過度也英國農夫云馬料半成熟不可鹵莽刈割德人華爾甫計算由田間收進紫苜蓿乾料竟失落百分之七

儻待極成熟刈割則因子之失落而耗失補養料更多帖摩退草子甚多其中養料亦甚多失落於田鼠頗喜食之曾見鼠糞中有未消化之子所以有人云草料開花時刈割則較其成熟時為多因失落者少也然成熟時其子已長足實增其補養料之數

馬料香味

馬料刈割時易化散其中之香味亦甚有關係若已割之料不及時藏儲其弊尤甚此香味似乎畜類甚愛之因此覺其味更佳總言之治理合法能保存其香味出售可得善價

馬料香味之化散自不及酒醇以脫水在多面積之盆內化騰之速而此香味實隨料中之水化騰以致散失也所以已割之料遇雨露淋溼或在夏間水之化汽較速時均

能失此香味夏間大雨之後黃沙土亦發出一種氣味其理相同欲保存馬料之香味並欲免日間所得熱氣在晚間不致為寒氣傳其熱即將此馬料在下午用物料蓋蔽之曾見有知識之農夫即用此法也

依化學之理論之香味係易化散之油質於食品之佳否似毫不相關然加於食品中能令其味更佳而助消化機關之出力英國農家往往購一種馬料香料其意欲令粗馬料或稍變壞之馬料改良以合畜類之胃口據云次等馬料中加之以小茴香草等香料少許畜類甚喜食之盤克蔓之意將薄楷拉苜蓿少許加於次等馬料中亦可

增其香味而令畜喜食薄楷拉苜蓿發達於沙土其香味過於濃郁不宜專飼畜類若和於他料中則一舉而兩得也

馬料退色

出售之馬料其色與形式均有關係須漸令其乾不可多受日光則不失其顯明之青綠色如多受日光而又不翻動必有一分變爲紫色枯焦其形式因之不均勻

日光中曬乾變色此卽係退色也猶有色之布匹久受日光其色變淡常見漂棉布麻布舊法將布匹鋪於草地久令其溼屢次反覆則色退而更白草料若不受雨露並過

烈之日光卽能留其青綠之色

依化學之理論之草料之色既退亦將耗失其補養料之性所以購馬料須察其有甚顯之青綠色及香味否具此二者是爲上等馬料

凡生物質遇見日光有變化情形如爲植物藥品者須在陰涼處乾之不可在猛烈日光中曬乾蓋日光能將植物中藥性改變也由此論之他植物中之補養料豈不亦因此改變乎馬料如爲已乾之草料農家祇令其稍乾燥卽藏儲無需此猛烈之日光曬之也

成堆保護馬料

因欲保留馬料之香與色須成稇堆積之若鋪開於田間或翻鬆均爲不宜惟更有他意以下將論之

馬料因發酵耗失

多受日光非但失其香變其色而已且因發酵耗失其中之補養料其弊尤大也故馬料須免其過度之溼並免雨露之淋並防其半乾時之易發酵

如雨水甚多卽有濾出馬料中補養料之情形當此之時若已成堆而不擾動可無妨礙或刈割時尚溼而已經雨者或未成堆而已經雨者祇能任其自然不可翻動待天晴再行料理新草刈割遇陰雨天不翻動尚佳然亦不免

稍有耗失凡草初割不甚乾者生命未絕故能抵禦黴菌類及其已死屢受水溼則易因微生物之動作而耗失有用之物質

雨水損害馬料所以農家務令馬料速乾總言之馬料刈割後須從速歸於倉英國農夫有俗語云速將馬料移進卽此意也今盛行用機器刈割卽展開令乾較從前用人工爲速

天晴時馬料刈割受日光卽可稇紮裝於大車運送入倉美國農家收集馬料至黃昏卽入於倉其法將半成熟之馬料用馬力器具合成稇堆次日將此稇堆翻轉以受日

光並空氣若未乾透即散鹽少許乾燥地方如此爲之較近海濱各省更合宜乾燥地方倘有數日晴天者在數小時閒即可料理入倉

馬料刈割待其出汗

與上所云從速藏儲馬料之意畧有相反者即是善於料理馬料之農夫欲令其全美須待其自行出汗將馬料成小稛令其從緩變乾則其葉久延放出水汁此猶馬料植田閒時自然洩出水汁也

凡植物未死時從其葉孔久延洩出水汁若令已割之料仍能依尋常法洩放水汁是與在田閒無異而成佳馬料

或將新割之草受猛烈之日光其葉外層焦乾而所含水汁不得洩出祇能漸漸化騰變乾極爲遲緩必有許多水終不能洩出者觀其外似已甚乾矣依此而論欲製成佳馬料將已割之草攤鋪甚薄任其自行變乾然後成稛或作小堆耽擱二三日入於倉據農家云如此料理較能耐久

熱天可收馬料

葉能洩出水汁故能禦熱任酷熱天氣雖空氣中有溼者刈割馬料終較在風涼天氣爲合宜掏絲敦近地六月間天氣乾燥有微西北風化乾料中水汁甚易此爲刈割馬料最合宜之時也

在此緩緩令乾之法必稍有發酵情形而往往誤以爲出汗又以爲成小堆時亦不免發酵然當出汗時而畧有發酵其味更爲甘美或不明此理竟用柴火烘之使速乾豈但不合宜而已且費柴及工也

人工速製馬料

欲得佳馬料並非先令其發酵乃先令稈葉中之水藉出汗法洩放之於是用人工法令其乾格勃斯之意馬料在田閒已將半乾然後用人工法以乾之此半乾之草更易料理儻其時有雨水亦較以後淋雨之害爲淺

據格勃斯云如天氣乾燥將新鮮草料翻起曬乾則在田閒亦可令所含之水化乾而以後再用人工料理之較便易也

令馬料出汗法

有人專信出汗之法如下將用人工刈割之草料成稛及其稍乾然後料理即是將此稍乾之稛料作成小堆令其出汗堆不可大大則因發熱而發酵而發酵之後即有腐爛情形矣既已出汗將小堆翻開任空氣吹入俟其乾合度即入於倉此等出汗未免畧有發酵情形農家須注意之況天氣亦有合宜否也

出汗法卽令已刈割之馬料由葉孔洩出水汁也及其稈葉已收縮是爲有效論及苜蓿此法更宜因苜蓿料理法較他草更難也美國甚熱天氣刈割苜蓿令其受猛烈之日光其葉變爲乾脆而稈尙未乾也故用出汗法則稈亦乾凡帖摩退草等稈料中均多水用此法料理無不宜者有農家以爲出汗並稍發酵宜於數種粗草料因粗草料用此法甚有效也英國農家云隰地所產粗草料飼馬不宜若飼牛羊則甚佳儻其料過乾者畜須另飲水凡多雨水時堆積之草料均有稍發酵之情形各畜類似不喜食之是不用善法料理而卽藏儲者飼牛羊雖無礙而不可

以飼馬也有乳牛喜食發黴之料養馬者決不以之飼馬或以爲此粗草料稍發酵其本紋質可改良畜類食之而甘是言也余甚疑之總之凡草料含多水者必令其出汗卽天氣不合宜時亦易爲之至發酵情形恐非所宜也

製馬料善法

製馬料大抵恃天氣情形故不能有一定之法勃凡利亞省多雨水之高地其草成小堆令其乾猶紐英格倫晾乾豆萁之法也卽將馬料堆於十字架多遇空氣據人云瑞士國並歐洲他處山谷亦均用此法因該處常有大雨而土溼也瑞典國及司考脫倫北小島亦然

半乾馬料令乾法

半乾馬料成小堆其中稍發酵卽生熱氣是化學改變之故此熱氣與下午成堆時本有之熱氣不同成堆時之熱氣在夜間亦不得盡退至明晨須展開之

凡小稇半乾馬料久不翻動將發酵而生熱氣卽是其中微生物由化學法引動如欲別其何者爲本有之熱氣何者爲發酵所生之熱氣則甚難本有之熱氣尙未退而發酵之熱氣已將發作凡料理馬料者須注意此二項熱氣也

遮蓋馬料之利益

夜間遮蓋馬料可將其本有之熱氣不致傳散於是出汗漸乾至明晨展開受日光其乾更速此卽利益也且可防晚間或下雨淋溼而香味亦因之保留

遮蓋法用密厚方式之棉布蓋於馬料上面布之四角用木釘插於地土或插堆內不致脫落

雨水易引微生物

遮蓋以禦雨露不但可保留其香味並免雨水挾帶空氣中微生物入料中而變爲發黴也有博士用玻璃瓶盛冰掛於田間收取瓶邊凝水而以顯微鏡考之果有微生物古時有人於月夜掛肉料於露天查知易於腐爛此卽月

夜天氣較寒而空氣中之水汽遇肉凝水卽傳微生物於肉故更易腐爛凡動物質已溼而得隨露帶來之微生物明日受日光之暖熱則速腐爛此微生物與雨露同至馬料中亦易變爲有損害之化分法儻馬料未乾透者更易有此情形所以微生物至馬料愈少則農家愈幸微生物遇此半乾之馬料極易蘩衍也

當初紐英格倫用布遮蓋馬料人皆贊美後因南北爭戰棉布之價甚昂農家不肯用此法受累匪淺

其實遮蓋之費不大工夫亦不煩重祇須用上所云之木釘而已凡欲將馬料出售者用此法必合算此棉布既用

之後卽曬乾不令其有發黴等情大約將來此等遮蓋物必用木漿製成者今尋常所用棉布尚嫌其易於透空氣及漏水也或於布面塗油或加化學料以阻其發黴腐爛等弊則在雨天遮蓋可無慮矣

櫻色馬料

製此等馬料全恃稍化分法先將草料中之水大分藉發酵之熱氣逐出之則爲日光並空氣化乾之水祇有三分之一此法並非欲馬料與空氣相遇乃欲逐去其空氣也卽是其料先已畧乾其葉已收卷而稈尚係新鮮卽作小堆或大堆踏而逐去堆中之空氣令其從速發酵生熱竟

可至沸水度其料變深紫色有焦糖之氣發出

天氣合宜時將此堆展開令其速乾尋常已踏之草堆蓋以六寸厚之穀稈料而任其發熱變乾並不展開

用此法草料則有發酵情形化學家名謂酒醇拉帖克酸迷脫里克酸發酵卽是料中之炭輕質如糖對格司得林變爲酒醇炭養氣拉帖克酸迷脫里克酸而似蛋白質料亦有改變因亦經發酵微生物之動作也然有補養料數分因此消滅發酵之熱度甚高足以毀滅微生物故櫻色馬料不易腐爛又不易發黴況多發出炭養氣並拉帖克酸亦可阻腐爛微生物之動作

櫻色馬料之製法合宜畜類甚喜食之而又易消化據云此料極似紅茶夫紅茶葉與綠茶葉相同其採取之法亦相同惟製紅茶時先將其葉成堆發酵於是令乾而綠茶則不用發酵法卽乾之

製櫻色馬料之原意因不與天氣相關也卽是不佳之天氣亦可如此料理不致廢棄惟此事自始至終及移運草料等均有許多生物質耗失

此法乃依格致之理爲之歷史中亦嘗言之其實此法不及窖藏青料之善窖藏青料可將無論何草在多雨地方保護以待用否則草在田間將過於成熟而失其料中之

要質秋末收取陸恩草若藏儲於窖歷時甚久不壞因該時無日光可曬不能爲尋常製料之法也

藏儲馬料須乾

熟悉此事者云藏儲馬料不可過溼過乾紐英格倫農夫之意預備出售顯色有香之馬料刈割時不可在田閒過乾則足踏之後可爲緊密之堆然堆頂一層往往變壞其上面葢以稈料或次等草料至於窖藏之靑料將未甚乾之料堆於下而其上葢以他種草料更用木板及石壓之使其緊密或加以泥土亦可總言之未過乾之料作大堆者較小堆更能歷久

據云在田閒曬甚乾之馬料作堆不能緊密儻係粗硬者更如此卽是成堆之後易鬆而透空氣且新作之堆其中必有炭養氣鬆則易騰失有農夫之意凡靑苜蓿藏儲於窖中者可阻空氣不致透入所以當日刈割之苜蓿卽藏於窖較在田閒令乾而藏之者更爲合宜排納之意朝晨露乾之後卽用鐮刀刈割隨卽翻動在一小時閒可作成小堆此後將乘其熱乾作成大堆至日落時停止工作不翻動恐其熱氣易傳散也如當日不及藏於窖則至次日午刻可也

在田成堆時其料將半乾卽踏而緊密之堆面又葢以成綑麥稈料據排納之意須免外來之溼而入窖時馬料須熱而鮮其葉尚未萎枯大堆中發熱竟有法倫表一百二十二度其形新鮮有香有色此料之品等果爲甚佳所費工夫不多且無誤事

或在朝晨刈割苜蓿至下午散之明晨又開展此苜蓿料尚未枯故露水不能令其變黑惟日落之後不可藏於窖恐其受露之後挾帶微生物令其發熱發黴也此法除天氣晵晴外自始至終不能在一日完畢若欲防意外之不測每料一大車可加鹽四斤

藏儲馬料有二險一恐有發酵並化學之變化如成堆時

其料過溼則易發過度之熱而變爲黴二其料過乾則損其香味在堆中成熟不能周徧尋常畜類如馬在秋天喜食次等草製成之料而在冬春之際不願食佳草料因其在倉窖中已變爲陳宿也而次等馬料尚未甚乾者亦可謂之甚佳之養料上所云加鹽之功卽欲令其料久藏而不過乾總言之藏儲之料以手擠之不覺有溼方爲合宜若過脆則又易折斷

紐英格倫有農夫用瘠草少許葢於佳馬料堆面將壓緊而阻空氣之透入並免堆中出汗所發熱溼汽遇冷而凝水也用此法馬料從緩均勻出汗漸至頂層而將所有溼

汽化散其發酵之性亦緩因堆中之炭養氣布滿則發酵不致過猛更有一益假使倉之下層養畜過冬者畜口氣中有許多汽水上騰凝水於馬料中而堆頂凝水更多往往因此發酵發黴若嗇次等料如鹹水馬料卽收吸其水不害佳馬料矣

英國愛賽克斯省農家往往有鹹水草地之草當嫩時刈割而與馬料間層堆積每馬料一車此草料四車如此間層堆積較用他法更善或竟用苜蓿陸恩與馬料成堆則苜蓿發熱較緩而傳香味於馬料中尤佳

刈割馬料新舊法

從前經英格倫用鐮刀刈割馬料須在朝晨露乾之後速鋪散以受日光隨時翻動於將晚露未降之前作成小堆至次晨若地面乾暖又開而曬之其乾已合度尚未脆碎卽納於倉其時尚早料又乾暖殊合宜也

今法用機器於將晚時刈割令其在田中過夜明日天晴翻動曬乾至下午入倉此法在田間尚暖而過夜明晨受旭日之光其露速乾至午時變乾甚速其葉稍有枯形如晚間天氣不佳則因其尚有生命不致損害而免用作堆蓋護之法

從前舊法亦有益因朝晨草尚溼鐮刀易於施用可省工

夫儻草多葉而短者又加之以露水則機器割具將爲細碎之葉膠黏於鋸口如陸恩草是也故草高而堅硬者用此器具爲合宜在一日間用機器刈割無露水之草其工甚速又用馬力翻之卽可入倉

如合宜之時其工夫如下朝晨露乾後用機器刈割至午前將割具卸下而裝翻草具行於田間至下午運料入倉麻賽楚賽玆省當日收進馬料以爲常事惟近海地方天氣較溼須待次日完工凡嫩草不易乾草中雜有苜蓿者其令乾法又與他草不同

總言之刈割馬料有三法度情形爲之可也一在朝晨刈

割速翻而乾之至下午入倉此法必係成熟草料方可二朝晨刈割午時翻動露未降而草尚暖作成小堆至次日開小堆曬之下午入倉三將晚時刈割次日翻動曬乾卽入於倉

草料在各生長時期物質

美國農部考立侯曾查數種草料之生長載於下表凡在各生長時期均用法倫表二百十二度熱度令其乾所用者係帖摩退草從老田取來

美京華盛頓產草

穗未發出	穗已發出	開花前	早花時	花開足時	初生子

（續上）

灰質	八·六八	六·四一	九·八二	六·〇四	五·六六	一〇·五三
淡氣物質＝淡氣×六·二五	一三·五四	一二·九〇	一〇·三三	一〇·二〇	九·九〇	一三·一〇
炭輕料	五四·三一	五四·二六	五四·一九	五七·二一	五八·九三	五〇·〇七
生料寫留路司	一九·九一	二二·〇三	二二·〇三	二二·七〇	二一·九三	二二·九〇
油質等物	四·五六	三·四〇	三·六三	三·八五	三·五八	三·四〇
共	一〇〇·〇〇	一〇〇·〇〇	一〇〇·〇〇	一〇〇·〇〇	一〇〇·〇〇	一〇〇·〇〇
淡氣	二·〇一	一·八六	一·六五	一·六三	一·五八	一·九三
無似蛋白質淡氣	〇·七〇	〇·五五	〇·三六	〇·三〇	〇·三八	〇·五一
無蛋白質料百分中之淡氣	三五·〇〇	二九·五〇	二一·八〇	一八·四〇	二四·〇〇	二六·四〇
草中水數	七〇·七〇	七一·九〇	六七·五〇	六四·九〇	六七·二〇	六七·六〇

紐海姆希亞省產草，

	穗未發出	穗已發出	開花時	開花後	初生子
灰質	五·一九	四·七三	四·五七	三·八八	三·二〇
淡氣物質＝淡氣×六·二五	九·六六	六·六一	五·七九	五·二四	五·四一
炭輕料	五七·〇九	五六·一〇	五七·一六	五八·七二	六二·五〇
生料寫留路司	二三·四六	二五·三四	二八·二八	二八·九二	二六·〇三
油質等物	四·六〇	四·二三	四·二〇	三·二三	三·七二
共	一〇〇·〇〇	一〇〇·〇〇	一〇〇·〇〇	一〇〇·〇〇	一〇〇·〇〇
淡氣	一·五五	一·五四	〇·九三	〇·八四	〇·八七
無似蛋白質淡氣	〇·三〇	〇·四五	〇·一〇	〇·一五	〇·一八
無蛋白質料百分中之淡氣	一九·四〇	二九·二〇	一〇·八〇	一七·九〇	二〇·七〇

美國農部里雀生曾查帖摩退草其效如下表

華盛頓第一年產草

	出秀四十九桑的邁當高	開花時七十六桑的邁當高	開花後六十五桑的邁當高	開花後七十五桑的邁當高
灰質	八·五八	七·一六	六·五三	五·六三
淡氣物質＝淡氣×六·二五	一四·一五	一〇·九九	八·七四	八·一八
炭輕料	四七·二三	五〇·〇三	五一·七九	五五·三九
生料寫留路司	二三·九五	二七·三五	二六·二六	二七·〇八
油質等物	六·一〇	四·四七	四·九三	三·七二

（續上）

淡氣	二·二六	一·七五	一·四〇	一·二七
無似蛋白質淡氣	〇·三九	〇·五一	〇·二五	〇·一七
無蛋白質料百分中之淡氣	一七·三〇	二九·一〇	一七·九〇	一一·三〇
草中水數	八七·五六	六六·七五	五六·六三	五八·八六

印提安那省產草　梅里來省產草

	未秀	開花前	開花時	開花後	初生子	開花時
灰質	七·九四	七·六四	七·〇九	六·六三	五·九五	四·九三
淡氣物質＝淡氣×六·二五	一〇·九七	七·八〇	五·五二	五·五七	五·八四	七·六九
炭輕料	四九·九三	五三·六四	五三·九九	五三·九三	六〇·七七	五二·八三
生料寫留路司	二九·一九	二九·六五	三三·二三	三三·三三	二四·七〇	三〇·四三

油質等物	一·九五	二·二七	二·一八	二·五五	三·七四	四·二三
淡氣	一·七五	一·二五	○·八八	○·八九	○·七八	一·二三
無似蛋白質淡氣	○·一八	○·二八	○·○○	○·○三	○·○○	○·一五
無蛋白質料百分中之淡氣	一○·三○	三三·四○	○·○○	三·六○	○·○○	一二·二○
草中水數	○·○○	六七·五○	六四·五○	六五·三○	三五·○○	六四·○○

上表中所取馬料或有生長於瘠土者其中淡氣較肥土所產者為少紐海姆希亞省梅里來省之草其中淡氣較華盛頓多肥料田所產者更少印提安那省瘠土產草淡氣與油質均少惟寫留路司較多此草成熟時無無似蛋白質料而其中所有淡氣物質在成熟時變為似蛋白質料上所示化分表可見地土天氣與植物生長大有關係其生長之時期與次序亦大有關係紐約西省博士藹脫查帖摩退草成熟時木紋質較多開花後亦然其中糖質減而小粉增未乾時成熟並開花時其似蛋白質料之數相等開花之後其中之水速減查其似蛋白質料亦減有數分變為阿美弟料且查知成熟草中所有似蛋白質料較在開花時刈割者為難消化美國農部試驗各草料如左表

華盛頓近地所產紅頂草

多肥料田所產　瘠田所產

	穗未出	穗出未散	初開花時	花開足時	子如乳形	子已堅老	子熟	穗已散開	初開花時
灰質	八·九	七·二四	七·五二	七·七	六·六○	六·一四	五·二○	八·四	五·四四
淡氣物質＝淡氣×六·二五	三·一九	三·二六	二·一七	二·○二	一○·四四	九·七七	八·九	九·八	九·五五
炭輕料	五三·六八	五四·三三	五四·四八	五六·六五	六○·○二	五六·六八	六二·三三	五七·四二	五六·四九
生料寫留路司	二○·九七	二○·八七	二二·六四	二三·○二	一九·四三	二○·六六	二三·五五	二○·四九	二○·四三
油質等物	三·七七	四·五五	三·六三	二·八七	三·五一	四·三五	二·二四	三·八六	五·二○
淡氣	二·一二	二·一八	二·一四	一·七六	一·六七	一·五二	一·四三	一·五七	一·五九
無似蛋白質淡氣	○·八三	○·六○	○·四四	○·三二	○·二六	○·一八	○·九	○·二六	○·三三
無蛋白質料百分中之淡氣	三六·九○	三六·七○	三六·四○	三○·一○	二一·六○	二一·八○	六三·○○	一七·八○	二○·一○
草中水數	六七·八○	六六·一○	七七·一○	六六·四○	五三·三○	五五·五○	五七·○○	六六·三○	五六·八○

華盛頓近地佳土所產園草　晚成熟近六月杪

	穗未出	穗出未散	花開足時	花開足後	開花時	晚開花時	子將成熟
灰質	一○·一九	八·一六	八·○七	九·一○	八·六四	六·○○	六·七三
淡氣物質＝淡氣×六·二五	一五·九七	一○·一九	九·五三	八·二五	一三·五一	八·六二	七·三○
炭輕料	五○·八六	五五·○四	五三·七六	五三·六五	五○·二五	五七·二四	五七·五四
生料寫留路司	一八·七六	三三·一八	三五·四○	二七·一六	二四·六七	三四·四二	三五·○九
油質等物	四·二	三·三三	三·二四	二·八三	三·九六	三·六三	三·三四
淡氣	二·四九	一·六三	一·五三	一·三三	一·九九	一·三六	一·一六

無似蛋白質淡氣	一·○一	○·三○	○·六	○·三三	○·七	○·四三	○·四五
無蛋白質料百分中之淡氣	四○·六○	一八·四○	一○·五○	三五·○○	三八·七○	三○·四○	三八·八○
草中水數	七八·六○	七九·三○	七七·三○	七三·五○	六六·九○	六○·三○	六三·三○

園草早生長並晚生長時期其物質依次序而增或減物質亦依次序無似蛋白質淡氣在中時期生長已減至成熟時則又多當開花時此等物質之改變甚速如下表可見下表係試驗他處園草並指明地土天氣與植物中之化學物質有相關

園草早開花

地名	灰質	淡氣物質 淡氣×六·二五	炭輕料	寫留路司	油質	淡氣	無似蛋白質淡氣	無蛋白質料百分中之淡氣
華盛頓近地	八·六四	一三·五一	五○·二○	二四·六七	三·九八	一·九九	○·七七	三八·七
北楷羅拉那	八·九○	一○·二九	五三·二六	二四·九七	三·八八	一·六二	○·六三	三九·一
開足花								
北楷羅拉那	七·四二	九·九一	六五·○三	一三·○八	三·五六	一·五八	○·三○	一九·○
華盛頓近地	八·一七	九·五三	五三·七六	二五·四○	三·二四	一·五三	○·六	一○·五
梅呧省	八·二○	八·七四	五四·八○	二六·○五	三·二九	一·四○	○·三六	二五·七
華盛頓近地	六·○○	八·六三	五七·三四	二四·四三	三·六三	一·三八	○·四三	三○·四
噴昔維尼亞省	六·三三	八·五六	五四·九四	二七·五一	二·六六	一·三七	○·五一	三七·二
紐海姆希亞省	八·四四	八·四一	五四·七五	二四·九一	三·四九	一·三五	○·四三	三○·九
早開花之折中數	八·七七	一二·四○	五一·一八	二四·八二	三·八三	一·八○	○·七○	三八·九
開足花折中數	七·三六	八·九一	五五·一七	二五·二九	三·三三	一·四三	○·三六	二五·二

博士考立侯試驗之後卽知凡草生長自幼至老其中所有水灰質油質似蛋白質逐漸減少而炭輕料寫留路司則有增又查知無似蛋白質之淡氣亦漸減至開花時或開花後或適在生子時則有增除此以外尚有數種與常例不同

草料與大麥相似

帖摩退草等頗似大麥卽可由大麥而論及草料從前挨倫特查知大麥中之乾質增數最大者在其稈發達時而開花之後亦有所增至成熟時所增不多帖摩退草開花之後生子之前甚增其重數或云此草至成熟時刈割增數可多於開花時三分之一

又有博士查知大麥初出穗至花謝其間增數最多所以刈割作爲青料在其子如乳形或如漿形之時或不及此時或過時則收成數必減

大麥稈發達高時其乾質爲數較多所用肥料係易消化淡氣物質然用不易消化淡氣肥料所增之數較緩而在開花時或開花後生長發達高時所增者係寫留路司挨倫特查知大麥已發達而刈割者其重數較未高時加倍炭輕等料亦於此時爲多幼嫩大麥淡氣物質較多嫩草

亦然總言之植物生長自幼至老寫留路司並炭輕料增數較淡氣物質更速

或以爲刈割草料在開花時或開花前未必合宜然早刈割者其品性較佳其消化較易若在未生長高時刈割尤佳惟爲數少耳一千八百九十年梅㖇省農務實驗場有十四區種帖摩退草第一分在七月一號刈割計每一畝得乾料四千二百二十五磅第二分在七月十八號刈割得乾料五千零八十六磅早割料中淡氣較晚割者更多其生物質在羊胃內能消化之數有百分之五十六而晚割料爲百分之五十一

早割草不宜

草料早刈割亦有利益然以所減數與其品性相較則不合算或云草料在開花時割之其葉已得足數而連於稈甚牢固其消化養料如淡氣物質等尚在稈葉中未歸入子中也

成熟草料有甜味

大珍珠米並蘆粟漸漸成熟將有甜味而草料漸漸成熟其中糖質亦較初生長時爲多故亦有甜味大珍珠米中之糖質隨其生長而漸增至其子堅硬有光亮爲止蘆粟至成熟其稈中之糖甚多農家知此理願取成熟草作爲馬料也考立侯欲查此理之確否未得實據曾詳考一種草名狐尾草在生長各時期查其中之糖質而知並非依其時期有增或有漸老而糖質漸少者博士蘭脫亦查知帖摩退草在盛開花時其糖質較晚割時爲多可見晚割未必有大利益

熟悉農務割草較晚

依化學試驗草料之情形與熟悉農務人之意見相合卽是刈割草料應在何時最爲合宜古時羅馬人割草在其花將退色時而大概農家須較晚方動工據馬歇爾云晚時刈割係古時遺傳之風氣古時公共牧場養畜至五月

初或中旬然後任其草生長所以割草不得不晚至明春又割之於是又作爲牧場

若在春閒將草地作爲牧場者割草時自較晚阿爾蘭之畜常放於草地乳牛在晚冬入棚飼以草料該處約在三月二十五日阻止畜類入牧場而從七月十五日至九月十五日將草盡數刈割此晚割之故卽因春閒作爲牧場也此等牧場每畝可產草二噸又四分噸之一

近抱絲敦之風氣七月四號或四號以後第一星期割草均用人工其意必待草成熟也近今則七月之前一月已刈割不待其青草變爲乾草也

六月開花之草其生長較帖摩退草早一二月所以早割然抱絲敦近地割草較從前爲早者因田地情形漸變產草較從前爲次也

今農家刈割帖摩退草在第二次開花卽是盛開花於斯時刈割最爲合宜尋常須待花謝而其子尙輭嫩時如欲得佳草料出售須在未開花或將成熟時其子已結成數分而畜食之尙易消化於是刈割不可在極成熟其子易落之時此時刈割其子堅老不易消化其稈硬而無味帖摩退草在合宜時刈割藏儲有許多子爲小鼠或蟲類所食以致耗失不可不防

晚割之利益收成較多製成馬料之工可省且耗失較少藏於倉可歷久乳牛並工牛均可食之因其消化機關强能消草子並老稈料也

或有當帖摩退草開花時刈割製乳油農家云乳牛食此草割料所產之乳可製佳色佳味之乳油出售得善價然因早割其料較少則產乳油之數亦不能多也

刈割時與久延草地有相關

紐英格倫往往將一田歷年作爲產草之地屢次刈割全恃施工之得當與否而得其豐瘠之情形

刈割較早者其草尙未開花結子則陸恩草爲數較多此草可庇日光令地土不致過乾若待其有子則其根將受害於夏季之乾熱旣割後適有雨水亦難保其不受害也

刈割時子易脫落無異重散子

從前老農家均從晚割之例故今之早割者或不以爲然當初用機器鐮刀時或以爲不免損害田地其實用此法較用人工鐮刀可省工夫而事速畢

從前晚割之法有重散子之情形其益亦屬不淺所生幼草可代其已枯之老草然嫩草卽刈割亦未嘗無益而以後須特備工夫散子儻天時不合宜草之情形不佳尙以早割爲是割後卽散子用石輥之並加肥料

各田割草難得合宜時

農家雖費心力而不能將各草料均在合宜時刈割卽是天時有改變或有數處同時成熟他處尙在生長須察情形而動工若待第一田合宜時刈割則他田早已成熟矣從前舊法往往待第一田之草成熟於是依次割之

園草早割爲妙遲則將失其有用之補養料且早割之草至八月閒又可割第二次惟第二次刈割可在割帖摩退草之後亦必防其過於成熟以致耗失也

抱絲敦近地七月割草

早春可驅畜類至舊草地暫時作爲牧場此時草料可受

畜之踐踏而割草之期因此畧遲掄絲敦近地七月開始割草較在六月開割草更佳該處七月四號之前天氣往往陰涼多雨罕有連日之酷熱故在七月中刈割較爲合宜惟須察草之成熟時與刈割時相宜否是爲最要歐洲往往在春間令草地作爲牧場可滅早生之蔓草等大約園草亦可如此治理也

多肥料田如司考脫倫省罕有產草過於二年者第一年所產之草自然最佳第二年若不再加肥料收成必少然再加肥料不如種穀類獲利更厚也

歐洲草料較佳

美國夏季常患旱乾而農家往往早割草以冀多割數次儻種草爲自家養畜而不爲出售計在未開花之前割之爲宜此時料中補養品較多然地土之溼度須足可望第二次刈割

歐洲中原並北方天氣多陰溼而乏青料珍珠米並其稈料所以種草之法與美國不同歐洲平草地有許多草類其中有可早割者美國農家云似穀類之草如帖摩退草雖當時天氣甚乾割期已近尚欲望其稈之發達

英國荒歉常向美國轉運草料而平時草料至英竟無人願問數年前歐洲大旱有一輪船由紐約運上等草料至

烈物浦爾因其色不佳以致虧本試驗之後美國草果與英國草不同以下比較表示明美國草中養料並寫留路司較歐產爲少而炭輕質爲多各草料均用法倫表二百十二度熱度烘乾

考立侯化分美國草折中數

	七十七種野草	噴昔維尼亞二十一種野草	華盛頓十九種草	六處園草
灰質	七·九〇	七·九五	七·四四	七·三八
淡氣物質＝淡氣又六·二五	八·二〇	一〇·〇四	一〇·二五	八·九一
炭輕料	五三·九〇	五五·七五	五五·八二	五五·一七
生料寫留路司	二七·一〇	二三·一四	二三·四七	二五·一九
油質等物	二·九〇	三·二二	三·五二	三·三三
無蛋白質料百分中之淡氣	三四·七〇	七〇·一〇	一八·三〇	二五·二〇

華爾甫化分歐洲草折中數

	中等	上等	最上等
灰質	六·三〇	七·二三	八·二四
淡氣物質＝淡氣又六·二五	一〇·七四	一一·三二	一三·七七
炭輕料	四六·五三	四七·八四	四八·九三
生料寫留路司	三四·〇九	三〇·六九	二五·七七
油質等物	二·三四	二·九二	三·二九

可作爲牧場草情形時卽刈割以後任其生長成熟至最合宜收成論及帖摩退草割之晚者不免失落名曰草鏽抱絲敦近地草中有菌類物至晚夏甚顯其害故此草晚割往往失利

熟草速乾

前已論成熟草之大益在令乾較速晚割帖摩退草製成馬料甚易因所有水已天然化乾所以從前用人工劘刀刈割者其草久在田中大略已乾故一日閒卽可製成此情形與守舊農夫之意相合因其割草不可在成熟之前成熟前之草製成之料收縮甚大且過熟料照舊法在

一日閒製成者藏於倉可無慮也而早割之草雖同法治理易於變壞

早割之草欲令其乾頗費工夫老農家云第二次開花之前不可割也

數年前有農家欲將草料蒸之以飼畜此法亦有益惟其中似蛋白質料因此變硬不易消化而工費亦大若蒸之便易則草料可遲割也

早割草有泄瀉性

凡草割之過早其生長甚不足畜類食之易於泄瀉若飼工馬更爲不宜各草早割均有此弊而畜類得此病則輭

弱無力所以養馬者必拒此等草也養馬者均知幼嫩之草有此性情須令草出汗庶幾可免

入倉之前無論爲何草必須令其出汗方爲穩妥尋常須待十月閒出汗情形已畢於是飼畜其草雖係成熟時刈割亦必如此早割之陸恩草若未出汗其泄瀉性依然尙在工馬食之疲輭易於跌仆

草料至如何成熟製成無藥性之馬料各人意見不同有農家以爲未開花前割之有泄瀉性或以爲否又或以爲早割草如陸恩草均有此性情有人云帖摩退草在六月閒未開花前割之則不如陸恩草之令畜類泄瀉而畜喜

食此早割草更甚於晚割者此意見恐未必是其泄瀉性終較晚割者爲甚也

養乳牛家其早割草之泄瀉性必有法以整頓之嘗思之以陸恩草照常供給乳牛未必致泄瀉病之害又思之陸恩草之泄瀉性無異於嫩綠草也農家均知畜類在早春驅至牧場恆患泄瀉病而留陸恩草至春閒以飼新產犢之乳牛此牛在冬久食陳料今忽得甘美新料甚喜食之適在此時稍有泄瀉卻有功效也

攙和草料

最合宜之法食料中稍加陸恩草則常得青料否則專飼

禾稈等不適口也或陸恩草與陘草相雜藏儲以待用此必費人工而英國爲此攙和之食料尚有次序先將粗草料運至一處俟其乾然後與小麥或大麥稈對分劑相和飼畜

或作此等工夫用機器農具舊金山省農家所種紫苜蓿並青料珍珠米稈蘆粟稈均用機器料理之其法先堆積四尺厚之穀類稈料其上加六寸厚之蘆粟稈料四周收進尺許又加一尺或二尺厚之穀稈料又上加蘆粟稈料如此層層相堆成爲攙和之食料其堆亦甚堅實飼畜甚宜

穀類子與草子雜散者收成較晚其料中三分之一係老穀稈料畜類殊不喜食竟狠藉三分之一或半若早收成其料適口易消化則盡數食之雖穀稈爲數或更多亦無妨礙所以農家以爲不宜早割者余不敢佩服也農家更有一意以爲欲令畜肥壯此等料終不及牧場草此言也余亦奇之

成堆草料出汗

出汗者新製草料堆積中之自然工作也有識農夫云此法可改良物質宜飼作苦工之馬此卽微發酵也英國人弗來克蘭並樵騰曾考知草不但收吸養氣而已實係發

酵全恃其中之生物質力也當時料中有許多炭質並淡氣變成炭養氣並由利淡氣騰出凡新曬乾之草在尋常熱度收吸許多養氣而與炭質變成炭養氣並淡氣儻空氣熱度更高則化騰更速

空氣中之養氣先與草料相合而化散之後其草自行化分將含養氣物質變爲炭養氣而騰出卽是少空氣處因其料中有含養氣物質一經發酵亦變成此炭養氣也

由此觀之藏草之倉窖必通空氣可令其料乾而歷久免其因熱氣關閉以致發酵出汗不合法也

英國初用藏草料之倉窖有人不以爲然因其熱度較堆

積於露天者更高也所以此等房屋宜用通氣管令熱氣易於放出

弗來克蘭並樵騰查知又令空氣入於草中則淡氣並炭養氣又速騰出數月之後仍有此情形

除草料成熟刈割外其堆中發酵任其自然須過此期稍載運往他方據云馬料堆積自行發酵增成熟其品性最佳紐英格倫之馬均喜食晚秋刈割之草若藏儲過冬至春間則不喜食農家察其故云秋間料中有汁水數分至春間則嫌其過於陳宿宜用蒸法稍爲滋潤以合畜胃

馬料收縮

羅登云英國溼天氣地方草曬乾製成馬料堆積者收縮四分之三而在一月閒因熱氣化騰又收縮二十分之一當初重六百磅日後祇有九十五磅過冬之後祇有九十磅而已若在春夏出售則又因多受風日而有耗失及至市僅有八十磅他處地方其新料不過六十磅陳宿料不過五十六磅法國濰落計算田閒曬乾之草藏入倉其百分中耗失十六分

馬料在田閒其價值某數藏於倉二三月之後加價三分之一如在田出售每噸十五圓至冬閒由倉出售索價二十圓矣但當入倉時加鹽者至冬閒出倉較重因鹽收溼

以阻料之變乾則耗失較少也

紐約農務會有一人考驗草料收縮之確數歷三年之久其法取十七處所產苜蓿並帖摩退草而收割之時各不同至入倉時權其輕重至十二月又權之其稇或重二噸或重八百磅而最多收縮數爲百分之三十六有四稇過於百分之三十有甚熟苜蓿一稇收縮爲百分之十二爲最少數折中計之爲百分之二十四所以出售馬料須由此計算應增價值數

總言之草料在倉不可過第二冬季化學家已查知藏倉一年必耗失淡氣若干均因其發酵並緩緩收吸養氣故

也

數年前蒲生古試驗一畜飼以新製之草料又一畜飼以未製成之青草其重數相同品性之佳亦相同均得良效又有人以陳宿二年之料飼之則無此效也

帖摩退草外之草

美國有許多田地頗宜種帖摩退草除此以外有許多地方可種他草如歐洲所種之各草是也帖摩退草氣候合宜則收成甚廣博士惠納查考每一黑克忒地可產數種佳草並苜蓿乾料啟羅數如左表

六月草 隰草	五〇〇〇
萊草	六〇〇〇
隰地狐尾草	七七〇〇
法國萊草	八四〇〇
灌水地意大利萊草	一〇三〇〇
帖摩退草	一五三〇〇
大號反斯脫楷草	一三八〇〇
綬帶草	一五六〇〇
紅苜蓿	六〇〇
瑞典苜蓿	四五〇〇
白苜蓿	二五〇〇

草名	數
狼莢	五○○○
鳥腳草	四○○○
紫苜蓿	八○○○

若依英畝並磅數計之如左表

草名	數
帖摩退草	九三○○
狐尾草	六八○○
法國萊草	七四○○
六月草	四四○○
春草	二一○○
園草	一三四六四

百年前殷博士云良田每年產草可刈割二次得五噸許其根料等均在內

園草之利益

帖摩退草喜深肥鬆黃沙土並喜日光與水而園草可耐遮蔭地方如種於大蘋果樹下連年能得豐收此即利益也又耐畜類之踐踏其葉甘嫩畜甚喜食之開花較早而與紅苜蓿同時其根深而健所以新割之後速發新葉陸恩草得其保護而蔓草被其壓倒如牛眼草牛油盃草之子不致成熟野紅蘿蔔亦不能與之爭競

園草在佳土發達甚速然大都種於樹下欲不廢棄地土也此等地若種帖摩退草決不能發達園草開花之後漸老而硬其品等亦較次故宜早割拋絲敦近地早割此草有困難因天氣多雨水不易乾也若甚早割而作爲青料至夏間又可刈割上所云速復原而禦旱乾即係利益種於膠土亦較帖摩退草更易生長或云其性喜膠土帖摩退草喜沙土惟園草生長叢密刈割時易嵌於刀齒間殊不便也

散園草子時其地土須溼潤其子與他草子不同欲令其在乾土收吸溼潤甚難或竟因此不生長散子之後須耙而輥之則子與土密切有農家將其子鋪於板灑水潤之閱一二日然後散於田

法國萊草又名長大麥草種於乾溼合宜之沙土美國恆以此草與園草雜種以爲不可專種此草也

苜蓿並帖摩退草

苜蓿帖摩退草開花之時不同所以紐英格倫農家不甚以苜蓿料爲貴重美國常以苜蓿與帖摩退草雜種於合宜時刈割苜蓿則帖摩退草尚幼而得料較輕若留苜蓿至帖摩退草成熟時刈割則苜蓿又嫌過於成熟惟治理合法者或可免此弊耳歐洲亦以此二植物同種爲善更有補養之功其味亦較佳然在歐洲兼種者以爲苜蓿加

於他植物中而不以爲帖摩退草加於他植物中也

美國兼種此二草之意因氣候合宜可得田中之餘料若獨種帖摩退草則餘料不見其多卽是第二次之生長不興茂也紅頂草與帖摩退草兼種亦是此意刈割之後地土中尚有敷布之草根卽使帖摩退草無多根而他草根尚在也歐洲久延草地以爲此草不及狐尾草之可久延然其形不甚異狐尾草第二次生長亦甚興茂且開花較早一月而稈料甚嫩其地土宜溼不宜乾又不宜與苜蓿兼種此草至第四年尚可發達而苜蓿之力已盡矣帖摩退草約可歷二年也狐尾草頗耐溼種於膠土並多呼莫

司之土常灌以水頗易發達

英國萊草並飛哇令草

英國農家喜種萊草此草不合於抱絲敦近地之天氣卽使萊草能當紐英格倫之寒冷亦不及帖摩退草之佳也此萊草常與苜蓿兼種而重在苜蓿視此草不過備苜蓿不成之一助而已或多種萊草以代苜蓿則欲免多種苜蓿之意此二草雜種者作爲牧場羣羊尤喜食之可藉此加肥料而爲種穀類之預備

尚有一種與紅頂草相類之草惟較粗而已名曰飛哇令又名蒲伏彎英國農家謂宜種於溼地因其性宜於溼草

煤地並水沒之草地也每英畝可產三噸許據新克蘭云溼草地有此草可得多葉之料其利甚厚若製成馬料畜類均喜食之英國多雨天氣欲此草變乾殊不易又有一種名緞帶草易生而質粗亦宜溼地

紐英格倫之蔓草常滿布於舊田低田割作馬料亦有補助而貝田甚忌之除此外各種他草亦有用也

似蔓草之草

有野草如野大麥禽場草老蔓草指草等均係蔓草之類紐英格倫農家常以之飼牛羊其利益亦屬不小因夏間所種草收割之後畜類祗能食此等草也

此等似蔓草之草亦未嘗不能生穀實但農家無暇考究栽培成爲野草耳在番薯田珍珠米田往往與眞野草同生長竟變爲蔓草而生長於佳馬料草地則甚合宜其子頗多鳥與家禽喜食之火雞幼時亦喜食之至晚夏有黑鳥成羣來食

此等草衰老變爲堅硬不宜飼畜然製成乾料牛羊又喜食之矣屋海嗄農夫哇特云珍珠米田閒產瓶形草甚多割而製成乾料至隆冬飼畜更勝於帖摩退草藍草又禽場草爲額外之草最多者農家頗注意之製成馬料甚合宜德國瘠沙地並隰地種指草爲馬料大有助於正項草

料爲農家計此等草在秋間亦可收割製成馬料或靑肥料或即將該地作爲牧場然種黍類之佳田宜種正項草料其利較厚而費工本則同也

此等牧場草可早播種至秋收之後有暇於是治理之總之吾輩觀此等野草殊覺可厭必欲除之然茍善爲培植令其成熟亦可得厚利凡有羣羊踐食之者發出之枝葉更多而生長愈密

所以依法治理可得其厚利更有他種野草亦未嘗不如此化學家考草料中有許多補養之品或在秋間割作靑

料此時子尚幼嫩不致失落而又宜於畜胃紐英格倫艮田所得蔓草即製成草料飼羊更有他處農家將此蔓草作成小堆至冬雪不消之時開此堆料飼羊

卷終

農務全書下編卷十五

美國哈萬德大書院農務化學教習施妥縷撰　慈谿　舒高第　口譯

新陽　趙詒琛　筆述

第十三章

牧場

紐英格倫農夫原意凡作爲牧場者大抵係瘠薄不能種他植物而僅產樹木之地此乃節省地土起見也又如瑞士國之高山坡其斜度最甚亦僅可作爲牧場若開墾種植其泥土必爲雨水沖失

歐洲此等荒野牧場不多均放養畜類爲產乳油羊毛等

用然亦須攷察其肥度若干以合宜於養工作之工牛取乳之乳牛英國農家以爲此等牧場每畝僅可養壯健之羊一頭凡能養肥羊一頭而不能養工牛一隻者是爲中等牧場地如佳草地一畝可養肥工牛一隻或阻畜類不至此地則草類之生長發達收成必豐刈割之後乃爲牧場

英國最佳久延之牧場均係新開墾之溼草地或低形地若肥沃之膠土地開溝之後可望其漸漸改良英國膠土牧場較有石粒沙質者產牛乳更多其品更佳又有許多冷性地土亦作爲牧場若欲開墾種穀類費鉅而不合算

因其泥土卑溼久爲畜類踐踏變壞故或阻畜類自十月至五月不許前往

歐洲有許多地方以馬料爲輪種者則暫作牧場當時散苜蓿並萊草子爲輪種之一期春天苡仁米田往往散草子至明年其草地作爲養畜之牧場

抱絲敦近地有數故不能有此等肥沃之牧場必欲得之須擇低窪之地方凡稍高田地當中夏酷熱時不免有旱乾之象而今則牛羊肉均由遠方運來所以紐英格倫養肥畜類一業不甚注意然尚有許多地方依然荒蕪瘠薄祇可爲牧場而取其牛乳牛油也民間於冬天需馬料甚多即作爲產馬料之田亦頗有用查此等瘠薄地間有肥沃可作牧場惜不廣耳爲紐英格倫之計將多茅草多石之地令其有產物不致久荒是最要也

荒蕪牧場爲次等農務

紐英格倫有荒蕪牧場歐洲則有清潔牧場荒蕪牧場祇有廣種一法尚爲合算因有地土多加工費多得收成爲合算而有地土以省工費爲合算蓋其效甚寡也所以紐英格倫農家在此荒蕪地宜省工費而得次等之收成況該處地價賤而人工貴多加工費豈不更爲失計苟爲廣種之牧場需工費極省不必計算開墾播種納稅等費而所得草料卻可獲利

歐洲有地方因人口漸增而牧場地漸減英國在一千四百年時牧場地居二十分耕種地居一分今則牧場與耕種地其數相等而牧場仍有減少之勢前百年間英國耕種穀類之外兼種根物苜蓿等而取其渣料乾草以飼畜較開闢牧場更可得利如中等牧場地每畝每年僅可養羊數頭而未能令其肥壯若將此地修燒草根散油菜或蘿蔔子即可得足數之料而養羊十六至十九頭或可養肥壯之大羊十二頭其地土因此得羊洩出之糞料而肥沃其間又可得善價之穀類

然近來英國所需之穀類由外國運入價甚賤而本國農工則甚貴所以牧場地今反有推廣之勢據開禿博士云一千八百九十年前之十二年間英國久延牧場已推廣二百萬英畝有奇於全國統計之加增百分之十而在一千八百七十年至九十年間增數共有三百萬畝此即等於七分之一之土地作爲輪種草料之牧場

近來英國亦曾計算出產小麥稈料並豆類之價值相等於統牧場供給畜類之價值英國地土溼潤可用畜肥料於穀田

儻地土爲數不廣產物有限必須重加肥料而灌水均爲

合法此卽盡力耕種而多得產物也然英國如此情形不能歷久而僅可作為常刈割之地凡近大城鎮者因有頁馬或馳跑之馬須得佳料供給之也

園囿牧場

總言之英國園囿不能以牧場概括之然有許多園囿地往往養羊養牛或有養麋鹿者而農務中於此事亦屬要事其利益較次而尤注重於雅景悅目此等地方所產馬料亦有價値除不礙雅景外所得出產以為意外之利益也

英國園囿地均屬次等依美國人論之雖合為牧場之用

而不合於種穀類之用也美國亦有此等地方可效英國之法治理之作為久延牧場而種合宜之馬料美國壓地種帖摩退草尚為合宜更瘠地土祇能種他草料此與歐洲之法亦相同

不可作牧場之田

羅集斯云英國有天然肥沃牧場較耕種之田更有價値數百年前於此等地常種根物並馬料因冬季購飼畜料之價値較該地之租値更貴也自初種苜蓿蘿蔔以來英國天然草地出產則大減僅畧種而已凡須耕耨鋤鬆之植物則寧棄而不種矣

一千六百九十四年間凡田十畝種苜蓿蘿蔔油菜香蘿蔔等可供給牛羊而等於荒地百畝所產料供養牛羊之數一千八百年英國農部報告議政院云傭田一畝種苜蓿油菜番薯蘿蔔捲心菜其出產可抵同大向未耕種之田多三倍所以此田可供養許多畜類而每年又可得穀類收成一次且穀類稈料又可供畜棚鋪料食料卽又可增其肥料

英國農學博士論之甚詳載於下凡田一畝能供養羊四頭若用四年輪種法可產小麥三十二斗或大麥六十四斗或苡仁米四十八斗每間一年可將油菜蘿蔔苜蓿或

草料供養羊九頭或十頭卽是此田作為牧場每四年間可養羊十六頭若耕種則二年間可養此羊數而每於此二年之上年或下年可得穀類之收成於是農家既得相等之羊肉又得穀類之利息

英國天氣較寒而倘可終年產草更寒之國如瑞典每年祇有五六箇月可產草料此產數不得謂之已竭地力論及美國品等甚佳之溼草地一畝始可一年養牛一隻若善為治理而種合宜之草料及時刈割藏儲於窖則一年間可供養牛二隻或三隻卽得地之利益三倍也

牧場表明地價之賤

總言之一處地方有牧場或否卽表明該處地價之貴賤凡牧場廣闊者其價值更賤也英國人煙稠密而糧食由外國運來者甚多所以種穀類之田漸變爲牧場養畜類而得其肉其利更厚

英國有許多地方今漸變爲牧場而養牛羊之費較耕種穀類之費更省故將耕種之田變爲牧場適可抵制工值昂貴之困難或有人云依今之地土出產並工費而論牧場所產牛羊較耕種所得者更多其利亦更厚而費較爲更省

一千八百八十六年開禿論及英國情形云此島地每十年之間農田之數甚減牧場之數大增前二十年之間由農田改爲牧場者有三千萬畝此數中輪種之田有七分之一以後情形當亦如此因英國祇有上等田地出產尚可與外國廣大肥沃之田出產相敵而外國運來之糧食價值較賤英國瘠地耕種工費甚大而利益較少於是漸變爲牧場或植森林亦自然之勢凡瘠地耕種之費過於出產之利益者莫不如是不獨英國爲然也近十二年閒英國久延牧場又增二千萬餘畝總計已有百分之十矣

一千八百八十六年列脫爾云英國田地變爲牧場似非國家之福自古以來均言熟田兼養畜類而得牛乳牛肉產品較專爲牧場所得者更多卽是有熟田輔助方爲久遠之計英國有地方熟田居三分之二牧場居三分之一依余之意熟田牧場各居其半是爲最合宜

牧場與廄棚孰優

歐洲地價甚貴之處往往將牧場改變爲耕種田而將羣牛終年關於棚內卽在夏閒亦割苜蓿或他青料飼之不肯放出紐英格倫農家甚喜牧場爲養乳牛之計然亦當思廄棚養畜果較放於牧場爲更合宜乎若耕種燕麥大麥大珍珠米苡仁米蘆粟未成熟而卽刈割或苜蓿亨加利草牛豆在其青時刈割供給棚內之畜有時則驅羣牛

至溼草地之牧場是爲甚佳之法

歐洲肥沃牧場自古傳至今未嘗詳細考究因古時未有製造肥料而農家以爲田閒需肥料必當仍由田閒出且田主與佃戶租契爲舊例所限亦有所不便今則農家有自主之權者可揆厥情形而爲之惟尚有許多牧場如產馬料之利益遠勝於舊時之法惜爲舊例所限未能改變

總言之必須考究應用何法以盡地利

論及美國在荒僻牧場養乳牛加之以穀田廢料而種珍珠米待其未成熟時刈割以備中夏之旱乾或不可盡恃此青料則須加他青料此法猶保險也夏閒羣牛不患無

食料矣

歐洲在棚內之畜用刈割之苜蓿供給之與肥沃牧場養牛羊法尚未相較孰爲佳而此二法之利益又似相等故余亦殊難判斷也

棚內養畜者產紫苜蓿聖芳植物之處較便因此二項植物種於牧場未必合宜畜食之往往腹漲須食其稍乾之料或和以乾馬料或稈料可保無恙此二植物密種易擠死如能茂盛可多得青料當夏季可供養棚內之畜當冬天亦可作爲馬料而耕種之工費並肥料甚省有此情形故棚內養畜實爲上計馬歇爾云英國中間每年必種聖

芳草因在夏閒爲畜類所食者當年卽滅必須重種卽至秋閒不能長高可用剷刀割之

節省費用

廄棚養畜卽可計及省費之事因其所佔地位甚小而肥沃田地可善爲治理不致踐踏所產牛乳等較放在牧場者尤多飼以青料亦無耗失

田產物或爲牧場或爲刈割其料孰多

博學者嘗考查一田種草或種苜蓿作爲牧場或刈割而供棚畜其利益孰多甚難判決如作爲牧場則畜類踐踏或食之不均勻或糞壓草而損壞之故有人將嫩苜蓿刈

割而權輕重其刈割法卽仿畜類踐食情形割摘其上節有意令其不均勻並非盡數割去至開花時又割摘之衞兹開卽用此法考究得效如左表

每黑克忒田產啟羅克蘭姆數

	紅苜蓿乾料	淡氣物質	炭輕物	爲留路司	灰質
一千八百六十八 已摘	四三六·○	一二三四·一	一九四三·八	六六六·五	三七二·九
一千八百六十九 已摘	四三八·五	一二二一·四	一九五三·○	六九二·八	三七二·九
一千八百六十九 已割三次	六九六三·三	一四六三·○	三二三六·六	一八二四·六	五三八·六
一千八百六十九 割二次然後摘	六六四·○	九四五·二	三五○三·四	一七五三·五	四一三·二

二年比較數甚相近惟淡氣物質之參差較大已割項下

淡氣物質炭輕物總數均較已摘項下爲多已摘者係合於畜類在牧場之食法也欲查其二項養料之孰爲更易消化補養衞兹開將一歲半閹割之公羊二頭一飼刈割之料一飼割摘之料於是查知一千八百六十九年每黑克忒田產料中有補養料若干數如左表

	已摘	已割二次然後摘
生物質	二八四一·○	三九三○·四
淡氣物質	八七六·九	五九九·二
油質	一三五·一	一五六·八
爲留路司	四六五·三	八六六·○

炭輕質	一三六三·六	二三〇八·四
灰質	一一六·〇	一一八·二

由此可見割摘之嫩苜蓿飼畜可多得易消化之淡氣物質惟易消化之炭輕並寫留路司較少總言之淡氣養料較炭輕料更爲貴重所以大畧觀之牧場草料之高品可勝過割料之多數也此理卽在淡氣物質並炭輕料之價值比較而知之且刈割尙須計及工夫並移運製成等費用又須購棉子粉釀酒家查料並他種有淡氣之料攙和於已割苜蓿料中

然上所示之試驗僅用苜蓿恐不可卽爲牧場草料之準

也因他種牧場草亦有甚耐畜類之食嚼則試驗之效或更勝耳

以上德國博士試驗之事均表明地土合宜者每年可刈割三次而將羣羊闌於棚內取料飼之較放在牧場爲佳儻每年刈割二次則在棚飼養之法恐未必合算須仿寒地之法依次序而將乳牛繫闌於草地一處此乃丹國之法也繫闌牛之地方並無籬笆有博士計算云一乳牛在牧場地其地方須加倍卽是棚養之法祗須一半地方可供養之矣又計算繫闌牛於草地每一乳牛需二十一分地土若用刈割法在棚飼養祗需十九分地土之出產已

足

阿姆司倍試驗事

噴昔維尼亞省農務局阿姆司倍試驗舊牧場地作爲七分其地種六月草而雜種白苜蓿此七地輪次種一次其割草具之後半裝有一箱割下之草卽落箱內此草生長甚佳用法倫表二百十二度熱度乾之查其百分中有似蛋白質料二十一分無似蛋白質料僅一分炭輕料四十四分寫留路司十八分油質六分灰質九分至十月杪每英畝地所得物質磅數如左表

	共數	消化數
青草	四二七七	
乾料	一一四六	
似蛋白質料	二三九	一六〇
無似蛋白質料	一二	一二
寫留路司	二〇七	五三〇（寫留路司與炭輕料合計）
炭輕料	五〇九	
油質等物	七一	四一
灰質	一〇七	

依此法查知時日漸晚草之生長漸減早春生長發達最盛之後卽從速減其生長至六月閒因天氣甚乾減數更

大兼因屢次刈割之故也早春每日生長數較八月間大五倍至八倍所以春間牧場地之草望之油油如也此時產草數與養畜數相稱則至夏間覺畜多而草料少殊爲困難若在早春畜少而草料多則又不免有耗費農家或在春間雜種青料珍珠米以備夏間之用即可補助夏季產草之不足

有若干田可供給一乳牛之養料或作爲牧場或刈割而送入廄棚內其折中數如左表

燕麥	一百八十二方尺地
苜蓿	一百十四方尺地
青料珍珠米	二百零二方尺地

	牛乳磅數	乳油磅數
燕麥	二一二〇	八四
苜蓿	三〇九八	一二五
青料珍珠米	一五〇八	六五

乳牛所食各產物其種植之田數爲燕麥三苜蓿二青料珍珠米三而此三項植物不能種於一田在一季間生長必須輪種之如左表

	第一年	第二年
五分之一之田產	燕麥並青料珍珠米	燕麥並青料珍珠米
五分之二之田產	苜蓿並青料珍珠米	燕麥
五分之二之田產	燕麥	苜蓿並青料珍珠米

依此法每季可得牛乳及乳油磅數如左表

	牛乳	乳油
五分之二之田燕麥	一二七二	五〇
五分之二之田苜蓿	一二三九	五〇
五分之一之田青料珍珠米	九〇五	三九
所產共數	三四一六	一三九

其草屢割至九月二十九號得消化物質七百十磅而乳牛在棚內以割草供之者所得每磅牛乳須費易消化物

質〇•七六五七磅並每磅乳油須費易消化物質一八•九磅然則上云消化物質七百十磅應產牛乳九百二十七磅乳油三十八磅其比較數如左表

	牛乳	乳油
草料供給棚牛得出產磅數	三四一六	一三九
放養牛於牧場得出產磅數	九二七	三八
棚牛出產較多數	二四八九	一〇一

後又試驗以草料供給棚牛所得牛乳五六七一磅而在牧場之牛所得牛乳一五〇四磅棚牛所產多數爲四一六七磅總言之棚牛出產較放養在牧場者多三倍至五

倍

衞斯康新省農務局高牧場地所種六月草及苜蓿大麥珍珠米靑料四箇月之閒由牧場所得牛乳數一七七九磅乳油八二磅若供給於棚內得牛乳四七八二磅乳油一九六磅博士亨利亦云夏閒每方地用廄棚養畜法而得牛乳並乳油較用牧場法必可加倍

用溝水培壅草料供給棚畜

牧場草能每年刈割數次飼養棚畜最有利益近愛定盤格城低形草地以水灌之每季可刈割嫩草四次或五次該處有草地七畝每年每畝可刈割四次合六十噸許合

每畝乾草料十二噸許此等草極茂必須屢次刈割否則草根易腐爛又不宜放養畜於草地因地土中肥料已甚足再加畜糞反有所害故用河水灌草地而不用溝水者亦恐其過於肥沃也

有此情形廄棚養畜爲宜棚中糞料可隨時運至應需肥料之田若放養畜於牧場其糞料布散亦不均勻或畜聚於陰涼處或聚臥過夜則該處肥料過多而他處或竟不得肥料多肥料在空氣中頗易腐爛或生蟲蛆其有用之淡氣物質因之耗失

荒野牧場地肥料耗失

紐英格倫之牧場因肥料散布不勻而致耗失者爲數甚大農夫均知凡田一畝加肥料十噸者無論耕種何物其獲利必厚儻將此十噸肥料散於百畝之田雖散法極有次序且甚均勻而不能得其益也卽是欲得其利益者肥料須濃厚而無論其爲糞料爲他肥料也壅甚稀薄之糞料於田易於耗失或爲他物所變化或爲雨水所沖失凡空氣之化分微生物之動作地土之收吸卽將此稀薄糞料全然耗失絕無利益可得

牧場與割草地之不同

欲治理牧場及整頓割草之法殊非易易凡畜在牧場踐

踏其糞落於草閒或咬草而停立與有數種植物相宜而或有不宜者如帖摩退草供給棚畜皆以爲甚貴重然不可用牧場放養畜法如任畜踐踏並食之過度以致甚短卽有損害以後不易發達然牧場嫩草畜食之較食生長已足之草更能有益

德國烘海地方試種刈割之草華爾甫考查各時所得之效載於左表

刈割草百分中之乾料	各物質數				
	布路丁	炭輕料	油質	絲絡	灰質
四月二十四號	二五·○六	三八·○五	五·八六	一八·一○	一三·九一

一千八百七十一年	六月十三號	一六·三一	五三·七六	五·三八	一七·三六	八·一九
	六月十號	三三·三七	四八·〇〇	四·四三	三八·四一	七·七九
一千八百七十六年	六月十四號	一八·九七	四三·九一	三·四三	二四·七〇	九·〇〇
	六月九號	二一·一六	四三·二七	二·七四	二四·八六	七·九五
	六月二十六號	八·四八	四三·二四	二·七一	三八·一五	七·二四

一千八百七十四年四月二十四號之極新鮮草百分中含水十九分五月十三號含水二十二分此二項即表明肥沃牧場尋常草之情形也一千八百七十七年其草甚茂較七十四年更高而更壯將苜蓿並他短草均壓倒此草之消化數如左表

羊食百分中之消化數

		乾質	布路丁	炭輕料	油質	絲絡
一千八百七十四年	四月二十四號	六七·九〇	七九·三三	七四·九三	六三·〇四	七四·九七
	五月十三號	七三·九四	七一·一四	八三·五七	六八·八四	七三·六一
	六月十號	六八·二一	六九·一四	七五·〇六	六一·七三	六五·九四
一千八百七十七年	五月十號	六五·一六	七三·二九	七五·六五	六五·四四	七九·五〇
	六月九號	六二·二六	七二·〇五	六一·八八	五一·八八	六五·七四
	六月二十六號	五五·三七	五五·五一	五五·六六	四三·二九	六一·〇七

凡草刈割作爲馬料者應待其生長稍高而近成熟之期惟養畜於牧場則與此意適相反因短草畜食之較便而

各草之生長發達又須不同時如有草早春發達者其次在夏間發達者又其次在晚秋發達者則自早春至晚秋有滋潤嫩綠之草接續而不絕矣

牧場草因肥度竭盡變爲野草

紐英格倫牧場之爲難並非欲令草至極盛之情形但欲其不變爲野草或已變爲野草者令其復原而已

該處牧場有二難一易變爲野牧場一易竭肥度所以大概牧場尚未一律歸於盡善初開墾者將所有樹木砍斬而燒之用其灰爲肥料遂得燕麥一次之成熟燕麥收穫之後乃作爲牧場小樹林又將生長又砍而燒之近今法

其田已燒而收燕麥之後即將草子與燕麥子同散作爲牧場仍不免有小樹發達如原係硬樹則樹根旁發出新枝甚易任其生長數年之後此地又變爲樹林地而又需斬伐焚燒矣此即所謂變爲野牧場也然有情形並不如此亦無小樹發達因肥度漸竭佳草將死而無用之草生長徧地今尚未知是否無用之劣草將佳草擠死抑因佳草已乏合宜之養料而死然大概必由於地土肥度已竭之故思此二故彼此相因均有關係無用劣草得能發達者因該地旱乾而乏肥料適合於劣草之生長也此等牧場在平原沙地或小山等處最多其地原產松樹等當初

治理似較有硬樹之地土爲易而其根則敷布甚廣頗易發達小樹也

白頂草

上所云無用劣草農家總稱之曰白頂草生長極易畜類見其發達生子則不願食矣即如野大麥草亦爲著名之白頂草也其稈高一尺六月開花春間此草初發畜喜食之此時作爲牧場草原是甚佳惟其稈似穀類生長甚高結子甚速當初幼嫩稈葉中之養料已從速歸入子中其子大而多故種類極易傳播

其子有殼並有蓬鬆之芒保護故有白頂之名而畜類厭

之即勉強食下亦恐不消化洩出糞料他日運至田間又將生長矣在生葉之節亦有多子至成熟時落於地故甚不易絕其種其性又耐旱乾在瘠薄地即將所有佳草擠死在肥沃地佳草生長發達庶可偃壓之也

工值便宜之地方收拾白頂草稈並子蒸之則合於畜胃易消化而爲養料之補助然費工夫於此劣草終不合算惟有種佳草以擠壓之耳

令牧場復新

欲令上所云之牧場改良應耕犁而散子或種他植物加肥料一千六百九十四年博士甫里次云若牧場地變爲荒蕪者可將該地之半闌牛羊又半任其產尋常草較全地闌羣畜者爲佳蓋闌畜之地小則洩出糞料較厚也論及耕犁有多石礫之處不便施此工夫儻有新生之樹用公牛犁之費鉅而法又不善若在易犁之地翻起老草根而散草子並加肥料用石輥之此法較佳

尙有代耕犁之法驅瘦豬一羣至牧場而散粗珍珠米於地此飢餓之畜即往來向地面尋食於是草根草子及蟲類等盡數食之雖有石礫亦無阻礙而加洩出肥料於地其工既竣即驅出羣豬而散佳草子生發興茂

更有他處牧場用耕犁法爲妙如歐洲輪種之老草地是

也紐海姆希亞省百年前每年將牧場地之一分犁而散燕麥子燕麥收成後令畜類至地食其所賸之根料而地土亦可得洩出之肥料以後仍令產草並苜蓿然吾思之將草子與燕麥子同散後驅羊至其地俟其食盡根料等即散草子此法尤善

或耕犁牧場意在滅其苔類倍根云舊田久不翻動易生苔類農家欲改良則一二年之間必須耕犁以絕滅之

肥沃黃沙土得佳草較易次等地土得佳草較難凡佳地作爲牧場須十二年或十五年然後漸變爲老草地之情形

總言之美國農家不甚明治理牧場之法近數年頗有改良之議論而第一意即用耕犁法散草子二三年間種馬料刈割然後作爲牧場近日則甚佩服歐洲農家所云牧場堅土耕犁不宜之語

舊牧場之肥沃

或云歐洲舊牧場之草生長較新牧場爲早至秋亦不易枯因未耕犁也以此牧場養乳牛則產乳更濃厚然此佳乳與售乳家無甚關係儻製乳油爲趣斯則此濃乳頗能獲利蓋同數之乳而濃者可多製成乳油與趣斯也如舊牧場產牛乳二十斤製乳油一磅新牧場產牛乳須二十

六斤方可得此數之乳油英國有牧場加肥料以茂其草所製趣斯乃係次等加肥料之第一年產牛乳製成趣斯更爲次等第二年尚不佳至第三年方與尋常相等所以農家加肥料之後其草任其生長或養牛令其肥壯而不養乳牛也

歐洲著名之牧場氣候合宜否似與出產無甚關係英國之西北其空氣頗溼雖鬆沙土亦產甚佳之牧場草此等地土亦係久爲牧場漸漸改良而增其數在東海濱諾福省乾沙土無此改良之情形總之地土常溼者可產佳草稍遇旱乾亦無損害

美國新牧場之無大效因未擇合宜於此土之子而散之且所散之子種類不多也其草預備刈割者帖摩退草紅頂草紅苜蓿子雜而散之甚佳若爲牧場則紅頂草子尙可他草子不甚合宜前已論牧場之草種類須多則生長有早有遲其間或遇旱乾或遇淫雨不甚爲患而各草吸取養料亦不致有爭奪情形總言之欲用人工而速得舊牧場佳草終是不易或者將牧場作爲房屋前之平草地用翦草器具薙割之然後驅畜至該草地如此治理愈難而費用愈鉅也

英國新牧場不多養羣羊其草生長發達時亦然在第一

年第二年時養小牛最宜至地土已堅實乃可令公牛入場當此時陸續加和肥料或禽場肥料亦屬合算新牧場有多羊食草於佳嫩草有害且羊所不喜食之草反增其茂盛如草已刈割則在秋間面土須加肥料至春間驅幼畜入場此亦一法第二年亦然第二年刈割時仍畧加面土肥料則以後不致荒蕪

草需溼潤

牧場之茂盛全恃天氣之溼潤而輪種各草須擇其子與該地土之乾溼合宜否司考脫倫並英國西方夏間多雨水所種萊草可全年作爲牧場而與他植物輪種又可令

已竭肥力之田復原

在該二處每二年閒散萊草子於黃沙土牧場以爲必增地土之肥度於租契內亦往往載明該二處多雨溼潤夏季萊草甚爲發達畜食之後更易發達其根稈地面均爲此草所密蓋而蔓草亦無從生長則土中可留許多生物質爲以後輪種他植物所需

堅土所種萊草往往受害於畜類之踐踏至次年有衰敗之象英國乾地萊草竟次於苜蓿諾福省之鬆土用四次輪種法是因該省無合宜之牧場草可在乾面土發達而抵當夏季之酷熱也若苜蓿留於牧場二年則將滿布蔓

草而苜蓿衰敗其情形更爲荒蕪

阿爾蘭氣候溼潤可爲肥沃牧場其堅土連數年作爲牧場並無不合祇須預備散草子之地土治理得宜而以後常加肥料於面土

改良矮樹牧場法

八月閒農夫將清理矮樹牧場其法用短劚刀砍斬重生發之嫩矮樹堆積於老樹根上而焚之其樹如爲杜松或他種多油質之樹須用斧斤以伐之其嫩樹料在冬閒亦可飼羊或作爲肥料惟此法頗費工夫儻材料極硬者如上法焚燒未能燬滅而近邊之草已焦枯矣嫩樹砍斬後任畜類在根旁嚙其又發出之新芽或用碰敲落則以後不易發生蓋生芽處受傷則較斬割處尤難萌芽紐英格倫即用此法

農夫或用鉤鉤樹根用二公牛或二人拖拔起之或一工人將矮樹彎下又一人鋤其根然後用耙平其土而散白苜蓿子或散他草料子及藏草處掃集之子散白苜蓿子甚合宜因牧場易發達而各畜喜食之且一顆苜蓿可庇地面甚廣將蔓草偃壓儻地土溼者蔓延敷布之苜蓿雖爲畜踏斷仍能生根發達白苜蓿有蔓延之性故不必多散子況苜蓿能攝定由利淡氣爲甚有益之事也有農夫

於草子中雜燕麥子少許散之此燕麥屢爲畜食則屢發新葉而不易生子牛食此等嫩草較羊爲宜羊往往連其根拔起

用條行犁法復新牧場

英國有舊法凡已竭肥度之牧場用條行犁法以改良之其法將草土作條行犁起並非徧犁而實則每隔若干地翻犁草土一條覆於未犁之地面此地面因此畧高而速散苜蓿燕麥子其工作之費不大地土高低不平亦無妨礙沙土地無樹根及石之地均可用此法老草蔓草白頂草由是漸滅變爲新牧場

凡低形荒蕪之地可用灌水法並開溝法改良牧場凡地土積有不流通之水不能產佳草料有農家將此等牧場地加以石膏或於面土加木灰並濾過之木灰均屬合宜然後布散苜蓿子苜蓿卽由空氣中攝定淡氣而得其利益凡土地無植物者或產草稀疏者可加一種和肥料耙勻之或掃平之或輥平之速散草子如恐耙法有損已生之草則薄加肥料可也

牧場地瘠薄易受苔類之害故美國農家常用耙法如無木灰卽加石灰與鹽製成之和肥料製法如下先成六寸厚之石灰一層加二寸厚之鹽一層依此法成三層堆積

高約二尺翻而和之十日閒共翻三次卽可用也每英畝加鹽二十斗石灰四十斗之和肥料已足在秋或早春加之此和肥料爲穀類爲牧場均合宜

福爾克論英國久延牧場云凡牧場地均可加以下之肥料而得改良之效如加禽場肥料或加圭拏或加阿摩尼和肥料或加鈉養淡養或加鈣養多燐料於面土或將多燐料並圭拏中加以鉀養鹽類或加鈉養多燐料或鈉養淡養均可惟久延牧場用此法究嫌費大而不合算總言之加製成之和肥料終不及加禽場肥料之易獲利益用製造肥料而種根物並穀類並不爲難惟價值較昂獲利

較少而已凡肥料在水中易化在地土不易收吸者宜少用於牧場又須待有雨時加之可令其隨雨水入土中也

養羊爲復新牧場之計

上所云各法均佳而思其最合宜之法如下在牧場闌羊甚多而無論其地土肥度已竭與否其闌能移動則羊可免久在一處俟移至他處卽將此地治理而散草子苜蓿子更有一法將牧場地於數年閒闌羊一羣使盡食所有之草並加油渣餅或穀類以補草料之不足其洩出糞料則歸於土英國牧場大概用此法故能由漸改良而得佳草料

養羊於牧場能得利益有數種草牛所不喜食者而羊喜食之如牛奶杯草牛唇草白蔓草蒲公英並他種有苦味之草使羊食之不致生長蔓延是羊無異修理牧場而令地土清潔也然養牛之牧場不可雜羊過多恐將供牛食之佳嫩草一齊食盡或食之甚短牛不能食其利薄矣或者隨時驅羣羊於牛已踐食之牧場或者每年輪養牛羊於牧場而羊數亦不宜多視牧場草能供給若干羊則驅若干羊往蓋其意欲令羊食牛所不喜食之草也又欲令其糞料落地以肥其土也其糞較牛糞爲均勻

反而言之凡多養羊之處亦須養牛而食羊所不喜食之

草則牧場之植物可生長均勻牛不能食羊所喜食之短草而祇能食長草此長草羊又不喜食也故牛羊互養長草短草同使食盡

有地滿生白蔓草或牛奶杯草者一二年間在早春或六月杪闌羣羊使盡食之用此法蔓草決不能生長至開花結子故不能連二年供羊食也蓋已盡滅之矣又有一種蘭特草並他種草在夏末開花者使羊食其未成熟者亦由此不能傳種

園地並耕犁之田有蔓草者可養羊數頭爲滅此蔓草之計最佳者令羊與牛輪次食之其洩出糞料又均勻布散

農務全書下編十五

其法至善而又食被風吹落之果並食害果品之蟲類此蟲如不滅將入土中至明年合宜時變爲飛蛾嚙果而果易腐爛即如蘋果成熟時其地有此等草者闌羊於該地則多生佳果或翻犁其草土亦有效

刈割牧場草

輪年而令畜食牧場草或有不便如地土肥沃者每數年間可刈割草一次而視爲馬料草地有草子散時甚早或甚晚者用此刈割法可令草茂盛刈割合時其草亦不致過於成熟牧場有許多蔓草藉此阻其生長又有他草卻因此更加發達秋間可供畜食凡刈割之後即驅羣羊至該地農家可察何草易發達與否

英國農學士云久延養畜或久延刈割均將令植物改變如老草地或尋常草地連二三年刈割然後連年養羊作爲牧場則因連年刈割而生許多粗蔓草均爲連年養羊所滅或牧場地常出之蔓草用屢次刈割法亦能滅之當初田地之植物生長有參差者至此時均勻

有人云產稀草之地隨時刈割草子落地生長植物自漸均勻除此利益外用屢次刈割法或更有他利益亦未可知也如牧場之畜加以購來之食料以補草料之不足查其畜未必因此增其肥壯若地土加鹽少許並壅肥料每

農務全書下編十五

隔一二年刈割則植物顯見其茂盛矣

有許多植物在他植物之下亦能發達則一方地可種高植物低植物其高者初夏刈割低者後日亦可供給畜食

畜類依次入牧場

在天氣合宜地方其牧場作爲數分而令畜依次序入牧場先留地一方爲乳牛或爲養肥牛之用其草已食之而短則移於他地方而驅小牛至其地小牛食畢又驅羊至其地

此依次入牧場法並非新法而實爲善法英國農家在秋間至司考脫倫購瘠瘦畜而令其食牧場之草牧場原有

肥壯畜即移至已刈割之草地麻賽楚賽茲省夏間陰雨而生佳草亦用此法即是在九月間購他處棚中牛驢入牧場令其食佳草及蔓草至霜降後飼以田莊所養畜不喜食之草料英國中省養牛者十一月間有霧時所產之草並茅草等用上法令其食盡而將有酸味或無味之草盡割之方可滅各種易生之蔓草而牧場有改良之望

凡牧場養畜數不足其草往往茂密過高儻有糞料在該地則草更易生長結子此高草在霜降之前畜均不願食經霜之後其味甘美而適口畜將盡食之矣早夏草甘嫩而未高畜亦喜食也或有意使畜食之阻其長高且草初發達時補養料較以後為佳此意未嘗不是而草之生長由此更為細密則地面無不均勻無味之草英國有粗草牧場冬間常令老雌羊食之並飼以乾料從此牧場改良惟不可多養畜於牧場亦不可食草過短養畜之時期亦不可過久總之其草須留數葉令其收吸空氣中養料為要

牧場雜養畜

牧場養牛之時可雜養馬或小馬數匹或養牛之後如此行之則牛所未食之草他畜可食矣羣馬食草不及羣羊食草為佳因馬所食不齊整也然在大牧場養馬數匹可食盡其高草其高草往往生於牛糞之處而牛踐踏之草馬亦願食高草食盡又可驅牛來食短草矣反而言之養馬之牧場可養牛數隻食馬所不食之草總言之凡牧場雜養羊牛馬產草必均勻

英國從前牧場於晚間放養工作之馬即令其食草日間在路旁工作則糞料落於該地由是將竭田地之肥度故農家以為不宜

依化學之理論之養雜畜於牧場其牧場應更為肥沃且各畜各有所喜之草而草之生長發達亦不同時畜性凡近自己洩出之糞處所生草殊不願食而近他畜糞之草並不忌避如挪威地方養乳牛者必用馬糞加於牧場即度等處亦然養牛之牧場常有許多佳草不欲食而洩出糞料卻令此草生長甚茂必令小馬等食之以免耗失司考脫倫山間養羊合宜之牧場夜間令羊宿於牧場其地得羊糞變為肥沃然所產草羊不喜食須擇時驅牛至其地而牛則因此甚增其肉料

英國中省產苜蓿萊草之牧場往往雜雄牛數隻於羣羊間此牛大抵食萊草而為羊不願食者至以後復生之萊草作為秋間棚畜之食料當時羊食苜蓿而無萊草之可厭矣

英國林肯省低窪肥沃牧場地治理法亦相同在五月閒牧場養羊者每羊十二頭養小雄牛一隻每畝應養畜若干察草之品性及盛衰而定惟草在養畜之前須刈割整齊為合宜而過於茂密亦與羊有礙如為養羣牛令牧場增肥度每牛十二隻養馬一匹此牧場之草先任其生長不必如前之刈割此因羣牛一時食草可速而多然後倦臥反芻也據英國善於治理牧場者云為羊食之草待其生長二十四時為牛食之草須待其生長十二天有牛糞處之茂草須每日割之其乾料亦可飼畜否則生長甚高而有酸味矣

牧場雜養畜或有害

牧場雜養畜須免其彼此受害而一種畜糞不可有害於他畜羊與小雌牛固可同伴而大牛與馬不宜與羊相雜且所有嫩草羊將爭食而有羊糞處之草牛不喜食也馬歇爾云有近羊棚處之草甚茂驅乳牛往不肯食驅馬往即食之

養牛地方可養初分窠之小羊一二頭似無妨礙凡羣羊中養牛數隻為同伴可保護羊不致受犬之欺侮而山羊亦能如牛之攻犬也牛與乳牛在一牧場往往生事或馬僅一匹而牛多數或牛一隻而馬多數則均有恃眾欺侮之情形

近年來醫家考究畜腹所生寄生蟲類之情形甚詳有一種畜類體中生寄生蟲若干年於是傳染於他種畜類而能隨畜之種類改變其形式即是蟲在此一類畜腹有一定之形式而入於異類畜腹又變為他形式其變式之層次無窮所以農家雜養各種畜類於牧場須極留心恐寄生蟲因此發達蔓延為患甚大即如犢因在豬糞培壅之牧場留養以致得豬身之寄生物而喪其命者甚多也

牧場分散肥料法

美國牧場將肥料乾塊分散亦是要事畜溺易於布散飲吸入土中牛糞則甚不易分散植物為糞所壓即因之萎減而相近處之草將速發達甚粗為畜類所不欲食須刈割令乾或霜降之後飼之

儻糞料能布散則植物不致如上所云之損害而粗草亦不過於茂盛是一田肥料均勻之效也然欲布散均勻必費工夫終不合算英國園囿牧場並房屋前之平草地用特別之耙具名鏈耙其耙地面甚輕能將糞塊並田鼠掘起之土蟻垤等盡為耙平草根土亦翻起而得空氣此器可用一馬駕之價值不貴而用之有效其鏈易攪亂須慎之用此器於賤價田似不合算即不用此器而用舊式耙

或硬鐵刷亦可

歐洲牧場養畜者其地土可漸改良紐英格倫農家以爲多養畜於牧場易竭地力農務會中亦言牧場多養畜所增肥料不多而易竭盡地力是讏言也其意以爲畜糞布散甚稀因畜耗失之物質過於所加肥料之數然畜在牧場向地土中得淡氣及灰質等少許變成羊毛牛乳骨肉運至他方其灰質可由牧場地之石並粗沙化分補足而豆類根閒微生物由空氣中攝定之淡氣較耗失之數尤多也

牧場肥料有耗失較多者如夜閒驅畜入棚或別有地以闌之則此時閒洩出之糞料不在該地矣卽日夜養畜於牧場亦不免有耗失肥料之弊其故並非因缺少化學之變化各等無用之蔓草亦久延發達可表明地土中養料非眞缺乏然卽因此蔓草茂盛之弊勝於缺少養料之弊也至旱乾時佳草受害勝於劣草所以佳草生長時久延有溼潤獲利可必也

歐洲田地久爲牧場日後治理耕種第一之數年不必加肥料紐英格倫農家亦有此意然有人常言牧場地易竭盡肥度果有此情形於耕犁時加石灰美國亦可仿行之

美國牧場之變壞因糞料不能均勻布散也最善之法將佳地設法以阻畜類之闖入而闌畜於次等地多歷若干時用器盛鹽並多置食料以引其來食又稍種有蔭之樹引畜乘涼惟種樹有蔭畜喜偃卧而不食草似亦不甚宜也

凡牧場所需之水由溝來者可將水槽隨時移置於應需之地其溢潑之水及畜糞落地均有利於該場地土畜類在春閒盤桓之處其草茂盛而不喜食者至六月閒刈割製成馬料備冬季之用又發新草爲畜所喜食以後可多得佳草矣

有農家刈割低地草料堆積於稍高之牧場引誘畜至堆踐食餘剩無味之粗草加鹽少許卽食盡矣

過茂之草

農家常不喜溼牧場及多雨水過於茂盛之草治理馬廄者亦以爲低地所產草料不及高地產者爲佳馬歇爾云雨水多時草中多含水而萎弱旱乾時之草壯而健其中補養料較多其體積雖小而品等則高也

如牛食溼地茂草而患補養料缺少每日可添珍珠米料或他種料以補助之馬歇爾云英國農夫遇多雨時卽加他草料飼畜以補不足

蟲害牧場

與牧場相關最要之事爲蟲類之害乾燥牧場多蚱蜢蟋蟀損害佳草有一日余倚窗觀書偶見屋外有一蚱蜢食香梧桐葉其葉已長大而蚱蜢似非甚餓者然不多時而葉已盡矣美國穀類田並牧場用一種靈巧機器駕馬行於田間可將蚱蜢等悉掃去之

畿內亞雞並火雞能食蟲而除害一千八百六十七年巴黎賽會陳列用火雞滅蟲法用一高長方架其下有輪其中可棲禽以白布遮之作爲一籠先養火雞數隻於內俟其習慣可隨意移至多蚱蜢之田放出食蟲高籠雖稍置遠處雞能見而歸焉家雞飽食則不甚肯尋食故其功效

較火雞爲次

多蚱蜢多蝗蟲之處用上法不能抵禦舊金山人云火雞多食蚱蜢易斃因此蟲足翼粗糙在腸胃不易消化易致病而死也

六月甲蟲之蛹

房屋前平草地並種穀類之舊田往往受害於六月甲蟲之蛹此蛹在土中有三年之久能食草根其後變爲甲蟲而飛出凡田中有此蛹不特植物顯然受害且因黃狼掘土食蟲而地面多成空穴

儻用易化而有侵蝕性之肥料如高等燐料或加酸鉀硫養者加於有蛹之田或加以製革廠廢樹皮與他種料製成之和肥料均可滅蛹惟以後須重散子以補爲蛹所食者用此等有侵蝕性之肥料以滅蟲類及蔓草菌類等尚須詳考謹慎用之恐其滅殺田土中有益之微生物也

牧場養畜法

牧場治理合法者須計算所養畜與田畝之廣相宜否即是畜數與產草數相稱也故地小不可多養畜一畝養乳牛或有五六十隻者最妙分爲二羣如瘦弱之牛此數尚無大害於牧場而地土亦不致過於踩躪強壯之牛其力甚大將乳時必將行動踐踏也地小牛多食草至近根或

竟拔起英國林肯省養牛者頗注意於此如茂草地養畜甚多至晚夏須減畜數蓋草生長漸少而畜數亦不得不減也其時肥壯之牛羊可入市出售並不爲患畜數過減則畜將擇最喜之草而食之他草將衰老而無用故又不宜凡牧場多蔓草須乘早驅畜食之以清潔地土此時蔓草尚嫩畜喜食也

每畝養畜數

般博士論阿爾蘭牧場云肥沃牧場每畝可養肥羊九頭歐洲佳牧場每畝可養乳牛一隻而在美國每四畝養乳牛一隻紐英格倫往往六畝供養一牛尚以爲未足美國

西省地土瘠薄者每雄牛一隻須十五至二十畝供養之

歐洲農家云凡田四畝養乳牛一隻則其田不宜養牛祇能養羊

卷終

農務全書下編卷十六

美國哈萬德大書院農務化學教習施妥縷撰　慈谿　舒高第　口譯
新陽　趙詒琛　筆述

第十四章

窖料

農家或將釀酒所用之穀類及紅菜頭等不俟其乾即藏於窖堅實而葢以土近年來地窖之搆造頗有進步不如從前之僅掘一窖而已竟築成房屋有似倉廩養畜棚亦在一處以便取料飼畜當初築窖用磚砌之以爲甚佳近研究而知用木料造成更爲盡善

舊法植物料入窖上葢泥土一層今法葢以板條其上再加石或盛沙之箱重壓之因其窖甚淺也窖之深大而不透風者則不必重壓祇將其上層壓堅若藏珍珠米稈料葢以板條或葢蘆柴茅草一二尺厚

成堆保護青料法

歐洲有許多青草並青植物成堆保護不必藏窖僅將其料踏緊或用輥器壓緊堆邊尤爲緊密堆頂壓以重物上葢板條或茅蓬而用鏈條或繩索紮住以禦風雨此保護法頗有功效儻有草料或苜蓿等爲數甚多不及入窖而天氣忽變將有大雨可即時在其地堆積保護如是不特

省築窖之費並省轉運之費然耗失之數則較在窖爲多因堆中難免發酵堆之外層又有空氣透入也英國人云此保護法堆之外層必有許多耗失由外層四寸至內二十寸之料不宜飼畜其耗失數總計有百分之五或竟有百分之二十五至三十或竟四十至五十分

窖藏青料之發酵

青料緊藏於窖或成堆甚緊密者不易發酵腐爛堆之鬆者必有此弊然在窖中亦微有發酵情形依其料之品等及藏儲得法與否而有輕重窖之合法者初因青料中所有空氣而稍發酵空氣用完發酵亦止發酵時有化學物

質如拉的克酸等發出即將阻微生物之動作其炭養氣布於料中可資其保護故有識之農夫不令空氣透入則炭養氣不致洩出凡窖用磚石所砌須塞門汀土塗之令空氣與炭養氣不易流通

發酵時有許多化學物質發出微生物因此不能生活如蛋白質腐爛變成輕硫氣速將滅殺腐爛變成之微生物由糖由醋製成酒醇時則糖變成酵料醋變成醋酵其動作工夫速止此因流質中有酒醇並阿西的克酸阻之也窖中亦有此情形即是青料中微生物變成發酵而此發酵亦速止此因其中有拉的克酸或有他酸阻止之也

製拉的克酸須發酵合法方能成其母料須有中立性或稍偏於酸而查知流質百分中既有拉的克酸一·五分者其發酵情形即將中止布低里克酸發酵時其母料亦須有中立性或鹼性儻有酸質者雖已動作發酵其性甚緩總言之窖中發酵情形如空氣愈少則發酵愈輕欲得斯效可將青料切細壓緊於窖中可也窖中發酵時其熱度之高自九十至一百六十度若過於一百六十度其料變黑有似焚燒者

成酸質時之熱度

窖藏佳品珍珠米青料而欲減其發酵之熱度可將珍珠

米稈切細鋪於面踏堅而加重物壓之欲得斯效總須天氣佳而人工勤有人云未成熟珍珠米青料及他種青料藏窖之後其發酵熱度低者其酸質必較多福爾克云有熱度在一百二十二度之下必有酸質若干所以窖藏青料有淡味酸味之別均因熱度高於一百二十五至一百四十度或不及一百二十度之故也蓋在低熱度其中所成阿西的克酸布低里克酸變成較多此二項酸質有化騰之性故易覺察而不易化騰之拉的克酸則不易覺祗知窖料中有他項佳香味也

或以糖化於水或以牛乳試驗即知熱度不及一百二十

五度時拉的克酸布低里克酸變成甚易博士李顯云牛乳發酵變成拉的克酸最宜之熱度在八十五至九十五度其熱度漸增至百度其發酵情形更速至一百二十五度爲止熱度又高則發酵情形反減若更高數度其動作全停博士愛佛林云拉的克酸發酵最宜在一百二十度有八云此等發酵情形不及二百十二度則將全停惟欲全滅此發酵微生物其熱度須稍高於二百十二度布低里克酸發酵最宜之熱度較拉的克酸合宜熱度更低在七十七度至八十六度之閒在六十度時其動作較在八十度時爲緩惟布低里克酸發酵時又能禦甚高熱度據

非紫云二百九十四度之熱度歷五小時之久或一百七十六度歷七小時之久可阻止布低里克酸之發酵俟熱度漸低則又動作若欲滅殺布低里克酸發酵微生物其流質須二百二十一度熱度云

空氣助大熱發酵

珍珠米青料斬切甚細速藏窖緊密尙不免有發酵情形而成酸質少許其熱度不甚高若不如此其中必有許多空氣發酵之熱度更高而變成醋酸布低里克酸情形不合與拉的克酸亦不宜所以此等窖藏之料甚覺淡也

華爾甫並愛生在十月閒試驗陸恩草料成堆而壓之查知凡草稍枯者堆中速發熱其百分乾料中耗失二十五至三十分當時草料中似蛋白類質料有改變而羊食之不消化其易消化之布路丁改變百分之二十七至五十六分然成堆時又不可過溼百分乾料中不可有十五至二十分之水過此限其青料卽將有酸性

總言之制度堆中熱度合宜殊不易其耗失數較尋常草堆中之耗失更多論及苜蓿紫苜蓿等更有此情形然堆積壓緊之法因秋雨過多將腐爛而欲挽救之也阿爾勃脫云壓緊堆中熱度或速高至一百四十或一百五十度再加壓力其熱度則低至一百二十二度左右漸減至一

百二十或一百度又漸減至與天氣熱度相等華爾甫並愛生查堆積草料中寫留路司易消化情形自六十二至七十一分惟炭輕料之易消化者則有減

加滿地窖法

青料納窖可加滿而緊閉之若遲延多日則其中熱度將增發酵甚猛耗失必多然質料雖有耗失而發酵亦有利益因其所成之料變爲淡性也窖料已滿在一二日之後必須緊閉否則發達數種菌類物亦屬不宜馬爾斯論大珍珠米如下

欲免酸性發酵先一日閒斬切青料藏窖自二尺至三尺

半深任其發熱至一百二十五度爲止然後再加青料一層又任其發熱如此堆積至滿窖每加一層可閒一日或三日察青料發熱遲速而定每一層之邊隅均須緊密儻有數窖當依次爲之則此窖加料彼窖發熱從事無局促狀若祇有一長方之窖而窖中未砌牆者可分爲二而加滿之

若欲速得一百二十二至一百二十五熱度者則將第一層之料不必速平任其成塊堆積則發熱較爲合宜預備加第二層料時始將熱料壓緊

或云最妙之法窖頂之中稍高可令壓力至窖之四隅其

頂用斬切之細草或粗馬料蓋護而用抹桕油之紙遮之窖邊必須緊密再加板條於上

美國欲得淡性窖藏珍珠米青料其料必須成熟其中空氣必須逐出博士亭脫云其料之酸性與發酵之熱度似不甚相關因常得甚佳之青料而酸性甚少當時窖中熱度不過於八十度或得甚有酸性兼有臭味之青料當時窖中熱度葢有一百五十度然農家以爲從速熱發酵將令珍珠米青料易得淡性者

英國農家云窖藏青料熱度高低恆視壓力之重輕而定惟壓緊殊屬非易查英國雨水多時窖藏青料往往變酸

因溼草之水化騰將令發酵情形遲緩也

茄項試驗而知空氣與熱發酵甚有關係此在論肥料章中已言及之即是在空氣中時肥料之熱度高至一百六十二度而將同數之肥料緊閉一箱中其熱度罕有高至五十九度者

窖中熱發酵

欲知窖中熱發酵情形可將糖液受空氣而加酵料於是觀察之拍斯拖有一試驗法取釀酒所用之酵料加於淺盆糖液中所遇空氣之面積甚廣其酵植物發達甚速而糖質大分供給新酵料之用然變成之酒醇爲數甚少即

是空氣多者易於酵植物之發達並不爲變成酒醇之用也當時有炭養氣甚多並酒醇少許大約窖中熱發酵之情形與此試驗相同而變成酸質少許亦因此故農家之意二百二十五或一百三十度熱度與拉的克酸之發酵有妨礙惟查知此拉的克酸酵植物在此高熱度仍能發達惟不及在一百二十度時之甚耳而因酒醇之發酵可知酵植物在鬆窖中大約在一百四十至一百五十度熱度能毀滅矣

拍斯拖之試驗或待若干時更可發明其變成酒醇少許在製啤酒或蒸他酒時又可見之法國博士考究植物並

熟果置於淡氣中將變生酒醇故此料在窖中亦必如此變成特海蘭云植物中有生命之賽爾與養氣隔絕之後將似啤酒之發酵令糖化分成酒醇並炭養氣窖中發酵變成拉的克酸布低里克酸法里里阿尼克酸阿西的克酸外更有一種名稠韌發酵此在紅菜頭並蘿蔔中更甚窖中初發酵之後其植物質無他項改變至由窖取出而與空氣相遇則更有新發酵令物質有氣味葢當初在窖時發酵變成之拉的克酸布低里克酸將爲新成之黴生物所毀滅也

阿西的克酸發酵 卽醋酸

製醋時往往有阿西的克酸發酵卽將其中之淡酒醇變爲阿西的克酸此情形在夏閒更甚此發酵法不特將酒醇與養氣相合而變醋卽令糖與空氣相遇亦然如窖藏料有此動作卽爲有害尋常窖中物料久與空氣相遇其中阿西的克酸變成之數速而多儻料中尙多空氣雖不開窖亦必有此弊有數種料由窖取出頗有酸性卽因阿西的克酸甚多之故遂不適用窖中物質變甚酸而熱度低者卽阿西的克酸發酵甚發達其熱度過於一百零四度則將毀滅故熱發酵爲有益

總言之窖中留許多空氣或任空氣透入則將有許多受害之發酵並有腐爛情形而窖料卽變壞如在雨水多時製草料而留若干草料於田閒則有大改變均足以表明窖中物料必須緊密不令空氣透入其田中草料變黑而壞卽係受有損害之發酵也

窖料中有淡養物質受發酵而失其養氣如紅菜頭並蘿蔔葉本有許多淡養物質因藏窖失之坎爾奈曾查考窖中淡氣數果有耗失所以淡養之數較當初爲少

窖中發黴

窖之四隅並窖面之料有所耗失必須設法免之窖中有發酵情形而在窖之四隅有空氣透入卽將發黴致有損

害往往揭開窖面查其料有數寸厚適在葢板之下者均發黴而不合用藏珍珠米青料更有此情形因此料熟乾時不能將其中空氣盡逐出也所以農家往往用價賤之草並穀稈葢於窖面約厚一二尺則易踏緊而四隅緊密此等稈料能引窖中之溼並保護物料不與空氣相遇如有暇宜隨時觀察此草層而堅壓之此工夫周到則窖中可免發黴珍珠米青料依此合宜之法藏窖則外面變壞之數祇有百分之二

窖料耗失數

尋常窖中耗失最大之數並非在窖面亦非因發黴大都

因藏窖時空氣未盡逐出而致發酵也化學家查知窖料乾質耗失數如狼荑竟有百分之五十六紫苜蓿竟有百分之二十七紅苜蓿竟有百分之三十一經雨之紅苜蓿有百分之四十三大珍珠米竟有百分之三十三至三十五惟治理合法者耗失數祇有上所云之半而已又用桶盛草料試驗耗失數不過百分之三或四其數可謂極少今將珍珠米青料斬切之其長爲三分寸之一藏窖閲六箇半月取出查考各物質百分中耗失數如左表

水	一四·五〇
乾物質	二三·三九
含淡氣物質	一四·七二
無淡氣物質除寫留路司外	三四·二二
寫留路司	二一·五四

凡以脫中可消化之物質如油質百分中增三六·三六而拉的克酸並布低里克酸在以脫中亦可由油質中化出阿姆司倍並考狄温取青嫩而有乳色汁液之大珍珠米斬切甚細藏於窖或在田而令其乾查知在窖中耗失之補養料較在田中乾者爲少茲將其試驗與一千八百九十年美國他博士之試驗相較而得其折中數如左表

百分數	窖中耗失數	田乾耗失數
乾質	一七·七八	二〇·三四
灰質	〇·五七	二·九八
布路丁	一·六六	〇·九一
生纖絡	三·八五	五·六二
無淡氣物質	一三·四九	一五·五四
油質	〇·五五	〇·〇八

博士華爾甫試驗歷四年而得折中數知在田間露乾者耗失有百分之二十四在窖中耗失不及百分之十六而布路丁之耗失一爲百分之二十四一爲百分之十七總言之窖中尋常發酵與料中之炭輕物質大有關係最多失者其物質中之糖並小粉也似蛋白類質料耗失較少人皆知糖小粉膠類植物酸質與蛋白類質極易變成布低里克酸發酵

膠類中似蛋白類質耗失數

論及含淡氣物質在膠類中尋常發酵時必有耗失且因似蛋白類質料當時將變成阿美弟故不特有淡氣物質之數將減且品類因之較次休爾茲與從前蒲生古之考究相同即是青料中似蛋白類質料久在暗處將變成阿美弟並阿司叭拉精而在窖中確有此動作其變化均由生物質中之功用法而來此生物質既死變化之法即止

休爾兹將紅苜蓿浸於水中置於暗處八日之後其似蛋白類質淡氣減百分之三·二二或二·四七惟無似蛋白類質淡氣則加百分之○·八九至一·九又將大麥如此試驗其似蛋白類質淡氣減百分之三·五一至一·四六無似蛋白類質淡氣加百分之○·六一至三·○四帖摩退草在三日間查知似蛋白類質淡氣減數爲百分之一·八一至一·六一無似蛋白類質淡氣加百分之○·一六至○·四九更將帖摩退草盛於甕中十日查知似蛋白類質淡氣減百分之一·八二至一·○九又查乾料中阿司叭拉精有百分之一·五然當新鮮時則並無蹤跡又試驗他種草料置於

小窖中其變化亦然即是似蛋白類質有減阿美弟有增且在窖時此阿美弟因受發酵微生物之動作速變爲阿摩尼鹽類此變化法或甚純至於開窖時其料中竟不得阿美弟祇有阿摩尼鹽類而已阿摩尼者往往由似蛋白類質在發酵時所變如窖中加滿苜蓿紅菜頭葉並他種多淡氣物質者則恒徑直變成阿摩尼而因此似蛋白類質之失數較多休爾兹查知滿窖草料中無似蛋白類質料中之淡氣有百分之三十四阿司叭拉精則毫無蹤跡如滿窖大珍珠米或製酒之糖根物渣料或他種少淡氣料則阿摩尼爲數甚少

窖中毀滅微生物之物

德國從前於窖藏物料各層間散鹽其後藏糖根物渣料而散陳石灰甚有效可見以化學物質制度發酵情形果有其功也瑞典博士密勒於窖中加炭硫以毀滅微生物當時有許多刈割之草料因天氣不佳在田間將腐爛即與蕎麥稈向日葵稈菜葉紅菜頭葉並數種小根物及穀殼等藏儲於窖散炭硫保護之後開窖查物料均壓緊堅密保護得其宜畜喜食之毫無炭硫氣密勒云即已腐爛之草獨藏於窖加炭硫亦可製成合宜之畜食料

窖藏料易消化

有人云窖藏之料與在田間堆積之料無甚懸殊惟有物質之性在青時有所不同故稍有參差在窖中變成之酸質能助胃汁之消化阿姆司倍云大珍珠米青料藏窖或露於田間以令其乾均減其消化之功藏窖者似蛋白類質較青時稍不易消化已變爲次等品式其寫留路司則變爲更易消化而因發酵之動作致減其數

坎爾奈查知數種物質如粗草蕎麥藏於窖其料中之布路丁變爲稍不易消化如百分之八·六與百分之四·六之比萊草蘿蔔葉亦然據坎爾奈之意此等窖藏粗料中之寫留路司有若干變壞而寫留路司之內質則爲胃汁所

易攻論及蛋白類質粗料中似蛋白類質之淡氣較少藏於窖中亦似生布路丁而增其易消化之性然更多淡氣之料如萊草蕎麥蘿蔔葉查知在窖中發酵之後其消化性有減因此等料既多淡氣其中最佳之蛋白類質在窖中發酵其餘未經發酵者則覺其不易消化也

窖料稍有酸性

當開窖時其料常稍有酸性惟苜蓿並他豆類則不在此例蓋變為鹼性而查知其中蛋白類質料化分之故即是此等和平鹼性料勝過變成之酸質也然尋常和平性之窖料中亦往往有酸性若干為百分之○.○二至二之數

據云今法製窖藏珍珠米料其性較更和平因以成熟之料製之而從前收取此料時尚輭青多水而少小粉類物其嫩稈中之水可將發酵之熱度減低則不能成和平性之窖料也

開窖法

窖中藏料須待五六星期發酵將止然後開之或隔數月開窖至大珍珠米料竟藏二三年亦無妨礙惟此數年間不能得利耳此等珍珠米窖歷時甚久待荒歉之歲用之苜蓿並他種多淡氣料不宜久藏取出之數一日間用完為宜否則恐有變壞情形取時又須謹慎勿令空氣多透入儻窖料出露數日即將發黴腐爛從前取出法由頂切下至底今則在頂之平面取去一層此二法均可用窖之大小視畜類多少而定每次所取不過數寸厚之一層足以供所養之畜而已推此意而行莫妙於多築小窖較一大窖為宜英國取窖料亦由頂切下作垂綫形而不用平面之法因每次取去平面一層須加重物壓之稍有不慎將有醋酸發酵之情形也

大珍珠米窖藏法

凡地方多產大珍珠米農家必設窖藏儲以免廢棄在小地方可多種珍珠米青料至秋數日間藏滿於窖不必慮

天氣如何情形則收成並無困難此等地方多雨農家本不欲用曬乾之法即欲乾之反有許多耗失況是時農工甚忙亦無暇專料理此植物也

珍珠米青料百分中有水八十至九十分運此多含水之重料入窖自費工夫然亦合算後日自窖取出每次甚少亦不為難儻在嚴冬之日而由窖取出青料飼畜極可愛也

窖藏料飼畜易食盡此亦一益曬乾珍珠米稈料往往有粗根料廢棄坎雪斯省農夫駭爾吞將乾珍珠米乾料切細與穀類相和飼畜其百分中廢棄三十三分其料之品

等郤甚佳也若不盛於槽而散於地其廢棄更多即是乾料中之稈葉爲畜所食得其補養之益不多也雖再三設法引畜食之亦無效總言之坎雪斯省所產珍珠米較東省所產者多稈而少葉

珍珠米青料藏窖者斬切長一寸或四分寸之三或半寸或二寸閣福云須斬切成三分寸之一然二寸長者易於緊密斬切甚短並非必須之事竟有不斬切而即入窖者宜用特別法以緊密之否則空氣透入必有發黴之弊除大珍珠米稈料外他種草料等均可免斬切也

美國農家俟珍珠米稈稍老於是藏窖其意欲多得炭輕料也羅勃茲與容先生云珍珠米在開花及成熟時之間其稈中增乾質有加倍數而大抵爲炭輕料蘭特查知發生花鬚至成熟時其增乾質四·八倍依田一畝推算之自一千六百十九磅增至七千九百十八磅花鬚長成後至成熟其乾質增二·五倍司替屋云珍珠米實中之甘蔗糖自某時起逐漸均勻增加至極成熟其外皮有光堅之色爲止總之青料之穀實愈成熟則爲窖藏之料愈佳其味亦更美今農家有一種名曰火石珍珠米須待其實有光堅之色然後取稈料斬切藏窖又有一種名曰槽粟蓋穀粒之面有凹槽也其收成須待其成槽爲宜然大珍珠米

與大麥作爲草料之用者其情形相同即是此二種植物欲得其多數者在其實未成乳色汁之前刈割之此法一畝田所得稈料較多而藏窖時必留許多水汁在料中馬爾斯云未成熟之珍珠米青料藏窖因多水汁殊不合宜且有許多耗失窖料上層之壓力而將下層料中汁液擠出其中有養料數分易致耗失如刈割後即在田間令其乾於是入窖亦頗費工夫反而言之刈割又不可過於成熟過熟則又嫌其甚乾而工人或有所不及天氣或有所改變藏窖之後易有發熱之弊所以農家將已乾之稈料灑水潤之速納於窖加重物壓之不使其發熱

豐收珍珠米青料

珍珠米結穗後刈割每一英畝可得青料十五至三十噸許而二十五噸以爲常或竟有四十至五十噸阿姆司倍並楷爾備耳斯考查每畝田所得帖摩退草二噸數中之乾料並易消化物質與珍珠米青料或乾料或窖料相較如左表

	帖摩退	窖料	珍珠米料	
	草磅數	磅數	青料斬切磅數	乾料磅數
乾料	三五九二	六一〇〇	六八三五	五四一〇
易消化物質	一八八八	三三六〇	四三五一	三三八八

前一年此二人在一畝田得珍珠米青料十九噸依窖藏法而得易消化物質四千磅更有農家得乾料七千磅司替屋之意珍珠米實結成速摘其穗可令其稈中之甘蔗糖積儲其穗亦可藏窖

田間多種甜珍珠米者其穗摘下出售或爲厨房食品或製罐食物其稈料斬切甚短與晚種稍青之珍珠米稈相雜而藏於窖或與陸恩草相雜亦可儻有不透空氣之窖已加滿珍珠米稈料或他草料再加以陸恩草則上層物質之重數並變成之炭養氣將下層壓緊不致發黴腐爛上所云窖藏情形均在温和地方爲之然在熱地亦可用

窖保護珍珠米青料該地無合宜草料飼畜則此窖藏法尤不可緩美國東省飼畜草不足不能多養畜廄棚中之肥料亦不足爲肥其地土之用如魯西安那省紅苜蓿白苜蓿五月之後不能飼畜因畜食之必有垂涎之病此等地方全恃珍珠米青料爲食料其料先藏於窖並雜以棉子粉可常飼之格司配林之意熱帶地方所產苜蓿與黍或珍珠米料相和飼畜亦爲一計此二項料均可藏窖其料中之淡氣物質與炭輕質相稱也

苜蓿藏窖法

德國苜蓿紫苜蓿並他豆類往往藏窖如遇佳天氣則令乾之不必入窖此等多淡氣料在窖中將發酵而大失其蛋白類質惟在多雨時用此法可救苜蓿之收成祗須工人足用而已紮成綑者在露天一二日並無妨礙可與新割之苜蓿間層藏窖已乾之料忽受雨水然後入窖恐不妥而猶以藏窖爲是誰克生云苜蓿青料及稗草等雖已損壞一半即堆積而用重物壓之可救其未壞之一半歐洲農家之意青料刈割速藏於窖不必俟其乾雖遇雨水亦以速入窖爲上計或有人以爲未入窖時令其稍乾將來所成窖料佳而價値減

總言之天氣合宜令草料速乾較即藏於窖者爲佳惟陸

恩草以速入窖爲上計因收成該草時天氣難測度也有一種粗蔓草晾乾製成草料畜不喜食亦宜藏窖改良之歐洲溝旁牆根籬下割取之野草及豌豆黃豆哈潑草紅菜頭蘿蔔等均可藏窖製成畜食料田間蔓草殊覺可厭今刈割而藏於窖豈非一舉而兩得哉或田間散大麥子或大麥與豌豆亨加利草子同散或苡仁米與燕麥同散俟其生長極盛尚未生子刈割藏窖又有一法在秋間散燕麥子至明年散亨加利草苡仁米並早刈割之燕麥子根物或番薯已經冰凍及發黴腐爛者可切碎或壓碎藏窖或將此番薯裝入緊密之大桶蘋果廢料製小粉廠餘

料製糖根物渣料等均可入窖製成合宜之畜食料

卷終

史志類

四裔編年表四卷	四本	連史一元六角　賽連一元
俄國新志八卷	三本	連史七角　賽連四角五分
法國新志四卷	二本	連史六角　賽連三角五分
東方時局論略一卷	一本	連史一角五分　賽連一角
西美戰史二卷	二本	連史六角
挺紘外乘二十五卷補遺一卷	八本	連史二元　賽連一元二角

治類

佐治芻言不分卷	三本	連史六角　賽連三角五分
列國歲計政要十二卷首一卷	六本	連史一元五角　賽連九角
美國憲法纂釋二十一卷附憲法續增憲法	二本	毛邊一元

交涉類

東方交涉記十二卷	二本	連史四角　賽連二角五分
英俄印度交涉書正續一卷	一本	連史二角五分　賽連一角五分
公法總論	一本	連史一角　賽連五分
各國交涉公法初集四卷二集八卷三集十六	十六本	連史三元七角　毛太二元四角
各國交涉便法論六卷	六本	連史一元四角　賽連九角

兵制類

列國陸軍制不分卷	三本	連史七角　賽連四角
英國水師考不分卷	二本	連史三角五分　毛太二角
美國水師考一卷	一本	連史二角五分　毛太一角五分
俄國水師考一卷	一本	連史二角五分　毛太一角五分
法國水師考一卷	一本	連史二角五分　毛太一角五分
英國水師律例四卷	二本	連史五角　賽連三角
西國陸軍制考略八卷	四本	連史九角　賽連六角
德國陸軍考四卷	四本	毛太四角
海軍調度要言三卷附圖	二本	連史三角五分　賽連二角
防海新論十八卷	六本	連史一元二角　賽連八角
水師章程十四卷續六卷	十六本	連史三元二角　賽連二元

兵學類

製火藥法三卷	一本	連史三角　賽連二角
克虜伯礮說四卷操法四卷附表	二本	連史五角　賽連三角
臨陣管見九卷	四本	連史一元　賽連六角
輪船布陣十二卷首一卷附圖	二本	連史五角　賽連三角
攻守礮法一卷克虜伯腰箍礮說一卷礮架說一卷螺繩礮架說一卷	一本	連史三角　賽連二角
礮準心法一卷附圖	二本	連史二角五分　賽連一角五分
兵船礮法六卷	三本	連史六角五分　賽連四角
營城揭要二卷附圖	二本	連史三角五分　賽連二角五分
營壘圖說一卷	一本	連史一角五分　賽連一角
爆藥記要六卷	一本	連史二角五分　賽連一角五分
水師保身一卷	一本	連史二角　賽連一角五分
水雷秘要五卷附圖	六本	連史九角　賽連六角
水師操練十八卷首一卷附一卷	三本	連史七角　賽連四角五分
開地道轟藥法三卷附圖	二本	連史六角　賽連三角五分
行軍指要六卷附圖	六本	連史二元　賽連一元二角
格林礮操法	一本	連史一角　賽連五分
克虜伯礮彈造法二卷首一卷附圖附藥餅造法	三本	連史五角五分　賽連三角五分
礮乘新法三卷附圖	六本	賽連七角
洋槍淺言一卷	一本	連史一角　賽連五分
喇叭吹法	一本	連史一角　賽連五分
營工要覽四卷附圖	二本	連史四角　賽連二角五分
前敵須知四卷附圖	五本	連史六角　賽連四角五分
子藥準則一卷	一本	連史二角五分　賽連一角五分
鐵甲叢談五卷附圖	二本	連史五角　賽連三角
淡氣爆葯新書上編四卷	二本	毛邊四角
淡氣爆葯新書下編五卷	二本	毛邊四角

船類

航海章程一卷紀錄一卷	一本	連史二角五分　賽連一角
航海通書辛未年起至壬子年每年一本	一本	連史八角
航海簡法四卷	二本	賽連四角五分
行船免撞章程一卷附一卷	一本	連史二角五分　賽連一角五分
行海要術四卷	三本	連史七角　賽連四角五分
船塢論畧一卷附圖	一本	連史二角五分　賽連一角五分
御風要術三卷	二本	賽連二角五分

上海製造局各種圖書總目　二

學務類

日本學校源流考一卷　一本　連史二角五分　賽連一角五分
日本東京大學規制考畧一卷　一本　毛邊二角五分
養蒙正規　一本　毛太一角

工程類

工程致富十三卷附圖　八本　連史一元四角　賽連九角
行軍鐵路工程二卷附圖　一本　連史二角五分　賽連一角五分
鐵路彙考十三卷　二本　連史七角　賽連四角
鐵路記要三卷　一本　連史一角五分　賽連一角
海塘輯要十卷　二本　連史五角　賽連三角

農學類

農學初級一卷　一本　連史二角五分　賽連一角五分
農務化學問答二卷　二本　連史四角　賽連二角五分
農務土質論　三本　連史八角　賽連五角
農務化學簡法三卷　一本　連史四角　賽連二角五分
農務全書上編十六卷　八本　毛邊一元九角
農務全書中編十六卷　八本　毛邊一元九角
農學津梁一卷　一本　連史二角五分　賽連一角五分
農學理說二卷附表　二本　賽連四角
意大利蠶書　一本　連史四角　賽連二角五分
農務要書簡明目錄　一本　連史一角五分　毛太一角

礦學類

開煤要法十二卷　二本　連史四角五分　賽連三角
開礦器法圖說十卷石印　六本　連史三元
治金錄三卷　二本　連史五角　賽連三角
井礦工程三卷　二本　連史四角　賽連二角五分
寶藏興焉十六卷　十六本　連史四元　賽連二元六角
銀礦指南一卷　一本　連史二角五分　賽連一角五分
求礦指南　二本　連史五角五分　賽連三角五分
探礦取金　二本　連史四角五分　賽連三角
相地探金石法四卷　四本　連史一元　賽連六角
礦學考質上編五卷下編五卷　四本　毛邊六角

工藝類

汽機發軔九卷附表　四本　連史一元二角　賽連七角
汽機新制八卷　二本　連史五角五分　賽連三角五分
汽機必以十二卷首一卷附一卷　六本　連史一元五角　賽連九角
製羼金法　二本　連史四角　賽連二角五分
西藝知新　六本　連史一元六角　賽連一元一角
西藝知新續刻　九本　連史三元六角五分　賽連一元八角
電器鍍鎳　一本　連史一角五分　賽連一角
電氣鍍金畧法一卷　一本　連史三角　賽連二角
藝器記珠不分卷　一本　皮紙五角五分
兵船汽機六卷附一卷　八本　連史二元　賽連一元二角
考工記要十七卷附圖　八本　連史二元二角　賽連一元三角
考試司機七卷首一卷附圖　六本　連史二元二角　賽連一元三角
鍊鋼要言一卷　一本　連史一角　賽連五分
鍊金新語不分卷附圖。　三本　連史八角　賽連五角
鍊石編　二本　連史四角　賽連二角五分
製機理法八卷附圖　四本　連史一元三角　賽連七角五分
鑄錢工藝三卷附圖　二本　連史五角　賽連三角
鑄金論畧六卷附圖　六本　連史一元七角　賽連一元
取濾火油法一卷附圖　一本　連史二角　賽連一角五分
照相鏤版印圖法一卷　一本　連史二角　賽連一角五分
造洋漆法　一本　連史一角五分　賽連一角
金工教範一卷　一本　連史三角五分　賽連二角
美國提鍊煤油法一卷附圖　一本　連史一角五分
汽機中西名目表　一本　連史一角五分　賽連一角
工藝準繩　六本　賽連一元四角

商學類

保富述要不分卷　二本　連史四角五分　賽連三角
國政貿易相關書二卷　二本　連史四角五分　賽連三角
工業與國政相關論二卷　二本　毛太二角五分

格致類

格致啓蒙四卷　四本　連史一元　賽連七角

上海製造局各種圖書總目　三

格致小引一卷　一本　連史一角　賽連五分
物體遇熱改易記四卷　二本　連史五角　賽連三角
物理學上四卷　四本　連史一元三角　賽連八角五分
物理學中四卷　四本　連史一元三角　賽連八角五分
物理學下四卷　四本　連史一元三角　賽連八角五分

算學類

算式集要四卷　二本　連史五角　賽連三角
算式解法十四卷　二本　連史五角　賽連三角
數學理九卷附一卷　四本　連史九角　賽連六角
代數術二十五卷　六本　連史一元五角　賽連九角五分
三角數理十二卷　六本　連史一元五角　賽連九角五分
代數難題解法十六卷　六本　連史一元八角　賽連一元二角
微積溯源八卷　六本　連史一元二角　賽連七角五分

電學類

電學十卷首一卷　六本　連史一元八角　賽連一元二角
電學鋼目一卷　一本　連史二角五分　賽連一角五分
電學測算一卷附表　一本　連史二角五分
通物電光　一本　連史四角　賽連二角五分
無線電報　一本　連史二角　賽連一角五分

化學類

化學鑑原六卷　四本　連史一元二角　賽連八角
化學鑑原續編廿四卷　六本　連史一元五角　賽連一元
化學鑑原補編六卷附一卷　六本　連史二元四角　賽連一元五角
化學分原八卷　二本　連史七角　賽連四角五分
化學考質八卷附表　六本　連史二元五角　賽連一元六角
化學求數十五卷附表　十四本　連史四元六角　賽連三元
化學源流論四卷　二本　毛太二角五分
化學工藝初集四卷二集四卷三集二卷附圖　十三本　賽連二元四角
化學材料中西名目表　一本　連史一角五分　賽連一角
無機化學教科書　三本　毛邊七角

聲學類

聲學八卷　二本　連史六角五分　賽連四角

光學類

光學二卷附一卷　二本　連史六角　賽連三角五分

天學類

談天十六卷附表　四本　連史一元四角　賽連九角
測候叢談四卷　二本　連史五角　賽連三角五分

地學類

地學淺識三十八卷　八本　連史二元二角　賽連一元三角
金石識別十二卷　六本　連史一元七角　賽連一元
金石表　一本　連史一角五分　賽連一角

醫學類

儒門醫學三卷附一卷　四本　連史一元　賽連六角
法律醫學廿四卷首一卷附一卷　十本　連史三元五角　賽連二元二角
西藥大成十卷首一卷　十六本　連史六元　賽連三元八角
西學大成補編六卷首一卷　六本　連史一元二角　賽連七角
西藥大成中西名目表　一本　連史一角五分　賽連一角
內科理法前編六卷後編十卷附一卷　十二本　連史四元　賽連二元六角
產科附圖不分卷　四本　連史一元四角　賽連一元
婦科附圖不分卷　六本　連史一元六角　賽連九角
臨陣傷科捷要四卷附圖　四本　連史九角　賽連五角五分
濟急法一卷　一本　連史二角五分　賽連一角五分
保全生命論一卷附一卷　一本　連史二角五分　賽連一角五分

圖學類

運規約指一卷　一本　連史三角　賽連二角
器象顯眞四卷　三本　連史七角五分　賽連五角
繪地法原一卷附圖附表　一本　連史二角　賽連一角五分
測地繪圖十一卷附一卷附表　四本　連史九角　賽連六角五分
測繪海圖全法八卷附一卷　六本　連史一元五角　賽連九角五分
行軍測繪十卷首一卷　二本　連史五角五分　賽連三角五分

地理類

海道圖說十五卷附長江圖說　十本　連史二元八角　賽連一元六角　扇料一元二角
平圓地球圖石印　一副
八省沿海全圖石印　一副　連史四元八角

附刻各書

書名	本數	紙	價
四子書	二本	賽連	三角五分
詩經	一本	連史 賽連	三角五分 二角
易經	一本	連史 賽連	二角五分 一角五分
三才記要	一本	連史 賽連	二角五分 一角五分
算法統宗	四本	連史 賽連	一元一角 七角
算學啓蒙	二本	賽連	三角五分
董方立遺書	一本	連史 賽連	三角 二角
九數外錄	一本	連史 賽連	二角五分 一角五分
勾股六術	一本	連史 賽連	二角五分 一角五分
恒星圖表	一本	毛太	二角
開方表	一本	連史 賽連	一角五分 一角
對數表	四本	毛太	八角
八線簡表	一本	連史 毛太	三角 二角
八線對數簡表	一本	毛太	二角
緒譯弦切對數表	八本	毛太	一元七角
幾何原本	三本	連史 賽連	八角五分 五角五分
躔離引蒙	二本	毛太	四角
交食引蒙	一本	毛太	一角五分
謝穀堂算學三種	一本	連史 賽連	二角 一角
類證活人書	四本	賽連	六角
疇人傳	十二本	連史 賽連	一元七角 一元
小學韻語	一本	毛邊	一角五分
簡易庵算稿	四本	連史 賽連	一元 六角五分
礮法畫譜	一本	連史 賽連	一角五分 一角
古文選讀	二本	毛邊	三角五分
王陽明先生集要三編	十二本	連史	三元三角
西國近事癸酉起己亥止共二十七年每年四本		毛太	十五元
新譯出版顏料篇三卷附圖	二本	毛邊	四角
製造局譯書提要	二本	毛邊	三角
製造局記全書	十本	連史	三元五角
羅鄂州小集	二本	毛邊	四角

書名	本數	紙	價
種葡萄法十二卷農學	二本	連史 毛邊	五角五分 三角
西葯新書八卷附表	八本	連史 毛邊	

上海製造局各種圖書總目 四